# Springer-Lehrbuch

Vladimir A. Zorich

# Analysis I

Übersetzt von Josef Schüle

Mit 65 Abbildungen

 Springer

Vladimir A. Zorich
Moskauer Staatsuniversität
Fachbereich Mathematik (Mech-Math)
Vorobievy Gory
119992 Moskau, Russland

*Übersetzer* :

Josef Schüle
Technische Universität Braunschweig
Rechenzentrum
Hans-Sommer-Straße 65
38106 Braunschweig

Bibliografische Information der Deutschen Bibliothek

Die Deutsche Bibliothek verzeichnet diese Publikation in der Deutschen Nationalbibliografie; detaillierte bibliografische Daten sind im Internet über http://dnb.ddb.de abrufbar.

---

Mathematics Subject Classification (2000): Primary: 00A05, Secondary: 26-01; 40-01; 42-01; 54-01; 58-01

---

ISBN-10 3-540-33277-4 Springer Berlin Heidelberg New York
ISBN-13 978-3-540-33277-0 Springer Berlin Heidelberg New York
Englische Ausgabe erschienen bei Springer Heidelberg, 2004

Springer ist ein Unternehmen von Springer Science+Business Media

springer.de

© Springer-Verlag Berlin Heidelberg 2006

Satz: Digitale Druckvorlage des Übersetzers
Herstellung: LE-TeX Jelonek, Schmidt & Vöckler GbR, Leipzig
Einbandgestaltung: *WMX*Design GmbH, Heidelberg

Gedruckt auf säurefreiem Papier    175/3100/YL - 5 4 3 2 1 0

# Vorwort

Eine ganze Generation von Mathematikern ist in der Zeit zwischen dem Erscheinen der ersten Auflage dieses Lehrbuchs und der Veröffentlichung der vierten Auflage, deren Übersetzung Sie in Händen halten, herangewachsen. Dieses Werk ist vielen Menschen vertraut, die entweder dieses Buch als Vorlage für ihr Studium benutzten oder die zugrunde liegenden Vorlesungen besucht haben und nun ihrerseits in Universitäten auf der ganzen Welt lehren. Ich freue mich, dass es nun auch für deutschsprachige Leser verfügbar wird.

Dieses Lehrbuch besteht aus zwei Teilen. Es ist in erster Linie für Studierende an Universitäten und Lehrende, die sich in Mathematik oder den Naturwissenschaften spezialisieren, gedacht und für all jene, die sowohl an der rigorosen mathematischen Theorie als auch an Beispielen ihrer effektiven Nutzung zur Lösung realer Probleme in den Naturwissenschaften interessiert sind.

Beachten Sie, dass Archimedes, Newton, Leibniz, Euler, Gauss und Poincaré, die von uns Mathematikern besonders hoch geachtet werden, mehr als nur Mathematiker waren. Sie waren Wissenschaftler, Naturphilosophen. In der Mathematik gehören die Lösung wichtiger spezieller Fragen und die Entwicklung einer abstrakten allgemeinen Theorie so untrennbar zusammen, wie das Einatmen und das Ausatmen. Eine Störung dieses Gleichgewichts kann zu Problemen führen, die sich manchmal sowohl in der mathematischen Ausbildung als auch in den Wissenschaften im Allgemeinen auswirken können.

Das Lehrbuch zeigt die klassische Analysis auf dem heutigen Stand als einen integralen Bestandteil der vereinheitlichten Mathematik in ihrer Beziehung zu anderen modernen mathematischen Disziplinen wie der Algebra, der Differentialgeometrie, den Differentialgleichungen und der komplexen Analysis und Funktionalanalysis.

Gründlichkeit bei der Diskussion wird mit der Gewöhnung an das Arbeiten mit realen Problemen aus den Naturwissenschaften kombiniert. Diese Vorgehensweise verdeutlicht die Mächtigkeit von Begriffen und Methoden der modernen Mathematik bei der Untersuchung spezifischer Probleme. Verschiedene Beispiele und zahlreiche sorgfältig ausgewählte Probleme, einschließlich angewandter Probleme, machen einen beträchtlichen Teil des Buches aus. Die meisten der zentralen mathematischen Ideen und Ergebnisse werden zusammen mit Informationen zum aktuellen Stand, zu geschichtlichen Hintergründen und zu ihren Begründern eingeführt und diskutiert. Entsprechend der Ausrichtung auf die Naturwissenschaften hin wird besonderen Wert auf ein informales Herangehen an das Wesentliche und die Ursprünge zentraler Begriffe und Sätze der Infinitesimalrechnung gelegt, wie auch auf die Präsentation zahlreicher, manchmal fundamentaler, Anwendungen der Theorie.

Zum Beispiel wird der Leser Galilei- und Lorentz-Transformationen wiederfinden oder die Formel für die Raketenbewegung und die Arbeit eines Kernreaktors, Eulers Satz über homogene Funktionen und die Dimensionsanalyse physikalischer Größen, die Legendre-Transformation und die Hamilton-Gleichungen der klassischen Mechanik, Grundbegriffe der Hydrodynamik und den Satz von Carnot aus der Thermodynamik, die Maxwellschen Gleichungen, die Diracsche Delta-Funktion, Distributionen und Fundamentallösungen, Faltungen und mathematische Modelle für lineare Filter, Fourierreihen und die Formel für die diskrete Umwandlung kontinuierlicher Signale, die Fouriertransformation und das Heisenbergsche Unsicherheitsprinzip, Differentialformen, de-Rham-Kohomologie und Potentialfelder, die Theorie von Extremwerten und die Optimierung eines spezifischen technologischen Prozesses, numerische Methoden und das Verarbeiten von Daten eines biologischen Experiments, das asymptotische Verhalten wichtiger Spezialfunktionen und viele andere Themen.

In der Regel sind bei jedem größeren Thema die Erklärungen induktiv. Manchmal gehen sie aus der Problemstellung hervor, über hindeutende heuristische Betrachtungen zu seiner Lösung und münden schließlich in fundamentalen Begriffen und Formalismen. Zunächst sind die Erklärungen ausführlich, sie werden aber im Verlauf des Buches zunehmend komprimierter. Beginnend *ab ovo* führt das Lehrbuch zu den modernsten Gesichtspunkten des Themas.

Beachten Sie auch, dass am Ende eines Buches eine Liste der wichtigsten theoretischen Themen und der zugehörigen einfachen, aber unüblichen Probleme, (die aus den Halbjahresprüfungen stammen) zusammengestellt ist, die den Studierenden in die Lage versetzen sollen, sowohl den eigenen Kenntnisstand einzuschätzen als auch sein Wissen in konkreten Zusammenhängen kreativ anzuwenden.

Vollständigere Informationen über das Werk und Empfehlungen zu seiner Benutzung in Vorlesungen können unten aus den Vorworten zur ersten und zweiten russischen Auflage entnommen werden.

Moskau, 2005                                                    *V. Zorich*

## Vorwort zur vierten russischen Auflage

Die Zeit seit der Veröffentlichung der dritten Auflage war zu kurz, um sehr viele neue Kommentare von Lesern zu erhalten. Nichtsdestotrotz wurden in der vierten Auflage einige Fehler korrigiert und einige kleinere Änderungen am Text vorgenommen.

Moskau, 2002 *V. Zorich*

## Vorwort zur dritten russischen Auflage

Dieser erste Teil des Lehrbuchs wurde nach dem zweiten fortgeschritteneren Teil des Werks, der von demselben Verlag früher herausgegeben wurde, veröffentlicht. Um Konsistenz und Kontinuität zu gewährleisten, ist das Textformat an den zweiten Teil angepasst. Die Zeichnungen wurden neu erstellt. Alle bemerkten Druckfehler wurden korrigiert, einige Beispiele wurden hinzugefügt und die Liste der weiterführenden Literatur wurde erweitert. Vollständigere Information über die behandelten Themen und typische Eigenschaften des Werks als Ganzes finden sich unten im Vorwort zur ersten Auflage.

Moskau, 2001 *V. Zorich*

## Vorwort zur zweiten russischen Auflage

In der zweiten Auflage dieses Werks bemühten wir uns unter anderem darum, die Druckfehler in der ersten Auflage[1] zu beseitigen. Ferner wurden einige Veränderungen bei Erläuterungen vorgenommen (hauptsächlich im Zusammenhang mit den Beweisen einiger Sätze) und einige neue Probleme hinzugefügt, die in der Regel informaler Natur sind.

Das Vorwort zur ersten Auflage dieses Analysiswerks (s. unten) enthält eine allgemeine Beschreibung des Lehrbuchs. Die zentralen Grundsätze und die Zielsetzung der Erläuterungen sind dort ebenfalls angeführt. An dieser Stelle möchte ich einige praktische Anmerkungen im Zusammenhang mit der Nutzung des Werks im Unterricht machen.

Normalerweise benutzen sowohl Studierende als auch Lehrende den gleichen Text, jedoch jeder für seine Ziele.

Zu Beginn wollen beide Seiten in erster Linie ein Buch, das zusammen mit der notwendigen Theorie möglichst viele stichhaltige Beispiele mit Anwendungen enthält, ergänzt um Erklärungen, historische und wissenschaftliche Kommentare, Beschreibungen von Zusammenhängen und Ausblicke für ihre weitere Entwicklungs- und Anwendungsmöglichkeit. Aber bei der Vorbereitung für die Prüfung wünscht sich der Studierende hauptsächlich den Stoff

---

[1] Kein Grund zur Beunruhigung: An Stelle der Druckfehler, die in den Platten der ersten Auflage (die nicht aufbewahrt wurden) korrigiert wurden, werden sich sicherlich eine Menge neuer Druckfehler eingeschlichen haben, die, wie Euler glaubte, das Lesen mathematischer Texte beleben.

vorzufinden, der in der Prüfung vorkommt. Der Lehrende wählt entsprechend bei der Vorbereitung eines Kurses nur den Stoff aus, der möglicherweise und notwendigerweise in der für die Veranstaltung vorgesehenen Zeit behandelt werden kann.

In diesem Zusammenhang sollte man im Hinterkopf behalten, dass der in diesem Buch präsentierte Text deutlich ausführlicher ist, als die ihm zu Grunde liegenden Vorlesungen. Was führte zu diesem Unterschied? Zunächst einmal wurde die Vorlesung grundsätzlich durch ein vollständiges Buch mit Problembeispielen ergänzt, das nicht so sehr aus Übungen bestand als aus überzeugenden Problemen aus den Naturwissenschaften oder der Mathematik, die im engen Zusammenhang mit den entsprechenden Teilen der Theorie stehen und diese manchmal auch erweitern. Zweitens enthält das Buch natürlicherweise eine größere Anzahl von Beispielen, die die Theorie in der Anwendung veranschaulichen, als in einer Vorlesung präsentiert werden können. Drittens und zu guter Letzt wurden einige Kapitel, Abschnitte und Absätze bewusst als Ergänzung zu traditionellem Stoff geschrieben. Dies wird in den Abschnitten „Zur Einleitung" und „Zum ergänzenden Material" im Vorwort zur ersten Auflage erläutert.

Ich möchte ferner daran erinnern, dass ich im Vorwort zur ersten Auflage versucht habe, sowohl Studierende als auch unerfahrene Lehrende vor einer zu ausführlichen Behandlung der einleitenden formalen Kapitel zu warnen. Dies würde den Beginn der eigentlichen Analysis beträchtlich verzögern und den Schwerpunkt erheblich verschieben.

Als Beispiel dafür, was tatsächlich von diesen formalen einleitenden Kapiteln in einem realistischen Vorlesungsbetrieb beibehalten werden kann und um in kondensierter Form den Lehrplan für solch eine Vorlesung als Ganzes zu erläutern, habe ich am Ende des Buches eine Zusammenstellung von Problemen aus den Halbjahresprüfungen zusammengestellt. Dabei gebe ich Hinweise auf Veränderungsmöglichkeiten in Abhängigkeit von der Zuhörerschaft und führe einige neuere Prüfungsthemen für die ersten beiden Semester, für die dieser erste Teil des Werks gedacht ist, an. An Hand dieser Liste kann der Fachmann natürlich die Reihenfolge der Erläuterungen, die Ausführlichkeit bei der Entwicklung der grundlegenden Begriffe und Methoden erkennen. Dies gilt ebenso für gelegentliche Verweise auf Material des zweiten Teils des Lehbruchs,[2] falls das behandelte Thema dem Publikum in einer allgemeineren Form bereits zugänglich ist.

Abschließend möchte ich Kollegen und Studierenden, die mir sowohl bekannt als auch unbekannt sind, für Rezensionen und konstruktive Anmerkun-

---

[2] Einige der Protokolle der entsprechenden Vorlesungen wurden veröffentlicht und ich werde auf die Broschüren, die mit ihrer Hilfe veröffentlicht wurden, formal verweisen, obwohl mir bewusst ist, dass sie heute nur noch unter Schwierigkeiten erhältlich sind. (Die Vorlesungen wurden für einen begrenzten Kreis am mathematischen Institut an der Freien Universität Moskau und am Fachbereich für Mechanik und Mathematik an der staatlichen Moskauer Universität gehalten und veröffentlicht.)

gen zur ersten Auflage der Unterlagen danken. Für mich war es besonders interessant, die Rezensionen von A. N. Kolmogorov und V. I. Arnol'd zu lesen. Obwohl sie sich in Größe, Form und Stil deutlich unterscheiden, haben diese beiden auf der fachlichen Seite viel Inspirierendes gemeinsam.

Moskau, 1997                                                           *V. Zorich*

## Aus dem Vorwort zur ersten russischen Auflage

Die Grundsteinlegung der Differential- und Integralrechnung durch Newton und Leibniz vor drei Jahrhunderten scheint auch noch nach modernen Gesichtspunkten eines der größten Ereignisse in der Geschichte der Wissenschaften im Allgemeinen und der Mathematik im Besonderen zu sein.

Mathematische Analysis (in einer umfassenden Auslegung) und Algebra haben sich ineinander verschlungen und bilden das Wurzelwerk für den verzweigten Baum moderner Mathematik, welches entscheidend für den unerlässlichen Kontakt zur nicht-mathematischen Sphäre ist. Aus diesem Grund sind die Grundlagen der Analysis als notwendige Elemente selbst in bescheidenen Beschreibungen sogenannter höherer Mathematik enthalten; und wahrscheinlich ist dies auch der Grund dafür, dass sich so viele Bücher für die unterschiedlichsten Lesergruppen auf die Darstellung der Analysisgrundlagen konzentrieren.

Dieses Buch richtet sich in erster Linie an Mathematiker, die sich (wie es sein sollte) wünschen, gründliche Beweise der grundlegenden Sätze zu erhalten, die aber gleichzeitig daran interessiert sind, wie sich diese Sätze jenseits der Mathematik auf das Leben auswirken.

Im Zusammenhang mit diesen Betrachtungen kann das Wesentliche bei der vorliegenden Darstellung grundsätzlich auf das Folgende reduziert werden:

*Bezüglich der Darstellung.* In der Regel sind bei jedem größeren Thema die Erklärungen induktiv, wobei manchmal ein Problem gestellt wird, hindeutende heuristische Betrachtungen zu seiner Lösung angestellt werden, die schließlich in fundamentalen Konzepte und Formalismen münden.

Zunächst sind die Darlegungen ausführlich, sie werden aber im Verlauf zunehmend komprimierter.

Ein Schwerpunkt liegt auf den effizienten Mechanismen gängiger und stimmiger Analysis. In der Darstellung der Theorie habe ich mich bemüht (soweit ich dazu in der Lage bin) die wichtigsten Methoden und Fakten aufzuzeigen und der Versuchung zu widerstehen, einen Satz zum Preis einer wesentlichen Verkomplizierung seines Beweises marginal zu verschärfen.

Die Darstellung ist überall dort geometrisch, wo immer dies sinnvoll erschien, um das Wesentliche der Materie zu verdeutlichen.

Der Haupttext ist durch eine ziemlich große Beispielsammlung ergänzt und fast jeder Abschnitt endet mit einer Zusammenstellung von Problemen,

die hoffentlich auch den theoretischen Teil des Haupttextes entscheidend ver-
vollständigen. Dem wunderbaren Beispiel von Pólya und Szegő folgend, habe
ich oft den Versuch unternommen, ein schönes mathematisches Ergebnis oder
eine wichtige Anwendung als Folge von Problemen darzustellen, die dem Leser
zugänglich sind.

Die Anordnung des Stoffes wurde nicht nur von der Architektur der Mathematik im Sinne von Bourbaki vorgegeben, sondern auch durch den Stellenwert
der Analysis als Komponente einer vereinheitlichten mathematischen oder, wie
man eher sagen sollte, naturwissenschaftlich mathematischen Ausbildung.

*Zum Inhalt.* Dieses Werk wird in zwei Büchern (Teil 1 und Teil 2) veröffentlicht.

Der vorliegende Teil 1 enthält die Differential- und Integralrechnung von
Funktionen einer Variablen und die Differentialrechnung von Funktionen mehrerer Variabler.

Bei der Differentialrechnung betonen wir die Rolle des Differentials als ein
lineares Maß zur Beschreibung des lokalen Verhaltens bei Veränderung einer
Variablen. Zusätzlich zu zahlreichen Beispielen zum Gebrauch der Differentialrechnung bei der Untersuchung des Verhaltens von Funktionen (Monotonie,
Extremwerte) demonstrieren wir die Rolle der analytischen Sprache bei der
Formulierung einfacher Differentialgleichungen – mathematische Modelle realer Phänomene und die damit zusammenhängenden bedeutenden Probleme.

Wir werden eine Reihe derartiger Probleme untersuchen (zum Beispiel
die Bewegung eines Körpers mit veränderlicher Masse, einen Kernreaktor,
den Atmosphärendruck und die Bewegung in einem zähen Medium), deren
Lösung uns zu wichtigen Elementarfunktionen führen wird. Dabei werden wir
die Sprache komplexer Variablen voll ausnutzen; insbesondere wird die Eulersche Formel hergeleitet und den Zusammenhang zwischen fundamentalen
Elementarfunktionen gezeigt.

Die Integralrechnung wurde absichtlich so weit wie möglich mit Hilfe in-
tuitiver Argumente im Rahmen des Riemannschen Integrals erläutert. Für die
meisten Anwendungen ist dies vollständig angemessen.[3] Verschiedene Anwendungen des Integrals werden aufgezeigt, inklusive solcher, die zu uneigentlichen Integralen führen (zum Beispiel die Arbeit, die notwendig ist, um das
Gravitationsfeld zu überwinden und die Fluchtgeschwindigkeit für das Schwerkraftfeld der Erde) oder zu elliptischen Funktionen (Bewegung im Gravitationsfeld mit Nebenbedingungen, Pendelbewegung).

Die Differentialrechnung von Funktionen mehrerer Variabler ist sehr geometrisch. Bei diesem Thema werden wir beispielsweise so wichtige und nützliche Folgerungen des Satzes zur impliziten Funktion untersuchen wie krummli-

---

[3] Die „strengeren" Integrale erfordern bekanntlich kleinschrittigere mengentheore-
tische Betrachtungen, die außerhalb der Hauptrichtung dieses Lehrbuchs liegen.
Sie tragen kaum irgendetwas zu effektiven Mechanismen der Analysis bei, deren
Beherrschung unser Hauptaugenmerk gelten sollte.

nige Koordinaten, lokale Reduktion glatter Abbildungen zu kanonischer Form (Rang-Satz) und Funktionen (Morse-Lemma) wie auch die Theorie von Extremwerten mit Nebenbedingungen.

Ergebnisse aus der Theorie stetiger Funktionen und der Differentialrechnung werden zusammengefasst und in einer allgemeinen invarianten Form in zwei Kapiteln erklärt, wodurch eine natürliche Verbindung zur Differentialrechnung reellwertiger Funktionen mehrerer Variabler hergestellt wird. Diese beiden Kapitel eröffnen den zweiten Teil des Kurses. Das zweite Buch, in dem wir auch die Integralrechnung von Funktionen mit mehreren Variablen bis hin zur allgemeinen Newton-Leibniz-Stokes Formel diskutieren, erhält dadurch eine gewisse Geschlossenheit.

Im Vorwort zum zweiten Buch werden wir dessen Inhalt ausführlicher behandeln. An dieser Stelle wollen wir nur noch anfügen, dass es zusätzlich zu dem bereits genannten Stoff auch Informationen zu Reihen von Funktionen (inklusive Potenzreihen und Fourier-Reihen), zu von einem Parameter abhängigen Integralen (inklusive der Fundamentallösung, der Faltung und die Fourier-Transformation) und zu asymptotischen Entwicklungen (die normalerweise in Lehrbüchern fehlen oder nicht hinreichend behandelt werden) enthält.

Wir wollen nun einige besondere Probleme diskutieren.

*Zur Einleitung.* Ich gebe keinen einführenden Überblick über das Gebiet, da der Großteil der Studienanfänger bereits eine vorbereitende Vorstellung von der Differential- und Integralrechnung und ihren Anwendungen aus der höheren Schule besitzt und ich könnte kaum behaupten, eine besser einführende Einführung zu schreiben. Stattdessen bringe ich das Verständnis des ehemaligen Oberstufenschülers zu Mengen, Funktionen, der Verwendung logischer Symbole und der Theorie reeller Zahlen auf ein bestimmtes mathematisches Niveau.

Dieser Stoff gehört zu den formalen Grundlagen der Analysis und wendet sich hauptsächlich an den Hauptfachmathematiker, der zu einer bestimmten Zeit den Wunsch verspüren mag, die logische Struktur der grundlegenden Begriffe und Prinzipien, die in der klassischen Analysis benutzt werden, nachzuvollziehen. Die eigentliche mathematische Analysis beginnt im dritten Kapitel, so dass Leser, die den Wunsch verspüren, so schnell wie möglich effektive Mechanismen zur Hand zu haben und deren Anwendung zu sehen, im Allgemeinen ihre Lektüre mit Kapitel drei beginnen können. Sollte etwas nicht offensichtlich sein oder bei offenen Fragen, an die ich hoffentlich auch gedacht habe und die ich in den ersten Kapiteln beantwortet habe, kann man zu den ersten Seiten zurückkommen.

*Zur Aufteilung des Stoffes.* Der Stoff der beiden Bücher ist in Kapitel eingeteilt, die kontinuierlich nummeriert sind. Die Abschnitte sind unabhängig voneinander innerhalb eines Kapitels nummeriert; Unterabschnitte eines Abschnitts sind nur innerhalb des entsprechenden Abschnitts nummeriert. Sätze,

Korollare, Lemmatas, Definitionen und Beispiele sind der Deutlichkeit halber kursiv geschrieben und innerhalb jedes Abschnitts nummeriert.

*Zum ergänzenden Material.* Mehrere Kapitel des Buchs sind als natürliche Erweiterung der klassischen Analysis geschrieben. Diese sind einerseits die oben angeführten Kapitel 1 und 2, die formalen mathematischen Grundlagen gewidmet sind, und andererseits die Kapitel 9, 10 und 15 des zweiten Teils. Diese geben den modernen Blickwinkel auf die Theorie der Stetigkeit und der Differential- und Integralrechnung wieder. Schließlich ist noch Kapitel 19 zu nennen, das gewissen effektiven asymptotischen Methoden der Analysis gewidmet ist.

Die Frage, welche Teile des Stoffs dieser Kapitel in einer Vorlesung enthalten sein sollten, hängt von der Zuhörerschaft ab und kann vom Lehrenden entschieden werden, aber bestimmte fundamentale Konzepte, die an dieser Stelle eingeführt werden, sind normalerweise in jeder Erläuterung des Gebiets für Mathematiker enthalten.

Abschließend möchte ich allen jenen danken, deren freundliche und kompetente professionelle Hilfe für mich während der Arbeit an diesem Buch wertvoll und nützlich war.

Die vorgeschlagene Vorlesung war ziemlich detailliert und wurde in mancherlei Hinsicht mit nachfolgenden modernen Mathematikvorlesungen an der Universität abgestimmt - wie beispielsweise Differentialgleichungen, Differentialgeometrie, Funktionentheorie in einer komplexen Variablen und Funktionalanalysis. In diesem Zusammenhang waren meine Kontakte und Diskussionen mit V. I. Arnol'd und mit S. P. Novikov, letztere besonders zahlreich, während unserer gemeinsamen Arbeit mit der so genannten „experimentellen Studentengruppe in der naturwissenschaftlich mathematischen Ausbildung" am Institut für Mathematik an der staatlichen Moskauer Universität (Lomonnossov) für mich sehr hilfreich.

Ich erhielt viele Ratschläge von N. V. Efimov, Leiter der Abteilung für mathematische Analysis im Fachbereich Mechanik und Mathematik an der staatlichen Moskauer Universität.

Ich möchte mich auch bei den Kollegen im Fachbereich und den Abteilungen für Anmerkungen zur vervielfältigten Ausgabe meiner Vorlesungen bedanken.

Studentische Mitschriften meiner jüngeren Vorlesungen, die mir zugänglich gemacht wurden, waren für die Arbeit an diesem Buch sehr wertvoll, und ich möchte mich bei deren Besitzern bedanken.

Zutiefst dankbar bin ich den offiziellen Rezensenten L. D. Kudryavtsev, V. P. Petrenko und S. B. Stechkin für konstruktive Kommentare, die zum Großteil in dem nun veröffentlichen Werk berücksichtigt wurden.

Moskau, 1980                                         *V. Zorich*

# Inhaltsverzeichnis

# 1

# Einige allgemeine mathematische Begriffe und Schreibweisen

## 1.1 Logische Symbole

### 1.1.1 Bindewörter und Klammern

Die in diesem Buch verwendete Sprache besteht, wie der Großteil mathematischer Texte, aus gewöhnlicher Sprache und einer Anzahl spezieller Symbole. Neben den speziellen Symbolen, die bei Bedarf eingeführt werden, benutzen wir die üblichen Symbole der mathematischen Logik $\neg$, $\wedge$, $\vee$, $\Rightarrow$ und $\Leftrightarrow$, um Negation (*nicht*) und die logischen Bindewörter *und, oder, daraus folgt* und *ist äquivalent mit* zu bezeichnen[1].

Wir betrachten beispielsweise drei Aussagen:

*L. Wenn die Schreibweise an die Entdeckungen angepasst wird . . . , wird die Gedankenarbeit herrlich verkürzt. (G. Leibniz)*[2]

*P. Mathematik ist die Kunst Verschiedenes gleich zu benennen. (H. Poincaré)*[3]

*G. Das große Buch der Natur ist in der Sprache der Mathematik geschrieben.* (Galilei Galileo)[4]

---

[1] Anstelle von $\wedge$ wird in der Logik auch oft & benutzt. Logiker schreiben für das Folgezeichen $\Rightarrow$ gerne $\rightarrow$ und für logische Äquivalenz $\longleftrightarrow$ oder auch $\leftrightarrow$. Wir werden uns jedoch an die im Text eingeführten Symbole halten, um das Symbol $\rightarrow$, das traditionell in der Mathematik für Grenzwertübergänge benutzt wird, nicht zu überladen.

[2] G. W. Leibniz (1646–1716) – hervorragender deutscher Gelehrter, Philosoph und Mathematiker, dem zusammen mit Newton die Ehre gebührt, die Grundlagen der Infinitesimalrechnung begründet zu haben.

[3] H. Poincaré (1854–1912) – französischer Mathematiker, dessen brillanter Kopf viele Gebiete der Mathematik beeinflusste und so fundamentale Anwendungen in der mathematischen Physik erreichte.

[4] Galileo Galilei (1564–1642) – italienischer Gelehrter und herausragender wissenschaftlicher Experimentator. Er arbeitete an den Grundlagen der späteren physikalischen Begriffe von Raum und Zeit. Er ist der Vater moderner physikalischer Wissenschaften.

Dann erhalten wir mit der oben eingeführten Schreibweise:

| Schreibweise | Bedeutung |
|---|---|
| $L \Rightarrow P$ | aus $L$ folgt $P$ |
| $L \Leftrightarrow P$ | $L$ ist zu $P$ äquivalent |
| $((L \Rightarrow P) \wedge (\neg P)) \Rightarrow (\neg L)$ | Folgt $P$ aus $L$ und ist $P$ falsch, dann ist $L$ falsch |
| $\neg((L \Leftrightarrow G) \vee (P \Leftrightarrow G))$ | $G$ ist weder zu $L$ noch zu $P$ äquivalent |

Wir sehen, dass nur formale Schreibweise unter Vermeidung sprachlicher Ausdrücke nicht immer sinnvoll ist.

Wir weisen ferner darauf hin, dass beim Schreiben komplexer Ausdrücke, die aus einfacheren zusammengesetzt sind, Klammern benutzt werden. Dabei erfüllen sie dieselbe syntaktische Funktion wie in algebraischen Ausdrücken üblich. Wie in der Algebra können zur Vermeidung überflüssiger Klammern Anordnungskonventionen zwischen den Operationen vereinbart werden. An dieser Stelle treffen wir die folgende Prioritätsreihenfolge für die Symbole:

$$\neg, \quad \wedge, \quad \vee, \quad \Rightarrow, \quad \Leftrightarrow .$$

Mit Hilfe dieser Konvention sollte der Ausdruck $\neg A \wedge B \vee C \Rightarrow D$ als $(((\neg A) \wedge B) \vee C) \Rightarrow D$ interpretiert werden und die Beziehung $A \vee B \Rightarrow C$ als $(A \vee B) \Rightarrow C$ und nicht als $A \vee (B \Rightarrow C)$.

Wir werden öfters eine andere verbale Formulierung für die Schreibweise $A \Rightarrow B$, d.h. aus $A$ folgt $B$ oder, was gleich ist, $B$ folgt aus $A$ nutzen und sagen, dass $B$ *notwendig* oder eine *notwendige Bedingung* für $A$ ist und andererseits, dass $A$ *hinreichend* oder eine *hinreichende Bedingung* für $B$ ist, so dass also die Relation $A \Leftrightarrow B$ auf eine der folgenden Arten gelesen werden kann:

$A$ ist notwendig und hinreichend für $B$;

$A$ gilt nur dann, wenn $B$ gilt;

$A$ gilt genau dann, wenn $B$ gilt;

$A$ ist äquivalent mit $B$.

Somit bedeutet die Schreibweise $A \Leftrightarrow B$ also, dass $A$ aus $B$ folgt und gleichzeitig $B$ aus $A$ folgt.

Die Benutzung des Bindeworts *und* im Ausdruck $A \wedge B$ erfordert keine Erläuterung.

Es sollte jedoch darauf hingewiesen werden, dass im Ausdruck $A \vee B$ das Bindewort *oder* nicht exklusiv ist, d.h., die Aussage $A \vee B$ gilt als wahr, wenn wenigstens eine der Aussagen $A$ oder $B$ wahr ist. Sei beispielsweise $x$ eine reelle Zahl, so dass $x^2 - 3x + 2 = 0$. Dann können wir sagen, dass die folgende Relation gilt:

$$(x^2 - 3x + 2 = 0) \Leftrightarrow (x = 1) \vee (x = 2) .$$

### 1.1.2 Hinweise zu Beweisen

Eine typische mathematische Behauptung lautet $A \Rightarrow B$, wobei $A$ die Annahme ist und $B$ die Folgerung. Der Beweis einer derartigen Behauptung besteht in der Konstruktion einer Kette $A \Rightarrow C_1 \Rightarrow \cdots \Rightarrow C_n \Rightarrow B$ von Folgerungen, wobei jedes Glied der Kette entweder ein Axiom oder eine bereits bewiesene Behauptung ist[5].

Bei Beweisen werden wir an der klassischen Regel für Folgerungen festhalten: Ist $A$ wahr und $A \Rightarrow B$, dann ist auch $B$ wahr.

Bei Widerspruchsbeweisen werden wir auch das Gesetz des ausgeschlossenen Dritten verwenden, nachdem die Aussage $A \vee \neg A$ ($A$ oder nicht-$A$) als wahr gilt und dies unabhängig vom jeweiligen Inhalt der Aussage $A$. Konsequenterweise akzeptieren wir gleichzeitig, dass $\neg(\neg A) \Leftrightarrow A$, d.h., doppelte Negierung ist äquivalent zur Ausgangsaussage.

### 1.1.3 Einige besondere Schreibweisen

Zur kürzeren Schreibweise und zur Bequemlichkeit für den Leser einigen wir uns darauf, das Ende eines Beweises durch $\square$ zu symbolisieren.

Wir vereinbaren ferner, wann immer es sich anbietet, Definitionen mit Hilfe des speziellen Symbols := (Gleichheit per definitionem) einzuleiten, wobei der Doppelpunkt auf der Seite des Objekts steht, das definiert wird.

So wird beispielsweise durch die Schreibweise

$$\int_a^b f(x)\,\mathrm{d}x := \lim_{\lambda(P) \to 0} \sigma(f; P, \xi)\,,$$

die linke Seite durch die rechte Seite definiert, deren Bedeutung als bekannt vorausgesetzt wird.

Ähnlicherweise können wir Abkürzungen für bereits bekannte Ausdrücke definieren. So wird durch

$$\sum_{i=1}^n f(\xi_i)\,\Delta x_i =: \sigma(f; P, \xi)$$

die Schreibweise $\sigma(f; P, \xi)$ für die besondere Summe auf der linken Seite eingeführt.

### 1.1.4 Abschließende Anmerkungen

Wir halten fest, dass wir hier im Wesentlichen nur über Schreibweisen gesprochen haben, ohne den Formalismus logischer Schlussfolgerungen zu analysieren

---

[5] Die Schreibweise $A \Rightarrow B \Rightarrow C$ wird als Abkürzung für $(A \Rightarrow B) \wedge (B \Rightarrow C)$ benutzt.

und ohne die tiefsinnigen Fragen nach Wahrheit, Beweisbarkeit und Deduzier-
barkeit zu berühren, die die Hauptangelegenheiten der mathematischen Logik
bilden.

Wie können wir die mathematische Analysis konstruieren, wenn wir nicht
über einen logischen Formalismus verfügen? Es mag uns trösten, dass wir stets
mehr wissen, als wir jemals formal darstellen können oder vielleicht sollten wir
sagen, dass wir wissen, wie wir mehr tun als formal darstellen können. Dieser
letzte Satz mag durch das wohl bekannte sprichwörtliche Verhalten des Tau-
sendfüßlers verdeutlicht werden, der vergaß, wie er laufen kann, nachdem er
um eine genaue Erklärung gebeten wurde, wie er mit so vielen Füßen umgehen
könne.

Die Erfahrung mit allen Wissenschaften überzeugt uns davon, dass das,
was gestern als klar oder einfach und nicht analysierbar galt, heute einer neu-
en Untersuchung unterworfen oder präzisiert werden kann. So erging es (und
wird es ohne Zweifel wieder ergehen) vielen Begriffen der mathematischen
Analysis, den wichtigsten Sätzen und den Mechanismen, die im siebzehnten
und achtzehnten Jahrhundert begründet wurden. Sie erhielten ihre moderne
formalisierte Gestalt und eine eindeutige Interpretation, die wahrscheinlich
für ihre allgemeine Anwendbarkeit verantwortlich ist, im neunzehnten Jahrhundert nach der Begründung der Theorie der Grenzwerte und der vollständig
entwickelten Theorie der reellen Zahlen, die dazu notwendig waren.

Dies ist das Niveau der Theorie der reellen Zahlen in Kapitel zwei, aus
dem wir das komplette Gebäude der Analysis errichten werden.

Wie bereits im Vorwort angemerkt, können diejenigen, die eine schnelle
Bekanntschaft mit den grundlegenden Begriffen und den effektiven Mechanismen der eigentlichen Differential- und Integralrechnungen machen wollen,
sofort zu Kapitel drei springen und nur falls notwendig zu besonderen Passa-
gen in den ersten beiden Kapiteln zurückkehren.

### 1.1.5 Übungen

Wir werden wahre Behauptungen mit dem Symbol 1 und falsche mit 0 bezeichnen.
Dann lässt sich zu jeder der Aussagen $\neg A$, $A \wedge B$, $A \vee B$ und $A \Rightarrow B$ eine so genannte
*Wahrheitstabelle* aufstellen, bei der die Wahrheit oder Falschheit in Abhängigkeit
von der Wahrheit der Aussagen $A$ und $B$ ablesbar ist. Diese Tabellen bilden eine
formale Definition der logischen Operationen $\neg$, $\wedge$, $\vee$ und $\Rightarrow$ und lauten:

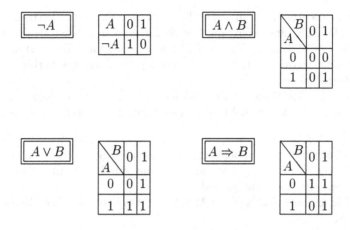

**1.** Überprüfen Sie, ob alle diese Tabelleneinträge mit ihrem Verständnis für logische Operationen übereinstimmen. (Beachten Sie insbesondere, dass die Folgerung $A \Rightarrow B$ stets wahr ist, wenn $A$ falsch ist.)

**2.** Zeigen Sie, dass die folgenden einfachen, aber sehr nützlichen Relationen, die allgemein bei mathematischen Argumentationen benutzt werden, wahr sind:

a) $\neg(A \wedge B) \Leftrightarrow \neg A \vee \neg B$,

b) $\neg(A \vee B) \Leftrightarrow \neg A \wedge \neg B$,

c) $(A \Rightarrow B) \Leftrightarrow (\neg B \Rightarrow \neg A)$,

d) $(A \Rightarrow B) \Leftrightarrow (\neg A \vee B)$,

e) $\neg(A \Rightarrow B) \Leftrightarrow A \wedge \neg B$.

## 1.2 Mengen und elementare Mengenoperationen

### 1.2.1 Der Begriff einer Menge

Seit dem Ende des neunzehnten und Beginn des zwanzigsten Jahrhunderts war die allgemeinste Sprache der Mathematik die Sprache der Mengenlehre. Dies manifestiert sich sogar in einer Definition der Mathematik als die Wissenschaft, die unterschiedliche Konstruktionen (Beziehungen) von Mengen untersucht[6].

„Wir sagen, eine *Menge* ist eine Zusammenfassung bestimmter wohl unterschiedener Dinge unserer Anschauung oder unseres Denkens zu einem zusammenhängenden Ganzen." So beschrieb Georg Cantor[7], der Begründer der Mengenlehre, den Begriff einer Menge.

---

[6] Bourbaki, N. „Die Architektur der Mathematik" in M. Otte, *Mathematiker über die Mathematik*, Springer, Berlin - Heidelberg - New York, 1974.

[7] G. Cantor (1845–1918) – deutscher Mathematiker, der Begründer der Theorie unendlicher Mengen und der mengentheoretischen Sprache in der Mathematik.

Cantors Beschreibung kann natürlich nicht als Definition betrachtet werden, da es Begriffe einbezieht, die komplizierter sein können als der Begriff einer Menge selbst (und auf jeden Fall vorher noch nicht definiert wurden). Die Absicht dieser Beschreibung ist es, den Begriff durch eine Verbindung mit anderen Begriffen zu erklären.

Die zentralen Annahmen der Cantorschen (oder, wie sie allgemein genannt wird, der „naiven") Mengenlehre lassen sich auf die folgenden Aussagen konzentrieren:

$1^0$. Eine Menge besteht aus beliebigen unterscheidbaren Objekten.

$2^0$. Eine Menge ist unverwechselbar bestimmt durch die Ansammlung von Objekten, aus denen sie besteht.

$3^0$. Jede Eigenschaft definiert die Menge der Objekte, die diese Eigenschaft besitzen.

Ist $x$ ein Objekt und $P$ eine Eigenschaft und bezeichnet $P(x)$ die Behauptung, dass $x$ die Eigenschaft $P$ besitzt, dann bezeichnet $\{x \mid P(x)\}$ die Klasse der Objekte, die die Eigenschaft $P$ besitzt. Die Objekte, die eine Klasse oder Menge ausmachen, werden die *Elemente* der Klasse oder Menge genannt.

Die Menge, die aus den Elementen $x_1, \ldots, x_n$ besteht, wird üblicherweise $\{x_1, \ldots, x_n\}$ geschrieben. Überall dort wo keine Gefahr einer Verwirrung besteht, nehmen wir uns die Freiheit, eine Einelementen Menge $\{a\}$ einfach als $a$ zu schreiben.

Die Worte „Klasse", „Familie", „Gesamtheit" und „Ansammlung" werden in der naiven Mengenlehre als Synonyme für „Menge" benutzt.

Die folgenden Beispiele sollen die Verwendung dieser Terminologie verdeutlichen:

- Die Menge der Buchstaben „a", die im Wort „I" auftreten.
- Die Menge der Frauen von Adam.
- Die Ansammlung von zehn Dezimalzahlen.
- Die Familie der Bohnen.
- Die Menge Sandkörner auf der Erde.
- Die Gesamtheit der Punkte einer Ebene, die zu zwei gegebenen Punkten in der Ebene den gleichen Abstand besitzen.
- Die Familie von Mengen.
- Die Menge aller Mengen.

Die Variationsbreite im möglichen Bestimmtheitsgrad bei der Definition einer Menge vermittelt den Eindruck, dass eine Menge letztendlich nicht so ein ganz einfacher und harmloser Begriff ist.

Und tatsächlich ist beispielsweise die Vorstellung einer Menge aller Mengen ein Widerspruch in sich.

*Beweis.* Angenommen, dass für eine Menge $M$ die Schreibweise $P(M)$ bedeutet, dass $M$ nicht ein Element seiner selbst ist.

Wir betrachten die Klasse $K = \{M \mid P(M)\}$ von Mengen, die die Eigenschaft $P$ haben.

Ist $K$ eine Menge, so ist entweder $P(K)$ oder $\neg P(K)$ wahr. Diese Dichotomie gilt jedoch nicht für $K$. Tatsächlich ist $P(K)$ unmöglich; sonst würde aus der Definition von $K$ folgen, dass $K$ auch $K$ als Element enthält, d.h., dass $\neg P(K)$ gilt. Auf der anderen Seite ist auch $\neg P(K)$ unmöglich, da das bedeutet, dass $K$ auch $K$ als Element enthält, was der Definition von $K$ als eine Klasse von Mengen, die sich selbst nicht als Element enthält, widerspricht.

Folglich ist $K$ keine Menge. $\square$

Dies ist das klassische Paradoxon von Russell[8], eines der Paradoxa, die sich aus der naiven Vorstellung einer Menge ergeben.

In der modernen mathematischen Logik wurde das Konzept einer Menge genauer Analyse unterzogen (mit gutem Grund, wie wir gesehen haben). Wir werden uns jedoch nicht in diese Analyse vertiefen. Wir wollen nur festhalten, dass in den gegenwärtigen axiomatischen Mengenlehren eine Menge als ein mathematisches Objekt definiert ist, das eine eindeutige Ansammlung von Eigenschaften besitzt.

Die Beschreibung dieser Eigenschaften bilden ein axiomatisches System. Der Kern der axiomatischen Mengenlehre ist die Postulierung von Regeln, die festlegen, wie neue Mengen aus vorhandenen gebildet werden. Im Allgemeinen ist jedes der gegenwärtigen axiomatischen Systeme so beschaffen, dass einerseits die bekannten Widersprüche der naiven Theorie beseitigt werden und andererseits die Freiheit bleibt, mit speziellen Mengen umzugehen, die den verschiedenen Gebieten der Mathematik, davon am häufigsten der mathematischen Analysis im weitesten Sinne, entstammen.

Wenn wir uns für den Moment auf Anmerkungen über das Konzept einer Menge beschränken, können wir zur Beschreibung mengentheoretischer Beziehungen und Operationen, die in der Analysis häufiger benutzt werden, übergehen.

Für die, die eine detailliertere Bekanntschaft mit dem Begriff einer Menge wünschen, verweisen wir auf Absatz 1.4.2 in diesem Kapitel oder auf weiterführende Spezialliteratur.

## 1.2.2 Teilmengen

Wie bereits ausgeführt, werden die Objekte, aus der eine Menge besteht, üblicherweise als *Elemente* der Menge bezeichnet. Für gewöhnlich bezeichnen wir Mengen mit großen Buchstaben und ihre Elemente mit den entsprechenden kleinen Buchstaben.

Die Aussage „$x$ ist ein Element der Menge $X$" wird abgekürzt als

$$x \in X \qquad (\text{oder } X \ni x)$$

---

[8] B. Russell (1872–1970) – britischer Logiker, Philosoph, Soziologe und Friedensaktivist.

und ihre Verneinung als

$$x \notin X \qquad (\text{oder } X \not\ni x)\,.$$

Bei Aussagen über Mengen werden oft die logischen Operatoren $\exists$ („gibt es" oder „es gibt") und $\forall$ („jedes" oder „für alle") benutzt, die als *Existenz*-bzw. *Verallgemeinerungs*quantoren bezeichnet werden.

So bedeutet zum Beispiel die Zeichenfolge $\forall x\big((x \in A) \Leftrightarrow (x \in B)\big)$, dass für alle Objekte $x$ die Beziehungen $x \in A$ und $x \in B$ äquivalent sind. Da eine Menge durch seine Elemente vollständig bestimmt wird, wird diese Aussage kurz als

$$A = B$$

geschrieben und formuliert als „$A$ ist gleich $B$". Sie besagt, dass die Mengen $A$ und $B$ dieselben sind.

Folglich sind zwei Mengen *gleich*, wenn sie aus denselben Elementen bestehen.

Die Negation der Gleichheit wird üblicherweise als $A \neq B$ geschrieben.

Ist jedes Element von $A$ ein Element von $B$, so schreiben wir $A \subset B$ oder $B \supset A$ und sagen, dass $A$ eine *Teilmenge* von $B$ ist oder dass $B$ $A$ enthält oder dass $B$ $A$ umfasst. In diesem Zusammenhang wird die Beziehung $A \subset B$ zwischen Mengen $A$ und $B$ auch als Inklusion bezeichnet (Abb. 1.1).

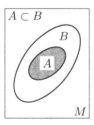

**Abb. 1.1.**

Somit gilt

$$(A \subset B) := \forall x\big((x \in A) \Rightarrow (x \in B)\big)\,.$$

Gilt $A \subset B$ und $A \neq B$, so sagen wir, dass die Inklusion $A \subset B$ „streng" ist oder dass $A$ eine *echte* Teilmenge von $B$ ist.

Mit Hilfe dieser Definitionen können wir nun folgern, dass

$$(A = B) \Leftrightarrow (A \subset B) \wedge (B \subset A)\,.$$

Ist $M$ eine Menge, so zeichnet jede Eigenschaft $P$ die Teilmenge

$$\{x \in M \,|\, P(x)\}$$

aus, die aus den Elementen in $M$ besteht, die diese Eigenschaft besitzen.

Beispielsweise ist es offensichtlich, dass

$$M = \{x \in M \,|\, x \in M\} \,.$$

Ist andererseits $P$ eine Eigenschaft, die kein Element der Menge $M$ besitzt, beispielsweise $P(x) := (x \neq x)$, so erhalten wir die Menge

$$\varnothing = \{x \in M \,|\, x \neq x\} \,,$$

die als *leere* Teilmenge von $M$ bezeichnet wird.

### 1.2.3 Elementare Mengenoperationen

Seien $A$ und $B$ Teilmengen einer Menge $M$.

**a.** Die *Vereinigung* zweier Mengen $A$ und $B$ ist die Menge

$$A \cup B := \{x \in M \,|\, (x \in A) \vee (x \in B)\} \,,$$

die genau aus den Elementen von $M$ besteht, die mindestens zu einer der Mengen $A$ und $B$ gehören (Abb. 1.2).

**b.** Der *Durchschnitt* von $A$ und $B$ ist die Menge

$$A \cap B := \{x \in M \,|\, (x \in A) \wedge (x \in B)\} \,,$$

die aus den Elementen von $M$ besteht, die sowohl zu $A$ als auch $B$ gehören (Abb. 1.3).

**c.** Die *Differenz* zwischen $A$ und $B$ ist die Menge

$$A \setminus B := \{x \in M \,|\, (x \in A) \wedge (x \notin B)\} \,,$$

die aus den Elementen von $A$ besteht, die nicht zu $B$ gehören (Abb. 1.4).

Die Differenz zwischen der Menge $M$ und eine ihrer Teilmengen $A$ wird üblicherweise als das *Komplement* von $A$ in $M$ bezeichnet und $C_M A$ geschrieben oder auch $CA$, wenn die Menge, in der das Komplement von $A$ gebildet wird, aus dem Zusammenhang klar ist (Abb. 1.5).

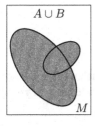 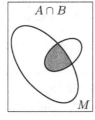 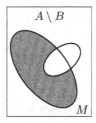 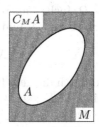

**Abb. 1.2.**     **Abb. 1.3.**     **Abb. 1.4.**     **Abb. 1.5.**

**Beispiel.** Zur Verdeutlichung der gerade eingeführten Konzepte wollen wir die folgenden Relationen (die sogenannten de Morgan[9] Regeln) beweisen:

$$C_M(A \cup B) = C_M A \cap C_M B \,, \tag{1.1}$$

$$C_M(A \cap B) = C_M A \cup C_M B \,. \tag{1.2}$$

*Beweis.* Wir werden die Erste dieser Gleichungen durch ein Beispiel beweisen:

$$(x \in C_M(A \cup B)) \Rightarrow (x \notin (A \cup B)) \Rightarrow \big((x \notin A) \wedge (x \notin B)\big) \Rightarrow$$
$$\Rightarrow (x \in C_M A) \wedge (x \in C_M B) \Rightarrow \big(x \in (C_M A \cap C_M B)\big) \,.$$

Damit haben wir gezeigt, dass

$$C_M(A \cup B) \subset (C_M A \cap C_M B) \,. \tag{1.3}$$

Andererseits gilt

$$\big(x \in (C_M A \cap C_M B)\big) \Rightarrow \big((x \in C_M A) \wedge (x \in C_M B)\big) \Rightarrow$$
$$\Rightarrow \big((x \notin A) \wedge (x \notin B)\big) \Rightarrow \big(x \notin (A \cup B)\big) \Rightarrow$$
$$\Rightarrow \big(x \in C_M(A \cup B)\big) \,,$$

d.h.,

$$(C_M A \cap C_M B) \subset C_M(A \cup B) \,. \tag{1.4}$$

Gleichung (1.1) folgt aus (1.3) und (1.4). □

**d.** Das *direkte (kartesische) Produkt* von Mengen. Sind zwei beliebige Mengen $A$ und $B$ gegeben, so lässt sich eine neue Menge, nämlich das Paar $\{A, B\} = \{B, A\}$, bilden, die genau aus den Mengen $A$ und $B$ besteht. Diese Menge besitzt zwei Elemente, falls $A \neq B$ und ein Element, falls $A = B$.

Diese Menge wird als *ungeordnetes Paar* der Mengen $A$ und $B$ bezeichnet, um es von dem *geordneten Paar* $(A, B)$ zu unterscheiden, in welchem die Elemente mit zusätzlichen Eigenschaften versehen werden, um das erste vom zweiten Element des Paares $\{A, B\}$ zu unterscheiden. Die Gleichung

$$(A, B) = (C, D)$$

zwischen zwei geordneten Paaren bedeutet per definitionem, dass $A = C$ und $B = D$. Insbesondere gilt für $A \neq B$, dass $(A, B) \neq (B, A)$.

Seien nun $X$ und $Y$ beliebige Mengen. Die Menge

$$X \times Y := \{(x, y) | (x \in X) \wedge (y \in Y)\}$$

wird durch die geordneten Paare $(x, y)$, deren erstes Element zu $X$ und deren zweites zu $Y$ gehört, gebildet. Es wird das *direkte* oder *kartesische Produkt* der Mengen $X$ und $Y$ (in dieser Reihenfolge!) genannt.

---

[9] A. de Morgan (1806–1871) – schottischer Mathematiker.

Es folgt offensichtlich aus der Definition des direkten Produkts und den obigen Anmerkungen über das geordnete Paar, dass im Allgemeinen $X \times Y \neq Y \times X$. Gleichheit gilt nur, falls $X = Y$. In diesem Fall kürzen wir $X \times X$ durch $X^2$ ab.

Das direkte Produkt wird auch zu Ehren von Descartes[10] kartesisches Produkt genannt. Descartes verwendete unabhängig von Fermat[11] ein Koordinatensystem zur Beschreibung der analytischen Geometrie. Das gebräuchliche ebene kartesische Koordinatensystem zerlegt diese Ebene genau in das direkte Produkt zweier Achsen. Dieses gebräuchliche Objekt bringt zum Ausdruck, warum das kartesische Produkt von der Reihung der Faktoren abhängt. So gehören beispielsweise zwei verschiedene Punkte der Ebene zu den Paaren $(0,1)$ und $(1,0)$.

Im geordneten Paar $z = (x_1, x_2)$, einem Element des direkten Produkts $Z = X_1 \times X_2$ der Mengen $X_1$ und $X_2$, wird das Element $x_1$ die *erste Projektion* des Paares $z$ genannt und $\mathrm{pr}_1 z$ geschrieben. Das Element $x_2$ ist die *zweite Projektion* und wird mit $\mathrm{pr}_2 z$ bezeichnet.

In Analogie zur Terminologie in der analytischen Geometrie werden die Projektionen eines geordneten Paares auch oft als die (ersten und zweiten) *Koordinaten* des Paares bezeichnet.

### 1.2.4 Übungen

In den Übungen 1, 2 und 3 bezeichnen die Buchstaben $A$, $B$ und $C$ Teilmengen der Menge $M$.

**1.** Beweisen Sie die folgenden Relationen:

a) $(A \subset C) \wedge (B \subset C) \Leftrightarrow \left( (A \cup B) \subset C \right)$,

b) $(C \subset A) \wedge (C \subset B) \Leftrightarrow \left( C \subset (A \cap B) \right)$,

c) $C_M(C_M A) = A$,

d) $(A \subset C_M B) \Leftrightarrow (B \subset C_M A)$,

e) $(A \subset B) \Leftrightarrow (C_M A \supset C_M B)$.

**2.** Beweisen Sie die folgenden Aussagen:

a) $A \cup (B \cup C) = (A \cup B) \cup C =: A \cup B \cup C$,

b) $A \cap (B \cap C) = (A \cap B) \cap C =: A \cap B \cap C$,

c) $A \cap (B \cup C) = (A \cap B) \cup (A \cap C)$,

d) $A \cup (B \cap C) = (A \cup B) \cap (A \cup C)$.

---

[10] R. Descartes (1596–1650) – herausragender französischer Philosoph, Mathematiker und Physiker, der durch Denken und Wissen entscheidende Beiträge zur Wissenschaft leistete.

[11] P. Fermat (1601–1665) – bemerkenswerter französischer Mathematiker, dessen Beruf Anwalt war. Er war einer der Begründer einiger Gebiete moderner Mathematik: Analysis, analytische Geometrie, Wahrscheinlichkeitstheorie und Zahlentheorie.

**3.** Beweisen Sie den Zusammenhang (Dualität) zwischen der Vereinigung und dem Durchschnitt: $C_M(A \cap B) = C_M A \cup C_M B$.

**4.** Geben Sie für die folgenden kartesischen Produkte geometrische Darstellungen:

a) Das Produkt zweier Strecken (ein Rechteck).
b) Das Produkt zweier Geraden (eine Ebene).
c) Das Produkt einer Geraden mit einem Kreis (eine unendliche zylindrische Fläche).
d) Das Produkt einer Geraden mit einer Scheibe (ein unendlicher Vollzylinder).
e) Das Produkt zweier Kreise (ein Torus).
f) Das Produkt eines Kreises mit einer Scheibe (ein Volltorus).

**5.** Die Menge $\Delta = \{(x_1, x_2) \in X^2 \,|\, x_1 = x_2\}$ wird die *Diagonale* des kartesischen Produkts $X^2$ der Menge $X$ genannt. Geben Sie eine geometrische Darstellung der Diagonalen der Mengen, die sich in den Teilaufgaben a), b), und e) von Aufgabe 4 ergeben.

**6.** Zeigen Sie, dass

a) $(X \times Y = \varnothing) \Leftrightarrow (X = \varnothing) \vee (Y = \varnothing)$
   und für $X \times Y \neq \varnothing$:
b) $(A \times B \subset X \times Y) \Leftrightarrow (A \subset X) \wedge (B \subset Y)$,
c) $(X \times Y) \cup (Z \times Y) = (X \cup Z) \times Y$,
d) $(X \times Y) \cap (X' \times Y') = (X \cap X') \times (Y \cap Y')$.

Hierbei bedeutet $\varnothing$ die leere Menge, das ist die Menge, die keine Elemente besitzt.

**7.** Vergleichen Sie die Relationen in Übung 3 mit den Relationen a) und b) in Übung 2 in Abschnitt 1.1 und finden Sie einen Zusammenhang zwischen den logischen Operatoren $\neg$, $\wedge$, $\vee$ und den Mengenoperationen $C$, $\cap$, und $\cup$.

## 1.3 Funktionen

### 1.3.1 Der Begriff einer Funktion (Abbildung)

Wir werden nun den Begriff einer Funktion beschreiben, der sowohl in der Mathematik als auch sonst eine große Rolle spielt.

Seien $X$ und $Y$ bestimmte Mengen. Wir sagen, dass eine *Funktion* auf $X$ mit Werten in $Y$ definiert ist, wenn aufgrund einer Regel $f$ jedem Element $x \in X$ ein Element $y \in Y$ zugehörig ist.

Wir sagen dann, dass die Menge $X$ der *Definitionsbereich* der Funktion ist. Das Symbol $x$, das benutzt wird, um ein allgemeines Element dieses Bereichs zu beschreiben, wird *Argument* oder *unabhängige Variable* der Funktion genannt. Das Element $y_0 \in Y$, das einem Argument $x_0 \in X$ zugeordnet wird, wird *Wert* der Funktion in $x_0$ genannt oder auch das Resultat der Funktion in $x = x_0$ und $f(x_0)$ geschrieben. Bei Änderung der Argumente $x \in X$ verändern sich im Allgemeinen die Resultate $y = f(x) \in Y$ in Abhängigkeit von den Werten $x$. Aus diesem Grund wird die Größe $y = f(x)$ oft auch *abhängige Variable* genannt.

Die Menge

$$f(X) := \left\{ y \in Y \,|\, \exists\, x \left( (x \in X) \wedge (y = f(x)) \right) \right\}$$

von Werten, die von einer Funktion für alle Elemente in der Menge $X$ angenommen werden, wird auch *Wertemenge* oder *Bild* der Funktion genannt.

Der Ausdruck „Funktion" besitzt je nach der Art der Mengen $X$ und $Y$ in verschiedenen Gebieten der Mathematik eine Reihe nützlicher Synonyme: *Abbildung, Transformation, Morphismus, Operator, Funktional*. Das gebräuchlichste unter ihnen ist *Abbildung* und wir werden es oft benutzen.

Für eine Funktion (Abbildung) sind die folgenden Schreibweisen gebräuchlich:

$$f : X \to Y, \qquad X \xrightarrow{f} Y .$$

Wenn aus dem Zusammenhang der Wertebereich und die Definitionsmenge klar sind, dann wird auch die Schreibweise $x \mapsto f(x)$ oder $y = f(x)$ benutzt, aber am häufigsten wird eine Funktion einfach durch das einzige Symbol $f$ bezeichnet.

Zwei Funktionen $f_1$ und $f_2$ gelten als *identisch* oder als *gleich*, wenn sie denselben Definitionsbereich $X$ besitzen und wenn für jedes Element $x \in X$ die Resultate $f_1(x)$ und $f_2(x)$ gleich sind. Für diesen Fall schreiben wir $f_1 = f_2$.

Ist $A \subset X$ und $f : X \to Y$ eine Funktion, so bezeichnen wir mit $f|A$ oder $f|_A$ die Funktion $\varphi : A \to Y$, die mit $f$ auf $A$ übereinstimmt. Genauer gesagt, so gilt $f|_A(x) := \varphi(x)$ für $x \in A$. Die Funktion $f|_A$ wird *Einschränkung* oder *Restriktion* von $f$ auf $A$ genannt und die Funktion $f : X \to Y$ eine *Erweiterung* oder eine *Fortsetzung* von $\varphi$ auf $X$.

Wir erkennen, dass es manchmal notwendig werden kann, eine Funktion $\varphi : A \to Y$ zu betrachten, die auf einer Teilmenge $A$ einer Menge $X$ definiert ist, wobei sich die Wertemenge $\varphi(A)$ selbst auch als Teilmenge von $Y$ herausstellt, die von $Y$ verschieden ist. In diesem Zusammenhang benutzen wir manchmal die Ausdrücke *Ausgangsbereich* der Funktion für jede Menge $X$, die den Definitionsbereich einer Funktion enthält, und *Zielbereich* zur Beschreibung jeder Teilmenge von $Y$, die ihren Wertebereich enthält.

Folglich beinhaltet die Definition einer Funktion (Abbildung) die Angabe eines Tripels $(X, Y, f)$, wobei

– $X$ die Menge ist, die abgebildet wird, d.h. die Definitionsmenge der Funktion,

– $Y$ die Menge ist, auf die abgebildet wird, d.h. der Wertebereich der Funktion und

– $f$ die Regel ist, nach der ein bestimmtes Element $y \in Y$ jedem Element $x \in X$ zugewiesen wird.

Die Asymmetrie zwischen $X$ und $Y$, die hier zu erkennen ist, spiegelt die Tatsache wider, dass die Abbildung von $X$ auf $Y$ stattfindet und nicht in die andere Richtung.

Nun wollen wir einige Beispiele von Funktionen betrachten.

*Beispiel 1.* Die Formeln $l = 2\pi r$ und $V = \frac{4}{3}\pi r^3$ stellen eine funktionale Beziehung zwischen dem Umfang $l$ eines Kreises und seinem Radius $r$ und zwischen dem Volumen $V$ eines Balls und seinem Radius $r$ her. Jede dieser Formeln liefert eine besondere Funktion $f : \mathbb{R}_+ \to \mathbb{R}_+$, die auf der Menge $\mathbb{R}_+$ der positiven reellen Zahlen definiert ist und Werte in derselben Menge ergibt.

*Beispiel 2.* Sei $X$ die Menge der Inertialsysteme und $c : X \to \mathbb{R}$ die Funktion, die jedem Koordinatensystem $x \in X$ den Wert $c(x)$ der Lichtgeschwindigkeit *im Vakuum*, die mit Hilfe dieser Koordinaten gemessen wird, zuordnet. Die Funktion $c : X \to \mathbb{R}$ ist eine Konstante, d.h., für jedes $x \in X$ besitzt es denselben Wert $c$. (Dies ist eine zentrale experimentelle Tatsache.)

*Beispiel 3.* Die Abbildung $G : \mathbb{R}^2 \to \mathbb{R}^2$ von $\mathbb{R}^2$ (das direkte Produkt $\mathbb{R}^2 = \mathbb{R} \times \mathbb{R} = \mathbb{R}_t \times \mathbb{R}_x$ der Zeitachse $\mathbb{R}_t$ und der Ortsachse $\mathbb{R}_x$) auf sich selbst, das durch die Formeln

$$x' = x - vt \,,$$
$$t' = t$$

definiert wird, ist die klassische Galilei-Transformation für den Übergang eines Inertialsystems $(x, t)$ in ein anderes System $(x', t')$, das sich relativ zum Ersten mit der Geschwindigkeit $v$ bewegt.

Denselben Zweck erfüllt die Abbildung $L : \mathbb{R}^2 \to \mathbb{R}^2$, die durch die Beziehungen

$$x' = \frac{x - vt}{\sqrt{1 - \left(\frac{v}{c}\right)^2}} \,,$$

$$t' = \frac{t - \left(\frac{v}{c^2}\right)x}{\sqrt{1 - \left(\frac{v}{c}\right)^2}}$$

definiert ist. Dies ist die wohl bekannte (ein-dimensionale) *Lorentz*[12] *Transformation*, die in der speziellen Relativitätstheorie eine zentrale Rolle spielt. Die Geschwindigkeit $c$ ist die Lichtgeschwindigkeit.

*Beispiel 4.* Die *Projektion* $\mathrm{pr}_1 : X_1 \times X_2 \to X_1$, die durch den Zusammenhang $X_1 \times X_2 \ni (x_1, x_2) \overset{\mathrm{pr}_1}{\longmapsto} x_1 \in X_1$ definiert wird, ist offensichtlich eine Funktion. Die zweite Projektion $\mathrm{pr}_2 : X_1 \times X_2 \to X_2$ wird ähnlich definiert.

---

[12] H. A. Lorentz (1853–1928) – herausragender niederländischer Physiker. Sein Name wird mit diesen von Poincaré aufgestellten Transformationen verbunden und Einstein benutzte sie an entscheidender Stelle bei der Formulierung seiner speziellen Relativitätstheorie im Jahre 1905.

*Beispiel 5.* Sei $\mathcal{P}(M)$ die Menge von Teilmengen der Menge $M$. Jeder Menge $A \in \mathcal{P}(M)$ weisen wir eine Menge $C_M A \in \mathcal{P}(M)$ zu, d.h. das Komplement von $A$ in $M$. Wir erhalten dadurch eine Abbildung $C_M : \mathcal{P}(M) \to \mathcal{P}(M)$ der Menge $\mathcal{P}(M)$ auf sich selbst.

*Beispiel 6.* Sei $E \subset M$. Die Funktion $\chi_E : M \to \mathbb{R}$ mit reellen Werten, die auf der Menge $M$ durch $\big(\chi_E(x) = 1 \text{ für } x \in E\big) \wedge \big(\chi_E(x) = 0 \text{ für } x \in C_M E\big)$ definiert wird, wird *charakteristische Funktion* der Menge $E$ genannt.

*Beispiel 7.* Sei $M(X;Y)$ die Menge der Abbildungen der Menge $X$ auf die Menge $Y$ und $x_0$ ein festes Element von $X$. Zu jeder Funktion $f \in M(X;Y)$ ordnen wir ihren Wert $f(x_0) \in Y$ in $x_0$ zu. Durch diese Beziehung wird eine Funktion $F : M(X;Y) \to Y$ definiert. Ist $Y = \mathbb{R}$, d.h., ist $Y$ die Menge der reellen Zahlen, dann wird insbesondere jeder Funktion $f : X \to \mathbb{R}$ durch die Funktion $F : M(X;\mathbb{R}) \to \mathbb{R}$ die Zahl $F(f) = f(x_0)$ zugeordnet. Somit ist $F$ eine Funktion, die auf Funktionen definiert ist. Aus Zweckmäßigkeit werden derartige Funktionen *Funktionale* genannt.

*Beispiel 8.* Sei $\Gamma$ die Menge der Kurven, die auf einer Oberfläche liegen (beispielsweise der Erdoberfläche), und zwei vorgegebene Punkte auf der Oberfläche verbinden. Jeder Kurve $\gamma \in \Gamma$ können wir ihre Länge zuordnen. Wir erhalten so eine Funktion $F : \Gamma \to \mathbb{R}$, die oft von Interesse ist, um den kürzesten Weg, Geodäte genannt, zwischen zwei gegebenen Punkten auf der Oberfläche zu finden.

*Beispiel 9.* Wir betrachten die Menge $M(\mathbb{R};\mathbb{R})$ der Funktionen mit reellen Werten, die auf der ganzen reellen Geraden $\mathbb{R}$ definiert sind. Wir greifen eine feste Zahl $a \in \mathbb{R}$ heraus und weisen jeder Funktion $f \in M(\mathbb{R};\mathbb{R})$ die Funktion $f_a \in M(\mathbb{R};\mathbb{R})$ durch die Beziehung $f_a(x) = f(x + a)$ zu. Die Funktion $f_a(x)$ wird üblicherweise die *Translation* oder *Verschiebung* der Funktion $f$ um $a$ genannt. Die Abbildung $A : M(\mathbb{R};\mathbb{R}) \to M(\mathbb{R};\mathbb{R})$, die auf diese Weise entsteht, wird *Translations-* oder *Verschiebungsoperator* genannt. Somit ist der Operator $A$ auf Funktionen definiert und seine Werte sind auch Funktionen $f_a = A(f)$.

Dieses letzte Beispiel mag künstlich wirken, aber wir treffen tatsächlich sehr häufig auf derartige Operatoren. So ist ein Radioempfänger ein Operator $f \xrightarrow{F} \hat{f}$, der elektromagnetische Signale $f$ in akustische Signale $\hat{f}$ umwandelt. Jedes unserer Sinnesorgane ist ein Operator (Umwandler) mit seinem eigenen Definitionsbereich und Wertebereich.

*Beispiel 10.* Die Position eines Teilchens im Raum wird durch einen geordneten Tripel $(x, y, z)$ definiert, der seine Raumkoordinaten angibt. Die Menge aller derartig geordneter Tripel kann man sich als das direkte Produkt $\mathbb{R} \times \mathbb{R} \times \mathbb{R} = \mathbb{R}^3$ dreier reeller Geraden $\mathbb{R}$ vorstellen.

Ein sich bewegendes Teilchen hält sich in jedem Augenblick (zur Zeit) $t$ in einem Punkt mit den Koordinaten $\big(x(t), y(t), z(t)\big)$ des Raums $\mathbb{R}^3$ auf. Daher kann die Bewegung des Teilchens als Abbildung $\gamma : \mathbb{R} \to \mathbb{R}^3$ interpretiert werden, wobei $\mathbb{R}$ die Zeitachse ist und $\mathbb{R}^3$ der drei-dimensionale Raum.

Besteht ein System aus $n$ Teilchen, so wird seine Konfiguration durch die Position jedes der Teilchen definiert, d.h., es wird durch eine geordnete Menge $(x_1, y_1, z_1; , x_2, y_2, z_2; \ldots; x_n, y_n, z_n)$, die aus $3n$ Zahlen besteht, definiert. Die Menge aller derartig geordneten Mengen wird als *Konfigurationsraum* des Systems von $n$ Teilchen bezeichnet. Folglich kann der Konfigurationsraum eines Systems von $n$ Teilchen als das direkte Produkt $\mathbb{R}^3 \times \mathbb{R}^3 \times \cdots \times \mathbb{R}^3 = \mathbb{R}^{3n}$ von $n$ Kopien des $\mathbb{R}^3$ betrachtet werden.

Zur Bewegung eines Systems von $n$ Teilchen gehört eine Abbildung $\gamma : \mathbb{R} \to \mathbb{R}^{3n}$ der Zeitachse in den Konfigurationsraum des Systems.

*Beispiel 11.* Die potentielle Energie $U$ eines mechanischen Systems hängt von den gegenseitigen Positionen der Teilchen des Systems ab, d.h., sie wird bestimmt durch die Konfiguration, die das System besitzt. Sei $Q$ die Menge aller möglichen Konfigurationen des Systems. $Q$ ist eine bestimmte Teilmenge des Konfigurationsraums des Systems. Zu jeder Konfiguration $q \in Q$ gehört ein bestimmter Wert $U(q)$ der potentiellen Energie des Systems. Somit ist die potentielle Energie eine Funktion $U : Q \to \mathbb{R}$, die auf einer Teilmenge $Q$ des Konfigurationsraums definiert ist und Werte im Bereich $\mathbb{R}$ der reellen Zahlen annimmt.

*Beispiel 12.* Die kinetische Energie $K$ eines Systems von $n$ Materieteilchen hängt von deren Geschwindigkeiten ab. Die gesamte mechanische Energie $E$ des Systems, die durch $E = K + U$ definiert ist, d.h. die Summe der kinetischen und potentiellen Energie, hängt folglich sowohl von der Konfiguration $q$ des Systems als auch von der Menge der Geschwindigkeiten $v$ der Teilchen ab. Wie die Konfiguration $q$ der Teilchen im Raum, so können auch die Geschwindigkeiten, die aus drei-dimensionalen Vektoren bestehen, als eine geordnete Menge von $3n$ Zahlen definiert werden. Die geordneten Paare $(q, v)$, die den möglichen Zuständen des Systems entsprechen, bilden eine Teilmenge $\Phi$ in dem direkten Produkt $\mathbb{R}^{3n} \times \mathbb{R}^{3n} = \mathbb{R}^{6n}$, der *Phasenraum* des Systems von $n$ Teilchen genannt wird (so kann er vom Konfigurationsraum $\mathbb{R}^{3n}$ unterschieden werden).

Die Gesamtenergie des Systems ist daher eine Funktion $E : \Phi \to \mathbb{R}$, die auf der Teilmenge $\Phi$ des Phasenraums $\mathbb{R}^{6n}$ definiert ist, und Werte in dem Bereich $\mathbb{R}$ der reellen Zahlen annimmt.

Ist das System insbesondere abgeschlossen, d.h., wirken keine äußeren Kräfte auf es ein, so besitzt die Funktion $E$ nach dem Erhaltungssatz der Energie in jedem Punkt der Menge $\Phi$ der möglichen Zustände des Systems denselben Wert $E_0 \in \mathbb{R}$.

## 1.3.2 Elementare Klassifizierung von Abbildungen

Wird eine Funktion $f : X \to Y$ Abbildung genannt, dann wird der Wert $f(x) \in Y$, den sie im Element $x \in X$ annimmt, üblicherweise das *Bild* von $x$ genannt.

Das *Bild* einer Menge $A \subset X$ unter der Abbildung $f : X \to Y$ wird als die Menge

$$f(A) := \left\{ y \in Y \mid \exists\, x\big((x \in A) \wedge (y = f(x))\big) \right\}$$

definiert, die aus den Elementen von $Y$ besteht, die Bilder von Elementen von $A$ sind.

Die Menge

$$f^{-1}(B) := \left\{ x \in X \mid f(x) \in B \right\},$$

die aus den Elementen von $X$ besteht, deren Bilder zu $B$ gehören, wird *Urbild* der Menge $B \subset Y$ genannt (Abb. 1.6).

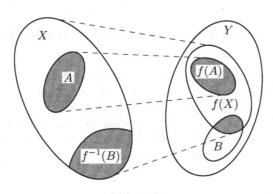

**Abb. 1.6.**

Eine Abbildung $f : X \to Y$ heißt

- *surjektiv* (eine Abbildung von $X$ *auf* Y), falls $f(X) = Y$;
- *injektiv* (oder *Injektion* oder *eindeutige Abbildung*), falls für je zwei Elemente $x_1, x_2$ von $X$ gilt:

$$\big(f(x_1) = f(x_2)\big) \Rightarrow (x_1 = x_2) \,,$$

  d.h., verschiedene Elemente erzeugen unterschiedliche Bilder;
- *bijektiv* (oder eine *Bijektion*, eine *eins-zu-eins Abbildung* oder *eineindeutige Abbildung*), wenn sie sowohl surjektiv als auch injektiv ist.

Ist die Abbildung $f : X \to Y$ bijektiv, d.h., es existiert eine eineindeutige Zuordnung zwischen den Elementen der Mengen $X$ und $Y$, dann gibt es natürlicherweise eine Abbildung

$$f^{-1} : Y \to X \,,$$

die wie folgt definiert ist: Sei $f(x) = y$, dann ist $f^{-1}(y) = x$, d.h., jedem Element $y \in Y$ wird das Element $x \in X$ zugewiesen, dessen Bild unter der Abbildung $f$ genau $y$ ist. Da $f$ surjektiv ist, existiert ein solches Element und wegen den Injektivität von $f$ ist es eindeutig. Somit ist die Abbildung $f^{-1}$ wohl definiert. Diese Abbildung wird die *Inverse* der ursprünglichen Abbildung $f$ genannt.

Aus der Konstruktion der inversen Abbildung ist klar, dass $f^{-1} : Y \to X$ selbst wieder bijektiv ist, und dass ihre Inverse $(f^{-1})^{-1} : X \to Y$ mit der ursprünglichen Abbildung $f : X \to Y$ identisch ist.

Daher ist die Eigenschaft zweier Abbildungen, dass sie zueinander invers sind, gegenseitig: Ist $f^{-1}$ invers zu $f$, dann ist $f$ die Inverse zu $f^{-1}$.

Wir weisen darauf hin, dass das Symbol $f^{-1}(B)$ für das Urbild einer Menge $B \subset Y$ das Symbol $f^{-1}$ der inversen Funktion beinhaltet. Wir sollten uns aber im Klaren sein, dass das Urbild einer Menge für jede Abbildung $f : X \to Y$ definiert ist, selbst dann, wenn diese nicht bijektiv ist und somit keine Inverse besitzt.

### 1.3.3 Zusammengesetzte Funktionen und zueinander inverse Abbildungen

Zusammengesetzte Funktionen bieten auf der einen Seite eine ergiebige Quelle neuer Funktionen, aber auf der anderen Seite auch eine Möglichkeit, um komplizierte Funktionen in einfachere zu zerlegen.

Seien $f : X \to Y$ und $g : Y \to Z$ Abbildungen, wobei eine von ihnen (in unserem Fall $g$) auf dem Wertebereich der anderen ($f$) definiert ist. Dann können wir eine neue Abbildung konstruieren:

$$g \circ f : X \to Z \,.$$

Die Werte für Elemente aus der Menge $X$ sind durch die Formel

$$(g \circ f)(x) := g\big(f(x)\big)$$

definiert.

Die so konstruierte zusammengesetzte Abbildung $g \circ f$ wird auch *Verkettung* oder *Kombination* der Abbildung $f$ mit der Abbildung $g$ (in der Reihenfolge!) genannt.

Abbildung 1.7 veranschaulicht die Konstruktion der Verkettung der Abbildungen $f$ und $g$.

Wir sind bereits vielfach auf die Kombination von Abbildungen gestoßen, sowohl in der Geometrie, wenn wir die Kombination von starren Bewegungen einer Ebene oder Raumes untersuchen, als auch in der Algebra bei der Untersuchung „komplizierter" Funktionen, die durch Verkettung einfachster Elementarfunktionen erhalten werden.

Manchmal muss der Vorgang der Verkettung mehrfach hintereinander ausgeführt werden. Für den Fall ist es gut zu wissen, dass dieser Vorgang assoziativ ist, d.h.,

$$h \circ (g \circ f) = (h \circ g) \circ f \,.$$

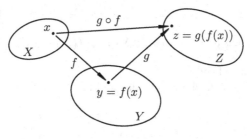

**Abb. 1.7.**

*Beweis.* In der Tat gilt:

$$h \circ (g \circ f)(x) = h\big((g \circ f)(x)\big) = h\big(g(f(x))\big) =$$
$$= (h \circ g)\big(f(x)\big) = \big((h \circ g) \circ f\big)(x). \qquad \square$$

Dieser Umstand, den wir von der Addition und Multiplikation mehrerer Zahlen kennen, erlaubt es uns, auf Klammern zu verzichten, um die Reihenfolge der Kombination anzugeben.

Sind alle Bestandteile einer Verkettung $f_n \circ \cdots \circ f_1$ gleich derselben Funktion $f$, so kürzen wir sie durch $f^n$ ab.

Es ist beispielsweise bekannt, dass die Quadratwurzel einer positiven Zahl $a$ sukzessive mit Hilfe der Formel

$$x_{n+1} = \frac{1}{2}\Big(x_n + \frac{a}{x_n}\Big)$$

mit jedem Anfangswert $x_0 > 0$ angenähert werden kann. Dies ist nichts anderes als die sukzessive Berechnung von $f^n(x_0)$ mit $f(x) = \frac{1}{2}(x + \frac{a}{x})$. Eine derartige Prozedur, bei der der in jedem Schritt berechnete Funktionswert zum Argument für den nächsten Schritt wird, wird *rekursive* Prozedur genannt. Rekursive Prozeduren sind in der Mathematik weit verbreitet.

Wir wollen noch darauf hinweisen, dass, selbst wenn sowohl $g \circ f$ als auch $f \circ g$ definiert sind, im Allgemeinen gilt:

$$g \circ f \neq f \circ g \,.$$

Als Beispiel betrachten wir die Menge mit zwei Elementen $\{a, b\}$ und die Abbildungen $f : \{a, b\} \to a$ und $g : \{a, b\} \to b$. Dann ist es offensichtlich, dass $g \circ f : \{a, b\} \to b$, wohingegen $f \circ g : \{a, b\} \to a$.

Die Abbildung $f : X \to X$, bei der jedes Element von $X$ in sich abgebildet wird, d.h. $x \overset{f}{\longmapsto} x$, werden wir mit $e_X$ bezeichnen und *Identität* von $X$ nennen.

**Lemma.**

$$\big(g \circ f = e_X\big) \Rightarrow (g \text{ ist surjektiv}) \wedge (f \text{ ist injektiv}) \,.$$

*Beweis.* Seien $f : X \to Y$, $g : Y \to X$ und $g \circ f = e_X : X \to X$. Dann gilt:

$$X = e_X(X) = (g \circ f)(X) = g\big(f(X)\big) \subset g(Y)$$

und folglich ist $g$ surjektiv.

Seien ferner $x_1 \in X$ und $x_2 \in X$, dann gilt:

$$(x_1 \neq x_2) \Rightarrow \big(e_X(x_1) \neq e_X(x_2)\big) \Rightarrow \big((g \circ f)(x_1) \neq (g \circ f)(x_2)\big) \Rightarrow$$
$$\Rightarrow \big(g(f(x_1))\big) \neq g\big(f(x_2)\big) \Rightarrow \big(f(x_1) \neq f(x_2)\big)$$

und daher ist $f$ injektiv. □

Mit der Hilfe verketteter Abbildungen können wir zueinander inverse Abbildungen beschreiben.

**Satz.** *Die Abbildungen $f : X \to Y$ und $g : Y \to X$ sind genau dann bijektiv und zueinander invers, wenn $g \circ f = e_X$ und $f \circ g = e_Y$.*

*Beweis.* Nach dem Lemma bedeutet die gleichzeitige Erfüllung der Bedingungen $g \circ f = e_X$ und $f \circ g = e_Y$, dass beide Abbildungen surjektiv und injektiv und somit bijektiv sind. Dieselben Bedingungen zeigen, dass genau dann $y = f(x)$ gilt, wenn $x = g(y)$. □

Bei der vorangegangenen Untersuchung begannen wir mit einer expliziten Konstruktion einer inversen Abbildung. Aus dem eben bewiesenen Satz folgt, dass wir eine weniger intuitive und doch symmetrischere Definition zueinander inverser Abbildungen hätten geben können: Es sind die Abbildungen, die die beiden Bedingungen $g \circ f = e_X$ und $f \circ g = e_Y$ erfüllen. (Beachten Sie in diesem Zusammenhang die Aufgabe 6 am Ende des Abschnitts.)

### 1.3.4 Funktionen als Relationen. Der Graph einer Funktion

Zum Abschluss kehren wir nochmals zum Begriff einer Funktion zurück, der eine lang anhaltende und sehr komplizierte Entwicklung hinter sich hat.

Der Ausdruck *Funktion* tritt zuerst in den Jahren 1673 bis 1692 in Arbeiten von G. Leibniz (in einem etwas engeren Sinne, um genau zu sein) auf. Ab 1698 wurde der Ausdruck in einer zu heute vergleichbaren Weise durch die Korrespondenz zwischen Leibniz und Johann Bernoulli[13] etabliert. (Der in diesem Zusammenhang üblicherweise zitierte Brief von Bernoulli, ist auf dieses Jahr datiert.)

Viele große Mathematiker haben ihren Anteil am modernen Begriff der funktionalen Abhängigkeit.

---

[13] Johann Bernoulli (1667–1748) – einer der frühen Mitglieder der angesehenen schweizerischen Gelehrtenfamilie Bernoulli. Er untersuchte Analysis, Geometrie und Mechanik. Er legte zusammen mit seinem Bruder Jacob den Grundstein der Variationsrechnung und erstellte die erste systematische Darstellung der Differential- und Integralrechnung.

Eine Beschreibung einer Funktion, die nahezu mit der identisch ist, die wir zu Beginn dieses Abschnitts gegeben haben, findet sich bereits in den Arbeiten von Euler (Mitte des achtzehnten Jahrhunderts). Er führte auch die Schreibweise $f(x)$ ein. Zu Beginn des neunzehnten Jahrhunderts wird der Begriff in den Lehrbüchern von S. Lacroix[14] verwendet. Ein Verfechter dieses Begriffs einer Funktion war N. I. Lobachevski[15], der festhielt: „Eine vollständige umfassende Durchdringung der Theorie wird nur durch die Abhängigkeitsbeziehungen möglich, in denen die miteinander verbundenen Zahlen so verstanden werden, als ob sie *eine Einheit bilden*.“[16] Es ist diese Vorstellung einer genauen Definition des Konzepts einer Funktion, die wir hier erklären wollen.

Die Formulierung des Konzepts einer Funktion, den wir zu Beginn dieses Abschnitts gegeben haben, ist ziemlich dynamisch und beinhaltet das Wesentliche. Sie kann jedoch nach modernen Anforderungen an Strenge nicht Definition genannt werden, da es den Begriff einer Zusammengehörigkeit verwendet, der zum Begriff einer Funktion äquivalent ist. Zur Information des Lesers wollen wir hier zeigen, wie die Definition einer Funktion in der Sprache der Mengenlehre lauten könnte. (Es ist interessant, dass das Konzept einer Relation, zu dem wir so gelangen, selbst bei Leibniz dem Konzept einer Funktion voranging.)

### a. Relationen

**Definition 1.** Eine *Relation* $\mathcal{R}$ ist jede Menge geordneter Paare $(x, y)$.

Die Menge X der ersten Elemente der geordneten Paare, die $\mathcal{R}$ bilden, wird *Definitionsbereich* von $\mathcal{R}$ genannt und die Menge $Y$ der zweiten Elemente dieser geordneten Paare der *Wertebereich* von $\mathcal{R}$.

Daher kann eine Relation als eine Teilmenge $\mathcal{R}$ des direkten Produkts $X \times Y$ betrachtet werden. Gilt $X \subset X'$ und $Y \subset Y'$, dann ist natürlich $\mathcal{R} \subset X \times Y \subset X' \times Y'$, so dass eine vorgegebene Relation als Teilmenge verschiedener Mengen definiert werden kann.

Jede Menge, die den Definitionsbereich einer Relation enthält, wird *Ausgangsbereich* der Relation genannt und jede Menge, die den Wertebereich als Teilmenge enthält, *Zielbereich* der Relation.

Anstelle $(x, y) \in \mathcal{R}$ zu schreiben, schreiben wir meist $x\mathcal{R}y$ und sagen, dass *x mit y durch die Relation $\mathcal{R}$ verbunden ist*.

Ist $\mathcal{R} \subset X^2$, so sagen wir, dass die Relation $\mathcal{R}$ *auf X definiert* ist.

---

[14] S. F. Lacroix (1765–1843) – französischer Mathematiker und Lehrer (Professor an der École Normale und der École Polytechnique und Mitglied der Pariser Akademie der Wissenschaften).

[15] N. I. Lobachevskii (1792–1856) – großer russischer Gelehrter. Ihm gebührt zusammen mit dem großen deutschen Wissenschaftler C. F. Gauss (1777–1855) und dem hervorragenden ungarischen Mathematiker J. Bólyai (1802–1860) die Ehre, die nicht-euklidische Geometrie begründet zu haben.

[16] Lobachevskii, N. I. *Gesamte Werke*, Bd. 5, Moskau–Leningrad: Gostekhizdat, 1951, S. 44 (russisch).

Wir wollen einige Beispiele geben.

*Beispiel 13.* Die Diagonale

$$\Delta = \left\{ (a,b) \in X^2 \,|\, a = b \right\}$$

ist eine Teilmenge von $X^2$. Sie definiert die Gleichheitsrelation zwischen Elementen von $X$. Tatsächlich bedeutet $a\Delta b$, dass $(a,b) \in \Delta$, d.h., $a = b$.

*Beispiel 14.* Sei $X$ die Menge aller Geraden in einer Ebene.

Zwei Geraden $a \in X$ und $b \in X$ stehen zueinander in der Relation $\mathcal{R}$ und wir schreiben dann $a\mathcal{R}b$, wenn $b$ zu $a$ parallel ist. Offensichtlich führt diese Bedingung zu einer Menge $\mathcal{R}$ von Paaren $(a,b)$ in $X^2$, so dass $a\mathcal{R}b$. Aus der Geometrie wissen wir, dass die Parallelität zwischen Geraden die folgenden Eigenschaften besitzt:

$a\mathcal{R}a$ (Reflexivität),
$a\mathcal{R}b \Rightarrow b\mathcal{R}a$ (Symmetrie) und
$(a\mathcal{R}b) \wedge (b\mathcal{R}c) \Rightarrow a\mathcal{R}c$ (Transitivität).

Eine Relation mit den eben angeführten drei Eigenschaften, d.h. der Reflexivität[17], der Symmetrie und der Transitivität, wird üblicherweise auch als *Äquivalenz-Relation* bezeichnet. Eine Äquivalenz-Relation wird durch das spezielle Symbol $\sim$ gekennzeichnet, das den Buchstaben $\mathcal{R}$ ersetzt. Daher schreiben wir bei einer Äquivalenz-Relation auch $a \sim b$ anstelle von $a\mathcal{R}b$ und sagen, dass $a$ zu $b$ *äquivalent* ist.

*Beispiel 15.* Sei $M$ eine Menge und $X = \mathcal{P}(M)$ die Menge ihrer Teilmengen. Für zwei beliebige Elemente $a$ und $b$ von $X = \mathcal{P}(M)$, d.h. für zwei Teilmengen $a$ und $b$ von $M$, ist stets eine der drei Möglichkeiten wahr: $a$ ist in $b$ enthalten; $b$ ist in $a$ enthalten; $a$ ist keine Teilmenge von $b$ und $b$ ist keine Teilmenge von $a$.

Als Beispiel einer Relation $\mathcal{R}$ auf $X^2$ betrachten wir die Inklusion von Teilmengen von $M$, d.h., wir treffen die Definition

$$a\mathcal{R}b := (a \subset b)\,.$$

Diese Relation besitzt offensichtlich die folgenden Eigenschaften:

$a\mathcal{R}a$ (Reflexivität),
$(a\mathcal{R}b) \wedge (b\mathcal{R}c) \Rightarrow a\mathcal{R}c$ (Transitivität) und
$(a\mathcal{R}b) \wedge (b\mathcal{R}a) \Rightarrow a\Delta b$, d.h. $a = b$ (Antisymmetrie).

Eine Relation zwischen Elementpaaren einer Menge $X$ mit diesen drei Eigenschaften wird normalerweise als *Halbordnung* oder als *partielle Ordnung* bezeichnet und wir schreiben dafür oft $a \preceq b$ und sagen, dass $b$ auf $a$ folgt.

---

[17] Der Vollständigkeit halber wollen wir festhalten, dass eine Relation $\mathcal{R}$ *reflexiv* ist, falls ihr Definitionsbereich und ihr Wertebereich identisch sind und die Relation $a\mathcal{R}a$ für jedes Element $a$ im Definitionsbereich von $\mathcal{R}$ gilt.

Wenn die Bedingung

$$\forall a \forall b \big( (a\mathcal{R}b) \vee (b\mathcal{R}a) \big)$$

zusätzlich zu den beiden letzten Eigenschaften, die eine Halbordnung definieren, gilt, d.h., wenn je zwei Elemente von $X$ vergleichbar sind, wird die Relation $\mathcal{R}$ eine *Totalordnung* oder *lineare Ordnung* genannt und die Menge $X$ zusammen mit der auf ihr definierten Ordnung wird als *linear angeordnet* bezeichnet.

Dieser Ausdruck stammt von dem intuitiven Bild der reellen Geraden $\mathbb{R}$, auf der die Beziehung $a \leq b$ zwischen jedem Paar reeller Zahlen gilt.

**b. Funktionen und ihre Graphen.** Eine Relation $\mathcal{R}$ wird *funktional* genannt, falls

$$(x\mathcal{R}y_1) \wedge (x\mathcal{R}y_2) \Rightarrow (y_1 = y_2) \, .$$

Eine funktionale Relation wird als *Funktion* bezeichnet.

Insbesondere ist, falls $X$ und $Y$ zwei nicht notwendigerweise verschiedene Mengen sind, eine Relation $\mathcal{R} \subset X \times Y$ zwischen Elementen $x$ von $X$ und $y$ von $Y$ eine *funktionale* Relation auf $X$, falls für jedes $x \in X$ ein eindeutiges Element $y \in Y$ mit der vorgegebenen Relation existiert, d.h., so dass $x\mathcal{R}y$ gilt.

Eine derartige funktionale Relation $\mathcal{R} \subset X \times Y$ ist eine *Abbildung von $X$ nach $Y$* oder eine *Funktion von $X$ nach $Y$*.

Normalerweise bezeichnen wir Funktionen mit dem Buchstaben $f$. Ist $f$ eine Funktion, so schreiben wir $y = f(x)$ oder $x \overset{f}{\longmapsto} y$ wie zuvor, anstelle von $x \, f \, y$ und wir bezeichnen $y = f(x)$ als den *Wert* von $f$ in $x$ oder als das *Bild* von $x$ unter $f$.

Wie wir nun sehen, ist das Zuweisen eines Elements $y \in Y$ „zugehörig" zu $x \in X$ in Übereinstimmung mit der „Regel" $f$, die wir ursprünglich für den Begriff einer Funktion formuliert haben, gleich der Relation für jedes $x \in X$ existiert ein eindeutiges $y \in Y$, so dass $x \, f \, y$, d.h. $(x, y) \in f \subset X \times Y$.

Mit unserem ursprünglichen Verständnis ist der *Graph* einer Funktion $f : X \to Y$ die Teilmenge $\Gamma$ des direkten Produkts $X \times Y$, deren Elemente die Gestalt $\big(x, f(x)\big)$ besitzen. Somit also:

$$\Gamma := \big\{ (x, y) \in X \times Y \, | \, y = f(x) \big\} \, .$$

In der neuen Beschreibung einer Funktion, in der wir eine Untermenge $f \subset X \times Y$ definieren, verschwindet natürlich die Unterscheidung zwischen einer Funktion und ihrem Graphen.

Wir haben hier die theoretische Möglichkeit einer formalen mengentheoretischen Definition einer Funktion vorgestellt, die sich letztendlich auf die Identifikation einer Funktion mit ihrem Graphen reduzieren lässt. Wir wollen uns jedoch nicht mit dieser Art der Definition einer Funktion einschränken. Manchmal ist es bequemer, eine funktionale Relation analytisch zu definieren, manchmal genügt eine einfache Wertetabelle und an anderen Stellen kann es wiederum von Vorteil sein, eine verbale Beschreibung einer Prozedur (Algorithmus) zu geben, um es zu ermöglichen, ein Element $y \in Y$ zu finden, das einem vorgegeben $x \in X$ zugeordnet ist. Bei jeder Beschreibungsart einer Funktion ist es nützlich, sich zu vergegenwärtigen, wie die Funktion mit Hilfe ihres Graphen hätte definiert werden können. Dieses Problem kann als die Frage nach der Konstruktion des Graphen formuliert werden. Die Definition einer numerischen Funktion durch eine gute graphische Darstellung ist oft hilfreich, da dadurch die wichtigen qualitativen Eigenschaften der funktionalen Beziehung sichtbar werden. Wir können auch für Berechnungen Graphen (Nomogramme) benutzen; aber als Faustregel nur in Fällen, in denen hohe Genauigkeit nicht notwendig ist. Für exakte Berechnungen benutzen wir die Definition einer Funktion als Wertetabelle, aber noch öfter benutzen wir eine algorithmische Definition, die direkt auf einem Computer implementiert werden kann.

### 1.3.5 Übungen

**1.** Die *Komposition* $\mathcal{R}_2 \circ \mathcal{R}_1$ der Relationen $\mathcal{R}_1$ und $\mathcal{R}_2$ wird wie folgt definiert:

$$\mathcal{R}_2 \circ \mathcal{R}_1 := \left\{ (x, z) \mid \exists y \, (x\mathcal{R}_1 y \wedge y\mathcal{R}_2 z) \right\} .$$

Sind $\mathcal{R}_1 \subset X \times Y$ und $\mathcal{R}_2 \subset Y \times Z$, dann gilt insbesondere $\mathcal{R} = \mathcal{R}_2 \circ \mathcal{R}_1 \subset X \times Z$ und

$$x\mathcal{R}z := \exists y \left( (y \in Y) \wedge (x\mathcal{R}_1 y) \wedge (y\mathcal{R}_2 z) \right) .$$

a) Sei $\Delta_X$ die Diagonale von $X^2$ und $\Delta_Y$ die Diagonale von $Y^2$. Seien $\mathcal{R}_1 \subset X \times Y$ und $\mathcal{R}_2 \subset Y \times X$, so dass $(\mathcal{R}_2 \circ \mathcal{R}_1 = \Delta_X) \wedge (\mathcal{R}_1 \circ \mathcal{R}_2 = \Delta_Y)$. Zeigen Sie, dass dann beide Relationen funktional sind und zueinander inverse Abbildungen von $X$ und $Y$ definieren.

b) Sei $\mathcal{R} \subset X^2$. Zeigen Sie, dass die Transitivitätsbedingung der Relation $\mathcal{R}$ zur Bedingung $\mathcal{R} \circ \mathcal{R} \subset \mathcal{R}$ äquivalent ist.

c) Die Relation $\mathcal{R}' \subset Y \times X$ wird *Transponierte* der Relation $\mathcal{R} \subset X \times Y$ genannt, falls $(y\mathcal{R}'x) \Leftrightarrow (x\mathcal{R}y)$. Zeigen Sie, dass eine Relation $\mathcal{R} \subset X^2$ genau dann antisymmetrisch ist, wenn $\mathcal{R} \cap \mathcal{R}' \subset \Delta_X$.

d) Zeigen Sie, dass je zwei Elemente von $X$ genau dann durch die Relation $\mathcal{R} \subset X^2$ (in irgendeiner Ordnung) verbunden sind, wenn $\mathcal{R} \cup \mathcal{R}' = X^2$.

**2.** Sei $f : X \to Y$ eine Abbildung. Das Urbild $f^{-1}(y) \subset X$ des Elements $y \in Y$ wird auch *Faser* über $y$ genannt.

a) Bestimmen Sie die Fasern für die folgenden Abbildungen:

$$\mathrm{pr}_1 : X_1 \times X_2 \to X_1, \qquad \mathrm{pr}_2 : X_1 \times X_2 \to X_2 .$$

b) Das Element $x_1 \in X$ sei durch die Relation $\mathcal{R} \subset X^2$ mit einem Element $x_2 \in X$ verbunden. Wir schreiben $x_1\mathcal{R}x_2$, falls $f(x_1) = f(x_2)$, d.h., $x_1$ und $x_2$ liegen beide in derselben Faser.
Zeigen Sie, dass $\mathcal{R}$ eine Äquivalenzrelation ist.

c) Zeigen Sie, dass die Fasern einer Abbildung $f : X \to Y$ sich nicht schneiden und dass die Vereinigung aller Fasern die gesamte Menge $X$ ergibt.

d) Zeigen Sie, dass jede Äquivalenzrelation zwischen Elementen einer Menge es ermöglicht, eine Menge als eine Vereinigung von gegenseitig disjunkten Äquivalenzklassen von Elementen darzustellen.

**3.** Sei $f : X \to Y$ eine Abbildung von $X$ auf $Y$. Zeigen Sie, dass für Untermengen $A$ und $B$ von $X$ gilt:

a) $(A \subset B) \Rightarrow \big( f(A) \subset f(B) \big) \not\Rightarrow (A \subset B)$,

b) $(A \neq \varnothing) \Rightarrow \big( f(A) \neq \varnothing \big)$,

c) $f(A \cap B) \subset f(A) \cap f(B)$,

d) $f(A \cup B) = f(A) \cup f(B)$.

Sind $A'$ und $B'$ Untermengen von $Y$, dann gilt:

e) $(A' \subset B') \Rightarrow \big( f^{-1}(A') \subset f^{-1}(B') \big)$,

f) $f^{-1}(A' \cap B') = f^{-1}(A') \cap f^{-1}(B')$,

g) $f^{-1}(A' \cup B') = f^{-1}(A') \cup f^{-1}(B')$.

Gilt $Y \supset A' \supset B'$, dann ist:

h) $f^{-1}(A' \setminus B') = f^{-1}(A') \setminus f^{-1}(B')$,

i) $f^{-1}(C_Y A') = C_X f^{-1}(A')$.

Für jedes $A \subset X$ und $B' \subset Y$ gilt:

j) $f^{-1}\big( f(A) \big) \supset A$,

k) $f\big( f^{-1}(B') \big) \subset B'$.

**4.** Zeigen Sie, dass für die Abbildung $f : X \to Y$ gilt:

a) $f$ ist genau dann surjektiv, wenn $f\big( f^{-1}(B') \big) = B'$ für alle Mengen $B' \subset Y$,

b) $f$ ist genau dann bijektiv, wenn

$$\big( f^{-1}\big( f(A) \big) = A \big) \wedge \big( f\big( f^{-1}(B') \big) = B' \big)$$

für jede Menge $A \subset X$ und jede Menge $B' \subset Y$.

**5.** Zeigen Sie, dass die folgenden Aussagen über eine Abbildung $f : X \to Y$ äquivalent sind:

a) $f$ ist injektiv,

b) $f^{-1}\big( f(A) \big) = A$ für jedes $A \subset X$,

c) $f(A \cap B) = f(A) \cap f(B)$ für beliebige Teilmengen $A$ und $B$ von $X$,

d) $f(A) \cap f(B) = \varnothing \Leftrightarrow A \cap B = \varnothing$,

e) $f(A \setminus B) = f(A) \setminus f(B)$, falls $X \supset A \supset B$.

**6.** a) Für die Abbildungen $f : X \to Y$ und $g : Y \to X$ gelte $g \circ f = e_X$, wobei $e_X$ die Identität auf $X$ ist. Dann wird $g$ eine *linke Inverse* von $f$ und $f$ eine *rechte Inverse* von $g$ genannt. Zeigen Sie, dass im Gegensatz zur Eindeutigkeit der inversen Abbildung mehrere einseitige inverse Abbildungen existieren können. Betrachten Sie zum Beispiel die Abbildungen $f : X \to Y$ und $g : Y \to X$, wobei $X$ eine Menge mit einem Element ist und $Y$ eine Menge mit zwei Elementen oder die Abbildungen von Folgen, die durch

$$(x_1, \ldots, x_n, \ldots) \overset{f_a}{\longmapsto} (a, x_1, \ldots, x_n, \ldots),$$

$$(y_2, \ldots, y_n, \ldots) \overset{g}{\longleftarrow} (y_1, y_2, \ldots, y_n, \ldots).$$

gegeben sind.

b) Seien $f : X \to Y$ und $g : Y \to Z$ bijektive Abbildungen. Zeigen Sie, dass die Abbildung $g \circ f : X \to Z$ bijektiv ist und dass $(g \circ f)^{-1} = f^{-1} \circ g^{-1}$.

c) Zeigen Sie, dass die Gleichung

$$(g \circ f)^{-1}(C) = f^{-1}\left(g^{-1}(C)\right)$$

für jede Abbildung $f : X \to Y$ und $g : Y \to Z$ und jede Menge $C \subset Z$ gilt.

d) Beweisen Sie, dass die Abbildung $F : X \times Y \to Y \times X$, die durch die Beziehung $(x, y) \mapsto (y, x)$ definiert ist, bijektiv ist. Beschreiben Sie die Verbindung zwischen den Graphen zueinander inverser Abbildungen $f : X \to Y$ und $f^{-1} : Y \to X$.

**7.** a) Zeigen Sie, dass für jede Abbildung $f : X \to Y$ die Abbildung $F : X \to X \times Y$, die durch die Beziehung $x \overset{F}{\longmapsto} \left(x, f(x)\right)$ definiert wird, injektiv ist.

b) Nehmen Sie an, dass sich ein Teilchen mit gleichförmiger Geschwindigkeit auf einem Kreis $Y$ bewegt. Sei $X$ die Zeitachse und $x \overset{f}{\longmapsto} y$ die Beziehung zwischen der Zeit $x \in X$ und der Position $y = f(x) \in Y$ des Teilchens. Beschreiben Sie den Graphen der Funktion $f : X \to Y$ in $X \times Y$.

**8.** a) Bestimmen Sie für jedes der Beispiele 1–12 im Abschnitt 1.3, ob die darin definierten Abbildungen surjektiv, injektiv oder bijektiv sind oder zu keiner dieser Klassen gehören.

b) Das Ohmsche Gesetz $I = V/R$ verbindet den Strom $I$ in einem Leiter mit der Potentialdifferenz $V$ an den Enden des Leiters und dem Widerstand $R$ des Leiters. Formulieren Sie Mengen $X$ und $Y$, für die eine Abbildung $O : X \to Y$ dem Ohmschen Gesetz entspricht. Von welcher Menge ist die entsprechende Relation eine Teilmenge?

c) Finden Sie die Abbildungen $G^{-1}$ und $L^{-1}$, die zur Galilei- und zur Lorentz-Transformation invers sind.

**9.** a) Eine Menge $S \subset X$ ist unter einer Abbildung $f : X \to X$ *stabil*, wenn $f(S) \subset S$. Beschreiben Sie die Mengen, die unter einer Verschiebung der Ebene um einen vorgegebenen Vektor, der in der Ebene liegt, stabil sind.

b) Eine Menge $I \subset X$ ist unter einer Abbildung $f : X \to X$ *invariant*, wenn $f(I) = I$. Beschreiben Sie die Mengen, die hinsichtlich einer Rotation der Ebene um einen Fixpunkt invariant sind.

c) Ein Punkt $p \in X$ ist ein *Fixpunkt* einer Abbildung $f : X \to X$, falls $f(p) = p$. Beweisen Sie, dass jede Komposition einer Verschiebung, einer Rotation und einer Ähnlichkeitstransformation der Ebene einen Fixpunkt besitzt, falls der Koeffizient der Ähnlichkeitstransformation kleiner als 1 ist.

d) Betrachten Sie die Galilei- und die Lorentz-Transformationen als Abbildungen der Ebene auf sich selbst, wobei der Punkt mit den Koordinaten $(x, t)$ auf den Punkt mit den Koordinaten $(x', t')$ abgebildet wird. Bestimmen Sie die invarianten Mengen dieser Transformationen.

**10.** Betrachten Sie den gleichmäßigen Fluss einer Flüssigkeit (d.h., die Geschwindigkeit in jedem Punkt der Flüssigkeit ändert sich mit der Zeit nicht). Zur Zeit $t$ bewege sich ein Teilchen im Punkt $x$ der Flüssigkeit zu einem neuen Raumpunkt $f_t(x)$. Die Abbildung $x \mapsto f_t(x)$, die dadurch auf den Raumpunkten, die die Flüssigkeit einnimmt, definiert wird, hängt von der Zeit ab und wird *Abbildung nach der Zeit t* genannt. Zeigen Sie, dass $f_{t_2} \circ f_{t_1} = f_{t_1} \circ f_{t_2} = f_{t_1 + t_2}$ und $f_t \circ f_{-t} = e_X$.

# 1.4 Ergänzungen

## 1.4.1 Die Mächtigkeit einer Menge (Kardinalzahlen)

Die Menge $X$ heißt *äquipotent* oder *gleichmächtig* zur Menge $Y$, falls es eine bijektive Abbildung von $X$ auf $Y$ gibt, d.h., jedem $x \in X$ wird ein Element $y \in Y$ zugewiesen, die Elemente von $Y$, die verschiedenen Elementen von $X$ zugewiesen werden, sind unterschiedlich und jedes Element von $Y$ wird einem Element von $X$ zugewiesen.

Bildlich gesprochen, besitzt jedes Element $x \in X$ in $Y$ für sich alleine einen Stuhl und es gibt in $Y$ keine freien Stühle.

Es ist klar, dass die so eingeführte Relation $X \mathcal{R} Y$ eine *Äquivalenzrelation* ist. Aus diesem Grund werden wir in Übereinstimmung mit unserer vorhergehenden Konvention $X \sim Y$ statt $X \mathcal{R} Y$ schreiben.

Die Äquivalenzrelation unterteilt die Ansammlung aller Mengen in Klassen zueinander äquivalenter Mengen. Die Mengen einer Äquivalenzklasse besitzen dieselbe Anzahl von Elementen (sie sind äquipotent), wohingegen Mengen verschiedener Äquivalenzklassen unterschiedlich viele Elemente haben.

Die Klasse, zu der eine Menge $X$ gehört, wird *Kardinalzahl* von $X$ genannt und mit $|X|$ bezeichnet. Sind $X \sim Y$, so schreiben wir $|X| = |Y|$.

Ein Gedanke hinter dieser Konstruktion ist, dass wir so die Anzahl von Elementen in Mengen vergleichen können, ohne direkt eine Vorschrift zum Zählen vorzugeben, d.h., ohne die Elemente zu zählen, sondern durch den Vergleich mit den natürlichen Zahlen $\mathbb{N} = \{1, 2, 3, \ldots\}$. Das Letztere ist manchmal, wie wir gleich sehen werden, nicht nur theoretisch möglich.

Ist $X$ äquipotent zu einer Teilmenge von $Y$, so nennen wir die Kardinalzahl einer Menge $X$ *nicht größer* als die Kardinalzahl der Menge $Y$ und wir schreiben $|X| \leq |Y|$.

Somit ist:

$$(|X| \leq |Y|) := \exists Z \subset Y \, (|X| = |Z|) \, .$$

Ist $X \subset Y$, so ist offensichtlich $|X| \leq |Y|$. Es stellt sich jedoch heraus, dass die Beziehung $X \subset Y$ die Gleichheit in $|Y| \leq |X|$ nicht ausschließt, selbst dann nicht, wenn $X$ eine echte Teilmenge von $Y$ ist.

So ist zum Beispiel die Zuordnung $x \mapsto \frac{x}{1-|x|}$ eine bijektive Abbildung des Intervalls $-1 < x < 1$ der reellen Achse $\mathbb{R}$ auf die ganze reelle Zahlengerade.

Die Möglichkeit, dass eine Menge zu einer echten Teilmenge äquipotent ist, ist eine Charakteristik unendlicher Mengen. Sie veranlasste Dedekind[18] dazu, diese sogar als Definition unendlicher Mengen vorzuschlagen. Demnach wird eine Menge *endlich* genannt (im Sinne von Dedekind), falls sie nicht zu irgendeiner echten Teilmenge von sich selbst äquipotent ist; ansonsten heißt sie *unendlich*.

So wie die Ungleichheitsrelation die reellen Zahlen auf einer Geraden anordnet, so führt die eben eingeführte Ungleichheit zu einer Ordnung der Kardinalzahlen von Mengen. Um genauer zu sein, so kann gezeigt werden, dass die eben konstruierte Relation die folgenden Eigenschaften besitzt:

$1^0$. $(|X| \leq |Y|) \wedge (|Y| \leq |Z|) \Rightarrow (|X| \leq |Z|)$ (offensichtlich).

$2^0$. $(|X| \leq |Y|) \wedge (|Y| \leq |X|) \Rightarrow (|X| = |Y|)$ (der Satz von Schröder-Bernstein.[19]).

$3^0$. $\forall X \, \forall Y \, (|X| \leq |Y|) \vee (|Y| \leq |X|)$ (Satz von Cantor).

Daher ist die Klasse der Kardinalzahlen linear angeordnet.

Wir sagen, dass die Mächtigkeit von $X$ *geringer* ist als die Mächtigkeit von $Y$ und schreiben $|X| < |Y|$, falls $|X| \leq |Y|$ und $|X| \neq |Y|$. Somit gilt: $(|X| < |Y|) := (|X| \leq |Y|) \wedge (|X| \neq |Y|)$.

Wie zuvor ist $\varnothing$ die Menge und $\mathcal{P}(X)$ die Menge aller Teilmengen (Potenzmenge) der Menge $X$. Cantor machte die folgende Entdeckung:

**Satz.** $|X| < |\mathcal{P}(X)|$.

*Beweis.* Die Annahme gilt offensichtlich für eine leere Menge, so dass wir von nun an annehmen, dass $X \neq \varnothing$.

Da $\mathcal{P}(X)$ alle Teilmengen von $X$ mit einem Element enthält, gilt: $|X| \leq |\mathcal{P}(X)|$.

Zum Beweis des Satzes genügt es nun zu zeigen, dass $|X| \neq |\mathcal{P}(X)|$, falls $X \neq \varnothing$.

Angenommen, es gebe entgegen der Annahme eine bijektive Abbildung $f : X \to \mathcal{P}(X)$. Wir betrachten die Menge $A = \{x \in X : x \notin f(x)\}$, die aus den Elementen $x \in X$ besteht, die nicht der Menge $f(x) \in \mathcal{P}(X)$, die durch die bijektive Abbildung zugeordnet wird, angehören. Da $A \in \mathcal{P}(X)$, gibt es ein $a \in X$, so dass $f(a) = A$. Allerdings ist nach der Definition von $A$ die Aussage $a \in A$ unmöglich, ebenso wie die Aussage $a \notin A$. Somit haben wir einen Widerspruch, weswegen es keine bijektive Abbildung $f$ geben kann. □

---

[18] R. Dedekind (1831–1916) – deutscher Algebraiker, der eine aktive Rolle bei der Entwicklung der Theorie der reellen Zahlen spielte. Er war der Erste, der vorschlug, die Menge der natürlichen Zahlen durch Axiome zu beschreiben. Diese Axiome werden üblicherweise Peano-Axiome nach dem italienischen Mathematiker G. Peano (1858–1932) genannt, der dies etwas später formulierte.

[19] F. Bernstein (1878–1956) – deutscher Mathematiker, ein Student von G. Cantor. E. Schröder (1841–1902) – deutscher Mathematiker.

Dieser Satz zeigt insbesondere, dass „Unendlich" nicht immer gleich viel ist, falls unendliche Mengen existieren.

## 1.4.2 Axiome der Mengenlehre

Das Ziel dieses Abschnitts ist es, dem interessierten Leser ein Bild eines Axiomensystems zu geben, das die Eigenschaften des mathematischen Objekts, das *Menge* genannt wird, beschreibt und die einfachsten Konsequenzen dieser Axiome aufzeichnet.

$1^0$. (Extensionalitätsaxiom) *Die Mengen $A$ und $B$ sind genau dann gleich, wenn sie dieselben Elemente besitzen.*
   Dies bedeutet, dass wir alle Eigenschaften des Objekts „Menge" ignorieren, außer ihrer Eigenschaft, Elemente zu besitzen. Praktisch bedeutet dies, dass wir, um $A = B$ festzustellen, zeigen müssen, dass $\forall x \left( (x \in A) \Leftrightarrow (x \in B) \right)$.

$2^0$. (Aussonderungsaxiom) *Zu jeder Menge $A$ und jeder Eigenschaft $P$ existiert eine Menge $B$, deren Elemente genau die Elemente von $A$ sind, die die Eigenschaft $P$ besitzen.*
   Kurz gefasst wird damit sicher gestellt, dass, wenn $A$ eine Menge ist, auch $B = \{x \in A \mid P(x)\}$ eine Menge ist.
   Dieses Axiom wird sehr häufig bei mathematischen Konstruktionen benutzt, wenn wir aus einer Menge die Teilmenge auswählen, die aus Elementen mit einer gewissen Eigenschaft besteht.
   So folgt beispielsweise aus dem Aussonderungsaxiom, dass in jeder Menge $X$ eine leere Teilmenge $\varnothing_X = \{x \in X \mid x \neq x\}$ existiert. Mit Hilfe des Extensionalitätsaxioms folgern wir, dass $\varnothing_X = \varnothing_Y$ für alle Mengen $X$ und $Y$, d.h., die leere Menge ist eindeutig. Wir bezeichnen diese Menge als $\varnothing$.
   Ferner folgt aus dem Aussonderungsaxiom, dass für zwei Mengen $A$ und $B$ auch $A \setminus B = \{x \in A \mid x \notin B\}$ eine Menge ist. Ist insbesondere $M$ eine Menge und $A$ eine Teilmenge von $M$, dann ist auch $C_M A$ eine Menge.

$3^0$. (Vereinigungsaxiom) *Zu jeder Menge $M$, deren Elemente Mengen sind, existiert eine Menge $\bigcup M$, die wir Vereinigung von $M$ nennen und die genau aus den Elementen besteht, die zu einem Element von $M$ gehören.*
   Wenn wir die Formulierung „Familie von Mengen" anstatt „eine Menge, dessen Elemente Mengen sind" wählen, klingt das Vereinigungsaxiom vertrauter: Es existiert eine Menge, die aus Elementen der Mengen einer Familie besteht. Somit ist eine Vereinigung von Mengen eine Menge und $x \in \bigcup M \Leftrightarrow \exists X \left( (X \in M) \wedge (x \in X) \right)$.
   Wenn wir das Aussonderungsaxiom berücksichtigen, dann erlaubt uns das Vereinigungsaxiom den *Durchschnitt der Menge $M$* (oder Familie von Mengen) als die Menge

$$\bigcap M := \left\{ x \in \bigcup M \mid \forall X \left( (X \in M) \Rightarrow (x \in X) \right) \right\}$$

zu definieren.

$4^0$. (Paarungsaxiom) *Zu jeden Mengen $X$ und $Y$ existiert eine Menge $Z$, die genau $X$ und $Y$ als Elemente besitzt.*

Die Menge $Z$ wird $\{X, Y\}$ geschrieben und ein *ungeordnetes Paar* der Mengen $X$ und $Y$ genannt. Gilt $X = Y$, so besitzt die Menge $Z$ ein Element.

Wie wir schon betont haben, unterscheidet sich das ungeordnete Paar von dem *geordneten Paar* $(X, Y)$. Bei diesem besitzt eine der Mengen im Paar eine besondere Eigenschaft. Beispielsweise $(X, Y) := \{\{X, X\}, \{X, Y\}\}$.

Somit ermöglicht das ungeordnete Paar die Einführung des geordneten Paares, und das geordnete Paar erlaubt die Einführung des direkten Produkts von Mengen mit Hilfe des Aussonderungsaxioms und dem folgenden wichtigen Axiom.

$5^0$. (P o t e n z m e n g e n a x i o m) *Zu jeder Menge $X$ existiert eine Menge $\mathcal{P}(X)$, deren Elemente genau die Teilmengen von $X$ sind.*

Kurz formuliert, so existiert eine Menge, die aus allen Teilmengen einer vorgegebenen Menge besteht.

Wir können nun zeigen, dass die geordneten Paare $(x, y)$, mit $x \in X$ und $y \in Y$ tatsächlich eine Menge bilden und zwar:

$$X \times Y := \left\{ p \in \mathcal{P}\Big(\mathcal{P}(X) \cup \mathcal{P}(Y)\Big) \,\Big|\, \Big(p = (x, y)\Big) \wedge (x \in X) \wedge (y \in Y) \right\}.$$

Die Axiome $1^0$–$5^0$ schränken die Möglichkeiten zur Bildung neuer Mengen ein. Nach dem Satz von Cantor (nach dem $|X| < |\mathcal{P}(X)|$ gilt) gibt es folglich ein Element in der Menge $\mathcal{P}(X)$, das nicht zu $X$ gehört. Daher existiert die „Menge aller Mengen" nicht. Und genau auf dieser „Menge" beruhte das Paradoxon von Russell.

Um das nächste Axiom zu formulieren, führen wir zunächst den Begriff des *Nachfolgers* $X^+$ einer Menge $X$ ein. Wir definieren $X^+ = X \cup \{X\}$. Kurz, es wird die einelementige Menge $\{X\}$ mit $X$ vereinigt.

Ferner wird eine Menge *induktiv* genannt, falls die leere Menge eines ihrer Elemente ist und der Nachfolger jedes ihrer Elemente auch in ihr enthalten ist.

$6^0$. (U n e n d l i c h k e i t s a x i o m) *Induktive Mengen existieren.*

Wenn wir die Axiome $1^0$–$4^0$ berücksichtigen, so können wir mit dem Unendlichkeitsaxiom ein Modell für die Menge $\mathbb{N}_0$ der natürlichen Zahlen (im Sinne von von Neumann[20]) konstruieren, indem wir $\mathbb{N}_0$ als Schnittmenge aller induktiven Mengen definieren, d.h. als die kleinste induktive Menge. Die Elemente von $\mathbb{N}_0$ sind:

$$\varnothing, \quad \varnothing^+ = \varnothing \cup \{\varnothing\} = \{\varnothing\}, \quad \{\varnothing\}^+ = \{\varnothing\} \cup \{\{\varnothing\}\}, \ldots,$$

Diese Elemente sind Modelle dafür, was wir mit den Symbolen $0, 1, 2, \ldots$ bezeichnen und die natürlichen Zahlen nennen.

$7^0$. (E r s e t z u n g s a x i o m) *Sei $\mathcal{F}(x, y)$ eine Aussage (genauer gesagt eine Formel), so dass für jedes $x_0$ in der Menge $X$ ein eindeutiges Objekt $y_0$ existiert, so dass $\mathcal{F}(x_0, y_0)$ wahr ist. Dann bilden die Objekte $y$, für die ein Element $x \in X$ existiert, so dass $\mathcal{F}(x, y)$ wahr ist, eine Menge.*

Wir werden dieses Axiom bei unserer Konstruktion der Analysis nicht einsetzen.

---

[20] J. von Neumann (1903–1957) – amerikanischer Mathematiker, der auf den Gebieten Funktionalanalysis, mathematische Grundlagen der Quantenmechanik, topologische Gruppen, Spieltheorie und mathematische Logik arbeitete. Er war einer der führenden Persönlichkeiten bei der Entwicklung des ersten Computers.

Die Axiome $1^0$–$7^0$ bilden das Axiomensystem, das als Zermelo-Fraenkel-Mengenlehre[21] bekannt ist.

Dieses System wird üblicherweise um ein Axiom ergänzt, das unabhängig von den Axiomen $1^0$–$7^0$ ist und sehr häufig in der Analysis verwendet wird.

$8^0$. (Auswahlaxiom) *Zu jeder Familie von nicht leeren Mengen existiert eine Menge $C$, so dass für jede Menge $X$ der Familie $X \cap C$ genau aus einem Element besteht.*

Anders formuliert, so kann man aus jeder Menge der Familie genau einen Vertreter herausgreifen, so dass die so gewählten Vertreter eine Menge $C$ bilden.

Das Auswahlaxiom, das als Zermelo Axiom in der Mathematik bekannt ist, war unter Spezialisten Gegenstand heißer Debatten.

### 1.4.3 Anmerkungen zur Struktur mathematischer Sätze und ihrer Formulierung in der Sprache der Mengenlehre

In der Sprache der Mengenlehre gibt es zwei grundlegende oder *atomare* Typen von mathematischen Aussagen: die Annahme $x \in A$, dass ein Objekt $x$ ein Element einer Menge $A$ ist und die Annahme $A = B$, dass die Mengen $A$ und $B$ identisch sind. (Unter Verwendung des Extensionalitätsaxioms ist die zweite Aussage eine Kombination von zwei ersten Aussagen: $(x \in A) \Leftrightarrow (x \in B)$.)

Eine komplexe Aussage oder eine logische Formel kann aus atomaren Aussagen mit Hilfe logischer Operatoren – den Bindewörtern $\neg$, $\wedge$, $\vee$, $\Rightarrow$ und den Quantoren $\forall$, $\exists$ – mit Hilfe von Klammern ( ) konstruiert werden. So geschehen, wird jede Aussage, egal wie kompliziert sie sein mag, darauf reduziert, die folgenden elementaren logischen Operationen auszuführen:

a) Bildung einer neuen Aussage durch das Setzen des Negierungszeichens vor eine Aussage und Klammerung des Ergebnisses;

b) Bildung einer neuen Aussage durch Ersetzen eines notwendigen Bindeworts $\wedge$, $\vee$ und $\Rightarrow$ zwischen zwei Aussagen und Klammerung des Ergebnisses;

c) Bildung der Aussage „für jedes Objekt $x$ gilt die Eigenschaft $P$" (geschrieben: $\forall x\, P(x)$) oder der Aussage „es gibt ein Objekt $x$ mit der Eigenschaft $P$" (geschrieben: $\exists x\, P(x)$).

So bedeutet der kopfzerbrechende Ausdruck

$$\exists x \left( P(x) \wedge \left( \forall y \left( P(y) \Rightarrow (y = x) \right) \right) \right),$$

dass ein Objekt mit Eigenschaft $P$ existiert, derart dass, wenn $y$ ein beliebiges Objekt mit dieser Eigenschaft ist, dann $y = x$ gilt. In Kürze: Es existiert ein eindeutiges Objekt $x$ mit der Eigenschaft $P$. Diese Aussage wird üblicherweise als $\exists! x\, P(x)$ geschrieben und wir werden diese Kurzform benutzen.

---

[21] E. Zermelo (1871–1953) – deutscher Mathematiker.
A. Fraenkel (1891–1965) – deutscher (später israelischer) Mathematiker.

Wir haben bereits darauf hingewiesen, dass so viele Klammern wie möglich weggelassen werden, um zwar die Aussage unzweideutig zu erhalten, aber dennoch die Schreibweise zu vereinfachen. An dieser Stelle werden wir zusätzlich zu der bereits eingeführten Ordnung der Operatoren $\neg, \wedge, \vee, \Rightarrow$ annehmen, dass die Symbole in einer Formel am stärksten durch die Symbole $\in, =$ und dann $\exists, \forall$ und dann die Bindewörter $\neg, \wedge, \vee, \Rightarrow$ verbunden werden.

Mit Hilfe dieser Konvention können wir nun schreiben:

$$\exists! x\, P(x) := \exists x \big( P(x) \wedge \forall y \, (P(y) \Rightarrow y = x) \big) \, .$$

Wir werden auch die folgenden weit verbreiteten Abkürzungen verwenden:

$$(\forall x \in X)\, P := \forall x \, (x \in X \Rightarrow P(x)) \, ,$$
$$(\exists x \in X)\, P := \exists x \, (x \in X \wedge P(x)) \, ,$$
$$(\forall x > a)\, P := \forall x \, (x \in \mathbb{R} \wedge x > a \Rightarrow P(x)) \, ,$$
$$(\exists x > a)\, P := \exists x \, (x \in \mathbb{R} \wedge x > a \wedge P(x)) \, .$$

Wie immer bezeichnet hierbei $\mathbb{R}$ die Menge der reellen Zahlen.

Mit Hilfe dieser Abkürzungen und den Regeln a), b) und c) zur Konstruktion komplizierter Aussagen können wir beispielsweise eine unzweideutige Formulierung

$$\big( \lim_{x \to A} f(x) = a \big) := \forall \varepsilon > 0 \, \exists \delta > 0 \, \forall x \in \mathbb{R} \, \big( 0 < |x - a| < \delta \Rightarrow |f(x) - A| < \varepsilon \big)$$

aufstellen und damit zum Ausdruck bringen, dass die Zahl $A$ Grenzwert einer Funktion $f : \mathbb{R} \to \mathbb{R}$ im Punkt $a \in \mathbb{R}$ ist.

Das für uns wahrscheinlich wichtigste Ergebnis aus dem oben Ausgeführten sind die Regeln, um eine Negierung einer Aussage mit Quantoren zu bilden.

Die Negierung der Aussage „für ein $x$ ist $P(x)$ wahr" lautet „für jedes $x$ ist $P(x)$ falsch", wohingegen die Negierung der Aussage „für jedes $x$ ist $P(x)$ wahr" lautet, dass „ein $x$ existiert, so dass $P(x)$ falsch ist".

Somit also:

$$\neg \exists x \, P(x) \Leftrightarrow \forall x \, \neg P(x) \, ,$$
$$\neg \forall x \, P(x) \Leftrightarrow \exists x \, \neg P(x) \, .$$

Wir wiederholen ferner (vgl. die Übungen in Abschnitt 1.1), dass

$$\neg (P \wedge Q) \Leftrightarrow \neg P \vee \neg Q \, ,$$
$$\neg (P \vee Q) \Leftrightarrow \neg P \wedge \neg Q \, ,$$
$$\neg (P \Rightarrow Q) \Leftrightarrow P \wedge \neg Q \, .$$

Aus dem Gesagten kann beispielsweise gefolgert werden, dass

$$\neg \big( (\forall x > a)\, P \big) \Leftrightarrow (\exists x > a)\, \neg P \, .$$

Es wäre allerdings falsch, die rechte Seite dieser Relation als $(\exists x \le a)\,\neg P$ zu schreiben, denn tatsächlich gilt:

$$\neg\big((\forall x > a)\,P\big) := \neg\big(\forall x\,(x \in \mathbb{R} \wedge x > a \Rightarrow P(x))\big) \Leftrightarrow$$
$$\Leftrightarrow \exists x\,\neg\big(x \in \mathbb{R} \wedge x > a \Rightarrow P(x)\big) \Leftrightarrow$$
$$\Leftrightarrow \exists x\,\big((x \in \mathbb{R} \wedge x > a) \wedge \neg P(x)\big) =: (\exists x > a)\,\neg P\,.$$

Wenn wir die oben erwähnte Struktur einer beliebigen Aussage berücksichtigen, können wir nun die Negierungen, die wir eben für die einfachsten Aussagen konstruiert haben, benutzen, um die Negierung jeder Aussage zu bilden.

Beispielsweise:

$$\neg\big(\lim_{x \to a} f(x) = A\big) \Leftrightarrow \exists \varepsilon > 0\,\forall \delta > 0\,\exists x \in \mathbb{R}$$
$$(0 < |x - a| < \delta \wedge |f(x) - A| \ge \varepsilon)\,.$$

Die praktische Bedeutung der Regel zur Bildung einer Negierung ist insbesondere mit der Methode der Widerspruchsbeweise verbunden, bei welcher die Wahrheit einer Aussage $P$ aus der Tatsache abgeleitet wird, dass die Aussage $\neg P$ falsch ist.

### 1.4.4 Übungen

1. a) Zeigen Sie die Äquipotenz des geschlossenen Intervalls $\{x \in \mathbb{R}\,|\,0 \le x \le 1\}$ und des offenen Intervalls $\{x \in \mathbb{R}\,|\,0 < x < 1\}$ auf der reellen Geraden $\mathbb{R}$ sowohl mit Hilfe des Satzes von Schröder-Bernstein wie durch direkte Formulierung einer geeigneten Bijektion.

   b) Analysieren Sie den folgenden Beweis des Satzes von Schröder-Bernstein:

   $$(|X| \le |Y|) \wedge (|Y| \le |X|) \Rightarrow (|X| = |Y|)\,.$$

   *Beweis.* Es genügt zu zeigen, dass für die Mengen $X$, $Y$ und $Z$, für die $X \supset Y \supset Z$ und $|X| = |Z|$ gilt, auch $|X| = |Y|$. Sei $f : X \to Z$ eine Bijektion. Eine Bijektion $g : X \to Y$ kann beispielsweise wie folgt definiert werden:

   $$g(x) = \begin{cases} f(x), & \text{falls } x \in f^n(X) \setminus f^n(Y) \text{ für ein } n \in \mathbb{N}\,, \\ x & \text{sonst.} \end{cases}$$

   Hierbei ist $f^n = f \circ \cdots \circ f$ die $n$-te Iteration der Abbildung $f$ und $\mathbb{N}$ die Menge der natürlichen Zahlen. $\square$

2. a) Beginnen Sie mit der Definition eines Paares und beweisen Sie, dass die in 1.4.2 gegebene Definition des direkten Produkts $X \times Y$ von Mengen $X$ und $Y$ unzweideutig ist, d.h., dass die Menge $\mathcal{P}\big(\mathcal{P}(X) \cup \mathcal{P}(Y)\big)$ alle geordneten Paare $(x, y)$ enthält, mit $x \in X$ und $y \in Y$.

   b) Zeigen Sie, dass die Abbildungen $f : X \to Y$ aus einer vorgegebenen Menge $X$ in eine andere vorgegebene Menge $Y$ ihrerseits eine Menge $M(X, Y)$ bilden.

c) Sei $\mathcal{R}$ eine Menge von geordneten Paaren (d.h. eine Relation). Überprüfen Sie, ob die ersten Elemente der Paare in $\mathcal{R}$ (wie auch die zweiten) eine Menge bilden.

**3.** a) Prüfen Sie mit Hilfe der Extensionalitäts-, Paarungs-, Aussonderungs-, Vereinigungs- und Unendlichkeitsaxiome, dass die folgenden Aussagen für die Elemente der Menge $\mathbb{N}_0$ der natürlichen Zahlen im Sinne von von Neumann zutreffen:

$1^0$ $x = y \Rightarrow x^+ = y^+$,
$2^0$ $(\forall x \in \mathbb{N}_0)\,(x^+ \neq \varnothing)$,
$3^0$ $x^+ = y^+ \Rightarrow x = y$,
$4^0$ $(\forall x \in \mathbb{N}_0)\,\Big(x \neq \varnothing \Rightarrow (\exists y \in \mathbb{N}_0)\,(x = y^+)\Big)$.

b) Zeigen Sie unter Ausnutzung, dass $\mathbb{N}_0$ eine induktive Menge ist, dass die folgenden Aussagen für jedes Element $x$ und $y$ (die ihrerseits selbst Mengen sind) gelten:

$1^0$ $|x| \leq |x^+|$,
$2^0$ $|\varnothing| < |x^+|$,
$3^0$ $|x| < |y| \Leftrightarrow |x^+| < |y^+|$,
$4^0$ $|x| < |x^+|$,
$5^0$ $|x| < |y| \Leftrightarrow |x^+| \leq |y|$,
$6^0$ $x = y \Leftrightarrow |x| = |y|$,
$7^0$ $(x \subset y) \vee (x \supset y)$.

c) Zeigen Sie, dass in jeder Teilmenge $X$ von $\mathbb{N}_0$ ein (kleinstes) Element $x_m$ existiert, so dass $(\forall x \in X)\,(|x_m| \leq |x|)$. (Wenn Sie dabei Probleme haben, lesen Sie zunächst Kapitel 2.)

**4.** Wir betrachten nur Mengen. Da eine Menge, die aus verschiedenen Elementen besteht, selbst ein Element einer anderen Menge sein kann, bezeichnen Logiker üblicherweise alle Mengen durch Kleinbuchstaben. Dies vereinfacht diese Aufgabe.

1. Zeigen Sie, dass die Aussage

$$\forall x \exists y \forall z \Big(z \in y \Leftrightarrow \exists w\,(z \in w \wedge w \in x)\Big)$$

dem Vereinigungsaxiom entspricht, nach dem $y$ eine Vereinigung der Mengen ist, die zu $x$ gehören.

2. Bestimmen Sie, welche Axiome der Mengenlehre durch die folgenden Aussagen wiedergegeben werden:

$$\forall x \,\forall y \,\forall z \,\Big((z \in x \Leftrightarrow z \in y) \Leftrightarrow x = y\Big),$$

$$\forall x \,\forall y \,\exists z \,\forall v \,\Big(v \in z \Leftrightarrow (v = x \vee v = y)\Big),$$

$$\forall x \,\exists y \,\forall z \,\Big(z \in y \Leftrightarrow \forall u\,(u \in z \Rightarrow u \in x)\Big),$$

$$\exists x \,\Big(\forall y \Big(\neg \exists z\,(z \in y) \Rightarrow y \in x\Big) \wedge \forall w\,(w \in x \Rightarrow$$
$$\Rightarrow \forall u \,\Big(\forall v \,\big(v \in u \Leftrightarrow (v = w \vee v \in w)\big) \Rightarrow u \in x\Big)\Big)\Big).$$

3. Beweisen Sie, dass die Formel

$$\forall z \left( z \in f \Rightarrow \left( \exists x_1 \, \exists y_1 \, (x_1 \in x \land y_1 \in y \land z = (x_1, y_1)) \right) \right) \land$$

$$\land \, \forall x_1 \left( x_1 \in x \Rightarrow \exists y_1 \, \exists z \left( y_1 \in y \land z = (x_1, y_1) \land z \in f \right) \right) \land$$

$$\land \, \forall x_1 \, \forall y_1 \, \forall y_2 \left( \exists z_1 \, \exists z_2 \left( z_1 \in f \land z_2 \in f \land z_1 = (x_1, y_1) \land \right. \right.$$

$$\left. \left. \land \, z_2 = (x_1, y_2) \right) \Rightarrow y_1 = y_2 \right)$$

der Menge $f$ drei aufeinander folgende Einschränkungen aufzwingt: $f$ ist eine Teilmenge von $x \times y$; die Projektion von $f$ auf $x$ ist gleich $x$; zu jedem Element $x_1$ von $x$ gehört genau ein $y_1$ in $y$, so dass $(x_1, y_1) \in f$.

Daher liegt eine Definition einer Abbildung $f : x \to y$ vor.

Dieses Beispiel zeigt wiederum, dass die formale Schreibweise einer Aussage verglichen mit einer verbalen Formulierung bei weitem nicht immer die kürzeste und übersichtlichste ist. Da wir dies berücksichtigen, werden wir zukünftig logischen Symbolismus nur soweit benutzen, wie uns für eine größere Kompaktheit oder Klarheit in der Formulierung sinnvoll erscheint.

**5.** Sei $f : X \to Y$ eine Abbildung. Formulieren Sie die logische Negierung jeder der folgenden Aussagen:

a) $f$ ist surjektiv,

b) $f$ ist injektiv,

c) $f$ ist bijektiv.

**6.** Seien $X$ und $Y$ Mengen und $f \subset X \times Y$. Formulieren Sie, was es bedeutet, dass die Menge $f$ keine Funktion ist.

# 2

## Die reellen Zahlen

Mathematische Theorien werden in der Regel benutzt, weil sie es ermöglichen, eine Zahlenmenge (die Ausgangsdaten) in eine andere Zahlenmenge für
ein Zwischen- oder ein Endergebnis umzuformen. Aus diesem Grund nehmen
Funktionen mit numerischen Werten einen besonderen Platz in der Mathematik und ihren Anwendungen ein. Diese Funktionen (genauer, die so genannten
differenzierbaren Funktionen) nehmen den Hauptteil der Untersuchungen in
der klassischen Analysis ein. Aber, wie Sie bereits mit ihrer Schulerfahrung
erahnt haben und wie wir in Kürze bestätigen werden, jede aus der Sicht der
modernen Mathematik überhaupt vollständige Beschreibung der Eigenschaften dieser Funktionen ist unmöglich ohne eine exakte Definition der Menge
der reellen Zahlen, auf die diese Funktionen einwirken.

Zahlen sind in der Mathematik, was die Zeit in der Physik ist: Jeder kennt
sie und nur Experten haben Mühe, sie zu verstehen. Sie sind eine der wichtigen
mathematischen Abstraktionen, die dazu bestimmt zu sein scheinen, weiteren
deutlichen Entwicklungen unterworfen zu sein. Diesem Thema könnte eine
sehr volle eigenständige Lehrveranstaltung gewidmet sein. Wir beabsichtigen
zum jetzigen Zeitpunkt nur, das dem Leser aus der höheren Schule bisher über
reelle Zahlen Bekannte zu vereinheitlichen. Wir stellen dabei die zentralen und
unabhängigen Eigenschaften von Zahlen als Axiome vor. Wir haben vor, eine
genaue Definition der reellen Zahlen zu geben, die für den späteren mathematischen Gebrauch geeignet ist. Deswegen legen wir besonderen Wert auf ihre
Eigenschaft der Vollständigkeit oder Kontinuität, die den Keim zur Idee für
den Übergang zu Grenzwerten – die zentrale nicht arithmetische Operation
der Analysis – enthält.

## 2.1 Das Axiomensystem und einige allgemeine Eigenschaften der Menge der reellen Zahlen

### 2.1.1 Definition der Menge der reellen Zahlen

**Definition 1.** Eine Menge $\mathbb{R}$ wird als Menge der *reellen Zahlen* bezeichnet und ihre Elemente sind *reelle Zahlen*, wenn die folgenden Bedingungen, die das Axiomensystem der reellen Zahlen genannt werden, erfüllt sind.

(I) Axiome der Addition

*Eine Operation*

$$+ : \mathbb{R} \times \mathbb{R} \to \mathbb{R}$$

*(die Operation der Addition) wird definiert, indem wir jedem geordneten Paar $(x, y)$ von Elementen $x$, $y$ aus $\mathbb{R}$ ein bestimmtes Element $x+y \in \mathbb{R}$, das Summe von $x$ und $y$ genannt wird, zuordnen. Diese Operation erfüllt die folgenden Bedingungen:*

$1_+$. *Es existiert ein neutrales Element $0$ (genannt Null), so dass*

$$x + 0 = 0 + x = x$$

*für jedes $x \in \mathbb{R}$.*

$2_+$. *Zu jedem Element $x \in \mathbb{R}$ existiert ein Element $-x \in \mathbb{R}$, das Negative von $x$ genannt, so dass*

$$x + (-x) = (-x) + x = 0 \,.$$

$3_+$. *Die Operation $+$ ist assoziativ, d.h., die Gleichung*

$$x + (y + z) = (x + y) + z$$

*gilt für alle Elemente $x, y, z \in \mathbb{R}$.*

$4_+$. *Die Operation $+$ ist kommutativ, d.h.,*

$$x + y = y + x$$

*für alle Elemente $x, y \in \mathbb{R}$.*

Wenn eine Operation, die die Axiome $1_+$, $2_+$ und $3_+$ erfüllt, auf einer Menge $G$ definiert ist, dann sagen wir, dass eine *Gruppenstruktur* auf $G$ definiert ist oder dass $G$ eine *Gruppe* ist. Wird die Operation Addition genannt, so nennt man die Gruppe eine *additive* Gruppe. Ist die Operation außerdem kommutativ, d.h., wird die Bedingung $4_+$ erfüllt, dann nennt man die Gruppe *kommutativ* oder *Abelsche*[1] Gruppe.

---

[1] N. H. Abel (1802–1829) – herausragender norwegischer Mathematiker, der bewies, dass eine algebraische Gleichung höheren als vierten Grades nicht allgemein lösbar ist, d.h., es gibt für sie keine Lösungsformel.

Daher stellen die Axiome $1_+$–$4_+$ sicher, dass $\mathbb{R}$ eine additive Abelsche Gruppe ist.

## (II) Axiome der Multiplikation

*Eine Operation*

$$\bullet : \mathbb{R} \times \mathbb{R} \to \mathbb{R}$$

*(die Operation der Multiplikation) wird definiert, indem wir jedem geordneten Paar $(x, y)$ von Elementen $x, y$ aus $\mathbb{R}$ ein bestimmtes Element $x \cdot y \in \mathbb{R}$, das wir Produkt von $x$ und $y$ nennen, zuordnen. Diese Operation erfüllt die folgenden Bedingungen:*

$1_\bullet$. Es gibt ein neutrales Element $1 \in \mathbb{R}$ (Eins genannt), so dass

$$x \cdot 1 = 1 \cdot x = x$$

für jedes $x \in \mathbb{R} \setminus 0$.

$2_\bullet$. Zu jedem Element $x \in \mathbb{R} \setminus 0$ existiert ein Element $x^{-1} \in \mathbb{R}$, das wir das Inverse oder den Kehrwert von $x$ nennen, so dass

$$x \cdot x^{-1} = x^{-1} \cdot x = 1 \,.$$

$3_\bullet$. Die Operation $\bullet$ ist assoziativ, d.h., die Gleichung

$$x \cdot (y \cdot z) = (x \cdot y) \cdot z$$

gilt für alle Elemente $x, y, z \in \mathbb{R}$.

$4_\bullet$. Die Operation $\bullet$ ist kommutativ, d.h.,

$$x \cdot y = y \cdot x$$

gilt für alle Elemente $x, y \in \mathbb{R}$.

Wir betonen, dass die Menge $\mathbb{R} \setminus 0$ hinsichtlich der Operation der Multiplikation eine (*multiplikative*) Gruppe ist.

## (I, II) Addition und Multiplikation

*Die Multiplikation ist bezüglich der Addition distributiv, d.h.,*

$$(x + y)z = xz + yz$$

*für alle $x, y, z \in \mathbb{R}$.*

Wir betonen, dass aufgrund der Kommutativität der Multiplikation diese Gleichung auch gilt, wenn die Reihenfolge der Faktoren auf jeder Seite vertauscht wird.

Sind zwei Operationen, die diese Axiome erfüllen, auf einer Menge $G$ definiert, dann wird $G$ ein *Körper* genannt.

(III) ANORDNUNGSAXIOME

*Zwischen Elementen von* $\mathbb{R}$ *existiert eine Relation* $\leq$*, d.h., für Elemente* $x, y \in \mathbb{R}$ *lässt sich entscheiden, ob* $x \leq y$ *gilt oder nicht. Hierbei gelten die folgenden Bedingungen:*

$0_\leq. \ \forall x \in \mathbb{R} \, (x \leq x)$.

$1_\leq. \ (x \leq y) \wedge (y \leq x) \Rightarrow (x = y)$.

$2_\leq. \ (x \leq y) \wedge (y \leq z) \Rightarrow (x \leq z)$.

$3_\leq. \ \forall x \in \mathbb{R} \forall y \in \mathbb{R} \, (x \leq y) \vee (y \leq x)$.

Die Relation $\leq$ auf $\mathbb{R}$ wird *Ungleichheit* genannt.

Eine Menge, auf der es eine Relation zwischen Paaren von Elementen gibt, die die Axiome $0_\leq$, $1_\leq$ und $2_\leq$ erfüllt, wird, wie Sie wissen, *teilweise angeordnet* genannt. Gilt außerdem Axiom $3_\leq$, d.h., sind je zwei Elemente vergleichbar, dann ist die Menge *linear angeordnet*. Daher ist die Menge der reellen Zahlen durch die Relation der Ungleichheit zwischen ihren Elementen linear angeordnet.

(I, III) ADDITION UND ANORDNUNG AUF $\mathbb{R}$

*Seien* $x, y, z$ *Elemente von* $\mathbb{R}$*, dann gilt:*

$$(x \leq y) \Rightarrow (x + z \leq y + z) \, .$$

(II, III) MULTIPLIKATION UND ANORDNUNG AUF $\mathbb{R}$

*Seien* $x, y$ *Elemente von* $\mathbb{R}$*, dann gilt:*

$$(0 \leq x) \wedge (0 \leq y) \Rightarrow (0 \leq x \cdot y) \, .$$

(IV) DAS VOLLSTÄNDIGKEITSAXIOM

*Seien* $X$ *und* $Y$ *nicht leere Teilmengen von* $\mathbb{R}$ *mit der Eigenschaft, dass* $x \leq y$ *für jedes* $x \in X$ *und jedes* $y \in Y$*. Dann gibt es ein* $c \in \mathbb{R}$*, so dass* $x \leq c \leq y$ *für alle* $x \in X$ *und* $y \in Y$*.*

Wir haben nun eine vollständige Aufstellung der Axiome, so dass jede Menge, auf der diese Axiome gelten, als eine konkrete Realisierung oder als *Modell* der reellen Zahlen betrachtet werden kann.

Diese Definition erfordert formal keinerlei Vorkenntnisse über Zahlen. Ausgehend von ihr sollten wir „durch Einschalten mathematischen Denkens", wiederum rein formal, all die anderen Eigenschaften reeller Zahlen als Theoreme erhalten. Über diesen axiomatischen Formalismus möchten wir gerne einige nicht formale Bemerkungen machen.

Stellen Sie sich vor, Sie hätten nicht über die Stufe des Zusammenzählens von Äpfeln, Würfeln oder anderen bekannten Gegenständen die Addition abstrakter natürlicher Zahlen kennen gelernt; Sie hätten nicht die Längen von Strecken gemessen und wären so zu den rationalen Zahlen gelangt; Sie würden nicht die große Entdeckung unserer Vorfahren kennen, dass die Diagonale eines Quadrats inkommensurabel mit seinen Seiten ist, so dass ihre Länge keine rationale Zahl sein kann, d.h., dass irrationale Zahlen notwendig sind; Sie hätten keine Vorstellung von den Begriffen „größer" oder „kleiner", wie sie bei Messungen auftreten; Sie würden sich kein Bild von einer Anordnung machen, indem Sie die reelle Gerade zeichnen. Ohne alle diese Vorkenntnisse würden Ihnen die gerade vorgestellten Axiome nicht als das Produkt eines intelligenten Fortschritts vorkommen, sondern zumindest als sehr seltsames und in jeder Hinsicht willkürliches Ergebnis der Einbildung.

In Verbindung mit jedem abstrakten Axiomensystem tauchen zumindest sofort zwei Fragen auf.

Zunächst einmal, ob diese Axiome in sich konsistent sind? D.h., gibt es eine Menge, die alle diese eben aufgeführten Bedingungen erfüllt? Dies ist das *Konsistenzproblem* der Axiome.

Ferner, ob das vorgestellte Axiomensystem das mathematische Objekt eindeutig beschreibt? D.h., wie die Logiker sagen würden, ist das Axiomensystem *kategorisch*? Hierbei muss Eindeutigkeit folgendermaßen verstanden werden. Falls zwei Menschen $A$ und $B$ unabhängige Modelle konstruieren, etwa die Zahlensysteme $\mathbb{R}_A$ und $\mathbb{R}_B$, die diese Axiome erfüllen, dann muss ein bijektiver Zusammenhang zwischen den Systemen $\mathbb{R}_A$ und $\mathbb{R}_B$ hergestellt werden können, etwa $f : \mathbb{R}_A \to \mathbb{R}_B$, die die arithmetischen Operationen und die Anordnung erhält, d.h.,

$$f(x+y) = f(x) + f(y)\,,$$
$$f(x \cdot y) = f(x) \cdot f(y)\,,$$
$$x \le y \Leftrightarrow f(x) \le f(y)\,.$$

Mathematisch betrachtet sind in diesem Fall $\mathbb{R}_A$ und $\mathbb{R}_B$ bloß verschiedene, aber gleichermaßen gültige Realisierungen (Modelle) der reellen Zahlen (beispielsweise kann $\mathbb{R}_A$ die Menge der unendlichen Dezimalzahldarstellungen und $\mathbb{R}_B$ die Menge der Punkte auf der reellen Gerade sein). Derartige Realisierungen werden *isomorph* genannt und die Abbildung $f$ ein *Isomorphismus*. Das Ergebnis dieser mathematischen Ausführungen handelt also nicht von einer speziellen Realisierung, sondern von jedem Modell in der Klasse isomorpher Modelle des vorgegebenen Axiomensystems.

Wir wollen die oben gestellten Fragen nicht diskutieren, sondern sie stattdessen nur aufschlussreich beantworten.

Eine positive Antwort auf die Frage nach der Konsistenz eines Axiomensystems bleibt immer hypothetisch. Im Zusammenhang mit Zahlen nimmt sie die folgende Gestalt an: Wenn wir mit den formulierten Axiomen der Mengenlehre beginnen (vgl. 1.4.2), dann können wir die Menge der natürlichen

Zahlen konstruieren, daraus dann die rationalen Zahlen und schließlich die Menge $\mathbb{R}$ der reellen Zahlen, die alle angeführten Eigenschaften besitzt.

Die Frage, ob das Axiomensystem für die reellen Zahlen kategorisch ist, kann bewiesen werden. Diejenigen, die dies wollen, können die Frage unabhängig durch die Lösung der Aufgaben 23 und 24 am Ende dieses Abschnitts beantworten.

### 2.1.2 Einige allgemeine algebraische Eigenschaften der reellen Zahlen

Wir wollen durch Beispiele zeigen, wie wir die bekannten Eigenschaften der Zahlen aus diesen Axiomen erhalten können.

#### a. Folgerungen aus den Additionsaxiomen

$1^0$. *Es gibt in der Menge der reellen Zahlen nur eine Null.*

*Beweis.* Seien $0_1$ und $0_2$ beides Nullen in $\mathbb{R}$. Dann folgt aus der Definition der Null:

$$0_1 = 0_1 + 0_2 = 0_2 + 0_1 = 0_2 \,. \qquad \square$$

$2^0$. *Jedes Element der Menge der reellen Zahlen besitzt ein eindeutiges Negatives.*

*Beweis.* Seien $x_1$ und $x_2$ zwei Negative zu $x \in \mathbb{R}$, dann gilt:

$$x_1 = x_1 + 0 = x_1 + (x + x_2) = (x_1 + x) + x_2 = 0 + x_2 = x_2 \,. \qquad \square$$

Hierbei haben wir erfolgreich die Definition der Null, die Definition des Negativen, die Assoziativität der Addition, wieder die Definition des Negativen und schließlich wieder die Definition der Null ausgenutzt.

$3^0$. *In der Menge der reellen Zahlen $\mathbb{R}$ besitzt die Gleichung*

$$a + x = b$$

*die eindeutige Lösung*

$$x = b + (-a) \,.$$

*Beweis.* Dies folgt aus der Existenz und der Eindeutigkeit des Negativen zu jedem Element $a \in \mathbb{R}$:

$$(a + x = b) \Leftrightarrow \big((x + a) + (-a) = b + (-a)\big) \Leftrightarrow$$
$$\Leftrightarrow \big(x + (a + (-a)) = b + (-a)\big) \Leftrightarrow \big(x + 0 = b + (-a)\big) \Leftrightarrow$$
$$\Leftrightarrow \big(x = b + (-a)\big) \,. \qquad \square$$

Der Ausdruck $b + (-a)$ kann auch als $b - a$ geschrieben werden. Dies ist die kürzere und allgemein übliche Schreibweise, der auch wir uns anschließen wollen.

**b. Folgerungen aus den Multiplikationsaxiomen**

$1^0$. *Es gibt nur ein multiplikatives neutrales Element in der Menge der reellen Zahlen.*

$2^0$. *Zu jedem $x \neq 0$ gibt es nur ein Inverses $x^{-1}$.*

$3^0$. *Für $a \in \mathbb{R}\backslash 0$ besitzt die Gleichung $a \cdot x = b$ die eindeutige Lösung $x = b \cdot a^{-1}$.*

Die Beweise dieser Sätze wiederholen natürlich die Beweise der entsprechenden Sätze der Addition (abgesehen von einem veränderten Symbol und einem anderen Namen für die Operation) und wir lassen sie deswegen weg.

**c. Folgerungen aus dem Axiom das Addition und Multiplikation verbindet**

Die Anwendung des zusätzlichen Axioms (I, II), durch das Addition und Multiplikation verbunden ist, liefert weitere Folgerungen.

$1^0$. *Für alle $x \in \mathbb{R}$ gilt:*
$$x \cdot 0 = 0 \cdot x = 0 \,.$$

*Beweis.*

$$\big(x \cdot 0 = x \cdot (0 + 0) = x \cdot 0 + x \cdot 0\big) \Rightarrow \big(x \cdot 0 = x \cdot 0 + (-(x \cdot 0)) = 0\big) \,. \qquad \square$$

An diesem Ergebnis kann man übrigens erkennen, dass für $x \in \mathbb{R} \setminus 0$ gilt: $x^{-1} \in \mathbb{R} \setminus 0$.

$2^0$.    $(x \cdot y = 0) \Rightarrow (x = 0) \vee (y = 0)$.

*Beweis.* Sei etwa $y \neq 0$, so folgt wegen der eindeutigen Lösbarkeit der Gleichung $x \cdot y = 0$ für $x$, dass $x = 0 \cdot y^{-1} = 0$. $\qquad \square$

$3^0$. Für jedes $x \in \mathbb{R}$ gilt:
$$-x = (-1) \cdot x \,.$$

*Beweis.* $x + (-1) \cdot x = \big(1 + (-1)\big) \cdot x = 0 \cdot x = x \cdot 0 = 0$. Die Annahme folgt nun aus der Eindeutigkeit des Negativen einer Zahl. $\qquad \square$

$4^0$. Für jedes $x \in \mathbb{R}$ gilt:
$$(-1)(-x) = x \,.$$

*Beweis.* Dies folgt aus $3^0$ und der Eindeutigkeit des Negativen $-x$. $\qquad \square$

$5^0$. Für jedes $x \in \mathbb{R}$ gilt:
$$(-x) \cdot (-x) = x \cdot x \,.$$

*Beweis.*

$$(-x)(-x) = \big((-1) \cdot x\big)(-x) = \big(x \cdot (-1)\big)(-x) = x\big((-1)(-x)\big) = x \cdot x \,.$$

Hierbei haben wir wiederholt den vorherigen Satz, die Kommutativität und die Assoziativität der Multiplikation, angewendet.    □

### d. Folgerungen aus den Anordnungsaxiomen

Wir beginnen mit der Feststellung, dass die Relation $x \leq y$ (sprich: „$x$ ist kleiner oder gleich $y$") ebenso als $y \geq x$ (sprich: „$y$ ist größer oder gleich $x$") geschrieben werden kann. Gilt $x \neq y$, dann wird die Relation $x \leq y$ als $x < y$ (sprich: „$x$ kleiner als $y$") oder $y > x$ (sprich: „$y$ größer als $x$") geschrieben und *strenge Ungleichheit* genannt.

$1^0$. *Für jedes $x, y \in \mathbb{R}$ gilt genau eine der folgenden Relationen:*

$$x < y, \qquad x = y, \qquad x > y \,.$$

*Beweis.* Dies folgt aus der obigen Definition der strengen Ungleichheit und den Axiomen $1_\leq$ und $3_\leq$.    □

$2^0$. *Für jedes $x, y, z \in \mathbb{R}$ gilt:*

$$(x < y) \wedge (y \leq z) \Rightarrow (x < z) \,,$$
$$(x \leq y) \wedge (y < z) \Rightarrow (x < z) \,.$$

*Beweis.* Die zweite Annahme wird als Beispiel bewiesen. Nach Axiom $2_\leq$, nach dem die Ungleichheitsrelation transitiv ist, gilt:

$$(x \leq y) \wedge (y < z) \Leftrightarrow (x \leq y) \wedge (y \leq z) \wedge (y \neq z) \Rightarrow (x \leq z) \,.$$

Nun bleibt zu zeigen, dass $x \neq z$. Wäre dies nicht der Fall, dann wäre

$$(x \leq y) \wedge (y < z) \Leftrightarrow (z \leq y) \wedge (y < z) \Leftrightarrow (z \leq y) \wedge (y \leq z) \wedge (y \neq z) \,.$$

Nach Axiom $1_\leq$ würde daraus

$$(y = z) \wedge (y \neq z) \,,$$

was ein Widerspruch ist.    □

**e. Folgerungen aus den Axiomen, die eine Anordnung mit Addition und Multiplikation verbinden**

Wenn wir zusätzlich zu den Axiomen der Addition, Multiplikation und Anordnung die Axiome (I,III) und (II,III) benutzen, in denen die Anordnung mit den arithmetischen Operationen verbunden wird, können wir beispielsweise die folgenden Sätze erhalten:

$1^0$. *Für jedes* $x, y, z, w \in \mathbb{R}$ *gilt:*

$$(x < y) \Rightarrow (x + z) < (y + z) \,,$$
$$(0 < x) \Rightarrow (-x < 0) \,,$$
$$(x \leq y) \wedge (z \leq w) \Rightarrow (x + z) \leq (y + w) \,,$$
$$(x \leq y) \wedge (z < w) \Rightarrow (x + z < y + w) \,.$$

*Beweis.* Wir wollen die Erste dieser Annahmen zeigen. Nach Definition der strengen Ungleichheit und dem Axiom (I,III) gilt:

$$(x < y) \Rightarrow (x \leq y) \Rightarrow (x + z) \leq (y + z) \,.$$

Nun bleibt zu zeigen, dass $x + z \neq y + z$. Tatsächlich ist

$$\big((x + z) = (y + z)\big) \Rightarrow \big(x = (y + z) - z = y + (z - z) = y\big) \,,$$

was im Widerspruch zur Annahme $x < y$ steht.    □

$2^0$. *Für jedes* $x, y, z \in \mathbb{R}$ *gilt:*

$$(0 < x) \wedge (0 < y) \Rightarrow (0 < xy) \,,$$
$$(x < 0) \wedge (y < 0) \Rightarrow (0 < xy) \,,$$
$$(x < 0) \wedge (0 < y) \Rightarrow (xy < 0) \,,$$
$$(x < y) \wedge (0 < z) \Rightarrow (xz < yz) \,,$$
$$(x < y) \wedge (z < 0) \Rightarrow (yz < xz) \,.$$

*Beweis.* Wir wollen die Erste dieser Annahmen zeigen. Nach Definition der strengen Ungleichheit und dem Axiom (II,III) gilt:

$$(0 < x) \wedge (0 < y) \Rightarrow (0 \leq x) \wedge (0 \leq y) \Rightarrow (0 \leq xy) \,.$$

Es ist sogar $0 \neq xy$, da, wie bereits gezeigt,

$$(x \cdot y = 0) \Rightarrow (x = 0) \vee (y = 0) \,.$$

Wir wollen außerdem die dritte Annahme zeigen:

$$(x < 0) \wedge (0 < y) \Rightarrow (0 < -x) \wedge (0 < y) \Rightarrow$$
$$\Rightarrow (0 < (-x) \cdot y) \Rightarrow \big(0 < ((-1) \cdot x)y\big) \Rightarrow$$
$$\Rightarrow \big(0 < (-1) \cdot (xy)\big) \Rightarrow \big(0 < -(xy)\big) \Rightarrow (xy < 0) \,.    □$$

Der Leser ist nun gebeten, die verbleibenden Relationen selbst zu zeigen und ferner zu beweisen, dass für nicht strenge Ungleichheit in einer der Klammern auf der linken Seite auch die Ungleichheit auf der rechten Seite nicht streng wird.

$3^0$.    $0 < 1$.

*Beweis.* Wir wissen, dass $1 \in \mathbb{R} \setminus 0$, d.h. $0 \neq 1$. Wenn wir annehmen, dass $1 < 0$, dann ergibt sich aus dem eben Gezeigten:

$$(1 < 0) \wedge (1 < 0) \Rightarrow (0 < 1 \cdot 1) \Rightarrow (0 < 1).$$

Aber wir wissen, dass für jedes Zahlenpaar $x, y \in \mathbb{R}$ genau eine der drei Möglichkeiten $x < y$, $x = y$, $x > y$ tatsächlich gilt. Da $0 \neq 1$ und aus $1 < 0$ folgt, dass $0 < 1$, was sich widerspricht, verbleibt nur eine der Möglichkeiten und das ist die behauptete.    □

$4^0$.    $(0 < x) \Rightarrow (0 < x^{-1})$ und $(0 < x) \wedge (x < y) \Rightarrow (0 < y^{-1}) \wedge (y^{-1} < x^{-1})$.

*Beweis.* Wir wollen die Erste dieser Annahmen beweisen. Zunächst einmal ist $x^{-1} \neq 0$. Sei $x^{-1} < 0$, so erhalten wir

$$(x^{-1} < 0) \wedge (0 < x) \Rightarrow (x \cdot x^{-1} < 0) \Rightarrow (1 < 0).$$

Mit diesem Widerspruch ist der Beweis erbracht.    □

Wir erinnern daran, dass Zahlen, die größer als Null sind, *positiv* genannt werden und diejenigen kleiner als Null, *negativ*.

Somit haben wir beispielsweise gezeigt, dass 1 eine positive Zahl ist, dass das Produkt einer positiven mit einer negativen Zahl eine negative Zahl ergibt und dass das Inverse einer positiven Zahl wiederum positiv ist.

### 2.1.3 Das Vollständigkeitsaxiom und die Existenz einer kleinsten oberen (oder größten unteren) Schranke

**Definition 2.** Eine Menge $X \subset \mathbb{R}$ heißt von *oben beschränkt* (bzw. von *unten beschränkt*), falls eine Zahl $c \in \mathbb{R}$ existiert, so dass $x \leq c$ (bzw. $c \leq x$) für alle $x \in X$.

Die Zahl $c$ wird in diesem Fall eine *obere Schranke* (bzw. *untere Schranke*) der Menge $X$ genannt oder auch als *Majorante* (bzw. *Minorante*) von $X$ bezeichnet.

**Definition 3.** Eine Menge, die von oben und unten beschränkt ist, heißt *beschränkt*.

**Definition 4.** Ein Element $a \in X$ wird *größtes* oder *maximales* (bzw. *kleinstes* oder *minimales*) Element von $X$ genannt, falls $x \leq a$ (bzw. $a \leq x$) für alle $x \in X$.

Wir stellen nun eine Schreibweise vor und führen gleichzeitig einen formalen Ausdruck für die Definition der maximalen und minimalen Elemente ein:

$$(a = \max X) := \big( a \in X \land \forall x \in X \, (x \leq a) \big) \, ,$$
$$(a = \min X) := \big( a \in X \land \forall x \in X \, (a \leq x) \big) \, .$$

Neben der Schreibweise $\max X$ (sprich: „das Maximum von $X$") und $\min X$ (sprich: „das Minimum von $X$") benutzen wir auch die entsprechenden Ausdrücke $\max\limits_{x \in X} x$ und $\min\limits_{x \in X} x$.

Aus dem Anordnungsaxiom $1_{\leq}$ folgt sofort, dass das maximale (bzw. minimale) Element in einer Menge von Zahlen, falls es existiert, eindeutig ist.

Jedoch besitzt nicht jede Menge, nicht einmal jede beschränkte Menge, ein maximales oder minimales Element.

So besitzt beispielsweise die Menge $X = \{x \in \mathbb{R} \,|\, 0 \leq x < 1\}$ ein kleinstes Element, aber, wie man einfach zeigen kann, kein größtes Element.

**Definition 5.** Die kleinste Zahl, die eine Menge $X \subset \mathbb{R}$ von oben beschränkt, wird die *kleinste obere Schranke* (oder die *exakte obere Schranke*) von $X$ genannt und als $\sup X$ (sprich: „Supremum von $X$") oder $\sup\limits_{x \in X} x$ bezeichnet.

Dies ist der zentrale Begriff des gegenwärtigen Abschnitts. Daher gilt:

$$(s = \sup X) := \forall x \in X \, \big( (x \leq s) \land \big( \forall s' < s \; \exists x' \in X \, (s' < x') \big) \big) \, .$$

Der erste Klammerausdruck auf der rechten Seite besagt, dass $s$ eine obere Schranke von $X$ ist; der Ausdruck im zweiten Teil besagt, dass $s$ die kleinste Zahl mit dieser Eigenschaft ist. Genauer formuliert, so stellt der Ausdruck im zweiten Teil sicher, dass jede Zahl, die kleiner als $s$ ist, keine obere Schranke von $X$ ist.

Der Begriff der *größten unteren Schranke* (oder die *exakte untere Schranke*) einer Menge $X$ wird ähnlich eingeführt wie die größte untere Schranke von $X$.

**Definition 6.**

$$(i = \inf X) := \forall x \in X \, \big( (i \leq x) \land \big( \forall i' > i \; \exists x' \in X \, (x' < i') \big) \big) \, .$$

Zusammen mit der Schreibweise $\inf X$ (sprich: „das Infimum von $X$") benutzt man auch die Schreibweise $\inf\limits_{x \in X} x$ für die größte untere Schranke von $X$.

Somit haben wir die folgenden Definitionen getroffen:

$$\sup X := \min \big\{ c \in \mathbb{R} \,|\, \forall x \in X \, (x \leq c) \big\} \, ,$$
$$\inf X := \max \big\{ c \in \mathbb{R} \,|\, \forall x \in X \, (c \leq x) \big\} \, .$$

Aber bereits oben haben wir gesagt, dass nicht jede Menge ein kleinstes oder größtes Element besitzt. Daher erfordern die vorgestellten Definitionen zur kleinsten oberen Schranke und der größten unteren Schranke eine Ausführung, die wir im folgenden Lemma geben wollen.

**Lemma.** (Das Prinzip der kleinsten oberen Schranke). *Jede nicht leere Menge reeller Zahlen, die von oben beschränkt ist, besitzt eine eindeutige kleinste obere Schranke.*

*Beweis.* Da wir bereits wissen, dass das größte Element einer Zahlenmenge eindeutig ist, müssen wir nur zeigen, dass die kleinste obere Schranke existiert.

Sei $X \subset \mathbb{R}$ eine gegebene Menge und $Y = \{y \in \mathbb{R} \mid \forall x \in X \, (x \leq y)\}$. Laut Voraussetzung ist $X \neq \varnothing$ und $Y \neq \varnothing$. Dann existiert nach dem Vollständigkeitsaxiom ein $c \in \mathbb{R}$, so dass $\forall x \in X \, \forall y \in Y \, (x \leq c \leq y)$. Die Zahl $c$ ist daher sowohl eine Majorante von $X$ als auch eine Minorante von $Y$, wobei $c$ als Majorante von $X$ ein Element von $Y$ ist. Andererseits muss $c$ als Minorante von $Y$ das kleinste Element von $Y$ sein. Daher gilt $c = \min Y = \sup X$.    □

Natürlich verhält es sich mit der Existenz und Eindeutigkeit der größten unteren Schranke einer Zahlenmenge, die von unten beschränkt ist, analog, d.h., es gilt das folgende Lemma:

**Lemma.**    $(X \text{ von unten beschränkt}) \Rightarrow (\exists ! \inf X)$.

Wir übergehen diesen Beweis.

Wir kehren nun zur Menge $X = \{x \in \mathbb{R} \mid 0 \leq x < 1\}$ zurück. Nach dem eben bewiesenen Lemma muss sie eine kleinste obere Schranke besitzen. Nach der Definition der Menge $X$ und der Definition der kleinsten oberen Schranke ist klar, dass $\sup X \leq 1$.

Um zu zeigen, dass $\sup X = 1$, müssen wir daher nachweisen, dass für jede Zahl $q < 1$ ein $x \in X$ existiert, so dass $q < x$; einfach formuliert, so bedeutet dies lediglich, dass es Zahlen zwischen $q$ und $1$ gibt. Dies zu zeigen, ist natürlich einfach (indem man beispielsweise zeigt, dass $q < 2^{-1}(q+1) < 1$), aber wir verzichten im Augenblick darauf, da derartige Fragen systematisch und ausführlich im nächsten Abschnitt untersucht werden.

Die größte untere Schranke fällt immer mit dem kleinsten Element einer Menge zusammen, falls solch ein Element existiert. Daher erhalten wir allein aus dieser Betrachtung für das gegenwärtige Beispiel, dass $\inf X = 0$.

Andere, stichhaltigere Beispiele für den Einsatz der hier eingeführten Begriffe werden wir im nächsten Abschnitt kennen lernen.

## 2.2 Die wichtigsten Klassen reeller Zahlen und Gesichtspunkte für das Rechnen mit reellen Zahlen

### 2.2.1 Die natürlichen Zahlen und das Prinzip der mathematischen Induktion

#### a. Definition der natürlichen Zahlen

Die Zahlen der Gestalt $1$, $1 + 1$, $(1 + 1) + 1$, usw. werden $1, 2, 3, \ldots$ usw. bezeichnet und *natürliche Zahlen* genannt.

Eine derartige Definition ist nur für jemanden sinnvoll, der bereits über ein vollständiges Bild der natürlichen Zahlen inklusive ihrer Schreibweise verfügt, wie etwa bei Berechnungen im Dezimalsystem.

Die Fortsetzung einer derartigen Entwicklung ist bei Weitem nicht eindeutig, so dass das allgegenwärtige „und so weiter" eine Erklärung nötig macht, die das zentrale Prinzip der mathematischen Induktion liefert.

**Definition 1.** Eine Menge $X \subset \mathbb{R}$ ist *induktiv*, falls mit jeder Zahl $x \in X$ auch $x + 1$ in ihr enthalten ist.

So ist beispielsweise $\mathbb{R}$ eine induktive Menge, ebenso wie die Menge der positiven Zahlen.

Der Durchschnitt $X = \bigcap_{\alpha \in A} X_\alpha$ jeder Familie von induktiven Mengen $X_\alpha$ ist, falls er nicht leer ist, eine induktive Menge, denn tatsächlich gilt:

$$\left( x \in X = \bigcap_{\alpha \in A} X_\alpha \right) \Rightarrow \left( \forall \alpha \in A \left( x \in X_\alpha \right) \right) \Rightarrow$$

$$\Rightarrow \left( \forall \alpha \in A \left( (x + 1) \in X_\alpha \right) \right) \Rightarrow \left( (x + 1) \in \bigcap_{\alpha \in A} X_\alpha = X \right) .$$

Wir wenden uns nun der folgenden Definition zu.

**Definition 2.** Die Menge der *natürlichen Zahlen* ist die kleinste induktive Menge, die die 1 enthält, d.h., sie ist der Durchschnitt aller induktiven Mengen, die die 1 enthalten.

Die Menge der natürlichen Zahlen wird mit $\mathbb{N}$ bezeichnet und ihre Elemente heißen *natürliche Zahlen*.

Aus dem Blickwinkel der Mengenlehre mag es vernünftiger sein, die natürlichen Zahlen bei 0 beginnen zu lassen, d.h., die Menge der natürlichen Zahlen als die kleinste induktive Menge, die die 0 enthält, zu definieren. Es ist jedoch für uns bequemer, Nummerierungen mit 1 zu beginnen.

Das folgende zentrale und häufig benutzte Prinzip ist ein direktes Korollar zur Definition der Menge der natürlichen Zahlen.

## b. Das Prinzip der mathematischen Induktion

*Enthält eine Teilmenge $E$ der natürlichen Zahlen $\mathbb{N}$ die 1 und zusätzlich zu jeder Zahl $x \in E$ die Zahl $x + 1$, dann gilt $E = \mathbb{N}$.*
In symbolischer Schreibweise:

$$(E \subset \mathbb{N}) \wedge (1 \in E) \wedge \big(\forall x \in E \, (x \in E \Rightarrow (x + 1) \in E)\big) \Rightarrow E = \mathbb{N} \, .$$

Wir wollen dieses Prinzip beim Beweis mehrerer nützlicher Eigenschaften der natürlichen Zahlen, die wir von nun an immer wieder benutzen werden, veranschaulichen.

$1^0$. *Die Summe und das Produkt natürlicher Zahlen sind natürliche Zahlen.*

*Beweis.* Seien $m, n \in \mathbb{N}$; wir wollen zeigen, dass $(m + n) \in \mathbb{N}$. Sei $E$ die Menge der natürlichen Zahlen $n$, für die $(m + n) \in \mathbb{N}$ für alle $m \in \mathbb{N}$. Dann ist $1 \in E$, da $(m \in \mathbb{N}) \Rightarrow \big((m + 1) \in \mathbb{N}\big)$ für jedes $m \in \mathbb{N}$. Ist $n \in E$, d.h. $(m + n) \in \mathbb{N}$, dann ist auch $(n + 1) \in E$, da $\big(m + (n + 1)\big) = \big((m + n) + 1\big) \in \mathbb{N}$. Nach dem Induktionsprinzip gilt $E = \mathbb{N}$ und wir haben bewiesen, dass uns die Addition nicht außerhalb von $\mathbb{N}$ führt.

Sei $E$ die Menge der natürlichen Zahlen $n$, für die $(m \cdot n) \in \mathbb{N}$ für alle $m \in \mathbb{N}$. Dann ist $1 \in E$, da $m \cdot 1 = m$. Sei $n \in E$, d.h. $m \cdot n \in \mathbb{N}$, dann ist $m \cdot (n + 1) = mn + m$ die Summe zweier natürlichen Zahlen, die nach dem eben Bewiesenen in $\mathbb{N}$ liegt. Somit gilt $(n \in E) \Rightarrow \big((n + 1) \in E\big)$ und somit nach dem Induktionsprinzip, dass $E = \mathbb{N}$. $\square$

$2^0$.    $(n \in \mathbb{N}) \wedge (n \neq 1) \Rightarrow \big((n - 1) \in \mathbb{N}\big)$.

*Beweis.* Sei $E$ die Menge aller Zahlen $n - 1$, wobei $n$ eine natürliche Zahl ungleich 1 ist. Wir wollen zeigen, dass $E = \mathbb{N}$. Da $1 \in \mathbb{N}$ ist auch $2 := (1 + 1) \in \mathbb{N}$ und daher ist $1 = (2 - 1) \in E$.

Sei $m \in E$, dann ist $m = n - 1$ mit $n \in \mathbb{N}$. Dann gilt $m + 1 = (n + 1) - 1$ und da $n + 1 \in \mathbb{N}$, gilt $(m + 1) \in E$. Nach dem Induktionsprinzip können wir folgern, dass $E = \mathbb{N}$. $\square$

$3^0$. *Zu jedem $n \in \mathbb{N}$ enthält die Menge $\{x \in \mathbb{N} \,|\, n < x\}$ ein kleinstes Element, nämlich*

$$\min\{x \in \mathbb{N} \,|\, n < x\} = n + 1 \, .$$

*Beweis.* Wir werden zeigen, dass die Menge $E$, die aus Elementen $n \in \mathbb{N}$ besteht, für die diese Annahme gilt, mit $\mathbb{N}$ übereinstimmt.

Zunächst zeigen wir, dass $1 \in E$, d.h.,

$$\min\{x \in \mathbb{N} \,|\, 1 < x\} = 2 \, .$$

Wir werden auch diese Behauptung mit dem Induktionsprinzip beweisen. Sei

$$M = \big\{x \in \mathbb{N} \,|\, (x = 1) \vee (2 \leq x)\big\} \, .$$

Laut Definition von $M$ gilt $1 \in M$. Ist nämlich $x \in M$, so ist entweder $x = 1$, woraus folgt, dass $x + 1 = 2 \in M$ oder es gilt $2 \leq x$, womit $2 \leq (x + 1)$ und wiederum, dass $(x + 1) \in M$. Somit ist $M = \mathbb{N}$. Ist daher $(x \neq 1) \wedge (x \in \mathbb{N})$, dann gilt $2 \leq x$, d.h. tatsächlich, dass $\min\{x \in \mathbb{N} | 1 < x\} = 2$. Daher ist $1 \in E$.

Wir zeigen nun, dass für $n \in E$ auch $(n+1) \in E$. Dazu halten wir zunächst fest, dass für $x \in \{x \in \mathbb{N} | n + 1 < x\}$ gilt:

$$(x - 1) = y \in \{y \in \mathbb{N} | n < y\} .$$

Denn, wie wir bereits gezeigt haben, ist jede natürliche Zahl mindestens so groß wie 1; daher gilt $(n + 1 < x) \Rightarrow (1 < x) \Rightarrow (x \neq 1)$ und somit nach Behauptung $2^0$, dass $(x - 1) = y \in \mathbb{N}$.
Sei nun $n \in E$, d.h., $\min\{y \in \mathbb{N} | n < y\} = n+1$. Dann gilt $x-1 \geq y \geq n+1$ und $x \geq n + 2$. Daher ist

$$\big(x \in \{x \in \mathbb{N} | n + 1 < x\}\big) \Rightarrow (x \geq n + 2)$$

und folglich $\min\{x \in \mathbb{N} | n + 1 < x\} = n + 2$, d.h., $(n + 1) \in E$.
Nach dem Induktionsprinzip ist $E = \mathbb{N}$ und $3^0$ ist somit bewiesen.    □

Als unmittelbare Korollare aus $2^0$ und $3^0$ erhalten wir die folgenden Eigenschaften $4^0$, $5^0$ und $6^0$ der natürlichen Zahlen:

$4^0$. $(m \in \mathbb{N}) \wedge (n \in \mathbb{N}) \wedge (n < m) \Rightarrow (n + 1 \leq m)$.

$5^0$. *Die Zahl* $(n + 1) \in \mathbb{N}$ *ist der unmittelbare Nachfolger der Zahl* $n \in \mathbb{N}$, *d.h., ist* $n \in \mathbb{N}$, *dann gibt es keine natürliche Zahl* $x$, *für die gilt:* $n < x < n + 1$.

$6^0$. *Sei* $n \in \mathbb{N}$ *und* $n \neq 1$. *Dann ist* $(n - 1)$ *der unmittelbare Vorgänger von* $n$ *in* $\mathbb{N}$, *d.h., ist* $n \in \mathbb{N}$, *dann gibt es keine natürliche Zahl* $x$, *für die gilt:* $n - 1 < x < n$.

Wir wollen eine weitere Eigenschaft der natürlichen Zahlen beweisen.

$7^0$. *In jeder nicht leeren Teilmenge der Menge der natürlichen Zahlen gibt es ein kleinstes Element.*

*Beweis.* Sei $M \subset \mathbb{N}$. Ist $1 \in M$, dann ist $\min M = 1$, da $\forall n \in \mathbb{N}(1 \leq n)$.
Angenommen, $1 \notin M$, d.h. $1 \in E = \mathbb{N} \setminus M$. Die Menge $E$ muss eine natürliche Zahl $n$ enthalten, so dass alle natürlichen Zahlen, die nicht größer als $n$ sind, zwar zu $E$ gehören, aber $(n + 1) \in M$. Gäbe es kein derartiges $n$, würde die Menge $E \subset \mathbb{N}$, in der 1 enthalten ist, zusammen mit jedem seiner Elemente $n$ auch die Zahl $(n + 1)$ enthalten und wäre daher nach dem Induktionsprinzip gleich $\mathbb{N}$. Dies ist jedoch unmöglich, da $\mathbb{N} \setminus E = M \neq \varnothing$.
Die so gefundene Zahl $(n+1)$ muss das kleinste Element von $M$ sein, da es zwischen $n$ und $n + 1$, wie bewiesen, keine weiteren natürlichen Zahlen gibt.

□

## 2.2.2 Rationale und irrationale Zahlen

### a. Die ganzen Zahlen

**Definition 3.** Die Vereinigung der Menge der natürlichen Zahlen mit der Menge der Negativen der natürlichen Zahlen und der Null wird die Menge der *ganzen Zahlen* genannt und mit $\mathbb{Z}$ bezeichnet.

Da, wie bereits bewiesen, Addition und Multiplikation natürlicher Zahlen nicht außerhalb von $\mathbb{N}$ führen, folgt sofort, dass die Anwendung dieser Operationen auf ganze Zahlen auch nicht außerhalb von $\mathbb{Z}$ führt.

*Beweis.* Seien $m, n \in \mathbb{Z}$ und einer dieser Zahlen gleich Null. Dann entspricht die Summe $m+n$ der anderen Zahl, so dass also $(m+n) \in \mathbb{Z}$ und $m \cdot n = 0 \in \mathbb{Z}$. Sind beide Zahlen von Null verschieden, so ist entweder $m, n \in \mathbb{N}$ und folglich $(m+n) \in \mathbb{N} \subset \mathbb{Z}$ und $(m \cdot n) \in \mathbb{N} \subset \mathbb{Z}$ oder es ist $(-m), (-n) \in \mathbb{N}$ mit $m \cdot n = ((-1)m)((-1)n) \in \mathbb{N}$ oder aber $(-m), n \in \mathbb{N}$ und somit $(-m \cdot n) \in \mathbb{N}$, d.h., $m \cdot n \in \mathbb{Z}$ oder schließlich $m, (-n) \in \mathbb{N}$ und somit $(-m \cdot n) \in \mathbb{N}$ und wiederum $m \cdot n \in \mathbb{Z}$. $\square$

Somit ist $\mathbb{Z}$ eine Abelsche Gruppe bezüglich der Addition. Bezüglich der Multiplikation ist weder $\mathbb{Z}$ eine Gruppe noch $\mathbb{Z} \setminus 0$, da (außer 1 und $-1$) die Kehrwerte der ganzen Zahlen nicht in $\mathbb{Z}$ enthalten sind.

*Beweis.* Sei $m \in \mathbb{Z}$ und $m \neq 0, 1$. Wenn wir zunächst annehmen, dass $m \in \mathbb{N}$, dann gilt $0 < 1 < m$ und da $m \cdot m^{-1} = 1 > 0$, muss $0 < m^{-1} < 1$ gelten (wie aus den Anordnungsaxiomen im vorherigen Absatz folgt). Daher ist $m^{-1} \notin \mathbb{Z}$. Der Fall, dass $m$ eine negative Zahl ungleich $-1$ ist, lässt sich sofort auf das bereits Betrachtete reduzieren. $\square$

Gilt $k = m \cdot n^{-1} \in \mathbb{Z}$ für zwei ganze Zahlen $m, n \in \mathbb{Z}$, d.h. $m = k \cdot n$ für ein $k \in \mathbb{Z}$, dann sagen wir, dass $m$ durch $n$ oder einem *Vielfachen* von $n$ *teilbar* ist oder dass $n$ ein *Teiler* von $m$ ist.

Die Teilbarkeit von ganzen Zahlen lässt sich nach geeignetem Vorzeichenwechsel, d.h. durch Multiplikation mit $-1$, sofort auf die Teilbarkeit der entsprechenden natürlichen Zahlen zurückführen. In diesem Zusammenhang wird sie in der Zahlentheorie untersucht.

Wir wiederholen ohne Beweis den sogenannten Fundamentalsatz der Arithmetik, den wir bei der Untersuchung einiger Beispiele benutzen werden.

Eine Zahl $p \in \mathbb{N}$, $p \neq 1$ ist eine *Primzahl*, wenn es keinen Teiler außer 1 und $p$ in $\mathbb{N}$ gibt.

**Fundamentalsatz der Arithmetik.** *Jede natürliche Zahl erlaubt eine Darstellung als Produkt*

$$n = p_1 \cdots p_k \, ,$$

*wobei $p_1, \ldots, p_k$ Primzahlen sind. Diese Darstellung ist bis auf die Anordnung der Faktoren eindeutig.*

Die Zahlen $m, n \in \mathbb{Z}$ werden *teilerfremd* genannt, falls sie außer 1 und $-1$ keine gemeinsamen Teiler besitzen.

Aus diesem Satz folgt insbesondere, dass eine von zwei teilerfremden Zahlen $m$ und $n$ durch die Primzahl $p$ teilbar sein muss, falls das Produkt $m \cdot n$ durch $p$ teilbar ist.

### b. Die rationalen Zahlen

**Definition 4.** Zahlen der Gestalt $m \cdot n^{-1}$ mit $m, n \in \mathbb{Z}$ werden *rationale* Zahlen genannt.

Wir bezeichnen die Menge der rationalen Zahlen mit $\mathbb{Q}$.

Somit wird durch das geordnete Paar ganzer Zahlen $(m, n)$ die rationale Zahl $q = m \cdot n^{-1}$ definiert, falls $n \neq 0$.

Die Zahl $q = m \cdot n^{-1}$ kann auch als ein Quotient[2] von $m$ und $n$ geschrieben werden, d.h. als sogenannter rationaler Bruch $\frac{m}{n}$.

Die in der Schule vermittelten Regeln für den Umgang mit rationalen Zahlen in ihrer Darstellung als Bruch, folgen sofort aus der Definition einer rationalen Zahl und den Axiomen für die reellen Zahlen. Insbesondere „bleibt der Wert eines Bruchs unverändert, wenn sowohl der Zähler als auch der Nenner mit derselben von Null verschiedenen ganzen Zahl multipliziert wird", d.h., die Brüche $\frac{mk}{nk}$ und $\frac{m}{n}$ repräsentieren dieselbe rationale Zahl. Da $(nk)(k^{-1}n^{-1}) = 1$, d.h. $(n \cdot k)^{-1} = k^{-1} \cdot n^{-1}$, gilt tatsächlich $(mk)(nk)^{-1} = (mk)(k^{-1}n^{-1}) = m \cdot n^{-1}$.

Also definieren die verschiedenen geordneten Paare $(m, n)$ und $(mk, nk)$ dieselbe rationale Zahl. Folglich kann jede rationale Zahl nach geeigneter Reduktion als ein geordnetes Paar teilerfremder Zahlen dargestellt werden.

Auf der anderen Seite gilt $m_1 n_2 = m_2 n_1$, wenn $(m_1, n_1)$ und $(m_2, n_2)$ dieselbe rationale Zahl definieren, d.h. $m_1 \cdot n_1^{-1} = m_2 \cdot n_2^{-1}$. Sind andererseits beispielsweise $m_1$ und $n_1$ teilerfremde Zahlen, so folgt aus dem oben angeführten Korollar des Fundamentalsatzes der Arithmetik, dass $n_2 \cdot n_1^{-1} = m_2 \cdot m_1^{-1} = k \in \mathbb{Z}$.

Somit haben wir gezeigt, dass zwei geordnete Paare $(m_1, n_1)$ und $(m_2, n_2)$ genau dann dieselbe rationale Zahl definieren, wenn sie proportional sind, d.h., es existiert eine ganze Zahl $k \in \mathbb{Z}$, so dass etwa $m_2 = km_1$ und $n_2 = kn_1$.

### c. Die irrationalen Zahlen

**Definition 5.** Die reellen Zahlen, die nicht rational sind, werden *irrational* genannt.

---

[2] Die Schreibweise $\mathbb{Q}$ rührt vom ersten Buchstaben des Wortes Quotient her, das seinerseits vom lateinischen *quota*, das den Einheitsteil von etwas bedeutet, und *quot*, das *wie viele* bedeutet, stammt.

Das klassische Beispiel für eine irrationale reelle Zahl ist $\sqrt{2}$, d.h., die Zahl $s \in \mathbb{R}$ mit $s > 0$, für die $s^2 = 2$ gilt. Nach dem Satz von Pythagoras ist die Irrationalität von $\sqrt{2}$ äquivalent zu der Behauptung, dass die Diagonale und die Kante eines Quadrats inkommensurabel sind.

Daher beginnen wir mit dem Beweis der *Existenz einer reellen Zahl $s \in \mathbb{R}$, deren Quadrat gleich 2 ist* und zeigen dann, dass $s \notin \mathbb{Q}$.

*Beweis.* Seien $X$ und $Y$ die Mengen positiver reeller Zahlen, so dass $\forall x \in X$ $(x^2 < 2)$, $\forall y \in Y$ $(2 < y^2)$. Da $1 \in X$ und $2 \in Y$ folgt, dass $X$ und $Y$ keine leeren Mengen sind.

Da außerdem für positive Zahlen $x$ und $y$ gilt, dass $(x < y) \Leftrightarrow (x^2 < y^2)$, ist jedes Element in $X$ kleiner als jedes Element in $Y$. Nach dem Vollständigkeitsaxiom existiert ein $s \in \mathbb{R}$, so dass $x \leq s \leq y$ für alle $x \in X$ und alle $y \in Y$.

Wir werden zeigen, dass $s^2 = 2$.

Sei $s^2 < 2$, dann hätte beispielsweise die Zahl $s + \frac{2-s^2}{3s}$, die größer als $s$ ist, ein Quadrat, das kleiner als 2 ist. Tatsächlich wissen wir, dass $1 \in X$, so dass $1^2 \leq s^2 < 2$ und $0 < \Delta := 2 - s^2 < 1$. Daraus folgt, dass

$$\left(s + \frac{\Delta}{3s}\right)^2 = s^2 + 2 \cdot \frac{\Delta}{3s} + \left(\frac{\Delta}{3s}\right)^2 < s^2 + 3 \cdot \frac{\Delta}{3s} \leq s^2 + 3s \cdot \frac{\Delta}{3s} = s^2 + \Delta = 2 \,.$$

Folglich gilt $\left(s + \frac{\Delta}{3s}\right) \in X$, was im Widerspruch steht zur Ungleichung $x \leq s$ für alle $x \in X$.

Ist $2 < s^2$, dann hätte beispielsweise die Zahl $s - \frac{s^2-2}{3s}$, die kleiner als $s$ ist, ein Quadrat, das größer als 2 ist. Tatsächlich wissen wir, dass $2 \in Y$, so dass $2 < s^2 \leq 2^2$ oder $0 < \Delta := s^2 - 2 < 3$ und $0 < \frac{\Delta}{3} < 1$. Daraus folgt, dass

$$\left(s - \frac{\Delta}{3s}\right)^2 = s^2 - 2 \cdot \frac{\Delta}{3s} + \left(\frac{\Delta}{3s}\right)^2 > s^2 - 2 \cdot \frac{\Delta}{3s} > s^2 - 3s \cdot \frac{\Delta}{3s} = s^2 - \Delta = 2 \,,$$

was der Tatsache widerspricht, dass $s$ eine untere Schranke von $Y$ ist.

Daher verbleibt nur die Möglichkeit, dass $s^2 = 2$.

Nun wollen wir abschließend zeigen, dass $s \notin \mathbb{Q}$. Sei dazu $s \in \mathbb{Q}$ und sei $\frac{m}{n}$ eine teilerfremde Darstellung von $s$. Dann gilt $m^2 = 2 \cdot n^2$, so dass $m^2$ durch 2 teilbar sein muss und folglich auch $m$. Ist jedoch $m = 2k$, dann ist $2k^2 = n^2$, weswegen mit denselben Argumenten $n$ durch 2 teilbar sein muss. Dies widerspricht jedoch der Annahme, dass $m$ und $n$ teilerfremd sind.    $\square$

Wir haben eben für den Nachweis, dass es irrationale Zahlen gibt, hart gearbeitet. Wir werden gleich sehen, dass in einem gewissen Sinne fast alle reellen Zahlen irrational sind. Wir werden zeigen, dass die Mächtigkeit der Menge der irrationalen Zahlen größer ist als die der Menge der rationalen Zahlen und dass in der Tat die Mächtigkeit der irrationalen Zahlen der der reellen Zahlen entspricht.

Bei den irrationalen Zahlen machen wir eine weitere Unterscheidung zwischen den so genannten algebraischen irrationalen Zahlen und den transzendenten Zahlen.

Eine reelle Zahl wird *algebraisch* genannt, falls sie eine Lösung der algebraischen Gleichung

$$a_0 x^n + \cdots + a_{n-1} x + a_n = 0$$

mit rationalen (oder ganzen) Koeffizienten ist.

Ansonsten wird die Zahl *transzendent* genannt.

Wir werden sehen, dass die Mächtigkeit der Menge der algebraischen Zahlen gleich ist mit der der rationalen Zahlen, wohingegen die Mächtigkeit der Menge der tranzendenten Zahlen mit der der reellen Zahlen übereinstimmt. Aus diesem Grund scheinen die Schwierigkeiten beim Nachweis gewisser transzendenten Zahlen – genauer gesagt, beim Beweis, dass eine gewisse Zahl transzendent ist – auf den ersten Blick paradox und widersinnig.

So konnte beispielsweise bis 1882 nicht gezeigt werden, dass die klassische geometrische Zahl $\pi$ transzendent ist[3] und eines der berühmten Probleme von Hilbert[4] bestand darin, die Transzendenz der Zahl $\alpha^\beta$ zu zeigen. Dabei ist $\alpha$ mit $(\alpha > 0) \wedge (\alpha \neq 1)$ algebraisch und $\beta$ eine irrationale algebraische Zahl (beispielsweise $\alpha = 2$, $\beta = \sqrt{2}$).

### 2.2.3 Das archimedische Prinzip

Wir wenden uns nun dem archimedischen[5] Prinzip zu, das sowohl in theoretischer Hinsicht als auch für die Benutzung von Zahlen in Messungen und Berechnungen wichtig ist. Wir werden es mit Hilfe des Vollständigkeitsaxioms

---

[3] Die Zahl $\pi$ entspricht in der euklidischen Geometrie dem Verhältnis zwischen Umfang und Durchmesser eines Kreises. Aus diesem Grund wird diese Zahl seit dem achtzehnten Jahrhundert nach einem Vorschlag von Euler mit $\pi$ bezeichnet, denn dies ist der Anfangsbuchstabe des griechischen Wortes $\pi\epsilon\rho\iota\varphi\acute{\epsilon}\rho\iota\alpha$ – *Peripherie* (Umfang). Die Transzendenz von $\pi$ wurde durch den deutschen Mathematiker F. Lindemann (1852–1939) bewiesen. Insbesondere folgt aus der Transzendenz von $\pi$, dass es unmöglich ist, eine Strecke der Länge $\pi$ mit Zirkel und Lineal (das Problem der Rektifizierung des Kreises) zu konstruieren, genauso wie das uralte Problem der Quadratur des Kreises nicht mit Zirkel und Lineal gelöst werden kann.

[4] D. Hilbert (1862–1943) – herausragender deutscher Mathematiker, der 1900 auf dem internationalen Kongress der Mathematiker in Paris 23 Probleme aus verschiedenen Bereichen der Mathematik formulierte. Diese Probleme wurden als die „Hilbert Probleme" bekannt. Das hier genannte Problem (das siebzehnte der Hilbert Probleme) wurde 1934 durch den russischen Mathematiker A. O. Gel'fond (1906–1968) und den deutschen Mathematiker T. Schneider (1911–1989) gelöst.

[5] Archimedes (287–212 v.Chr.) – brillanter griechischer Gelehrter, über den Leibniz, einer der Begründer der Analysis, sagte: „Beim Studium der Arbeiten von Archimedes verblassen die Leistungen moderner Mathematiker."

beweisen (genauer gesagt, dem Satz zur kleinsten oberen Schranke, der zum Vollständigkeitsaxiom äquivalent ist). Dieses zentrale Prinzip ist in anderen Axiomensystemen der reellen Zahlen häufig eines der Axiome.

Wir halten fest, dass die bisher bewiesenen Sätze zu den natürlichen Zahlen und den ganzen Zahlen überhaupt keinen Gebrauch vom Vollständigkeitsaxiom machten. Wie wir unten sehen werden, werden die mit der Vollständigkeit zusammenhängenden Eigenschaften der natürlichen und ganzen Zahlen im Wesentlichen durch das archimedische Prinzip widergespiegelt. Wir beginnen bei diesen Eigenschaften.

$1^0$. *Jede von oben beschränkte, nicht leere Teilmenge der natürlichen Zahlen enthält ein größtes Element.*

*Beweis.* Sei $E \subset \mathbb{N}$ die zu untersuchende Teilmenge. Dann gilt nach dem Lemma zur kleinsten oberen Schranke, dass $\exists! \sup E = s \in \mathbb{R}$. Nach der Definition der kleinsten oberen Schranke existiert eine natürliche Zahl $n \in E$, für die gilt: $s - 1 < n \leq s$. Aber dann ist $n = \max E$, da eine natürliche Zahl, die größer als $n$ ist, mindestens $n + 1$ sein muss und $n + 1 > s$.    □

**Korollare**

$2^0$. *Die Menge der natürlichen Zahlen ist nicht von oben beschränkt.*

*Beweis.* Ansonsten gäbe es eine größte natürliche Zahl. Aber $n < n+1 \in \mathbb{N}$.□

$3^0$. *Jede nach oben beschränkte, nicht leere Teilmenge ganzer Zahlen enthält ein größtes Element.*

*Beweis.* Der Beweis von $1^0$ kann wörtlich übernommen werden, wenn wir $\mathbb{N}$ durch $\mathbb{Z}$ ersetzen.    □

$4^0$. *Jede nach unten beschränkte Teilmenge ganzer Zahlen enthält ein kleinstes Element.*

*Beweis.* Wir könnten den Beweis von $1^0$ wiederholen und dabei $\mathbb{N}$ durch $\mathbb{Z}$ ersetzen und das Prinzip der größten unteren Schranke anstelle des der kleinsten oberen Schranke benutzen.

Alternativ könnten wir das Negative der Zahlen betrachten („Vorzeichenwechsel") und $3^0$ anwenden.

$5^0$. *Die Menge der ganzen Zahlen ist nach unten und oben unbeschränkt.*

*Beweis.* Dies folgt aus $3^0$ und $4^0$ oder direkt aus $2^0$.    □

Nun können wir das archimedische Prinzip formulieren.

$6^0$. (Das archimedische Prinzip). *Zu jeder festen positiven Zahl $h$ und jeder reellen Zahl $x$ gibt es eine eindeutige ganze Zahl $k$, so dass $(k - 1)h \leq x < kh$.*

*Beweis.* Da $\mathbb{Z}$ nicht von oben beschränkt ist, ist die Menge $\left\{ n \in \mathbb{Z} \mid \frac{x}{h} < n \right\}$ eine nicht leere, nach unten beschränkte Teilmenge der ganzen Zahlen. Somit (vgl. $4^0$) enthält sie ein kleinstes Element $k$, d.h., $(k-1) \leq x/h < k$. Da $h > 0$, sind diese Ungleichungen zu denen im archimedischen Prinzip äquivalent. Die Eindeutigkeit von $k \in \mathbb{Z}$, das diese Ungleichungen erfüllt, folgt aus der Eindeutigkeit des kleinsten Elements in einer Zahlenmenge (vgl. Absatz 2.1.3). □

Nun einige Korollare:

$7^0$. *Zu jeder positiven Zahl $\varepsilon$ gibt es eine natürliche Zahl $n$, so dass $0 < \frac{1}{n} < \varepsilon$.*

*Beweis.* Nach dem archimedischen Prinzip existiert ein $n \in \mathbb{Z}$, so dass $1 < \varepsilon \cdot n$. Da $0 < 1$ und $0 < \varepsilon$, gilt $0 < n$. Somit ist $n \in \mathbb{N}$ und $0 < \frac{1}{n} < \varepsilon$. □

$8^0$. *Gilt für die Zahl $x \in \mathbb{R}$, dass $0 \leq x$ und $x < \frac{1}{n}$ für alle $n \in \mathbb{N}$, dann ist $x = 0$.*

*Beweis.* Die Ungleichung $0 < x$ ist nach $7^0$ unmöglich. □

$9^0$. *Zu beliebigem $a, b \in \mathbb{R}$ mit $a < b$ gibt es eine rationale Zahl $r \in \mathbb{Q}$, so dass $a < r < b$.*

*Beweis.* Unter Berücksichtigung von $7^0$ wählen wir $n \in \mathbb{N}$ so, dass $0 < \frac{1}{n} < b - a$. Nach dem archimedischen Prinzip können wir eine Zahl $m \in \mathbb{Z}$ finden, so dass $\frac{m-1}{n} \leq a < \frac{m}{n}$. Dann gilt $\frac{m}{n} < b$, da ansonsten $\frac{m-1}{n} \leq a < b \leq \frac{m}{n}$ gelten würde, woraus folgen würde, dass $\frac{1}{n} > b - a$. Somit ist $r = \frac{m}{n} \in \mathbb{Q}$ und $a < \frac{m}{n} < b$. □

$10^0$. *Zu jeder Zahl $x \in \mathbb{R}$ existiert eine eindeutige ganze Zahl $k \in \mathbb{Z}$, so dass $k \leq x < k + 1$.*

*Beweis.* Dies folgt sofort aus dem archimedischen Prinzip. □

Die eben genannte Zahl $k$ wird $[x]$ bezeichnet und *ganzzahliger Teil* von $x$ genannt. Die Größe $\{x\} := x - [x]$ wird *gebrochener Teil* von $x$ genannt. Somit gilt $x = [x] + \{x\}$ und $\{x\} \geq 0$.

### 2.2.4 Die geometrische Interpretation der Menge der reellen Zahlen und Gesichtspunkte beim Rechnen mit reellen Zahlen

#### a. Die reelle Gerade

Im Zusammenhang mit den reellen Zahlen benutzen wir oft eine anschauliche geometrische Darstellung, so wie Sie sie im Großen und Ganzen aus der Schule kennen. Nach den Axiomen der Geometrie existiert ein eins-zu-eins Zusammenhang $f : \mathbb{L} \to \mathbb{R}$ zwischen den Punkten einer Geraden $\mathbb{L}$ und der

Menge der reellen Zahlen $\mathbb{R}$. Außerdem besteht ein Zusammenhang mit starren Bewegungen der Geraden. Um genauer zu sein, so existiert, falls $T$ eine parallele Verschiebung der Geraden $\mathbb{L}$ auf sich ist, eine Zahl $t \in \mathbb{R}$ (die nur von $T$ abhängt), so dass $f\big(T(x)\big) = f(x) + t$ für jeden Punkt $x \in \mathbb{L}$.

Die Zahl $f(x)$, die einem Punkt $x \in \mathbb{L}$ entspricht, wird *Koordinate* von $x$ genannt. Im Hinblick auf die bijektive Eigenschaft der Abbildung $f : \mathbb{L} \to \mathbb{R}$ wird die Koordinate eines Punktes oft auch einfach Punkt genannt. So sagen wir beispielsweise anstelle von „wir nehmen den Punkt mit der Koordinate 1" „wir nehmen den Punkt 1". Mit Kenntnis der Beziehung $f : \mathbb{L} \to \mathbb{R}$ nennen wir die Gerade $\mathbb{L}$ die *Koordinatenachse*, die *Zahlengerade* oder die *reelle Gerade*. Da $f$ bijektiv ist, wird die Menge $\mathbb{R}$ selbst oft als reelle Gerade und ihre Elemente als Punkte der reellen Gerade bezeichnet.

Wie wir oben angemerkt haben, besitzt die bijektive Abbildung $f : \mathbb{L} \to \mathbb{R}$, durch die die Koordinaten auf $\mathbb{L}$ definiert werden, die Eigenschaft, dass sich die Koordinaten der Bildpunkte der Geraden $\mathbb{L}$ nach einer parallelen Verschiebung $T$ von den ursprünglichen Koordinaten der Punkte um die Zahl $t \in \mathbb{R}$ unterscheiden. Dies ist für alle Punkte gleich. Aus diesem Grund wird $f$ vollständig durch Angabe des Punktes mit Koordinate 0 und des Punktes mit Koordinate 1 bestimmt oder, kürzer formuliert, durch den Punkt 0, der *Ursprung* genannt wird und den Punkt 1. Das abgeschlossene Intervall, das durch diese Punkte festgelegt wird, wird *Einheitsintervall* genannt. Die Richtung des Strahls mit Ursprung in 0 zum Punkt 1 wird positive Richtung genannt, und eine Bewegung in diese Richtung (von 0 nach 1) wird Bewegung von links nach rechts genannt. In Übereinstimmung mit dieser Konvention liegt 1 rechts von 0 und 0 liegt links von 1.

Nach einer parallelen Verschiebung $T$, bei der der Ursprung $x_0$ in den Punkt $x_1 = T(x_0)$ mit der Koordinate 1 bewegt wird, sind die Koordinaten der Bilder aller Punkte um eine Einheit größer als die ihrer Urbilder. Und deshalb erhalten wir den Punkt $x_2 = T(x_1)$ mit Koordinate 2, den Punkt $x_3 = T(x_2)$ mit Koordinate 3, ... und den Punkt $x_{n+1} = T(x_n)$ mit der Koordinate $n + 1$ genauso wie die Punkte $x_{-1} = T^{-1}(x_0)$ mit der Koordinate $-1$, ... und den Punkt $x_{-n-1} = T^{-1}(x_{-n})$ mit der Koordinate $-n - 1$. Auf diese Weise erhalten wir alle Punkte mit ganzzahligen Koordinaten $m \in \mathbb{Z}$.

Wir wissen, wie dieses Einheitsintervall zu verdoppeln, zu verdreifachen, ... ist, und können analog dazu mit Hilfe des Satzes von Thales dieses Intervall in $n$ gleich große Teilintervalle teilen. Wenn wir das Teilintervall so wählen, dass der eine Endpunkt im Ursprung liegt, finden wir, dass das andere Ende, das wir mit $x$ bezeichnen, die Gleichung $n \cdot x = 1$ erfüllt, d.h. $x = \frac{1}{n}$. Auf diese Weise können wir alle Punkt mit rationalen Koordinaten $\frac{m}{n} \in \mathbb{Q}$ finden.

Aber es verbleiben noch Punkte auf $\mathbb{L}$, da wir wissen, dass es Intervalle gibt, die zum Einheitsintervall inkommensurabel sind. Jeder derartige Punkt wie jeder andere Punkt der Geraden unterteilt die Gerade in zwei Strahlen. Auf jedem dieser Strahlen gibt es Punkte mit ganzzahligen und rationalen Koordinaten. (Dies ist eine Konsequenz aus dem ursprünglich geometrischen archimedischen Prinzip.) Somit erzeugt ein Punkt eine Unterteilung, oder wie es genannt wird, einen *Schnitt* von $\mathbb{Q}$ in zwei nicht leere Mengen $X$ und $Y$ entsprechend zu den rationalen Punkten (den Punkten mit rationalen Koordinaten) auf dem linken oder dem rechten Strahl. Nach dem Vollständigkeitsaxiom gibt es eine Zahl $c$, die $X$ und $Y$ trennt, d.h., $x \leq c \leq y$ für alle $x \in X$ und alle $y \in Y$. Da $X \cup Y = \mathbb{Q}$, folgt, dass $\sup X = s = i = \inf Y$. Denn ansonsten wäre $s < i$ und es gäbe eine rationale Zahl zwischen $s$ und $i$, die weder in $X$ noch in $Y$ liegen würde. Somit ist $s = i = c$. Diese eindeutig definierte Zahl $c$ wird dem entsprechenden Punkt auf der Geraden zugeordnet.

Die gerade beschriebene Zuordnung von Koordinaten zu Punkten auf der Geraden eröffnet ein anschauliches Modell sowohl für die Anordnungsrelation in $\mathbb{R}$ (daher der Ausdruck „lineare Anordnung") als auch das Vollständigkeitsaxiom in $\mathbb{R}$. Letzteres bedeutet geometrisch, dass es keine „Löcher" auf der Geraden $\mathbb{L}$ gibt, die die Gerade in zwei Stücke, die keinen Punkt gemeinsam haben, unterteilen würden. (Eine derartige Trennung könnte nur mit Hilfe eines Punktes auf der Geraden $\mathbb{L}$ zustande kommen.)

Wir wollen die Konstruktion der Abbildung $f : \mathbb{L} \to \mathbb{R}$ nicht näher untersuchen, da wir die geometrische Interpretation der Menge der reellen Zahlen nur der Anschaulichkeit halber ins Spiel bringen. Vielleicht hilft eine geometrische Intuition dem Leser. Die formalen Beweise werden, wie bisher, entweder aus Tatsachen, die wir aus Axiomen für die reellen Zahlen erhalten haben, oder direkt aus den Axiomen selbst aufgebaut.

Geometrische Ausdrücke werden wir jedoch ständig benutzen.

Wir führen nun die folgende Schreibweise und Terminologie für die unten angeführten Zahlenmengen ein:

$]a, b[ := \{x \in \mathbb{R} \mid a < x < b\}$ ist das offene Intervall $ab$,
$[a, b] := \{x \in \mathbb{R} \mid a \leq x \leq b\}$ ist das abgeschlossene Intervall $ab$,
$]a, b] := \{x \in \mathbb{R} \mid a < x \leq b\}$ ist das halboffene Intervall $ab$, das $b$ enthält,
$[a, b[ := \{x \in \mathbb{R} \mid a \leq x < b\}$ ist das halboffene Intervall $ab$, das $a$ enthält.

**Definition 6.** Offene, abgeschlossene und halboffene Intervalle werden *numerische Intervalle* oder einfach nur *Intervalle* genannt. Die ein Intervall bestimmenden Zahlen werden *Endpunkte* genannt.

Die Größe $b - a$ wird *Länge* des Intervalls $ab$ genannt. Ist $I$ ein Intervall, so werden wir seine Länge mit $|I|$ bezeichnen. (Der Ursprung dieser Schreibweise wird gleich klar werden.)

Die Mengen

$$]a, +\infty[ := \{x \in \mathbb{R} \mid a < x\}, \qquad ]-\infty, b[ := \{x \in \mathbb{R} \mid x < b\},$$
$$[a, +\infty[ := \{x \in \mathbb{R} \mid a \leq x\}, \qquad ]-\infty, b] := \{x \in \mathbb{R} \mid x \leq b\}$$

und $]-\infty, +\infty[ := \mathbb{R}$ werden üblicherweise *unbeschränkte Intervalle* oder *unendliche Intervalle* genannt.

In Übereinstimmung mit dieser Nutzung der Symbole $+\infty$ (sprich: „positiv unendlich") und $-\infty$ (sprich „minus unendlich") ist es üblich, die nicht von oben (bzw. von unten) beschränkte numerische Menge $X$ mit der Schreibweise $\sup X = +\infty$ (bzw. $\inf X = -\infty$) zu bezeichnen.

**Definition 7.** Ein offenes Intervall, das den Punkt $x \in \mathbb{R}$ enthält, wird eine *Umgebung* dieses Punktes genannt.

Insbesondere wird für $\delta > 0$ das offene Intervall $]x-\delta, x+\delta[$ die $\delta$-*Umgebung* von $x$ genannt. Seine Länge beträgt $2\delta$.

Der Abstand zwischen zwei Punkten $x, y \in \mathbb{R}$ wird durch die Länge des Intervalls bestimmt, das diese beiden Punkte als Endpunkte besitzt.

Um uns dabei nicht darum kümmern zu müssen, welcher der Punkte „links" und welcher „rechts" liegt, d.h., ob nun $x < y$ oder $y < x$ und die Länge $y - x$ oder $x - y$ beträgt, benutzen wir die folgende hilfreiche Funktion:

$$|x| = \begin{cases} x & \text{falls } x > 0\,, \\ 0 & \text{falls } x = 0\,, \\ -x & \text{falls } x < 0\,, \end{cases}$$

die der *Betrag* oder der *Absolutwert* der Zahl $x$ genannt wird.

**Definition 8.** Der *Abstand* zwischen $x, y \in \mathbb{R}$ entspricht $|x - y|$.

Der Abstand ist nicht negativ und genau dann gleich Null, wenn die Punkte $x$ und $y$ identisch sind. Der Abstand zwischen $x$ und $y$ ist mit dem Abstand zwischen $y$ und $x$ identisch, da $|x - y| = |y - x|$. Ist schließlich $z \in \mathbb{R}$, dann gilt $|x - y| \leq |x - z| + |z - y|$. Dies ist die sogenannte *Dreiecksungleichung*.

Die Dreiecksungleichung ergibt sich aus einer Eigenschaft des Betrags, der auch Dreiecksungleichung genannt wird (da sie aus der obigen Dreiecksungleichung durch Setzen von $z = 0$ und Ersetzen von $y$ durch $-y$ erhalten werden kann). Auf den Punkt gebracht, so *gilt die Ungleichung*

$$|x + y| \leq |x| + |y|$$

*für alle Zahlen $x$ und $y$, und Gleichheit herrscht nur dann, wenn die Zahlen $x$ und $y$ beide das gleiche Vorzeichen besitzen.*

*Beweis.* Seien $0 \leq x$ und $0 \leq y$, dann gilt $0 \leq x + y$, $|x + y| = x + y$, $|x| = x$ und $|y| = y$, so dass in diesem Fall Gleichheit herrscht.

Seien $x \leq 0$ und $y \leq 0$, dann gilt $x + y \leq 0$, $|x + y| = -(x + y) = -x - y$, $|x| = -x$ und $|y| = -y$, so dass wiederum Gleichheit herrscht.

Sei nun eine der Zahlen negativ und die andere positiv, etwa $x < 0 < y$. Dann gilt entweder $x < x + y \leq 0$ oder $0 \leq x + y < y$. Im ersten Fall ist $|x + y| < |x|$ und im zweiten $|x + y| < |y|$, so dass in beiden Fällen $|x + y| < |x| + |y|$ gilt. $\qquad\square$

Mit Hilfe des Induktionsprinzips können wir zeigen, dass

$$|x_1 + \cdots + x_n| \leq |x_1| + \cdots + |x_n|\,,$$

wobei wiederum genau dann Gleichheit herrscht, wenn die Zahlen $x_1, \ldots, x_n$ alle das gleiche Vorzeichen besitzen.

Die Zahl $\frac{a+b}{2}$ wird oft der *Mittelpunkt* oder das *Zentrum* des Intervalls mit den Endpunkten $a$ und $b$ genannt, da sie zu beiden Endpunkten des Intervalls den gleichen Abstand besitzt.

Insbesondere ist ein Punkt $x \in \mathbb{R}$ das Zentrum seiner $\delta$-Umgebung $]x - \delta, x + \delta[$ und alle Punkte der $\delta$-Umgebung besitzen von $x$ einen Abstand kleiner als $\delta$.

### b. Schrittweise Näherung zur Definition einer Zahl

Bei Messungen realer physikalischer Größen erhalten wir eine Zahl, die im Allgemeinen bei einer Wiederholung der Messung etwas anders ausfällt, vor allem dann, wenn entweder die Messmethode oder das Messinstrument ausgetauscht wird. Daher ist ein Messergebnis üblicherweise ein Näherungswert der gesuchten Größe. Die Qualität oder die Genauigkeit einer Messung wird beispielsweise durch die Größe einer möglichen Abweichung zwischen dem tatsächlichen Wert der Größe und den bei der Messung erhaltenen Werten charakterisiert. Dabei kann es vorkommen, dass wir niemals den exakten Wert einer Größe (falls er theoretisch existiert) bestimmen können. Von einem eher konstruktiven Gesichtspunkt aus könnten (oder sollten) wir jedoch sagen, dass wir die gewünschte Größe vollständig kennen, falls wir sie mit jeder vorgegebenen Genauigkeit messen können. Dieser Gesichtspunkt läuft darauf hinaus, eine Zahl als eine Folge[6] immer genauerer Näherungsergebnisse aus Messungen zu betrachten. Dabei ist jede Messung eine endliche Anzahl von Vergleichen mit einem Standard oder mit einem Teil eines Standards in vergleichbarer Größenordnung. Somit wird das Messergebnis notwendigerweise mit Hilfe natürlicher, ganzer oder, allgemeiner formuliert, rationaler Zahlen ausgedrückt. Daher kann theoretisch die ganze Menge der reellen Zahlen mit Hilfe von Folgen rationaler Zahlen beschrieben werden, indem nach reiflicher Analyse eine mathematische Kopie oder, besser formuliert, ein Modell konstruiert wird, das dem alltäglichen Umgang mit Zahlen ohne eine Vorstellung ihrer axiomatischen Beschreibung entspricht. Täglich addieren und multiplizieren wir Näherungswerte anstelle von Messwerten, die unbekannt sind. (Dabei ist sicher, dass i.A. nicht immer gewusst wird, in welcher Beziehung das Ergebnis dieser Operationen zu dem Ergebnis steht, das durch Berechnung mit den exakten Werten erhalten würde. Wir werden diesen Gesichtspunkt unten näher untersuchen.)

Nachdem wir eine Zahl mit einer Folge von Näherungen identifiziert haben, sollten wir dann auch Folgen von Näherungen beispielsweise addieren, wenn wir zwei Zahlen addieren wollen. Die so erhaltene neue Folge muss als eine neue Zahl betrachtet werden, die Summe der ersten beiden genannt wird.

---

[6] Ist $n$ die Nummer der Messung und $x_n$ das Messergebnis, dann ist die Zuordnung $n \mapsto x_n$ einfach eine Funktion $f : \mathbb{N} \to \mathbb{R}$ mit einer natürlichen Zahl als Argument und somit per definitionem eine *Folge* (in diesem Fall eine Zahlenfolge). In Abschnitt 3.1 werden numerische Folgen ausführlich behandelt.

Aber ist diese Folge eine Zahl? Die Subtilität dieser Frage entspringt der Tatsache, dass nicht jede zufällig erzeugte Folge eine Folge von beliebig genauen Näherungen an eine Größe ist. Somit müssen wir erst noch untersuchen, wie aus der Folge direkt zu erkennen ist, ob sie eine Zahl darstellt oder nicht. Ein anderes Problem, das sich bei dem Versuch ergibt, eine mathematische Kopie von Operationen mit Näherungszahlen zu erstellen, ist, dass verschiedene Folgen Näherungsfolgen für dieselbe Größe sein können. Die Beziehung zwischen Näherungsfolgen, die eine Zahl definieren, und den Zahlen selbst ist in etwa dieselbe wie die zwischen einem Punkt auf einer Karte und einem Pfeil auf der Karte, der auf den Punkt verweist. Der Pfeil bestimmt den Punkt, aber der Punkt bestimmt nur die Spitze des Pfeils und die Pfeilform ist vollständig beliebig.

Eine genaue Beschreibung dieser Probleme wurde durch Cauchy[7] gegeben, der einen vollständigen Entwurf zur Konstruktion eines Modells der reellen Zahlen erstellte, den wir nur kurz andeuteten. Wir hoffen, dass Sie nach der Untersuchung der Theorie von Grenzwerten diese Konstruktionen unabhängig von Cauchy wiederholen können.

Das bisher Ausgeführte erhebt natürlich keinen Anspruch auf mathematische Strenge. Der Zweck dieser nicht formalen Ausführungen war es, den Leser auf die theoretischen Möglichkeiten hinzuweisen, dass mehr als ein natürliches Modell für die reellen Zahlen existieren kann. Daneben habe ich versucht, ein Bild von der Beziehung zwischen Zahlen und der uns umgebenden Welt zu zeichnen und die zentrale Rolle, die dabei die natürlichen und rationalen Zahlen spielen, zu verdeutlichen. Schließlich wollte ich auch zeigen, dass Näherungsrechnungen sowohl natürlich als auch notwendig sind.

Der folgende Teil dieses Abschnitts ist einfachen, aber wichtigen Fehlerabschätzungen gewidmet, die bei arithmetischen Operationen mit Näherungswerten auftreten. Diese Abschätzungen werden unten benutzt und sind von allgemeinem Interesse.

Wir machen nun genaue Aussagen.

**Definition 9.** Sei $x$ der genaue Wert einer Größe und $\tilde{x}$ eine bekannte Näherung an diese Größe. Dann werden die Zahlen

$$\Delta(\tilde{x}) := |x - \tilde{x}|$$

und

$$\delta(\tilde{x}) := \frac{\Delta(\tilde{x})}{|\tilde{x}|}$$

der *absolute* und der *relative* Näherungsfehler von $\tilde{x}$ genannt. Der relative Fehler ist für $\tilde{x} = 0$ nicht definiert.

---

[7] A. Cauchy (1789–1857) – französischer Mathematiker. Einer der aktivsten Begründer der mathematischen Sprache und der Maschinerie der klassischen Analysis.

Da der Wert $x$ unbekannt ist, sind die Werte $\Delta(\tilde{x})$ und $\delta(\tilde{x})$ ebenfalls unbekannt. Normalerweise sind aber für diese Größen gewisse obere Schranken $\Delta(\tilde{x}) < \Delta$ und $\delta(\tilde{x}) < \delta$ bekannt. Für diesen Fall sagen wir, dass der absolute oder der relative Fehler $\Delta$ oder $\delta$ nicht übersteigt. Praktisch müssen wir uns nur um Abschätzungen für die Fehler kümmern, so dass die Größen $\Delta$ und $\delta$ auch oft selbst *absoluter* und *relativer* Fehler genannt werden. Dies werden wir jedoch nicht tun.

Die Schreibweise $x = \tilde{x} \pm \Delta$ bedeutet, dass $\tilde{x} - \Delta \le x \le \tilde{x} + \Delta$.

Einige Beispiele:

| | | |
|---|---|---|
| Gravitationskonstante | $G$ | $= (6,672598 \pm 0,00085) \cdot 10^{-11} \mathrm{N} \cdot \mathrm{m}^2/\mathrm{kg}^2,$ |
| Lichtgeschwindigkeit | $c$ | $= 299792458\,\mathrm{m/s}$ (exakt im Vakuum)$,$ |
| Plancksche Konstante | $h$ | $= (6,6260755 \pm 0,0000040) \cdot 10^{-34}\mathrm{J} \cdot \mathrm{s},$ |
| Ladung eines Elektrons | $e$ | $= (1,60217733 \pm 0,00000049) \cdot 10^{-19}\mathrm{Coul},$ |
| Ruhemasse eines Elektrons | $m_e$ | $= (9,1093897 \pm 0,0000054) \cdot 10^{-31}\,\mathrm{kg}.$ |

Der wichtigste Indikator für die Genauigkeit einer Messung ist der relative Fehler der Näherung, der üblicherweise in Prozenten angegeben wird.

Somit sind bei den Beispielen die relativen Fehler höchstens (in der Reihenfolge):

$$13 \cdot 10^{-5}\,, \quad 0\,, \quad 6 \cdot 10^{-7}\,, \quad 31 \cdot 10^{-8}\,, \quad 6 \cdot 10^{-7}$$

oder als Prozentangabe der gemessenen Werte:

$$13 \cdot 10^{-3}\%\,, \quad 0\%\,, \quad 6 \cdot 10^{-5}\%\,, \quad 31 \cdot 10^{-6}\%\,, \quad 6 \cdot 10^{-5}\%.$$

Wir wollen nun die Fehler abschätzen, die bei arithmetischen Operationen mit Näherungswerten auftreten.

**Satz.** *Sei*

$$|x - \tilde{x}| = \Delta(\tilde{x})\,, \quad |y - \tilde{y}| = \Delta(\tilde{y})\,,$$

*dann gilt:*

$$\Delta(\tilde{x} + \tilde{y}) := |(x + y) - (\tilde{x} + \tilde{y})| \le \Delta(\tilde{x}) + \Delta(\tilde{y})\,, \tag{2.1}$$

$$\Delta(\tilde{x} \cdot \tilde{y}) := |x \cdot y - \tilde{x} \cdot \tilde{y}| \le |\tilde{x}|\Delta(\tilde{y}) + |\tilde{y}|\Delta(\tilde{x}) + \Delta(\tilde{x}) \cdot \Delta(\tilde{y})\,. \tag{2.2}$$

*Gilt ferner*

$$y \neq 0\,, \quad \tilde{y} \neq 0 \ \ und \ \ \delta(\tilde{y}) = \frac{\Delta(\tilde{y})}{|\tilde{y}|} < 1\,,$$

*dann auch*

$$\Delta\left(\frac{\tilde{x}}{\tilde{y}}\right) := \left|\frac{x}{y} - \frac{\tilde{x}}{\tilde{y}}\right| \le \frac{|\tilde{x}|\Delta(\tilde{y}) + |\tilde{y}|\Delta(\tilde{x})}{\tilde{y}^2} \cdot \frac{1}{1 - \delta(\tilde{y})}\,. \tag{2.3}$$

*Beweis.* Seien $x = \tilde{x} + \alpha$ und $y = \tilde{y} + \beta$. Dann gilt:

$$\Delta(\tilde{x} + \tilde{y}) = |(x + y) - (\tilde{x} + \tilde{y})| = |\alpha + \beta| \leq |\alpha| + |\beta| = \Delta(\tilde{x}) + \Delta(\tilde{y}) \,,$$

$$\Delta(\tilde{x} \cdot \tilde{y}) = |xy - \tilde{x} \cdot \tilde{y}| = |(\tilde{x} + \alpha)(\tilde{y} + \beta) - \tilde{x} \cdot \tilde{y}| =$$
$$= |\tilde{x}\beta + \tilde{y}\alpha + \alpha\beta| \leq |\tilde{x}|\,|\beta| + |\tilde{y}|\,|\alpha| + |\alpha\beta| =$$
$$= |\tilde{x}|\Delta(\tilde{y}) + |\tilde{y}|\Delta(\tilde{x}) + \Delta(\tilde{x}) \cdot \Delta(\tilde{y}) \,,$$

$$\Delta\left(\frac{\tilde{x}}{\tilde{y}}\right) = \left|\frac{x}{y} - \frac{\tilde{x}}{\tilde{y}}\right| = \left|\frac{x\tilde{y} - y\tilde{x}}{y\tilde{y}}\right| =$$
$$= \left|\frac{(\tilde{x} + \alpha)\tilde{y} - (\tilde{y} + \beta)\tilde{x}}{\tilde{y}^2}\right| \cdot \left|\frac{1}{1 + \beta/\tilde{y}}\right| \leq \frac{|\tilde{x}|\,|\beta| + |\tilde{y}|\,|\alpha|}{\tilde{y}^2} \cdot \frac{1}{1 - \delta(\tilde{y})} =$$
$$= \frac{|\tilde{x}|\Delta(\tilde{y}) + |\tilde{y}|\Delta(\tilde{x})}{\tilde{y}^2} \cdot \frac{1}{1 - \delta(\tilde{y})} \,. \qquad \square$$

Diese Abschätzungen des absoluten Fehlers führen uns zu den folgenden Abschätzungen für die relativen Fehler:

$$\delta(\tilde{x} + \tilde{y}) \leq \frac{\Delta(\tilde{x}) + \Delta(\tilde{y})}{|\tilde{x} + \tilde{y}|} \,, \tag{2.1$'$}$$

$$\delta(\tilde{x} \cdot \tilde{y}) \leq \delta(\tilde{x}) + \delta(\tilde{y}) + \delta(\tilde{y}) \cdot \delta(\tilde{y}) \,, \tag{2.2$'$}$$

$$\delta\left(\frac{\tilde{x}}{\tilde{y}}\right) \leq \frac{\delta(\tilde{x}) + \delta(\tilde{y})}{1 - \delta(\tilde{y})} \,. \tag{2.3$'$}$$

Bei der Arbeit mit genügend guten Näherungen $\Delta(\tilde{x}) \cdot \Delta(\tilde{y}) \approx 0$, $\delta(\tilde{x}) \cdot \delta(\tilde{y}) \approx 0$ und $1 - \delta(\tilde{y}) \approx 1$ können wir in der Praxis die folgenden hilfreichen, aber formal gesehen nicht richtigen Varianten der Formeln (2.2), (2.3), (2.2$'$) und (2.3$'$) benutzen:

$$\Delta(\tilde{x} \cdot \tilde{y}) \leq |\tilde{x}|\Delta(\tilde{y}) + |\tilde{y}|\Delta(\tilde{x}) \,,$$

$$\Delta\left(\frac{\tilde{x}}{\tilde{y}}\right) \leq \frac{|\tilde{x}|\Delta(\tilde{y}) + \tilde{y}\Delta(\tilde{x})}{\tilde{y}^2} \,,$$

$$\delta(\tilde{x} \cdot \tilde{y}) \leq \delta(\tilde{x}) + \delta(\tilde{y}) \,,$$

$$\delta\left(\frac{\tilde{x}}{\tilde{y}}\right) \leq \delta(\tilde{x}) + \delta(\tilde{y}) \,.$$

Die Formeln (2.3) und (2.3$'$) zeigen an, dass Division durch eine Zahl, die fast Null ist, vermieden werden sollte, genauso wie die Verwendung sehr ungenauer Näherungen, bei denen $\tilde{y}$ oder $1 - \delta(\tilde{y})$ einen kleinen Betrag besitzen.

Die Formel (2.1$'$) warnt uns vor der Addition genäherter Größen, falls diese fast den gleichen Betrag, aber unterschiedliches Vorzeichen besitzen, da dann $|\tilde{x} + \tilde{y}|$ nahezu Null ist.

In allen diesen Fällen können die Fehler beträchtlich anwachsen.

Wurde beispielsweise Ihre Größe zweimal durch ein Gerät mit einer Genauigkeit von $\pm 0,5\,\text{cm}$ gemessen, wobei die Messungen $H_1 = (200 \pm 0,5)\,\text{cm}$

und $H_2 = (199, 8 \pm 0, 5)$ cm ergaben. Angenommen, dass Sie sich bei der zweiten Messung auf ein Blatt Papier gestellt haben. Nun macht es offensichtlich überhaupt keinen Sinn, die Stärke des Papiers aus der Differenz $H_2 - H_1$ zu bestimmen. Diese Rechnung würde nur ergeben, dass die Papierstärke nicht über $0, 8$ cm liegt, was natürlich zu einer sehr groben Wiedergabe (falls man es überhaupt eine „Wiedergabe" nennen kann) der Realität führt.

Es lohnt sich jedoch, einen anderen vielversprechenderen Effekt bei Berechnungen zu betrachten, bei dem vergleichsweise genaue Messungen mit einem ungenauen Gerät erzielt werden können. Wird beispielsweise das Gerät, das eben zur Messung Ihrer Größe benutzt wurde, eingesetzt, um die Dicke von 1000 Seiten Papier zu messen und das Ergebnis wäre $(20 \pm 0, 5)$ cm, dann ergäbe sich nach Formel (2.1) für die Stärke einer Seite Papier $(0, 02 \pm 0, 0005)$ cm, das sind $(0, 2 \pm 0, 005)$ mm.

Somit ist mit einem absoluten Fehler von höchstens $0, 005$ mm die Stärke einer Seite auf $0, 2$ mm bestimmt. Der relative Fehler bei dieser Messung ist höchstens $0, 025$ oder 2,5%.

Diese Idee kann weiter entwickelt werden und sie wurde beispielsweise zur Erkennung eines schwachen periodischen Signals inmitten stärkerer zufälliger Störungen, dem sogenannten weißen Rauschen, vorgeschlagen.

### c. Stellenwertsysteme

Oben wurde behauptet, dass jede reelle Zahl als eine Folge rationaler Näherungen dargestellt werden kann. Wir wollen nun eine Methode vorstellen, die für Berechnungen wichtig ist. Dabei wird für jede reelle Zahl in eindeutiger Weise eine Folge derartiger rationaler Näherungen konstruiert. Dadurch erhalten wir Stellenwertsysteme oder auch Positionssysteme.

**Lemma.** *Sei $q > 1$ eine feste natürliche Zahl. Dann existiert für jede positive Zahl $x \in \mathbb{R}$ eine eindeutige Zahl $k \in \mathbb{Z}$, so dass*

$$q^{k-1} \leq x < q^k .$$

*Beweis.* Wir zeigen zunächst, dass die Menge der Zahlen der Gestalt $q^k$, $k \in \mathbb{N}$ nicht nach oben beschränkt ist. Wäre sie beschränkt, dann gäbe es eine kleinste obere Schranke $s$ und nach der Definition der kleinsten oberen Schranke eine natürliche Zahl $m \in \mathbb{N}$, so dass $\frac{s}{q} < q^m \leq s$. Aber dann ist $s < q^{m+1}$, so dass $s$ keine obere Schranke dieser Menge sein kann.

Da $1 < q$, gilt $q^m < q^n$ für $m < n$ für alle $m, n \in \mathbb{Z}$. Damit haben wir bereits gezeigt, dass für jede reelle Zahl $c \in \mathbb{R}$ eine natürliche Zahl $N \in \mathbb{N}$ existiert, so dass $c < q^n$ für alle $n > N$.

Nun folgt, dass für jedes $\varepsilon > 0$ ein $M \in \mathbb{N}$ existiert, so dass $\frac{1}{q^m} < \varepsilon$ für alle natürlichen Zahlen $m > M$. Tatsächlich genügt es, dafür $c = \frac{1}{\varepsilon}$ und $N = M$ zu setzen. Dann ist $\frac{1}{\varepsilon} < q^m$ für $m > M$.

Somit ist die Zahlenmenge $m \in \mathbb{Z}$, die die Ungleichung $x < q^m$ für $x > 0$ erfüllt, von unten beschränkt und besitzt daher ein kleinstes Element $k$, das offensichtlich das Gesuchte ist, da für diese ganze Zahl $q^{k-1} \leq x < q^k$ gilt.

Die Eindeutigkeit dieser Zahl $k$ folgt aus der Tatsache, dass für $m, n \in \mathbb{Z}$ und etwa $m < n$ gilt: $m \leq n - 1$. Daher gilt für $q > 1$, dass $q^m \leq q^{n-1}$. Tatsächlich kann an dieser Anmerkung ersehen werden, dass die Ungleichungen $q^{m-1} \leq x < q^m$ und $q^{n-1} \leq x < q^n$, aus denen $q^{n-1} \leq x < q^m$ folgt, mit $m \neq n$ unvereinbar sind.     □

Wir werden dieses Lemma bei der folgenden Konstruktion benutzen. Sei $q > 1$ fest vorgegeben und $x \in \mathbb{R}$ eine beliebige positive Zahl. Nach dem Lemma können wir eine eindeutige Zahl $p \in \mathbb{Z}$ finden, so dass

$$q^p \leq x < q^{p+1} . \tag{2.4}$$

**Definition 10.** Die Zahl $p$, die (2.4) erfüllt, wird der *Grad von $x$ in der Basis $q$* oder (falls $q$ feststeht) nur der *Grad von $x$* genannt.

Nach dem archimedischen Prinzip können wir eine eindeutige natürliche Zahl $\alpha_p \in \mathbb{N}$ finden, so dass

$$\alpha_p q^p \leq x < \alpha_p q^p + q^p . \tag{2.5}$$

Mit (2.4) können wir sicher sein, dass $\alpha_p \in \{1, \ldots, q-1\}$.

Alle bei unserer Konstruktion nachfolgenden Schritte werden den folgenden mit Ungleichung (2.5) beginnenden Schritt wiederholen.

Aus Ungleichung (2.5) und dem archimedischen Prinzip folgt, dass eindeutige Zahlen $\alpha_{p-1} \in \{0, 1, \ldots, q-1\}$ existieren, so dass

$$\alpha_p q^p + \alpha_{p-1} q^{p-1} \leq x < \alpha_p q^p + \alpha_{p-1} q^{p-1} + q^{p-1} . \tag{2.6}$$

Nach $n$ derartigen Schritten erhalten wir die Ungleichung:
$$\alpha_p q^p + \alpha_{p-1} q^{p-1} + \cdots + \alpha_{p-n} q^{p-n} \leq$$
$$\leq x < \alpha_p q^p + \alpha_{p-1} q^{p-1} + \cdots + \alpha_{p-n} q^{p-n} + q^{p-n} .$$

Nun existiert nach dem archimedischen Prinzip eine eindeutige Zahl $\alpha_{p-n-1} \in \{0, 1, \ldots, q-1\}$, so dass
$$\alpha_p q^p + \cdots + \alpha_{p-n} q^{p-n} + \alpha_{p-n-1} q^{p-n-1} \leq$$
$$x < \alpha_p q^p + \cdots + \alpha_{p-n} q^{p-n} + \alpha_{p-n-1} q^{p-n-1} + q^{p-n-1} .$$

Somit haben wir einen Algorithmus gefunden, mit dem eine Folge von Zahlen $\alpha_p, \alpha_{p-1}, \ldots, \alpha_{p-n}, \ldots$ aus der Menge $\{0, 1, \ldots, q-1\}$ in eine Beziehung zur positiven Zahl $x$ gebracht wird. Weniger formal formuliert, so haben wir eine Folge rationaler Zahlen der Form

$$r_n = \alpha_p q^p + \cdots + \alpha_{p-n} q^{p-n} \tag{2.7}$$

konstruiert, so dass

$$r_n \leq x < r_n + \frac{1}{q^{n-p}} . \tag{2.8}$$

Anders formuliert, so erhalten wir mit Hilfe der speziellen Folge (2.7) von unten und von oben immer bessere Näherungen. Das Symbol $\alpha_p \ldots \alpha_{p-n} \ldots$ ist eine Darstellung für die komplette Folge $\{r_n\}$. Um die Folge $\{r_n\}$ aus ihrer symbolischen Darstellung zu erzeugen, müssen wir den Wert $p$, den Grad von $x$, angeben.

Für $p \geq 0$ wird üblicherweise ein Komma nach $\alpha_0$ gesetzt. Ist $p < 0$, so gilt die Vereinbarung, $|p|$ Nullen links von $\alpha_p$ zu schreiben und die links stehende Null mit einem Komma abzutrennen (wir erinnern daran, dass $\alpha_p \neq 0$).

So ist beispielsweise für $q = 10$:

$$123,45 := 1 \cdot 10^2 + 2 \cdot 10^1 + 3 \cdot 10^0 + 4 \cdot 10^{-1} + 5 \cdot 10^{-2} ,$$
$$0,00123 := 1 \cdot 10^{-3} + 2 \cdot 10^{-4} + 3 \cdot 10^{-5} .$$

Für $q = 2$:
$$1000,001 := 1 \cdot 2^3 + 1 \cdot 2^{-3} .$$

Somit hängt der Wert einer Stelle im Symbol $\alpha_p \ldots \alpha_{p-n} \ldots$ von seiner relativen Position zum Komma ab.

Mit dieser Konvention können wir aus der symbolischen Darstellung $\alpha_p \ldots \alpha_0 \ldots$ die gesamte Näherungsfolge aufstellen.

Aus den Ungleichungen (2.8) (zeigen Sie dies!) können wir sehen, dass verschiedene Folgen $\{r_n\}$ und $\{r'_n\}$ und daher auch verschiedene Darstellungen $\alpha_p \ldots \alpha_0 \ldots$ und $\alpha'_p \ldots \alpha'_0 \ldots$ zu verschiedenen Zahlen $x$ und $x'$ gehören.

Wir wollen nun die Frage beantworten, ob jede Darstellung $\alpha_p \ldots \alpha_0 \ldots$ einer reellen Zahl $x \in \mathbb{R}$ entspricht. Die Antwort darauf wird „Nein" lauten.

Wir halten fest, dass aufgrund des beschriebenen Algorithmus zur Bestimmung der Zahlen $\alpha_{p-n} \in \{0, 1, \ldots, q-1\}$ nicht alle diese Zahlen von einem gewissen Punkt an gleich $q - 1$ sein können.

Ist nämlich

$$r_n = \alpha_p q^p + \cdots \alpha_{p-k} q^{p-k} + (q-1)q^{p-k-1} + \cdots + (q-1)q^{p-n}$$

für alle $n > k$, d.h.

$$r_n = r_k + \frac{1}{q^{k-p}} - \frac{1}{q^{n-p}} , \tag{2.9}$$

dann gilt nach (2.8):

$$r_k + \frac{1}{q^{k-p}} - \frac{1}{q^{n-p}} \leq x < r_k + \frac{1}{q^{k-p}} .$$

Nun gilt für alle $n > k$:

$$0 < r_k + \frac{1}{q^{k-p}} - x < \frac{1}{q^{n-p}} ,$$

was nach $8^0$ oben unmöglich ist.

Auch die Feststellung, dass, falls eine der Zahlen $\alpha_{p-k-1}, \ldots, \alpha_{p-n}$ kleiner als $q-1$ ist, wir anstelle von (2.9)

$$r_n < r_k + \frac{1}{q^{k-p}} - \frac{1}{q^{n-p}}$$

schreiben können oder, was identisch ist

$$r_n + \frac{1}{q^{n-p}} < r_k + \frac{1}{q^{k-p}}, \tag{2.10}$$

ist hilfreich.

Nun können wir beweisen, dass jede Darstellung $\alpha_n \ldots \alpha_0 \ldots$, die aus den Zahlen $\alpha_k \in \{0, 1, \ldots, q-1\}$ zusammengesetzt ist und in der es von $q-1$ verschiedene Zahlen mit beliebig großen Indizes gibt, zu einer Zahl $x \geq 0$ gehören.

Tatsächlich können wir aus der Darstellung $\alpha_p \ldots \alpha_{p-n} \ldots$ die Folge $\{r_n\}$ der Form (2.7) konstruieren. Aufgrund der Beziehungen $r_0 \leq r_1 \leq r_n \leq \cdots$ und unter Berücksichtigung von (2.9) und (2.10) erhalten wir:

$$r_0 \leq r_1 \leq \cdots \leq \cdots < \cdots \leq r_n + \frac{1}{q^{n-p}} \leq \cdots \leq r_1 + \frac{1}{q^{1-p}} \leq r_0 + \frac{1}{q^{-p}}. \tag{2.11}$$

Die strengen Ungleichungen in dieser letzten Beziehung sollten folgendermaßen verstanden werden: Jedes Element der Folge auf der linken Seite ist kleiner als jedes Element auf der rechten Seite. Dies folgt aus (2.10).

Wenn wir nun $x = \sup_{n \in \mathbb{N}} r_n \left( = \inf_{n \in \mathbb{N}} (r_n + q^{-(n-p)}) \right)$ bilden, wird die Folge $\{r_n\}$ die Bedingungen (2.7) und (2.8) erfüllen, d.h., die Darstellung $\alpha_p \ldots \alpha_{p-n} \ldots$ entspricht der Zahl $x \in \mathbb{R}$.

Somit haben wir eine eindeutige Beziehung zwischen den positiven Zahlen $x \in \mathbb{R}$ und den Symbolen der Form $\alpha_p \ldots \alpha_0, \ldots$ für $p \geq 0$ oder $\underbrace{0, 0 \ldots 0}_{|p| \text{ Nullen}} \alpha_p \ldots$

für $p < 0$ hergestellt. Die $x$ zugewiesene symbolische Darstellung wird auch *q-adische Darstellung* von $x$ genannt. Die in der Darstellung auftretenden Zahlen werden *Ziffern* und die Position einer Ziffer relativ zum Komma wird *Stelle* genannt.

Wir vereinbaren, einer Zahl $x < 0$ die Darstellung der positiven Zahl $-x$ mit vorangestelltem Minuszeichen zu geben. Schließlich weisen wir die Darstellung $0, 0 \ldots 0 \ldots$ der Zahl 0 zu.

Auf diese Weise haben wir das *Stellenwertsystem* (auch Positionssystem) *zur Basis q zum Schreiben reeller Zahlen* konstruiert. Das gebräuchlichste System ist dabei das Dezimalsystem (im normalen Gebrauch) und aus technischen Gründen das binäre System (in elektronischen Computern). Weniger verbreitet, aber in einigen Teilen der Informatik üblich, sind das ternäre, oktale und hexadezimale System.

Die Formeln (2.7) und (2.8) verdeutlichen, dass der absolute Fehler der Näherung (2.7) für $x$ nicht größer ist als eine Einheit in der letzten vorhandenen Stelle, wenn in der symbolischen Darstellung von $x$ nach einer endlichen Zahl von Ziffern alle folgenden Stellen gestrichen werden (oder, falls gewünscht, können wir diese Stellen gedanklich mit Nullen füllen).

Diese Beobachtung ermöglicht den Gebrauch der Formeln aus Paragraph b, um die Fehler, die bei arithmetischen Operationen mit Zahlen auftreten, abzuschätzen, wenn wir die exakten Zahlen durch die entsprechenden Werte der Formel (2.7) ersetzen.

Diese letzte Anmerkung besitzt auch einen gewissen theoretischen Wert. Genauer gesagt, werden wir ein neues Modell der reellen Zahlen erstellt haben, wenn wir eine reelle Zahl $x$ mit ihrer $q$-adischen Darstellung identifizieren und entsprechend Paragraph b gelernt haben, arithmetische Operationen direkt mit $q$-adischen Darstellungen auszuführen. Offensichtlich besitzt dieses Modell für Berechnungen einen besonderen Stellenwert.

Dabei stellen sich im Wesentlichen die folgenden Probleme:

Bei zwei $q$-adischen Darstellungen ist es notwendig, für deren Summe ein neues Symbol einzuführen. Dieses wird natürlich schrittweise konstruiert. Genauer gesagt, werden wir rationale Näherungen für die Summe erhalten, wenn wir immer genauere rationale Näherungen der Ausgangszahlen addieren. Mit Hilfe der obigen Anmerkung können wir zeigen, dass wir mit steigender Genauigkeit der Näherungsausdrücke immer mehr Ziffern der $q$-adischen Darstellung der Summe erhalten, die sich dann nicht mehr bei den folgenden Verbesserungen in den Näherungen verändern.

Dasselbe Problem stellt sich bei der Multiplikation.

Ein anderer, weniger konstruktiver Weg zu den reellen Zahlen geht auf Dedekind zurück.

Dedekind identifiziert eine reelle Zahl mit einem Schnitt der Menge $\mathbb{Q}$ der rationalen Zahlen, d.h. einer Zerlegung von $\mathbb{Q}$ in zwei disjunkte Mengen $A$ und $B$, so dass $a < b$ für alle $a \in A$ und $b \in B$. Mit dieser Annäherung an reelle Zahlen wird unser Vollständigkeitsaxiom zu einem wohl bekannten Satz von Dedekind. Aus diesem Grund wird das Vollständigkeitsaxiom in der Art, wie wir es formuliert haben, manchmal auch das Dedekind-Axiom genannt.

Zusammenfassend lässt sich sagen, dass wir in diesem Abschnitt die wichtigste Klasse von Zahlen vorgestellt haben. Wir haben die zentrale Rolle, die die natürlichen und die rationalen Zahlen dabei spielen, verdeutlicht. Wir konnten zeigen, dass sich die zentralen Eigenschaften dieser Zahlen aus dem Axiomensystem[8], das wir gewählt haben, ergeben. Wir haben verschiedene Modelle der Menge der reellen Zahlen skizziert. Wir haben dabei die Gesichtspunkte bei Berechnungen mit reellen Zahlen untersucht: Fehlerabschätzungen,

---

[8] In fast der hier vorgestellten Form wurde es von Hilbert zu Beginn des 20. Jahrhunderts aufgestellt, vgl. etwa Hilbert, D.: "Über den Zahlbegriff" in *Jahresbericht der deutschen Mathematikervereinigung* **8** (1900).

die bei arithmetischen Operationen mit Näherungswerten auftreten und die symbolische $q$-adische Darstellung.

### 2.2.5 Übungen und Aufgaben

**1.** Zeigen Sie mit dem Induktionsprinzip, dass

a) die Summe $x_1 + \cdots + x_n$ reeller Zahlen unabhängig ist von der Klammerung der Summanden, d.h. der Festschreibung der Reihenfolge,

b) das Gleiche auch für das Produkt $x_1 \cdots x_n$ gilt,

c) $|x_1 + \cdots + x_n| \leq |x_1| + \cdots + |x_n|$,

d) $|x_1 \cdots x_n| = |x_1| \cdots |x_n|$,

e) $\Big((m, n \in \mathbb{N}) \wedge (m < n)\Big) \Rightarrow \Big((n - m) \in \mathbb{N}\Big)$,

f) $(1 + x)^n \geq 1 + nx$ für $x > -1$ und $n \in \mathbb{N}$, wobei Gleichheit nur für $n = 1$ oder $x = 0$ gilt (*Bernoullische Ungleichung*) und

g) $(a + b)^n = a^n + \frac{n}{1!}a^{n-1}b + \frac{n(n-1)}{2!}a^{n-2}b^2 + \cdots + \frac{n(n-1)\cdots 2}{(n-1)!}ab^{n-1} + b^n$ (*Newtons binomische Formel*).

**2.** a) Zeigen Sie, dass $\mathbb{Z}$ und $\mathbb{Q}$ induktive Mengen sind.

b) Geben Sie Beispiele für von $\mathbb{N}$, $\mathbb{Z}$, $\mathbb{Q}$ und $\mathbb{R}$ verschiedene induktive Mengen.

**3.** Zeigen Sie, dass eine induktive Menge nicht von oben beschränkt ist.

**4.** a) Eine induktive Menge ist unendlich (d.h. äquipotent zu einer ihrer Teilmengen, die von ihr verschieden ist).

b) Die Menge $E_n = \{x \in \mathbb{N} \mid x \leq n\}$ ist endlich. (Wir bezeichnen $|E_n|$ mit $n$.)

**5.** a) (Der *euklidische Algorithmus*) Seien $m, n \in \mathbb{N}$ und $m > n$. Ihr größter gemeinsamer Teiler (ggT$(m, n) = d \in \mathbb{N}$) kann in einer endlichen Schrittzahl mit dem folgenden Algorithmus von Euklid bestimmt werden, der aufeinanderfolgende Divisionen mit Rest beinhaltet.

$$
\begin{aligned}
m &= q_1 n + r_1 & (r_1 < n), \\
n &= q_2 r_1 + r_2 & (r_2 < r_1), \\
r_1 &= q_3 r_2 + r_3 & (r_3 < r_2), \\
&\cdots\cdots\cdots\cdots\cdots \\
r_{k-1} &= q_{k+1} r_k + 0.
\end{aligned}
$$

Dann ist $d = r_k$.

b) Ist $d = $ ggT$(m, n)$, können wir Zahlen $p, q \in \mathbb{Z}$ wählen, so dass $pm + qn = d$. Insbesondere gilt, wenn $m$ und $n$ teilerfremd sind, dass $pm + qn = 1$.

**6.** Versuchen Sie einen eigenen Beweis für den Fundamentalsatz der Arithmetik (Paragraph a in Absatz 2.2.2) zu formulieren.

**7.** Ist das Produkt $m \cdot n$ natürlicher Zahlen durch eine Primzahl teilbar, d.h., $m \cdot n = p \cdot k$, mit $k \in \mathbb{N}$, dann ist entweder $m$ oder $n$ durch $p$ teilbar.

**8.** Aus dem Fundamentalsatz der Arithmetik folgt, dass die Menge der Primzahlen unendlich ist.

**9.** Zeigen Sie, dass die Gleichung $x^m = n$ keine rationale Lösung besitzt, wenn sich die natürliche Zahl $n$ nicht als $k^m$ mit $k, m \in \mathbb{N}$ schreiben lässt.

**10.** Zeigen Sie, dass die Formulierung einer rationalen Zahl in einer beliebigen $q$-adischen Darstellung periodisch ist, d.h., ab einer Stelle besteht sie aus periodisch wiederkehrenden Zifferngruppen.

**11.** Wir wollen eine irrationale Zahl $\alpha \in \mathbb{R}$ durch rationale Zahlen *wohl genähert* nennen, falls für beliebige natürliche Zahlen $n, N \in \mathbb{N}$ eine rationale Zahl $\frac{p}{q}$ existiert, so dass $\left| \alpha - \frac{p}{q} \right| < \frac{1}{Nq^n}$.

a) Konstruieren Sie ein Beispiel einer wohl genäherten irrationalen Zahl.

b) Beweisen Sie, dass eine wohl genäherte irrationale Zahl nicht algebraisch sein kann, d.h., sie ist transzendent (*Satz von Liouville*[9]).

**12.** Leiten Sie die „Regeln" für die Addition, Multiplikation und Division von Brüchen her, wobei Sie von $\frac{m}{n} := m \cdot n^{-1}$ (per definitionem), mit $m \in \mathbb{Z}$ und $n \in \mathbb{N}$, ausgehen, und ebenso für die Bedingung, damit zwei Brüche gleich sind.

**13.** Beweisen Sie, dass die rationalen Zahlen $\mathbb{Q}$ alle Axiome der reellen Zahlen erfüllen, mit Ausnahme des Vollständigkeitsaxioms.

**14.** Zeigen Sie im geometrischen Modell für die Menge der reellen Zahlen (die reelle Gerade), wie die Zahlen $a + b$, $a - b$, $ab$ und $\frac{a}{b}$ in diesem Modell konstruiert werden.

**15.**  a) Veranschaulichen Sie auf der reellen Gerade das Vollständigkeitsaxiom.

b) Zeigen Sie, dass das Prinzip der kleinsten oberen Schranke zum Vollständigkeitsaxiom äquivalent ist.

**16.**  a) Gilt $A \subset B \subset \mathbb{R}$, dann auch $\sup A \leq \sup B$ und $\inf A \geq \inf B$.

b) Sei $\mathbb{R} \supset X \neq \varnothing$ und $\mathbb{R} \supset Y \neq \varnothing$. Ist $x \leq y$ für alle $x \in X$ und alle $y \in Y$, dann ist $X$ von oben beschränkt, $Y$ von unten beschränkt und $\sup X \leq \inf Y$.

c) Gilt für die Mengen $X, Y$ in b) auch $X \cup Y = \mathbb{R}$, dann gilt $\sup X = \inf Y$.

d) Seien $X$ und $Y$ die in c) definierten Mengen. Dann besitzt entweder $X$ ein größtes Element oder $Y$ ein kleinstes Element (*Satz von Dedekind*).

e) (Fortsetzung.) Zeigen Sie, dass der Satz von Dedekind zum Vollständigkeitsaxiom äquivalent ist.

**17.** Sei $A + B$ die Menge von Zahlen der Form $a + b$ und $A \cdot B$ die Menge der Zahlen der Form $a \cdot b$, mit $a \in A$ und $b \in B \subset \mathbb{R}$. Entscheiden Sie, ob es immer wahr ist, dass

a) $\sup(A + B) = \sup A + \sup B$,

b) $\sup(A \cdot B) = \sup A \cdot \sup B$.

**18.** Sei $-A$ die Menge der Zahlen der Form $-a$ mit $a \in A \subset \mathbb{R}$. Zeigen Sie, dass $\sup(-A) = -\inf A$.

---

[9] J. Liouville (1809–1882) – französischer Mathematiker, der sich mit komplexer Analysis, Geometrie, Differentialgleichungen, Zahlentheorie und Mechanik beschäftigte.

**19.** a) Zeigen Sie, dass die Gleichung $x^n = a$ für $n \in \mathbb{N}$ und $a > 0$ eine positive Lösung (mit $\sqrt[n]{a}$ oder $a^{1/n}$ bezeichnet) besitzt.

Beweisen Sie, dass für $a > 0$, $b > 0$ und $n, m \in \mathbb{N}$ gilt:

b) $\sqrt[n]{ab} = \sqrt[n]{a} \cdot \sqrt[n]{b}$  und  $\sqrt[n]{\sqrt[m]{a}} = \sqrt[n \cdot m]{a}$.

c) $(a^{\frac{1}{n}})^m = (a^m)^{\frac{1}{n}} =: a^{m/n}$ und $a^{1/n} \cdot a^{1/m} = a^{1/n+1/m}$.

d) $(a^{m/n})^{-1} = (a^{-1})^{m/n} =: a^{-m/n}$.

e) Zeigen Sie, dass für alle $r_1, r_2 \in \mathbb{Q}$ gilt:

$$a^{r_1} \cdot a^{r_2} = a^{r_1 + r_2} \quad \text{und} \quad (a^{r_1})^{r_2} = a^{r_1 r_2} \ .$$

**20.** a) Zeigen Sie, dass die Inklusion eine teilweise Anordnung für die Menge (aber keine lineare Anordnung!) induziert.

b) Seien $A$, $B$ und $C$ Mengen mit $A \subset C$, $B \subset C$, $A \setminus B \neq \varnothing$, und $B \setminus A \neq \varnothing$. Wir führen eine teilweise Anordnung für diese drei Mengen wie in a) ein. Finden Sie die größten und kleinsten Elemente der Menge $\{A, B, C\}$. (Vorsicht wegen der vorhandenen nicht-Eindeutigkeit!)

**21.** a) Zeigen Sie, dass die Menge $\mathbb{Q}(\sqrt{n})$ von Zahlen der Form $a + b\sqrt{n}$, mit $a, b \in \mathbb{Q}$, wobei $n$ eine feste natürliche Zahl ist, die keine Quadratzahl einer anderen ganzen Zahl ist, genau wie die Menge $\mathbb{Q}$ ein geordneter Körper ist, der das archimedische Prinzip erfüllt, aber nicht das Vollständigkeitsaxiom.

b) Bestimmen Sie, welches der Axiome für die reellen Zahlen nicht für $\mathbb{Q}(\sqrt{n})$ gilt, wobei die normalen arithmetischen Operationen in $\mathbb{Q}(\sqrt{n})$ beibehalten werden, aber die Anordnung durch die Regel $(a + b\sqrt{n} \leq a' + b'\sqrt{n}) := \big((b < b') \vee \big((b = b') \wedge (a \leq a')\big)\big)$ definiert wird. Erfüllt $\mathbb{Q}(\sqrt{n})$ so das archimedische Prinzip?

c) Ordnen Sie die Menge $\mathbb{P}[x]$ der Polynome mit rationalen oder reellen Koeffizienten mit Hilfe von

$$P_m(x) = a_0 + a_1 x + \cdots + a_m x^m \succ 0, \quad \text{für} \quad a_m > 0 \ .$$

d) Zeigen Sie, dass die Menge $\mathbb{Q}(x)$ rationaler Brüche

$$R_{m,n} = \frac{a_0 + a_1 x + \cdots + a_m x^m}{b_0 + b_1 x + \cdots + b_n x^n}$$

mit Koeffizienten in $\mathbb{Q}$ oder $\mathbb{R}$ ein geordneter Körper ist, aber nicht ein archimedisch geordneter Körper. Dabei wird die Anordnungsrelation $R_{m,n} \succ 0$ dadurch definiert, dass $a_m b_n > 0$. Ansonsten gelten die üblichen arithmetischen Operationen. Daraus folgt, dass das archimedische Prinzip nicht ohne Verwendung des Vollständigkeitsaxioms aus den anderen Axiomen für $\mathbb{R}$ abgeleitet werden kann.

**22.** Sei $n \in \mathbb{N}$ und $n > 1$. In der Menge $E_n = \{0, 1, \ldots, n-1\}$ definieren wir die Summe und das Produkt zweier Elemente als die Reste, die sich durch Division der üblichen Summen und Produkte in $\mathbb{R}$ mit $n$ ergeben. Mit den so definierten Operationen wird die Menge $E_n$ als $\mathbb{Z}_n$ bezeichnet.

a) Zeigen Sie, dass Zahlen $m, k$ in $\mathbb{Z}_n$ ungleich Null existieren, so dass $m \cdot k = 0$, falls $n$ keine Primzahl ist. (Derartige Zahlen werden *Nullteiler* genannt.) Dies bedeutet, dass in $\mathbb{Z}_n$ die Gleichung $a \cdot b = c \cdot b$ nicht impliziert, dass $a = c$ gilt, selbst wenn $b \neq 0$.

b) Zeigen Sie, dass für die Primzahl $p$ keine Nullteiler in $\mathbb{Z}_p$ existieren und $\mathbb{Z}_p$ ein Körper ist.

c) Zeigen Sie, dass unabhängig von der Primzahl $p$ $\mathbb{Z}_p$ nicht so angeordnet werden kann, dass dies mit arithmetischen Operationen konsistent ist.

**23.** Zeigen Sie, dass für zwei Modelle $\mathbb{R}$ und $\mathbb{R}'$ der reellen Zahlen und einer Abbildung $f : \mathbb{R} \to \mathbb{R}'$ mit $f(x + y) = f(x) + f(y)$ und $f(x \cdot y) = f(x) \cdot f(y)$ für alle $x, y \in \mathbb{R}$, gilt:

a) $f(0) = 0'$,

b) $f(1) = 1'$ für $f(x) \not\equiv 0'$. Dies setzen wir im Folgenden voraus.

c) $f(m) = m'$ mit $m \in \mathbb{Z}$ und $m' \in \mathbb{Z}'$. Ferner ist die Abbildung $f : \mathbb{Z} \to \mathbb{Z}'$ injektiv und erhält die Anordnung.

d) $f\left(\frac{m}{n}\right) = \frac{m'}{n'}$ mit $m, n \in \mathbb{Z}$, $n \neq 0$, $m', n' \in \mathbb{Z}'$, $n' \neq 0'$, $f(m) = m'$, $f(n) = n'$. Somit ist $f : \mathbb{Q} \to \mathbb{Q}'$ eine bijektive Abbildung, die die Anordnung erhält.

e) $f : \mathbb{R} \to \mathbb{R}'$ ist eine bijektive Abbildung, die die Anordnung erhält.

**24.** Zeigen Sie, ausgehend von der vorherigen Aufgabe und dem Vollständigkeitsaxiom, dass das Axiomensystem für die Menge der reellen Zahlen diese Menge bis auf einen Isomorphismus (eine Realisierungsmethode) bestimmt, d.h., sind $\mathbb{R}$ und $\mathbb{R}'$ zwei Mengen, die diese Axiome erfüllen, so existiert eine eins-zu-eins Abbildung $f : \mathbb{R} \to \mathbb{R}'$, die die arithmetischen Operationen und die Anordnung erhält: $f(x + y) = f(x) + f(y)$, $f(x \cdot y) = f(x) \cdot f(y)$ und $(x \leq y) \Leftrightarrow \left(f(x) \leq f(y)\right)$.

**25.** Eine Zahl $x$ wird auf dem Computer als

$$x = \pm q^p \sum_{n=1}^{k} \frac{\alpha_n}{q^n}$$

dargestellt, wobei $p$ die Ordnung von $x$ ist und $M = \sum_{n=1}^{k} \frac{\alpha_n}{q^n}$ ist die Mantisse der Zahl $x$ ($\frac{1}{q} \leq M < 1$).

Nun arbeitet ein Computer nur mit einem gewissen Zahlenbereich: für $q = 2$ ist üblicherweise $|p| \leq 64$, und $k = 35$. Bestimmen Sie diesen Bereich im Dezimalsystem.

**26.** a) Formulieren Sie die $(6 \times 6)$ Multiplikationstabelle zur Basis 6.

b) Multiplizieren Sie „spaltenweise" mit Hilfe der Ergebnisse aus a) zur Basis 6:

$$\begin{array}{r} (532)_6 \\ \times\ (145)_6 \\ \hline \end{array}$$

Kontrollieren Sie ihr Ergebnis mit einer Vergleichsrechnung im Dezimalsystem.

c) Benutzen Sie die „Schuldivision" für

$$(1301)_6 \ \lfloor (25)_6$$

und überprüfen Sie ihr Ergebnis mit einer Vergleichsrechnung im Dezimalsystem.

d) Addieren Sie „spaltenweise":

$$+ \quad \frac{(4052)_6}{(3125)_6}$$

**27.** Schreiben Sie $(100)_{10}$ im binären und im ternären System.

**28.** a) Zeigen Sie, dass eine ganze Zahl neben ihrer eindeutigen Darstellung als

$$(\alpha_n \alpha_{n-1} \ldots \alpha_0)_3$$

mit $\alpha_i \in \{0, 1, 2\}$ auch als

$$(\beta_n \beta_{n-1} \ldots \beta_0)_3$$

mit $\beta \in \{-1, 0, 1\}$ geschrieben werden kann.

b) Sie wollen in drei Wiegevorgängen mit einer Waage eine falsche Münze, die sich im Gewicht von einer echten unterscheidet, identifizieren. Nennen Sie die größte Anzahl von Münzen, aus der Sie die falsche Münze finden können.

**29.** Wie viele Fragen, die nur mir „Ja" oder „Nein" beantwortet werden, müssen Sie mindestens stellen, um eine 7-stellige Telefonnummer sicher zu bestimmen?

**30.** a) Wie viele verschiedene Zahlen können mit 20 dezimalen Ziffern (etwa 2 Reihen mit jeweils 10 möglichen Ziffern) definiert werden? Beantworten Sie dieselbe Frage für das binäre System. In welchem System ist ein Vergleich zweier Zahlen effektiver durchzuführen?

b) Bestimmen Sie die Anzahl verschiedener Zahlen, die mit $n$ Ziffern eines Systems zur Basis $q$ geschrieben werden können. (A n t w o r t: $q^{n/q}$.)

c) Zeichnen Sie den Graphen der Funktion $f(x) = x^{n/x}$ mit Argumenten aus der Menge der natürlichen Zahlen und vergleichen Sie die Effektivität der verschiedenen Berechnungsmethoden.

# 2.3 Wichtige Sätze im Zusammenhang mit der Vollständigkeit der reellen Zahlen

In diesem Abschnitt werden wir einige einfache nützliche Hauptsätze einführen, von denen jeder als Vollständigkeitsaxiom bei unserer Konstruktion der reellen Zahlen hätte benutzt werden können[10].

Wir nennen diese Hauptsätze wichtige Sätze im Hinblick auf ihren verbreiteten Gebrauch beim Beweisen einer Vielzahl von Sätzen der Analysis.

### 2.3.1 Der Satz zur Intervallschachtelung (Cauchy–Cantor Hauptsatz)

**Definition 1.** Eine Funktion $f : \mathbb{N} \to X$ mit natürlichen Zahlen als Argument wird eine *Folge* oder vollständiger eine *Folge von Elementen von $X$* genannt.

---

[10] Vgl. Aufgabe 4 am Ende dieses Abschnitts.

Der zur Zahl $n \in \mathbb{N}$ zugehörige Wert $f(n)$ der Funktion $f$ wird oft $x_n$ geschrieben und das $n$-te Element der Folge genannt.

**Definition 2.** Sei $X_1, X_2, \ldots, X_n, \ldots$ eine Folge von Mengen. Gilt $X_1 \supset X_2 \supset \cdots \supset X_n \supset \cdots$, d.h. $X_n \supset X_{n+1}$ für alle $n \in \mathbb{N}$, so sprechen wir von einer geschachtelten Folge.

**Satz.** (Cauchy–Cantor). *Zu jeder geschachtelten Folge $I_1 \supset I_2 \supset \cdots \supset I_n \supset \cdots$ abgeschlossener Intervalle existiert ein Punkt $c \in \mathbb{R}$, der in allen Intervallen enthalten ist.*

*Ist zusätzlich bekannt, dass für jedes $\varepsilon > 0$ ein Intervall $I_k$ existiert, dessen Länge $|I_k|$ kleiner als $\varepsilon$ ist, dann ist $c$ der einzige gemeinsame Punkt in allen Intervallen.*

*Beweis.* Wir beginnen mit der Feststellung, dass für je zwei abgeschlossene Intervalle $I_m = [a_m, b_m]$ und $I_n = [a_n, b_n]$ der Folge gilt, dass $a_m \leq b_n$. Denn ansonsten würde $a_n \leq b_n < a_m \leq b_m$ gelten und die Intervalle $I_m$ und $I_n$ wären zueinander disjunkt und gleichzeitig wäre eines (das mit dem größeren Index) in dem anderen enthalten.

Somit erfüllen die numerischen Mengen $A = \{a_m \mid m \in \mathbb{N}\}$ und $B = \{b_n \mid n \in \mathbb{N}\}$ die Annahme des Vollständigkeitsaxioms, nach dem eine Zahl $c \in \mathbb{R}$ existiert, so dass $a_m \leq c \leq b_n$ für alle $a_m \in A$ und $b_n \in B$. Insbesondere gilt dabei $a_n \leq c \leq b_n$ für alle $n \in \mathbb{N}$. Das bedeutet aber, dass der Punkt $c$ in allen Intervallen $I_n$ enthalten ist.

Nun seien $c_1$ und $c_2$ zwei Punkte mit dieser Eigenschaft. Sind sie verschieden, etwa $c_1 < c_2$, dann gilt für jedes $n \in \mathbb{N}$, dass $a_n \leq c_1 < c_2 \leq b_n$ und daher $0 < c_2 - c_1 < b_n - a_n$. Somit kann die Länge jedes Intervalls in der Folge nicht kleiner als $c_2 - c_1$ sein. Existieren daher Intervalle beliebig kleiner Länge in der Folge, so ist der gemeinsame Punkt eindeutig.  □

### 2.3.2 Der Satz zur endlichen Überdeckung (Borel–Lebesgue Hauptsatz oder Satz von Heine–Borel)

**Definition 3.** Eine Familie $S = \{X\}$ von Mengen $X$ wird Überdeckung einer Menge $Y$ genannt, wenn $Y \subset \bigcup_{X \in S} X$, (d.h., wenn jedes Element $y \in Y$ in mindestens einer der Mengen $X$ in der Familie $S$ enthalten ist).

Eine Teilmenge einer Menge $S = \{X\}$, die eine Familie von Mengen ist, wird *Teilfamilie* von $S$ genannt. Daher ist eine Teilfamilie einer Familie von Mengen selbst wieder eine gleichartige Familie.

**Satz.** (Borel–Lebesgue).[11] *Jede Familie offener Intervalle, die ein abgeschlossenes Intervall überdeckt, enthält eine endliche Teilfamilie, die das abgeschlossene Intervall überdeckt.*

---

[11] É. Borel (1871–1956) und H. Lebesgue (1875–1941) – wohl bekannte französische Mathematiker, die sich mit Funktionentheorie beschäftigten.

*Beweis.* Sei $S = \{U\}$ eine Familie offener Intervalle $U$, die das abgeschlossene Intervall $[a, b] = I_1$ überdeckt. Kann das Intervall $I_1$ nicht von einer endlichen Menge von Intervallen der Familie $S$ überdeckt werden, dann teilen wir $I_1$ in zwei Hälften. Mindestens einer der Hälften, die wir mit $I_2$ bezeichnen, erlaubt keine endliche Überdeckung. Wir wiederholen nun dieses Verfahren mit dem Intervall $I_2$ und so weiter.

Auf diese Weise erzeugen wir eine geschachtelte Folge $I_1 \supset I_2 \supset \cdots \supset I_n \supset \cdots$ abgeschlossener Intervalle, von denen keines eine Überdeckung durch eine endliche Teilfamilie von $S$ zulässt. Da die Länge des Intervalls $I_n$ gleich $|I_n| = |I_1| \cdot 2^{-n}$ ist, enthält die Folge $\{I_n\}$ Intervalle beliebig kleiner Länge (vgl. das Lemma in Paragraph c in Absatz 2.2.4). Nach dem Satz zur Intervallschachtelung existiert jedoch ein Punkt $c$, der in allen diesen Intervallen $I_n$ $n \in \mathbb{N}$ enthalten ist. Da $c \in I_1 = [a, b]$, existiert ein offenes Intervall $]\alpha, \beta[ = U \in S$, das $c$ enthält, d.h., $\alpha < c < \beta$. Sei $\varepsilon = \min\{c - \alpha, \beta - c\}$. In der eben konstruierten Folge finden wir ein Intervall $I_n$ mit $|I_n| < \varepsilon$. Da $c \in I_n$ und $|I_n| < \varepsilon$, können wir folgern, dass $I_n \subset U = ]\alpha, \beta[$. Dies widerspricht jedoch der Tatsache, dass das Intervall $I_n$ nicht durch eine endliche Menge von Intervallen der Familie überdeckt werden kann.    □

### 2.3.3 Der Satz vom Häufungspunkt (Hauptsatz von Bolzano–Weierstraß)

Wir erinnern daran, dass wir eine *Umgebung* eines Punktes $x \in \mathbb{R}$ als ein offenes Intervall definiert haben, das den Punkt $x$ enthält, und eine $\delta$-*Umgebung* um $x$ als das offene Intervall $]x - \delta, x + \delta[$.

**Definition 4.** Ein Punkt $p \in \mathbb{R}$ ist ein *Häufungspunkt* der Menge $X \subset \mathbb{R}$, wenn jede Umgebung des Punktes eine unendliche Teilmenge von $X$ enthält.

Diese Bedingung ist offensichtlich äquivalent zu der Annahme, dass jede Umgebung von $p$ mindestens einen Punkt von $X$ enthält, der von $p$ verschieden ist. (Beweisen Sie dies!)

Wir geben nun einige Beispiele.

Sei $X = \left\{ \frac{1}{n} \in \mathbb{R} \,\middle|\, n \in \mathbb{N} \right\}$. Dann ist der Punkt $0 \in \mathbb{R}$ der einzige Häufungspunkt von $X$.

In einem offenen Intervall $]a, b[$ ist jeder Punkt im abgeschlossenen Intervall $[a, b]$ ein Häufungspunkt und es gibt keine weiteren.

In der Menge $\mathbb{Q}$ rationaler Zahlen ist jeder Punkt in $\mathbb{R}$ ein Häufungspunkt, da, wie wir wissen, jedes offene Intervall um reelle Zahlen rationale Zahlen enthält.

**Satz.** (Bolzano–Weierstraß)[12]. *Jede beschränkte unendliche Menge reeller Zahlen besitzt mindestens einen Häufungspunkt.*

---

[12] B. Bolzano (1781–1848) – tschechischer Mathematiker und Philosoph.

K. Weierstraß (1815–1897) – deutscher Mathematiker, der einen Großteil seiner Aufmerksamkeit den logischen Grundlagen der mathematischen Analysis widmete.

*Beweis.* Sei $X$ die vorgegebene Teilmenge von $\mathbb{R}$. Aus der Definition der Beschränktheit folgt, dass $X$ in einem abgeschlossenen Intervall $I \subset \mathbb{R}$ enthalten ist. Wir werden zeigen, dass zumindest ein Punkt von $I$ ein Häufungspunkt von $X$ ist.

Wenn dem nicht so wäre, dann hätte jeder Punkt $x \in I$ eine Umgebung $U(x)$, in der entweder kein Punkt von $X$ enthalten ist oder höchstens eine endliche Zahl. Die Gesamtheit dieser Umgebungen $\{U(x)\}$, die für die Punkte $x \in I$ konstruiert werden, bilden eine Überdeckung von $I$ mit offenen Intervallen $U(x)$. Nach dem Satz zur endlichen Überdeckung können wir eine Familie $U(x_1), \ldots, U(x_n)$ offener Intervalle herausgreifen, die $I$ überdeckt. Da aber $X \subset I$, überdeckt dieselbe Familie ebenso $X$. Es gibt jedoch nur endlich viele Punkt von $X$ in $U(x_i)$ und daher auch nur endlich viele in der Vereinigung der Umgebungen. Damit ist $X$ eine endliche Menge. Dieser Widerspruch beendet den Beweis. $\qquad\qquad\square$

### 2.3.4 Übungen und Aufgaben

**1.** Zeigen Sie, dass

a) für eine beliebige Familie geschachtelter abgeschlossener Intervalle $I$ gilt:

$$\sup \left\{ a \in \mathbb{R}\mid [a,b] \in I \right\} = \alpha \leq \beta = \inf \left\{ b \in \mathbb{R}\mid [a,b] \in I \right\}$$

und

$$[\alpha, \beta] = \bigcap_{[a,b] \in I} [a,b] \; ;$$

b) für eine Familie $I$ geschachtelter offener Intervalle $]a, b[$ die Schnittmenge $\bigcap_{]a,b[ \in I} ]a, b[$ leer sein kann.

   H i n w e i s : $]a_n, b_n[ = \left]0, \frac{1}{n}\right[$.

**2.** Zeigen Sie, dass

a) aus einer Familie abgeschlossener Intervalle, die ein abgeschlossenes Intervall überdeckt, nicht immer eine endliche Teilfamilie gewählt werden kann, die das Intervall überdeckt;

b) aus einer Familie offener Intervalle, die ein offenes Intervall überdeckt, nicht immer eine endliche Teilfamilie gewählt werden kann, die das Intervall überdeckt;

c) aus einer Familie abgeschlossener Intervalle, die ein offenes Intervall überdeckt, nicht immer eine endliche Teilfamilie gewählt werden kann, die das Intervall überdeckt.

**3.** Zeigen Sie, dass keiner der drei oben bewiesenen Sätze wahr ist, wenn wir die Menge $\mathbb{Q}$ der rationalen Zahlen anstelle der vollständigen Menge $\mathbb{R}$ der reellen Zahlen nehmen und ein abgeschlossenes Intervall, ein offenes Intervall und eine Umgebung eines Punktes $r \in \mathbb{Q}$ jeweils entsprechende Teilmengen von $\mathbb{Q}$ bedeuten.

**4.** Zeigen Sie, dass wir ein zu dem bereits Vorgestellten äquivalentes Axiomensystem erhalten, wenn wir das Vollständigkeitsaxiom ersetzen durch

a) den Hauptsatz von Bolzano–Weierstraß,

b) den Satz von Heine–Borel (den Hauptsatz von Borel–Lebesgue).

H i n w e i s : Das archimedische Prinzip und das Vollständigkeitsaxiom in seiner früheren Form folgen beide aus a).

c) Der Ersatz des Vollständigkeitsaxioms durch den Hauptsatz von Cauchy–Cantor führt auf ein Axiomensystem, das zum ursprünglichen System äquivalent wird, wenn wir auch das archimedische Prinzip postulieren. (Vgl. Aufgabe 21 in Absatz 2.2.2.)

## 2.4 Abzählbare und überabzählbare Mengen

Wir wollen nun die Informationen über Mengen, die wir in Kapitel 1 gegeben haben, ergänzen. Diese Ergänzung wird unten hilfreich sein.

### 2.4.1 Abzählbare Mengen

**Definition 1.** Eine Menge $X$ heißt *abzählbar*, wenn sie zur Menge $\mathbb{N}$ der natürlichen Zahlen äquipotent ist, d.h., $|X| = |\mathbb{N}|$.

**Satz.** a) *Eine unendliche Teilmenge einer abzählbaren Menge ist abzählbar.*
b) *Die Vereinigung der Mengen einer endlichen oder abzählbaren Familie abzählbarer Mengen ist eine abzählbare Menge.*

*Beweis.* a) Es genügt zu zeigen, dass jede unendliche Teilmenge $E$ von $\mathbb{N}$ zu $\mathbb{N}$ äquipotent ist. Wir konstruieren die notwendige bijektive Abbildung $f : \mathbb{N} \to E$ folgendermaßen: Es gibt ein kleinstes Element von $E_1 := E$, das wir der Zahl $1 \in \mathbb{N}$ zuweisen und mit $e_1 \in E$ bezeichnen. Die Menge $E$ ist unendlich und daher ist $E_2 := E_1 \setminus e_1$ nicht leer. Wir weisen das kleinste Element von $E_2$ der Zahl 2 zu und bezeichnen es als $e_2 \in E_2$. Dann betrachten wir $E_3 := E \setminus \{e_1, e_2\}$ u.s.w.. Da $E$ eine unendliche Menge ist, kann diese Konstruktionen nicht nach einer endlichen Anzahl von Schritten mit dem Index $n \in \mathbb{N}$ abbrechen. Wie aus dem Induktionsprinzip folgt, weisen wir auf diese Weise eine gewisse Zahl $e_n \in E$ jedem $n \in \mathbb{N}$ zu. Offensichtlich ist die Abbildung $f : \mathbb{N} \to E$ injektiv.

Es bleibt zu zeigen, dass sie surjektiv ist, d.h., $f(\mathbb{N}) = E$. Sei $e \in E$. Die Menge $\{n \in \mathbb{N} \,|\, n \le e\}$ ist endlich und daher ist die Teilmenge $\{n \in E \,|\, n \le e\}$ ebenso endlich. Sei $k$ die Anzahl der Elemente in der letztgenannten Menge. Dann ist nach der Konstruktion $e = e_k$.

b) Sei $X_1, \ldots, X_n, \ldots$ eine abzählbare Familie von Mengen und jede Menge $X_m = \{x_m^1, \ldots, x_m^n, \ldots\}$ sei ebenfalls abzählbar. Dann ist die Mächtigkeit der Menge $X = \bigcup_{n \in \mathbb{N}} X_n$, die aus den Elementen $x_m^n$ mit $m, n \in \mathbb{N}$ besteht, nicht geringer als die Mächtigkeit jeder der Mengen $X_m$. Daraus folgt, dass $X$ eine unendliche Menge ist. Das Element $x_m^n \in X_m$ kann mit dem Paar $(m, n)$ natürlicher Zahlen, die es kennzeichnen, identifiziert werden. Somit kann die Mächtigkeit von $X$ nicht größer sein als die Mächtigkeit der Menge aller derartigen geordneten Paare. Aber die Abbildung $f : \mathbb{N} \times \mathbb{N} \to \mathbb{N}$, die durch die Formel $(m, n) \mapsto \frac{(m+n)(m+n+1)}{2} + m$ gegeben wird, ist, wie einfach zu zeigen ist, bijektiv. (Sie besitzt eine anschauliche Bedeutung: Wir zählen die Punkte einer Ebene mit den Koordinaten $(m, n)$, wobei wir nach und nach von Punkten einer Diagonalen, auf der $m + n$ konstant ist, zu den Punkten der nächsten derartigen Diagonalen wechseln, auf der die Summe um 1 größer ist.)

Daher ist die Menge der geordneten Paare $(m, n)$ der natürlichen Zahlen abzählbar. Aber dann ist $|X| \leq |\mathbb{N}|$, und da $X$ eine unendliche Menge ist, folgern wir auf der Basis von a), dass $|X| = |\mathbb{N}|$.  □

Aus dem eben bewiesenen Satz folgt, dass eine Teilmenge einer abzählbaren Menge entweder endlich oder abzählbar ist. Wenn bekannt ist, dass eine Menge entweder endlich oder abzählbar ist, sagen wir, sie ist *höchstens abzählbar*. (Eine äquivalente Formulierung ist $|X| \leq |\mathbb{N}|$.)

Wir können nun insbesondere behaupten, dass die *Vereinigung einer höchstens abzählbaren Familie von höchstens abzählbaren Mengen höchstens abzählbar ist*.

**Korollare**

1) $|\mathbb{Z}| = |\mathbb{N}|$.

2) $|\mathbb{N}^2| = |\mathbb{N}|$.
(Dieses Ergebnis bedeutet, dass das direkte Produkt abzählbarer Mengen wieder abzählbar ist.)

3) $|\mathbb{Q}| = |\mathbb{N}|$, d.h., *die Menge der rationalen Zahlen ist abzählbar*.

*Beweis.* Eine rationale Zahl $\frac{m}{n}$ wird durch ein geordnetes Paar $(m, n)$ von ganzen Zahlen definiert. Zwei Paare $(m, n)$ und $(m', n')$ definieren genau dann dieselbe rationale Zahl, wenn sie proportional sind. Wenn wir daher als eindeutiges Paar das Paar $(m, n)$ mit der kleinsten positiven ganzen Zahl $n \in \mathbb{N}$ als Nenner zur eindeutigen Charakterisierung einer rationalen Zahl wählen, so stellen wir fest, dass die Menge $\mathbb{Q}$ zu einer unendlichen Teilmenge der Menge $\mathbb{Z} \times \mathbb{Z}$ äquipotent ist. Aber $|\mathbb{Z}^2| = |\mathbb{N}|$ und daher ist $|\mathbb{Q}| = |\mathbb{N}|$.  □

4) *Die Menge der algebraischen Zahlen ist abzählbar*.

*Beweis.* Wir stellen zunächst fest, dass aus der Gleichheit $|\mathbb{Q} \times \mathbb{Q}| = |\mathbb{N}|$ mit Induktion folgt, dass $|\mathbb{Q}^k| = |\mathbb{N}|$ für alle $k \in \mathbb{N}$.

Ein Element $r \in \mathbb{Q}^k$ ist eine geordnete Menge $(r_1, \ldots, r_k)$ aus $k$ rationalen Zahlen.

Eine algebraische Gleichung vom Grad $k$ mit rationalen Koeffizienten lässt sich in der reduzierten Form $x^k + r_1 x^{k-1} + \cdots + r_k = 0$ schreiben, wobei der führende Koeffizient 1 ist. Daher gibt es so viele verschiedene algebraische

Gleichungen vom Grade $k$ wie verschiedene geordnete Paare $(r_1, \ldots, r_k)$ rationaler Zahlen, d.h. eine abzählbare Menge.

Die algebraischen Gleichungen mit rationalen Koeffizienten (mit beliebigem Grad) bilden ebenfalls eine abzählbare Menge, da sie eine abzählbare Vereinigung (über die Grade) abzählbarer Mengen ist. Jede derartige Gleichung besitzt nur eine endliche Anzahl von Nullstellen. Daher ist die Menge der algebraischen Zahlen höchstens abzählbar. Aber sie ist unendlich und daher abzählbar.                    □

### 2.4.2 Die Mächtigkeit des Kontinuums

**Definition 2.** Die Menge $\mathbb{R}$ der reellen Zahlen wird auch *Zahlenkontinuum*[13] genannt und ihre Mächtigkeit ist die *Mächtigkeit des Kontinuums*.

**Theorem.** (Cantor). $|\mathbb{N}| < |\mathbb{R}|$.

Dieses Theorem stellt sicher, dass die unendliche Menge $\mathbb{R}$ eine größere Mächtigkeit besitzt als die unendliche Menge $\mathbb{N}$.

*Beweis.* Wir werden zeigen, dass selbst das abgeschlossene Intervall $[0,1]$ eine überabzählbare Menge ist.

Angenommen es sei abzählbar, d.h., es könnte als Folge $x_1, x_2, \ldots, x_n, \ldots$ geschrieben werden. Wir greifen den Punkte $x_1$ heraus und halten auf dem Intervall $[0,1] = I_0$ ein abgeschlossenes Intervall mit positiver Länge $I_1$ fest, das den Punkt $x_1$ nicht enthält. Auf dem Intervall $I_1$ konstruieren wir ein Intervall $I_2$, das $x_2$ nicht enthält. Nach der Konstruktion des Intervalls $I_n$ konstruieren wir, da $|I_n| > 0$ ein Intervall $I_{n+1}$, so dass $x_{n+1} \notin I_{n+1}$ und $|I_{n+1}| > 0$. Nach dem Satz zur Intervallschachtelung existiert ein Punkt $c$, der in allen Intervallen $I_0, I_1, \ldots, I_n, \ldots$ enthalten ist. Aber dieser Punkt im abgeschlossenen Intervall $I_0 = [0,1]$ kann nach dieser Konstruktion kein Punkt der Folge $x_1, x_2, \ldots, x_n, \ldots$ sein.                    □

### Korollare

1) $\mathbb{Q} \neq \mathbb{R}$ *und somit existieren irrationale Zahlen.*

2) *Es existieren transzendente Zahlen, da die Menge der algebraischen Zahlen abzählbar ist.*

(Nach der Lösung von Aufgabe 3 unten wird der Leser diese letzte Behauptung ohne Zweifel folgendermaßen interpretieren wollen: *Algebraische Zahlen sind gelegentlich zwischen den reellen Zahlen zu finden.*)

Zu Beginn der Mengentheorie tauchte die Frage auf, ob Mengen existieren, deren Mächtigkeit zwischen der abzählbarer Mengen und der Mächtigkeit

---

[13] Aus dem Lateinischen *continuus*, das *zusammenhängend* oder *ununterbrochen* bedeutet.

des Kontinuums liegen. Es wurde vermutet, dass keine dazwischen liegenden Mächtigkeiten existieren. Dies ist als *Kontinuumshypothese* bekannt. Die Frage betraf die tiefsten Fundamente der Mathematik. Sie wurde 1963 durch den zeitgenössischen amerikanischen Mathematiker P. Cohen endgültig beantwortet. Cohen bewies, dass die Kontinuumshypothese nicht entscheidbar ist, indem er zeigte, dass weder die Hypothese noch ihre Negation den üblichen Axiomensystemen der Mengentheorie widerspricht, so dass sie im Axiomensystem weder bewiesen noch falsifiziert werden kann. Diese Situation ist ähnlich wie bei Euklids fünftem Postulat zu parallelen Geraden, das von den anderen Axiomen der Geometrie unabhängig ist.

### 2.4.3 Übungen und Aufgaben

**1.** Zeigen Sie, dass die Menge der reellen Zahlen dieselbe Mächtigkeit besitzt, wie die Punkte im Intervall $]-1,1[$.

**2.** Formulieren Sie einen expliziten eins-zu-eins Zusammenhang zwischen

a) den Punkten zweier offener Intervalle,
b) den Punkten zweier geschlossener Intervalle,
c) den Punkten eines geschlossenen Intervalls und den Punkten eines offenen Intervalls,
d) den Punkten des geschlossenen Intervalls $[0,1]$ und der Menge $\mathbb{R}$.

**3.** Zeigen Sie, dass

a) jede unendliche Menge eine abzählbare Teilmenge enthält,
b) die Menge gerader ganzer Zahlen dieselbe Mächtigkeit besitzt, wie die Menge der natürlichen Zahlen,
c) die Vereinigung einer unendlichen Menge und einer höchstens abzählbaren Menge dieselbe Mächtigkeit besitzt wie die ursprüngliche unendliche Menge,
d) die Menge der irrationalen Zahlen die Mächtigkeit des Kontinuums besitzt,
e) die Menge der transzendenten Zahlen die Mächtigkeit des Kontinuums besitzt.

**4.** Zeigen Sie, dass

a) die Menge der ansteigenden Folgen natürlicher Zahlen $\{n_1 < n_2 < \cdots\}$ dieselbe Mächtigkeit besitzt wie die Menge der Zahlen der Form $0,\alpha_1\alpha_2\ldots$,
b) die Menge aller Teilmengen einer abzählbaren Menge die Mächtigkeit des Kontinuums besitzt.

**5.** Zeigen Sie, dass

a) die Menge $\mathcal{P}(X)$ der Teilmengen einer Menge $X$ dieselbe Mächtigkeit besitzt wie die Menge aller Funktionen auf $X$ mit den Werten 0 oder 1, d.h. die Menge der Abbildungen $f : X \to \{0,1\}$,
b) für eine endliche Menge $X$ mit $n$ Elementen gilt: $|\mathcal{P}(X)| = 2^n$,
c) $|\mathcal{P}(X)| = 2^{|X|}$ und insbesondere $|\mathcal{P}(\mathbb{N})| = 2^{|\mathbb{N}|} = |\mathbb{R}|$ gilt (nutzen Sie die Ergebnisse der Aufgaben 4b) und 5a)),

d) für jede Menge $X$ gilt:

$$|X| < 2^{|X|}, \text{ insbesondere } n < 2^n \text{ für alle } n \in \mathbb{N}.$$

Hinweis: Der Satz von Cantor in Absatz 1.4.1.

**6.** Sei $X_1, \ldots, X_n$ eine endliche Familie endlicher Mengen. Zeigen Sie, dass

$$\left| \left( \bigcup_{i=1}^{m} X_i \right) \right| = \sum_{i_1} |X_{i_1}| -$$
$$- \sum_{i_1 < i_2} |(X_{i_1} \cap X_{i_2})| + \sum_{i_1 < i_2 < i_3} |(X_{i_1} \cap X_{i_2} \cap X_{i_3})| -$$
$$- \cdots + (-1)^{m-1} |(X_1 \cap \cdots \cap X_m)|,$$

wobei die Summationen über alle Mengen von Indizes von 1 bis $m$ läuft, die die Ungleichungen unter dem Summenzeichen erfüllen.

**7.** Beschreiben Sie auf dem abgeschlossenen Intervall $[0, 1] \subset \mathbb{R}$ die Zahlenmengen $x \in [0, 1]$, deren ternäre Darstellung $x = 0, \alpha_1 \alpha_2 \alpha_3 \ldots$, $\alpha_i \in \{0, 1, 2\}$ die folgenden Eigenschaften besitzt:

a) $\alpha_1 \neq 1$,
b) $(\alpha_1 \neq 1) \wedge (\alpha_2 \neq 1)$,
c) $\forall i \in \mathbb{N} (\alpha_i \neq 1)$ (die *Cantor Menge*).

**8.** (Fortsetzung von Aufgabe 7.) Zeigen Sie, dass

a) die Zahlenmenge $x \in [0, 1]$, deren ternäre Darstellung 1 nicht enthält, dieselbe Mächtigkeit besitzt wie die Menge aller Zahlen, deren binäre Darstellung die Form $0, \beta_1 \beta_2 \ldots$ besitzt,

b) die Cantor-Menge dieselbe Mächtigkeit besitzt wie das abgeschlossene Intervall $[0, 1]$.

# 3

# Grenzwerte

Bei der Diskussion der verschiedenen konzeptionellen Gesichtspunkte der reellen Zahlen bemerkten wir insbesondere, dass wir bei Messungen realer physikalischer Größen auf Folgen von Näherungswerten treffen, mit denen dann gearbeitet werden muss.

Bei diesem Stand der Dinge drängen sich sofort zumindest die folgenden drei Fragen auf:

1) Welche Beziehung besteht zwischen der so erhaltenen Folge von Näherungen und der zu messenden Größe? Dabei denken wir an den mathematischen Aspekt dieser Frage, d.h., wir suchen eine exakte Formulierung für die Bedeutung des Ausdrucks „Folge von Näherungswerten" im Allgemeinen und inwieweit eine derartige Folge den Wert der Größe beschreibt. Ist die Beschreibung unzweideutig oder kann dieselbe Folge zu verschiedenen Werten der Messgröße führen?

2) Welcher Zusammenhang besteht zwischen Operationen mit den Näherungswerten und denselben Operationen mit den exakten Werten? Wie können wir Operationen charakterisieren, die berechtigterweise so ausgeführt werden können, dass die exakten Werte durch die genäherten ersetzt werden können?

3) Wie können wir an einer Zahlenfolge erkennen, ob sie eine Folge beliebig genauer Näherungen für die Werte einer Größe sein kann?

Die Antwort zu diesen und ähnlichen Fragen wird durch das Konzept des Grenzwertes einer Funktion, eines der zentralen Konzepte der Analysis, gegeben.

Wir beginnen unsere Diskussion der Theorie von Grenzwerten mit der Betrachtung von Grenzwerten von Funktionen, deren Argumente natürliche Zahlen sind (eine Folge), im Hinblick auf die zentrale Rolle, die diese Funktionen spielen. Dies haben wir bereits ausgeführt. Ferner können alle wichtigen Tatsachen der Theorie von Grenzwerten an diesen einfachsten Beispielen deutlich erkannt werden.

# 3.1 Der Grenzwert einer Folge

### 3.1.1 Definitionen und Beispiele

Wir wiederholen die folgende Definition.

**Definition 1.** Eine Funktion $f : \mathbb{N} \to X$, deren Definitionsbereich die Menge der natürlichen Zahlen ist, wird *Folge* genannt.

Die Werte $f(n)$ der Funktion $f$ werden *Terme* oder *Glieder* der Folge genannt. Sie werden üblicherweise durch ein Symbol für ein Element der Menge, die den Wertebereich enthält, beschrieben, das um den zugehörigen Index des Arguments erweitert wird. Somit ist $x_n := f(n)$. In diesem Zusammenhang wird die Folge selbst $\{x_n\}$ oder auch $x_1, x_2, \ldots, x_n, \ldots$ geschrieben. Sie wird *Folge in X* oder eine *Folge von Elementen in X* genannt.

Das Element $x_n$ wird als *n-tes Glied der Folge* bezeichnet.

In den nächsten Abschnitten werden wir nur Folgen $f : \mathbb{N} \to \mathbb{R}$ reeller Zahlen betrachten.

**Definition 2.** Eine Zahl $A \in \mathbb{R}$ wird *Grenzwert der numerischen Folge* $\{x_n\}$ genannt, falls für jede Umgebung $V(A)$ von $A$ ein (von $V(A)$ abhängiger) Index $N$ existiert, so dass alle Terme der Folge mit einem Index größer als $N$ in der Umgebung $V(A)$ liegen.

Wir werden diese Definition unten in formaler Logik ausdrücken, aber zunächst auf eine andere gebräuchliche Formulierung der Definition des Grenzwertes einer Folge hinweisen.

Eine Zahl $A \in \mathbb{R}$ wird *Grenzwert der Folge* $\{x_n\}$ genannt, falls für jedes $\varepsilon > 0$ ein Index $N$ existiert, so dass $|x_n - A| < \varepsilon$ für alle $n > N$.

Die Äquivalenz dieser beiden Aussagen lässt sich leicht zeigen (zeigen Sie sie!), wenn wir berücksichtigen, dass jede Umgebung $V(A)$ von $A$ eine $\varepsilon$-Umgebung des Punktes $A$ enthält.

Die zweite Formulierung der Definition eines Grenzwertes bedeutet, dass es unabhängig davon, mit welcher Genauigkeit wir $\varepsilon > 0$ vorgeben, einen Index $N$ gibt, so dass der absolute Fehler bei der Annäherung der Terme der Folge $\{x_n\}$ an $A$ kleiner als $\varepsilon$ ist, sobald $n > N$ ist.

Wir schreiben nun diese Formulierungen der Definition eines Grenzwertes in der Sprache der symbolischen Logik. Dabei bedeutet der Ausdruck „$\lim\limits_{n \to \infty} x_n = A$", dass $A$ der Grenzwert der Folge $\{x_n\}$ ist. Somit

$$\left( \lim_{n \to \infty} x_n = A \right) := \forall V(A) \, \exists N \in \mathbb{N} \, \forall n > N \, \left( x_n \in V(A) \right)$$

bzw.

$$\left( \lim_{n \to \infty} x_n = A \right) := \forall \varepsilon > 0 \, \exists N \in \mathbb{N} \, \forall n > N \, \left( |x_n - A| < \varepsilon \right).$$

**Definition 3.** Gilt $\lim\limits_{n\to\infty} x_n = A$, so sagen wir, dass die Folge $\{x_n\}$ gegen $A$ *konvergiert* oder gegen $A$ *strebt* und schreiben $x_n \to A$ für $n \to \infty$.

Eine Folge, die einen Grenzwert besitzt, wird *konvergent* genannt. Eine Folge, die keinen Grenzwert besitzt, wird *divergent* genannt.

Wir wollen einige Beispiele betrachten.

*Beispiel 1.* $\lim\limits_{n\to\infty} \frac{1}{n} = 0$, da $\left|\frac{1}{n} - 0\right| = \frac{1}{n} < \varepsilon$ für $n > N = \left[\frac{1}{\varepsilon}\right]$.[1]

*Beispiel 2.* $\lim\limits_{n\to\infty} \frac{n+1}{n} = 1$, da $\left|\frac{n+1}{n} - 1\right| = \frac{1}{n} < \varepsilon$ für $n > \left[\frac{1}{\varepsilon}\right]$.

*Beispiel 3.* $\lim\limits_{n\to\infty} \left(1 + \frac{(-1)^n}{n}\right) = 1$, da $\left|\left(1 + \frac{(-1)^n}{n}\right) - 1\right| = \frac{1}{n} < \varepsilon$ für $n > \left[\frac{1}{\varepsilon}\right]$.

*Beispiel 4.* $\lim\limits_{n\to\infty} \frac{\sin n}{n} = 0$, da $\left|\frac{\sin n}{n} - 0\right| \leq \frac{1}{n} < \varepsilon$ für $n > \left[\frac{1}{\varepsilon}\right]$.

*Beispiel 5.* $\lim\limits_{n\to\infty} \frac{1}{q^n} = 0$ für $|q| > 1$.

Wir wollen diese letzte Behauptung mit Hilfe der Definition des Grenzwertes beweisen. Wie in Paragraph c Absatz 2.2.4 gezeigt wurde, so existiert für jedes $\varepsilon > 0$ ein $N \in \mathbb{N}$, so dass $\frac{1}{|q|^N} < \varepsilon$. Da $|q| > 1$, erhalten wir $\left|\frac{1}{q^n} - 0\right| < \frac{1}{|q|^n} < \frac{1}{|q|^N} < \varepsilon$ für $n > N$, wodurch die Bedingung in der Definition des Grenzwertes erfüllt ist.

*Beispiel 6.* Die Folge $1, 2, \frac{1}{3}, 4, \frac{1}{5}, 6, \frac{1}{7}, \ldots$, deren $n$-tes Glied $x_n = n^{(-1)^n}$ ($n \in \mathbb{N}$) ist, divergiert.

*Beweis.* Nach der Definition des Grenzwertes würde jede Umgebung von $A$ alle Terme der Folge, mit Ausnahme einer endlichen Anzahl, enthalten, wenn $A$ der Grenzwert dieser Folge wäre.

Eine Zahl $A \neq 0$ kann nicht der Grenzwert dieser Folge sein. Ist nämlich $\varepsilon = \frac{|A|}{2} > 0$, dann liegen alle Terme der Folge der Form $\frac{1}{2k+1}$, für die $\frac{1}{2k+1} < \frac{|A|}{2}$ gilt, außerhalb der $\varepsilon$-Umgebung von $A$.

Die Zahl 0 kann aber auch nicht der Grenzwert sein, da es beispielsweise unendlich viele Glieder der Folge gibt, die außerhalb der 1-Umgebung von 0 liegen. $\qquad\qquad\square$

*Beispiel 7.* Auf ähnliche Weise kann gezeigt werden, dass die Folge $1, -1, +1, -1, \ldots$ mit $x_n = (-1)^n$ keinen Grenzwert besitzt.

---

[1] Wir wiederholen, dass $[x]$ der ganzzahlige Teil der Zahl $x$ ist. (Vgl. Korollare $7^0$ und $10^0$ in Abschnitt 2.2.)

## 3.1.2 Eigenschaften des Grenzwertes einer Folge

### a. Allgemeine Eigenschaften

Wir behandeln in diesem Paragraphen nicht nur die Eigenschaften, die numerische Folgen besitzen, sondern, wie wir unten sehen werden, auch andere Arten von Folgen. Aber im Augenblick werden wir diese Eigenschaften nur für numerische Folgen untersuchen.

Eine Folge, die nur einen Wert annimmt, wird *konstante* Folge genannt.

**Definition 4.** Falls eine Zahl $A$ und ein Index $N$ existieren, so dass $x_n = A$ für alle $n > N$, so wird die Folge $\{x_n\}$ *schließlich konstant* genannt.

**Definition 5.** Eine Folge $\{x_n\}$ heißt *beschränkt*, falls es ein $M$ gibt, so dass $|x_n| < M$ für alle $n \in \mathbb{N}$.

**Satz 1.** *a) Eine schließlich konstante Folge konvergiert.*

*b) Jede Umgebung des Grenzwertes einer Folge enthält, bis auf eine endliche Anzahl von Termen der Folge, alle Terme.*

*c) Eine konvergente Folge kann keine zwei verschiedenen Grenzwerte besitzen.*

*d) Eine konvergente Folge ist beschränkt.*

*Beweis.* a) Gilt $x_n = A$ für $n > N$, dann gilt für jede Umgebung $V(A)$ von $A$, dass $x_n \in V(A)$ für $n > N$, d.h., $\lim\limits_{n \to \infty} x_n = A$.

b) Diese Behauptung folgt unmittelbar aus der Definition einer konvergenten Folge.

c) Dies ist der wichtigste Teil des Satzes. Sei $\lim\limits_{n \to \infty} x_n = A_1$ und $\lim\limits_{n \to \infty} x_n = A_2$. Gilt $A_1 \neq A_2$, so können wir Umgebungen $V(A_1)$ und $V(A_2)$ definieren, die sich nicht schneiden. Diese Umgebungen können beispielsweise $\delta$-Umgebungen von $A_1$ und $A_2$ mit $\delta < \frac{1}{2}|A_1 - A_2|$ sein. Nach der Definition des Grenzwertes gibt es Indizes $N_1$ und $N_2$, so dass $x_n \in V(A_1)$ für alle $n > N_1$ und $x_n \in V(A_2)$ für alle $n > N_2$. Aber dann müsste für $N = \max\{N_1, N_2\}$ gelten, dass $x_n \in V(A_1) \cap V(A_2)$. Dies ist jedoch unmöglich, da $V(A_1) \cap V(A_2) = \varnothing$.

d) Sei $\lim\limits_{n \to \infty} x_n = A$. Wenn wir in der Definition des Grenzwertes $\varepsilon = 1$ setzen, gibt es ein $N$, so dass $|x_n - A| < 1$ für alle $n > N$, denn es gilt $|x_n| < |A| + 1$ für $n > N$. Nun wählen wir $M > \max\{|x_1|, \ldots, |x_n|, |A| + 1\}$ und stellen fest, dass $|x_n| < M$ für alle $n \in \mathbb{N}$.    □

### b. Grenzwerte und arithmetische Operationen

**Definition 6.** Seien $\{x_n\}$ und $\{y_n\}$ zwei numerische Folgen. Ihre *Summe*, *Produkt* und *Quotient* (in Übereinstimmung mit der allgemeinen Definition von Summe, Produkt und Quotient von Funktionen) sind die Folgen

$$\{(x_n + y_n)\}, \quad \{(x_n \cdot y_n)\}, \quad \left\{\left(\frac{x_n}{y_n}\right)\right\} .$$

Der Quotient ist natürlich nur definiert, falls $y_n \neq 0$ für alle $n \in \mathbb{N}$.

**Satz 2.** *Seien* $\{x_n\}$ *und* $\{y_n\}$ *numerische Folgen. Gilt* $\lim\limits_{n\to\infty} x_n = A$ *und* $\lim\limits_{n\to\infty} y_n = B$, *dann ist*

a) $\lim\limits_{n\to\infty} (x_n + y_n) = A + B,$

b) $\lim\limits_{n\to\infty} (x_n \cdot y_n) = A \cdot B$ *und*

c) $\lim\limits_{n\to\infty} \frac{x_n}{y_n} = \frac{A}{B}$, *vorausgesetzt, dass* $y_n \neq 0$ $(n = 1, 2, \ldots,)$ *und* $B \neq 0$.

*Beweis.* Wir benutzen zur Übung die bereits bekannten Abschätzungen (vgl. Absatz 2.2.4) für die absoluten Fehler, die bei arithmetischen Operationen mit Näherungswerten auftreten.

Sei $|A - x_n| = \Delta(x_n)$, $|B - y_n| = \Delta(y_n)$. Dann gilt im Fall a), dass

$$|(A + B) - (x_n + y_n)| \leq \Delta(x_n) + \Delta(y_n) .$$

Sei $\varepsilon > 0$ gegeben. Da $\lim\limits_{n\to\infty} x_n = A$, existiert $N'$, so dass $\Delta(x_n) < \varepsilon/2$ für alle $n > N'$. Da $\lim\limits_{n\to\infty} y_n = B$, existiert analog ein $N''$, so dass $\Delta(y_n) < \varepsilon/2$ für alle $n > N''$. Dann gilt für $n > \max\{N', N''\}$:

$$|(A + B) - (x_n + y_n)| < \varepsilon ,$$

womit nach Definition des Grenzwertes die Behauptung a) bewiesen ist.

b) Wir wissen, dass

$$|(A \cdot B) - (x_n \cdot y_n)| \leq |x_n|\Delta(y_n) + |y_n|\Delta(x_n) + \Delta(x_n) \cdot \Delta(y_n) .$$

Zu vorgegebenem $\varepsilon > 0$ gibt es Zahlen $N'$ und $N''$, so dass

$$\forall n > N' \quad \left(\Delta(x_n) < \min\left\{1, \frac{\varepsilon}{3(|B| + 1)}\right\}\right) ,$$

$$\forall n > N'' \quad \left(\Delta(y_n) < \min\left\{1, \frac{\varepsilon}{3(|A| + 1)}\right\}\right) .$$

Dann erhalten wir für $n > N = \max\{N', N''\}$:

$$|x_n| < |A| + \Delta(x_n) < |A| + 1 ,$$
$$|y_n| < |B| + \Delta(y_n) < |B| + 1 ,$$
$$\Delta(x_n) \cdot \Delta(y_n) < \min\left\{1, \frac{\varepsilon}{3}\right\} \cdot \min\left\{1, \frac{\varepsilon}{3}\right\} \leq \frac{\varepsilon}{3} .$$

Somit erhalten wir für $n > N$:

$$|x_n|\Delta(y_n) < (|A|+1) \cdot \frac{\varepsilon}{3(|A|+1)} < \frac{\varepsilon}{3} \,,$$

$$|y_n|\Delta(x_n) < (|B|+1) \cdot \frac{\varepsilon}{3(|B|+1)} < \frac{\varepsilon}{3} \,,$$

$$\Delta(x_n) \cdot \Delta(y_n) < \frac{\varepsilon}{3}$$

und somit $|AB - x_n y_n| < \varepsilon$ für $n > N$.

c) Wir nutzen die Abschätzung

$$\left|\frac{A}{B} - \frac{x_n}{y_n}\right| \leq \frac{|x_n|\Delta(y_n) + |y_n|\Delta(x_n)|}{y_n^2} \cdot \frac{1}{1 - \delta(y_n)}$$

mit $\delta(y_n) = \frac{\Delta(y_n)}{|y_n|}$.

Zu vorgegebenem $\varepsilon > 0$ gibt es Zahlen $N'$ und $N''$, so dass

$$\forall n > N' \quad \left(\Delta(x_n) < \min\left\{1, \frac{\varepsilon|B|}{8}\right\}\right) \,,$$

$$\forall n > N'' \quad \left(\Delta(y_n) < \min\left\{\frac{|B|}{4}, \frac{\varepsilon \cdot B^2}{16(|A|+1)}\right\}\right) \,.$$

Dann erhalten wir für $n > N = \max\{N', N''\}$:

$$|x_n| < |A| + \Delta(x_n) < |A| + 1 \,,$$

$$|y_n| > |B| - \Delta(y_n) > |B| - \frac{|B|}{4} > \frac{|B|}{2} \,,$$

$$\frac{1}{|y_n|} < \frac{2}{|B|} \,,$$

$$0 < \delta(y_n) = \frac{\Delta(y_n)}{|y_n|} < \frac{|B|/4}{|B|/2} = \frac{1}{2} \,,$$

$$1 - \delta(y_n) > \frac{1}{2}$$

und daher

$$|x_n| \cdot \frac{1}{y_n^2} \Delta(y_n) < (|A|+1) \cdot \frac{4}{B^2} \cdot \frac{\varepsilon \cdot B^2}{16(|A|+1)} = \frac{\varepsilon}{4} \,,$$

$$\left|\frac{1}{y_n}\right| \Delta(x_n) < \frac{2}{|B|} \cdot \frac{\varepsilon|B|}{8} = \frac{\varepsilon}{4} \,,$$

$$0 < \frac{1}{1 - \delta(y_n)} < 2$$

und folglich

$$\left|\frac{A}{B} - \frac{x_n}{y_n}\right| < \varepsilon \text{ für } n > N. \qquad \square$$

*Anmerkung.* Die Formulierung des Satzes erlaubt eine andere, weniger konstruktive Beweismethode, die wahrscheinlich dem Leser aus der höheren Schule von den Grundlagen der Analysis bekannt ist. Wir werden diese Methode erwähnen, wenn wir den Grenzwert einer beliebigen Funktion untersuchen. Aber hier, bei der Betrachtung des Grenzwertes einer Folge, wollen wir auf die Art aufmerksam machen, wie Fehlergrenzen für das Ergebnis mathematischer Operationen eingesetzt werden können, um zulässige Fehlergrenzen bei den Werten von Größen, auf denen eine Operation ausgeführt wird, zu setzen.

### c. Grenzwerte und Ungleichungen

**Satz 3.** a) *Seien $\{x_n\}$ und $\{y_n\}$ zwei konvergente Folgen mit $\lim\limits_{n\to\infty} x_n = A$ und $\lim\limits_{n\to\infty} y_n = B$. Gilt $A < B$, dann existiert ein $N \in \mathbb{N}$, so dass $x_n < y_n$ für alle $n > N$.*

b) *Angenommen, die drei Folgen $\{x_n\}$, $\{y_n\}$ und $\{z_n\}$ sind derart, dass $x_n \leq y_n \leq z_n$ für alle $n > N \in \mathbb{N}$. Konvergieren beide Folgen $\{x_n\}$ und $\{z_n\}$ zu demselben Grenzwert, dann konvergiert auch die Folge $\{y_n\}$ gegen diesen Grenzwert.*

*Beweis.* a) Wir wählen eine Zahl $C$, so dass $A < C < B$. Nach der Definition des Grenzwertes können wir Zahlen $N'$ und $N''$ finden, so dass $|x_n - A| < C - A$ für alle $n > N'$ und $|y_n - B| < B - C$ für alle $n > N''$. Dann erhalten wir für $n > N = \max\{N', N''\}$: $x_n < A + C - A = C = B - (B - C) < y_n$.

b) Sei $\lim\limits_{n\to\infty} x_n = \lim\limits_{n\to\infty} z_n = A$. Zu vorgegebenem $\varepsilon > 0$ wählen wir $N'$ und $N''$, so dass $A - \varepsilon < x_n$ für alle $n > N'$ und $z_n < A + \varepsilon$ für alle $n > N''$. Dann erhalten wir für $n > N = \max\{N', N''\}$: $A - \varepsilon < x_n \leq y_n \leq z_n < A + \varepsilon$. Somit ist $|y_n - A| < \varepsilon$, d.h., $A = \lim\limits_{n\to\infty} y_n$.    □

**Korollar.** *Seien $\lim\limits_{n\to\infty} x_n = A$ und $\lim\limits_{n\to\infty} y_n = B$. Falls ein $N$ existiert, so dass für alle $n > N$ gilt:*

a) *$x_n > y_n$, dann ist $A \geq B$ ;*
b) *$x_n \geq y_n$, dann ist $A \geq B$ ;*
c) *$x_n > B$, dann ist $A \geq B$ ;*
d) *$x_n \geq B$, dann ist $A \geq B$ .*

*Beweis.* Wir arbeiten mit Widersprüchen und erhalten die ersten beiden Behauptungen sofort aus Teil a) des Satzes. Die dritte und vierte Behauptung sind Spezialfälle der ersten beiden, die wir für $y_n \equiv B$ erhalten.    □

Wir wollen darauf hinweisen, dass strenge Ungleichheit zu Gleichheit im Grenzwert werden kann. Beispielsweise gilt $\frac{1}{n} > 0$ für alle $n \in \mathbb{N}$ und doch ist $\lim\limits_{n\to\infty} \frac{1}{n} = 0$.

### 3.1.3 Fragen zur Existenz des Grenzwertes einer Folge

#### a. Das Cauchysche Konvergenzkriterium

**Definition 7.** Eine Folge $\{x_n\}$ wird *fundamental* oder *Cauchy-Folge*[2] genannt, falls für jedes $\varepsilon > 0$ ein Index $N \in \mathbb{N}$ existiert, so dass $|x_m - x_n| < \varepsilon$ für alle $n > N$ und $m > N$.

**Satz 4.** (Cauchysches Konvergenzkriterium). *Eine numerische Folge konvergiert genau dann, wenn sie eine Cauchy-Folge ist.*

*Beweis.* Sei $\lim_{n \to \infty} x_n = A$. Zu vorgegebenen $\varepsilon > 0$ existiert ein $N$, so dass $|x_n - A| < \frac{\varepsilon}{2}$ für $n > N$. Dann erhalten wir für $m > N$ und $n > N$: $|x_m - x_n| \leq |x_m - A| + |x_n - A| < \frac{\varepsilon}{2} + \frac{\varepsilon}{2} = \varepsilon$, womit bewiesen ist, dass die Folge eine Cauchy-Folge ist.

Nun sei $\{x_k\}$ eine Cauchy-Folge. Zu gegebenen $\varepsilon > 0$ existiert ein $N$, so dass $|x_m - x_k| < \frac{\varepsilon}{3}$ für $m \geq N$ und $k \geq N$. Wenn wir $m = N$ setzen, finden wir für jedes $k > N$:

$$x_N - \frac{\varepsilon}{3} < x_k < x_N + \frac{\varepsilon}{3} . \tag{3.1}$$

Da aber nur eine endliche Anzahl von Termen der Folge Indizes besitzen, die nicht größer als $N$ sind, haben wir gezeigt, dass eine Cauchy-Folge beschränkt ist.

Für $n \in \mathbb{N}$ setzen wir nun $a_n := \inf_{k \geq n} x_k$ und $b_n := \sup_{k \geq n} x_k$.

Aus diesen Definitionen ist klar, dass $a_n \leq a_{n+1} \leq b_{n+1} \leq b_n$ (da die größte untere Schranke nicht abnimmt und die kleinste obere Schranke nicht anwächst, wenn wir zu einer kleineren Menge übergehen). Nach dem Prinzip der Intervallschachtelung gibt es einen Punkt $A$, der allen abgeschlossenen Intervallen $[a_n, b_n]$ gemeinsam ist.
Da

$$a_n \leq A \leq b_n$$

für alle $n \in \mathbb{N}$ und

$$a_n = \inf_{k \geq n} x_k \leq x_k \leq \sup_{k \geq n} x_k = b_n$$

für $k \geq n$, folgt, dass

$$|A - x_k| \leq b_n - a_n . \tag{3.2}$$

---

[2] Bolzano führte Cauchy-Folgen beim Beweisversuch, dass fundamentale Folgen konvergieren, ein, ohne dass er ein genaues Konzept einer reellen Zahl zur Verfügung hatte. Cauchy gab den Beweis, indem er das Prinzip der Intervallschachtelung, das später von Cantor gerechtfertigt wurde, als offensichtlich annahm.

Aber aus Ungleichung (3.1) folgt, dass

$$x_N - \frac{\varepsilon}{3} \leq \inf_{k \geq n} x_k = a_n \leq b_n = \sup_{k \geq n} x_k \leq x_N + \frac{\varepsilon}{3}$$

für $n > N$ und daher

$$b_n - a_n \leq \frac{2\varepsilon}{3} < \varepsilon \qquad (3.3)$$

für $n > m$. Ein Vergleich der Relationen (3.2) und (3.3) führt zu

$$|A - x_k| < \varepsilon$$

für alle $k > N$ und somit haben wir bewiesen, dass $\lim_{k \to \infty} x_k = A$.  $\square$

*Beispiel 8.* Die Folge $(-1)^n$ $(n = 1, 2, \ldots)$ besitzt keinen Grenzwert, da sie keine Cauchy-Folge ist. Obwohl diese Tatsache offensichtlich ist, geben wir doch einen formalen Beweis. Die Negierung der Aussage, dass $\{x_n\}$ eine Cauchy-Folge ist, lautet:

$$\exists \varepsilon > 0 \ \forall N \in \mathbb{N} \ \exists n > N \ \exists m > N \ \left(|x_m - x_n| \geq \varepsilon\right),$$

d.h., es gibt ein $\varepsilon > 0$, so dass für jedes $N \in \mathbb{N}$ zwei Zahlen $n$, $m$ größer als $N$ existieren, so dass $|x_m - x_n| \geq \varepsilon$.

Für unseren Fall genügt es, $\varepsilon = 1$ zu setzen. Dann gilt für jedes $N \in \mathbb{N}$, dass $|x_{N+1} - x_{N+2}| = |1 - (-1)| = 2 > 1 = \varepsilon$.

*Beispiel 9.* Sei

$$x_1 = 0 \ ; \quad x_2 = 0, \alpha_1 \ ; \quad x_3 = 0, \alpha_1 \alpha_2 \ ; \ldots \ ; x_n = 0, \alpha_1 \alpha_2 \ldots \alpha_n \ ; \ldots$$

eine Folge endlicher binärer Darstellungen, bei der jede folgende Darstellung durch Hinzufügen einer 0 oder einer 1 an den Vorgänger erhalten wird. Wir werden zeigen, dass eine derartige Folge stets konvergiert. Sei $m > n$. Wir wollen den Unterschied $x_m - x_n$ abschätzen:

$$|x_m - x_n| = \left| \frac{\alpha_{n+1}}{2^{n+1}} + \cdots + \frac{\alpha_m}{2^m} \right| \leq$$

$$\leq \frac{1}{2^{n+1}} + \cdots + \frac{1}{2^m} = \frac{\left(\frac{1}{2}\right)^{n+1} - \left(\frac{1}{2}\right)^{m+1}}{1 - \frac{1}{2}} < \frac{1}{2^n} \ .$$

Somit können wir zu vorgegebenem $\varepsilon > 0$ ein $N$ so wählen, dass $\frac{1}{2^N} < \varepsilon$ und erhalten die Abschätzung, dass $|x_m - x_n| < \frac{1}{2^n} < \frac{1}{2^N} < \varepsilon$ für alle $m > n > N$. Damit ist bewiesen, dass die Folge $\{x_n\}$ eine Cauchy-Folge ist.

*Beispiel 10.* Wir betrachten die Folge $\{x_n\}$, mit

$$x_n = 1 + \frac{1}{2} + \cdots + \frac{1}{n} \ .$$

Da

$$|x_{2n} - x_n| = \frac{1}{n+1} + \cdots + \frac{1}{n+n} > n \cdot \frac{1}{2n} = \frac{1}{2}$$

für alle $n \in \mathbb{N}$, folgt aus dem Cauchyschen Konvergenzkriterium sofort, dass diese Folge keinen Grenzwert besitzt.

## b. Ein Existenzkriterium für den Grenzwert einer monotonen Folge

**Definition 8.** Eine Folge $\{x_n\}$ ist *anwachsend*, wenn $x_n < x_{n+1}$ für alle $n \in \mathbb{N}$, *nicht absteigend*, wenn $x_n \leq x_{n+1}$ für alle $n \in \mathbb{N}$, *nicht anwachsend*, wenn $x_n \geq x_{n+1}$ für alle $n \in \mathbb{N}$ und *absteigend*, wenn $x_n > x_{n+1}$ für alle $n \in \mathbb{N}$. Derartige Folgen heißen *monotone* Folgen.

**Definition 9.** Eine Folge $\{x_n\}$ ist von *oben beschränkt*, falls eine Zahl $M$ existiert, so dass $x_n < M$ für alle $n \in \mathbb{N}$.

**Satz 5.** (Weierstraß). *Damit eine nicht absteigende Folge einen Grenzwert besitzt, ist es notwendig und hinreichend, dass sie von oben beschränkt ist.*

*Beweis.* Dass jede konvergente Folge beschränkt ist, wurde oben unter allgemeinen Eigenschaften des Grenzwertes einer Folge bewiesen. Aus diesem Grund ist nur die Behauptung, dass dies hinreichend sei, zu zeigen.

Angenommen wird, dass die Menge der Werte der Folge $\{x_n\}$ von oben beschränkt ist, weswegen sie eine kleinste obere Schranke $s = \sup_{n \in \mathbb{N}} x_n$ besitzt.

Nach der Definition der kleinsten oberen Schranke existiert für jedes $\varepsilon > 0$ ein Element $x_N \in \{x_n\}$, so dass $s - \varepsilon < x_N \leq s$. Da die Folge $\{x_n\}$ nicht absteigend ist, gilt, dass $s - \varepsilon < x_N \leq x_n \leq s$ für alle $n > N$, d.h. $|s - x_n| = s - x_n < \varepsilon$. Somit haben wir bewiesen, dass $\lim_{n \to \infty} x_n = s$.    □

Natürlich lässt sich ein analoger Satz für eine nicht anwachsende Folge, die von unten beschränkt ist, aufstellen und beweisen. In diesem Fall ist $\lim_{n \to \infty} x_n = \inf_{n \in \mathbb{N}} x_n$.

*Anmerkung.* Die Beschränktheit von oben (bzw. unten) einer nicht absteigenden (bzw. nicht anwachsenden) Folge ist offensichtlich zur Beschränktheit dieser Folge äquivalent.

Wir wollen einige nützliche Beispiele betrachten.

*Beispiel 11.* $\lim_{n \to \infty} \frac{n}{q^n} = 0$ für $q > 1$.

*Beweis.* Ist $x_n = \frac{n}{q^n}$, dann ist in der Tat $x_{n+1} = \frac{n+1}{nq} x_n$ für $n \in \mathbb{N}$. Da $\lim_{n \to \infty} \frac{n+1}{nq} = \lim_{n \to \infty} \left(1 + \frac{1}{n}\right)\frac{1}{q} = \lim_{n \to \infty} \left(1 + \frac{1}{n}\right) \cdot \lim_{n \to \infty} \frac{1}{q} = 1 \cdot \frac{1}{q} = \frac{1}{q} < 1$, existiert ein Index $N$, so dass $\frac{n+1}{nq} < 1$ für $n > N$. Somit gilt $x_{n+1} < x_n$ für $n > N$, so dass die Folge ab dem Index $N$ monoton absteigend ist. Nach der Definition eines Grenzwertes besitzt eine endliche Anzahl von Termen einer Folge keinen Einfluss auf die Konvergenz der Folge oder ihren Grenzwert, so dass es ausreicht, den Grenzwert der Folge $x_{N+1} > x_{N+2} > \ldots$ zu bestimmen.

Die Terme dieser Folge sind positiv, d.h., die Folge ist von unten beschränkt und besitzt daher einen Grenzwert.

Sei $x = \lim\limits_{n \to \infty} x_n$. Aus $x_{n+1} = \frac{n+1}{nq} x_n$ folgt, dass

$$x = \lim_{n \to \infty} (x_{n+1}) = \lim_{n \to \infty} \left(\frac{n+1}{nq} x_n\right) = \lim_{n \to \infty} \frac{n+1}{nq} \cdot \lim_{n \to \infty} x_n = \frac{1}{q} x \,.$$

Wir erkennen daraus, dass $\left(1 - \frac{1}{q}\right) x = 0$ und folglich $x = 0$.    □

**Korollar 1.**

$$\lim_{n \to \infty} \sqrt[n]{n} = 1.$$

*Beweis.* Mit dem eben Bewiesenen gibt es zu gegebenem $\varepsilon > 0$ ein $N \in \mathbb{N}$, so dass $1 \leq n < (1 + \varepsilon)^n$ für alle $n > N$. Dann gilt für $n > N$: $1 \leq \sqrt[n]{n} < 1 + \varepsilon$ und daher $\lim\limits_{n \to \infty} \sqrt[n]{n} = 1$.    □

**Korollar 2.**

$$\lim_{n \to \infty} \sqrt[n]{a} = 1 \ \textit{für jedes } a > 0.$$

*Beweis.* Wir nehmen zunächst an, dass $a \geq 1$. Zu jedem $\varepsilon > 0$ existiert ein $N \in \mathbb{N}$, so dass $1 \leq a < (1 + \varepsilon)^n$ für alle $n > N$, so dass $1 \leq \sqrt[n]{a} < 1 + \varepsilon$ für alle $n > N$ gilt, wonach $\lim\limits_{n \to \infty} \sqrt[n]{a} = 1$.

Für $0 < a < 1$ gilt $1 < \frac{1}{a}$ und somit:

$$\lim_{n \to \infty} \sqrt[n]{a} = \lim_{n \to \infty} \frac{1}{\sqrt[n]{\frac{1}{a}}} = \frac{1}{\lim\limits_{n \to \infty} \sqrt[n]{\frac{1}{a}}} = 1.$$    □

*Beispiel 12.* Sei $q \in \mathbb{R}$ beliebig, $n \in \mathbb{N}$ und $n! := 1 \cdot 2 \cdot \ldots \cdot n$. Dann gilt: $\lim\limits_{n \to \infty} \frac{q^n}{n!} = 0$.

*Beweis.* Für $q = 0$ ist die Behauptung offensichtlich. Da ferner $\left|\frac{q^n}{n!}\right| = \frac{|q|^n}{n!}$, genügt es, die Behauptung für $q > 0$ zu beweisen. Mit denselben Überlegungen wie in Beispiel 11 erhalten wir, dass $x_{n+1} = \frac{q}{n+1} x_n$. Da die Menge der natürlichen Zahlen nicht von oben beschränkt ist, existiert ein Index $N$, so dass $0 < \frac{q}{n+1} < 1$ für alle $n > N$. Damit erhalten wir für $n > N$, dass $x_{n+1} < x_n$. Da die Terme der Folge positiv sind, können wir nun sicher sein, dass der Grenzwert $\lim\limits_{n \to \infty} x_n = x$ existiert. Aber dann gilt:

$$x = \lim_{n \to \infty} x_{n+1} = \lim_{n \to \infty} \frac{q}{n+1} x_n = \lim_{n \to \infty} \frac{q}{n+1} \cdot \lim_{n \to \infty} x_n = 0 \cdot x = 0.$$    □

### c. Die Zahl e

*Beispiel 13.* Wir wollen beweisen, dass der Grenzwert $\lim\limits_{n\to\infty} \left(1+\dfrac{1}{n}\right)^n$ existiert. Trifft dies zu, dann ist der Grenzwert eine Zahl, die wir nach Euler mit dem Buchstaben e bezeichnen. Diese Zahl ist so wichtig für die Analysis, wie die Zahl 1 für die Arithmetik oder $\pi$ für die Geometrie. Wir werden in vielfältigen Zusammenhängen auf sie zurückkommen.

Wir beginnen damit, die folgende Ungleichung, die manchmal die Bernoullische[3] Ungleichung genannt wird, zu beweisen:

$$(1+\alpha)^n \geq 1 + n\alpha \quad \text{für } n \in \mathbb{N} \text{ und } \alpha > -1 \,.$$

*Beweis.* Die Behauptung ist für $n = 1$ wahr. Gilt sie für $n \in \mathbb{N}$, dann muss sie auch für $n + 1$ gelten, da dann gilt:

$$(1+\alpha)^{n+1} = (1+\alpha)(1+\alpha)^n \geq (1+\alpha)(1+n\alpha) =$$
$$= 1 + (n+1)\alpha + n\alpha^2 \geq 1 + (n+1)\alpha \,.$$

Nach dem Induktionsprinzip ist die Behauptung für alle $n \in \mathbb{N}$ wahr.

Im Übrigen ergibt die Berechnung, dass strenge Ungleichheit gilt für $\alpha \neq 0$ und $n > 1$. □

Wir zeigen nun, dass die Folge $y_n = \left(1+\frac{1}{n}\right)^{n+1}$ abnehmend ist.

*Beweis.* Sei $n \geq 2$. Mit Hilfe der Bernoullischen Ungleichung erhalten wir:

$$\frac{y_{n-1}}{y_n} = \frac{\left(1+\frac{1}{n-1}\right)^n}{\left(1+\frac{1}{n}\right)^{n+1}} = \frac{n^{2n}}{(n^2-1)^n} \cdot \frac{n}{n+1} = \left(1 + \frac{1}{n^2-1}\right)^n \frac{n}{n+1} \geq$$

$$\geq \left(1 + \frac{n}{n^2-1}\right) \frac{n}{n+1} > \left(1 + \frac{1}{n}\right) \frac{n}{n+1} = 1 \,.$$

Da die Terme der Folge positiv sind, existiert der Grenzwert $\lim\limits_{n\to\infty} \left(1+\frac{1}{n}\right)^{n+1}$.

Somit gilt:

$$\lim_{n\to\infty} \left(1+\frac{1}{n}\right)^n = \lim_{n\to\infty} \left(1+\frac{1}{n}\right)^{n+1}\left(1+\frac{1}{n}\right)^{-1} =$$

$$= \lim_{n\to\infty} \left(1+\frac{1}{n}\right)^{n+1} \cdot \lim_{n\to\infty} \frac{1}{1+\frac{1}{n}} = \lim_{n\to\infty} \left(1+\frac{1}{n}\right)^{n+1} \,. \qquad □$$

Nun können wir die folgende Definition aufstellen:

**Definition 10.**

$$\boxed{\; \mathrm{e} := \lim_{n\to\infty} \left(1 + \frac{1}{n}\right)^n \,. \;}$$

---

[3] Jakob (James) Bernoulli (1654–1705) – schweizerischer Mathematiker, Mitglied der angesehenen Gelehrtenfamilie Bernoulli. Er war einer der Begründer der Variationsrechnung und der Wahrscheinlichkeitstheorie.

### d. Teilfolgen und Teilgrenzwerte einer Folge

**Definition 11.** Sei $x_1, x_2, \ldots, x_n, \ldots$ eine Folge und $n_1 < n_2 < \cdots < n_k < \cdots$ eine anwachsende Folge natürlicher Zahlen. Dann wird die Folge $x_{n_1}, x_{n_2}, \ldots, x_{n_k}, \ldots$ eine *Teilfolge* der Folge $\{x_n\}$ genannt.

So ist z.B. die Folge $1, 3, 5, \ldots$ der positiven ungeraden Zahlen in ihrer natürlichen Anordnung eine Teilfolge der Folge $1, 2, 3, \ldots$, aber die Folge $3, 1, 5, 7, 9, \ldots$ ist keine Teilfolge dieser Folge.

**Lemma 1.** (Bolzano–Weierstraß). *Jede beschränkte Folge reeller Zahlen besitzt eine konvergente Teilfolge.*

*Beweis.* Sei $E$ die Menge der Werte der beschränkten Folge $\{x_n\}$. Ist $E$ endlich, dann existiert ein Punkt $x \in E$ und eine Folge $n_1 < n_2 < \cdots$ von Indizes, so dass $x_{n_1} = x_{n_2} = \cdots = x$. Die Teilfolge $\{x_{n_k}\}$ ist konstant und konvergiert folglich.

Ist $E$ unendlich, dann besitzt sie nach dem Satz von Bolzano–Weierstraß in Absatz 2.3.3 einen Häufungspunkt $x$. Da $x$ ein Häufungspunkt von $E$ ist, können wir $n_1 \in \mathbb{N}$ wählen, so dass $|x_{n_1} - x| < 1$. Wurde $n_k \in \mathbb{N}$ so gewählt, dass $|x_{n_k} - x| < \frac{1}{k}$, dann existiert ein $n_{k+1} \in \mathbb{N}$, so dass $n_k < n_{k+1}$ und $|x_{n_{k+1}} - x| < \frac{1}{k+1}$, da $x$ ein Häufungspunkt von $E$ ist.

Da $\lim\limits_{k \to \infty} \frac{1}{k} = 0$, konvergiert die so konstruierte Folge $x_{n_1}, x_{n_2}, \ldots, x_{n_k}, \ldots$ gegen $x$. $\qquad \square$

**Definition 12.** Wir schreiben $x_n \to +\infty$ und sagen, dass die Folge $\{x_n\}$ *gegen positiv Unendlich strebt*, falls für jede Zahl $c$ ein $N \in \mathbb{N}$ existiert, so dass $x_n > c$ für alle $n > N$.

Wir wollen diese und zwei analoge Definitionen in logischer Schreibweise formulieren:

$$(x_n \to +\infty) := \forall c \in \mathbb{R} \; \exists N \in \mathbb{N} \; \forall n > N \; (c < x_n) \,,$$

$$(x_n \to -\infty) := \forall c \in \mathbb{R} \; \exists N \in \mathbb{N} \; \forall n > N \; (x_n < c) \,,$$

$$(x_n \to \infty) := \forall c \in \mathbb{R} \; \exists N \in \mathbb{N} \; \forall n > N \; (c < |x_n|) \,.$$

Bei den letzten beiden Fällen sagen wir, dass die Folge $\{x_n\}$ *gegen negativ Unendlich* bzw. *gegen Unendlich* strebt.

Wir merken an, dass eine Folge unbeschränkt sein kann und dennoch nicht gegen positiv Unendlich, negativ Unendlich oder Unendlich strebt. Ein Beispiel dafür ist $x_n = n^{(-1)^n}$.

Folgen, die gegen Unendlich streben, werden nicht als konvergent betrachtet.

Mit diesen Definitionen werden wir in die Lage gesetzt, Lemma 1 zu erweitern und etwas anders zu formulieren.

**Lemma 2.** *Jede Folge reeller Zahlen besitzt entweder eine konvergente Teilfolge oder eine Teilfolge, die gegen Unendlich strebt.*

*Beweis.* Der neue Fall tritt auf, wenn die Folge $\{x_n\}$ nicht beschränkt ist. Dann können wir für jedes $k \in \mathbb{N}$ ein $n_k \in \mathbb{N}$ wählen, so dass $|x_{n_k}| > k$ und $n_k < n_{k+1}$. So erhalten wir eine Teilfolge $\{x_{n_k}\}$, die gegen Unendlich strebt. $\square$

Sei $\{x_k\}$ eine beliebige Folge reeller Zahlen. Ist sie von unten beschränkt, dann können wir die Folge $i_n = \inf\limits_{k \geq n} x_k$ (die wir bereits aus dem Beweis des Cauchyschen Konvergenzkriteriums kennen) betrachten. Da $i_n \leq i_{n+1}$ für alle $n \in \mathbb{N}$, besitzt die Folge $\{i_n\}$ entweder einen endlichen Grenzwert $\lim\limits_{n \to \infty} i_n = l$ oder $i_n \to +\infty$.

**Definition 13.** Die Zahl $l = \lim\limits_{n \to \infty} \inf\limits_{k \geq n} x_k$ wird *Limes inferior* der Folge $\{x_k\}$ genannt und $\varliminf\limits_{k \to \infty} x_k$ oder $\liminf\limits_{k \to \infty} x_k$ geschrieben. Gilt $i_n \to +\infty$, so sagt man, dass der Limes inferior der Folge positiv Unendlich ist und wir schreiben $\varliminf\limits_{k \to \infty} x_k = +\infty$ oder $\liminf\limits_{k \to \infty} x_k = +\infty$. Ist die ursprüngliche Folge $\{x_k\}$ nicht von unten beschränkt, dann erhalten wir $i_n = \inf\limits_{k \geq n} x_k = -\infty$ für alle $n$. In diesem Fall sagen wir, dass der Limes inferior der Folge negativ Unendlich ist und schreiben $\varliminf\limits_{k \to \infty} x_k = -\infty$ oder $\liminf\limits_{k \to \infty} x_k = -\infty$.

Wenn wir alle gerade aufgezählten Möglichkeiten berücksichtigen, können wir nun kurz die Definition des Limes inferior einer Folge $\{x_k\}$ schreiben:

$$\boxed{\varliminf\limits_{k \to \infty} x_k := \lim\limits_{n \to \infty} \inf\limits_{k \geq n} x_k}.$$

Ganz ähnlich gelangen wir bei Betrachtung der Folge $s_n = \sup\limits_{k \geq n} x_k$ zur Definition des *Limes superior* der Folge $\{x_k\}$:

**Definition 14.**

$$\boxed{\varlimsup\limits_{k \to \infty} x_k := \lim\limits_{n \to \infty} \sup\limits_{k \geq n} x_k}.$$

Wir geben nun einige Beispiele:

*Beispiel 14.* $x_k = (-1)^k$, $k \in \mathbb{N}$:

$$\varliminf\limits_{k \to \infty} x_k = \lim\limits_{n \to \infty} \inf\limits_{k \geq n} x_k = \lim\limits_{n \to \infty} \inf\limits_{k \geq n} (-1)^k = \lim\limits_{n \to \infty} (-1) = -1,$$

$$\varlimsup\limits_{k \to \infty} x_k = \lim\limits_{n \to \infty} \sup\limits_{k \geq n} x_k = \lim\limits_{n \to \infty} \sup\limits_{k \geq n} (-1)^k = \lim\limits_{n \to \infty} 1 = 1.$$

*Beispiel 15.* $x_k = k^{(-1)^k}$, $k \in \mathbb{N}$:

$$\varliminf_{k\to\infty} k^{(-1)^k} = \lim_{n\to\infty} \inf_{k\geq n} k^{(-1)^k} = \lim_{n\to\infty} 0 = 0 \,,$$

$$\varlimsup_{k\to\infty} k^{(-1)^k} = \lim_{n\to\infty} \sup_{k\geq n} k^{(-1)^k} = \lim_{n\to\infty} (+\infty) = +\infty \,.$$

*Beispiel 16.* $x_k = k$, $k \in \mathbb{N}$:

$$\varliminf_{k\to\infty} k = \lim_{n\to\infty} \inf_{k\geq n} k = \lim_{n\to\infty} n = +\infty \,,$$

$$\varlimsup_{k\to\infty} k = \lim_{n\to\infty} \sup_{k\geq n} k = \lim_{n\to\infty} (+\infty) = +\infty \,.$$

*Beispiel 17.* $x_k = \frac{(-1)^k}{k}$, $k \in \mathbb{N}$:

$$\varliminf_{k\to\infty} \frac{(-1)^k}{k} = \lim_{n\to\infty} \inf_{k\geq n} \frac{(-1)^k}{k} = \lim_{n\to\infty} \left\{ \begin{array}{l} -\frac{1}{n} \,, \quad \text{für } n = 2m+1 \\[2mm] -\frac{1}{n+1} \,, \text{für } n = 2m \end{array} \right\} = 0 \,,$$

$$\varlimsup_{k\to\infty} \frac{(-1)^k}{k} = \lim_{n\to\infty} \sup_{k\geq n} \frac{(-1)^k}{k} = \lim_{n\to\infty} \left\{ \begin{array}{l} \frac{1}{n} \,, \quad \text{für } n = 2m \\[2mm] \frac{1}{n+1} \,, \text{für } n = 2m+1 \end{array} \right\} = 0 \,.$$

*Beispiel 18.* $x_k = -k^2$, $k \in \mathbb{N}$:

$$\varliminf_{k\to\infty} (-k^2) = \lim_{n\to\infty} \inf_{k\geq n} (-k^2) = -\infty \,.$$

*Beispiel 19.* $x_k = (-1)^k k$, $k \in \mathbb{N}$:

$$\varliminf_{k\to\infty} (-1)^k k = \lim_{n\to\infty} \inf_{k\geq n} (-1)^k k = \lim_{n\to\infty} (-\infty) = -\infty \,,$$

$$\varlimsup_{k\to\infty} (-1)^k k = \lim_{n\to\infty} \sup_{k\geq n} (-1)^k k = \lim_{n\to\infty} (+\infty) = +\infty \,.$$

Zur Erklärung des Ursprungs der Ausdrücke Limes „superior" und „inferior" einer Folge, geben wir die folgende Definition.

**Definition 15.** Eine Zahl (oder das Symbol $-\infty$ oder $+\infty$) wird *Teilgrenzwert* einer Folge genannt, wenn die Folge eine Teilfolge enthält, die gegen diese Zahl konvergiert.

**Satz 6.** *Der Limes inferior und der Limes superior einer beschränkten Folge sind jeweils die kleinsten und größten Teilgrenzwerte der Folge*[4].

---

[4] Hierbei gehen wir von der natürlichen Beziehung $-\infty < x < +\infty$ zwischen den Symbolen $-\infty$, $+\infty$ und den Zahlen $x \in \mathbb{R}$ aus.

*Beweis.* Wir wollen dies beispielsweise für den Limes inferior $i = \varliminf\limits_{k\to\infty} x_k$ beweisen. Wir wissen, dass die Folge $i_n = \inf\limits_{k\geq n} x_k$ nicht absteigend ist und dass $\lim\limits_{n\to\infty} i_n = i \in \mathbb{R}$. Für die Zahlen $n \in \mathbb{N}$ wählen wir mit Hilfe der Definition der größten unteren Schranke durch Induktion Zahlen $k_n \in \mathbb{N}$, so dass $i_n \leq x_{k_n} < i_n + \frac{1}{n}$ und $k_n < k_{n+1}$. Da $\lim\limits_{n\to\infty} i_n = \lim\limits_{n\to\infty}\left(i_n + \frac{1}{n}\right) = i$, können wir mit Eigenschaften des Grenzwertes feststellen, dass $\lim\limits_{n\to\infty} x_{k_n} = i$. Somit haben wir bewiesen, dass $i$ ein Teilgrenzwert der Folge $\{x_k\}$ ist. Es ist der kleinste Teilgrenzwert, da für jedes $\varepsilon > 0$ ein $n \in \mathbb{N}$ existiert, so dass $i - \varepsilon < i_n$, d.h., $i - \varepsilon < i_n = \inf\limits_{k\geq n} x_k \leq x_k$ für alle $k \geq n$.

Die Ungleichung $i - \varepsilon < x_k$ für $k > n$ bedeutet, dass kein Teilgrenzwert der Folge kleiner als $i - \varepsilon$ sein kann. Aber $\varepsilon > 0$ ist beliebig und daher kann kein Teilgrenzwert kleiner als $i$ sein.

Der Beweis für den Limes superior verläuft natürlich analog. $\square$

Wir merken an, dass eine von unten nicht beschränkte Folge eine Teilfolge besitzt, die gegen $-\infty$ strebt. Aber in diesem Fall gilt auch $\varliminf\limits_{k\to\infty} x_k = -\infty$, so dass wir vereinbaren können, dass der Limes inferior wiederum der kleinste Teilgrenzwert ist. Der Limes superior kann endlich sein und falls dem so ist, muss er der größte Teilgrenzwert sein. Aber er kann ebenfalls unendlich sein. Gilt $\varlimsup\limits_{k\to\infty} x_k = +\infty$, dann ist die Folge auch oben unbeschränkt und wir können eine Teilfolge finden, die gegen $+\infty$ strebt. Ist schließlich $\varlimsup\limits_{k\to\infty} x_k = -\infty$, was ebenfalls möglich ist, so bedeutet dies, dass $\sup\limits_{k\geq n} x_k = s_n \to -\infty$, d.h., die Folge $\{x_n\}$ strebt gegen $-\infty$, da $s_n \geq x_n$. Ganz ähnlich gilt $x_k \to +\infty$, falls $\varliminf\limits_{k\to\infty} x_k = +\infty$.

Wenn wir das eben Gesagte berücksichtigen, können wir den folgenden Satz herleiten:

**Satz 6′.** *Für jede Folge ist der Limes inferior der kleinste ihrer Teilgrenzwerte und der Limes superior der größte ihrer Teilgrenzwerte.*

**Korollar 3.** *Eine Folge besitzt genau dann einen Grenzwert oder strebt gegen negativ oder positiv Unendlich, wenn der Limes inferior und der Limes superior identisch sind.*

*Beweis.* Die Fälle $\varliminf\limits_{k\to\infty} x_k = \varlimsup\limits_{k\to\infty} x_k = +\infty$ und $\varliminf\limits_{k\to\infty} x_k = \varlimsup\limits_{k\to\infty} x_k = -\infty$ wurden bereits oben untersucht und wir können daher annehmen, dass $\varliminf\limits_{k\to\infty} x_k = \varlimsup\limits_{k\to\infty} x_k = A \in \mathbb{R}$. Da $i_n = \inf\limits_{k\geq n} x_k \leq x_n \leq \sup\limits_{k\geq n} x_k = s_n$ und angenommen wird, dass $\lim\limits_{n\to\infty} i_n = \lim\limits_{n\to\infty} s_n = A$, gilt nach den Eigenschaften von Grenzwerten, dass $\lim\limits_{n\to\infty} x_n = A$. $\square$

**Korollar 4.** *Eine Folge konvergiert genau dann, wenn jede ihrer Teilfolgen konvergiert.*

*Beweis.* Der Limes inferior und der Limes superior einer Teilfolge liegen zwischen denen der Folge. Wenn die Folge konvergiert, dann stimmen der Limes inferior und superior überein und daher müssen auch die der Teilfolge gleich sein. Damit ist bewiesen, dass die Teilfolge konvergiert. Außerdem muss der Grenzwert der Teilfolge mit dem der Folge übereinstimmen.

Die umgekehrte Behauptung ist offensichtlich, da die gewählte Teilfolge die Folge selbst sein kann. $\square$

**Korollar 5.** *Das Lemma von Bolzano–Weierstraß in seiner eingeschränkten und umfassenderen Form folgt jeweils aus den Sätzen 6 und 6'.*

*Beweis.* Ist in der Tat die Folge $\{x_k\}$ beschränkt, dann sind die Punkte $i = \varliminf_{k\to\infty} x_k$ und $s = \varlimsup_{k\to\infty} x_k$ endlich und nach dem eben Bewiesenen Teilgrenzwerte der Folge. Nur für $i = s$ besitzt die Folge einen eindeutigen Grenzwert. Für $i < s$ existieren mindestens zwei.

Ist die Folge auf der einen oder anderen Seite unbeschränkt, dann existiert eine Teilfolge, die gegen die entsprechende Unendlichkeit strebt. $\square$

**Zusammenfassende Anmerkungen**

Wir haben alle drei zu Beginn des Abschnitts angeführten Programmpunkte durchgeführt (und sind in gewisser Weise darüber hinaus gegangen). Wir haben eine präzise Definition des Grenzwertes einer Folge gegeben, bewiesen, dass der Grenzwert eindeutig ist, den Zusammenhang zwischen Grenzwert und Operationen und der Struktur der Menge der reellen Zahlen erläutert und ein Kriterium für die Konvergenz einer Folge erhalten.

Wir untersuchen nun einen speziellen Typ von Folge, der oft auftritt und sehr nützlich ist – eine Reihe.

### 3.1.4 Elementares zu Reihen

#### a. Die Summe einer Reihe und das Cauchysche Konvergenzkriterium für Reihen

Sei $\{a_n\}$ eine Folge reeller Zahlen. Wir erinnern daran, dass die Summe $a_p + a_{p+1} + \cdots + a_q$, $(p \leq q)$ mit dem Symbol $\sum_{n=p}^{q} a_n$ bezeichnet wird. Wir wollen nun dem Ausdruck $a_1 + a_2 + \cdots + a_n + \cdots$ eine klare Bedeutung verleihen, die die Summe aller Glieder der Folge $\{a_n\}$ zum Ausdruck bringt.

**Definition 16.** Der Ausdruck $a_1 + a_2 + \cdots + a_n + \cdots$ wird durch das Symbol $\sum_{n=1}^{\infty} a_n$ bezeichnet und üblicherweise eine *Reihe* oder eine *unendliche Reihe* (um den Unterschied zu einer Summe mit endlicher Anzahl von Summanden zu betonen) genannt.

**Definition 17.** Die Elemente der Folge $\{a_n\}$ werden als Bestandteile einer Reihe die *Glieder der Reihe* genannt. Das Element $a_n$ wird als $n$-tes Glied bezeichnet.

**Definition 18.** Die Summe $s_n = \sum\limits_{k=1}^{n} a_k$ wird *Teilsumme der Reihe* oder, falls der Index hervorgehoben werden soll, die *$n$-te Teilsumme der Reihe*[5] genannt.

**Definition 19.** Falls die Folge $\{s_n\}$ der Teilsummen einer Reihe konvergiert, dann sagen wir, dass die Reihe *konvergiert*. Besitzt die Folge $\{s_n\}$ keinen Grenzwert, so sagen wir, dass die Reihe *divergiert*.

**Definition 20.** Der Grenzwert $\lim\limits_{n\to\infty} s_n = s$ der Folge von Teilsummen der Reihe wird, falls er existiert, die *Summe der Reihe* genannt.

In diesem Sinne werden wir zukünftig den Ausdruck

$$\sum_{n=1}^{\infty} a_n = s$$

verstehen. Da die Konvergenz einer Reihe zur Konvergenz ihrer Folge von Teilsummen $\{s_n\}$ äquivalent ist, erhalten wir durch das Cauchysche Konvergenzkriterium für die Folge $\{s_n\}$ den folgenden Satz:

**Satz 7.** (Cauchysches Konvergenzkriterium für Reihen). *Die Reihe $a_1 + \cdots + a_n + \cdots$ konvergiert genau dann, wenn für jedes $\varepsilon > 0$ ein $N \in \mathbb{N}$ existiert, so dass aus den Ungleichungen $m \geq n > N$ folgt: $|a_n + \cdots + a_m| < \varepsilon$.*

**Korollar 6.** *Wird nur eine endliche Anzahl von Gliedern einer Reihe verändert, dann konvergiert die neue Reihe, falls die ursprüngliche Reihe konvergiert und sie divergiert, wenn die ursprüngliche divergiert.*

*Beweis.* Für den Beweis genügt die Annahme, dass die Zahl $N$ im Cauchyschen Konvergenzkriterium größer ist als der größte Index der veränderten Glieder. □

**Korollar 7.** *Es ist eine notwendige Bedingung für die Konvergenz der Reihe $a_1 + \cdots + a_n + \cdots$, dass ihre Glieder für $n \to \infty$ gegen Null streben, d.h., es ist notwendig, dass $\lim\limits_{n\to\infty} a_n = 0$.*

*Beweis.* Es genügt, im Cauchyschen Konvergenzkriterium $m = n$ zu setzen und die Definition des Grenzwertes einer Folge zu benutzen. □

---

[5] Somit definieren wir eine Reihe als geordnetes Paar $\left(\{a_n\}, \{s_n\}\right)$ von Folgen, die durch die Gleichung $\left(s_n = \sum\limits_{k=1}^{n} a_k\right)$ für alle $n \in \mathbb{N}$ verknüpft sind.

Hier noch ein weiterer Beweis: $a_n = s_n - s_{n-1}$ und es gilt unter der Voraussetzung, dass $\lim\limits_{n \to \infty} s_n = s$: $\lim\limits_{n \to \infty} a_n = \lim\limits_{n \to \infty} (s_n - s_{n-1}) = \lim\limits_{n \to \infty} s_n - \lim\limits_{n \to \infty} s_{n-1} = s - s = 0$.

*Beispiel 20.* Die Reihe $1 + q + q^2 + \cdots + q^n + \cdots$ wird oft auch *geometrische Reihe* genannt. Wir wollen ihr Konvergenzverhalten untersuchen.

Da $|q^n| = |q|^n$, gilt $|q^n| \geq 1$ für $|q| \geq 1$, weswegen in diesem Fall die notwendige Konvergenzbedingung nicht eingehalten wird.

Sei nun $|q| < 1$. Dann erhalten wir

$$s_n = 1 + q + \cdots + q^{n-1} = \frac{1 - q^n}{1 - q}$$

und $\lim\limits_{n \to \infty} s_n = \frac{1}{1-q}$, da $\lim\limits_{n \to \infty} q^n = 0$ für $|q| < 1$.

Somit konvergiert die Reihe $\sum\limits_{n=1}^{\infty} q^{n-1}$ genau dann, wenn $|q| < 1$, und dann beträgt die Summe $\frac{1}{1-q}$.

*Beispiel 21.* Die Reihe $1 + \frac{1}{2} + \cdots + \frac{1}{n} + \cdots$ wird *harmonische Reihe* genannt, da vom zweiten Term an jeder Term dem harmonischen Mittel der beiden Terme links und rechts davon entspricht (vgl. Aufgabe 6 am Ende des Abschnitts).

Die Glieder der Reihe streben gegen Null, aber die Folge der Teilsummen

$$s_n = 1 + \frac{1}{2} + \cdots + \frac{1}{n}$$

divergiert, wie wir in Beispiel 10 gezeigt haben. Dies bedeutet, dass in diesem Fall $s_n \to +\infty$ für $n \to \infty$.

Somit divergiert die harmonische Reihe.

*Beispiel 22.* Die Reihe $1 - 1 + 1 - \cdots + (-1)^{n+1} + \cdots$ divergiert, wie wir an der Folge der Teilsummen $1, 0, 1, 0, \ldots$ sehen können und daran, dass ihre Glieder nicht gegen Null streben.

Wenn wir Klammern einführen und die neue Reihe

$$(1 - 1) + (1 - 1) + \cdots$$

betrachten, deren Glieder die geklammerten Differenzen sind, sehen wir, dass diese neue Reihe konvergiert und ihre Summe ist offensichtlich Null.

Wenn wir die Klammern anders setzen und die Reihe

$$1 + (-1 + 1) + (-1 + 1) + \cdots$$

betrachten, dann konvergiert diese Reihe zur Summe 1.

Wenn wir alle Terme, die gleich $-1$ sind, in der ursprünglichen Reihe um zwei Positionen nach rechts verschieben, erhalten wir die Reihe

$$1 + 1 - 1 + 1 - 1 + 1 - \cdots .$$

Durch Klammerung gelangen wir zur Reihe

$$(1 + 1) + (-1 + 1) + (-1 + 1) + \cdots,$$

deren Summe gleich 2 ist.

Diese Beobachtungen zeigen, dass die üblichen Gesetze zur Behandlung endlicher Summen im Allgemeinen nicht auf Reihen erweitert werden können.

Es gibt nichtsdestotrotz einen wichtigen Typ von Reihen, der, wie wir unten sehen werden, genauso wie endliche Summen behandelt werden kann. Dies sind sogenannte *absolut konvergente* Reihen. Mit diesen werden wir hauptsächlich arbeiten.

## b. Absolute Konvergenz. Der Vergleichssatz und seine Konsequenzen

**Definition 21.** Die Reihe $\sum_{n=1}^{\infty} a_n$ ist *absolut* konvergent, falls die Reihe $\sum_{n=1}^{\infty} |a_n|$ konvergiert.

Da $|a_n + \cdots + a_m| \le |a_n| + \cdots + |a_m|$, folgt nach dem Cauchyschen Konvergenzkriterium, dass eine absolut konvergente Reihe konvergiert.

Die Umkehrung dieser Aussage ist im Allgemeinen nicht wahr, d.h., absolute Konvergenz ist eine stärkere Anforderung als bloße Konvergenz, wie sich leicht an einem Beispiel zeigen lässt.

*Beispiel 23.* Die Reihe $1 - 1 + \frac{1}{2} - \frac{1}{2} + \frac{1}{3} - \frac{1}{3} + \cdots$, deren Teilsummen entweder $\frac{1}{n}$ oder $0$ sind, konvergiert gegen $0$.

Auf der anderen Seite divergiert die Reihe der Absolutwerte der Glieder

$$1 + 1 + \frac{1}{2} + \frac{1}{2} + \frac{1}{3} + \frac{1}{3} + \cdots,$$

wie schon im Fall der harmonischen Reihe. Dies folgt aus dem Cauchyschen Konvergenzkriterium, da

$$\left| \frac{1}{n+1} + \frac{1}{n+1} + \cdots + \frac{1}{n+n} + \frac{1}{n+n} \right| =$$
$$= 2\left( \frac{1}{n+1} + \cdots + \frac{1}{n+n} \right) > 2n \cdot \frac{1}{n+n} = 1 \,.$$

Zur Untersuchung der absoluten Konvergenz einer Reihe genügt es, die Konvergenz von Reihen mit nicht negativen Gliedern zu untersuchen. Es gilt der folgende Satz:

**Satz 8.** (Konvergenzkriterium für Reihen mit nicht negativen Gliedern). *Eine Reihe $a_1 + \cdots + a_n + \cdots$, deren Glieder nicht negativ sind, konvergiert genau dann, wenn die Folge der Teilsummen von oben beschränkt ist.*

*Beweis.* Dies folgt aus der Definition der Konvergenz einer Reihe und dem Konvergenzkriterium einer nicht absteigenden Folge, wobei die Folge der Teilsummen in diesem Fall $s_1 \leq s_2 \leq \cdots \leq s_n \leq \cdots$ ist.    □

Aus diesem Kriterium folgt der folgende einfache Satz, der für die Praxis sehr nützlich ist.

**Satz 9.** (Vergleichssatz). *Seien $\sum\limits_{n=1}^{\infty} a_n$ und $\sum\limits_{n=1}^{\infty} b_n$ zwei Reihen mit nicht negativen Gliedern. Falls ein Index $N \in \mathbb{N}$ existiert, so dass $a_n \leq b_n$ für alle $n > N$, dann folgt aus der Konvergenz der Reihe $\sum\limits_{n=1}^{\infty} b_n$ die Konvergenz von $\sum\limits_{n=1}^{\infty} a_n$ und aus der Divergenz von $\sum\limits_{n=1}^{\infty} a_n$ folgt die Divergenz von $\sum\limits_{n=1}^{\infty} b_n$.*

*Beweis.* Da eine endliche Anzahl von Gliedern keine Auswirkung auf die Konvergenz einer Reihe besitzt, können wir ohne Verlust der Allgemeinheit annehmen, dass $a_n \leq b_n$ für jeden Index $n \in \mathbb{N}$. Dann gilt $A_n = \sum\limits_{k=1}^{n} a_k \leq \sum\limits_{k=1}^{n} b_k = B_n$. Konvergiert die Reihe $\sum\limits_{n=1}^{\infty} b_n$, dann strebt die Folge $\{B_n\}$, die nicht absteigend ist, gegen einen Grenzwert $B$. Aber dann gilt $A_n \leq B_n \leq B$ für alle $n \in \mathbb{N}$ und folglich ist die Folge $A_n$ der Teilsummen der Reihe $\sum\limits_{n=1}^{\infty} a_n$ beschränkt. Nach dem Konvergenzkriterium einer Reihe mit nicht negativen Gliedern (Satz 8) konvergiert die Reihe $\sum\limits_{n=1}^{\infty} a_n$.

Die zweite Behauptung des Satzes folgt aus dem eben Bewiesenen durch einen Widerspruchsbeweis.    □

*Beispiel 24.* Da $\frac{1}{n(n+1)} < \frac{1}{n^2} < \frac{1}{(n-1)n}$ für $n \geq 2$, folgern wir, dass die Reihen $\sum\limits_{n=1}^{\infty} \frac{1}{n^2}$ und $\sum\limits_{n=1}^{\infty} \frac{1}{n(n+1)}$ beide konvergieren oder divergieren.

Aber die zweite Reihe kann direkt aufgrund von $\frac{1}{k(k+1)} = \frac{1}{k} - \frac{1}{k+1}$ ausgewertet werden, da folglich $\sum\limits_{k=1}^{n} \frac{1}{k(k+1)} = 1 - \frac{1}{n+1}$. Daher ist $\sum\limits_{n=1}^{\infty} \frac{1}{n(n+1)} = 1$. Folgerichtig konvergiert die Reihe $\sum\limits_{n=1}^{\infty} \frac{1}{n^2}$. Interessanterweise gilt $\sum\limits_{n=1}^{\infty} \frac{1}{n^2} = \frac{\pi^2}{6}$, wie wir unten zeigen werden.

*Beispiel 25.* Wichtig ist, dass der Vergleichssatz nur für Reihen mit nicht negativen Gliedern gilt. Setzen wir nämlich beispielsweise $a_n = -n$ und $b_n = 0$, dann gilt $a_n < b_n$ und die Reihe $\sum\limits_{n=1}^{\infty} b_n$ konvergiert, wohingegen $\sum\limits_{n=1}^{\infty} a_n$ divergiert.

**Korollar 8.** (Weierstraßscher $M$-Test auf absolute Konvergenz). *Seien $\sum\limits_{n=1}^{\infty} a_n$ und $\sum\limits_{n=1}^{\infty} b_n$ Reihen. Angenommen, es existiere ein Index $N \in \mathbb{N}$, so dass $|a_n| \leq b_n$ für alle $n > N$. Dann ist es eine hinreichende Bedingung für die absolute Konvergenz der Reihe $\sum\limits_{n=1}^{\infty} a_n$, dass die Reihe $\sum\limits_{n=1}^{\infty} b_n$ konvergiert.*

*Beweis.* Nach dem Vergleichssatz konvergiert in der Tat die Reihe $\sum\limits_{n=1}^{\infty} |a_n|$ und genau das entspricht der absoluten Konvergenz von $\sum\limits_{n=1}^{\infty} a_n$. $\qquad\square$

Dieser wichtige hinreichende Test auf absolute Konvergenz wird oft in Kurzform wie folgt formuliert: *Werden die* (Absolutwerte der) *Glieder einer Reihe durch die Glieder einer konvergenten numerischen Reihe majorisiert, dann konvergiert die betrachtete Reihe absolut.* Daher wird dieser Test auch oft als *Majorantenkriterium* bezeichnet.

*Beispiel 26.* Die Reihe $\sum\limits_{n=1}^{\infty} \frac{\sin n}{n^2}$ konvergiert absolut, da $\left| \frac{\sin n}{n^2} \right| \leq \frac{1}{n^2}$, und die Reihe $\sum\limits_{n=1}^{\infty} \frac{1}{n^2}$ konvergiert, wie wir in Beispiel 24 gezeigt haben.

**Korollar 9.** (Cauchyscher Test). *Sei $\sum\limits_{n=1}^{\infty} a_n$ eine gegebene Reihe und $\alpha = \varlimsup\limits_{n \to \infty} \sqrt[n]{|a_n|}$. Dann gilt:*

   a) *für $\alpha < 1$ konvergiert die Reihe $\sum\limits_{n=1}^{\infty} a_n$ absolut,*

   b) *für $\alpha > 1$ divergiert die Reihe $\sum\limits_{n=1}^{\infty} a_n$,*

   c) *für $\alpha = 1$ existieren sowohl absolut konvergente wie divergente Reihen.*

*Beweis.* a) Für $\alpha < 1$ können wir $q \in \mathbb{R}$ so wählen, dass $\alpha < q < 1$. Bei festem $q$ existiert nach der Definition des Limes superior ein $N \in \mathbb{N}$, so dass $\sqrt[n]{|a_n|} < q$ für alle $n > N$. Somit erhalten wir $|a_n| < q^n$ für $n > N$ und, da die Reihe $\sum\limits_{n=1}^{\infty} q^n$ für $|q| < 1$ konvergiert, folgt nach dem Vergleichssatz oder nach dem Weierstraßschen Kriterium, dass die Reihe $\sum\limits_{n=1}^{\infty} a_n$ absolut konvergiert.

   b) Da $\alpha$ ein Teilgrenzwert der Folge $\{\sqrt[n]{|a_n|}\}$ ist (Satz 6), existiert eine Folge $\{a_{n_k}\}$, so dass $\lim\limits_{n \to \infty} \sqrt[n_k]{|a_{n_k}|} = \alpha$. Daher existiert für $\alpha > 1$ ein $K \in \mathbb{N}$, so dass $|a_{n_k}| > 1$ für alle $k > K$. Somit wird die notwendige Konvergenzbedingung ($a_n \to 0$) nicht von der Reihe $\sum\limits_{n=1}^{\infty} a_n$ erfüllt, weswegen sie divergiert.

c) Wir wissen bereits, dass die Reihe $\sum\limits_{n=1}^{\infty} \frac{1}{n}$ divergiert und $\sum\limits_{n=1}^{\infty} \frac{1}{n^2}$ konvergiert (absolut, da $\left|\frac{1}{n^2}\right| = \frac{1}{n^2}$). Außerdem gilt $\overline{\lim\limits_{n\to\infty}} \sqrt[n]{\frac{1}{n}} = \lim\limits_{n\to\infty} \frac{1}{\sqrt[n]{n}} = 1$ und $\overline{\lim\limits_{n\to\infty}} \sqrt[n]{\frac{1}{n^2}} = \lim\limits_{n\to\infty} \frac{1}{\sqrt[n]{n^2}} = \lim\limits_{n\to\infty} \left(\frac{1}{\sqrt[n]{n}}\right)^2 = 1$. $\qquad\square$

*Beispiel 27.* Wir wollen die Werte $x \in \mathbb{R}$ finden, für die die Reihe

$$\sum_{n=1}^{\infty} \left(2 + (-1)^n\right)^n x^n$$

konvergiert.

Dazu berechnen wir $\alpha = \overline{\lim\limits_{n\to\infty}} \sqrt[n]{|(2+(-1)^n)^n x^n|} = |x| \overline{\lim\limits_{n\to\infty}} |2+(-1)^n| = 3|x|$. Somit konvergiert die Reihe für $|x| < \frac{1}{3}$ sogar absolut, wohingegen sie für $|x| > \frac{1}{3}$ divergiert. Der Fall $|x| = \frac{1}{3}$ erfordert eine Spezialbehandlung. Dies ist für diesen Fall einfach, da für $|x| = \frac{1}{3}$ und gerades $n$ ($n = 2k$) gilt: $\left(2 + (-1)^{2k}\right)^{2k} x^{2k} = 3^{2k}\left(\frac{1}{3}\right)^{2k} = 1$. Daher divergiert die Reihe, da sie die notwendige Konvergenzbedingung nicht erfüllt.

**Korollar 10.** (D'Alembert-Kriterium[6], Quotientenkriterium). *Angenommen, der Grenzwert* $\lim\limits_{n\to\infty} \left|\frac{a_{n+1}}{a_n}\right| = \alpha$ *existiere für die Reihe* $\sum\limits_{n=1}^{\infty} a_n$. *Dann gilt:*

a) *Für* $\alpha < 1$ *konvergiert die Reihe* $\sum\limits_{n=1}^{\infty} a_n$ *absolut.*

b) *Für* $\alpha > 1$ *divergiert die Reihe* $\sum\limits_{n=1}^{\infty} a_n$.

c) *Es gibt für* $\alpha = 1$ *sowohl absolut konvergente wie divergente Reihen.*

*Beweis.* Für $\alpha < 1$ existiert eine Zahl $q$, so dass $\alpha < q < 1$. Wenn wir $q$ festhalten und die Eigenschaften von Grenzwerten ausnutzen, können wir einen Index $N \in \mathbb{N}$ finden, so dass $\left|\frac{a_{n+1}}{a_n}\right| < q$ für $n > N$. Da eine endliche Anzahl von Gliedern keinen Einfluss auf die Konvergenz von Reihen besitzt, können wir ohne Verlust der Allgemeinheit annehmen, dass $\left|\frac{a_{n+1}}{a_n}\right| < q$ für alle $n \in \mathbb{N}$.

Da

$$\left|\frac{a_{n+1}}{a_n}\right| \cdot \left|\frac{a_n}{a_{n-1}}\right| \cdots \left|\frac{a_2}{a_1}\right| = \left|\frac{a_{n+1}}{a_1}\right|,$$

erhalten wir $|a_{n+1}| \leq |a_1| \cdot q^n$. Aber die Reihe $\sum\limits_{n=1}^{\infty} |a_1| q^n$ konvergiert (ihre Summe ist offensichtlich gleich $\frac{|a_1|q}{1-q}$), so dass die Reihe $\sum\limits_{n=1}^{\infty} a_n$ absolut konvergiert.

---

[6] J. L. d'Alembert (1717–1783) – französischer Gelehrter mit Mechanik als Spezialgebiet. Er war Mitglied der Gruppe von *Philosophen*, die die *Encyclopédie* schrieben.

b) Für $\alpha > 1$ gilt ab einem Index $N \in \mathbb{N}$ die Ungleichung $\left|\frac{a_{n+1}}{a_n}\right| > 1$, d.h., $|a_n| < |a_{n+1}|$. Somit ist die zur Konvergenz notwendige Bedingung, dass $a_n \to 0$, für die Reihe $\sum\limits_{n=1}^{\infty} a_n$ nicht erfüllt.

c) Wie beim Cauchyschen Test dienen die Reihen $\sum\limits_{n=1}^{\infty} \frac{1}{n}$ und $\sum\limits_{n=1}^{\infty} \frac{1}{n^2}$ als Beispiele.    □

*Beispiel 28.* Wir wollen die Werte $x \in \mathbb{R}$ bestimmen, für die die Reihe

$$\sum_{n=1}^{\infty} \frac{1}{n!} x^n$$

konvergiert.

Für $x = 0$ konvergiert sie offensichtlich absolut.

Für $x \neq 0$ erhalten wir $\lim\limits_{n\to\infty} \left|\frac{a_{n+1}}{a_n}\right| = \lim\limits_{n\to\infty} \frac{|x|}{n+1} = 0$.

Somit konvergiert die Reihe absolut für jeden Wert $x \in \mathbb{R}$.

Zum Abschluss wollen wir eine besondere, aber oft vorkommende Klasse von Reihen, deren Glieder eine monotone Folge bilden, betrachten. Für derartige Reihen gilt die folgende notwendige und hinreichende Bedingung:

**Satz 10.** (Cauchy). *Für $a_1 \geq a_2 \geq \cdots \geq 0$ konvergiert die Reihe $\sum\limits_{n=1}^{\infty} a_n$ genau dann, wenn die Reihe $\sum\limits_{k=0}^{\infty} 2^k a_{2^k} = a_1 + 2a_2 + 4a_4 + 8a_8 + \cdots$ konvergiert.*

*Beweis.* Da

$$a_2 \leq a_2 \leq a_1 \, ,$$
$$2a_4 \leq a_3 + a_4 \leq 2a_2 \, ,$$
$$4a_8 \leq a_5 + a_6 + a_7 + a_8 \leq 4a_4 \, ,$$
$$\cdots\cdots\cdots\cdots\cdots$$
$$2^n a_{2^n+1} \leq a_{2^n+1} + \cdots + a_{2^{n+1}} \leq 2^n a_{2^n} \, ,$$

erhalten wir nach Addition dieser Ungleichungen:

$$\frac{1}{2}(S_{n+1} - a_1) \leq A_{2^{n+1}} - a_1 \leq S_n \, ,$$

wobei $A_k = a_1 + \cdots + a_k$ und $S_n = a_1 + 2a_2 + \cdots + 2^n a_{2^n}$ die Teilsummen der beiden betrachteten Reihen sind. Die Folgen $\{A_k\}$ und $\{S_n\}$ sind nicht abnehmend und daher können wir aus diesen Ungleichungen folgern, dass sie entweder beide von oben beschränkt sind oder beide von oben unbeschränkt sind. Dann folgt aus dem Konvergenzkriterium von Reihen mit nicht negativen Gliedern, dass die beiden Reihen tatsächlich beide konvergieren oder divergieren.    □

Aus diesem Ergebnis folgt ein nützliches Korollar.

**Korollar.** *Die Reihe* $\sum\limits_{n=1}^{\infty} \frac{1}{n^p}$ *konvergiert für* $p > 1$ *und divergiert für* $p \leq 1$.[7]

*Beweis.* Für $p \geq 0$ folgt aus Satz 10, dass die Reihe gleichzeitig mit der Reihe

$$\sum_{k=0}^{\infty} 2^k \frac{1}{(2^k)^p} = \sum_{k=0}^{\infty} (2^{1-p})^k$$

konvergiert oder divergiert und eine notwendige und hinreichende Bedingung für die Konvergenz dieser Reihe ist $q = 2^{1-p} < 1$, d.h., $p > 1$.

Für $p \leq 0$ divergiert die Reihe $\sum\limits_{n=1}^{\infty} \frac{1}{n^p}$ offensichtlich, da alle Glieder der Reihe größer als 1 sind. $\qquad\square$

Die Bedeutung dieses Korollars liegt darin, dass die Reihe $\sum\limits_{n=1}^{\infty} \frac{1}{n^p}$ oft als Vergleichsreihe benutzt wird, um die Konvergenz anderer Reihen zu untersuchen.

**c. Die Zahl e als Summe einer Reihe**

Zum Abschluss unserer Untersuchungen über Reihen kehren wir wiederum zur Zahl e zurück und erhalten eine Reihe, die einen sehr bequemen Weg zu ihrer Berechnung eröffnet.

Wir werden Newtons binomische Formel benutzen, um den Ausdruck $(1 + \frac{1}{n})^n$ zu entwickeln. Diejenigen, die mit dieser Formel aus der Schulzeit nicht vertraut sind und nicht die Teilaufgabe 1g) in Abschnitt 2.2 gelöst haben, können diesen Anhang zur Zahl e ohne Verlust des Zusammenhangs auslassen. Dieser Anhang kann nach der Untersuchung der Taylorschen Formeln, die als Verallgemeinerungen von Newtons binomischer Formel betrachtet werden können, nachgeholt werden.

Wir wissen, dass $e = \lim\limits_{n \to \infty} \left(1 + \frac{1}{n}\right)^n$.

Nach Newtons binomischer Formel gilt:

$$\left(1 + \frac{1}{n}\right)^n = 1 + \frac{n}{1!}\frac{1}{n} + \frac{n(n-1)}{2!}\frac{1}{n^2} + \cdots +$$
$$+ \frac{n(n-1)\cdots(n-k+1)}{k!}\frac{1}{n^k} + \cdots + \frac{1}{n^n} =$$
$$= 1 + 1 + \frac{1}{2!}\left(1 - \frac{1}{n}\right) + \cdots + \frac{1}{k!}\left(1 - \frac{1}{n}\right)\left(1 - \frac{2}{n}\right) \times \cdots \times$$
$$\times \left(1 - \frac{k-1}{n}\right) + \cdots + \frac{1}{n!}\left(1 - \frac{1}{n}\right)\cdots\left(1 - \frac{n-1}{n}\right).$$

---

[7] Bis jetzt haben wir in diesem Buch die Zahl $n^p$ formal nur für rationale Werte $p$ definiert, so dass es dem Leser für den Augenblick freisteht, dieses Korollar nur für Werte $p$, für die $n^p$ bisher definiert ist, anzuwenden.

Wir setzen $\left(1 + \frac{1}{n}\right)^n = e_n$ und $1 + 1 + \cdots \frac{1}{2!} + \cdots + \frac{1}{n!} = s_n$ und erhalten $e_n < s_n$, $(n = 1, 2, \ldots)$.

Auf der anderen Seite gilt für jedes feste $k$ und $n \geq k$, wie wir aus derselben Entwicklung sehen, dass

$$1 + 1 + \frac{1}{2!}\left(1 - \frac{1}{n}\right) + \cdots + \frac{1}{k!}\left(1 - \frac{1}{n}\right) \cdots \left(1 - \frac{k-1}{n}\right) < e_n \, .$$

Mit $n \to \infty$ strebt die linke Seite dieser Ungleichungen gegen $s_k$ und die rechte gegen e. Damit können wir folgern, dass $s_k \leq$ e für alle $k \in \mathbb{N}$.

Nun erhalten wir aber aus den Relationen

$$e_n < s_n \leq \mathrm{e} \, ,$$

dass $\lim\limits_{n \to \infty} s_n = \mathrm{e}$.

In Übereinstimmung mit der Definition der Summe einer Reihe, können wir nun schreiben:

$$\boxed{\mathrm{e} = 1 + \frac{1}{1!} + \frac{1}{2!} + \cdots + \frac{1}{n!} + \cdots}$$

Diese Darstellung der Zahl e ist sehr wohl für Berechnungen geeignet.

Wir wollen den Unterschied $\mathrm{e} - s_n$ abschätzen:

$$0 < \mathrm{e} - s_n = \frac{1}{(n+1)!} + \frac{1}{(n+2)!} + \cdots =$$

$$= \frac{1}{(n+1)!}\left[1 + \frac{1}{n+2} + \frac{1}{(n+2)(n+3)} + \cdots\right] <$$

$$< \frac{1}{(n+1)!}\left[1 + \frac{1}{n+2} + \frac{1}{(n+2)^2} + \cdots\right] =$$

$$= \frac{1}{(n+1)!}\frac{1}{1 - \frac{1}{n+2}} = \frac{n+2}{n!(n+1)^2} < \frac{1}{n!n} \, .$$

Um den absoluten Fehler in der Näherung von e durch $s_n$ etwa kleiner als $10^{-3}$ zu machen, genügt es, dass $\frac{1}{n!n} < \frac{1}{1000}$ und diese Bedingung ist bereits für $s_6$ erfüllt.

Die führenden Dezimalstellen von e lauten:

$$\mathrm{e} = 2,7182818284590\ldots \, .$$

Diese Abschätzung für die Differenz $\mathrm{e} - s_n$ kann als Gleichung

$$\mathrm{e} = s_n + \frac{\theta_n}{n!n}, \text{ mit } 0 < \theta_n < 1$$

geschrieben werden. Aus dieser Darstellung folgt unmittelbar, dass e irrational ist. Wenn wir annehmen, dass $\mathrm{e} = \frac{p}{q}$ mit $p, q \in \mathbb{N}$, dann muss die Zahl $q!$e eine ganze Zahl sein, wohingegen

$$q!\mathrm{e} = q!\left(s_q + \frac{\theta_q}{q!q}\right) = q! + \frac{q!}{1!} + \frac{q!}{2!} + \cdots + \frac{q!}{q!} + \frac{\theta_q}{q} \, .$$

Folglich sollte die Zahl $\frac{\theta_q}{q}$ eine ganze Zahl sein, was unmöglich ist.

Zur Information des Lesers bemerken wir, dass e nicht nur irrational, sondern auch transzendent ist.

## 3.1.5 Übungen und Aufgaben

**1.** Zeigen Sie, dass eine Zahl $x \in \mathbb{R}$ genau dann rational ist, wenn ihre $q$-adische Darstellung in jeder Basis $q$ periodisch ist, d.h., sie besteht ab einer Stelle aus Ziffern, die sich periodisch wiederholen.

**2.** Ein aus der Höhe $h$ fallender Ball springt auf die Höhe $qh$ zurück, wobei $q$ ein konstanter Koeffizient $0 < q < 1$ ist. Bestimmen Sie die Zeit, die vergeht, bis der Ball zur Ruhe kommt und den Weg, den er in der Zeit in der Luft zurückgelegt hat.

**3.** Beginnend bei einem festen Punkt markieren wir alle Punkte auf einem Kreis, die durch Drehung des Kreises um einen Winkel von $n$ Radianten entstehen. Dabei läuft $n \in \mathbb{Z}$ über alle ganzen Zahlen. Beschreiben Sie alle Häufungspunkte der so konstruierten Menge.

**4.** Der Bruch

$$n_1 + \cfrac{1}{n_2 + \cfrac{1}{n_3 + \cfrac{\ddots}{\quad \cfrac{1}{n_{k-1} + \cfrac{1}{n_k}}}}}$$

mit $n_k \in \mathbb{N}$ wird endlicher *Kettenbruch* genannt und der Bruch

$$n_1 + \cfrac{1}{n_2 + \cfrac{1}{n_3 + \ddots}}$$

ein unendlicher Kettenbruch. Die Brüche, die aus einem Kettenbruch erhalten werden, wenn man von einem Punkt an alle folgenden Elemente weglässt, werden *Konvergenten* genannt. Der einem unendlichen Kettenbruch zugewiesene Wert ist der Grenzwert der Konvergenten.

Zeigen Sie, dass:

a) Jede rationale Zahl $\frac{m}{n}$, mit $m, n \in \mathbb{N}$ eindeutig als Kettenbruch entwickelt werden kann:

$$\frac{m}{n} = q_1 + \cfrac{1}{q_2 + \cfrac{1}{q_3 + \cfrac{\ddots}{\quad \cfrac{1}{q_{n-1} + \cfrac{1}{q_n}}}}} .$$

Dabei ist $q_n \neq 1$ für $n > 1$.

H i n w e i s: Die *Elemente* genannten Zahlen $q_1, \ldots, q_n$ können mit dem euklidischen Algorithmus

$$m = n \cdot q_1 + r_1 \,,$$
$$n = r_1 \cdot q_2 + r_2 \,,$$
$$r_1 = r_2 \cdot q_3 + r_3$$
$$\cdots \cdots \cdots$$

berechnet werden, indem wir $\frac{m}{n}$ wie folgt schreiben:

$$\frac{m}{n} = q_1 + \frac{1}{n/r_1} = q_1 + \cfrac{1}{q_2 + \ddots} \,.$$

b) Die Konvergenten $R_1 = q_1$, $R_2 = q_1 + \dfrac{1}{q_2}$, $\ldots$ erfüllen die Ungleichungen

$$R_1 < R_3 < \cdots < R_{2k-1} < \frac{m}{n} < R_{2k} < R_{2k-2} < \cdots < R_2 \,.$$

c) Die Zähler $P_k$ und Nenner $Q_k$ der Konvergenten werden nach der folgenden Vorschrift gebildet:

$$P_k = P_{k-1} q_k + P_{k-2} \,, \quad P_2 = q_1 q_2 \,, \quad P_1 = q_1 \,,$$

$$Q_k = Q_{k-1} q_k + Q_{k-2} \,, \quad Q_2 = q_2 \,, \quad Q_1 = 1 \,.$$

d) Die Differenz zwischen aufeinander folgenden Konvergenten kann nach der Vorschrift berechnet werden:

$$R_k - R_{k-1} = \frac{(-1)^k}{Q_k Q_{k-1}} \qquad (k > 1) \,.$$

e) Jeder unendliche Kettenbruch besitzt einen bestimmten Wert.
f) Der Wert eines unendlichen Kettenbruchs ist irrational.
g)

$$\frac{1 + \sqrt{5}}{2} = 1 + \cfrac{1}{1 + \cfrac{1}{1 + \ddots}} \,.$$

h) Die Fibonacci Zahlen $1, 1, 2, 3, 5, 8, \ldots$ (d.h., $u_n = u_{n-1} + u_{n-2}$ und $u_1 = u_2 = 1$), die als Zähler der Konvergenten in g) erhalten werden, ergeben sich nach der Formel:

$$u_n = \frac{1}{\sqrt{5}} \left[ \left( \frac{1 + \sqrt{5}}{2} \right)^n - \left( \frac{1 - \sqrt{5}}{2} \right)^n \right] \,.$$

i) Für die Konvergenten $R_k = \frac{P_k}{Q_k}$ in g) gilt: $\left| \frac{1 + \sqrt{5}}{2} - \frac{P_k}{Q_k} \right| > \frac{1}{Q_k^2 \sqrt{5}}$.

Vergleichen Sie dieses Ergebnis mit den Annahmen in Aufgabe 11 in Abschnitt 2.2.

**5.** Zeigen Sie:

a) Die Gleichung

$$1 + \frac{1}{1!} + \frac{1}{2!} + \cdots + \frac{1}{n!} + \frac{1}{n!n} = 3 - \frac{1}{1 \cdot 2 \cdot 2!} - \cdots - \frac{1}{(n-1) \cdot n \cdot n!}$$

gilt für $n \geq 2$.

b) $e = 3 - \sum\limits_{n=0}^{\infty} \frac{1}{(n+1)(n+2)(n+2)!}$ .

c) Die Formel $e \approx 1 + \frac{1}{1!} + \frac{1}{2!} + \cdots + \frac{1}{n!} + \frac{1}{n!n}$ ist zur näherungsweisen Berechnung der Zahl e viel besser geeignet als die ursprüngliche Formel $e \approx 1 + \frac{1}{1!} + \frac{1}{2!} + \cdots + \frac{1}{n!}$. (Schätzen Sie die Fehler ab und vergleichen Sie das Ergebnis mit dem Wert von e, der auf Seite 108 aufgeführt ist).

**6.** Wenn $a$ und $b$ positive Zahlen sind und $p$ eine beliebige von Null verschiedene reelle Zahl, dann ist der *Mittelwert vom Grad p* der Zahlen $a$ und $b$ die Größe

$$S_p(a,b) = \left( \frac{a^p + b^p}{2} \right)^{\frac{1}{p}} .$$

Für $p = 1$ erhalten wir insbesondere das arithmetische Mittel von $a$ und $b$, für $p = 2$ das quadratische Mittel und für $p = -1$ das harmonische Mittel.

a) Zeigen Sie, dass der Mittelwert $S_p(a,b)$ für jeden Grad zwischen den Zahlen $a$ und $b$ liegt.

b) Bestimmen Sie die Grenzwerte der Folgen

$$\left\{ S_n(a,b) \right\}, \qquad \left\{ S_{-n}(a,b) \right\} .$$

**7.** Zeigen Sie:

a)

$$S_0(n) = 1^0 + \cdots + n^0 = n \,,$$

$$S_1(n) = 1^1 + \cdots + n^1 = \frac{n(n+1)}{2} = \frac{1}{2}n^2 + \frac{1}{2}n \,,$$

$$S_2(n) = 1^2 + \cdots + n^2 = \frac{n(n+1)(2n+1)}{6} = \frac{1}{3}n^3 + \frac{1}{2}n^2 + \frac{1}{6}n \,,$$

$$S_3(n) = \frac{n^2(n+1)^2}{4} = \frac{1}{4}n^4 + \frac{1}{2}n^3 + \frac{1}{4}n^2$$

und

$$S_k(n) = a_{k+1}n^{k+1} + \cdots + a_1 n + a_0$$

ist im Allgemeinen ein Polynom vom Grade $k + 1$.

b) $\lim\limits_{n \to \infty} \frac{S_k(n)}{n^{k+1}} = \frac{1}{k+1}$.

## 3.2 Der Grenzwert einer Funktion

### 3.2.1 Definitionen und Beispiele

Sei $E$ eine Teilmenge von $\mathbb{R}$ und $a$ ein Häufungspunkt von $E$. Sei $f : E \to \mathbb{R}$ eine auf $E$ definierte reellwertige Funktion.

Wir wollen die Bedeutung der Aussage, dass der Wert $f(x)$ der Funktion $f$ gegen eine Zahl $A$ strebt, wenn $x \in E$ sich an $a$ annähert, ausarbeiten. Es ist natürlich, eine derartige Zahl $A$ als Grenzwert der Funktionswerte zu bezeichnen oder als der Grenzwert von $f$, wenn $x$ gegen $a$ strebt.

**Definition 1.** Wir werden (nach Cauchy) sagen, dass eine Funktion $f : E \to \mathbb{R}$ *gegen $A$ strebt, wenn $x$ sich $a$ annähert,* oder dass *$A$ der Grenzwert von $f$ ist, wenn $x$ gegen $a$ strebt,* falls für jedes $\varepsilon > 0$ ein $\delta > 0$ existiert, so dass $|f(x) - A| < \varepsilon$ für alle $x \in E$ mit $0 < |x - a| < \delta$.

In logischen Symbolen lauten diese Bedingungen:

$$\forall \varepsilon > 0 \ \exists \delta > 0 \ \forall x \in E \ \left( 0 < |x - a| < \delta \Rightarrow |f(x) - A| < \varepsilon \right).$$

Ist $A$ der Grenzwert von $f(x)$, wenn $x$ in der Menge $E$ gegen $a$ strebt, dann schreiben wir $f(x) \to A$ für $x \to a$, $x \in E$ oder $\lim\limits_{x \to a, \, x \in E} f(x) = A$. Anstelle von $x \to a$, $x \in E$ werden wir im Allgemeinen die kürzere Schreibweise $E \ni x \to a$ benutzen und anstelle von $\lim\limits_{x \to a, \, x \in E} f(x)$ werden wir $\lim\limits_{E \ni x \to a} f(x) = A$ schreiben.

*Beispiel 1.* Sei $E = \mathbb{R} \setminus 0$ und $f(x) = x \sin \frac{1}{x}$. Wir werden zeigen, dass

$$\lim_{E \ni x \to 0} x \sin \frac{1}{x} = 0 \,.$$

Dazu wählen wir $\delta = \varepsilon$ für ein vorgegebenes $\varepsilon > 0$. Dann gilt für $0 < |x| < \delta = \varepsilon$ unter Einbeziehung der Ungleichung $\left| x \sin \frac{1}{x} \right| \leq |x|$, dass $\left| x \sin \frac{1}{x} \right| < \varepsilon$.

Wir können übrigens an diesem Beispiel erkennen, dass eine Funktion $f : E \to \mathbb{R}$ einen Grenzwert für $E \ni x \to a$ besitzt, ohne im Punkt $a$ selbst definiert zu sein. Genau dies ist meistens dann der Fall, wenn Grenzwerte berechnet werden müssen. Und Sie werden, falls Sie aufmerksam waren, bemerkt haben, dass dieser Umstand bei unserer Definition des Grenzwertes berücksichtigt wurde, da wir die strenge Ungleichung $0 < |x - a|$ benutzt haben.

Wir wiederholen, dass eine *Umgebung* eines Punktes $a \in \mathbb{R}$ jedes offene Intervall ist, dass diesen Punkt enthält.

**Definition 2.** Eine *punktierte Umgebung* eines Punktes ist eine Umgebung des Punktes, aus der der Punkt selbst entfernt wurde.

Wenn $U(a)$ eine Umgebung von $a$ bezeichnet, werden wir die zugehörige punktierte Umgebung durch $\mathring{U}(a)$ bezeichnen.

Die Mengen

$$U_E(a) := E \cap U(a) \,,$$
$$\mathring{U}_E(a) := E \cap \mathring{U}(a)$$

nennen wir eine *Umgebung von $a$ in $E$* und eine *punktierte Umgebung von $a$ in $E$*.

Sei $a$ ein Häufungspunkt von $E$, dann ist $\mathring{U}_E(a) \neq \varnothing$ für jede Umgebung $U(a)$.

Wenn wir für den Augenblick die umständlichen Symbole $\mathring{U}_E^\delta(a)$ und $V_{\mathbb{R}}^\varepsilon(A)$ verwenden, um die punktierte $\delta$-Umgebung von $a$ in $E$ und die $\varepsilon$-Umgebung von $A$ in $\mathbb{R}$ zu bezeichnen, dann kann die sogenannte Cauchysche „$\varepsilon$-$\delta$-Definition" des Grenzwertes einer Funktion neu geschrieben werden:

$$\left( \lim_{E \ni x \to a} f(x) = A \right) := \forall V_{\mathbb{R}}^\varepsilon(A) \, \exists \mathring{U}_E^\delta(a) \, \left( f\big(\mathring{U}_E^\delta(a)\big) \subset V_{\mathbb{R}}^\varepsilon(A) \right) \,.$$

Dieser Ausdruck besagt, dass $A$ der Grenzwert der Funktion $f : E \to \mathbb{R}$ ist, wenn $x$ in der Menge $E$ gegen $a$ strebt, falls für jede $\varepsilon$-Umgebung $V_{\mathbb{R}}^\varepsilon(A)$ von $A$ eine punktierte Umgebung $\mathring{U}_E^\delta(a)$ von $a$ in $E$ existiert, deren Bild $f\big(\mathring{U}_E^\delta(a)\big)$ unter der Abbildung $f : E \to \mathbb{R}$ vollständig in $V_{\mathbb{R}}^\varepsilon(A)$ enthalten ist.

Wenn wir berücksichtigen, dass jede Umgebung eines Punktes auf der reellen Geraden eine symmetrische Umgebung (eine $\delta$-Umgebung) desselben Punktes enthält, gelangen wir zu folgendem Ausdruck für die Definition eines Grenzwertes, den wir als unsere eigentliche Definition verwenden:

**Definition 3.**

$$\boxed{\left( \lim_{E \ni x \to a} f(x) = A \right) := \forall V_{\mathbb{R}}(A) \, \exists \mathring{U}_E(a) \, \left( f\big(\mathring{U}_E(a)\big) \subset V_{\mathbb{R}}(A) \right).}$$

Somit wird die Zahl $A$ als *Grenzwert* der Funktion $f\colon E \to \mathbb{R}$ für $x$ gegen $a$ bezeichnet, wobei wir in der Menge $E$ bleiben ($a$ muss ein Häufungspunkt von $E$ sein), wenn für jede Umgebung von $A$ eine punktierte Umgebung von $a$ in $E$ existiert, deren Bild unter der Abbildung $f\colon E \to \mathbb{R}$ in der vorgegebenen Umgebung von $A$ enthalten ist.

Wir haben verschiedene Aussagen zur Definition des Grenzwertes einer Funktion eingeführt. Für numerische Funktionen, wenn $a$ und $A$ in $\mathbb{R}$ enthalten sind, sind diese Aussagen, wie wir gesehen haben, äquivalent. In diesem Zusammenhang nehmen wir zur Kenntnis, dass die eine oder die andere dieser Aussagen in verschiedenen Situationen praktischer sein kann. So ist beispielsweise die ursprüngliche Formulierung bei numerischen Berechnungen zweckmäßig, da sie einen erlaubten Betrag für die Abweichung zwischen $x$

und $a$ enthält, um sicherzustellen, dass die Abweichung zwischen $f(x)$ und $A$ nicht einen bestimmten Wert überschreitet. Dagegen ist aber für die Verallgemeinerung des Konzepts eines Grenzwertes auf allgemeinere Funktionen die letzte Definition am praktischsten. Sie erlaubt es uns, den Begriff eines Grenzwertes einer Abbildung $f: X \to Y$ zu definieren, falls uns bekannt ist, was eine Umgebung eines Punktes in $X$ und $Y$ bedeutet, d.h., falls, wie wir sagen, eine *Topologie* für $X$ und $Y$ gegeben ist.

Wir wollen einige weitere Beispiele betrachten, die die eigentliche Definition verdeutlichen.

*Beispiel 2.* Die Funktion

$$\operatorname{sgn} x = \left\{ \begin{array}{rl} 1 & \text{für } x > 0\,, \\ 0 & \text{für } x = 0\,, \\ -1 & \text{für } x < 0 \end{array} \right.$$

(sprich „signum $x$"[8]) ist auf der ganzen reellen Geraden definiert. Wir werden zeigen, dass sie keinen Grenzwert besitzt, wenn $x$ gegen 0 strebt. Die Nicht-Existenz dieses Grenzwertes wird durch

$$\forall A \in \mathbb{R} \ \exists V(A) \ \forall \dot{U}(0) \ \exists x \in \dot{U}(0) \ \big(f(x) \notin V(A)\big)$$

ausgedrückt, d.h. unabhängig davon, welches $A$ wir herausgreifen (mit dem Anspruch der Grenzwert von $\operatorname{sgn} x$ für $x \to 0$ zu sein), gibt es eine Umgebung $V(A)$ von $A$, so dass, unabhängig davon wie klein wir die punktierte Umgebung $\dot{U}(0)$ von 0 wählen, die punktierte Umgebung zumindest einen Punkt $x$ enthält, für den der Wert der Funktion nicht in $V(A)$ liegt.

Da $\operatorname{sgn} x$ nur die Werte $-1$, 0 und 1 annimmt, kann offensichtlich keine andere Zahl der Grenzwert der Funktion sein, da jede andere Zahl eine Umgebung besitzt, die keine dieser drei Zahlen enthält.

Für $A \in \{-1, 0, 1\}$ wählen wir als $V(A)$ die $\varepsilon$-Umgebung von $A$ mit $\varepsilon = \frac{1}{2}$. Die Punkte $-1$ und 1 können sicherlich nicht beide in dieser Umgebung liegen. Aber egal, welche punktierte Umgebung $\dot{U}(0)$ von 0 wir auch nehmen, diese Umgebung enthält stets sowohl positive als auch negative Zahlen, d.h., Punkte $x$ mit $f(x) = 1$ und Punkte mit $f(x) = -1$.

Daher gibt es einen Punkt $x \in \dot{U}(0)$, so dass $f(x) \notin V(A)$.

Ist die Funktion $f : E \to \mathbb{R}$ auf einer vollständigen punktierten Umgebung eines Punktes $a \in \mathbb{R}$ definiert, d.h., gilt $\dot{U}_E(a) = \dot{U}_{\mathbb{R}}(a) = \dot{U}(a)$, so vereinbaren wir in Kurzform $x \to a$, anstelle von $E \ni x \to a$ zu schreiben.

*Beispiel 3.* Wir sollen zeigen, dass $\lim\limits_{x \to 0} |\operatorname{sgn} x| = 1$.

Tatsächlich gilt $|\operatorname{sgn} x| = 1$ für $x \in \mathbb{R} \setminus 0$, d.h., die Funktion ist in jeder punktierten Umgebung $\dot{U}(0)$ von 0 konstant und gleich 1. Daher erhalten wir für jede Umgebung $V(1)$: $f\big(\dot{U}(0)\big) = 1 \in V(1)$.

---

[8] Lateinisch für *Zeichen.*

Beachten Sie insbesondere, dass, obwohl die Funktion $|\operatorname{sgn} x|$ im Punkt 0 selbst mit $|\operatorname{sgn} 0| = 0$ definiert ist, dieser Wert keinen Einfluss auf den Wert des fraglichen Grenzwertes hat. Daher darf man den Wert $f(a)$ der Funktion im Punkt $a$ nicht mit dem Grenzwert $\lim\limits_{x \to a} f(x)$, den die Funktion für $x \to a$ annimmt, durcheinander bringen.

Seien $\mathbb{R}_-$ und $\mathbb{R}_+$ die Mengen der negativen und der positiven Zahlen.

*Beispiel 4.* Wir haben in Beispiel 2 gesehen, dass der Grenzwert $\lim\limits_{\mathbb{R} \ni x \to 0} \operatorname{sgn} x$ nicht existiert. Wir bemerken jedoch, dass die Einschränkung $\operatorname{sgn}|_{\mathbb{R}_-}$ von $\operatorname{sgn}$ auf $\mathbb{R}_-$ der konstanten Funktion $-1$ und $\operatorname{sgn}|_{\mathbb{R}_+}$ der konstanten Funktion $1$ entspricht. Nun können wir wie in Beispiel 3 zeigen, dass

$$\lim_{\mathbb{R}_- \ni x \to 0} \operatorname{sgn} x = -1 \text{ und } \lim_{\mathbb{R}_+ \ni x \to 0} \operatorname{sgn} x = 1 \,,$$

d.h., die Einschränkungen derselben Funktion auf verschiedene Mengen können zu unterschiedlichen Grenzwerten im gleichen Punkt führen oder sie besitzen gar keinen Grenzwert, wie in Beispiel 2 gezeigt.

*Beispiel 5.* Wir greifen die Idee aus Beispiel 2 auf und können ganz ähnlich zeigen, dass $\sin \frac{1}{x}$ für $x \to 0$ keinen Grenzwert besitzt.

Tatsächlich gibt es in jeder punktierten Umgebung $\overset{\circ}{U}(0)$ von 0 immer Punkte der Form $\frac{1}{-\pi/2+2\pi n}$ und $\frac{1}{\pi/2+2\pi n}$ mit $n \in \mathbb{N}$. In diesen Punkten nimmt die Funktion die Werte $-1$ und $1$ an. Aber diese zwei Zahlen können nicht beide für $\varepsilon < 1$ in der $\varepsilon$-Umgebung $V(A)$ eines Punktes $A \in \mathbb{R}$ liegen. Daher kann keine Zahl $A \in \mathbb{R}$ für $x \to 0$ der Grenzwert dieser Funktion sein.

*Beispiel 6.* Seien

$$E_- = \left\{ x \in \mathbb{R} \,\middle|\, x = \frac{1}{-\pi/2 + 2\pi n} \,, n \in \mathbb{N} \right\}$$

und

$$E_+ = \left\{ x \in \mathbb{R} \,\middle|\, x = \frac{1}{\pi/2 + 2\pi n} \,, n \in \mathbb{N} \right\} \,,$$

dann erhalten wir (vgl. Beispiel 4):

$$\lim_{E_- \ni x \to 0} \sin \frac{1}{x} = -1 \text{ und } \lim_{E_+ \ni x \to 0} \sin \frac{1}{x} = 1 \,.$$

Es besteht eine enge Verbindung zwischen einem Grenzwert einer Folge, den wir im vorangegangenen Abschnitt untersucht haben, und dem Grenzwert einer beliebigen numerischen Funktion, den wir in diesem Abschnitt einführen. Dies bringt der folgende Satz zum Ausdruck.

**Satz 1.** [9] *Die Gleichung* $\lim_{E \ni x \to a} f(x) = A$ *gilt genau dann, wenn für jede Folge* $\{x_n\}$ *von Punkten* $x_n \in E \backslash a$, *die gegen* $a$ *konvergiert, die Folge* $\{f(x_n)\}$ *gegen* $A$ *konvergiert.*

*Beweis.* Dass $\left( \lim_{E \ni x \to a} f(x) = A \right) \Rightarrow \left( \lim_{n \to \infty} f(x_n) = A \right)$, folgt sofort aus den Definitionen. Ist nämlich $\lim_{E \ni x \to a} f(x) = A$, dann existiert für jede Umgebung $V(A)$ von $A$ eine punktierte Umgebung $\dot{U}_E(a)$ des Punktes $a$ in $E$, so dass für $x \in \dot{U}_E(a)$ gilt: $f(x) \in V(A)$. Wenn die Folge $\{x_n\}$ von Punkten in $E \backslash a$ gegen $a$ konvergiert, dann existiert ein Index $N$, so dass $x_n \in \dot{U}_E(a)$ für $n > N$ und somit ist $f(x_n) \in V(A)$. Nach der Definition des Grenzwertes einer Folge können wir dann folgern, dass $\lim_{n \to \infty} f(x_n) = A$.

Nun wollen wir die Umkehrung beweisen. Sei $A$ nicht der Grenzwert von $f(x)$, wenn $E \ni x \to a$. Dann existiert eine Umgebung $V(A)$, so dass für jedes $n \in \mathbb{N}$ ein Punkt $x_n$ in der punktierten $\frac{1}{n}$-Umgebung von $a$ in $E$ existiert, so dass $f(x_n) \notin V(A)$. Dies bedeutet aber, dass die Folge $\{f(x_n)\}$ nicht gegen $A$ konvergiert, obwohl $\{x_n\}$ gegen $a$ konvergiert. $\square$

### 3.2.2 Eigenschaften des Grenzwertes einer Funktion

Wir wollen nun einige Eigenschaften des Grenzwertes einer Funktion ausarbeiten, die ständig benutzt werden. Viele davon sind zu den Eigenschaften des Grenzwertes einer Folge, die wir bereits erarbeitet haben, analog und daher im Wesentlichen bekannt. Außerdem folgen nach dem eben bewiesenen Satz 1 viele Eigenschaften des Grenzwertes einer Funktion direkt und unmittelbar aus den entsprechenden Eigenschaften des Grenzwertes einer Folge: Die Eindeutigkeit des Grenzwertes, die arithmetischen Eigenschaften des Grenzwertes und das Verhalten von Grenzwerten in Ungleichungen. Wir werden diese Beweise nichtsdestotrotz wiederholen. Sie werden erkennen, dass das durchaus Sinn macht.

Wir wollen den Leser darauf aufmerksam machen, dass wir nur zwei Eigenschaften punktierter Umgebungen eines Häufungspunktes einer Menge benötigen, um die Eigenschaften des Grenzwertes einer Funktion einzuführen:
$B_1$) $\dot{U}_E(a) \neq \varnothing$,

d.h., die punktierte Umgebung des Punktes $a$ in $E$ ist nicht leer;
$B_2$) $\forall \dot{U}'_E(a) \forall \dot{U}''_E(a) \exists \dot{U}_E(a) \left( \dot{U}_E(a) \subset \dot{U}'_E(a) \cap \dot{U}''_E(a) \right)$,

d.h., die Schnittmenge zweier punktierter Umgebungen enthält eine punktierte Umgebung.
Diese Beobachtung führt uns zu einem allgemeinen Konzept für einen Grenzwert einer Funktion und zu der Möglichkeit, die Theorie von Grenzwerten

---

[9] Dieser Satz wird gelegentlich auch Äquivalenzaussage zwischen der Cauchyschen Grenzwertdefinition (mit Umgebungen) und der Heineschen Definition (mit Folgen) bezeichnet.
E. Heine (1821–1881) – deutscher Mathematiker.

zukünftig nicht nur für Funktionen, die auf Zahlenmengen definiert sind, zu benutzen. Um zu verhindern, dass die Diskussion eine reine Wiederholung des in Abschnitt 3.1 Gesagten wird, werden wir einige nützliche neue Methoden und Konzepte verwenden, die im vorangegangenen Abschnitt nicht bewiesen wurden.

### a. Allgemeine Eigenschaften des Grenzwertes einer Funktion

Wir beginnen mit einigen Definitionen.

**Definition 4.** Wie zuvor nennen wir eine Funktion $f : E \to \mathbb{R}$, die nur einen Wert annimmt, *konstant*. Eine Funktion $f : E \to \mathbb{R}$ wird *schließlich konstant* genannt, wenn sie in einer punktierten Umgebung $\dot{U}_E(a)$ konstant ist, wobei $a$ ein Häufungspunkt von $E$ ist.

**Definition 5.** Eine Funktion $f : E \to \mathbb{R}$ ist *beschränkt, von oben beschränkt* oder *von unten beschränkt*, wenn eine Zahl $C \in \mathbb{R}$ existiert, so dass $|f(x)| < C$, $f(x) < C$ oder $C < f(x)$ für alle $x \in E$.

Gilt eine dieser drei Eigenschaften nur in einer punktierten Umgebung $\dot{U}_E(a)$, dann heißt die Funktion für $E \ni x \to a$ *schließlich beschränkt, schließlich von oben beschränkt* oder *schließlich von unten beschränkt*.

*Beispiel 7.* Die durch $f(x) = \left( \sin \frac{1}{x} + x \cos \frac{1}{x} \right)$ für $x \neq 0$ definierte Funktion ist in ihrem Definitionsbereich nicht beschränkt. Sie ist jedoch für $x \to 0$ schließlich beschränkt.

*Beispiel 8.* Dasselbe gilt für die Funktion $f(x) = x$ auf $\mathbb{R}$.

**Satz 2.** *a)* $\left( f : E \to \mathbb{R} \text{ ist für } E \ni x \to a \text{ schließlich konstant gleich } A \right) \Rightarrow$
$\left( \lim\limits_{E \ni x \to a} f(x) = A \right)$.

*b)* $\left( \exists \lim\limits_{E \ni x \to a} f(x) \right) \Rightarrow \left( f : E \to \mathbb{R} \text{ ist für } E \ni x \to a \text{ schließlich beschränkt} \right)$.

*c)* $\left( \lim\limits_{E \ni x \to a} f(x) = A_1 \right) \wedge \left( \lim\limits_{E \ni x \to a} f(x) = A_2 \right) \Rightarrow (A_1 = A_2)$.

*Beweis.* Die Behauptung a), dass eine schließlich konstante Funktion einen Grenzwert besitzt, folgt unmittelbar aus den entsprechenden Definitionen, ebenso wie die Behauptung b), dass eine Funktion, die einen Grenzwert besitzt, schließlich beschränkt ist. Wir wenden uns nun dem Beweis der Eindeutigkeit des Grenzwertes zu.

Sei $A_1 \neq A_2$. Wir wählen Umgebungen $V(A_1)$ und $V(A_2)$, die keinen Punkt gemeinsam haben, d.h. $V(A_1) \cap V(A_2) = \varnothing$. Nach der Definition eines Grenzwertes gilt:

$$\lim_{E \ni x \to a} f(x) = A_1 \Rightarrow \exists \dot{U}'_E(a) \left( f\big(\dot{U}'_E(a)\big) \subset V(A_1) \right),$$

$$\lim_{E \ni x \to a} f(x) = A_2 \Rightarrow \exists \dot{U}''_E(a) \left( f\big(\dot{U}''_E(a)\big) \subset V(A_2) \right).$$

Wir betrachten nun eine punktierte Umgebung $\dot{U}_E(a)$ von $a$ (einem Häufungspunkt von $E$), so dass $\dot{U}_E(a) \subset \dot{U}'_E(a) \cap \dot{U}''_E(a)$. (Wir können beispielsweise $\dot{U}_E(a) = \dot{U}'_E(a) \cap \dot{U}''_E(a)$ wählen, da der Schnitt auch eine punktierte Umgebung ist.)

Da $\dot{U}_E(a) \neq \varnothing$, wählen wir $x \in \dot{U}_E(a)$. Somit erhalten wir $f(x) \in V(A_1) \cap V(A_2)$, was unmöglich ist, da die Umgebungen $V(A_1)$ und $V(A_2)$ keine gemeinsamen Punkte besitzen. $\qquad\qquad\qquad\qquad\qquad\qquad\qquad\qquad\quad \square$

## b. Grenzwerte und arithmetische Operationen

**Definition 6.** Besitzen zwei reellwertige Funktionen $f : E \to \mathbb{R}$ und $g : E \to \mathbb{R}$ einen gemeinsamen Definitionsbereich $E$, so sind ihre *Summe*, ihr *Produkt* und ihr *Quotient* die durch folgende Formeln definierten Funktionen auf derselben Definitionsmenge:

$$(f + g)(x) := f(x) + g(x) \,,$$
$$(f \cdot g)(x) := f(x) \cdot g(x) \,,$$
$$\left(\frac{f}{g}\right)(x) := \frac{f(x)}{g(x)} \,, \text{ mit } g(x) \neq 0 \text{ für } x \in E \,.$$

**Satz 3.** *Seien $f : E \to \mathbb{R}$ und $g : E \to \mathbb{R}$ zwei Funktionen mit einem gemeinsamen Definitionsbereich.*

*Gilt $\lim\limits_{E \ni x \to a} f(x) = A$ und $\lim\limits_{E \ni x \to a} g(x) = B$, dann auch:*

a) $\lim\limits_{E \ni x \to a} (f + g)(x) = A + B$ ,

b) $\lim\limits_{E \ni x \to a} (f \cdot g)(x) = A \cdot B$ *und*

c) $\lim\limits_{E \ni x \to a} \left(\frac{f}{g}\right) = \frac{A}{B}$, *falls $B \neq 0$ und $g(x) \neq 0$ für $x \in E$.*

Wie bereits zu Beginn von Absatz 3.2.2 bemerkt, folgt dieser Satz unmittelbar aus den entsprechenden Sätzen zu Grenzwerten von Folgen (vgl. Satz 1). Wir können den Satz auch dadurch erhalten, dass wir den Beweis des Satzes über die algebraischen Eigenschaften des Grenzwertes einer Folge wiederholen. Die notwendigen Veränderungen im Beweis beschränken sich auf einen Hinweis auf eine punktierte Umgebung $\dot{U}_E(a)$ von $a \in E$, wo wir vorher auf Aussagen, die „ab einem $N \in \mathbb{N}$" gelten, verwiesen haben. Wir empfehlen dem Leser, dies zu überprüfen.

Hier werden wir den Satz aus seinem einfachsten Spezialfall $A = B = 0$ erhalten. Natürlich schließen wir dabei Behauptung c) von unserer Betrachtung aus.

Eine Funktion $f : E \to \mathbb{R}$ wird für $E \ni x \to a$ als *infinitesimal* bezeichnet, falls $\lim\limits_{E \ni x \to a} f(x) = 0$.

**Satz 4.** *a) Seien $\alpha : E \to \mathbb{R}$ und $\beta : E \to \mathbb{R}$ infinitesimale Funktionen für $E \ni x \to a$. Dann ist ihre Summe $\alpha + \beta : E \to \mathbb{R}$ für $E \ni x \to a$ ebenfalls infinitesimal.*

*b) Seien $\alpha : E \to \mathbb{R}$ und $\beta : E \to \mathbb{R}$ infinitesimale Funktionen für $E \ni x \to a$. Dann ist ihr Produkt $\alpha \cdot \beta : E \to \mathbb{R}$ für $E \ni x \to a$ ebenfalls infinitesimal.*

*c) Sei $\alpha : E \to \mathbb{R}$ infinitesimal für $E \ni x \to a$ und $\beta : E \to \mathbb{R}$ schließlich beschränkt für $E \ni x \to a$. Dann ist ihr Produkt $\alpha \cdot \beta : E \to \mathbb{R}$ für $E \ni x \to a$ infinitesimal.*

*Beweis.* a) Wir werden zeigen, dass

$$\left( \lim_{E \ni x \to a} \alpha(x) = 0 \right) \wedge \left( \lim_{E \ni x \to a} \beta(x) = 0 \right) \Rightarrow \left( \lim_{E \ni x \to a} (\alpha + \beta)(x) = 0 \right).$$

Sei $\varepsilon > 0$ gegeben. Nach der Definition des Grenzwertes gilt:

$$\left( \lim_{E \ni x \to a} \alpha(x) = 0 \right) \Rightarrow \left( \exists \dot{U}'_E(a)\, \forall x \in \dot{U}'_E(a)\, \left( |\alpha(x)| < \frac{\varepsilon}{2} \right) \right),$$

$$\left( \lim_{E \ni x \to a} \beta(x) = 0 \right) \Rightarrow \left( \exists \dot{U}''_E(a)\, \forall x \in \dot{U}''_E(a)\, \left( |\beta(x)| < \frac{\varepsilon}{2} \right) \right).$$

Dann erhalten wir für die punktierte Umgebung $\dot{U}_E(a) \subset \dot{U}'_E(a) \cap \dot{U}''_E(a)$:

$$\forall x \in \dot{U}_E(a)\, \left| (\alpha + \beta)(x) \right| = |\alpha(x) + \beta(x)| \le |\alpha(x)| + |\beta(x)| < \varepsilon,$$

d.h., wir haben gezeigt, dass $\lim_{E \ni x \to a} (\alpha + \beta)(x) = 0$.

b) Die Behauptung ist ein Spezialfall von Behauptung c), da jede Funktion, die einen Grenzwert besitzt, schließlich beschränkt ist.

c) Wir werden zeigen, dass

$$\left( \lim_{E \ni x \to a} \alpha(x) = 0 \right) \wedge \left( \exists M \in \mathbb{R}\, \exists \dot{U}_E(a)\, \forall x \in \dot{U}_E(a)\, \left( |\beta(x)| < M \right) \right) \Rightarrow$$

$$\Rightarrow \left( \lim_{E \ni x \to a} \alpha(x)\beta(x) = 0 \right).$$

Sei $\varepsilon > 0$ gegeben. Nach der Definition des Grenzwertes gilt

$$\left( \lim_{E \ni x \to a} \alpha(x) = 0 \right) \Rightarrow \left( \exists \dot{U}'_E(a)\, \forall x \in \dot{U}'_E(a)\, \left( |\alpha(x)| < \frac{\varepsilon}{M} \right) \right).$$

Dann erhalten wir für die punktierte Umgebung $\dot{U}''_E(a) \subset \dot{U}'_E(a) \cap \dot{U}_E(a)$:

$$\forall x \in \dot{U}''_E(a)\, |(\alpha \cdot \beta)(x)| = |\alpha(x)\beta(x)| = |\alpha(x)|\,|\beta(x)| < \frac{\varepsilon}{M} \cdot M = \varepsilon.$$

Somit haben wir bewiesen, dass $\lim_{E \ni x \to a} \alpha(x)\beta(x) = 0$.  $\square$

Die folgende Anmerkung ist sehr nützlich:

*Anmerkung 1.*

$$\boxed{\left( \lim_{E \ni x \to a} f(x) = A \right) \Leftrightarrow \left( f(x) = A + \alpha(x) \wedge \lim_{E \ni x \to a} \alpha(x) = 0 \right).}$$

Anders formuliert, so strebt die Funktion $f : E \to \mathbb{R}$ genau dann gegen $A$, wenn sie als Summe $A + \alpha(x)$ formuliert werden kann, wobei $\alpha(x)$ für $E \ni x \to a$ infinitesimal ist. (Die Funktion $\alpha(x)$ ist die Abweichung von $f(x)$ von $A$.)[10]

Diese Anmerkung folgt unmittelbar aus der Definition des Grenzwertes, nach der gilt:

$$\lim_{E \ni x \to a} f(x) = A \Leftrightarrow \lim_{E \ni x \to a} \big(f(x) - A\big) = 0 \,.$$

Basierend auf dieser Anmerkung und den Eigenschaften infinitesimaler Funktionen wollen wir nun den Beweis für den aufgestellten Satz zu den arithmetischen Eigenschaften des Grenzwertes einer Funktion liefern.

*Beweis.* a) Seien $\lim_{E \ni x \to a} f(x){=}A$ und $\lim_{E \ni x \to a} g(x){=}B$, dann ist $f(x){=}A + \alpha(x)$ und $g(x) = B + \beta(x)$, wobei $\alpha(x)$ und $\beta(x)$ für $E \ni x \to a$ infinitesimal sind. Dann ist $(f + g)(x) = f(x) + g(x) = A + \alpha(x) + B + \beta(x) = (A + B) + \gamma(x)$. Dabei ist $\gamma(x) = \alpha(x) + \beta(x)$ die Summe zweier infinitesimaler Funktionen und somit selbst für $E \ni x \to a$ infinitesimal.

Somit gilt $\lim_{E \ni x \to a} (f + g)(x) = A + B$.

b) Wiederum seien $f(x)$ und $g(x)$ in der Form $f(x) = A + \alpha(x)$ und $g(x) = B + \beta(x)$ gegeben. Wir erhalten:

$$(f \cdot g)(x) = f(x)g(x) = \big(A + \alpha(x)\big)\big(B + \beta(x)\big) = A \cdot B + \gamma(x) \,,$$

wobei $\gamma(x) = A\beta(x) + B\alpha(x) + \alpha(x)\beta(x)$ für $E \ni x \to a$ infinitesimal ist, was aus den eben bewiesenen Eigenschaften derartiger Funktionen folgt.

Somit gilt $\lim_{E \ni x \to a} (f \cdot g)(x) = A \cdot B$.

c) Wir gehen wiederum von $f(x) = A + \alpha(x)$ und $g(x) = B + \beta(x)$ aus, mit $\lim_{E \ni x \to a} \alpha(x) = 0$ und $\lim_{E \ni x \to a} \beta(x) = 0$.

Da $B \neq 0$, existiert eine punktierte Umgebung $\dot{U}_E(a)$, für die in jedem Punkt $|\beta(x)| < \frac{|B|}{2}$ gilt und daher $|g(x)| = |B + \beta(x)| \geq |B| - |\beta(x)| > \frac{|B|}{2}$. Dann gilt in $\dot{U}_E(a)$ ebenso, dass $\frac{1}{|g(x)|} < \frac{2}{|B|}$, d.h., die Funktion $\frac{1}{g(x)}$ ist schließlich beschränkt für $E \ni x \to a$. Somit können wir schreiben:

$$\left(\frac{f}{g}\right)(x) - \frac{A}{B} = \frac{f(x)}{g(x)} - \frac{A}{B} = \frac{A + \alpha(x)}{B + \beta(x)} - \frac{A}{B} =$$
$$= \frac{1}{g(x)} \cdot \frac{1}{B} \big(B\alpha(x) - A\beta(x)\big) = \gamma(x) \,.$$

---

[10] Hier eine merkwürdige Einzelheit. Diese sehr offensichtliche Darstellung, die nichtsdestotrotz für Berechnungen sehr nützlich ist, wurde durch den französischen Mathematiker und Fachmann der Mechanik Lazare Carnot (1753–1823), einem Revolutionsgeneral und Akademiker, besonders hervorgehoben. Er war der Vater von Sadi Carnot (1796–1832), dem Begründer der Thermodynamik.

Aufgrund der Eigenschaften infinitesimaler Funktionen (unter Berücksichtigung, dass $\frac{1}{g(x)}$ schließlich beschränkt ist) ergibt sich, dass die Funktion $\gamma(x)$ für $E \ni x \to a$ infinitesimal ist. Somit haben wir bewiesen, dass $\lim\limits_{E \ni x \to a} \left(\frac{f}{g}\right)(x) = \frac{A}{B}$. $\qquad\qquad\qquad\qquad\qquad\qquad\qquad\qquad\qquad$ □

## c. Grenzwerte und Ungleichungen

**Satz 5.** *a) Gilt für die Funktionen $f : E \to \mathbb{R}$ und $g : E \to \mathbb{R}$, dass $\lim\limits_{E \ni x \to a} f(x) = A$, $\lim\limits_{E \ni x \to a} g(x) = B$ und $A < B$, dann existiert eine punktierte Umgebung $\dot{U}_E(a)$ von $a$ in $E$ und in jedem ihrer Punkte gilt $f(x) < g(x)$.*

*b) Gelten die Relationen $f(x) \leq g(x) \leq h(x)$ zwischen den Funktionen $f : E \to \mathbb{R}$, $g : E \to \mathbb{R}$ und $h : E \to \mathbb{R}$ und gilt ferner $\lim\limits_{E \ni x \to a} f(x) = \lim\limits_{E \ni x \to a} h(x) = C$, dann existiert der Grenzwert von $g(x)$ für $E \ni x \to a$ mit $\lim\limits_{E \ni x \to a} g(x) = C$.*

*Beweis.* a) Wir wählen eine Zahl $C$ so, dass $A < C < B$. Nach der Definition des Grenzwertes gibt es punktierte Umgebungen $\dot{U}'_E(a)$ und $\dot{U}''_E(a)$ von $a$ in $E$, so dass $|f(x) - A| < C - A$ für $x \in \dot{U}'_E(a)$ und $|g(x) - B| < B - C$ für $x \in \dot{U}''_E(a)$. Dann gilt in jedem Punkt einer punktierten Umgebung $\dot{U}_E(a)$, die in $\dot{U}''_E(a) \cap \dot{U}''_E(a)$ enthalten ist:

$$f(x) < A + (C - A) = C = B - (B - C) < g(x) \, .$$

b) Sei $\lim\limits_{E \ni x \to a} f(x) = \lim\limits_{E \ni x \to a} h(x) = C$. Dann existieren für jedes feste $\varepsilon > 0$ punktierte Umgebungen $\dot{U}'_E(a)$ und $\dot{U}''_E(a)$ von $a$ in $E$, so dass $C - \varepsilon < f(x)$ für $x \in \dot{U}'_E(a)$ und $h(x) < C + \varepsilon$ für $x \in \dot{U}''_E(a)$. Dann gilt in jedem Punkt einer punktierten Umgebung $\dot{U}_E(a)$, die in $\dot{U}'_E(a) \cap \dot{U}''_E(a)$ enthalten ist, dass $C - \varepsilon < f(x) \leq g(x) \leq h(x) < C + \varepsilon$, d.h., $|g(x) - C| < \varepsilon$ und folglich $\lim\limits_{E \ni x \to a} g(x) = C$. $\qquad\qquad\qquad\qquad\qquad\qquad\qquad$ □

**Korollar.** *Angenommen, $\lim\limits_{E \ni x \to a} f(x) = A$ und $\lim\limits_{E \ni x \to a} g(x) = B$. Sei $\dot{U}_E(a)$ eine punktierte Umgebung von $a$ in $E$.*

*a) Gilt $f(x) > g(x)$ für alle $x \in \dot{U}_E(a)$, dann $A \geq B$ ;*
*b) Gilt $f(x) \geq g(x)$ für alle $x \in \dot{U}_E(a)$, dann $A \geq B$ ;*
*c) Gilt $f(x) > B$ für alle $x \in \dot{U}_E(a)$, dann $A \geq B$ ;*
*d) Gilt $f(x) \geq B$ für alle $x \in \dot{U}_E(a)$, dann $A \geq B$ .*

*Beweis.* Mit einem Widerspruchsbeweis erhalten wir unmittelbar die Behauptungen a) und b) des Korollars zu Satz 5a). Die Behauptungen c) und d) folgen aus a) und b), wenn wir $g(x) \equiv B$ setzen. $\qquad\qquad\qquad\qquad\qquad$ □

## d. Zwei wichtige Beispiele

Bevor wir weiter in die Theorie des Grenzwertes einer Funktion eintauchen, wollen wir den Gebrauch des eben bewiesenen Satzes mit zwei wichtigen Beispielen veranschaulichen.

*Beispiel 9.*

$$\lim_{x \to 0} \frac{\sin x}{x} = 1 \,.$$

Wir greifen auf die Definition von $\sin x$ aus der Schule zurück, d.h., $\sin x$ ist die Ordinate des Punktes, an dem sich der Punkt $(1,0)$ nach einer Drehung um $x$ Radianten um den Ursprung befindet. Die Vollständigkeit einer derartigen Definition hängt alleine von der Sorgfalt ab, mit der die Verbindung zwischen Drehungen und reellen Zahlen eingeführt wird. Da das System der reellen Zahlen an sich nicht mit genügend Einzelheiten in der höheren Schule bearbeitet wurde, kann man auf den Gedanken kommen, dass eine genauere Definition von $\sin x$ (und dies gilt auch für $\cos x$) notwendig ist.

Wir werden dies zu gegebener Zeit tun und dann rechtfertigen, dass wir für den Moment auf die Intuition des Lesers vertrauen.

a) Wir werden zeigen, dass

$$\cos^2 x < \frac{\sin x}{x} < 1 \text{ für } 0 < |x| < \frac{\pi}{2} \,.$$

*Beweis.* Da $\cos^2 x$ und $\frac{\sin x}{x}$ gerade Funktionen sind, genügt es, den Fall $0 < x < \pi/2$ zu betrachten. Nach Abb. 3.1 und der Definition von $\cos x$ und $\sin x$ erhalten wir nach Vergleich der Flächen des Sektors $\sphericalangle OCD$, dem Dreieck $\triangle OAB$ und dem Sektor $\sphericalangle OAB$:

$$S_{\sphericalangle OCD} = \frac{1}{2}|OC| \cdot |\overset{\frown}{CD}| = \frac{1}{2}(\cos x)(x \cos x) = \frac{1}{2}x \cos^2 x <$$

$$< S_{\triangle OAB} = \frac{1}{2}|OA| \cdot |BC| = \frac{1}{2} \cdot 1 \cdot \sin x = \frac{1}{2} \sin x <$$

$$< S_{\sphericalangle OAB} = \frac{1}{2}|OA| \cdot |\overset{\frown}{AB}| = \frac{1}{2} \cdot 1 \cdot x = \frac{1}{2}x \,.$$

Wenn wir diese Ungleichungen durch $\frac{1}{2}x$ teilen, kommen wir zu dem Ergebnis, dass die Behauptung zutrifft.  □

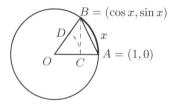

**Abb. 3.1.**

b) Aus a) folgt, dass
$$|\sin x| \leq |x|$$
für jedes $x \in \mathbb{R}$, wobei die Gleichheit nur in $x = 0$ gilt.

*Beweis.* Für $0 < |x| < \pi/2$ gilt, wie in a) gezeigt, dass

$$|\sin x| < |x| \,.$$

Aber $|\sin x| \leq 1$, so dass diese letztere Ungleichung auch für $|x| \geq \pi/2 > 1$ gilt. Nur für $x = 0$ erhalten wir $\sin x = x = 0$. $\qquad\square$

c) Aus b) folgt, dass
$$\lim_{x \to 0} \sin x = 0 \,.$$

*Beweis.* Da $0 \leq |\sin x| \leq |x|$ und $\lim\limits_{x \to 0} |x| = 0$, ergibt sich aus Satz 5 in „Grenzwerte und Ungleichungen", dass $\lim\limits_{x \to 0} |\sin x| = 0$, so dass $\lim\limits_{x \to 0} \sin x = 0$. $\qquad\square$

d) Wir werden nun beweisen, dass $\lim\limits_{x \to 0} \frac{\sin x}{x} = 1$.

*Beweis.* Für $|x| < \pi/2$ erhalten wir aus der Ungleichung in a), dass

$$1 - \sin^2 x < \frac{\sin x}{x} < 1 \,.$$

Aber $\lim\limits_{x \to 0}(1 - \sin^2 x) = 1 - \lim\limits_{x \to 0} \sin x \cdot \lim\limits_{x \to 0} \sin x = 1 - 0 = 1$, so dass wir aus Satz 5 im Paragraphen „Grenzwerte und Ungleichungen" folgern, dass $\lim\limits_{x \to 0} \frac{\sin x}{x} = 1$. $\qquad\square$

*Beispiel 10. Definition der Exponential-, der Logarithmus- und der Potenzfunktionen mit Hilfe von Grenzwerten.* Wir wollen nun veranschaulichen, wie die Definitionen aus der höheren Schule für die Exponential- und Logarithmusfunktionen mit Hilfe der Theorie der reellen Zahlen und der der Grenzwerte vervollständigt werden kann.

Aus Gründen der Bequemlichkeit bei Verweisen und der Vollständigkeit halber beginnen wir am Anfang.

a) *Die Exponentialfunktion.* Sei $a > 1$.

$1^0$. Für $n \in \mathbb{N}$ definieren wir induktiv: $a^1 := a$, $a^{n+1} := a^n \cdot a$.

Auf diese Weise erhalten wir eine auf $\mathbb{N}$ definierte Funktion $a^n$, die, wie aus der Definition ersichtlich ist, die Eigenschaft

$$\frac{a^m}{a^n} = a^{m-n}$$

für $m, n \in \mathbb{N}$ und $m > n$ besitzt.

$2^0$. Die Eigenschaft führt zur natürlichen Definition

$$a^0 := 1, \qquad a^{-n} := \frac{1}{a^n} \text{ für } n \in \mathbb{N},$$

mit der die Funktion $a^n$ auf die Menge $\mathbb{Z}$ aller ganzen Zahlen erweitert wird. Es gilt also

$$a^m \cdot a^n = a^{m+n}$$

für alle $m, n \in \mathbb{Z}$.

$3^0$. Bei der Theorie der reellen Zahlen haben wir beobachtet, dass für $a > 0$ und $n \in \mathbb{N}$ eine eindeutige $n$-te Wurzel von $a$ existiert, d.h. eine Zahl $x > 0$, so dass $x^n = a$. Für diese Zahl verwenden wir die Schreibweise $a^{1/n}$. Folgendes ist zweckmäßig, da es uns ermöglicht, das Gesetz zur Addition von Exponenten zu erläutern:

$$a = a^1 = \left(a^{1/n}\right)^n = a^{1/n} \cdots a^{1/n} = a^{1/n+\cdots+1/n}.$$

Aus diesem Grund ist es natürlich, für $n \in \mathbb{N}$ und $m \in \mathbb{Z}$ einzuführen: $a^{m/n} := (a^{1/n})^m$ und $a^{-1/n} := (a^{1/n})^{-1}$. Falls sich herausstellt, dass $a^{(mk)/(nk)} = a^{m/n}$ für $k \in \mathbb{Z}$, können wir in Betracht ziehen, $a^r$ für $r \in \mathbb{Q}$ definiert zu haben.

$4^0$. Für Zahlen $0 < x$ und $0 < y$ zeigen wir durch Induktion, dass für $n \in \mathbb{N}$

$$(x < y) \Leftrightarrow (x^n < y^n)$$

gilt, so dass insbesondere

$$(x = y) \Leftrightarrow (x^n = y^n).$$

$5^0$. Dies ermöglicht uns eine Prüfung der Regeln für den Umgang mit rationalen Exponenten, insbesondere, dass

$$a^{(mk)/(nk)} = a^{m/n} \text{ für } k \in \mathbb{Z}$$

und

$$a^{m_1/n_1} \cdot a^{m_2/n_2} = a^{m_1/n_1+m_2/n_2}.$$

*Beweis.* Tatsächlich gilt $a^{(mk)/(nk)} > 0$ und $a^{m/n} > 0$. Da

$$\left(a^{(mk)/(nk)}\right)^{nk} = \left(\left(a^{1/(nk)}\right)^{mk}\right)^{nk} =$$

$$= \left(a^{1/(nk)}\right)^{mk \cdot nk} = \left(\left(a^{1/(nk)}\right)^{nk}\right)^{mk} = a^{mk}$$

und

$$\left(a^{m/n}\right)^{nk} = \left(\left(a^{1/n}\right)^n\right)^{mk} = a^{mk},$$

folgt, dass die erste der Ungleichungen, die in Verbindung mit Punkt $4^0$ geprüft werden musste, nun bewiesen ist.

Da

$$\left(a^{m_1/n_1} \cdot a^{m_2/n_2}\right)^{n_1 n_2} = \left(a^{m_1/n_1}\right)^{n_1 n_2} \cdot \left(a^{m_2/n_2}\right)^{n_1 n_2} =$$
$$= \left(\left(a^{1/n_1}\right)^{n_1}\right)^{m_1 n_2} \cdot \left(\left(a^{1/n_2}\right)^{n_2}\right)^{m_2 n_1} = a^{m_1 n_2} \cdot a^{m_2 n_1} = a^{m_1 n_2 + m_2 n_1}$$

und

$$\left(a^{m_1/n_1 + m_2/n_2}\right)^{n_1 n_2} = \left(a^{(m_1 n_2 + m_2 n_1)/(n_1 n_2)}\right)^{n_1 n_2} =$$
$$= \left(\left(a^{1/(n_1 n_2)}\right)^{n_1 n_2}\right)^{m_1 n_2 + m_2 n_1} = a^{m_1 n_2 + m_2 n_1} \,,$$

wird auf ähnliche Weise die zweite Gleichung bewiesen.    □

Somit haben wir $a^r$ für $r \in \mathbb{Q}$ und $a^r > 0$ definiert und wissen, dass für jedes $r_1, r_2 \in \mathbb{Q}$ gilt:

$$a^{r_1} \cdot a^{r_2} = a^{r_1 + r_2} \,.$$

$6^0$. Aus $4^0$ folgt, dass für $r_1, r_2 \in \mathbb{Q}$ gilt:

$$(r_1 < r_2) \Rightarrow (a^{r_1} < a^{r_2}) \,.$$

*Beweis.* Da $(1 < a) \Leftrightarrow (1 < a^{1/n})$ für $n \in \mathbb{N}$, was unmittelbar aus $4^0$ folgt, erhalten wir $(a^{1/n})^m = a^{m/n} > 1$ für $n, m \in \mathbb{N}$, wie wiederum aus $4^0$ folgt. Somit gilt für $1 < a$ und $r > 0$, $r \in \mathbb{Q}$, dass $a^r > 1$.

Dann erhalten wir für $r_1 < r_2$ mit $5^0$:

$$a^{r_2} = a^{r_1} \cdot a^{r_2 - r_1} > a^{r_1} \cdot 1 = a^{r_1} \,.$$    □

$7^0$. Wir werden zeigen, dass für $r_0 \in \mathbb{Q}$ gilt:

$$\lim_{\mathbb{Q} \ni r \to r_0} a^r = a^{r_0} \,.$$

*Beweis.* Wir beweisen, dass $a^p \to 1$ für $\mathbb{Q} \ni p \to 0$. Dies folgt aus der Tatsache, dass für $|p| < \frac{1}{n}$ nach $6^0$ gilt:

$$a^{-1/n} < a^p < a^{1/n} \,.$$

Wir wissen, dass $a^{1/n} \to 1$ (und $a^{-1/n} \to 1$) für $n \to \infty$. Nun können wir mit den üblichen Argumenten sicherstellen, dass für $\varepsilon > 0$ ein $\delta > 0$ existiert, so dass für $|p| < \delta$ gilt:

$$1 - \varepsilon < a^p < 1 + \varepsilon \,.$$

Wir können $\frac{1}{n}$ als $\delta$ für $1 - \varepsilon < a^{-1/n}$ und $a^{1/n} < 1 + \varepsilon$ wählen.

Nun beweisen wir den Kern der Behauptung.

Zu gegebenem $\varepsilon > 0$ wählen wir $\delta$ so, dass

$$1 - \varepsilon a^{-r_0} < a^p < 1 + \varepsilon a^{-r_0}$$

für $|p| < \delta$. Damit erhalten wir für $|r - r_0| < \delta$:

$$a^{r_0}(1 - \varepsilon a^{-r_0}) < a^r = a^{r_0} \cdot a^{r-r_0} < a^{r_0}(1 + \varepsilon a^{-r_0})$$

und somit

$$a^{r_0} - \varepsilon < a^r < a^{r_0} + \varepsilon \,. \qquad\qquad \square$$

Somit haben wir eine Funktion $a^r$ auf $\mathbb{Q}$ mit den folgenden Eigenschaften definiert:

$$a^1 = a > 1 \,;$$
$$a^{r_1} \cdot a^{r_2} = a^{r_1+r_2} \,;$$
$$a^{r_1} < a^{r_2} \text{ für } r_1 < r_2 \,;$$
$$a^{r_1} \to a^{r_2} \text{ für } \mathbb{Q} \ni r_1 \to r_2 \,.$$

Im Folgenden wollen wir diese Funktion auf die gesamte reelle Gerade erweitern.

$8^0$. Seien $x \in \mathbb{R}$, $s = \sup\limits_{\mathbb{Q} \ni r < x} a^r$ und $i = \inf\limits_{\mathbb{Q} \ni r > x} a^r$. Offensichtlich sind $s, i \in \mathbb{R}$, da wir für $r_1 < x < r_2$ erhalten: $a^{r_1} < a^{r_2}$.

Wir werden zeigen, dass tatsächlich $s = i$ gilt (und werden dann diesen gemeinsamen Wert mit $a^x$ bezeichnen).

*Beweis.* Nach der Definition von $s$ und $i$ gilt

$$a^{r_1} \le s \le i \le a^{r_2}$$

für $r_1 < x < r_2$. Somit ist $0 \le i - s \le a^{r_2} - a^{r_1} = a^{r_1}(a^{r_2-r_1} - 1) < s(a^{r_2-r_1} - 1)$. Aber $a^p \to 1$ für $\mathbb{Q} \ni p \to 0$, so dass für jedes $\varepsilon > 0$ ein $\delta > 0$ existiert, so dass $a^{r_2-r_1} - 1 < \varepsilon/s$ für $0 < r_2 - r_1 < \delta$. Somit ergibt sich, dass $0 \le i - s \le \varepsilon$ und da $\varepsilon > 0$ beliebig ist, folgern wir, dass $i = s$. $\qquad\square$

Nun definieren wir $a^x := s = i$.

$9^0$. Wir wollen zeigen, dass $a^x = \lim\limits_{\mathbb{Q} \ni r \to x} a^r$.

*Beweis.* Unter Berücksichtigung von $8^0$ wählen wir für $\varepsilon > 0$ ein $r' < x$, so dass $s - \varepsilon < a^{r'} \le s = a^x$ und ein $r''$, so dass $a^x = i \le a^{r''} < i + \varepsilon$. Da aus $r' < r < r''$ folgt, dass $a^{r'} < a^r < a^{r''}$, erhalten wir für alle $r \in \mathbb{Q}$ im offenen Intervall $]r', r''[$:

$$a^x - \varepsilon < a^r < a^x + \varepsilon. \qquad\qquad \square$$

Wir wollen nun die Eigenschaften der so definierten Funktion $a^x$ in $\mathbb{R}$ untersuchen.

$10^0$. Für $x_1, x_2 \in \mathbb{R}$ und $a > 1$ gilt: $(x_1 < x_2) \Rightarrow (a^{x_1} < a^{x_2})$.

*Beweis.* Im offenen Intervall $]x_1, x_2[$ existieren zwei rationale Zahlen $r_1 < r_2$. Für $x_1 \leq r_1 < r_2 \leq x_2$ ergibt sich nach der Definition von $a^x$ in $8^0$ und den Eigenschaften der Funktion $a^x$ auf $\mathbb{Q}$:

$$a^{x_1} \leq a^{r_1} < a^{r_2} \leq a^{x_2} \,. \qquad \Box$$

$11^0$. Für jedes $x_1, x_2 \in \mathbb{R}$ gilt $a^{x_1} \cdot a^{x_2} = a^{x_1 + x_2}$.

*Beweis.* Mit den uns bekannten Abschätzungen für den absoluten Fehler bei der Produktbildung und nach Eigenschaft $9^0$ können wir behaupten, dass für jedes $\varepsilon > 0$ ein $\delta' > 0$ existiert, so dass

$$a^{x_1} \cdot a^{x_2} - \frac{\varepsilon}{2} < a^{r_1} \cdot a^{r_2} < a^{x_1} \cdot a^{x_2} + \frac{\varepsilon}{2} \,,$$

falls $|x_1 - r_1| < \delta'$ und $|x_2 - r_2| < \delta'$. Wir können gegebenenfalls $\delta'$ kleiner machen und $\delta < \delta'$ wählen, so dass

$$a^{r_1 + r_2} - \frac{\varepsilon}{2} < a^{x_1 + x_2} < a^{r_1 + r_2} + \frac{\varepsilon}{2}$$

für $|x_1 - r_1| < \delta$ und $|x_2 - r_2| < \delta$, d.h., $|(x_1 + x_2) - (r_1 + r_2)| < 2\delta$.

Aber $a^{r_1} \cdot a^{r_2} = a^{r_1 + r_2}$ für $r_1, r_2 \in \mathbb{Q}$, so dass aus diesen Ungleichungen folgt, dass

$$a^{x_1} \cdot a^{x_2} - \varepsilon < a^{x_1 + x_2} < a^{x_1} \cdot a^{x_2} + \varepsilon \,.$$

Da $\varepsilon > 0$ beliebig ist, gelangen wir schließlich zu

$$a^{x_1} \cdot a^{x_2} = a^{x_1 + x_2} \,. \qquad \Box$$

$12^0$. $\lim\limits_{x \to x_0} a^x = a^{x_0}$. (Wir erinnern daran, dass „$x \to x_0$" eine Abkürzung ist für „$\mathbb{R} \ni x \to x_0$").

*Beweis.* Zunächst beweisen wir, dass $\lim\limits_{x \to 0} a^x = 1$. Zu vorgegebenem $\varepsilon > 0$ finden wir ein $n \in \mathbb{N}$, so dass

$$1 - \varepsilon < a^{-1/n} < a^{1/n} < 1 + \varepsilon \,.$$

Dann ergibt sich nach $10^0$ für $|x| < 1/n$:

$$1 - \varepsilon < a^{-1/n} < a^x < a^{1/n} < 1 + \varepsilon \,,$$

d.h., wir haben nachgewiesen, dass $\lim\limits_{x \to 0} a^x = 1$.

Wenn wir nun $\delta > 0$ so wählen, dass $|a^{x - x_0} - 1| < \varepsilon a^{-x_0}$ für $|x - x_0| < \delta$, dann ergibt sich

$$a^{x_0} - \varepsilon < a^x = a^{x_0}(a^{x - x_0} - 1) < a^{x_0} + \varepsilon \,,$$

womit gezeigt ist, dass $\lim\limits_{x \to x_0} a^x = a^{x_0}$. $\qquad \Box$

$13^0$. Wir werden zeigen, dass der Wertebereich der Funktion $x \mapsto a^x$ der Menge $\mathbb{R}_+$ positiver reeller Zahlen entspricht.

*Beweis.* Sei $y_0 \in \mathbb{R}_+$. Ist $a > 1$, dann wissen wir, dass ein $n \in \mathbb{N}$ existiert, so dass $a^{-n} < y_0 < a^n$.

Aufgrund dieser Tatsache sind die beiden Mengen

$$A = \{x \in \mathbb{R} | \, a^x < y_0\} \text{ und } B = \{x \in \mathbb{R} | \, y_0 < a^x\}$$

nicht leer. Da aber $(x_1 < x_2) \Leftrightarrow (a^{x_1} < a^{x_2})$ (für $a > 1$) für alle Zahlen $x_1, x_2 \in \mathbb{R}$, folgt aus $x_1 \in A$ und $x_2 \in B$, dass $x_1 < x_2$. Daraus ergibt sich, dass das Vollständigkeitsaxiom auf die Mengen $A$ und $B$ anwendbar ist, woraus folgt, dass ein $x_0$ existiert, so dass $x_1 \leq x_0 \leq x_2$ für alle $x_1 \in A$ und $x_2 \in B$. Wir werden zeigen, dass $a^{x_0} = y_0$.

Wäre $a^{x_0}$ kleiner als $y_0$, dann gäbe es eine Zahl $n \in \mathbb{N}$, so dass $a^{x_0 + 1/n} < y_0$, da $a^{x_0 + 1/n} \to a^{x_0}$ für $n \to \infty$. Dann hätten wir $\left(x_0 + \frac{1}{n}\right) \in A$, wobei der Punkt $x_0$ die Mengen $A$ und $B$ trennt. Somit ist die Annahme, dass $a^{x_0} < y_0$ unhaltbar. Ganz ähnlich können wir nachweisen, dass auch die Ungleichung $a^{x_0} > y_0$ unmöglich ist. Aus den Eigenschaften der reellen Zahlen folgern wir daraus, dass $a^{x_0} = y_0$. □

$14^0$. Bisher sind wir davon ausgegangen, dass $a > 1$. Aber alle Konstruktionen wären für $0 < a < 1$ wiederholbar. Unter diesen Umständen ist $0 < a^r < 1$ für $r > 0$, so dass wir nun in $6^0$ und $10^0$ finden, dass $(x_1 < x_2) \Rightarrow (a^{x_1} > a^{x_2})$ für $0 < a < 1$.

Somit haben wir für $a > 0$, $a \neq 1$ eine reellwertige Funktion $x \mapsto a^x$ auf der Menge $\mathbb{R}$ der reellen Zahlen konstruiert, die die folgenden Eigenschaften besitzt:

1. $a^1 = a$,
2. $a^{x_1} \cdot a^{x_2} = a^{x_1 + x_2}$,
3. $a^x \to a^{x_0}$ für $x \to x_0$,
4. $(a^{x_1} < a^{x_2}) \Leftrightarrow (x_1 < x_2)$ für $a > 1$ und $(a^{x_1} > a^{x_2}) \Leftrightarrow (x_1 < x_2)$ für $0 < a < 1$,
5. Der Wertebereich der Abbildung $x \mapsto a^x$ ist $\mathbb{R}_+ = \{y \in \mathbb{R} | \, 0 < y\}$, die Menge der positiven Zahlen.

**Definition 7.** Die Abbildung $x \mapsto a^x$ wird *Exponentialfunktion* zur Basis $a$ genannt.

Auf die Abbildung $x \mapsto \mathrm{e}^x$, das entspricht dem Fall $a = \mathrm{e}$, werden wir besonders häufig treffen. Sie wird oft als $\exp x$ bezeichnet. In diesem Zusammenhang schreiben wir für die Abbildung $x \mapsto a^x$ manchmal auch $\exp_a x$.

b) *Der Logarithmus.* Die Eigenschaften der Exponentialfunktion zeigen, dass $\exp_a : \mathbb{R} \to \mathbb{R}_+$ eine bijektive Abbildung ist. Somit besitzt sie eine Inverse.

**Definition 8.** Die zu $\exp_a : \mathbb{R} \to \mathbb{R}_+$ inverse Abbildung wird *Logarithmus zur Basis a* $(0 < a, a \neq 1)$ genannt und wie folgt geschrieben:

$$\log_a : \mathbb{R}_+ \to \mathbb{R}\,.$$

**Definition 9.** Ist die Basis $a = e$, so wird der Logarithmus *natürlicher Logarithmus* genannt und $\ln : \mathbb{R}_+ \to \mathbb{R}$ geschrieben.

Bei einer anderen Annäherung an den Logarithmus, die in vieler Hinsicht natürlicher und durchschaubarer ist, wird der Grund für diese Namensgebung verständlich. Wir werden diesen Weg nach der Konstruktion der Grundlagen der Differential- und Integralrechnung erläutern.

Nach der Definition des Logarithmus als die zur Exponentialfunktion inverse Funktion erhalten wir:

$$\forall x \in \mathbb{R} \left( \log_a(a^x) = x \right),$$
$$\forall y \in \mathbb{R}_+ \left( a^{\log_a y} = y \right).$$

Aus dieser Definition und den Eigenschaften der Exponentialfunktion folgt insbesondere, dass der Logarithmus in seinem Definitionsbereich $\mathbb{R}_+$ die folgenden Eigenschaften besitzt:

1') $\log_a a = 1$,
2') $\log_a(y_1 \cdot y_2) = \log_a y_1 + \log_a y_2$,
3') $\log_a y \to \log_a y_0$ für $\mathbb{R}_+ \ni y \to y_0 \in \mathbb{R}_+$,
4') $(\log_a y_1 < \log_a y_2) \Leftrightarrow (y_1 < y_2)$ für $a > 1$ und $(\log_a y_1 > \log_a y_2) \Leftrightarrow (y_1 < y_2)$ für $0 < a < 1$,
5') der Wertebereich der Funktion $\log_a : \mathbb{R}_+ \to \mathbb{R}$ ist die Menge $\mathbb{R}$ aller reellen Zahlen.

*Beweis.* Wir erhalten 1') aus Eigenschaft 1) der Exponentialfunktion und der Definition des Logarithmus.

Wir erhalten Eigenschaft 2') aus Eigenschaft 2) der Exponentialfunktion. Denn für $x_1 = \log_a y_1$ und $x_2 = \log_a y_2$ ist $y_1 = a^{x_1}$ und $y_2 = a^{x_2}$ und somit gilt mit 2), dass $y_1 \cdot y_2 = a^{x_1} \cdot a^{x_2} = a^{x_1+x_2}$, woraus folgt, dass $\log_a(y_1 \cdot y_2) = x_1 + x_2$.

Aus Eigenschaft 4) der Exponentialfunktion folgt ähnlich die Eigenschaft 4') des Logarithmus.

Offensichtlich gilt: 5) $\Rightarrow$ 5').

Es verbleibt der Beweis von Eigenschaft 3').

Mit Eigenschaft 2') des Logarithmus ergibt sich

$$\log_a y - \log_a y_0 = \log_a \left( \frac{y}{y_0} \right)$$

und daher sind die Ungleichungen

$$-\varepsilon < \log_a y - \log_a y_0 < \varepsilon$$

zur Relation

$$\log_a(a^{-\varepsilon}) = -\varepsilon < \log_a\left(\frac{y}{y_0}\right) < \varepsilon = \log_a(a^{\varepsilon})$$

äquivalent. Diese ist nach Eigenschaft 4') des Logarithmus äquivalent zu

$$-a^{\varepsilon} < \frac{y}{y_0} < a^{\varepsilon} \quad \text{für} \quad a > 1 \,,$$

$$a^{\varepsilon} < \frac{y}{y_0} < a^{-\varepsilon} \quad \text{für} \quad 0 < a < 1 \,.$$

In jedem Fall ergibt sich aus

$$y_0 a^{-\varepsilon} < y < y_0 a^{\varepsilon} \quad \text{falls } a > 1$$

oder

$$y_0 a^{\varepsilon} < y < y_0 a^{-\varepsilon} \quad \text{falls } 0 < a < 1 \,,$$

dass

$$-\varepsilon < \log_a y - \log_a y_0 < \varepsilon \,.$$

Somit haben wir bewiesen, dass

$$\lim_{\mathbb{R}_+ \ni y \to y_0 \in \mathbb{R}_+} \log_a y = \log_a y_0 \,. \qquad \square$$

Abb. 3.2 zeigt die Graphen der Funktionen $e^x$, $10^x$, $\ln x$ und $\log_{10} x =:$ $\log x$. In Abb. 3.3 sind die Graphen von $\left(\frac{1}{e}\right)^x$, $0,1^x$, $\log_{1/e} x$ und $\log_{0,1} x$ wiedergegeben.

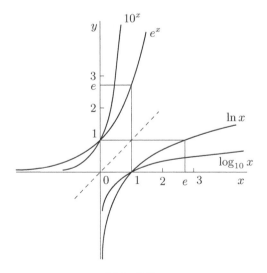

**Abb. 3.2.**

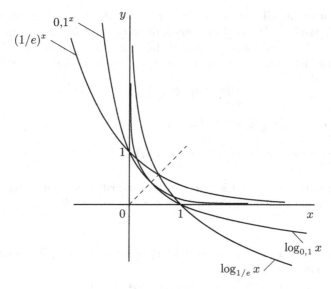

**Abb. 3.3.**

Wir wollen nun eine Eigenschaft des Logarithmus, die wir häufig benutzen werden, ausführlicher untersuchen.

Wir werden zeigen, dass die Gleichung

6')
$$\log_a(b^\alpha) = \alpha \log_a b$$

für jedes $b > 0$ und jedes $\alpha \in \mathbb{R}$ gilt.

*Beweis.* $1^0$. Die Gleichung gilt für $\alpha = n \in \mathbb{N}$, da sich mit Eigenschaft 2') des Logarithmus und Induktion ergibt, dass $\log_a(y_1 \cdots y_n) = \log_a y_1 + \cdots + \log_a y_n$, so dass

$$\log_a(b^n) = \log_a b + \cdots + \log_a b = n \log_a b .$$

$2^0$. $\log_a(b^{-1}) = -\log_a b$, da für $\beta = \log_a b$ gilt:

$$b = a^\beta, \qquad b^{-1} = a^{-\beta} \text{ und } \log_a(b^{-1}) = -\beta .$$

$3^0$. Aus $1^0$ und $2^0$ können wir folgern, dass die Gleichung $\log_a(b^\alpha) = \alpha \log_a b$ für $\alpha \in \mathbb{Z}$ gilt.

$4^0$. $\log_a(b^{1/n}) = \frac{1}{n} \log_a b$ für $n \in \mathbb{Z}$. Tatsächlich ist

$$\log_a b = \log_a \left(b^{1/n}\right)^n = n \log_a \left(b^{1/n}\right) .$$

$5^0$. Nun können wir nachweisen, dass die Behauptung für jede rationale Zahl $\alpha = \frac{m}{n} \in \mathbb{Q}$ gilt. In der Tat ist

$$\frac{m}{n} \log_a b = m \log_a \left(b^{1/n}\right) = \log_a \left(b^{1/n}\right)^m = \log_a \left(b^{m/n}\right) .$$

$6^0$. Gilt aber die Gleichung $\log_a b^r = r \log_a b$ für alle $r \in \mathbb{Q}$, dann erhalten wir mit Eigenschaft 3) der Exponentialfunktion und 3') des Logarithmus, wenn wir $r$ in $\mathbb{Q}$ gegen $\alpha$ streben lassen, dass für $r$ genügend nahe bei $\alpha$ auch $b^r$ nahe bei $b^\alpha$ ist, ebenso wie $\log_a b^r$ nahe bei $\log_a b^\alpha$ ist. Dies bedeutet, dass

$$\lim_{\mathbb{Q} \ni r \to \alpha} \log_a b^r = \log_a b^\alpha .$$

Aber $\log_a b^r = r \log_a b$ und daher gilt:

$$\log_a b^\alpha = \lim_{\mathbb{Q} \ni r \to \alpha} \log_a b^r = \lim_{\mathbb{Q} \ni r \to \alpha} r \log_a b = \alpha \log_a b . \qquad \square$$

Aus der eben bewiesen Eigenschaft des Logarithmus können wir folgern, dass die folgende Gleichung für alle $\alpha, \beta \in \mathbb{R}$ und $a > 0$ gilt:

7') $(a^\alpha)^\beta = a^{\alpha\beta}$.

*Beweis.* Für $a = 1$ gilt $1^\alpha = 1$ per definitionem für alle $\alpha \in \mathbb{R}$. Somit ist für den Fall die Gleichung trivial.

Ist $a \neq 1$, dann gilt nach dem eben Bewiesenen, dass

$$\log_a((a^\alpha)^\beta) = \beta \log_a(a^\alpha) = \beta \cdot \alpha \log_a a = \beta \cdot \alpha = \log_a(a^{\alpha\beta}) ,$$

was nach Eigenschaft 4') des Logarithmus zur Gleichung äquivalent ist.    $\square$

c) *Die Potenzfunktion* Wenn wir $1^\alpha = 1$ annehmen, dann haben wir für alle $x > 0$ und $\alpha \in \mathbb{R}$ die Größe $x^\alpha$ (sprich: „$x$ hoch $\alpha$") definiert.

**Definition 10.** Die auf der Menge $\mathbb{R}_+$ der positiven Zahlen definierte Funktion $x \mapsto x^\alpha$ wird *Potenzfunktion* genannt und die Zahl $\alpha$ wird dabei als *Exponent* bezeichnet.

Eine Potenzfunktion ist offensichtlich eine Verkettung einer Exponentialfunktion mit dem Logarithmus; genauer:

$$x^\alpha = a^{\log_a(x^\alpha)} = a^{\alpha \log_a x} .$$

Abb. 3.4 zeigt die Graphen der Funktion $y = x^\alpha$ für verschiedene Exponenten.

### 3.2.3 Die allgemeine Definition des Grenzwertes einer Funktion (Grenzwert auf einer Basis)

Beim Beweis der Eigenschaften des Grenzwertes einer Funktion haben wir bestätigt, dass die einzigen Erfordernisse, die an die punktierten Umgebungen gestellt werden, auf der unsere Funktionen definiert waren und die im Verlauf der Beweise auftraten, die Eigenschaften $B_1$) und $B_2$) waren, die in der Einleitung des vorangegangenen Absatzes erwähnt wurden. Dies rechtfertigt die Definition des folgenden mathematischen Objekts.

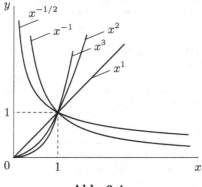

**Abb. 3.4.**

### a. Basen: Definition und elementare Eigenschaften

**Definition 11.** Eine Menge $\mathcal{B}$ von Teilmengen $B \subset X$ einer Menge $X$ wird *Basis* in $X$ genannt, wenn die folgenden Bedingungen erfüllt sind:

$B_1$) $\forall B \in \mathcal{B}$ $(B \neq \varnothing)$,
$B_2$) $\forall B_1 \in \mathcal{B}$ $\forall B_2 \in \mathcal{B}$ $\exists B \in \mathcal{B}$ $(B \subset B_1 \cap B_2)$.

Anders formuliert, so sind die Elemente des Mengensystems $\mathcal{B}$ nicht leere Teilmengen von $X$ und der Schnitt je zweier Elemente enthält immer ein Element desselben Mengensystems.

Wir führen nun einige der in der Analysis nützlicheren Basen an.

Für $E = E_a^+ = \{x \in \mathbb{R} | \, x > a\}$ (bzw. $E = E_a^- = \{x \in \mathbb{R} | \, x < a\}$) schreiben wir $x \to a + 0$ (bzw. $x \to a - 0$) anstelle von $x \to a$, $x \in E$ und wir sagen, dass $x$ *von rechts gegen $a$ strebt* (bzw. $x$ *strebt von links gegen $a$*). Ist $a = 0$, schreibt man üblicherweise $x \to +0$ (bzw. $x \to -0$) anstelle von $x \to 0 + 0$ (bzw. $x \to 0 - 0$).

Die Schreibweise $E \ni x \to a + 0$ (bzw. $E \ni x \to a - 0$) wird anstelle von $x \to a$, $x \in E \cap E_a^+$ (bzw. $x \to a$, $x \in E \cap E_a^-$) eingesetzt. Es bedeutet, dass $x$ in $E$ gegen $a$ strebt, wobei es größer (bzw. kleiner) als $a$ bleibt.

Für

$$E = E_\infty^+ = \{x \in \mathbb{R} | \, c < x\} \qquad (\text{bzw. } E = E_\infty^- = \{x \in \mathbb{R} | \, x < c\})$$

schreiben wir $x \to +\infty$ (bzw. $x \to -\infty$) anstelle von $x \to \infty$, $x \in E$ und sagen, dass $x$ *gegen positiv Unendlich strebt* (bzw. $x$ *gegen negativ Unendlich strebt*).

Die Schreibweise $E \ni x \to +\infty$ (bzw. $E \ni x \to -\infty$) ersetzt $x \to \infty$, $x \in E \cap E_\infty^+$ (bzw. $x \to \infty$, $x \in E \cap E_\infty^-$).

Ist $E = \mathbb{N}$, schreiben wir (wenn keine Unklarheiten auftreten können), wie in der Theorie der Grenzwerte von Folgen üblich, $n \to \infty$ anstelle von $x \to \infty$, $x \in \mathbb{N}$.

| Schreibweise für die Basis | Sprich | Mengen (Elemente) der Basis | Definition und Schreibweise von Elementen |
|---|---|---|---|
| $x \to a$ | $x$ strebt gegen $a$ | Punktierte Umgebungen $a \in \mathbb{R}$ | $\overset{\cdot}{U}(a) := \{x \in \mathbb{R}\mid a - \delta_1 <$ $< x < a + \delta_2 \wedge x \neq a\},$ mit $\delta_1 > 0$, $\delta_2 > 0$ |
| $x \to \infty$ | $x$ strebt gegen Unendlich | Umgebungen von Unendlich | $U(\infty) :=$ $= \{x \in \mathbb{R}\mid \delta < |x|\},$ mit $\delta \in \mathbb{R}$ |
| $x \to a$, $x \in E$ oder $E \ni x \to a$ oder $x \underset{\in E}{\longrightarrow} a$ | $x$ strebt gegen $a$ in $E$ | Punktierte Umgebungen* von $a$ in $E$ | $\overset{\cdot}{U}_E(a) := E \cap \overset{\cdot}{U}(a)$ |
| $x \to \infty$, $x \in E$ oder $E \ni x \to \infty$ oder $x \underset{\in E}{\longrightarrow} \infty$ | $x$ strebt gegen Unendlich in $E$ | Umgebungen** von Unendlich in $E$ | $U_E(\infty) := E \cap U(\infty)$ |

\* Mit der Annahme, dass $a$ ein Häufungspunkt von $E$ ist.
\*\* Mit der Annahme, dass $E$ nicht beschränkt ist.


Wir merken an, dass alle angeführten Basen die Eigenschaft besitzen, dass der Schnitt zweier Elemente der Basis selbst wieder ein Element der Basis ist und nicht einfach nur eine Menge, die ein Element der Basis enthält. Wir werden bei der Untersuchung von Funktionen auf andere Basen treffen, die auf anderen Mengen als der reellen Geraden[11] definiert sind.

Wir halten auch fest, dass der hier benutzte Ausdruck „Basis" eine Abkürzung für etwas ist, das eigentlich „Filterbasis" genannt wird. Der Grenzwert auf einer Basis, den wir unten einführen, ist, soweit es die Analysis betrifft, der wichtigste Teil des Konzepts eines Grenzwertes auf einem Filter[12], wie er von dem modernen französischen Mathematiker H. Cartan begründet wurde.


**b. Der Grenzwert einer Funktion auf einer Basis**

**Definition 12.** Sei $f : X \to \mathbb{R}$ eine Funktion, die auf einer Menge $X$ definiert ist und $\mathcal{B}$ eine Basis in $X$. Eine Zahl $A \in \mathbb{R}$ wird *Grenzwert der Funktion f*

---

[11] Beispielsweise bildet die Menge der offenen Kreisscheiben (die nicht ihren Kreisrand enthalten), die einen vorgegebenen Punkt der Ebene enthalten, eine Basis. Der Schnitt zweier Elemente der Basis ist nicht immer eine Kreisscheibe, enthält aber immer eine Kreisscheibe des Mengensystems.

[12] Für weitere Details, vgl. N. Bourbaki: *General topology*, Addison-Wesley, 1966.

*auf der Basis* $\mathcal{B}$ genannt, wenn für jede Umgebung $V(A)$ von $A$ ein Element $B \in \mathcal{B}$ existiert, dessen Bild $f(B)$ in $V(A)$ enthalten ist.

Ist $A$ der Grenzwert von $f : X \to \mathbb{R}$ auf der Basis $\mathcal{B}$, schreiben wir

$$\lim_{\mathcal{B}} f(x) = A \, .$$

Wir wiederholen nun die Definition des Grenzwertes auf einer Basis in logischen Symbolen:

$$\boxed{\left( \lim_{\mathcal{B}} f(x) = A \right) := \forall V(A) \; \exists B \in \mathcal{B} \; \left( f(B) \subset V(A) \right) \, .}$$

Da wir gegenwärtig numerische Funktionen betrachten, kann es hilfreich sein, die folgende Form dieser wichtigen Definition im Hinterkopf zu behalten:

$$\left( \lim_{\mathcal{B}} f(x) = A \right) := \forall \varepsilon > 0 \; \exists B \in \mathcal{B} \; \forall x \in B \; \left( |f(x) - A| < \varepsilon \right) \, .$$

In dieser Form verwenden wir eine (im Hinblick auf $A$ symmetrische) $\varepsilon$-Umgebung anstelle einer beliebigen Umgebung $V(A)$. Die Äquivalenz dieser Definitionen für reellwertige Funktionen folgt aus der bereits oben erwähnten Tatsache, dass jede Umgebung eines Punktes eine symmetrische Umgebung dieses Punktes enthält. (Führen Sie diesen Beweis vollständig aus.)

Wir haben nun die allgemeine Definition des Grenzwertes einer Funktion auf einer Basis vorgestellt. Oben betrachteten wir Beispiele der in der Analysis gebräuchlichsten Basen. Für ein bestimmtes Problem, in der die eine oder andere dieser Basen vorkommt, müssen wir die allgemeine Definition in die für diese Basis bestimmte Form übersetzen.

Somit also:

$$\left( \lim_{x \to a-0} f(x) = A \right) := \forall \varepsilon > 0 \; \exists \delta > 0 \; \forall x \in ]a - \delta, a[ \; \left( |f(x) - A| < \varepsilon \right) \, ,$$

$$\left( \lim_{x \to -\infty} f(x) = A \right) := \forall \varepsilon > 0 \; \exists \delta \in \mathbb{R} \; \forall x < \delta \; \left( |f(x) - A| < \varepsilon \right) \, .$$

Bei unserer Untersuchung von Beispielen für Basen haben wir insbesondere das Konzept einer Umgebung von Unendlich eingeführt. Wenn wir dieses Konzept einsetzen, dann ist es sinnvoll, in Übereinstimmung mit der allgemeinen Definition eines Grenzwertes, die folgenden Vereinbarungen zu übernehmen:

$$\left( \lim_{\mathcal{B}} f(x) = \infty \right) := \forall V(\infty) \; \exists B \in \mathcal{B} \; \left( f(B) \subset V(\infty) \right)$$

oder, was dasselbe ist:

$$\left( \lim_{\mathcal{B}} f(x) = \infty \right) := \forall \varepsilon > 0 \; \exists B \in \mathcal{B} \; \forall x \in B \; \left( \varepsilon < |f(x)| \right) \, ,$$

$$\left( \lim_{\mathcal{B}} f(x) = +\infty \right) := \forall \varepsilon \in \mathbb{R} \; \exists B \in \mathcal{B} \; \forall x \in B \; \left( \varepsilon < f(x) \right) \, ,$$

$$\left( \lim_{\mathcal{B}} f(x) = -\infty \right) := \forall \varepsilon \in \mathbb{R} \; \exists B \in \mathcal{B} \; \forall x \in B \; \left( f(x) < \varepsilon \right) \, .$$

Der Buchstabe $\varepsilon$ steht üblicherweise für eine kleine Zahl. Dies trifft in den eben vorgestellten Definitionen natürlich nicht zu. In Übereinstimmung mit den üblichen Vereinbarungen könnten wir beispielsweise schreiben:

$$\left( \lim_{x \to +\infty} f(x) = -\infty \right) := \forall \varepsilon \in \mathbb{R} \ \exists \delta \in \mathbb{R} \ \forall x > \delta \ \left( f(x) < \varepsilon \right).$$

Wir geben dem Leser den Rat, die volle Definition eines Grenzwertes für verschiedene Basen selbständig auszuformulieren und zwar sowohl für endliche (numerische) als auch unendliche Grenzwerte.

Um die Sätze zu Grenzwerten, die wir für die spezielle Basis $E \ni x \to a$ in Absatz 3.2.2 bewiesen haben, für den allgemeinen Fall eines Grenzwertes auf einer beliebigen Basis als bewiesen ansehen zu können, müssen wir geeignet definieren, wann eine Funktion auf einer Basis *schließlich konstant, schließlich beschränkt* und *infinitesimal* ist.

**Definition 13.** Eine Funktion $f : X \to \mathbb{R}$ ist *auf der Basis $\mathcal{B}$ schließlich konstant*, falls eine Zahl $A \in \mathbb{R}$ und ein Element $B \in \mathcal{B}$ existiert, so dass $f(x) = A$ für alle $x \in B$.

**Definition 14.** Eine Funktion $f : X \to \mathbb{R}$ ist *auf der Basis $\mathcal{B}$ schließlich beschränkt*, falls eine Zahl $c > 0$ und ein Element $B \in \mathcal{B}$ existiert, so dass $|f(x)| < c$ für alle $x \in B$.

**Definition 15.** Eine Funktion $f : X \to \mathbb{R}$ ist *auf der Basis $\mathcal{B}$ infinitesimal*, falls $\lim_{\mathcal{B}} f(x) = 0$.

Nach diesen Definitionen und der entscheidenden Anmerkung, dass alle Beweise der Sätze zu Grenzwerten nur auf den Eigenschaften B$_1$) und B$_2$) basieren, können wir alle in Absatz 3.2.2 aufgestellten Eigenschaften von Grenzwerten für auf beliebigen Basen gültig erachten.

Insbesondere können wir nun von dem Grenzwert einer Funktion für $x \to \infty$, $x \to -\infty$ oder $x \to +\infty$ sprechen.

Außerdem haben wir uns nun davon überzeugt, dass wir die Theorie von Grenzwerten auch dann anwenden können, wenn die Funktionen auf Mengen definiert sind, die nicht notwendigerweise Zahlenmengen sind. Dies wird sich später als besonders nützlich erweisen. So ist beispielsweise die Länge einer Kurve eine numerische Funktion, die auf einer Klasse von Kurven definiert ist. Wenn wir diese Funktion auf unterbrochenen Geraden kennen, dann können wir sie auf komplizierteren Kurven definieren, wie etwa einem Kreis, indem wir zum Grenzwert übergehen.

Den hauptsächlichen Nutzen, den wir für den Moment aus dieser Beobachtung und dem in diesem Zusammenhang eingeführten Konzept einer Basis haben, ist, dass sie uns von der Notwendigkeit befreit, Nachweise und formale Beweise von Sätzen zu Grenzwerten für jeden besonderen Typus von Grenzwertübergängen auszuführen oder, in unserer gegenwärtigen Terminologie, für jeden besonderen Basistyp.

Um das Konzept eines Grenzwertes auf einer beliebigen Basis vollständig zu beherrschen, werden wir die Beweise der folgenden Eigenschaften des Grenzwertes einer Funktion in allgemeiner Form ausführen.

### 3.2.4 Existenz des Grenzwertes einer Funktion

#### a. Das Cauchysche Kriterium

Bevor wir das Cauchysche Kriterium darlegen, treffen wir die folgende nützliche Definition.

**Definition 16.** Die *Oszillation* einer Funktion $f : X \to \mathbb{R}$ auf einer Menge $E \subset X$ ist

$$\omega(f, E) := \sup_{x_1, x_2 \in E} |f(x_1) - f(x_2)| \,,$$

d.h. die kleinste obere Schranke des Betrags des Unterschieds der Funktionswerte in zwei beliebigen Punkten $x_1, x_2 \in E$.

*Beispiel 11.* $\omega(x^2, [-1, 2]) = 4$.

*Beispiel 12.* $\omega(x, [-1, 2]) = 3$.

*Beispiel 13.* $\omega(x, ]-1, 2[) = 3$.

*Beispiel 14.* $\omega(\operatorname{sgn} x, [-1, 2]) = 2$.

*Beispiel 15.* $\omega(\operatorname{sgn} x, [0, 2]) = 1$.

*Beispiel 16.* $\omega(\operatorname{sgn} x, ]0, 2]) = 0$.

**Satz 6.** (Das Cauchysche Kriterium für die Existenz eines Grenzwertes einer Funktion). *Sei $X$ eine Menge und $\mathcal{B}$ eine Basis in $X$.*

*Eine Funktion $f : X \to \mathbb{R}$ besitzt auf der Basis $\mathcal{B}$ genau dann einen Grenzwert, wenn für jedes $\varepsilon > 0$ ein $B \in \mathcal{B}$ existiert, so dass die Oszillation von $f$ auf $B$ kleiner als $\varepsilon$ ist.*

Somit:

$$\exists \lim_{\mathcal{B}} f(x) \Leftrightarrow \forall \varepsilon > 0 \; \exists B \in \mathcal{B} \; \left(\omega(f, B) < \varepsilon\right) .$$

*Beweis.* N o t w e n d i g. Sei $\lim_{\mathcal{B}} f(x) = A \in \mathbb{R}$. Dann existiert für alle $\varepsilon > 0$ ein Element $B \in \mathcal{B}$, so dass $|f(x) - A| < \varepsilon/3$ für alle $x \in B$. Aber dann gilt für alle $x_1, x_2 \in B$, dass

$$|f(x_1) - f(x_2)| \leq |f(x_1) - A| + |f(x_2) - A| < \frac{2\varepsilon}{3}$$

und daher $\omega(f; B) < \varepsilon$.

H i n r e i c h e n d. Wir beweisen nun den Hauptteil des Kriteriums, der sicherstellt, dass dann, wenn für jedes $\varepsilon > 0$ ein $B \in \mathcal{B}$ existiert, für das $\omega(f; B) < \varepsilon$, die Funktion einen Grenzwert auf $\mathcal{B}$ besitzt.

Indem wir $\varepsilon$ nach und nach gleich $1, 1/2, \ldots, 1/n, \ldots$ setzen, konstruieren wir eine Folge $B_1, B_2, \ldots, B_n \ldots$ von Elementen in der Basis $\mathcal{B}$, so dass $\omega(f, B_n) < 1/n$ für $n \in \mathbb{N}$. Da $B_n \neq \varnothing$, können wir einen Punkt $x_n$ in jedem $B_n$ wählen. Die Folge $f(x_1), f(x_2), \ldots, f(x_n), \ldots$ ist eine Cauchy-Folge. Tatsächlich ist $B_n \cap B_m \neq \varnothing$ und mit einem Hilfspunkt $x \in B_n \cap B_m$ erhalten wir $|f(x_n) - f(x_m)| < |f(x_n) - f(x)| + |f(x) - f(x_m)| < 1/n + 1/m$. Nach dem Cauchyschen Konvergenzkriterium für eine Folge besitzt die Folge $\{f(x_n), n \in \mathbb{N}\}$ einen Grenzwert $A$. Aus der oben aufgestellten Ungleichung folgt, dass für $m \to \infty$ gilt: $|f(x_n) - A| \leq 1/n$. Wenn wir die Ungleichung $\omega(f; B_n) < 1/n$ berücksichtigen, können wir nun abschließend festhalten, dass $|f(x) - A| < \varepsilon$ in jedem Punkt $x \in B_n$, falls $n > N = [2/\varepsilon] + 1$.    $\square$

*Anmerkung.* Dieser Beweis bleibt auch, wie wir unten sehen werden, für Funktionen mit Werten in jedem sogenannten *vollständigen* Raum $Y$ gültig. Für $Y = \mathbb{R}$, dem Fall, an dem wir gerade jetzt am meisten interessiert sind, können wir, wenn wir wollen, dieselben Ideen benutzen wie im „hinreichend-Zweig" des Beweises des Cauchyschen Kriteriums für Folgen.

*Beweis.* Sei $m_B = \inf\limits_{x \in \mathcal{B}} f(x)$ und $M_B = \sup\limits_{x \in \mathcal{B}} f(x)$. Wir merken an, dass $m_{B_1} \leq m_{B_1 \cap B_2} \leq M_{B_1 \cap B_2} \leq M_{B_2}$ für alle Elemente $B_1$ und $B_2$ der Basis $\mathcal{B}$. Damit erhalten wir mit dem Vollständigkeitsaxiom, dass für $B \in \mathcal{B}$ eine Zahl $A \in \mathbb{R}$ existiert, die die numerischen Mengen $\{m_B\}$ und $\{M_B\}$ trennt. Da $\omega(f; B) = M_B - m_B$, können wir nun folgern, dass, da $\omega(f; B) < \varepsilon$, in jedem Punkt $x \in B$ gilt: $|f(x) - A| < \varepsilon$.    $\square$

*Beispiel 17.* Wir werden zeigen, dass für $X = \mathbb{N}$ und für $n \to \infty$ als Basis $\mathcal{B}$, $n \in \mathbb{N}$, das eben bewiesene allgemeine Cauchysche Kriterium für die Existenz des Grenzwertes einer Funktion mit dem bereits untersuchten Cauchyschen Kriterium zur Existenz eines Grenzwertes einer Folge übereinstimmt.

Tatsächlich ist ein Element der Basis $n \to \infty$, $n \in \mathbb{N}$ eine Menge $B = \mathbb{N} \cap U(\infty) = \{n \in \mathbb{N} | N < n\}$, die aus den natürlichen Zahlen $n \in \mathbb{N}$ besteht, die größer als eine Zahl $N \in \mathbb{R}$ sind. Ohne Verlust der Allgemeinheit können wir annehmen, dass $N \in \mathbb{N}$. Die Ungleichung $\omega(f; B) \leq \varepsilon$ bedeutet nun, dass $|f(n_1) - f(n_2)| \leq \varepsilon$ für alle $n_1, n_2 > N$.

Somit ist für eine Funktion $f : \mathbb{N} \to \mathbb{R}$ die Bedingung, dass für jedes $\varepsilon > 0$ ein $B \in \mathcal{B}$ existiert, so dass $\omega(f; B) < \varepsilon$, äquivalent zur Bedingung, dass die Folge $\{f(n)\}$ eine Cauchy-Folge ist.

### b. Der Grenzwert einer verketteten Funktion

**Satz 7.** (Der Grenzwert einer verketteten Funktion). *Sei $Y$ eine Menge, $\mathcal{B}_Y$ eine Basis in $Y$ und $g : Y \to \mathbb{R}$ eine Abbildung mit einem Grenzwert auf* *der Basis* $\mathcal{B}_Y$. *Sei* $X$ *eine Menge,* $\mathcal{B}_X$ *eine Basis in* $X$ *und* $f : X \to Y$ *eine Abbildung von* $X$ *auf* $Y$, *so dass für jedes Element* $B_Y \in \mathcal{B}_Y$ *ein* $B_X \in \mathcal{B}_X$ *existiert, dessen Bild* $f(B_X)$ *in* $B_Y$ *enthalten ist.*

Mit diesen Annahmen ist die Verkettung $g \circ f : X \to \mathbb{R}$ der Abbildungen $f$ und $g$ definiert und besitzt einen Grenzwert auf der Basis $\mathcal{B}_X$ mit
$$\lim_{\mathcal{B}_X}(g \circ f)(x) = \lim_{\mathcal{B}_Y} g(y).$$

*Beweis.* Die verkettete Funktion $g \circ f : X \to \mathbb{R}$ ist definiert, da $f(X) \subset Y$. Sei $\lim_{\mathcal{B}_Y} g(y) = A$. Wir werden zeigen, dass $\lim_{\mathcal{B}_X}(g \circ f)(x) = A$. Zu vorgegebener Umgebung $V(A)$ von $A$ finden wir ein $B_Y \in \mathcal{B}_Y$, so dass $g(B_Y) \subset V(A)$. Nach der Annahme existiert ein $B_X \in \mathcal{B}_X$, so dass $f(B_X) \subset B_Y$. Dann ist aber $(g \circ f)(B_X) = g\big(f(B_X)\big) \subset g(B_Y) \subset V(A)$. Damit haben wir bewiesen, dass $A$ der Grenzwert der Funktion $(g \circ f) : X \to \mathbb{R}$ auf der Basis $\mathcal{B}_X$ ist.    □

*Beispiel 18.* Wir wollen den folgenden Grenzwert bestimmen:
$$\lim_{x \to 0} \frac{\sin 7x}{7x} = ?$$

Wenn wir $g(y) = \frac{\sin y}{y}$ und $f(x) = 7x$ setzen, dann ist $(g \circ f)(x) = \frac{\sin 7x}{7x}$. In diesem Fall ist $Y = \mathbb{R} \setminus 0$ und $X = \mathbb{R}$. Da $\lim_{y \to 0} g(y) = \lim_{y \to 0} \frac{\sin y}{y} = 1$, können wir den Satz anwenden, wenn wir sicherstellen, dass es für jedes Element der Basis $y \to 0$ ein Element der Basis $x \to 0$ gibt, dessen Bild unter der Abbildung $f(x) = 7x$ in dem vorgegebenen Element der Basis $y \to 0$ enthalten ist.

Die Elemente der Basis $y \to 0$ sind die punktierten Umgebungen $\dot{U}_Y(0)$ des Punktes $0 \in \mathbb{R}$.

Die Elemente der Basis $x \to 0$ sind ebenfalls punktierte Umgebungen $\dot{U}_X(0)$ des Punktes $0 \in \mathbb{R}$. Sei $\dot{U}_Y(0) = \{y \in \mathbb{R} | \alpha < y < \beta, y \neq 0\}$ (mit $\alpha, \beta \in \mathbb{R}$ und $\alpha < 0$, $\beta > 0$) eine beliebige punktierte Umgebung von $0$ in $Y$. Wenn wir $\dot{U}_X(0) = \{x \in \mathbb{R} | \frac{\alpha}{7} < x < \frac{\beta}{7}, x \neq 0\}$ wählen, dann besitzt diese punktierte Umgebung von $0$ in $X$ die Eigenschaft, dass $f\big(\dot{U}_X(0)\big) = \dot{U}_Y(0) \subset \dot{U}_Y(0)$.

Die Annahmen des Satzes sind daher erfüllt, und wir können nun behaupten, dass
$$\lim_{x \to 0} \frac{\sin 7x}{7x} = \lim_{y \to 0} \frac{\sin y}{y} = 1 \,.$$

*Beispiel 19.* Die Funktion $g(y) = |\operatorname{sgn} y|$ besitzt, wie wir wissen (vgl. Beispiel 3), den Grenzwert $\lim_{y \to 0} |\operatorname{sgn} y| = 1$.

Die Funktion $y = f(x) = x \sin \frac{1}{x}$, die für $x \neq 0$ definiert ist, besitzt den Grenzwert $\lim_{x \to 0} x \sin \frac{1}{x} = 0$ (vgl. Beispiel 1).

Dagegen besitzt die Funktion $(g \circ f)(x) = \left| \operatorname{sgn}\big(x \sin \frac{1}{x}\big) \right|$ für $x \to 0$ keinen Grenzwert.

In der Tat gibt es in jeder punktierten Umgebung von $x = 0$ Nullstellen der Funktion $\sin\frac{1}{x}$, so dass die Funktion $\left|\mathrm{sgn}\left(x\sin\frac{1}{x}\right)\right|$ in jeder derartigen Umgebung sowohl den Wert 1 und den Wert 0 annimmt. Nach dem Cauchyschen Kriterium kann diese Funktion für $x \to 0$ keinen Grenzwert besitzen.

Aber widerspricht dieses Beispiel nicht Satz 7?

Überprüfen Sie, ähnlich wie im vorigen Beispiel, ob die Annahmen des Satzes erfüllt sind.

*Beispiel 20.* Wir wollen nun zeigen, dass

$$\boxed{\lim_{x\to\infty}\left(1+\frac{1}{x}\right)^x = \mathrm{e}.}$$

*Beweis.* Wir wollen die folgenden Annahmen treffen:

$$Y = \mathbb{N}\,,\quad \mathcal{B}_Y \text{ ist die Basis } n\to\infty\,,\ n\in\mathbb{N}\,,$$

$$X = \mathbb{R}_+ = \{x\in\mathbb{R}\mid x>0\}\,,\quad \mathcal{B}_X \text{ ist die Basis } x\to+\infty\,,$$

$$f : X \to Y \text{ ist die Abbildung } x \xmapsto{f} [x]\,,$$

wobei $[x]$ der ganzzahlige Teil von $x$ ist (d.h. die größte ganze Zahl, die nicht größer als $x$ ist).

Dann existiert offensichtlich für jedes $B_Y = \{n\in\mathbb{N}\mid n>N\}$ in der Basis $n\to\infty$, $n\in\mathbb{N}$ ein Element $B_X = \{x\in\mathbb{R}\mid x>N+1\}$ der Basis $x\to+\infty$, dessen Bild unter der Abbildung $x\mapsto[x]$ in $B_Y$ enthalten ist.

Die Funktionen $g(n)=\left(1+\frac{1}{n}\right)^n$, $g_1(n)=\left(1+\frac{1}{n+1}\right)^n$ und $g_2(n)=\left(1+\frac{1}{n}\right)^{n+1}$ besitzen, wie wir wissen, die Zahl e als Grenzwert in der Basis $n\to\infty$, $n\in\mathbb{N}$.

Nach Satz 6 zum Grenzwert einer verketteten Funktion können wir nun behaupten, dass die Funktionen

$$(g\circ f)(x) = \left(1+\frac{1}{[x]}\right)^{[x]},\quad (g_1\circ f) = \left(1+\frac{1}{[x]+1}\right)^{[x]},$$

$$(g_2\circ f) = \left(1+\frac{1}{[x]}\right)^{[x]+1}$$

ebenso e als Grenzwert auf der Basis $x\to+\infty$ besitzen.

Nun bleibt uns nur noch anzumerken, dass

$$\left(1+\frac{1}{[x]+1}\right)^{[x]} < \left(1+\frac{1}{x}\right)^x < \left(1+\frac{1}{[x]}\right)^{[x]+1}$$

für $x \geq 1$. Da die außen stehenden Terme für $x\to+\infty$ gegen e streben, folgt aus Satz 5 zu den Eigenschaften eines Grenzwertes, dass $\lim\limits_{x\to+\infty}\left(1+\frac{1}{x}\right)^x = \mathrm{e}$. $\quad\square$

Mit Hilfe von Satz 7 zum Grenzwert einer verketteten Funktion zeigen wir nun, dass $\lim\limits_{x\to-\infty}\left(1+\frac{1}{x}\right)^x = \mathrm{e}$.

*Beweis.* Wir schreiben

$$\lim_{x \to -\infty} \left(1 + \frac{1}{x}\right)^x = \lim_{(-t) \to -\infty} \left(1 + \frac{1}{(-t)}\right)^{(-t)} = \lim_{t \to +\infty} \left(1 - \frac{1}{t}\right)^{-t} =$$

$$= \lim_{t \to +\infty} \left(1 + \frac{1}{t-1}\right)^t = \lim_{t \to +\infty} \left(1 + \frac{1}{t-1}\right)^{t-1} \lim_{t \to +\infty} \left(1 + \frac{1}{t-1}\right) =$$

$$= \lim_{t \to +\infty} \left(1 + \frac{1}{t-1}\right)^{t-1} = \lim_{u \to +\infty} \left(1 + \frac{1}{u}\right)^u = e \,.$$

Mit Hilfe der Substitutionen $u = t - 1$ und $t = -x$ können wir diese Gleichungen in umgekehrter Reihenfolge (!) mit Hilfe von Satz 7 rechtfertigen. In der Tat erlaubt uns der Satz erst dann, wenn wir beim Grenzwert $\lim_{u \to +\infty} \left(1 + \frac{1}{u}\right)^u$, dessen Existenz bereits gezeigt ist, angekommen sind, die Behauptung, dass der vorige Grenzwert ebenfalls existiert und denselben Wert annimmt. Somit existiert auch der Grenzwert davor und wir gelangen mit einer endlichen Anzahl derartiger Übergänge schließlich zum ursprünglichen Grenzwert. Dies ist ein sehr typisches Beispiel für den Einsatz des Satzes zum Grenzwert einer verketteten Funktion zur Berechnung von Grenzwerten.

Somit erhalten wir:

$$\lim_{x \to -\infty} \left(1 + \frac{1}{x}\right)^x = e = \lim_{x \to +\infty} \left(1 + \frac{1}{x}\right)^x \,.$$

Daraus folgt, dass $\lim_{x \to \infty} \left(1 + \frac{1}{x}\right)^x = e$. Da $\lim_{x \to -\infty} \left(1 + \frac{1}{x}\right)^x = e$, existiert tatsächlich zu vorgegebenem $\varepsilon > 0$ ein $c_1 \in \mathbb{R}$, so dass $\left|\left(1 + \frac{1}{x}\right)^x - e\right| < \varepsilon$ für $x < c_1$. Da auch $\lim_{x \to +\infty} \left(1 + \frac{1}{x}\right)^x = e$, existiert ein $c_2 \in \mathbb{R}$, so dass $\left|\left(1 + \frac{1}{x}\right)^x - e\right| < \varepsilon$ für $c_2 < x$.

Dann erhalten wir für $|x| > c = \max\{|c_1|, |c_2|\}$, dass $\left|\left(1 + \frac{1}{x}\right)^x - e\right| < \varepsilon$, womit bewiesen ist, dass $\lim_{x \to \infty} \left(1 + \frac{1}{x}\right)^x = e$. $\qquad \Box$

*Beispiel 21.* Wir werden zeigen, dass

$$\lim_{t \to 0} (1 + t)^{1/t} = e \,.$$

*Beweis.* Nach der Substitution $x = 1/t$ gelangen wir zu dem im vorigen Beispiel betrachteten Grenzwert. $\qquad \Box$

*Beispiel 22.*

$$\lim_{x \to +\infty} \frac{x}{q^x} = 0, \text{ für } q > 1 \,.$$

*Beweis.* Wir wissen (vgl. Beispiel 11 in Abschnitt 3.1), dass $\lim_{n \to \infty} \frac{n}{q^n} = 0$ für $q > 1$.

Nun können wir, wie in Beispiel 3 in Abschnitt 3.1, $f : \mathbb{R}_+ \to \mathbb{N}$ mit der Funktion $[x]$ (der ganzzahlige Teil von $x$) als Hilfsabbildung betrachten. Mit Hilfe der Ungleichungen

$$\frac{1}{q} \cdot \frac{[x]}{q^{[x]}} < \frac{x}{q^x} < \frac{[x]+1}{q^{[x]+1}} \cdot q$$

und unter Berücksichtigung des Satzes zum Grenzwert einer verketteten Funktion ergibt sich, dass die außen stehenden Terme für $x \to +\infty$ gegen 0 streben. Wir folgern, dass $\lim_{x \to +\infty} \frac{x}{q^x} = 0$. $\qquad\square$

*Beispiel 23.*

$$\lim_{x \to +\infty} \frac{\log_a x}{x} = 0 \,.$$

*Beweis.* Sei $a > 1$ und $t = \log_a x$, so dass $x = a^t$. Aus den Eigenschaften der Exponentialfunktion und des Logarithmus (unter Berücksichtigung der Unbeschränktheit von $a^n$ für $n \in \mathbb{N}$) erhalten wir $(x \to +\infty) \Leftrightarrow (t \to +\infty)$. Mit dem Satz zum Grenzwert einer verketteten Funktion und dem Ergebnis in Beispiel 11 in Abschnitt 3.1 erhalten wir:

$$\lim_{x \to +\infty} \frac{\log_a x}{x} = \lim_{t \to +\infty} \frac{t}{a^t} = 0 \,.$$

Für $0 < a < 1$ setzen wir $-t = \log_a x$, $x = a^{-t}$. Dann $(x \to +\infty) \Leftrightarrow (t \to +\infty)$ und da $1/a > 1$, erhalten wir wiederum:

$$\lim_{x \to +\infty} \frac{\log_a x}{x} = \lim_{t \to +\infty} \frac{-t}{a^{-t}} = -\lim_{t \to +\infty} \frac{t}{(1/a)^t} = 0 \,. \qquad\square$$

### c. Der Grenzwert einer monotonen Funktion

Wir betrachten nun einen speziellen Typ einer numerischen Funktion, der aber sehr nützlich ist, und zwar monotone Funktionen.

**Definition 17.** Eine auf einer Menge $E \subset \mathbb{R}$ definierte Funktion $f : E \to \mathbb{R}$ wird genannt:

*auf E anwachsend*, wenn

$$\forall x_1, x_2 \in E \ (x_1 < x_2 \Rightarrow f(x_1) < f(x_2)) \,,$$

*auf E nicht absteigend*, wenn

$$\forall x_1, x_2 \in E \ (x_1 < x_2 \Rightarrow f(x_1) \leq f(x_2)) \,,$$

*auf E nicht anwachsend*, wenn

$$\forall x_1, x_2 \in E \ (x_1 < x_2 \Rightarrow f(x_1) \geq f(x_2)) \,,$$

*auf E absteigend*, wenn

$$\forall x_1, x_2 \in E \ (x_1 < x_2 \Rightarrow f(x_1) > f(x_2)) \,.$$

Derartige Funktionen werden *monotone* Funktionen *auf der Menge E* genannt.

Angenommen, die Zahlen (oder Symbole $-\infty$ oder $+\infty$) $i = \inf E$ und $s = \sup E$ seien Häufungspunkte der Menge $E$ und sei $f : E \to \mathbb{R}$ eine monotone Funktion auf $E$. Dann gilt der folgende Satz:

**Satz 8.** (Kriterium zur Existenz eines Grenzwertes einer monotonen Funktion). *Eine notwendige und hinreichende Bedingung dafür, dass eine nicht absteigende Funktion $f : E \to \mathbb{R}$ auf der Menge $E$ einen Grenzwert für $x \to s$, $x \in E$ besitzt, ist, dass sie von oben beschränkt ist. Damit diese Funktion einen Grenzwert für $x \to i$, $x \in E$ besitzt, ist es notwendig und hinreichend, dass sie von unten beschränkt ist.*

*Beweis.* Wir werden diesen Satz für den Grenzwert $\lim\limits_{E \ni x \to s} f(x)$ beweisen.

Falls dieser Grenzwert existiert, dann ist die Funktion $f$, wie jede andere Funktion, die einen Grenzwert besitzt, auf der Basis $E \ni x \to s$ schließlich beschränkt.

Da $f$ auf $E$ nicht absteigend ist, folgt, dass $f$ von oben beschränkt ist. Ja, wir können sogar behaupten, dass $f(x) \leq \lim\limits_{E \ni x \to s} f(x)$. Dies wird im Folgenden klar werden.

Wir wollen die Existenz des Grenzwertes $\lim\limits_{E \ni x \to s} f(x)$ zeigen, wenn $f$ von oben beschränkt ist.

Angenommen $f$ sei von oben beschränkt, dann gibt es eine kleinste obere Schranke für die Werte, die $f$ auf $E$ annimmt. Sei $A = \sup\limits_{x \in E} f(x)$. Wir werden zeigen, dass $\lim\limits_{E \ni x \to s} f(x) = A$. Sei $\varepsilon > 0$ gegeben, so finden wir nach der Definition der kleinsten oberen Schranke einen Punkt $x_0 \in E$, für den $A - \varepsilon < f(x_0) \leq A$. Da $f$ nicht absteigend auf $E$ ist, ergibt sich somit, dass $A - \varepsilon < f(x) \leq A$ für $x_0 < x \in E$. Aber die Menge $\{x \in E \,|\, x_0 < x\}$ ist offensichtlich ein Element der Basis $x \to s$, $x \in E$ (da $s = \sup E$). Somit haben wir bewiesen, dass $\lim\limits_{E \ni x \to s} f(x) = A$.

Der Gedankengang ist für den Grenzwert $\lim\limits_{E \ni x \to i} f(x)$ analog. In diesem Fall erhalten wir $\lim\limits_{E \ni x \to i} f(x) = \inf\limits_{x \in E} f(x)$.    $\square$

### d. Vergleich des asymptotischen Verhaltens von Funktionen

Zur Klärung eröffnen wir die Untersuchung mit einigen Beispielen.

Sei $\pi(x)$ die Anzahl der Primzahlen, die nicht größer als eine vorgegebene Zahl $x \in \mathbb{R}$ sind. Obwohl wir für jedes feste $x$ (und wenn nur durch Abzählen) den Wert $\pi(x)$ finden können, sind wir dennoch nicht in der Lage etwa zu sagen, wie sich die Funktion $\pi(x)$ für $x \to +\infty$ verhält oder, was dasselbe ist, wie das asymptotische Gesetz für die Verteilung von Primzahlen lautet. Wir wissen seit Euklid, dass $\pi(x) \to +\infty$ für $x \to +\infty$, aber der Beweis, dass $\pi(x)$ ungefähr wie $\frac{x}{\ln x}$ anwächst, wurde erst im neunzehnten Jahrhundert durch P. L. Tschebyscheff[13] erbracht.

Wenn es notwendig wird, das Verhalten einer Funktion in der Nähe eines Punktes (oder nahe Unendlich) zu beschreiben, in dem in der Regel die Funktion selbst nicht definiert ist, so sagen wir, dass wir an dem *asymptotischen Verhalten* der Funktion in einer Umgebung des Punktes interessiert sind.

Das asymptotische Verhalten einer Funktion wird üblicherweise mit Hilfe einer zweiten Funktion charakterisiert, die einfacher oder besser untersucht ist und die die Werte der untersuchten Funktion in einer Umgebung des fraglichen Punktes mit kleinem relativen Fehler reproduziert.

Somit verhält sich die Funktion $\pi(x)$ für $x \to +\infty$ wie $\frac{x}{\ln x}$. Für $x \to 0$ verhält sich die Funktion $\frac{\sin x}{x}$ wie die konstante Funktion 1. Wenn wir von dem Verhalten der Funktion $x^2 + x + \sin \frac{1}{x}$ für $x \to \infty$ sprechen, sagen wir offensichtlich, dass sie sich im Grunde wie $x^2$ verhält. Wenn wir von ihrem Verhalten für $x \to 0$ sprechen, sagen wir dagegen, dass sie sich wie $\sin \frac{1}{x}$ verhält.

Wir geben nun exakte Definitionen einiger elementarer Konzepte im Zusammenhang mit dem asymptotischen Verhalten von Funktionen. Wir werden diese Konzepte im ersten Stadium unseres Analysisstudiums systematisch einsetzen.

**Definition 18.** Wir sagen, dass eine gewisse Eigenschaft von Funktionen oder eine gewisse Relation zwischen Funktionen *schließlich auf einer gegebenen Basis* $\mathcal{B}$ gilt, falls $B \in \mathcal{B}$ existiert, worin sie gilt.

Wir haben bereits die Bezeichnung einer Funktion als schließlich konstant oder als schließlich beschränkt auf einer gegebenen Basis in diesem Sinne interpretiert. In demselben Sinne werden wir von nun an sagen, dass die Relation $f(x) = g(x)h(x)$ zwischen Funktionen $f$, $g$ und $h$ schließlich gilt. Diese Funktionen mögen zunächst unterschiedliche Definitionsbereiche haben, aber wenn wir an ihrem asymptotischen Verhalten auf der Basis $\mathcal{B}$ interessiert sind, dann ist für uns nur wichtig, dass sie alle auf einem Element von $\mathcal{B}$ definiert sind.

**Definition 19.** Die Funktion $f$ wird *infinitesimal im Vergleich zur* Funktion $g$ auf der Basis $\mathcal{B}$ genannt und wir schreiben $f \underset{\mathcal{B}}{=} o(g)$ oder $f = o(g)$ auf $\mathcal{B}$, wenn die Relation $f(x) = \alpha(x)g(x)$ auf $\mathcal{B}$ schließlich gilt, wobei $\alpha(x)$ eine Funktion ist, die auf $\mathcal{B}$ infinitesimal ist.

*Beispiel 24.* $x^2 = o(x)$ für $x \to 0$, da $x^2 = x \cdot x$.

*Beispiel 25.* $x = o(x^2)$ für $x \to \infty$, da schließlich (so lange wie $x \neq 0$) $x = \frac{1}{x} \cdot x^2$.

---

[13] P. L. Tschebyscheff (1821–1894) (auch Tschebyschow oder Chebyshev) – hervorragender russischer Mathematiker und Fachmann für theoretische Mechanik, der Begründer einer großen Mathematikschule in Russland.

Aus diesen Beispiel muss gefolgert werden, dass es absolut notwendig ist, die Basis, auf der $f = o(g)$ gilt, anzugeben.

Die Schreibweise $f = o(g)$ wird „$f$ ist klein o von $g$" ausgesprochen.

Aus der Definition folgt insbesondere, dass die Schreibweise $f \underset{B}{=} o(1)$, wenn wir $g(x) \equiv 1$ setzen, einfach bedeutet, dass $f$ auf $B$ infinitesimal ist.

**Definition 20.** Sind $f \underset{B}{=} o(g)$ und $g$ selbst auf $B$ infinitesimal, dann sagen wir, dass $f$ auf $B$ von *höherer Ordnung infinitesimal ist als $g$.*

*Beispiel 26.* $x^{-2} = \frac{1}{x^2}$ ist von höherer Ordnung infinitesimal als $x^{-1} = \frac{1}{x}$ für $x \to \infty$.

**Definition 21.** Eine Funktion, die auf einer vorgegebenen Basis gegen Unendlich strebt, wird *infinite Funktion* oder einfach *Unendlichkeit* auf der vorgegebenen Basis genannt.

**Definition 22.** Sind $f$ und $g$ auf $B$ infinite Funktionen und $f \underset{B}{=} o(g)$, so sagen wir, dass $g$ *von höherer Ordnung infinit auf $B$ ist als $f$.*

*Beispiel 27.* $\frac{1}{x} \to \infty$ für $x \to 0$, $\frac{1}{x^2} \to \infty$ für $x \to 0$ und $\frac{1}{x} = o\left(\frac{1}{x^2}\right)$. Daher ist $\frac{1}{x^2}$ von höherer Ordnung infinit als $\frac{1}{x}$ für $x \to 0$.

Gleichzeitig ist für $x \to \infty$ die Funktion $x^2$ von höherer Ordnung infinit als $x$.

Die Vorstellung, dass wir die Ordnung jeder infiniten oder infinitesimalen Funktion durch Wahl einer Potenz $x^n$ charakterisieren können und damit sagen können, dass sie vom Grade $n$ sei, trifft nicht zu.

*Beispiel 28.* Wir werden zeigen, dass für $a > 1$ und jedes $n \in \mathbb{Z}$ gilt:

$$\lim_{x \to +\infty} \frac{x^n}{a^x} = 0 \, ,$$

d.h., $x^n = o(a^x)$ für $x \to +\infty$.

*Beweis.* Für $n \leq 0$ gilt die Behauptung offensichtlich. Ist $n \in \mathbb{N}$, können wir $q = \sqrt[n]{a}$ setzen und erhalten $q > 1$ und $\frac{x^n}{a^x} = \left(\frac{x}{q^x}\right)^n$ und daher:

$$\lim_{x \to +\infty} \frac{x^n}{a^x} = \lim_{x \to +\infty} \left(\frac{x}{q^x}\right)^n = \underbrace{\lim_{x \to +\infty} \frac{x}{q^x} \cdot \ldots \cdot \lim_{x \to +\infty} \frac{x}{q^x}}_{n \, \text{Faktoren}} = 0 \, .$$

Wir haben dabei (mit Induktion) den Satz 2 in Absatz 3.1.2 und das Ergebnis in Beispiel 22 benutzt.                                                    □

Somit erhalten wir für jedes $n \in \mathbb{Z}$, dass $x^n = o(a^x)$ für $x \to +\infty$ mit $a > 1$.

*Beispiel 29.* Wir wollen das vorige Beispiel erweitern und zeigen, dass

$$\lim_{x \to +\infty} \frac{x^\alpha}{a^x} = 0$$

für $a > 1$ und jedes $\alpha \in \mathbb{R}$, d.h., $x^\alpha = o(a^x)$ für $x \to +\infty$.

*Beweis.* Wir wählen $n \in \mathbb{N}$ so, dass $n > \alpha$. Dann erhalten wir für $x > 1$:

$$0 < \frac{x^\alpha}{a^x} < \frac{x^n}{a^x}.$$

Mit Hilfe der Eigenschaften des Grenzwertes und dem Ergebnis aus vorigem Beispiel gelangen wir zu $\lim\limits_{x \to +\infty} \frac{x^\alpha}{a^x} = 0$.    $\square$

*Beispiel 30.* Wir wollen zeigen, dass

$$\lim_{\mathbb{R}_+ \ni x \to 0} \frac{a^{-1/x}}{x^\alpha} = 0$$

für $a > 1$ und jedes $\alpha \in \mathbb{R}$, d.h., $a^{-1/x} = o(x^\alpha)$ für $x \to 0$, $x \in \mathbb{R}_+$.

*Beweis.* Hier setzen wir $x = -1/t$ und benutzen den Satz für den Grenzwert einer verketteten Funktion und das Ergebnis des vorigen Beispiels und erhalten:

$$\lim_{\mathbb{R}_+ \ni x \to 0} \frac{a^{-1/x}}{x^\alpha} = \lim_{t \to +\infty} \frac{t^\alpha}{a^t} = 0.$$    $\square$

*Beispiel 31.* Wir wollen zeigen, dass

$$\lim_{x \to +\infty} \frac{\log_a x}{x^\alpha} = 0$$

für $\alpha > 0$, d.h., dass für jeden positiven Exponenten $\alpha$ gilt, dass $\log_a x = o(x^\alpha)$ für $x \to +\infty$.

*Beweis.* Für $a > 1$ setzen wir $x = a^{t/\alpha}$. Dann gelangen wir nach den Eigenschaften der Potenzfunktion und des Logarithmus, dem Satz zum Grenzwert einer verketteten Funktion und dem Ergebnis in Beispiel 29 zu:

$$\lim_{x \to +\infty} \frac{\log_a x}{x^\alpha} = \lim_{t \to +\infty} \frac{(t/\alpha)}{a^t} = \frac{1}{\alpha} \lim_{t \to +\infty} \frac{t}{a^t} = 0.$$

Ist $0 < a < 1$, dann ist $1/a > 1$ und nach Substitution von $x = a^{-t/\alpha}$ erhalten wir:

$$\lim_{x \to +\infty} \frac{\log_a x}{x^\alpha} = \lim_{t \to +\infty} \frac{(-t/\alpha)}{a^{-t}} = -\frac{1}{\alpha} \lim_{t \to +\infty} \frac{t}{(1/a)^t} = 0.$$    $\square$

*Beispiel 32.* Wir wollen ferner zeigen, dass

$$x^{\alpha} \log_a x = o(1) \text{ für } x \to 0, \, x \in \mathbb{R}_+$$

für jedes $\alpha > 0$.

*Beweis.* Wir müssen zeigen, dass $\lim\limits_{\mathbb{R}_+ \ni x \to 0} x^{\alpha} \log_a x = 0$ für $\alpha > 0$. Wir setzen
$x = 1/t$ und wenden den Satz zum Grenzwert einer verketteten Funktion und
das Ergebnis des vorigen Beispiels an und erhalten:

$$\lim_{\mathbb{R}_+ \ni x \to 0} x^{\alpha} \log_a x = \lim_{t \to +\infty} \frac{\log_a(1/t)}{t^{\alpha}} = -\lim_{t \to +\infty} \frac{\log_a t}{t^{\alpha}} = 0 \,. \qquad \square$$

**Definition 23.** Wir wollen vereinbaren, dass die Schreibweise $f \underset{\mathcal{B}}{=} O(g)$ oder
$f = O(g)$ auf der Basis $\mathcal{B}$ (sprich: „$f$ ist groß O von $g$ auf $\mathcal{B}$") bedeutet,
dass die Relation $f(x) = \beta(x)g(x)$ auf $\mathcal{B}$ schließlich gilt, wobei $\beta(x)$ auf $\mathcal{B}$
schließlich beschränkt ist.

Insbesondere bedeutet $f \underset{\mathcal{B}}{=} O(1)$, dass die Funktion $f$ auf $\mathcal{B}$ schließlich beschränkt ist.

*Beispiel 33.* $\left(\frac{1}{x} + \sin x\right)x = O(x)$ für $x \to \infty$.

**Definition 24.** Die Funktionen $f$ und $g$ sind *auf $\mathcal{B}$ von gleicher Ordnung* und
wir schreiben $f \asymp g$ auf $\mathcal{B}$, wenn $f \underset{\mathcal{B}}{=} O(g)$ und $g \underset{\mathcal{B}}{=} O(f)$ gleichzeitig gelten.

*Beispiel 34.* Die Funktionen $(2 + \sin x)x$ und $x$ sind für $x \to \infty$ von gleicher
Ordnung, aber $(1 + \sin x)x$ und $x$ sind für $x \to \infty$ nicht von gleicher Ordnung.

Die Bedingung, dass $f$ und $g$ auf der Basis $\mathcal{B}$ von gleicher Ordnung sind,
ist offensichtlich zu der Bedingung äquivalent, dass $c_1 > 0$ und $c_2 > 0$ und ein
Element $B \in \mathcal{B}$ existieren, so dass die Relationen

$$c_1 |g(x)| \leq |f(x)| \leq c_2 |g(x)|$$

auf $B$ gelten, oder, was dasselbe ist, dass:

$$\frac{1}{c_2} |f(x)| \leq |g(x)| \leq \frac{1}{c_1} |f(x)| \,.$$

**Definition 25.** Gilt schließlich die Gleichung $f(x) = \gamma(x)g(x)$ auf $\mathcal{B}$ mit
$\lim\limits_{\mathcal{B}} \gamma(x) = 1$, so sagen wir, dass *die Funktion $f$ sich auf $\mathcal{B}$ asymptotisch wie $g$*
*verhält*, oder in Kurzform, dass *$f$ auf $\mathcal{B}$ zu $g$ äquivalent ist*.

Für diesen Fall schreiben wir $f \underset{\mathcal{B}}{\sim} g$ oder $f \sim g$ auf $\mathcal{B}$.

Die Benutzung des Wortes *äquivalent* wird durch folgende Relationen gerechtfertigt:

$$(f \underset{\mathcal{B}}{\sim} f) \,,$$

$$(f \underset{\mathcal{B}}{\sim} g) \Rightarrow (g \underset{\mathcal{B}}{\sim} f) \,,$$

$$(f \underset{\mathcal{B}}{\sim} g) \wedge (g \underset{\mathcal{B}}{\sim} h) \Rightarrow (f \underset{\mathcal{B}}{\sim} h) \,.$$

Die Relation $f \underset{\mathcal{B}}{\sim} f$ ist in der Tat offensichtlich, da in diesem Falle $\gamma(x) \equiv 1$. Ist als Nächstes $\lim_{\mathcal{B}} \gamma(x) = 1$, dann ist $\lim_{\mathcal{B}} \frac{1}{\gamma(x)} = 1$ und $g(x) = \frac{1}{\gamma(x)} f(x)$. Somit müssen wir nur noch erklären, weswegen die Annahme zulässig ist, dass $\gamma(x) \neq 0$. Gilt die Relation $f(x) = \gamma(x)g(x)$ auf $B_1 \in \mathcal{B}$ und $\frac{1}{2} < |\gamma(x)| < \frac{3}{2}$ auf $B_2 \in \mathcal{B}$, dann können wir $B \in \mathcal{B}$ mit $B \subset B_1 \cap B_2$ wählen, so dass beide Relationen gelten. Außerhalb von $B$ können wir, falls gewünscht, annehmen, dass $\gamma(x) \equiv 0$. Somit erhalten wir tatsächlich, dass $(f \sim g) \Rightarrow (g \sim f)$.

Ist schließlich $f(x) = \gamma_1(x)g(x)$ auf $B_1 \in \mathcal{B}$ und $g(x) = \gamma_2(x)h(x)$ auf $B_2 \in \mathcal{B}$, dann sind auf jedem Element $B \in \mathcal{B}$ mit $B \subset B_1 \cap B_2$ diese beiden Relationen gleichzeitig erfüllt und somit ist $f(x) = \gamma_1(x)\gamma_2(x)h(x)$ auf $B$. Aber $\lim_{\mathcal{B}} \gamma_1(x)\gamma_2(x) = \lim_{\mathcal{B}} \gamma_1(x) \cdot \lim_{\mathcal{B}} \gamma_2(x) = 1$ und daher haben wir bewiesen, dass $f \underset{\mathcal{B}}{\sim} h$.

Beachten Sie, dass die Relation $f \underset{\mathcal{B}}{\sim} g$ auf $\mathcal{B}$ zu $f(x) = g(x) + \alpha(x)g(x) = g(x) + o\big(g(x)\big)$ äquivalent ist, da die Relation $\lim_{\mathcal{B}} \gamma(x) = 1$ zu $\gamma(x) = 1 + \alpha(x)$ äquivalent ist mit $\lim_{\mathcal{B}} \alpha(x) = 0$.

Wir erkennen, dass der relative Fehler $|\alpha(x)| = \left| \frac{f(x) - g(x)}{g(x)} \right|$ bei der Approximation von $f(x)$ durch eine Funktion $g(x)$, die zu $f(x)$ auf $\mathcal{B}$ äquivalent ist, infinitesimal auf $\mathcal{B}$ ist.

Wir wollen einige Beispiele betrachten.

*Beispiel 35.* $x^2 + x = \big(1 + \frac{1}{x}\big)x^2 \sim x^2$ für $x \to \infty$.

Der Betrag der Differenz dieser Funktionen

$$|(x^2 + x) - x^2| = |x|$$

strebt gegen Unendlich. Der relative Fehler $\frac{|x|}{x^2} = \frac{1}{|x|}$, der sich durch Ersatz von $x^2 + x$ durch die äquivalente Funktion $x^2$ ergibt, strebt jedoch für $x \to \infty$ gegen Null.

*Beispiel 36.* Zu Beginn dieser Untersuchung sprachen wir über den berühmten Primzahlensatz, d.h. die asymptotische Verteilung der Primzahlen. Wir können nun für dieses Gesetz eine exakte Aussage machen:

$$\pi(x) = \frac{x}{\ln x} + o\Big(\frac{x}{\ln x}\Big) \text{ für } x \to +\infty \,.$$

*Beispiel 37.* Da $\lim_{x \to 0} \frac{\sin x}{x} = 1$, erhalten wir $\sin x \sim x$ für $x \to 0$. Dies kann auch als $\sin x = x + o(x)$ für $x \to 0$ geschrieben werden.

*Beispiel 38.* Wir wollen zeigen, dass $\ln(1 + x) \sim x$ für $x \to 0$.

*Beweis.*

$$\lim_{x \to 0} \frac{\ln(1 + x)}{x} = \lim_{x \to 0} \ln(1 + x)^{1/x} = \ln\left(\lim_{x \to 0}(1 + x)^{1/x}\right) = \ln e = 1 \,.$$

Hierbei haben wir in der ersten Gleichung die Beziehung $\log_a(b^\alpha) = \alpha \log_a b$ und in der zweiten die Beziehung $\lim_{t \to b} \log_a t = \log_a b = \log_a\left(\lim_{t \to b} t\right)$ genutzt. $\square$

Somit ist $\ln(1 + x) = x + o(x)$ für $x \to 0$.

*Beispiel 39.* Wir wollen zeigen. dass $e^x = 1 + x + o(x)$ für $x \to 0$.

*Beweis.*

$$\lim_{x \to 0} \frac{e^x - 1}{x} = \lim_{t \to 0} \frac{t}{\ln(1 + t)} = 1 \,.$$

Hierbei haben wir die Substitution $x = \ln(1 + t)$, $e^x - 1 = t$ vorgenommen und die Relationen $e^x \to e^0 = 1$ für $x \to 0$ und $e^x \neq 1$ für $x \neq 0$ verwendet. Somit ist mit Hilfe des Satzes zum Grenzwert einer verketteten Funktion und dem Ergebnis des vorigen Beispiels die Behauptung bewiesen. $\square$

Somit gilt $e^x - 1 \sim x$ für $x \to 0$.

*Beispiel 40.* Wir wollen zeigen, dass $(1 + x)^\alpha = 1 + \alpha x + o(x)$ für $x \to 0$.

*Beweis.*

$$\lim_{x \to 0} \frac{(1 + x)^\alpha - 1}{x} = \lim_{x \to 0} \frac{e^{\alpha \ln(1+x)} - 1}{\alpha \ln(1 + x)} \cdot \frac{\alpha \ln(1 + x)}{x} =$$

$$= \alpha \lim_{t \to 0} \frac{e^t - 1}{t} \cdot \lim_{x \to 0} \frac{\ln(1 + x)}{x} = \alpha \,.$$

Bei dieser Berechnung haben wir mit der Annahme, dass $\alpha \neq 0$, die Substitution $\alpha \ln(1 + x) = t$ vorgenommen und die Ergebnisse der beiden vorigen Beispiele verwendet. Für $\alpha = 0$ ist die Behauptung offensichtlich. $\square$

Somit ist $(1 + x)^\alpha - 1 \sim \alpha x$ für $x \to 0$.

Die folgende einfache Tatsache ist manchmal bei der Berechnung von Grenzwerten hilfreich.

**Satz 9.** *Sei $f \underset{B}{\sim} \widetilde{f}$, dann ist $\lim_{B} f(x)g(x) = \lim_{B} \widetilde{f}(x)g(x)$, unter der Voraussetzung, dass einer dieser Grenzwerte existiert.*

*Beweis.* Sei $f(x) = \gamma(x)\widetilde{f}(x)$ und $\lim_{B} \gamma(x) = 1$, dann erhalten wir:

$$\lim_{B} f(x)g(x) = \lim_{B} \gamma(x)\widetilde{f}(x)g(x) = \lim_{B} \gamma(x) \cdot \lim_{B} \widetilde{f}(x)g(x) = \lim_{B} \widetilde{f}(x)g(x) \,. \quad \square$$

*Beispiel 41.*

$$\lim_{x \to 0} \frac{\ln \cos x}{\sin(x^2)} = \frac{1}{2} \lim_{x \to 0} \frac{\ln \cos^2 x}{x^2} = \frac{1}{2} \lim_{x \to 0} \frac{\ln(1 - \sin^2 x)}{x^2} =$$

$$= \frac{1}{2} \lim_{x \to 0} \frac{-\sin^2 x}{x^2} = -\frac{1}{2} \lim_{x \to 0} \frac{x^2}{x^2} = -\frac{1}{2} \,.$$

Hierbei haben wir die Relationen $\ln(1 + \alpha) \sim \alpha$ für $\alpha \to 0$, $\sin x \sim x$ für $x \to 0$, $\frac{1}{\sin \beta} \sim \frac{1}{\beta}$ für $\beta \to 0$ und $\sin^2 x \sim x^2$ für $x \to 0$ verwendet.

Wir haben bewiesen, dass wir in einer vorgegebenen Basis bei der Berechnung von Grenzwerten von Monomen Funktionen durch dazu äquivalente Funktionen ersetzen können. Diese Regel sollte nicht auf Summen und Differenzen von Funktionen übertragen werden.

*Beispiel 42.* $\sqrt{x^2 + x} \sim x$ für $x \to +\infty$, aber

$$\lim_{x \to +\infty} \left( \sqrt{x^2 + x} - x \right) \neq \lim_{x \to +\infty} (x - x) = 0 \,.$$

Tatsächlich ist

$$\lim_{x \to +\infty} \left( \sqrt{x^2 + x} - x \right) = \lim_{x \to +\infty} \frac{x}{\sqrt{x^2 + x} + x} = \lim_{x \to +\infty} \frac{1}{\sqrt{1 + \frac{1}{x}} + 1} = \frac{1}{2} \,.$$

Wir wollen einige weitere, häufig eingesetzte Regeln für den Umgang mit den Symbolen $o(\cdot)$ und $O(\cdot)$ in der Analysis anführen.

**Satz 10.** *Zu einer vorgegebenen Basis gilt:*

    *a)* $o(f) + o(f) = o(f)$,

    *b)* $o(f)$ *bedeutet auch* $O(f)$,

    *c)* $o(f) + O(f) = O(f)$,

    *d)* $O(f) + O(f) = O(f)$,

    *e) Ist* $g(x) \neq 0$, *dann* $\frac{o(f(x))}{g(x)} = o\left(\frac{f(x)}{g(x)}\right)$ *und* $\frac{O(f(x))}{g(x)} = O\left(\frac{f(x)}{g(x)}\right)$.

Beachten Sie die Besonderheiten bei Operationen mit den Symbolen $o(\cdot)$ und $O(\cdot)$, die sich aus der Bedeutung dieser Symbole ergeben. Beispielsweise ist $2o(f) = o(f)$ und $o(f) + O(f) = O(f)$ (obwohl i.A. $o(f) \neq 0$); ebenso, dass $o(f) = O(f)$, aber $O(f) \neq o(f)$. Hierbei ist das Gleichheitszeichen im Sinne von „ist" gemeint. Die Symbole $o(\cdot)$ und $O(\cdot)$ stehen nicht wirklich für Funktionen, sondern deuten asymptotisches Verhalten an, ein Verhalten, das viele Funktionen gemeinsam haben können, wie etwa $f$ und $2f$ u.s.w..

*Beweis.* a) Nach der eben gegebenen Klarstellung erscheint diese Behauptung nicht mehr merkwürdig. Das erste Symbol $o(f)$ bezeichnet eine Funktion der Form $\alpha_1(x)f(x)$, mit $\lim_{\mathcal{B}} \alpha_1(x) = 0$. Das zweite Symbol $o(f)$, das man mit

einem Zeichen versehen könnte (oder sollte), um es vom ersten zu unter-
scheiden, bezeichnet eine Funktion der Form $\alpha_2(x)f(x)$ mit $\lim\limits_{\mathcal{B}} \alpha_2(x) = 0$.
Dabei ist $\alpha_1(x)f(x) + \alpha_2(x)f(x) = \big(\alpha_1(x) + \alpha_2(x)\big)f(x) = \alpha_3(x)f(x)$, mit
$\lim\limits_{\mathcal{B}} \alpha_3(x) = 0$.

Behauptung b) folgt aus der Tatsache, dass jede Funktion, die einen Grenzwert besitzt, schließlich beschränkt ist.

Behauptung c) folgt aus b) und d).

Behauptung d) folgt aus der Tatsache, dass die Summe von schließlich
beschränkten Funktionen wieder schließlich beschränkt ist.

Bei e) ergibt sich $\frac{o(f(x))}{g(x)} = \frac{\alpha(x)f(x)}{g(x)} = \alpha(x)\frac{f(x)}{g(x)} = o\big(\frac{f(x)}{g(x)}\big)$. Der zweite Teil
der Behauptung e) wird auf ähnliche Weise bewiesen.            $\square$

Mit Hilfe dieser Regeln und den in Beispiel 40 formulierten Äquivalenzen
können wir den Grenzwert in Beispiel 42 durch die folgende direkte Methode
bestimmen:

$$\lim_{x \to +\infty} \big(\sqrt{x^2 + x} - x\big) = \lim_{x \to +\infty} x\Big(\sqrt{1 + \frac{1}{x}} - 1\Big) =$$

$$= \lim_{x \to +\infty} x\Big(1 + \frac{1}{2}\cdot\frac{1}{x} + o\Big(\frac{1}{x}\Big) - 1\Big) = \lim_{x \to +\infty} \Big(\frac{1}{2} + x\cdot o\Big(\frac{1}{x}\Big)\Big) =$$

$$= \lim_{x \to +\infty} \Big(\frac{1}{2} + o(1)\Big) = \frac{1}{2}\,.$$

Wir werden in Kürze die folgenden wichtigen Relationen beweisen. Sie
sollten sie sich jetzt wie das Einmaleins merken:

$$e^x = 1 + \frac{1}{1!}x + \frac{1}{2!}x^2 + \cdots + \frac{1}{n!}x^n + \cdots \qquad \text{für } x \in \mathbb{R}\,,$$

$$\cos x = 1 - \frac{1}{2!}x^2 + \frac{1}{4!}x^4 + \cdots + \frac{(-1)^k}{(2k)!}x^{2k} + \cdots \qquad \text{für } x \in \mathbb{R}\,,$$

$$\sin x = \frac{1}{1!}x - \frac{1}{3!}x^3 + \cdots + \frac{(-1)^k}{(2k+1)!}x^{2k+1} + \cdots \qquad \text{für } x \in \mathbb{R}\,,$$

$$\ln(1 + x) = x - \frac{1}{2}x^2 + \frac{1}{3}x^3 + \cdots + \frac{(-1)^{n-1}}{n}x^n + \cdots \quad \text{für } |x| < 1\,,$$

$$(1 + x)^\alpha = 1 + \frac{\alpha}{1!}x + \frac{\alpha(\alpha - 1)}{2!}x^2 + \cdots +$$

$$+\frac{\alpha(\alpha - 1)\cdots(\alpha - n + 1)}{n!}x^n + \cdots \text{ für } |x| < 1\,.$$

Auf der einen Seite können diese Gleichungen bereits als Berechnungsformeln
benutzt werden. Auf der anderen Seite enthalten sie die folgenden asymptotischen Formeln, die die in den Beispielen 37–40 enthaltenen Formeln verallgemeinern:

$$\mathrm{e}^x = 1 + \frac{1}{1!}x + \frac{1}{2!}x^2 + \cdots + \frac{1}{n!}x^n + O\big(x^{n+1}\big) \qquad \text{für } x \to 0\,,$$

$$\cos x = 1 - \frac{1}{2!}x^2 + \frac{1}{4!}x^4 + \cdots + \frac{(-1)^k}{(2k)!}x^{2k} + O\big(x^{2k+2}\big) \ \text{für } x \to 0\,,$$

$$\sin x = \frac{1}{1!}x - \frac{1}{3!}x^3 + \cdots + \frac{(-1)^k}{(2k+1)!}x^{2k+1} + O\big(x^{2k+3}\big) \ \text{für } x \to 0\,,$$

$$\ln(1+x) = x - \frac{1}{2}x^2 + \frac{1}{3}x^3 + \cdots + \frac{(-1)^{n-1}}{n}x^n + O\big(x^{n+1}\big) \ \text{für } x \to 0\,,$$

$$(1+x)^\alpha = 1 + \frac{\alpha}{1!}x + \frac{\alpha(\alpha-1)}{2!}x^2 + \cdots +$$
$$+ \frac{\alpha(\alpha-1)\cdots(\alpha-n+1)}{n!}x^n + O\big(x^{n+1}\big) \ \text{für } x \to 0\,.$$

Diese Formeln sind üblicherweise die effektivste Methode, um die Grenzwerte der Elementarfunktionen zu bestimmen. Dabei sollten wir im Hinterkopf behalten, dass $O(x^{m+1}) = x^{m+1} \cdot O(1) = x^m \cdot xO(1) = x^m o(1) = o(x^m)$ für $x \to 0$.

Wir wollen zum Abschluss einige Beispiele betrachten, in denen diese Formeln zur Anwendung gelangen.

*Beispiel 43.*

$$\lim_{x\to 0} \frac{x - \sin x}{x^3} = \lim_{x\to 0} \frac{x - \left(x - \frac{1}{3!}x^3 + O(x^5)\right)}{x^3} = \lim_{x\to 0} \left(\frac{1}{3!} + O(x^2)\right) = \frac{1}{3!}\,.$$

*Beispiel 44.* Wir wollen

$$\lim_{x\to\infty} x^2\left(\sqrt[7]{\frac{x^3+x}{1+x^3}} - \cos\frac{1}{x}\right)$$

bestimmen. Für $x \to \infty$ gilt:

$$\frac{x^3+x}{1+x^3} = \frac{1+x^{-2}}{1+x^{-3}} = \left(1 + \frac{1}{x^2}\right)\left(1 + \frac{1}{x^3}\right)^{-1} =$$
$$= \left(1 + \frac{1}{x^2}\right)\left(1 - \frac{1}{x^3} + O\left(\frac{1}{x^6}\right)\right) = 1 + \frac{1}{x^2} + O\left(\frac{1}{x^3}\right)\,,$$

$$\sqrt[7]{\frac{x^3+x}{1+x^3}} = \left(1 + \frac{1}{x^2} + O\left(\frac{1}{x^3}\right)\right)^{1/7} = 1 + \frac{1}{7}\cdot\frac{1}{x^2} + O\left(\frac{1}{x^3}\right)\,,$$

$$\cos\frac{1}{x} = 1 - \frac{1}{2!}\cdot\frac{1}{x^2} + O\left(\frac{1}{x^4}\right)\,,$$

woraus wir

$$\sqrt[7]{\frac{x^3+x}{1+x^3}} - \cos\frac{1}{x} = \frac{9}{14}\cdot\frac{1}{x^2} + O\left(\frac{1}{x^3}\right) \ \text{für } x \to \infty$$

erhalten. Somit ist der gesuchte Grenzwert:

$$\lim_{x\to\infty} x^2\left(\frac{9}{14x^2} + O\left(\frac{1}{x^3}\right)\right) = \frac{9}{14}\,.$$

*Beispiel 45.*

$$\lim_{x\to\infty} \left[\frac{1}{e}\left(1+\frac{1}{x}\right)^x\right]^x = \lim_{x\to\infty} \exp\left\{x\left(\ln\left(1+\frac{1}{x}\right)^x - 1\right)\right\} =$$

$$= \lim_{x\to\infty} \exp\left\{x^2 \ln\left(1+\frac{1}{x}\right) - x\right\} =$$

$$= \lim_{x\to\infty} \exp\left\{x^2\left(\frac{1}{x} - \frac{1}{2x^2} + O\left(\frac{1}{x^3}\right)\right) - x\right\} =$$

$$= \lim_{x\to\infty} \exp\left\{-\frac{1}{2} + O\left(\frac{1}{x}\right)\right\} = e^{-1/2}.$$

## 3.2.5 Übungen und Aufgaben

**1.**  a) Beweisen Sie, dass es eine auf $\mathbb{R}$ definierte eindeutige Funktion gibt, die die folgenden Bedingungen erfüllt:

$$f(1) = a \quad (a > 0, a \neq 1),$$
$$f(x_1) \cdot f(x_2) = f(x_1 + x_2),$$
$$f(x) \to f(x_0) \text{ für } x \to x_0.$$

b) Beweisen Sie, dass es eine auf $\mathbb{R}_+$ definierte eindeutige Funktion gibt, die die folgenden Bedingungen erfüllt:

$$f(a) = 1 \quad (a > 0, a \neq 1),$$
$$f(x_1) + f(x_2) = f(x_1 \cdot x_2),$$
$$f(x) \to f(x_0) \text{ für } x_0 \in \mathbb{R}_+ \text{ und } \mathbb{R}_+ \ni x \to x_0.$$

H i n w e i s : Wiederholen Sie die Konstruktion der Exponentialfunktion und des Logarithmus in Beispiel 10.

**2.**  a) Stellen Sie eine Eins-zu-Eins Beziehung $\varphi : \mathbb{R} \to \mathbb{R}_+$ her, so dass $\varphi(x + y) = \varphi(x) \cdot \varphi(y)$ für jedes $x, y \in \mathbb{R}$, d.h., so dass die Operation der Multiplikation im Bild ($\mathbb{R}_+$) der Operation der Addition im Urbild ($\mathbb{R}$) entspricht. Die Existenz einer derartigen Abbildung bedeutet, dass die Gruppen $(\mathbb{R}, +)$ und $(\mathbb{R}_+, \cdot)$ als algebraische Objekte identisch sind, oder, wie wir sagen, dass sie *isomorph* sind.

b) Zeigen Sie, dass die Gruppen $(\mathbb{R}, +)$ und $(\mathbb{R} \setminus 0, \cdot)$ nicht isomorph sind.

**3.** Bestimmen Sie die folgenden Grenzwerte:

a) $\lim_{x\to+0} x^x$,

b) $\lim_{x\to+\infty} x^{1/x}$,

c) $\lim_{x\to0} \frac{\log_a(1+x)}{x}$,

d) $\lim_{x\to0} \frac{a^x - 1}{x}$.

**4.** Zeigen Sie, dass

$$1 + \frac{1}{2} + \cdots + \frac{1}{n} = \ln n + c + o(1) \text{ für } n \to \infty \,,$$

wobei $c$ eine Konstante ist. (Die Zahl $c = 0,57721\ldots$ wird *Eulersche Konstante* genannt.)

Hinweis: Benutzen Sie die Relation

$$\ln \frac{n+1}{n} = \ln \left(1 + \frac{1}{n}\right) = \frac{1}{n} + O\left(\frac{1}{n^2}\right) \text{ für } n \to \infty \,.$$

**5.** Zeigen Sie:

a) Gilt für zwei Reihen $\sum\limits_{n=1}^{\infty} a_n$ und $\sum\limits_{n=1}^{\infty} b_n$ mit positiven Gliedern, dass $a_n \sim b_n$ für $n \to \infty$, dann konvergieren entweder beide Reihen oder beide divergieren.

b) Die Reihe $\sum\limits_{n=1}^{\infty} \sin \frac{1}{n^p}$ konvergiert nur für $p > 1$.

**6.** Zeigen Sie:

a) Sei $a_n \geq a_{n+1} > 0$ für alle $n \in \mathbb{N}$ und konvergiere die Reihe $\sum\limits_{n=1}^{\infty} a_n$. Dann gilt $a_n = o\left(\frac{1}{n}\right)$ für $n \to \infty$.

b) Für $b_n = o\left(\frac{1}{n}\right)$ kann man immer eine konvergente Reihe $\sum\limits_{n=1}^{\infty} a_n$ konstruieren, so dass $b_n = o(a_n)$ für $n \to \infty$.

c) Wenn eine Reihe $\sum\limits_{n=1}^{\infty} a_n$ mit positiven Gliedern konvergiert, dann konvergiert auch die Reihe $\sum\limits_{n=1}^{\infty} A_n$, mit $A_n = \sqrt{\sum\limits_{k=n}^{\infty} a_k} - \sqrt{\sum\limits_{k=n+1}^{\infty} a_k}$ und es gilt $a_n = o(A_n)$ für $n \to \infty$.

d) Wenn eine Reihe $\sum\limits_{n=1}^{\infty} a_n$ mit positiven Gliedern divergiert, dann divergiert auch die Reihe $\sum\limits_{n=2}^{\infty} A_n$, mit $A_n = \sqrt{\sum\limits_{k=1}^{n} a_k} - \sqrt{\sum\limits_{k=1}^{n-1} a_k}$ und es gilt $A_n = o(a_n)$ für $n \to \infty$.

Aus c) und d) folgt, dass keine konvergente (bzw. divergente) Reihe als universeller Vergleichsstandard dienen kann, um die Konvergenz (bzw. Divergenz) anderer Reihen abzuleiten.

**7.** Zeigen Sie:

a) Die Reihe $\sum\limits_{n=1}^{\infty} \ln a_n$ mit $a_n > 0$, $n \in \mathbb{N}$ konvergiert genau dann, wenn die Folge $\{\Pi_n = a_1 \cdots a_n\}$ einen endlichen Grenzwert ungleich Null besitzt.

b) Die Reihe $\sum\limits_{n=1}^{\infty} \ln(1 + \alpha_n)$ mit $|\alpha_n| < 1$ konvergiert absolut genau dann, wenn die Reihe $\sum\limits_{n=1}^{\infty} \alpha_n$ absolut konvergiert.

Hinweis: Vgl. Beispiel 5 a).

**8.** Ein unendliches Produkt $\prod\limits_{n=1}^{\infty} e_n$ wird konvergent genannt, wenn die Folge von

Zahlen $\Pi_n = \prod\limits_{k=1}^{n} e_k$ einen endlichen Grenzwert $\Pi$ ungleich Null besitzt. Wir setzen

dann $\Pi = \prod\limits_{k=1}^{\infty} e_k$.

Zeigen Sie:

a) Konvergiert ein unendliches Produkt $\prod\limits_{n=1}^{\infty} e_n$, dann gilt $e_n \to 1$ für $n \to \infty$.

b) Wenn $\forall n \in \mathbb{N} \, (e_n > 0)$, dann konvergiert das unendliche Produkt $\prod\limits_{n=1}^{\infty} e_n$ genau

dann, wenn die Reihe $\sum\limits_{n=1}^{\infty} \ln e_n$ konvergiert.

c) Wenn $e_n = 1 + \alpha_n$ und alle $\alpha_n$ das gleiche Vorzeichen besitzen, dann konvergiert das unendliches Produkt $\prod\limits_{n=1}^{\infty} (1 + \alpha_n)$ genau dann, wenn die Reihe $\sum\limits_{n=1}^{\infty} \alpha_n$ konvergiert.

**9.** a) Bestimmen Sie das Produkt $\prod\limits_{n=1}^{\infty} (1 + x^{2n-1})$.

b) Bestimmen Sie $\prod\limits_{n=1}^{\infty} \cos \frac{x}{2^n}$ und beweisen Sie das folgende Theorem von Viète[14]:

$$\frac{\pi}{2} = \cfrac{1}{\sqrt{\tfrac{1}{2}} \cdot \sqrt{\tfrac{1}{2} + \tfrac{1}{2}\sqrt{\tfrac{1}{2}}} \cdot \sqrt{\tfrac{1}{2} + \tfrac{1}{2}\sqrt{\tfrac{1}{2} + \tfrac{1}{2}\sqrt{\tfrac{1}{2}}}} \cdots} \, .$$

c) Bestimmen Sie die Funktion $f(x)$ mit

$$f(0) = 1 \, ,$$
$$f(2x) = \cos^2 x \cdot f(x) \, ,$$
$$f(x) \to f(0) \text{ für } x \to 0 \, .$$

Hinweis: $x = 2 \cdot \frac{x}{2}$.

**10.** Zeigen Sie:

a) Sei $\frac{b_n}{b_{n+1}} = 1 + \beta_n$, $n = 1, 2, \ldots$, und konvergiere die Reihe $\sum\limits_{n=1}^{\infty} \beta_n$ absolut, dann existiert der Grenzwert $\lim\limits_{n \to \infty} b_n = b \in \mathbb{R}$.

b) Sei $\frac{a_n}{a_{n+1}} = 1 + \frac{p}{n} + \alpha_n$, $n = 1, 2, \ldots$ und konvergiere die Reihe $\sum\limits_{n=1}^{\infty} \alpha_n$ absolut, dann gilt $a_n \sim \frac{c}{n^p}$ für $n \to \infty$.

c) Bei der Reihe $\sum\limits_{n=1}^{\infty} a_n$ gelte $\frac{a_n}{a_{n+1}} = 1 + \frac{p}{n} + \alpha_n$ und die Reihe $\sum\limits_{n=1}^{\infty} \alpha_n$ konvergiere absolut. Dann konvergiert $\sum\limits_{n=1}^{\infty} a_n$ absolut für $p > 1$ und divergiert für $p \leq 1$ (Gauss'scher Test auf absolute Konvergenz einer Reihe).

---

[14] F. Viète (1540–1603) – französischer Mathematiker, einer der Begründer der modernen symbolischen Algebra.

**11.** Zeigen Sie, dass

$$\varlimsup_{n \to \infty} \left( \frac{1 + a_{n+1}}{a_n} \right)^n \geq e$$

für jede Folge $\{a_n\}$ mit positiven Gliedern. Zeigen Sie ferner, dass diese Abschätzung nicht verbessert werden kann.

# 4

# Stetige Funktionen

## 4.1 Wichtige Definitionen und Beispiele

### 4.1.1 Stetigkeit einer Funktion in einem Punkt

Sei $f$ eine Funktion mit reellen Werten, die in einer Umgebung eines Punktes $a \in \mathbb{R}$ definiert ist. Rein intuitiv gesprochen, ist die Funktion $f$ in $a$ *stetig*, wenn ihr Wert $f(x)$ sich an den Wert $f(a)$, den sie im Punkt $a$ selbst annimmt, annähert, wenn $x$ näher an $a$ kommt.

Wir werden nun diese Beschreibung des Stetigkeitsbegriffes einer Funktion in einem Punkt präzisieren.

**Definition 0.** Eine Funktion $f$ ist *im Punkt $a$ stetig*, wenn für jede Umgebung $V\big(f(a)\big)$ ihres Wertes $f(a)$ in $a$ eine Umgebung $U(a)$ von $a$ existiert, deren Bild unter der Abbildung $f$ in $V\big(f(a)\big)$ enthalten ist.

Wir wiederholen nun die Formulierung dieses Konzepts in logischen Symbolen zusammen mit zwei weiteren Versionen, die in der Analysis häufig eingesetzt werden.

$$(f \text{ ist stetig in } a) := \big(\forall V\big(f(a)\big)\, \exists U(a)\, \big(f\big(U(a)\big) \subset V\big(f(a)\big)\big)\big),$$
$$\forall \varepsilon > 0\, \exists U(a)\, \forall x \in U(a)\, \big(|f(x) - f(a)| < \varepsilon\big),$$
$$\forall \varepsilon > 0\, \exists \delta > 0\, \forall x \in \mathbb{R}\, \big(|x - a| < \delta \Rightarrow |f(x) - f(a)| < \varepsilon\big).$$

Die Äquivalenz dieser Aussagen für Funktionen mit reellen Werten folgt aus der Tatsache (auf die bereits mehrfach hingewiesen wurde), dass jede Umgebung eines Punktes eine symmetrische Umgebung dieses Punktes enthält.

Wenn man etwa zu jeder $\varepsilon$-Umgebung $V^\varepsilon\big(f(a)\big)$ von $f(a)$ eine Umgebung $U(a)$ von $a$ wählen kann, so dass $\forall x \in U(a)\, \big(|f(x) - f(a)| < \varepsilon\big)$, d.h., $f\big(U(a)\big) \subset V^\varepsilon\big(f(a)\big)$, dann kann man auch für jede Umgebung $V\big(f(a)\big)$ eine entsprechende Umgebung von $a$ wählen. Dazu genügt es nämlich, zunächst eine $\varepsilon$-Umgebung von $f(a)$ mit $V^\varepsilon\big(f(a)\big) \subset V\big(f(a)\big)$ zu wählen und dann das zu $V^\varepsilon\big(f(a)\big)$ entsprechende $U(a)$ zu finden. Dann ist $f\big(U(a)\big) \subset V^\varepsilon\big(f(a)\big) \subset V\big(f(a)\big)$.

Ist daher eine Funktion im Sinne der zweiten dieser Definitionen in $a$ stetig, dann ist sie auch in $a$ im Sinne der ursprünglichen Definition stetig. Das Gegenteil ist offensichtlich, so dass damit die Äquivalenz der beiden Aussagen sichergestellt ist.

Wir überlassen dem Leser den Rest des Beweises.

Um nicht von dem eigentlichen Konzept, das wir definieren wollten, nämlich der Stetigkeit in einem Punkt, abzulenken, haben wir der Einfachheit halber zu Beginn angenommen, dass die Funktion $f$ in einer vollständigen Umgebung von $a$ definiert ist. Wir betrachten nun den Allgemeinfall.

Sei $f : E \to \mathbb{R}$ eine Funktion mit reellen Werten, die auf einer Menge $E \subset \mathbb{R}$ definiert ist und sei $a$ ein Punkt im Definitionsbereich der Funktion.

**Definition 1.** Eine Funktion $f : E \to \mathbb{R}$ ist *im Punkt $a \in E$ stetig*, wenn es zu jeder Umgebung $V\big(f(a)\big)$ des Wertes $f(a)$, den die Funktion in $a$ annimmt, eine Umgebung $U_E(a)$ von $a$ in $E^1$ gibt, deren Bild $f\big(U_E(a)\big)$ in $V\big(f(a)\big)$ enthalten ist.

Somit ergibt sich also:

$$
\boxed{
\begin{aligned}
(f : E \to \mathbb{R} \text{ ist stetig in } a \in E) := \\
= \big(\forall V\big(f(a)\big)\, \exists U_E(a)\, \big(f\big(U_E(a)\big) \subset V\big(f(a)\big)\big)\big).
\end{aligned}
}
$$

Natürlich kann Definition 1 auch in der oben diskutierten $\varepsilon$-$\delta$-Formulierung geschrieben werden. Wo numerische Abschätzungen gebraucht werden, ist dies nützlich und sogar notwendig.

Wir schreiben nun diese Versionen von Definition 1:

$$
\begin{aligned}
(f : E \to \mathbb{R} \text{ ist stetig in } a \in E) := \\
= \big(\forall \varepsilon > 0\, \exists U_E(a)\, \forall x \in U_E(a)\, \big(|f(x) - f(a)| < \varepsilon\big)\big)
\end{aligned}
$$

oder

$$
\begin{aligned}
(f : E \to \mathbb{R} \text{ ist stetig in } a \in E) := \\
= \big(\forall \varepsilon > 0\, \exists \delta > 0\, \forall x \in E\, \big(|x - a| < \delta \Rightarrow |f(x) - f(a)| < \varepsilon\big)\big).
\end{aligned}
$$

Wir untersuchen nun das Konzept der Stetigkeit einer Funktion in einem Punkt detailliert.

$1^0$. Ist $a$ ein isolierter Punkt, d.h. kein Häufungspunkt von $E$, dann gibt es eine Umgebung $U(a)$ von $a$, die außer $a$ keine Punkte von $E$ enthält. In diesem Fall ist $U_E(a) = a$ und daher $f\big(U_E(a)\big) = f(a) \subset V\big(f(a)\big)$ für jede Umgebung $V\big(f(a)\big)$. Daher ist eine Funktion offensichtlich in jedem isolierten Punkt ihres Definitionsbereichs stetig. Dies ist jedoch ein entarteter Fall.

---

$^1$ Wir erinnern daran, dass $U_E(a) = E \cap U(a)$.

$2^0$. Der Hauptteil des Konzepts der Stetigkeit beschäftigt sich daher mit dem Fall, dass $a \in E$ ein Häufungspunkt von $E$ ist. Aus Definition 1 ist klar, dass

$(f : E \to \mathbb{R}$ ist stetig in $a \in E$ , wobei $a$ *ein Häufungspunkt von $E$* ist$) \Leftrightarrow$

$$\Leftrightarrow \left( \lim_{E \ni x \to a} f(x) = f(a) \right) .$$

*Beweis.* Ist $a$ ein Häufungspunkt von $E$, dann ist die Basis $E \ni x \to a$ aus punktierten Umgebungen $\dot{U}_E(a) = U_E(a) \setminus a$ von $a$ definiert.

Ist $f$ in $a$ stetig, dann lässt sich eine Umgebung $U_E(a)$ für die Umgebung $V\big(f(a)\big)$ finden, so dass $f\big(U_E(a)\big) \subset V\big(f(a)\big)$ und gleichzeitig erhalten wir, dass $f\big(\dot{U}_E(a)\big) \subset V\big(f(a)\big)$. Nach der Definition des Grenzwertes ist daher $\lim_{E \ni x \to a} f(x) = f(a)$.

Wissen wir andererseits, dass $\lim_{E \ni x \to a} f(x) = f(a)$, dann können wir zu gegebener Umgebung $V\big(f(a)\big)$ eine punktierte Umgebung $\dot{U}_E(a)$ finden, so dass $f\big(\dot{U}_E(a)\big) \subset V\big(f(a)\big)$. Da aber $f(a) \in V\big(f(a)\big)$, gilt ebenso $f\big(U_E(a)\big) \subset V\big(f(a)\big)$. Nach Definition 1 bedeutet dies, dass $f$ in $a \in E$ stetig ist.    □

$3^0$. Da die Gleichung $\lim_{E \ni x \to a} f(x) = f(a)$ auch in der Form

$$\boxed{\lim_{E \ni x \to a} f(x) = f\big( \lim_{E \ni x \to a} x \big)}$$

geschrieben werden kann, gelangen wir zu der nützlichen Folgerung, dass die stetigen und nur die stetigen Funktionen (Operationen) mit der Operation der Grenzwertbildung in einem Punkt kommutieren. Dies bedeutet, dass die Zahl $f(a)$, die wir durch Ausführen der Operation $f$ auf die Zahl $a$ erhalten, so genau wie gewünscht durch die Werte angenähert werden kann, die wir durch Anwendung der Operation $f$ auf Werte $x$ erhalten, die $a$ mit geeigneter Genauigkeit annähern.

$4^0$. Da für $a \in E$ die Umgebungen $U_E(a)$ von $a$ eine Basis $\mathcal{B}_a$ bilden (ob $a$ ein Häufungspunkt oder ein isolierter Punkt in $E$ ist), ist Definition 1 zur Stetigkeit einer Funktion im Punkt $a$ äquivalent zur Aussage, dass die Zahl $f(a)$ – der Wert der Funktion in $a$ – der Grenzwert der Funktion auf dieser Basis ist, d.h.,

$$(f : E \to \mathbb{R} \text{ ist stetig in } a \in E) \Leftrightarrow \left( \lim_{\mathcal{B}_a} f(x) = f(a) \right) .$$

$5^0$. Existiert $\lim_{\mathcal{B}_a} f(x)$, dann merken wir an, dass dieser Grenzwert notwendigerweise $f(a)$ sein muss, da $a \in U_E(a)$ für jede Umgebung $U_E(a)$.

Somit ist die Stetigkeit einer Funktion $f : E \to \mathbb{R}$ in einem Punkt $a \in E$ äquivalent zur Existenz des Grenzwertes dieser Funktion auf der Basis $\mathcal{B}_a$ von Umgebungen (nicht punktierten Umgebungen) $U_E(a)$ von $a \in E$.

Somit:
$$(f : E \to \mathbb{R} \text{ ist stetig in } a \in E) \Leftrightarrow \left(\exists \lim_{\mathcal{B}_a} f(x)\right) .$$

$6^0$. Nach dem Cauchyschen Kriterium für die Existenz eines Grenzwertes können wir nun sagen, das eine Funktion in einem Punkt $a \in E$ genau dann stetig ist, wenn für jedes $\varepsilon > 0$ eine Umgebung $U_E(a)$ von $a$ in $E$ existiert, auf der die Oszillation $\omega\big(f; U_E(a)\big)$ der Funktion kleiner als $\varepsilon$ ist.

**Definition 2.** Die Größe $\omega(f; a) = \lim\limits_{\delta \to +0} \omega\big(f; U_E^\delta(a)\big)$ (wobei $U_E^\delta(a)$ die $\delta$-Umgebung von $a$ in $E$ ist) wird die *Oszillation von* $f : E \to \mathbb{R}$ *in* $a$ genannt.

Formal gesehen ist das Symbol $\omega(f; X)$ bereits in Gebrauch; es bezeichnet die Oszillation der Funktion auf der Menge $X$. Wir werden jedoch niemals die Oszillation einer Funktion auf einer Menge betrachten, die nur aus einem einzigen Punkt besteht (sie wäre offensichtlich gleich Null); daher bezeichnet das Symbol $\omega(f; a)$, wobei $a$ ein Punkt ist, die eben in Definition 2 definierte Oszillation in einem Punkt.

Die Oszillation einer Funktion auf einer Teilmenge einer Menge übersteigt nicht die Oszillation auf dieser Menge selbst, so dass $\omega\big(f; U_E^\delta(a)\big)$ eine nicht anwachsende Funktion von $\delta$ ist, wenn wir $\delta$ verkleinern. Da sie nicht negativ ist, besitzt sie entweder einen endlichen Grenzwert für $\delta \to +0$ oder es gilt $\omega\big(f; U_E^\delta(a)\big) = +\infty$ für jedes $\delta > 0$. Im letzten Fall setzen wir natürlicherweise $\omega(f; a) = +\infty$.

$7^0$. Mit Hilfe von Definition 2 können wir das in $6^0$ Ausgeführte wie folgt zusammenfassen: Eine Funktion ist genau dann in einem Punkt stetig, wenn ihre Oszillation in diesem Punkt Null ist. Wir wollen das nochmals deutlich machen:
$$(f : E \to \mathbb{R} \text{ ist stetig in } a \in E) \Leftrightarrow \big(\omega(f; a) = 0\big) .$$

**Definition 3.** Eine Funktion $f : E \to \mathbb{R}$ ist *auf der Menge $E$ stetig*, wenn sie in jedem Punkt von $E$ stetig ist.

Die Menge aller stetigen Funktionen mit reellen Werten, die auf einer Menge $E$ definiert sind, wird mit $C(E; \mathbb{R})$ oder in Kurzform mit $C(E)$ bezeichnet.

Wir haben nun das Konzept der Stetigkeit einer Funktion untersucht und wollen nun einige Beispiele betrachten.

*Beispiel 1.* Sei $f : E \to \mathbb{R}$ eine konstante Funktion. Dann ist $f \in C(E)$. Dies ist offensichtlich, da $f(E) = c \subset V(c)$ für jede Umgebung $V(c)$ von $c \in \mathbb{R}$.

*Beispiel 2.* Die Funktion $f(x) = x$ ist auf $\mathbb{R}$ stetig. Denn wir erhalten für jeden Punkt $x_0 \in \mathbb{R}$, dass $|f(x) - f(x_0)| = |x - x_0| < \varepsilon$, wenn $|x - x_0| < \delta = \varepsilon$.

*Beispiel 3.* Die Funktion $f(x) = \sin x$ ist auf $\mathbb{R}$ stetig.
Tatsächlich erhalten wir für jeden Punkt $x_0 \in \mathbb{R}$:

$$|\sin x - \sin x_0| = \left| 2 \cos \frac{x + x_0}{2} \sin \frac{x - x_0}{2} \right| \le$$

$$\le 2 \left| \sin \frac{x - x_0}{2} \right| \le 2 \left| \frac{x - x_0}{2} \right| = |x - x_0| < \varepsilon,$$

vorausgesetzt, dass $|x - x_0| < \delta = \varepsilon$.

Hierbei haben wir die Ungleichung $|\sin x| \le |x|$ eingesetzt, die wir in Beispiel 9 in Paragraph d Absatz 3.2.2 gezeigt haben.

*Beispiel 4.* Die Funktion $f(x) = \cos x$ ist auf $\mathbb{R}$ stetig, denn wir erhalten wie im vorigen Beispiel für jeden Punkt $x_0 \in \mathbb{R}$:

$$|\cos x - \cos x_0| = \left| -2 \sin \frac{x + x_0}{2} \sin \frac{x - x_0}{2} \right| \le$$

$$\le 2 \left| \sin \frac{x - x_0}{2} \right| \le |x - x_0| < \varepsilon,$$

vorausgesetzt, dass $|x - x_0| < \delta = \varepsilon$.

*Beispiel 5.* Die Funktion $f(x) = a^x$ ist auf $\mathbb{R}$ stetig, denn nach Eigenschaft 3) der Exponentialfunktion (vgl. Beispiel 10a in Paragraph d in 3.2.2) gilt in jedem Punkt $x_0 \in \mathbb{R}$:

$$\lim_{x \to x_0} a^x = a^{x_0},$$

was, wie wir wissen, zur Stetigkeit der Funktion $a^x$ im Punkt $x$ äquivalent ist.

*Beispiel 6.* Die Funktion $f(x) = \log_a x$ ist in jedem Punkt $x_0$ ihres Definitionsbereichs $\mathbb{R}_+ = \{x \in \mathbb{R} \mid x > 0\}$ stetig, denn nach Eigenschaft 3) des Logarithmus (vgl. Beispiel 10b in Paragraph d in 3.2.2) gilt in jedem Punkt $x_0 \in \mathbb{R}_+$:

$$\lim_{\mathbb{R}_+ \ni x \to x_0} \log_a x = \log_a x_0,$$

was zur Stetigkeit der Funktion $\log_a x$ im Punkt $x_0$ äquivalent ist.

Sei nun $\varepsilon > 0$ gegeben. Wir wollen versuchen, eine Umgebung $U_{\mathbb{R}_+}(x_0)$ des Punktes $x_0$ zu finden, so dass

$$|\log_a x - \log_a x_0| < \varepsilon$$

in jedem Punkt $x \in U_{\mathbb{R}_+}(x_0)$.

Diese Ungleichung ist zur Ungleichung

$$-\varepsilon < \log_a \frac{x}{x_0} < \varepsilon$$

äquivalent.

Zur Klarheit nehmen wir $a > 1$ an. Dann ist diese Ungleichung äquivalent zu

$$x_0 a^{-\varepsilon} < x < x_0 a^{\varepsilon} \,.$$

Das offene Intervall $]x_0 a^{-\varepsilon}, x_0 a^{\varepsilon}[$ ist die gesuchte Umgebung des Punktes $x_0$. Wir wollen festhalten, dass diese Umgebung sowohl von $\varepsilon$ als auch vom Punkt $x_0$ abhängig ist, ein Phänomen, das in den Beispielen 1–4 nicht auftrat.

*Beispiel 7.* Jede Folge $f : \mathbb{N} \to \mathbb{R}$ ist eine Funktion, die auf der Menge $\mathbb{N}$ der natürlichen Zahlen stetig ist, da jeder Punkt von $\mathbb{N}$ isoliert ist.

### 4.1.2 Unstetigkeitsstellen

Um uns in der Beherrschung des Konzepts der Stetigkeit sicherer zu machen, werden wir erklären, was mit einer Funktion in einer Umgebung eines Punktes geschieht, an dem sie nicht stetig ist.

**Definition 4.** Ist die Funktion $f : E \to \mathbb{R}$ in einem Punkt in $E$ nicht stetig, dann wird dieser Punkt eine *Unstetigkeitsstelle* oder einfach eine *Unstetigkeit* von $f$ genannt.

Wenn wir die Negation der Aussage „die Funktion $f : E \to \mathbb{R}$ ist im Punkt $a \in E$ stetig" konstruieren, erhalten wir den folgenden Ausdruck für die Definition der Aussage, dass $a$ eine Unstetigkeitsstelle von $f$ ist:

$$(a \in E \text{ ist eine Unstetigkeitsstelle von } f) :=$$
$$= \left( \exists V\big(f(a)\big) \, \forall U_E(a) \, \exists x \in U_E(a) \, \big(f(x) \notin V\big(f(a)\big)\big) \right) .$$

Anders formuliert, so ist $a \in E$ eine Unstetigkeitsstelle der Funktion $f : E \to \mathbb{R}$, wenn es eine Umgebung $V\big(f(a)\big)$ des Wertes $f(a)$, den die Funktion in $a$ annimmt, gibt, so dass es in jeder Umgebung $U_E(a)$ von $a$ in $E$ einen Punkt $x$ gibt, dessen Bild nicht in $V\big(f(a)\big)$ liegt.

In $\varepsilon$-$\delta$-Notation nimmt diese Definition die folgende Form an:

$$\exists \varepsilon > 0 \, \forall \delta > 0 \, \exists x \in E \, \big( |x - a| < \delta \wedge |f(x) - f(a)| \geq \varepsilon \big) .$$

Wir wollen einige Beispiele betrachten.

*Beispiel 8.* Die Funktion $f(x) = \operatorname{sgn} x$ ist konstant und daher in der Umgebung jedes Punktes $a \in \mathbb{R}$, der von 0 verschieden ist, stetig. In jeder Umgebung von 0 ist ihre Oszillation aber gleich 2. Daher ist 0 eine Unstetigkeitsstelle für $\operatorname{sgn} x$. Wir bemerken, dass diese Funktion einen linksseitigen Grenzwert $\lim\limits_{x \to -0} \operatorname{sgn} x = -1$ und einen rechtsseitigen Grenzwert $\lim\limits_{x \to +0} \operatorname{sgn} x = 1$ besitzt. Diese Grenzwerte sind jedoch erstens verschieden und zweitens ist keiner von ihnen gleich dem Wert von $\operatorname{sgn} x$ im Punkt 0, nämlich $\operatorname{sgn} 0 = 0$. Dies ist ein direkter Beweis dafür, dass 0 für diese Funktion eine Unstetigkeitsstelle ist.

*Beispiel 9.* Die Funktion $f(x) = |\operatorname{sgn} x|$ besitzt für $x \to 0$ den Grenzwert $\lim\limits_{x \to 0} |\operatorname{sgn} x| = 1$, aber $f(0) = |\operatorname{sgn} 0| = 0$, so dass $\lim\limits_{x \to 0} f(x) \neq f(0)$ und 0 daher eine Unstetigkeitsstelle der Funktion ist.

Wir merken jedoch an, dass in diesem Fall eine Veränderung des Wertes der Funktion im Punkt 0 auf 1 zu einer Funktion führen würde, die in 0 stetig wäre, d.h., wir würden die Unstetigkeit heben.

**Definition 5.** Existiert in einer Unstetigkeitsstelle $a \in E$ der Funktion $f : E \to \mathbb{R}$ eine stetige Funktion $\tilde{f} : E \to \mathbb{R}$, so dass $f\big|_{E \setminus a} = \tilde{f}\big|_{E \setminus a}$, dann wird $a$ eine *hebbare Unstetigkeit* der Funktion $f$ genannt.

Somit ist eine hebbare Unstetigkeit dadurch charakterisiert, dass der Grenzwert $\lim\limits_{E \ni x \to a} f(x) = A$ existiert, aber $A \neq f(a)$. Somit genügt es,

$$\tilde{f}(x) = \begin{cases} f(x) \text{ für } x \in E \, , \, x \neq a \, , \\[2mm] A \quad \text{für } x = a \end{cases}$$

zu setzen, um eine Funktion $\tilde{f} : E \to \mathbb{R}$ zu erhalten, die in $a$ stetig ist.

*Beispiel 10.* Die Funktion

$$f(x) = \begin{cases} \sin \frac{1}{x} \, , \text{ für } x \neq 0 \, , \\[2mm] 0 \, , \quad \text{für } x = 0 \end{cases}$$

ist in 0 unstetig. Sie hat noch nicht einmal einen Grenzwert für $x \to 0$, da, wie in Beispiel 5 in Absatz 3.2.1 gezeigt, $\lim\limits_{x \to 0} \sin \frac{1}{x}$ nicht existent ist. Der Graph der Funktion ist in Abb. 4.1 angedeutet.

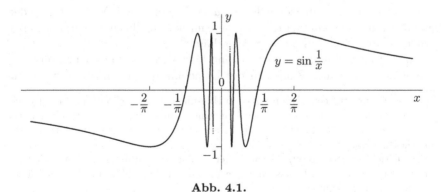

**Abb. 4.1.**

Die Beispiele 8, 9 und 10 erklären die folgende Terminologie.

**Definition 6.** Der Punkt $a \in E$ wird eine Unstetigkeit *erster Art* der Funktion $f : E \to \mathbb{R}$ genannt, wenn die folgenden Grenzwerte[2]

$$\lim_{E \ni x \to a-0} f(x) =: f(a - 0) \quad \text{und} \quad \lim_{E \ni x \to a+0} f(x) =: f(a + 0)$$

existieren und zumindest einer von ihnen ungleich dem Wert $f(a)$, den die Funktion in $a$ annimmt, ist.

**Definition 7.** Ist $a \in E$ eine Unstetigkeitsstelle der Funktion $f : E \to \mathbb{R}$ und existiert zumindest einer der beiden Grenzwerte in Definition 6 nicht, dann wird $a$ eine Unstetigkeit der *zweiten Art* genannt.

Damit ist gemeint, dass jede Unstetigkeitsstelle, die nicht eine Unstetigkeit erster Art ist, automatisch eine Unstetigkeit zweiter Art ist.

Wir wollen zwei weitere klassische Beispiele vorstellen.

*Beispiel 11.* Die Funktion

$$\mathcal{D}(x) = \begin{cases} 1 \text{ , für } x \in \mathbb{Q} \text{ ,} \\ 0 \text{ , für } x \in \mathbb{R} \setminus \mathbb{Q} \end{cases}$$

wird *Dirichlet-Funktion*[3] genannt.

Diese Funktion ist in jedem Punkt unstetig und offensichtlich sind alle diese Unstetigkeiten zweiter Art, da jedes Intervall sowohl rationale wie irrationale Zahlen enthält.

*Beispiel 12.* Wir betrachten die *Riemann-Funktion*[4]

$$\mathcal{R}(x) = \begin{cases} \frac{1}{n} \text{ , für } x = \frac{m}{n} \in \mathbb{Q} \text{ , wobei } m, n \text{ teilerfremd sind.} \\ 0 \text{ , für } x \in \mathbb{R} \setminus \mathbb{Q} \text{ .} \end{cases}$$

Wir merken an, dass in jedem Punkt $a \in \mathbb{R}$, jeder Zahl $N \in \mathbb{N}$ und jeder beschränkten Umgebung $U(a)$ von $a$ diese nur eine endliche Anzahl rationaler Zahlen $\frac{m}{n}$, $m \in \mathbb{Z}$, $n \in \mathbb{N}$ mit $n < N$ enthält.

Durch Einschränkung der Umgebung lässt sich somit erreichen, dass die Nenner aller rationalen Zahlen in der Umgebung (außer möglicherweise für

---

[2] Ist $a$ eine Unstetigkeit, dann muss $a$ ein Häufungspunkt in $E$ sein. Es kann jedoch vorkommen, dass alle Punkte von $E$ in einer Umgebung von $a$ auf einer Seite von $a$ liegen. In diesem Fall wird in dieser Definition nur einer der Grenzwerte berücksichtigt.

[3] P. G. Dirichlet (1805–1859) – großartiger deutscher Mathematiker, ein Analyst, der nach dem Tod von Gauss im Jahre 1855 den Lehrstuhl an der Universität in Göttingen übernahm.

[4] B. F. Riemann (1826–1866) – hervorragender deutscher Mathematiker, dessen bahnbrechende Arbeiten die Grundlagen für ganze Gebiete moderner Geometrie und Analysis legten.

den Punkt $a$ selbst, falls $a \in \mathbb{Q}$) größer als $N$ sind. Somit gilt in jedem Punkt $x \in \dot{U}(a)$, dass $|\mathcal{R}(x)| < 1/N$.

Damit haben wir gezeigt, dass

$$\lim_{x \to a} \mathcal{R}(x) = 0$$

in jedem Punkt $a \in \mathbb{R} \setminus \mathbb{Q}$. Daher ist die Riemann-Funktion in jedem irrationalen Punkt stetig. In den verbleibenden Punkten, d.h. in den Punkten $x \in \mathbb{Q}$, ist die Funktion unstetig, mit Ausnahme vom Punkt $x = 0$. Alle diese Unstetigkeiten sind Unstetigkeiten erster Art.

## 4.2 Eigenschaften stetiger Funktionen

### 4.2.1 Lokale Eigenschaften

*Lokale* Eigenschaften von Funktionen sind die, die durch das Verhalten der Funktion in einer beliebig kleinen Umgebung eines Punktes in seinem Definitionsbereich bestimmt werden.

Somit charakterisieren lokale Eigenschaften das Verhalten einer Funktion in jeder Grenzwertbetrachtung, wenn das Argument der Funktion gegen den fraglichen Punkt strebt. Beispielsweise ist die Stetigkeit einer Funktion in einem Punkt ihres Definitionsbereichs offensichtlich eine lokale Eigenschaft.

Wir werden nun die wichtigsten lokalen Eigenschaften stetiger Funktionen vorstellen.

**Satz 1.** *Sei $f : E \to \mathbb{R}$ eine Funktion, die im Punkt $a \in E$ stetig ist. Dann gelten die folgenden Aussagen:*

$1^0$. *Die Funktion $f : E \to \mathbb{R}$ ist in einer Umgebung $U_E(a)$ von $a$ beschränkt.*

$2^0$. *Ist $f(a) \neq 0$, dann besitzen in einer Umgebung $U_E(a)$ alle Werte der Funktion dasselbe Vorzeichen wie $f(a)$.*

$3^0$. *Ist die Funktion $g : U_E(a) \to \mathbb{R}$ in einer Umgebung von $a$ definiert und ist sie wie $f$ stetig in $a$, dann sind die folgenden Funktionen in einer Umgebung von $a$ definiert und in $a$ stetig:*

a) *$(f + g)(x) := f(x) + g(x)$,*

b) *$(f \cdot g)(x) := f(x) \cdot g(x)$,*

c) *$\left(\frac{f}{g}\right)(x) := \frac{f(x)}{g(x)}$ (vorausgesetzt, dass $g(a) \neq 0$).*

$4^0$. *Ist die Funktion $g : Y \to \mathbb{R}$ in einem Punkt $b \in Y$ stetig, ist $f$ stetig in $a$ und gilt, dass $f : E \to Y$ mit $f(a) = b$, dann ist die verkettete Funktion $(g \circ f)$ auf $E$ definiert und in $a$ stetig.*

*Beweis.* Zum Beweis dieses Satzes genügt es, zu wiederholen (vgl. Abschnitt 4.1), dass die Stetigkeit der Funktionen $f$ oder $g$ in einem Punkt $a$

ihres Definitionsbereichs dazu äquivalent ist, dass der Grenzwert dieser Funktionen auf der Basis $\mathcal{B}_a$ von Umgebungen von $a$ existiert und mit den Werten der Funktionen in $a$ übereinstimmt: $\lim\limits_{\mathcal{B}_a} f(x) = f(a)$, $\lim\limits_{\mathcal{B}_a} g(x) = g(a)$.

Somit folgen die Behauptungen $1^0$, $2^0$ und $3^0$ in Satz 1 unmittelbar aus der Definition der Stetigkeit einer Funktion in einem Punkt und den entsprechenden Eigenschaften des Grenzwertes einer Funktion.

Die einzige notwendige Erklärung bedarf der Beweis, dass der Bruch $\frac{f(x)}{g(x)}$ in einer Umgebung $\widetilde{U}_E(a)$ von $a$ definiert ist. Laut Annahme ist $g(a) \neq 0$ und nach Behauptung $2^0$ des Satzes existiert in jedem Punkt, in dem $g(x) \neq 0$, eine Umgebung $\widetilde{U}_E(a)$, d.h., $\frac{f(x)}{g(x)}$ ist in $\widetilde{U}_E(a)$ definiert.

Die Behauptung $4^0$ in Satz 1 ist eine Konsequenz des Satzes zum Grenzwert einer verketteten Funktion, auf Grund dessen

$$\lim_{\mathcal{B}_a}(g \circ f)(x) = \lim_{\mathcal{B}_b} g(y) = g(b) = g\big(f(a)\big) = (g \circ f)(a) \,,$$

was zur Stetigkeit von $(g \circ f)$ in $a$ äquivalent ist.

Um den Satz jedoch auf den Grenzwert einer verketteten Funktion anwenden zu können, müssen wir sicherstellen, dass für jedes Element $U_Y(b)$ der Basis $\mathcal{B}_b$ ein Element $U_E(a)$ der Basis $\mathcal{B}_a$ existiert, so dass $f(U_E(a)) \subset U_Y(b)$. Bei vorgegebener Umgebung $U(b) = U\big(f(a)\big)$ gibt es nach der Definition der Stetigkeit von $f : E \to Y$ im Punkt $a$ eine Umgebung $U_E(a)$ von $a$ in $E$, so dass $f\big(U_E(a)\big) \subset U\big(f(a)\big)$. Sei $U_Y(b) = Y \cap U(b)$. Da der Wertebereich von $f$ in $Y$ enthalten ist, erhalten wir $f\big(U_E(a)\big) \subset Y \cap U\big(f(a)\big) = U_Y(b)$ und wir haben damit die Anwendung des Satzes auf den Grenzwert einer verketteten Funktion gerechtfertigt. ◻

*Beispiel 1.* Ein algebraisches Polynom $P(x) = a_0 x^n + a_1 x^{n-1} + \cdots + a_n$ ist eine stetige Funktion in $\mathbb{R}$.

Tatsächlich folgt durch Induktion aus $3^0$ in Satz 1, dass die Summe und das Produkt jeder endlichen Anzahl von Funktionen, die in einem Punkt stetig sind, selbst wieder in diesem Punkt stetig ist. Wir haben in den Beispielen 1 und 2 in Abschnitt 4.1 nachgewiesen, dass die konstante Funktion und die Funktion $f(x) = x$ in $\mathbb{R}$ stetig sind. Daraus folgt, dass die Funktion $ax^m = a \cdot \underbrace{x \cdot \ldots \cdot x}_{m \text{ Faktoren}}$ stetig ist und folglich ebenso das Polynom $P(x)$.

*Beispiel 2.* Eine rationale Funktion $R(x) = \frac{P(x)}{Q(x)}$ – ein Quotient aus Polynomen – ist überall da, wo es definiert ist, stetig, d.h., wo $Q(x) \neq 0$ ist. Dies folgt aus Beispiel 1 und Behauptung $3^0$ in Satz 1.

*Beispiel 3.* Die Verkettung einer endlichen Anzahl stetiger Funktionen ist in jedem Punkt ihres Definitionsbereichs stetig. Dies folgt durch Induktion aus Behauptung $4^0$ in Satz 1. Daher ist beispielsweise die Funktion $\mathrm{e}^{\sin^2(\ln|\cos x|)}$ in ganz $\mathbb{R}$ stetig, mit Ausnahme der Punkte $\frac{\pi}{2}(2k+1)$, $k \in \mathbb{Z}$, in denen sie nicht definiert ist.

### 4.2.2 Globale Eigenschaften stetiger Funktionen

Eine *globale* Eigenschaft einer Funktion ist intuitiv eine Eigenschaft, die den ganzen Definitionsbereich der Funktion betrifft.

**Satz 2.** (Der Zwischenwertsatz von Bolzano–Cauchy). *Nimmt eine auf einem abgeschlossenen Intervall stetige Funktion in den Endpunkten des Intervalls Werte mit unterschiedlichem Vorzeichen an, dann existiert ein Punkt im Intervall, in dem sie den Wert 0 annimmt.*

Dieser Satz nimmt mit logischen Symbolen die folgende Form an:[5]

$$\left(f \in C[a,b] \wedge f(a) \cdot f(b) < 0\right) \Rightarrow \exists c \in [a,b] \left(f(c) = 0\right).$$

*Beweis.* Wir wollen das Intervall $[a,b]$ halbieren. Nimmt die Funktion im Punkt der Halbierung nicht den Wert 0 an, dann muss sie in einem der beiden Teilintervalle in den Endpunkten unterschiedliche Vorzeichen besitzen. In diesem Intervall wiederholen wir den Vorgang, d.h., wir wiederholen die Halbierung. So treffen wir entweder auf einen Punkt $c \in [a,b]$ mit $f(c) = 0$ oder wir erhalten eine Folge $\{I_n\}$ geschachtelter, abgeschlossener Intervalle, deren Länge gegen Null geht und in deren Endpunkten $f$ Werte mit unterschiedlichen Vorzeichen annimmt. Für diesen Fall existiert nach dem Satz zur Intervallschachtelung ein eindeutiger Punkt $c \in [a,b]$, den alle Intervalle gemeinsam haben. Nach unserer Konstruktion erhalten wir zwei Folgen von Endpunkten der Intervalle $\{x'_n\}$ und $\{x''_n\}$, so dass $f(x'_n) < 0$ und $f(x''_n) > 0$, während gleichzeitig $\lim_{n \to \infty} x'_n = \lim_{n \to \infty} x''_n = c$. Nach den Eigenschaften eines Grenzwertes und der Definition der Stetigkeit erhalten wir, dass $\lim_{n \to \infty} f(x'_n) = f(c) \leq 0$ und $\lim_{n \to \infty} f(x''_n) = f(c) \geq 0$. Somit ist $f(c) = 0$.    □

### Anmerkungen zu Satz 2

$1^0$. Der Beweis des Satzes liefert einen sehr einfachen Algorithmus zum Auffinden einer Lösung der Gleichung $f(x) = 0$ auf einem Intervall, in dessen Endpunkten eine stetige Funktion $f(x)$ Werte mit unterschiedlichen Vorzeichen annimmt.

$2^0$. Satz 2 stellt somit sicher, dass ein stetiger Übergang von positiven zu negativen Werten, ohne unterwegs den Wert Null anzunehmen, unmöglich ist.

$3^0$. Man sollte mit intuitiven Anmerkungen wie in Anmerkung $2^0$ vorsichtig sein, da sie normalerweise mehr annehmen, als sie aussagen. Betrachten Sie

---

[5] Wir erinnern daran, dass $C(E)$ die Menge aller stetigen Funktionen auf der Menge $E$ bezeichnet. Für $E = [a,b]$ schreiben wir oft in Kurzform $C[a,b]$ anstelle von $C\big([a,b]\big)$.

beispielsweise die Funktion, die auf dem abgeschlossenen Intervall $[0, 1]$ gleich $-1$ ist und gleich $1$ auf dem abgeschlossenen Intervall $[2, 3]$. Es ist klar, dass diese Funktion auf ihrem Definitionsbereich stetig ist und Werte mit unterschiedlichem Vorzeichen annimmt, jedoch niemals den Wert 0. Diese Anmerkung zeigt, dass die in Satz 2 formulierte Eigenschaft einer stetigen Funktion tatsächlich das Ergebnis einer gewissen Eigenschaft des Definitionsbereichs ist (nämlich, wie unten klar wird, die Eigenschaft *zusammenhängend* zu sein).

**Korollar zu Satz 2.** *Ist die Funktion $\varphi$ auf einem offenen Intervall stetig und nimmt sie in den Punkten $a$ und $b$ die Werte $\varphi(a) = A$ und $\varphi(b) = B$ an, dann gibt es zu jeder Zahl $C$ zwischen $A$ und $B$ einen Punkt $c$ zwischen $a$ und $b$ in dem $\varphi(c) = C$.*

*Beweis.* Das abgeschlossene Intervall $I$ mit den Endpunkten $a$ und $b$ liegt innerhalb des offenen Intervalls, auf dem $\varphi$ definiert ist. Daher ist die Funktion $f(x) = \varphi(x) - C$ definiert und auf $I$ stetig. Da $f(a) \cdot f(b) = (A - C)(B - C) < 0$, folgt aus Satz 2, dass es einen Punkt $c$ zwischen $a$ und $b$ gibt, in dem $f(c) = \varphi(c) - C = 0$. □

**Satz 3.** (Der Weierstraßsche Extremwertsatz). *Eine auf einem abgeschlossenen Intervall stetige Funktion ist auf diesem Intervall beschränkt. Außerdem gibt es einen Punkt im Intervall, in dem die Funktion ihr Maximum und einen Punkt, in dem sie ihr Minimum annimmt.*

*Beweis.* Sei $f : E \to \mathbb{R}$ eine stetige Funktion auf dem abgeschlossenen Intervall $E = [a, b]$. Nach den lokalen Eigenschaften einer stetigen Funktion (vgl. Satz 1) existiert zu jedem Punkt $x \in E$ eine Umgebung $U(x)$, so dass die Funktion auf der Menge $U_E(x) = E \cap U(x)$ beschränkt ist. Die Menge derartiger Umgebungen, die so für alle $x \in E$ konstruiert werden, bilden eine Überdeckung des abgeschlossenen Intervalls $[a, b]$ durch offene Intervalle. Nach dem Satz zur endlichen Überdeckung lässt sich ein endliches Mengensystem $U(x_1), \ldots, U(x_n)$ offener Intervalle herausgreifen, das das abgeschlossene Intervall $[a, b]$ überdeckt. Da die Funktion auf jeder Menge $E \cap U(x_k) = U_E(x_k)$ beschränkt ist, d.h., $m_k \leq f(x) \leq M_k$ mit reellen Zahlen $m_k$ und $M_k$ und $x \in U_E(x_k)$, erhalten wir:

$$\min\{m_1, \ldots, m_n\} \leq f(x) \leq \max\{M_1, \ldots, M_N\}$$

in jedem Punkt $x \in E = [a, b]$. Somit ist nachgewiesen, dass $f(x)$ auf $[a, b]$ beschränkt ist.

Nun sei $M = \sup_{x \in E} f(x)$. Angenommen, $f(x) < M$ in jedem Punkt $x \in E$. Dann ist die stetige Funktion $M - f(x)$ auf $E$ nirgendwo Null, obwohl (nach der Definition von $M$) sie Werte annimmt, die beliebig nahe an 0 kommen. Daraus folgt, dass die Funktion $\frac{1}{M - f(x)}$ auf der einen Seite aufgrund der lokalen Eigenschaften stetiger Funktionen auf $E$ stetig ist und auf der anderen

Seite nicht auf $E$ beschränkt ist, was im Widerspruch zu der eben bewiesenen Eigenschaft einer stetigen Funktion auf einem abgeschlossenen Intervall steht. Somit muss es einen Punkt $x_M \in [a, b]$ geben, in dem $f(x_M) = M$ gilt. Ganz ähnlich beweisen wir, indem wir $m = \inf_{x \in E} f(x)$ und die Hilfsfunktion $\frac{1}{f(x) - m}$ betrachten, dass es einen Punkt $x_m \in [a, b]$ gibt, in dem $f(x_m) = m$.
□

Wir merken an, dass beispielsweise die Funktionen $f_1(x) = x$ und $f_2(x) = \frac{1}{x}$ auf dem offenen Intervall $E = (0, 1)$ stetig sind. Aber $f_1$ besitzt weder ein Maximum noch ein Minimum auf $E$ und $f_2$ ist auf $E$ unbeschränkt. Daher beinhalten die in Satz 3 formulierten Eigenschaften einer stetigen Funktion eine Eigenschaft des Definitionsbereichs, nämlich die Eigenschaft, dass bei jeder Überdeckung von $E$ durch offene Intervalle eine endliche Anzahl von Mengen zur Überdeckung ausreicht. Von nun an werden wir solche Mengen als *kompakt* bezeichnen.

Bevor wir zum nächsten Satz übergehen, wollen wir eine Definition treffen.

**Definition 1.** Eine Funktion $f : E \to \mathbb{R}$ ist auf einer Menge $E \subset \mathbb{R}$ *gleichmäßig stetig*, wenn zu jedem $\varepsilon > 0$ ein $\delta > 0$ existiert, so dass $|f(x_1) - f(x_2)| < \varepsilon$ für alle Punkte $x_1, x_2 \in E$ mit $|x_1 - x_2| < \delta$.

In Kurzform:

$$(f : E \to \mathbb{R} \text{ ist gleichmäßig stetig }) :=$$
$$= \big(\forall \varepsilon > 0 \, \exists \delta > 0 \, \forall x_1 \in E \, \forall x_2 \in E \, \big(|x_1 - x_2| < \delta \Rightarrow$$
$$\Rightarrow |f(x_1) - f(x_2)| < \varepsilon\big)\big).$$

Wir wollen nun das Konzept der gleichmäßigen Stetigkeit untersuchen.

$1^0$. Ist eine Funktion auf einer Menge gleichmäßig stetig, dann ist sie in jedem Punkt der Menge stetig. Tatsächlich genügt es, in der eben vorgenommenen Definition $x_1 = x$ und $x_2 = a$ zu setzen und wir erkennen, dass die Definition der Stetigkeit einer Funktion $f : E \to \mathbb{R}$ im Punkt $a \in E$ erfüllt ist.

$2^0$. Im Allgemeinen folgt aus der Stetigkeit einer Funktion nicht ihre gleichmäßige Stetigkeit.

*Beispiel 4.* Die Funktion $f(x) = \sin\frac{1}{x}$, auf die wir bereits oft trafen, ist auf dem offenen Intervall $]0, 1[= E$ stetig. Die Funktion nimmt jedoch in jeder Umgebung von 0 in der Menge $E$ beide Werte $-1$ und $1$ an. Daher ist die Bedingung $|f(x_1) - f(x_2)| < \varepsilon$ für $\varepsilon > 2$ nicht erfüllt.

In diesem Zusammenhang ist es hilfreich, die Negierung der Eigenschaft der gleichmäßigen Stetigkeit einer Funktion explizit zu formulieren:

$$(f : E \to \mathbb{R} \text{ ist nicht gleichmäßig stetig}) :=$$
$$= \big(\exists \varepsilon > 0 \, \forall \delta > 0 \, \exists x_1 \in E \, \exists x_2 \in E \, \big(|x_1 - x_2| < \delta \wedge$$
$$\wedge |f(x_1) - f(x_2)| \geq \varepsilon\big)\big).$$

Dieses Beispiel bringt den Unterschied zwischen Stetigkeit und gleichmäßiger Stetigkeit einer Funktion auf einer Menge intuitiv zum Ausdruck. Um auf die Stelle in der Definition der gleichmäßigen Stetigkeit aufmerksam zu machen, die für diesen Unterschied verantwortlich ist, formulieren wir ausführlich, was es für eine Funktion $f : E \to \mathbb{R}$ bedeutet, auf $E$ stetig zu sein:

$$(f : E \to \mathbb{R} \text{ ist stetig auf } E :=$$
$$= \big(\forall a \in E \, \forall \varepsilon > 0 \, \exists \delta > 0 \, \forall x \in E \, (|x - a| < \delta \Rightarrow |f(x) - f(a)| < \varepsilon)\big) \, .$$

Dabei wird die Zahl $\delta$ mit Kenntnis des Punktes $a \in E$ und der Zahl $\varepsilon$ gewählt, so dass sich also für ein festes $\varepsilon$ die Zahl $\delta$ von einem Punkt zum anderen ändern kann. Dies ist der Fall bei der Funktion $\sin \frac{1}{x}$, die wir in Beispiel 1 betrachtet haben oder bei den Funktionen $\log_a x$ und $a^x$, die wir auf ihrem ganzen Definitionsbereich untersucht haben.

Bei der gleichmäßigen Stetigkeit wird bei alleiniger Kenntnis von $\varepsilon > 0$ die Möglichkeit garantiert, ein $\delta$ zu finden, so dass aus $|x - a| < \delta$ folgt, dass $|f(x) - f(a)| < \varepsilon$ für alle $x \in E$ und $a \in E$.

*Beispiel 5.* Ist die Funktion $f : E \to \mathbb{R}$ in jeder Umgebung eines festen Punktes $x_0 \in E$ unbeschränkt, dann ist sie nicht gleichmäßig stetig.

Tatsächlich gibt es in diesem Fall für jedes $\delta > 0$ Punkte $x_1$ und $x_2$ in jeder $\frac{\delta}{2}$-Umgebung von $x_0$, so dass $|f(x_1) - f(x_2)| > 1$, obwohl $|x_1 - x_2| < \delta$.
Dies ist der Fall bei der Funktion $f(x) = \frac{1}{x}$ auf der Menge $\mathbb{R} \backslash 0$ für $x_0 = 0$. Dasselbe gilt für die Funktion $\log_a x$, die auf der Menge der positiven Zahlen definiert ist und in einer Umgebung von $x_0 = 0$ unbeschränkt ist.

*Beispiel 6.* Die Funktion $f(x) = x^2$, die auf $\mathbb{R}$ stetig ist, ist auf $\mathbb{R}$ nicht gleichmäßig stetig.
Tatsächlich erhalten wir in den Punkten $x_n' = \sqrt{n+1}$ und $x_n'' = \sqrt{n}$, $n \in \mathbb{N}$, dass $f(x_n') = n + 1$ und $f(x_n'') = n$, so dass $f(x_n') - f(x_n'') = 1$. Aber

$$\lim_{n \to \infty} \big(\sqrt{n+1} - \sqrt{n}\big) = \lim_{n \to \infty} \frac{1}{\sqrt{n+1} + \sqrt{n}} = 0 \, ,$$

so dass es für jedes $\delta > 0$ Punkte $x_n'$ und $x_n''$ gibt, so dass $|x_n' - x_n''| < \delta$, aber dennoch $f(x_n') - f(x_n'') = 1$.

*Beispiel 7.* Die Funktion $f(x) = \sin(x^2)$, die auf $\mathbb{R}$ stetig und beschränkt ist, ist auf $\mathbb{R}$ nicht gleichmäßig stetig, denn wir erhalten in den Punkten $x_n' = \sqrt{\frac{\pi}{2}(n+1)}$ und $x_n'' = \sqrt{\frac{\pi}{2}n}$, $n \in \mathbb{N}$, dass $|f(x_n') - f(x_n'')| = 1$, während $\lim_{n \to \infty} |x_n' - x_n''| = 0$.

Nach dieser Diskussion des Konzepts der gleichmäßigen Stetigkeit einer Funktion und dem Vergleich von Stetigkeit und gleichmäßiger Stetigkeit wissen wir nun den folgenden Satz zu schätzen.

**Satz 4.** (Der Satz von Heine zur gleichmäßigen Stetigkeit). *Eine auf einem abgeschlossenen Intervall stetige Funktion ist auf diesem Intervall auch gleichmäßig stetig.*

Wir bemerken, dass dieser Satz in der Literatur auch als Cantors Satz bezeichnet wird. Um ungebräuchliche Terminologie zu vermeiden, werden wir die üblichere Bezeichnung Satz von Heine bei späteren Verweisen benutzen.

**Beweis.** Sei $f : E \to \mathbb{R}$ eine gegebene Funktion, $E = [a, b]$ und $f \in C(E)$. Da $f$ in jedem Punkt $x \in E$ stetig ist, folgt (vgl. $6^0$ in Absatz 4.1.1), dass wir zu vorgegebenem $\varepsilon > 0$ eine $\delta$-Umgebung $U^\delta(x)$ von $x$ finden können, so dass die Oszillation $\omega(f; U_E^\delta(x))$ von $f$ auf der Menge $U_E^\delta(x) = E \cap U^\delta(x)$, die aus den Punkten im Definitionsbereich $E$ besteht, die in $U^\delta(x)$ liegen, kleiner als $\varepsilon$ ist. Zu jedem Punkt $x \in E$ konstruieren wir eine Umgebung $U^\delta(x)$ mit dieser Eigenschaft. Die Größe $\delta$ kann sich dabei von einem Punkt zum anderen ändern, so dass es genauer wäre, wenn auch umständlicher, die Umgebung durch das Symbol $U^{\delta(x)}(x)$ zu bezeichnen. Da aber das Symbol an sich durch den Punkt $x$ bestimmt wird, können wir die folgende kürzere Schreibweise einführen: $U(x) = U^{\delta(x)}(x)$ und $V(x) = U^{\delta(x)/2}(x)$.

Die offenen Intervalle $V(x)$, $x \in E$ überdecken zusammen das abgeschlossene Intervall $[a, b]$, so dass wir nach dem Satz zur endlichen Überdeckung eine endliche Überdeckung $V(x_1), \ldots, V(x_n)$ herausgreifen können. Sei $\delta = \min\left\{\frac{1}{2}\delta(x_1), \ldots, \frac{1}{2}\delta(x_n)\right\}$. Wir werden zeigen, dass $|f(x') - f(x'')| < \varepsilon$ für alle Punkte $x', x'' \in E$ mit $|x' - x''| < \delta$. Da das System der offenen Intervalle $V(x_1), \ldots, V(x_n)$ die Menge $E$ überdeckt, existiert ein Intervall $V(x_i)$ in diesem System, das $x'$ enthält, d.h., $|x' - x_i| < \frac{1}{2}\delta(x_i)$. Dann ist aber

$$|x'' - x_i| \le |x' - x''| + |x' - x_i| < \delta + \frac{1}{2}\delta(x_i) \le \frac{1}{2}\delta(x_i) + \frac{1}{2}\delta(x_i) = \delta(x_i) \,.$$

Folglich ist $x', x'' \in U_E^{\delta(x_i)}(x_i) = E \cap U^{\delta(x_i)}(x_i)$ und somit $|f(x') - f(x'')| \le \omega\left(f; U_E^{\delta(x_i)}(x_i)\right) < \varepsilon$.    $\square$

Die oben gegebenen Beispiele zeigen, dass der Satz von Heine eine bestimmte Eigenschaft des Definitionsbereichs der Funktion entscheidend ausnutzt. Aus dem Beweis wird wie in Satz 3 deutlich, dass diese Eigenschaft die ist, dass wir aus jeder Überdeckung von $E$ aus den Umgebungen ihrer Punkte eine endliche Überdeckung herausgreifen können.

Nun, da Satz 4 bewiesen ist, wollen wir nochmals zu den früher untersuchten Beispielen von Funktionen, die stetig sind, aber nicht gleichmäßig stetig, zurückkommen. Wir wollen verdeutlichen, woran es liegt, dass etwa die Funktion $\sin(x^2)$, die nach dem Satz von Heine auf jedem abgeschlossenen Intervall auf der reellen Gerade gleichmäßig stetig ist, nichtsdestotrotz auf $\mathbb{R}$ nicht gleichmäßig stetig ist. Der Grund dafür ist vollständig analog zu dem Grund, weswegen eine stetige Funktion im Allgemeinen nicht gleichmäßig stetig ist. Diesmal laden wir unsere Leser dazu ein, diese Frage selbständig zu untersuchen.

Wir wenden uns nun dem letzten wichtigen Satz in diesem Abschnitt zu, dem Satz zur inversen Funktion. Wir müssen die Bedingungen bestimmen, unter denen eine Funktion mit reellen Werten auf einem abgeschlossenen Intervall eine Inverse besitzt, und die Bedingungen, unter denen diese Inverse stetig ist.

**Lemma 1.** *Eine stetige Abbildung $f : E \to \mathbb{R}$ eines abgeschlossenen Intervalls $E = [a, b]$ auf $\mathbb{R}$ ist genau dann injektiv, wenn die Funktion auf $[a, b]$ streng monoton ist.*

*Beweis.* Ist $f$ anwachsend oder absteigend auf jeder Menge $E \subset \mathbb{R}$, dann ist die Abbildung $f : E \to \mathbb{R}$ offensichtlich injektiv: Die Funktion nimmt in verschiedenen Punkten von $E$ verschiedene Werte an.

Daher ist die Behauptung, dass jede stetige injektive Abbildung $f{:}[a, b] \to \mathbb{R}$ einer streng monotonen Funktion entspricht, der entscheidende Teil von Lemma 1.

Wir nehmen an, dass dies falsch ist und finden daher drei Punkte $x_1 < x_2 < x_3$ in $[a, b]$, so dass $f(x_2)$ nicht zwischen $f(x_1)$ und $f(x_3)$ liegt. Dann liegt entweder $f(x_3)$ zwischen $f(x_1)$ und $f(x_2)$ oder $f(x_1)$ liegt zwischen $f(x_2)$ und $f(x_3)$. Der Deutlichkeit halber nehmen wir an, dass das Letzte der Fall ist. Nach Annahme ist $f$ auf $[x_2, x_3]$ stetig. Daher gibt es nach dem Korollar zum Zwischenwertsatz (Satz 2) einen Punkt $x_1'$ in diesem Intervall, so dass $f(x_1') = f(x_1)$. Für diesen Punkt in $[x_2, x_3]$ gilt $x_1 < x_1'$ und gleichzeitig $f(x_1) = f(x_1')$, was sich nicht mit der Injektivität der Abbildung in Einklang bringen lässt. Der Fall, dass $f(x_3)$ zwischen $f(x_1)$ und $f(x_2)$ liegt, wird ähnlich behandelt. □

**Lemma 2.** *Jede streng monotone Funktion $f : X \to \mathbb{R}$, die auf einer numerischen Menge $X \subset \mathbb{R}$ definiert ist, besitzt eine Inverse $f^{-1} : Y \to \mathbb{R}$, die auf der Menge $Y = f(X)$ von Werten von $f$ definiert ist und die gleiche Art Monotonie auf $Y$ besitzt wie $f$ auf $X$.*

*Beweis.* Die Abbildung $f : X \to Y = f(Y)$ ist surjektiv, d.h., sie ist eine Abbildung von $X$ *auf* $Y$. Der Deutlichkeit halber gehen wir davon aus, dass $f : X \to Y$ auf $X$ anwachsend ist. Dann ist

$$\forall x_1 \in X \, \forall x_2 \in X \left( x_1 < x_2 \Leftrightarrow f(x_1) < f(x_2) \right). \tag{4.1}$$

Somit nimmt die Abbildung $f : X \to Y$ in unterschiedlichen Punkten unterschiedliche Werte an und ist daher injektiv. Folglich ist $f : X \to Y$ bijektiv, d.h., sie ist eine eins-zu-eins Abbildung zwischen $X$ und $Y$. Daher ist die inverse Abbildung $f^{-1} : Y \to X$ durch die Formel $x = f^{-1}(y)$ mit $y = f(x)$ definiert.

Wenn wir die Definition der Abbildung $f^{-1} : Y \to X$ mit der Relation (4.1) vergleichen, gelangen wir zur Relation

$$\forall y_1 \in Y \, \forall y_2 \in Y \left( f^{-1}(y_1) < f^{-1}(y_2) \Leftrightarrow y_1 < y_2 \right), \tag{4.2}$$

die besagt, dass die Funktion $f^{-1}$ in ihrem Definitionsbereich ebenso anwachsend ist.

Der Fall, dass $f : X \to Y$ auf ihrem Definitionsbereich absteigend ist, wird offensichtlich ähnlich behandelt.    $\square$

Wenn wir an der Stetigkeit einer zu einer Funktion mit reellen Werten inversen Funktion interessiert sind, dann ist es nach dem eben bewiesenen Lemma 2 hilfreich, die Stetigkeit monotoner Funktionen zu untersuchen.

**Lemma 3.** *Unstetigkeiten einer Funktion $f : E \to \mathbb{R}$, die auf der Menge $E \subset \mathbb{R}$ monoton ist, können nur Unstetigkeiten erster Art sein.*

*Beweis.* Der Deutlichkeit halber sei $f$ nicht absteigend. Angenommen, $a \in E$ sei eine Unstetigkeitsstelle von $f$. Da $a$ kein isolierter Punkt von $E$ sein kann, muss $a$ ein Häufungspunkt zumindest einer der beiden Mengen $E_a^- = \{x \in E \mid x < a\}$ oder $E_a^+ = \{x \in E \mid x > a\}$ sein. Da $f$ nicht absteigend ist, gilt für alle Punkte $x \in E_a^-$, dass $f(x) \le f(a)$. Daher ist die Einschränkung $f\big|_{E_a^-}$ von $f$ auf $E_a^-$ eine nicht abnehmende Funktion, die von oben beschränkt ist. Daraus folgt dann, dass der Grenzwert

$$\lim_{E_a^- \ni x \to a} \left(f\big|_{E_a^-}\right)(x) = \lim_{E \ni x \to a - 0} f(x) = f(a - 0)$$

existiert.

Der Beweis dafür, dass der Grenzwert $\lim\limits_{E \ni x \to a+0} f(x) = f(a + 0)$ existiert, wenn $a$ ein Häufungspunkt von $E_a^+$ ist, ist analog.

Der Fall, dass $f$ eine nicht anwachsende Funktion ist, kann entweder durch Wiederholung der eben durchgeführten Argumentation oder durch Übergang zur Funktion $-f$ behandelt werden, wodurch er sich auf den eben behandelten Fall reduziert.    $\square$

**Korollar 1.** *Sei $a$ eine Unstetigkeit einer monotonen Funktion $f : E \to \mathbb{R}$. Dann existiert zumindest einer der Grenzwerte*

$$\lim_{E \ni x \to a-0} f(x) = f(a - 0), \qquad \lim_{E \ni x \to a+0} f(x) = f(a + 0)$$

*und es gilt in mindestens einer der Ungleichungen $f(a - 0) \le f(a) \le f(a + 0)$ bzw. $f(a - 0) \ge f(a) \ge f(a + 0)$ für nicht absteigendes bzw. für nicht anwachsendes $f$ strenge Ungleichheit. Die Funktion nimmt in dem offenen Intervall, das durch die strenge Ungleichheit definiert ist, keinen Wert an. Offene Intervalle dieser Art, die durch unterschiedliche Unstetigkeitsstellen bestimmt werden, besitzen keine gemeinsamen Punkte, d.h., sie sind disjunkt.*

*Beweis.* Ist $a$ eine Unstetigkeitsstelle, dann muss $a$ ein Häufungspunkt der Menge $E$ sein und die Unstetigkeit ist, nach Lemma 3, eine Unstetigkeit erster Art. Somit ist zumindest eine der Basen $E \ni x \to a - 0$ bzw. $E \ni x \to a + 0$ definiert und der Grenzwert der Funktion existiert auf dieser Basis. (Sind beide Basen definiert, existieren beide Grenzwerte auf beiden Basen.) Der Deutlichkeit halber nehmen wir an, dass $f$ nicht absteigend ist. Da $a$ eine Unstetigkeitsstelle ist, muss zumindest in einer der Ungleichungen $f(a - 0) \leq f(a) \leq f(a + 0)$ strenge Ungleichheit gelten. Da $f(x) \leq \lim\limits_{E \ni x \to a - 0} f(x) = f(a - 0)$ für $x \in E$ und $x < a$, nimmt die Funktion auf dem durch die strenge Ungleichheit $f(a - 0) < f(a)$ definierten offenen Intervall tatsächlich keine Werte an. Analog enthält das durch die strenge Ungleichheit $f(a) < f(a + 0)$ definierte offene Intervall $\big(f(a), f(a+0)\big)$ keine Werte von $f$, da $f(a+0) \leq f(x)$ für $x \in E$ und $a < x$.

Seien $a_1$ und $a_2$ zwei verschiedene Unstetigkeitsstellen von $f$ und wir nehmen an, dass $a_1 < a_2$. Da die Funktion nicht absteigend ist, gilt:

$$f(a_1 - 0) \leq f(a_1) \leq f(a_1 + 0) \leq f(a_2 - 0) \leq f(a_2) \leq f(a_2 + 0) \,.$$

Daraus folgt, dass die Intervalle, die keine Werte von $f$ enthalten und zu unterschiedlichen Unstetigkeitsstellen gehören, disjunkt sind.    □

**Korollar 2.** *Die Menge der Unstetigkeitsstellen einer monotonen Funktion ist höchstens abzählbar.*

*Beweis.* Mit jeder Unstetigkeitsstelle einer monotonen Funktion verbinden wir das zugehörige offene Intervall aus Korollar 1, das keine Werte von $f$ enthält. Diese Intervalle sind paarweise disjunkt. Aber auf der reellen Geraden können nicht mehr als eine abzählbare Anzahl paarweise disjunkter offener Intervalle sein. Denn wir können in jedem dieser Intervalle eine rationale Zahl wählen, so dass die Ansammlung von Intervallen mit einer Teilmenge der Menge der rationalen Zahlen $\mathbb{Q}$ äquipotent ist. Daher ist sie höchstens abzählbar. Daher ist die Menge der Unstetigkeitsstellen, die in einer eins-zu-eins Beziehung zu der Menge derartiger Intervalle steht, ebenfalls höchstens abzählbar.    □

**Satz 5.** (Ein Kriterium für die Stetigkeit einer monotonen Funktion). *Eine auf einem abgeschlossenen Intervall $E = [a, b]$ definierte monotone Funktion $f : E \to \mathbb{R}$ ist genau dann stetig, wenn die Wertemenge $f(E)$ dem abgeschlossenen Intervall mit den Endpunkten $f(a)$ und $f(b)$ entspricht.*[6]

*Beweis.* Ist $f$ eine stetige monotone Funktion, so folgt aus der Monotonie, dass alle Werte, die $f$ auf dem abgeschlossenen Intervall $[a, b]$ annimmt, zwischen den Werten $f(a)$ und $f(b)$ liegen, die in den Endpunkten angenommen werden. Aufgrund der Stetigkeit muss die Funktion alle Werte zwischen $f(a)$ und $f(b)$ annehmen. Daher ist die Menge der Werte, die eine monotone und auf einem abgeschlossenen Intervall $[a, b]$ stetige Funktion annimmt, tatsächlich das abgeschlossene Intervall mit den Endpunkten $f(a)$ und $f(b)$.

Wir wollen nun die Umkehrung beweisen. Sei $f$ auf dem abgeschlossenen Intervall $[a, b]$ monoton. Besitzt $f$ eine Unstetigkeitsstelle in einem Punkt

---

[6] Hierbei ist $f(a) \leq f(b)$, wenn $f$ nicht absteigend ist und $f(b) \leq f(a)$, wenn $f$ nicht ansteigend ist.

$c \in [a, b]$, so ist nach Korollar 1 eines der offenen Intervalle $]f(c-0), f(c)[$ oder $]f(c), f(c+0[$ definiert, nicht leer und $f$ nimmt darin keine Werte an. Da aber $f$ monoton ist, ist dieses Intervall in dem Intervall mit den Endpunkten $f(a)$ und $f(b)$ enthalten. Besitzt daher eine monotone Funktion eine Unstetigkeitsstelle auf dem abgeschlossenen Intervall $[a, b]$, dann kann das abgeschlossene Intervall mit den Endpunkten $f(a)$ und $f(b)$ nicht dem Wertebereich der Funktion entsprechen. $\qquad\Box$

**Satz 6.** (Satz zur inversen Funktion). *Eine auf einer Menge $X \subset \mathbb{R}$ streng monotone Funktion $f : X \to \mathbb{R}$ besitzt eine Inverse $f^{-1} : Y \to \mathbb{R}$, die monoton ist und auf $Y$ dieselbe Monotonieeigenschaft besitzt wie $f$ auf $X$.*

*Ist $X$ außerdem ein abgeschlossenes Intervall $[a, b]$ und ist $f$ stetig auf $X$, dann ist die Menge $Y = f(X)$ das abgeschlossene Intervall mit den Endpunkten $f(a)$ und $f(b)$ und die Funktion $f^{-1} : Y \to \mathbb{R}$ ist auf diesem Intervall stetig.*

*Beweis.* Die Behauptung, dass für stetiges $f$ die Menge $Y = f(X)$ das abgeschlossene Intervall mit den Endpunkten $f(a)$ und $f(b)$ ist, folgt aus dem oben bewiesenen Satz 5. Bleibt zu zeigen, dass $f^{-1} : Y \to \mathbb{R}$ stetig ist. Aber $f^{-1}$ ist monoton auf $Y$, $Y$ ist ein abgeschlossenes Intervall und $f^{-1}(Y) = X = [a, b]$ ist ebenfalls ein abgeschlossenes Intervall. Wir schließen aus Satz 5, dass $f^{-1}$ auf dem Intervall $Y$ mit den Endpunkten $f(a)$ und $f(b)$ stetig ist. $\qquad\Box$

*Beispiel 8.* Die Funktion $y = f(x) = \sin x$ ist anwachsend und stetig auf dem abgeschlossenen Intervall $\left[ -\frac{\pi}{2}, \frac{\pi}{2} \right]$. Daher besitzt die Einschränkung der Funktion auf das abgeschlossene Intervall $\left[ -\frac{\pi}{2}, \frac{\pi}{2} \right]$ eine Inverse $x = f^{-1}(y)$, die wir mit $x = \arcsin y$ bezeichnen. Diese Funktion ist auf dem abgeschlossenen Intervall $\left[ \sin\left( -\frac{\pi}{2} \right), \sin\left( \frac{\pi}{2} \right) \right] = [-1, 1]$ definiert, sie wächst von $-\frac{\pi}{2}$ auf $\frac{\pi}{2}$ an und ist auf diesem abgeschlossenen Intervall stetig.

*Beispiel 9.* Ganz ähnlich ist die Einschränkung der Funktion $y = \cos x$ auf das abgeschlossene Intervall $[0, \pi]$ eine absteigende stetige Funktion, die nach Satz 6 eine Inverse besitzt, die mit $x = \arccos y$ bezeichnet wird und auf dem abgeschlossenen Intervall $[-1, 1]$ definiert ist. Sie ist auf diesem abgeschlossenen Intervall stetig und von $\pi$ auf $0$ absteigend.

*Beispiel 10.* Die Einschränkung der Funktion $y = \tan x$ auf das offene Intervall $X = \left] -\frac{\pi}{2}, \frac{\pi}{2} \right[$ ist eine stetige Funktion, die von $-\infty$ auf $+\infty$ anwächst. Nach dem ersten Teil von Satz 6 besitzt sie eine Inverse, die mit $x = \arctan y$ bezeichnet wird und für alle $y \in \mathbb{R}$ definiert ist. Sie wächst im offenen Intervall $\left] -\frac{\pi}{2}, \frac{\pi}{2} \right[$ an. Um zu beweisen, dass die Funktion $x = \arctan y$ in jedem Punkte $y_0$ ihres Definitionsbereichs stetig ist, nehmen wir den Punkt $x_0 = \arctan y_0$ und ein abgeschlossenes Intervall $[x_0 - \varepsilon, x_0 + \varepsilon]$, das $x_0$ enthält und im offenen Intervall $\left] -\frac{\pi}{2}, \frac{\pi}{2} \right[$ enthalten ist. Ist $x_0 - \varepsilon = \arctan(y_0 - \delta_1)$ und $x_0 + \varepsilon = \arctan(y_0 + \delta_2)$, dann gilt für jedes $y \in \mathbb{R}$ mit $y_0 - \delta_1 < y < y_0 + \delta_2$, dass

$x_0 - \varepsilon < \arctan y < x_0 + \varepsilon$. Daher ist $|\arctan y - \arctan y_0| < \varepsilon$ für $-\delta_1 < y - y_0 < \delta_2$. Die erste Ungleichung gilt insbesondere, wenn $|y - y_0| < \delta = \min\{\delta_1, \delta_2\}$, womit bewiesen ist, dass die Funktion $x = \arctan y$ im Punkt $y_0 \in \mathbb{R}$ stetig ist.

*Beispiel 11.* Da die Einschränkung der Funktion $y = \cot x$ auf das offene Intervall $]0, \pi[$ eine stetige Funktion ist, die von $+\infty$ auf $-\infty$ abnimmt, beweisen wir mit analoger Argumentation wie im vorigen Beispiel, dass die Funktion eine Inverse besitzt, die wir mit $x = \operatorname{arccot} y$ bezeichnen. Sie ist definiert, stetig und von $\pi$ auf $0$ absteigend auf der ganzen reellen Geraden $\mathbb{R}$ und nimmt Werte im Bereich $]0, \pi[$ an.

*Anmerkung.* Bei der Konstruktion der Graphen zueinander inverser Funktionen $y = f(x)$ und $x = f^{-1}(y)$ kann man sich merken, dass in einem gegebenen Koordinatensystem die Punkte mit den Koordinaten $(x, f(x)) = (x, y)$ und $(y, f^{-1}(y)) = (y, x)$ bezüglich der Winkelhalbierenden im ersten Quadranten symmetrisch liegen.

Somit sind die Graphen zueinander inverser Funktionen in demselben Koordinatensystem symmetrisch bezüglich der Winkelhalbierenden.

### 4.2.3 Übungen und Aufgaben

**1.** Zeigen Sie:

a) Ist $f \in C(A)$ und $B \subset A$, dann gilt: $f\big|_B \in C(B)$.

b) Ist eine Funktion $f : E_1 \cup E_2 \to \mathbb{R}$ so, dass $f\big|_{E_i} \in C(E_i)$, $i = 1, 2$, dann gilt nicht immer, dass $f \in C(E_1 \cup E_2)$.

c) Die Riemann-Funktion $\mathcal{R}$ und ihre Einschränkung $\mathcal{R}\big|_{\mathbb{Q}}$ auf die Menge der rationalen Zahlen sind beide in jedem Punkt von $\mathbb{Q}$, außer in $0$, unstetig und alle Unstetigkeitsstellen sind hebbar (vgl. Beispiel 12 in Abschnitt 4.1).

**2.** Zeigen Sie, dass mit einer Funktion $f \in C[a, b]$ auch die Funktionen

$$m(x) = \min_{a \le t \le x} f(t) \quad \text{und} \quad M(x) = \max_{a \le t \le x} f(t)$$

auf dem abgeschlossenen Intervall $[a, b]$ stetig sind.

**3.** a) Zeigen Sie, dass die zu einer Funktion inverse Funktion, die auf einem offenen Intervall monoton ist, auf ihrem Definitionsbereich stetig ist.

b) Konstruieren Sie eine monotone Funktion mit einer abzählbaren Menge von Unstetigkeiten.

c) Zeigen Sie, dass bei zueinander inversen Funktionen $f : X \to Y$ und $f^{-1} : Y \to X$ (hierbei sind $X$ und $Y$ Teilmengen von $\mathbb{R}$), wobei $f$ in einem Punkt $x_0 \in X$ stetig ist, die Funktion $f^{-1}$ nicht notwendigerweise im Punkt $y_0 = f(x_0)$ in $Y$ stetig ist.

**4.** Zeigen Sie:

a) Seien $f \in C[a, b]$ und $g \in C[a, b]$ und zusätzlich $f(a) < g(a)$ und $f(b) > g(b)$. Dann existiert ein Punkt $c \in [a, b]$ für den $f(c) = g(c)$ gilt.

b) Jede stetige Abbildung $f : [0, 1] \to [0, 1]$ von einem abgeschlossenen Intervall auf sich selbst besitzt einen Fixpunkt, d.h. einen Punkt $x \in [0, 1]$ mit $f(x) = x$.

c) Kommutieren zwei stetige Abbildungen $f$ und $g$ von einem Intervall auf sich selbst, d.h., $f \circ g = g \circ f$, dann besitzen sie einen gemeinsamen Fixpunkt.

d) Eine stetige Abbildung $f : \mathbb{R} \to \mathbb{R}$ kann auch keinen Fixpunkt haben.

e) Eine stetige Abbildung $f : [0, 1] \to [0, 1]$ kann auch keinen Fixpunkt haben.

f) Ist eine Abbildung $f : [0, 1] \to [0, 1]$ stetig, $f(0) = 0$, $f(1) = 1$ und $(f \circ f)(x) \equiv x$ auf $[0, 1]$, dann ist $f(x) \equiv x$.

**5.** Zeigen Sie, dass die Wertemenge jeder Funktion, die auf einem abgeschlossenen Intervall stetig ist, ein abgeschlossenes Intervall ist.

**6.** Beweisen Sie:

a) Ist eine Abbildung $f : [0, 1] \to [0, 1]$ stetig, $f(0) = 0$, $f(1) = 1$ und $f^n(x) :=$ $\underbrace{f \circ \ldots \circ f}_{n \text{ Faktoren}}(x) \equiv x$ auf $[0, 1]$, dann ist $f(x) \equiv x$.

b) Ist eine Funktion $f : [0, 1] \to [0, 1]$ stetig und nicht absteigend, dann tritt für jeden Punkt $x \in [0, 1]$ zumindest einer der folgenden Fälle ein: Entweder ist $x$ ein Fixpunkt oder $f^n(x)$ strebt gegen einen Fixpunkt. (Hierbei ist $f^n(x) = f \circ \ldots \circ f(x)$ die $n$-te Iteration von $f$.)

**7.** Sei $f : [0, 1] \to \mathbb{R}$ eine stetige Funktion mit $f(0) = f(1)$. Zeigen Sie:

a) Für jedes $n \in \mathbb{N}$ existiert ein horizontales abgeschlossenes Intervall der Länge $\frac{1}{n}$ mit Endpunkten auf dem Graphen dieser Funktion.

b) Ist die Zahl $l$ nicht der Form $\frac{1}{n}$, dann existiert eine Funktion dieser Form, in dessen Graphen keine horizontale Sehne der Länge $l$ einbeschrieben werden kann.

**8.** Das *Stetigkeitsmaß* einer Funktion $f : E \to \mathbb{R}$ ist die Funktion $\omega(\delta)$, die für $\delta > 0$ wie folgt definiert ist:

$$\omega(\delta) = \sup_{\substack{|x_1 - x_2| < \delta \\ x_1, x_2 \in E}} |f(x_1) - f(x_2)| .$$

Somit wird die kleinste obere Schranke über alle Paare von Punkten $x_1, x_2$ in $E$ gebildet, deren Abstand kleiner als $\delta$ ist.

Zeigen Sie:

a) Das Stetigkeitsmaß ist eine nicht absteigende nicht negative Funktion, die den Grenzwert[7] $\omega(+0) = \lim_{\delta \to +0} \omega(\delta)$ besitzt.

b) Zu jedem $\varepsilon > 0$ existiert ein $\delta > 0$, so dass für alle Punkte $x_1, x_2 \in E$ aus der Relation $|x_1 - x_2| < \delta$ folgt, dass $|f(x_1) - f(x_2)| < \omega(+0) + \varepsilon$.

---

[7] Aus diesem Grund wird das Stetigkeitsmaß üblicherweise für $\delta \geq 0$ betrachtet und $\omega(0) = \omega(+0)$ gesetzt.

c) Ist $E$ ein abgeschlossenes Intervall, ein offenes Intervall oder ein halb offenes Intervall, dann gilt die Relation

$$\omega(\delta_1 + \delta_2) \le \omega(\delta_1) + \omega(\delta_2)$$

für das Stetigkeitsmaß einer Funktion $f : E \to \mathbb{R}$.

d) Die Stetigkeitsmaße der Funktionen $x$ und $\sin(x^2)$ sind auf der ganzen reellen Geraden $\omega(\delta) = \delta$, bzw. die Konstante $\omega(\delta) = 2$ im Bereich $\delta > 0$.

e) Eine Funktion $f$ ist genau dann auf $E$ gleichmäßig stetig, wenn $\omega(+0) = 0$.

**9.** Seien $f$ und $g$ beschränkte Funktionen, die auf derselben Menge $X$ definiert sind. Die Größe $\Delta = \sup_{x \in X} |f(x) - g(x)|$ wird der *Abstand* zwischen $f$ und $g$ genannt. Er zeigt, wie gut eine Funktion sich einer anderen auf der gegebenen Menge $X$ annähert. Sei $X$ ein abgeschlossenes Intervall $[a, b]$. Zeigen Sie, dass für $f, g \in C[a, b]$ gilt: $\exists x_0 \in [a, b]$ mit $\Delta = |f(x_0) - g(x_0)|$. Zeigen Sie ferner, dass dies im Allgemeinen für beliebige beschränkte Funktionen nicht zutrifft.

**10.** Sei $P_n(x)$ ein Polynom vom Grade $n$. Wir wollen eine beschränkte Funktion $f : [a, b] \to \mathbb{R}$ durch Polynome annähern. Sei

$$\Delta(P_n) = \sup_{x \in [a,b]} |f(x) - P_n(x)| \quad \text{und} \quad E_n(f) = \inf_{P_n} \Delta(P_n) \,,$$

wobei das Infimum über alle Polynome vom Grade $n$ gebildet wird. Ein Polynom $P_n$ wird *Minimalabweichung* oder *Proximum* von $f$ genannt, falls $\Delta(P_n) = E_n(f)$. Zeigen Sie:

a) Es gibt ein Proximum $P_0(x) \equiv a_0$ vom Grade Null.

b) Unter den Polynomen $Q_\lambda(x)$ der Form $\lambda P_n(x)$, wobei $P_n$ ein festes Polynom ist, gibt es ein Polynom $Q_{\lambda_0}$, so dass:

$$\Delta(Q_{\lambda_0}) = \min_{\lambda \in \mathbb{R}} \Delta(Q_\lambda) \,.$$

c) Falls ein Proximum vom Grade $n$ existiert, dann existiert auch ein Proximum vom Grade $n + 1$.

d) Zu jeder auf einem abgeschlossenen Intervall beschränkten Funktion und jedem $n = 0, 1, 2, \ldots$ existiert ein Proximum vom Grade $n$.

**11.** Beweisen Sie die folgenden Aussagen.

a) Eine Polynom mit ungeradem Grad mit reellen Koeffizienten besitzt zumindest eine reelle Nullstelle.

b) Ist $P_n$ ein Polynom vom Grade $n$, dann besitzt die Funktion $\operatorname{sgn} P_n(x)$ höchstens $n$ Unstetigkeitsstellen.

c) Gibt es im abgeschlossenen Intervall $[a, b]$ $n + 2$ Punkte $x_0 < x_1 < \cdots < x_{n+1}$, so dass die Größen

$$\operatorname{sgn}\left[\Big(f(x_i) - P_n(x_i)\Big)(-1)^i\right]$$

für $i = 0, \ldots, n + 1$ stets denselben Wert annehmen, dann ist $E_n(f) \ge \min_{0 \le i \le n+1} |f(x_i) - P_n(x_i)|$. (Dieses Ergebnis ist als *Vallée Poussin Theorem*[8] bekannt. Zur Definition von $E_n(f)$ vgl. Aufgabe 10.)

---

[8] Ch. J. de la Vallée Poussin (1866–1962) – belgischer Mathematiker und Fachmann für theoretische Mechanik.

**12.** a) Zeigen Sie, dass für jedes $n \in \mathbb{N}$ die auf dem abgeschlossenen Intervall $[-1, 1]$ definierte Funktion $T_n(x) = \cos(n \arccos x)$ ein algebraisches Polynom vom Grade $n$ ist. (Dies sind die *Tschebyscheff Polynome*).

b) Finden Sie einen algebraischen Ausdruck für die Polynome $T_1$, $T_2$, $T_3$ und $T_4$ und zeichnen Sie ihre Graphen.

c) Bestimmen Sie die Nullstellen des Polynoms $T_n(x)$ auf dem abgeschlossenen Intervall $[-1, 1]$ und die Punkte des Intervalls, in denen $|T_n(x)|$ ihr Maximum annimmt.

d) Zeigen Sie, dass unter allen Polynomen $P_n(x)$ vom Grade $n$, deren führender Koeffizient 1 ist, das Polynom $T_n(x)$ das eindeutige Polynom ist, das Null am nächsten kommt, d.h., $E_n(0) = \max\limits_{|x| \leq 1} |T_n(x)|$. (Vgl. Aufgabe 10 zur Definition von $E_n(f)$.)

**13.** Sei $f \in C[a, b]$.

a) Besitzt das Polynom $P_n(x)$ vom Grade $n$ $n + 2$ Punkte $x_0 < \cdots < x_{n+1}$ (die sog. *Tschebyscheff Alternanten*), für die $f(x_i) - P_n(x_i) = (-1)^i \Delta(P_n) \cdot \alpha$ mit $\Delta(P_n) = \max\limits_{x \in [a,b]} |f(x) - P_n(x)|$ gilt, wobei $\alpha$ eine Konstante gleich 1 oder $-1$ ist, dann ist $P_n(x)$ das eindeutige Proximum vom Grade $n$ von $f$ (vgl. Aufgabe 10). Beweisen Sie diese Aussage.

b) Beweisen Sie den *Satz von Tschebyscheff*: *Ein Polynom $P_n(x)$ vom Grade $n$ ist genau dann ein Proximum zur Funktion $f \in C[a, b]$, wenn zumindest $n + 2$ Tschebyscheff Alternanten auf dem abgeschlossenen Intervall $[a, b]$ existieren.*

c) Zeigen Sie, dass für unstetige Funktionen die vorige Aussage im Allgemeinen nicht wahr ist.

d) Bestimmen Sie das Proximum vom Grad 0 und 1 für die Funktion $|x|$ auf dem Intervall $[-1, 2]$.

**14.** In Abschnitt 4.2 haben wir die lokalen Eigenschaften stetiger Funktionen untersucht. Diese Aufgabe präzisiert das Konzept einer lokalen Eigenschaft.

Zwei Funktionen $f$ und $g$ werden als äquivalent betrachtet, wenn es eine Umgebung $U(a)$ eines vorgegebenen Punktes $a \in \mathbb{R}$ gibt, so dass $f(x) = g(x)$ für alle $x \in U(a)$. Diese Relation zwischen Funktionen ist offensichtlich reflexiv, symmetrisch und transitiv, d.h., sie ist wirklich eine Äquivalenzrelation.

Eine Klasse von Funktionen, die alle zueinander in einem Punkt $a$ äquivalent sind, wird *Funktionskeim* in $a$ genannt. Wenn wir nur stetige Funktionen betrachten, sprechen wir von einem stetigen Funktionskeim in $a$.

Die *lokalen Eigenschaften* von Funktionen sind Eigenschaften von Funktionskeimen.

a) Definieren Sie die arithmetischen Operationen auf Keimen numerischer Funktionen in einem vorgegebenen Punkt.

b) Zeigen Sie, dass die arithmetischen Operationen auf Keimen stetiger Funktionen nicht außerhalb dieser Klasse von Keimen führen.

c) Zeigen Sie unter Berücksichtigung von a) und b), dass die Keime stetiger Funktionen einen Ring bilden – einen Ring von Keimen stetiger Funktionen.

d) Ein Teilring $I$ eines Rings $K$ wird *Ideal* von $K$ genannt, wenn das Produkt jeden Elements des Rings $K$ mit einem Element des Teilrings $I$ zu $I$ gehört. Finden Sie ein Ideal im Ring der Keime stetiger Funktionen in $a$.

**15.** Ein Ideal in einem Ring ist *maximal*, wenn es nicht in einem größeren Ideal, außer dem Ring selbst, enthalten ist. Die Menge $C[a, b]$ der auf einem abgeschlossenen Intervall stetigen Funktionen bildet einen Ring unter den üblichen Operationen der Addition und Multiplikation numerischer Funktionen. Bestimmen Sie die maximalen Ideale dieses Rings.

# 5

# Differentialrechnung

## 5.1 Differenzierbare Funktionen

### 5.1.1 Problemstellung und einleitende Betrachtungen

Angenommen, wir wollen in den Fußstapfen von Newton[1] das Keplersche Problem[2] zweier Körper lösen, d.h., das Bewegungsgesetz eines Himmelskörpers $m$ (eines Planeten) relativ zu einem anderen Körper $M$ (einem Stern) aufstellen. Wir beginnen mit einem kartesischen Koordinatensystem in der Bewegungsebene mit Ursprung in $M$ (s. Abb. 5.1). Dann kann die Position von $m$ zur Zeit $t$ in Zahlen durch die Koordinaten $(x(t), y(t))$ seines Punktes im Koordinatensystem charakterisiert werden. Wir suchen die Funktionen $x(t)$ und $y(t)$.

Die Bewegung von $m$ relativ zu $M$ wird durch die beiden berühmten Newtonschen Gesetze bestimmt:

*Das allgemeine Bewegungsgesetz*

$$m\mathbf{a} = \mathbf{F} , \tag{5.1}$$

das den Kraftvektor mit Hilfe der Proportionalitätskonstante $m$ – der trägen Masse des Körpers[3] – mit dem Beschleunigungsvektor verbindet.

---

[1] I. Newton (1642–1727) – britischer Physiker, Astronom und Mathematiker. Ein herausragender Gelehrter, der die grundlegenden Gesetze der klassischen Mechanik aufstellte, das allgemeine Gravitationsgesetz entdeckte und (zusammen mit Leibniz) die Grundlagen der Differential- und Integralrechnung entwickelte. Er wurde sogar von seinen Zeitgenossen geschätzt, die seinen Grabstein mit der Inschrift versahen: „Hic depositum est, quod mortale fuit Isaaci Newtoni" (Hier liegt das Sterbliche von Isaac Newton).

[2] J. Kepler (1571–1630) – berühmter deutscher Astronom, der die Gesetze der Planetenbewegung (die Keplerschen Gesetze) entdeckte.

[3] Wir haben für die Masse dasselbe Symbol benutzt wie für den Körper selbst, aber das wird nicht zur Verwirrung führen. Wir merken ferner an, dass wir für $m \ll M$ von einem trägen Koordinatensystem ausgehen können.

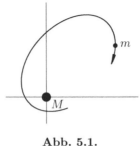

**Abb. 5.1.**

*Das allgemeine Gravitationsgesetz*, das es erlaubt, die Gravitationswirkung der Körper $m$ und $M$ aufeinander nach der Formel

$$\mathbf{F} = G\frac{mM}{|\mathbf{r}|^3}\mathbf{r} \tag{5.2}$$

zu bestimmen. Dabei ist $\mathbf{r}$ ein Vektor mit Anfangspunkt im Körper, auf den die Kraft einwirkt und Endpunkt in dem anderen Körper. $|\mathbf{r}|$ ist die Länge des Vektors $\mathbf{r}$, d.h. der Abstand zwischen $m$ und $M$.

Kennen wir die Massen $m$ und $M$, können wir mit Hilfe von (5.2) einfach die rechte Seite von (5.1) in Abhängigkeit von den Koordinaten $x(t)$ und $y(t)$ des Körpers $m$ zur Zeit $t$ formulieren und dabei alle Daten der vorgegebenen Bewegung berücksichtigen.

Um die in (5.1) enthaltenen Beziehungen für $x(t)$ und $y(t)$ zu erhalten, müssen wir lernen, wie die rechte Seite von (5.1) in Abhängigkeit von $x(t)$ und $y(t)$ formuliert werden kann.

Beschleunigung charakterisiert eine Änderung der Geschwindigkeit $\mathbf{v}(t)$. Genauer gesagt, so ist sie einfach ein Maß für die Geschwindigkeitsänderung. Daher müssen wir, um unser Problem zu lösen, zuallererst lernen, wie die Geschwindigkeit $\mathbf{v}(t)$ eines sich bewegenden Körpers zur Zeit $t$ aus dem Umlaufvektor $\mathbf{r}(t) = \big(x(t), y(t)\big)$ berechnet werden kann.

Daher wollen wir definieren und erlernen, wie die momentane Geschwindigkeit eines Körpers, die implizit in der Bewegungsgleichung (5.1) enthalten ist, berechnet werden kann.

Etwas zu messen bedeutet, es mit einem Standard zu vergleichen. Was kann uns in diesem Fall als Standard für die Bestimmung der momentanen Geschwindigkeit einer Bewegung dienen?

Die einfachste Bewegungsart ist die eines freien Körpers, auf den keine Kräfte einwirken. Bei dieser Bewegung legt der Körper in gleichen Zeitintervallen gleiche Entfernungen im Raum (als Vektoren) zurück. Es ist die sogenannte gleichförmige (geradlinige) Bewegung. Wenn sich ein Punkt gleichförmig bewegt und $\mathbf{r}(0)$ und $\mathbf{r}(1)$ seine Abstandvektoren relativ zu einem trägen Koordinatensystem in den Zeiten $t = 0$ und $t = 1$ sind, dann wird zu jeder Zeit $t$ gelten:

$$\mathbf{r}(t) - \mathbf{r}(0) = \mathbf{v} \cdot t\,. \tag{5.3}$$

Dabei ist $\mathbf{v} = \mathbf{r}(1) - \mathbf{r}(0)$. Es zeigt sich also, dass die Entfernung $\mathbf{r}(t) - \mathbf{r}(0)$ in diesem einfachsten Fall eine *lineare Funktion der Zeit* ist. Dabei übernimmt der Vektor $\mathbf{v}$ die Rolle der Proportionalitätskonstanten zwischen der Entfernung $\mathbf{r}(t) - \mathbf{r}(0)$ und der Zeit $t$, d.h. der Entfernung in der Einheitszeit. Diesen Vektor nennen wir die Geschwindigkeit einer gleichförmigen Bewegung. Die Tatsache, dass die Bewegung geradlinig ist, lässt sich an der parametrischen Darstellung der Bahn (Trajektorie) erkennen: $\mathbf{r}(t) = \mathbf{r}(0) + \mathbf{v} \cdot t$. Dies ist die Gleichung einer geradlinigen Strecke, wie sie uns aus der analytischen Geometrie bekannt ist.

Wir kennen nun die in (5.3) formulierte Geschwindigkeit $\mathbf{v}$ einer gleichförmigen Bewegung. Nach dem Trägheitsgesetz bewegt sich ein Körper, auf den keine äußeren Kräfte einwirken, gleichförmig auf einer Geraden. Würde daher die Einwirkung von $M$ auf $m$ zur Zeit $t$ enden, würde $m$ von dem Augenblick an seine Bewegung auf einer Geraden mit der aktuellen Geschwindigkeit fortsetzen. Natürlicherweise bezeichnet man diese Geschwindigkeit als die momentane Geschwindigkeit des Körpers zur Zeit $t$.

Eine derartige Definition einer gleichförmigen Geschwindigkeit bliebe jedoch eine reine Abstraktion, da wir keine Anleitung hätten, wie sie explizit berechnet werden kann, wenn auch nur für das höchst wichtige Problem, das wir gegenwärtig untersuchen.

Wir bleiben in dem von uns betretenen Kreis (Logiker würden ihn einen „Teufelskreis" nennen), den wir mit der Bewegungsgleichung (5.1) betraten, bevor wir dazu übergingen, die Bedeutung einer momentanen Geschwindigkeit und Beschleunigung zu erkunden. Wir halten nichtsdestotrotz fest, dass wir selbst mit den allgemeinsten Vorstellungen zu diesen Konzepten aus (5.1) die folgenden heuristischen Folgerungen ziehen können. Falls es keine Kraft gibt, d.h., $\mathbf{F} \equiv 0$, dann ist auch die Beschleunigung Null. Ist aber das Maß $\mathbf{a}(t)$ der Veränderung der Geschwindigkeit $\mathbf{v}(t)$ gleich Null, dann kann sich die Geschwindigkeit $\mathbf{v}(t)$ mit der Zeit nicht verändern. Auf diese Weise gelangen wir zum Trägheitsgesetz, nach dem sich der Körper tatsächlich im Raum mit konstant bleibender Geschwindigkeit bewegt.

Aus derselben Gleichung (5.1) können wir erkennen, dass Kräfte mit beschränkter Größe nur Beschleunigungen beschränkter Größe bewirken können. Übersteigt die absolute Größe der Veränderung einer Größe $P(t)$ aber in der Zeit $[0, t]$ nicht einen konstanten Wert $c$, dann kann nach unserer Vorstellung die Änderung $|P(t) - P(0)|$ der Größe $P$ mit der Zeit $t$ nicht $c \cdot t$ übersteigen. Somit ändert sich in diesem Fall die betrachtete Größe in einem kleinen Zeitintervall nur wenig. (In jedem Fall stellt sich die Funktion $P(t)$ als stetig heraus.) Somit ändern sich in rein mechanischen Systemen in einem kleinen Zeitintervall die Parameter nur um kleine Beträge.

Insbesondere *muss zu allen Zeiten $t$ in der Nähe einer Zeit $t_0$ die Geschwindigkeit $\mathbf{v}(t)$ des Körpers $m$ nahe dem Wert $\mathbf{v}(t_0)$ liegen*, den wir bestimmen wollen. Aber dann *unterscheidet sich in einer kleinen Umgebung der Zeit $t_0$ die Bewegung selbst nur um einen kleinen Betrag von einer gleichförmi-*

*gen Bewegung mit der Geschwindigkeit* $\mathbf{v}(t_0)$. Und je näher wir an $t_0$ kommen, desto geringer wird der Unterschied.

Wenn wir die Bahn des Körpers $m$ durch ein Teleskop fotografieren, so würden wir, in Abhängigkeit von der Qualität des Teleskops, in etwa Abb. 5.2 erhalten.

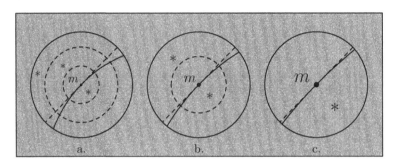

**Abb. 5.2.**

Der in Abb. 5.2c) gezeigte Teil der Bahn entspricht einem so kleinen Zeitintervall, dass es schwierig ist, die aktuelle Bahn von einer Geraden zu unterscheiden, da dieser Bahnteil wirklich einer Geraden gleicht und die Bewegung einer gleichförmigen geradlinigen Bewegung ähnelt. Aus dieser zufälligen Beobachtung können wir folgern, dass wir mit dem Problem der Bestimmung der momentanen Geschwindigkeit (wobei die Geschwindigkeit eine Vektorgröße ist) gleichzeitig das rein geometrische Problem lösen, die Tangente an eine Kurve zu definieren und zu finden (in diesem Fall ist die Bahn der Bewegung die Kurve).

Wir haben also beobachtet, dass in diesem Problem $\mathbf{v}(t) \approx \mathbf{v}(t_0)$ für $t$ nahe bei $t_0$ gelten muss, d.h., $\mathbf{v}(t) \to \mathbf{v}(t_0)$ für $t \to t_0$ oder, was dasselbe ist, $\mathbf{v}(t) = \mathbf{v}(t_0) + o(1)$ für $t \to t_0$. Somit muss auch

$$\mathbf{r}(t) - \mathbf{r}(t_0) \approx \mathbf{v}(t_0) \cdot (t - t_0)$$

für $t$ nahe bei $t_0$ gelten. Genauer formuliert, ist für $t \to t_0$ der Wert der Entfernung $\mathbf{r}(t) - \mathbf{r}(t_0)$ zu $\mathbf{v}(t_0)(t - t_0)$ äquivalent, oder

$$\mathbf{r}(t) - \mathbf{r}(t_0) = \mathbf{v}(t_0)(t - t_0) + o\big(\mathbf{v}(t_0)(t - t_0)\big) . \tag{5.4}$$

Dabei ist $o\big(\mathbf{v}(t_0)(t - t_0)\big)$ ein Korrekturvektor, dessen Größe schneller gegen Null strebt als der Betrag des Vektors $\mathbf{v}(t_0)(t - t_0)$ für $t \to t_0$. Hierbei müssen wir natürlich den Fall $\mathbf{v}(t_0) = \mathbf{0}$ ausschließen. Um diesen Fall nicht generell aus der Betrachtung auszuschließen, ist die Beobachtung, dass[4]

---

[4] Hierbei ist $|t - t_0|$ der Absolutwert der Zahl $t - t_0$, wohingegen $|\mathbf{v}|$ der Absolutwert oder die Länge des Vektors $\mathbf{v}$ ist.

$\left|\mathbf{v}(t_0)(t-t_0)\right| = \left|\mathbf{v}(t_0)\right|\left|t-t_0\right|$ hilfreich. Ist folglich $\left|\mathbf{v}(t_0)\right| \neq 0$, dann besitzt die Größe $\left|\mathbf{v}(t_0)(t-t_0)\right|$ die gleiche Größenordnung wie $|t-t_0|$, so dass also $o\big(\mathbf{v}(t_0)(t-t_0)\big) = o(t-t_0)$. Daher können wir anstelle von (5.4) die Gleichung

$$\mathbf{r}(t) - \mathbf{r}(t_0) = \mathbf{v}(t_0)(t-t_0) + o(t-t_0) \qquad (5.5)$$

schreiben, in der der Fall $\mathbf{v}(t_0) = \mathbf{0}$ nicht ausgeschlossen werden muss.

Beginnend bei den allgemeinsten und vielleicht vagen Vorstellungen über Geschwindigkeit sind wir zu Gleichung (5.5) gelangt, die die Geschwindigkeit erfüllen muss. Und die Geschwindigkeit $\mathbf{v}(t_0)$ kann aus (5.5) unzweifelhaft bestimmt werden:

$$\mathbf{v}(t_0) = \lim_{t \to t_0} \frac{\mathbf{r}(t) - \mathbf{r}(t_0)}{t - t_0} . \qquad (5.6)$$

Daher können sowohl die zentrale Beziehung (5.5) als auch die dazu äquivalente Gleichung (5.6) als Definition der Größe $\mathbf{v}(t_0)$, der momentanen Geschwindigkeit des Körpers zur Zeit $t_0$, betrachtet werden.

An diesem Punkt werden wir es uns nicht erlauben, in eine detaillierte Diskussion des Problems des Grenzwertes einer vektorwertigen Funktion abzuschweifen. Stattdessen werden wir uns damit begnügen, ihn auf den Fall des Grenzwertes einer reellwertigen Funktion zu reduzieren, der bereits vollständig untersucht wurde. Da der Vektor $\mathbf{r}(t) - \mathbf{r}(t_0)$ die Komponenten $\big(x(t) - x(t_0)$, $y(t) - y(t_0)\big)$ besitzt, erhalten wir $\frac{\mathbf{r}(t)-\mathbf{r}(t_0)}{t-t_0} = \big(\frac{x(t)-x(t_0)}{t-t_0}, \frac{y(t)-y(t_0)}{t-t_0}\big)$ und daher, wenn wir davon ausgehen, dass Vektoren nahe beieinander sind, wenn ihre Komponenten nahe beieinander sind, sollte der Grenzwert in (5.6) folgendermaßen interpretiert werden:

$$\mathbf{v}(t_0) = \lim_{t \to t_0} \frac{\mathbf{r}(t) - \mathbf{r}(t_0)}{t - t_0} = \Big( \lim_{t \to t_0} \frac{x(t) - x(t_0)}{t - t_0}, \lim_{t \to t_0} \frac{y(t) - y(t_0)}{t - t_0} \Big) .$$

Der Ausdruck $o(t-t_0)$ in (5.5) sollte ebenfalls als Vektor interpretiert werden, der von $t$ abhängt, so dass der Vektor $\frac{o(t-t_0)}{t-t_0}$ (komponentenweise) für $t \to t_0$ gegen Null strebt.

Schließlich merken wir an, dass für $\mathbf{v}(t_0) \neq \mathbf{0}$ die Gleichung

$$\mathbf{r}(t) - \mathbf{r}(t_0) = \mathbf{v}(t_0) \cdot (t - t_0) \qquad (5.7)$$

eine Gerade definiert, die nach dem oben Gesagten als *Tangente* an die Bahn im Punkt $\big(x(t_0), y(t_0)\big)$ betrachtet werden kann.

Somit ist *der Standard zur Definition der Geschwindigkeit einer Bewegung die Geschwindigkeit einer gleichförmigen geradlinigen Bewegung, die durch die lineare Beziehung (5.7) definiert ist. Die Standardbewegung (5.7) ist mit der untersuchten Bewegung, wie gezeigt, durch Gleichung (5.5) verbunden. Der Wert $\mathbf{v}(t_0)$, für den (5.5) gilt, kann durch den Grenzübergang in (5.6) bestimmt werden. Er wird die Geschwindigkeit der Bewegung zur Zeit $t_0$ genannt.* Die in der klassischen Mechanik untersuchten Bewegungen, die durch das Gesetz (5.1) beschrieben werden, müssen den Vergleich mit diesem

Standard zulassen, d.h., sie müssen die in (5.5) angedeutete lineare Näherung zulassen.

Ist $\mathbf{r}(t) = \big(x(t), y(t)\big)$ der Radiusvektor eines sich bewegenden Punktes $m$ zur Zeit $t$, dann ist $\dot{\mathbf{r}}(t) = \big(\dot{x}(t), \dot{y}(t)\big) = \mathbf{v}(t)$ der Vektor, der die Veränderung von $\mathbf{r}(t)$ zur Zeit $t$ beschreibt und $\ddot{\mathbf{r}}(t) = \big(\ddot{x}(t), \ddot{y}(t)\big) = \mathbf{a}(t)$ (die Beschleunigung) ist der Vektor, der die Veränderung von $\mathbf{v}(t)$ zur Zeit $t$ wiedergibt. Damit kann (5.1) folgendermaßen geschrieben werden:

$$m \cdot \ddot{\mathbf{r}}(t) = \mathbf{F}(t) .$$

Daraus erhalten wir die Koordinatenform der Bewegung in einem Gravitationsfeld:

$$\begin{cases} \ddot{x}(t) = -GM \dfrac{x(t)}{[x^2(t) + y^2(t)]^{3/2}} , \\[4mm] \ddot{y}(t) = -GM \dfrac{y(t)}{[x^2(t) + y^2(t)]^{3/2}} . \end{cases} \tag{5.8}$$

Dieses ist ein genauer mathematischer Ausdruck unseres Ausgangsproblems. Da wir wissen, wie wir $\dot{\mathbf{r}}(t)$ aus $\mathbf{r}(t)$ bestimmen, wissen wir auch, wie wir $\ddot{\mathbf{r}}(t)$ finden und wir sind somit bereits in der Lage, die Frage zu beantworten, ob ein Paar von Funktionen $\big(x(t), y(t)\big)$ die Bewegung des Körpers $m$ um den Körper $M$ beschreiben kann. Um diese Frage zu beantworten, müssen wir $\ddot{x}(t)$ und $\ddot{y}(t)$ finden und prüfen, ob (5.8) gilt. Das System (5.8) ist ein Beispiel für ein System sogenannter *Differentialgleichungen*. Gegenwärtig können wir nur prüfen, ob eine Menge von Funktionen eine Lösung für das System ist. Wie wir die Lösung finden, oder besser formuliert, wie wir die Eigenschaften von Lösungen von Differentialgleichungen analysieren, wird in einem besonderen und, wie man nun einschätzen kann, für die Analysis kritischen Bereich, der Theorie der Differentialgleichungen, untersucht.

Die Veränderung einer vektoriellen Größe zu bestimmen, kann, wie gezeigt wurde, auf das Bestimmen von Veränderungen in mehreren numerischen Funktionen – den Komponenten des Vektors – reduziert werden. Daher müssen wir zuallererst lernen, wie diese Operationen für den einfachsten Fall reellwertiger Funktionen eines reellwertigen Arguments auszuführen sind. Dies wollen wir nun in Angriff nehmen.

### 5.1.2 In einem Punkt differenzierbare Funktionen

Wir beginnen mit zwei vorläufigen Definitionen, die wir in Kürze präzisieren werden.

**Definition 0₁.** Eine auf einer Menge $E \subset \mathbb{R}$ definierte Funktion $f : E \to \mathbb{R}$ ist in einem Punkt $a \in E$, der ein Häufungspunkt von $E$ ist, *differenzierbar*, wenn eine lineare Funktion $A \cdot (x - a)$ des Inkrements im Argument $x - a$ existiert, so dass $f(x) - f(a)$ wie folgt dargestellt werden kann:

$$f(x) - f(a) = A \cdot (x - a) + o(x - a) \quad \text{für } x \to a, \ x \in E . \tag{5.9}$$

Anders formuliert, so ist eine Funktion in einem Punkt $a$ differenzierbar, wenn die Veränderung in ihren Werten in einer Umgebung des betrachteten Punktes bis auf eine Korrektur, die im Vergleich zur Größe des Abstands $x - a$ vom Punkt $a$ infinitesimal ist, linear ist.

*Anmerkung.* In der Regel haben wir es mit Funktionen zu tun, die auf einer vollständigen Umgebung des betrachteten Punktes definiert sind und nicht nur auf einer Teilmenge der Umgebung.

**Definition $0_2$.** Die lineare Funktion $A \cdot (x - a)$ in (5.9) wird *Differential* der Funktion $f$ in $a$ genannt.

Das Differential einer Funktion in einem Punkt ist eindeutig bestimmt. Denn es folgt aus (5.9), dass

$$\lim_{E \ni x \to a} \frac{f(x) - f(a)}{x - a} = \lim_{E \ni x \to a} \left( A + \frac{o(x - a)}{x - a} \right) = A ,$$

so dass die Zahl $A$ auf Grund der Eindeutigkeit des Grenzwertes unzweifelhaft bestimmt ist.

**Definition 1.** Die Zahl

$$f'(a) = \lim_{E \ni x \to a} \frac{f(x) - f(a)}{x - a} \tag{5.10}$$

wird *Ableitung* der Funktion $f$ in $a$ genannt.

Die Gleichung (5.10) kann äquivalent geschrieben werden als:

$$\frac{f(x) - f(a)}{x - a} = f'(a) + \alpha(x) .$$

Dabei gilt $\alpha(x) \to 0$ für $x \to a$, $x \in E$. Diese Gleichung ist ihrerseits äquivalent zu:

$$f(x) - f(a) = f'(a)(x - a) + o(x - a) \quad \text{für } x \to a, x \in E . \tag{5.11}$$

Daher ist die Differenzierbarkeit einer Funktion in einem Punkt zur Existenz ihrer Ableitung in demselben Punkt äquivalent.

Wenn wir diese Definition mit dem in Absatz 5.1.1 Gesagten vergleichen, können wir folgern, dass die Ableitung die Veränderung einer Funktion im betrachteten Punkt charakterisiert, wohingegen das Differential die beste lineare Approximation an das Inkrement der Funktion in einer Umgebung desselben Punktes liefert.

Ist eine Funktion $f : E \to \mathbb{R}$ in verschiedenen Punkten der Menge $E$ differenzierbar, so kann sich beim Übergang von einem Punkt zu einem anderen sowohl die Größe $A$ als auch die Funktion $o(x - a)$ in (5.9) ändern (ein Ergebnis, das wir bereits in (5.11) explizit sehen konnten). Dieser Sachverhalt sollte bei der Definition einer differenzierbaren Funktion festgehalten werden, und wir werden nun diese fundamentale Definition vollständig formulieren.

**Definition 2.** Eine auf einer Menge $E \subset \mathbb{R}$ definierte Funktion $f : E \to \mathbb{R}$ ist im Punkt $x \in E$, der ein Häufungspunkt von $E$ ist, *differenzierbar*, wenn

$$\boxed{f(x + h) - f(x) = A(x)h + \alpha(x; h)} \qquad (5.12)$$

gilt, wobei $h \mapsto A(x)h$ eine lineare Funktion in $h$ ist und $\alpha(x; h) = o(h)$ für $h \to 0$, $x + h \in E$.

Die Größen

$$\Delta x(h) := (x + h) - x = h$$

und

$$\Delta f(x; h) := f(x + h) - f(x)$$

werden das *Inkrement des Arguments* und das *Inkrement der Funktion* (in Abhängigkeit vom Inkrement des Arguments) genannt.

Sie werden oft (wenn auch nicht ganz korrekt) durch die Symbole $\Delta x$ und $\Delta f(x)$ als Funktionen von $h$ bezeichnet.

Somit ist eine Funktion in einem Punkt differenzierbar, wenn ihr Inkrement in diesem Punkt, das eine Funktion des Inkrements $h$ ihrer Argumente ist, bis auf eine Korrektur, die im Vergleich zu $h$ für $h \to 0$ infinitesimal ist, linear ist.

**Definition 3.** Die Funktion $h \mapsto A(x)h$ in Definition 2, die linear in $h$ ist, wird das *Differential der Funktion* $f : E \to \mathbb{R}$ im Punkt $x \in E$ genannt und durch $\mathrm{d}f(x)$ oder $Df(x)$ bezeichnet.

Somit gilt: $\mathrm{d}f(x)(h) = A(x)h$.

Aus den Definitionen 2 und 3 erhalten wir, dass

$$\Delta f(x; h) - \mathrm{d}f(x)(h) = \alpha(x; h) \,,$$

mit $\alpha(x; h) = o(h)$ für $h \to 0$, $x + h \in E$. D.h., die Differenz zwischen dem Inkrement der Funktion, die durch das Inkrement $h$ in ihrem Argument hervorgerufen wird, und dem Wert der Funktion $\mathrm{d}f(x)$, der in $x$ zum selben $h$ linear ist, ist höherer Ordnung infinitesimal als $h$.

Aus diesem Grund sagen wir, dass das Differential der *lineare (Haupt-) Teil des Inkrements der Funktion* ist.

Aus (5.12) und Definition 1 folgt

$$A(x) = f'(x) = \lim_{\substack{h \to 0 \\ x+h, x \in E}} \frac{f(x + h) - f(x)}{h}$$

und daher kann das Differential folgendermaßen geschrieben werden:

$$\mathrm{d}f(x)(h) = f'(x)h \,. \qquad (5.13)$$

Ist insbesondere $f(x) \equiv x$, dann erhalten wir offensichtlich $f'(x) \equiv 1$ und

$$dx(h) = 1 \cdot h = h \,,$$

so dass, wie manchmal gesagt wird, „das Differential einer unabhängigen Variablen ihrem Inkrement entspricht".

Mit Hilfe dieser Gleichung können wir (5.13) neu formulieren zu

$$df(x)(h) = f'(x)\, dx(h) \,, \tag{5.14}$$

d.h.,

$$df(x) = f'(x)\, dx \,. \tag{5.15}$$

Die Gleichung (5.15) sollte als Gleichung zweier Funktionen von $h$ verstanden werden.

Aus (5.14) erhalten wir

$$\frac{df(x)(h)}{dx(h)} = f'(x) \,, \tag{5.16}$$

d.h., die Funktion $\frac{df(x)}{dx}$ (das Verhältnis der Funktionen $df(x)$ und $dx$) ist konstant gleich $f'(x)$. Aus diesem Grund bezeichnen wir häufig nach Leibniz die Ableitung mit dem Symbol $\frac{df(x)}{dx}$, zusammen mit der von Lagrange[5] vorgeschlagenen Schreibweise $f'(x)$.

In der Mechanik wird zusätzlich zu diesen Symbolen das Symbol $\dot{\varphi}(t)$ (sprich „phi-Punkt von $t$") benutzt, um die Ableitung der Funktion $\varphi(t)$ nach der Zeit $t$ zum Ausdruck zu bringen.

### 5.1.3 Die Tangente und die geometrische Interpretation der Ableitung und des Differentials

Sei $f : E \to \mathbb{R}$ eine auf einer Menge $E \subset \mathbb{R}$ definierte Funktion und $x_0$ ein vorgegebener Häufungspunkt von $E$. Wir suchen die Konstante $c_0$, die unter den konstanten Funktionen das Verhalten der Funktion in einer Umgebung des Punktes $x_0$ am besten beschreibt. Genauer gesagt, so soll der Unterschied $f(x) - c_0$ im Vergleich zu jeder anderen von Null verschiedenen Konstanten für $x \to x_0$, $x \in E$ infinitesimal sein, d.h.,

$$f(x) = c_0 + o(1) \text{ für } x \to x_0, x \in E \,. \tag{5.17}$$

Diese Gleichung ist äquivalent zur Aussage, dass $\lim\limits_{E \ni x \to x_0} f(x) = c_0$. Ist insbesondere die Funktion in $x_0$ stetig, dann ist $\lim\limits_{E \ni x \to x_0} f(x) = f(x_0)$ und natürlich $c_0 = f(x_0)$.

Nun wollen wir versuchen, die Funktion $c_0 + c_1(x - x_0)$ so zu wählen, dass wir

---

[5] J. L. Lagrange (1736–1831) – berühmter französischer Mathematiker und Fachmann für theoretische Mechanik.

$$f(x) = c_0 + c_1(x - x_0) + o(x - x_0) \quad \text{für } x \to x_0,\, x \in E \qquad (5.18)$$

erhalten. Dies ist offensichtlich eine Verallgemeinerung des vorigen Problems, da (5.17) wie folgt neu formuliert werden kann:

$$f(x) = c_0 + o\big((x - x_0)^0\big) \quad \text{für } x \to x_0,\, x \in E\,.$$

Aus (5.18) folgt unmittelbar, dass $c_0 = \lim\limits_{E \ni x \to x_0} f(x)$ und, falls die Funktion in diesem Punkt stetig ist, dass $c_0 = f(x_0)$.

Nachdem $c_0$ bestimmt wurde, folgt aus (5.18), dass

$$c_1 = \lim_{E \ni x \to x_0} \frac{f(x) - c_0}{x - x_0}\,.$$

Würden wir ganz allgemein ein Polynom $P_n(x_0; x) = c_0 + c_1(x - x_0) + \cdots + c_n(x - x_0)^n$ suchen, für das

$$f(x) = c_0 + c_1(x - x_0) + \cdots + c_n(x - x_0)^n + o\big((x - x_0)^n\big)$$
$$\text{für } x \to x_0,\, x \in E \quad (5.19)$$

gilt, würden wir nach und nach ohne Zweideutigkeit finden, dass

$$
\begin{aligned}
c_0 &= \lim_{E \ni x \to x_0} f(x)\,,\\
c_1 &= \lim_{E \ni x \to x_0} \frac{f(x) - c_0}{x - x_0}\,,\\
&\quad \dots\dots\dots\dots\dots\dots\dots\dots\dots\dots\dots\dots\dots\dots\\
c_n &= \lim_{E \ni x \to x_0} \frac{f(x) - \big[c_0 + \cdots + c_{n-1}(x - x_0)^{n-1}\big]}{(x - x_0)^n}\,.
\end{aligned}
$$

Natürlich vorausgesetzt, dass alle diese Grenzwerte existieren. Ansonsten kann die Bedingung (5.19) nicht erfüllt werden und das Problem besitzt keine Lösung.

Ist die Funktion $f$ in $x_0$ stetig, dann folgt aus (5.18), wie wir bereits bemerkt haben, dass $c_0 = f(x_0)$, und wir gelangen dann zur Gleichung

$$f(x) - f(x_0) = c_1(x - x_0) + o(x - x_0) \quad \text{für } x \to x_0,\, x \in E\,,$$

die äquivalent zu der Bedingung ist, dass $f(x)$ in $x_0$ differenzierbar ist. Dies führt uns zu

$$c_1 = \lim_{E \ni x \to x_0} \frac{f(x) - f(x_0)}{x - x_0} = f'(x_0)\,.$$

Somit haben wir den folgenden Satz bewiesen.

**Satz 1.** *Eine in einem Häufungspunkt $x_0 \in E \subset \mathbb{R}$ stetige Funktion $f : E \to \mathbb{R}$ erlaubt genau dann eine lineare Approximation (5.18), wenn sie in diesem Punkt differenzierbar ist.*

Die Funktion

$$\varphi(x) = c_0 + c_1(x - x_0) \qquad (5.20)$$

mit $c_0 = f(x_0)$ und $c_1 = f'(x_0)$ ist die einzige Funktion der Form (5.20), die (5.18) erfüllt.
Somit liefert die Funktion

$$\varphi(x) = f(x_0) + f'(x_0)(x - x_0) \qquad (5.21)$$

die beste lineare Approximation an die Funktion $f$ in einer Umgebung von $x_0$ in dem Sinne, dass für jede andere Funktion $\varphi(x)$ der Form (5.20) gilt, dass $f(x) - \varphi(x) \neq o(x - x_0)$ für $x \to x_0$, $x \in E$.
Der Graph der Funktion (5.21) ist eine Gerade

$$y - f(x_0) = f'(x_0)(x - x_0)\,, \qquad (5.22)$$

die durch den Punkt $(x_0, f(x_0))$ geht und die Steigung $f'(x_0)$ besitzt.
Da die Gerade (5.22) der optimalen linearen Approximation des Graphen der Funktion $y = f(x)$ in einer Umgebung des Punktes $(x_0, f(x_0))$ entspricht, führt uns dies zu folgender Definition.

**Definition 4.** Ist eine Funktion $f : E \to \mathbb{R}$ auf einer Menge $E \subset \mathbb{R}$ definiert und im Punkt $x_0 \in E$ differenzierbar, dann wird die durch Gl. (5.22) definierte Gerade die *Tangente* an den Graphen dieser Funktion im Punkt $(x_0, f(x_0))$ genannt.

In Abb. 5.3 ist alles Wichtige, was wir bisher in Verbindung mit der Differenzierbarkeit einer Funktion in einem Punkt kennen, dargestellt: Das Inkrement im Argument, das zugehörige Inkrement der Funktion und der Wert des Differentials. Die Abbildung zeigt den Graphen der Funktion, die Tangente

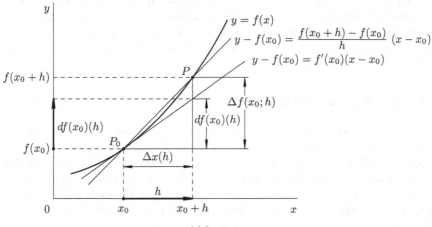

**Abb. 5.3.**

an den Graphen im Punkt $P_0 = (x_0, f(x_0))$ und zum Vergleich eine beliebige Gerade (normalerweise *Sekante* genannt), die durch $P_0$ und einen Punkt $P \neq P_0$ des Graphen der Funktion geht.

Die folgende Definition erweitert Definition 4.

**Definition 5.** Sind die Abbildungen $f : E \to \mathbb{R}$ und $g : E \to \mathbb{R}$ in einem Häufungspunkt $x_0 \in E$ stetig und gilt $f(x) - g(x) = o((x - x_0)^n)$ für $x \to x_0$, $x \in E$, dann sagen wir, dass $f$ und $g$ sich in $x_0$ in *n-ter Ordnung berühren* (genauer: *mindestens n-ter Ordnung*).

Für $n = 1$ sagen wir, dass die Abbildungen $f$ und $g$ in $x_0$ zueinander *Tangenten* sind.

Nach Definition 5 ist (5.21) in $x_0$ eine Tangente an eine Abbildung $f : E \to \mathbb{R}$, die in diesem Punkt differenzierbar ist.

Wir können nun auch sagen, dass das Polynom $P_n(x_0; x) = c_0 + c_1(x - x_0) + \cdots + c_n(x - x_0)^n$ in (5.19) die Funktion $f$ mit mindestens $n$-ter Ordnung berührt.

Die Zahl $h = x - x_0$, d.h. das Inkrement im Argument, kann als Vektor betrachtet werden, der im Punkt $x_0$ beginnt und den Übergang von $x_0$ zu $x = x_0 + h$ definiert. Wir bezeichnen die Menge aller derartigen Vektoren mit $T\mathbb{R}(x_0)$ oder $T\mathbb{R}_{x_0}$[6]. Ganz ähnlich bezeichnen wir mit $T\mathbb{R}(y_0)$ oder $T\mathbb{R}_{y_0}$ die Menge aller Verschiebungsvektoren vom Punkt $y_0$ entlang der $y$-Achse (vgl. Abb. 5.3). Aus der Definition des Differentials können wir nun folgern, dass die Abbildung

$$\mathrm{d}f(x_0) : T\mathbb{R}(x_0) \to T\mathbb{R}(f(x_0)) \, , \qquad (5.23)$$

die durch das Differential $h \mapsto f'(x_0)h = \mathrm{d}f(x_0)(h)$ definiert wird, Tangente zur Abbildung

$$h \mapsto f(x_0 + h) - f(x_0) = \Delta f(x_0; h) \qquad (5.24)$$

ist, die durch das Inkrement der differenzierbaren Funktion definiert wird.

Wir merken an (vgl. Abb. 5.3), dass das Differential (5.23) dem Inkrement der Ordinate der Tangente an den Graphen der Funktion für das Inkrement $h$ im Argument entspricht, wenn beim Übergang des Arguments von $x_0$ zu $x_0 + h$ das Inkrement der Ordinate des Graphen der Funktion $y = f(x)$ durch (5.24) beschrieben wird.

### 5.1.4 Die Rolle des Koordinatensystems

Die analytische Definition der Tangente (Definition 4) mag der Grund für ein leichtes Unwohlsein sein. Wir versuchen, dieses Unwohlsein auf den Punkt zu bringen. Zunächst werden wir aber eine mehr geometrische Konstruktion der Tangente an eine Kurve in einem ihrer Punkte $P_0$ (vgl. Abb. 5.3) geben.

Wir greifen einen von $P_0$ verschiedenen beliebigen Punkt $P$ auf der Kurve heraus. Die Linie, die durch das Punktepaar $P_0$ und $P$ verläuft, wird, wie

---

[6] Dies weicht leicht von der üblichen Schreibweise $T_{x_0}\mathbb{R}$ oder $T_{x_0}(\mathbb{R})$ ab.

bereits bemerkt, Sekante genannt. Wir zwingen nun den Punkt $P$ entlang der Kurve immer näher an $P_0$ heran. Falls sich die Sekante dabei an eine bestimmte Gerade annähert, dann ist diese „Grenzwertgerade" die Tangente der Kurve in $P_0$.

Entgegen unserer Intuition ist eine derartige Definition der Tangente für uns im Augenblick nicht möglich, da wir nicht wissen, was eine Kurve ist und was es bedeutet, dass „ein Punkt entlang der Kurve einem anderen Punkt immer näher kommt" und schließlich, was unter der Aussage, dass sich die „Sekante einer bestimmten Geraden annähert", zu verstehen ist.

Statt diesen Begriffen eine präzise Bedeutung zu verleihen, wollen wir einen prinzipiellen Unterschied zwischen den beiden hier vorgestellten Definitionen einer Tangente deutlich machen. Die Zweite war rein geometrisch und ohne Zusammenhang (zumindest solange, wie sie nicht präzise ist) zu einem Koordinatensystem. Bei der Ersten haben wir jedoch die Tangente an eine Kurve, die der Graph einer differenzierbaren Funktion ist, in einem Koordinatensystem definiert. Natürlich stellt sich die Frage, ob die Kurve in einem anderen Koordinatensystem noch differenzierbar ist oder, falls sie differenzierbar ist, ob sie eine andere Gerade als Tangente besitzt, wenn die Berechnungen mit neuen Koordinaten ausgeführt werden.

Diese Frage nach der Invarianz, d.h. der Unabhängigkeit vom Koordinatensystem, tritt immer dann auf, wenn ein Konzept mit Hilfe eines Koordinatensystems eingeführt wird. Diese Frage stellt sich im gleichen Ausmaß beim Begriff der Geschwindigkeit, die wir in Absatz 5.1.1 diskutiert haben, und die, wie wir bereits bemerkt haben, das Konzept einer Tangente beinhaltet.

Punkte, Vektoren, Geraden und so weiter besitzen in verschiedenen Koordinatensystemen (Koordinaten eines Punktes, Komponenten eines Vektors, die Geradengleichung) verschiedene numerische Charakteristika. Wenn wir jedoch die Formeln kennen, die zwei Koordinatensysteme miteinander verbinden, dann können wir bei zwei numerischen Darstellungen immer bestimmen, ob sie Ausdrücke für dasselbe geometrische Objekt in unterschiedlichen Koordinatensystemen sind oder nicht. Unsere Intuition sagt uns, dass die in Absatz 5.1.1 vorgestellte Prozedur für die Definition der Geschwindigkeit unabhängig vom Koordinatensystem, in dem die Berechnungen ausgeführt werden, zum selben Vektor führt. Zu geeigneter Zeit, bei der Untersuchung von Funktionen mehrerer Variabler, werden wir eine detaillierte Untersuchung auf Fragen dieser Art anführen. Die Invarianz der Definition der Geschwindigkeit bzgl. verschiedener Koordinatensysteme wird im nächsten Abschnitt bewiesen.

Bevor wir uns der Untersuchung besonderer Beispiele zuwenden, wollen wir einige der Ergebnisse zusammenfassen.

Wir trafen auf das Problem, mathematisch die momentane Geschwindigkeit eines sich bewegenden Körpers zu beschreiben.

Dieses Problem führte uns auf das Problem der Approximation einer gegebenen Funktion in der Umgebung eines bestimmten Punktes durch eine lineare Funktion, was uns bei der geometrischen Interpretation zur *Tangente* führte.

Wir gehen davon aus, dass Funktionen, die die Bewegung realer mechanischer Systeme beschreiben, eine derartige lineare Approximation erlauben.

Auf diese Weise fanden wir die Klasse der *differenzierbaren Funktionen* in der Klasse aller Funktionen.

Das Konzept des *Differentials* einer Funktion in einem Punkt wurde eingeführt. Das Differential ist eine lineare Abbildung, die auf Verschiebungen des betrachteten Punktes definiert ist und die das Verhalten des Inkrements einer differenzierbaren Funktion in einer Umgebung des Punktes bis auf eine Größe, die im Vergleich zur Verschiebung infinitesimal ist, beschreibt.

Das Differential $df(x_0)h = f'(x_0)h$ wird vollständig durch die Zahl $f'(x_0)$, die *Ableitung* der Funktion $f$ in $x_0$, bestimmt. Sie kann als Grenzwert

$$f'(x_0) = \lim_{E \ni x \to x_0} \frac{f(x) - f(x_0)}{x - x_0}$$

bestimmt werden. Die physikalische Bedeutung der Ableitung ist das Ausmaß an *Veränderung* einer Größe $f(x)$ zur Zeit $x_0$. Ihre geometrische Bedeutung ist die *Steigung der Tangente* an den Graphen der Funktion $y = f(x)$ im Punkt $(x_0, f(x_0))$.

### 5.1.5 Einige Beispiele

*Beispiel 1.* Sei $f(x) = \sin x$. Wir werden zeigen, dass $f'(x) = \cos x$.

*Beweis.*

$$\lim_{h \to 0} \frac{\sin(x + h) - \sin x}{h} = \lim_{h \to 0} \frac{2 \sin\left(\frac{h}{2}\right) \cos\left(x + \frac{h}{2}\right)}{h} =$$

$$= \lim_{h \to 0} \cos\left(x + \frac{h}{2}\right) \cdot \lim_{h \to 0} \frac{\sin\left(\frac{h}{2}\right)}{\left(\frac{h}{2}\right)} = \cos x \; . \qquad \square$$

Hierbei haben wir den Satz zum Grenzwert eines Produktes, die Stetigkeit der Funktion $\cos x$, die Äquivalenz $\sin t \sim t$ für $t \to 0$ und den Satz zum Grenzwert einer verketteten Funktion benutzt.

*Beispiel 2.* Wir werden zeigen, dass $\cos' x = -\sin x$.

*Beweis.*

$$\lim_{h \to 0} \frac{\cos(x + h) - \cos x}{h} = \lim_{h \to 0} \frac{-2 \sin\left(\frac{h}{2}\right) \sin\left(x + \frac{h}{2}\right)}{h} =$$

$$= -\lim_{h \to 0} \sin\left(x + \frac{h}{2}\right) \cdot \lim_{h \to 0} \frac{\sin\left(\frac{h}{2}\right)}{\left(\frac{h}{2}\right)} = -\sin x \; . \qquad \square$$

*Beispiel 3.* Wir werden zeigen, dass die Ableitung zu $f(t) = r \cos \omega t$, $f'(t) = -r\omega \sin \omega t$ lautet.

*Beweis.*

$$\lim_{h \to 0} \frac{r \cos \omega(t+h) - r \cos \omega t}{h} = r \lim_{h \to 0} \frac{-2 \sin \left( \frac{\omega h}{2} \right) \sin \omega \left( t + \frac{h}{2} \right)}{h} =$$

$$= -r\omega \lim_{h \to 0} \sin \omega \left( t + \frac{h}{2} \right) \cdot \lim_{h \to 0} \frac{\sin \left( \frac{\omega h}{2} \right)}{\left( \frac{\omega h}{2} \right)} = -r\omega \sin \omega t \, . \qquad \square$$

*Beispiel 4.* Sei $f(t) = r \sin \omega t$, dann ist $f'(t) = r\omega \cos \omega t$.

*Beweis.* Der Beweis ist zu denen in den Beispielen 1 und 3 analog. $\qquad \square$

*Beispiel 5. Die momentane Geschwindigkeit und die momentane Beschleunigung einer Punktmasse.* Angenommen, eine Punktmasse bewege sich in einer Ebene und ihre Bewegung werden in einem gegebenem Koordinatensystem durch die nach der Zeit ableitbaren Funktionen

$$x = x(t) \quad \text{und} \quad y = y(t)$$

beschrieben oder, was dasselbe ist, durch den Vektor

$$\mathbf{r}(t) = \big( x(t), y(t) \big) \, .$$

Wie wir in Absatz 5.1.1 erklärt haben, entspricht die Geschwindigkeit des Punktes zur Zeit $t$ dem Vektor

$$\mathbf{v}(t) = \dot{\mathbf{r}}(t) = \big( \dot{x}(t), \dot{y}(t) \big) \, ,$$

wobei $\dot{x}(t)$ und $\dot{y}(t)$ die Ableitungen von $x(t)$ und $y(t)$ nach der Zeit sind.

Die Beschleunigung $\mathbf{a}(t)$ entspricht dem Ausmaß an Veränderung des Vektors $\mathbf{v}(t)$, so dass

$$\mathbf{a}(t) = \dot{\mathbf{v}}(t) = \ddot{\mathbf{r}}(t) = \big( \ddot{x}(t), \ddot{y}(t) \big) \, ,$$

wobei $\ddot{x}(t)$ und $\ddot{y}(t)$ die Ableitungen der Funktionen $\dot{x}(t)$ und $\dot{y}(t)$ nach der Zeit sind, die zweite Ableitungen von $x(t)$ und $y(t)$ genannt werden.

Somit müssen, im Sinne des physikalischen Problems, die Funktionen $x(t)$ und $y(t)$, die die Bewegung einer Punktmasse beschreiben, sowohl eine erste als auch eine zweite Ableitung besitzen.

Wir wollen insbesondere die gleichförmige Bewegung eines Punktes entlang eines Kreises mit Radius $r$ betrachten. Sei $\omega$ die Winkelgeschwindigkeit des Punktes, d.h. die Größe des Winkels, den der Punkt in der Einheitszeit überstreicht.

In kartesischen Koordinaten (mit den Definitionen der Funktionen $\cos x$ und $\sin x$) lauten diese Funktionen:

$$\mathbf{r}(t) = \big( r \cos(\omega t + \alpha), r \sin(\omega t + \alpha) \big) \, ,$$

und für $\mathbf{r}(0) = (r, 0)$ nimmt sie die folgende Form an:

$$\mathbf{r}(t) = \big( r \cos \omega t, r \sin \omega t \big) \, .$$

Ohne Verlust der Allgemeinheit bei unseren weiteren Herleitungen werden wir zur Abkürzung annehmen, dass $\mathbf{r}(0) = (r, 0)$.

Dann erhalten wir mit den Ergebnissen aus den Beispielen 3 und 4:

$$\mathbf{v}(t) = \dot{\mathbf{r}}(t) = (-r\omega \sin \omega t, r\omega \cos \omega t) .$$

Die Berechnung des inneren Produkts

$$\langle \mathbf{v}(t), \mathbf{r}(t) \rangle = -r^2 \omega \sin \omega t \cos \omega t + r^2 \omega \cos \omega t \sin \omega t = 0$$

besagt, wie wir für diesen Fall nicht anders erwarten können, dass der Geschwindigkeitsvektor $\mathbf{v}(t)$ zum Radiusvektor $\mathbf{r}(t)$ senkrecht ist und daher entlang der Tangente des Kreises gerichtet ist.

Als Nächstes erhalten wir für die Beschleunigung

$$\mathbf{a}(t) = \dot{\mathbf{v}}(t) = \ddot{\mathbf{r}}(t) = (-r\omega^2 \cos \omega t, -r\omega^2 \sin \omega t) ,$$

d.h., $\mathbf{a}(t) = -\omega^2 \mathbf{r}(t)$ und die Beschleunigung ist somit tatsächlich zentripetal, da sie dem Radiusvektor $\mathbf{r}(t)$ entgegen gerichtet ist.

Außerdem gilt

$$|\mathbf{a}(t)| = \omega^2 |\mathbf{r}(t)| = \omega^2 r = \frac{|\mathbf{v}(t)|^2}{r} = \frac{v^2}{r}$$

mit $v = |\mathbf{v}(t)|$.

Ausgehend von diesen Formeln wollen wir beispielsweise die Geschwindigkeit eines Erdsatelliten in tiefer Höhe berechnen. In diesem Fall entspricht $r$ dem Radius der Erde, d.h. $r = 6400\,\mathrm{km}$, während $|\mathbf{a}(t)| = g$ mit $g \approx 10\,\mathrm{m/s}^2$ die Beschleunigung für den freien Fall an der Erdoberfläche ist.

Somit ist $v^2 = |\mathbf{a}(t)| r \approx 10\,\mathrm{m/s}^2 \times 64 \cdot 10^5\,\mathrm{m} = 64 \cdot 10^6\,\mathrm{(m/s)^2}$ und daher $v \approx 8 \cdot 10^3\,\mathrm{m/s}$.

*Beispiel 6. Die optischen Eigenschaften eines Parabolspiegels.* Wir wollen die Parabel $y = \frac{1}{2p}x^2$ ($p > 0$, vgl. Abb. 5.4) betrachten und die Tangente im Punkt $(x_0, y_0) = (x_0, \frac{1}{2p}x_0^2)$ konstruieren.

Da $f(x) = \frac{1}{2p}x^2$, erhalten wir

$$f'(x_0) = \lim_{x \to x_0} \frac{\frac{1}{2p}x^2 - \frac{1}{2p}x_0^2}{x - x_0} = \frac{1}{2p} \lim_{x \to x_0} (x + x_0) = \frac{1}{p}x_0 .$$

Folglich besitzt die gesuchte Tangente die Gleichung:

$$y - \frac{1}{2p}x_0^2 = \frac{1}{p}x_0(x - x_0)$$

oder

$$\frac{1}{p}x_0(x - x_0) - (y - y_0) = 0 , \qquad (5.25)$$

mit $y_0 = \frac{1}{2p}x_0^2$.

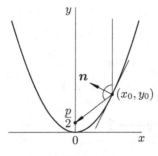

**Abb. 5.4.**

Der Vektor $\mathbf{n} = \left(-\frac{1}{p}x_0, 1\right)$ ist, wie aus dieser letzten Gleichung abgelesen werden kann, senkrecht zur Geraden mit der Gleichung (5.25). Wir werden zeigen, dass die Vektoren $\mathbf{e}_y = (0,1)$ und $\mathbf{e}_f = \left(-x_0, \frac{p}{2} - y_0\right)$ mit $\mathbf{n}$ dieselben Winkel einschließen. Der Vektor $\mathbf{e}_y$ ist ein Einheitsvektor, der entlang der $y$-Achse gerichtet ist. Dagegen ist $\mathbf{e}_f$ vom Berührpunkt $(x_0, y_0) = \left(x_0, \frac{1}{2p}x_0^2\right)$ zum Punkt $\left(0, \frac{p}{2}\right)$ gerichtet, dem Fokus der Parabel. Daher ist:

$$\cos\widehat{\mathbf{e}_y\mathbf{n}} = \frac{\langle \mathbf{e}_y, \mathbf{n}\rangle}{|\mathbf{e}_f|\,|\mathbf{n}|} = \frac{1}{|\mathbf{n}|}\,,$$

$$\cos\widehat{\mathbf{e}_f\mathbf{n}} = \frac{\langle \mathbf{e}_f, \mathbf{n}\rangle}{|\mathbf{e}_y|\,|\mathbf{n}|} = \frac{\frac{1}{p}x_0^2 + \frac{p}{2} - \frac{1}{2p}x_0^2}{|\mathbf{n}|\sqrt{x_0^2 + \left(\frac{p}{2} - \frac{1}{2p}x_0^2\right)^2}} = \frac{\frac{p}{2} + \frac{1}{2p}x_0^2}{|\mathbf{n}|\sqrt{\left(\frac{p}{2} + \frac{1}{2p}x_0^2\right)^2}} = \frac{1}{|\mathbf{n}|}\,.$$

Somit haben wir gezeigt, dass eine Strahlenquelle im Punkt $\left(0, \frac{p}{2}\right)$, dem Fokus der Parabel, zu einem Strahl führt, der parallel zur Spiegelachse (der $y$-Achse) verläuft, und dass ein parallel zur Spiegelachse auftreffender Strahl durch den Fokus verläuft (vgl. Abb. 5.4).

*Beispiel 7.* In diesem Beispiel werden wir zeigen, dass die Tangente bloß die beste lineare Approximation an den Graphen einer Funktion in einer Umgebung des Berührpunktes ist und nicht notwendigerweise nur einen Punkt mit der Kurve gemeinsam besitzt, wie es beim Kreis oder im Allgemeinen bei konvexen Kurven der Fall ist. (Für konvexe Kurven werden wir eine eigene Untersuchung durchführen.)

Die Funktion sei durch

$$f(x) = \begin{cases} x^2 \sin\frac{1}{x}\,, & \text{für } x \neq 0\,, \\[2mm] 0\,, & \text{für } x = 0 \end{cases}$$

gegeben. Der Graph dieser Funktion ist als dicke Linie in Abb. 5.5 dargestellt. Wir suchen nach der Tangente an den Graphen im Punkt $(0,0)$. Da

$$f'(0) = \lim_{x\to 0} \frac{x^2 \sin\frac{1}{x} - 0}{x - 0} = \lim_{x\to 0} x\sin\frac{1}{x} = 0\,,$$

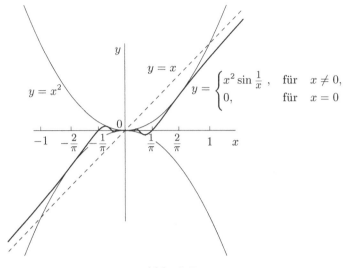

**Abb. 5.5.**

besitzt die Tangente die Gleichung $y - 0 = 0 \cdot (x - 0)$ oder einfach $y = 0$.

Somit ist in diesem Beispiel die $x$-Achse die Tangente, die vom Graphen unendlich oft in jeder Umgebung des Berührpunktes geschnitten wird.

Laut Definition der Differenzierbarkeit einer Funktion $f : E \to \mathbb{R}$ im Punkt $x_0 \in E$ erhalten wir

$$f(x) - f(x_0) = A(x_0)(x - x_0) + o(x - x_0) \text{ für } x \to x_0, \, x \in E \, .$$

Da die rechte Seite dieser Gleichung für $x \to x_0$, $x \in E$ gegen Null strebt, folgt, dass $\lim\limits_{E \ni x \to x_0} f(x) = f(x_0)$, so dass eine in einem Punkt differenzierbare Funktion notwendigerweise in diesem Punkt stetig ist.

Wir werden zeigen, dass der Umkehrschluss natürlich nicht immer wahr ist.

*Beispiel 8.* Sei $f(x) = |x|$ (vgl. Abb. 5.6). Dann ergibt sich im Punkt $x_0 = 0$:

$$\lim_{x \to x_0 - 0} \frac{f(x) - f(x_0)}{x - x_0} = \lim_{x \to -0} \frac{|x| - 0}{x - 0} = \lim_{x \to -0} \frac{-x}{x} = -1 \, ,$$

$$\lim_{x \to x_0 + 0} \frac{f(x) - f(x_0)}{x - x_0} = \lim_{x \to +0} \frac{|x| - 0}{x - 0} = \lim_{x \to +0} \frac{x}{x} = 1 \, .$$

Folgerichtig besitzt die Funktion in diesem Punkt keine Ableitung und ist daher in diesem Punkt nicht differenzierbar.

*Beispiel 9.* Wir werden zeigen, dass $e^{x+h} - e^x = e^x h + o(h)$ für $h \to 0$.

Damit ist die Funktion $\exp(x) = e^x$ differenzierbar mit $d \exp(x)h = \exp(x)h$, bzw. $d e^x = e^x dx$ und daher ist $\exp' x = \exp x$, bzw. $\frac{d e^x}{dx} = e^x$.

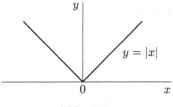

**Abb. 5.6.**

*Beweis.*

$$e^{x+h} - e^x = e^x(e^h - 1) = e^x\big(h + o(h)\big) = e^x h + o(h) \, .$$

Hierbei haben wir die Formel $e^h - 1 = h + o(h)$, die wir in Beispiel 39 in Absatz 3.2.4 erhalten haben, benutzt. □

*Beispiel 10.* Sei $a > 0$. Dann ist $a^{x+h} - a^x = a^h(\ln a)h + o(h)$ für $h \to 0$. Somit gilt $da^x = a^x(\ln a)dx$ und $\frac{da^x}{dx} = a^x \ln a$.

*Beweis.*

$$a^{x+h} - a^x = a^x(a^h - 1) = a^x(e^{h\ln a} - 1) =$$
$$= a^x\big(h\ln a + o(h\ln a)\big) = a^x(\ln a)h + o(h) \text{ für } h \to 0 \, . \qquad \square$$

*Beispiel 11.* Sei $x \neq 0$. Dann ist $\ln|x+h| - \ln|x| = \frac{1}{x}h + o(h)$ für $h \to 0$. Somit gilt $d\ln|x| = \frac{1}{x}dx$ und $\frac{d\ln|x|}{dx} = \frac{1}{x}$.

*Beweis.*

$$\ln|x+h| - \ln|x| = \ln\left|1 + \frac{h}{x}\right| \, .$$

Für $|h| < |x|$ erhalten wir $\left|1 + \frac{h}{x}\right| = 1 + \frac{h}{x}$, so dass wir für genügend kleine Werte von $h$ schreiben können:

$$\ln|x+h| - \ln|x| = \ln\left(1 + \frac{h}{x}\right) = \frac{h}{x} + o\left(\frac{h}{x}\right) = \frac{1}{x}h + o(h)$$

für $h \to 0$. Hierbei haben wir die Gleichung $\ln(1+t) = t + o(t)$ für $t \to 0$, die wir in Beispiel 38 in Absatz 3.2.4 gezeigt haben, benutzt. □

*Beispiel 12.* Sei $x \neq 0$ und $0 < a \neq 1$. Dann gilt für $h \to 0$: $\log_a|x+h| - \log_a|x| = \frac{1}{x\ln a}h + o(h)$. Somit ist $d\log_a|x| = \frac{1}{x\ln a}dx$ und $\frac{d\log_a|x|}{dx} = \frac{1}{x\ln a}$.

*Beweis.*

$$\log_a|x+h| - \log_a|x| = \log_a\left|1 + \frac{h}{x}\right| = \log_a\left(1 + \frac{h}{x}\right) =$$
$$= \frac{1}{\ln a}\ln\left(1 + \frac{h}{x}\right) = \frac{1}{\ln a}\left(\frac{h}{x} + o\left(\frac{h}{x}\right)\right) = \frac{1}{x\ln a}h + o(h) \, .$$

Hierbei haben wir die Formel für den Übergang von einer Logarithmenbasis zu einer anderen und die in Beispiel 11 ausgeführten Betrachtungen eingesetzt.

□

### 5.1.6 Übungen und Aufgaben

**1.** Zeigen Sie:

a) Die Tangentengleichung zur Ellipse

$$\frac{x^2}{a^2} + \frac{y^2}{b^2} = 1$$

lautet im Punkt $(x_0, y_0)$ folgendermaßen :

$$\frac{xx_0}{a^2} + \frac{yy_0}{b^2} = 1 .$$

b) Eine Ellipse mit den Halbachsen $a > b > 0$ besitze die Foki $F_1 = \left(-\sqrt{a^2 - b^2}, 0\right)$ und $F_2 = \left(\sqrt{a^2 - b^2}, 0\right)$. Befindet sich in einem der Foki eine Lichtquelle, dann wird deren Licht von einem elliptischen Spiegel im anderen Fokus eingesammelt.

**2.** Schreiben Sie die Formeln für die näherungsweise Berechnung der folgenden Werte:

a) $\sin\left(\frac{\pi}{6} + \alpha\right)$ für $\alpha$ nahe 0,

b) $\sin(30° + \alpha°)$ für $\alpha°$ nahe 0,

c) $\cos\left(\frac{\pi}{4} + \alpha\right)$ für $\alpha$ nahe 0,

d) $\cos(45° + \alpha°)$ für $\alpha°$ nahe 0.

**3.** Ein Wasserglas drehe sich um seine Achse mit konstanter Winkelgeschwindigkeit $\omega$. Sei $y = f(x)$ die Gleichung der Kurve, die sich als Schnitt der Flüssigkeitsoberfläche mit einer Ebene durch die Drehachse ergibt.

a) Zeigen Sie, dass $f'(x) = \frac{\omega^2}{g}x$, wobei $g$ die Gravitationskonstante ist (vgl. Beispiel 5).

b) Wählen Sie eine Funktion $f(x)$, die die in Teil a) gestellte Bedingung erfüllt (vgl. Beispiel 6).

c) Verändert sich die Bedingung für die Funktion $f(x)$ aus Teil a), wenn die Drehachse nicht mit der Achse des Glases übereinstimmt?

**4.** Ein als Punktmasse auffassbarer Körper gleite unter dem Einfluss der Schwerkraft einen sanften Hügel hinunter. Der Hügel sei der Graph der differenzierbaren Funktion $y = f(x)$.

a) Bestimmen Sie die horizontalen und die vertikalen Komponenten des Beschleunigungsvektors, den der Körper im Punkt $(x_0, y_0)$ besitzt.

b) Bestimmen Sie für den Fall $f(x) = x^2$, wobei der Körper aus großer Höhe gleitet, den Punkt der Parabel $y = x^2$, in dem die horizontaler Komponente der Beschleunigung maximal ist.

**5.** Sei

$$\Psi_0(x) = \begin{cases} x , & \text{für } 0 \le x \le \frac{1}{2} , \\[2mm] 1 - x , & \text{für } \frac{1}{2} \le x \le 1 . \end{cases}$$

Erweitern Sie diese Funktion für die ganze reelle Gerade so, dass sie Periode 1 besitzt. Wir bezeichnen die erweiterte Funktion mit $\varphi_0$. Sei ferner

$$\varphi_n(x) = \frac{1}{4^n}\varphi_0(4^n x) \, .$$

Die Funktion $\varphi_n$ hat die Periode $4^{-n}$ und besitzt überall eine Ableitung gleich $+1$ oder $-1$, außer in den Punkten $x = \frac{k}{2^n+1}$, $n \in \mathbb{Z}$. Sei

$$f(x) = \sum_{n=1}^{\infty} \varphi_n(x) \, .$$

Zeigen Sie, dass die Funktion $f$ definiert und auf $\mathbb{R}$ stetig ist, aber in keinem Punkt eine Ableitung besitzt. (Dieses Beispiel geht auf den wohl bekannten niederländischen Mathematiker B. L. van der Waerden (1903–1996) zurück. Die ersten Beispiele für stetige Funktionen, die keine Ableitungen besitzen, wurden von Bolzano (1830) und Weierstraß (1860) konstruiert.)

## 5.2 Wichtige Ableitungsregeln

Das Differential einer gegebenen Funktion zu konstruieren, oder, was äquivalent dazu ist, ihre Ableitung zu finden, wird *Differentiation*[7] genannt.

### 5.2.1 Differentiation und arithmetische Operationen

**Satz 1.** *Sind die Funktionen $f : X \to \mathbb{R}$ und $g : X \to \mathbb{R}$ im Punkt $x \in X$ differenzierbar, dann*
   *a) ist ihre Summe in $x$ differenzierbar mit:*

$$(f + g)'(x) = (f' + g')(x) \, ;$$

   *b) ist ihr Produkt in $x$ differenzierbar mit:*

$$(f \cdot g)'(x) = f'(x) \cdot g(x) + f(x) \cdot g'(x) \, ;$$

   *c) falls $g(x) \neq 0$, ist ihr Quotient in $x$ differenzierbar mit:*

$$\left(\frac{f}{g}\right)'(x) = \frac{f'(x)g(x) - f(x)g'(x)}{g^2(x)} \, .$$

---

[7] Obwohl es mathematisch äquivalent ist, das Differential zu bestimmen oder die Ableitung zu finden, sind das Differential und die Ableitung dennoch nicht dasselbe. Aus diesem Grund gibt es etwa im Deutschen wie im Französischen zwei Ausdrücke – *ableiten* bzw. *dérivation* für das Finden der Ableitung und *differenzieren* bzw. *différentiation* für das Bestimmen des Differentials.

*Beweis.* Wir werden den Beweis auf der Definition einer differenzierbaren Funktion und den Eigenschaften des Symbols $o(\cdot)$, die wir in Absatz 3.2.4 bewiesen haben, aufbauen.

a) $(f+g)(x+h) - (f+g)(x) = \big(f(x+h) + g(x+h)\big) -$
$$- \big(f(x) + g(x)\big) = \big(f(x+h) - f(x)\big) + \big(g(x+h) - g(x)\big) =$$
$$= \big(f'(x)h + o(h)\big) + \big(g'(x)h + o(h)\big) = \big(f'(x) + g'(x)\big)h + o(h) =$$
$$= \big(f' + g'\big)(x)h + o(h) \,.$$

b) $(f \cdot g)(x+h) - (f \cdot g)(x) = f(x+h)g(x+h) - f(x)g(x) =$
$$= \big(f(x) + f'(x)h + o(h)\big)\big(g(x) + g'(x)h + o(h)\big) - f(x)g(x) =$$
$$= \big(f'(x)g(x) + f(x)g'(x)\big)h + o(h) \,.$$

c) Da eine in einem Punkt $x \in X$ differenzierbare Funktion in diesem Punkt stetig ist, können wir aufgrund der Eigenschaften stetiger Funktionen garantieren, dass $g(x+h) \neq 0$ für genügend kleine Werte von $h$, falls $g(x) \neq 0$. Bei den folgenden Berechnungen wird angenommen, dass $h$ klein ist:

$$\left(\frac{f}{g}\right)(x+h) - \left(\frac{f}{g}\right)(x) = \frac{f(x+h)}{g(x+h)} - \frac{f(x)}{g(x)} =$$
$$= \frac{1}{g(x)g(x+h)}\big(f(x+h)g(x) - f(x)g(x+h)\big) =$$
$$= \left(\frac{1}{g^2(x)} + o(1)\right)\big((f(x) + f'(x)h + o(h))g(x) - f(x)(g(x) + g'(x)h + o(h))\big) =$$
$$= \left(\frac{1}{g^2(x)} + o(1)\right)\big((f'(x)g(x) - f(x)g'(x))h + o(h)\big) =$$
$$= \frac{f'(x)g(x) - f(x)g'(x)}{g^2(x)}h + o(h) \,.$$

Hierbei haben wir die Stetigkeit von $g$ im Punkt $x$ und die Ungleichung $g(x) \neq 0$ benutzt und dass

$$\lim_{h \to 0} \frac{1}{g(x)g(x+h)} = \frac{1}{g^2(x)} \,,$$

d.h.

$$\frac{1}{g(x)g(x+h)} = \frac{1}{g^2(x)} + o(1) \,,$$

wobei $o(1)$ für $h \to 0$ mit $x + h \in X$ infinitesimal ist.    $\square$

**Korollar 1.** *Die Ableitung einer Linearkombination von differenzierbaren Funktionen ist gleich der Linearkombination der Ableitungen dieser Funktionen.*

*Beweis.* Da eine konstante Funktion offensichtlich differenzierbar ist und die Ableitung in jedem Punkt gleich 0 ist, erhalten wir mit Aussage b) aus Satz 1, wenn wir $f \equiv \text{const} = c$ setzen, dass $(cg)'(x) = cg'(x)$.

Nun können wir mit Aussage a) aus Satz 1 schreiben:

$$(c_1 f + c_2 g)'(x) = (c_1 f)'(x) + (c_2 g)'(x) = c_1 f'(x) + c_2 g'(x) .$$

Wenn wir das eben Bewiesene berücksichtigen, können wir durch Induktion zeigen, dass

$$(c_1 f_1 + \cdots + c_n f_n)'(x) = c_1 f_1'(x) + \cdots + c_n f_n'(x) . \qquad \square$$

**Korollar 2.** *Sind die Funktionen $f_1, \ldots, f_n$ in $x$ differenzierbar, dann gilt:*

$$(f_1 \cdots f_n)'(x) = f_1'(x) f_2(x) \cdots f_n(x) +$$
$$+ f_1(x) f_2'(x) f_3(x) \cdots f_n(x) + \cdots + f_1(x) \cdots f_{n-1}(x) f_n'(x) .$$

*Beweis.* Für $n = 1$ ist die Aussage offensichtlich.

Wenn die Aussage für ein $n \in \mathbb{N}$ gilt, dann gilt sie nach Aussage b) aus Satz 1 auch für $(n + 1) \in \mathbb{N}$. Mit dem Induktionsprinzip folgern wir, dass die Formel für jedes $n \in \mathbb{N}$ Gültigkeit besitzt. $\qquad \square$

**Korollar 3.** *Aus dem Zusammenhang zwischen Ableitung und Differential folgt, dass Satz 1 auch für Differentiale formuliert werden kann. Auf den Punkt gebracht:*
a) $\mathrm{d}(f + g)(x) = \mathrm{d}f(x) + \mathrm{d}g(x)$ ;
b) $\mathrm{d}(f \cdot g)(x) = g(x)\mathrm{d}f(x) + f(x)\mathrm{d}g(x)$ ;
c) $\mathrm{d}\left(\frac{f}{g}\right)(x) = \frac{g(x)\mathrm{d}f(x) - f(x)\mathrm{d}g(x)}{g^2(x)}$ *für* $g(x) \neq 0$ .

*Beweis.* Wir wollen exemplarisch Aussage a) zeigen.

$$\mathrm{d}(f + g)(x)h = (f + g)'(x)h = (f' + g')(x)h =$$
$$= \big(f'(x) + g'(x)\big)h = f'(x)h + g'(x)h =$$
$$= \mathrm{d}f(x)h + \mathrm{d}g(x)h = \big(\mathrm{d}f(x) + \mathrm{d}g(x)\big)h .$$

Somit haben wir gezeigt, dass $\mathrm{d}(f+g)(x)$ und $\mathrm{d}f(x)+\mathrm{d}g(x)$ dieselbe Funktion sind. $\qquad \square$

*Beispiel 1. Invarianz der Geschwindigkeitsdefinition.* Wir können nun nachweisen, dass der momentane Geschwindigkeitsvektor einer Punktmasse, der in Absatz 5.1.1 definiert wurde, vom verwendeten kartesischen Koordinatensystem unabhängig ist. Wir werden dies sogar für alle affinen Koordinatensysteme zeigen.

Seien $(x^1, x^2)$ und $(\tilde{x}^1, \tilde{x}^2)$ die Koordinaten desselben Punktes in der Ebene in zwei unterschiedlichen Koordinatensystemen, die durch die Gleichungen

$$\begin{aligned}
\tilde{x}^1 &= a_1^1 x^1 + a_2^1 x^2 + b^1 , \\
\tilde{x}^2 &= a_1^2 x^1 + a_2^2 x^2 + b^2
\end{aligned} \qquad (5.26)$$

miteinander verbunden sind. Da jeder Vektor (im affinen Raum) durch ein Punktepaar bestimmt wird und seine Komponenten der Differenz der Koordinaten des Anfangs- und Endpunktes des Vektors entsprechen, sind die Komponenten eines vorgegebenen Vektors in diesen beiden Koordinatensystemen durch die Gleichungen

$$\tilde{v}^1 = a_1^1 v^1 + a_2^1 v^2 \,,$$
$$\tilde{v}^2 = a_1^2 v^1 + a_2^2 v^2 \tag{5.27}$$

miteinander verbunden.

Wird das Bewegungsgesetz des Punktes in einem der Koordinatensysteme durch die Funktionen $x^1(t)$ und $x^2(t)$ beschrieben, dann wird es im anderen System durch die Funktionen $\tilde{x}^1(t)$ und $\tilde{x}^2(t)$ beschrieben, die durch die Gleichungen (5.26) mit den Ersteren verknüpft sind.

Wenn wir die Gleichungen (5.26) nach der Zeit ableiten, erhalten wir mit den Ableitungsregeln:

$$\dot{\tilde{x}}^1 = a_1^1 \dot{x}^1 + a_2^1 \dot{x}^2 \,,$$
$$\dot{\tilde{x}}^2 = a_1^2 \dot{x}^1 + a_2^2 \dot{x}^2 \,. \tag{5.28}$$

Daraus folgt, dass die Komponenten $(v^1, v^2) = (\dot{x}^1, \dot{x}^2)$ des Geschwindigkeitsvektors im ersten System und die Komponenten $(\tilde{v}^1, \tilde{v}^2) = (\dot{\tilde{x}}^1, \dot{\tilde{x}}^2)$ des Geschwindigkeitsvektors im zweiten System tatsächlich durch die Gleichungen (5.27) verknüpft sind. Dies zeigt uns, dass wir es mit zwei unterschiedlichen Ausdrücken für denselben Vektor zu tun haben.

*Beispiel 2.* Sei $f(x) = \tan x$. Wir werden zeigen, dass in jedem Punkt in dem $\cos x \neq 0$ ist, $f'(x) = \frac{1}{\cos^2 x}$ gilt, d.h. im gesamten Definitionsbereich der Funktion $\tan x = \frac{\sin x}{\cos x}$.

In den Beispielen 1 und 2 in Abschnitt 5.1 haben wir gezeigt, dass $\sin'(x) = \cos x$ und $\cos' x = -\sin x$, so dass nach Aussage c) aus Satz 1 für $\cos x \neq 0$ gilt:

$$\tan' x = \left(\frac{\sin}{\cos}\right)'(x) = \frac{\sin' x \cos x - \sin x \cos' x}{\cos^2 x} =$$
$$= \frac{\cos x \cos x + \sin x \sin x}{\cos^2 x} = \frac{1}{\cos^2 x} \,.$$

*Beispiel 3.* $\cot' x = -\frac{1}{\sin^2 x}$ überall da, wo $\sin x \neq 0$, d.h. im Definitionsbereich von $\cot x = \frac{\cos x}{\sin x}$.

Tatsächlich gilt:

$$\cot' x = \left(\frac{\cos}{\sin}\right)'(x) = \frac{\cos' x \sin x - \cos x \sin' x}{\sin^2 x} =$$
$$= \frac{-\sin x \sin x - \cos x \cos x}{\sin^2 x} = -\frac{1}{\sin^2 x} \,.$$

*Beispiel 4.* Ist $P(x) = c_0 + c_1 x + \cdots + c_n x^n$ ein Polynom, dann ist $P'(x) = c_1 + 2c_2 x + \cdots + n c_n x^{n-1}$.

Da $\frac{\mathrm{d}x}{\mathrm{d}x} = 1$, erhalten wir mit Korollar 2, dass $\frac{\mathrm{d}x^n}{\mathrm{d}x} = n x^{n-1}$. Die Aussage folgt nun unmittelbar aus Korollar 1.

### 5.2.2 Differentiation einer verketteten Funktion (Kettenregel)

**Satz 2.** (Kettenregel) *Ist die Funktion $f : X \to Y \subset \mathbb{R}$ im Punkt $x \in X$ differenzierbar und ist die Funktion $g : Y \to \mathbb{R}$ im Punkt $y = f(x) \in Y$ differenzierbar, dann ist die verkettete Funktion $g \circ f : X \to \mathbb{R}$ in $x$ differenzierbar und das Differential $\mathrm{d}(g \circ f)(x) : T\mathbb{R}(x) \to T\mathbb{R}(g(f(x)))$ der verketteten Funktion ist gleich der Verkettung $\mathrm{d}g(y) \circ \mathrm{d}f(x)$ ihrer Differentiale*

$$\mathrm{d}f(x) : T\mathbb{R}(x) \to T\mathbb{R}(y = f(x)) \text{ und } \mathrm{d}g(y = f(x)) : T\mathbb{R}(y) \to T\mathbb{R}(g(y)) \,.$$

*Beweis.* Die Bedingungen für die Differenzierbarkeit der Funktionen $f$ und $g$ lauten:

$$f(x + h) - f(x) = f'(x)h + o(h) \quad \text{für } h \to 0,\ x + h \in X \,,$$
$$g(y + t) - g(y) = g'(y)t + o(t) \quad \text{für } t \to 0,\ y + t \in Y \,.$$

Wir merken an, dass wir davon ausgehen können, dass $o(t)$ in der zweiten Gleichung für $t = 0$ definiert ist und dass wir im Ausdruck $o(t) = \gamma(t)t$, mit $\gamma(t) \to 0$ für $t \to 0$, $y + t \in Y$, annehmen können, dass $\gamma(0) = 0$. Wenn wir $f(x) = y$ und $f(x + h) = y + t$ setzen, erhalten wir aufgrund der Differenzierbarkeit (und somit Stetigkeit) von $f$ im Punkt $x$, dass $t \to 0$ für $h \to 0$ und dass für $x + h \in X$ gilt: $y + t \in Y$. Nach dem Satz zum Grenzwert einer verketteten Funktion erhalten wir nun, dass

$$\gamma\big(f(x + h) - f(x)\big) = \alpha(h) \to 0 \text{ für } h \to 0,\ x + h \in X \,,$$

und somit für $t = f(x + h) - f(x)$, dass

$$\begin{aligned}
o(t) &= \gamma\big(f(x + h) - f(x)\big)\big(f(x + h) - f(x)\big) = \\
&= \alpha(h)\big(f'(x)h + o(h)\big) = \alpha(h)f'(x)h + \alpha(h)o(h) = \\
&= o(h) + o(h) = o(h) \text{ für } h \to 0,\ x + h \in X \,.
\end{aligned}$$

Somit erhalten wir

$$\begin{aligned}
(g \circ f)(x + h) - (g \circ f)(x) &= g\big(f(x + h)\big) - g\big(f(x)\big) = \\
&= g(y + t) - g(y) = g'(y)t + o(t) = \\
&= g'\big(f(x)\big)\big(f(x + h) - f(x)\big) + o\big(f(x + h) - f(x)\big) = \\
&= g'\big(f(x)\big)\big(f'(x)h + o(h)\big) + o\big(f(x + h) - f(x)\big) = \\
&= g'\big(f(x)\big)\big(f'(x)h\big) + g'\big(f(x)\big)\big(o(h)\big) + o\big(f(x + h) - f(x)\big) \,.
\end{aligned}$$

Da wir den Ausdruck $g'\big(f(x)\big)\big(f'(x)h\big)$ als Wert $\mathrm{d}g\big(f(x)\big) \circ \mathrm{d}f(x)h$ der Verkettung $h \overset{\mathrm{d}g(y)\circ\mathrm{d}f(x)}{\longmapsto} g'\big(f(x)\big) \cdot f'(x)h$ der Abbildungen $h \overset{\mathrm{d}f(x)}{\longmapsto} f'(x)h$ und $\tau \overset{\mathrm{d}g(y)}{\longmapsto} g'(y)\tau$ in $h$ interpretieren können, bleibt für den Abschluss des Beweises nur noch anzumerken, dass die Summe

$$g'\big(f(x)\big)\big(o(h)\big) + o\big(f(x+h) - f(x)\big)$$

im Vergleich zu $h$ für $h \to 0$, $x + h \in X$ infinitesimal ist, oder, wie wir bereits festgestellt haben, dass

$$o\big(f(x+h) - f(x)\big) = o(h) \ \text{für} \ h \to 0, \, x + h \in X \ .$$

Somit haben wir bewiesen, dass

$$(g \circ f)(x+h) - (g \circ f)(x) =$$
$$= g'\big(f(x)\big) \cdot f'(x)h + o(h) \ \text{für} \ h \to 0, \, x + h \in X \ . \qquad \square$$

**Korollar 4.** *Die Ableitung $(g \circ f)'(x)$ der Verkettung differenzierbarer Funktionen mit reellen Werten ist gleich dem Produkt $g'\big(f(x)\big) \cdot f'(x)$ der Ableitungen dieser Funktionen in den entsprechenden Punkten.*

Es besteht die große Versuchung, für diese Aussage in der Schreibweise, die Leibniz für die Ableitung einführte, einen kurzen Beweis zu geben:

$$\frac{dz}{dx} = \frac{dz}{dy} \cdot \frac{dy}{dx} \ ,$$

für $z = z(y)$ und $y = y(x)$. Dies erscheint völlig natürlich, wenn wir die Symbole $\frac{dz}{dy}$ und $\frac{dy}{dx}$ nicht als Einheit, sondern als Verhältnis von $dz$ zu $dy$ und $dy$ zu $dx$ betrachten.

Wir kommen dabei auf die folgende Beweisidee, bei der wir die Differenzenquotienten

$$\frac{\Delta z}{\Delta x} = \frac{\Delta z}{\Delta y} \cdot \frac{\Delta y}{\Delta x}$$

betrachten und dann zum Grenzwert für $\Delta x \to 0$ übergehen. Die dabei auftretende Schwierigkeit (mit der wir teilweise schon zu tun hatten) ist, dass $\Delta y$ für $\Delta x \neq 0$ Null werden kann.

**Korollar 5.** *Existiert die Verkettung $(f_n \circ \cdots \circ f_1)(x)$ differenzierbarer Funktionen $y_1 = f_1(x), \ldots, y_n = f_n(y_{n-1})$, dann gilt:*

$$(f_n \circ \cdots \circ f_1)'(x) = f_n'(y_{n-1})f_{n-1}'(y_{n-2}) \cdots f_1'(x) \ .$$

*Beweis.* Die Aussage gilt offensichtlich für $n = 1$.

Gilt sie auch für ein $n \in \mathbb{N}$, dann gilt sie nach Satz 2 auch für $n + 1$, so dass sie nach dem Induktionsprinzip für alle $n \in \mathbb{N}$ zutrifft. $\qquad \square$

*Beispiel 5.* Wir wollen für $x > 0$ zeigen, dass für $\alpha \in \mathbb{R}$ gilt: $\frac{\mathrm{d}x^\alpha}{\mathrm{d}x} = \alpha x^{\alpha-1}$, d.h. $\mathrm{d}x^\alpha = \alpha x^{\alpha-1}\mathrm{d}x$ und

$$(x+h)^\alpha - x^\alpha = \alpha x^{\alpha-1}h + o(h) \text{ für } h \to 0 \ .$$

*Beweis.* Wir schreiben $x^\alpha = \mathrm{e}^{\alpha \ln x}$ und wenden Satz 2 an, wobei wir die Ergebnisse aus den Beispielen 9 und 11 aus Abschnitt 5.1 und Aussage b) aus Satz 1 einbeziehen.

Sei $g(y) = \mathrm{e}^y$ und $y = f(x) = \alpha \ln(x)$. Dann ist $x^\alpha = (g \circ f)(x)$ und

$$(g \circ f)'(x) = g'(y) \cdot f'(x) = \mathrm{e}^y \cdot \frac{\alpha}{x} = \mathrm{e}^{\alpha \ln x} \cdot \frac{\alpha}{x} = \alpha x^{\alpha-1} \ . \qquad \square$$

*Beispiel 6.* Die Ableitung des Logarithmus des Betrags einer differenzierbaren Funktion wird oft als *logarithmische Ableitung* bezeichnet.

Da $F(x) = \ln|f(x)| = \big(\ln \circ | \ | \circ f\big)(x)$, erhalten wir nach Beispiel 11 Abschnitt 5.1, dass $F'(x) = \big(\ln|f|\big)'(x) = \frac{f'(x)}{f(x)}$.

Somit ist:

$$\mathrm{d}\big(\ln|f|\big)(x) = \frac{f'(x)}{f(x)} \, \mathrm{d}x = \frac{\mathrm{d}f(x)}{f(x)} \ .$$

*Beispiel 7. Der durch fehlerhafte Daten im Argument verursachte absolute und relative Fehler im Wert einer differenzierbaren Funktion.*

Ist die Funktion $f$ in $x$ differenzierbar, dann ist

$$f(x+h) - f(x) = f'(x)h + \alpha(x;h) \ ,$$

mit $\alpha(x;h) = o(h)$ für $h \to 0$.

Ist daher das Argument $x$ mit einem absoluten Fehler $h$ behaftet, dann kann bei der Berechnung des Wertes $f(x)$ einer Funktion, der durch diesen Fehler im Argument verursachte absolute Fehler $|f(x+h) - f(x)|$ im Funktionswert für kleines $h$ durch den Betrag des Differentials $|\mathrm{d}f(x)h| = |f'(x)h|$ ersetzt werden.

Der relative Fehler kann dann aus dem Verhältnis $\frac{|f'(x)h|}{|f(x)|} = \frac{|\mathrm{d}f(x)h|}{|f(x)|}$ berechnet werden oder als Produkt $\left|\frac{f'(x)}{f(x)}\right| |h|$ des Betrags der logarithmischen Ableitung der Funktion mit dem Betrag des absoluten Fehlers im Argument.

Nebenbei merken wir an, dass für $f(x) = \ln x$ das Differential $\mathrm{d}\ln x = \frac{\mathrm{d}x}{x}$ lautet, und dass folglich der absolute Fehler bei der Berechnung eines Logarithmus gleich dem relativen Fehler im Argument ist. Dieser Umstand kann wundervollerweise beim Rechenschieber (und bei jedem anderen Gerät mit nicht gleichförmigen Skalen) verwendet werden. Zur Präzisierung wollen wir uns vorstellen, dass wir mit jedem Punkt der reellen Gerade, der rechts von Null liegt, seine Koordinate $y$ verbinden und diese oberhalb des Punktes notieren. Unterhalb des Punktes schreiben wir die Zahl $x = \mathrm{e}^y$. Dann ist $y = \ln x$. Dieselbe reelle Halbgerade haben wir auf diese Weise mit einer gleichförmigen Skala $y$ und einer nicht gleichförmigen Skala $x$ (logarithmisch) versehen. Um $\ln x$ zu bestimmen, muss der Zeiger nur auf die Zahl $x$ gesetzt und die zugehörige Zahl $y$ oberhalb abgelesen werden. Die Genauigkeit bei der Platzierung des Zeigers auf einen bestimmten Punkt ist von der Zahl $x$ oder dem entsprechenden $y$ unabhängig. Sie wird durch $\Delta y$ (die Länge des Intervalls einer möglichen Verschiebung) auf der gleichförmigen Skala gegeben. Wir erhalten daher ungefähr denselben absoluten Fehler bei der Bestimmung einer Zahl $x$ wie für ihren Logarithmus $y$. Bei der Bestimmung einer Zahl aus ihrem Logarithmus werden wir überall auf der Zahlengeraden ungefähr denselben relativen Fehler erhalten.

*Beispiel 8.* Wir wollen eine Funktion $u(x)^{v(x)}$ differenzieren, wobei $u(x)$ und $v(x)$ differenzierbare Funktionen sind mit $u(x) > 0$. Wir schreiben $u(x)^{v(x)} = e^{v(x)\ln u(x)}$ und verwenden Korollar 5. Dann gilt:

$$\frac{\mathrm{d}e^{v(x)\ln u(x)}}{\mathrm{d}x} = e^{v(x)\ln u(x)}\left(v'(x)\ln u(x) + v(x)\frac{u'(x)}{u(x)}\right) =$$

$$= u(x)^{v(x)} \cdot v'(x)\ln u(x) + v(x)u(x)^{v(x)-1} \cdot u'(x)\ .$$

### 5.2.3 Differentiation einer inversen Funktion

**Satz 3.** (Die Ableitung einer inversen Funktion). *Seien $f : X \to Y$ und $f^{-1} : Y \to X$ in den Punkten $x_0 \in X$ und $f(x_0) = y_0 \in Y$ stetige und zueinander inverse Funktionen. Ist $f$ in $x_0$ differenzierbar und $f'(x_0) \neq 0$, dann ist auch $f^{-1}$ im Punkt $y_0$ differenzierbar, mit*

$$\left(f^{-1}\right)'(y_0) = \left(f'(x_0)\right)^{-1}\ .$$

*Beweis.* Da die Funktionen $f : X \to Y$ und $f^{-1} : Y \to X$ zueinander invers sind, sind $f(x) - f(x_0)$ und $f^{-1}(y) - f^{-1}(y_0)$, mit $y = f(x)$, für $x \neq x_0$ ungleich Null. Außerdem folgern wir aus der Stetigkeit von $f$ in $x_0$ und $f^{-1}$ in $y_0$, dass $(X \ni x \to x_0) \Leftrightarrow (Y \ni y \to y_0)$. Nun erhalten wir unter Benutzung des Satzes zum Grenzwert einer verketteten Funktion und den arithmetischen Eigenschaften des Grenzwertes, dass

$$\lim_{Y \ni y \to y_0} \frac{f^{-1}(y) - f^{-1}(y_0)}{y - y_0} = \lim_{X \ni x \to x_0} \frac{x - x_0}{f(x) - f(x_0)} =$$

$$= \lim_{X \ni x \to x_0} \frac{1}{\left(\frac{f(x)-f(x_0)}{x-x_0}\right)} = \frac{1}{f'(x_0)}\ .$$

Somit haben wir gezeigt, dass die Funktion $f^{-1} : Y \to X$ in $y_0$ eine Ableitung besitzt und dass

$$\left(f^{-1}\right)'(y_0) = \left(f'(x_0)\right)^{-1}\ . \qquad \square$$

*Anmerkung 1.* Wenn wir im Voraus gewusst hätten, dass die Funktion $f^{-1}$ in $y_0$ differenzierbar ist, würden wir sofort aus der Identität $\left(f^{-1} \circ f\right)(x) = x$ und dem Satz zur Differentiation einer verketteten Funktion folgern, dass $\left(f^{-1}\right)'(y_0) \cdot f'(x_0) = 1$.

*Anmerkung 2.* Die Bedingung $f'(x_0) \neq 0$ ist offensichtlich zur Aussage äquivalent, dass die Abbildung $h \mapsto f'(x_0)h$, die durch das Differential $\mathrm{d}f(x_0) : T\mathbb{R}(x_0) \to T\mathbb{R}(y_0)$ realisiert wird, die inverse Abbildung $[\mathrm{d}f(x_0)]^{-1} :$ $T\mathbb{R}(y_0) \to T\mathbb{R}(x_0)$ besitzt, die durch die Formel $\tau \mapsto \left(f'(x_0)\right)^{-1}\tau$ gegeben wird.

Daher können wir mit Hilfe des Differentials die zweite Aussage in Satz 3 wie folgt schreiben:

*Ist eine Funktion $f$ in einem Punkt $x_0$ differenzierbar und ist ihr Differential $\mathrm{d}f(x_0) : T\mathbb{R}(x_0) \to T\mathbb{R}(y_0)$ in diesem Punkt invertierbar, dann existiert das Differential der zu $f$ inversen Funktion $f^{-1}$ im Punkt $y_0 = f(x_0)$ und ist die Abbildung*

$$\mathrm{d}f^{-1}(y_0) = [\mathrm{d}f(x_0)]^{-1} : T\mathbb{R}(y_0) \to T\mathbb{R}(x_0) \,,$$

*die zu $\mathrm{d}f(x_0) : T\mathbb{R}(x_0) \to T\mathbb{R}(y_0)$ invers ist.*

*Beispiel 9.* Wir werden zeigen, dass $\arcsin' y = \frac{1}{\sqrt{1-y^2}}$ für $|y| < 1$. Die Funktionen $\sin : [-\pi/2, \pi/2] \to [-1, 1]$ und $\arcsin : [-1, 1] \to [-\pi/2, \pi/2]$ sind zueinander invers und stetig (vgl. Beispiel 8 in Abschnitt 4.2) und $\sin'(x) = \cos x \neq 0$ für $|x| < \pi/2$. Für $|x| < \pi/2$ erhalten wir $|y| < 1$ für die Werte $y = \sin x$. Daher ist nach Satz 3:

$$\arcsin' y = \frac{1}{\sin' x} = \frac{1}{\cos x} = \frac{1}{\sqrt{1 - \sin^2 x}} = \frac{1}{\sqrt{1 - y^2}} \,.$$

Das Vorzeichen vor der Wurzel wurde unter Berücksichtigung der Ungleichung $\cos x > 0$ für $|x| < \pi/2$ gewählt.

*Beispiel 10.* Mit ähnlichen Überlegungen wie im vorigen Beispiel können wir zeigen (mit Hilfe von Beispiel 9 in Abschnitt 4.2), dass

$$\arccos' y = -\frac{1}{\sqrt{1 - y^2}} \text{ für } |y| < 1 \,.$$

Denn wir erhalten:

$$\arccos' y = \frac{1}{\cos' x} = -\frac{1}{\sin x} = -\frac{1}{\sqrt{1 - \cos^2 x}} = -\frac{1}{\sqrt{1 - y^2}} \,.$$

Das Vorzeichen vor der Wurzel wurde unter Berücksichtigung der Ungleichung $\sin x > 0$ für $0 < x < \pi$ gewählt.

*Beispiel 11.* $\arctan' y = \frac{1}{1+y^2}$, $y \in \mathbb{R}$.
Tatsächlich gilt:

$$\arctan' y = \frac{1}{\tan' x} = \frac{1}{\left(\frac{1}{\cos^2 x}\right)} = \cos^2 x = \frac{1}{1 + \tan^2 x} = \frac{1}{1 + y^2} \,.$$

*Beispiel 12.* $\operatorname{arccot}' y = -\frac{1}{1+y^2}$, $y \in \mathbb{R}$.
    Tatsächlich gilt:

$$\operatorname{arccot}' y = \frac{1}{\cot' x} = \frac{1}{\left(-\frac{1}{\sin^2 x}\right)} = -\sin^2 x = -\frac{1}{1+\cot^2 x} = -\frac{1}{1+y^2}\,.$$

*Beispiel 13.* Wir wissen bereits (vgl. die Beispiele 10 und 12 in Abschnitt 5.1),
dass die Funktionen $y = f(x) = a^x$ und $x = f^{-1}(y) = \log_a y$ die Ableitungen
$f'(x) = a^x \ln a$ und $\left(f^{-1}\right)'(y) = \frac{1}{y \ln a}$ besitzen.
    Wir wollen sehen, inwiefern dies zu Satz 3 konsistent ist:

$$\left(f^{-1}\right)'(y) = \frac{1}{f'(x)} = \frac{1}{a^x \ln a} = \frac{1}{y \ln a}\,,$$

$$f'(x) = \frac{1}{\left(f^{-1}\right)'(y)} = \frac{1}{\left(\frac{1}{y \ln a}\right)} = y \ln a = a^x \ln a\,.$$

*Beispiel 14. Die Hyperbelfunktionen und die inversen Hyperbelfunktionen und
ihre Ableitungen.* Die Funktionen

$$\sinh x = \frac{1}{2}(\mathrm{e}^x - \mathrm{e}^{-x}) \text{ und}$$

$$\cosh x = \frac{1}{2}(\mathrm{e}^x + \mathrm{e}^{-x})$$

werden *Sinus Hyperbolicus* und *Cosinus Hyperbolicus*[8] von $x$ genannt.
    Diese Funktionen, die für den Moment nur rein formal eingeführt werden,
treten in vielen Problemen genauso natürlich auf wie die Winkelfunktionen
$\sin x$ und $\cos x$.
    Wir merken an, dass

$$\sinh(-x) = -\sinh x \text{ und}$$

$$\cosh(-x) = \cosh x\,,$$

d.h., der Sinus Hyperbolicus ist eine ungerade Funktion und der Cosinus Hyperbolicus ist eine gerade Funktion.
    Außerdem ist die folgende wichtige Gleichung offensichtlich:

$$\cosh^2 x - \sinh^2 x = 1\,.$$

    Die Graphen der Funktionen $y = \sinh x$ und $y = \cosh x$ sind in Abb. 5.7
dargestellt.
    Aus der Definition von $\sinh x$ und den Eigenschaften der Funktion $\mathrm{e}^x$ folgt,
dass $\sinh x$ eine stetige und streng monoton anwachsende Funktion ist, die $\mathbb{R}$
bijektiv auf sich selbst abbildet. Daher existiert die inverse Funktion zu $\sinh x$,
sie ist auf $\mathbb{R}$ definiert, stetig und streng monoton anwachsend.

---

[8] Vom Lateinischen: *Sinus hyperbolicus* und *cosinus hyperbolicus.*

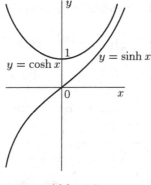

**Abb. 5.7.**

Diese Inverse wird mit arsinh $y$ (sprich: „Areasinus Hyperbolicus von $y$")
bezeichnet[9]. Diese Funktion ist mit bereits bekannten Funktionen einfach formulierbar. Durch Lösen der Gleichung

$$\frac{1}{2}(\mathrm{e}^x - \mathrm{e}^{-x}) = y$$

nach $x$, erhalten wir nach und nach

$$\mathrm{e}^x = y + \sqrt{1 + y^2}$$

($\mathrm{e}^x > 0$ und folglich $\mathrm{e}^x \neq y - \sqrt{1 + y^2}$) mit

$$x = \ln\left(y + \sqrt{1 + y^2}\right).$$

Somit ist
$$\mathrm{arsinh}\, y = \ln\left(y + \sqrt{1 + y^2}\right), \quad y \in \mathbb{R}.$$

Ähnlich können wir mit Hilfe der Monotonie der Funktion $y = \cosh x$ auf
den beiden Intervallen $\mathbb{R}_- = \{x \in \mathbb{R} | x \leq 0\}$ und $\mathbb{R}_+ = \{x \in \mathbb{R} | x \geq 0\}$ die
Funktionen $\mathrm{arcosh}_-y$ und $\mathrm{arcosh}_+y$ konstruieren, die für $y \geq 1$ definiert sind
und zur Funktion $\cosh x$ auf $\mathbb{R}_-$ bzw. $\mathbb{R}_+$ invers sind.
Ihre Formeln lauten:

$$\mathrm{arcosh}_-y = \ln\left(y - \sqrt{y^2 - 1}\right) \quad \text{und}$$
$$\mathrm{arcosh}_+y = \ln\left(y + \sqrt{y^2 - 1}\right).$$

---

[9] Der volle Name ist *Arcus Sinus Hyperpolicus* (Lat.). Der Grund für die Benutzung
der Vorsilbe *Area* anstelle von *Arc* wird, wie auch die Winkelfunktionen, später
erklärt werden.

Aus den oben vorgestellten Definitionen erhalten wir:

$$\sinh' x = \frac{1}{2}(e^x + e^{-x}) = \cosh x \quad \text{und}$$

$$\cosh' x = \frac{1}{2}(e^x - e^{-x}) = \sinh x \ .$$

Nach dem Satz zur Ableitung einer inversen Funktion ergibt sich:

$$\operatorname{arsinh}' y = \frac{1}{\sinh' x} = \frac{1}{\cosh x} = \frac{1}{\sqrt{1 + \sinh^2 x}} = \frac{1}{\sqrt{1 + y^2}} \ ,$$

$$\operatorname{arcosh}'_{-} y = \frac{1}{\cosh' x} = \frac{1}{\sinh x} = \frac{1}{-\sqrt{\cosh^2 x - 1}} = -\frac{1}{\sqrt{y^2 - 1}} \ , \quad y > 1 \ ,$$

$$\operatorname{arcosh}'_{+} y = \frac{1}{\cosh' x} = \frac{1}{\sinh x} = \frac{1}{\sqrt{\cosh^2 x - 1}} = \frac{1}{\sqrt{y^2 - 1}} \ , \quad y > 1 \ .$$

Diese letzten drei Gleichungen können bewiesen werden, wenn wir die expliziten Ausdrücke für die inversen Hyperbelfunktionen $\operatorname{arsinh} y$ und $\operatorname{arcosh} y$ benutzen.
Beispielsweise ist

$$\operatorname{arsinh}' y = \frac{1}{y + \sqrt{1 + y^2}}\left(1 + \frac{1}{2}(1 + y^2)^{-1/2} \cdot 2y\right) =$$

$$= \frac{1}{y + \sqrt{1 + y^2}} \cdot \frac{\sqrt{1 + y^2} + y}{\sqrt{1 + y^2}} = \frac{1}{\sqrt{1 + y^2}} \ .$$

Wie $\tan x$ und $\cot x$ können wir die Funktionen

$$\tanh x = \frac{\sinh x}{\cosh x} \quad \text{und} \quad \coth x = \frac{\cosh x}{\sinh x}$$

einführen, die als *Tangens Hyperbolicus* und als *Cotangens Hyperbolicus* bezeichnet werden. Ebenso auch die dazu inversen Funktionen, den Areatangens Hyperbolicus

$$\operatorname{artanh} y = \frac{1}{2} \ln \frac{1 + y}{1 - y} \ , \quad |y| < 1$$

und den Areacotangens Hyperbolicus

$$\operatorname{arcoth} y = \frac{1}{2} \ln \frac{y + 1}{y - 1} \quad |y| > 1 \ .$$

Wir lassen die Lösung der einfachen Gleichungen aus, die zu diesen Formeln führen.

Nach den Ableitungsregeln erhalten wir:

$$\tanh' x = \frac{\sinh' x \cosh x - \sinh x \cosh' x}{\cosh^2 x} =$$

$$= \frac{\cosh x \cosh x - \sinh x \sinh x}{\cosh^2 x} = \frac{1}{\cosh^2 x} \quad \text{und}$$

$$\coth' x = \frac{\cosh' x \sinh x - \cosh x \sinh' x}{\sinh^2 x} =$$

$$= \frac{\sinh x \sinh x - \cosh x \cosh x}{\sinh^2 x} = -\frac{1}{\sinh^2 x} .$$

Nach dem Satz zur Ableitung einer inversen Funktion ergibt sich:

$$\operatorname{artanh}' x = \frac{1}{\tanh' x} = \frac{1}{\left(\frac{1}{\cosh^2 x}\right)} = \cosh^2 x =$$

$$= \frac{1}{1 - \tanh^2 x} = \frac{1}{1 - y^2} , \quad |y| < 1 \quad \text{und}$$

$$\operatorname{arcoth}' x = \frac{1}{\coth' x} = \frac{1}{\left(-\frac{1}{\sinh^2 x}\right)} = -\sinh^2 x =$$

$$= -\frac{1}{\coth^2 x - 1} = -\frac{1}{y^2 - 1}, \quad |y| > 1 .$$

Die beiden letzten Formeln können auch durch direkte Differentiation der expliziten Formeln für die Funktionen artanh $y$ und arcoth $y$ erhalten werden.

### 5.2.4 Ableitungstabelle der wichtigen Elementarfunktionen

Wir stellen nun (vgl. Tab. 5.1) die Ableitungen der wichtigen Elementarfunktionen, die wir in den Abschnitten 5.1 und 5.2 berechnet haben, zusammen.

### 5.2.5 Differentiation einer sehr einfachen impliziten Funktion

Seien $y = y(t)$ und $x = x(t)$ differenzierbare Funktionen, die in einer Umgebung $U(t_0)$ des Punktes $t_0 \in \mathbb{R}$ definiert sind. Angenommen, die Funktion $x = x(t)$ besitzt eine Inverse $t = t(x)$, die in einer Umgebung $V(x_0)$ von $x_0 = x(t_0)$ definiert ist. Dann kann die Größe $y = y(t)$, die von $t$ abhängt, ebenso als implizite Funktion von $x$ betrachtet werden, da $y(t) = y\big(t(x)\big)$. Wir suchen die Ableitung dieser Funktion nach $x$ im Punkt $x_0$ unter der Annahme, dass $x'(t_0) \neq 0$. Mit Hilfe des Satzes zur Ableitung einer verketteten Funktion und dem Satz zur Ableitung einer inversen Funktion erhalten wir

$$y'_x\big|_{x=x_0} = \frac{dy\big(t(x)\big)}{dx}\bigg|_{x=x_0} = \frac{dy(t)}{dt}\bigg|_{t=t_0} \cdot \frac{dt(x)}{dx}\bigg|_{x=x_0} = \frac{\frac{dy(t)}{dt}\big|_{t=t_0}}{\frac{dx(t)}{dt}\big|_{t=t_0}} = \frac{y'_t(t_0)}{x'_t(t_0)} .$$

(Hierbei nutzen wir die übliche Schreibweise: $f(x)\big|_{x=x_0} := f(x_0)$.)

Kann dieselbe Größe als eine Funktion verschiedener Argumente betrachtet werden, dann werden wir, um Missverständnisse bei der Ableitung zu vermeiden, die Variable, nach der wir differenzieren, explizit angeben.

*Beispiel 15. Das Gesetz zur Addition von Geschwindigkeiten.* Die Bewegung eines Punktes entlang einer Geraden ist vollständig bestimmt, wenn wir zu jeder Zeit $t$ die Koordinate $x$ des Punktes in unserem gewählten Koordinatensystem (die reelle Gerade) und einem System, das wir zur Messung der Zeit gewählt haben, kennen. Daher bestimmt das Zahlenpaar $(x, t)$ die Position des Punktes in Raum und Zeit. Das Bewegungsgesetz wird in Form einer Funktion $x = x(t)$ geschrieben.

Angenommen, wir möchten die Bewegung dieses Punktes mit Hilfe eines anderen Koordinatensystems $(\tilde{x}, \tilde{t})$ ausdrücken. Beispielsweise mag sich die reelle Gerade gleichförmig mit der Geschwindigkeit $-v$ relativ zum ersten

**Tabelle 5.1.**

| Funktion $f(x)$ | Ableitung $f'(x)$ | Einschränkungen im Definitionsbereich für $x \in \mathbb{R}$ |
|---|---|---|
| 1. $C$ (konst.) | $0$ | |
| 2. $x^\alpha$ | $\alpha x^{\alpha - 1}$ | $x > 0$ für $\alpha \in \mathbb{R}$ |
| | | $x \in \mathbb{R}$ für $\alpha \in \mathbb{N}$ |
| 3. $a^x$ | $a^x \ln a$ | $x \in \mathbb{R}$ $(a > 0,\, a \neq 1)$ |
| 4. $\log_a |x|$ | $\frac{1}{x \ln a}$ | $x \in \mathbb{R} \setminus 0$ $(a > 0, a \neq 1)$ |
| 5. $\sin x$ | $\cos x$ | |
| 6. $\cos x$ | $-\sin x$ | |
| 7. $\tan x$ | $\frac{1}{\cos^2 x}$ | $x \neq \frac{\pi}{2} + \pi k,\, k \in \mathbb{Z}$ |
| 8. $\cot x$ | $-\frac{1}{\sin^2 x}$ | $x \neq \pi k,\, k \in \mathbb{Z}$ |
| 9. $\arcsin x$ | $\frac{1}{\sqrt{1 - x^2}}$ | $|x| < 1$ |
| 10. $\arccos x$ | $-\frac{1}{\sqrt{1 - x^2}}$ | $|x| < 1$ |
| 11. $\arctan x$ | $\frac{1}{1 + x^2}$ | |
| 12. $\text{arccot}\, x$ | $-\frac{1}{1 + x^2}$ | |
| 13. $\sinh x$ | $\cosh x$ | |
| 14. $\cosh x$ | $\sinh x$ | |
| 15. $\tanh x$ | $\frac{1}{\cosh^2 x}$ | |
| 16. $\coth x$ | $-\frac{1}{\sinh^2 x}$ | $x \neq 0$ |
| 17. $\text{arsinh}\, x = \ln\left(x + \sqrt{1 + x^2}\right)$ | $\frac{1}{\sqrt{1 + x^2}}$ | |
| 18. $\text{arcosh}\, x = \ln\left(x \pm \sqrt{x^2 - 1}\right)$ | $\pm\frac{1}{\sqrt{x^2 - 1}}$ | $|x| > 1$ |
| 19. $\text{artanh} x = \frac{1}{2} \ln \frac{1+x}{1-x}$ | $\frac{1}{1 - x^2}$ | $|x| < 1$ |
| 20. $\text{arcoth}\, x = \frac{1}{2} \ln \frac{x+1}{x-1}$ | $\frac{1}{x^2 - 1}$ | $|x| > 1$ |

System bewegen. (Der Geschwindigkeitsvektor kann in diesem Fall durch die einfache Zahl, die ihn definiert, identifiziert werden.) Der Einfachheit halber werden wir annehmen, dass sich die Koordinaten $(0,0)$ in beiden Koordinatensystemen auf denselben Punkt beziehen. Genauer gesagt, stimmt zur Zeit $\tilde{t} = 0$ der Punkt $\tilde{x} = 0$ mit dem Punkt $x = 0$, in dem die Uhr $t = 0$ anzeigt, überein.

Die klassischen Galilei-Transformationen

$$\tilde{x} = x + vt \, ,$$
$$\tilde{t} = t \tag{5.29}$$

formuliert eine der möglichen Zusammenhänge zwischen den Koordinatensystemen $(x, t)$ und $(\tilde{x}, \tilde{t})$, um von zwei Beobachtern die Bewegung desselben Punktes in verschiedenen Koordinatensystemen zu beschreiben.

Wir wollen eine etwas allgemeinere lineare Transformation

$$\tilde{x} = \alpha x + \beta t \, ,$$
$$\tilde{t} = \gamma x + \delta t \tag{5.30}$$

betrachten, wobei wir natürlich annehmen, dass diese Verbindung invertierbar ist, d.h., dass die Determinante der Matrix $\begin{pmatrix} \alpha & \beta \\ \gamma & \delta \end{pmatrix}$ ungleich Null ist.

Seien $x = x(t)$ und $\tilde{x} = \tilde{x}(\tilde{t})$ die Bewegungsgesetze für den beobachteten Punkt in diesen Koordinatensystemen.

Wenn wir die Beziehung $x = x(t)$ kennen, erhalten wir aus (5.30):

$$\tilde{x}(t) = \alpha x(t) + \beta t \, ,$$
$$\tilde{t}(t) = \gamma x(t) + \delta t \, . \tag{5.31}$$

Da die Transformation (5.30) invertierbar ist, ergibt sich

$$x = \tilde{\alpha}\tilde{x} + \tilde{\beta}\tilde{t} \, ,$$
$$t = \tilde{\gamma}\tilde{x} + \tilde{\delta}\tilde{t} \, . \tag{5.32}$$

Mit Kenntnis von $\tilde{x} = \tilde{x}(\tilde{t})$ ergibt sich schließlich

$$x(\tilde{t}) = \tilde{\alpha}\tilde{x}(\tilde{t}) + \tilde{\beta}\tilde{t} \, ,$$
$$t(\tilde{t}) = \tilde{\gamma}\tilde{x}(\tilde{t}) + \tilde{\delta}\tilde{t} \, . \tag{5.33}$$

Aus (5.31) und (5.33) wird deutlich, dass für den gegebenen Punkt zueinander inverse Funktionen $\tilde{t} = \tilde{t}(t)$ und $t = t(\tilde{t})$ existieren.

Als Nächstes wollen wir den Zusammenhang zwischen den Geschwindigkeiten für einen Punkt in den jeweiligen Koordinatensystemen $(x, t)$ und $(\tilde{x}, \tilde{t})$ betrachten:

$$V(t) = \frac{\mathrm{d}x(t)}{\mathrm{d}t} = \dot{x}_t(t) \quad \text{und} \quad \widetilde{V}(t) = \frac{\mathrm{d}\tilde{x}(\tilde{t})}{\mathrm{d}\tilde{t}} = \dot{\tilde{x}}_{\tilde{t}}(\tilde{t}) \, .$$

Mit der Regel zur Ableitung einer impliziten Funktion und mit (5.31) erhalten wir

$$\frac{d\tilde{x}}{d\tilde{t}} = \frac{\frac{d\tilde{x}}{dt}}{\frac{d\tilde{t}}{dt}} = \frac{\alpha \frac{dx}{dt} + \beta}{\gamma \frac{dx}{dt} + \delta}$$

oder

$$\widetilde{V}(\tilde{t}) = \frac{\alpha V(t) + \beta}{\gamma V(t) + \delta} \,, \tag{5.34}$$

wobei $\tilde{t}$ und $t$ die Koordinaten desselben Augenblicks in den Systemen $(x, t)$ und $(\tilde{x}, \tilde{t})$ sind. Dies muss man bei der abgekürzten Schreibweise für (5.34)

$$\widetilde{V} = \frac{\alpha V + \beta}{\gamma V + \delta} \tag{5.35}$$

stets im Hinterkopf behalten.

Im Falle der Galilei-Transformationen (5.29) erhalten wir aus Formel (5.35) das klassische Gesetz zur Addition von Geschwindigkeiten

$$\widetilde{V} = V + v \,. \tag{5.36}$$

Es ist mit einem hohen Genauigkeitsgrad experimentell bewiesen (und dies ist eines der Postulate der speziellen Relativitätstheorie), dass sich Licht im Vakuum mit einer bestimmten Geschwindigkeit $c$ fortbewegt und dies unabhängig vom Bewegungszustand des strahlenden Körpers. Dies bedeutet, dass das Licht einer Explosion, die zur Zeit $t = \tilde{t} = 0$ im Punkt $x = \tilde{x} = 0$ stattfindet, die Punkte mit den Koordinaten $x$ mit $x^2 = (ct)^2$ nach der Zeit $t$ im Koordinatensystem $(x, t)$ erreichen wird, während es im System $(\tilde{x}, \tilde{t})$ zur Zeit $\tilde{t}$ zu den Koordinaten $\tilde{x}$ mit $\tilde{x}^2 = (c\tilde{t})^2$ gelangt.

Ist daher $x^2 - c^2 t^2 = 0$, dann ist auch $\tilde{x}^2 - c\tilde{t}^2 = 0$ und umgekehrt. Aufgrund bestimmter weiterer physikalischer Betrachtungen muss davon ausgegangen werden, dass i.A.

$$x^2 - c^2 t^2 = \tilde{x}^2 - c^2 t^2 \,, \tag{5.37}$$

falls $(x, t)$ und $(\tilde{x}, \tilde{t})$ sich auf denselben Vorgang in den durch (5.30) verbundenen verschiedenen Koordinatensystemen beziehen. Gleichung (5.37) ergibt die folgende Bedingung für die Koeffizienten $\alpha$, $\beta$, $\gamma$ und $\delta$ der Transformation (5.30):

$$\begin{aligned}
\alpha^2 - c^2 \gamma^2 &= 1 \,, \\
\alpha\beta - c^2 \gamma\delta &= 0 \,, \\
\beta^2 - c^2 \delta^2 &= -c^2 \,.
\end{aligned} \tag{5.38}$$

Für $c = 1$ erhalten wir anstelle von (5.38):

$$\begin{aligned}
\alpha^2 - \gamma^2 &= 1 \,, \\
\frac{\beta}{\delta} &= \frac{\gamma}{\alpha} \,, \\
\beta^2 - \delta^2 &= -1 \,.
\end{aligned} \tag{5.39}$$

Daraus ergibt sich einfach, dass die allgemeine Lösung von (5.39) (bis auf einen Vorzeichenwechsel in den Paaren $(\alpha, \beta)$ und $(\gamma, \delta)$), wie folgt formuliert werden kann:

$$\alpha = \cosh\varphi, \quad \gamma = \sinh\varphi, \quad \beta = \sinh\varphi, \quad \delta = \cosh\varphi\,.$$

Dabei ist $\varphi$ ein Parameter.

Damit besitzt die allgemeine Lösung des Systems (5.38) die Form

$$\begin{pmatrix} \alpha & \beta \\ \gamma & \delta \end{pmatrix} = \begin{pmatrix} \cosh\varphi & c\sinh\varphi \\ \frac{1}{c}\sinh\varphi & \cosh\varphi \end{pmatrix}$$

und die Transformation (5.30) kann spezifiziert werden zu:

$$\tilde{x} = \cosh\varphi\, x + c\sinh\varphi\, t\,,$$

$$\tilde{t} = \tfrac{1}{c}\sinh\varphi\, x + \cosh\varphi\, t\,. \tag{5.40}$$

Dies ist die *Lorentz-Transformation*.

Wir wollen noch erklären, wie der freie Parameter $\varphi$ bestimmt wird. Dazu erinnern wir daran, dass die $\tilde{x}$-Achse sich mit der Geschwindigkeit $-v$ relativ zur $x$-Achse bewegt, d.h., der Punkt $\tilde{x} = 0$ dieser Achse hat, wenn er im System $(x, t)$ beobachtet wird, die Geschwindigkeit $-v$. Wenn wir in (5.40) $\tilde{x} = 0$ setzen, erhalten wir sein Bewegungsgesetz im System $(x, t)$:

$$x = -c\tanh\varphi t\,.$$

Daher ist

$$\tanh\varphi = \frac{v}{c}\,. \tag{5.41}$$

Wenn wir das allgemeine Gesetz (5.35) zur Transformation von Geschwindigkeiten mit der Lorentz-Transformation (5.40) vergleichen, erhalten wir

$$\tilde{V} = \frac{\cosh\varphi\, V + c\sinh\varphi}{\frac{1}{c}\sinh\varphi\, V + \cosh\varphi}\,,$$

oder unter Berücksichtigung von (5.41):

$$\tilde{V} = \frac{V + v}{1 + \frac{vV}{c^2}}\,. \tag{5.42}$$

Gleichung (5.42) ist das relativistische Gesetz zur Addition von Geschwindigkeiten, das für $|vV| \ll c^2$, d.h. $c \to \infty$, in das klassische Gesetz (5.36) übergeht.

Die Lorentz-Transformation (5.40) kann mit Hilfe von Gleichung (5.41) neu geschrieben werden und nimmt dann die folgende natürliche Form an:

$$\tilde{x} = \frac{x + vt}{\sqrt{1 - \left(\frac{v}{c}\right)^2}} \, ,$$

$$\tilde{t} = \frac{t + \frac{v}{c^2}x}{\sqrt{1 - \left(\frac{v}{c}\right)^2}} \, .$$

(5.43)

Daran können wir erkennen, dass diese Gleichungen für $|v| \ll c$, d.h. $c \to \infty$, in die klassische Galilei-Transformation (5.29) übergehen.

### 5.2.6 Ableitungen höherer Ordnung

Ist eine Funktion $f : E \to \mathbb{R}$ in jedem Punkt $x \in E$ differenzierbar, dann entsteht eine neue Funktion $f' : E \to \mathbb{R}$, deren Wert in einem Punkt $x \in E$ der Ableitung $f'(x)$ der Funktion $f$ in diesem Punkt entspricht.

Die Funktion $f' : E \to \mathbb{R}$ kann nun ihrerseits selbst eine Ableitung $(f')' : E \to \mathbb{R}$ besitzen, die die *zweite Ableitung* der ursprünglichen Funktion $f$ genannt wird und mit einem der folgenden Symbole bezeichnet wird:

$$f''(x) \quad \text{oder} \quad \frac{\mathrm{d}^2 f(x)}{\mathrm{d}x^2} \, .$$

Wenn wir beim ersten Symbol die Differentiationsvariable explizit angeben wollen, dann schreiben wir auch $f''_{xx}(x)$.

**Definition.** Durch Induktion können wir dann, wenn die $n - 1$-te Ableitung $f^{(n-1)}(x)$ von $f$ definiert ist, die *Ableitung n-ter Ordnung* durch folgende Formel definieren:

$$f^{(n)}(x) := \left(f^{(n-1)}\right)'(x) \, .$$

Die folgenden Schreibweisen sind für Ableitungen $n$-ter Ordnung üblich:

$$f^{(n)}(x) \quad \text{oder} \quad \frac{\mathrm{d}^n f(x)}{\mathrm{d}x^n} \, .$$

Es ist auch üblich, $f^{(0)}(x) := f(x)$ zu schreiben.

Die Menge der Funktionen $f : E \to \mathbb{R}$, die einschließlich der $n$-ten Ordnung stetige Ableitungen besitzen, werden mit $C^{(n)}(E, \mathbb{R})$ bzw. den einfacheren Symbolen $C^n(E, \mathbb{R})$, $C^{(n)}(E)$ oder $C^n(E)$ bezeichnet, falls dadurch keine Unklarheiten aufkommen können.

Insbesondere ist $C^{(0)}(E) = C(E)$, da nach unserer Vereinbarung $f^{(0)}(x) = f(x)$.

Wir wollen nun einige Beispiele für die Berechnung von Ableitungen höherer Ordnung betrachten.

**Beispiele**

| | $f(x)$ | $f'(x)$ | $f''(x)$ | $\cdots$ | $f^{(n)}(x)$ |
|---|---|---|---|---|---|
| 16) | $a^x$ | $a^x \ln a$ | $a^x \ln^2 a$ | $\cdots$ | $a^x \ln^n a$ |
| 17) | $e^x$ | $e^x$ | $e^x$ | $\cdots$ | $e^x$ |
| 18) | $\sin x$ | $\cos x$ | $-\sin x$ | $\cdots$ | $\sin(x + n\pi/2)$ |
| 19) | $\cos x$ | $-\sin x$ | $-\cos x$ | $\cdots$ | $\cos(x + n\pi/2)$ |
| 20) | $(1+x)^\alpha$ | $\alpha(1+x)^{\alpha-1}$ | $\alpha(\alpha-1)(1+x)^{\alpha-2}$ | $\cdots$ | $\alpha(\alpha-1)\cdots$ $(\alpha-n+1)(1+x)^{\alpha-n}$ |
| 21) | $x^\alpha$ | $\alpha x^{\alpha-1}$ | $\alpha(\alpha-1)x^{\alpha-2}$ | $\cdots$ | $\alpha(\alpha-1)\cdots(\alpha-n+1)x^{\alpha-n}$ |
| 22) | $\log_a |x|$ | $\frac{1}{\ln a}x^{-1}$ | $\frac{-1}{\ln a}x^{-2}$ | $\cdots$ | $\frac{(-1)^{n-1}(n-1)!}{\ln a}x^{-n}$ |
| 23) | $\ln|x|$ | $x^{-1}$ | $(-1)x^{-2}$ | $\cdots$ | $(-1)^{n-1}(n-1)!x^{-n}$ |

*Beispiel 24. Leibnizsche Formel.* Seien $u(x)$ und $v(x)$ Funktionen, die auf einer gemeinsamen Menge $E$ Ableitungen einschließlich $n$-ter Ordnung besitzen. Die folgende Leibnizsche Formel gilt für die $n$-te Ableitung ihres Produkts:

$$(uv)^{(n)} = \sum_{m=0}^{n} \binom{n}{m} u^{(n-m)} v^{(m)} . \tag{5.44}$$

Die Leibnizsche Formel gleicht der Newtonschen binomischen Formel stark und tatsächlich sind die beiden direkt miteinander verbunden.

*Beweis.* Für $n = 1$ stimmt (5.44) mit der bereits aufgestellten Regel für die Ableitung eines Produkts überein.

Besitzen die Funktionen $u$ und $v$ Ableitungen einschließlich $(n + 1)$-Ordnung, dann erhalten wir, wenn wir annehmen, dass Formel (5.44) für Ordnung $n$ gilt, nach Ableitung der linken und der rechten Seiten:

$$(uv)^{(n+1)} = \sum_{m=0}^{n} \binom{n}{m} u^{(n-m+1)} v^{(m)} + \sum_{m=0}^{n} \binom{n}{m} u^{(n-m)} v^{(m+1)} =$$

$$= u^{(n+1)}v^{(0)} + \sum_{k=1}^{n} \left( \binom{n}{k} + \binom{n}{k-1} \right) u^{((n+1)-k)} v^{(k)} + u^{(0)}v^{(n+1)} =$$

$$= \sum_{k=0}^{n+1} \binom{n+1}{k} u^{((n+1)-k)} v^{(k)} .$$

Hierbei haben wir Ausdrücke, die gleiche Produkte von Ableitungen der Funktionen $u$ und $v$ enthalten, kombiniert und die Gleichung $\binom{n}{k} + \binom{n}{k-1} = \binom{n+1}{k}$ für die Binomialkoeffizienten benutzt.

Somit haben wir die Gültigkeit der Leibnizschen Formel durch Induktion bestätigt. □

*Beispiel 25.* Ist $P_n(x) = c_0 + c_1 x + \cdots + c_n x^n$, dann gilt:

$$
\begin{aligned}
P_n(0) &= c_0 , \\
P_n'(x) &= c_1 + 2c_2 x + \cdots + n c_n x^{n-1} \text{ und } P_n'(0) = c_1 , \\
P_n''(x) &= 2c_2 + 3 \cdot 2 c_3 x + \cdots + n(n-1)c_n x^{n-2} \text{ und } P_n''(0) = 2! c_2 , \\
P_n^{(3)}(x) &= 3 \cdot 2 c_3 + \cdots n(n-1)(n-2)c_n x^{n-3} \text{ und } P_n^{(3)}(0) = 3! c_3 , \\
&\cdots \cdots \cdots \\
P_n^{(n)}(x) &= n(n-1)(n-2)\cdots 2 c_n \text{ und } P_n^{(n)}(0) = n! c_n , \\
P_n^{(k)}(x) &= 0 \text{ für } k > n .
\end{aligned}
$$

Somit kann das Polynom $P_n(x)$ wie folgt geschrieben werden:

$$
P_n(x) = P_n^{(0)}(0) + \frac{1}{1!} P_n^{(1)}(0)x + \frac{1}{2!} P_n^{(2)}(0)x^2 + \cdots + \frac{1}{n!} P_n^{(n)}(0)x^n .
$$

*Beispiel 26.* Mit Hilfe der Leibnizschen Formel und der Tatsache, dass alle Ableitungen eines Polynoms höherer Ordnung als der Grad des Polynoms gleich Null sind, erhalten wir die $n$-te Ableitung von $f(x) = x^2 \sin x$:

$$
f^{(n)}(x) = \sin^{(n)}(x) \cdot x^2 + \binom{n}{1} \sin^{(n-1)} x \cdot 2x + \binom{n}{2} \sin^{(n-2)} x \cdot 2 =
$$
$$
= x^2 \sin\left(x + n\frac{\pi}{2}\right) + 2nx \sin\left(x + (n-1)\frac{\pi}{2}\right) + \left(-n(n-1)\sin\left(x + n\frac{\pi}{2}\right)\right) =
$$
$$
= (x^2 - n(n-1)) \sin\left(x + n\frac{\pi}{2}\right) - 2nx \cos\left(x + n\frac{\pi}{2}\right) .
$$

*Beispiel 27.* Sei $f(x) = \arctan x$. Wir suchen die Werte $f^{(n)}(0)$ $(n = 1, 2, \ldots)$. Da $f'(x) = \frac{1}{1+x^2}$, ergibt sich $(1 + x^2)f'(x) = 1$.

Wenn wir die Leibnizsche Formel auf diese letzte Gleichung anwenden, gelangen wir zur rekursiven Gleichung

$$
(1 + x^2)f^{(n+1)}(x) + 2nx f^{(n)}(x) + n(n-1)f^{(n-1)}(x) = 0 ,
$$

aus der man nach und nach alle Ableitungen von $f(x)$ bestimmen kann.

Wenn wir $x = 0$ setzen, dann erhalten wir

$$
f^{(n+1)}(0) = -n(n-1)f^{(n-1)}(0) .
$$

Für $n = 1$ ergibt sich $f^{(2)}(0) = 0$ und daher ist $f^{(2n)}(0) = 0$. Für Ableitungen ungerader Ordnung erhalten wir:

$$
f^{(2m+1)}(0) = -2m(2m-1)f^{(2m-1)}(0) .
$$

Da $f'(0) = 1$ führt dies zu

$$
f^{(2m+1)}(0) = (-1)^m (2m)! .
$$

*Beispiel 28. Beschleunigung.* Wenn $x = x(t)$ die Zeitabhängigkeit einer Punktmasse beschreibt, die sich entlang der reellen Geraden bewegt, dann ist $\frac{\mathrm{d}x(t)}{\mathrm{d}t} = \dot{x}(t)$ die Geschwindigkeit dieses Punktes und $\frac{\mathrm{d}\dot{x}(t)}{\mathrm{d}t} = \frac{\mathrm{d}^2 x(t)}{\mathrm{d}t^2} = \ddot{x}(t)$ die Beschleunigung zur Zeit $t$.

Ist $x(t) = \alpha t + \beta$, dann ist $\dot{x}(t) = \alpha$ und $\ddot{x}(t) \equiv 0$, d.h. die Beschleunigung bei einer gleichförmigen Bewegung ist Null. Wir werden bald nachweisen, dass die Funktion von sich aus die Form $\alpha t + \beta$ besitzt, wenn die zweite Ableitung Null ist. Somit ist bei gleichförmigen Bewegungen, und nur bei gleichförmigen Bewegungen, die Beschleunigung gleich Null.

Wenn wir aber wollen, dass sich ein träger Körper im luftleeren Raum gleichförmig auf einer Geraden bewegt, wenn wir ihn in zwei verschiedenen Koordinatensystemen beobachten, dann müssen die Transformationsformeln für den Übergang aus einem Inertialsystem in das andere linear sein. Aus diesem Grund wurde in Beispiel 15 die lineare Formel (5.30) für die Koordinatentransformationen gewählt.

*Beispiel 29. Die zweite Ableitung einer einfachen impliziten Funktion.* Seien $y = y(t)$ und $x = x(t)$ zweimal differenzierbare Funktionen und die Funktion $x = x(t)$ habe eine differenzierbare inverse Funktion $t = t(x)$. Dann kann $y(t)$ als implizite Funktion von $x$ betrachtet werden, da $y = y(t) = y\big(t(x)\big)$. Wir suchen die zweite Ableitung $y''_{xx}$ unter der Annahme, dass $x'(t) \neq 0$.

Nach den Regeln zur Ableitung derartiger Funktionen, die wir in Absatz 5.2.5 untersucht haben, gelangen wir zu

$$y'_x = \frac{y'_t}{x'_t} \, ,$$

so dass

$$y''_{xx} = (y'_x)'_x = \frac{(y'_x)'_t}{x'_t} = \frac{\left(\frac{y'_t}{x'_t}\right)'_t}{x'_t} = \frac{\frac{y''_{tt} x'_t - y'_t x''_{tt}}{(x'_t)^2}}{x'_t} = \frac{x'_t y''_{tt} - x''_{tt} y'_t}{(x'_t)^3} \, .$$

Wir merken an, dass die expliziten Ausdrücke für alle Funktionen, die hierbei auftreten, inklusive $y''_{xx}$ von $t$ abhängen. Sie erlauben es aber, den Wert von $y''_{xx}$ in dem bestimmten Punkt $x$ zu erhalten, nachdem für $t$ der zu diesem $x$ entsprechende Wert $t = t(x)$ substituiert wurde.

Ist etwa $y = \mathrm{e}^t$ und $x = \ln t$, dann ist

$$y'_x = \frac{y'_t}{x'_t} = \frac{\mathrm{e}^t}{1/t} = t\mathrm{e}^t \quad \text{und} \quad y''_{xx} = \frac{(y'_x)'_t}{x'_t} = \frac{\mathrm{e}^t + t\mathrm{e}^t}{1/t} = t(t+1)\mathrm{e}^t \, .$$

Wir haben absichtlich dieses einfache Beispiel gewählt, bei dem $t$ explizit in Abhängigkeit von $x$ durch die Gleichung $t = \mathrm{e}^x$ ausgedrückt werden kann. Durch die Substitution von $t = \mathrm{e}^x$ in $y(t) = \mathrm{e}^t$ kommt so die explizite Abhängigkeit von $y = \mathrm{e}^{\mathrm{e}^x}$ von $x$ zum Vorschein. Wenn wir diese letzte Funktion ableiten, lassen sich die obigen Resultate nachvollziehen.

Offensichtlich können auf diese Weise Ableitungen beliebiger Ordnung bestimmt werden, indem nach und nach folgende Formel angewendet wird:

$$y_{x^n}^{(n)} = \frac{\left(y_{x^{n-1}}^{(n-1)}\right)_t'}{x_t'} \,.$$

## 5.2.7 Übungen und Aufgaben

**1.** Seien $\alpha_0, \alpha_1, \ldots, \alpha_n$ vorgegebene reelle Zahlen. Formulieren Sie ein Polynom $P_n(x)$ vom Grade $n$, das in einem vorgegebenen Punkt $x_0 \in \mathbb{R}$ die Ableitungen $P_n^{(k)}(x_0) = \alpha_k$, $k = 0, 1, \ldots, n$ besitzt.

**2.** Berechnen Sie $f'(x)$ für

a) $f(x) = \begin{cases} \exp\left(-\frac{1}{x^2}\right) & \text{für } x \neq 0 \,, \\ 0 & \text{für } x = 0 \,. \end{cases}$

b) $f(x) = \begin{cases} x^2 \sin \frac{1}{x} & \text{für } x \neq 0 \,, \\ 0 & \text{für } x = 0 \,. \end{cases}$

c) Zeigen Sie, dass die Funktion in Teil a) beliebig oft auf $\mathbb{R}$ differenzierbar ist und dass $f^{(n)}(0) = 0$.

d) Zeigen Sie, dass die Ableitung in Teil b) auf $\mathbb{R}$ definiert ist, aber keine stetige Funktion auf $\mathbb{R}$ ist.

e) Zeigen Sie, dass die Funktion

$$f(x) = \begin{cases} \exp\left(-\frac{1}{(1+x)^2} - \frac{1}{(1-x)^2}\right) & \text{für } -1 < x < 1 \,, \\ 0 & \text{für } 1 \leq |x| \end{cases}$$

beliebig oft auf $\mathbb{R}$ differenzierbar ist.

**3.** Sei $f \in C^{(\infty)}(\mathbb{R})$. Zeigen Sie, dass für $x \neq 0$ gilt:

$$\frac{1}{x^{n+1}} f^{(n)}\left(\frac{1}{x}\right) = (-1)^n \frac{\mathrm{d}^n}{\mathrm{d}x^n}\left(x^{n-1} f\left(\frac{1}{x}\right)\right) \,.$$

**4.** Sei $f$ eine auf $\mathbb{R}$ differenzierbare Funktion. Zeigen Sie:

a) Ist $f$ eine gerade Funktion, dann ist $f'$ eine ungerade Funktion.

b) Ist $f$ eine ungerade Funktion, dann ist $f'$ eine gerade Funktion.

c) ($f'$ ungerade) $\Leftrightarrow$ ($f$ gerade).

**5.** Zeigen Sie:

a) Eine Funktion $f(x)$ ist genau dann in einem Punkt $x_0$ differenzierbar, wenn $f(x) - f(x_0) = \varphi(x)(x - x_0)$, wobei $\varphi(x)$ eine in $x_0$ stetige Funktion ist (und in dem Fall ist $\varphi(x_0) = f'(x_0)$).

b) Die Funktion $f(x)$ besitzt eine Ableitung $f^{(n)}(x_0)$ der Ordnung $n$ in $x_0$, wenn $f(x) - f(x_0) = \varphi(x)(x - x_0)$ mit $\varphi \in C^{(n-1)}\big(U(x_0)\big)$, wobei $U(x_0)$ eine Umgebung von $x_0$ ist.

**6.** Zeigen Sie an einem Beispiel, dass die Annahme, dass $f^{-1}$ im Punkt $y_0$ stetig ist, in Satz 3 nicht fallen gelassen werden kann.

**7.** a) Zwei Körper mit den Massen $m_1$ und $m_2$ bewegen sich im Raum unter dem alleinigen Einfluss ihrer gegenseitigen Gravitation. Zeigen Sie mit Hilfe des Newtonschen Gesetzes (die Gleichungen (5.1) und (5.2) in Abschnitt 5.1), dass

$$E = \left(\frac{1}{2}m_1 v_1^2 + \frac{1}{2}m_2 v_2^2\right) + \left(-G\frac{m_1 m_2}{r}\right) =: K + U\,,$$

wobei $v_1$ und $v_2$ die Geschwindigkeiten der Körper sind. Der Abstand $r$ zwischen den Körpern verändere sich bei der Bewegung nicht.
b) Geben Sie eine physikalische Interpretation für die Größe $E = K + U$ und ihre Komponenten.
c) Erweitern Sie dieses Ergebnis auf die Bewegung von $n$ Körpern.

## 5.3 Die zentralen Sätze der Differentialrechnung

### 5.3.1 Der Satz von Fermat und der Satz von Rolle

**Definition 1.** Ein Punkt $x_0 \in E \subset \mathbb{R}$ wird *lokales Maximum* (bzw. *lokales Minimum*) genannt und der Wert einer Funktion $f : E \to \mathbb{R}$ in diesem Punkt als *lokaler Maximalwert* (bzw. *lokaler Minimalwert*) bezeichnet, falls eine Umgebung $U_E(x_0)$ von $x_0$ in $E$ existiert, so dass in jedem Punkt $x \in U_E(x_0)$ gilt: $f(x) \leq f(x_0)$ (bzw. $f(x) \geq f(x_0)$).

**Definition 2.** Gilt in jedem Punkt $x \in U_E(x_0) \setminus x_0 = \dot{U}_E(x_0)$ die strenge Ungleichung $f(x) < f(x_0)$ (bzw. $f(x) > f(x_0)$), dann wird der Punkt $x_0$ *isoliertes lokales Maximum* (bzw. *isoliertes lokales Minimum*) genannt und der Wert der Funktion $f : E \to \mathbb{R}$ als *isolierter lokaler Maximalwert* (bzw. *isolierter lokaler Minimalwert*) bezeichnet.

**Definition 3.** Die lokalen Maxima und Minima werden *lokale Extrema* und die Werte der Funktion in diesen Punkten *lokale Extremwerte* der Funktion genannt.

*Beispiel 1.* Sei

$$f(x) = \begin{cases} x^2\,, & \text{für } -1 \leq x < 2\,, \\ \\ 4\,, & \text{für } 2 \leq x \end{cases}$$

(vgl. Abb. 5.8). Bei dieser Funktion ist
$x = -1$ ein isoliertes lokales Maximum,
$x = 0$ ein isoliertes lokales Minimum und
$x = 2$ ein lokales Maximum.

Die Punkte $x > 2$ sind alle lokale Extrema und zwar gleichzeitig Maxima und Minima, da die Funktion in diesen Punkten lokal konstant ist.

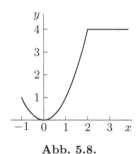

**Abb. 5.8.**

*Beispiel 2.* Sei $f(x) = \sin \frac{1}{x}$ auf der Menge $E = \mathbb{R} \setminus 0$.

Die Punkte $x = \left(\frac{\pi}{2} + 2k\pi\right)^{-1}$, $k \in \mathbb{Z}$ sind isolierte lokale Maxima und die Punkte $x = \left(-\frac{\pi}{2} + 2k\pi\right)^{-1}$, $k \in \mathbb{Z}$ sind isolierte lokale Minima (vgl. Abb. 4.1).

**Definition 4.** Ein Extremum $x_0 \in E$ einer Funktion $f : E \to \mathbb{R}$ wird ein *inneres* Extremum genannt, wenn $x_0$ ein Häufungspunkt der beiden Mengen $E_- = \{x \in E \mid x < x_0\}$ und $E_+ = \{x \in E \mid x > x_0\}$ ist.

In Beispiel 2 sind alle Extrema innere Extrema, wohingegen in Beispiel 1 der Punkt $x = -1$ kein inneres Extremum ist.

**Satz 1.** (Fermat). *Ist eine Funktion $f : E \to \mathbb{R}$ in einem inneren Extremum $x_0 \in E$ differenzierbar, dann ist ihre Ableitung in $x_0$ gleich Null, d.h., $f'(x_0) = 0$.*

*Beweis.* Nach der Definition der Differenzierbarkeit in $x_0$ gilt

$$f(x_0 + h) - f(x_0) = f'(x_0)h + \alpha(x_0; h)h \,,$$

mit $\alpha(x_0; h) \to 0$ für $h \to 0$, $x_0 + h \in E$.

Wir wollen diese Beziehung wie folgt neu schreiben:

$$f(x_0 + h) - f(x_0) = \left[f'(x_0) + \alpha(x_0; h)\right]h \,. \tag{5.45}$$

Da $x_0$ ein Extremum ist, ist die linke Seite von (5.45) für alle Werte $h$, die genügend nahe bei 0 liegen und für die $x_0 + h \in E$ gilt, entweder nicht negativ oder nicht positiv.

Ist $f'(x_0) \neq 0$, dann hätte für genügend kleines $h$ nahe bei 0 die Größe $f'(x_0) + \alpha(x_0; h)$ dasselbe Vorzeichen wie $f'(x_0)$, da $\alpha(x_0; h) \to 0$ für $h \to 0$, $x_0 + h \in E$.

Aber der Wert von $h$ kann positiv wie negativ sein, da wir davon ausgehen, dass $x_0$ ein innerer Extremwert ist.

Wenn wir daher annehmen, dass $f'(x_0) \neq 0$, dann erhalten wir, dass die rechte Seite von (5.45) das Vorzeichen wechselt, wenn $h$ es wechselt (falls $h$ genügend nahe bei 0 ist), wohingegen die linke Seite das Vorzeichen nicht wechseln kann, wenn $h$ genügend nahe bei 0 ist. Mit diesem Widerspruch ist der Beweis abgeschlossen.                                    □

**Anmerkungen zum Satz von Fermat**

$1^0$. Der Satz von Fermat liefert uns eine notwendige Bedingung für einen inneren Extremwert einer differenzierbaren Funktion an die Hand. Für Extrema, die keine inneren sind (wie der Punkt $x = -1$ in Beispiel 1), ist dies im Allgemeinen nicht der Fall.

$2^0$. Anschaulich ist dieser Satz offensichtlich. Er bedeutet, dass die Tangente an den Graphen einer differenzierbaren Funktion in einem Extremwert waagerecht verläuft. (Schließlich ist $f'(x_0)$ der Tangens des Winkels, den die Tangente mit der $x$-Achse einschließt.)

$3^0$. Physikalisch bedeutet dieser Satz, dass die Geschwindigkeit in dem Augenblick gleich Null sein muss, wenn sich die Bewegungsrichtung entlang einer Geraden umdreht. (Dies entspricht einem Extremum!)

Dieser Satz führt uns in Verbindung mit dem Satz zum Maximum (oder Minimum) einer stetigen Funktion auf einem abgeschlossenen Intervall zu folgendem Satz.

**Satz 2.** (Satz von Rolle[10]). *Ist eine Funktion $f : [a,b] \to \mathbb{R}$ auf einem abgeschlossenen Intervall $[a,b]$ stetig und auf dem offenen Intervall $]a,b[$ differenzierbar und ist $f(a) = f(b)$, dann existiert ein Punkt $\xi \in ]a,b[$, in dem $f'(\xi) = 0$ gilt.*

*Beweis.* Da die Funktion $f$ auf $[a,b]$ stetig ist, existieren Punkte $x_m, x_M \in [a,b]$, in denen sie ihre Extremwerte annimmt. Ist $f(x_m) = f(x_M)$, dann ist die Funktion auf $[a,b]$ konstant. Da in diesem Fall $f'(x) \equiv 0$, ist die Behauptung offensichtlich wahr. Ist $f(x_m) < f(x_M)$, dann muss einer der Punkte $x_m$ oder $x_M$ im offenen Intervall $]a,b[$ liegen, da $f(a) = f(b)$. Wir bezeichnen ihn mit $\xi$. Aus dem Satz von Fermat folgt nun, dass $f'(\xi) = 0$.                    □

### 5.3.2 Der Mittelwertsatz und der Satz von Cauchy

Der folgende Satz liefert eine der am häufigsten benutzten und wichtigsten Methoden zur Untersuchung numerischer Funktionen.

---

[10] M. Rolle (1652–1719) – französischer Mathematiker

**Satz 3.** (Mittelwertsatz[11]). *Ist eine Funktion $f : [a, b] \to \mathbb{R}$ auf einem abgeschlossenen Intervall $[a, b]$ stetig und auf dem offenen Intervall $]a, b[$ differenzierbar, dann existiert ein Punkt $\xi \in ]a, b[$, so dass*

$$\boxed{f(b) - f(a) = f'(\xi)(b - a) \,.}$$    (5.46)

*Beweis.* Wir betrachten die Hilfsfunktion

$$F(x) = f(x) - \frac{f(b) - f(a)}{b - a}(x - a) \,,$$

die offensichtlich auf dem abgeschlossenen Intervall $[a, b]$ stetig ist und auf dem offenen Intervall $]a, b[$ differenzierbar. Sie besitzt in den Endpunkten die gleichen Werte $F(a) = F(b) = f(a)$. Somit können wir den Satz von Rolle auf $F(x)$ anwenden und einen Punkt $\xi \in ]a, b[$ finden, in dem

$$F'(\xi) = f'(\xi) - \frac{f(b) - f(a)}{b - a} = 0 \,.$$    □

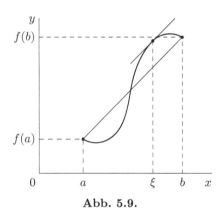

**Abb. 5.9.**

**Anmerkungen zum Mittelwertsatz**

$1^0$. Anschaulich gesprochen bedeutet der Mittelwertsatz (vgl. Abb. 5.9), dass in einem Punkt $(\xi, f(\xi))$ mit $\xi \in ]a, b[$ die Tangente an den Graphen der Funktion zur Strecke, die die Punkte $(a, f(a))$ und $(b, f(b))$ verbindet, parallel ist, da die Steigung der Strecke gleich $\frac{f(b)-f(a)}{b-a}$ ist.

$2^0$. Wir interpretieren $x$ als Zeit, $b - a$ als Zeitspanne und $f(b) - f(a)$ als Betrag der Verschiebung eines Teilchens, das sich in dieser Zeitspanne entlang einer Geraden bewegt. Dann besagt der Mittelwertsatz, dass es eine Zeit

---

[11] Dieser Satz wird auch Mittelwertsatz nach Lagrange genannt.

$\xi \in ]a, b[$ gibt, so dass das Teilchen genau die gleiche Entfernung $f(b) - f(a)$ in der Zeitspanne zurücklegen würde, wenn es sich mit der gleichförmigen Geschwindigkeit $f'(\xi)$ bewegt. Es ist ganz natürlich, $f'(\xi)$ die *Durchschnittsgeschwindigkeit* in der Zeitspanne $[a, b]$ zu nennen.

$3^0$. Wir halten jedoch fest, dass es für eine Bewegung, die nicht entlang einer Geraden verläuft, keine Durchschnittsgeschwindigkeit im Sinne von Anmerkung $2^0$ geben kann. Wenn wir etwa annehmen, dass sich das Teilchen auf einer Kreisbahn mit Radius Eins mit konstanter Winkelgeschwindigkeit $\omega = 1$ bewegt, dann lautet das Bewegungsgesetz dafür

$$\mathbf{r}(t) = (\cos t, \sin t) \, .$$

Dabei ist

$$\dot{\mathbf{r}}(t) = \mathbf{v}(t) = (-\sin t, \cos t)$$

und $|\mathbf{v}| = \sqrt{\sin^2 t + \cos^2 t} = 1$.

Das Teilchen ist zu den Zeiten $t = 0$ und $t = 2\pi$ im selben Punkt $\mathbf{r}(0) = \mathbf{r}(2\pi) = (1, 0)$ und die Gleichung

$$\mathbf{r}(2\pi) - \mathbf{r}(0) = \mathbf{v}(\xi)(2\pi - 0)$$

würde bedeuten, dass $\mathbf{v}(\xi) = \mathbf{0}$. Dies ist jedoch unmöglich.

Wir werden dennoch lernen, dass es eine Beziehung zwischen der Verschiebung in einer Zeitspanne und der Geschwindigkeit gibt. Die volle Länge $L$ des zurückgelegten Weges kann nicht größer sein als der Betrag der Maximalgeschwindigkeit multipliziert mit der Länge der Zeitspanne. Das eben Gesagte lässt sich wie folgt präzise schreiben:

$$\boxed{|\mathbf{r}(b) - \mathbf{r}(a)| \leq \sup_{t \in ]a,b[} |\dot{\mathbf{r}}(t)| \, |b - a|.} \tag{5.47}$$

Wie wir später zeigen werden, bleibt diese Ungleichung tatsächlich immer gültig. Sie wird auch als *Schrankensatz* bezeichnet und nach Lagrange benannt. Gleichung (5.46), die nur für numerische Funktionen gilt, wird auch als Mittelwertsatz nach Lagrange bezeichnet. (Die Rolle eines Mittelwerts kommt dabei sowohl dem Wert $f'(\xi)$ der Geschwindigkeit als auch dem Punkt $\xi$ zwischen $a$ und $b$ zu.)

$4^0$. Der Schrankensatz ist wichtig, da er eine Verbindung zwischen dem Inkrement einer Funktion auf einem endlichen Intervall und der Ableitung der Funktion auf dem Intervall herstellt. Bis jetzt kannten wir keinen derartigen Satz für endliche Inkremente, sondern charakterisierten nur das lokale (infinitesimale) Inkrement einer Funktion durch die Ableitung oder das Differential in einem gegebenen Punkt.

## Korollare zum Mittelwertsatz

**Korollar 1.** (Kriterium für die Monotonie einer Funktion). *Ist die Ableitung einer Funktion in jedem Punkte eines offenen Intervalls nicht negativ (bzw. positiv), dann ist die Funktion in diesem Intervall nicht absteigend (bzw. anwachsend).*

*Beweis.* Sind $x_1$ und $x_2$ zwei Punkte im Intervall mit $x_1 < x_2$, d.h., $x_2 - x_1 > 0$. Dann gilt nach (5.46):

$$f(x_2) - f(x_1) = f'(\xi)(x_2 - x_1) \ , \ \text{mit } x_1 < \xi < x_2 \ .$$

Daher ist das Vorzeichen der Differenz auf der linken Seite dieser Gleichung gleich dem Vorzeichen von $f'(\xi)$. □

Natürlich können wir analog behaupten, dass eine Funktion nicht anwachsend (bzw. absteigend) ist, falls die Ableitung nicht positiv (bzw. negativ) ist.

*Anmerkung.* Mit dem Satz zur inversen Funktion und Korollar 1 können wir folgern, dass eine numerische Funktion $f(x)$ auf einem Intervall $I$ stetig und monoton auf $I$ ist, wenn sie eine Ableitung besitzt, die immer positiv oder immer negativ ist. Dann besitzt sie aber eine inverse Funktion $f^{-1}$, die auf dem Intervall $I' = f(I)$ definiert und differenzierbar ist.

**Korollar 2.** (Kriterium für die Konstanz einer Funktion). *Eine Funktion, die auf einem abgeschlossenen Intervall $[a, b]$ stetig ist, ist genau dann konstant auf dem Intervall, wenn ihre Ableitung in jedem Punkt des Intervalls $[a, b]$ (oder nur auf dem offenen Intervall $]a, b[$) gleich Null ist.*

*Beweis.* Von Interesse ist alleine die Behauptung, dass aus $f'(x) \equiv 0$ auf $]a, b[$ folgt, dass $f(x_1) = f(x_2)$ für alle $x_1, x_2, \in [a, b]$. Dies ergibt sich jedoch aus dem Mittelwertsatz, nach dem

$$f(x_2) - f(x_1) = f'(\xi)(x_2 - x_1) = 0$$

gilt, da $\xi$ zwischen $x_1$ und $x_2$ liegt, d.h., $\xi \in ]a, b[$ und somit $f'(\xi) = 0$. □

*Anmerkung.* Daraus können wir die folgende Folgerung (die, wie wir sehen werden, für die Integralrechnung sehr wichtig ist) ziehen: *Sind die Ableitungen $F_1'(x)$ und $F_2'(x)$ zweier Funktionen $F_1(x)$ und $F_2(x)$ auf einem Intervall gleich, d.h., $F_1'(x) = F_2'(x)$ auf dem Intervall, dann ist die Differenz $F_1(x) - F_2(x)$ konstant.*

Der folgende Satz ist eine nützliche Verallgemeinerung des Mittelwertsatzes, der auch auf dem Satz von Rolle aufbaut.

**Satz 4.** (Satz von Cauchy, verallgemeinerter Mittelwertsatz). *Seien $x = x(t)$ und $y = y(t)$ Funktionen, die auf einem abgeschlossenen Intervall $[\alpha, \beta]$ stetig und auf dem offenen Intervall $]\alpha, \beta[$ differenzierbar sind. Dann existiert ein Punkt $\tau \in [\alpha, \beta]$, so dass*

$$x'(\tau)\big(y(\beta) - y(\alpha)\big) = y'(\tau)\big(x(\beta) - x(\alpha)\big) \; .$$

*Ist zusätzlich $x'(t) \neq 0$ für alle $t \in ]\alpha, \beta[$, dann ist $x(\alpha) \neq x(\beta)$ und es gilt die Gleichung:*

$$\frac{y(\beta) - y(\alpha)}{x(\beta) - x(\alpha)} = \frac{y'(\tau)}{x'(\tau)} \; . \tag{5.48}$$

*Beweis.* Die Funktion $F(t) = x(t)\big(y(\beta) - y(\alpha)\big) - y(t)\big(x(\beta) - x(\alpha)\big)$ erfüllt die Voraussetzungen des Satzes von Rolle auf dem abgeschlossenen Intervall $[\alpha, \beta]$. Daher existiert ein Punkt $\tau \in ]\alpha, \beta[$, in dem $F'(\tau) = 0$. Dies ist äquivalent zu der zu beweisenden Gleichung. Daraus erhalten wir (5.48), da wiederum nach dem Satz von Rolle gilt, dass $x(\alpha) \neq x(\beta)$ für $x'(t) \neq 0$ in $]\alpha, \beta[$. $\qquad\square$

### Anmerkungen zum verallgemeinerten Mittelwertsatz

$1^0$. Wenn wir das Paar $\big(x(t), y(t)\big)$ als Bewegungsgesetz eines Teilchens betrachten, dann ist $\big(x'(t), y'(t)\big)$ sein Geschwindigkeitsvektor zur Zeit $t$ und $\big(x(\beta) - x(\alpha), y(\beta) - y(\alpha)\big)$ ist sein Verschiebungsvektor in der Zeitspanne $[\alpha, \beta]$. Der Satz stellt dann sicher, dass zu einer bestimmten Zeit $\tau \in [\alpha, \beta]$ diese beiden Vektoren kollinear sind. Diese Tatsache, die für eine Bewegung in der Ebene gilt, ist jedoch ähnlich wie die Durchschnittsgeschwindigkeit im Falle der Bewegung entlang einer Geraden eine erfreuliche Ausnahme. Wenn wir dagegen die Bewegung eines Teilchens mit gleichbleibender Geschwindigkeit entlang einer räumlichen Helix betrachten, dann schließt seine Geschwindigkeit einen konstanten Winkel ungleich Null mit der Vertikalen ein, wohingegen der Verschiebungsvektor (nach einer kompletten Umdrehung) ausschließlich in die Vertikale zeigt, d.h., Verschiebungsvektor und Geschwindigkeitsvektor sind nicht kollinear.

$2^0$. Der Mittelwertsatz kann aus dem Satz von Cauchy erhalten werden, wenn wir $x = x(t) = t$, $y(t) = y(x) = f(x)$, $\alpha = a$ und $\beta = b$ setzen.

### 5.3.3 Die Taylorschen Formeln

Aus dem Bisherigen kann man den korrekten Eindruck bekommen, dass zwei Funktionen sich umso besser in einer Umgebung eines Punktes approximieren, je mehr Ableitungen der beiden Funktionen (inklusive der Ableitung nullter Ordnung) in diesem Punkt übereinstimmen. Bisher waren wir hauptsächlich an Approximationen von Funktionen in der Umgebung eines Punktes durch ein Polynom $P_n(x) = P_n(x_0; x) = c_0 + c_1(x - x_0) + \cdots + c_n(x - x_0)^n$ interessiert und das bleibt auch unser Hauptinteresse. Wir wissen (vgl. Beispiel 25 in

Absatz 5.2.6), dass ein algebraisches Polynom wie folgt dargestellt werden kann:

$$P_n(x) = P_n(x_0) + \frac{P_n'(x_0)}{1!}(x - x_0) + \cdots + \frac{P_n^{(n)}(x_0)}{n!}(x - x_0)^n ,$$

d.h., $c_k = \frac{P_n^{(k)}(x_0)}{k!}$, $(k = 0, 1, \ldots, n)$. Dies lässt sich einfach direkt beweisen.

Wenn wir eine vorgegebene Funktion $f(x)$ mit ihren Ableitungen bis einschließlich $n$-ter Ordnung in $x_0$ kennen, können wir unmittelbar das folgende Polynom

$$P_n(x_0; x) = P_n(x) = f(x_0) + \frac{f'(x_0)}{1!}(x - x_0) + \cdots + \frac{f^{(n)}(x_0)}{n!}(x - x_0)^n \quad (5.49)$$

formulieren, dessen Ableitungen in $x_0$ bis einschließlich $n$-ter Ordnung mit den entsprechenden Ableitungen von $f(x)$ in diesem Punkt übereinstimmen.

**Definition 5.** Das durch (5.49) gegebene Polynom ist das *Taylor*[12]-Polynom $n$-ter Ordnung von $f(x)$ in $x_0$.

Wir sind an der Differenz

$$f(x) - P_n(x_0; x) = r_n(x_0; x) , \quad (5.50)$$

die oft auch *Restglied* oder genauer *$n$-tes Restglied* genannt wird, zwischen dem Polynom $P_n(x)$ und der Funktion $f(x)$ interessiert. Mit ihm gelangen wir zur sogenannten Taylorschen Formel:

$$\boxed{f(x) = f(x_0) + \frac{f'(x_0)}{1!}(x - x_0) + \cdots + \frac{f^{(n)}(x_0)}{n!}(x - x_0)^n + r_n(x_0; x) .}$$
$$(5.51)$$

Gleichung (5.51) ist natürlich wertlos, wenn wir nicht mehr über die Funktion $r_n(x_0; x)$ wissen als ihre Definition (5.50).

Wir werden nun einen hochgradig künstlichen Weg einschlagen, um Informationen über das Restglied zu gewinnen. Einen natürlicheren Zugang zu diesen Informationen werden wir durch die Integralrechnung erhalten.

**Satz 5.** *Die Funktion $f$ und ihre ersten $n$ Ableitungen seien auf dem abgeschlossenen Intervall mit den Endpunkten $x_0$ und $x$ stetig und $f$ besitze in den inneren Punkten dieses Intervalls eine Ableitung $n + 1$-ter Ordnung. Dann existiert zu jeder Funktion $\varphi$, die auf diesem abgeschlossenen Intervall stetig ist und eine Ableitung ungleich Null in ihren inneren Punkten besitzt, ein Punkt $\xi$ zwischen $x_0$ und $x$, so dass*

$$\boxed{r_n(x_0; x) = \frac{\varphi(x) - \varphi(x_0)}{\varphi'(\xi)n!} f^{(n+1)}(\xi)(x - \xi)^n .}$$
$$(5.52)$$

---

[12] B. Taylor (1685–1731) – britischer Mathematiker.

*Beweis.* Auf dem abgeschlossenen Intervall $I$ mit den Endpunkten $x_0$ und $x$ betrachten wir die Hilfsfunktion

$$F(t) = f(x) - P_n(t; x) \qquad (5.53)$$

mit $t$ als Argument. Wir formulieren nun die Definition dieser Funktion $F(t)$ detaillierter:

$$F(t) = f(x) - \left[ f(t) + \frac{f'(t)}{1!}(x-t) + \cdots + \frac{f^{(n)}(t)}{n!}(x-t)^n \right]. \qquad (5.54)$$

An der Definition der Funktion $F(t)$ und den Voraussetzungen des Satzes erkennen wir, dass $F$ auf dem abgeschlossenen Intervall $I$ stetig und in seinen inneren Punkten differenzierbar ist und dass

$$F'(t) = -\left[ f'(t) - \frac{f'(t)}{1!} + \frac{f''(t)}{1!}(x-t) - \frac{f''(t)}{1!}(x-t) + \right.$$

$$\left. + \frac{f'''(t)}{2!}(x-t)^2 - \cdots + \frac{f^{(n+1)}(t)}{n!}(x-t)^n \right] = -\frac{f^{(n+1)}(t)}{n!}(x-t)^n.$$

Nun wenden wir den verallgemeinerten Mittelwertsatz auf die beiden Funktionen $F(t)$ und $\varphi(t)$ auf dem abgeschlossenen Intervall $I$ an (vgl. (5.48)) und wir finden einen Punkt $\xi$ zwischen $x_0$ und $x$, in dem gilt:

$$\frac{F(x) - F(x_0)}{\varphi(x) - \varphi(x_0)} = \frac{F'(\xi)}{\varphi'(\xi)}.$$

Wir ersetzen $F'(\xi)$ durch obigen Ausdruck und erhalten aus dem Vergleich mit (5.50), (5.53) und (5.54), dass $F(x) - F(x_0) = 0 - F(x_0) = -r_n(x_0; x)$, woraus sich (5.52) ergibt. □

Wenn wir in (5.52) $\varphi(t) = x - t$ setzen, erhalten wir das folgende Korollar:

**Korollar 1.** (Restglied nach Cauchy).

$$\boxed{r_n(x_0; x) = \frac{1}{n!} f^{(n+1)}(\xi)(x-\xi)^n(x-x_0).} \qquad (5.55)$$

Wir erhalten eine besonders elegante Formel, wenn wir $\varphi(t) = (x-t)^{n+1}$ in (5.52) setzen:

**Korollar 2.** (Restglied nach Lagrange).

$$\boxed{r_n(x_0; x) = \frac{1}{(n+1)!} f^{(n+1)}(\xi)(x-x_0)^{n+1}.} \qquad (5.56)$$

Wir merken an, dass die Taylorsche Formel (5.51) für $x_0 = 0$ oft auch *MacLaurin*[13]*-Formel* genannt wird.

Wir wollen einige Beispiele betrachten.

---

[13] C. MacLaurin (1698–1746) – britischer Mathematiker.

*Beispiel 3.* Für $f(x) = \mathrm{e}^x$ nimmt die Taylorsche Formel in $x_0 = 0$ die folgende Form an:

$$\mathrm{e}^x = 1 + \frac{1}{1!}x + \frac{1}{2!}x^2 + \cdots + \frac{1}{n!}x^n + r_n(0; x) \,. \tag{5.57}$$

Mit (5.56) können wir für $|\xi| < |x|$ berechnen:

$$r_n(0; x) = \frac{1}{(n+1)!}\mathrm{e}^\xi \cdot x^{n+1} \,.$$

Somit ist

$$|r_n(0; x)| = \frac{1}{(n+1)!}\mathrm{e}^\xi \cdot |x|^{n+1} < \frac{|x|^{n+1}}{(n+1)!}\mathrm{e}^{|x|} \,. \tag{5.58}$$

Für jedes feste $x \in \mathbb{R}$ strebt $\frac{|x|^{n+1}}{(n+1)!}$ für $n \to \infty$, wie wir wissen (vgl. Beispiel 12 in Absatz 3.1.3), gegen Null. Daher folgt aus der Abschätzung (5.58) und der Definition der Summe einer Reihe, dass

$$\mathrm{e}^x = 1 + \frac{1}{1!}x + \frac{1}{2!}x^2 + \cdots + \frac{1}{n!}x^n + \cdots \tag{5.59}$$

für alle $x \in \mathbb{R}$.

*Beispiel 4.* Wir erhalten auf ähnliche Weise die Entwicklung der Funktion $a^x$ für jedes $a$, $0 < a$, $a \neq 1$:

$$a^x = 1 + \frac{\ln a}{1!}x + \frac{\ln^2 a}{2!}x^2 + \cdots + \frac{\ln^n a}{n!}x^n + \cdots \,.$$

*Beispiel 5.* Sei $f(x) = \sin x$. Wir wissen (vgl. Beispiel 18 in Absatz 5.2.6), dass $f^{(n)}(x) = \sin\left(x + \frac{\pi}{2}n\right)$, $n \in \mathbb{N}$. Somit finden wir als Restglied nach Lagrange (5.56) für $x_0 = 0$ und jedes $x \in \mathbb{R}$, dass

$$r_n(0; x) = \frac{1}{(n+1)!}\sin\left(\xi + \frac{\pi}{2}(n+1)\right)x^{n+1} \,, \tag{5.60}$$

woraus sich ergibt, dass $r_n(0; x)$ für jedes $x \in \mathbb{R}$, $n \to \infty$ gegen Null strebt. Dies führt uns zur Entwicklung

$$\sin x = x - \frac{1}{3!}x^3 + \frac{1}{5!}x^5 - \cdots + \frac{(-1)^n}{(2n+1)!}x^{2n+1} + \cdots \tag{5.61}$$

für jedes $x \in \mathbb{R}$.

*Beispiel 6.* Ganz ähnlich erhalten wir für die Funktion $f(x) = \cos(x)$:

$$r_n(0; x) = \frac{1}{(n+1)!}\cos\left(\xi + \frac{\pi}{2}(n+1)\right)x^{n+1} \tag{5.62}$$

und

$$\cos x = 1 - \frac{1}{2!}x^2 + \frac{1}{4!}x^4 - \cdots + \frac{(-1)^n}{(2n)!}x^{2n} + \cdots \tag{5.63}$$

für jedes $x \in \mathbb{R}$.

*Beispiel 7.* Da $\sinh' x = \cosh x$ und $\cosh' x = \sinh x$, erhalten wir mit (5.56) den folgenden Ausdruck für das Restglied der Taylor-Reihe von $f(x) = \sinh x$:

$$r_n(0; x) = \frac{1}{(n+1)!} f^{(n+1)}(\xi) x^{n+1} ,$$

mit $f^{(n+1)}(\xi) = \sinh \xi$ für gerades $n$ und $f^{(n+1)}(\xi) = \cosh \xi$ für ungerades $n$. In jedem Fall ist $|f^{(n+1)}(\xi)| \le \max\{|\sinh x|, |\cosh x|\}$, da $|\xi| < |x|$. Daher ergibt sich für jeden gegebenen Wert $x \in \mathbb{R}$, dass $r_n(0; x) \to 0$ für $n \to \infty$ und wir erhalten die Entwicklung

$$\sinh x = x + \frac{1}{3!} x^3 + \frac{1}{5!} x^5 + \cdots + \frac{1}{(2n+1)!} x^{2n+1} + \cdots , \tag{5.64}$$

die für alle $x \in \mathbb{R}$ gültig ist.

*Beispiel 8.* Ähnlich erhalten wir die Entwicklung

$$\cosh x = 1 + \frac{1}{2!} x^2 + \frac{1}{4!} x^4 + \cdots + \frac{1}{(2n)!} x^{2n} + \cdots , \tag{5.65}$$

die für alle $x \in \mathbb{R}$ gültig ist.

*Beispiel 9.* Für die Funktion $f(x) = \ln(1 + x)$ ergibt sich $f^{(n)}(x) = \frac{(-1)^{n-1}(n-1)!}{(1+x)^n}$, so dass die Taylor-Reihe dieser Funktion in $x_0 = 0$ lautet:

$$\ln(1 + x) = x - \frac{1}{2} x^2 + \frac{1}{3} x^3 - \cdots + \frac{(-1)^{n-1}}{n} x^n + r_n(0; x) . \tag{5.66}$$

Dieses Mal formulieren wir $r_n(0; x)$ nach Cauchy (vgl. (5.55)):

$$r_n(0; x) = \frac{1}{n!} \frac{(-1)^n n!}{(1+\xi)^n} (x - \xi)^n x$$

oder

$$r_n(0; x) = (-1)^n x \left( \frac{x - \xi}{1 + \xi} \right)^n , \tag{5.67}$$

wobei $\xi$ zwischen $0$ und $x$ liegt.

Für $|x| < 1$ folgt aus der Bedingung, dass $\xi$ zwischen $0$ und $x$ liegt, dass

$$\left| \frac{x - \xi}{1 + \xi} \right| = \frac{|x| - |\xi|}{|1 + \xi|} \le \frac{|x| - |\xi|}{1 - |\xi|} = 1 - \frac{1 - |x|}{1 - |\xi|} \le 1 - \frac{1 - |x|}{1 - |0|} = |x| . \tag{5.68}$$

Somit ergibt sich für $|x| < 1$

$$|r_n(0; x)| \le |x|^{n+1} \tag{5.69}$$

und somit, dass die folgende Entwicklung für $|x| < 1$ gilt:

$$\ln(1 + x) = x - \frac{1}{2} x^2 + \frac{1}{3} x^3 - \cdots + \frac{(-1)^{n-1}}{n} x^n + \cdots \tag{5.70}$$

Wir merken an, dass die Reihe auf der rechten Seite von (5.70) außerhalb des abgeschlossenen Intervalls $|x| \leq 1$ in jedem Punkt divergiert, da ihre Glieder im Allgemeinen für $|x| > 1$ nicht gegen Null streben.

*Beispiel 10.* Für $\alpha \in \mathbb{R}$ betrachten wir die Funktion $(1+x)^\alpha$ mit $f^{(n)}(x) = \alpha(\alpha - 1) \cdots (\alpha - n + 1)(1 + x)^{\alpha - n}$. Für $x_0 = 0$ lautet die Taylorsche Formel für diese Funktion

$$(1+x)^\alpha = 1 + \frac{\alpha}{1!}x + \frac{\alpha(\alpha - 1)}{2!}x^2 + \cdots$$
$$\cdots + \frac{\alpha(\alpha - 1) \cdots (\alpha - n + 1)}{n!}x^n + r_n(0; x) . \qquad (5.71)$$

Für das Restglied nach Cauchy (vgl. (5.55)) erhalten wir

$$r_n(0; x) = \frac{\alpha(\alpha - 1) \cdots (\alpha - n)}{n!}(1 + \xi)^{\alpha - n - 1}(x - \xi)^n x , \qquad (5.72)$$

wobei $\xi$ zwischen 0 und $x$ liegt.

Ist $|x| < 1$, dann erhalten wir mit der Abschätzung (5.68):

$$|r_n(0; x)| \leq \left| \alpha \left(1 - \frac{\alpha}{1}\right) \cdots \left(1 - \frac{\alpha}{n}\right) \right| (1 + \xi)^{\alpha - 1} |x|^{n+1} . \qquad (5.73)$$

Wird $n$ um 1 erhöht, wird die rechte Seite von (5.73) mit $\left| \left(1 - \frac{\alpha}{n+1}\right)x \right|$ multipliziert. Da aber $|x| < 1$, gilt $\left| \left(1 - \frac{\alpha}{n+1}\right)x \right| < q < 1$, und das unabhängig von $\alpha$, solange $|x| < q < 1$ und $n$ genügend groß sind.

Daraus folgt, dass $r_n(0; x) \to 0$ für $n \to \infty$ für jedes $\alpha \in \mathbb{R}$ und jedes $x$ im offenen Intervall $|x| < 1$. Somit ist die folgende von Newton aufgestellte Entwicklung (der *Newtonsche Binomialsatz*) auf dem offenen Intervall $|x| < 1$ gültig:

$$(1+x)^\alpha = 1 + \frac{\alpha}{1!}x + \frac{\alpha(\alpha - 1)}{2!}x^2 + \cdots + \frac{\alpha(\alpha - 1) \cdots (\alpha - n + 1)}{n!}x^n + \cdots \quad (5.74)$$

Wir merken an, dass nach dem D'Alembert-Kriterium (vgl. Paragraph b in Absatz 3.1.4) folgt, dass die Reihe (5.74) im Allgemeinen für $\alpha \notin \mathbb{N}$ divergiert. Wir wollen nun den Fall, dass $\alpha = n \in \mathbb{N}$, getrennt betrachten.

In diesem Fall ist $f(x) = (1+x)^\alpha = (1+x)^n$ ein Polynom vom Grad $n$ und daher sind alle Ableitungen von höherer Ordnung als $n$ gleich 0. Somit ermöglicht uns die Taylorsche Formel in Verbindung mit beispielsweise dem Restglied nach Lagrange das Aufstellen der folgenden Gleichung:

$$(1+x)^n = 1 + \frac{n}{1!}x + \frac{n(n - 1)}{2!}x^2 + \cdots + \frac{n(n - 1) \cdots 1}{n!}x^n . \qquad (5.75)$$

Dies ist der Binomialsatz von Newton, wie er aus der höheren Schule für natürliche Exponenten bekannt ist:

$$(1+x)^n = 1 + \binom{n}{1}x + \binom{n}{2}x^2 + \cdots + \binom{n}{n}x^n .$$

Wir haben also die Taylorsche Formel (5.51) definiert und die Formeln (5.52), (5.55) und (5.56) für die Restglieder aufgestellt. Wir haben die Beziehungen (5.58), (5.60), (5.62), (5.69) und (5.73) ausgearbeitet, die es uns ermöglichen, den Fehler bei der Berechnung wichtiger einfacher Funktionen mit Hilfe der Taylorsche Formel abzuschätzen. Schließlich haben wir die Potenzreihenentwicklung für diese Funktionen erhalten.

**Definition 6.** Besitzt die Funktion $f(x)$ in einem Punkt $x_0$ Ableitungen beliebiger Ordnung $n \in \mathbb{N}$, dann wird die Reihe

$$f(x_0) + \frac{1}{1!}f'(x_0)(x - x_0) + \cdots + \frac{1}{n!}f^{(n)}(x_0)(x - x_0)^n + \cdots$$

die *Taylor-Reihe* von $f$ im Punkt $x_0$ genannt.

Man sollte nicht davon ausgehen, dass die Taylor-Reihe einer unendlich oft differenzierbaren Funktion in einer Umgebung von $x_0$ konvergiert, da für jede Folge $c_0, c_1, \ldots, c_n, \ldots$ von Zahlen eine Funktion $f(x)$ konstruiert werden kann (obwohl das nicht leicht ist), so dass $f^{(n)}(x_0) = c_n$, $n \in \mathbb{N}$.

Man sollte auch nicht davon ausgehen, dass die Taylor-Reihe, wenn sie konvergiert, notwendigerweise gegen die Funktion konvergiert, aus der sie entstanden ist. Eine Taylor-Reihe konvergiert nur dann gegen die Funktion, aus der sie gebildet wird, wenn die erzeugende Funktion zur Klasse der sogenannten *analytischen Funktionen* gehört.

Es folgt ein Beispiel von Cauchy für eine nicht analytische Funktion:

$$f(x) = \begin{cases} e^{-1/x^2} \,, & \text{für } x \neq 0 \,, \\ 0 \,, & \text{für } x = 0 \,. \end{cases}$$

Wenn wir mit der Definition der Ableitung beginnen und berücksichtigen, dass $x^k e^{-1/x^2} \to 0$ unabhängig vom Wert von $k$ für $x \to 0$ (vgl. Beispiel 30 in Abschnitt 3.2), können wir zeigen, dass $f^{(n)}(0) = 0$ für $n = 0, 1, 2, \ldots$. Daher sind für dieses Beispiel alle Glieder der Taylor-Reihe gleich 0 und daher ist ihre Summe ebenso gleich 0, wohingegen $f(x) \neq 0$ für $x \neq 0$.

Zum Abschluss untersuchen wir eine lokale Version der Taylorschen Formel.

Wir kehren wieder zu dem Problem zurück, mit dessen Diskussion wir bereits in Absatz 5.1.3 begonnen haben, nämlich ein Polynom zu finden, das einer Funktion $f : E \to \mathbb{R}$ lokal entspricht. Wir wollen das Polynom $P_n(x_0; x) = x_0 + c_1(x - x_0) + \cdots + c_n(x - x_0)^n$ so wählen, dass

$$f(x) = P_n(x) + o\big((x - x_0)^n\big) \text{ für } x \to x_0, \, x \in E$$

gilt, bzw. detaillierter:

$$f(x) = c_0 + c_1(x - x_0) + \cdots + c_n(x - x_0)^n + o\big((x - x_0)^n\big)$$
$$\text{für } x \to x_0, \, x \in E \,. \, (5.76)$$

Wir führen nun ausdrücklich einen Satz an, der bereits vollständig in seinen wichtigen Punkten bewiesen wurde.

**Satz 6.** *Existiert ein Polynom $P_n(x_0; x) = c_0 + c_1(x - x_0) + \cdots + c_n(x - x_0)^n$, das die Bedingung (5.76) erfüllt, dann ist dieses Polynom eindeutig.*

*Beweis.* In der Tat liefert uns (5.76) die Koeffizienten des Polynoms schrittweise vollständig unzweideutig:

$$
\begin{aligned}
c_0 &= \lim_{E \ni x \to x_0} f(x)\,, \\
c_1 &= \lim_{E \ni x \to x_0} \frac{f(x) - c_0}{x - x_0}\,,
\end{aligned}
$$

$$\cdots\cdots\cdots\cdots\cdots\cdots\cdots\cdots\cdots\cdots\cdots\cdots\cdots\cdots$$

$$
c_n = \lim_{E \ni x \to x_0} \frac{f(x) - \left[c_0 + \cdots + c_{n-1}(x - x_0)^{n-1}\right]}{(x - x_0)^n}\,. \qquad \square
$$

Nun beweisen wir die lokale Version des Satzes von Taylor.

**Satz 7.** (Die lokale Taylorsche Formel) *Sei $E$ ein abgeschlossenes Intervall mit $x_0 \in \mathbb{R}$ als Endpunkt. Besitzt die Funktion $f : E \to \mathbb{R}$ die Ableitungen $f'(x_0), \ldots, f^{(n)}(x_0)$ bis einschließlich $n$-ter Ordnung im Punkt $x_0$, dann gilt die folgende Darstellung:*

$$
f(x) = f(x_0) + \frac{f'(x_0)}{1!}(x - x_0) + \cdots + \frac{f^{(n)}(x_0)}{n!}(x - x_0)^n +
$$
$$
+ o\big((x - x_0)^n\big) \text{ für } x \to x_0,\ x \in E\,. \tag{5.77}
$$

Somit wird das Problem einer lokalen Näherung einer differenzierbaren Funktion durch das Taylor-Polynom der geeigneten Ordnung gelöst.

Da das Taylor-Polynom $P_n(x_0; x)$ mit der Anforderung konstruiert wird, dass seine Ableitungen bis einschließlich $n$-ter Ordnung mit den entsprechenden Ableitungen der Funktion $f$ in $x_0$ übereinstimmen muss, folgt, dass $f^{(k)}(x_0) - P_n^{(k)}(x_0; x_0) = 0$ ($k = 0, 1, \ldots, n$) und die Gültigkeit von (5.77) wird durch das folgende Lemma sichergestellt.

**Lemma 1.** *Besitzt eine Funktion $\varphi : E \to \mathbb{R}$, die auf einem abgeschlossenen Intervall $E$ mit Endpunkt $x_0$ definiert ist, Ableitungen bis einschließlich $n$-ter Ordnung in $x_0$ und ist $\varphi(x_0) = \varphi'(x_0) = \cdots = \varphi^{(n)}(x_0) = 0$, dann gilt $\varphi(x) = o\big((x - x_0)^n\big)$ für $x \to x_0$, $x \in E$.*

*Beweis.* Für $n = 1$ folgt die Behauptung aus der Definition der Differenzierbarkeit der Funktion $\varphi$ in $x_0$, aufgrund derer gilt:

$$
\varphi(x) = \varphi(x_0) + \varphi'(x_0)(x - x_0) + o(x - x_0) \text{ für } x \to x_0,\ x \in E\,.
$$

Da $\varphi(x_0) = \varphi'(x_0) = 0$, erhalten wir

$$
\varphi(x) = o(x - x_0) \text{ für } x \to x_0,\ x \in E\,.
$$

Angenommen, die Behauptung wurde für die Ordnung $n = k - 1 \geq 1$ bewiesen. Wir werden zeigen, dass sie dann auch für die Ordnung $n = k \geq 2$ gilt.

Wir merken vorläufig an, dass die Existenz von $\varphi^{(k)}(x_0)$, die sich aus

$$\varphi^{(k)}(x_0) = \left(\varphi^{(k-1)}\right)'(x_0) = \lim_{E \ni x \to x_0} \frac{\varphi^{(k-1)}(x) - \varphi^{(k-1)}(x_0)}{x - x_0}$$

ergibt, vermuten lässt, dass die Funktion $\varphi^{(k-1)}(x)$ auf $E$ definiert ist, zumindest nahe dem Punkt $x_0$. Wenn wir das abgeschlossene Intervall $E$, falls notwendig, verkleinern, können wir beginnend bei $\varphi(x), \varphi'(x), \ldots, \varphi^{(k-1)}(x)$ mit $k \geq 2$ annehmen, dass diese Funktionen alle auf dem gesamten abgeschlossenen Intervall $E$ mit Endpunkt $x_0$ definiert sind. Da $k \geq 2$, besitzt die Funktion $\varphi(x)$ auf $E$ eine Ableitung $\varphi'(x)$ und laut Annahme ist

$$(\varphi')'(x_0) = \cdots = (\varphi')^{(k-1)}(x_0) = 0 \ .$$

Dabei gilt laut Induktionsannahme, dass

$$\varphi'(x) = o\left((x - x_0)^{k-1}\right) \text{ für } x \to x_0, x \in E \ .$$

Dann erhalten wir mit Hilfe des Mittelwertsatzes, dass

$$\varphi(x) = \varphi(x) - \varphi(x_0) = \varphi'(\xi)(x - x_0) = \alpha(\xi)(\xi - x_0)^{(k-1)}(x - x_0) \ ,$$

wobei $\xi$ zwischen $x_0$ und $x$ liegt, d.h. $|\xi - x_0| < |x - x_0|$ und $\alpha(\xi) \to 0$ für $\xi \to x_0, \xi \in E$. Daher haben wir für $x \to x_0, x \in E$ gleichzeitig $\xi \to x_0, \xi \in E$ und $\alpha(\xi) \to 0$. Da

$$|\varphi(x)| \leq |\alpha(\xi)| \, |x - x_0|^{k-1} |x - x_0| \ ,$$

haben wir gezeigt, dass

$$\varphi(x) = o\left((x - x_0)^k\right) \text{ für } x \to x_0, x \in E \ .$$

Somit haben wir die Behauptung in Lemma 1 mit Hilfe mathematischer Induktion bewiesen.    □

Gleichung (5.77) wird als sogenannte *lokale Taylorsche Formel* bezeichnet, da die Form des Restglieds (das sogenannte *Peano Restglied*)

$$r_n(x_0; x) = o\left((x - x_0)^n\right) \tag{5.78}$$

nur Schlussfolgerungen über die asymptotische Beziehung zwischen dem Taylor-Polynom und der Funktion für $x \to x_0, x \in E$ erlaubt.

Gleichung (5.77) ist daher bequem zur Berechnung von Grenzwerten und zur Beschreibung des asymptotischen Verhaltens einer Funktion für $x \to x_0$, $x \in E$ geeignet. Sie kann jedoch nicht zur näherungsweisen Berechnung des

Wertes der Funktion eingesetzt werden, bevor eine genaue Abschätzung der Größe $r_n(x_0; x) = o\big((x - x_0)^n\big)$ verfügbar ist.

Wir wollen unsere Ergebnisse nun zusammenfassen. Wir haben das Taylor-Polynom

$$P_n(x_0; x) = f(x_0) + \frac{f'(x_0)}{1!}(x - x_0) + \cdots + \frac{f^{(n)}(x_0)}{n!}(x - x_0)^n$$

definiert, die Taylorsche Formel

$$f(x) = f(x_0) + \frac{f'(x_0)}{1!}(x - x_0) + \cdots + \frac{f^{(n)}(x_0)}{n!}(x - x_0)^n + r_n(x_0; x)$$

aufgestellt und sie in die folgende wichtige Gestalt überführt.

*Besitzt $f$ eine Ableitung der Ordnung $n + 1$ auf dem offenen Intervall mit den Endpunkten $x_0$ und $x$, dann ist*

$$f(x) = f(x_0) + \frac{f'(x_0)}{1!}(x - x_0) + \cdots + \frac{f^{(n)}(x_0)}{n!}(x - x_0)^n +$$
$$+ \frac{f^{(n+1)}(\xi)}{(n+1)!}(x - x_0)^{n+1} , \quad (5.79)$$

*wobei $\xi$ ein Punkt zwischen $x_0$ und $x$ ist.*

*Besitzt $f$ Ableitungen bis einschließlich der Ordnung $n \geq 1$ im Punkt $x_0$, dann gilt:*

$$f(x) = f(x_0) + \frac{f'(x_0)}{1!}(x - x_0) + \cdots + \frac{f^{(n)}(x_0)}{n!}(x - x_0)^n + o\big((x - x_0)^n\big) . \quad (5.80)$$

Gleichung (5.79), die *Taylorsche Formel mit Restglied nach Lagrange* genannt wird, ist offensichtlich eine Verallgemeinerung der Definition der Differenzierbarkeit einer Funktion in einem Punkt, auf die sie für $n = 1$ reduziert wird.

Wir merken an, dass Gleichung (5.79) fast immer die stichhaltigere von beiden ist. Denn auf der einen Seite setzt sie uns, wie wir gesehen haben, in die Lage, den Absolutbetrag des Restglieds abzuschätzen. Auf der anderen Seite folgt aus ihr auch, wenn etwa $f^{(n+1)}(x)$ in einer Umgebung von $x_0$ beschränkt ist, die asymptotische Formel

$$f(x) = f(x_0) + \frac{f'(x_0)}{1!}(x - x_0) + \cdots + \frac{f^{(n)}(x_0)}{n!}(x - x_0)^n + O\big((x - x_0)^{n+1}\big) .$$
$$(5.81)$$

Daher enthält für unendlich oft differenzierbare Funktionen, die in der klassischen Analysis die Mehrheit ausmachen, Gleichung (5.79) die lokale Formel (5.80).

Insbesondere können wir auf der Basis von (5.81) und den gerade untersuchten Beispielen 3–10 die folgende Übersicht asymptotischer Formeln für $x \to 0$ aufstellen:

$$\mathrm{e}^x = 1 + \frac{1}{1!}x + \frac{1}{2!}x^2 + \cdots + \frac{1}{n!}x^n + O(x^{n+1}),$$

$$\cos x = 1 - \frac{1}{2!}x^2 + \frac{1}{4!}x^4 - \cdots + \frac{(-1)^n}{(2n)!}x^{2n} + O(x^{2n+2}),$$

$$\sin x = x - \frac{1}{3!}x^3 + \frac{1}{5!}x^5 - \cdots + \frac{(-1)^n}{(2n+1)!}x^{2n+1} + O(x^{2n+3}),$$

$$\cosh x = 1 + \frac{1}{2!}x^2 + \frac{1}{4!}x^4 + \cdots + \frac{1}{(2n)!}x^{2n} + O(x^{2n+2}),$$

$$\sinh x = x + \frac{1}{3!}x^3 + \frac{1}{5!}x^5 + \cdots + \frac{1}{(2n+1)!}x^{2n+1} + O(x^{2n+3}),$$

$$\ln(1+x) = x - \frac{1}{2}x^2 + \frac{1}{3}x^3 - \cdots + \frac{(-1)^n}{n}x^n + O(x^{n+1}),$$

$$(1+x)^\alpha = 1 + \frac{\alpha}{1!}x + \frac{\alpha(\alpha-1)}{2!}x^2 + \cdots + \frac{\alpha(\alpha-1)\cdots(\alpha-n+1)}{n!}x^n$$
$$+ O(x^{n+1}).$$

Wir wollen nun einige weitere Beispiele für den Gebrauch der Taylorschen Formel betrachten.

*Beispiel 11.* Wir wollen ein Polynom finden, mit dem die Werte von $\sin x$ auf dem Intervall $-1 \le x \le 1$ mit einem absoluten Fehler von höchstens $10^{-3}$ bestimmt werden können.

Wir können für dieses Polynom ein Taylor-Polynom mit einem geeigneten Grad ansetzen, das wir aus der Entwicklung von $\sin x$ in einer Umgebung von $x_0 = 0$ erhalten. Da

$$\sin x = x - \frac{1}{3!}x^3 + \frac{1}{5!}x^5 - \cdots + \frac{(-1)^n}{(2n+1)!}x^{2n+1} + 0 \cdot x^{2n+2} + r_{2n+2}(0;x),$$

wobei wir für $|x| \le 1$ das Restglied nach Lagrange

$$r_{2n+2}(0;x) = \frac{\sin\left(\xi + \frac{\pi}{2}(2n+3)\right)}{(2n+3)!}x^{2n+3}$$

durch

$$|r_{2n+2}(0;x)| \le \frac{1}{(2n+3)!}$$

abschätzen können. Nun ist aber $\frac{1}{(2n+3)!} < 10^{-3}$ für $n \ge 2$. Somit besitzt die Näherung $\sin x \approx x - \frac{1}{3!} + \frac{1}{5!}x^5$ die geforderte Genauigkeit auf dem abgeschlossenen Intervall $|x| \le 1$.

*Beispiel 12.* Wir werden zeigen, dass $\tan x = x + \frac{1}{3}x^3 + o(x^3)$ für $x \to 0$. Es gilt:

$$\tan' x = \cos^{-2} x,$$
$$\tan'' x = 2\cos^{-3} x \sin x,$$
$$\tan''' x = 6\cos^{-4} x \sin^2 x + 2\cos^{-2} x.$$

Somit ist $\tan 0 = 0$, $\tan' 0 = 1$, $\tan'' 0 = 0$ und $\tan''' 0 = 2$ und die gesuchte Beziehung folgt nun aus der lokalen Taylor-Reihe.

*Beispiel 13.* Sei $\alpha > 0$. Wir wollen die Konvergenz der Reihe $\sum\limits_{n=1}^{\infty} \ln \cos \frac{1}{n^\alpha}$ untersuchen. Für $\alpha > 0$ gilt $\frac{1}{n^\alpha} \to 0$ für $n \to \infty$. Wir wollen den Grad eines Glieds in der Reihe abschätzen:

$$\ln \cos \frac{1}{n^\alpha} = \ln \left( 1 - \frac{1}{2!} \cdot \frac{1}{n^{2\alpha}} + o\left(\frac{1}{n^{2\alpha}}\right)\right) = -\frac{1}{2} \cdot \frac{1}{n^{2\alpha}} + o\left(\frac{1}{n^{2\alpha}}\right).$$

Somit haben wir eine Reihe mit Gliedern mit konstantem Vorzeichen, deren Glieder äquivalent sind zu denen der Reihe $\sum\limits_{n=1}^{\infty} \frac{-1}{2n^{2\alpha}}$. Da diese letztgenannte Reihe nur für $\alpha > \frac{1}{2}$ konvergiert, wenn $\alpha > 0$, konvergiert die ursprüngliche Reihe nur für $\alpha > \frac{1}{2}$ (vgl. Aufgabe 15b) unten).

*Beispiel 14.* Wir wollen zeigen, dass $\ln \cos x = -\frac{1}{2}x^2 - \frac{1}{12}x^4 - \frac{1}{45}x^6 + O(x^8)$ für $x \to 0$.

Dieses Mal werden wir, anstatt sechs aufeinander folgende Ableitungen zu berechnen, die bereits bekannten Entwicklungen von $\cos x$ für $x \to 0$ und $\ln(1 + u)$ für $u \to 0$ benutzen:

$$\ln \cos x = \ln \left( 1 - \frac{1}{2!}x^2 + \frac{1}{4!}x^4 - \frac{1}{6!}x^6 + O(x^8)\right) = \ln(1 + u) =$$

$$= u - \frac{1}{2}u^2 + \frac{1}{3}u^3 + O(u^4) = \left( -\frac{1}{2!}x^2 + \frac{1}{4!}x^4 - \frac{1}{6!}x^6 + O(x^8)\right) -$$

$$- \frac{1}{2}\left( \frac{1}{(2!)^2}x^4 - 2 \cdot \frac{1}{2!4!}x^6 + O(x^8)\right) + \frac{1}{3}\left( -\frac{1}{(2!)^3}x^6 + O(x^8)\right) =$$

$$= -\frac{1}{2}x^2 - \frac{1}{12}x^4 - \frac{1}{45}x^6 + O(x^8).$$

*Beispiel 15.* Wir suchen die Werte der ersten sechs Ableitungen der Funktion $\ln \cos x$ in $x = 0$.

Es gilt $(\ln \cos)'x = \frac{-\sin x}{\cos x}$ und daher ist klar, dass die Funktion in 0 Ableitungen beliebiger Ordnung besitzt, da $\cos 0 \neq 0$. Wir werden nicht versuchen, für diese Ableitungen Funktionen zu formulieren, sondern stattdessen die Eindeutigkeit des Taylor-Polynoms ausnutzen sowie das Ergebnis aus dem vorigen Beispiel anwenden.

Ist

$$f(x) = c_0 + c_1 x + \cdots + c_n x^n + o(x^n) \text{ für } x \to 0,$$

dann gilt

$$c_k = \frac{f^{(k)}(0)}{k!} \text{ und } f^{(k)}(0) = k! c_k.$$

Daher erhalten wir für diesen Fall:

$$(\ln \cos)(0) = 0, \quad (\ln \cos)'(0) = 0, \quad (\ln \cos)''(0) = -\frac{1}{2} \cdot 2!,$$

$$(\ln \cos)^{(3)}(0) = 0, \quad (\ln \cos)^{(4)}(0) = -\frac{1}{12} \cdot 4!,$$

$$(\ln \cos)^{(5)}(0) = 0, \quad (\ln \cos)^{(6)}(0) = -\frac{1}{45} \cdot 6!.$$

*Beispiel 16.* Sei $f(x)$ eine im Punkt $x_0$ beliebig oft differenzierbare Funktion. Wir nehmen weiter an, dass wir die Entwicklung

$$f'(x) = c_0' + c_1' x + \cdots + c_n' x^n + O(x^{n+1})$$

ihrer Ableitung in einer Umgebung von Null kennen. Dann wissen wir aus der Eindeutigkeit der Taylor-Entwicklung, dass

$$(f')^{(k)}(0) = k! c_k'$$

und somit $f^{(k+1)}(0) = k! c_k'$. Also ergibt sich für die Funktion $f(x)$ selbst die folgende Entwicklung:

$$f(x) = f(0) + \frac{c_0'}{1!} x + \frac{1! c_1'}{2!} x^2 + \cdots + \frac{n! c_n'}{(n+1)!} x^{n+1} + O(x^{n+2}),$$

die nach einigen Vereinfachungen lautet:

$$f(x) = f(0) + \frac{c_0'}{1} x + \frac{c_1'}{2} x^2 + \cdots + \frac{c_n'}{n+1} x^{n+1} + O(x^{n+2}).$$

*Beispiel 17.* Wir wollen die Taylor-Entwicklung der Funktion $f(x) = \arctan x$ in 0 bestimmen.

Da $f'(x) = \frac{1}{1+x^2} = (1+x^2)^{-1} = 1 - x^2 + x^4 - \cdots + (-1)^n x^{2n} + O(x^{2n+2})$, erhalten wir laut den Überlegungen in vorigem Beispiel, dass

$$f(x) = f(0) + \frac{1}{1} x - \frac{1}{3} x^3 + \frac{1}{5} x^5 - \cdots + \frac{(-1)^n}{2n+1} x^{2n+1} + O(x^{2n+3}),$$

d.h.

$$\arctan x = x - \frac{1}{3} x^3 + \frac{1}{5} x^5 - \cdots + \frac{(-1)^n}{2n+1} x^{2n+1} + O(x^{2n+3}).$$

*Beispiel 18.* Wir entwickeln auf ähnliche Weise die Funktion $\arcsin' x = (1-x^2)^{-1/2}$ in einer Umgebung von Null und erhalten Schritt für Schritt:

$$(1+u)^{-1/2} = 1 + \frac{-\frac{1}{2}}{1!}u + \frac{-\frac{1}{2}\left(-\frac{1}{2}-1\right)}{2!}u^2 + \cdots +$$

$$+ \frac{-\frac{1}{2}\left(-\frac{1}{2}-1\right)\cdots\left(-\frac{1}{2}-n+1\right)}{n!}u^n + O(u^{n+1}),$$

$$(1-x^2)^{-1/2} = 1 + \frac{1}{2}x^2 + \frac{1\cdot3}{2^2\cdot2!}x^4 + \cdots +$$

$$+ \frac{1\cdot3\cdots(2n-1)}{2^n\cdot n!}x^{2n} + O(x^{2n+2}),$$

$$\arcsin x = x + \frac{1}{2\cdot3}x^3 + \frac{1\cdot3}{2^2\cdot2!\cdot5}x^5 + \cdots +$$

$$+ \frac{(2n-1)!!}{(2n)!!(2n+1)}x^{2n+1} + O(x^{2n+3})$$

oder nach elementaren Umformungen:

$$\arcsin x = x + \frac{1}{3!}x^3 + \frac{[3!!]^2}{5!}x^5 + \cdots + \frac{[(2n-1)!!]^2}{(2n+1)!}x^{2n+1} + O(x^{2n+3}).$$

Hierbei bedeutet $(2n-1)!! := 1\cdot3\cdots(2n-1)$ und $(2n)!! := 2\cdot4\cdots(2n)$.

*Beispiel 19.* Mit Hilfe der Beispiele 5, 12, 17 und 18 erhalten wir:

$$\lim_{x\to0}\frac{\arctan x - \sin x}{\tan x - \arcsin x} = \lim_{x\to0}\frac{\left[x-\frac{1}{3}x^3+O(x^5)\right]-\left[x-\frac{1}{3!}x^3+O(x^5)\right]}{\left[x+\frac{1}{3}x^3+O(x^5)\right]-\left[x+\frac{1}{3!}x^3+O(x^5)\right]} =$$

$$= \lim_{x\to0}\frac{-\frac{1}{6}x^3+O(x^5)}{\frac{1}{6}x^3+O(x^5)} = -1.$$

### 5.3.4 Übungen und Aufgaben

**1.** Bestimmen Sie Zahlen $a$ und $b$ so, dass die Funktion $f(x) = \cos x - \frac{1+ax^2}{1+bx^2}$ von höherer Ordnung infinitesimal ist als $x \to 0$.

**2.** Finden Sie $\lim\limits_{x\to\infty} x\left[\frac{1}{e} - \left(\frac{x}{x+1}\right)^x\right]$.

**3.** Schreiben Sie ein Taylor-Polynom für $e^x$ in Null, das es erlaubt, die Werte von $e^x$ auf dem abgeschlossenen Intervall $-1 \leq x \leq 2$ mit einer Genauigkeit von $10^{-3}$ zu bestimmen.

**4.** Sei $f$ eine in 0 beliebig oft differenzierbare Funktion. Zeigen Sie:

a) Ist $f$ gerade, dann enthält die Taylor-Reihe in 0 nur gerade Potenzen von $x$.

b) Ist $f$ ungerade, dann enthält die Taylor-Reihe im Punkt 0 nur ungerade Potenzen von $x$.

**5.** Zeigen Sie, dass $f \equiv 0$ auf $[-1,1]$, falls $f \in C^{(\infty)}[-1,1]$ und $f^{(n)}(0) = 0$ für $n = 0,1,2,\ldots$ und falls eine Zahl $C$ existiert, so dass $\sup\limits_{-1 \le x \le 1} |f^{(n)}(x)| \le n!C$ für $n \in \mathbb{N}$.

**6.** Sei $f \in C^{(n)}\left(]-1,1[\right)$ und $\sup\limits_{-1 < x < 1} |f(x)| \le 1$. Sei $m_k(I) = \inf\limits_{x \in I} |f^{(k)}(x)|$, wobei $I$ ein Intervall ist, das in $]-1,1[$ enthalten ist. Zeigen Sie:

a) Ist $I$ in drei Intervalle $I_1$, $I_2$ und $I_3$ unterteilt und ist $\mu$ die Länge von $I_2$, dann gilt:
$$m_k(I) \le \frac{1}{\mu}\left(m_{k-1}(I_1) + m_{k-1}(I_3)\right).$$

b) Hat $I$ die Länge $\lambda$, dann gilt:
$$m_k(I) \le \frac{2^{k(k+1)/2}k^k}{\lambda^k}.$$

c) Es existiert eine Zahl $\alpha_n$, die nur von $n$ abhängt, so dass für $|f'(0)| \ge \alpha_n$ die Funktion $f^{(n)}(x)$ mindestens $n-1$ verschiedene Nullstellen in $]-1,1[$ besitzt.

H i n w e i s: Nutzen Sie Teil a) für Teil b) und mathematische Induktion. Nutzen Sie a) in c) und beweisen Sie durch Induktion, dass eine Folge $x_{k_1} < x_{k_2} < \cdots < x_{k_k}$ von Punkten im offenen Intervall $]-1,1[$ existiert, so dass $f^{(k)}(x_{k_i}) \cdot f^{(k)}(x_{k_{i+1}}) < 0$ für $1 \le i \le k-1$.

**7.** Die Funktion $f$ sei auf einem offenen Intervall $I$ mit $[a,b] \in I$ definiert und differenzierbar. Zeigen Sie:

a) Die Funktion $f'(x)$ nimmt auf $[a,b]$ (auch wenn sie nicht stetig ist!), alle Werte zwischen $f'(a)$ und $f'(b)$ an (*Satz von Darboux*[14]).

b) Existiert auch $f''(x)$ auf $]a,b[$, dann existiert ein Punkt $\xi \in ]a,b[$, so dass $f'(b) - f'(a) = f''(\xi)(b-a)$.

**8.** Eine Funktion $f(x)$ sei auf der ganzen reellen Geraden differenzierbar, ohne dass sie eine stetige Ableitung $f'(x)$ besitzt (vgl. Beispiel 7 in Absatz 5.1.5).

a) Zeigen Sie, dass $f'(x)$ nur Unstetigkeiten zweiter Art besitzen kann.

b) Finden Sie den Fehler im folgenden „Beweis" der Stetigkeit von $f'(x)$.

*Beweis.* Sei $x_0$ ein beliebiger Punkt in $\mathbb{R}$ und $f'(x)$ die Ableitung von $f$ im Punkt $x_0$. Laut Definition der Ableitung und dem Mittelwertsatz gilt

$$f'(x_0) = \lim_{x \to x_0} \frac{f(x) - f(x_0)}{x - x_0} = \lim_{x \to x_0} f'(\xi) = \lim_{\xi \to x_0} f'(\xi),$$

wobei $\xi$ ein Punkt zwischen $x_0$ und $x$ ist und daher für $x \to x_0$ gegen $x_0$ strebt. $\square$

**9.** Sei $f$ auf dem Intervall $I$ zweimal differenzierbar. Sei $M_0 = \sup\limits_{x \in I} |f(x)|$, $M_1 = \sup\limits_{x \in I} |f'(x)|$ und $M_2 = \sup\limits_{x \in I} |f''(x)|$. Zeigen Sie:

---

[14] G. Darboux (1842–1917) – französischer Mathematiker.

a) Ist $I = [-a, a]$, dann gilt

$$|f'(x)| \leq \frac{M_0}{a} + \frac{x^2 + a^2}{2a} M_2 .$$

b) $\begin{cases} M_1 \leq 2\sqrt{M_0 M_2} \text{, falls die Länge von } I \text{ nicht kleiner ist als } 2\sqrt{M_0/M_2} \text{,} \\ M_1 \leq \sqrt{2M_0 M_2} \text{, falls } I = \mathbb{R} \text{;} \end{cases}$

c) Die Zahlen 2 und $\sqrt{2}$ in Teil b) können nicht durch kleinere Zahlen ersetzt werden.

d) Ist $f$ $p$-mal auf $\mathbb{R}$ differenzierbar und sind $M_0$ und $M_p = \sup\limits_{x \in \mathbb{R}} |f^{(p)}(x)|$ endlich, dann sind die Größen $M_k = \sup\limits_{x \in \mathbb{R}} |f^{(k)}(x)|$, $1 \leq k < p$ ebenfalls endlich und es gilt:

$$M_k \leq 2^{k(p-k)/2} M_0^{1-k/p} M_p^{k/p} .$$

H i n w e i s : Nutzen Sie die Aufgaben 6b) und 9b) und mathematische Induktion.

**10.** Die Funktion $f$ sei im Punkt $x_0$ bis einschließlich $(n+1)$-ter Ordnung differenzierbar mit $f^{(n+1)}(x_0) \neq 0$. Zeigen Sie, dass dann im Restglied nach Lagrange in der Taylorschen Formel

$$r_n(x_0; x) = \frac{1}{n!} f^{(n)}\Big(x_0 + \theta(x - x_0)\Big)(x - x_0)^n$$

für $0 < \theta < 1$ die Größe $\theta = \theta(x)$ für $x \to x_0$ gegen $\frac{1}{n+1}$ strebt.

**11.** Sei $f$ eine $n$-mal differenzierbare Funktion auf einem Intervall $I$. Beweisen Sie die folgenden Aussagen:

a) Verschwindet $f$ in $(n+1)$ Punkten von $I$, dann existiert ein Punkt $\xi \in I$, so dass $f^{(n)}(\xi) = 0$.

b) Seien $x_1, x_2, \ldots, x_p$ Punkte im Intervall $I$. Dann existiert ein eindeutiges Polynom $L(x)$ (*das Lagrangesche Interpolationspolynom*) vom Grad höchstens gleich $(n-1)$, so dass $f(x_i) = L(x_i)$, $i = 1, \ldots, n$. Außerdem existiert für $x \in I$ ein Punkt $\xi \in I$, so dass

$$f(x) - L(x) = \frac{(x - x_1) \cdots (x - x_n)}{n!} f^{(n)}(\xi) .$$

c) Seien $x_1, x_2, \ldots, x_p$ Punkte im Intervall $I$ und $n_i$, $1 \leq i \leq p$ natürliche Zahlen, so dass $n_1 + n_2 + \cdots + n_p = n$. Gilt $f^{(k)}(x_i) = 0$ für $0 \leq k \leq n_i - 1$, dann existiert ein Punkt $\xi$ im abgeschlossenen Intervall $[x_1, x_p]$ in dem $f^{(n-1)}(\xi) = 0$.

d) Es existiert ein eindeutiges Polynom $H(x)$ (*das Hermite Interpolationspolynom*[15]) vom Grad $(n-1)$, so dass $f^{(k)}(x_i) = H^{(k)}(x_i)$ für $0 \leq k \leq n_i - 1$. Außerdem gibt es im kleinsten Intervall, das die Punkte $x$ und $x_i$, $i = 1, \ldots, p$ enthält, einen Punkt $\xi$, so dass

$$f(x) = H(x) + \frac{(x - x_1)^{n_1} \cdots (x - x_n)^{n_p}}{n!} f^{(n)}(\xi) .$$

---

[15] Ch. Hermite (1822–1901) – französischer Mathematiker, der Probleme der Analysis untersuchte und insbesondere bewies, dass e transzendent ist.

Diese Formel wird *Hermitesche Interpolationsformel* genannt. Die Punkte $x_i$, $i = 1, \ldots, p$ werden als *Interpolationspunkte mit Vielfachheit $n_i$* bezeichnet. Sonderfälle der Hermite Interpolation sind die Lagrange Interpolation (s. Teil b) der Übung) und die Taylorsche Formel mit Restglied nach Lagrange, das sich für $p = 1$, d.h. bei der Interpolation mit einem einzigen Punkt der Vielfachheit $n$, ergibt.

**12.** Zeigen Sie:

a) Zwischen zwei reellen Nullstellen des Polynoms $P(x)$ mit reellen Koeffizienten liegt eine Nullstelle ihrer Ableitung $P'(x)$.

b) Besitzt das Polynom $P(x)$ eine mehrfache Nullstelle, dann hat das Polynom $P'(x)$ dieselbe Nullstelle, aber die Vielfachheit der Nullstelle von $P'(x)$ ist um eins kleiner als die Vielfachheit der Nullstelle von $P(x)$.

c) Sei $Q(x)$ der größte gemeinsame Teiler der Polynome $P(x)$ und $P'(x)$, wobei $P'(x)$ die Ableitung von $P(x)$ ist. Dann besitzt das Polynom $\frac{P(x)}{Q(x)}$ dieselben Nullstellen wie $P(x)$ und alle Nullstellen besitzen Vielfachheit 1.

**13.** Zeigen Sie:

a) Jedes Polynom $P(x)$ erlaubt eine Darstellung als $c_0 + c_1(x - x_0) + \cdots + c_n(x - x_0)^n$.

b) Es existiert ein eindeutiges Polynom vom Grad $n$, für das $f(x) - P(x) = o\big((x - x_0)^n\big)$ für $E \ni x \to x_0$. Hierbei ist $f$ eine Funktion, die auf einer Menge $E$ definiert ist und $x_0$ ist ein Häufungspunkt in $E$.

**14.** Mit Hilfe der Induktion für $k$, $1 \le k$ definieren wir die *finiten Differenzen vom Grad $k$* der Funktion $f$ in $x_0$:

$$\Delta^1 f(x_0; h_1) := \Delta f(x_0; h_1) = f(x_0 + h_1) - f(x_0) \,,$$
$$\Delta^2 f(x_0; h_1, h_2) := \Delta\Delta f(x_0; h_1, h_2) =$$
$$= \Big( f(x_0 + h_1 + h_2) - f(x_0 + h_2) \Big) - \Big( f(x_0 + h_1) - f(x_0) \Big) =$$
$$= f(x_0 + h_1 + h_2) - f(x_0 + h_1) - f(x_0 + h_2) + f(x_0) \,,$$

$$\cdots\cdots\cdots\cdots\cdots\cdots\cdots\cdots\cdots\cdots\cdots\cdots\cdots\cdots\cdots\cdots\cdots\cdots\cdots$$

$$\Delta^k f(x_0; h_1, \ldots, h_k) := \Delta^{k-1} g_k(x_0; h_1, \ldots, h_{k-1}) \,,$$

mit $g_k(x) = \Delta^1 f(x; h_k) = f(x + h_k) - f(x)$.

a) Sei $f \in C^{(n-1)}[a, b]$ und wir nehmen an, dass $f^{(n)}(x)$ zumindest im offenen Intervall $]a, b[$ existiere. Liegen alle Punkte $x_0, x_0 + h_1, x_0 + h_2, x_0 + h_1 + h_2, \ldots, x_0 + h_1 + \cdots + h_n$ in $]a, b[$, dann liegt im kleinsten abgeschlossenen Intervall, das alle diese Punkte enthält, ein Punkt $\xi$, so dass

$$\Delta^n f(x_0; h_1, \ldots, h_n) = f^{(n)}(\xi) h_1 \cdots h_n \,.$$

b) (Fortsetzung.) Existiert $f^{(n)}(x_0)$, dann gelten die folgenden Abschätzungen:

$$\Big| \Delta^n f(x_0; h_1, \ldots, h_n) - f^{(n)}(x_0) h_1 \cdots h_n \Big| \le$$
$$\le \sup_{x \in ]a, b[} \Big| f^{(n)}(x) - f^{(n)}(x_0) \Big| \cdot |h_1| \cdots |h_n| \,.$$

c) (Fortsetzung.) Wir setzen $\Delta^n f(x_0; h, \ldots, h) =: \Delta^n f(x_0; h^n)$. Zeigen Sie, dass, falls $f^{(n)}(x_0)$ existiert, gilt:

$$f^{(n)}(x_0) = \lim_{h \to 0} \frac{\Delta^n f(x_0; h^n)}{h^n} .$$

d) Zeigen Sie am Beispiel, dass der obige Grenzwert auch existiert, wenn $f^{(n)}(x_0)$ nicht existent ist.

H i n w e i s: Betrachten Sie etwa $\Delta^2 f(0; h^2)$ für die Funktion

$$f(x) = \begin{cases} x^3 \sin \frac{1}{x} , & x \neq 0 , \\ 0 , & x = 0 \end{cases}$$

und zeigen Sie, dass

$$\lim_{h \to 0} \frac{\Delta^2 f(0; h^2)}{h^2} = 0 .$$

**15.** a) Wenden Sie den Mittelwertsatz auf die Funktion $\frac{1}{x^\alpha}$ mit $\alpha > 0$ an und zeigen Sie, dass die Ungleichung

$$\frac{1}{n^{1+\alpha}} < \frac{1}{\alpha} \left( \frac{1}{(n-1)^\alpha} - \frac{1}{n^\alpha} \right)$$

für $n \in \mathbb{N}$ und $\alpha > 0$ gilt.

b) Benutzen Sie das Ergebnis aus a) und zeigen Sie, dass die Reihe $\sum\limits_{n=1}^{\infty} \frac{1}{n^\sigma}$ für $\sigma > 1$ konvergiert.

## 5.4 Die Untersuchung von Funktionen mit den Methoden der Differentialrechnung

### 5.4.1 Bedingungen für die Monotonie einer Funktion

**Satz 1.** *Zwischen der Monotonie einer Funktion $f : E \to \mathbb{R}$, die auf einem offenen Intervall $]a, b[= E$ differenzierbar ist, und dem Vorzeichen ihrer Ableitung $f'$ auf diesem Intervall gelten die folgenden Relationen:*

$$\begin{aligned}
f'(x) > 0 &\Rightarrow \quad f \text{ ist anwachsend} \quad &&\Rightarrow f'(x) \geq 0 , \\
f'(x) \geq 0 &\Rightarrow \quad f \text{ ist nicht absteigend} \quad &&\Rightarrow f'(x) \geq 0 , \\
f'(x) \equiv 0 &\Rightarrow \quad f \text{ ist konstant} \quad &&\Rightarrow f'(x) \equiv 0 , \\
f'(x) \leq 0 &\Rightarrow \quad f \text{ ist nicht anwachsend} \quad &&\Rightarrow f'(x) \leq 0 , \\
f'(x) < 0 &\Rightarrow \quad f \text{ ist absteigend} \quad &&\Rightarrow f'(x) \leq 0 .
\end{aligned}$$

*Beweis.* Die linke Spalte ist uns bereits aus dem Mittelwertsatz bekannt, aufgrund dessen $f(x_2) - f(x_1) = f'(\xi)(x_2 - x_1)$, mit $x_1, x_2 \in ]a, b[$. Dabei ist $\xi$ ein Punkt zwischen $x_1$ und $x_2$. An dieser Gleichung lässt sich erkennen, dass für $x_1 < x_2$ der Unterschied $f(x_2) - f(x_1)$ genau dann positiv ist, wenn $f'(\xi)$ positiv ist.

Die rechte Spalte der Behauptungen können wir unmittelbar aus der Definition der Ableitung erhalten. Wir wollen beispielsweise zeigen, dass $f'(x) \geq 0$ auf $]a, b[$, wenn eine differenzierbare Funktion $f$ auf $]a, b[$ anwächst. Tatsächlich ist

$$f'(x) = \lim_{h \to 0} \frac{f(x+h) - f(x)}{h}.$$

Für $h > 0$ ist $f(x+h) - f(x) > 0$. Und für $h < 0$ gilt: $f(x+h) - f(x) < 0$. Daher ist der Bruch nach dem Limes-Zeichen positiv.

Folgerichtig ist wie behauptet der Grenzwert $f'(x)$ nicht negativ.    □

*Anmerkung 1.* Am Beispiel der Funktion $f(x) = x^3$ wird deutlich, dass eine streng monoton anwachsende Funktion eine nicht negative Ableitung besitzt, aber nicht notwendigerweise eine, die immer positiv ist. In diesem Beispiel ist $f'(0) = 3x^2\big|_{x=0} = 0$.

*Anmerkung 2.* Im Ausdruck $A \Rightarrow B$ ist $A$ eine hinreichende Bedingung für $B$ und $B$ eine notwendige Bedingung für $A$, wie wir bereits an geeigneter Stelle betont haben. Daher können wir aus Satz 1 die folgenden Schlussfolgerungen ziehen.

*Eine Funktion ist auf einem offenen Intervall genau dann konstant, wenn ihre Ableitung auf diesem Intervall gleich Null ist.*

*Eine hinreichende Bedingung dafür, dass eine auf einem offenen Intervall differenzierbare Funktion auf diesem Intervall absteigend ist, ist, dass ihre Ableitung in jedem Punkt des Intervalls negativ ist.*

*Eine notwendige Bedingung dafür, dass eine auf einem offenen Intervall differenzierbare Funktion auf diesem Intervall nicht anwächst, ist, dass ihre Ableitung in diesem Intervall nicht positiv ist.*

*Beispiel 1.* Sei $f(x) = x^3 - 3x + 2$ auf $\mathbb{R}$. Dann ist $f'(x) = 3x^2 - 3 = 3(x^2 - 1)$. Da $f'(x) < 0$ für $|x| < 1$ und $f'(x) > 0$ für $|x| > 1$, können wir sagen, dass die Funktion auf dem offenen Intervall $]-\infty, -1[$ anwächst, auf $]-1, 1[$ absteigt und wiederum auf $]1, +\infty[$ anwächst.

### 5.4.2 Bedingungen für ein inneres Extremum einer Funktion

Mit dem Satz von Fermat (Satz 1 in 5.3) können wir den folgenden Satz aufstellen.

**Satz 2.** (Notwendige Bedingungen für ein inneres Extremum). *Eine der beiden folgenden Bedingungen muss notwendigerweise erfüllt sein, damit ein Punkt $x_0$ das Extremum einer auf einer Umgebung $U(x_0)$ dieses Punktes definierten Funktion $f : U(x_0) \to \mathbb{R}$ ist: Entweder ist die Funktion in $x_0$ nicht differenzierbar oder es gilt $f'(x_0) = 0$.*

Einfache Beispiele zeigen, dass diese notwendigen Bedingungen nicht hinreichend sind.

*Beispiel 2.* Sei $f(x) = x^3$. Dann ist $f'(0) = 0$, aber die Funktion besitzt in $x_0 = 0$ kein Extremum.

*Beispiel 3.* Sei

$$f(x) = \begin{cases} x & \text{für } x > 0\,, \\[2mm] 2x & \text{für } x < 0\,. \end{cases}$$

Diese Funktion hat in 0 einen Knick, aber offensichtlich weder eine Ableitung noch ein Extremum in 0.

*Beispiel 4.* Wir wollen das Maximum von $f(x) = x^2$ auf dem abgeschlossenen Intervall $[-2, 1]$ bestimmen. In diesem Fall ist offensichtlich, dass das Maximum im Endpunkt $-2$ angenommen wird, aber wir stellen hier einen systematischen Weg dafür vor, das Maximum zu finden. Wir erhalten $f'(x) = 2x$ und bestimmen als Nächstes alle Punkte auf dem offenen Intervall $]-2, 1[$ in denen $f'(x) = 0$. In diesem Fall ist $x = 0$ der einzige derartige Punkt. Das Maximum muss entweder einer der Punkte sein, für die $f'(x) = 0$ oder einer der Endpunkte, über die Satz 2 nichts aussagt. Daher müssen wir $f(-2) = 4$, $f(0) = 0$ und $f(1) = 1$ vergleichen, woraus wir folgern, dass der Maximalwert von $f(x) = x^2$ auf dem abgeschlossenen Intervall $[-2, 1]$ gleich 4 ist und in $-2$, einem Endpunkt des Intervalls, angenommen wird.

Mit den in Absatz 5.4.1 formulierten Zusammenhängen zwischen dem Vorzeichen einer Ableitung und der Monotonie der Funktion gelangen wir zu den folgenden hinreichenden Bedingungen für die Existenz oder die Abwesenheit eines lokalen Extremwertes in einem Punkt.

**Satz 3.** (Hinreichende Bedingungen für ein Extremum in Verbindung mit der ersten Ableitung). *Sei* $f : U(x_0) \to \mathbb{R}$ *eine auf einer Umgebung des Punktes* $x_0$ *definierte Funktion, die in diesem Punkt stetig ist und in einer punktierten Umgebung* $\dot{U}(x_0)$ *differenzierbar ist. Sei* $\dot{U}^-(x_0) = \{x \in U(x_0)|\, x < x_0\}$ *und* $\dot{U}^+(x_0) = \{x \in U(x_0)|\, x > x_0\}$.
*Dann gelten die folgenden Schlussfolgerungen:*

a) $\left(\forall x \in \dot{U}^-(x_0)\, (f'(x) < 0)\right) \wedge \left(\forall x \in \dot{U}^+(x_0)\, (f'(x) < 0)\right) \Rightarrow$
$\Rightarrow (f$ *besitzt keinen Extremwert in* $x_0)$,

b) $\left(\forall x \in \dot{U}^-(x_0)\, (f'(x) < 0)\right) \wedge \left(\forall x \in \dot{U}^+(x_0)\, (f'(x) > 0)\right) \Rightarrow$
$\Rightarrow (x_0$ *ist ein isoliertes lokales Minimum von* $f)$,

c) $\left(\forall x \in \dot{U}^-(x_0)\, (f'(x) > 0)\right) \wedge \left(\forall x \in \dot{U}^+(x_0)\, (f'(x) < 0)\right) \Rightarrow$
$\Rightarrow (x_0$ *ist ein isoliertes lokales Maximum von* $f)$,

d) $\left(\forall x \in \dot{U}^-(x_0)\, (f'(x) > 0)\right) \wedge \left(\forall x \in \dot{U}^+(x_0)\, (f'(x) > 0)\right) \Rightarrow$
$\Rightarrow (f$ *besitzt keinen Extremwert in* $x_0)$.

In Kurzform, aber weniger genau lässt sich sagen, dass ein Punkt ein Extremum ist, wenn die Ableitung beim Durchgang durch diesen Punkt das

Vorzeichen wechselt. Wechselt die Ableitung das Vorzeichen nicht, dann ist der Punkt kein Extremum.

Wir merken sofort an, dass diese hinreichenden Bedingungen jedoch nicht notwendig für einen Extremwert sind, wie man am folgenden Beispiel erkennen kann.

*Beispiel 5.* Sei

$$f(x) = \begin{cases} 2x^2 + x^2 \sin \frac{1}{x} & \text{für } x \neq 0 \, , \\ \\ 0 & \text{für } x = 0 \, . \end{cases}$$

Da $x^2 \leq f(x) \leq 3x^2$, ist klar, dass die Funktion ein isoliertes lokales Minimum in $x_0 = 0$ besitzt. Aber die Ableitung $f'(x) = 4x + 2x \sin \frac{1}{x} - \cos \frac{1}{x}$ hat in keiner punktierten einseitigen Umgebung dieses Punktes ein einheitliches Vorzeichen. Dieses Beispiel verdeutlicht das Missverständnis, das im Zusammenhang mit der eben formulierten abgekürzten Aussage von Satz 3 auftreten kann.

Wir wenden uns nun dem Beweis von Satz 3 zu.

*Beweis.* a) Aus Satz 2 folgt, dass $f$ auf $\dot{U}^-(x_0)$ streng absteigend ist. Da $f$ in $x_0$ stetig ist, gilt $\lim\limits_{\dot{U}^-(x_0) \ni x \to x_0} f(x) = f(x_0)$ und folglich ist $f(x) > f(x_0)$ für $x \in \dot{U}^-(x_0)$. Mit denselben Überlegungen erhalten wir $f(x_0) > f(x)$ für $x \in \dot{U}^+(x_0)$. Daher ist die Funktion in der gesamten Umgebung $U(x_0)$ streng absteigend und $x_0$ ist ein Extremum.

b) Wir folgern zunächst wie in a), dass $f(x) > f(x_0)$ für $x \in \dot{U}^-(x_0)$, da $f(x)$ absteigend auf $\dot{U}^-(x_0)$ und in $x_0$ stetig ist. Wir folgern daraus, dass $f$ auf $\dot{U}^+(x_0)$ ansteigt, dass $f(x_0) < f(x)$ für $x \in \dot{U}^+(x_0)$. Somit besitzt $f$ ein isoliertes lokales Minimum in $x_0$.

Die Aussagen c) und d) werden ähnlich bewiesen. $\qquad\qquad\square$

**Satz 4.** (Hinreichende Bedingungen für ein Extremum in Abhängigkeit von Ableitungen höherer Ordnung). *Angenommen, eine Funktion $f : U(x_0) \to \mathbb{R}$, die auf einer Umgebung $U(x_0)$ von $x_0$ definiert ist, besitze Ableitungen höherer Ordnung bis einschließlich $n$ ($n \geq 1$) in $x_0$.*

*Ist $f'(x_0) = \cdots = f^{(n-1)}(x_0) = 0$ und $f^{(n)}(x_0) \neq 0$, dann gibt es keinen Extremwert in $x_0$, falls $n$ ungerade ist. Ist $n$ gerade, dann ist der Punkt $x_0$ ein lokales Extremum und zwar ein isoliertes lokales Minimum, falls $f^{(n)}(x_0) > 0$ und ein isoliertes lokales Maximum für $f^{(n)}(x_0) < 0$.*

*Beweis.* Mit Hilfe der Taylorschen Formel

$$f(x) - f(x_0) = f^{(n)}(x_0)(x - x_0)^n + \alpha(x)(x - x_0)^n \, , \qquad (5.82)$$

wobei $\alpha(x) \to 0$ für $x \to x_0$, werden wir wie im Beweis des Satzes von Fermat argumentieren. Wir schreiben (5.82) neu:

$$f(x) - f(x_0) = \big(f^{(n)}(x_0) + \alpha(x)\big)(x - x_0)^n \, . \qquad (5.83)$$

Da $f^{(n)}(x_0) \neq 0$ und $\alpha(x) \to 0$ für $x \to x_0$, besitzt die Summe $f^{(n)}(x_0) + \alpha(x)$ dasselbe Vorzeichen wie $f^{(n)}(x_0)$, wenn $x$ genügend nahe bei $x_0$ ist. Ist $n$ ungerade, dann wechselt der Faktor $(x - x_0)^n$ das Vorzeichen, wenn $x$ durch $x_0$ läuft und dadurch ändert sich auch das Vorzeichen auf der rechten Seite von (5.83). Als Folge davon ändert sich auch das Vorzeichen auf der linken Seite, weswegen für $n = 2k + 1$ kein Extremum vorliegt.

Ist $n$ gerade, dann ist $(x - x_0)^n > 0$ für $x \neq x_0$ und daher ist in einer kleinen Umgebung von $x_0$ das Vorzeichen der Differenz $f(x) - f(x_0)$ gleich dem Vorzeichen von $f^{(n)}(x_0)$, wie aus (5.83) offensichtlich ist.    □

Wir wollen nun einige Beispiele betrachten.

*Beispiel 6. Das Brechungsgesetz der geometrischen Optik (Snelliussches Brechungsgesetz[16]).* Nach dem *Fermatschen Prinzip* legt ein Lichtstrahl den Weg zwischen zwei Punkten in möglichst kurzer Zeit zurück.

Aus dem Fermatschen Prinzip und der Tatsache, dass der kürzeste Weg zwischen zwei Punkten eine Gerade mit den Punkten als Endpunkten ist, folgt, dass sich in einem homogenen und isotropen Medium (das in jedem Punkt und in jede Richtung identische Struktur besitzt) Licht in geraden Strahlen ausbreitet.

Wir betrachten nun zwei Medien und nehmen an, dass sich das Licht von Punkt $A_1$ zum Punkt $A_2$ bewegt (vgl. Abb. 5.10).

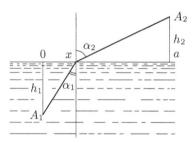

**Abb. 5.10.**

Sind $c_1$ und $c_2$ die Lichtgeschwindigkeiten in diesen Medien, dann beträgt die Zeit für den Weg von $A_1$ zu $A_2$:

$$t(x) = \frac{1}{c_1}\sqrt{h_1^2 + x^2} + \frac{1}{c_2}\sqrt{h_2^2 + (a - x)^2}.$$

Nun suchen wir den Extremwert der Funktion $t(x)$ durch die Ableitung

$$t'(x) = \frac{1}{c_1}\frac{x}{\sqrt{h_1^2 + x^2}} - \frac{1}{c_2}\frac{a - x}{\sqrt{h_2^2 + (a - x)^2}} = 0 \,,$$

---

[16] W. Snell (1580–1626) – niederländischer Astronom und Mathematiker.

die uns in Übereinstimmung mit der Schreibweise der Abbildung $c_1^{-1} \sin \alpha_1 = c_2^{-1} \sin \alpha_2$ liefert.

Aus physikalischen Betrachtungen oder direkt aus der Form der Funktion $t(x)$, die für $x \to \infty$ ohne Grenzen anwächst, wird klar, dass der Punkt mit $t'(x) = 0$ ein absolutes Minimum der stetigen Funktion $t(x)$ ist. Somit folgt aus dem Fermatschen Prinzip das Brechungsgesetz $\frac{\sin \alpha_1}{\sin \alpha_2} = \frac{c_1}{c_2}$.

*Beispiel 7.* Wir werden zeigen, dass für $x > 0$ gilt:

$$x^\alpha - \alpha x + \alpha - 1 \leq 0 , \quad \text{für } 0 < \alpha < 1 , \tag{5.84}$$

$$x^\alpha - \alpha x + \alpha - 1 \geq 0 , \quad \text{für } \alpha < 0 \text{ oder } 1 < \alpha . \tag{5.85}$$

*Beweis.* Differenzieren der Funktion $f(x) = x^\alpha - \alpha x + \alpha - 1$ liefert $f'(x) = \alpha(x^{\alpha-1} - 1)$ und $f'(x) = 0$ für $x = 1$. Bei der Bewegung durch den Punkt 1 geht die Ableitung für $0 < \alpha < 1$ von positiven zu negativen Werten über und für $\alpha < 0$ oder $\alpha > 1$ von negativen zu positiven Werten. Im ersten Fall ist der Punkt 1 ein isoliertes Maximum und im zweiten ein isoliertes Minimum (und, wie aus der Monotonie von $f$ auf den Intervallen $0 < x < 1$ und $1 < x$ folgt, nicht einfach nur ein lokales Minimum). Aber $f(1) = 0$, wodurch wir die beiden Ungleichungen (5.84) und (5.85) gezeigt haben. Dabei haben wir sogar gezeigt, dass beide Ungleichungen für $x \neq 1$ streng gelten. $\quad\square$

Wir merken an, dass (5.84) und (5.85) Erweiterungen der Bernoullischen Ungleichung (vgl. Abschnitt 2.2 und Aufgabe 2 unten) sind, die wir bereits für natürliche Exponenten $\alpha$ kennen, wenn wir $x$ durch $1 + x$ ersetzen.

Durch elementare algebraische Umformungen können wir eine Reihe klassischer Ungleichungen, die für die Analysis sehr wichtig sind, aus den eben bewiesenen Ungleichungen erhalten. Wir werden nun diese Ungleichungen herleiten.

**a. Youngsche**[17] **Ungleichungen.** *Sei $a > 0$ und $b > 0$ und für $p$ und $q$ gelte, dass $p \neq 0, 1$, $q \neq 0, 1$ und $\frac{1}{p} + \frac{1}{q} = 1$. Dann gelten*

$$a^{1/p}b^{1/q} \leq \frac{1}{p}a + \frac{1}{q}b , \quad \textit{für } p > 1 \textit{ und} \tag{5.86}$$

$$a^{1/p}b^{1/q} \geq \frac{1}{p}a + \frac{1}{q}b , \quad \textit{für } p < 1 . \tag{5.87}$$

*Die Gleichheit gilt in (5.86) und (5.87) nur, wenn $a = b$.*

*Beweis.* Es genügt, in (5.84) und (5.85) $x = \frac{a}{b}$ und $\alpha = \frac{1}{p}$ und dann $\frac{1}{q} = 1 - \frac{1}{p}$ zu setzen. $\quad\square$

---

[17] W. H. Young (1882–1946) – britischer Mathematiker.

**b. Höldersche[18] Ungleichungen.** *Seien $x_i \geq 0$, $y_i \geq 0$, $i = 1, \ldots, n$ und $\frac{1}{p} + \frac{1}{q} = 1$. Dann gilt:*

$$\sum_{i=1}^{n} x_i y_i \leq \left(\sum_{i=1}^{n} x_i^p\right)^{1/p} \left(\sum_{i=1}^{n} y_i^q\right)^{1/q} \text{ für } p > 1 \qquad (5.88)$$

*und*

$$\sum_{i=1}^{n} x_i y_i \geq \left(\sum_{i=1}^{n} x_i^p\right)^{1/p} \left(\sum_{i=1}^{n} y_i^q\right)^{1/q} \text{ für } p < 1, \, p \neq 0. \qquad (5.89)$$

*Für $p < 0$ wird in (5.89) angenommen, dass $x_i > 0$ $(i = 1, \ldots, n)$. In (5.88) und (5.89) ist nur dann Gleichheit möglich, wenn die Vektoren $(x_1^p, \ldots, x_n^p)$ und $(y_1^q, \ldots, y_n^q)$ zueinander proportional sind.*

*Beweis.* Wir wollen die Ungleichung (5.88) beweisen. Seien $X = \sum_{i=1}^{n} x_i^p > 0$ und $Y = \sum_{i=1}^{n} y_i^q > 0$. Wenn wir in (5.86) $a = \frac{x_i^p}{X}$ und $b = \frac{y_i^q}{Y}$ setzen, erhalten wir

$$\frac{x_i y_i}{X^{1/p} Y^{1/q}} \leq \frac{1}{p} \frac{x_i^p}{X} + \frac{1}{q} \frac{y_i^q}{Y}.$$

Wenn wir diese Ungleichungen über $i$ von 1 bis $n$ summieren, erhalten wir

$$\frac{\sum_{i=1}^{n} x_i y_i}{X^{1/p} Y^{1/q}} \leq 1,$$

was zu (5.88) äquivalent ist.

Ungleichung (5.89) erhalten wir auf ähnliche Weise aus (5.87). Da Gleichheit in (5.86) und (5.87) nur dann gilt, wenn $a = b$, folgern wir, dass Gleichheit in (5.88) und (5.89) nur dann gilt, wenn die Proportionalitäten $x_i^p = \lambda y_i^q$ oder $y_i^q = \lambda x_i^p$ gelten. $\qquad\square$

**c. Minkowskische[19] Ungleichungen.** *Seien $x_i \geq 0$, $y_i \geq 0$, $i = 1, \ldots, n$. Dann gilt*

$$\left(\sum_{i=1}^{n} (x_i + y_i)^p\right)^{1/p} \leq \left(\sum_{i=1}^{n} x_i^p\right)^{1/p} + \left(\sum_{i=1}^{n} y_i^p\right)^{1/p} \text{ falls } p > 1 \qquad (5.90)$$

*und*

$$\left(\sum_{i=1}^{n} (x_i + y_i)^p\right)^{1/p} \geq \left(\sum_{i=1}^{n} x_i^p\right)^{1/p} + \left(\sum_{i=1}^{n} y_i^p\right)^{1/p} \text{ falls } p < 1, \, p \neq 0. \quad (5.91)$$

---

[18] O. Hölder (1859–1937) – deutscher Mathematiker.

[19] H. Minkowski (1864–1909) – deutscher Mathematiker, dessen vierdimensionaler Raum die spezielle Relativitätstheorie substanziell erweiterte (ein pseudo-euklidischer Raum mit einer anderen Metrik).

*Beweis.* Wir wenden die Höldersche Ungleichung auf die Ausdrücke auf der rechten Seite der Gleichungen

$$\sum_{i=1}^{n}(x_i + y_i)^p = \sum_{i=1}^{n} x_i(x_i + y_i)^{p-1} + \sum_{i=1}^{n} y_i(x_i + y_i)^{p-1}$$

an. Dann ist nach (5.88) und (5.89) die linke Seite von oben (für $p > 1$) bzw. von unten (für $p < 1$) durch folgenden Ausdruck beschränkt:

$$\Big(\sum_{i=1}^{n} x_i^p\Big)^{1/p} \Big(\sum_{i=1}^{n}(x_i + y_i)^p\Big)^{1/q} + \Big(\sum_{i=1}^{n} y_i^p\Big)^{1/p} \Big(\sum_{i=1}^{n}(x_i + y_i)^p\Big)^{1/q}.$$

Nach Division dieser Ungleichungen durch $\Big(\sum_{i=1}^{n}(x_i + y_i)^p\Big)^{1/q}$ gelangen wir zu (5.90) und (5.91).

Da wir die Bedingungen für Gleichheit in den Hölderschen Ungleichungen kennen, können wir zeigen, dass in den Minkowskischen Ungleichungen nur dann Gleichheit gilt, wenn die Vektoren $(x_1, \ldots, x_n)$ und $(y_1, \ldots, y_n)$ kollinear sind. □

Für $n = 3$ und $p = 2$ stimmt die Minkowskische Ungleichung (5.90) offensichtlich mit der Dreiecksungleichung im drei-dimensionalen euklidischen Raum überein.

*Beispiel 8.* Wir wollen ein weiteres einfaches Beispiel für den Gebrauch höherer Ableitungen für das Auffinden lokaler Extremwerte betrachten. Sei $f(x) = \sin x$. Da $f'(x) = \cos x$ und $f''(x) = -\sin x$, sind alle Punkte, in denen $f'(x) = \cos x = 0$, lokale Extrema von $\sin x$, da in diesen Punkten $f''(x) = -\sin x \neq 0$. Hierbei ist $f''(x) < 0$ für $\sin x > 0$ und $f''(x) > 0$ für $\sin x < 0$. Daher sind die Punkte, in denen $\cos x = 0$ und $\sin x > 0$ lokale Maxima, und die mit $\cos x = 0$ und $\sin x < 0$ lokale Minima von $\sin x$ (was natürlich seit langem bekannt ist).

### 5.4.3 Bedingungen für die Konvexität einer Funktion

**Definition 1.** Eine auf einem offenen Intervall $]a, b[ \subset \mathbb{R}$ definierte Funktion $f : ]a, b[ \to \mathbb{R}$ ist *konvex*, wenn die Ungleichung

$$f(\alpha_1 x_1 + \alpha_2 x_2) \leq \alpha_1 f(x_1) + \alpha_2 f(x_2) \tag{5.92}$$

für alle Punkte $x_1, x_2 \in ]a, b[$ und alle Zahlen $\alpha_1 \geq 0$, $\alpha_2 \geq 0$ mit $\alpha_1 + \alpha_2 = 1$ gilt. Ist diese Ungleichung für $x_1 \neq x_2$ und $\alpha_1\alpha_2 \neq 0$ streng erfüllt, dann ist die Funktion auf $]a, b[$ *streng konvex*.

Geometrisch interpretiert, bedeutet die Konvexitätsbedingung (5.92) für eine Funktion $f : ]a, b[ \to \mathbb{R}$, dass die Punkte jedes Bogens des Graphen der

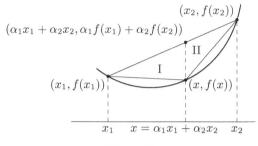

**Abb. 5.11.**

Funktion unterhalb der Sehne zur gegenüberliegenden Seite des Bogens liegen (vgl. Abb. 5.11).

Tatsächlich enthält die linke Seite von (5.92) den Wert $f(x)$ der Funktion im Punkt $x = \alpha_1 x_1 + \alpha_2 x_2 \in [x_1, x_2]$, und die rechte Seite enthält den Wert in demselben Punkt einer linearen Funktion, dessen (geradliniger) Graph durch die Punkte $\big(x_1, f(x_1)\big)$ und $\big(x_2, f(x_2)\big)$ verläuft.

Die Ungleichung (5.92) besagt, dass die Menge $E = \{(x, y) \in \mathbb{R}^2 \mid x \in ]a, b[ , f(x) < y\}$ der Punkte der Ebene, die oberhalb des Graphen der Funktion liegen, konvex ist. Daher kommt der Ausdruck „konvex", der für die Funktion selbst übernommen wird.

**Definition 2.** Gilt die umgekehrte Ungleichung für die Funktion $f : ]a, b[ \to \mathbb{R}$, dann wird die Funktion auf dem Intervall $]a, b[$ als *konkav* bezeichnet oder auch als *abwärts gekrümmt* auf dem Intervall, im Unterschied zu einer konvexen Funktion, die *aufwärts gekrümmt* auf $]a, b[$ genannt wird.

Da alle unsere folgenden Konstruktionen für eine konkave Funktion genau gleich wie für eine konvexe durchgeführt werden, werden wir uns auf Funktionen beschränken, die konvex sind.

Wir geben zunächst der Ungleichung (5.92) eine neue Gestalt, die für unser Vorhaben besser geeignet ist.

In den Gleichungen $x = \alpha_1 x_1 + \alpha_2 x_2$ und $\alpha_1 + \alpha_2 = 1$ gilt:

$$\alpha_1 = \frac{x_2 - x}{x_2 - x_1} \quad \text{und} \quad \alpha_2 = \frac{x - x_1}{x_2 - x_1} ,$$

so dass (5.92) in der Form

$$f(x) \leq \frac{x_2 - x}{x_2 - x_1} f(x_1) + \frac{x - x_1}{x_2 - x_1} f(x_2)$$

geschrieben werden kann. Wenn wir die Ungleichungen $x_1 \leq x \leq x_2$ und $x_1 < x_2$ berücksichtigen, können wir mit $x_2 - x_1$ multiplizieren und erhalten

$$(x_2 - x)f(x_1) + (x_1 - x_2)f(x) + (x - x_1)f(x_2) \geq 0 .$$

Wenn wir nun noch bedenken, dass $x_2 - x_1 = (x_2 - x) + (x - x_1)$, dann erhalten wir aus der letzten Ungleichung nach einfachen Umformungen:

$$\frac{f(x) - f(x_1)}{x - x_1} \leq \frac{f(x_2) - f(x)}{x_2 - x} \tag{5.93}$$

für $x_1 < x < x_2$ und jedes $x_1, x_2 \in ]a, b[$.

Ungleichung (5.93) ist eine andere Art, die Definition für die Konvexität der Funktion $f(x)$ auf einem offenen Intervall $]a, b[$ zu schreiben. Geometrisch interpretiert bedeutet (5.93) (vgl. Abb. 5.11), dass die Steigung der Sehne $I$, die $(x_1, f(x_1))$ mit $(x, f(x))$ verbindet, nicht größer ist (und bei strenger Konvexität kleiner ist) als die Steigung der Sehne II, die $(x, f(x))$ mit $(x_2, f(x_2))$ verbindet.

Wir wollen nun annehmen, dass die Funktion $f :]a, b[\to \mathbb{R}$ auf $]a, b[$ differenzierbar ist. Wenn wir nun $x$ in (5.93) zunächst gegen $x_1$ und dann gegen $x_2$ streben lassen, erhalten wir die Ungleichung

$$f'(x_1) \leq \frac{f(x_2) - f(x_1)}{x_2 - x_1} \leq f'(x_2) \, ,$$

die aussagt, dass die Ableitung von $f$ monoton ist.

Wenn wir dies für eine streng konvexe Funktion betrachten, erhalten wir mit Hilfe des Mittelwertsatzes, dass

$$f'(x_1) < f'(\xi_1) = \frac{f(x) - f(x_1)}{x - x_1} < \frac{f(x_2) - f(x)}{x_2 - x} = f'(\xi_2) \leq f'(x_2)$$

für $x_1 < \xi_1 < x < \xi_2 < x_2$, d.h., aus strenger Konvexität folgt, dass die Ableitung streng monoton ist.

Ist daher eine differenzierbare Funktion $f$ auf einem offenen Intervall $]a, b[$ konvex, dann ist $f'$ nicht absteigend auf $]a, b[$. Ist außerdem $f$ streng konvex, dann ist die Ableitung $f'$ auf $]a, b[$ anwachsend.

Diese Bedingungen stellen sich nicht nur als notwendig, sondern auch als hinreichend für die Konvexität einer differenzierbaren Funktion heraus.

Tatsächlich ist nach dem Mittelwertsatz für $a < x_1 < x < x_2 < b$

$$\frac{f(x) - f(x_1)}{x - x_1} = f'(\xi_1) \quad \text{und} \quad \frac{f(x_2) - f(x)}{x_2 - x} = f'(\xi_2) \, ,$$

wobei $x_1 < \xi_1 < x < \xi_2 < x_2$. Gilt $f'(\xi_1) \leq f'(\xi_2)$, dann ist die Bedingung (5.93) für die Konvexität erfüllt (und strenge Konvexität für $f'(\xi_1) < f'(\xi_2)$). Damit haben wir den folgenden Satz bewiesen.

**Satz 5.** *Eine differenzierbare Funktion $f :]a, b[\to \mathbb{R}$ ist auf dem offenen Intervall $]a, b[$ genau dann konvex, wenn ihre Ableitung $f'$ auf $]a, b[$ nicht absteigend ist. Ein streng anwachsendes $f'$ entspricht einer streng konvexen Funktion.*

Wenn wir Satz 5 mit Satz 3 vergleichen, gelangen wir zu folgendem Korollar:

**Korollar.** *Eine zweimal differenzierbare Funktion $f :]a,b[\to \mathbb{R}$ ist auf dem offenen Intervall $]a,b[$ genau dann konvex, wenn $f''(x) \geq 0$ auf $]a,b[$. Die Bedingung $f''(x) > 0$ auf $]a,b[$ ist hinreichend dafür, dass $f$ streng konvex ist.*

Wir können nun beispielsweise erklären, warum die Graphen der einfachsten Elementarfunktionen mit der einen oder der anderen Art von Konvexität gezeichnet werden.

*Beispiel 9.* Wir wollen die Konvexität von $f(x) = x^\alpha$ auf der Menge $x > 0$ untersuchen. Da $f''(x) = \alpha(\alpha - 1)x^{\alpha-2}$, gilt $f''(x) > 0$ für $\alpha < 0$ und $\alpha > 1$, d.h., für diese Exponenten $\alpha$ ist die Potenzfunktion $x^\alpha$ streng konvex. Für $0 < \alpha < 1$ erhalten wir $f''(x) < 0$, so dass für diesen Exponenten die Funktion streng konkav ist. Die Fälle $\alpha = 0$ und $\alpha = 1$ sind trivial: $x^0 \equiv 1$ und $x^1 = x$. In beiden Fällen ist der Graph der Funktion eine Gerade (vgl. Abb. 5.18 auf S. 264).

*Beispiel 10.* Sei $f(x) = a^x$, $0 < a$, $a \neq 1$. Da $f''(x) = a^x \log_2 a > 0$, ist die Exponentialfunktion $a^x$ für jeden zulässigen Wert der Basis $a$ streng konvex auf $\mathbb{R}$ (vgl. Abb. 5.12).

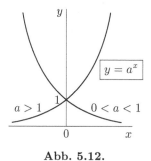

**Abb. 5.12.**

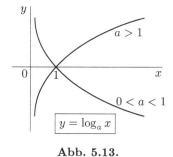

**Abb. 5.13.**

*Beispiel 11.* Für die Funktion $f(x) = \log_a x$ erhalten wir $f''(x) = -\frac{1}{x^2 \ln a}$, so dass diese Funktion für $0 < a < 1$ streng konvex ist und streng konkav für $1 < a$ (vgl. Abb. 5.13).

*Beispiel 12.* Wir wollen die Konvexität von $f(x) = \sin x$ (vgl. Abb. 5.14) untersuchen.

Da $f''(x) = -\sin x$, erhalten wir auf den Intervallen $\pi \cdot 2k < x < \pi(2k+1)$, dass $f''(x) < 0$, und auf den Intervallen $\pi(2k-1) < x < \pi \cdot 2k$, dass $f''(x) > 0$, für $k \in \mathbb{Z}$. Daraus folgt beispielsweise, dass der Bogen des Graphen von $\sin x$

auf dem abgeschlossenen Intervall $0 \leq x \leq \frac{\pi}{2}$ außer in den Endpunkten oberhalb der Sehne zwischen den Endpunkten liegt. Daher ist $\sin x > \frac{2}{\pi}x$ für $0 < x < \frac{\pi}{2}$.

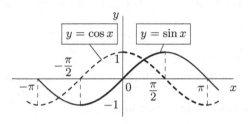

**Abb. 5.14.**

Wir wollen nun noch eine andere Charakteristik einer konvexen Funktion herausstellen, die zu der Aussage geometrisch äquivalent ist, dass ein konvexer Bereich in der Ebene vollständig auf einer Seite einer Tangente an ihre Grenzlinie liegt.

**Satz 6.** *Eine auf dem offenen Intervall $]a, b[$ definierte und differenzierbare Funktion $f : ]a, b[ \to \mathbb{R}$ ist genau dann konvex auf $]a, b[$, wenn ihr Graph keine Punkte unterhalb jeder ihrer Tangenten besitzt. In diesem Fall ist es eine notwendige und hinreichende Bedingung für strenge Konvexität, dass alle Punkte des Graphen außer den Berührpunkten streng oberhalb der Tangenten liegen.*

*Beweis.* N o t w e n d i g. Sei $x_0 \in ]a, b[$. Die Gleichung der Tangente an den Graphen in $(x_0, f(x_0))$ lautet

$$y = f(x_0) + f'(x_0)(x - x_0) \,,$$

so dass

$$f(x) - y(x) = f(x) - f(x_0) - f'(x_0)(x - x_0) = (f'(\xi) - f'(x_0))(x - x_0) \,,$$

wobei $\xi$ ein Punkt zwischen $x$ und $x_0$ ist. Da $f$ konvex ist, ist die Funktion $f'(x)$ nicht absteigend auf $]a, b[$ und daher ist das Vorzeichen der Differenz $f(\xi) - f'(x_0)$ gleich dem Vorzeichen der Differenz $x - x_0$. Daher ist $f(x) - y(x) \geq 0$ in jedem Punkt $x \in ]a, b[$. Ist $f$ streng konvex, dann ist $f'$ auf $]a, b[$ streng anwachsend und daher $f(x) - y(x) > 0$ für $x \in ]a, b[$ und $x \neq x_0$.

H i n r e i c h e n d. Gilt die Ungleichung

$$f(x) - y(x) = f(x) - f(x_0) - f'(x_0)(x - x_0) \geq 0 \tag{5.94}$$

in allen Punkten $x, x_0 \in ]a, b[$, dann ist

$$\frac{f(x) - f(x_0)}{x - x_0} \leq f'(x_0) \quad \text{für } x < x_0 \ ,$$

$$\frac{f(x) - f(x_0)}{x - x_0} \geq f'(x_0) \quad \text{für } x_0 < x \ .$$

Daher gilt für je drei Punkte $x_1, x, x_2 \in ]a, b[$ mit $x_1 < x < x_2$ , dass

$$\frac{f(x) - f(x_1)}{x - x_1} \leq \frac{f(x_2) - f(x)}{x_2 - x} \ .$$

Aus der strengen Ungleichheit in (5.94) folgt strenge Ungleichheit in dieser letzten Relation, die, wie wir erkennen können, mit der Definition (5.93) der Konvexität einer Funktion übereinstimmt.    □

Wir wollen nun einige Beispiele betrachten.

*Beispiel 13.* Die Funktion $f(x) = e^x$ ist streng konvex. Die Gerade $y = x + 1$ ist in $(0, 1)$ Tangente an den Graphen dieser Funktion, da $f(0) = e^0 = 1$ und $f'(0) = e^x \big|_{x=0} = 1$. Laut Satz 6 folgern wir, dass für jedes $x \in \mathbb{R}$

$$e^x \geq 1 + x$$

gilt und dass diese Ungleichung für $x \neq 0$ sogar streng gilt.

*Beispiel 14.* Wenn wir die strenge Konkavität von $\ln x$ bedenken, können wir ähnlich nachweisen, dass die Ungleichung

$$\ln x \leq x - 1$$

für $x > 0$ gilt und dass für $x \neq 1$ diese Ungleichung sogar streng gilt.

Bei der Konstruktion von Graphen von Funktionen ist es nützlich, die Wendepunkte eines Graphen bestimmen zu können.

**Definition 3.** Sei $f : U(x_0) \to \mathbb{R}$ eine Funktion, die auf einer Umgebung $U(x_0)$ von $x_0 \in \mathbb{R}$ definiert und differenzierbar ist. Ist die Funktion auf $\overset{\circ}{U}{}^{-}(x_0) = \{x \in U(x_0) | \, x < x_0\}$ konvex (bzw. konkav) und konkav (bzw. konvex) auf $\overset{\circ}{U}{}^{+}(x_0) = \{x \in U(x_0) | \, x > x_0\}$, dann wird $\big(x_0, f(x_0)\big)$ ein *Wendepunkt* des Graphen genannt.

Daher ändert sich die Krümmungsrichtung des Graphen in einem Wendepunkt. Dies bedeutet insbesondere, dass der Graph der Funktion im Punkt $\big(x_0, f(x_0)\big)$ von einer Seite der Tangente auf die andere wechselt.

Wir können mutmaßen, welches analytische Kriterium für die Abszisse $x_0$ eines Wendepunkts gilt, wenn wir Satz 5 mit Satz 3 vergleichen. Um genauer zu sein, so lässt sich sagen, dass für eine in $x_0$ zweimal differenzierbare Funktion $f$, da $f'(x)$ in $x_0$ entweder ein Maximum oder ein Minimum haben muss, $f''(x_0) = 0$ gelten muss.

Ist nun die zweite Ableitung $f''(x)$ auf $U(x_0)$ definiert und besitzt sie überall auf $\dot{U}^-(x_0)$ dasselbe Vorzeichen und überall auf $\dot{U}^+(x_0)$ das entgegengesetzte Vorzeichen, dann sind die hinreichenden Bedingungen erfüllt, damit $f'(x)$ sowohl auf $\dot{U}^-(x_0)$ als auch auf $\dot{U}^+(x_0)$ monoton ist, jedoch mit unterschiedlicher Art der Monotonie. Laut Satz 5 erfolgt der Wechsel der Kurvenkrümmung in $(x_0, f(x_0))$, und folglich ist dieser Punkt ein Wendepunkt.

*Beispiel 15.* Bei der Betrachtung der Funktion $f(x) = \sin x$ in Beispiel 12 haben wir die Bereiche bestimmt, in denen der Graph der Funktion konvex oder konkav ist. Wir wollen nun zeigen, dass die Punkte des Graphen mit den Abszissen $x = \pi k, k \in \mathbb{Z}$ Wendepunkte sind.

Tatsächlich gilt $f''(x) = -\sin x$, so dass $f''(x) = 0$ in $x = \pi k, k \in \mathbb{Z}$. Außerdem ändert $f''(x)$ das Vorzeichen in diesen Punkten, wodurch eine hinreichende Bedingung erfüllt ist, damit diese Punkte Wendepunkte sind (vgl. Abb. 5.14 auf S. 257).

*Beispiel 16.* Man sollte nicht meinen, dass es eine hinreichende Bedingung für einen Wendepunkt ist, wenn eine Kurve von einer Seite der Tangente auf die andere Seite der Tangente wechselt. Es kann schließlich sein, dass die Kurve keinerlei einheitliche Krümmung in der links- oder rechtsseitigen Umgebung des Punktes besitzt. Ein Beispiel dafür ist einfach konstruierbar, indem wir Beispiel 5, das aus diesem Zweck angeführt wurde, verändern.

Sei

$$f(x) = \begin{cases} 2x^3 + x^3 \sin \frac{1}{x^2} & \text{für } x \neq 0\,, \\[2mm] 0 & \text{für } x = 0\,. \end{cases}$$

Dann ist $x^3 \leq f(x) \leq 3x^3$ für $0 \leq x$ und $3x^3 \leq f(x) \leq x^3$ für $x \leq 0$, so dass die $x$-Achse in $x = 0$ Tangente an den Graphen dieser Funktion ist. Die Funktion wechselt in diesem Punkt von der unteren Halbebene in die obere Halbebene. Gleichzeitig ist die Ableitung von $f(x)$

$$f'(x) = \begin{cases} 6x^2 + 3x^2 \sin \frac{1}{x^2} - 2\cos \frac{1}{x^2} & \text{für } x \neq 0\,, \\[2mm] 0 & \text{für } x = 0 \end{cases}$$

in keiner einseitigen Umgebung von $x = 0$ monoton.

Zum Abschluss kehren wir zur Definition einer konvexen Funktion (5.92) zurück und zeigen den folgenden Satz.

**Satz 7.** (Jensen-Ungleichung[20]). *Sei $f : ]a, b[ \to \mathbb{R}$ eine konvexe Funktion, seien $x_1, \ldots, x_n$ Punkte in $]a, b[$ und $\alpha_1, \ldots, \alpha_n$ nicht negative Zahlen, so dass $\alpha_1 + \cdots + \alpha_n = 1$. Dann ist*

$$f(\alpha_1 x_1 + \cdots + \alpha_n x_n) \leq \alpha_1 f(x_1) + \cdots + \alpha_n f(x_n)\,. \tag{5.95}$$

---

[20] J. L. Jensen (1859–1925) – dänischer Mathematiker.

*Beweis.* Für $n = 2$ stimmt (5.95) mit der Definition (5.92) einer konvexen Funktion überein.

Wir werden nun zeigen, dass die Ungleichung (5.95) auch für $n = m$ gültig ist, wenn sie für $n = m - 1$ gilt.

Der Klarheit halber nehmen wir an, dass $\alpha_n \neq 0$. Dann ist $\beta = \alpha_2 + \cdots + \alpha_n > 0$ und $\frac{\alpha_2}{\beta} + \cdots + \frac{\alpha_n}{\beta} = 1$. Aufgrund der Konvexität der Funktion gilt

$$f(\alpha_1 x_1 + \cdots + \alpha_n x_n) = f\left(\alpha_1 x_1 + \beta\left(\frac{\alpha_2}{\beta} x_2 + \cdots + \frac{\alpha_n}{\beta} x_n\right)\right) \leq$$
$$\leq \alpha_1 f(x_1) + \beta f\left(\frac{\alpha_2}{\beta} x_2 + \cdots + \frac{\alpha_n}{\beta} x_n\right),$$

da $\alpha_1 + \beta = 1$ und $\left(\frac{\alpha_2}{\beta} x_1 + \cdots + \frac{\alpha_n}{\beta} x_n\right) \in ]a, b[$.

Mit der Induktionsannahme erhalten wir

$$f\left(\frac{\alpha_2}{\beta} x_2 + \cdots + \frac{\alpha_n}{\beta} x_n\right) \leq \frac{\alpha_2}{\beta} f(x_2) + \cdots + \frac{\alpha_n}{\beta} f(x_n).$$

Folglich ist

$$f(\alpha_1 x_1 + \cdots + \alpha_n x_n) \leq \alpha_1 f(x_1) + \beta f\left(\frac{\alpha_2}{\beta} x_2 + \cdots + \frac{\alpha_n}{\beta} x_n\right) \leq$$
$$\leq \alpha_1 f(x_1) + \alpha_2 f(x_2) + \cdots + \alpha_n f(x_n).$$

Durch Induktion folgern wir nun, dass (5.95) für jedes $n \in \mathbb{N}$ gilt (für $n = 1$ ist (5.95) trivial). $\qquad\square$

Wir merken an, dass der Beweis verdeutlicht, dass eine strenge Jensen-Ungleichung einer strengen Konvexität entspricht, d.h, sind die Zahlen $\alpha_1, \ldots, \alpha_n$ ungleich Null, dann gilt Gleichheit in (5.95) genau dann, wenn $x_1 = \cdots = x_n$.

Für eine konkave Funktion erhalten wir natürlich die zu (5.95) entgegengesetzte Beziehung:

$$f(\alpha_1 x_1 + \cdots + \alpha_n x_n) \geq \alpha_1 f(x_1) + \cdots + \alpha_n f(x_n). \tag{5.96}$$

*Beispiel 17.* Die Funktion $f(x) = \ln x$ ist auf der Menge der positiven Zahlen streng konkav. Somit gilt nach (5.96):

$$\alpha_1 \ln x_1 + \cdots + \alpha_n \ln x_n \leq \ln(\alpha_1 x_1 + \cdots + \alpha_n x_n)$$

oder

$$x_1^{\alpha_1} \cdots x_n^{\alpha_n} \leq \alpha_1 x_1 + \cdots + \alpha_n x_n \tag{5.97}$$

für $x_i \geq 0$, $\alpha_i \geq 0$, $i = 1, \ldots, n$ und $\sum_{i=1}^{n} \alpha_i = 1$.

Ist insbesondere $\alpha_1 = \cdots = \alpha_n = \frac{1}{n}$, dann erhalten wir die klassische Ungleichung

$$\sqrt[n]{x_1 \cdots x_n} \le \frac{x_1 + \cdots + x_n}{n} \tag{5.98}$$

zwischen dem geometrischen und dem arithmetischen Mittel von $n$ nicht negativen Zahlen. In (5.98) herrscht, wie oben bemerkt, nur dann Gleichheit, wenn $x_1 = x_2 = \cdots = x_n$. Wenn wir in (5.97) $n = 2$, $\alpha_1 = \frac{1}{p}$, $\alpha_2 = \frac{1}{q}$, $x_1 = a$ und $x_2 = b$ setzen, erhalten wir wiederum Ungleichung (5.86).

*Beispiel 18.* Sei $f(x) = x^p$, $x \ge 0$ und $p > 1$. Da eine derartige Funktion konvex ist, erhalten wir

$$\Big( \sum_{i=1}^{n} \alpha_i x_i \Big)^p \le \sum_{i=1}^{n} \alpha_i x_i^p \, .$$

Wenn wir $q = \frac{p}{p-1}$, $\alpha_i = b_i^q \Big( \sum_{i=1}^{n} b_i^q \Big)^{-1}$ und $x_i = a_i b_i^{-1/(p_i-1)} \sum_{i=1}^{n} b_i^q$ setzen, erhalten wir die Höldersche Ungleichung (5.88)

$$\sum_{i=1}^{n} a_i b_i \le \Big( \sum_{i=1}^{n} a_i^p \Big)^{1/p} \Big( \sum_{i=1}^{n} b_i^q \Big)^{1/q} \, ,$$

mit $\frac{1}{p} + \frac{1}{q} = 1$ und $p > 1$.

Für $p < 1$ ist die Funktion $f(x) = x^p$ konkav und daher können für die zweite Höldersche Ungleichung (5.89) ähnliche Überlegungen angestellt werden.

### 5.4.4 Die Regel von L'Hôpital

Wir halten kurz inne, um eine spezielle, aber sehr nützliche Regel zur Bestimmung des Grenzwertes eines Bruchs von Funktionen vorzustellen, die als Regel von l'Hôpital[21] bekannt ist.

**Satz 8.** (Regel von l'Hôpital). *Angenommen, die Funktionen* $f : ]a, b[ \to \mathbb{R}$ *und* $g : ]a, b[ \to \mathbb{R}$ *seien auf dem offenen Intervall* $]a, b[$ *($-\infty \le a < b \le +\infty$) differenzierbar mit* $g'(x) \ne 0$ *auf* $]a, b[$ *und*

$$\frac{f'(x)}{g'(x)} \to A \text{ für } x \to a + 0 \quad (-\infty \le A \le +\infty) \, .$$

---

[21] G. F. de l'Hôpital (1661–1704) – französischer Mathematiker, ein fähiger Student von Johann Bernoulli. Er war Marquis und Bernoulli schrieb für ihn das erste Lehrbuch der Analysis in den Jahren 1691–1692. Der Teil dieses Lehrbuchs, der der Differentialrechnung gewidmet ist, wurde in etwas veränderter Form von l'Hôpital unter seinem eigenen Namen veröffentlicht. Daher geht die „Regel von l'Hôpital" tatsächlich auf Johann Bernoulli zurück.

*Dann gilt*

$$\frac{f(x)}{g(x)} \to A \text{ für } x \to a + 0$$

*in den beiden Fällen:*

$1^0 \ \big(f(x) \to 0\big) \wedge \big(g(x) \to 0\big) \text{ für } x \to a + 0 \,,$

$2^0 \ g(x) \to \infty \text{ für } x \to a + 0.$

*Eine ähnliche Behauptung gilt für* $x \to b - 0$.

Die Regel von l'Hôpital kann in knappen Worten, wenn auch nicht ganz genau wie folgt formuliert werden. *Der Grenzwert eines Bruchs von Funktionen ist gleich dem Grenzwert des Bruchs ihrer Ableitungen, falls diese existieren.*

*Beweis.* Ist $g'(x) \neq 0$, folgern wir aufgrund des Satzes von Rolle, dass $g(x)$ auf $]a, b[$ streng monoton ist. Daher können wir, wenn wir zur Not das Intervall $]a, b[$ zum Endpunkt $a$ hin verkleinern, annehmen, dass $g(x) \neq 0$ auf $]a, b[$. Nach dem verallgemeinerten Mittelwertsatz nach Cauchy existiert für $x, y \in ]a, b[$ ein Punkt $\xi \in ]a, b[$, so dass

$$\frac{f(x) - f(y)}{g(x) - g(y)} = \frac{f'(\xi)}{g'(\xi)} \ .$$

Wir wollen diese Gleichung in eine für uns praktische Gestalt umschreiben:

$$\frac{f(x)}{g(x)} = \frac{f(y)}{g(x)} + \frac{f'(\xi)}{g'(\xi)}\left(1 - \frac{g(y)}{g(x)}\right) \ .$$

Für $x \to a + 0$ können wir $y$ so gegen $a + 0$ streben lassen, dass

$$\frac{f(y)}{g(x)} \to 0 \text{ und } \frac{g(y)}{g(x)} \to 0 \ .$$

Dies ist offensichtlich unter jeder der beiden Annahmen $1^0$ und $2^0$, die wir betrachten, möglich. Da $\xi$ zwischen $x$ und $y$ liegt, gilt auch $\xi \to a + 0$. Daher strebt die rechte Seite der letzten Gleichung (und daher auch die linke Seite) gegen $A$. □

*Beispiel 19.* $\lim\limits_{x \to 0} \frac{\sin x}{x} = \lim\limits_{x \to 0} \frac{\cos x}{1} = 1.$

Dieses Beispiel sollte nicht als ein neuer unabhängiger Beweis der Relation $\frac{\sin x}{x} \to 1$ für $x \to 0$ betrachtet werden. Tatsache ist, dass wir bei der Herleitung der Gleichung $\sin' x = \cos x$ bereits von dem eben berechneten Grenzwert Gebrauch gemacht haben.

Wir zeigen die Rechtmäßigkeit der Anwendung der Regel von l'Hôpital immer, nachdem wir den Grenzwert eines Bruchs der Ableitungen bestimmt haben. Dabei sollte man die Bedingungen $1^0$ oder $2^0$ nicht aus dem Auge verlieren. Die Wichtigkeit dieser Bedingungen können wir in folgendem Beispiel erkennen.

*Beispiel 20.* Sei $f(x) = \cos x$, $g(x) = \sin x$. Dann ist $f'(x) = -\sin x$, $g'(x) = \cos x$ und $\frac{f(x)}{g(x)} \to +\infty$ für $x \to +0$, wohingegen $\frac{f'(x)}{g'(x)} \to 0$ für $x \to +0$.

*Beispiel 21.*

$$\lim_{x \to +\infty} \frac{\ln x}{x^\alpha} = \lim_{x \to +\infty} \frac{\left(\frac{1}{x}\right)}{\alpha x^{\alpha-1}} = \lim_{x \to +\infty} \frac{1}{\alpha x^\alpha} = 0 \text{ für } \alpha > 0 \,.$$

*Beispiel 22.*

$$\lim_{x \to +\infty} \frac{x^\alpha}{a^x} = \lim_{x \to +\infty} \frac{\alpha x^{\alpha-1}}{a^x \ln a} = \cdots = \lim_{x \to +\infty} \frac{\alpha(\alpha-1)\cdots(\alpha-n+1)x^{\alpha-n}}{a^x(\ln a)^n} = 0$$

für $a > 1$, da es für $n > \alpha$ und $a > 1$ offensichtlich ist, dass $\frac{x^{\alpha-n}}{a^x} \to 0$, falls $x \to +\infty$.

Wir merken an, dass diese Kette von Gleichungen rein hypothetisch ist, bevor wir nicht an einen Ausdruck gelangen, dessen Grenzwert wir bestimmen können.

### 5.4.5 Das Konstruieren von Graphen von Funktionen

Eine graphische Darstellung wird oft für eine visuelle Beschreibung einer Funktion benutzt. In der Regel ist eine derartige Darstellung bei der Diskussion qualitativer Fragen zur betrachteten Funktion hilfreich.

Für genaue Berechnungen werden Graphen eher selten eingesetzt. In diesem Zusammenhang ist nicht so sehr eine gewissenhafte Reproduktion der Funktion in ihrem Graphen wichtig, sondern die Konstruktion einer Skizze des Graphen der Funktion, die die wichtigen Elemente ihres Verhaltens wiedergibt. In diesem Absatz werden wir allgemeine Methoden vorstellen, die bei der Konstruktion einer Skizze des Graphen einer Funktion eingesetzt werden.

#### a. Graphen der Elementarfunktionen

Wir wiederholen zunächst, wie die Graphen der wichtigsten Elementarfunktionen aussehen. Dies sollte für das Weitere vollständig beherrscht werden (Abb. 5.12–5.18).

#### b. Beispiele von Skizzen von Graphen von Funktionen (ohne Einsatz der Differentialrechnung)

Wir wollen jetzt einige Beispiele betrachten, in denen eine Skizze des Graphen einer Funktion einfach konstruiert werden kann, wenn wir die Graphen und Eigenschaften der einfachsten Elementarfunktionen kennen.

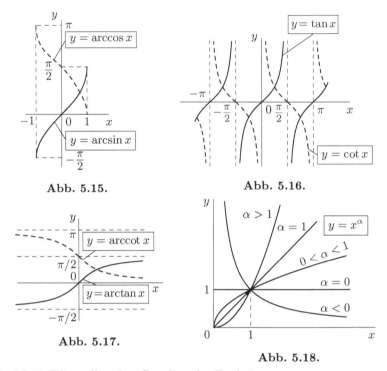

Abb. 5.15.

Abb. 5.16.

Abb. 5.17.

Abb. 5.18.

*Beispiel 23.* Wir wollen den Graphen der Funktion

$$h = \log_{x^2-3x+2} 2$$

skizzieren. Wenn wir die Gleichung

$$y = \log_{x^2-3x+2} 2 = \frac{1}{\log_2(x^2 - 3x + 2)} = \frac{1}{\log_2(x - 1)(x - 2)}$$

berücksichtigen, können wir nach und nach den Graphen des quadratischen Trinoms $y_1 = x^2 - 3x + 2$, daraus $y_2 = \log_2 y_1(x)$ und schließlich $y = \frac{1}{y_2(x)}$ konstruieren (Abb. 5.19).

Wir hätten den Graphen dieser Funktion auch auf eine andere Art „erraten" können: Indem wir zunächst den Definitionsbereich der Funktion $\log_{x^2-3x+2} 2 = \left(\log_2(x^2 - 3x + 2)\right)^{-1}$ bestimmen und das Verhalten der Funktion bei der Annäherung an Randpunkte des Definitionsbereichs und auf Intervallen, dessen Endpunkte die Randpunkte des Definitionsbereichs sind, untersuchen. Schließlich zeichnen wir „glatte Kurven" unter Berücksichtigung des so bestimmten Verhaltens in den Endpunkten der Intervalle ein.

*Beispiel 24.* Die Konstruktion einer Skizze des Graphen der Funktion

$$y = \sin(x^2)$$

ist in Abb. 5.20 dargestellt.

Wir haben diesen Graphen mit Hilfe bestimmter für diese Funktion charakteristischer Punkte, nämlich den Punkten, in denen $\sin(x^2) = -1$, $\sin(x^2) = 0$ und $\sin(x^2) = 1$, konstruiert. Zwischen zwei benachbarten Punkten ist die Funktion monoton. Der Verlauf des Graphen nahe dem Punkt $x = 0$, $y = 0$ wird dadurch bestimmt, dass $\sin(x^2) \sim x^2$ für $x \to 0$. Es ist außerdem hilfreich, dass diese Funktion gerade ist.

Da wir nur von Skizzen anstelle von genauen Konstruktionen des Graphen einer Funktion reden, wollen wir der Einfachheit halber vereinbaren, unter „der Konstruktion des Graphen einer Funktion" „die Konstruktion einer Skizze des Graphen der Funktion" zu verstehen.

*Beispiel 25.* Wir wollen den Graphen der Funktion

$$y = x + \arctan(x^3 - 1)$$

(Abb. 5.21) konstruieren. Für $x \to -\infty$ wird der Graph durch die Gerade $y = x - \frac{\pi}{2}$ gut approximiert, wohingegen sie für $x \to +\infty$ durch $y = x + \frac{\pi}{2}$ angenähert wird.

Wir wollen nun ein hilfreiches Konzept einführen.

**Definition 4.** Die Gerade $c_0 + c_1 x$ wird *Asymptote* des Graphen der Funktion $y = f(x)$ für $x \to -\infty$ (oder $x \to +\infty$) genannt, wenn $f(x) - (c_0 + c_1 x) = o(1)$ für $x \to -\infty$ (oder $x \to +\infty$).

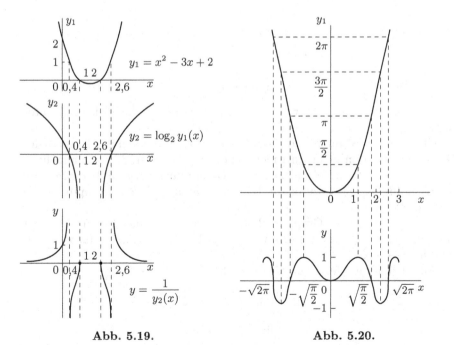

**Abb. 5.19.**                    **Abb. 5.20.**

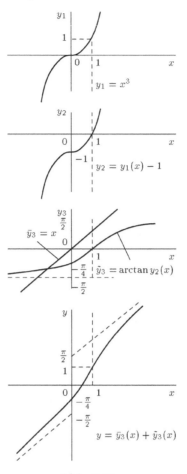

**Abb. 5.21.**

Folglich besitzt im gegenwärtigen Beispiel der Graph die beiden Asymptoten $y = x - \frac{\pi}{2}$ für $x \to -\infty$ und $y = x + \frac{\pi}{2}$ für $x \to +\infty$.

Gilt $|f(x)| \to \infty$ für $x \to a - 0$ (oder für $x \to a + 0$), dann ist klar, dass der Graph der Funktion sich immer mehr an die vertikale Gerade $x = a$ annähert, wenn $x$ gegen $a$ strebt. Wir nennen diese Gerade eine *vertikale Asymptote* des Graphen, im Gegensatz zu den in Definition 4 eingeführten Asymptoten, die stets schief verlaufen.

Folglich besitzt der Graph in Beispiel 23 zwei vertikale Asymptoten und eine horizontale Asymptote (vgl. Abb. 5.19) (dieselbe Asymptote für $x \to -\infty$ und für $x \to +\infty$).

Aus Definition 4 folgt offensichtlich, dass

$$c_1 = \lim_{x \to -\infty} \frac{f(x)}{x} \, ,$$
$$c_0 = \lim_{x \to -\infty} \big( f(x) - c_1 x \big) \, .$$

Ist $f(x) - (c_0 + c_1 x + \cdots + c_n x^n) = o(1)$ für $x \to -\infty$, dann ist im Allgemeinen:

$$c_n = \lim_{x \to -\infty} \frac{f(x)}{x^n} ,$$

$$c_{n-1} = \lim_{x \to -\infty} \frac{f(x) - c_n x^n}{x^{n-1}} ,$$

$$\dots\dots\dots\dots\dots\dots\dots\dots\dots\dots\dots\dots$$

$$c_0 = \lim_{x \to -\infty} \big( f(x) - (c_1 x + \cdots + c_n x^n) \big) .$$

Diese hier für den Fall $x \to -\infty$ formulierten Gleichungen sind natürlich auch für den Fall $x \to +\infty$ gültig. Sie können benutzt werden, um das asymptotische Verhalten des Graphen einer Funktion $f(x)$ mit Hilfe des Graphen des zugehörigen algebraischen Polynoms $c_1 + c_1 x + \cdots + c_n x^n$ zu beschreiben.

*Beispiel 26.* Seien $(\rho, \varphi)$ Polarkoordinaten in der Ebene. Angenommen, ein Punkt bewege sich in der Ebene so, dass

$$\rho = \rho(t) = 1 - e^{-t} \cos \frac{\pi}{2} t \quad \text{und}$$

$$\varphi = \varphi(t) = 1 - e^{-t} \sin \frac{\pi}{2} t$$

zur Zeit $t$ $(t \geq 0)$. Wir suchen die Trajektorie des Punktes.

Dazu zeichnen wir zunächst die Graphen von $\rho(t)$ und $\varphi(t)$ (s. Abb. 5.22a und Abb. 5.22b).

Wenn wir nun beide eben konstruierte Graphen gleichzeitig betrachten, können wir die allgemeine Form der Trajektorie des Punktes beschreiben (vgl. Abb. 5.22c).

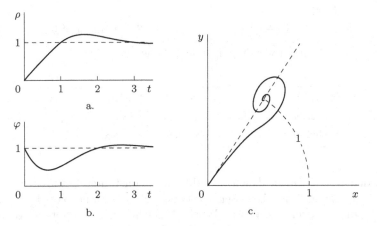

**Abb. 5.22.**

## c. Einsatz der Differentialrechnung zur Konstruktion des Graphen einer Funktion

Wie wir gesehen haben, lassen sich allgemeine Eigenschaften in den Graphen vieler Funktionen verdeutlichen, ohne dafür mehr als einfache Betrachtungen anzustellen. Wenn wir jedoch die Skizze genauer anfertigen wollen, können wir dann, wenn die Ableitung der untersuchten Funktion nicht zu kompliziert ist, die Differentialrechnung als Hilfsmittel einsetzen. Wir werden dies anhand von Beispielen demonstrieren.

*Beispiel 27.* Wir konstruieren den Graphen der Funktion $y = f(x)$ für

$$f(x) = |x + 2|\mathrm{e}^{-1/x} \ .$$

Die Funktion $f(x)$ ist für $x \in \mathbb{R} \setminus 0$ definiert. Da $\mathrm{e}^{-1/x} \to 1$ für $x \to \infty$, folgt, dass

$$|x + 2|\mathrm{e}^{-1/x} \sim \begin{cases} -(x + 2) & \text{für } x \to -\infty \ , \\[2mm] (x + 2) & \text{für } x \to +\infty \ . \end{cases}$$

Als Nächstes ist offensichtlich, dass $|x + 2|\mathrm{e}^{-1/x} \to +\infty$ für $x \to -0$ und $|x+2|\mathrm{e}^{-1/x} \to 0$ für $x \to +0$. Schließlich ist klar, dass $f(x) \geq 0$ und $f(-2) = 0$. Aufgrund dieser Beobachtungen können wir bereits einen ersten Entwurf des Graphen anlegen (s. Abb. 5.23a).

Wir wollen nun zur Sicherheit überprüfen, ob diese Funktion auf den Intervallen $]-\infty, -2[$, $[-2, 0[$ und $]0, +\infty[$ monoton ist, ob sie wirklich diese Asymptoten besitzt und ob die Konvexität des Graphen richtig dargestellt ist.

Da

$$f'(x) = \begin{cases} -\frac{x^2 + x + 2}{x^2}\mathrm{e}^{-1/x} \ , & \text{falls } x < -2 \ , \\[3mm] \frac{x^2 + x + 2}{x^2}\mathrm{e}^{-1/x} \ , & \text{falls } -2 < x \text{ und } x \neq 0 \ , \end{cases}$$

und $f'(x) \neq 0$, können wir die folgende Tabelle aufstellen:

| Intervall | $]-\infty, -2[$ | $]-2, 0[$ | $]0, +\infty[$ |
|---|---|---|---|
| Vorzeichen von $f'(x)$ | $-$ | $+$ | $+$ |
| Verhalten von $f(x)$ | $+\infty \searrow 0$ | $0 \nearrow +\infty$ | $0 \nearrow +\infty$ |

In den Bereichen, in denen die Ableitung konstantes Vorzeichen besitzt, zeigt die Funktion, wie wir wissen, die entsprechende Monotonie. Das Symbol $+\infty \searrow 0$ in der unteren Zeile der Tabelle bezeichnet eine monotone Abnahme der Funktionswerte von $+\infty$ auf $0$, und $0 \nearrow +\infty$ bezeichnet einen monotonen Anstieg von $0$ auf $+\infty$.

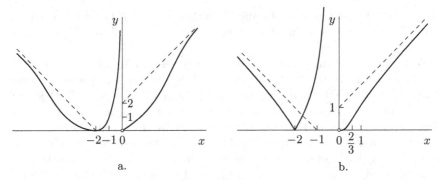

a.                                    b.

**Abb. 5.23.**

Wir beobachten, dass $f'(x) \to -4\mathrm{e}^{-1/2}$ für $x \to -2-0$ und $f'(x) \to 4\mathrm{e}^{-1/2}$ für $x \to -2 + 0$, so dass der Punkt $(-2, 0)$ eine Spitze im Graphen (ein Knick wie im Graphen der Funktion $|x|$) ist und kein regulärer Punkt, wie in Abb. 5.23a dargestellt. Als Nächstes ist $f'(x) \to 0$ für $x \to +0$, so dass der Graph vom Ursprung aus tangential zur $x$-Achse verlaufen sollte (bedenken Sie die geometrische Bedeutung von $f'(x)$!).

Wir wollen nun das asymptotische Verhalten der Funktion für $x \to -\infty$ und $x \to +\infty$ genauer untersuchen.

Da $\mathrm{e}^{-1/x} = 1 - x^{-1} + o(x^{-1})$ für $x \to \infty$, folgt, dass

$$|x + 2|\mathrm{e}^{-1/x} = \begin{cases} -x - 1 + o(1) \text{ für } x \to -\infty\,, \\[2mm] x + 1 + o(1) \quad \text{für } x \to +\infty\,, \end{cases}$$

so dass tatsächlich $y = -x - 1$ für $x \to -\infty$ und $y = x + 1$ für $x \to +\infty$ die schiefen Asymptoten sind.

Aus diesen Daten können wir bereits eine ziemlich verlässliche Skizze des Graphen erstellen, aber wir wollen noch weiter gehen und die Konvexitätsbereiche des Graphen bestimmen, indem wir die zweite Ableitung berechnen:

$$f''(x) = \begin{cases} -\dfrac{2 - 3x}{x^4}\mathrm{e}^{-1/x}\,, \text{ falls } x < -2\,, \\[4mm] \dfrac{2 - 3x}{x^4}\mathrm{e}^{-1/x}\,, \quad \text{ falls } -2 < x \text{ und } x \neq 0\,. \end{cases}$$

Da $f''(x) = 0$ nur für $x = 2/3$, erhalten wir die folgende Tabelle:

| Intervall | $]-\infty, -2[$ | $]-2, 0[$ | $]0, 2/3[$ | $]2/3, +\infty[$ |
|---|---|---|---|---|
| Vorzeichen von $f''(x)$ | $-$ | $+$ | $+$ | $-$ |
| Krümmung von $f(x)$ | aufwärts | abwärts | aufwärts | abwärts |

Da die Funktion in $x = 2/3$ differenzierbar ist und $f''(x)$ das Vorzeichen wechselt, wenn $x$ diesen Punkt passiert, ist der Punkt $\big(2/3, f(2/3)\big)$ ein Wendepunkt des Graphen.

Wäre die Ableitung $f'(x)$ irgendwo Null gewesen, wäre übrigens mit Hilfe der Tabelle der Werte von $f''(x)$ die Entscheidung möglich gewesen, ob der entsprechende Punkt ein Extremwert ist. In diesem Fall besitzt $f'(x)$ jedoch keine Nullstelle, obwohl die Funktion in $x = -2$ ein lokales Minimum besitzt. Sie ist in diesem Punkt stetig und $f'(x)$ wechselt vom Positiven zum Negativen, wenn $x$ durch diesen Punkt verläuft. Dennoch können wir an der Veränderung der Werte von $f(x)$ auf dem entsprechenden Intervall erkennen, dass die Funktion in $x = -2$ ein Minimum besitzt, wobei wir natürlich die Gleichung $f(-2) = 0$ berücksichtigen.

Wir können nun einen genauere Skizze des Graphen dieser Funktion zeichnen (s. Abb. 5.23b).

Wir fassen die Ergebnisse in einem weiteren Beispiel zusammen.

*Beispiel 28.* Seien $(x, y)$ die kartesischen Koordinaten in der Ebene. Angenommen, ein sich bewegender Punkt habe zur Zeit $t$ $(t \geq 0)$ die Koordinaten

$$x = \frac{t}{1 - t^2} \quad \text{und} \quad y = \frac{t - 2t^3}{1 - t^2} \, .$$

Wir suchen die Trajektorie des Punktes.

Wir beginnen mit einer Skizze der Graphen der beiden Koordinatenfunktionen $x = x(t)$ und $y = y(t)$ (s. Abb. 5.24a und 5.24b).

Der zweite Graph ist etwas interessanter als der erste. Deswegen werden wir beschreiben, wie er zu konstruieren ist.

Wir können das Verhalten der Funktion $y = y(t)$ für $t \to +0$, $t \to 1 - 0$, $t \to 1 + 0$ und die Asymptote $y(t) = 2t + o(1)$ für $t \to +\infty$ unmittelbar aus dem analytischen Ausdruck von $y(t)$ erkennen.

Nach Berechnung der Ableitung

$$\dot{y}(t) = \frac{1 - 5t^2 + 2t^4}{(1 - t^2)^2}$$

bestimmen wir ihre Nullstellen: $t_1 \approx 0,5$ und $t_2 \approx 1,5$ im Bereich $t \geq 0$.

Nun können wir aus der Tabelle

| Intervall | $]0, t_1[$ | $]t_1, 1[$ | $]1, t_2[$ | $]t_2, +\infty[$ |
|---|---|---|---|---|
| Vorzeichen von $\dot{y}(t)$ | $+$ | $-$ | $-$ | $+$ |
| Verhalten von $y(t)$ | $0 \nearrow y(t_1)$ | $y(t_1) \searrow -\infty$ | $+\infty \searrow y(t_2)$ | $y(t_2) \nearrow +\infty$ |

die Bereiche der Monotonie und die lokalen Extremwerte $y(t_1) \approx \frac{1}{3}$ (ein Maximum) und $y(t_2) \approx 4$ (ein Minimum) feststellen.

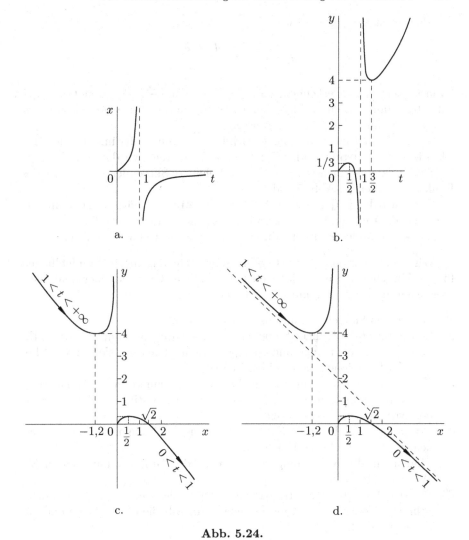

**Abb. 5.24.**

Wenn wir nun beide Graphen $x = x(t)$ und $y = y(t)$ gleichzeitig untersuchen, kommen wir zu der Skizze der Trajektorie des Punktes in der Ebene (s. Abb. 5.24c).

Diese Skizze kann noch präzisiert werden. So können wir beispielsweise das asymptotische Verhalten der Trajektorie bestimmen.

Da $\lim\limits_{t \to 1} \frac{y(t)}{x(t)} = -1$ und $\lim\limits_{t \to 1} \big(y(t) + x(t)\big) = 2$, ist die Gerade $y = -x + 2$ eine Asymptote in beiden Enden der Trajektorie. Dies entspricht der Annäherung von $t$ an 1. Es ist auch klar, dass die Gerade $x = 0$ eine vertikale Asymptote für den Teil der Trajektorie für $t \to +\infty$ ist.

Als Nächstes bestimmen wir

$$y'_x = \frac{\dot{y}_t}{\dot{x}_t} = \frac{1 - 5t^2 + 2t^4}{1 + t^2} \, .$$

Es lässt sich einfach erkennen, dass die Funktion $\frac{1-5u+2u^2}{1+u}$ monoton von 1 auf $-1$ abnimmt, wenn $u$ von 0 auf 1 ansteigt und dass sie von $-1$ auf $+\infty$ anwächst, wenn $u$ von 1 auf $+\infty$ ansteigt.

Aus der Monotonie von $y'_x$ lassen sich Folgerungen zur Krümmung der Trajektorie in den entsprechenden Bereichen ziehen. Wenn wir das eben Gesagte berücksichtigen, können wir die folgende genauere Skizze der Trajektorie des Punktes zeichnen (s. Abb. 5.24d).

Wenn wir die Trajektorie auch für $t < 0$ betrachtet hätten, hätte uns die Tatsache, dass $x(t)$ und $y(t)$ ungerade Funktionen sind, bereits die eingezeichneten Kurven in der $xy$-Ebene durch Spiegelung im Ursprung geliefert.

Wir wollen nun einige der Ergebnisse als sehr allgemeine Empfehlungen für die Vorgehensweise bei der Konstruktion eines Graphen einer analytisch gegebenen Funktion zusammenfassen. Sie lauten:

$1^0$. Bestimmen Sie den Definitionsbereich der Funktion.

$2^0$. Stellen Sie offensichtliche besondere Eigenschaften der Funktion fest (z.B., ob sie gerade oder ungerade oder periodisch ist und ob sie mit wohl bekannten Funktionen nahezu identisch ist).

$3^0$. Bestimmen Sie das asymptotische Verhalten der Funktion bei Annäherung an die Randpunkte des Definitionsbereichs und bestimmen Sie insbesondere vorhandene Asymptoten.

$4^0$. Bestimmen Sie die Intervalle, in denen die Funktion monoton ist, und kennzeichnen Sie lokale Extremwerte.

$5^0$. Finden Sie die Krümmungseigenschaften des Graphen und deuten Sie Wendepunkte an.

$6^0$. Betonen Sie alle charakteristischen Punkte des Graphen, insbesondere Schnittpunkte mit den Koordinatenachsen, falls diese vorhanden und berechenbar sind.

### 5.4.6 Übungen und Aufgaben

**1.** Seien $x = (x_1, \ldots, x_n)$ und $\alpha = (\alpha_1, \ldots, \alpha_n)$ mit $x_i \geq 0$, $\alpha_i > 0$ für $i = 1, \ldots, n$ und $\sum_{i=1}^{n} \alpha_i = 1$. Zu jeder Zahl $t \neq 0$ betrachten wir den *Mittelwert vom Grad t der Zahlen* $x_1, \ldots, x_n$ *mit Gewichten* $\alpha_i$:

$$M_t(x, \alpha) = \left( \sum_{i=1}^{n} \alpha_i x_i^t \right)^{1/t} \, .$$

Für $\alpha_1 = \cdots = \alpha_n = \frac{1}{n}$ erhalten wir insbesondere für $t = -1, 1, 2$ das harmonische, arithmetische bzw. quadratische Mittel.

Zeigen Sie:

a) $\lim_{t \to 0} M_t(x, \alpha) = x_1^{\alpha_1} \cdots x_n^{\alpha_n}$, d.h., der Grenzwert entspricht dem geometrischen Mittel.

b) $\lim_{t \to +\infty} M_t(x, \alpha) = \max_{1 \le i \le n} x_i$.

c) $\lim_{t \to -\infty} M_t(x, \alpha) = \min_{1 \le i \le n} x_i$.

d) $M_t(x, \alpha)$ ist eine nicht absteigende Funktion von $t$ auf $\mathbb{R}$ und sie ist anwachsend, wenn $n > 1$ und alle Zahlen $x_i$ ungleich Null sind.

**2.** Zeigen Sie, dass $|1 + x|^p \ge 1 + px + c_p \varphi_p(x)$, wobei $c_p$ eine Konstante ist, die nur von $p$ abhängt,

$$\varphi_p(x) = \begin{cases} |x|^2 \text{ für } |x| \le 1, \\[2mm] |x|^p \text{ für } |x| > 1, \end{cases} \qquad \text{falls} \quad 1 < p \le 2,$$

und $\varphi_p(x) = |x|^p$ auf $\mathbb{R}$ für $2 < p$.

**3.** Beweisen Sie, dass $\cos x < \left(\frac{\sin x}{x}\right)^3$ für $0 < |x| < \frac{\pi}{2}$.

**4.** Untersuchen Sie die Funktion $f(x)$ und konstruieren Sie ihren Graphen für

a) $f(x) = \arctan \log_2 \cos\left(\pi x + \frac{\pi}{4}\right)$,

b) $f(x) = \arccos\left(\frac{3}{2} - \sin x\right)$,

c) $f(x) = \sqrt[3]{x(x+3)^2}$.

d) Konstruieren Sie die Kurve, die in Polarkoordinaten durch die Gleichung $\varphi = \frac{\rho}{\rho^2+1}$, $\rho \ge 0$ definiert wird, und bestimmen Sie ihr asymptotisches Verhalten.

e) Vorausgesetzt, Sie kennen den Graphen der Funktion $y = f(x)$. Zeigen Sie, wie Sie dann den Graphen der Funktionen $f(x) + B$, $Af(x)$, $f(x + b)$, $f(ax)$ und insbesondere $-f(x)$ und $f(-x)$ erhalten.

**5.** Zeigen Sie, dass für $f \in C\big(]a, b[\big)$ die Funktion $f$ auf $]a, b[$ konvex ist, wenn die Ungleichung

$$f\left(\frac{x_1 + x_2}{2}\right) \le \frac{f(x_1) + f(x_2)}{2}$$

für alle Punkte $x_1, x_2 \in ]a, b[$ gilt.

**6.** Zeigen Sie:

a) Ist eine konvexe Funktion $f : \mathbb{R} \to \mathbb{R}$ beschränkt, dann ist sie konstant.

b) Gilt für eine konvexe Funktion $f : \mathbb{R} \to \mathbb{R}$

$$\lim_{x \to -\infty} \frac{f(x)}{x} = \lim_{x \to +\infty} \frac{f(x)}{x} = 0,$$

dann ist $f$ konstant.

c) Für jede auf einem offenen Intervall $a < x < +\infty$ (oder $-\infty < x < a$) konvexe Funktion $f$ strebt der Bruch $\frac{f(x)}{x}$ gegen einen endlichen Grenzwert oder gegen Unendlich, wenn $x$ im Definitionsbereich der Funktion gegen Unendlich geht.

**7.** Zeigen Sie, dass für eine konvexe Funktion $f : ]a, b[ \to \mathbb{R}$ gilt:

a) In jedem Punkt $x \in ]a, b[$ besitzt die Funktion eine linksseitige Ableitung $f'_-$ und eine rechtsseitige Ableitung $f'_+$ mit $f'_-(x) \leq f'_+(x)$, die folgendermaßen definiert sind:

$$f'_-(x) = \lim_{h \to -0} \frac{f(x+h) - f(x)}{h},$$

$$f'_+(x) = \lim_{h \to +0} \frac{f(x+h) - f(x)}{h}.$$

b) Die Ungleichung $f'_+(x_1) \leq f'_-(x_2)$ gilt für $x_1, x_2 \in ]a, b[$ und $x_1 < x_2$.

c) Die Menge der Sprünge des Graphen von $f(x)$ (für die $f'_-(x) \neq f'_+(x)$) ist höchstens abzählbar.

**8.** Die *Legendre-Transformation*[22] einer auf einem Intervall $I \subset \mathbb{R}$ definierten Funktion $f : I \to \mathbb{R}$ wird gegeben durch:

$$f^*(t) = \sup_{x \in I} \left( tx - f(x) \right).$$

Zeigen Sie:

a) Die Menge $I^* = \{ t \in \mathbb{R} | f^*(t) \in \mathbb{R} \}$ (d.h. $f^*(t) \neq \infty$) ist entweder leer oder besteht aus einem einzigen Punkt oder ist ein Intervall auf der Geraden. Im letzten Fall ist die Funktion $f^*(t)$ auf $I^*$ konvex.

b) Ist $f$ eine konvexe Funktion, dann ist $I^* \neq \varnothing$, und für $f^* \in C(I^*)$ gilt:

$$(f^*)^* = \sup_{t \in I^*} \left( xt - f^*(t) \right) = f(x)$$

für alle $x \in I$. Somit ist die Legendre-Transformation einer konvexen Funktion *involutiv* (Die zweifache Anwendung führt zur Ausgangsfunktion).

c) Die folgende Ungleichung gilt:

$$xt \leq f(x) + f^*(t) \text{ für } x \in I \text{ und } t \in I^*.$$

d) Ist $f$ eine konvexe differenzierbare Funktion, dann ist $f^*(t) = tx_t - f(x_t)$, wobei $x_t$ durch die Gleichung $t = f'(x)$ bestimmt wird. Benutzen Sie diese Gleichung für eine geometrische Interpretation der Legendre-Transformierten $f^*$ und ihr Argument $t$, die deutlich macht, dass die Legendre-Transformation eine Funktion ist, die auf der Menge der Tangenten an den Graphen von $f$ definiert ist.

e) Die Legendre-Transformation der Funktion $f(x) = \frac{1}{\alpha} x^\alpha$ für $\alpha > 1$ und $x \geq 0$ ist die Funktion $f^*(t) = \frac{1}{\beta} t^\beta$, für $t \geq 0$ und $\frac{1}{\alpha} + \frac{1}{\beta} = 1$. Benutzen Sie diese Tatsache unter Berücksichtigung von c), um die Youngsche Ungleichung, die wir bereits kennen, zu erhalten:

$$xt \leq \frac{1}{\alpha} x^\alpha + \frac{1}{\beta} t^\beta.$$

f) Die Legendre-Transformation der Funktion $f(x) = e^x$ ist die Funktion $f^*(t) = t \ln \frac{t}{e}$, $t > 0$ und für $x \in \mathbb{R}$ und $t > 0$ gilt die Ungleichung:

$$xt \leq e^x + t \ln \frac{t}{e}.$$

---

[22] A. M. Legendre (1752–1833) – berühmter französischer Mathematiker.

**9. Krümmungsradius, Zentrum der Krümmung einer Kurve in einem Punkt.** Angenommen, ein Punkt bewege sich in der Ebene und gehorche dabei einem Gesetz, das durch ein Paar zweifach differenzierbarer Koordinatenfunktionen der Zeit $x = x(t)$ und $y = y(t)$ gegeben wird. Dabei beschreibt der Punkt eine Kurve, die in der parametrischen Form $x = x(t)$ und $y = y(t)$ gegeben ist. Ein Spezialfall einer derartigen Definition ist der des Graphen einer Funktion $y = f(x)$, wobei man $x = t$ und $y = f(t)$ setzt. Wir suchen nach einer Zahl, die die Krümmung der Kurve in einem Punkt charakterisiert. Denn der Kehrwert des Krümmungsradius eines Kreises dient als Anzeichen für das Ausmaß der Krümmung des Kreises. Wir werden von diesem Zusammenhang Gebrauch machen.

a) Finden Sie die Tangente und die normalen Komponenten $\mathbf{a}_t$ und $\mathbf{a}_n$ der Beschleunigung $\mathbf{a} = \left(\ddot{x}(t), \ddot{y}(t)\right)$ des Punktes, d.h., schreiben Sie $\mathbf{a}$ als die Summe $\mathbf{a}_t + \mathbf{a}_n$, wobei $\mathbf{a}_t$ zum Geschwindigkeitsvektor $\mathbf{v}(t) = \left(\dot{x}(t), \dot{y}(t)\right)$ kollinear ist. Daher zeigt $\mathbf{a}_t$ entlang der Tangente der Trajektorie und $\mathbf{a}_n$ zeigt entlang der Normalen an die Trajektorie.

b) Zeigen Sie, dass die Gleichung

$$r = \frac{|\mathbf{v}(t)|}{|\mathbf{a}_n(t)|}$$

für die Bewegung entlang eines Kreises mit Radius $r$ gilt.

c) Für eine Bewegung entlang einer Kurve wird unter Berücksichtigung von b) die Größe

$$r(t) = \frac{|\mathbf{v}(t)|}{|\mathbf{a}_n(t)|}$$

natürlicherweise als *Krümmungsradius* der Kurve im Punkt $\left(x(t), y(t)\right)$ bezeichnet.

Zeigen Sie, dass der Krümmungsradius aus der Formel

$$r(t) = \frac{\left(\dot{x}^2 + \dot{y}^2\right)^{3/2}}{|\dot{x}\ddot{y} - \ddot{x}\dot{y}|}$$

berechnet werden kann.

d) Der Kehrwert des Krümmungsradius wird *absolute Krümmung* einer ebenen Kurve im Punkt $\left(x(t), y(t)\right)$ genannt. Die Größe

$$k(t) = \frac{\dot{x}\ddot{y} - \ddot{x}\dot{y}}{(\dot{x}^2 + \dot{y}^2)^{3/2}}$$

wird *Krümmung* genannt.

Zeigen Sie, dass das Vorzeichen der Krümmung den Drehsinn der Kurve relativ zu seiner Tangente angibt. Bestimmen Sie die physikalische Bedeutung der Krümmung.

e) Zeigen Sie, dass die Krümmung des Graphen einer Funktion $y = f(x)$ in einem Punkt $\left(x, f(x)\right)$ mit der Formel

$$k(x) = \frac{y''(x)}{[1 + (y')^2]^{3/2}}$$

berechnet werden kann. Vergleichen Sie die Vorzeichen von $k(x)$ und $y''(x)$ mit der Art der Konvexität des Graphen.

f) Wählen Sie die Konstanten $a$, $b$ und $R$ so, dass der Kreis $(x - a)^2 + (y - b)^2 = R^2$ die größtmögliche Berührung mit der vorgegebenen parametrisierten Kurve $x = x(t)$, $y = y(t)$ besitzt. Dabei nehmen wir an, dass $x(t)$ und $y(t)$ zweifach differenzierbare Funktionen sind und dass $\big(\dot{x}(t_0), \dot{y}(t_0)\big) \neq (0, 0)$.

Dieser Kreis wird *Schmiegekreis* der Kurve im Punkt $(x_0, y_0)$ genannt. Sein Zentrum wird *Zentrum der Krümmung* der Kurve im Punkt $(x_0, y_0)$ genannt. Zeigen Sie, dass sein Radius dem in b) definierten Krümmungsradius der Kurve in diesem Punkt entspricht.

g) Ein Körper befinde sich auf der Spitze eines Eisbergs mit parabolischem Querschnitt. Die Gleichung des Querschnitts lauten $x + y^2 = 1$ mit $x \geq 0$, $y \geq 0$. Unter dem Einfluss der Schwerkraft fange der Körper ohne vorherigen Stoß an zu rutschen. Bestimmen Sie die Trajektorie der Bewegung des Körpers, bis dieser den Boden erreicht.

# 5.5 Komplexe Zahlen und Zusammenhänge zwischen Elementarfunktionen

## 5.5.1 Komplexe Zahlen

So wie die Gleichung $x^2 = 2$ in der Menge $\mathbb{Q}$ der rationalen Zahlen keine Lösung besitzt, besitzt die Gleichung $x^2 = -1$ keine Lösung in der Menge $\mathbb{R}$ der reellen Zahlen. Und genauso, wie wir das Symbol $\sqrt{2}$ mit der Lösung von $x^2 = 2$ verbinden und sie mit rationalen Zahlen kombinieren, um so neue Zahlen der Form $r_1 + \sqrt{2} r_2$ mit $r_1, r_2 \in \mathbb{Q}$ zu erhalten, führen wir das Symbol i als Lösung von $x^2 = -1$ ein und kombinieren diese Zahl, die außerhalb der reellen Zahlen liegt, mit reellen Zahlen und arithmetischen Operationen in $\mathbb{R}$.

Eine, neben vielen anderen, bemerkenswerte Eigenschaft dieser Erweiterung des Körpers $\mathbb{R}$ der reellen Zahlen ist, dass in dem sich ergebenden Körper $\mathbb{C}$ der komplexen Zahlen jede algebraische Gleichung mit reellen oder komplexen Koeffizienten lösbar ist.

Wir wollen dies nun ausführen.

### a. Algebraische Erweiterung des Körpers $\mathbb{R}$

In den Fußstapfen von Euler führen wir eine Zahl i als die *imaginäre Einheit* ein, so dass $i^2 = -1$. Die Wechselwirkung zwischen i und reellen Zahlen besteht darin, dass wir Zahlen $y \in \mathbb{R}$ mit i multiplizieren können und diese Produkte zu reellen Zahlen addieren können. Dadurch entstehen notwendigerweise Zahlen der Form $iy$ und $x + iy$ mit $x, y \in \mathbb{R}$, die wir nach Gauss *komplexe Zahlen* nennen.

Mit den üblichen Operationen einer kommutativen Addition und einer kommutativen Multiplikation, die in Verbindung mit der Addition auf der

Menge der Objekte der Form $x + iy$ distributiv ist, gelangen wir zu folgenden Definitionen:

$$(x_1 + iy_1) + (x_2 + iy_2) := (x_1 + x_2) + i(y_1 + y_2) \tag{5.99}$$

und

$$(x_1 + iy_1) \cdot (x_2 + iy_2) := (x_1 x_2 - y_1 y_2) + i(x_1 y_2 + x_2 y_1) . \tag{5.100}$$

Zwei komplexe Zahlen $x_1 + iy_1$ und $x_2 + iy_2$ sind genau dann gleich, wenn $x_1 = x_2$ und $y_1 = y_2$.

Wir identifizieren die reellen Zahlen $x \in \mathbb{R}$ mit den Zahlen der Form $x + i \cdot 0$ und i mit der Zahl $0 + i \cdot 1$. Die Rolle der 0 übernimmt, wie wir aus (5.99) erkennen können, die Zahl $0 + i \cdot 0 = 0 \in \mathbb{R}$. Die Rolle der 1 kommt, wie wir aus (5.100) erkennen können, der Zahl $1 + i \cdot 0 = 1 \in \mathbb{R}$ zu.

Aus den Eigenschaften der reellen Zahlen und den Definitionen (5.99) und (5.100) folgt, dass die Menge der komplexen Zahlen ein Körper ist, der $\mathbb{R}$ als Teilkörper enthält.

Wir bezeichnen den Körper der komplexen Zahlen mit $\mathbb{C}$ und typische Elemente üblicherweise mit $z$ oder $w$.

Der einzige nicht offensichtliche Punkt beim Nachweis, dass $\mathbb{C}$ ein Körper ist, ist die Behauptung, dass jede komplexe Zahl $z = x + iy$ ungleich Null eine Inverse $z^{-1}$ bezüglich der Multiplikation (einen Kehrwert) besitzt, d.h. $z \cdot z^{-1} = 1$. Wir wollen dies zeigen.

Wir nennen die Zahl $x - iy$ die zu $z = x + iy$ *konjugierte* Zahl und bezeichnen sie mit $\bar{z}$.

Wir halten fest, dass $z \cdot \bar{z} = (x^2 + y^2) + i \cdot 0 = x^2 + y^2 \neq 0$ für $z \neq 0$. Somit erhalten wir als Kehrwert $z^{-1}$: $\frac{1}{x^2+y^2} \cdot \bar{z} = \frac{x}{x^2+y^2} - i\frac{y}{x^2+y^2}$.

## b. Geometrische Interpretation des Körpers $\mathbb{C}$

Nachdem wir die algebraischen Operationen (5.99) und (5.100) für komplexe Zahlen eingeführt haben, benötigen wir eigentlich das Symbol i, das uns zu diesen Definitionen geführt hat, nicht mehr, denn wir können die komplexe Zahl $z = x + iy$ mit dem geordneten Paar $(x, y)$ reeller Zahlen identifizieren. Dabei wird $x$ *Realteil* und $y$ *Imaginärteil* der komplexen Zahl $z$ genannt (die Schreibweisen dafür sind $x = \text{Re}\, z$ und $y = \text{Im}\, z$.)

Nun können wir aber, wenn wir das Paar $(x, y)$ als kartesische Koordinaten eines Punktes der Ebene $\mathbb{R}^2 = \mathbb{R} \times \mathbb{R}$ auffassen, komplexe Zahlen mit den Punkten dieser Ebene oder mit zwei-dimensionalen Vektoren mit den Koordinaten $(x, y)$ identifizieren.

Mit einer derartigen Interpretation als Vektoren entspricht die koordinatenweise Addition (5.99) komplexer Zahlen der Vektoraddition. Diese Interpretation führt uns natürlicherweise außerdem zum *Absolutbetrag* $|z|$ einer komplexen Zahl als den Betrag oder die Länge des entsprechenden Vektors $(x, y)$, d.h.

$$|z| = \sqrt{x^2 + y^2} , \text{ für } z = x + iy . \tag{5.101}$$

Darüber hinaus vermittelt sie uns eine Möglichkeit, den Abstand zwischen komplexen Zahlen $z_1$ und $z_2$ als den Abstand zwischen den entsprechenden Punkten der Ebene zu verstehen, d.h., als

$$|z_1 - z_2| = \sqrt{(x_1 - x_2)^2 + (y_1 - y_2)^2} \; . \tag{5.102}$$

Die Menge der komplexen Zahlen, interpretiert als die Menge der Punkte der Ebene, wird *komplexe Ebene* genannt und ebenfalls mit $\mathbb{C}$ bezeichnet, wie auch die Menge der reellen Zahlen und die reelle Gerade beide durch $\mathbb{R}$ symbolisiert werden.

Ein Punkt der Ebene ist auch in Polarkoordinaten $(r, \varphi)$ definierbar, die mit den kartesischen Koordinaten durch

$$\begin{aligned} x &= r\cos\varphi \quad \text{und} \\ y &= r\sin\varphi \end{aligned} \tag{5.103}$$

verbunden sind. Daher können wir die komplexe Zahl

$$z = x + \mathrm{i}y \tag{5.104}$$

auch in folgender Form darstellen:

$$z = r(\cos\varphi + \mathrm{i}\sin\varphi) \; . \tag{5.105}$$

Die Ausdrücke (5.104) und (5.105) werden *algebraische* bzw. *trigonometrische* (*Polar-*) Darstellung der komplexen Zahlen genannt.

Im Ausdruck (5.105) wird die Zahl $r \geq 0$ der *Betrag* der komplexen Zahl $z$ (da, wie wir an (5.103) sehen, $r = |z|$) genannt und $\varphi$ das *Argument* von $z$. Das Argument ist nur für $z \neq 0$ von Bedeutung. Da die Funktionen $\cos\varphi$ und $\sin\varphi$ periodisch sind, ist das Argument einer komplexen Zahl nur bis auf ein Vielfaches von $2\pi$ eindeutig bestimmt und das Symbol Arg $z$ bezeichnet die Menge möglicher Winkel der Form $\varphi + 2\pi k$, $k \in \mathbb{Z}$, wobei $\varphi$ jeder Winkel ist, der (5.105) erfüllt. Wenn wir für jede komplexe Zahl einen Winkel $\varphi \in \mathrm{Arg}\, z$ eindeutig festlegen wollen, müssen wir uns im Voraus auf den Bereich einigen, aus dem wir $\varphi$ wählen. Dieser Bereich ist üblicherweise entweder $0 \leq \varphi < 2\pi$ oder $-\pi < \varphi \leq \pi$. Wurde eine derartige Vereinbarung getroffen, sagen wir, dass ein *Zweig* (oder das *Hauptargument*) des Arguments gewählt wurde. Die Werte des Arguments im vereinbarten Bereich werden üblicherweise als arg $z$ bezeichnet.

Die Polardarstellung (5.105) komplexer Zahlen ist für das Ausführen der Multiplikation von komplexen Zahlen hilfreich. Sind nämlich

$$\begin{aligned} z_1 &= r_1(\cos\varphi_1 + \mathrm{i}\sin\varphi_1) \quad \text{und} \\ z_2 &= r_2(\cos\varphi_2 + \mathrm{i}\sin\varphi_2) \; , \end{aligned}$$

dann gilt

$$z_1 \cdot z_2 = (r_1 \cos \varphi_1 + i r_1 \sin \varphi_1)(r_2 \cos \varphi_2 + i r_2 \sin \varphi_2) =$$
$$= (r_1 r_2 \cos \varphi_1 \cos \varphi_2 - r_1 r_2 \sin \varphi_1 \sin \varphi_2) +$$
$$+ i(r_1 r_2 \sin \varphi_1 \cos \varphi_2 + r_1 r_2 \cos \varphi_1 \sin \varphi_2)$$

oder

$$z_1 \cdot z_2 = r_1 r_2 \big( \cos(\varphi_1 + \varphi_2) + i \sin(\varphi_1 + \varphi_2) \big) . \tag{5.106}$$

Werden also zwei komplexe Zahlen miteinander multipliziert, dann multiplizieren wir ihre Beträge und addieren ihre Argumente.

Wir merken an, dass wir tatsächlich gezeigt haben, dass für $\varphi_1 \in \text{Arg}\, z_1$ und $\varphi_2 \in \text{Arg}\, z_2$ gilt, dass $\varphi_1 + \varphi_2 \in \text{Arg}\,(z_1 \cdot z_2)$. Da aber das Argument nur bis auf ein Vielfaches von $2\pi$ definiert ist, können wir auch

$$\text{Arg}\,(z_1 \cdot z_2) = \text{Arg}\, z_1 + \text{Arg}\, z_2 \tag{5.107}$$

schreiben, wobei wir diese Gleichung als Mengenoperation verstehen, d.h., die Menge auf der rechten Seite entspricht der Menge aller Zahlen der Form $\varphi_1 + \varphi_2$ mit $\varphi_1 \in \text{Arg}\, z_1$ und $\varphi_2 \in \text{Arg}\, z_2$. Daher ist es sinnvoll, die Summe der Argumente im Sinne der Mengenoperation (5.107) zu verstehen.

Mit diesem Verständnis für die Gleichheit von Argumenten können wir beispielsweise festhalten, dass zwei komplexe Zahlen genau dann gleich sind, wenn ihre Beträge und ihre Argumente gleich sind.

Die folgende Formel von de Moivre[23] ergibt sich durch Induktion aus (5.106):

Ist $z = r(\cos \varphi + i \sin \varphi)$ , dann ist $z^n = r^n(\cos n\varphi + i \sin n\varphi)$ . $\qquad$ (5.108)

Unter Berücksichtigung der Erklärungen zum Argument einer komplexen Zahl können wir die Formel von de Moivre benutzen, um explizit alle komplexen Lösungen der Gleichung $z^n = a$ anzugeben.

Setzen wir nämlich

$$a = \rho(\cos \psi + i \sin \psi) ,$$

dann erhalten wir mit (5.108), dass

$$z^n = r^n(\cos n\varphi + i \sin n\varphi)$$

mit $r = \sqrt[n]{\rho}$ und $n\varphi = \psi + 2\pi k$, $k \in \mathbb{Z}$, woraus wir $\varphi_k = \frac{\psi}{n} + \frac{2\pi}{n}k$ erhalten. Offensichtlich ergeben sich nur für $k = 0, 1, \ldots, n-1$ verschiedene komplexe Zahlen. Somit erhalten wir $n$ verschiedene Wurzeln von $a$:

$$z_k = \sqrt[n]{\rho}\Big( \cos \Big(\frac{\psi}{n} + \frac{2\pi}{n}k\Big) + i \sin \Big(\frac{\psi}{n} + \frac{2\pi}{n}k\Big)\Big) \quad (k = 0, 1, \ldots, n-1) .$$

Ist insbesondere $a = 1$, d.h. $\rho = 1$ und $\psi = 0$, dann erhalten wir die *Einheitswurzeln*:

$$z_k = \sqrt[n]{k}{1} = \cos \Big(\frac{2\pi}{n}k\Big) + i \sin \Big(\frac{2\pi}{n}k\Big) \quad (k = 0, 1, \ldots, n-1) .$$

---

[23] A. de Moivre (1667–1754) – britischer Mathematiker.

Diese Punkte sind auf dem Einheitskreis in den Ecken eines regulären $n$-Ecks angeordnet.

In Verbindung mit der geometrischen Interpretation der komplexen Zahlen ist es sinnvoll, sich an die geometrische Interpretation der arithmetischen Operationen mit ihnen zu erinnern.

Für ein festes $b \in \mathbb{C}$ kann die Summe $z + b$ als Abbildung von $\mathbb{C}$ auf sich selbst betrachtet werden, d.h. $z \mapsto z + b$. Diese Abbildung ist eine Translation der Ebene um den Vektor $b$.

Für ein festes $a = |a|(\cos\varphi + i\sin\varphi) \neq 0$ kann der Punkt $az$ als Abbildung $z \mapsto az$ von $\mathbb{C}$ auf sich selbst betrachtet werden. Diese entspricht einer Verkettung einer Streckung um den Faktor $|a|$ und einer Rotation um den Winkel $\varphi \in \operatorname{Arg} a$. Dies wird aus (5.106) deutlich.

### 5.5.2 Konvergenz in $\mathbb{C}$ und Reihen mit komplexen Gliedern

Der Abstand zwischen komplexen Zahlen (5.102) versetzt uns in die Lage, die $\varepsilon$-Umgebung einer Zahl $z_0 \in \mathbb{C}$ als die Menge $\{z \in \mathbb{C} \mid |z - z_0| < \varepsilon\}$ zu definieren. Diese Menge ist eine Scheibe (ohne Kreisrand) mit Radius $\varepsilon$ und Zentrum in $(x_0, y_0)$ für $z_0 = x_0 + iy_0$.

Wir sagen, dass eine Folge $\{z_n\}$ komplexer Zahlen gegen $z_0 \in \mathbb{C}$ konvergiert, wenn $\lim\limits_{n \to \infty} |z_n - z_0| = 0$.

Aus den Ungleichungen

$$\max\{|x_n - x_0|, |y_n - y_0|\} \leq |z_n - z_0| \leq |x_n - x_0| + |y_n - y_0| \qquad (5.109)$$

ist klar, dass eine Folge komplexer Zahlen genau dann konvergiert, wenn die Folgen der Real- und der Imaginärteile beide konvergieren.

In Analogie zu Folgen reeller Zahlen wird eine Folge komplexer Zahlen $\{z_n\}$ *fundamental* oder eine *Cauchy-Folge* genannt, wenn zu jedem $\varepsilon > 0$ ein Index $N \in \mathbb{N}$ existiert, so dass $|z_n - z_m| < \varepsilon$ für alle $n, m > N$.

Die Ungleichung (5.109) macht deutlich, dass eine Folge komplexer Zahlen genau dann eine Cauchy-Folge ist, wenn die Folgen der Real- und der Imaginärteile beide Cauchy-Folgen sind.

Wenn wir das Cauchysche Konvergenzkriterium für Folgen reeller Zahlen berücksichtigen, erhalten wir auf der Basis von (5.109) den folgenden Satz:

**Satz 1.** (Cauchysches Konvergenzkriterium). *Eine Folge komplexer Zahlen konvergiert genau dann, wenn sie eine Cauchy-Folge ist.*

Wenn wir die Summe einer Reihe komplexer Zahlen

$$z_1 + z_2 + \cdots + z_n + \cdots \qquad (5.110)$$

als Grenzwert der Teilsummen $s_n = z_1 + \cdots + z_n$ für $n \to \infty$ interpretieren, erhalten wir auch das Cauchysche Konvergenzkriterium für die Reihe (5.110).

**Satz 2.** *Die Reihe* (5.110) *konvergiert genau dann, wenn für jedes $\varepsilon > 0$ ein $N \in \mathbb{N}$ existiert, so dass*

$$|z_m + \cdots + z_n| < \varepsilon \qquad (5.111)$$

*für beliebiges $n \geq m > N$.*

Daraus können wir erkennen, dass $z_n \to 0$ für $n \to \infty$ eine notwendige Bedingung für die Konvergenz der Reihe (5.110) ist. (Dies wird jedoch bereits aus der Definition der Konvergenz deutlich.)

Wie im Reellen heißt die Reihe (5.110) *absolut konvergent*, wenn die Reihe

$$|z_1| + |z_2| + \cdots + |z_n| + \cdots \qquad (5.112)$$

konvergiert.

Aus der Ungleichung

$$|z_m + \cdots + z_n| \leq |z_m| + \cdots + |z_n|$$

und dem Cauchyschen Konvergenzkriterium folgt, dass eine Reihe (5.110) konvergiert, wenn sie absolut konvergiert.

**Beispiele**

Die Reihen

1)   $1 + \dfrac{1}{1!}z + \dfrac{1}{2!}z^2 + \cdots + \dfrac{1}{n!}z^n + \cdots$ ,

2)   $z - \dfrac{1}{3!}z^3 + \dfrac{1}{5!}z^5 - \cdots$

und

3)   $1 - \dfrac{1}{2!}z^2 + \dfrac{1}{4!}z^4 - \cdots$

konvergieren absolut für alle $z \in \mathbb{C}$, da die Reihen

1')   $1 + \dfrac{1}{1!}|z| + \dfrac{1}{2!}|z|^2 + \cdots;,$

2')   $|z| + \dfrac{1}{3!}|z|^3 + \dfrac{1}{5!}|z|^5 + \cdots$

und

3')   $1 + \dfrac{1}{2!}|z|^2 + \dfrac{1}{4!}|z|^4 + \cdots$

für jedes $|z| \in \mathbb{R}$ konvergieren. Wir merken an, dass wir dabei die Gleichung $|z^n| = |z|^n$ benutzt haben.

*Beispiel 4.* Die Reihe $1 + z + z^2 + \cdots$ konvergiert absolut für $|z| < 1$ und ihre Summe ist $s = \frac{1}{1-z}$. Sie konvergiert für $|z| \geq 1$ nicht, da die Glieder dann nicht gegen Null streben.

Reihen der Gestalt

$$c_0 + c_1(z - z_0) + \cdots + c_n(z - z_0)^n + \cdots \tag{5.113}$$

werden *Potenzreihen* genannt.

Wenn wir das Cauchysche Kriterium (Absatz 3.1.4) auf die Reihe

$$|c_0| + |c_1(z - z_0)| + \cdots + |c_n(z - z_0)^n| + \cdots \tag{5.114}$$

anwenden, können wir folgern, dass diese Reihe konvergiert, wenn

$$|z - z_0| < \left( \varlimsup_{n \to \infty} \sqrt[n]{|c_n|} \right)^{-1}$$

und dass für $|z - z_0| \geq \left( \varlimsup_{n \to \infty} \sqrt[n]{|c_n|} \right)^{-1}$ ihre Glieder nicht gegen Null streben. Daraus erhalten wir den folgenden Satz:

**Satz 3.** (Cauchy–Hadamard[24]). *Die Potenzreihe* (5.113) *konvergiert innerhalb der Scheibe* $|z - z_0| < R$ *mit Zentrum in* $z_0$ *und Radius*

$$R = \frac{1}{\varlimsup_{n \to \infty} \sqrt[n]{|c_n|}} \ . \tag{5.115}$$

*Dies ist die Cauchy–Hadamard Formel.*

  *In jedem Punkt außerhalb der Scheibe divergiert die Potenzreihe. In jedem inneren Punkt der Scheibe konvergiert die Potenzreihe absolut.*

*Anmerkung.* Satz 3 schweigt sich darüber aus, was auf dem Rand $|z - z_0| = R$ passiert, da alle logisch zulässigen Möglichkeiten wirklich auftreten können.

**Beispiele**

Die Reihen

5)  $\displaystyle\sum_{n=1}^{\infty} z^n$ ,

6)  $\displaystyle\sum_{n=1}^{\infty} \frac{1}{n} z^n$

und

7)  $\displaystyle\sum_{n=1}^{\infty} \frac{1}{n^2} z^n$

---

[24] J. Hadamard (1865–1963) – bekannter französischer Mathematiker.

konvergieren auf der Einheitsscheibe $|z| < 1$, aber die Reihe 5) divergiert in jedem Punkt $z$ mit $|z| = 1$. Die Reihe 6) divergiert für $z = 1$ und (wie sich zeigen lässt) konvergiert für $z = -1$. Die Reihe 7) konvergiert absolut für $|z| = 1$, da $\left|\frac{1}{n^2} z^n\right| = \frac{1}{n^2}$.

Wir müssen den möglicherweise entarteten Fall im Hinterkopf behalten, dass $R = 0$ in (5.115), was in Satz 3 nicht berücksichtigt wurde. In diesem Fall schrumpft die *Konvergenzscheibe* auf einen einzigen Punkt $z_0$, in dem die Reihe (5.113) konvergiert.

Das folgende Ergebnis ist ein offensichtliches Korollar zu Satz 3.

**Korollar** (Erster Abelsche Satz zu Potenzreihen). *Konvergiert die Potenzreihe* (5.113) *in einem Wert* $z^*$, *dann konvergiert sie sogar absolut für jeden Wert von* $z$, *für den* $|z - z_0| < |z^* - z_0|$ *gilt.*

Die bisher erhaltenen Sätze können als einfache Erweiterungen bereits bekannter Tatsachen betrachtet werden. Wir werden nun zwei allgemeine Sätze über Reihen beweisen, die wir bisher in keiner Weise bewiesen haben, obwohl wir teilweise einige der Fragen, die sie anschneiden, diskutiert haben.

**Satz 4.** *Konvergiert eine Reihe* $z_1 + z_2 + \cdots + z_n + \cdots$ *komplexer Zahlen absolut, dann konvergiert auch die Reihe* $z_{n_1} + z_{n_2} + \cdots + z_{n_k} + \cdots$, *die wir durch Umordnen*[25] *ihrer Glieder erhalten, absolut zu derselben Summe.*

*Beweis.* Mit Hilfe der Konvergenz der Reihe $\sum\limits_{n=1}^{\infty} |z_n|$ wählen wir zu gegebenem $\varepsilon > 0$ ein $N \in \mathbb{N}$, so dass $\sum\limits_{n=N+1}^{\infty} |z_n| < \varepsilon$.

Wir finden dann einen Index $K \in \mathbb{N}$, so dass alle Glieder in der Summe $S_N = z_1 + \cdots + z_N$ unter den Gliedern der Summe $\tilde{s}_k = z_{n_1} + \cdots + z_{n_k}$ für $k > K$ sind. Ist $s = \sum\limits_{n=1}^{\infty} z_n$, dann erhalten wir für $k > K$:

$$|s - \tilde{s}_k| \leq |s - s_N| + |s_N - \tilde{s}_k| \leq \sum_{n=N+1}^{\infty} |z_n| + \sum_{n=N+1}^{\infty} |z_n| < 2\varepsilon \,.$$

Somit haben wir gezeigt, dass $\tilde{s}_k \to s$ für $k \to \infty$. Wenn wir das eben Bewiesene auf die Reihen $|z_1| + |z_2| + \cdots + |z_n| + \cdots$ und $|z_{n_1}| + |z_{n_2}| + \cdots + |z_{n_k}| + \cdots$ anwenden, dann stellen wir fest, dass die Letztere konvergiert. Somit ist Satz 4 vollständig bewiesen. $\qquad\square$

Unser nächster Satz beschäftigt sich mit dem Produkt zweier Reihen

$$(a_1 + a_2 + \cdots + a_n + \cdots) \cdot (b_1 + b_2 + \cdots + b_n + \cdots) \,.$$

---

[25] Das Glied mit Index $k$ in der Reihe ist $z_{n_k}$, das in der ursprünglichen Reihe den Index $n_k$ trug. Dabei gehen wir davon aus, dass die Abbildung $\mathbb{N} \ni k \mapsto n_k \in \mathbb{N}$ eine bijektive Abbildung auf die Menge $\mathbb{N}$ ist.

Das Problem dabei ist, dass es nach Entfernen der Klammern keine natürliche Ordnung für die Summation aller möglichen Paare $a_i b_j$ gibt, da dabei zwei Summationsindizes auftreten. Wir könnten daher eine Reihe schreiben, die die Produkte $a_i b_j$ in beliebiger Reihung besitzt. Bei absolut konvergenten Reihen ist, wie wir gerade gesehen haben, die Summe aber unabhängig von der Anordnung der Glieder. Daher sind wir daran interessiert, ob die Reihe mit den Gliedern $a_i b_j$ absolut konvergiert.

**Satz 5.** *Das Produkt von absolut konvergenten Reihen ist eine absolut konvergente Reihe, deren Summe dem Produkt der Summen der multiplizierten Reihen entspricht.*

*Beweis.* Wir beginnen mit der Bemerkung, dass wir zu jeder beliebigen endlichen Summe $\sum a_i b_j$ mit Gliedern der Form $a_i b_j$ immer ein $N$ finden, so dass das Produkt der Summen $A_N = a_1 + \cdots + a_N$ und $B_N = b_1 + \cdots + b_N$ alle Glieder dieser Summe enthält. Daher gilt

$$\left| \sum a_i b_j \right| \leq \sum |a_i b_j| \leq \sum_{i,j=1}^{N} |a_i b_j| = \sum_{i=1}^{N} |a_i| \cdot \sum_{j=1}^{N} |b_j| \leq \sum_{i=1}^{\infty} |a_i| \cdot \left| \sum_{j=1}^{\infty} |b_j| \right|,$$

woraus folgt, dass die Reihe $\sum_{i,j=1}^{\infty} a_i b_j$ absolut konvergiert und dass ihre Summe unabhängig von der Anordnung der Faktoren eindeutig bestimmt ist. Daher können wir die Summe etwa aus dem Grenzwert der Produkte der Summen $A_n = a_1 + \cdots + a_n$ und $B_n = b_1 + \cdots + b_n$ bestimmen. Aber $A_n B_n \to AB$ für $n \to \infty$ mit $A = \sum_{n=1}^{\infty} a_n$ und $B = \sum_{n=1}^{\infty} b_n$. Damit ist der Beweis von Satz 5 abgeschlossen.                                                                    □

Das folgende Beispiel ist sehr wichtig.

*Beispiel 8.* Die Reihen $\sum_{n=0}^{\infty} \frac{1}{n!} a^n$ und $\sum_{m=0}^{\infty} \frac{1}{m!} b^m$ konvergieren absolut. Wir wollen im Produkt dieser Reihen alle Monome der Form $a^n b^m$, die den gleichen Grad $n + m = k$ ergeben, gruppieren. Damit erhalten wir die Reihe

$$\sum_{k=0}^{\infty} \left( \sum_{n+m=k} \frac{1}{n!} a^n \frac{1}{m!} b^m \right).$$

Nun ist aber

$$\sum_{m+n=k} \frac{1}{n!m!} a^n b^m = \frac{1}{k!} \sum_{n=0}^{k} \frac{k!}{n!(k-n)!} a^n b^{k-n} = \frac{1}{k!} (a+b)^k$$

und daher erhalten wir:

$$\sum_{n=0}^{\infty} \frac{1}{n!} a^n \cdot \sum_{m=0}^{\infty} \frac{1}{m!} b^m = \sum_{k=0}^{\infty} \frac{1}{k!} (a+b)^k . \tag{5.116}$$

### 5.5.3 Eulersche Formel und Zusammenhänge zwischen Elementarfunktionen

In den Beispielen 1–3 formulierten wir in $\mathbb{C}$ die absolute Konvergenz der Reihen, die wir erhalten, wenn wir die Taylor-Reihe der auf $\mathbb{R}$ definierten Funktionen $e^x$, $\sin x$, und $\cos x$ auf die komplexe Ebene erweitern. Aus diesem Grund sind die folgenden Definitionen für die Funktionen $e^z$, $\cos z$, und $\sin z$ in $\mathbb{C}$ nur natürlich:

$$e^z = \exp z := 1 + \frac{1}{1!}z + \frac{1}{2!}z^2 + \frac{1}{3!}z^3 + \cdots , \qquad (5.117)$$

$$\cos z := 1 - \frac{1}{2!}z^2 + \frac{1}{4!}z^4 - \cdots \quad \text{und} \qquad (5.118)$$

$$\sin z := z - \frac{1}{3!}z^3 + \frac{1}{5!}z^5 - \cdots . \qquad (5.119)$$

Nach einem Vorschlag von Euler[26] wollen wir in (5.117) die Substitution $z = iy$ vornehmen. Indem wir die Glieder der Teilsummen der sich ergebenden Reihe geeignet anordnen, erhalten wir

$$1 + \frac{1}{1!}(iy) + \frac{1}{2!}(iy)^2 + \frac{1}{3!}(iy)^3 + \frac{1}{4!}(iy)^4 + \frac{1}{5!}(iy)^5 + \cdots =$$
$$= \left(1 - \frac{1}{2!}y^2 + \frac{1}{4!}y^4 - \cdots\right) + i\left(\frac{1}{1!}y - \frac{1}{3!}y^3 + \frac{1}{5!}y^5 - \cdots\right),$$

d.h.,

$$\boxed{e^{iy} = \cos y + i\sin y.} \qquad (5.120)$$

Dies ist die berühmte *Eulersche Formel*.

Bei ihrer Herleitung haben wir ausgenutzt, dass $i^2 = -1$, $i^3 = -i$, $i^4 = 1$, $i^5 = i$ und so weiter. Die Zahl $y$ in (5.120) kann entweder eine reelle Zahl oder eine beliebige komplexe Zahl sein.

Aus den Definitionen (5.118) und (5.119) folgt, dass

$$\cos(-z) = \cos z \quad \text{und}$$
$$\sin(-z) = -\sin z ,$$

d.h., $\cos z$ ist eine gerade Funktion und $\sin(-z)$ eine ungerade Funktion. Folglich ist

$$e^{-iy} = \cos y - i\sin y .$$

---

[26] L. Euler (1707–1783) – bedeutender Mathematiker und Fachmann für theoretische Mechanik mit schweizerischer Abstammung, der den Großteil seines Lebens in St. Petersburg zubrachte. Laplace formulierte seine Bedeutung folgendermaßen: „Euler ist der gemeinsame Lehrer aller Mathematiker der zweiten Hälfte des achtzehnten Jahrhunderts."

Wenn wir diese letzte Gleichung mit (5.120) kombinieren, erhalten wir

$$\cos y = \frac{1}{2}\left(e^{iy} + e^{-iy}\right) \text{ und}$$

$$\sin y = \frac{1}{2i}\left(e^{iy} - e^{-iy}\right).$$

Da $y$ jede beliebige komplexe Zahl sein kann, sollten wir diese Gleichungen neu formulieren, so dass die Schreibweise keinen Zweifel an dieser Tatsache lässt:

$$\cos z = \frac{1}{2}\left(e^{iz} + e^{-iz}\right) \text{ und}$$

$$\sin z = \frac{1}{2i}\left(e^{iz} - e^{-iz}\right).$$

(5.121)

Nehmen wir daher an, dass $\exp z$ durch (5.117) definiert ist, dann können wir (5.121), die zu den Entwicklungen (5.118) und (5.119) äquivalent sind, wie die Formeln

$$\cosh y = \frac{1}{2}\left(e^{z} + e^{-z}\right) \text{ und}$$

$$\sinh z = \frac{1}{2}\left(e^{z} - e^{-z}\right)$$

(5.122)

als Definitionen der entsprechenden Winkel- und Hyperbelfunktionen betrachten. Wenn wir alle Betrachtungen über trigonometrische Funktionen, die uns zu diesem Schritt geführt haben, aber nicht streng mathematisch gerechtfertigt waren (obwohl sie uns zur Eulerschen Formel geführt haben), vergessen, dann können wir jetzt einen typischen mathematischen Trick anwenden und die Formeln (5.121) und (5.122) als Definitionen betrachten und aus diesen rein formal alle Eigenschaften der Winkel- und trigonometrischen Funktionen erhalten.

So können etwa die wichtigen Gleichungen

$$\cos^2 z + \sin^2 z = 1 \text{ und}$$
$$\cosh^2 z - \sinh^2 z = 1$$

unmittelbar bewiesen werden.

Die komplizierteren Eigenschaften, wie etwa die Formeln für die Summe für Cosinus und Sinus, erhalten wir aus der charakteristischen Eigenschaft der Exponentialfunktion

$$\exp(z_1 + z_2) = \exp(z_1) \cdot \exp(z_2),$$

(5.123)

die sich offensichtlich aus der Definition (5.117) und (5.116) ergibt. Wir wollen die Formeln für den Cosinus und den Sinus einer Summe herleiten.

Zunächst erhalten wir mit der Eulerschen Formel

$$e^{i(z_1+z_2)} = \cos(z_1 + z_2) + i \sin(z_1 + z_2) \,, \tag{5.124}$$

aber andererseits aus den Eigenschaften der Exponentialfunktion und der Eulerschen Formel auch

$$e^{i(z_1+z_2)} = e^{iz_1}e^{iz_2} = (\cos z_1 + i \sin z_1)(\cos z_2 + i \sin z_2) =$$
$$= (\cos z_1 \cos z_2 - \sin z_1 \sin z_2) + i(\sin z_1 \cos z_2 + \cos z_1 \sin z_2) \,. \tag{5.125}$$

Wären $z_1$ und $z_2$ reelle Zahlen, dann könnten wir die Real- und die Imaginärteile der Zahlen in den Gleichungen (5.124) und (5.125) gleich setzen und so die erwünschten Formeln erhalten. Da wir sie für jedes $z_1, z_2 \in \mathbb{C}$ beweisen wollen, nutzen wir aus, dass $\cos z$ gerade und $\sin z$ ungerade ist und gelangen so zu einer weiteren Gleichung:

$$e^{-i(z_1+z_2)} = (\cos z_1 \cos z_2 - \sin z_1 \sin z_2) - i(\sin z_1 \cos z_2 + \cos z_1 \sin z_2) \,. \tag{5.126}$$

Wenn wir nun (5.125) und (5.126) kombinieren, erhalten wir

$$\cos(z_1 + z_2) = \frac{1}{2}\left(e^{i(z_1+z_2)} + e^{-i(z_1+z_2)}\right) = \cos z_1 \cos z_2 - \sin z_1 \sin z_2 \,,$$

$$\sin(z_1 + z_2) = \frac{1}{2i}\left(e^{i(z_1+z_2)} - e^{-i(z_1+z_2)}\right) = \sin z_1 \cos z_2 + \cos z_1 \sin z_2 \,.$$

Die entsprechenden Formeln für die Hyperbelfunktionen $\cosh z$ und $\sinh z$ können wir vollständig analog erhalten. Wie wir aus (5.121) und (5.122) sehen können, sind diese Funktionen übrigens mit $\cos z$ und $\sin z$ folgendermaßen verknüpft:

$$\cosh z = \cos iz \quad \text{und}$$
$$\sinh z = -i \sin iz \,.$$

Es ist jedoch sehr schwierig, geometrisch simple Tatsachen wie die Gleichung $\sin \pi = 0$ oder $\cos(z + 2\pi) = \cos z$ aus den Definitionen (5.121) und (5.122) zu erhalten. Daher sollten wir, auch wenn wir nach Präzision streben, nicht die Probleme vergessen, in denen diese Funktionen ganz natürlich auftreten. Deswegen werden wir an dieser Stelle nicht versuchen, die möglichen Schwierigkeiten im Zusammenhang mit den Definitionen (5.121) und (5.122), die bei der Beschreibung von Eigenschaften trigonometrischer Funktionen auftreten, zu überwinden. Wir werden auf diese Funktionen nach Einführung der Theorie der Integration zurückkommen. Im Augenblick hatten wir nur die Absicht, die erstaunliche Verschmelzung scheinbar vollständig verschiedener Funktionen zu demonstrieren, was ohne einen Übergang zu den komplexen Zahlen unmöglich gewesen wäre.

Wenn wir als bekannt voraussetzen, dass für $x \in \mathbb{R}$

$$\cos(x + 2\pi) = \cos x , \quad \sin(x + 2\pi) = \sin x ,$$
$$\cos 0 = 1 , \quad \sin 0 = 0$$

gelten, dann erhalten wir aus der Eulerschen Formel (5.120) die Beziehung

$$\boxed{e^{i\pi} + 1 = 0 ,} \tag{5.127}$$

in der die wichtigsten Konstanten verschiedener mathematischer Gebiete vertreten sind: 1 (arithmetisch), $\pi$ (geometrisch), e (analytisch) und i (algebraisch).

Aus (5.123) und (5.127) wie auch (5.120) erkennen wir, dass

$$\exp(z + i2\pi) = \exp z ,$$

d.h., die Exponentialfunktion ist auf $\mathbb{C}$ eine periodische Funktion mit der rein imaginären Periode $T = i2\pi$.

Wenn wir die Eulersche Formel berücksichtigen, können wir nun die trigonometrische Schreibweise (5.105) für eine komplexe Zahl in die Form

$$z = re^{i\varphi}$$

bringen, wobei $r$ der Betrag von $z$ ist und $\varphi$ ihr Argument.

Die Formel von de Moivre wird dadurch sehr einfach:

$$z^n = r^n e^{in\varphi} . \tag{5.128}$$

### 5.5.4 Analytischer Zugang zur Potenzreihendarstellung einer Funktion

Eine auf einer Menge $E \subset \mathbb{C}$ definierte Funktion $w = f(z)$ einer komplexen Variablen mit komplexem Funktionswert $w$ ist eine Abbildung $f : E \to \mathbb{C}$. Der Graph einer derartigen Funktion ist eine Teilmenge von $\mathbb{C} \times \mathbb{C} = \mathbb{R}^2 \times \mathbb{R}^2 = \mathbb{R}^4$ und daher nicht auf traditionelle Weise darstellbar. Um diesen Verlust etwas auszugleichen, arbeitet man üblicherweise mit zwei Kopien der komplexen Ebene $\mathbb{C}$, um Punkte im Definitionsbereich in einer, und Punkte des Wertebereichs in der anderen anzudeuten.

In den unten angeführten Beispielen ist der Definitionsbereich $E$ und ihr Abbild unter der entsprechenden Abbildung angeführt.

In Übereinstimmung mit der allgemeinen Definition von Stetigkeit nennen wir eine Funktion $f(z)$ einer komplexen Variablen im Punkt $z_0 \in \mathbb{C}$ *stetig*, wenn für jede Umgebung $V(f(z_0))$ ihrer Werte $f(z_0)$ eine Umgebung $U(z_0)$ existiert, so dass $f(z) \in V(f(z_0))$ für alle $z \in U(z_0)$. In Kurzform:

$$\lim_{z \to z_0} f(z) = f(z_0) .$$

*Beispiel 9.*

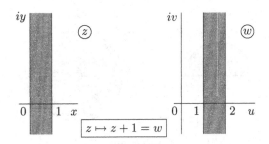

**Abb. 5.25.**

*Beispiel 10.*

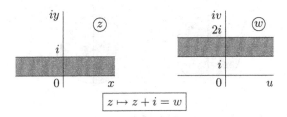

**Abb. 5.26.**

*Beispiel 11.*

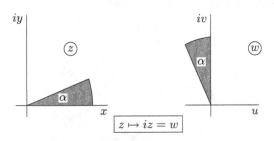

**Abb. 5.27.**

Diese Zusammenhänge ergeben sich aus den Gleichungen $i = e^{i\pi/2}$, $z = re^{i\varphi}$ und $iz = re^{i(\varphi+\pi/2)}$, d.h., es liegt eine Drehung um den Winkel $\frac{\pi}{2}$ vor.

*Beispiel 12.*

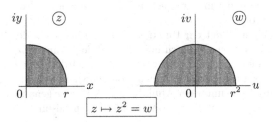

**Abb. 5.28.**

Ist nämlich $z = re^{i\varphi}$, dann gilt $z^2 = r^2 e^{i2\varphi}$.

*Beispiel 13.*

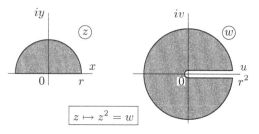

**Abb. 5.29.**

*Beispiel 14.*

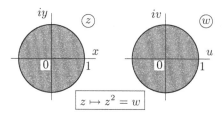

**Abb. 5.30.**

Aus den Beispielen 12 und 13 ist klar, dass diese Funktion die Einheitsscheibe auf sich abbildet, die dabei aber zweimal überdeckt wird.

*Beispiel 15.*

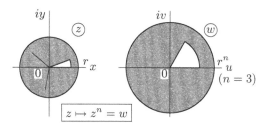

**Abb. 5.31.**

Ist $z = re^{i\varphi}$, dann ist nach (5.128) $z^n = r^n e^{in\varphi}$, so dass in diesem Fall das Bild der Scheibe mit Radius $r$ eine Scheibe mit Radius $r^n$ ist, wobei jeder Bildpunkt aus $n$ verschiedenen Punkten der ursprünglichen Scheibe (die in den Ecken eines regulären $n$-Ecks sitzen) hervorgeht.

Die einzige Ausnahme bildet der Punkt $w = 0$, dessen Urbild der Punkt $z = 0$ ist. Für $z \to 0$ ist die Funktion $z^n$ jedoch infinitesimal der Ordnung $n$, so dass wir sagen können, dass die Funktion in $z = 0$ eine Null der Ordnung $n$ besitzt. Wenn wir diese Art von Vielfachheit berücksichtigen, können wir nun sagen, dass die Zahl der Urbilder jedes Punktes $w$ unter der Abbildung $z \mapsto z^n = w$ genau $n$ ist. Insbesondere besitzt die Gleichung $z^n = 0$ die $n$ zusammenfallenden Lösungen $z_1 = \cdots = z_n = 0$.

Die *Ableitung* einer Funktion $f(z)$ im Punkt $z_0$ wird wie im reellen Fall definiert als

$$f'(z_0) = \lim_{z \to z_0} \frac{f(z) - f(z_0)}{z - z_0} \, , \qquad (5.129)$$

falls dieser Grenzwert existiert.

Gleichung (5.129) ist äquivalent zu

$$f(z) - f(z_0) = f'(z_0)(z - z_0) + o(z - z_0) \qquad (5.130)$$

für $z \to z_0$. Sie entspricht der Definition der *Differenzierbarkeit* einer Funktion im Punkt $z_0$.

Da die Definition der Differenzierbarkeit im Komplexen der entsprechenden Definition für reelle Funktionen entspricht und da die arithmetischen Eigenschaften der Körper $\mathbb{C}$ und $\mathbb{R}$ gleich sind, können wir sagen, dass alle allgemeinen Regeln für die Differentiation auch im Komplexen gelten.

*Beispiel 16.*

$$(f + g)'(z) = f'(z) + g'(z) \, ,$$
$$(f \cdot g)'(z) = f'(z)g(z) + f(z)g'(z) \, ,$$
$$(g \circ f)'(z) = g'\big(f(z)\big) \cdot f'(z) \, ,$$

so dass für $f(z) = z^2$ gilt, dass $f'(z) = 1 \cdot z + z \cdot 1 = 2z$. Für $f(z) = z^n$ haben wir $f'(z) = nz^{n-1}$ und für

$$P_n(z) = c_0 + c_1(z - z_0) + \cdots + c_n(z - z_0)^n$$

ergibt sich

$$P_n'(z) = c_1 + 2c_2(z - z_0) + \cdots + nc_n(z - z_0)^{n-1} \, .$$

**Satz 6.** *Die Summe einer Potenzreihe* $f(z) = \sum\limits_{n=0}^{\infty} c_n(z-z_0)^n$ *ist innerhalb der Scheibe, in der sie konvergiert, eine unendlich oft differenzierbare Funktion. Außerdem gilt*

$$f^{(k)}(z) = \sum_{n=0}^{\infty} \frac{\mathrm{d}^k}{\mathrm{d}z^k}\big(c_n(z - z_0)^n\big) \, , \quad k = 0, 1, \ldots$$

*und*

$$c_n = \frac{1}{n!} f^{(n)}(z_0) \, , \quad n = 0, 1, \ldots$$

*Beweis.* Die Ausdrücke für die Koeffizienten folgen offensichtlich aus den Ausdrücken für $f^{(k)}(z)$ für $k = n$ und $z = z_0$.

Für den Beweis der Formel für $f^{(k)}(z)$ genügt es, diese Formel für $k = 1$ zu zeigen, da die Funktion $f'(z)$ dann der Summe einer Potenzreihe entspricht.

Wir wollen also zeigen, dass die Funktion $\varphi(z) = \sum\limits_{n=1}^{\infty} nc_n(z - z_0)^{n-1}$ tatsächlich die Ableitung von $f(z)$ ist.

Wir beginnen mit der Anmerkung, dass nach Cauchy–Hadamard (5.115) der Konvergenzradius der abgeleiteten Reihe mit dem Konvergenzradius $R$ der ursprünglichen Potenzreihe von $f(z)$ übereinstimmt.

Um die Schreibweise zu vereinfachen, werden wir von nun an annehmen, dass $z_0 = 0$, d.h., $f(z) = \sum\limits_{n=0}^{\infty} c_n z^n$, $\varphi(z) = \sum\limits_{n=1}^{\infty} nc_n z^{n-1}$, und dass diese Reihen für $|z| < R$ konvergieren.

Da eine Potenzreihe im Inneren der Konvergenzscheibe absolut konvergiert, halten wir fest (und das ist entscheidend), dass die Abschätzung $|nc_n z^{n-1}| = n|c_n||z|^{n-1} \leq n|c_n|r^{n-1}$ für $|z| \leq r < R$ gilt und dass die Reihe $\sum\limits_{n=1}^{\infty} n|c_n|r^{n-1}$ konvergiert. Daher existiert für jedes $\varepsilon > 0$ ein Index $N$, so dass

$$\left| \sum_{n=N+1}^{\infty} nc_n z^{n-1} \right| \leq \sum_{n=N+1}^{\infty} nc_n r^{n-1} \leq \frac{\varepsilon}{3}$$

für $|z| \leq r$.

Daher liegt in jeder Scheibe $|z| < r$ die Funktion $\varphi(z)$ innerhalb von $\frac{\varepsilon}{3}$ der $N$-ten Teilsumme der sie definierenden Reihe.

Nun seien $\zeta$ und $z$ beliebige Punkte dieser Scheibe. Nach der Umformung

$$\frac{f(\zeta) - f(z)}{\zeta - z} = \sum_{n=1}^{\infty} c_n \frac{\zeta^n - z^n}{\zeta - z} =$$
$$= \sum_{n=1}^{\infty} c_n \left( \zeta^{n-1} + \zeta^{n-2} z + \cdots + \zeta z^{n-2} + z^{n-1} \right)$$

und der Abschätzung $|c_n(\zeta^{n-1} + \cdots + z^{n-1})| \leq |c_n|nr^{n-1}$ können wir nun wie oben folgern, dass der gesuchte Differenzquotient innerhalb $\frac{\varepsilon}{3}$ der Teilsumme der sie definierenden Reihe gleich ist, vorausgesetzt, dass $|\zeta| < r$ und $|z| < r$. Daher erhalten wir für $|\zeta| < r$ und $|z| < r$:

$$\left| \frac{f(\zeta) - f(z)}{\zeta - z} - \varphi(z) \right| \leq \left| \sum_{n=1}^{N} c_n \frac{\zeta^n - z^n}{\zeta - z} - \sum_{n=1}^{N} nc_n z^{n-1} \right| + 2\frac{\varepsilon}{3} \, .$$

Wenn wir nun $z$ festhalten und $\zeta$ gegen $z$ streben lassen und zum Grenzwert in der endlichen Summe übergehen, dann bleibt die rechte Seite dieser letzten Ungleichung kleiner als $\varepsilon$, wenn $\zeta$ nahe genug bei $z$ ist, und daher trifft dies auch für die linke Seite zu.

Somit haben wir für jeden Punkt $z$ in der Scheibe $|z| < r < R$ gezeigt, dass $f'(z) = \varphi(z)$. Da $r$ beliebig ist, gilt dies für jeden Punkt der Scheibe $|z| < R$. □

Mit diesem Satz können wir die Klasse von Funktionen mit konvergenter Taylor-Reihe spezifizieren:

Eine Funktion ist in einem Punkt $z_0 \in \mathbb{C}$ *analytisch*, wenn sie in einer Umgebung des Punktes in der folgenden („analytischen") Form dargestellt werden kann:

$$f(z) = \sum_{n=0}^{\infty} c_n (z - z_0)^n \, ,$$

d.h. als Summe einer Potenzreihe in $z - z_0$.

Es ist nicht schwer zu beweisen (vgl. Aufgabe 7 unten), dass die Summe einer Potenzreihe in jedem inneren Punkt der Scheibe, deren Radius der Konvergenzradius der Reihe ist, analytisch ist.

Unter Berücksichtigung der Definition einer analytischen Funktion können wir das folgende Korollar aufstellen.

**Korollar.** a) *Ist eine Funktion in einem Punkt analytisch, dann ist sie unendlich oft in diesem Punkt differenzierbar und ihre Taylor-Reihe konvergiert in einer Umgebung dieses Punktes gegen sie.*

b) *Die Taylor-Reihe einer in einer Umgebung eines Punktes definierten und in diesem Punkt unendlich oft differenzierbaren Funktion konvergiert genau dann in einer Umgebung des Punktes gegen die Funktion, wenn die Funktion analytisch ist.*

In der Funktionentheorie einer komplexen Variablen lässt sich etwas Bemerkenswertes zeigen, das kein Analogon in der Funktionentheorie einer reellen Variable besitzt. Es stellt sich heraus, dass eine in einer Umgebung eines Punktes $z_0 \in \mathbb{C}$ differenzierbare Funktion $f(z)$ in diesem Punkt analytisch ist. Dies ist sicherlich erstaunlich, da dann aus dem eben bewiesenen Satz folgt, dass eine Funktion, die in einer Umgebung eines Punktes einmal differenzierbar ist, in dieser Umgebung beliebig oft differenzierbar ist.

Auf den ersten Blick ist dies genauso überraschend wie die Tatsache, dass wir, indem wir zu $\mathbb{R}$ eine Lösung i der besonderen Gleichung $z^2 = -1$ hinzufügen, einen Körper $\mathbb{C}$ erhalten, in dem jedes algebraische Polynom lösbar ist. Wir beabsichtigen, die Tatsache, dass die Nullstellen eines algebraischen Polynoms $P(z)$ in $\mathbb{C}$ liegen, auszunutzen und werden sie aus diesem Grund beweisen. Wir erhalten dadurch außerdem eine gute Veranschaulichung der einfachen Konzepte komplexer Zahlen und der Funktionen mit komplexen Variablen, die wir in diesem Abschnitt eingeführt haben.

### 5.5.5 Algebraische Abgeschlossenheit des Körpers $\mathbb{C}$ der komplexen Zahlen

Wenn wir beweisen können, dass die Nullstellen jedes Polynoms $P(z) = c_0 + c_1 z + \cdots + c_n z^n$, $n \geq 1$ mit komplexen Koeffizienten in $\mathbb{C}$ enthalten sind, dann gibt es für uns keine Notwendigkeit mehr, den Körper $\mathbb{C}$ zu erweitern, weil eine algebraische Gleichung in $\mathbb{C}$ nicht lösbar ist. In diesem Sinne entspricht die

Behauptung, dass alle Nullstellen jedes Polynoms $P(z)$ in $\mathbb{C}$ enthalten sind, der Aussage, dass *der Körper $\mathbb{C}$ algebraisch abgeschlossen ist.*

Damit wir eine klare Vorstellung davon bekommen, warum die Nullstellen jedes Polynoms in $\mathbb{C}$ enthalten sind, wohingegen wir in $\mathbb{R}$ u.U. keine Nullstellen finden können, geben wir zunächst eine geometrische Interpretation komplexer Zahlen und Funktionen einer komplexen Variablen.

Wir merken an, dass

$$P(z) = z^n \left( \frac{c_0}{z^n} + \frac{c_1}{z^{n-1}} + \cdots + \frac{c_{n-1}}{z} + c_n \right),$$

so dass $P(z) = c_n z^n + o(z^n)$ für $|z| \to \infty$. Da wir eine Nullstelle von $P(z)$ suchen, können wir nach Division der Gleichung $P(z) = 0$ durch $c_n$ sagen, dass der führende Koeffizient $c_n$ von $P(z)$ gleich 1 ist und daher schreiben:

$$P(z) = z^n + o(z^n) \text{ für } |z| \to \infty . \tag{5.131}$$

Nun wird (vgl. Beispiel 15) der Kreis mit Radius $r$ unter der Abbildung $z \mapsto z^n$ auf den in 0 zentrierten Kreis mit Radius $r^n$ abgebildet. Folglich wird unter der Abbildung $w = P(z)$ für genügend große Werte von $r$ das Bild des Kreises $|z| = r$ mit einem kleinen relativen Fehler dem Kreis $|w| = r^n$ in der $w$-Ebene entsprechen (Abb. 5.32). Dabei ist es wichtig, dass das Bild in jedem Fall eine Kurve sein wird, die den Punkt $w = 0$ umschließt.

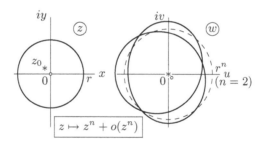

**Abb. 5.32.**

Wenn wir die Scheibe $|z| \le r$ als einen Film betrachten, der auf den Kreis $|z| = r$ ausgedehnt ist, dann wird dieser Film in einen Film abgebildet, der auf das Bild dieser Scheibe unter der Abbildung $w = P(z)$ ausgedehnt ist. Da letzterer den Punkt $w = 0$ umschließt, muss ein Punkt dieses Films mit $w = 0$ übereinstimmen und daher gibt es einen Punkt $z_0$ in der Scheibe $|z| \le r$, der unter der Abbildung $w = P(z)$ auf $w = 0$ abgebildet wird, d.h., $P(z_0) = 0$.

Diese intuitive Argumentation führt uns auf mehrere wichtige und nützliche topologische Konzepte (den *Grad* eines Wegs bezüglich eines Punktes und die *Mannigfaltigkeit*), mittels derer ein vollständiger Beweis möglich wird, der, wie wir sehen werden, nicht nur für Polynome gültig ist. Diese Betrachtungen würden uns unglücklicherweise von dem Hauptgegenstand, den wir gerade untersuchen, ablenken. Aus diesem Grund werden wir einen anderen Beweis anführen, der eher mit den Konzepten im Einklang steht, die wir bereits beherrschen.

**Satz 7.** *Jedes Polynom*

$$P(z) = c_0 + c_1 z + \cdots + c_n z^n$$

*vom Grad $n \geq 1$ mit komplexen Koeffizienten besitzt eine Nullstelle in $\mathbb{C}$.*

*Beweis.* Ohne Verlust der Allgemeinheit können wir annehmen, dass $c_n = 1$. Sei $\mu = \inf\limits_{z \in \mathbb{C}} |P(z)|$. Da $P(z) = z^n \big(1 + \frac{c_{n-1}}{z} + \cdots + \frac{c_0}{z^n}\big)$, erhalten wir

$$|P(z)| \geq |z|^n \left(1 - \frac{|c_{n-1}|}{|z|} - \cdots - \frac{|c_0|}{|z|^n}\right),$$

und offensichtlich ist $|P(z)| > \max\{1, 2\mu\}$ für $|z| > R$, falls $R$ genügend groß ist. Folglich liegen die Punkte der Folge $\{z_k\}$ in denen $0 < |P(z_k)| - \mu < \frac{1}{k}$ innerhalb der Scheibe $|z| \leq R$.

Wir werden zeigen, dass es einen Punkt $z_0 \in \mathbb{C}$ gibt (und dass er in dieser Scheibe liegt), für den $|P(z_0)| = \mu$. Dazu merken wir an, dass für $z_k = x_k + iy_k$ gilt: $\max\{|x_k|, |y_k|\} \leq |z_k| \leq R$. Daher sind die Folgen reeller Zahlen $\{x_k\}$ und $\{y_k\}$ beschränkt. Wenn wir zunächst eine konvergente Teilfolge $\{x_{k_l}\}$ aus $\{x_k\}$ und dann eine konvergente Teilfolge $\{y_{k_{l_m}}\}$ aus $\{y_{k_l}\}$ wählen, dann erhalten wir eine Teilfolge $z_{k_{l_m}} = x_{k_{l_m}} + iy_{k_{l_m}}$ der Folge $\{z_k\}$, die einen Grenzwert $\lim\limits_{m \to \infty} z_{k_{l_m}} = \lim\limits_{m \to \infty} x_{k_{l_m}} + i\lim\limits_{m \to \infty} y_{k_{l_m}} = x_0 + iy_0 = z_0$ besitzt und da $|z_{k_{l_m}}| \to |z_0|$ für $m \to \infty$, folgt, dass $|z_0| \leq R$. Um also eine schwerfällige Schreibweise zu vermeiden und nicht immer zu Teilfolgen übergehen zu müssen, werden wir annehmen, dass die Folge $\{z_k\}$ ihrerseits konvergiert. Aus der Stetigkeit von $P(z)$ in $z_0 \in \mathbb{C}$ folgt, dass $\lim\limits_{k \to \infty} P(z_k) = P(z_0)$. Dann ist aber[27] $|P(z_0)| = \lim\limits_{k \to \infty} |P(z_k)| = \mu$.

Wir werden nun annehmen, dass $\mu > 0$, und diese Annahme benutzen, um einen Widerspruch zu erhalten. Ist $P(z_0) \neq 0$, dann betrachten wir das Polynom $Q(z) = \frac{P(z+z_0)}{P(z_0)}$. Nach der Konstruktion gilt $Q(0) = 1$ und $|Q(z)| = \frac{|P(z+z_0)|}{|P(z_0)|} \geq 1$.

Da $Q(0) = 1$, besitzt das Polynom $Q(z)$ die folgende Gestalt:

$$Q(z) = 1 + q_k z^k + q_{k+1} z^{k+1} + \cdots + q_n z^n,$$

---

[27] Beachten Sie bitte, dass wir auf der einen Seite gezeigt haben, dass wir aus jeder Folge komplexer Zahlen, deren Beträge beschränkt sind, eine konvergente Teilfolge herausgreifen können, und auf der anderen Seite einen weiteren möglichen Beweis des Satzes erhalten haben, dass eine stetige Funktion auf einem abgeschlossenen Intervall ein Minimum besitzt, wie wir es hier für die Scheibe $|z| \leq R$ getan haben.

wobei $|q_k| \neq 0$ und $1 \leq k \leq n$. Ist $q_k = \rho \mathrm{e}^{\mathrm{i}\psi}$, dann erhalten wir für $\varphi = \frac{\pi - \psi}{k}$, dass $q_k \cdot \left(\mathrm{e}^{\mathrm{i}\varphi}\right)^k = \rho \mathrm{e}^{\mathrm{i}\psi} \mathrm{e}^{\mathrm{i}(\pi - \psi)} = \rho \mathrm{e}^{\mathrm{i}\pi} = -\rho = -|q_k|$. Somit gilt für $z = r \mathrm{e}^{\mathrm{i}\varphi}$, dass

$$
\begin{aligned}
|Q(r\mathrm{e}^{\mathrm{i}\varphi})| &\leq |1 + q_k z^k| + \left(|q_{k+1}z^{k+1}| + \cdots + |q_n z^n|\right) = \\
&= \left|1 - r^k |q_k|\right| + r^{k+1}\left(|q_{k+1}| + \cdots + |q_n| r^{n-k-1}\right) = \\
&= 1 - r^k \left(|q_k| - r|q_{k+1}| - \cdots - r^{n-k}|q_n|\right) < 1 \, ,
\end{aligned}
$$

wenn $r$ genügend nahe bei $0$ liegt. Aber $|Q(z)| \geq 1$ für $z \in \mathbb{C}$. Dieser Widerspruch zeigt, dass $P(z_0) = 0$. $\qquad\square$

*Anmerkung 1.* Der erste Beweis des Satzes, dass jede algebraische Gleichung mit komplexen Koeffizienten eine Lösung in $\mathbb{C}$ besitzt (was traditionell als Fundamentalsatz der Algebra bezeichnet wird), wurde von Gauss geliefert, der ganz allgemein den sogenannten „imaginären" Zahlen Leben einhauchte, indem er mehrere tiefgründige Anwendungen für sie lieferte.

*Anmerkung 2.* Ein Polynom $P(z) = a_0 + \cdots + a_n z^n$ mit reellen Koeffizienten besitzt, wie wir wissen, nicht immer reelle Nullstellen. Es besitzt jedoch im Vergleich zu einem beliebigen Polynom mit komplexen Koeffizienten die unübliche Eigenschaft, dass $P(z)$ mit $z_0$ auch in $\bar{z}_0$ eine Nullstelle besitzt. Tatsächlich folgt aus der Definition der komplex Konjugierten und den Regeln für die Addition komplexer Zahlen, dass $\overline{(z_1 + z_0)} = \bar{z}_1 + \bar{z}_2$. Aus der trigonometrischen Darstellung einer komplexen Zahl und den Regeln für die Multiplikation komplexer Zahlen folgt, dass

$$
\begin{aligned}
\overline{(z_1 \cdot z_2)} &= \overline{(r_1 \mathrm{e}^{\mathrm{i}\varphi_1} \cdot r_2 \mathrm{e}^{\mathrm{i}\varphi_2})} = \overline{r_1 r_2 \mathrm{e}^{\mathrm{i}(\varphi_1 + \varphi_2)}} = \\
&= r_1 r_2 \mathrm{e}^{-\mathrm{i}(\varphi_1 + \varphi_2)} = r_1 \mathrm{e}^{-\mathrm{i}\varphi_1} \cdot r_2 \mathrm{e}^{-\mathrm{i}\varphi_2} = \bar{z}_1 \cdot \bar{z}_2 \, .
\end{aligned}
$$

Somit ist

$$
\overline{P(z_0)} = \overline{a_0 + \cdots + a_n z_0^n} = \bar{a}_0 + \cdots + \bar{a}_n \bar{z}_0^n = a_0 + \cdots + a_n \bar{z}_0^n = P(\bar{z}_0)
$$

und für $P(z_0) = 0$ gilt folglich $\overline{P(z_0)} = P(\bar{z}_0) = 0$.

**Korollar 1.** *Jedes Polynom $P(z) = c_0 + \cdots + c_n z^n$ vom Grad $n \geq 1$ mit komplexen Koeffizienten erlaubt eine Darstellung der Form*

$$
P(z) = c_n(z - z_1) \cdots (z - z_n) \, , \tag{5.132}
$$

*mit $z_1, \ldots, z_n \in \mathbb{C}$ (wobei die Zahlen $z_1, \ldots, z_n$ nicht notwendigerweise alle verschieden sind). Diese Darstellung ist bis auf die Anordnung der Faktoren eindeutig.*

*Beweis.* Mit Hilfe der Polynomdivision, bei der ein Polynom $P(z)$ durch ein anderes Polynom $Q(z)$ mit kleinerem Grad dividiert wird, gelangen wir zu

$P(z) = q(z)Q(z) + r(z)$, wobei $q(z)$ und $r(z)$ Polynome sind. Der Grad von $r(z)$ ist dabei kleiner als der Grad $m$ von $Q(z)$. Ist daher $m = 1$, dann ist $r(z) = r$ eine einfache Konstante.

Sei $z_1$ eine Nullstelle des Polynoms $P(z)$. Dann gilt $P(z) = q(z)(z-z_1)+r$. Daher gilt $P(z_1) = r$, woraus folgt, dass $r = 0$. Ist also $z_1$ eine Nullstelle von $P(z)$, dann erhalten wir die Darstellung $P(z) = (z - z_1)q(z)$. Der Grad des Polynoms $q(z)$ ist $n - 1$, und wir können für $n - 1 \geq 1$ die Argumentation für $q(z)$ wiederholen. Durch Induktion erhalten wir $P(z) = c(z - z_1) \cdots (z - z_n)$. Da $cz^n = c_n z^n$ gelten muss, erhalten wir $c = c_n$. □

**Korollar 2.** *Jedes Polynom $P(z) = a_0 + \cdots + a_n z^n$ mit reellen Koeffizienten kann als ein Produkt linearer und quadratischer Polynome mit reellen Koeffizienten dargestellt werden.*

*Beweis.* Dies folgt aus Korollar 1 und Anmerkung 2, aufgrund derer mit jeder Nullstelle $z_k$ von $P(z)$ auch $\bar{z}_k$ eine Nullstelle ist. Wenn wir die Multiplikation $(z - z_k)(z - \bar{z}_k)$ im Produkt (5.132) ausführen, erhalten wir das quadratische Polynom $z^2 - (z_k + \bar{z}_k)z + |z_k|^2$ mit reellen Koeffizienten. Die Zahl $c_n$, die gleich $a_n$ ist, ist in diesem Fall eine reelle Zahl und kann in eine der Klammern gezogen werden, ohne dadurch den Grad des Faktors zu verändern. □

Wenn wir in (5.132) identische Faktoren zusammenfassen, können wir das Produkt neu schreiben:

$$P(z) = c_n(z - z_1)^{k_1} \cdots (z - z_p)^{k_p} . \tag{5.133}$$

Die Zahl $k_j$ wird *Vielfachheit* der Nullstelle $z_j$ genannt.

Da $P(z) = (z - z_j)^{k_j} Q(z)$, wobei $Q(z_j) \neq 0$, folgt, dass

$$P'(z) = k_j(z - z_j)^{k_j-1}Q(z) + (z - z_j)^{k_j}Q'(z) = (z - z_j)^{k_j-1}R(z) ,$$

wobei $R(z_j) = k_j Q(z_j) \neq 0$. Wir gelangen so zu folgender Schlussfolgerung:

**Korollar 3.** *Jede Nullstelle $z_j$ der Vielfachheit $k_j > 1$ eines Polynoms $P(z)$ ist eine Nullstelle der Vielfachheit $k_j - 1$ der Ableitung $P'(z)$.*

Noch sind wir nicht in der Lage, die Nullstellen des Polynoms $P(z)$ zu bestimmen, aber wir können dieses letzte Korollar und die Darstellung (5.133) benutzen, um ein Polynom $p(z) = (z - z_1) \cdots (z - z_p)$ zu finden, dessen Nullstellen mit denen von $P(z)$ übereinstimmen, aber die Vielfachheit 1 besitzen.

Mit dem euklidischen Algorithmus können wir zunächst den größten gemeinsamen Teiler $q(z)$ von $P(z)$ und $P'(z)$ finden. Nach Korollar 3, der Darstellung (5.133) und Satz 7 ist das Polynom $q(z)$ bis auf einen konstanten Faktor gleich $(z - z_1)^{k_1-1} \cdots (z - z_p)^{k_p-1}$. Daher erhalten wir, nach Division von $P(z)$ durch $q(z)$ bis auf einen konstanten Faktor, den wir entfernen können, indem wir durch den Koeffizienten von $z^p$ dividieren, ein Polynom $p(z) = (z - z_1) \cdots (z - z_p)$.

Nun betrachten wir das Verhältnis $R(z) = \frac{P(z)}{Q(z)}$ zweier Polynome, wobei $Q(z) \not\equiv$ konstant. Ist der Grad von $P(z)$ größer als $Q(z)$, dann können wir den Divisionsalgorithmus anwenden und erhalten für $P(z)$ die Darstellung $p(z)Q(z) + r(z)$, wobei $p(z)$ und $r(z)$ Polynome sind und der Grad von $r(z)$ kleiner ist als der von $Q(z)$. So gelangen wir zur Darstellung $R(z) = p(z) + \frac{r(z)}{Q(z)}$, wobei der Bruch $\frac{r(z)}{Q(z)}$ ein echter Bruch ist in dem Sinne, dass der Grad von $r(z)$ kleiner ist als der von $Q(z)$.

Das Korollar, das wir aufstellen wollen, behandelt die Darstellung eines echten Bruchs als eine Summe von Brüchen, die sogenannte *Partialbruchzerlegung*.

**Korollar 4.** a) *Sei* $Q(z) = (z - z_1)^{k_1} \cdots (z - z_p)^{k_p}$ *und* $\frac{P(z)}{Q(z)}$ *ein echter Bruch. Dann existiert eine eindeutige Darstellung des Bruchs* $\frac{P(z)}{Q(z)}$ *der Gestalt*

$$\frac{P(z)}{Q(z)} = \sum_{j=1}^{p} \left( \sum_{k=1}^{k_j} \frac{a_{jk}}{(z - z_j)^k} \right) . \tag{5.134}$$

b) *Sind* $P(x)$ *und* $Q(x)$ *Polynome mit reellen Koeffizienten und*

$$Q(x) = (x - x_1)^{k_1} \cdots (x - x_l)^{k_l} (x^2 + p_1 x + q_1)^{m_1} \cdots (x^2 + p_n x + q_n)^{m_n} ,$$

*dann existiert eine eindeutige Darstellung des echten Bruchs* $\frac{P(x)}{Q(x)}$ *der Gestalt*

$$\frac{P(x)}{Q(x)} = \sum_{j=1}^{l} \left( \sum_{k=1}^{k_j} \frac{a_{jk}}{(x - x_j)^k} \right) + \sum_{j=1}^{n} \left( \sum_{k=1}^{m_j} \frac{b_{jk} x + c_{jk}}{(x^2 + p_j x + q_j)^k} \right) , \tag{5.135}$$

*wobei* $a_{jk}$, $b_{jk}$ *und* $c_{jk}$ *reelle Zahlen sind.*

Wir merken an, dass es eine universelle Methode zur Auffindung der Entwicklungen (5.134) und (5.135) gibt, die unter dem Namen Methode der unbestimmten Koeffizienten bekannt ist, obwohl diese Methode nicht immer den kürzesten Weg bietet. Dabei werden alle Ausdrücke auf der rechten Seite von (5.134) und (5.135) auf einen gemeinsamen Nenner gebracht und dann die sich ergebenden Koeffizienten des Zählers den entsprechenden Koeffizienten von $P(z)$ gleichgesetzt. Das sich dabei ergebende lineare Gleichungssystem besitzt wegen Korollar 4 immer eine eindeutige Lösung.

Da wir in der Regel an der Entwicklung eines bestimmten Bruchs interessiert sind, den wir nach der Methode der unbestimmten Koeffizienten erhalten, benötigen wir nichts anderes von Korollar 4 als die Gewähr, dass wir die Methode immer sicher anwenden können. Aus diesem Grund werden wir uns nicht die Mühe machen, den Beweis durchzuführen. Er wird üblicherweise algebraisch in Kursen zu moderner Algebra und analytisch in Kursen der Funktionentheorie komplexer Variabler erbracht.

Wir wollen ein besonders ausgewähltes Beispiel betrachten, um das eben Erklärte zu veranschaulichen.

*Beispiel 17.* Seien

$$P(x) = 2x^6 + 3x^5 + 6x^4 + 6x^3 + 10x^2 + 3x + 2 ,$$
$$Q(x) = x^7 + 3x^6 + 5x^5 + 7x^4 + 7x^3 + 5x^2 + 3x + 1 .$$

Wir suchen die Partialbruchentwicklung (5.135) für den Bruch $\frac{P(x)}{Q(x)}$.

Zunächst einmal wird das Problem dadurch erschwert, dass wir die Faktoren des Polynoms $Q(x)$ nicht kennen. Deshalb wollen wir zunächst vielfache Nullstellen von $Q(x)$ entfernen. Dazu bilden wir

$$Q'(x) = 7x^6 + 18x^5 + 25x^4 + 28x^3 + 21x^2 + 10x + 3 .$$

Nach sehr ermüdenden, aber möglichen Berechnungen erhalten wir mit dem euklidischen Algorithmus den größten gemeinsamen Teiler von $Q(x)$ und $Q'(x)$:

$$d(x) = x^4 + 2x^3 + 2x^2 + 2x + 1 .$$

Der hier angeführte größte gemeinsame Teiler hat eine 1 als führenden Koeffizienten.

Die Division von $Q(x)$ durch $d(x)$ liefert das Polynom

$$q(x) = x^3 + x^2 + x + 1 ,$$

das dieselben Nullstellen wie $Q(x)$ besitzt, allerdings nur mit Vielfachheit 1. Die Nullstelle in $-1$ können wir einfach erraten. Die Division von $q(x)$ durch $x + 1$ ergibt $x^2 + 1$. Somit ist

$$q(x) = (x + 1)(x^2 + 1) ,$$

und nach Division von $d(x)$ durch $x^2 + 1$ und $x + 1$ erhalten wir die Faktorisierung von $d(x)$,

$$d(x) = (x + 1)^2(x^2 + 1)$$

und daraus die Faktorisierung

$$Q(x) = (x + 1)^3(x^2 + 1)^2 .$$

Daher suchen wir nach Korollar 4b eine Entwicklung des Bruchs $\frac{P(x)}{Q(x)}$ in der Form

$$\frac{P(x)}{Q(x)} = \frac{a_{11}}{x + 1} + \frac{a_{12}}{(x + 1)^2} + \frac{a_{13}}{(x + 1)^3} + \frac{b_{11}x + c_{11}}{x^2 + 1} + \frac{b_{12}x + c_{12}}{(x^2 + 1)^2} .$$

Dazu bestimmen wir einen gemeinsamen Teiler auf der rechten Seite und setzen die Koeffizienten des sich ergebenden Nenners mit denen von $P(x)$ gleich und gelangen so zu einem System von sieben Gleichungen mit sieben Unbekannten, dessen Lösung uns schließlich zu folgender Entwicklung führt:

$$\frac{P(x)}{Q(x)} = \frac{1}{x + 1} - \frac{2}{(x + 1)^2} + \frac{1}{(x + 1)^3} + \frac{x - 1}{x^2 + 1} + \frac{x + 1}{(x^2 + 1)^2} .$$

## 5.5.6 Übungen und Aufgaben

**1.** Verwenden Sie die geometrische Interpretation einer komplexen Zahl bei folgenden Problemen:

a) Erklären Sie die Ungleichungen $|z_1 + z_2| \leq |z_1| + |z_2|$ und $|z_1 + \cdots + z_n| \leq |z_1| + \cdots + |z_n|$.

b) Bestimmen Sie die Lage der Punkte in der komplexen Ebene, die die Beziehung $|z - 1| + |z + 1| \leq 3$ erfüllen.

c) Beschreiben Sie alle $n$-ten Einheitswurzeln und bestimmen Sie ihre Summe.

d) Erklären Sie die sich durch die Abbildung $z \mapsto \bar{z}$ ergebende Umformung der komplexen Ebene.

**2.** Bestimmen Sie die folgenden Summen:

a) $1 + q + \cdots + q^n$,

b) $1 + q + \cdots + q^n + \cdots$ für $|q| < 1$,

c) $1 + e^{i\varphi} + \cdots + e^{in\varphi}$,

d) $1 + re^{i\varphi} + \cdots + r^n e^{in\varphi}$,

e) $1 + re^{i\varphi} + \cdots + r^n e^{in\varphi} + \cdots$ für $|r| < 1$,

f) $1 + r\cos\varphi + \cdots + r^n \cos n\varphi$,

g) $1 + r\cos\varphi + \cdots + r^n \cos n\varphi + \cdots$ für $|r| < 1$,

h) $1 + r\sin\varphi + \cdots + r^n \sin n\varphi$,

i) $1 + r\sin\varphi + \cdots + r^n \sin n\varphi + \cdots$ für $|r| < 1$.

**3.** Bestimmen Sie den Betrag und das Argument der komplexen Zahl $\lim\limits_{n \to \infty} \left(1 + \frac{z}{n}\right)^n$ und zeigen Sie, dass diese Zahl gleich $e^z$ ist.

**4.**  a) Zeigen Sie, dass die Gleichung $e^w = z$ in $w$ die Lösung $w = \ln|z| + i\mathrm{Arg}\, z$ hat. Es ist ganz natürlich, $w$ als den *natürlichen Logarithmus* von $z$ zu betrachten. Somit ist $w = \mathrm{Ln}\, z$ keine funktionale Beziehung, da $\mathrm{Arg}\, z$ mehrere Werte besitzt.

b) Bestimmen Sie $\mathrm{Ln}\, 1$ und $\mathrm{Ln}\, i$.

c) Sei $z^\alpha = e^{\alpha \mathrm{Ln}\, z}$. Finden Sie $1^\pi$ und $i^i$.

d) Berechnen Sie mit Hilfe der Darstellung $w = \sin z = \frac{1}{2i}\left(e^{iz} - e^{-iz}\right)$ einen Ausdruck für $z = \arcsin w$.

e) Gibt es Punkte in $\mathbb{C}$, in denen $|\sin z| = 2$?

**5.**  a) Untersuchen Sie, ob die Funktion $f(z) = \frac{1}{1+z^2}$ in allen Punkten der Ebene $\mathbb{C}$ stetig ist.

b) Entwickeln Sie die Funktion $\frac{1}{1+z^2}$ in einer Potenzreihe und bestimmen Sie ihren Konvergenzradius.

c) Lösen Sie Teil a) und b) für die Funktion $\frac{1}{1+\lambda^2 z^2}$, wobei $\lambda \in \mathbb{R}$ ein Parameter ist.

Können Sie eine Vermutung äußern, wie der Konvergenzradius von der relativen Lage bestimmter Punkte in der Ebene $\mathbb{C}$ abhängt? Ließe sich diese Beziehung alleine auf Basis der reellen Gerade verstehen, d.h. durch Entwicklung der Funktion $\frac{1}{1+\lambda^2 x^2}$, mit $\lambda \in \mathbb{R}$ und $x \in \mathbb{R}$?

**6.** a) Untersuchen Sie, ob die Cauchy-Funktion

$$f(z) = \begin{cases} e^{-1/z^2} \,, & z \neq 0 \,, \\ \\ 0 \,, & z = 0 \end{cases}$$

in $z = 0$ stetig ist.

b) Ist die Einschränkung $f\big|_{\mathbb{R}}$ der Funktion $f$ in a) auf die reelle Gerade stetig?

c) Existiert die Taylor-Reihe der Funktion $f$ in a) im Punkt $z_0 = 0$?

d) Gibt es in einem Punkt $z_0 \in \mathbb{C}$ analytische Funktionen, deren Taylor-Reihen nur im Punkt $z_0$ konvergieren?

e) Erfinden Sie eine Potenzreihe $\sum\limits_{n=0}^{\infty} c_n (z - z_0)^n$, die nur in einem Punkt $z_0$ konvergiert.

**7.** a) Nehmen Sie in der Potenzreihe $\sum\limits_{n=0}^{\infty} A_n (z-a)^n$ die formale Substitution $z-a = (z - z_0) + (z_0 - a)$ vor und fassen Sie gleiche Glieder zusammen. Sie erhalten so eine Reihe $\sum\limits_{n=0}^{\infty} C_n (z - z_0)^n$ und Ausdrücke für ihre Koeffizienten in $A_k$ und $(z_0 - a)^k$, $k = 0, 1, \ldots$.

b) Die ursprüngliche Reihe konvergiere auf der Scheibe $|z - a| < R$ mit $|z_0 - a| = r < R$. Zeigen Sie, dass dann die Reihe, die $C_n$, $n = 0, 1, \ldots$ definiert, absolut konvergiert und dass die Reihe $\sum\limits_{n=0}^{\infty} C_n (z - z_0)^n$ für $|z - z_0| < R - r$ konvergiert.

c) Sei $f(z) = \sum\limits_{n=0}^{\infty} A_n (z - a)^n$ auf der Scheibe $|z - a| < R$ und $|z_0 - a| < R$. Zeigen Sie, dass die Funktion $f$ auf der Scheibe $|z - z_0| < R - |z_0 - a|$ die Darstellung $f(z) = \sum\limits_{n=0}^{\infty} C_n (z - z_0)^n$ zulässt.

**8.** Zeigen Sie:

a) Wenn der Punkt $z \in \mathbb{C}$ sich entlang der Kreises $|z| = r > 1$ bewegt, dann bewegt sich der Punkt $w = z + z^{-1}$ entlang einer Ellipse mit Zentrum in Null und Foki in $\pm 2$.

b) Wenn eine komplexe Zahl quadriert wird (genauer gesagt unter der Abbildung $w \mapsto w^2$), dann wird eine derartige Ellipse auf eine Ellipse mit einem Fokus in 0 abgebildet, die zweimal durchlaufen wird.

c) Bei der Quadrierung komplexer Zahlen wird jede in Null zentrierte Ellipse auf eine Ellipse mit einem Fokus in 0 abgebildet.

# 5.6 Beispiele zur Anwendung der Differentialrechnung in den Naturwissenschaften

In diesem Abschnitt wollen wir einige Probleme aus den Naturwissenschaften untersuchen, die sich zwar in ihrer Formulierung unterscheiden aber, wie wir sehen werden, eng verwandte mathematische Modelle besitzen. Dieses

Modell ist kein anderes als eine sehr einfache Differentialgleichung der uns interessierenden Funktion. Die Untersuchung eines dieser Beispiele – das Zwei-Körper Problem – führte uns zur Konstruktion der Differentialrechnung. Eine nähere Untersuchung des dabei erhaltenen Gleichungssystems war zu der Zeit unmöglich. Nun werden wir einige Probleme betrachten, die mit unserem jetzigen Wissensstand vollständig lösbar sind. Abgesehen von dem Vergnügen mathematische Werkzeuge in einem Spezialfall angewendet zu sehen, werden wir aus der Reihe von Beispielen in diesem Abschnitt außerdem zusätzliches Vertrauen im Hinblick auf die Definition der Exponentialfunktion $\exp x$ gewinnen und zwar sowohl wegen der Natürlichkeit mit der die auftritt, als auch bezüglich ihrer Erweiterung ins Komplexe.

### 5.6.1 Bewegung eines Körpers mit veränderlicher Masse

Wir betrachten eine Rakete, die sich geradlinig in den Raum bewegt und dabei weit von anziehenden Körpern entfernt ist (Abb. 5.33).

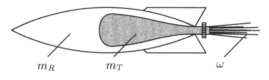

Abb. 5.33.

Sei $M(t)$ die Masse der Rakete (inklusive des Treibstoffs) zur Zeit $t$, $V(t)$ ihre Geschwindigkeit zur Zeit $t$ und $\omega$ die Geschwindigkeit (relativ zur Rakete), mit der der Treibstoff aus der Raketendüse bei Verbrennung austritt.

Wir wollen eine Verbindung zwischen diesen Größen herstellen.

Mit diesen Annahmen können wir die Rakete mit Treibstoff als ein abgeschlossenes System betrachten, dessen Impuls (Bewegungsgröße) mit der Zeit erhalten bleibt.

Zur Zeit $t$ beträgt der Impuls des Systems $M(t)V(t)$. Zur Zeit $t+h$ beträgt der Impuls der Rakete mit dem verbliebenen Treibstoff $M(t+h)V(t+h)$, und der Impuls $\Delta I$ der in dieser Zeit ausgestoßenen Masse $|\Delta M| = |M(t+h) - M(t)| = -\big(M(t+h) - M(t)\big)$ liegt zwischen den Grenzen

$$\big(V(t) - \omega\big)|\Delta M| < \Delta I < \big(V(t+h) - \omega\big)|\Delta M|\,,$$

d.h. $\Delta I = \big(V(t) - \omega\big)|\Delta M| + \alpha(h)|\Delta M|$. Aus der Stetigkeit von $V(t)$ folgt, dass $\alpha(h) \to 0$ für $h \to 0$.

Wenn wir die Impulse des Systems zu den Zeiten $t$ und $t+h$ gleichsetzen, erhalten wir

$$M(t)V(t) = M(t+h)V(t+h) + \big(V(t) - \omega\big)|\Delta M| + \alpha(h)|\Delta M|$$

und nach Einsetzen von $|\Delta M| = -\big(M(t+h) - M(t)\big)$ und Vereinfachungen ergibt sich:

$$M(t+h)\big(V(t+h) - V(t)\big) =$$
$$= -\omega\big(M(t+h) - M(t)\big) + \alpha(h)\big(M(t+h) - M(t)\big) \, .$$

Die Division dieser letzten Gleichung durch $h$ und Übergang zum Grenzwert für $h \to 0$ liefert

$$M(t)V'(t) = -\omega M'(t) \, . \tag{5.136}$$

Dies ist die Beziehung zwischen $V(t)$, $M(t)$ und ihren Ableitungen, nach der wir gesucht haben.

Mit Hilfe dieser Gleichung zwischen ihren Ableitungen müssen wir nun die eigentliche Beziehung zwischen den Funktionen $V(t)$ und $M(t)$ finden. Im Allgemeinen ist dies in dieser Reihenfolge schwerer als die Beziehung zwischen den Ableitungen aufzustellen, wenn wir bereits die Beziehung zwischen den Funktionen kennen. In unserem Fall besitzt das Problem jedoch eine vollständig elementare Lösung.

Tatsächlich können wir nach Division von (5.136) durch $M(t)$ diese Gleichung umschreiben zu

$$V'(t) = (-\omega \ln M)'(t) \, . \tag{5.137}$$

Sind aber die Ableitungen zweier Funktionen auf einem Intervall gleich, dann können sich die Funktionen selbst auf diesem Intervall höchstens um eine Konstante unterscheiden.

Daher folgt aus (5.137), dass

$$V(t) = -\omega \ln M(t) + c \, . \tag{5.138}$$

Ist etwa die Geschwindigkeit $V(0) = V_0$ zur Zeit $t = 0$ bekannt, so wird durch diese Anfangsbedingung die Konstante $c$ vollständig bestimmt, denn wir erhalten dann aus (5.138), dass

$$c = V_0 + \omega \ln M(0)$$

und wir können daraus die gesuchte Formel[28] bestimmen:

$$V(t) = V_0 + \omega \ln \frac{M(0)}{M(t)} \, . \tag{5.139}$$

Ist $m_R$ die Masse der Raketenhülle und $m_T$ die Masse des Treibstoffs und $V$ die Endgeschwindigkeit, die die Rakete nach Verbrennung allen Treibstoffs

[28] Diese Formel wird manchmal mit dem Namen von K. E. Tsiolkowski (1857–1935), einem russischen Wissenschaftler und Begründer der Theorie des Raumflugs, in Zusammenhang gebracht. Es hat aber den Anschein, dass sie im Jahre 1897 zuerst durch den russischen Fachmann für theoretische Mechanik, I. V. Meshcherski (1859–1935), in einer Studie zur Dynamik eines Punktes mit veränderlicher Masse formuliert wurde.

erreicht, dann erhalten wir nach Substitution von $M(0) = m_R + m_T$ und $M(t) = m_R$, dass

$$V = V_0 + \omega \ln\left(1 + \frac{m_T}{m_R}\right).$$

Diese letzte Gleichung zeigt sehr deutlich, dass die Endgeschwindigkeit nicht so sehr vom Verhältnis $m_T/m_R$ im Logarithmus abhängt als von der Austrittsgeschwindigkeit $\omega$, die von der Art des Treibstoffs abhängt. Aus dieser Formel folgt insbesondere, dass für $V_0 = 0$ folgende Treibstoffmenge vorhanden sein muss, um eine Rakete mit Eigenmasse $m_R$ auf die Geschwindigkeit $V$ zu beschleunigen:

$$m_T = m_R\left(e^{V/\omega} - 1\right).$$

### 5.6.2 Die barometrische Höhenformel

Dies ist die Bezeichnung für die Formel, die die Abhängigkeit des atmosphärischen Drucks von der Höhe über dem Meeresspiegel angibt.

Sei $p(h)$ der Druck in der Höhe $h$. Da $p(h)$ dem Gewicht der Luftsäule auf einer Fläche von $1\,\text{cm}^2$ in der Höhe $h$ entspricht, folgt, dass sich $p(h + \Delta)$ von $p(h)$ um das Gewicht der Luftsäule im Quader mit der Grundfläche $1\,\text{cm}^2$ und der Höhe $\Delta$ unterscheidet. Sei $\rho(h)$ die Dichte der Luft in der Höhe $h$. Da $\rho(h)$ stetig von $h$ abhängt, können wir annehmen, dass die Masse dieser Luftmenge durch die Formel

$$\rho(\xi)\,[\text{g/cm}^3] \cdot 1\,[\text{cm}^2] \cdot \Delta\,[\text{cm}] = \rho(\xi)\Delta\,[\text{g}]$$

wiedergegeben wird, wobei $\xi$ eine Höhe zwischen $h$ und $h + \Delta$ ist. Daher ist das Gewicht dieser Masse[29] $g \cdot \rho(\xi)\Delta$.

Somit ist

$$p(h + \Delta) - p(h) = -g\rho(\xi)\Delta.$$

Nach Division dieser Gleichung durch $\Delta$ und Übergang zum Grenzwert für $\Delta \to 0$ und Berücksichtigung von $\xi \to h$ erhalten wir

$$p'(h) = -g\rho(h). \tag{5.140}$$

Somit ist die Veränderung des atmosphärischen Drucks zur Dichte der Luft in der entsprechenden Höhe proportional.

Wir erhalten eine Gleichung für die Funktion $p(h)$, wenn wir die Funktion $\rho(h)$ aus (5.140) eliminieren. Nach dem Gesetz von Clapeyron[30] (das ideale

---

[29] Innerhalb des Bereichs, in dem die Atmosphäre spürbar ist, können wir $g$ als Konstante betrachten.

[30] B. P. E. Clapeyron (1799–1864) – französischer Physiker mit Thermodynamik als Spezialgebiet.

Gasgesetz) hängen der Druck $p$, das molare Volumen $V$ und die Temperatur $T$ (in Kelvin[31]) folgendermaßen zusammen:

$$\frac{pV}{T} = R \,, \tag{5.141}$$

wobei $R$ die sogenannte universelle Gaskonstante ist. Bezeichnet $M$ die Masse eines Mols Luft und $V$ sein Volumen, dann ist $\rho = \frac{M}{V}$, so dass wir mit (5.141) erhalten:

$$p = \frac{1}{V} \cdot R \cdot T = \frac{M}{V} \cdot \frac{R}{M} \cdot T = \rho \cdot \frac{R}{M} T \,.$$

Wenn wir $\lambda = \frac{R}{M} T$ setzen, ergibt sich also:

$$p = \lambda(T)\rho \,. \tag{5.142}$$

Wenn wir nun davon ausgehen, dass die Temperatur der Luftschicht, die wir beschreiben wollen, konstant ist, erhalten wir schließlich aus (5.140) und (5.142), dass

$$p'(h) = -\frac{g}{\lambda} p(h) \,. \tag{5.143}$$

Diese Differentialgleichung kann als

$$\frac{p'(h)}{p(h)} = -\frac{g}{\lambda}$$

oder als

$$(\ln p)'(h) = \left( -\frac{g}{\lambda} h \right)'$$

geschrieben werden, woraus wir folgern, dass

$$\ln p(h) = -\frac{g}{\lambda} h + c$$

bzw.

$$p(h) = e^c \cdot e^{-(g/\lambda)h} \,.$$

Der Faktor $e^c$ lässt sich aus der bekannten Anfangsbedingung $p(0) = p_0$ zu $e^c = p_0$ bestimmen.

Somit gelangen wir zu folgender Abhängigkeit zwischen Druck und Höhe:

$$p = p_0 e^{-(g/\lambda)h} \,. \tag{5.144}$$

Für Luft mit Raumtemperatur (etwa $300\,\mathrm{K} = 27°\,\mathrm{C}$) ist der Wert von $\lambda$ bekannt: $\lambda \approx 7{,}7 \cdot 10^8\,(\mathrm{cm/s})^2$. Außerdem wissen wir, dass $g \approx 10^3\,\mathrm{cm/s^2}$. Wenn wir diese Zahlenwerte für $g$ und $\lambda$ einsetzen, nimmt (5.144) seine endgültige Form an. Insbesondere können wir aus (5.144) erkennen, dass der Druck um den Faktor $e\,(\approx 3)$ abnimmt, wenn wir auf eine Höhe von $h = \frac{\lambda}{g} = 7{,}7 \cdot 10^5\,\mathrm{cm} = 7{,}7\,\mathrm{km}$ steigen. Der Druck nimmt um denselben Faktor zu, falls man in einem Minenschacht um etwa $7{,}7\,\mathrm{km}$ absteigt.

---

[31] W. Thomson (Lord Kelvin) (1824–1907) – berühmter britischer Physiker.

### 5.6.3 Radioaktiver Zerfall, Kettenreaktionen und Kernreaktoren

Es ist bekannt, dass die Kerne schwerer Elemente zu sporadischem (spontanem) Zerfall neigen. Dieses Phänomen wird *natürliche Radioaktivität* genannt. Das hauptsächliche statistische Gesetz für die Radioaktivität (das dementsprechend für nicht zu geringe Mengen und Konzentrationen einer Substanz zutrifft) besagt, dass die Zahl der Zerfallsvorgänge in einem kleinen Zeitintervall $h$, das zur Zeit $t$ beginnt, zu $h$ und zur Zahl $N(t)$ der Atome der Substanz, die bis zur Zeit $t$ nicht zerfallen sind, proportional ist, d.h.

$$N(t + h) - N(t) \approx -\lambda N(t)h ,$$

wobei $\lambda > 0$ ein numerischer Koeffizient ist, der für das jeweilige chemische Element charakteristisch ist.

Daher erfüllt die Funktion $N(t)$ die nun bekannte Differentialgleichung

$$N'(t) = -\lambda N(t) , \qquad (5.145)$$

aus der folgt, dass

$$N(t) = N_0 e^{-\lambda t} ,$$

wobei $N_0 = N(0)$ die Anfangszahl der Atome der Substanz ist.

Die Zeit $T$ bis zu der die Hälfte der anfänglichen Anzahl von Atomen zerfallen ist, wird *Halbwertszeit* der Substanz genannt. Die Größe $T$ lässt sich aus der Gleichung $e^{-\lambda T} = \frac{1}{2}$ bestimmen, d.h. $T = \frac{\ln 2}{\lambda} \approx \frac{0{,}69}{\lambda}$. So ist beispielsweise für Polonium-210 ($Po^{210}$) die Halbwertszeit ungefähr 138 Tage, für Radium-226 ($Ra^{226}$) $T \approx 1600$ Jahre, für Uran-235 ($U^{235}$) $T \approx 7,1 \cdot 10^8$ Jahre und für sein Isotop $U^{238}$ $T \approx 4,5 \cdot 10^9$ Jahre.

Eine *Kernreaktion* ist eine Wechselwirkung von Kernen oder eines Kerns mit Elementarteilchen, die zum Entstehen eines neuen Kerns führt. Dies kann die Kernfusion sein, bei der die Verschmelzung leichter Kerne zur Bildung schwererer Kerne führt (z.B. zwei Kerne schweren Wasserstoffs – Deuterium – ergeben einen Heliumkern unter Freisetzung von Energie). Es kann auch der Zerfall eines Kerns sein und die Bildung eines oder mehrerer Kerne leichterer Elemente. Insbesondere tritt ein derartiger Zerfall in ungefähr der Hälfte der Fälle ein, wenn ein Neutron auf einen $U^{235}$ Kern trifft. Der Zerfall des Uraniumkerns führt zur Bildung von 2 oder 3 neuen Neutronen, die dann mit weiteren Kernen in Wechselwirkung treten können, was dazu führt, dass diese zerfallen, was eine weitere Multiplikation der Zahl der Neutronen bewirkt. Eine Kernreaktion dieser Art wird *Kettenreaktion* genannt.

Wir werden ein theoretisches mathematisches Modell für eine Kettenreaktion eines radioaktiven Elements beschreiben, um die Veränderung der Zahl $N(t)$ der Neutronen als eine Funktion der Zeit zu bestimmen.

Wir nehmen an, dass die Substanz Kugelform mit Radius $r$ besitzt. Ist $r$ nicht zu klein, werden einerseits neue Neutronen im Zeitintervall $h$ beginnend zur Zeit $t$ erzeugt. Deren Zahl ist zu $h$ und $N(t)$ proportional. Andererseits gehen auch einige der Neutronen für die Reaktion verloren, wenn sie sich außerhalb der Kugel bewegen.

Ist $v$ die Geschwindigkeit der entstehenden Neutronen, dann können nur solche Neutronen die Kugel in der Zeit $h$ verlassen, die innerhalb der Entfernung $vh$ des Randes liegen. Von diesen allerdings nur die, deren Bewegungsrichtung ungefähr in Richtung des Radiusvektors zeigt. Wenn wir annehmen, dass diese Neutronen einen festen Anteil aller Neutronen in der Kugel ausmachen und dass Neutronen ungefähr gleichförmig in der Kugel verteilt sind, können wir sagen, dass die Zahl der verlorenen Neutronen im Zeitintervall $h$ zu $N(t)$ und zum Verhältnis zwischen dem Volumen der Randschicht und dem Volumen der Kugel proportional ist.

Das eben Gesagte führt uns zu der Gleichung

$$N(t + h) - N(t) \approx \alpha N(t)h - \frac{\beta}{r}N(t)h \qquad (5.146)$$

(da das Volumen der Randschicht etwa $4\pi r^2 vh$ beträgt und das Volumen der Kugel $\frac{4}{3}\pi r^3$ ist). Dabei hängen die Koeffizienten $\alpha$ und $\beta$ nur von der vorliegenden radioaktiven Substanz ab.

Nach Division mit $h$ und Übergang zum Grenzwert in (5.146) für $h \to 0$ erhalten wir

$$N'(t) = \left(\alpha - \frac{\beta}{r}\right)N(t) \qquad (5.147)$$

und daraus

$$N(t) = N_0 \exp\left\{\left(\alpha - \frac{\beta}{r}\right)t\right\}.$$

Aus dieser Formel können wir erkennen, dass für $\left(\alpha - \frac{\beta}{r}\right) > 0$ die Zahl der Neutronen mit der Zeit exponentiell anwächst. Die Art dieses Anwachsens ist unabhängig von der Anfangsbedingung $N_0$ derart, dass die Substanz praktisch in einem sehr kurzen Zeitintervall völlig zerfällt und dabei eine ungeheure Energiemenge freigesetzt wird – dies führt zu einer *Explosion*.

Ist $\left(\alpha - \frac{\beta}{r}\right) < 0$, schwächt sich die Reaktion sehr schnell ab, da mehr Neutronen verloren gehen als erzeugt werden.

Für den Fall dazwischen, d.h. $\alpha - \frac{\beta}{r} = 0$, beobachtet man ein Gleichgewicht zwischen der Erzeugung von Neutronen und ihrem Verlust für die Reaktion, wodurch die Zahl der Neutronen ungefähr gleich bleibt.

Der Wert $r$, für den $\alpha - \frac{\beta}{r} = 0$, wird *kritischer Radius* und die Masse der Substanz im Kreis dieses Volumens wird *kritische Masse* der Substanz genannt. Für $U^{235}$ liegt der kritische Radius bei etwa $8,5\,\text{cm}$ und die kritische Masse bei etwa $50\,\text{kg}$.

In Kernreaktoren, in denen durch eine Kettenreaktion einer radioaktiven Substanz Dampf erzeugt wird, gibt es eine künstliche Neutronenquelle, die das spaltbare Material mit einer gewissen Anzahl $n$ von Neutronen pro Einheitszeit versorgen. Daher ändert sich für einen Atomreaktor die Gleichung (5.147) etwas zu:

$$N'(t) = \left(\alpha - \frac{\beta}{r}\right)N(t) + n. \qquad (5.148)$$

Diese Gleichung kann auf dieselbe Weise gelöst werden wie (5.147), da $\frac{N'(t)}{(\alpha-\beta/r)N(t)+n}$ der Ableitung der Funktion $\frac{1}{\alpha-\beta/r}\ln\left[(\alpha-\frac{\beta}{r})N(t)+n\right]$ für $\alpha-\frac{\beta}{r}\neq 0$ entspricht. Folglich besitzt die Lösung von (5.148) die Form

$$N(t) = \begin{cases} N_0 e^{(\alpha-\beta/r)t} - \frac{n}{\alpha-\beta/r}\left[1 - e^{(\alpha-\beta/r)t}\right] & \text{für } \alpha-\frac{\beta}{r}\neq 0 , \\[2mm] N_0 + nt & \text{für } \alpha-\frac{\beta}{r}=0 . \end{cases}$$

An dieser Lösung können wir sehen, dass für $\alpha-\frac{\beta}{r}>0$ (überkritische Masse) eine Explosion auftritt. Ist die Masse unterkritisch, d.h. $\alpha-\frac{\beta}{r}<0$, wird der Vorgang sehr rasch zu

$$N(t) \approx \frac{n}{\frac{\beta}{r}-\alpha}$$

gelangen. Wird daher die Masse der radioaktiven Substanz im unterkritischen Bereich aber nahe an der kritischen Masse gehalten, dann erhalten wir unabhängig von der Stärke der zusätzlichen Neutronenquelle, d.h. unabhängig von $n$, höhere Werte von $N(t)$ und folglich größere Energie aus dem Reaktor. Es ist sehr heikel, den Prozess im unterkritischen Bereich zu halten, und es ist in der Praxis nur durch sehr komplizierte automatische Kontrollsysteme möglich.

### 5.6.4 In der Atmosphäre fallende Körper

Wir wollen uns nun mit einem Körper und seiner Geschwindigkeit $v(t)$ beschäftigen, der unter dem Einfluss der Schwerkraft auf die Erde fällt.

Gäbe es keinen Luftwiderstand, würde die Gleichung

$$\dot{v}(t) = g \tag{5.149}$$

für einen Fall aus relativ niedriger Höhe gelten. Diese Beziehung ergibt sich aus dem zweiten Newtonschen Gesetz $ma = F$ und dem allgemeinen Gesetz der Schwerkraft, aufgrund dessen für $h \ll R$ (wobei $R$ der Erdradius ist) gilt:

$$F(t) = G\frac{Mm}{(R+h(t))^2} \approx G\frac{Mm}{R^2} = gm .$$

Ein sich in der Atmosphäre bewegender Körper erfährt einen Widerstand, der von der Geschwindigkeit der Bewegung abhängt. Als Folge davon steigt die Geschwindigkeit eines schweren Körpers im freien Fall in der Atmosphäre nicht beliebig an, sondern stabilisiert sich auf einem Niveau. So erreicht etwa ein Fallschirmspringer in den unteren Schichten der Atmosphäre eine konstante Geschwindigkeit zwischen 50 und 60 Meter pro Sekunde.

Für den Geschwindigkeitsbereich zwischen 0 und 80 Meter pro Sekunde werden wir annehmen, dass der Luftwiderstand zur Geschwindigkeit proportional ist. Die Proportionalitätskonstante hängt natürlich von der Gestalt des

Körpers ab. Manchmal gibt man diesem Körper Stromlinienform (eine Bombe), wohingegen in anderen Fällen das entgegengesetzte Ziel verfolgt wird (ein Fallschirm). Wenn wir die Kräfte, die auf den Körper wirken, gleich setzen, dann gelangen wir zu folgender Gleichung, die für einen in der Atmosphäre frei fallenden Körper erfüllt sein muss:

$$m\dot{v}(t) = mg - \alpha v \ . \tag{5.150}$$

Wir teilen diese Gleichung durch $m$, bezeichnen $\frac{\alpha}{m}$ mit $\beta$ und erhalten so:

$$\dot{v}(t) = -\beta v + g \ . \tag{5.148'}$$

Wir sind dabei zu einer Gleichung gelangt, die sich von (5.148) nur durch die Schreibweise unterscheidet. Wenn wir $-\beta v(t) + g = f(t)$ setzen, dann erhalten wir aus (5.148'), da $f'(t) = -\beta v'(t)$, die äquivalente Gleichung

$$f'(t) = -\beta f(t) \ ,$$

die abgesehen von der Schreibweise mit (5.143) und (5.145) übereinstimmt. Somit führt uns auch dieses Problem auf eine Gleichung, die als Lösung die Exponentialfunktion

$$f(t) = f(0)\mathrm{e}^{-\beta t}$$

besitzt.

Daraus folgt, dass die Lösung von (5.148')

$$v(t) = \frac{1}{\beta}g + \left(v_0 - \frac{g}{\beta}\right)\mathrm{e}^{-\beta t}$$

lautet, woraus sich die folgende Lösung der Grundgleichung (5.150) ergibt:

$$v(t) = \frac{m}{\alpha}g + \left(v_0 - \frac{m}{\alpha}g\right)\mathrm{e}^{-(\alpha/m)t} \ . \tag{5.151}$$

Dabei ist $v_0 = v(0)$ die vertikale Anfangsgeschwindigkeit des Körpers.

Aus (5.151) können wir ersehen, dass ein in der Atmosphäre fallender Körper für $\alpha > 0$ einen stationären Zustand erreicht, in dem $v(t) \approx \frac{m}{\alpha}g$. Im Unterschied zum freien Fall im luftleeren Raum hängt daher die Fallgeschwindigkeit nicht nur von der Form des Körpers, sondern auch von seiner Masse ab. Für $\alpha \to 0$ strebt die rechte Seite von (5.151) gegen $v_0 + gt$, d.h. zur Lösung von (5.149), die wir für $\alpha = 0$ aus (5.150) erhalten.

Mit Hilfe von Gleichung (5.151) können wir eine Vorstellung davon bekommen, wie schnell die Grenzgeschwindigkeit beim Fall in der Atmosphäre erreicht wird.

Wird z.B. ein Fallschirm von einer Person mit Durchschnittsgewicht nach einem freien Fall, bei dem der Springer eine Geschwindigkeit von ca. 50 Meter pro Sekunde erreicht hat, geöffnet, dann wird die Geschwindigkeit drei Sekunden nach Öffnung des Schirms bei ungefähr 12 Meter pro Sekunde liegen, falls der Schirm für eine Fallgeschwindigkeit von etwa 10 Meter pro Sekunde entworfen wurde.

Tatsächlich erhalten wir mit den eben angeführten Daten und Gleichung (5.151), dass $\frac{m}{\alpha}g \approx 10$, $\frac{m}{\alpha} \approx 1$ und $v_0 = 50\,\text{m/s}$, so dass (5.151) die Form

$$v(t) = 10 + 40\mathrm{e}^{-t}$$

annimmt. Da $\mathrm{e}^3 \approx 20$, erhalten wir für $t = 3$, dass $v \approx 12\,\text{m/s}$.

### 5.6.5 Die Zahl e und ein erneuter Blick auf die Funktion exp $x$

An Beispielen haben wir gezeigt (vgl. auch die Übungen 3 und 4 am Ende dieses Abschnitts), dass eine Vielzahl natürlicher Phänomene mathematisch durch dieselbe Differentialgleichung beschrieben werden kann, nämlich

$$f'(x) = \alpha f(x) \,, \qquad\qquad (5.152)$$

deren Lösung $f(x)$ eindeutig bestimmt ist, wenn die „Anfangsbedingung" $f(0)$ angegeben wird. Dann ist
$$f(x) = f(0)\mathrm{e}^{\alpha x} \,.$$

Wir haben früher die Zahl e und die Funktion $\mathrm{e}^x = \exp x$ sehr formal eingeführt, indem wir dem Leser versichert haben, dass e wirklich eine wichtige Zahl ist und $\exp x$ wirklich eine wichtige Funktion. Nun ist klar, dass selbst dann, wenn wir diese Funktion nicht schon früher bekannt gemacht hätten, es nun notwendig gewesen wäre, sie als Lösung der wichtigen und doch einfachen Gleichung (5.152) einzuführen. Genauer gesagt, hätte es genügt, die Funktion zu bestimmen, die (5.152) für einen gewissen Wert von $\alpha$, z.B. $\alpha = 1$, löst. Denn die allgemeine Gleichung (5.152) kann auf diesen Fall reduziert werden, wenn wir zu einer neuen Variable $t$ übergehen, die mit $x$ durch $x = \frac{t}{\alpha}$, $(\alpha \neq 0)$ verbunden ist.

Tatsächlich erhalten wir so

$$f(x) = f\left(\frac{t}{\alpha}\right) = F(t) \quad \text{und} \quad \frac{\mathrm{d}f(x)}{\mathrm{d}x} = \frac{\frac{\mathrm{d}F(t)}{\mathrm{d}t}}{\frac{\mathrm{d}x}{\mathrm{d}t}} = \alpha F'(t)$$

und anstelle der Gleichung $f'(x) = \alpha f(x)$ gelangen wir zu $\alpha F'(t) = \alpha F(t)$ oder $F'(t) = F(t)$.

Daher wollen wir die Gleichung

$$f'(x) = f(x) \qquad\qquad (5.153)$$

betrachten und die Lösung dieser Gleichung, die $f(0) = 1$ erfüllt, mit $\exp x$ bezeichnen.

Wir wollen prüfen, ob diese Definition mit unserer vorigen Definition von $\exp x$ übereinstimmt.

Dazu wollen wir den Wert von $f(x)$ beginnend bei $f(0) = 1$ berechnen und dabei annehmen, dass $f$ (5.153) erfüllt. Da $f$ differenzierbar ist, ist $f$ auch stetig. Aber dann folgt aus (5.153), dass $f'(x)$ ebenfalls stetig ist. Außerdem folgt aus (5.153), dass $f$ auch eine zweite Ableitung $f''(x) = f'(x)$ besitzt und dass $f$ im Allgemeinen beliebig oft differenzierbar ist. Da die Veränderungsrate $f'(x)$ der Funktion $f(x)$ stetig ist, verändert sich die Funktion $f'$, wenn sich ihre Argumente in einem kleinen Intervall $h$ verändern, nur sehr wenig. Daher ist $f(x_0 + h) = f(x_0) + f'(\xi)h \approx f(x_0) + f'(x_0)h$. Wir wollen diese Näherungsformel benutzen und das Intervall von 0 bis $x$ in kleinen Schritten der Größe $h = \frac{x}{n}$, $n \in \mathbb{N}$ abschreiten. Mit $x_0 = 0$ und $x_{k+1} = x_k + h$ sollten wir

$$f(x_{k+1}) \approx f(x_k) + f'(x_k)h$$

erhalten. Wenn wir (5.153) und die Bedingung $f(0) = 1$ berücksichtigen, ergibt sich

$$\begin{aligned}
f(x) = f(x_n) &\approx f(x_{n-1}) + f'(x_{n-1})h = \\
&= f(x_{n-1})(1 + h) \approx \big(f(x_{n-2}) + f'(x_{n-2})h\big)(1 + h) = \\
&= f(x_{n-2})(1 + h)^2 \approx \cdots \approx f(x_0)(1 + h)^n = \\
&= f(0)(1 + h)^n = \left(1 + \frac{x}{n}\right)^n .
\end{aligned}$$

Es scheint trivial (und dies kann bewiesen werden), dass die Näherung in der Formel $f(x) \approx \left(1 + \frac{x}{n}\right)^n$ umso genauer ist, je kleiner die Schrittweite $h = \frac{x}{n}$ ist.

Daher gelangen wir zu der Folgerung, dass

$$f(x) = \lim_{n \to \infty} \left(1 + \frac{x}{n}\right)^n .$$

Insbesondere werden wir, falls wir die Größe $f(1) = \lim_{n \to \infty} \left(1 + \frac{1}{n}\right)^n$ mit e bezeichnen und zeigen, dass e $\neq 1$, erhalten, dass

$$f(x) = \lim_{n \to \infty} \left(1 + \frac{x}{n}\right)^n = \lim_{t \to 0}(1 + t)^{x/t} = \lim_{t \to 0}\left[(1 + t)^{1/t}\right]^x = \mathrm{e}^x , \qquad (5.154)$$

da wir wissen, dass $u^\alpha \to v^\alpha$ für $u \to v$.

Auf diese Weise lösen wir (5.153) numerisch, wodurch wir zu (5.154) gelangen. Diese Methode wurde vor langer Zeit von Euler vorgeschlagen und *eulersches Polygonzugverfahren* genannt. Dieser Name hängt mit der geometrischen Bedeutung der so ausgeführten Berechnungen zusammen. Denn die Lösung $f(x)$ (oder besser ihr Graph) der Gleichung wird durch einen Näherungsgraphen ersetzt, der aus aneinander gesetzten Strecken besteht, die auf den entsprechenden abgeschlossenen Intervallen $[x_k, x_{k+1}]$ ($k = 0, \ldots, n - 1$) durch die Gleichungen $y = f(x_k) + f'(x_k)(x - x_k)$ gegeben werden (vgl. Abb. 5.34).

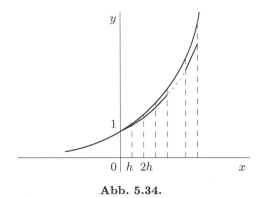

**Abb. 5.34.**

Wir sind bereits auf die Definition der Funktion $\exp x$ als Summe der Potenzreihe $\sum\limits_{n=0}^{\infty} \frac{1}{n!} x^n$ gestoßen. Diese Definition können wir auch aus (5.153) erhalten, wenn wir die häufig angewendete *Methode der unbestimmten Koeffizienten* anwenden. Wir suchen nach einer Lösung von (5.153) als Summe einer Potenzreihe

$$f(x) = c_0 + c_1 x + \cdots + c_n x^n + \cdots, \qquad (5.155)$$

deren Koeffizienten bestimmt werden sollen.

Wie wir gesehen haben (vgl. Satz 6 in Abschnitt 5.5), folgt aus (5.155), dass $c_n = \frac{f^{(n)}(0)}{n!}$. Nach (5.153) ist aber $f(0) = f'(0) = \cdots = f^{(n)}(0) = \cdots$ und da $f(0) = 1$, ist $c_n = \frac{1}{n!}$. Daher ist, falls $f(0) = 1$ und die Lösung die Gestalt (5.155) besitzt, notwendigerweise:

$$f(x) = 1 + \frac{1}{1!} x + \frac{1}{2!} x^2 + \cdots + \frac{1}{n!} x^n + \cdots.$$

Wir hätten unabhängig davon zeigen können, dass die Funktion, die durch diese Reihe definiert wird, tatsächlich differenzierbar ist (und nicht nur in $x = 0$) und dass sie (5.153) und die Anfangsbedingung $f(0) = 1$ erfüllt. Wir werden uns jedoch nicht bei diesem Punkt aufhalten, da wir nur zum Ziel hatten, zu prüfen, ob die Lösung von (5.153) mit der Anfangsbedingung $f(0) = 1$ damit übereinstimmt, was wir bisher mit der Funktion $\exp x$ gemeint haben.

Wir merken an, dass (5.153) in der komplexen Ebene hätte untersucht werden können, d.h., wir hätten $x$ als beliebige komplexe Variable betrachten können. Dabei bleiben die angestellten Überlegungen gültig, obwohl die geometrische Intuition des Eulerschen Verfahrens verloren geht.

Daher erwarten wir, dass die Funktion

$$e^z = 1 + \frac{1}{1!} z + \frac{1}{2!} z^2 + \cdots + \frac{1}{n!} z^n + \cdots$$

die natürliche Lösung der Gleichung

$$f'(z) = f(z)$$

ist, die die Bedingung $f(0) = 1$ erfüllt.

## 5.6.6 Schwingungen

Wenn ein an einer Feder hängender Körper aus seiner Gleichgewichtslage aus-
gelenkt wird, indem er beispielsweise angehoben und dann losgelassen wird,
dann wird er um seine Gleichgewichtslage schwingen.

Angenommen, eine Kraft wirke auf eine Punktmasse $m$, die sich frei entlang der $x$-Achse bewegen kann. Diese Kraft $F = -kx$ ist zur Auslenkung des
Punktes proportional[32]. Wir wollen ferner annehmen, dass wir die Anfangsposition $x_0 = x(0)$ der Punktmasse und ihre Anfangsgeschwindigkeit $v_0 = \dot{x}(0)$
kennen. Wir suchen nach der Abhängigkeit $x = x(t)$ der Position des Punktes
mit der Zeit.

Nach dem Newtonschen Gesetz kann das Problem in der folgenden, rein
mathematischen Gestalt geschrieben werden:

$$m\ddot{x}(t) = -kx(t) \tag{5.156}$$

mit den Anfangsbedingungen $x_0 = x(0)$ und $\dot{x}(0) = v_0$.

Wir wollen (5.156) als

$$\ddot{x}(t) + \frac{k}{m}x(t) = 0 \tag{5.157}$$

neu schreiben und wiederum versuchen, die Exponentialfunktion zu benutzen.
Wir wollen insbesondere die Zahl $\lambda$ so wählen, dass die Funktion $x(t) = e^{\lambda t}$
Gleichung (5.157) erfüllt.

Mit der Substitution $x(t) = e^{\lambda t}$ in (5.157) erhalten wir

$$\left(\lambda^2 + \frac{k}{m}\right)e^{\lambda t} = 0$$

oder

$$\lambda^2 + \frac{k}{m} = 0 \,, \tag{5.158}$$

d.h., $\lambda_1 = -\sqrt{-\frac{k}{m}}$ und $\lambda_2 = \sqrt{-\frac{k}{m}}$. Da $m > 0$, erhalten wir für $k > 0$ zwei
imaginäre Zahlen $\lambda_1 = -i\sqrt{\frac{k}{m}}$ und $\lambda_2 = i\sqrt{\frac{k}{m}}$. Wir hatten mit dieser Möglichkeit nicht gerechnet; wir wollen unsere Untersuchung jedoch fortsetzen. Laut
den Eulerschen Formeln gilt

---

[32] Im Fall einer Feder wird der Koeffizient $k > 0$, der die Stärke der Feder charakterisiert, auch *Elastizitätsmodul* genannt.

$$e^{-i\sqrt{k/m}\,t} = \cos\sqrt{\frac{k}{m}}\,t - i\sin\sqrt{\frac{k}{m}}\,t \quad \text{und}$$

$$e^{i\sqrt{k/m}\,t} = \cos\sqrt{\frac{k}{m}}\,t + i\sin\sqrt{\frac{k}{m}}\,t\,.$$

Da Differenzieren nach der reellen Variablen $t$ bedeutet, dass die Real- und die Imaginärteile der Funktion $e^{\lambda t}$ jeder für sich differenziert wird, muss (5.157) von beiden Funktionen $\cos\sqrt{\frac{k}{m}}\,t$ und $\sin\sqrt{\frac{k}{m}}\,t$ erfüllt werden. Und dies trifft tatsächlich zu, wie sich direkt zeigen lässt. Somit haben wir mit Hilfe der Exponentialfunktion zwei Lösungen von (5.157) erhalten und jede Linearkombination

$$x(t) = c_1 \cos\sqrt{\frac{k}{m}}\,t + c_2 \sin\sqrt{\frac{k}{m}}\,t \tag{5.159}$$

dieser beiden Lösungen ist offensichtlich ebenso eine Lösung von (5.157).

Wir wählen die Koeffizienten $c_1$ und $c_2$ in (5.159) aus den Bedingungen

$$x_0 = x(0) = c_1 \quad \text{und}$$

$$v_0 = \dot{x}(0) = \left( - c_1\sqrt{\frac{k}{m}}\sin\sqrt{\frac{k}{m}}\,t + c_2\sqrt{\frac{k}{m}}\cos\sqrt{\frac{k}{m}}\,t \right)\bigg|_{t=0} = c_2\sqrt{\frac{k}{m}}\,.$$

Daher ist die Funktion

$$x(t) = x_0 \cos\sqrt{\frac{k}{m}}\,t + v_0\sqrt{\frac{m}{k}}\sin\sqrt{\frac{k}{m}}\,t \tag{5.160}$$

die gesuchte Lösung.

Mit Hilfe von Standardumformungen können wir (5.160) in der Gestalt

$$x(t) = \sqrt{x_0^2 + v_0^2\frac{m}{k}}\,\sin\left(\sqrt{\frac{k}{m}}\,t + \alpha\right) \tag{5.161}$$

schreiben, wobei

$$\alpha = \arcsin\frac{x_0}{\sqrt{x_0^2 + v_0^2\frac{m}{k}}}\,.$$

Daher wird die Punktmasse für $k > 0$ periodische Schwingungen mit der Periode $T = 2\pi\sqrt{\frac{m}{k}}$ ausführen, d.h. mit der Frequenz $\frac{1}{T} = \frac{1}{2\pi}\sqrt{\frac{k}{m}}$ und der Amplitude $\sqrt{x_0^2 + v_0^2\frac{m}{k}}$. Wir können diese Aussagen machen, da aus physikalischen Gründen klar ist, dass die Lösung (5.160) eindeutig ist (vgl. Aufgabe 5 am Ende dieses Abschnitts).

Die durch (5.161) beschriebene Bewegung wird *einfache harmonische Schwingung* genannt und (5.157) als *Gleichung eines einfachen harmonischen Oszillators* bezeichnet.

Wir wollen uns nun dem Fall $k < 0$ in (5.158) zuwenden. Dann sind die Funktionen $e^{\lambda_1 t} = \exp\left(-\sqrt{-\frac{k}{m}}\,t\right)$ und $e^{\lambda_2 t} = \exp\left(\sqrt{-\frac{k}{m}}\,t\right)$ reelle Lösungen von (5.157) und mit ihnen auch die Funktion

$$x(t) = c_1 e^{\lambda_1 t} + c_2 e^{\lambda_2 t} \ . \tag{5.162}$$

Die Konstanten $c_1$ und $c_2$ können wir aus den Bedingungen

$$\begin{cases} x_0 = x(0) = c_1 + c_2 & \text{und} \\[2mm] v_0 = \dot{x}(0) = c_1 \lambda_1 + c_2 \lambda_2 \end{cases}$$

bestimmen. Dieses Gleichungssystem besitzt immer eine eindeutige Lösung, da seine Determinante $\lambda_2 - \lambda_1$ ungleich Null ist.

Da die Zahlen $\lambda_1$ und $\lambda_2$ ungleiches Vorzeichen haben, können wir an (5.162) erkennen, dass die Kraft $F = -kx$ für $k < 0$ nicht nur keine Anstalten macht, den Punkt in seine Gleichgewichtslage in $x = 0$ zurückzubringen, sondern stattdessen den Punkt mit der Zeit unendlich weit aus der Gleichgewichtslage bringt, falls $x_0$ oder $v_0$ ungleich Null sind. In diesem Fall ist $x = 0$ also ein instabiler Gleichgewichtspunkt.

Zum Abschluss wollen wir eine sehr natürliche Veränderung von (5.156) betrachten, die die Nützlichkeit der Exponentialfunktion und der Eulerschen Formeln, die eine Verbindung zwischen den wichtigen Elementarfunktionen herstellt, sogar noch deutlicher macht.

Wir wollen annehmen, dass sich das betrachtete Teilchen in einem Medium (Luft oder eine Flüssigkeit) bewegt, dessen Widerstand nicht vernachlässigbar ist. Angenommen, die Widerstandskraft sei zur Geschwindigkeit des Punktes proportional. Dann müssen wir anstelle von (5.156)

$$m\ddot{x}(t) = -\alpha \dot{x}(t) - kx(t)$$

schreiben, was wir zu

$$\ddot{x}(t) + \frac{\alpha}{m}\dot{x}(t) + \frac{k}{m}x(t) = 0 \tag{5.163}$$

umformen. Wenn wir wiederum eine Lösung der Form $x(t) = e^{\lambda t}$ suchen, gelangen wir diesmal zur quadratischen Gleichung

$$\lambda^2 + \frac{\alpha}{m}\lambda + \frac{k}{m} = 0 \ ,$$

deren Nullstellen $\lambda_{1,2} = -\frac{\alpha}{2m} \pm \frac{\sqrt{\alpha^2 - 4mk}}{2m}$ lauten.

Für $\alpha^2 - 4mk > 0$ erhalten wir zwei reelle Nullstellen $\lambda_1$ und $\lambda_2$ und die Lösung ist mit (5.162) identisch.

Wir wollen den interessanteren Fall für $\alpha^2 - 4mk < 0$ etwas genauer untersuchen. Beide Nullstellen $\lambda_1$ und $\lambda_2$ sind dann komplex, aber nicht rein imaginär:

$$\lambda_1 = -\frac{\alpha}{2m} - i\frac{\sqrt{4mk - \alpha^2}}{2m} \quad \text{und}$$

$$\lambda_2 = -\frac{\alpha}{2m} + i\frac{\sqrt{4mk - \alpha^2}}{2m}.$$

In diesem Fall liefert uns die Eulersche Formel:

$$e^{\lambda_1 t} = \exp\left(-\frac{\alpha}{2m}t\right)(\cos\omega t - i\sin\omega t) \quad \text{und}$$

$$e^{\lambda_2 t} = \exp\left(-\frac{\alpha}{2m}t\right)(\cos\omega t + i\sin\omega t)$$

mit $\omega = \frac{\sqrt{4mk-\alpha^2}}{2m}$. Somit gelangen wir zu den beiden reellen Lösungen $\exp\left(-\frac{\alpha}{2m}\right)\cos\omega t$ und $\exp\left(-\frac{\alpha}{2m}\right)\sin\omega t$ von (5.163), die wir nur schwerlich erraten hätten. Nun suchen wir eine Lösung der Ausgangsgleichung als Linearkombination dieser beiden:

$$x(t) = \exp\left(-\frac{\alpha}{2m}t\right)(c_1\cos\omega t + c_2\sin\omega t). \tag{5.164}$$

Dabei wählen wir $c_1$ und $c_2$ so, dass die Anfangsbedingungen $x(0) = x_0$ und $\dot{x}(0) = v_0$ erfüllt werden.

Das sich ergebende lineare Gleichungssystem besitzt, wie sich zeigen lässt, immer eine eindeutige Lösung. Nach einigen Umformungen erhalten wir die Lösung des Problems (5.164) in folgender Form:

$$x(t) = A\exp\left(-\frac{\alpha}{2m}t\right)\sin(\omega t + a), \tag{5.165}$$

wobei $A$ und $a$ Konstanten sind, die durch die Anfangsbedingungen bestimmt werden.

Aufgrund des Faktors $\exp\left(-\frac{\alpha}{2m}t\right)$ sind die Schwingungen für $\alpha > 0$ und $m > 0$ *gedämpft*, wobei die Dämpfung der Amplitude vom Verhältnis $\frac{\alpha}{m}$ abhängt. Dagegen ändert sich die Frequenz der Schwingung $\frac{1}{2\pi}\omega = \frac{1}{2\pi}\sqrt{\frac{k}{m} - \left(\frac{\alpha}{2m}\right)^2}$ nicht mit der Zeit. Die Größe $\omega$ hängt ebenfalls von den Verhältnissen $\frac{k}{m}$ und $\frac{\alpha}{m}$ ab, was wir bereits in (5.163) hätten erkennen können. Für $\alpha = 0$ erhalten wir wiederum die ungedämpfte harmonische Schwingung in (5.161) für (5.157).

### 5.6.7 Übungen und Aufgaben

1. *Effektivität eines Raketenantriebs.*

a) Sei $Q$ die chemische Energie einer Einheitsmasse Raketentreibstoff und $\omega$ die Austrittsgeschwindigkeit des Treibstoffs. Dann ist $\frac{1}{2}\omega^2$ die kinetische Energie einer Einheitsmasse Treibstoffs nach Verbrennung. Der Koeffizient $\alpha$ in der Gleichung $\frac{1}{2}\omega^2 = \alpha Q$ bringt die Effektivität des Verbrennungs- und Ausströmprozesses des Treibstoffs zum Ausdruck. Für Festkörpertreibstoff (rauchfreies Pulver) ist $\omega = 2\,\text{km/s}$ und $Q = 1000\,\text{kcal/kg}$ und für flüssigen Treibstoff (Benzin mit Sauerstoff) $\omega = 3\,\text{km/s}$ und $Q = 2500\,\text{kcal/kg}$. Bestimmen Sie die Effektivität $\alpha$ für die beiden Alternativen.

b) Die Effektivität einer Rakete wird als das Verhältnis ihrer endgültigen kinetischen Energie $m_R \frac{v^2}{2}$ zur chemischen Energie des Treibstoffs $m_T Q$ definiert. Stellen Sie mit Hilfe von (5.139) eine Formel für die Effektivität einer Rakete in Abhängigkeit von $m_R$, $m_T$, $Q$ und $\alpha$ (vgl. Teil a)) auf.

c) Bestimmen Sie die Effektivität eines Automobils mit einem Düsenmotor mit flüssigem Treibstoff, wenn das Automobil auf die in Städten übliche Geschwindigkeit 50 km/Std beschleunigt wird.

d) Bestimmen Sie die Effektivität eines Raketenantriebs mit flüssigem Treibstoff, der einen Satelliten in eine niedere Umlaufbahn um die Erde transportiert.

e) Bestimmen Sie die Endgeschwindigkeit, für die ein Raketenantrieb mit flüssigem Treibstoff maximal effektiv ist.

f) Welches Massenverhältnis $m_T/m_R$ erzielt, unabhängig von der Treibstoffart, die höchstmögliche Effektivität?

**2. *Die barometrische Höhenformel.***

a) Stellen Sie mit Hilfe der Daten in Absatz 5.6.2 eine Formel für einen Korrekturterm auf, der die Abhängigkeit des Drucks von der Temperatur der Luftsäule berücksichtigt. Die Temperatur darf sich dabei (abhängig von der Jahreszeit) im Bereich $\pm 40°$ C bewegen.

b) Benutzen Sie (5.144), um die Abhängigkeit des Drucks von der Erhöhung der Temperatur von $-40°$ C, $0°$ C und $40°$ C zu berechnen und vergleichen Sie diese Ergebnisse mit denen, die Sie durch ihre Näherungsformel aus Teil a) erhalten.

c) Angenommen, die Lufttemperatur in der Säule ändere sich mit der Höhe nach dem Gesetz $T'(h) = -\alpha T_0$, wobei $T_0$ die Lufttemperatur auf der Erdoberfläche ist und $\alpha \approx 7 \cdot 10^{-7}$ cm$^{-1}$. Leiten Sie eine Formel für die Abhängigkeit des Drucks von der Höhe unter diesen Bedingungen her.

d) Bestimmen Sie den Druck in einer Mine in einer Tiefe von 1 km, 3 km und 9 km mit Hilfe der in Teil c) aufgestellten Formel.

e) Luft besteht unabhängig von der Höhe etwa zu 1/5 aus Sauerstoff. Der Partialdruck von Sauerstoff beträgt auch etwa 1/5 des Luftdrucks. Für eine besondere Fischart darf der Partialdruck von Sauerstoff nicht unter $0,15$ Atmosphären sinken. Kann man diese Spezies in einem Fluss auf Meereshöhe finden? Kann man diese Spezies auch in einem Fluss finden, der in $3,81$ km Höhe in den Titicacasee mündet?

**3. *Radioaktiver Zerfall***

a) Durch Messung des Anteils radioaktiver Substanzen und ihrer Zerfallsprodukte in Erzproben der Erde kann unter der Annahme, dass ursprünglich keine Zerfallsprodukte vorlagen, das Alter der Erde (zumindest seit der Zeit, als das Erz entstand) bestimmt werden. Angenommen, in einem Stein seien $m$ Gramm einer radioaktiven Substanz und $r$ Gramm seines Zerfallsprodukts. Setzen Sie die Halbwertszeit $T$ der Substanz als bekannt voraus und bestimmen Sie die Zeit, zu der der Zerfall begann, und den Betrag der radioaktiven Substanz in der Probe bei gleichem Volumen zur Anfangszeit.

b) Radiumatome in einem Erz machen ungefähr $10^{-12}$ aller Atome aus. Wie hoch war der Radiumanteil vor $10^5$, $10^6$ und $5 \cdot 10^9$ Jahren? (Das Alter der Erde wird auf etwa $5 \cdot 10^9$ Jahre geschätzt.)

c) Bei der Diagnose von Nierenerkrankungen wird oft die Fähigkeit der Niere gemessen, aus dem Blut verschiedene absichtlich in den Körper eingeführte Substanzen wie z.b. Creatinin (der „Creatinin-clearence Test") zu entfernen. Ein Beispiel für einen umgekehrt verlaufenden Prozess ist die Wiederherstellung der Hämoglobinkonzentration im Blut eines Spenders oder bei einem Patienten, der plötzlich eine große Menge Blut verloren hat. In all diesen Fälle gehorcht die Abnahme der eingeführten Substanz (oder umgekehrt die Erzeugung einer genügenden Menge) dem Gesetz $N = N_0 e^{-t/\tau}$, wobei $N$ die Menge (in anderen Worten, die Zahl der Moleküle) der Substanz im Körper nach einer Zeit $t$ nach der Einnahme der Menge $N_0$ ist und $\tau$ ist die sogenannte *Lebensdauer*: Die Zeit die vergangen ist, bis noch $1/e$ der ursprünglich eingenommen Menge im Körper ist. Die Lebensdauer ist, wie sich unschwer zeigen lässt, etwa $1,44$ mal größer als die Halbwertszeit, die der Zeit entspricht, die zur Abnahme auf die Hälfte der Substanz benötigt wird.

Angenommen, eine radioaktive Substanz verlässt den Körper mit einer durch die Lebensdauer $\tau_0$ charakterisierten Zeit und gleichzeitig zerfalle sie spontan mit der Lebensdauer $\tau_z$. Zeigen Sie, dass in diesem Fall die Lebensdauer $\tau$, die die Zeit angibt, die die Substanz im Körper bleibt, durch die Beziehung $\tau^{-1} = \tau_0^{-1} + \tau_z^{-1}$ gegeben wird.

d) Eine gewisse Blutmenge mit 201 mg Eisen sei einem Spender entnommen worden. Um diesen Verlust von Eisen zu kompensieren, wurden dem Spender Eisensulfattabletten verordnet, die eine Woche lang dreimal täglich eingenommen werden sollen. Jede Tablette enthält 67 mg Eisen. Die Menge an Eisen im Spenderblut normalisiert sich exponentiell mit einer Lebensdauer von etwa sieben Tagen. Bestimmen Sie die ungefähre Menge an Eisen in den Tabletten, die vom Blut in einer Woche aufgenommen werden müssen, um die normale Eisenkonzentration im Blut wiederherzustellen.

e) Eine bestimme Menge radioaktiven Phosphors $P^{32}$ wurde verabreicht, um bei einem Patienten einen bösartigen Tumor zu diagnostizieren. Danach wird in regelmäßigen Zeitabständen die Radioaktivität in der Haut des Oberschenkels gemessen. Die Abnahme der Radioaktivität gehorcht einem exponentiellen Gesetz. Da die Halbwertszeit von Phosphor mit $14,3$ Tagen bekannt ist, ist es daher möglich, die Lebensdauer der abnehmenden Radioaktivität durch biologische Ursachen zu messen. Bestimmen Sie diese Konstanten, falls bei der Beobachtung festgestellt wurde, dass die Lebensdauer für die Gesamtabnahme der Radioaktivität $9,4$ Tage (vgl. Teil c)) betrug.

**4.** *Absorption von Strahlung.*
Durchqueren Strahlen ein Medium, wird ein Teil der Strahlung absorbiert. In vielen Fällen (lineare Theorie) kann man annehmen, dass die Absorption beim Durchgang durch eine Schicht, die zwei Einheiten dick ist, dieselbe ist wie die Absorption beim Durchqueren zweier Schichten mit Einheitsdicke.

a) Zeigen Sie, dass die Absorption von Strahlung mit diesen Annahmen dem Gesetz $I = I_0 e^{-kl}$ genügt, wobei $I_0$ die Strahlungsintensität ist, die auf die absorbierende Substanz fällt, $I$ ist die Intensität nach dem Durchgang durch eine Schicht der Dicke $l$ und $k$ ist ein Koeffizient, dessen physikalische Dimension zur Länge invers ist.

b) Bei Lichtabsorption durch Wasser hängt der Koeffizient $k$ von der Wellenlänge des einfallenden Lichts etwa wie folgt ab: Für ultraviolettes Licht ist $k = 1,4 \cdot 10^{-2}\,\mathrm{cm}^{-1}$, für blaues ist $k = 4,6 \cdot 10^{-4}\,\mathrm{cm}^{-1}$, für grünes $k = 4,4 \cdot 10^{-4}\,\mathrm{cm}^{-1}$ und für rotes $k = 2,9 \cdot 10^{-3}\,\mathrm{cm}^{-1}$. Sonnenlicht falle senkrecht auf die Oberfläche eines klaren 10 Meter tiefen Sees. Vergleichen Sie die Intensitäten der oben angeführten Lichtkomponenten oberhalb der Wasserfläche und am Grund des Sees.

**5.** Das Bewegungsgesetz eines Punktes $x = x(t)$ erfülle die Gleichung $m\ddot{x} + kx = 0$ der harmonischen Schwingung. Zeigen Sie:

a) Die Größe $E = \frac{m\dot{x}^2(t)}{2} + \frac{kx^2(t)}{2}$ ist konstant ($E = K + U$ ist die Summe der kinetischen Energie $K = \frac{m\dot{x}^2(t)}{2}$ des Punktes und seiner potentiellen Energie $U = \frac{kx^2(t)}{2}$ zur Zeit $t$).

b) Ist $x(0) = 0$ und $\dot{x}(0) = 0$, dann ist $x(t) \equiv 0$.

c) Es existiert eine eindeutige Bewegung $x = x(t)$ mit den Anfangsbedingungen $x(0) = x_0$ und $\dot{x}(0) = v_0$.

d) Bewegt sich der Körper in einem Medium mit Reibung und erfüllt $x = x(t)$ die Gleichung $m\ddot{x} + \alpha\dot{x} + kx = 0$, $\alpha > 0$, dann nimmt die Größe $E$ (vgl. Teil a)) ab. Bestimmen Sie die Abnahme und erklären Sie die physikalische Bedeutung dieses Ergebnisses, wobei Sie die physikalische Bedeutung von $E$ berücksichtigen.

**6.** *Bewegung nach dem Hookeschen[33] Gesetz* (der ebene Oszillator).
Um in Absatz 5.6.6 und für Aufgabe 5 Gleichung (5.156) für einen linearen Oszillator zu entwickeln, wollen wir die Gleichung $m\ddot{\mathbf{r}}(t) = -k\mathbf{r}(t)$ betrachten, wobei $\mathbf{r}(t)$ der Radiusvektor einer Punktmasse $m$ ist, die sich im Raum unter der Anziehung einer zentripetalen Kraft bewegt, die zum Abstand $|\mathbf{r}(t)|$ vom Zentrum proportional ist. Die Proportionalitätskonstante ist $k > 0$. Eine derartige Kraft tritt auf, wenn der Punkt mit einer elastischen Hookeschen Verbindung verbunden ist; etwa einer Feder mit Federkonstanten $k$.

a) Zeigen Sie durch Ableitung des Vektorprodukts $\mathbf{r}(t) \times \dot{\mathbf{r}}(t)$, dass die Bewegung in der Ebene abläuft, die durch das Zentrum, den Radiusvektor der Anfangsposition $\mathbf{r}_0 = \mathbf{r}(t_0)$ und den Vektor der Anfangsgeschwindigkeit $\dot{\mathbf{r}}_0 = \dot{\mathbf{r}}(t_0)$ festgelegt wird (ein ebener Oszillator). Sind die Vektoren $\mathbf{r}_0 = \mathbf{r}(t_0)$ und $\dot{\mathbf{r}}_0 = \dot{\mathbf{r}}(t_0)$ kollinear, dann verläuft die Bewegung entlang einer Geraden, die das Zentrum und den Vektor $\mathbf{r}_0$ enthält (der lineare Oszillator, der in Absatz 5.6.6 betrachtet wurde).

b) Zeigen Sie, dass die Bahn eines ebenen Oszillators eine Ellipse bildet und dass die Bewegung periodisch ist. Bestimmen Sie die Periode.

c) Zeigen Sie, dass die Größe $E = m\dot{\mathbf{r}}^2(t) + k\mathbf{r}^2(t)$ erhalten bleibt (mit der Zeit konstant bleibt).

d) Zeigen Sie, dass die Anfangsbedingungen $\mathbf{r}_0 = \mathbf{r}(t_0)$ und $\dot{\mathbf{r}}_0 = \dot{\mathbf{r}}(t_0)$ die nachfolgende Bewegung des Punktes vollständig bestimmen.

---

[33] R. Hooke (1635–1703) – britischer Wissenschaftler, ein vielseitiger Gelehrter und Experimentator. Er entdeckte die Zellstruktur von Gewebe und führte den Begriff *Zelle* ein. Er war einer der Väter der mathematischen Theorie der Elastizität und der Wellentheorie des Lichts. Er stellte die Gravitationshypothese und das Gesetz der Gravitationswechselwirkung auf.

**7. *Elliptizität von Planetenbahnen.***
Das vorige Beispiel erlaubt es, die Bewegung eines Punktes unter Einwirkung einer zentralen Hookeschen Kraft in einer Ebene zu betrachten. Angenommen, diese Ebene ist die Ebene der komplexen Variablen $z = x + \mathrm{i}y$. Die Bewegung wird durch zwei reelle Funktionen $x = x(t)$ und $y = y(t)$ bestimmt, oder, was dasselbe ist, durch eine komplexe Funktion $z = z(t)$ der Zeit $t$. Der Einfachheit halber nehmen wir in Aufgabe 6 an, dass $m = 1$ und $k = 1$. Wir betrachten die einfachste Gleichungsform einer derartigen Bewegung $\ddot{z}(t) = -z(t)$.

a) Aus Aufgabe 6 wissen wir, dass die Lösung dieser Gleichung mit den speziellen Anfangsdaten $z_0 = z(t_0)$ und $\dot{z}_0 = \dot{z}(t_0)$ eindeutig ist. Bestimmen Sie sie in der Form $z(t) = c_1\mathrm{e}^{\mathrm{i}t} + c_2\mathrm{e}^{-\mathrm{i}t}$ und zeigen Sie wiederum mit Hilfe der Eulerschen Formel, dass die Bahnkurve eine in Null zentrierte Ellipse ist. (In besonderen Fällen kann es ein Kreis werden oder zu einer Strecke entarten – bestimmen Sie diese.)

b) Die Bewegung eines Punktes $z(t)$ genüge der Gleichung $\ddot{z}(t) = -z(t)$. Sei $\tau$ ein (Zeit-)Parameter, der mit $t$ durch die Beziehung $\tau = \tau(t)$ verbunden ist, so dass $\frac{\mathrm{d}\tau}{\mathrm{d}t} = |z(t)|^2$. Zeigen Sie unter Berücksichtigung der Invarianz von $|\dot{z}(t)|^2 + |z(t)|^2$ während der Bewegung des Punktes $z(t)$, dass der Punkt $w(t) = z^2(t)$ die Bewegungsgleichung $\frac{\mathrm{d}^2 w}{\mathrm{d}\tau^2} = -c\frac{w}{|w|^3}$ erfüllt, wobei $c$ eine Konstante ist und $w = w\big(t(\tau)\big)$. Dies zeigt den Zusammenhang zwischen der Bewegung in einem zentralen Hookeschen Kraftfeld und der Bewegung in einem Newtonschen Gravitationsfeld.

c) Vergleichen Sie dies mit dem Ergebnis aus Aufgabe 8 in Abschnitt 5.5 und beweisen Sie, dass Planetenbahnen Ellipsen sind.

d) Falls Sie Zugang zu einem Computer haben, wollen wir uns nochmals dem eulerschen Polygonzugverfahren, das in Absatz 5.6.5 beschrieben wurde, zuwenden. Berechnen Sie zunächst verschiedene Werte von $\mathrm{e}^x$ nach diesem Verfahren. (Beachten Sie, dass dieses Verfahren nichts außer der Definition des Differentials benutzt, bzw. genauer gesagt, die Formel $f(x_n) \approx f(x_{n-1}) + f'(x_{n-1})h$ für $h = x_n - x_{n-1}$.)
Nun sei $\mathbf{r}(t) = \big(x(t), y(t)\big)$, $\mathbf{r}_0 = \mathbf{r}(0) = (1,0)$, $\dot{\mathbf{r}}_0 = \dot{\mathbf{r}}(0) = (0,1)$ und $\ddot{\mathbf{r}}(t) = -\frac{\mathbf{r}(t)}{|\mathbf{r}(t)|^3}$. Berechnen Sie mit Hilfe der Formeln

$$\mathbf{r}(t_n) \approx \mathbf{r}(t_{n-1}) + \mathbf{v}(t_{n-1})h \quad \text{und}$$
$$\mathbf{v}(t_n) \approx \mathbf{v}(t_{n-1}) + \mathbf{a}(t_{n-1})h \,,$$

mit $\mathbf{v}(t) = \dot{\mathbf{r}}(t)$ und $\mathbf{a}(t) = \dot{\mathbf{v}}(t) = \ddot{\mathbf{r}}(t)$, die Trajektorie des Punktes mit dem Polygonzugverfahren. Betrachten Sie das Aussehen der Trajektorie und wie ein Punkt sich darauf mit der Zeit bewegt.

## 5.7 Stammfunktionen

Wir haben bei den Beispielen des vorigen Abschnitts gesehen, dass es in der Differentialrechnung nicht nur wichtig ist, Funktionen ableiten und Beziehungen zwischen diesen Ableitungen aufstellen zu können, sondern insbesondere auch, Funktionen aus den Beziehungen, die ihre Ableitungen erfüllen, zu finden. Das einfachste derartige Problem, aber, wie wir sehen werden, ein sehr wichtiges, ist, eine Funktion $F(x)$ zu finden, wenn wir ihre Ableitung $F'(x) = f(x)$ kennen. Dieser Abschnitt gibt eine einführende Diskussion dieser Fragestellung.

### 5.7.1 Stammfunktionen und das unbestimmte Integral

**Definition 1.** Eine Funktion $F(x)$ ist auf einem Intervall eine *Stammfunktion* einer Funktion $f(x)$, wenn $F$ auf dem Intervall differenzierbar ist und die Gleichung $F'(x) = f(x)$ erfüllt, oder, was dasselbe ist, $dF(x) = f(x)\,dx$.

*Beispiel 1.* Die Funktion $F(x) = \arctan x$ ist auf der gesamten reellen Geraden eine Stammfunktion von $f(x) = \frac{1}{1+x^2}$, da $\arctan' x = \frac{1}{1+x^2}$.

*Beispiel 2.* Die Funktion $F(x) = \operatorname{arccot}\frac{1}{x}$ ist auf der Menge der positiven reellen Zahlen und auf der Menge der negativen reellen Zahlen eine Stammfunktion von $f(x) = \frac{1}{1+x^2}$, da für $x \neq 0$ gilt:

$$F'(x) = -\frac{1}{1 + \left(\frac{1}{x}\right)^2} \cdot \left(-\frac{1}{x^2}\right) = \frac{1}{1+x^2} = f(x)\,.$$

Was können wir zur Existenz einer Stammfunktion sagen und wie lautet die Menge der Stammfunktionen einer Funktion?

Bei der Integralrechnung werden wir den wichtigen Beweis führen, dass jede auf einem Intervall stetige Funktion auf diesem Intervall eine Stammfunktion besitzt.

Wir geben dem Leser zwar diese Information, wir werden in diesem Abschnitt allerdings nur die folgenden charakteristischen Eigenschaften der Menge der Stammfunktionen einer Funktion auf einem Intervall benutzen, die wir bereits (vgl. Absatz 5.3.1) aus dem Mittelwertsatz kennen.

**Satz 1.** *Seien $F_1(x)$ und $F_2(x)$ zwei Stammfunktionen von $f(x)$ auf demselben Intervall. Dann ist ihre Differenz $F_1(x) - F_2(x)$ auf diesem Intervall konstant.*

Die Voraussetzung, dass $F_1$ und $F_2$ auf einem zusammenhängenden Intervall verglichen werden, ist essentiell, wie wir im Beweis dieses Satzes betont haben. Wir erkennen dies beim Vergleich der Beispiele 1 und 2, in denen die Ableitungen von $F_1(x) = \arctan x$ und $F_2(x) = \operatorname{arccot}\frac{1}{x}$ auf dem gesamten Bereich $\mathbb{R} \setminus 0$, den sie gemeinsam besitzen, übereinstimmen. Wir erhalten allerdings

$$F_1(x) - F_2(x) = \arctan x - \operatorname{arccot}\frac{1}{x} = \arctan x - \arctan x = 0$$

für $x > 0$ aber auch $F_1(x) - F_2(x) \equiv -\pi$ für $x < 0$. Denn für $x < 0$ gilt $\operatorname{arccot}\frac{1}{x} = \pi + \arctan x$.

Wie die Operation des Differenzierens, die mit dem Namen „Differentiation" bezeichnet wird und die mathematische Bezeichnung $dF(x) = F'(x)\,dx$ trägt, so wird die Operation des Bestimmens einer Stammfunktion „unbestimmte Integration" genannt und mit der mathematischen Schreibweise

$$\int f(x)\,dx \tag{5.166}$$

für das *unbestimmte Integral* von $f(x)$ auf dem vorgegebenen Intervall symbolisiert.

Wir werden also den Ausdruck (5.166) als Schreibweise für jede der Stammfunktionen von $f$ auf dem betrachteten Intervall benutzen.

In der Schreibweise (5.166) wird das Zeichen $\int$ das Zeichen für das *unbestimmte Integral* genannt, $f$ heißt der *Integrand* und $f(x)\,dx$ wird als *Differentialform* bezeichnet.

Ist $F(x)$ eine beliebige Stammfunktion von $f(x)$ auf dem Intervall, dann folgt aus Satz 1, dass auf dem Intervall

$$\int f(x)\,dx = F(x) + C \tag{5.167}$$

gilt, d.h., jede andere Stammfunktion kann aus einer bestimmten Stammfunktion $F(x)$ durch Addition einer Konstanten erhalten werden.

Gilt $F'(x) = f(x)$, d.h., ist $F$ eine Stammfunktion von $f$ auf einem Intervall, dann erhalten wir aus (5.167), dass

$$\boxed{d\int f(x)\,dx = dF(x) = F'(x)\,dx = f(x)\,dx.} \tag{5.168}$$

Außerdem folgt aus (5.167), da wir unter einem unbestimmten Integral jede Stammfunktion verstehen, dass

$$\boxed{\int dF(x) = \int F'(x)\,dx = F(x) + C.} \tag{5.169}$$

Die Formeln (5.168) und (5.169) eröffnen eine Umkehrung zwischen der Differentiation und der unbestimmten Integration und tatsächlich sind diese Operationen bis auf die in (5.169) auftretende unbestimmte Konstante $C$ zueinander invers.

Bis zu diesem Punkt haben wir nur die mathematische Natur der Konstanten $C$ in (5.167) untersucht. Wir wollen ihr nun an einem einfachen Beispiel eine physikalische Bedeutung verleihen. Angenommen, ein Punkt bewege sich entlang einer Geraden, so dass seine Geschwindigkeit $v(t)$ als Funktion der Zeit $t$ bekannt ist (etwa $v(t) \equiv v$). Ist $x(t)$ die Koordinate des Punktes zur Zeit $t$, dann erfüllt die Funktion $x(t)$ die Gleichung $\dot{x}(t) = v(t)$, d.h., $x(t)$ ist eine Stammfunktion von $v(t)$. Können wir die Position eines Punktes auf der Geraden bestimmen, wenn wir seine Geschwindigkeit in einem bestimmten Zeitintervall kennen? Sicherlich nicht. Aus der Geschwindigkeit und dem Zeitintervall können wir die Länge $s$ des in dieser Zeit zurückgelegten Weges bestimmen, aber nicht die Position auf der Geraden. Die Position ist jedoch vollständig bestimmt, wenn sie auch nur zu einem Augenblick bekannt ist, etwa bei $t = 0$, d.h., wenn die Anfangsbedingung $x(0) = x_0$ gegeben ist. Bevor wir die Anfangsbedingung kennen, könnte die Bewegung durch jede Gleichung der Form $x(t) = \tilde{x}(t) + c$ beschrieben werden, wobei $\tilde{x}(t)$ jede bestimmte Stammfunktion von $v(t)$ sein kann und $c$ eine beliebige Konstante. Ist die Anfangsbedingung $x(0) = \tilde{x}(0) + c = x_0$ aber erst einmal bekannt, verschwindet jegliche Unbestimmtheit; denn wir müssen $x(0) = \tilde{x}(0) + c = x_0$, d.h. $c = x_0 - \tilde{x}(0)$ und $x(t) = x_0 + [\tilde{x}(t) - \tilde{x}(0)]$, kennen. Diese letzte Formel beinhaltet nur physikalische Größen, da die beliebige Stammfunktion $\tilde{x}$ nur als Differenz auftritt, die den zurückgelegten Weg oder die Entfernung von der bekannten Anfangsposition $x(0) = x_0$ bestimmt.

### 5.7.2 Die wichtigsten allgemeinen Methoden zur Bestimmung einer Stammfunktion

In Übereinstimmung mit der Definition des Symbols (5.166) für das unbestimmte Integral bezeichnet dieser Ausdruck eine Funktion, deren Ableitung der Integrand ist. Mit dieser Definition können wir, wenn wir (5.167) und die Differentiationsregeln beachten, die folgenden Regeln aufstellen:

a. $\displaystyle\int \big(\alpha u(x) + \beta v(x)\big)\,\mathrm{d}x = \alpha \int u(x)\,\mathrm{d}x + \beta \int v(x)\,\mathrm{d}x + c$ .    (5.170)

b. $\displaystyle\int (uv)'\,\mathrm{d}x = \int u'(x)v(x)\,\mathrm{d}x + \int u(x)v'(x)\,\mathrm{d}x + c$ .    (5.171)

c. *Gilt*

$$\int f(x)\,\mathrm{d}x = F(x) + c$$

*auf einem Intervall $I_x$ und ist $\varphi : I_t \to I_x$ eine glatte (stetig differenzierbare) Abbildung des Intervalls $I_t$ auf $I_x$, dann ist:*

$$\int (f \circ \varphi)(t)\varphi'(t)\,\mathrm{d}t = \big(F \circ \varphi\big)(t) + c$$ .    (5.172)

Die Gleichungen (5.170), (5.171) und (5.172) können wir durch Ableiten der rechten und der linken Seite erhalten, wenn wir dabei die Linearität der Ableitung in (5.170), die Regel zur Ableitung eines Produkts in (5.171) und die Regel für die Ableitung einer verketteten Funktion in (5.172) benutzen.

Die Ableitungsregeln ermöglichen es uns, lineare Kombinationen, Produkte und Verkettungen von bekannten Funktionen zu differenzieren. Wir werden sehen, dass die Gleichungen (5.170), (5.171) und (5.172) es uns in vielen

Fällen erlauben, die Suche nach einer Stammfunktion einer Funktion entweder auf die Konstruktion von Stammfunktionen für einfachere Funktionen oder auf Stammfunktionen, die bereits bekannt sind, zurückzuführen. Eine Anzahl derartiger bekannter Stammfunktionen können wir aus der folgenden kurzen Tabelle für unbestimmte Integrale entnehmen. Wir erhalten sie, indem wir die Tabelle der Ableitungen der wichtigen Elementarfunktionen (vgl. Absatz 5.2.3) neu schreiben:

$$\int x^\alpha \, \mathrm{d}x = \frac{1}{\alpha+1} x^{\alpha+1} + c \quad (\alpha \neq -1) \, ,$$

$$\int \frac{1}{x} \, \mathrm{d}x = \ln|x| + c \, ,$$

$$\int a^x \, \mathrm{d}x = \frac{1}{\ln a} a^x + c \quad (0 < a \neq 1) \, ,$$

$$\int \mathrm{e}^x \, \mathrm{d}x = \mathrm{e}^x + c \, ,$$

$$\int \sin x \, \mathrm{d}x = -\cos x + c \, ,$$

$$\int \cos x \, \mathrm{d}x = \sin x + c \, ,$$

$$\int \frac{1}{\cos^2 x} \, \mathrm{d}x = \tan x + c \, ,$$

$$\int \frac{1}{\sin^2 x} \, \mathrm{d}x = -\cot x + c \, ,$$

$$\int \frac{1}{\sqrt{1-x^2}} \, \mathrm{d}x = \begin{cases} \arcsin x + c \, , \\ -\arccos x + \tilde{c} \, , \end{cases}$$

$$\int \frac{1}{1+x^2} \, \mathrm{d}x = \begin{cases} \arctan x + c \, , \\ -\operatorname{arccot} x + \tilde{c} \, , \end{cases}$$

$$\int \sinh x \, \mathrm{d}x = \cosh x + c \, ,$$

$$\int \cosh x \, \mathrm{d}x = \sinh x + c \, ,$$

$$\int \frac{1}{\cosh^2 x} \, \mathrm{d}x = \tanh x + c \, ,$$

$$\int \frac{1}{\sinh^2 x} \, \mathrm{d}x = -\coth x + c \, ,$$

$$\int \frac{1}{\sqrt{x^2 \pm 1}}\, dx = \ln\left|x + \sqrt{x^2 \pm 1}\right| + c\,,$$

$$\int \frac{1}{1 - x^2}\, dx = \frac{1}{2}\ln\left|\frac{1 + x}{1 - x}\right| + c\,.$$

Jede dieser Formeln kann auf dem Intervall der reellen Geraden $\mathbb{R}$, auf der der entsprechende Integrand definiert ist, benutzt werden. Existiert mehr als ein derartiges Intervall, kann sich die Konstante $c$ auf der rechten Seite von einem Intervall zum anderen ändern.

Wir wollen nun einige Beispiele betrachten, in denen die Regeln (5.170), (5.171) und (5.172) angewendet werden. Wir beginnen zunächst mit einer einführenden Anmerkung.

Da andere Stammfunktionen durch die Addition von Konstanten gefunden werden können, wenn wir erst einmal eine Stammfunktion zu einer gegebenen Funktion auf einem Intervall kennen, treffen wir die Vereinbarung, dass wir der Einfachheit halber die beliebige Konstante nur zum Endresultat, das eine bestimmte Stammfunktion der vorgegebenen Funktion ist, addieren.

## a. Linearität des unbestimmten Integrals

Diese Überschrift bedeutet, dass die Stammfunktion einer Linearkombination von Funktionen aus derselben Linearkombination von Stammfunktionen der Funktionen erhalten werden kann, wie aus (5.170) folgt.

*Beispiel 3.*

$$\int (a_0 + a_1 x + \cdots + a_n x^n)\, dx =$$

$$= a_0 \int 1\, dx + a_1 \int x\, dx + \cdots + a_n \int x^n\, dx =$$

$$= c + a_0 x + \frac{1}{2}a_1 x^2 + \cdots + \frac{1}{n+1}a_n x^{n+1}\,.$$

*Beispiel 4.*

$$\int \left(x + \frac{1}{\sqrt{x}}\right)^2 dx = \int \left(x^2 + 2\sqrt{x} + \frac{1}{x}\right) dx =$$

$$= \int x^2\, dx + 2\int x^{1/2}\, dx + \int \frac{1}{x}\, dx = \frac{1}{3}x^3 + \frac{4}{3}x^{3/2} + \ln|x| + c\,.$$

*Beispiel 5.*

$$\int \cos^2 \frac{x}{2}\, dx = \int \frac{1}{2}(1 + \cos x)\, dx = \frac{1}{2}\int (1 + \cos x)\, dx =$$

$$= \frac{1}{2}\int 1\, dx + \frac{1}{2}\int \cos x\, dx = \frac{1}{2}x + \frac{1}{2}\sin x + c\,.$$

## b. Partielle Integration

Gleichung (5.171) kann wie folgt umgeschrieben werden:

$$u(x)v(x) = \int u(x)\,\mathrm{d}v(x) + \int v(x)\,\mathrm{d}u(x) + c$$

oder, was dasselbe ist,

$$\int u(x)\,\mathrm{d}v(x) = u(x)v(x) - \int v(x)\,\mathrm{d}u(x) + c \,. \qquad (5.171')$$

Dies bedeutet, dass die Suche nach einer Stammfunktion für die Funktion $u(x)v'(x)$ auf die Suche nach einer Stammfunktion für $v(x)u'(x)$ zurückgeführt werden kann. Dabei wird die Ableitung auf den anderen Faktor verschoben. Dies ist in (5.171') dargestellt. Formel (5.171') wird *partielle Integration* genannt.

*Beispiel 6.*

$$\int \ln x\,\mathrm{d}x = x\ln x - \int x\,\mathrm{d}\ln x = x\ln x - \int x\cdot\frac{1}{x}\,\mathrm{d}x =$$

$$= x\ln x - \int 1\,\mathrm{d}x = x\ln x - x + c \,.$$

*Beispiel 7.*

$$\int x^2\mathrm{e}^x\,\mathrm{d}x = \int x^2\,\mathrm{d}\mathrm{e}^x = x^2\mathrm{e}^x - \int \mathrm{e}^x\,\mathrm{d}x^2 = x^2\mathrm{e}^x - 2\int x\mathrm{e}^x\,\mathrm{d}x =$$

$$= x^2\mathrm{e}^x - 2\int x\,\mathrm{d}\mathrm{e}^x = x^2\mathrm{e}^x - 2\left(x\mathrm{e}^x - \int \mathrm{e}^x\,\mathrm{d}x\right) =$$

$$= x^2\mathrm{e}^x - 2x\mathrm{e}^x + 2\mathrm{e}^x + c = (x^2 - 2x + 2)\mathrm{e}^x + c \,.$$

## c. Änderung der Variablen in einem unbestimmten Integral

Aus (5.172) können wir folgern, dass man bei der Suche nach einer Stammfunktion für die Funktion $(f \circ \varphi)(t) \cdot \varphi'(t)$ folgendermaßen vorgehen kann:

$$\int (f \circ \varphi)(t) \cdot \varphi'(t)\,\mathrm{d}t = \int f\big(\varphi(t)\big)\,\mathrm{d}\varphi(t) =$$

$$= \int f(x)\,\mathrm{d}x = F(x) + c = F\big(\varphi(t)\big) + c \,,$$

d.h., wir ändern zunächst die Variable $\varphi(t) = x$ im Integranden und wechseln zur neuen Variablen $x$. Nachdem wir die Stammfunktion als eine Funktion von $x$ bestimmt haben, kehren wir nach der Substitution $x = \varphi(t)$ zur alten Variablen $t$ zurück.

*Beispiel 8.*

$$\int \frac{t\,dt}{1+t^2} = \frac{1}{2}\int \frac{d(t^2+1)}{1+t^2} = \frac{1}{2}\int \frac{dx}{x} = \frac{1}{2}\ln|x| + c = \frac{1}{2}\ln(t^2+1) + c\,.$$

*Beispiel 9.*

$$\int \frac{dx}{\sin x} = \int \frac{dx}{2\sin\frac{x}{2}\cos\frac{x}{2}} = \int \frac{d\left(\frac{x}{2}\right)}{\tan\frac{x}{2}\cos^2\frac{x}{2}} =$$

$$= \int \frac{du}{\tan u \cos^2 u} = \int \frac{d(\tan u)}{\tan u} = \int \frac{dv}{v} =$$

$$= \ln|v| + c = \ln|\tan u| + c = \ln\left|\tan\frac{x}{2}\right| + c\,.$$

Wir haben nun verschiedene Beispiele betrachtet, in denen die Eigenschaften a,b und c des unbestimmten Integrals für sich benutzt wurden. Tatsächlich werden diese Eigenschaften in der Mehrzahl der Fälle gemeinsam eingesetzt.

*Beispiel 10.*

$$\int \sin 2x \cos 3x\,dx = \frac{1}{2}\int (\sin 5x - \sin x)\,dx =$$

$$= \frac{1}{2}\left(\int \sin 5x\,dx - \int \sin x\,dx\right) = \frac{1}{2}\left(\frac{1}{5}\int \sin 5x\,d(5x) + \cos x\right) =$$

$$= \frac{1}{10}\int \sin u\,du + \frac{1}{2}\cos x = -\frac{1}{10}\cos x + \frac{1}{2}\cos x + c =$$

$$= \frac{1}{2}\cos x - \frac{1}{10}\cos 5x + c\,.$$

*Beispiel 11.*

$$\int \arcsin x\,dx = x\arcsin x - \int x\,d\arcsin x =$$

$$= x\arcsin x - \int \frac{x}{\sqrt{1-x^2}}\,dx = x\arcsin x + \frac{1}{2}\int \frac{d(1-x^2)}{\sqrt{1-x^2}} =$$

$$= x\arcsin x + \frac{1}{2}\int u^{-1/2}\,du = x\arcsin x + u^{1/2} + c =$$

$$= x\arcsin x + \sqrt{1-x^2} + c\,.$$

*Beispiel 12.*

$$\int e^{ax}\cos bx\,dx = \frac{1}{a}\int \cos bx\,de^{ax} =$$

$$= \frac{1}{a}e^{ax}\cos bx - \frac{1}{a}\int e^{ax}\,d\cos bx = \frac{1}{a}e^{ax}\cos bx + \frac{b}{a}\int e^{ax}\sin bx\,dx =$$

$$= \frac{1}{a}e^{ax}\cos bx + \frac{b}{a^2}\int \sin bx\,de^{ax} = \frac{1}{a}e^{ax}\cos bx + \frac{b}{a^2}e^{ax}\sin bx -$$

$$- \frac{b}{a^2}\int e^{ax}\,d\sin bx = \frac{a\cos bx + b\sin bx}{a^2} - \frac{b^2}{a^2}\int e^{ax}\cos bx\,dx\,.$$

Aus diesem Ergebnis können wir folgern, dass

$$\int e^{ax} \cos bx \, dx = \frac{a \cos bx + b \sin bx}{a^2 + b^2} e^{ax} + c \, .$$

Da

$$\frac{1}{a + ib} e^{(a+ib)x} = \frac{a - ib}{a^2 + b^2} e^{(a+ib)x} =$$

$$= \frac{a \cos bx + b \sin bx}{a^2 + b^2} e^{ax} + i \frac{a \sin x - b \cos bx}{a^2 + b^2} e^{ax}$$

die Stammfunktion der Funktion $e^{(a+ib)x} = e^{ax} \cos bx + i e^{ax} \sin bx$ ist, hätten wir auch mit Hilfe der Eulerschen Formel zu diesem Ergebnis gelangen können. Es wird hilfreich sein, dies im Hinterkopf zu behalten. Für reelle Werte von $x$ können wir dies einfach direkt durch Ableitung der Realteile und der Imaginärteile der Funktion $\frac{1}{a+ib} e^{(a+ib)x}$ nachweisen.

Insbesondere erhalten wir auch aus diesem Ergebnis, dass

$$\int e^{ax} \sin bx \, dx = \frac{a \sin bx - b \cos bx}{a^2 + b^2} e^{ax} + c \, .$$

Bereits diese kleine Anzahl von betrachteten Beispielen genügt, um zu zeigen, dass man beim Auffinden von Stammfunktionen selbst für die einfachsten Funktionen oft darauf angewiesen ist, Zuflucht bei zusätzlichen Umformungen und schlauen Techniken zu suchen. Dies ist ganz anders als bei der Ableitung verketteter Funktionen, deren Ableitungen wir kannten. Es stellt sich heraus, dass diese Schwierigkeiten nicht zufällig sind. Im Unterschied zur Differentiation kann beispielsweise die Suche nach einer Stammfunktion für eine einfache Funktion zu einer Funktion führen, die keine Verkettung einfacher Funktionen ist. Aus diesem Grund sollte man unter „der Suche nach einer Stammfunktion" nicht die manchmal unmögliche Aufgabe verstehen, „eine Stammfunktion einer gegebenen elementaren Funktion mit Hilfe von elementaren Funktionen zu formulieren". Im Allgemeinen ist die Klasse der elementaren Funktionen ein sehr künstliches Objekt. Es gibt sehr viele besondere Funktionen, die für Anwendungen wichtig sind, die mindestens genauso ausführlich untersucht und tabelliert wurden, wie etwa $\sin x$ oder $e^x$.

So ist z.B. der *Integralsinus* Si $x$ die Stammfunktion $\int \frac{\sin x}{x} \, dx$ zur Funktion $\frac{\sin x}{x}$, die für $x \to 0$ gegen Null geht. Eine derartige Stammfunktion existiert, sie ist aber wie alle anderen Stammfunktionen von $\frac{\sin x}{x}$ keine Verkettung elementarer Funktionen.

Ganz ähnlich ist auch die Funktion

$$\text{Ci} \, x = \int \frac{\cos x}{x} \, dx \, ,$$

die durch die Bedingung Ci $x \to 0$ für $x \to \infty$ charakterisiert wird, keine elementare Funktion. Die Funktion Ci $x$ wird *Integralcosinus* genannt.

Die Stammfunktion $\int \frac{dx}{\ln x}$ der Funktion $\frac{1}{\ln x}$ ist ebenfalls keine elementare Funktion. Eine der Stammfunktionen dieser Funktion wird mit $\operatorname{li} x$ bezeichnet und *Integrallogarithmus* genannt. Sie genügt der Bedingung $\operatorname{li} x \to 0$ für $x \to +0$. (Genaueres zu den Funktionen $\operatorname{Si} x$, $\operatorname{Ci} x$ und $\operatorname{li} x$ in Abschnitt 6.5.)

Wegen dieser Schwierigkeiten bei der Suche nach Stammfunktionen wurden sehr ausführliche Tabellen unbestimmter Integrale zusammengetragen. Um diese Tabellen jedoch sinnvoll nutzen zu können und um zu vermeiden, auf diese Tabellen auch in einfachen Fällen zurückgreifen zu müssen, ist einige Erfahrung im Umgang mit unbestimmten Integralen notwendig.

Der Rest dieses Abschnitts ist der Integration einiger speziellen Klassen von Funktionen gewidmet, deren Stammfunktionen als Verkettungen von elementaren Funktionen formuliert werden können.

### 5.7.3 Stammfunktionen rationaler Funktionen

Wir wollen uns dem Problem der Integration von $\int R(x)\,dx$, wobei $R(x) = \frac{P(x)}{Q(x)}$ ein Bruch von Polynomen ist, zuwenden.

Wie uns aus der Algebra bekannt ist (s. (5.135) in Absatz 5.5.4), können wir, wenn wir im Reellen arbeiten, ohne den Zahlenbereich zu verlassen, jede derartige Funktion als eine Summe

$$\frac{P(x)}{Q(x)} = p(x) + \sum_{j=1}^{l} \left( \sum_{k=1}^{k_j} \frac{a_{jk}}{(x - x_j)^k} \right) + \sum_{j=1}^{n} \left( \sum_{k=1}^{m_j} \frac{b_{jk}x + c_{jk}}{(x^2 + p_j x + q_j)^k} \right) \quad (5.173)$$

ausdrücken. Dabei ist $p(x)$ ein Polynom (das nur dann bei der Division von $P(x)$ durch $Q(x)$ auftritt, wenn der Grad von $P(x)$ nicht kleiner ist als der Grad von $Q(x)$), $a_{jk}$, $b_{jk}$ und $c_{jk}$ sind eindeutig bestimmte reelle Zahlen und $Q(x) = (x - x_1)^{k_1} \cdots (x - x_l)^{k_l}(x^2 + p_1 x + q_1)^{m_1} \cdots (x^2 + p_n x + q_n)^{m_n}$.

Wir haben bereits in Abschnitt 5.5 diskutiert, wie die Entwicklung (5.173) zu finden ist. Ist die Entwicklung (5.173) erst einmal konstruiert, dann lässt sich die Integration von $R(x)$ auf die Integration der einzelnen Summationsglieder reduzieren.

In Beispiel 1 haben wir bereits ein Polynom integriert, so dass nur noch die Integration von Brüchen der Form

$$\frac{1}{(x - a)^k} \quad \text{und} \quad \frac{bx + c}{(x^2 + px + q)^k} \ , \ \text{mit } k \in \mathbb{N}$$

zu betrachten ist. Das erste dieser Probleme lässt sich unmittelbar lösen, da

$$\int \frac{1}{(x - a)^k}\,dx = \begin{cases} \frac{1}{-k+1}(x - a)^{-k+1} + c \ \text{für } k \neq 1 \ , \\ \ln|x - a| + c \qquad \text{für } k = 1 \ . \end{cases} \quad (5.174)$$

Mit dem Integral

$$\int \frac{bx + c}{(x^2 + px + q)^k}\, dx$$

verfahren wir folgendermaßen: Wir formen das Polynom $x^2 + px + q$ zu $\left(x + \frac{1}{2}p\right)^2 + \left(q - \frac{1}{4}p^2\right)$ um, wobei $q - \frac{1}{4}p^2 > 0$, da das Polynom $x^2 + px + q$ keine reellen Nullstellen besitzt. Wenn wir $x + \frac{1}{2}p = u$ und $q - \frac{1}{4}p^2 = a^2$ setzen, erhalten wir

$$\int \frac{bx + c}{(x^2 + px + q)^k}\, dx = \int \frac{\alpha u + \beta}{(u^2 + a^2)^k}\, du\,,$$

wobei $\alpha = b$ und $\beta = c - \frac{1}{2}bp$.

Als Nächstes erhalten wir

$$\int \frac{u}{(u^2 + a^2)^k}\, du = \frac{1}{2} \int \frac{d(u^2 + a^2)}{(u^2 + a^2)^k} =$$
$$= \begin{cases} \frac{1}{2(1-k)}(u^2 + a^2)^{-k+1} & \text{für } k \neq 1\,, \\[2mm] \frac{1}{2}\ln(u^2 + a^2) & \text{für } k = 1\,, \end{cases} \tag{5.175}$$

so dass nur noch die Untersuchung des Integrals

$$I_k = \int \frac{du}{(u^2 + a^2)^k} \tag{5.176}$$

verbleibt. Mit partieller Integration und einfachen Umformungen gelangen wir zu

$$I_k = \int \frac{du}{(u^2 + a^2)^k} = \frac{u}{(u^2 + a^2)^k} + 2k \int \frac{u^2\, du}{(u^2 + a^2)^{k+1}} =$$
$$= \frac{u}{(u^2 + a^2)^k} + 2k \int \frac{(u^2 + a^2) - a^2}{(u^2 + a^2)^{k+1}}\, du = \frac{u}{(u^2 + a^2)^k} + 2kI_k - 2ka^2 I_{k+1}\,,$$

was uns zur rekursiven Gleichung

$$I_{k+1} = \frac{1}{2ka^2} \frac{u}{(u^2 + a^2)^k} + \frac{2k - 1}{2ka^2} I_k \tag{5.177}$$

führt. Sie ermöglicht es uns, den Exponenten $k$ im Integral (5.176) zu verringern. Aber $I_1$ ist einfach berechenbar:

$$I_1 = \int \frac{du}{u^2 + a^2} = \frac{1}{a} \int \frac{d\left(\frac{u}{a}\right)}{1 + \left(\frac{u}{a}\right)^2} = \frac{1}{a}\arctan\frac{u}{a} + c\,. \tag{5.178}$$

Also können wir mit (5.177) und (5.178) auch die Stammfunktion (5.176) berechnen.

Somit haben wir den folgenden Satz bewiesen:

**Satz 2.** *Die Stammfunktion jeder rationalen Funktion $R(x) = \frac{P(x)}{Q(x)}$ kann als Ausdruck rationaler Funktionen und der transzendenten Funktionen* ln *und* arctan *formuliert werden. Der rationale Teil der Stammfunktion wird, falls er auf einen gemeinsamen Nenner gebracht wird, alle Faktoren des Polynoms $Q(x)$ enthalten, allerdings sind die Vielfachheiten um eins geringer als im Ausgangspolynom $Q(x)$.*

*Beispiel 13.* Wir wollen $\displaystyle\int \frac{2x^2 + 5x + 5}{(x^2 - 1)(x + 2)}\,\mathrm{d}x$ berechnen.

Da der Integrand ein teilerfremder Bruch ist und die Faktorisierung des Zählers in das Produkt $(x-1)(x+1)(x+2)$ bekannt ist, können wir unmittelbar eine Partialbruchzerlegung formulieren:

$$\frac{2x^2 + 5x + 5}{(x - 1)(x + 1)(x + 2)} = \frac{A}{x - 1} + \frac{B}{x + 1} + \frac{C}{x + 2}\,. \tag{5.179}$$

Wenn wir die rechte Seite von (5.179) auf einen gemeinsamen Nenner bringen, erhalten wir

$$\frac{2x^2 + 5x + 5}{(x - 1)(x + 1)(x + 2)} = \frac{(A + B + C)x^2 + (3A + B)x + (2A - 2B - C)}{(x - 1)(x + 1)(x + 2)}\,.$$

Indem wir die entsprechenden Koeffizienten im Zähler gleichsetzen, erhalten wir das Gleichungssystem

$$\begin{cases} A + B + C = 2\,, \\ 3A + B \phantom{{}+ C} = 5\,, \\ 2A - 2B - C = 5\,, \end{cases}$$

aus dem wir $(A, B, C) = (2, -1, 1)$ bestimmen.

In diesem Fall hätten wir diese Zahlen im Kopf berechnen können. Tatsächlich führt die Multiplikation von (5.179) mit $x - 1$ und anschließendes Setzen von $x = 1$ zu einer Gleichung mit $A$ auf der rechten Seite. Links würde dann der Wert des Bruchs, den wir nach Kürzen des Faktors $x - 1$ erhalten, für $x = 1$ stehen, d.h., $A = \frac{2+5+5}{2\cdot 3} = 2$. Auf ähnliche Weise lassen sich $B$ und $C$ bestimmen.

Somit ist

$$\int \frac{2x^2 + 5x + 5}{(x^2 - 1)(x + 2)}\,\mathrm{d}x = 2\int \frac{\mathrm{d}x}{x - 1} - \int \frac{\mathrm{d}x}{x + 1} + \int \frac{\mathrm{d}x}{x + 2} =$$

$$= 2\ln|x - 1| - \ln|x + 1| + \ln|x + 2| + c = \ln\left|\frac{(x - 1)^2(x + 2)}{x - 1}\right| + c\,.$$

*Beispiel 14.* Wir wollen eine Stammfunktion der Funktion

$$R(x) = \frac{x^7 - 2x^6 + 4x^5 - 5x^4 + 4x^3 - 5x^2 - x}{(x - 1)^2(x^2 + 1)^2}$$

bestimmen. Wir beginnen mit der Anmerkung, dass dies ein uneigentlicher Bruch ist. Daher entfernen wir die Klammern und bestimmen den Nenner zu $Q(x) = x^6 - 2x^5 + 3x^4 - 4x^3 + 3x^2 - 2x + 1$ und dividieren damit den Zähler, wodurch wir erhalten:

$$R(x) = x + \frac{x^5 - x^4 + x^3 - 3x^2 - 2x}{(x-1)^2(x^2+1)^2} \, .$$

Dann suchen wir eine Partialbruchentwicklung des eigentlichen Bruchs

$$\frac{x^5 - x^4 + x^3 - 3x^2 - 2x}{(x-1)^2(x^2+1)^2} = \frac{A}{(x-1)^2} + \frac{B}{x-1} + \frac{Cx+D}{(x^2+1)^2} + \frac{Ex+F}{x^2+1} \, . \quad (5.180)$$

Natürlich könnten wir diese Entwicklung auf die übliche Weise erhalten, indem wir das Gleichungssystem aus sechs Gleichungen und sechs Unbekannten formulieren. Wir wollen jedoch andere technische Möglichkeiten, die manchmal benutzt werden, vorstellen.

Wir finden den Koeffizienten $A$ durch Multiplikation von (5.180) mit $(x-1)^2$ und anschließendem Setzen von $x = 1$. Das Ergebnis ist $A = -1$. Wir bringen dann den Bruch $\frac{A}{(x-1)^2}$, in welchem $A$ die bekannte Zahl $-1$ ist, auf die linke Seite von (5.180). Dies führt zu

$$\frac{x^4 + x^3 + 2x^2 + x - 1}{(x-1)(x^2+1)^2} = \frac{B}{x-1} + \frac{Cx+D}{(x^2+1)^2} + \frac{Ex+F}{x^2+1} \, , \quad (5.181)$$

woraus wir durch Multiplikation mit $x - 1$ und anschließendem Setzen von $x = 1$ schließlich $B = 1$ finden.

Wenn wir nun den Bruch $\frac{1}{x-1}$ auf die linke Seite von (5.181) bringen, gelangen wir zu

$$\frac{x^2 + x + 2}{(x^2+1)^2} = \frac{Cx+D}{(x^2+1)^2} + \frac{Ex+F}{x^2+1} \, . \quad (5.182)$$

Nachdem wir für die rechte Seite von (5.182) einen gemeinsamen Nenner gefunden haben, können wir die Zähler

$$x^2 + x + 2 = Ex^3 + Fx^2 + (C+E)x + (D+F)$$

gleichsetzen, woraus folgt, dass

$$\begin{cases} E = 0 \, , \\ F = 1 \, , \\ C + E = 1 \, , \\ D + F = 2 \, , \end{cases}$$

oder $(C, D, E, F) = (1, 1, 0, 1)$.

Wir kennen nun alle Koeffizienten in (5.180). Nach Integration ergeben die ersten beiden Brüche $\frac{1}{x-1}$ bzw. $\ln|x-1|$. Dann ist

$$\int \frac{Cx + D}{(x^2 + 1)^2}\, \mathrm{d}x = \int \frac{x + 1}{(x^2 + 1)^2}\, \mathrm{d}x =$$

$$= \frac{1}{2} \int \frac{\mathrm{d}(x^2 + 1)}{(x^2 + 1)^2} + \int \frac{\mathrm{d}x}{(x^2 + 1)^2} = \frac{-1}{2(x^2 + 1)} + I_2 \,,$$

mit

$$I_2 = \int \frac{\mathrm{d}x}{(x^2 + 1)^2} = \frac{1}{2} \frac{x}{(x^2 + 1)^2} + \frac{1}{2} \arctan x \,,$$

wie sich aus (5.177) und (5.178) ergibt.

Schließlich erhalten wir

$$\int \frac{Ex + F}{x^2 + 1}\, \mathrm{d}x = \int \frac{1}{x^2 + 1}\, \mathrm{d}x = \arctan x \,.$$

Wenn wir alle Integrale zusammenfassen, ergibt sich

$$\int R(x)\, \mathrm{d}x = \frac{1}{2}x^2 + \frac{1}{x - 1} - \frac{1}{2(x^2 + 1)} + \frac{x}{2(x^2 + 1)^2} + \ln|x - 1| + \frac{3}{2} \arctan x + c \,.$$

Wir wollen nun einige häufig anzutreffende unbestimmte Integrale betrachten, deren Berechnung auf das Auffinden der Stammfunktion einer rationalen Funktion zurückgeführt werden kann.

### 5.7.4 Stammfunktionen der Form $\displaystyle\int R(\cos x, \sin x)\, \mathrm{d}x$

Sei $R(u, v)$ eine rationale Funktion in $u$ und $v$, d.h. ein Quotient von Polynomen $\frac{P(u,v)}{Q(u,v)}$, die lineare Kombinationen von Monomen $u^m v^n$, $m = 0, 1, 2 \ldots$ und $n = 0, 1, \ldots$ sind.

Es gibt verschiedene Methoden, um das Integral $\int R(\cos x, \sin x)\, \mathrm{d}x$ zu berechnen. Eine ist vollständig allgemein anwendbar, wenngleich sie nicht immer die effektivste ist.

**a.** Wir substituieren $t = \tan \frac{x}{2}$. Da

$$\cos x = \frac{1 - \tan^2 \frac{x}{2}}{1 + \tan^2 \frac{x}{2}}, \quad \sin x = \frac{2 \tan \frac{x}{2}}{1 + \tan^2 \frac{x}{2}} \,,$$

$$\mathrm{d}t = \frac{\mathrm{d}x}{2 \cos^2 \frac{x}{2}} \,, \quad \text{d.h. } \mathrm{d}x = \frac{2\mathrm{d}t}{1 + \tan^2 \frac{x}{2}}$$

folgt, dass

$$\int R(\cos x, \sin x)\, \mathrm{d}x = \int R\Big(\frac{1 - t^2}{1 + t^2}, \frac{2t}{1 + t^2}\Big) \frac{2}{1 + t^2}\, \mathrm{d}t \,,$$

wodurch das Problem auf die Integration einer rationalen Funktion reduziert wird.

Diese Methode führt jedoch zu einer sehr komplizierten rationalen Funktion. Daher sollte man im Hinterkopf behalten, dass in vielen Fällen andere Methoden zur Verfügung stehen, um den Integranden in eine rationale Funktion umzuwandeln.

**b.** Bei Integralen der Form $\int R(\cos^2 x, \sin^2 x)\,\mathrm{d}x$ oder $\int r(\tan x)\,\mathrm{d}x$, wobei $r(u)$ eine rationale Funktion ist, ist $t = \tan x$ eine praktische Substitution, da

$$\cos^2 x = \frac{1}{1 + \tan^2 x}, \quad \sin^2 x = \frac{\tan^2 x}{1 + \tan^2 x},$$

$$\mathrm{d}t = \frac{\mathrm{d}x}{\cos^2 x}, \quad \text{d.h. } \mathrm{d}x = \frac{\mathrm{d}t}{1 + t^2}.$$

Wenn wir diese Substitutionen durchführen, erhalten wir jeweils:

$$\int R(\cos^2 x, \sin^2 x)\,\mathrm{d}x = \int R\left(\frac{1}{1+t^2}, \frac{t^2}{1+t^2}\right)\frac{\mathrm{d}t}{1+t^2} \quad \text{und}$$

$$\int r(\tan x)\,\mathrm{d}x = \int r(t)\frac{\mathrm{d}t}{1+t^2}.$$

**c.** Bei Integralen der Form

$$\int R(\cos x, \sin^2 x)\sin x\,\mathrm{d}x \quad \text{oder} \quad \int R(\cos^2 x, \sin x)\cos x\,\mathrm{d}x$$

können wir die Funktionen $\sin x$ und $\cos x$ ins Differential ziehen und die Substitutionen $t = \cos x$ oder $t = \sin x$ vornehmen. Nach diesen Substitutionen nehmen die Integrale die folgende Form an:

$$-\int R(t, 1 - t^2)\,\mathrm{d}t \quad \text{oder} \quad \int R(1 - t^2, t)\,\mathrm{d}t.$$

*Beispiel 15.*

$$\int \frac{\mathrm{d}x}{3 + \sin x} = \int \frac{1}{3 + \frac{2t}{1+t^2}} \cdot \frac{2\,\mathrm{d}t}{1+t^2} =$$

$$= 2\int \frac{\mathrm{d}t}{3t^2 + 2t + 3} = \frac{2}{3}\int \frac{\mathrm{d}\left(t + \frac{1}{3}\right)}{\left(t + \frac{1}{3}\right)^2 + \frac{8}{9}} = \frac{2}{3}\int \frac{\mathrm{d}u}{u^2 + \left(\frac{2\sqrt{2}}{3}\right)^2} =$$

$$= \frac{1}{\sqrt{2}}\arctan\frac{3u}{2\sqrt{2}} + c = \frac{1}{\sqrt{2}}\arctan\frac{3t+1}{2\sqrt{2}} + c = \frac{1}{\sqrt{2}}\arctan\frac{3\tan\frac{x}{2}+1}{2\sqrt{2}} + c.$$

Hierbei haben wir die allgemeine Methode mit der Substitution $t = \tan\frac{x}{2}$ benutzt.

*Beispiel 16.*

$$\int \frac{\mathrm{d}x}{(\sin x + \cos x)^2} = \int \frac{\mathrm{d}x}{\cos^2 x(\tan x + 1)^2} =$$

$$= \int \frac{\mathrm{d}\tan x}{(\tan x + 1)^2} = \int \frac{\mathrm{d}t}{(t+1)^2} = -\frac{1}{t+1} + c = c - \frac{1}{1 + \tan x}.$$

*Beispiel 17.*

$$\int \frac{dx}{2\sin^2 3x - 3\cos^2 3x + 1} = \int \frac{dx}{\cos^2 3x\left(2\tan^2 3x - 3 + (1 + \tan^2 3x)\right)} =$$

$$= \frac{1}{3} \int \frac{d\tan 3x}{3\tan^2 3x - 2} = \frac{1}{3} \int \frac{dt}{3t^2 - 2} = \frac{1}{3 \cdot 2}\sqrt{\frac{2}{3}} \int \frac{d\sqrt{\frac{3}{2}}t}{\frac{3}{2}t^2 - 1} =$$

$$= \frac{1}{3\sqrt{6}} \int \frac{du}{u^2 - 1} = \frac{1}{6\sqrt{6}}\ln\left|\frac{u-1}{u+1}\right| + c =$$

$$= \frac{1}{6\sqrt{6}}\ln\left|\frac{\sqrt{\frac{3}{2}}t - 1}{\sqrt{\frac{3}{2}}t + 1}\right| + c = \frac{1}{6\sqrt{6}}\ln\left|\frac{\tan 3x - \sqrt{\frac{2}{3}}}{\tan 3x + \sqrt{\frac{2}{3}}}\right| + c .$$

*Beispiel 18.*

$$\int \frac{\cos^3 x}{\sin^7 x}\, dx = \int \frac{\cos^2 x\, d\sin x}{\sin^7 x} = \int \frac{(1 - t^2)\, dt}{t^7} =$$

$$= \int (t^{-7} - t^{-5})\, dt = -\frac{1}{6}t^{-6} + \frac{1}{4}t^{-4} + c = \frac{1}{4\sin^4 x} - \frac{1}{6\sin^6 x} + c .$$

### 5.7.5 Stammfunktionen der Form $\int R(x, y(x))\, dx$

Sei $R(x, y)$ wie in Absatz 5.7.4 eine rationale Funktion. Wir wollen einige spezielle Integrale der Form

$$\int R\big(x, y(x)\big)\, dx$$

betrachten, wobei $y = y(x)$ eine Funktion von $x$ ist.

Erstens ist es klar, dass dann, wenn wir die Substitution $x = x(t)$ vornehmen, so dass beide Funktionen $x = x(t)$ und $y = y(t)$ rationale Funktionen von $t$ sind, dass dann $x'(t)$ auch eine rationale Funktion ist und

$$\int R\big(x, y(x)\big)\, dx = \int R\big(x(t), y(x(t))\big)x'(t)\, dt$$

gilt, d.h., das Problem wird auf die Integration einer rationalen Funktion zurückgeführt.

Wir wollen die folgenden besonderen Auswahlen für die Funktion $y = y(x)$ betrachten.

**a.** Ist $y = \sqrt[n]{\frac{ax+b}{cx+d}}$ mit $n \in \mathbb{N}$, dann erhalten wir nach Setzen von $t^n = \frac{ax+b}{cx+d}$

$$x = \frac{d \cdot t^n - b}{a - c \cdot t^n}, \quad y = t ,$$

wodurch der Integrand rational wird.

*Beispiel 19.*

$$\int \sqrt[3]{\frac{x-1}{x+1}}\,dx = \int t\,d\left(\frac{t^3+1}{1-t^3}\right) = t\cdot\frac{t^3+1}{1-t^3}\,dt - \int \frac{t^3+1}{1-t^3}\,dt =$$

$$= t\cdot\frac{t^3+1}{1-t^3} - \int\left(\frac{2}{1-t^3} - 1\right)dt =$$

$$= t\cdot\frac{t^3+1}{1-t^3} + t - 2\int \frac{dt}{(1-t)(1+t+t^2)} =$$

$$= \frac{t}{1-t^3} - 2\int\left(\frac{1}{3(1-t)} - \frac{2+t}{3(1+t+t^2)}\right)dt =$$

$$= \frac{t}{1-t^3} + \frac{2}{3}\ln|1-t| - \frac{2}{3}\int \frac{\left(t+\frac{1}{2}\right)+\frac{3}{2}}{\left(t+\frac{1}{2}\right)^2+\frac{3}{4}}\,dt =$$

$$= \frac{t}{1-t^3} + \frac{2}{3}\ln|1-t| - \frac{1}{3}\ln\left[\left(t+\frac{1}{2}\right)+\frac{3}{4}\right] -$$

$$- \frac{2}{\sqrt{3}}\arctan\frac{2}{\sqrt{3}}\left(t+\frac{1}{2}\right) + c\,, \text{ wobei } t = \sqrt[3]{\frac{x-1}{x+1}}\,.$$

**b.** Wir wollen den Fall $y = \sqrt{ax^2+bx+c}$ untersuchen, d.h. Integrale der Form

$$\int R\left(x, \sqrt{ax^2+bx+c}\right)dx\,.$$

Durch quadratische Ergänzung des Trinoms $ax^2+bx+c$ und einer geeigneten linearen Substitution können wir den Allgemeinfall auf einen der drei folgenden Spezialfälle zurückführen:

$$\int R\left(t, \sqrt{t^2+1}\right)dt\,, \quad \int R\left(t, \sqrt{t^2-1}\right)dt\,, \quad \int R\left(t, \sqrt{1-t^2}\right)dt\,. \quad (5.183)$$

Um diese Integranden in rationale Funktionen umzuformen, genügt es, die folgenden Substitutionen vorzunehmen:

$$\sqrt{t^2+1} = tu+1 \text{ oder } \sqrt{t^2+1} = tu-1 \text{ oder } \sqrt{t^2+1} = t-u\,,$$

$$\sqrt{t^2-1} = u(t-1) \text{ oder } \sqrt{t^2-1} = u(t+1) \text{ oder } \sqrt{t^2-1} = t-u\,,$$

$$\sqrt{1-t^2} = u(1-t) \text{ oder } \sqrt{1-t^2} = u(1+t) \text{ oder } \sqrt{1-t^2} = tu\pm 1\,.$$

Diese Substitutionen wurden vor langer Zeit von Euler vorgeschlagen (vgl. Aufgabe 3 am Ende dieses Abschnitts).

Wir wollen als Beispiel zeigen, dass das erste Integral nach der ersten Substitution in ein Integral mit einer rationalen Funktion übergeht.

Ist nämlich $\sqrt{t^2+1} = tu+1$, dann ist $t^2+1 = t^2u^2+2tu+1$, woraus wir schließen, dass

$$t = \frac{2u}{1-u^2}$$

und somit

$$\sqrt{t^2 + 1} = \frac{1 + u^2}{1 - u^2} \, .$$

Somit erhalten wir $t$ und $\sqrt{t^2 + 1}$ als rationale Ausdrücke von $u$ und folgerichtig wurde das Integral auf ein Integral einer rationalen Funktion reduziert.

Die Integrale (5.183) können auch reduziert werden, wenn wir die Substitutionen $t = \sinh\varphi$, $t = \cosh\varphi$ und $t = \sin\varphi$ (oder $t = \cos\varphi$) ausführen:

$$\int R(\sinh\varphi, \cosh\varphi) \cosh\varphi \, \mathrm{d}\varphi, \quad \int R(\cosh\varphi, \sinh\varphi) \sinh\varphi \, \mathrm{d}\varphi$$

und

$$\int R(\sin\varphi, \cos\varphi) \cos\varphi \, \mathrm{d}\varphi \quad \text{oder} \quad -\int R(\cos\varphi, \sin\varphi) \sin\varphi \, \mathrm{d}\varphi \, .$$

*Beispiel 20.*

$$\int \frac{\mathrm{d}x}{x + \sqrt{x^2 + 2x + 2}} = \int \frac{\mathrm{d}x}{x + \sqrt{(x+1)^2 + 1}} = \int \frac{\mathrm{d}t}{t - 1 + \sqrt{t^2 + 1}} \, .$$

Wenn wir $\sqrt{t^2 + 1} = u - t$ setzen, erhalten wir $1 = u^2 - 2tu$, woraus folgt, dass $t = \frac{u^2 - 1}{2u}$. Daher ist

$$\int \frac{\mathrm{d}t}{t - 1 + \sqrt{t^2 + 1}} = \frac{1}{2} \int \frac{1}{u - 1}\Big(1 + \frac{1}{u^2}\Big) \, \mathrm{d}u = \frac{1}{2} \int \frac{1}{u - 1} \, \mathrm{d}u +$$

$$+ \frac{1}{2} \int \frac{\mathrm{d}u}{u^2(u - 1)} = \frac{1}{2} \ln|u - 1| + \frac{1}{2} \int \Big(\frac{1}{u - 1} - \frac{1}{u^2} - \frac{1}{u}\Big) \, \mathrm{d}u =$$

$$= \frac{1}{2} \ln|u - 1| + \frac{1}{2} \ln\Big|\frac{u - 1}{u}\Big| + \frac{1}{2u} + c \, .$$

Nun müssen wir noch die Substitutionen aufschlüsseln: $u = t + \sqrt{t^2 + 1}$ und $t = x + 1$.

**c. Elliptische Integrale.** Eine andere wichtige Klasse von Integralen besitzt die Form

$$\int R\Big(x, \sqrt{P(x)}\Big) \, \mathrm{d}x \, , \tag{5.184}$$

wobei $P(x)$ ein Polynom vom Grad $n > 2$ ist. Wie Abel und Liouville gezeigt haben, kann ein derartiges Integral im Allgemeinen nicht mit Hilfe von elementaren Funktionen ausgedrückt werden.

Für $n = 3$ und $n = 4$ wird (5.184) ein *elliptisches Integral* genannt und für $n > 4$ ein *hyperelliptisches*.

Durch einfache Substitutionen kann gezeigt werden, dass das allgemeine elliptische Integral bis auf Ausdrücke, die mit elementaren Funktionen formulierbar sind, auf die folgenden drei Standardfälle zurückgeführt werden kann:

$$\int \frac{\mathrm{d}x}{\sqrt{(1-x^2)(1-k^2x^2)}} \, , \tag{5.185}$$

$$\int \frac{x^2\,\mathrm{d}x}{\sqrt{(1-x^2)(1-k^2x^2)}} \, , \tag{5.186}$$

$$\int \frac{\mathrm{d}x}{(1+hx^2)\sqrt{(1-x^2)(1-k^2x^2)}} \, . \tag{5.187}$$

Dabei sind $h$ und $k$ Parameter, wobei der Parameter $k$ in allen drei Fällen im Intervall $]0,1[$ liegt.

Nach Substitution von $x = \sin\varphi$ können diese Integrale auf die folgenden kanonischen Integrale und Kombinationen davon zurückgeführt werden:

$$\int \frac{\mathrm{d}\varphi}{\sqrt{1-k^2\sin^2\varphi}} \, , \tag{5.188}$$

$$\int \sqrt{1-k^2\sin^2\varphi}\,\mathrm{d}\varphi \, , \tag{5.189}$$

$$\int \frac{\mathrm{d}\varphi}{(1-h\sin^2\varphi)\sqrt{1-k^2\sin^2\varphi}} \, . \tag{5.190}$$

Die Integrale (5.188), (5.189) und (5.190) werden *elliptische Integrale erster, zweiter* und *dritter Ordnung* genannt (auch als Legendresche Normalform).

Die Symbole $F(k,\varphi)$ und $E(k,\varphi)$ bezeichnen die besonderen elliptischen Integrale (5.188) und (5.189) der ersten und zweiten Ordnung, die $F(k,0) = 0$ und $E(k,0) = 0$ erfüllen.

Die Funktionen $F(k,\varphi)$ und $E(k,\varphi)$ werden häufig benutzt und aus diesem Grund wurden sehr ausführliche Wertetabellen für $0 < k < 1$ und $0 \le \varphi \le \pi/2$ zusammengestellt.

Wie Abel gezeigt hat, ist es nur natürlich, elliptische Integrale in der komplexen Ebene im engen Zusammenhang mit sogenannten elliptischen Funktionen zu untersuchen. Diese Funktionen stehen mit elliptischen Integralen im selben Zusammenhang, wie etwa die Funktion $\sin x$ mit dem Integral $\int \frac{\mathrm{d}\varphi}{\sqrt{1-\varphi^2}} = \arcsin\varphi$.

### 5.7.6 Übungen und Aufgaben

**1.** *Methode nach Ostrogradski*[34] *zur Abtrennung des rationalen Teils des Integrals eines teilerfremden rationalen Bruchs.*

Sei $\frac{P(x)}{Q(x)}$ ein teilerfremder Bruch, $q(x)$ das Polynom mit denselben Nullstellen mit Vielfachheit 1 wie $Q(x)$ und $Q_1(x) = \frac{Q(x)}{q(x)}$.

---

[34] M. V. Ostrogradski (1801–1861) – bekannter russischer Fachmann für theoretische Mechanik und Mathematik, einer der Begründer des angewandten Forschungsbereichs der Petersburger mathematischen Schule.

Zeigen Sie:

a) Es gilt die folgende Formel von Ostrogradski:

$$\int \frac{P(x)}{Q(x)}\, dx = \frac{P_1(x)}{Q_1(x)} + \int \frac{p(x)}{q(x)}\, dx\,, \qquad (5.191)$$

wobei $\frac{P_1(x)}{Q_1(x)}$ und $\frac{p(x)}{q(x)}$ teilerfremde Brüche sind und $\int \frac{p(x)}{q(x)}\, dx$ ist eine transzendente Funktion.
(Aus diesem Grund wird der Bruch $\frac{P_1(x)}{Q_1(x)}$ in (5.191) der *rationale Teil* des Integrals $\int \frac{P(x)}{Q(x)}\, dx$ genannt.)

b) In der Formel

$$\frac{P(x)}{Q(x)} = \left( \frac{P_1(x)}{Q_1(x)} \right)' + \frac{p(x)}{q(x)}\,,$$

die wir durch Ableitung der Ostrogradski-Formel erhalten, kann der Bruch $\left( \frac{P_1(x)}{Q_1(x)} \right)'$ nach geeigneten Kürzungen den Nenner $Q(x)$ besitzen.

c) Die Polynome $q(x)$, $Q_1(x)$ und dann auch die Polynome $p(x)$, $P_1(x)$ können algebraisch gefunden werden, ohne dass wir auch nur die Nullstellen von $Q(x)$ kennen. Daher kann der rationale Teil des Integrals (5.191) vollständig ohne Berechnung der gesamten Stammfunktion erhalten werden.

d) Trennen Sie den rationalen Teil des Integrals (5.191) ab, für

$$P(x) = 2x^6 + 3x^5 + 6x^4 + 6x^3 + 10x^2 + 3x + 2\,,$$
$$Q(x) = x^7 + 3x^6 + 5x^5 + 7x^4 + 7x^3 + 5x^2 + 3x + 1$$

(vgl. Beispiel 17 in Abschnitt 5.5).

**2.** Angenommen, wir suchen die Stammfunktion

$$\int R(\cos x, \sin x)\, dx\,, \qquad (5.192)$$

wobei $R(u,v) = \frac{P(u,v)}{Q(u,v)}$ eine rationale Funktion ist.
Zeigen Sie:

a) Ist $R(-u,v) = R(u,v)$, dann besitzt $R(u,v)$ die Form $R_1(u^2,v)$.

b) Ist $R(-u,v) = -R(u,v)$, dann wird durch $R(u,v) = u \cdot R_2(u^2,v)$ und die Substitution $t = \sin x$ das Integral (5.192) in ein rationales umgeformt.

c) Ist $R(-u,-v) = R(u,v)$, dann wird durch $R(u,v) = R_3\left( \frac{u}{v}, v^2 \right)$ und die Substitution $t = \tan x$ das Integral (5.192) in ein rationales umgeformt.

**3.** *Integrale der Form*

$$\int R\left( x, \sqrt{ax^2 + bx + c} \right) dx\,. \qquad (5.193)$$

a) Zeigen Sie, dass das Integral (5.193) durch die folgende *eulersche Substitution* auf ein Integral einer rationalen Funktion reduziert werden kann:
$t = \sqrt{ax^2 + bx + c} \pm \sqrt{a}x$, für $a > 0$,
$t = \sqrt{\frac{x-x_1}{x-x_2}}$ falls $x_1$ und $x_2$ reelle Nullstellen des Trinoms $ax^2 + bx + c$ sind.

b) Sei $(x_0, y_0)$ ein Punkt der Kurve $y^2 = ax^2 + bx + c$ und $t$ die Steigung der Geraden, die durch $(x_0, y_0)$ läuft und diese Kurve im Punkt $(x, y)$ schneidet. Drücken Sie die Koordinaten $(x, y)$ durch $(x_0, y_0)$ aus und stellen Sie einen Zusammenhang zwischen diesen Formeln und der eulerschen Substitution her.

c) Die durch die algebraische Gleichung $P(x, y) = 0$ definierte Kurve besitze eine parametrische Beschreibung $x = x(t)$ und $y = y(t)$ durch die rationalen Funktionen $x(t)$ und $y(t)$. Zeigen Sie, dass das Integral $\int R(x, y(x)) \, dx$, wobei $R(u, v)$ eine rationale Funktion ist und $y(x)$ eine algebraische Funktion, die die Gleichung $P(x, y) = 0$ erfüllt, auf ein Integral einer rationalen Funktion reduziert werden kann.

d) Zeigen Sie, dass das Integral (5.193) immer auf eine der drei folgenden Integraltypen reduziert werden kann:

$$\int \frac{P(x)}{\sqrt{ax^2 + bx + c}} \, dx \, , \qquad \int \frac{dx}{(x - x_0)^k \cdot \sqrt{ax^2 + bx + c}}$$

$$\text{oder} \quad \int \frac{(Ax + B) \, dx}{(x^2 + px + a)^m \cdot \sqrt{ax^2 + bx + c}} \, .$$

**4.**  a) Zeigen Sie, dass das Integral

$$\int x^m (a + bx^n)^p \, dx \, ,$$

wobei $m$, $n$ und $p$ rationale Zahlen sind, auf das Integral

$$\int (a + bt)^p t^q \, dt \tag{5.194}$$

zurückgeführt werden kann, wobei $p$ und $q$ rationale Zahlen sind.

b) Das Integral (5.194) kann durch elementare Funktionen ausgedrückt werden, wenn eine der drei Zahlen $p$, $q$ und $p + q$ ganzzahlig ist. (Tschebyscheff zeigte, dass es keine anderen Fälle gibt, für die das Integral (5.194) durch elementare Funktionen ausgedrückt werden kann.)

**5.** *Elliptische Integrale.* Zeigen Sie:

a) Jedes Polynom vom Grad drei mit reellen Koeffizienten besitzt eine reelle Nullstelle $x_0$ und kann durch die Substitution $x - x_0 = t^2$ auf ein Polynom der Form $t^2(at^4 + bt^3 + ct^2 + dt + e)$ reduziert werden, wobei $a \neq 0$ ist.

b) Ist $R(u, v)$ eine rationale Funktion und $P$ ein Polynom vom Grad 3 oder 4, dann kann die Funktion $R\left(x, \sqrt{P(x)}\right)$ auf die Form $R_1\left(t, \sqrt{at^4 + bt^3 + \cdots + e}\right)$ reduziert werden, wobei $a \neq 0$ ist.

c) Ein Polynom vom Grad vier $ax^4 + bx^3 + \cdots + e$ lässt sich als das Produkt $a(x^2 + p_1 x + q_1)(x^2 + p_2 x + q_2)$ darstellen und kann immer durch die Substitution $x = \frac{\alpha t + \beta}{\gamma t + 1}$ auf die Form $\frac{(M_1 + N_1 t^2)(M_2 + N_2 t^2)}{(\gamma t + 1)^2}$ gebracht werden.

d) Eine Funktion $R\left(x, \sqrt{ax^4 + bx^3 + \cdots + e}\right)$ lässt sich durch die Substitution $x = \frac{\alpha t + \beta}{\gamma t + 1}$ auf die Form

$$R_1\left(t, \sqrt{A(1 + m_1 t^2)(1 + m_2 t^2)}\right)$$

zurückführen.

e) Eine Funktion $R(x, \sqrt{y})$ kann als Summe $R_1(x, y) + \frac{R_2(x,y)}{\sqrt{y}}$ dargestellt werden, wobei $R_1$ und $R_2$ rationale Funktionen sind.

f) Jede rationale Funktion kann als Summe gerader oder ungerader rationaler Funktionen dargestellt werden.

g) Ist die rationale Funktion $R(x)$ gerade, dann besitzt sie die Form $r(x^2)$; ist sie ungerade, besitzt sie die Form $x r(x^2)$, wobei $r(x)$ eine rationale Funktion ist.

h) Jede Funktion $R(x, \sqrt{y})$ kann auf folgende Form reduziert werden:

$$R_1(x, y) + \frac{R_2(x^2, y)}{\sqrt{y}} + \frac{R_3(x^2, y)}{\sqrt{y}} x \ .$$

i) Jedes Integral der Form $\int R\left(x, \sqrt{P(x)}\right) dx$, wobei $P(x)$ ein Polynom vom Grad vier ist, kann auf ein Integral

$$\int \frac{r(t^2)\, dt}{\sqrt{A(1 + m_1 t^2)(1 + m_2 t^2)}}$$

reduziert werden, wobei $r(t)$ eine rationale Funktion ist und $A = \pm 1$.

j) Ist $|m_1| > |m_2| > 0$, dann wird eine der Substitutionen $\sqrt{m_1} t = x$, $\sqrt{m_1} t = \sqrt{1 - x^2}$, $\sqrt{m_1} t = \frac{x}{\sqrt{1-x^2}}$ oder $\sqrt{m_1} t = \frac{1}{\sqrt{1-x^2}}$ das Integral $\int \frac{r(t^2)\, dt}{\sqrt{A(1+m_1 t^2)(1+m_2 t^2)}}$ auf die Form $\int \frac{\tilde{r}(x^2)\, dx}{\sqrt{(1-x^2)(1-k^2 x^2)}}$ reduzieren, wobei $\tilde{r}$ eine rationale Funktion und $0 < k < 1$ ist.

k) Leiten Sie eine Formel für die Verkleinerung der Exponenten $2n$ und $m$ für die folgenden Integrale her:

$$\int \frac{x^{2n}\, dx}{\sqrt{(1 - x^2)(1 - k^2 x^2)}}, \quad \int \frac{dx}{(x^2 - a)^m \cdot \sqrt{(1 - x^2)(1 - k^2 x^2)}} \ .$$

l) Jedes elliptische Integral

$$\int R\left(x, \sqrt{P(x)}\right) dx \ ,$$

wobei $P$ ein Polynom vom Grad vier ist, kann bis auf Ausdrücke aus elementare Funktionen auf eine der kanonischen Formen (5.185), (5.186) und (5.187) reduziert werden.

m) Drücken Sie das Integral $\int \frac{dx}{\sqrt{1+x^3}}$ durch kanonische elliptische Integrale aus.

n) Drücken Sie die Stammfunktionen der Funktionen $\frac{1}{\sqrt{\cos 2x}}$ und $\frac{1}{\sqrt{\cos \alpha - \cos x}}$ durch elliptische Integrale aus.

**6.** Finden Sie bis auf eine lineare Funktion $Ax + B$ Stammfunktionen mit Hilfe der unten eingeführten Schreibweise für die folgenden, nicht elementaren besonderen Funktionen:

a) $\text{Ei}\,(x) = \int \frac{e^x}{x}\, dx$ (Integralexponential).

b) $\text{Si}\,(x) = \int \frac{\sin x}{x}\, dx$ (Integralsinus).

c) $\text{Ci}\,(x) = \int \frac{\cos x}{x}\, dx$ (Integralcosinus ).

d) $\mathrm{Shi}\,(x) = \displaystyle\int \frac{\sinh x}{x}\,\mathrm{d}x$ (Integralsinus hyperbolicus).

e) $\mathrm{Chi}\,(x) = \displaystyle\int \frac{\cosh x}{x}\,\mathrm{d}x$ (Integralcosinus hyperbolicus).

f) Die Fresnel-Integrale

$$S(x) = \int \sin x^2\,\mathrm{d}x \quad \text{und}$$

$$C(x) = \int \cos x^2\,\mathrm{d}x\;.$$

g) $\Phi(x) = \displaystyle\int \mathrm{e}^{-x^2}\,\mathrm{d}x$ (das Euler–Poisson Integral).

h) $\mathrm{li}\,(x) = \displaystyle\int \frac{\mathrm{d}x}{\ln x}$ (Integrallogarithmus).

**7.** Zeigen Sie, dass die folgenden Gleichungen bis auf eine Konstante wahr sind:

a) $\mathrm{Ei}\,(x) = \mathrm{li}\,(x)$.

b) $\mathrm{Chi}\,(x) = \frac{1}{2}\Big[\mathrm{Ei}\,(x) + \mathrm{Ei}\,(-x)\Big]$.

c) $\mathrm{Shi}\,(x) = \frac{1}{2}\Big[\mathrm{Ei}\,(x) - \mathrm{Ei}\,(-x)\Big]$.

d) $\mathrm{Ei}\,(\mathrm{i}x) = \mathrm{Ci}\,(x) + \mathrm{i}\mathrm{Si}\,(x)$.

e) $\mathrm{e}^{\mathrm{i}\pi/4}\Phi(x\mathrm{e}^{-\mathrm{i}\pi/4}) = C(x) + \mathrm{i}S(x)$.

**8.** Eine Differentialgleichung der Form

$$\frac{\mathrm{d}y}{\mathrm{d}x} = \frac{f(x)}{g(y)}$$

wird Gleichung mit *separierbaren Variablen* genannt, da sie zu

$$g(y)\,\mathrm{d}y = f(x)\,\mathrm{d}x\;,$$

in der die Variablen $x$ und $y$ separiert sind, umformuliert werden kann. Danach lässt sich die Gleichung wie folgt durch Berechnung der entsprechenden Integrale berechnen:

$$\int g(y)\,\mathrm{d}y = \int f(x)\,\mathrm{d}x + c\;.$$

Lösen Sie die folgenden Gleichungen:

a) $2x^3yy' + y^2 = 2$.

b) $xyy' = \sqrt{1 + x^2}$.

c) $y' = \cos(y + x)$, mit $u(x) = y(x) + x$.

d) $x^2y' - \cos 2y = 1$.

Finden Sie die Lösung, die die Bedingung $y(x) \to 0$ für $x \to +\infty$ erfüllt.

e) $\frac{1}{x}y'(x) = \mathrm{Si}\,(x)$.

f) $\frac{y'(x)}{\cos x} = C(x)$.

**9.** Ein Fallschirmspringer sprang aus einer Höhe von $1,5$ km und öffnete seinen Schirm in einer Höhe von $0,5$ km. Wie lange dauerte der Fall bis zur Öffnung des Schirms? Gehen Sie dabei von der Endgeschwindigkeit beim Fall eines Menschen durch Luft normaler Dichte von 50 m/s aus. Lösen Sie das Problem unter der Annahme, dass der Luftwiderstand proportional ist zu:

a) der Geschwindigkeit,

b) dem Quadrat der Geschwindigkeit.

Vernachlässigen Sie die Änderung des Drucks mit der Höhe.

**10.** Es ist bekannt, dass die Geschwindigkeit beim Austritt von Wasser aus einer kleinen Öffnung im Boden eines Kessels ziemlich genau durch die Formel $0,6\sqrt{2gH}$ beschrieben werden kann, wobei $g$ die Erdbeschleunigung und $H$ die Höhe der Wasseroberfläche oberhalb der Öffnung ist.

Ein zylindrisches Fass wird aufrecht hingestellt und besitzt am Boden eine Öffnung. Die Hälfte des Wassers des vollen Fasses fließt in 5 Minuten aus. Wie lange dauert es, bis alles Wasser ausgeflossen ist?

**11.** Welche Form sollte ein fester rotationssymmetrischer Kessel haben, damit die Wasseroberfläche mit konstanter Geschwindigkeit sinkt, wenn das Wasser im Boden ausfließt? (vgl. Aufgabe 10 für die Anfangsdaten).

**12.** In einer $10^4$ m$^3$ großen Werkstatt liefern Ventilatoren $10^3$ m$^3$ Frischluft pro Minute, die $0,04\%$ $CO_2$ enthält. Dieselbe Luftmenge wird ausgeblasen. Um 9:00 morgens beginnen die Arbeiter und nach einer halben Stunde ist der Gehalt an $CO_2$ in der Luft um $0,12\%$ gestiegen. Berechnen Sie den Gehalt an Kohlendioxid in der Luft um 14:00.

# Integralrechnung

## 6.1 Definition des Integrals und Beschreibung der Menge der integrierbaren Funktionen

### 6.1.1 Problemstellung und einführende Betrachtungen

Angenommen, ein Punkt bewege sich entlang der reellen Geraden, wobei $s(t)$ seine Koordinate zur Zeit $t$ ist und $v(t) = s'(t)$ seine Geschwindigkeit zu derselben Zeit $t$. Angenommen, wir kennen die Position $s(t_0)$ des Punktes zur Zeit $t_0$ und seine Geschwindigkeit zu jeder Zeit. Mit diesen Informationen wollen wir für jedes $t > t_0$ die Position $s(t)$ berechnen.

Wenn wir davon ausgehen, dass sich die Geschwindigkeit $v(t)$ kontinuierlich ändert, kann die Verschiebung des Punktes in einem kleinen Zeitintervall näherungsweise als das Produkt $v(\tau)\Delta t$ der Geschwindigkeit in einem beliebigen Moment $\tau$ in diesem Intervall und der Größe des Zeitintervalls berechnet werden. Aus dieser Überlegung heraus unterteilen wir das Intervall $[t_0, t]$, indem wir einige Zeiten $t_i$ ($i = 0, \ldots, n$) markieren, so dass $t_0 < t_1 < \cdots < t_n = t$ und die Intervalle $[t_{i-1}, t_i]$ klein sind. Sei $\Delta t_i = t_i - t_{i-1}$ und $\tau_i \in [t_{i-1}, t_i]$. Dann erhalten wir die Näherungsgleichung

$$s(t) - s(t_0) \approx \sum_{i=1}^{n} v(\tau_i)\,\Delta t_i \,.$$

Entsprechend unserem Gedankenexperiment wird diese Näherungsgleichung umso genauer, je kleiner die Teilintervalle des abgeschlossenen Intervalls $[t_0, t]$ werden. Wenn die Länge $\lambda$ des größten dieser Intervalle gegen Null strebt, können wir schließen, dass der Grenzwert die folgende exakte Gleichung erfüllt:

$$\lim_{\lambda \to 0} \sum_{i=1}^{n} v(\tau_i)\Delta t_i = s(t) - s(t_0) \,. \tag{6.1}$$

Diese Gleichung ist nichts anderes als die Newton–Leibniz Formel (Fundamentalsatz der Infinitesimalrechnung), die für die ganze Analysis von zentraler

Bedeutung ist. Sie versetzt uns auf der einen Seite in die Lage, eine Stamm-funktion $s(t)$ numerisch aus ihrer Ableitung $v(t)$ zu bestimmen und erlaubt es auf der anderen Seite, den Grenzwert der Summe $\sum\limits_{i=1}^{n} v(\tau_i)\Delta t_i$ auf der lin-ken Seite aus einer Stammfunktion $s(t)$, die irgendwie bestimmt wurde, zu berechnen.

Derartige Summen, sogenannte *Riemannsche Summen*, finden wir in zahl-reichen Situationen.

Beispielsweise wollen wir wie schon Archimedes versuchen, die Fläche un-terhalb der Parabel $y = x^2$ auf dem abgeschlossenen Intervall $[0, 1]$ zu bestim-men (vgl. Abb. 6.1). Ohne allzu sehr ins Detail zu gehen und ohne Klärung

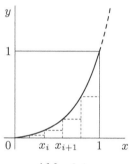

**Abb. 6.1.**

der Frage, was die Fläche in einer Abbildung bedeutet (darum werden wir uns später kümmern), werden wir wie Archimedes vorgehen und die Abbil-dung mit einigen Figuren ausmalen – Rechtecken, deren Fläche wir zu be-rechnen wissen. Nachdem wir das abgeschlossene Intervall $[0, 1]$ durch Punkte $0 = x_0 < x_1 < \cdots < x_n = 1$ in winzige abgeschlossene Intervalle $[x_{i-1}, x_i]$ un-terteilt haben, können wir offensichtlich die gewünschte Fläche $\sigma$ als Summe der Flächen der in der Abbildung gezeigten Rechtecke verstehen:

$$\sigma \approx \sum_{i=1}^{n} x_{i-1}^2 \Delta x_i \ ,$$

mit $\Delta x_i = x_i - x_{i-1}$. Wenn wir $f(x) = x^2$ und $\xi_i = x_{i-1}$ setzen, können wir die Formel umschreiben zu

$$\sigma \approx \sum_{i=1}^{n} f(\xi_i)\Delta x_i \ .$$

In dieser Schreibweise bilden wir den Grenzwert

$$\lim_{\lambda \to 0} \sum_{i=1}^{n} f(\xi_i)\Delta x_i = \sigma \ , \tag{6.2}$$

wobei $\lambda$ wie oben die Länge des größten Intervalls $[x_{i-1}, x_i]$ der Unterteilung ist.

Formel (6.2) unterscheidet sich von (6.1) nur in der Schreibweise. Wenn wir für einen Augenblick die geometrische Bedeutung von $f(\xi_i) \, \Delta x_i$ vergessen und $x$ als Zeit und $f(x)$ als Geschwindigkeit sehen, gelangen wir zu einer Stammfunktion $F(x)$ der Funktion $f(x)$ und erhalten so nach (6.1), dass $\sigma = F(1) - F(0)$.

In unserem Fall ist $f(x) = x^2$, so dass $F(x) = \frac{1}{3}x^3 + c$ und $\sigma = F(1) - F(0) = \frac{1}{3}$. Dies stimmt mit dem Ergebnis, das Archimedes durch direkte Berechnung des Grenzwertes in (6.2) erhalten hat, überein.

Ein derartiger Grenzwert einer Summe wird *Integral* genannt. Daher stellt die Newton–Leibniz Formel (6.1) einen Zusammenhang zwischen dem Integral und der Stammfunktion her.

Wir wenden uns nun der genauen Formulierung und dem allgemeinen Beweis dessen, was wir eben heuristisch erhalten haben, zu.

### 6.1.2 Definition des Riemannschen Integrals

#### a. Unterteilungen

**Definition 1.** Eine *Unterteilung* $P$ eines abgeschlossenen Intervalls $[a, b]$ ist eine endliche Menge von Punkten $x_0, \ldots, x_n$ des Intervalls, so dass $a = x_0 < x_1 < \cdots < x_n = b$.

Die Intervalle $[x_{i-1}, x_i]$, $(i = 1, \ldots, n)$ werden *Intervalle* der Unterteilung $P$ genannt.

Die größte Länge der Intervalle der Unterteilung $P$, die mit $\lambda(P)$ symbolisiert wird, wird *Schrittweite* oder *Gitterfunktion* der Unterteilung genannt.

**Definition 2.** Wir sprechen von einer *Unterteilung mit ausgezeichneten Punkten* $(P, \xi)$ auf dem abgeschlossenen Intervall $[a, b]$, wenn eine Unterteilung $P$ von $[a, b]$ vorliegt und wir einen Punkt $\xi_i \in [x_{i-1}, x_i]$ in jedem der Intervalle der Unterteilung $[x_{i-1}, x_i]$ $(i = 1, \ldots, n)$ gewählt haben.

Wir symbolisieren die Menge der Punkte $\{\xi_1, \ldots, \xi_n\}$ mit dem einfachen Buchstaben $\xi$.

#### b. Eine Basis der Menge der Unterteilungen

Wir betrachten die folgende Basis $\mathcal{B} = \{B_d\}$ in der Menge $\mathcal{P}$ der Unterteilungen mit ausgezeichneten Punkten auf einem vorgegebenen Intervall $[a, b]$. Das Element $B_d$, $d > 0$ der Basis $\mathcal{B}$ besteht aus allen Unterteilungen mit ausgezeichneten Punkten $(P, \xi)$ auf $[a, b]$ für die $\lambda(P) < d$.

Wir wollen zeigen, dass $\{B_d\}$ mit $d > 0$ tatsächlich eine Basis in $\mathcal{P}$ ist.

Zunächst einmal ist $B_d \neq \varnothing$, denn es ist offensichtlich, dass zu jeder Zahl $d > 0$ eine Unterteilung $P$ von $[a, b]$ mit Schrittweite $\lambda(P) < d$ existiert (etwa eine Unterteilung in $n$ kongruente abgeschlossene Intervalle). Aber dann existiert auch eine Unterteilung $(P, \xi)$ mit ausgezeichneten Punkten, für die $\lambda(P) < d$.

Des Weiteren ist es für $d_1 > 0$, $d_2 > 0$ und $d = \min\{d_1, d_2\}$ offensichtlich, dass $B_{d_1} \cap B_{d_2} = B_d \in \mathcal{B}$.

Daher ist $\mathcal{B} = \{B_d\}$ tatsächlich eine Basis in $\mathcal{P}$.

### c. Riemannsche Summen

**Definition 3.** Ist eine Funktion auf dem abgeschlossenen Intervall $[a, b]$ definiert und ist $(P, \xi)$ eine Unterteilung mit ausgezeichneten Punkten auf diesem abgeschlossenen Intervall, dann ist

$$\sigma(f; P, \xi) := \sum_{i=1}^{n} f(\xi_i) \Delta x_i \, , \tag{6.3}$$

mit $\Delta x_i = x_i - x_{i-1}$, die *Riemannsche Summe* der Funktion $f$ zur Unterteilung $(P, \xi)$ mit ausgezeichneten Punkten auf $[a, b]$.

Daher ist zu der vorgegebenen Funktion $f$ die Riemannsche Summe $\sigma(f; P, \xi)$ eine Funktion $\Phi(p) = \sigma(f; p)$ auf der Menge $\mathcal{P}$ aller Unterteilungen $p = (P, \xi)$ mit ausgezeichneten Punkten auf dem abgeschlossenen Intervall $[a, b]$.

Da in $\mathcal{P}$ eine Basis $\mathcal{B}$ existiert, können wir den Grenzwert der Funktion $\Phi(p)$ auf dieser Basis untersuchen.

### d. Das Riemannsche Integral

Sei $f$ eine auf einem abgeschlossenen Intervall $[a, b]$ definierte Funktion.

**Definition 4.** Die Zahl $I$ ist das *Riemannsche Integral* der Funktion $f$ auf dem abgeschlossenen Intervall $[a, b]$, falls für jedes $\varepsilon > 0$ ein $\delta > 0$ existiert, so dass

$$\left| I - \sum_{i=1}^{n} f(\xi_i) \Delta x_i \right| < \varepsilon$$

für jede Unterteilung $(P, \xi)$ mit ausgezeichneten Punkten auf $[a, b]$, deren Schrittweite $\lambda(P)$ kleiner als $\delta$ ist.

Da die Unterteilungen $p = (P, \xi)$, für die $\lambda(P) < \delta$, die Elemente $B_\delta$ der oben eingeführten Basis $\mathcal{B}$ auf der Menge $\mathcal{P}$ der Unterteilungen mit ausgezeichneten Punkten bilden, ist Definition 4 äquivalent zur Aussage

$$I = \lim_{\mathcal{B}} \Phi(p) \, ,$$

d.h., das Integral $I$ ist auf $\mathcal{B}$ der Grenzwert der Riemannschen Summen der Funktion $f$ mit entsprechenden Unterteilungen mit ausgezeichneten Punkten auf $[a, b]$.

Es ist nur natürlich, die Basis $\mathcal{B}$ mit $\lambda(P) \to 0$ zu bezeichnen. Damit kann die Definition des Integrals neu geschrieben werden:

$$I = \lim_{\lambda(P) \to 0} \sum_{i=1}^{n} f(\xi_i) \Delta x_i \ . \tag{6.4}$$

Das Integral von $f(x)$ auf $[a, b]$ wird mit

$$\int_a^b f(x)\, \mathrm{d}x$$

bezeichnet. Dabei werden die Zahlen $a$ und $b$ die *unteren* und *oberen Integrationsgrenzen* genannt. Die Funktion $f$ wird *Integrand* und $x$ die *Integrationsvariable* genannt und $f(x)\, \mathrm{d}x$ wird als *Differentialform* bezeichnet. Somit ist also:

$$\boxed{\int_a^b f(x)\, \mathrm{d}x := \lim_{\lambda(P) \to 0} \sum_{i=1}^{n} f(\xi_i)\, \Delta x_i \ .} \tag{6.5}$$

**Definition 5.** Eine Funktion $f$ ist auf dem abgeschlossenen Intervall $[a, b]$ *Riemann-integrierbar*, wenn der Grenzwert der Riemannschen Summen in (6.5) für $\lambda(P) \to 0$ existiert (d.h., das Riemannsche Integral ist definiert).

Die Menge der auf einem abgeschlossenen Intervall $[a, b]$ Riemann-integrierbaren Funktionen wird mit $\mathcal{R}[a, b]$ bezeichnet.

Da wir für eine Weile keine anderen Integrale außer den Riemannschen Integralen betrachten, vereinbaren wir, der Einfachheit halber, nur „Integral" und „integrierbare Funktion" anstelle von „Riemannsches Integral" und „Riemann-integrierbare Funktion" zu sagen.

### 6.1.3 Die Menge der integrierbaren Funktionen

Laut Definition des Integrals (Definition 4) und ihren Umformungen zu (6.4) und (6.5) ist ein Integral der Grenzwert einer gewissen Spezialfunktion $\Phi(p) = \sigma(f; P, \xi)$, die Riemannsche Summe, die auf der Menge $\mathcal{P}$ der Unterteilungen $p = (P, \xi)$ mit ausgezeichneten Punkten definiert ist. Dieser Grenzwert wird auf der Basis $\mathcal{B}$, die wir als $\lambda(P) \to 0$ bezeichnet haben, in $\mathcal{P}$ gebildet.

Daher hängt die Integrierbarkeit einer Funktion $f$ auf $[a, b]$ von der Existenz dieses Grenzwertes ab.

Nach dem Cauchyschen Konvergenzkriterium existiert der Grenzwert genau dann, wenn für jedes $\varepsilon > 0$ ein Element $B_\delta \in \mathcal{B}$ existiert, so dass

$$|\Phi(p') - \Phi(p'')| < \varepsilon$$

für beliebige Unterteilungen $p'$, $p''$ in $B_\delta$.

Genauer formuliert bedeutet das eben Gesagte, dass für jedes $\varepsilon > 0$ ein $\delta > 0$ existiert, so dass

$$|\sigma(f; P', \xi') - \sigma(f; P'', \xi'')| < \varepsilon$$

oder, was dasselbe ist,

$$\left| \sum_{i=1}^{n'} f(\xi_i') \Delta x_i' - \sum_{i=1}^{n''} f(\xi_i'') \Delta x_i'' \right| < \varepsilon \qquad (6.6)$$

für beliebige Unterteilungen $(P', \xi')$ und $(P'', \xi'')$ mit ausgezeichneten Punkten auf dem Intervall $[a, b]$ mit $\lambda(P') < \delta$ und $\lambda(P'') < \delta$.

Wir werden das eben formulierte Cauchysche Kriterium benutzen, um zunächst eine einfache notwendige Bedingung und dann eine hinreichende Bedingung für die Riemann-Integrierbarkeit einer Funktion aufzustellen.

**a. Eine notwendige Bedingung für die Integrierbarkeit**

**Satz 1.** *Eine notwendige Bedingung für die Riemann-Integrierbarkeit einer auf einem abgeschlossenen Intervall $[a, b]$ definierten Funktion $f$ ist, dass $f$ auf $[a, b]$ beschränkt ist.*

In Kurzform:

$$\left(f \in \mathcal{R}[a, b]\right) \Rightarrow \left(f \text{ ist beschränkt auf } [a, b]\right).$$

*Beweis.* Ist $f$ nicht auf $[a, b]$ beschränkt, dann ist in jeder Unterteilung $P$ von $[a, b]$ die Funktion $f$ zumindest in einem der Intervalle $[x_{i-1}, x_i]$ von $P$ unbeschränkt. Dies bedeutet aber, dass wir den Punkt $\xi_i \in [x_{i-1}, x_i]$ auf verschiedene Weise wählen können, so dass $|f(\xi_i) \Delta x_i|$ beliebig groß wird. Dann kann aber die Riemannsche Summe $\sigma(f; P, \xi) = \sum_{i=1}^{n} f(\xi_i) \Delta x_i$ betragsmäßig ebenfalls beliebig groß werden, wenn wir nur den Punkt $\xi_i$ in diesem Intervall verändern.

Es ist daher klar, dass es in so einem Fall keinen endlichen Grenzwert der Riemannschen Summe geben kann. Dies war allerdings bereits aus dem Cauchyschen Kriterium klar, da (6.6) in diesem Fall auch für beliebig feine Unterteilungen nicht erfüllt sein kann. □

Wir wir sehen werden, ist die so erhaltene notwendige Bedingung weit davon entfernt, sowohl notwendig als auch hinreichend für die Integrierbarkeit zu sein. Sie setzt uns jedoch in die Lage, unsere Untersuchungen auf beschränkte Funktionen einzuschränken.

**b. Eine hinreichende Bedingung für die Integrierbarkeit und die wichtigsten Klassen integrierbarer Funktionen**

Wir beginnen mit einigen Schreibweisen und Anmerkungen, die wir bei den weiteren Erklärungen benutzen werden.

Wir vereinbaren, dass wir für eine vorgegebene Unterteilung $P$ auf dem Intervall $[a, b]$

$$a = x_0 < x_1 < \cdots < x_n = b$$

das Symbol $\Delta_i$ benutzen, um das Intervall $[x_{i-1}, x_i]$ zu bezeichnen und $\Delta x_i$ für die Differenz $x_i - x_{i-1}$.

Wird eine Unterteilung $\tilde{P}$ des abgeschlossenen Intervalls $[a, b]$ aus der Unterteilung $P$ durch Hinzufügen neuer Punkte gewonnen, werden wir $\tilde{P}$ eine *Verfeinerung* von $P$ nennen.

Bei der Konstruktion einer Verfeinerung $\tilde{P}$ einer Unterteilung $P$ werden einige (vielleicht auch alle) der abgeschlossenen Intervalle $\Delta_i = [x_{i-1}, x_i]$ der Unterteilung $P$ wieder weiter unterteilt: $x_{i-1} = x_{i0} < \cdots < x_{in_i} = x_i$. In diesem Zusammenhang wollen wir die Punkte von $\tilde{P}$ doppelt indizieren. Bei der Schreibweise $x_{ij}$ bedeutet der erste Index, dass $x_{ij} \in \Delta_i$, und der zweite Index ist die gewöhnliche Nummer des Punktes im abgeschlossenen Intervall $\Delta_i$. Nun ist es nur natürlich $\Delta x_{ij} := x_{ij} - x_{ij-1}$ und $\Delta_{ij} := [x_{ij-1}, x_{ij}]$ zu definieren. Daher ist $\Delta x_i = \Delta x_{i1} + \cdots + \Delta x_{in_i}$.

Als Beispiel für eine Unterteilung, die eine Verfeinerung für sowohl die Unterteilungen $P'$ als auch $P''$ ist, können wir $\tilde{P} = P' \cup P''$ wählen, d.h. die Vereinigung der Punkte der beiden Unterteilungen $P'$ und $P''$.

Wir wiederholen schließlich, dass $\omega(f; E)$ wie zuvor die Oszillation der Funktion $f$ auf der Menge $E$ bezeichnet, d.h.

$$\omega(f; E) := \sup_{x', x'' \in E} |f(x') - f(x'')| \, .$$

Insbesondere ist $\omega(f; \Delta_i)$ die Oszillation von $f$ auf dem abgeschlossenen Intervall $\Delta_i$. Diese Oszillation ist notwendigerweise endlich, falls $f$ eine beschränkte Funktion ist.

Wir wollen nun eine hinreichende Bedingung für die Integrierbarkeit aufstellen und beweisen.

**Satz 2.** *Eine hinreichende Bedingung für die Integrierbarkeit einer beschränkten Funktion $f$ auf einem abgeschlossenen Intervall $[a, b]$ ist, dass für jedes $\varepsilon > 0$ eine Zahl $\delta > 0$ existiert, so dass*

$$\sum_{i=1}^{n} \omega(f; \Delta_i) \Delta x_i < \varepsilon$$

*für jede Unterteilung $P$ von $[a, b]$ mit Schrittweite $\lambda(P) < \delta$.*

*Beweis.* Sei $P$ eine Unterteilung von $[a,b]$ und $\widetilde{P}$ eine Verfeinerung von $P$. Wir wollen den Unterschied zwischen den Riemannschen Summen $\sigma(f;\widetilde{P},\tilde{\xi}) - \sigma(f;P,\xi)$ abschätzen. Mit Hilfe der oben eingeführten Schreibweise können wir folgendes formulieren:

$$\left|\sigma(f;\widetilde{P},\tilde{\xi}) - \sigma(f;P,\xi)\right| = \left|\sum_{i=1}^{n}\sum_{j=1}^{n_i} f(\xi_{ij})\Delta x_{ij} - \sum_{i=1}^{n} f(\xi_i)\Delta x_i\right| =$$

$$= \left|\sum_{i=1}^{n}\sum_{j=1}^{n_i} f(\xi_{ij})\Delta x_{ij} - \sum_{i=1}^{n}\sum_{j=1}^{n_i} f(\xi_i)\Delta x_{ij}\right| =$$

$$= \left|\sum_{i=1}^{n}\sum_{j=1}^{n_i} \big(f(\xi_{ij}) - f(\xi_i)\big)\Delta x_{ij}\right| \le \sum_{i=1}^{n}\sum_{j=1}^{n_i} \left|f(\xi_{ij}) - f(\xi_i)\right|\Delta x_{ij} \le$$

$$\le \sum_{i=1}^{n}\sum_{j=1}^{n_i} \omega(f;\Delta_i)\Delta x_{ij} = \sum_{i=1}^{n} \omega(f;\Delta_i)\Delta x_i \;.$$

Bei dieser Berechnung haben wir die Gleichung $\Delta x_i = \sum_{j=1}^{n_i} \Delta x_{ij}$ und die Ungleichung $|f(\xi_{ij}) - f(\xi_i)| \le \omega(f;\Delta_i)$ ausgenutzt, die gültig sind, da $\xi_{ij} \in \Delta_{ij} \subset \Delta_i$ und $\xi_i \in \Delta_i$.

Aus der Abschätzung für die Differenz der Riemannschen Summen folgt, dass wir für jedes $\varepsilon > 0$ ein $\delta > 0$ finden, so dass

$$\left|\sigma(f;\widetilde{P},\tilde{\xi}) - \sigma(f;P,\xi)\right| < \frac{\varepsilon}{2}$$

für jede Unterteilung $P$ von $[a,b]$ mit Schrittweite $\lambda(P) < \delta$, jede Verfeinerung $\widetilde{P}$ von $P$ und jede Wahl der Mengen der ausgezeichneten Punkte $\xi$ und $\tilde{\xi}$, falls die Funktion die hinreichende Bedingung erfüllt, die in der Aussage von Satz 2 formuliert wurde.

Sind nun $(P',\xi')$ und $(P'',\xi'')$ beliebige Unterteilungen mit ausgezeichneten Punkten auf $[a,b]$, deren Schrittweiten $\lambda(P') < \delta$ und $\lambda(P'') < \delta$ erfüllen, dann muss nach dem eben Bewiesenen für die Unterteilung $\widetilde{P} = P' \cup P''$, die für beide Unterteilungen eine Verfeinerung ist, gelten:

$$\left|\sigma(f;\widetilde{P},\tilde{\xi}) - \sigma(f;P',\xi')\right| < \frac{\varepsilon}{2}\,,$$

$$\left|\sigma(f;\widetilde{P},\tilde{\xi}) - \sigma(f;P'',\xi'')\right| < \frac{\varepsilon}{2}\,.$$

Daraus folgt, dass

$$\left|\sigma(f;P',\xi') - \sigma(f;P'',\xi'')\right| < \varepsilon\,,$$

vorausgesetzt, dass $\lambda(P') < \delta$ und $\lambda(P'') < \delta$. Daher existiert nach dem Cauchyschen Kriterium der Grenzwert der Riemannschen Summen:

$$\lim_{\lambda(P)\to 0} \sum_{i=1}^{n} f(\xi_i)\Delta x_i \;,$$

d.h. $f \in \mathcal{R}[a,b]$. $\qquad\qquad\qquad\qquad\qquad\qquad\qquad\qquad\qquad\qquad$ $\square$

**Korollar 1.** $(f \in C[a,b]) \Rightarrow (f \in \mathcal{R}[a,b])$, *d.h., jede auf einem abgeschlossenen Intervall stetige Funktion ist auf diesem abgeschlossenen Intervall integrierbar.*

*Beweis.* Ist eine Funktion auf einem abgeschlossenen Intervall stetig, dann ist sie auch darauf beschränkt, so dass die notwendige Bedingung in diesem Fall erfüllt ist. Aber eine auf einem abgeschlossenen Intervall stetige Funktion ist auf diesem Intervall gleichmäßig stetig. Daher existiert zu jedem $\varepsilon > 0$ ein $\delta > 0$, so dass $\omega(f;\Delta) < \frac{\varepsilon}{b-a}$ auf jedem abgeschlossenen Intervall $\Delta \subset [a,b]$, dessen Länge kleiner als $\delta$ ist. Somit erhalten wir für jede Unterteilung $P$ mit Schrittweite $\lambda(P) < \delta$, dass

$$\sum_{i=1}^{n} \omega(f;\Delta_i)\Delta x_i < \frac{\varepsilon}{b-a} \sum_{i=1}^{n} \Delta x_i = \frac{\varepsilon}{b-a}(b-a) = \varepsilon \;.$$

Nach Satz 2 können wir folgern, dass $f \in \mathcal{R}[a,b]$. $\qquad\qquad\qquad\qquad$ $\square$

**Korollar 2.** *Ist eine auf einem abgeschlossenen Intervall $[a,b]$ beschränkte Funktion $f$ mit Ausnahme einer endlichen Punktmenge überall stetig, dann ist $f \in \mathcal{R}[a,b]$.*

*Beweis.* Sei $\omega(f;[a,b]) \le C < \infty$. Wir nehmen an, dass $f$ auf $[a,b]$ $k$ Unstetigkeitsstellen besitzt. Wir werden beweisen, dass die hinreichende Bedingung für die Integrierbarkeit der Funktion $f$ erfüllt ist.

Zu vorgegebenem $\varepsilon > 0$ wählen wir die Zahl $\delta_1 = \frac{\varepsilon}{8C\cdot k}$ und konstruieren die $\delta_1$-Umgebung zu jedem der $k$ Unstetigkeitsstellen von $f$ auf $[a,b]$. Das Komplement der Vereinigung dieser Umgebungen in $[a,b]$ besteht aus einer endlichen Zahl abgeschlossener Intervalle. Dabei ist $f$ auf jedem dieser Intervalle stetig und folglich gleichmäßig stetig. Da die Anzahl dieser Intervalle endlich ist, existiert zu gegebenem $\varepsilon > 0$ ein $\delta_2 > 0$, so dass auf jedem Intervall $\Delta$, dessen Länge kleiner als $\delta_2$ ist und das vollständig in einem der eben genannten abgeschlossenen Intervalle liegt, in denen $f$ stetig ist, $\omega(f;\Delta) < \frac{\varepsilon}{2(b-a)}$ gilt. Wir wählen nun $\delta = \min\{\delta_1, \delta_2\}$.

Sei $P$ eine beliebige Unterteilung von $[a,b]$ für die $\lambda(P) < \delta$. Wir teilen die Summe $\sum_{i=1}^{n} \omega(f;\Delta_i)\Delta x_i$, die zur Unterteilung $P$ gehört, in zwei Teile:

$$\sum_{i=1}^{n} \omega(f;\Delta_i)\Delta x_i = \sum{'} \omega(f;\Delta_i)\Delta x_i + \sum{''} \omega(f;\Delta_i)\Delta x_i \;.$$

Die Summe $\sum'$ enthält die Glieder, die zu den Intervallen $\Delta_i$ der Unterteilung gehört, die keine gemeinsamen Punkte mit irgendeiner der $\delta_1$-Umgebungen der

Unstetigkeitsstellen besitzen. Für diese Intervalle $\Delta_i$ erhalten wir $\omega(f; \Delta_i) < \frac{\varepsilon}{2(b-a)}$ und folglich

$$\sum{}'\omega(f; \Delta_i)\Delta x_i < \frac{\varepsilon}{2(b-a)} \sum{}' \Delta x_i \leq \frac{\varepsilon}{2(b-a)}(b-a) = \frac{\varepsilon}{2}\,.$$

Die Summe der Längen der verbleibenden Intervalle der Unterteilung $P$ beträgt, wie wir einfach sehen können, höchstens $(\delta + 2\delta_1 + \delta)k \leq 4\frac{\varepsilon}{8C \cdot k}\cdot k = \frac{\varepsilon}{2C}$ und daher ist

$$\sum{}''\omega(f; \Delta_i)\Delta x_i \leq C \sum{}'' \Delta x_i < C \cdot \frac{\varepsilon}{2C} = \frac{\varepsilon}{2}\,.$$

Daher erhalten wir für $\lambda(P) < \delta$, dass

$$\sum_{i=1}^{n} \omega(f; \Delta_i)\Delta x_i < \varepsilon\,,$$

d.h., die hinreichende Bedingung für die Integrierbarkeit ist erfüllt und somit ist $f \in \mathcal{R}[a, b]$.     □

**Korollar 3.** *Eine auf einem abgeschlossenen Intervall monotone Funktion ist auf diesem Intervall integrierbar.*

*Beweis.* Aus der Monotonie von $f$ auf $[a, b]$ folgt, dass $\omega(f; [a, b]) = |f(b) - f(a)|$. Sei $\varepsilon > 0$ gegeben. Wir setzen $\delta = \frac{\varepsilon}{|f(b) - f(a)|}$. Sei $f(b) - f(a) \neq 0$, da ansonsten $f$ konstant ist und dann unzweifelhaft integrierbar ist. Sei $P$ eine beliebige Unterteilung von $[a, b]$ mit Schrittweite $\lambda(P) < \delta$.

Dann erhalten wir unter Berücksichtigung der Monotonie von $f$, dass

$$\sum_{i=1}^{n} \omega(f; \Delta_i)\Delta x_i < \delta \sum_{i=1}^{n} \omega(f; \Delta_i) = \delta \sum_{i=1}^{n} \big|f(x_i) - f(x_{i-1})\big| =$$

$$= \delta \left|\sum_{i=1}^{n} \big(f(x_i) - f(x_{i-1})\big)\right| = \delta\big|f(b) - f(a)\big| = \varepsilon\,.$$

Daher erfüllt $f$ die hinreichende Bedingung für die Integrierbarkeit und folglich ist $f \in \mathcal{R}[a, b]$.     □

Eine monotone Funktion kann eine (abzählbar) unendliche Menge von Unstetigkeitsstellen auf einem abgeschlossenen Intervall haben. So ist beispielsweise die folgendermaßen definierte Funktion

$$f(x) = \begin{cases} 1 - \frac{1}{2^{n-1}} & \text{für } 1 - \frac{1}{2^{n-1}} \leq x < 1 - \frac{1}{2^n}\,, \quad n \in \mathbb{N}\,, \\[2mm] 1 & \text{für } x = 1 \end{cases}$$

auf $[0, 1]$ nicht absteigend und besitzt in jedem Punkt der Form $1 - \frac{1}{2^n}$, $n \in \mathbb{N}$ eine Unstetigkeit.

*Anmerkung.* Wir halten fest, dass wir, obwohl wir im Augenblick mit reellen Funktionen auf einem Intervall umgehen, keinen Gebrauch von der Annahme gemacht haben, dass die Funktion reell, anstelle von komplex ist. Sogar vektorwertige Funktionen auf dem abgeschlossenen Intervall $[a, b]$ sind nicht ausgeschlossen. Dies gilt für die Definition des Integrals und bei den oben bewiesenen Sätzen mit Ausnahme von Korollar 3.

Auf der anderen Seite gilt das Konzept der oberen und unteren Riemannschen Summen, das wir nun betrachten wollen, nur für Funktionen mit reellen Werten.

**Definition 6.** Sei $f : [a, b] \to \mathbb{R}$ eine Funktion mit reellen Werten, die auf dem abgeschlossenen Intervall $[a, b]$ definiert und beschränkt ist. Sei $P$ eine Unterteilung von $[a, b]$ und seien $\Delta_i$ $(i = 1, \ldots, n)$ die Intervalle der Unterteilung $P$ und seien $m_i = \inf\limits_{x \in \Delta_i} f(x)$ und $M_i = \sup\limits_{x \in \Delta_i} f(x)$ $(i = 1, \ldots, n)$.

Die Summen

$$s(f; P) := \sum_{i=1}^{n} m_i \Delta x_i$$

und

$$S(f; P) := \sum_{i=1}^{n} M_i \Delta x_i$$

werden *untere* bzw. *obere Riemannsche Summen* der Funktion $f$ auf dem Intervall $[a, b]$ zur Unterteilung $P$ dieses Intervalls[1] genannt. Die Summen $s(f; P)$ und $S(f; P)$ werden auch untere bzw. obere *Darboux-Summen* zur Unterteilung $P$ von $[a, b]$ genannt.

Ist $(P, \xi)$ eine beliebige Unterteilung mit ausgezeichneten Punkten auf $[a, b]$, dann ist offensichtlich

$$s(f; P) \le \sigma(f; P, \xi) \le S(f; P) . \tag{6.7}$$

**Lemma 1.**

$$s(f; P) = \inf_{\xi} \sigma(f; P, \xi) ,$$
$$S(f; P) = \sup_{\xi} \sigma(f; P, \xi) .$$

*Beweis.* Wir wollen z.B. beweisen, dass die obere Darboux-Summe zur Unterteilung $P$ des abgeschlossenen Intervalls $[a, b]$ die kleinste obere Schranke der Riemannschen Summen zur Unterteilung mit ausgezeichneten Punkten $(P, \xi)$ ist, wobei das Supremum über alle Mengen $\xi = (\xi_1, \ldots, \xi_n)$ ausgezeichneter Punkte gebildet wird.

---

[1] Der Ausdruck „Riemannsche Summe" ist hierbei nicht ganz exakt, da $m_i$ und $M_i$ nicht immer Werte der Funktion $f$ in einem Punkt $\xi_i \in \Delta_i$ sind.

Mit Rücksicht auf (6.7) genügt der Beweis, dass für jedes $\varepsilon > 0$ eine Menge $\bar{\xi}$ ausgezeichneter Punkte existiert, so dass

$$S(f;P) < \sigma(f;P,\bar{\xi}) + \varepsilon \, . \tag{6.8}$$

Nach Definition der Zahlen $M_i$ gibt es für jedes $i \in \{1,\dots,n\}$ einen Punkt $\bar{\xi}_i \in \Delta_i$, in dem $M_i < f(\bar{\xi}_i) + \frac{\varepsilon}{b-a}$. Sei $\bar{\xi} = (\bar{\xi}_1,\dots,\bar{\xi}_n)$. Dann ist

$$\sum_{i=1}^{n} M_i \Delta x_i < \sum_{i=1}^{n} \left( f(\bar{\xi}_i) + \frac{\varepsilon}{b-a} \right) \Delta x_i = \sum_{i=1}^{n} f(\bar{\xi}_i) \Delta x_i + \varepsilon \, ,$$

womit der Beweis der zweiten Behauptung des Lemmas abgeschlossen wird. Die erste Behauptung wird ganz ähnlich bewiesen. $\square$

Aus diesem Lemma und der Ungleichung (6.7) leiten wir unter Berücksichtigung der Definition des Riemannschen Integrals den folgenden Satz her.

**Satz 3.** *Eine beschränkte reelle Funktion $f : [a,b] \to \mathbb{R}$ ist genau dann auf $[a,b]$ Riemann-integrierbar, wenn die folgenden Grenzwerte existieren und zueinander gleich sind:*

$$\underline{I} = \lim_{\lambda(P)\to 0} s(f;P) \quad und \quad \overline{I} = \lim_{\lambda(P)\to 0} S(f;P) \, . \tag{6.9}$$

*In diesem Fall ist der gemeinsame Wert $I = \underline{I} = \overline{I}$ gleich dem Integral*

$$\int_a^b f(x)\,\mathrm{d}x \, .$$

*Beweis.* Existieren die Grenzwerte (6.9) und stimmen sie überein, können wir aus den Eigenschaften des Grenzwertes und aus (6.7) folgern, dass die Riemannsche Summe einen Grenzwert besitzt und dass

$$\underline{I} = \lim_{\lambda(P)\to 0} \sigma(f;P,\xi) = \overline{I} \, .$$

Ist auf der anderen Seite $f \in \mathcal{R}[a,b]$, d.h., existiert der Grenzwert

$$\lim_{\lambda(P)\to 0} \sigma(f;P,\xi) = I \, ,$$

dann folgern wir aus (6.7) und (6.8), dass der Grenzwert $\lim_{\lambda(P)\to 0} S(f;P) = \overline{I}$ existiert und dass $\overline{I} = I$.

Ganz ähnlich können wir beweisen, dass $\lim_{\lambda(P)\to 0} s(f;P) = \underline{I} = I$. $\square$

Als Konsequenz von Satz 3 erhalten wir die folgende Verschärfung von Satz 2.

**Satz 2'.** *Es ist eine notwendige und hinreichende Bedingung für die Riemann-Integrierbarkeit einer auf einem abgeschlossenen Intervall $[a, b]$ definierten Funktion $f : [a, b] \to \mathbb{R}$, dass gilt:*

$$\lim_{\lambda(P) \to 0} \sum_{i=1}^{n} \omega(f; \Delta_i) \Delta x_i = 0 . \tag{6.10}$$

*Beweis.* Unter Berücksichtigung von Satz 2 müssen wir nur nachweisen, dass die Bedingung (6.10) notwendig dafür ist, dass $f$ integrierbar ist.

Wir merken an, dass $\omega(f; \Delta_i) = M_i - m_i$ und dass daher

$$\sum_{i=1}^{n} \omega(f; \Delta_i) \Delta x_i = \sum_{i=1}^{n} (M_i - m_i) \Delta x_i = S(f; P) - s(f; P) ,$$

weswegen (6.10) nun aus Satz 3 folgt, falls $f \in \mathcal{R}[a, b]$. □

## c. Der Vektorraum $\mathcal{R}[a, b]$

Es lassen sich viele Operationen auf integrierbaren Funktionen ausführen, ohne sich dadurch außerhalb der Klasse der integrierbaren Funktionen $\mathcal{R}[a, b]$ zu entfernen.

**Satz 4.** *Seien $f, g \in \mathcal{R}[a, b]$. Dann gilt:*

*a) $(f + g) \in \mathcal{R}[a, b]$.*
*b) $(\alpha f) \in \mathcal{R}[a, b]$, wobei $\alpha$ ein numerischer Koeffizient ist.*
*c) $|f| \in \mathcal{R}[a, b]$.*
*d) $f\big|_{[c,d]} \in \mathcal{R}[c, d]$, falls $[c, d] \subset [a, b]$.*
*e) $(f \cdot g) \in \mathcal{R}[a, b]$.*

Wir betrachten im Augenblick nur Funktionen mit reellen Werten, aber wir wollen doch anmerken, dass die Eigenschaften a), b), c) und d) auch für komplexe und vektorwertige Funktionen gelten. Für vektorwertige Funktionen ist das Produkt $f \cdot g$ im Allgemeinen nicht definiert, so dass Eigenschaft e) in diesem Zusammenhang nicht betrachtet wird. Diese Eigenschaft gilt jedoch auch für Funktionen mit komplexen Werten.

Wir wollen nun Satz 4 beweisen.

*Beweis.* a) Diese Behauptung ist offensichtlich, da

$$\sum_{i=1}^{n} (f + g)(\xi_i) \Delta x_i = \sum_{i=1}^{n} f(\xi_i) \Delta x_i + \sum_{i=1}^{n} g(\xi_i) \Delta x_i .$$

b) Diese Behauptung ist offensichtlich, da

$$\sum_{i=1}^{n}(\alpha f)(\xi_i)\Delta x_i = \alpha \sum_{i=1}^{n} f(\xi_i)\Delta x_i \; .$$

c) Da $\omega(|f|;E) \leq \omega(f;E)$, können wir schreiben:

$$\sum_{i=1}^{n}\omega(|f|;\Delta_i)\Delta x_i \leq \sum_{i=1}^{n}\omega(f;\Delta_i)\Delta x_i \; ,$$

woraus wir mit Satz 2 folgern können, dass $(f \in \mathcal{R}[a,b]) \Rightarrow (|f| \in \mathcal{R}[a,b])$.

d) Wir wollen zeigen, dass die Einschränkung $f\big|_{[c,d]}$ auf $[c,d]$ einer auf dem abgeschlossenen Intervall $[a,b]$ integrierbaren Funktion $f$ auch auf $[c,d]$ integrierbar ist, falls $[c,d] \subset [a,b]$. Sei $\pi$ eine Unterteilung von $[c,d]$. Indem wir Punkte zu $\pi$ hinzufügen, erweitern wir sie zu einer Unterteilung $P$ des abgeschlossenen Intervalls $[a,b]$, so dass $\lambda(\pi) \leq \lambda(P)$. Es ist klar, dass dies immer möglich ist.

Wir können dann

$$\sum_{\pi}\omega\big(f\big|_{[c,d]};\Delta_i\big)\Delta x_i \leq \sum_{P}\omega(f;\Delta_i)\Delta x_i$$

schreiben, wobei $\sum_{\pi}$ die Summe über alle Intervalle der Unterteilung $\pi$ ist und $\sum_{P}$ die Summe über alle Intervalle von $P$.

Mit unserer Konstruktion erhalten wir $\lambda(\pi) \to 0$ für $\lambda(P) \to 0$ und daher können wir nach Satz 2' aus dieser Ungleichung folgern, dass $(f \in \mathcal{R}[a,b]) \Rightarrow (f \in \mathcal{R}[c,d])$, falls $[c,d] \subset [a,b]$.

e) Wir zeigen zunächst, dass für $f \in \mathcal{R}[a,b]$ auch $f^2 \in \mathcal{R}[a,b]$.

Sei $f \in \mathcal{R}[a,b]$, dann ist $f$ auf $[a,b]$ beschränkt. Sei $|f(x)| \leq C < \infty$ auf $[a,b]$. Dann ist

$$|f^2(x_1) - f^2(x_2)| = \big|\big(f(x_1) + f(x_2)\big) \cdot \big(f(x_1) - f(x_2)\big)\big| \leq 2C\big|f(x_1) - f(x_2)\big|$$

und daher $\omega(f^2;E) \leq 2C\omega(f;E)$, falls $E \subset [a,b]$. Somit ist

$$\sum_{i=1}^{n}\omega(f^2;\Delta_i)\Delta x_i \leq 2C \sum_{i=1}^{n}\omega(f;\Delta_i)\Delta x_i \; ,$$

woraus wir mit Satz 2' schließen können, dass

$$\big(f \in \mathcal{R}[a,b]\big) \Rightarrow \big(f^2 \in \mathcal{R}[a,b]\big) \; .$$

Wir wenden uns nun dem allgemeinen Fall zu. Dazu schreiben wir die Gleichung

$$(f \cdot g)(x) = \frac{1}{4}\big[(f + g)^2(x) - (f - g)^2(x)\big] \; .$$

Aus dieser Gleichung und dem eben bewiesenen Ergebnis können wir zusammen mit dem bereits bewiesenen Teilen a) und c) folgern, dass

$$\big(f \in \mathcal{R}[a,b]\big) \wedge \big(g \in \mathcal{R}[a,b]\big) \Rightarrow \big(f \cdot g \in \mathcal{R}[a,b]\big) \; . \qquad \square$$

Sie wissen bereits von ihrem Algebrastudium, was ein Vektorraum ist. Funktionen mit reellen Werten, die auf einer Menge definiert sind, können addiert und mit einer reellen Zahl multipliziert werden, wobei beide Operationen punktweise durchgeführt werden. Das Ergebnis ist wieder eine Funktion mit reellen Werten auf derselben Menge. Werden Funktionen als Vektoren betrachtet, dann können wir zeigen, dass alle Axiome eines Vektorraums über dem Körper der reellen Zahlen gelten und dass die Menge der Funktionen mit reellen Werten einen Vektorraum bezüglich der punktweisen Addition und Multiplikation mit reellen Zahlen bilden.

In den Teilen a) und b) von Satz 4 wurde behauptet, dass die Addition von integrierbaren Funktionen und die Multiplikation einer integrierbaren Funktion mit einer Zahl nicht außerhalb der Klasse $\mathcal{R}[a, b]$ der integrierbaren Funktionen führt. Daher ist $\mathcal{R}[a, b]$ selbst ein Vektorraum – ein Unterraum des Vektorraums der auf einem abgeschlossenen Intervall $[a, b]$ definierten Funktionen mit reellen Werten.

### d. Kriterium nach Lebesgue für die Riemann-Integrierbarkeit einer Funktion

Zum Abschluss stellen wir für den Augenblick ohne Beweis einen Satz von Lebesgue vor, der eine intrinsische Beschreibung einer Riemann-integrierbaren Funktion erlaubt.

Dazu führen wir das folgende Konzept ein, das auch für sich genommen wertvoll ist.

**Definition 7.** Eine Menge $E \subset \mathbb{R}$ besitzt *das Maß Null* (im Sinne von Lebesgue), wenn für jede Zahl $\varepsilon > 0$ eine Überdeckung der Menge $E$ durch ein höchstens abzählbares System von Intervallen $\{I_k\}$ existiert, deren Längen summiert höchstens $\varepsilon$ ist, d.h. $\sum\limits_{k=1}^{\infty} |I_k| \leq \varepsilon$.

Da die Reihe $\sum\limits_{k=1}^{\infty} |I_k|$ absolut konvergiert, spielt die Summationsreihenfolge der Längen der Intervalle der Überdeckung keine Rolle (vgl. Satz 4 in Absatz 5.5.2), so dass die Definition eindeutig ist.

**Lemma 2.**   a) *Ein Punkt und eine endliche Anzahl von Punkten sind Mengen mit dem Maß Null.*

b) *Die Vereinigung einer endlichen oder abzählbaren Anzahl von Mengen mit dem Maß Null ist eine Menge mit dem Maß Null.*

c) *Eine Teilmenge einer Menge mit dem Maß Null besitzt selbst das Maß Null.*

d) *Ein abgeschlossenes Intervall $[a, b]$ mit $a < b$ ist keine Menge mit Maß Null.*

*Beweis.* a) Ein Punkt wird von einem Intervall mit einer Länge, die beliebig kleiner ist als jede vorgegebene Zahl $\varepsilon > 0$, überdeckt. Daher ist ein Punkt eine Menge mit dem Maß Null. Der Rest von a) folgt aus b).

b) Sei $E = \bigcup_n E^n$ eine höchstens abzählbare Vereinigung von Mengen $E^n$ mit dem Maß Null. Sei $\varepsilon > 0$, so konstruieren wir zu jedem $E^n$ eine Überdeckung $\{I_k^n\}$ von $E^n$, so dass $\sum_k |I_k^n| < \frac{\varepsilon}{2^n}$.

Da die Vereinigung einer höchstens abzählbaren Ansammlung von höchstens abzählbar vielen Mengen selbst wieder höchstens abzählbar ist, bilden die Intervalle $I_k^n$, $k, n \in \mathbb{N}$ eine höchstens abzählbare Überdeckung der Menge $E$ und

$$\sum_{n,k} |I_k^n| < \frac{\varepsilon}{2} + \frac{\varepsilon}{2^2} + \cdots + \frac{\varepsilon}{2^n} + \cdots = \varepsilon \, .$$

Die Reihenfolge der Indizes $n$ und $k$ in $\sum_{n,k} |I_k^n|$ spielt bei der Summation keine Rolle, da die Reihe für jede Summationsreihenfolge zu derselben Summe konvergiert, sobald sie auch nur für eine Anordnung konvergiert. Dies ist hier der Fall, da jede Teilsumme der Reihe durch $\varepsilon$ von oben beschränkt ist.

Daher ist $E$ eine Menge mit dem Maß Null im Sinne von Lebesgue.

c) Diese Aussage folgt offensichtlich unmittelbar aus der Definition einer Menge mit dem Maß Null und der Definition einer Überdeckung.

d) Da jede Überdeckung eines abgeschlossenen Intervalls durch offene Intervalle eine endliche Überdeckung enthält, deren Längensumme offensichtlich nicht die Summe der Längen der Intervalle der ursprünglichen Überdeckung übersteigt, genügt es zu zeigen, dass die Summe der Längen von offenen Intervallen, die eine endliche Überdeckung eines abgeschlossenen Intervalls $[a, b]$ bilden, nicht kleiner ist als die Länge $b - a$ des abgeschlossenen Intervalls.

Wir werden dies durch Induktion über die Anzahl der Intervalle in der Überdeckung beweisen.

Für $n = 1$, d.h., wenn das abgeschlossene Intervall $[a, b]$ in einem offenen Intervall $(\alpha, \beta)$ enthalten ist, ist offensichtlich, dass $\alpha < a < b < \beta$ und $\beta - \alpha > b - a$.

Angenommen, die Aussage sei bis einschließlich des Indexes $k \in \mathbb{N}$ bewiesen. Wir betrachten eine Überdeckung, die aus $k + 1$ offenen Intervallen besteht. Wir greifen ein Intervall $(\alpha_1, \alpha_2)$ heraus, das den Punkt $a$ enthält. Ist $\alpha_2 \geq b$, dann ist $\alpha_2 - \alpha_1 > b - a$ und das Ergebnis ist bewiesen. Ist $a < \alpha_2 < b$, dann wird das abgeschlossene Intervall $[\alpha_2, b]$ durch ein System von höchstens $k$ Intervallen überdeckt, deren Längensumme nach der Induktionsannahme mindestens $b - \alpha_2$ betragen muss. Aber

$$b - a = (b - \alpha_2) + \alpha_2 - a < (b - \alpha_2) + (\alpha_2 - \alpha_1)$$

und somit ist die Summe der Längen aller Intervalle der ursprünglichen Überdeckung des abgeschlossenen Intervalls $[a, b]$ größer als seine Länge $b - a$.  $\square$

Wir wollen festhalten, dass nach a) und b) in Lemma 2 die Menge $\mathbb{Q}$ der rationalen Punkte auf der reellen Geraden $\mathbb{R}$ eine Menge mit dem Maß Null ist, was für uns auf den ersten Blick sehr überraschend ist, wenn wir dies vergleichen mit Teil d) desselben Lemmas.

**Definition 8.** Gilt eine Eigenschaft für alle Punkte einer Menge $X$, außer möglicherweise für Punkte einer Menge mit dem Maß Null, dann sagen wir, dass diese Eigenschaft *fast überall* auf $X$ oder in *fast jedem Punkt von $X$* gilt.

Wir formulieren nun das Integrierbarkeitskriterium nach Lebesgue.

**Satz.** *Eine auf einem abgeschlossenen Intervall definierte Funktion ist genau dann auf diesem Intervall Riemann-integrierbar, wenn sie beschränkt und in fast jedem Punkt stetig ist.*

Dies bedeutet:

$$\left(f \in \mathcal{R}[a,b]\right) \Leftrightarrow \left(f \text{ ist beschränkt auf } [a,b]\right) \wedge$$
$$\wedge \left(f \text{ ist fast überall stetig auf } [a,b]\right).$$

Offensichtlich können wir ganz einfach die Korollare 1, 2 und 3 und Satz 4 aus diesem Satz und den in Lemma 2 bewiesenen Eigenschaften von Mengen mit dem Maß Null herleiten.

Wir werden diesen Satz hier nicht beweisen, da wir ihn nicht benötigen, um mit den sehr regulären Funktionen, die wir gegenwärtig behandeln, umzugehen. Die wesentlichen Ideen beim Kriterium nach Lebesgue können wir jedoch unmittelbar erklären.

Satz 2′ enthielt ein Kriterium für die Integrierbarkeit, das durch Gleichung (6.10) zum Ausdruck gebracht wird. Die Summe $\sum_{i=1}^{n} \omega(f; \Delta_i)\Delta x_i$ kann auf der einen Seite daher klein sein, weil die Faktoren $\omega(f; \Delta_i)$, die in kleinen Umgebungen von Punkten, in denen die Funktion stetig ist, klein sind. Enthalten jedoch einige der abgeschlossenen Intervalle $\Delta_i$ Unstetigkeitsstellen der Funktion, dann strebt $\omega(f; \Delta_i)$ für diese Punkte nicht gegen Null und zwar unabhängig davon, wie fein wir die Unterteilung $P$ auf dem abgeschlossenen Intervall $[a,b]$ machen. Jedoch gilt $\omega(f; \Delta_i) \leq \omega(f; [a,b]) < \infty$, da $f$ auf $[a,b]$ beschränkt ist. Daher ist die Summe der Glieder, die Unstetigkeitspunkte enthalten, ebenfalls klein, falls die Summe der Längen der Intervalle der Unterteilung, die die Menge der Unstetigkeitsstellen überdecken, gering ist; genauer gesagt, falls das Anwachsen der Oszillationen der Funktion auf einigen Intervallen der Unterteilung durch die Größe der Gesamtlänge dieser Intervalle kompensiert wird.

Eine präzise Darstellung und Formulierung dieser Beobachtungen führt zum Kriterium nach Lebesgue.

Wir wollen nun zwei klassische Beispiele anführen, um die Eigenschaft der Riemann-Integrierbarkeit einer Funktion zu erklären.

*Beispiel 1.* Die auf dem Intervall $[0, 1]$ definierte Dirichlet-Funktion

$$\mathcal{D}(x) = \begin{cases} 1 \text{ für } x \in \mathbb{Q} \,, \\ \\ 0 \text{ für } x \in \mathbb{R} \setminus \mathbb{Q} \,, \end{cases}$$

ist auf diesem Intervall nicht integrierbar. Denn zu jeder Unterteilung $P$ von $[0, 1]$ liegt in jedem Intervall $\Delta_i$ der Unterteilung sowohl ein rationaler Punkt $\xi_i'$ als auch ein irrationaler Punkt $\xi_i''$. Dann ist

$$\sigma(f; P, \xi') = \sum_{i=1}^{n} 1 \cdot \Delta x_i = 1 \,,$$

während

$$\sigma(f; P, \xi'') = \sum_{i=1}^{n} 0 \cdot \Delta x_i = 0 \,.$$

Daher kann die Riemannsche Summe der Funktion $\mathcal{D}(x)$ für $\lambda(P) \to 0$ keinen Grenzwert besitzen.

Aus der Sicht des Kriteriums nach Lebesgue ist die Nicht-Integrierbarkeit der Dirichlet-Funktion auch offensichtlich, da $\mathcal{D}(x)$ in jedem Punkt in $[0, 1]$ unstetig ist, was, wie wir in Lemma 2 gezeigt haben, keine Menge mit dem Maß Null ist.

*Beispiel 2.* Wir betrachten die Riemann-Funktion

$$\mathcal{R}(x) = \begin{cases} \frac{1}{n} \,, \text{ für } x \in \mathbb{Q} \,, \text{ wobei } x = \frac{m}{n} \text{ ein teilerfremder Bruch ist } \,, \\ \\ 0 \,, \text{ für } x \in \mathbb{R} \setminus \mathbb{Q} \,. \end{cases}$$

Wir haben diese Funktion bereits in Absatz 4.1.2 untersucht und wir wissen, dass $\mathcal{R}(x)$ in allen irrationalen Punkten stetig ist und unstetig in allen rationalen Punkten außer der 0. Daher ist die Menge der Unstetigkeitsstellen von $\mathcal{R}(x)$ abzählbar und folglich ist ihr Maß gleich Null. Nach dem Kriterium von Lebesgue ist $\mathcal{R}(x)$ auf jedem Intervall $[a, b] \subset \mathbb{R}$ Riemann-integrierbar, obwohl in jedem Intervall jeder Unterteilung des Integrationsintervalls eine Unstetigkeitsstelle dieser Funktion liegt.

*Beispiel 3.* Wir wollen nun ein weniger klassisches Problem und Beispiel betrachten.

Sei $f : [a, b] \to \mathbb{R}$ eine auf $[a, b]$ integrierbare Funktion mit Werten im Intervall $[c, d]$, auf dem eine stetige Funktion $g : [c, d] \to \mathbb{R}$ definiert ist. Dann ist die verkettete Funktion $g \circ f : [a, b] \to \mathbb{R}$ offensichtlich definiert und stetig in all den Punkten von $[a, b]$, in denen $f$ stetig ist. Nach dem Kriterium nach Lebesgue folgt, dass $g \circ f \in \mathcal{R}[a, b]$.

Wir werden nun zeigen, dass die Verkettung zweier beliebiger integrierbarer Funktionen nicht immer integrierbar ist.

Wir betrachten die Funktion $g(x) = |\text{sgn}|(x)$. Diese Funktion ist gleich 1 für $x \neq 0$ und 0 für $x = 0$. Wir stellen fest, dass die Verkettung $(g \circ f)(x)$ auf dem abgeschlossenen Intervall $[1, 2]$ genau der Dirichlet-Funktion $\mathcal{D}(x)$ entspricht, wenn wir die Riemann-Funktion als $f$ nehmen. Daher führt die Gegenwart auch nur einer Unstetigkeit der Funktion $g(x)$ zur Nicht-Integrierbarkeit der verketteten Funktion $g \circ f$.

### 6.1.4 Übungen und Aufgaben

**1.** *Satz von Darboux.*

a) Seien $s(f; P)$ und $S(f; P)$ die untere und die obere Darboux-Summe zu einer Unterteilung $P$ des abgeschlossenen Intervalls $[a, b]$ für eine auf diesem Intervall definierte und beschränkte Funktion $f$ mit reellen Werten. Zeigen Sie, dass

$$s(f; P_1) \leq S(f; P_2)$$

für je zwei Unterteilungen $P_1$ und $P_2$ von $[a, b]$.

b) Angenommen, die Unterteilung $\widetilde{P}$ sei eine Verfeinerung der Unterteilung $P$ des Intervalls $[a, b]$ und seien $\Delta_{i_1}, \ldots, \Delta_{i_k}$ die Intervalle der Unterteilung $P$, die Punkte der Unterteilung $\widetilde{P}$ enthalten, die nicht zu $P$ gehören. Zeigen Sie, dass die folgenden Abschätzungen gelten:

$$0 \leq S(f; P) - S(f; \widetilde{P}) \leq \omega(f; [a, b]) \cdot (\Delta x_{i_1} + \cdots + \Delta x_{i_k}),$$
$$0 \leq s(f; \widetilde{P}) - s(f; P) \leq \omega(f; [a, b]) \cdot (\Delta x_{i_1} + \cdots + \Delta x_{i_k}).$$

c) Die Größen $\underline{I} = \sup\limits_{P} s(f; P)$ und $\overline{I} = \inf\limits_{P} S(f; P)$ werden das *untere Darboux-Integral* und das *obere Darboux-Integral* von $f$ auf dem abgeschlossenen Intervall $[a, b]$ genannt. Zeigen Sie, dass $\underline{I} \leq \overline{I}$.

d) Beweisen Sie den Satz von Darboux:

$$\underline{I} = \lim\limits_{\lambda(P) \to 0} s(f; P), \quad \overline{I} = \lim\limits_{\lambda(P) \to 0} S(f; P).$$

e) Zeigen Sie, dass $(f \in \mathcal{R}[a, b]) \Leftrightarrow (\underline{I} = \overline{I})$.

f) Zeigen Sie, dass $f \in \mathcal{R}[a, b]$ genau dann, wenn für jedes $\varepsilon > 0$ eine Unterteilung $P$ von $[a, b]$ existiert, so dass $S(f; P) - s(f; P) < \varepsilon$.

**2.** *Die Cantor-Menge mit Lebesgue-Maß Null.*

a) Die in Aufgabe 7 in Abschnitt 2.4 beschriebene Cantor-Menge ist nicht abzählbar. Zeigen Sie, dass sie nichtsdestotrotz eine Menge mit Lebesgue-Maß 0 ist. Zeigen Sie, wie die Konstruktion der Cantor-Menge verändert werden kann, um eine analoge Menge „voller Löcher" zu erhalten, die keine Menge mit Maß Null ist. (Eine derartige Menge wird ebenfalls eine Cantor-Menge genannt).

b) Zeigen Sie, dass die auf $[0, 1]$ definierte Funktion, die außerhalb einer Cantor-Menge 0 ist und 1 auf der Cantor-Menge, genau dann Riemann-integrierbar ist, wenn die Cantor-Menge das Maß Null besitzt.

c) Konstruieren Sie eine nicht absteigende stetige und nicht konstante Funktion auf $[0, 1]$, deren Ableitung außer in den Punkten einer Cantor-Menge mit Maß Null überall Null ist.

**3.** *Das Kriterium nach Lebesgue*

a) Zeigen Sie direkt (ohne Ausnutzung des Kriteriums nach Lebesgue), dass die Riemann-Funktion in Beispiel 2 integrierbar ist.

b) Zeigen Sie, dass eine beschränkte Funktion genau dann zu $\mathcal{R}[a, b]$ gehört, wenn für je zwei Zahlen $\varepsilon > 0$ und $\delta > 0$ eine Unterteilung $P$ von $[a, b]$ existiert, so dass die Summe der Längen der Intervalle der Unterteilung, auf der die Oszillationen der Funktion größer als $\varepsilon$ ist, höchstens gleich $\delta$ ist.

c) Zeigen Sie, dass $f \in \mathcal{R}[a, b]$ genau dann, wenn $f$ auf $[a, b]$ beschränkt ist und für jedes $\varepsilon > 0$ und $\delta > 0$ die Menge der Punkte in $[a, b]$, in denen die Oszillation von $f$ größer als $\varepsilon$ ist, durch eine endliche Menge offener Intervalle überdeckt werden kann. Die Summe der Längen dieser Intervalle ist kleiner als $\delta$ (das *Kriterium nach du Bois-Reymond*[2]).

d) Beweisen Sie mit Hilfe der vorigen Teilaufgabe das Kriterium für die Riemann-Integrierbarkeit einer Funktion nach Lebesgue.

**4.** Zeigen Sie, dass für reelle Funktionen $f, g \in \mathcal{R}[a, b]$ gilt: $\max\{f, g\} \in \mathcal{R}[a, b]$ und $\min\{f, g\} \in \mathcal{R}[a, b]$.

**5.** Zeigen Sie:

a) Sind $f, g \in \mathcal{R}[a, b]$ und $f(x) = g(x)$ fast überall auf $[a, b]$, dann gilt

$$\int\limits_a^b f(x)\,\mathrm{d}x = \int\limits_a^b g(x)\,\mathrm{d}x\;.$$

b) Ist $f \in \mathcal{R}[a, b]$ und $f(x) = g(x)$ fast überall auf $[a, b]$. Dann kann $g$ dennoch nicht Riemann-integrierbar auf $[a, b]$ sein, und zwar selbst dann nicht, wenn $g$ auf $[a, b]$ definiert und beschränkt ist.

**6.** *Integration einer vektorwertigen Funktion*

a) Sei $\mathbf{r}(t)$ der Radiusvektor eines Punktes, der sich im Raum bewegt, $\mathbf{r}_0 = \mathbf{r}(0)$ die Ausgangsposition des Punktes und $\mathbf{v}(t)$ der Geschwindigkeitsvektor als Funktion der Zeit. Zeigen Sie, wie $\mathbf{r}(t)$ von $\mathbf{r}_0$ und $\mathbf{v}(t)$ abhängt.

b) Lässt sich die Integration vektorwertiger Funktionen auf die Integration von Funktionen mit reellen Werten zurückführen?

c) Gilt das in Satz 2′ formulierte Kriterium für die Integrierbarkeit auch für vektorwertige Funktionen?

d) Gilt das Kriterium nach Lebesgue für die Integrierbarkeit von vektorwertigen Funktionen?

e) Welche Konzepte und Tatsachen dieses Abschnitts lassen sich auf Funktionen mit komplexen Werten übertragen?

---

[2] P. du Bois-Reymond (1831–1889) – deutscher Mathematiker.

## 6.2 Linearität, Additivität und Monotonie des Integrals

### 6.2.1 Das Integral als lineare Funktion auf dem Raum $\mathcal{R}[a,b]$

**Satz 1.** *Sind $f$ und $g$ auf dem abgeschlossenen Intervall $[a,b]$ integrierbar, dann ist eine lineare Kombination $\alpha f + \beta g$ auch auf $[a,b]$ integrierbar und es gilt:*

$$\int_a^b (\alpha f + \beta g)(x)\,\mathrm{d}x = \alpha \int_a^b f(x)\,\mathrm{d}x + \beta \int_a^b g(x)\,\mathrm{d}x \ . \tag{6.11}$$

*Beweis.* Wir betrachten eine Riemannsche Summe für das Integral auf der linken Seite von (6.11) und formen sie folgendermaßen um:

$$\sum_{i=1}^n (\alpha f + \beta g)(\xi_i)\Delta x_i = \alpha \sum_{i=1}^n f(\xi_i)\Delta x_i + \beta \sum_{i=1}^n g(\xi_i)\Delta x_i \ . \tag{6.12}$$

Da die rechte Seite dieser letzten Gleichung gegen die Linearkombination von Integralen, die auf der rechten Seite von (6.11) stehen, strebt, wenn die Schrittweite $\lambda(P)$ der Unterteilung gegen 0 geht, muss auch die linke Seite von (6.12) für $\lambda(P) \to 0$ einen Grenzwert besitzen. Dieser Grenzwert muss mit dem Grenzwert auf der rechten Seite übereinstimmen. Daher ist $(\alpha f + \beta g) \in \mathcal{R}[a,b]$ und (6.11) ist gültig. $\square$

Wenn wir $\mathcal{R}[a,b]$ als Vektorraum über dem Körper der reellen Zahlen betrachten und das Integral $\int_a^b f(x)\,\mathrm{d}x$ als eine Funktion mit reellen Werten, die für Vektoren in $\mathcal{R}[a,b]$ definiert ist, dann stellt Satz 1 sicher, dass das Integral eine lineare Funktion auf dem Vektorraum $\mathcal{R}[a,b]$ ist.

Um jegliche Verwirrung zu vermeiden, werden auf Funktionen definierte Funktionen üblicherweise *Funktionale* genannt. Wir haben also gezeigt, dass das Integral ein lineares Funktional auf dem Vektorraum der integrierbaren Funktionen ist.

### 6.2.2 Das Integral als eine additive Funktion des Integrationsintervalls

Der Wert des Integrals $\int_a^b f(x)\,\mathrm{d}x = I(f;[a,b])$ hängt sowohl vom Integranden als auch vom abgeschlossenen Intervall ab, über dem das Integral gebildet wird. Ist beispielsweise $f \in \mathcal{R}[a,b]$, dann ist, wie wir wissen, $f|_{[\alpha,\beta]} \in \mathcal{R}[\alpha,\beta]$ für $[\alpha,\beta] \subset [a,b]$, d.h., das Integral $\int_\alpha^\beta f(x)\,\mathrm{d}x$ ist definiert und wir können seine Abhängigkeit vom abgeschlossenen Integrationsintervall $[\alpha,\beta]$ untersuchen.

**Lemma 1.** *Sei $a < b < c$ und $f \in \mathcal{R}[a,c]$. Dann gilt $f\big|_{[a,b]} \in \mathcal{R}[a,b]$ und $f\big|_{[b,c]} \in \mathcal{R}[b,c]$ und die folgende Gleichung[3]:*

$$\int\limits_a^c f(x)\,\mathrm{d}x = \int\limits_a^b f(x)\,\mathrm{d}x + \int\limits_b^c f(x)\,\mathrm{d}x \,. \tag{6.13}$$

*Beweis.* Zunächst einmal halten wir fest, dass die Integrierbarkeit der Einschränkungen von $f$ auf die abgeschlossenen Intervalle $[a,b]$ und $[b,c]$ durch Satz 4 in Abschnitt 6.1 garantiert ist.

Als Nächstes können wir zur Berechnung des Integrals $\int\limits_a^c f(x)\,\mathrm{d}x$ als Grenzwert einer Riemannschen Summe jede beliebige Unterteilung von $[a,c]$ wählen, da $f \in \mathcal{R}[a,c]$. Wir werden im Folgenden nur solche Unterteilungen von $[a,c]$ betrachten, die den Punkt $b$ enthalten. Offensichtlich werden durch jede derartige Unterteilung mit ausgezeichneten Punkten $(P,\xi)$ auch Unterteilungen $(P',\xi')$ und $(P'',\xi'')$ von $[a,b]$ und $[b,c]$ erzeugt, wobei $P = P' \cup P''$ und $\xi = \xi' \cup \xi''$.

Dann gilt aber die folgende Gleichung zwischen den entsprechenden Riemannschen Summen:

$$\sigma(f;P,\xi) = \sigma(f;P',\xi') + \sigma(f;P'',\xi'') \,.$$

Da $\lambda(P') \leq \lambda(P)$ und $\lambda(P'') \leq \lambda(P)$, wird für genügend kleines $\lambda(P)$ jede dieser Riemannschen Summen in das entsprechende Integral in Gleichung (6.13) übergehen, die folglich gültig sein muss. $\qquad\square$

Um die Anwendbarkeit dieses Ergebnisses etwas zu erweitern, kehren wir kurzfristig wiederum zur Definition des Integrals zurück.

Wir haben das Integral als den Grenzwert der Riemannschen Summen

$$\sigma(f;P,\xi) = \sum_{i=1}^n f(\xi_i)\Delta x_i \tag{6.14}$$

von Unterteilungen mit ausgezeichneten Punkten $(P,\xi)$ des abgeschlossenen Integrationsintervalls $[a,b]$ definiert. Eine Unterteilung besteht aus einer endlichen monotonen Folge von Punkten $x_0, x_1, \ldots, x_n$, wobei $x_0$ dem unteren Endpunkt $a$ und $x_n$ dem oberen Endpunkt $b$ des Intervalls entspricht. Wir haben bei der Konstruktion angenommen, dass $a < b$. Wenn wir nun zwei beliebige Punkte $a$ und $b$ nehmen, ohne dabei $a < b$ zu fordern, und $a$ als die untere Intergrationsgrenze und $b$ als die obere Intergrationsgrenze betrachten,

---

[3] Wir erinnern daran, dass $f|_E$ die Einschränkung der Funktion $f$ auf die Menge $E$, die im Definitionsbereich von $f$ enthalten ist, bedeutet. Rein formal betrachtet, hätten wir auf der rechten Seite von (6.13) die Einschränkung von $f$ auf die Intervalle $[a,b]$ und $[b,c]$ schreiben sollen, anstatt nur $f$.

werden wir mit unserer Konstruktion wieder zu einer Summe wie in (6.14) gelangen. Dabei kann nun für $a < b$ gelten, dass $\Delta x_i > 0$ $(i = 1, \ldots, n)$ und für $a > b$, dass $\Delta x_i < 0$ $(i = 1, \ldots, n)$, da $\Delta x_i = x_i - x_{i-1}$. Daher wird sich für $a > b$ die Summe (6.14) von der Riemannschen Summe mit derselben Unterteilung des abgeschlossenen Intervalls $[b, a]$ $(b < a)$ nur durch das Vorzeichen unterscheiden.

Aus dieser Betrachtung heraus treffen wir die folgende Vereinbarung: Ist $a > b$, dann ist

$$\int\limits_a^b f(x)\,\mathrm{d}x := -\int\limits_b^a f(x)\,\mathrm{d}x \ . \tag{6.15}$$

In diesem Zusammenhang ist es nur natürlich,

$$\int\limits_a^a f(x)\,\mathrm{d}x := 0 \tag{6.16}$$

zu setzen.

Nach diesen Vereinbarungen gelangen wir unter Berücksichtigung von Lemma 1 zu folgender wichtigen Eigenschaft des Integrals.

**Satz 2.** *Seien $a, b, c \in \mathbb{R}$ und sei $f$ eine integrierbare Funktion, die auf dem größten abgeschlossenen Intervall, das zwei dieser Punkte als Endpunkt besitzt, definiert ist. Dann ist die Einschränkung von $f$ auf jedes der anderen abgeschlossenen Intervalle in diesem Intervall ebenfalls integrierbar, und es gilt die folgende Gleichung:*

$$\int\limits_a^b f(x)\,\mathrm{d}x + \int\limits_b^c f(x)\,\mathrm{d}x + \int\limits_c^a f(x)\,\mathrm{d}x = 0 \ . \tag{6.17}$$

*Beweis.* Wegen der Symmetrie von (6.17) bzgl. $a$, $b$ und $c$ können wir ohne Beschränkung der Allgemeinheit annehmen, dass $a = \min\{a, b, c\}$.

Ist $\max\{a, b, c\} = c$ und $a < b < c$, dann gilt nach Lemma 1, dass

$$\int\limits_a^b f(x)\,\mathrm{d}x + \int\limits_b^c f(x)\,\mathrm{d}x - \int\limits_a^c f(x)\,\mathrm{d}x = 0 \ ,$$

woraus wir, wenn wir die Vereinbarung (6.15) berücksichtigen, (6.17) erhalten.

Ist $\max\{a, b, c\} = b$ und $a < c < b$, dann gilt nach Lemma 1, dass

$$\int\limits_a^c f(x)\,\mathrm{d}x + \int\limits_c^b f(x)\,\mathrm{d}x - \int\limits_a^b f(x)\,\mathrm{d}x = 0 \ ,$$

woraus wir, wenn wir die Vereinbarung (6.15) berücksichtigen, wiederum (6.17) erhalten.

Sind schließlich zwei der Punkte $a$, $b$ und $c$ gleich, dann ergibt sich (6.17) aus den Vereinbarungen (6.15) und (6.16).                      □

**Definition 1.** Angenommen, wir ordnen jedem geordneten Paar $(\alpha, \beta)$ von Punkten $\alpha, \beta \in [a, b]$ eine Zahl $I(\alpha, \beta)$ zu, so dass

$$I(\alpha, \gamma) = I(\alpha, \beta) + I(\beta, \gamma)$$

für jedes Punktetripel $\alpha, \beta, \gamma \in [a, b]$ gilt.

Dann wird die Funktion $I(\alpha, \beta)$ als eine auf in $[a, b]$ enthaltenen Intervallen definierte *additive (orientierte) Intervallfunktion* bezeichnet.

Ist $f \in \mathcal{R}[A, B]$ und $a, b, c \in [A, B]$, dann können wir, wenn wir $I(a, b) = \int_a^b f(x)\, dx$ setzen, aus (6.17) folgern, dass

$$\int_a^c f(x)\, dx = \int_a^b f(x)\, dx + \int_b^c f(x)\, dx \ , \qquad (6.18)$$

d.h., das Integral ist auf dem Integrationsintervall eine additive Intervallfunktion. Die Orientierung des Intervalls entspringt in diesem Fall unserer Anordnung der Endpunkte des Intervalls, indem wir vorgeben, welches der erste (die untere Integrationsgrenze) und welches der zweite Punkt (die obere Integrationsgrenze) ist.

### 6.2.3 Abschätzung des Integrals, Monotonie des Integrals und der Mittelwertsatz

#### a. Eine allgemeine Abschätzung des Integrals

Wir beginnen mit einer allgemeinen Abschätzung des Integrals, die, wie wir später sehen werden, auch für Integrale von Funktionen gilt, die nicht notwendigerweise reelle Werte annehmen.

**Satz 3.** *Sei $a \leq b$ und $f \in \mathcal{R}[a, b]$. Dann ist auch $|f| \in \mathcal{R}[a, b]$ und es gilt die folgende Ungleichung:*

$$\left| \int_a^b f(x)\, dx \right| \leq \int_a^b |f|(x)\, dx \ . \qquad (6.19)$$

*Ist $|f|(x) \leq C$ auf $[a, b]$, dann gilt:*

$$\int_a^b |f|(x)\, dx \leq C(b - a) \ . \qquad (6.20)$$

*Beweis.* Für $a = b$ sind die Behauptungen trivial, so dass wir annehmen, dass $a < b$.

Zum Beweis des Satzes genügt die Erinnerung daran, dass (vgl. Satz 4 in Abschnitt 6.1) $|f| \in \mathcal{R}[a, b]$ und dass wir die folgende Abschätzung für die Riemannsche Summe $\sigma(f; P, \xi)$ schreiben können:

$$\left| \sum_{i=1}^{n} f(\xi_i) \Delta x_i \right| \leq \sum_{i=1}^{n} |f(\xi_i)| \, |\Delta x_i| = \sum_{i=1}^{n} |f(\xi_i)| \Delta x_i \leq C \sum_{i=1}^{n} \Delta x_i = C(b - a) \, .$$

Der Übergang zum Grenzwert für $\lambda(P) \to 0$ liefert

$$\left| \int_a^b f(x) \, dx \right| \leq \int_a^b |f|(x) \, dx \leq C(b - a). \qquad \square$$

### b. Monotonie des Integrals und erster Mittelwertsatz

Die folgenden Ergebnisse gelten speziell für Integrale von Funktionen mit reellen Werten.

**Satz 4.** *Seien $a \leq b$, $f_1, f_2 \in \mathcal{R}[a, b]$ und sei $f_1(x) \leq f_2(x)$ in jedem Punkt $x \in [a, b]$. Dann gilt*

$$\int_a^b f_1(x) \, dx \leq \int_a^b f_2(x) \, dx \, . \tag{6.21}$$

*Beweis.* Für $a = b$ ist die Behauptung trivial. Für $a < b$ genügt es, die folgende Ungleichung für die Riemannschen Summen zu schreiben:

$$\sum_{i=1}^{n} f_1(\xi_i) \Delta x_i \leq \sum_{i=1}^{n} f_2(\xi_i) \Delta x_i \, .$$

Sie gilt, da $\Delta x_i > 0$ $(i = 1, \ldots, n)$. Der Grenzübergang zu $\lambda(P) \to 0$ beendet den Beweis. $\qquad \square$

Der Satz lässt sich als Monotonieeigenschaft des Integrals mit einer Funktion als Argument interpretieren.

Satz 4 besitzt eine Reihe nützlicher Korollare.

**Korollar 1.** *Sei $a \leq b$, $f \in \mathcal{R}[a, b]$ und $m \leq f(x) \leq M$ in jedem Punkt $x \in [a, b]$. Dann gilt*

$$m \cdot (b - a) \leq \int_a^b f(x) \, dx \leq M \cdot (b - a) \tag{6.22}$$

*und insbesondere für $0 \leq f(x)$ auf $[a, b]$, dass*

$$0 \leq \int_a^b f(x) \, dx \, .$$

*Beweis.* Wir erhalten Relation (6.22) indem wir jeden Ausdruck in der Ungleichung $m \leq f(x) \leq M$ integrieren und Satz 4 anwenden.    □

**Korollar 2.** *Sei* $f \in \mathcal{R}[a,b]$, $m = \inf\limits_{x \in [a,b]} f(x)$ *und* $M = \sup\limits_{x \in [a,b]} f(x)$. *Dann existiert eine Zahl* $\mu \in [m, M]$, *so dass*

$$\int\limits_a^b f(x)\,\mathrm{d}x = \mu \cdot (b-a)\,. \tag{6.23}$$

*Beweis.* Ist $a = b$, dann ist die Behauptung trivial. Ist $a \neq b$, setzen wir $\mu = \frac{1}{b-a} \int\limits_a^b f(x)\,\mathrm{d}x$. Aus (6.22) folgt dann, dass $m \leq \mu \leq M$ für $a < b$. Nun wechseln aber beide Seiten von (6.23) ihr Vorzeichen, wenn wir $a$ und $b$ vertauschen und daher ist (6.23) auch für $b < a$ gültig.    □

**Korollar 3.** *Für* $f \in C[a,b]$ *existiert ein Punkt* $\xi \in [a,b]$, *so dass*

$$\int\limits_a^b f(x)\,\mathrm{d}x = f(\xi)(b-a)\,. \tag{6.24}$$

*Beweis.* Nach dem Zwischenwertsatz für stetige Funktionen gibt es einen Punkt $\xi$ in $[a,b]$, für den $f(\xi) = \mu$, falls

$$m = \min_{x \in [a,b]} f(x) \leq \mu \leq \max_{x \in [a,b]} f(x) = M\,.$$

Daher folgt (6.24) aus (6.23).    □

Gleichung (6.24) wird oft als *erster Mittelwertsatz* der Integration bezeichnet. Wir wollen diesen Ausdruck für den folgenden, etwas allgemeineren Satz benutzen.

**Satz 5.** (Erster Mittelwertsatz der Integration). *Seien* $f, g \in \mathcal{R}[a,b]$, $m = \inf\limits_{x \in [a,b]} f(x)$ *und* $M = \sup\limits_{x \in [a,b]} f(x)$. *Ist* $g$ *nicht negativ (oder nicht positiv) auf* $[a,b]$, *dann gilt*

$$\int\limits_a^b (f \cdot g)(x)\,\mathrm{d}x = \mu \int\limits_a^b g(x)\,\mathrm{d}x\,, \tag{6.25}$$

*wobei* $\mu \in [m, M]$.
   *Ist außerdem* $f \in C[a,b]$, *dann existiert ein Punkt* $\xi \in [a,b]$, *so dass*

$$\int\limits_a^b (f \cdot g)(x)\,\mathrm{d}x = f(\xi) \int\limits_a^b g(x)\,\mathrm{d}x\,. \tag{6.26}$$

*Beweis.* Da das Vertauschen der Integrationsgrenzen zu einem Vorzeichenwechsel auf beiden Seiten von (6.25) führt, können wir diese Gleichung für den Fall $a < b$ beweisen. Da ein Vorzeichenwechsel in $g(x)$ auch auf beiden Seiten von (6.25) zu einem Vorzeichenwechsel führt, können wir ohne Einschränkung der Allgemeinheit annehmen, dass $g(x) \geq 0$ auf $[a, b]$.

Da $m = \inf\limits_{x \in [a,b]} f(x)$ und $M = \sup\limits_{x \in [a,b]} f(x)$, erhalten wir für $g(x) \geq 0$:

$$mg(x) \leq f(x)g(x) \leq Mg(x).$$

Da $m \cdot g \in \mathcal{R}[a, b]$, $f \cdot g \in \mathcal{R}[a, b]$ und $M \cdot g \in \mathcal{R}[a, b]$, erhalten wir durch Anwendung von Satz 4 und Satz 1, dass

$$m \int\limits_a^b g(x)\,\mathrm{d}x \leq \int\limits_a^b f(x)g(x)\,\mathrm{d}x \leq M \int\limits_a^b g(x)\,\mathrm{d}x\,. \qquad (6.27)$$

Ist $\int\limits_a^b g(x)\,\mathrm{d}x = 0$, dann ist aus diesen Ungleichungen offensichtlich, dass (6.25) gilt.

Ist $\int\limits_a^b g(x)\,\mathrm{d}x \neq 0$, dann erhalten wir mit (6.27), wenn wir

$$\mu = \left( \int\limits_a^b g(x)\,\mathrm{d}x \right)^{-1} \cdot \int\limits_a^b (f \cdot g)(x)\,\mathrm{d}x$$

setzen, dass

$$m \leq \mu \leq M\,.$$

Dies ist jedoch zu (6.25) äquivalent.

Die Gleichung (6.26) folgt nun aus (6.25) und dem Zwischenwertsatz für eine Funktion $f \in C[a, b]$, wenn wir berücksichtigen, dass für $f \in C[a, b]$ gilt, dass

$$m = \min\limits_{x \in [a,b]} f(x) \text{ und } M = \max\limits_{x \in [a,b]} f(x)\,. \qquad \square$$

Wir merken an, dass sich (6.23) aus (6.25) für $g(x) \equiv 1$ auf $[a, b]$ ergibt.

### c. Der zweite Mittelwertsatz der Integration

Der sogenannte *zweite Mittelwertsatz*[4] ist bedeutend spezieller und empfindlicher im Kontext des Riemannschen Integrals.

---

[4] Mit einer zusätzlichen, oft akzeptablen Bedingung an die Funktion kann Satz 6 in diesem Abschnitt einfach aus dem ersten Mittelwertsatz erhalten werden. Vergleichen Sie in diesem Zusammenhang Aufgabe 3 am Ende von Abschnitt 6.3.

Um den Beweis dieses Satzes nicht zu verkomplizieren, werden wir eine nützliche hinführende Diskussion führen, die auch für sich genommen interessant ist.

*Abelsche Umformung.* Diese Bezeichnung wird für die folgende Umformung der Summe $\sum\limits_{i=1}^{n} a_i b_i$ benutzt. Sei $A_k = \sum\limits_{i=1}^{k} a_i$ und sei $A_0 = 0$. Dann gilt

$$\sum_{i=1}^{m} a_i b_i = \sum_{i=1}^{n} (A_i - A_{i-1}) b_i = \sum_{i=1}^{n} A_i b_i - \sum_{i=1}^{n} A_{i-1} b_i =$$

$$= \sum_{i=1}^{n} A_i b_i - \sum_{i=0}^{n-1} A_i b_{i+1} = A_n b_n - A_0 b_1 + \sum_{i=1}^{n-1} A_i (b_i - b_{i+1}).$$

Somit ist

$$\sum_{i=1}^{n} a_i b_i = (A_n b_n - A_0 b_1) + \sum_{i=1}^{n-1} A_i (b_i - b_{i+1}) \tag{6.28}$$

oder, da $A_0 = 0$:

$$\sum_{i=1}^{n} a_i b_i = A_n b_n + \sum_{i=1}^{n-1} A_i (b_i - b_{i+1}) \, . \tag{6.29}$$

Mit der Abelschen Umformung lässt sich das folgende Lemma leicht beweisen.

**Lemma 2.** *Erfüllen die Zahlen* $A_k = \sum\limits_{i=1}^{k} a_i$ $(k = 1, \ldots, n)$ *die Ungleichungen* $m \le A_k \le M$, *sind die Zahlen* $b_i$ $(i = 1, \ldots, n)$ *nicht negativ und gilt* $b_i \ge b_{i+1}$ *für* $i = 1, \ldots, n-1$, *dann ist*

$$m b_1 \le \sum_{i=1}^{n} a_i b_i \le M b_1 \, . \tag{6.30}$$

*Beweis.* Wenn wir ausnutzen, dass $b_n \ge 0$ und $b_i - b_{i+1} \ge 0$ für $i = 1, \ldots, n-1$, erhalten wir mit (6.29), dass

$$\sum_{i=1}^{n} a_i b_i \le M b_n + \sum_{i=1}^{n-1} M(b_i - b_{i+1}) = M b_n + M(b_1 - b_n) = M b_1 \, .$$

Die linke Ungleichung von (6.30) wird ähnlich bewiesen.    □

**Lemma 3.** *Sei* $f \in \mathcal{R}[a,b]$, *dann ist für jedes* $x \in [a,b]$ *die Funktion*

$$F(x) = \int_{a}^{x} f(t) \, \mathrm{d}t \tag{6.31}$$

*definiert, und es gilt* $F(x) \in C[a,b]$.

*Beweis.* Die Existenz des Integrals in (6.31) für jedes $x \in [a, b]$ ist bereits aus Satz 4 in Abschnitt 6.1 bekannt. Daher bleibt nur zu zeigen, dass die Funktion $F(x)$ stetig ist. Da $f \in \mathcal{R}[a, b]$, gilt $|f| \leq C < \infty$ in $[a, b]$. Sei $x \in [a, b]$ und $x + h \in [a, b]$. Dann können wir mit der Additivität des Integrals und den Ungleichungen (6.19) und (6.20) sagen, dass

$$|F(x + h) - F(x)| = \left| \int_a^{x+h} f(t)\, dt - \int_a^x f(t)\, dt \right| =$$

$$= \left| \int_x^{x+h} f(t)\, dt \right| \leq \left| \int_x^{x+h} |f(t)|\, dt \right| \leq C|h| \, .$$

Hierbei haben wir Ungleichung (6.20) benutzt und dabei berücksichtigt, dass für $h < 0$ gilt:

$$\left| \int_x^{x+h} |f(t)|\, dt \right| = \left| - \int_{x+h}^x |f(t)|\, dt \right| = \int_{x+h}^x |f(t)|\, dt \, .$$

Wir haben also gezeigt, dass für $x$ und $x + h$ in $[a, b]$ gilt:

$$|F(x + h) - F(x)| \leq C|h| \, . \tag{6.32}$$

Daraus ergibt sich offensichtlich, dass die Funktion $F$ in jedem Punkt in $[a, b]$ stetig ist. $\qquad \square$

Wir beweisen nun ein Lemma, das bereits eine erste Version des zweiten Mittelwertsatzes ist.

**Lemma 4.** *Seien $f, g \in \mathcal{R}[a, b]$ und $g$ eine auf $[a, b]$ nicht negative und nicht anwachsende Funktion. Dann existiert ein Punkt $\xi \in [a, b]$, so dass*

$$\int_a^b (f \cdot g)(x)\, dx = g(a) \int_a^\xi f(x)\, dx \, . \tag{6.33}$$

Bevor wir zum Beweis übergehen, halten wir fest, dass in (6.33), im Unterschied zu (6.26) im ersten Mittelwertsatz, die Funktion $f(x)$ Integrand bleibt und nicht die monotone Funktion $g$.

*Beweis.* Um (6.33) zu beweisen, versuchen wir wie in den anderen Beweisen die entsprechende Riemannsche Summe abzuschätzen.

Sei $P$ eine Unterteilung von $[a, b]$. Wir schreiben zunächst die Gleichung

$$\int\limits_{a}^{b} (f \cdot g) \, dx = \sum_{i=1}^{n} \int\limits_{x_{i-1}}^{x_i} (f \cdot g)(x) \, dx =$$

$$= \sum_{i=1}^{n} g(x_{i-1}) \int\limits_{x_{i-1}}^{x_i} f(x) \, dx + \sum_{i=1}^{n} \int\limits_{x_{i-1}}^{x_i} [g(x) - g(x_{i-1})] f(x) \, dx$$

und zeigen dann, dass die letzte Summe für $\lambda(P) \to 0$ gegen Null strebt.

Da $f \in \mathcal{R}[a, b]$, folgt, dass $|f(x)| \leq C < \infty$ auf $[a, b]$. Daher erhalten wir mit den bereits bewiesenen Eigenschaften des Integrals, dass

$$\left| \sum_{i=1}^{n} \int\limits_{x_{i-1}}^{x_i} [g(x) - g(x_{i-1})] f(x) \, dx \right| \leq \sum_{i=1}^{n} \int\limits_{x_{i-1}}^{x_i} |g(x) - g(x_{i-1})| \, |f(x)| \, dx \leq$$

$$\leq C \sum_{i=1}^{n} \int\limits_{x_{i-1}}^{x_i} |g(x) - g(x_{i-1})| \, dx \leq C \sum_{i=1}^{n} \omega(g; \Delta_i) \Delta x_i \to 0$$

für $\lambda(P) \to 0$, da $g \in \mathcal{R}[a, b]$ (vgl. Satz 2 in Abschnitt 6.1). Daher ist

$$\int\limits_{a}^{b} (f \cdot g)(x) \, dx = \lim_{\lambda(P) \to 0} \sum_{i=1}^{n} g(x_{i-1}) \int\limits_{x_{i-1}}^{x_i} f(x) \, dx . \qquad (6.34)$$

Wir wollen nun die Summe auf der rechten Seite von (6.34) abschätzen. Wenn wir

$$F(x) = \int\limits_{a}^{x} f(t) \, dt$$

setzen, erhalten wir mit Lemma 3 eine in $[a, b]$ stetige Funktion.

Sei

$$m = \min_{x \in [a,b]} F(x) \text{ und } M = \max_{x \in [a,b]} F(x) .$$

Da $\int\limits_{x_{i-1}}^{x_i} f(x) \, dx = F(x_i) - F(x_{i-1})$, folgt, dass

$$\sum_{i=1}^{n} g(x_{i-1}) \int\limits_{x_{i-1}}^{x_i} f(x) \, dx = \sum_{i=1}^{n} (F(x_i) - F(x_{i-1})) g(x_{i-1}) . \qquad (6.35)$$

Wenn wir nun berücksichtigen, dass $g$ auf $[a, b]$ nicht negativ und nicht anwachsend ist und

$$a_i = F(x_i) - F(x_{i-1}) , \quad b_i = g(x_{i-1})$$

setzen, erhalten wir mit Lemma 2, dass

$$mg(a) \leq \sum_{i=1}^{n} \big(F(x_i) - F(x_{i-1})\big)g(x_{i-1}) \leq Mg(a) \,, \tag{6.36}$$

da

$$A_k = \sum_{i=1}^{k} a_i = F(x_k) - F(x_0) = F(x_k) - F(a) = F(x_k) \,.$$

Wir haben nun gezeigt, dass die Summen in (6.35) die Ungleichungen in (6.36) erfüllen und erinnern nun an (6.34). Damit erhalten wir

$$mg(a) \leq \int_a^b (f \cdot g)(x) \, \mathrm{d}x \leq Mg(a) \,. \tag{6.37}$$

Ist $g(a) = 0$, dann ist die zu beweisende Gleichung (6.33), wie wir aus (6.37) ablesen können, offensichtlich wahr.

Ist $g(a) > 0$, setzen wir

$$\mu = \frac{1}{g(a)} \int_a^b (f \cdot g)(x) \, \mathrm{d}x \,.$$

Aus (6.37) folgt dann, dass $m \leq \mu \leq M$. Aus der Stetigkeit von $F(x) = \int_a^x f(t) \, \mathrm{d}t$ auf $[a, b]$ ergibt sich daher, dass ein Punkt $\xi \in [a, b]$ existiert, in dem $F(\xi) = \mu$. Genau das ist die Aussage von (6.33). $\quad\square$

**Satz 6.** (Zweiter Mittelwertsatz der Integration). *Seien $f, g \in \mathcal{R}[a, b]$ und $g$ eine in $[a, b]$ monotone Funktion. Dann existiert ein Punkt $\xi \in [a, b]$, so dass*

$$\int_a^b (f \cdot g)(x) \, \mathrm{d}x = g(a) \int_a^\xi f(x) \, \mathrm{d}x + g(b) \int_\xi^b f(x) \, \mathrm{d}x \,. \tag{6.38}$$

Gleichung (6.38) (wie auch (6.33)) wird auch oft *Bonnet*[5] zugeschrieben.

*Beweis.* Sei $g$ eine in $[a, b]$ nicht absteigende Funktion. Dann ist $G(x) = g(b) - g(x)$ eine in $[a, b]$ nicht negative und nicht anwachsende integrierbare Funktion. Wir wenden (6.33) an und erhalten

$$\int_a^b (f \cdot G)(x) \, \mathrm{d}x = G(a) \int_a^\xi f(x) \, \mathrm{d}x \,. \tag{6.39}$$

---

[5] P. O. Bonnet (1819–1892) – französischer Mathematiker und Astronom. Seine wichtigsten mathematischen Arbeiten behandeln die Differentialgeometrie.

Nun ist aber

$$\int\limits_a^b (f \cdot G)\,\mathrm{d}x = g(b) \int\limits_a^b f(x)\,\mathrm{d}x - \int\limits_a^b (f \cdot g)(x)\,\mathrm{d}x \quad \text{und}$$

$$G(a) \int\limits_a^\xi f(x)\,\mathrm{d}x = g(b) \int\limits_a^\xi f(x)\,\mathrm{d}x - g(a) \int\limits_a^\xi f(x)\,\mathrm{d}x \ .$$

Wenn wir diese Gleichungen und die Additivität des Integrals berücksichtigen, gelangen wir aus (6.39) zu Gleichung (6.38), die zu beweisen war.

Ist $g$ eine nicht anwachsende Funktion, erhalten wir mit $G(x) = g(x) - g(b)$ eine in $[a, b]$ nicht negative und nicht anwachsende integrierbare Funktion, daraus ergibt sich wiederum (6.39) und daraus (6.38).    □

### 6.2.4 Übungen und Aufgaben

**1.** Sei $f \in \mathcal{R}[a, b]$ und $f(x) \geq 0$ auf $[a, b]$. Zeigen Sie:

a) Nimmt die Funktion $f(x)$ in einem stetigen Punkt $x_0 \in [a, b]$ den positiven Wert $f(x_0) > 0$ an, dann gilt die strenge Ungleichung:

$$\int\limits_a^b f(x)\,\mathrm{d}x > 0 \ .$$

b) Aus $\int\limits_a^b f(x)\,\mathrm{d}x = 0$ folgt, dass $f(x) = 0$ in fast allen Punkten von $[a, b]$.

**2.** Seien $f \in \mathcal{R}[a, b]$, $m = \inf\limits_{]a,b[} f(x)$ und $M = \sup\limits_{]a,b[} f(x)$. Zeigen Sie:

a) $\int\limits_a^b f(x)\,\mathrm{d}x = \mu(b - a)$, mit $\mu \in [m, M]$ (vgl. Aufgabe 5a in Abschnitt 6.1).

b) Ist $f$ in $[a, b]$ stetig, dann existiert ein Punkt $\xi \in [a, b]$, so dass

$$\int\limits_a^b f(x)\,\mathrm{d}x = f(\xi)(b - a) \ .$$

**3.** Sei $f \in C[a, b]$, $f(x) \geq 0$ in $[a, b]$ und $M = \max\limits_{[a,b]} f(x)$. Zeigen Sie, dass

$$\lim\limits_{n \to \infty} \left( \int\limits_a^b f^n(x)\,\mathrm{d}x \right)^{1/n} = M \ .$$

**4.** a) Zeigen Sie, dass für $f \in \mathcal{R}[a, b]$ und $p \geq 0$ auch $|f|^p \in \mathcal{R}[a, b]$.

b) Gehen Sie von der Hölderschen Ungleichung für Summen aus und zeigen Sie die Höldersche Ungleichung für Integrale[6]

$$\left| \int\limits_a^b (f \cdot g)(x)\,\mathrm{d}x \right| \leq \left( \int\limits_a^b |f|^p(x)\,\mathrm{d}x \right)^{1/p} \cdot \left( \int\limits_a^b |g|^q(x)\,\mathrm{d}x \right)^{1/q},$$

für $f, g \in \mathcal{R}[a, b]$, $p > 1$, $q > 1$ und $\frac{1}{p} + \frac{1}{q} = 1$.

c) Wir beginnen bei der Minkowskischen Ungleichung für Summen und erhalten die Minkowskische Ungleichung für Integrale:

$$\left( \int\limits_a^b |f + g|^p(x)\,\mathrm{d}x \right)^{1/p} \leq \left( \int\limits_a^b |f|^p(x)\,\mathrm{d}x \right)^{1/p} + \left( \int\limits_a^b |g|^p(x)\,\mathrm{d}x \right)^{1/p}$$

für $f, g \in \mathcal{R}[a, b]$ und $p \geq 1$. Zeigen Sie, dass sich für $0 < p < 1$ der Vergleichsoperator ändert.

d) Zeigen Sie, dass für eine stetige und konvexe Funktion $f$ auf $\mathbb{R}$ und eine beliebige stetige Funktion $\varphi$ auf $\mathbb{R}$ die Jensen-Ungleichung

$$f\left( \frac{1}{c} \int\limits_0^c \varphi(t)\,\mathrm{d}t \right) \leq \frac{1}{c} \int\limits_0^c f\big( \varphi(t) \big)\,\mathrm{d}t$$

für $c \neq 0$ gilt.

## 6.3 Das Integral und die Ableitung

### 6.3.1 Das Integral und die Stammfunktion

Sei $f$ eine auf einem abgeschlossenen Intervall $[a, b]$ Riemann-integrierbare Funktion. Wir wollen auf diesem Intervall die Funktion

$$F(x) = \int\limits_a^x f(t)\,\mathrm{d}t \tag{6.40}$$

betrachten, die oft als *Integral mit veränderlicher oberer Grenze* bezeichnet wird.

---

[6] Die algebraische Höldersche Ungleichung für $p = q = 2$ wurde zuerst durch Cauchy im Jahre 1821 erhalten und trägt seinen Namen. Die Höldersche Ungleichung für Integrale wurde zuerst 1859 durch den russischen Mathematiker B. J. Bunjakowski (1804–1889) aufgestellt. Diese wichtige Integralungleichung (für $p = q = 2$) wird *Bunjakowski-Ungleichung*, *Cauchy–Bunjakowski-Ungleichung* oder nach dem deutschen Mathematiker H. K. A. Schwarz (1843–1921), in dessen Arbeiten sie 1884 auftrat, *Schwarzsche Ungleichung* genannt.

Aus $f \in \mathcal{R}[a,b]$ folgt, dass $f|_{[a,x]} \in \mathcal{R}[a,x]$ für $[a,x] \subset [a,b]$. Daher ist die Funktion $x \mapsto F(x)$ eindeutig für $x \in [a,b]$ definiert.

Ist $|f(t)| \leq C < +\infty$ auf $[a,b]$ (und $f$ ist als integrierbare Funktion auf $[a,b]$ beschränkt), dann folgt aus der Additivität des Integrals und einer einfachen Abschätzung, dass

$$|F(x+h) - F(x)| \leq C|h| \qquad (6.41)$$

für $x, x+h \in [a,b]$.

In der Tat haben wir dies bereits im vorigen Abschnitt beim Beweis von Lemma 3 untersucht.

Aus (6.41) folgt insbesondere, dass die Funktion $F$ auf $[a,b]$ stetig ist, so dass also $F \in C[a,b]$.

Wir untersuchen nun die Funktion $F$ etwas genauer.

Das folgende Lemma ist für das Weitere von zentraler Bedeutung.

**Lemma 1.** *Sei $f \in \mathcal{R}[a,b]$ und sei $f$ in einem Punkt $x \in [a,b]$ stetig. Dann ist die Funktion $F$ auf $[a,b]$ durch (6.40) definiert. $F$ ist im Punkt $x$ differenzierbar und es gilt die folgende Gleichung:*

$$F'(x) = f(x) .$$

*Beweis.* Seien $x, x+h \in [a,b]$. Wir wollen die Differenz $F(x+h) - F(x)$ abschätzen. Aus der Stetigkeit von $f$ in $x$ folgt, dass $f(t) = f(x) + \Delta(t)$, wobei $\Delta(t) \to 0$ für $t \to x$, $t \in [a,b]$. Wenn wir den Punkt $x$ festhalten, dann ist die Funktion $\Delta(t) = f(t) - f(x)$ in $[a,b]$ integrierbar, da sie der Differenz der integrierbare Funktion $t \mapsto f(t)$ und der Konstanten $f(x)$ entspricht. Wir bezeichnen $\sup_{t \in I(h)} |\Delta(t)|$ mit $M(h)$, wobei $I(h)$ das abgeschlossene Intervall mit den Endpunkten $x, x+h \in [a,b]$ ist. Laut Voraussetzung gilt $M(h) \to 0$ für $h \to 0$.

Wir schreiben nun

$$F(x+h) - F(x) = \int_a^{x+h} f(t)\,\mathrm{d}t - \int_a^x f(t)\,\mathrm{d}t = \int_x^{x+h} f(t)\,\mathrm{d}t =$$

$$= \int_x^{x+h} \big(f(x) + \Delta(t)\big)\,\mathrm{d}t = \int_x^{x+h} f(x)\,\mathrm{d}t + \int_x^{x+h} \Delta(t)\,\mathrm{d}t = f(x)h + \alpha(h)h ,$$

wobei wir

$$\int_x^{x+h} \Delta(t)\,\mathrm{d}t = \alpha(h)h$$

gesetzt haben. Aus

$$\left| \int\limits_{x}^{x+h} \Delta(t)\,\mathrm{d}t \right| \leq \left| \int\limits_{x}^{x+h} |\Delta(t)|\,\mathrm{d}t \right| \leq \left| \int\limits_{x}^{x+h} M(h)\,\mathrm{d}t \right| = M(h)|h|$$

folgt, dass $|\alpha(h)| \leq M(h)$ und somit $\alpha(h) \to 0$ für $h \to 0$ (und zwar so, dass $x + h \in [a, b]$).

Somit haben wir für eine in einem Punkt $x \in [a, b]$ stetige Funktion gezeigt, dass bei Verschiebungen um $h$ von diesem Punkt aus, so dass $x + h \in [a, b]$, gilt:

$$F(x + h) - F(x) = f(x)h + \alpha(h)h \,, \qquad (6.42)$$

wobei $\alpha(h) \to 0$ für $h \to 0$.

Dies bedeutet aber, dass die Funktion $F(x)$ auf $[a, b]$ im Punkt $x \in [a, b]$ differenzierbar ist und dass $F'(x) = f(x)$. □

Ein sehr wichtiges Korollar von Lemma 1 folgt unmittelbar.

**Korollar 1.** *Jede auf einem abgeschlossenen Intervall $[a, b]$ stetige Funktion $f : [a, b] \to \mathbb{R}$ besitzt eine Stammfunktion, und jede Stammfunktion von $f$ auf $[a, b]$ besitzt die Form*

$$\mathcal{F}(x) = \int\limits_{a}^{x} f(t)\,\mathrm{d}t + c \,, \qquad (6.43)$$

*wobei $c$ eine Konstante ist.*

*Beweis.* Wir kennen die Folgerung $\bigl(f \in C[a, b]\bigr) \Rightarrow \bigl(f \in \mathcal{R}[a, b]\bigr)$, so dass nach Lemma 1 die Funktion (6.40) eine Stammfunktion zu $f$ auf $[a, b]$ ist. Aber zwei Stammfunktionen $\mathcal{F}(x)$ und $F(x)$ derselben Funktion können sich auf einem abgeschlossenen Intervall nur um eine Konstante unterscheiden. Daher ist $\mathcal{F}(x) = F(x) + c$. □

Für spätere Anwendungen ist es angebracht, das Konzept der Stammfunktion in der folgenden Definition etwas zu erweitern.

**Definition 1.** Eine auf einem Intervall der reellen Geraden stetige Funktion $x \mapsto \mathcal{F}(x)$ wird *Stammfunktion* (oder *verallgemeinerte Stammfunktion*) der auf demselben Intervall definierten Funktion $x \mapsto f(x)$ genannt, falls die Gleichung $\mathcal{F}'(x) = f(x)$ in allen, außer in endlich vielen, Punkten des Intervalls gilt.

Wenn wir diese Definition berücksichtigen, können wir zeigen, dass das folgende Korollar gilt.

**Korollar 1'.** *Eine auf einem abgeschlossenen Intervall $[a, b]$ definierte und beschränkte Funktion mit einer endlichen Anzahl von Unstetigkeitsstellen besitzt eine (verallgemeinerte) Stammfunktion auf diesem Intervall, und jede Stammfunktion von $f$ auf $[a, b]$ besitzt die Form (6.43).*

*Beweis.* Da die Funktion $f$ nur eine endliche Anzahl von Unstetigkeiten besitzt, ist $f \in \mathcal{R}[a, b]$ und nach Lemma 1 ist die Funktion (6.40) eine verallgemeinerte Stammfunktion für $f$ auf $[a, b]$. Wie wir bereits betont haben, haben wir dabei berücksichtigt, dass nach (6.41) die Funktion (6.40) auf $[a, b]$ stetig ist. Ist $\mathcal{F}(x)$ eine andere Stammfunktion von $f$ auf $[a, b]$, dann ist $\mathcal{F}(x) - F(x)$ eine stetige Funktion, die auf jedem der endlich vielen Intervallen konstant ist, in die die Unstetigkeitsstellen von $f$ das abgeschlossene Intervall $[a, b]$ unterteilen. Aber dann folgt aus der Stetigkeit von $\mathcal{F}(x) - F(x)$ auf ganz $[a, b]$, dass $\mathcal{F}(x) - F(x) \equiv$ konstant auf $[a, b]$.                    □

### 6.3.2 Fundamentalsatz der Integral- und Differentialrechnung

**Satz 1.** *Sei $f : [a, b] \to \mathbb{R}$ eine beschränkte Funktion mit einer endlichen Anzahl von Unstetigkeitsstellen. Dann ist $f \in \mathcal{R}[a, b]$ und es gilt*

$$\boxed{\int_a^b f(x)\, \mathrm{d}x = \mathcal{F}(b) - \mathcal{F}(a)\,,} \tag{6.44}$$

*wobei $\mathcal{F} : [a, b] \to \mathbb{R}$ eine Stammfunktion von $f$ auf $[a, b]$ ist.*

*Beweis.* Wir wissen bereits, dass eine auf einem abgeschlossenen Intervall beschränkte Funktion, die nur eine endlich Anzahl von Unstetigkeitsstellen besitzt, integrierbar ist (vgl. Korollar 2 nach Satz 2 in Abschnitt 6.1). Die Existenz einer verallgemeinerten Stammfunktion $\mathcal{F}(x)$ zur Funktion $f$ auf $[a, b]$ ist durch Korollar 1′ garantiert, auf Grund dessen $\mathcal{F}(x)$ die Form (6.43) besitzt. Wenn wir in (6.43) $x = a$ setzen, erhalten wir $\mathcal{F}(a) = c$ und daher

$$\mathcal{F}(x) = \int_a^x f(t)\, \mathrm{d}t + \mathcal{F}(a)\,.$$

Insbesondere ist

$$\int_a^b f(t)\, \mathrm{d}t = \mathcal{F}(b) - \mathcal{F}(a)\,,$$

was, bis auf die Schreibweise für die Integrationsvariable, ganz genau mit Gleichung (6.44), die zu beweisen war, übereinstimmt.                    □

Gleichung (6.44) ist von zentraler Wichtigkeit für die ganze Analysis. Sie wird *Newton–Leibniz Formel* oder *Fundamentalsatz der Integral- und Differentialrechnung* genannt.

Die Differenz $\mathcal{F}(b) - \mathcal{F}(a)$ von Funktionswerten wird oft $\mathcal{F}(x)\big|_a^b$ geschrieben. Mit dieser Schreibweise nimmt der Fundamentalsatz die folgende Form an:

$$\int_a^b f(x)\,\mathrm{d}x = \mathcal{F}(x)\big|_a^b \,.$$

Da beide Seite der Formel ihr Vorzeichen wechseln, wenn wir $a$ und $b$ vertauschen, ist die Formel für jede Relation zwischen den Beträgen von $a$ und $b$ gültig, d.h. sowohl für $a \leq b$ als auch für $a \geq b$.

In Übungen der Analysis wird der Fundamentalsatz hauptsächlich dazu benutzt, um das Integral auf der linken Seite zu berechnen. Dies mag zu einer etwas verzerrten Vorstellung seiner Verwendung führen. Tatsächlich werden Integrale selten mit Hilfe einer Stammfunktion bestimmt. Häufiger greift man auf die direkte Berechnung auf einem Computer mit hoch entwickelten numerischen Methoden zurück. Dem Fundamentalsatz kommt eine Schlüsselrolle in der Theorie der mathematischen Analysis als solches zu, da er Integration und Differentiation miteinander verbindet. In der Analysis besitzt er eine weitreichende Erweiterung in Gestalt des sogenannten *verallgemeinerten Satzes von Stokes*[7].

Im nächsten Absatz geben wir ein Beispiel für den Einsatz des Fundamentalsatzes in der Analysis.

### 6.3.3 Partielle Integration bestimmter Integrale und die Taylorsche Formel

**Satz 2.** *Sind die Funktionen $u(x)$ und $v(x)$ auf einem abgeschlossenen Intervall mit den Endpunkten $a$ und $b$ stetig differenzierbar, dann gilt*

$$\int_a^b (u \cdot v')(x)\,\mathrm{d}x = (u \cdot v)\big|_a^b - \int_a^b (v \cdot u')(x)\,\mathrm{d}x \,. \qquad (6.45)$$

Üblicherweise wird diese Formel in der Kurzform

$$\int_a^b u\,\mathrm{d}v = u \cdot v\big|_a^b - \int_a^b v\,\mathrm{d}u$$

geschrieben und Formel für die *partielle Integration* eines bestimmten Integrals genannt.

*Beweis.* Nach der Regel zur Ableitung eines Produkts von Funktionen gilt

$$(u \cdot v)'(x) = (u' \cdot v)(x) + (u \cdot v')(x) \,.$$

---

[7] G. G. Stokes (1819–1903) – britischer Physiker und Mathematiker.

Laut Voraussetzung sind alle Funktionen in dieser letzten Gleichung stetig und daher auf dem Intervall mit den Endpunkten $a$ und $b$ integrierbar. Mit Hilfe der Linearität des Integrals und dem Fundamentalsatz erhalten wir

$$(u \cdot v)(x)\big|_a^b = \int_a^b (u' \cdot v)(x)\,\mathrm{d}x + \int_a^b (u \cdot v')(x)\,\mathrm{d}x \,. \qquad \Box$$

Wir erhalten die Taylorsche Formel mit integralem Restglied als Korollar.

Angenommen, die Funktion $t \mapsto f(t)$ habe auf dem abgeschlossenen Intervall mit den Endpunkten $a$ und $b$ $n$ stetige Ableitungen. Mit Hilfe des Fundamentalsatzes und (6.45) führen wir die folgende Kette von Umformungen durch, in denen alle Ableitungen und Substitutionen auf der Variablen $t$ ausgeführt werden.

$$f(x) - f(a) = \int_a^x f'(t)\,\mathrm{d}t = -\int_a^x f'(t)(x-t)'\,\mathrm{d}t =$$

$$= -f'(t)(x-t)\big|_a^x + \int_a^x f''(t)(x-t)\,\mathrm{d}t =$$

$$= f'(a)(x-a) - \frac{1}{2}\int_a^x f''(t)\big((x-t)^2\big)'\,\mathrm{d}t =$$

$$= f'(a)(x-a) - \frac{1}{2}f''(t)(x-t)^2\big|_a^x + \frac{1}{2}\int_a^x f'''(t)(x-t)^2\,\mathrm{d}t =$$

$$= f'(a)(x-a) + \frac{1}{2}f''(a)(x-a)^2 - \frac{1}{2\cdot3}\int_a^x f'''(t)\big((x-t)^3\big)'\,\mathrm{d}t =$$

$$= \cdots =$$

$$= f'(a)(x-a) + \frac{1}{2}f''(a)(x-a)^2 + \cdots +$$

$$+ \frac{1}{2\cdot3\cdots(n-1)}f^{(n-1)}(a)(x-a)^{n-1} + r_{n-1}(a;x)\,,$$

wobei

$$r_{n-1}(a;x) = \frac{1}{(n-1)!}\int_a^x f^{(n)}(t)(x-t)^{n-1}\,\mathrm{d}t\,. \qquad (6.46)$$

Damit haben wir das folgende Korollar bewiesen.

**Korollar 2.** *Die Funktion $t \mapsto f(t)$ habe auf dem abgeschlossenen Intervall mit den Endpunkten $a$ und $x$ bis inklusiver $n$-ter Ordnung stetige Ableitungen. Dann gilt die Taylorsche Formel*

$$f(x) = f(a) + \frac{1}{1!}f'(a)(x-a) + \cdots + \frac{1}{(n-1)!}f^{(n-1)}(a)(x-a)^{n-1} + r_{n-1}(a;x)$$

*mit dem in (6.46) formulierten integralen Restglied $r_{n-1}(a;x)$.*

Wir betonen, dass die Funktion $(x - t)^{n-1}$ ihr Vorzeichen auf dem abgeschlossenen Intervall mit den Endpunkten $a$ und $x$ nicht verändert. Da $t \mapsto f^{(n)}(t)$ auf diesem Intervall stetig ist, folgt aus dem ersten Mittelwertsatz, dass ein Punkt $\xi$ existiert, so dass

$$
\begin{aligned}
r_{n-1}(a; x) &= \frac{1}{(n-1)!} \int_a^x f^{(n)}(t)(x-t)^{n-1}\, \mathrm{d}t = \\[2mm]
&= \frac{1}{(n-1)!} f^{(n)}(\xi) \int_a^x (x-t)^{n-1}\, \mathrm{d}t = \\[2mm]
&= \frac{1}{(n-1)!} f^{(n)}(\xi)\left( -\frac{1}{n}(x-t)^n \right)\Big|_a^x = \frac{1}{n!} f^{(n)}(\xi)(x-a)^n \,.
\end{aligned}
$$

Wir haben so wiederum das bereits bekannte Restglied nach Lagrange im Satz von Taylor erhalten. Nach Aufgabe 2d) in Abschnitt 6.2 können wir annehmen, dass $\xi$ im offenen Intervall mit den Endpunkten $a$ und $x$ liegt.

Diese Argumentation können wir wiederholen und dabei den Ausdruck $f^{(n)}(\xi)(x - \xi)^{n-k}$ mit $k \in [1, n]$ in (6.46) außerhalb des Integrals ziehen. Die Restglieder nach Cauchy und Lagrange ergeben sich für $k = 1$ und $k = n$.

### 6.3.4 Änderung der Variablen in einem Integral

Eine der zentralen Methoden der Integralrechnung ist die Änderung der Variablen, auch Substitution genannt, in einem bestimmten Integral. Diese Formel ist für die Integration genauso wichtig wie die Formel zur Ableitung einer verketteten Funktion in der Differentialrechnung. Unter bestimmten Voraussetzungen können wir diese beiden Formeln durch den Fundamentalsatz miteinander verbinden.

**Satz 3.** *Sei* $\varphi : [\alpha, \beta] \to [a, b]$ *eine stetig differenzierbare Abbildung des abgeschlossenen Intervalls* $\alpha \leq t \leq \beta$ *auf das abgeschlossene Intervall* $a \leq x \leq b$, *so dass* $\varphi(\alpha) = a$ *und* $\varphi(\beta) = b$. *Dann ist für jede stetige Funktion* $f(x)$ *auf* $[a, b]$ *die Funktion* $f(\varphi(t))\varphi'(t)$ *auf dem abgeschlossenen Intervall* $[\alpha, \beta]$ *stetig und es gilt*

$$
\int_a^b f(x)\, \mathrm{d}x = \int_\alpha^\beta f(\varphi(t))\varphi'(t)\, \mathrm{d}t \,. \tag{6.47}
$$

*Beweis.* Sei $\mathcal{F}(x)$ eine Stammfunktion von $f(x)$ auf $[a, b]$. Dann ist nach dem Satz zur Differentiation einer verketteten Funktion die Funktion $\mathcal{F}(\varphi(t))$ eine Stammfunktion der Funktion $f(\varphi(t))\varphi'(t)$. Diese Funktion ist stetig, da sie auf dem abgeschlossenen Intervall $[\alpha, \beta]$ die Verkettung und das Produkt stetiger Funktionen ist. Nach dem Fundamentalsatz der Differential- und Integralrechnung ist $\int_a^b f(x)\, \mathrm{d}x = \mathcal{F}(b) - \mathcal{F}(a)$ und $\int_\alpha^\beta f(\varphi(t))\varphi'(t)\, \mathrm{d}t = \mathcal{F}(\varphi(\beta)) - \mathcal{F}(\varphi(\alpha))$.

Nach Voraussetzung ist aber $\varphi(\alpha) = a$ und $\varphi(\beta) = b$, so dass (6.47) tatsächlich gültig ist.    □

In Formel (6.47) wird deutlich, wie angenehm es ist, dass wir nicht nur das Symbol für die Funktion, sondern die gesamte Differentialform $f(x)\,\mathrm{d}x$ als Symbol für die Integration benutzen. Dadurch können wir automatisch den richtigen Integranden erhalten, wenn wir die neue Variable $x = \varphi(t)$ unter dem Integral substituieren.

Um das Ganze nicht durch einen beschwerlichen Beweis zu komplizieren, haben wir in Satz 3 absichtlich den tatsächlich möglichen Anwendungsbereich von (6.47) eingeschränkt, um im Beweis den Fundamentalsatz anwenden zu können. Wir wenden uns nun dem zentralen Satz zur Veränderung der Variablen zu, dessen Voraussetzungen sich etwas von denen in Satz 3 unterscheiden. Der Beweis dieses Satzes wird direkt auf der Definition des Integrals als Grenzwert Riemannscher Summen aufbauen.

**Satz 4.** *Sei $\varphi : [\alpha, \beta] \to [a, b]$ eine stetig differenzierbare streng monotone Abbildung des abgeschlossenen Intervalls $\alpha \leq t \leq \beta$ auf das abgeschlossene Intervall $a \leq x \leq b$, so dass in den Endpunkten $\varphi(\alpha) = a$, $\varphi(\beta) = b$ oder $\varphi(\alpha) = b$, $\varphi(\beta) = a$ gilt. Dann ist für jede auf $[a, b]$ integrierbare Funktion $f(x)$ die Funktion $f\big(\varphi(t)\big)\varphi'(t)$ auf $[\alpha, \beta]$ integrierbar und es gilt*

$$\int_{\varphi(\alpha)}^{\varphi(\beta)} f(x)\,\mathrm{d}x = \int_{\alpha}^{\beta} f\big(\varphi(t)\big)\varphi'(t)\,\mathrm{d}t \,. \tag{6.48}$$

*Beweis.* Da $\varphi$ eine streng monotone Abbildung von $[\alpha, \beta]$ auf $[a, b]$ ist, wobei die Endpunkte ineinander abgebildet werden, erzeugt jede Unterteilung $P_t$ ($\alpha = t_0 < \cdots < t_n = \beta$) des abgeschlossenen Intervalls $[\alpha, \beta]$ eine entsprechende Unterteilung $P_x$ von $[a, b]$ mit $x_i = \varphi(t_i)$ ($i = 0, \ldots, n$). Wir bezeichnen die Unterteilung $P_x$ mit $\varphi(P_t)$. Hierbei ist $x_0 = a$, falls $\varphi(\alpha) = a$ und $x_0 = b$, falls $\varphi(\alpha) = b$. Aus der gleichmäßigen Stetigkeit von $\varphi$ auf $[\alpha, \beta]$ folgt, dass für $\lambda(P_t) \to 0$ auch $\lambda(P_x) = \lambda\big(\varphi(P_t)\big)$ gegen Null strebt.

Mit Hilfe des Mittelwertsatzes formen wir die Riemannsche Summe $\sigma(f; P_x, \xi)$ wie folgt um:

$$\sum_{i=1}^{n} f(\xi_i)\Delta x_i = \sum_{i=1}^{n} f(\xi_i)(x_i - x_{i-1}) =$$

$$= \sum_{i=1}^{n} f\big(\varphi(\tau_i)\big)\varphi'(\tilde{\tau}_i)(t_i - t_{i-1}) = \sum_{i=1}^{n} f\big(\varphi(\tau_i)\big)\varphi'(\tilde{\tau}_i)\Delta t_i \,.$$

Hierbei ist $x_i = \varphi(t_i)$, $\xi_i = \varphi(\tau_i)$, $\xi_i$ liegt im abgeschlossenen Intervall mit den Endpunkten $x_{i-1}$ und $x_i$ und $\tau_i$ und $\tilde{\tau}_i$ liegen im Intervall mit den Endpunkten $t_{i-1}$ und $t_i$ ($i = 1, \ldots, n$).

Als Nächstes gilt

$$\sum_{i=1}^{n} f\big(\varphi(\tau_i)\big)\varphi'(\tilde{\tau}_i)\Delta t_i = \sum_{i=1}^{n} f\big(\varphi(\tau_i)\big)\varphi'(\tau_i)\Delta t_i +$$

$$+ \sum_{i=1}^{n} f\big(\varphi(\tau_i)\big)\big(\varphi'(\tilde{\tau}_i) - \varphi'(\tau_i)\big)\Delta t_i \ .$$

Wir wollen diese letzte Summe abschätzen. Da $f \in \mathcal{R}[a,b]$, ist die Funktion $f$ auf $[a,b]$ beschränkt. Sei $|f(x)| \leq C$ auf $[a,b]$. Dann ist

$$\left| \sum_{i=1}^{n} f\big(\varphi(\tau)\big)\big(\varphi'(\tilde{\tau}_i) - \varphi'(\tau_i)\big)\Delta t_i \right| \leq C \cdot \sum_{i=1}^{n} \omega(\varphi'; \Delta_i)\Delta t_i \ ,$$

wobei $\Delta_i$ das abgeschlossene Intervall mit den Endpunkten $t_{i-1}$ und $t_i$ ist.

Diese letzte Summe strebt für $\lambda(P_t) \to 0$ gegen Null, da $\varphi'$ auf $[\alpha, \beta]$ stetig ist.

Daher haben wir nachgewiesen, dass

$$\sum_{i=1}^{n} f(\xi_i)\Delta x_i = \sum_{i=1}^{n} f\big(\varphi(\tau_i)\big)\varphi'(\tau_i)\Delta t_i + \gamma \ ,$$

wobei $\gamma \to 0$ für $\lambda(P_t) \to 0$. Wir haben bereits darauf hingewiesen, dass $\lambda(P_x) \to 0$, falls $\lambda(P_t) \to 0$. Aber $f \in \mathcal{R}[a,b]$, so dass die Summe auf der linken Seite dieser letzten Gleichung für $\lambda(P_x) \to 0$ gegen das Integral $\int_{\varphi(\alpha)}^{\varphi(\beta)} f(x)\,dx$ strebt. Daher besitzt für $\lambda(P_t) \to 0$ die rechte Seite der Gleichung denselben Grenzwert.

Wir können die Summe $\sum_{i=1}^{n} f\big(\varphi(\tau_i)\big)\varphi'(\tau_i)\Delta t_i$ aber als völlig beliebige Riemannsche Summe für die Funktion $f\big(\varphi(t)\big)\varphi'(t)$ zur Unterteilung $P_t$ mit ausgezeichneten Punkten $\tau = (\tau_1, \ldots, \tau_n)$ betrachten. Denn auf Grund der strengen Monotonie von $\varphi$ kann jede Menge von Punkten $\tau$ aus einer entsprechenden Menge $\xi = (\xi_1, \ldots, \xi_n)$ ausgezeichneter Punkte in der Unterteilung $P_x = \varphi(P_t)$ erhalten werden.

Daher ist der Grenzwert dieser Summe per definitionem gleich dem Integral der Funktion $f\big(\varphi(t)\big)\varphi'(t)$ über dem abgeschlossenen Intervall $[\alpha, \beta]$ und wir haben gleichzeitig sowohl die Integrierbarkeit von $f\big(\varphi(t)\big)\varphi'(t)$ auf $[\alpha, \beta]$ als auch (6.48) bewiesen. $\qquad\square$

### 6.3.5 Einige Beispiele

Wir wollen nun einige Beispiele zum Gebrauch dieser Formeln und den in den letzten beiden Abschnitten bewiesenen Sätzen über Eigenschaften von Integralen betrachten.

*Beispiel 1.*

$$\int\limits_{-1}^{1} \sqrt{1 - x^2}\, dx = \int\limits_{-\pi/2}^{\pi/2} \sqrt{1 - \sin^2 t}\, \cos t\, dt = \int\limits_{-\pi/2}^{\pi/2} \cos^2 t\, dt =$$

$$= \frac{1}{2} \int\limits_{-\pi/2}^{\pi/2} (1 + \cos 2t)\, dt = \frac{1}{2}\left(t + \frac{1}{2}\sin 2t\right)\Big|_{-\pi/2}^{\pi/2} = \frac{\pi}{2}\,.$$

Bei der Berechnung des Integrals haben wir die Substitution $x = \sin t$ vorgenommen und dann, nachdem wir die Stammfunktion für den sich ergebenden Integranden nach dieser Substitution bestimmt haben, den Fundamentalsatz angewendet.

Natürlich hätten wir auch anders vorgehen können. Wir hätten für die Funktion $\sqrt{1 - x^2}$ sehr mühsam die Stammfunktion $\frac{1}{2}x\sqrt{1 - x^2} + \frac{1}{2}\arcsin x$ finden und dann den Fundamentalsatz einsetzen können. Dieses Beispiel zeigt, dass wir glücklicherweise manchmal bei der Berechnung bestimmter Integrale auf das Auffinden einer Stammfunktion für den vorgegebenen Integranden verzichten können.

*Beispiel 2.* Wir wollen zeigen, dass

a) $\displaystyle\int\limits_{-\pi}^{\pi} \sin mx \cos nx\, dx = 0$ ,   b) $\displaystyle\int\limits_{-\pi}^{\pi} \sin^2 mx\, dx = \pi$ ,   c) $\displaystyle\int\limits_{-\pi}^{\pi} \cos^2 nx\, dx = \pi$

für $m, n \in \mathbb{N}$.

a) $\displaystyle\int\limits_{-\pi}^{\pi} \sin mx \cos nx\, dx = \frac{1}{2}\int\limits_{-\pi}^{\pi} \big(\sin(n + m)x - \sin(n - m)x\big)\, dx =$

$$= \frac{1}{2}\left(-\frac{1}{n + m}\cos(n + m)x + \frac{1}{n - m}\cos(n - m)x\right)\Big|_{-\pi}^{\pi} = 0\,,$$

für $n - m \neq 0$. Der Fall $n - m = 0$ kann getrennt betrachtet werden und für diesen Fall gelangen wir offensichtlich zu demselben Ergebnis.

b) $\displaystyle\int\limits_{-\pi}^{\pi} \sin^2 mx\, dx = \frac{1}{2}\int\limits_{-\pi}^{\pi} (1 - \cos 2mx)\, dx = \frac{1}{2}\left(x - \frac{1}{2m}\sin 2mx\right)\Big|_{-\pi}^{\pi} = \pi\,.$

c) $\displaystyle\int\limits_{-\pi}^{\pi} \cos^2 nx\, dx = \frac{1}{2}\int\limits_{-\pi}^{\pi} (1 + \cos 2nx)\, dx = \frac{1}{2}\left(x + \frac{1}{2n}\sin 2nx\right)\Big|_{-\pi}^{\pi} = \pi\,.$

*Beispiel 3.* Sei $f \in \mathcal{R}[-a, a]$. Wir werden zeigen, dass

$$\int\limits_{-a}^{a} f(x)\,\mathrm{d}x = \begin{cases} 2\displaystyle\int\limits_{0}^{a} f(x)\,\mathrm{d}x\,, & \text{falls } f \text{ eine gerade Funktion ist}\,, \\[4mm] 0\,, & \text{falls } f \text{ eine ungerade Funktion ist}\,. \end{cases}$$

Ist $f(-x) = f(x)$, dann gilt

$$\int\limits_{-a}^{a} f(x)\,\mathrm{d}x = \int\limits_{-a}^{0} f(x)\,\mathrm{d}x + \int\limits_{0}^{a} f(x)\,\mathrm{d}x = \int\limits_{a}^{0} f(-t)(-1)\,\mathrm{d}t + \int\limits_{0}^{a} f(x)\,\mathrm{d}x =$$

$$= \int\limits_{0}^{a} f(-t)\,\mathrm{d}t + \int\limits_{0}^{a} f(x)\,\mathrm{d}x = \int\limits_{0}^{a} \big(f(-x) + f(x)\big)\,\mathrm{d}x = 2\int\limits_{0}^{a} f(x)\,\mathrm{d}x\,.$$

Ist $f(-x) = -f(x)$, dann erhalten wir durch dieselben Berechnungen, dass

$$\int\limits_{-a}^{a} f(x)\,\mathrm{d}x = \int\limits_{0}^{a} \big(f(-x) + f(x)\big)\,\mathrm{d}x = \int\limits_{0}^{a} 0\,\mathrm{d}x = 0\,.$$

*Beispiel 4.* Sei $f$ eine auf der gesamten reellen Geraden $\mathbb{R}$ definierte Funktion mit der Periode $T$, d.h. $f(x + T) = f(x)$ für alle $x \in \mathbb{R}$.

Ist $f$ auf jedem endlichen abgeschlossenen Intervall integrierbar, dann erhalten wir für jedes $a \in \mathbb{R}$ die Gleichung

$$\int\limits_{a}^{a+T} f(x)\,\mathrm{d}x = \int\limits_{0}^{T} f(x)\,\mathrm{d}x\,,$$

d.h., das Integral einer periodischen Funktion über einem Intervall, dessen Länge der Periode $T$ der Funktion entspricht, ist von der Integrationsstelle auf der reellen Geraden unabhängig.

$$\int\limits_{a}^{a+T} f(x)\,\mathrm{d}x = \int\limits_{a}^{0} f(x)\,\mathrm{d}x + \int\limits_{0}^{T} f(x)\,\mathrm{d}x + \int\limits_{T}^{a+T} f(x)\,\mathrm{d}x =$$

$$= \int\limits_{0}^{T} f(x)\,\mathrm{d}x + \int\limits_{a}^{0} f(x)\,\mathrm{d}x + \int\limits_{0}^{a} f(t+T)\cdot 1\,\mathrm{d}t =$$

$$= \int\limits_{0}^{T} f(x)\,\mathrm{d}x + \int\limits_{a}^{0} f(x)\,\mathrm{d}x + \int\limits_{0}^{a} f(t)\,\mathrm{d}t = \int\limits_{0}^{T} f(x)\,\mathrm{d}x\,.$$

Hierbei haben wir die Substitution $x = t + T$ vorgenommen und die Periodizität der Funktion $f(x)$ ausgenutzt.

*Beispiel 5.* Angenommen, wir müssten das Integral $\int\limits_0^1 \sin(x^2)\,\mathrm{d}x$ mit einer Genauigkeit von $10^{-2}$ berechnen.

Wir wissen, dass die Stammfunktion von $\int \sin(x^2)\,\mathrm{d}x$ (das Fresnel-Integral) sich nicht durch elementare Funktionen ausdrücken lässt, so dass wir den Fundamentalsatz hier nicht im traditionellen Sinne anwenden können.

Wir wollen einen anderen Weg einschlagen. Bei der Untersuchung der Taylorschen Formel in der Differentialrechnung haben wir erarbeitet (vgl. Beispiel 11 in Abschnitt 5.3), dass auf dem Intervall $[-1, 1]$ die Gleichung

$$\sin x \approx x - \frac{1}{3!}x^3 + \frac{1}{5!}x^5 =: P(x)$$

mit einer Genauigkeit von $10^{-3}$ gilt.

Ist aber auf dem Intervall $[-1, 1]$ $|\sin x - P(x)| < 10^{-3}$, dann ist für $0 \le x \le 1$ auch $|\sin(x^2) - P(x^2)| < 10^{-3}$. Folglich gilt

$$\left| \int\limits_0^1 \sin(x^2)\,\mathrm{d}x - \int\limits_0^1 P(x^2)\,\mathrm{d}x \right| \le \int\limits_0^1 |\sin(x^2) - P(x^2)|\,\mathrm{d}x < \int\limits_0^1 10^{-3}\,\mathrm{d}x < 10^{-3}\,.$$

Daher ist es ausreichend, das Integral $\int\limits_0^1 P(x^2)\,\mathrm{d}x$ zu bestimmen, um das Integral $\int\limits_0^1 \sin(x^2)\,\mathrm{d}x$ mit der gewünschten Genauigkeit zu berechnen. Es gilt aber

$$\int\limits_0^1 P(x^2)\,\mathrm{d}x = \int\limits_0^1 \left( x^2 - \frac{1}{3!}x^3 + \frac{1}{5!}x^{10} \right)\mathrm{d}x =$$

$$= \left( \frac{1}{3!}x^3 - \frac{1}{3!7}x^7 + \frac{1}{5!11}x^{11} \right)\bigg|_0^1 = \frac{1}{3} - \frac{1}{3!7} + \frac{1}{5!11} = 0,310 \pm 10^{-3}$$

und daher

$$\int\limits_0^1 \sin(x^2)\,\mathrm{d}x = 0,310 \pm 2 \cdot 10^{-3} = 0,31 \pm 10^{-2}\,.$$

*Beispiel 6.* Die Größe $\mu = \frac{1}{b-a} \int\limits_a^b f(x)\,\mathrm{d}x$ wird als *Mittelwert der Funktion mit Gewicht* 1 *auf dem Intervall* $[a, b]$ bezeichnet.

Sei $f$ eine auf $\mathbb{R}$ definierte und auf jedem abgeschlossenen Intervall integrierbare Funktion. Wir benutzen $f$, um die neue Funktion

$$F_\delta(x) = \frac{1}{2\delta} \int\limits_{x-\delta}^{x+\delta} f(t)\,\mathrm{d}t$$

zu konstruieren, deren Wert im Punkt $x$ dem Mittelwert von $f$ in der $\delta$-Umgebung von $x$ entspricht.

Wir werden zeigen, dass sich $F_\delta(x)$ (*Durchschnitt von $f$* genannt) im Vergleich zu $f$ regulärer verhält. Genauer formuliert, so ist $F_\delta(x)$ auf $\mathbb{R}$ stetig, wenn $f$ auf jedem Intervall $[a,b]$ integrierbar ist und ist $f \in C(\mathbb{R})$, dann ist $F_\delta(x) \in C^{(1)}(\mathbb{R})$.

Wir zeigen zunächst, dass $F_\delta(x)$ stetig ist:

$$|F_\delta(x+h) - F_\delta(x)| = \frac{1}{2\delta} \left| \int_{x+\delta}^{x+\delta+h} f(t)\,dt + \int_{x-\delta+h}^{x-\delta} f(t)\,dt \right| \le$$

$$\le \frac{1}{2\delta}(C|h| + C|h|) = \frac{C}{\delta}|h|\,,$$

für $|f(t)| \le C$, wie beispielsweise in der $2\delta$-Umgebung von $x$ mit $|h| < \delta$. Offensichtlich folgt aus dieser Abschätzung die Stetigkeit von $F_\delta(x)$.

Ist nun $f \in C(\mathbb{R})$, dann gilt nach der Regel zur Differentiation einer verketteten Funktion

$$\frac{d}{dx} \int_a^{\varphi(x)} f(t)\,dt = \frac{d}{d\varphi} \int_a^\varphi f(t)\,dt \cdot \frac{d\varphi}{dx} = f(\varphi(x))\varphi'(x)\,,$$

so dass sich aus

$$F_\delta(x) = \frac{1}{2\delta} \int_a^{x+\delta} f(t)\,dt - \frac{1}{2\delta} \int_a^{x-\delta} f(t)\,dt$$

ergibt, dass

$$F_\delta'(x) = \frac{f(x+\delta) - f(x-\delta)}{2\delta}\,.$$

Nach Substitution von $t = x + u$ im Integral können wir die Funktion $F_\delta(x)$ wie folgt schreiben:

$$F_\delta(x) = \frac{1}{2\delta} \int_{-\delta}^\delta f(x+u)\,du\,.$$

Ist $f \in C(\mathbb{R})$, dann erhalten wir unter Anwendung des ersten Mittelwertsatzes, dass

$$F_\delta(x) = \frac{1}{2\delta} f(x+\tau) \cdot 2\delta = f(x+\tau)\,,$$

mit $|\tau| \le \delta$. Daraus folgt ganz natürlich, dass

$$\lim_{\delta \to +0} F(\delta)(x) = f(x)\,.$$

## 6.3.6 Übungen und Aufgaben

**1.** Bestimmen Sie mit Hilfe des Integrals:

a) $\lim\limits_{n\to\infty} \left[ \frac{n}{(n+1)^2} + \cdots + \frac{n}{(2n)^2} \right]$.

b) $\lim\limits_{n\to\infty} \frac{1^\alpha + 2^\alpha + \cdots + n^\alpha}{n^{\alpha+1}}$, für $\alpha \geq 0$.

**2.** a) Zeigen Sie, dass jede auf einem offenen Intervall stetige Funktion eine Stammfunktion auf diesem Intervall besitzt.

b) Zeigen Sie, dass für $f \in C^{(1)}[a,b]$ die Funktion $f$ als Differenz zweier nicht absteigender Funktionen auf $[a,b]$ dargestellt werden kann (vgl. Aufgabe 4 in Abschnitt 6.1).

**3.** Ist die Funktion $g$ glatt, dann lässt sich der zweite Mittelwertsatz (Satz 6 in Abschnitt 6.2) durch partielle Integration auf den ersten Mittelwertsatz zurückführen.

**4.** Sei $f \in C(\mathbb{R})$. Dann lässt sich für jedes feste abgeschlossene Intervall $[a,b]$ zu gegebenem $\varepsilon > 0$ ein $\delta > 0$ wählen, so dass die Ungleichung $|F_\delta(x) - f(x)| < \varepsilon$ auf $[a,b]$ gilt, wobei $F_\delta$ das in Beispiel 6 untersuchte Mittel der Funktion ist. Zeigen Sie dies.

**5.** Zeigen Sie, dass

$$\int_1^{x^2} \frac{e^t}{t}\, dt \sim \frac{1}{x^2} e^{x^2} \quad \text{für } x \to +\infty\,.$$

**6.** a) Zeigen Sie, dass die Funktion $f(x) = \int_x^{x+1} \sin(t^2)\, dt$ für $x \to \infty$ die folgende Darstellung besitzt:

$$f(x) = \frac{\cos(x^2)}{2x} - \frac{\cos(x+1)^2}{2(x+1)} + O\left(\frac{1}{x^2}\right).$$

b) Bestimmen Sie $\varliminf\limits_{x\to\infty} xf(x)$ und $\varlimsup\limits_{x\to\infty} xf(x)$.

**7.** Sei $f : \mathbb{R} \to \mathbb{R}$ eine auf jedem abgeschlossenen Intervall $[a,b] \subset \mathbb{R}$ periodische Funktion. Zeigen Sie, dass dann die Funktion

$$F(x) = \int_a^x f(t)\, dt$$

als Summe einer linearen Funktion und einer periodischen Funktion dargestellt werden kann.

**8.** a) Beweisen Sie, dass für $x > 1$ und $n \in \mathbb{N}$ die Funktion

$$P_n(x) = \frac{1}{\pi} \int_0^\pi \left( x + \sqrt{x^2 - 1}\cos\varphi \right)^n d\varphi$$

ein Polynom vom Grade $n$ ist (das $n$-te *Legendre Polynom*).

b) Zeigen Sie

$$P_n(x) = \frac{1}{\pi} \int\limits_0^\pi \frac{d\psi}{\left(x - \sqrt{x^2-1}\cos\psi\right)^n} \, .$$

**9.** Sei $f$ eine auf einem abgeschlossenen Intervall $[a,b] \subset \mathbb{R}$ definierte Funktion mit reellen Werten und seien $\xi_1, \ldots, \xi_m$ ausgezeichnete Punkte dieses Intervalls. Die Werte des *Lagrangeschen Interpolationspolynoms* vom Grade $m-1$

$$L_{m-1}(x) := \sum_{j=1}^m f(\xi_j) \prod_{i \neq j} \frac{x - \xi_i}{\xi_j - \xi_i}$$

stimmen mit den Werten der Funktion in den Punkten $\xi_1, \ldots, \xi_m$ (den Interpolationspunkten) überein. Ist $f \in C^{(m)}[a,b]$, dann gilt

$$f(x) - L_{m-1}(x) = \frac{1}{m!} f^{(m)}\big(\zeta(x)\big)\omega_m(x) \, ,$$

wobei $\omega_m(x) = \prod\limits_{i=1}^m (x - \xi_i)$ und $\zeta(x) \in ]a,b[$ (vgl. Beispiel 11 in Abschnitt 5.3).

Sei $\xi_i = \frac{b+a}{2} + \frac{b-a}{2}\theta_i$. Dann ist $\theta_i \in [-1,1]$, $i = 1, \ldots, m$.

a) Zeigen Sie, dass

$$\int\limits_a^b L_{m-1}(x) \, dx = \frac{b-a}{2} \sum_{i=1}^m c_i f(\xi_i) \, ,$$

mit

$$c_i = \int\limits_{-1}^1 \left( \prod_{i \neq j} \frac{t - \theta_i}{\theta_j - \theta_i} \right) dt \, .$$

Insbesondere ist

$$\alpha_1) \quad \int\limits_a^b L_0(x) \, dx = (b-a) f\left(\frac{a+b}{2}\right) \, , \text{ für } m = 1 \, , \theta_1 = 0 \, ;$$

$$\alpha_2) \quad \int\limits_a^b L_1(x) \, dx = \frac{b-a}{2}\Big[f(a) + f(b)\Big] \, , \text{ für } m = 2 \, , \theta_1 = -1 \, , \theta_2 = 1 \, ;$$

$$\alpha_3) \quad \int\limits_a^b L_2(x) \, dx = \frac{b-a}{6}\left[f(a) + 4f\left(\frac{a+b}{2}\right) + f(b)\right] \, , \text{ für } m = 3 \, , \theta_1 = -1 \, ,$$

$\theta_2 = 0$ , $\theta_3 = 1$ .

b) Sei $f \in C^{(m)}[a,b]$ und $M_m = \max\limits_{x \in [a,b]} |f^{(m)}(x)|$. Schätzen Sie den Betrag des absoluten Fehlers $R_m$ in der Formel

$$\int\limits_a^b f(x) \, dx = \int\limits_a^b L_{m-1}(x) \, dx + R_m \tag{$*$}$$

ab und zeigen Sie, dass $|R_m| \leq \frac{M_m}{m!} \int\limits_a^b |\omega_m(x)| \, dx$.

c) In den Fällen $\alpha_1$), $\alpha_2$) und $\alpha_3$) wird Gleichung (∗) die *Rechteckregel*, die *Trapezregel* und *Keplersche Fassregel* genannt. Im letzteren Fall wird meist der Name *Simpson-Regel*[8] benutzt. Zeigen Sie, dass die folgenden Formeln in den Fällen $\alpha_1$), $\alpha_2$) und $\alpha_3$) gelten:

$$R_1 = \frac{f'(\xi_1)}{4}(b-a)^2\,,\quad R_2 = -\frac{f''(\xi_2)}{12}(b-a)^3\,,\quad R_3 = -\frac{f^{(4)}(\xi_3)}{2880}(b-a)^5\,,$$

wobei $\xi_1, \xi_2, \xi_3 \in [a,b]$ und die Funktion $f$ gehört zur Klasse $C^{(k)}[a,b]$.

d) Sei $f$ ein Polynom $P$. Welches ist der höchste Grad für Polynome $P$, für die die Rechteck-, die Trapez- oder die Simpson-Regel exakt ist?

Sei $h = \frac{b-a}{n}$, $x_k = a + hk$, $(k = 0, 1, \ldots, n)$ und $y_k = f(x_k)$.

e) Zeigen Sie, dass bei der *Rechteckregel*

$$\int\limits_a^b f(x)\,\mathrm{d}x = h(y_0 + y_1 + \cdots + y_{n-1}) + R_1$$

das Restglied die Form $R_1 = \frac{f'(\xi)}{2}(b-a)h$ besitzt, wobei $\xi \in [a,b]$.

f) Zeigen Sie, dass bei der *Trapezregel*

$$\int\limits_a^b f(x)\,\mathrm{d}x = \frac{h}{2}\Big[(y_0 + y_n) + 2(y_1 + y_2 + \cdots + y_{n-1})\Big] + R_2$$

das Restglied die Form $R_2 = -\frac{f''(\xi)}{12}(b-a)h^2$ besitzt, wobei $\xi \in [a,b]$.

g) Zeigen Sie, dass bei der *Simpson-Regel* für gerades $n$

$$\int\limits_a^b f(x)\,\mathrm{d}x = \frac{h}{3}\Big[(y_0 + y_n) + 4(y_1 + y_3 + \cdots + y_{n-1}) +$$
$$+ 2(y_2 + y_4 + \cdots + y_{n-2})\Big] + R_3$$

das Restglied die Form

$$R_3 = -\frac{f^{(4)}(\xi)}{180}(b-a)h^4$$

besitzt, wobei $\xi \in [a,b]$.

h) Beginnen Sie mit der Gleichung

$$\pi = 4\int\limits_0^1 \frac{\mathrm{d}x}{1+x^2}$$

und berechnen Sie $\pi$ mit einer Genauigkeit von $10^{-3}$ mit Hilfe der Rechteck-, der Trapez- und der Simpson-Regel. Beachten Sie insbesondere die Effektivität der Simpson-Regel, die aus diesem Grund die am weitesten verbreitete *Quadraturformel* ist. (Dies ist die Bezeichnung für Formeln zur numerischen Integration im ein-dimensionalen Fall, in dem das Integral aus Teilflächen, die durch einfache geometrische Figuren oder einfache Funktionen angenähert werden, summiert wird.)

---

[8] T. Simpson (1710–1761) – britischer Mathematiker.

**10.** Beweisen Sie die folgenden Formeln für das Restglied in der Taylorschen Formel, indem Sie (6.46) umformen, wobei wir $h = x - a$ gesetzt haben:

a) $\quad \dfrac{h^n}{(n-1)!} \displaystyle\int_0^1 f^{(n)}(a + \tau h)(1 - \tau)^{n-1} \, d\tau \; ;$

b) $\quad \dfrac{h^n}{n!} \displaystyle\int_0^1 f^{(n)}(x - h \sqrt[n]{t}) \, dt \; .$

**11.** Zeigen Sie, dass die wichtige Gleichung (6.48) zur Substitution in einem Integral auch ohne die Annahme gültig bleibt, dass die Funktion in der Substitution monoton ist.

## 6.4 Einige Anwendungen der Integralrechnung

Es gibt ein einfaches Muster, das oft zum Einsatz der Integralrechnung bei Anwendungen führt. Aus diesem Grund wollen wir dieses Muster zunächst im ersten Absatz dieses Abschnitts als solches erläutern.

### 6.4.1 Additive Intervallfunktionen und das Integral

Bei der Diskussion in Abschnitt 6.2 zur Additivität von Integralen auf Intervallen haben wir das Konzept einer *additiven (orientierten) Intervallfunktion* eingeführt. Wir erinnern daran, dass dies eine Funktion $(\alpha, \beta) \mapsto I(\alpha, \beta)$ ist, die jedem geordneten Paar von Punkten $(\alpha, \beta)$ eines fest vorgegebenen abgeschlossenen Intervalls $[a, b]$ eine Zahl $I(\alpha, \beta)$ zuweist. Diese Zuweisung erfolgt so, dass die folgende Gleichung für jedes Punktetripel $\alpha, \beta, \gamma \in [a, b]$ gilt:

$$I(\alpha, \gamma) = I(\alpha, \beta) + I(\beta, \gamma) \; . \tag{6.49}$$

Aus (6.49) folgt, dass $I(\alpha, \alpha) = 0$, falls $\alpha = \beta = \gamma$ gilt, wohingegen wir $I(\alpha, \beta) + I(\beta, \alpha) = 0$, d.h., $I(\alpha, \beta) = -I(\beta, \alpha)$ erhalten, falls $\alpha = \gamma$ ist. Diese Gleichung zeigt uns den Einfluss der Anordnung der Punkte $\alpha$ und $\beta$.

Wenn wir

$$\mathcal{F}(x) = I(a, x)$$

setzen, erhalten wir aus der Additivität der Funktion $I$, dass

$$I(\alpha, \beta) = \mathcal{F}(\beta) - \mathcal{F}(\alpha) \; , \tag{6.50}$$

wobei $x \mapsto \mathcal{F}(x)$ eine Funktion von Punkten in $[a, b]$ ist.

Es lässt sich einfach zeigen, dass die Umkehrung ebenfalls wahr ist, d.h., dass jede auf $[a, b]$ definierte Funktion $x \mapsto \mathcal{F}(x)$ eine durch (6.50) definierte additive (orientierte) Intervallfunktion erzeugt.

Wir wollen zwei typische Beispiele geben.

*Beispiel 1.* Sei $f \in \mathcal{R}[a,b]$. Die Funktion $\mathcal{F}(x) = \int\limits_a^x f(t)\,\mathrm{d}t$ erzeugt entsprechend (6.50) die additive Funktion

$$I(\alpha,\beta) = \int\limits_\alpha^\beta f(t)\,\mathrm{d}t \, .$$

Wir merken an, dass die Funktion $\mathcal{F}(x)$ in diesem Fall auf dem abgeschlossenen Intervall $[a,b]$ stetig ist.

*Beispiel 2.* Angenommen, das Intervall $[0,1]$ sei ein gewichtsloser Faden, an den im Punkt $x = 1/2$ eine Perle mit Einheitsmasse befestigt ist.

Sei $\mathcal{F}(x)$ die im abgeschlossenen Intervall $[0,x]$ lokalisierte Masse des Fadens. Dann ist nach unserer Annahme

$$\mathcal{F}(x) = \begin{cases} 0 \text{ für } x < 1/2 \, , \\[2mm] 1 \text{ für } 1/2 \leq x \leq 1 \, . \end{cases}$$

Die physikalische Bedeutung der additiven Funktion

$$I(\alpha,\beta) = \mathcal{F}(\beta) - \mathcal{F}(\alpha)$$

entspricht für $\beta > \alpha$ der im halb offenen Intervall $]\alpha,\beta]$ lokalisierten Masse.

Da die Funktion $\mathcal{F}(x)$ unstetig ist, kann die additive Funktion $I(\alpha,\beta)$ in diesem Fall nicht als Riemannsches Integral einer Funktion – einer Massendichte – dargestellt werden. (Diese Dichte, d.h. der Grenzwert des Verhältnisses der Masse in einem Intervall zur Länge des Intervalls, wäre in jedem Punkt des Intervalls $[a,b]$ Null, außer im Punkt $x = 1/2$, in dem sie Unendlich sein müsste.)

Wir werden nun eine hinreichende Bedingung für die Erzeugung einer additiven Intervallfunktion durch ein Integral geben, die im Folgenden nützlich sein wird.

**Satz 1.** *Angenommen, zu einer für alle Punkte $\alpha$, $\beta$ eines abgeschlossenen Intervalls $[a,b]$ definierten additiven Funktion $I(\alpha,\beta)$ existiere eine Funktion $f \in \mathcal{R}[a,b]$, so dass die Beziehung*

$$\inf_{x \in [\alpha,\beta]} f(x)(\beta - \alpha) \leq I(\alpha,\beta) \leq \sup_{x \in [\alpha,\beta]} f(x)(\beta - \alpha)$$

*für jedes abgeschlossene Intervall $[\alpha,\beta]$, mit $a \leq \alpha \leq \beta \leq b$, gilt. Dann ist*

$$I(a,b) = \int\limits_a^b f(x)\,\mathrm{d}x \, .$$

*Beweis.* Sei $P$ eine beliebige Unterteilung $a = x_0 < \cdots < x_n = b$ des abgeschlossenen Intervalls $[a, b]$ und seien $m_i = \inf\limits_{x \in [x_{i-1}, x_i]} f(x)$ und $M_i = \sup\limits_{x \in [x_{i-1}, x_i]} f(x)$.

Für jedes Intervall $[x_{i-1}, x_i]$ der Unterteilung $P$ gilt laut Annahme, dass

$$m_i \Delta x_i \leq I(x_{i-1}, x_i) \leq M_i \Delta x_i \ .$$

Wenn wir diese Ungleichungen addieren und dabei die Additivität der Funktion $I(\alpha, \beta)$ berücksichtigen, erhalten wir

$$\sum_{i=1}^{n} m_i \Delta x_i \leq I(a, b) \leq \sum_{i=1}^{n} M_i \Delta x_i \ .$$

Die linken und rechten Ausdrücke dieser letzten Relation sind uns bekannt, da sie der oberen und unteren Darboux-Summe der Funktion $f$ zur Unterteilung $P$ des abgeschlossenen Intervalls $[a, b]$ entsprechen. Auf dem abgeschlossenen Intervall $[a, b]$ besitzen beide für $\lambda(P) \to 0$ das Integral von $f$ als Grenzwert. Daher erhalten wir beim Übergang zum Grenzwert für $\lambda(P) \to 0$, dass

$$I(a, b) = \int\limits_{a}^{b} f(x)\, \mathrm{d}x \ . \qquad \square$$

Wir wollen nun die Anwendung von Satz 1 veranschaulichen.

### 6.4.2 Bogenlänge

Angenommen, ein Teilchen bewege sich im Raum $\mathbb{R}^3$ und sein Bewegungsgesetz $\mathbf{r}(t) = \big(x(t), y(t), z(t)\big)$ sei bekannt. Dabei sind $x(t)$, $y(t)$ und $z(t)$ die rechtwinkligen kartesischen Koordinaten des Punktes zur Zeit $t$.

Wir wollen die Länge $l[a, b]$ des während des Zeitintervalls $a \leq t \leq b$ zurückgelegten Weges bestimmen.

Wir wollen zunächst einige Konzepte präzisieren.

**Definition 1.** Ein *Weg* in $\mathbb{R}^3$ ist eine Abbildung $t \mapsto \big(x(t), y(t), z(t)\big)$ eines Intervalls der reellen Geraden auf $\mathbb{R}^3$, die durch die Funktionen $x(t)$, $y(t)$ und $z(t)$, die auf dem Intervall stetig sind, definiert ist.

**Definition 2.** Sei $t \mapsto \big(x(t), y(t), z(t)\big)$ ein Weg, für den der Bereich des Parameters $t$ das abgeschlossene Intervall $[a, b]$ ist. Dann werden die Punkte

$$A = \big(x(a), y(a), z(a)\big) \text{ und } B = \big(x(b), y(b), z(b)\big)$$

in $\mathbb{R}^3$ der *Anfangspunkt* bzw. der *Endpunkt* des Weges genannt.

**Definition 3.** Ein Weg ist *geschlossen*, falls er über einen Anfangs- und einen Endpunkt verfügt und diese zusammenfallen.

**Definition 4.** Sei $\Gamma : I \to \mathbb{R}^3$ ein Weg. Das Bild $\Gamma(I)$ des Intervalls $I$ in $\mathbb{R}^3$ wird die *Spur* des Weges genannt.

Der Spur eines abstrakten Weges kann sich als etwas herausstellen, was wir normalerweise nicht als Kurve bezeichnen würden. Es gibt Beispiele für Wege, deren Spur einen vollständigen drei-dimensionalen Würfel bilden (die sogenannten „Peano-Kurven"). Sind die Funktionen $x(t)$, $y(t)$ und $z(t)$ jedoch genügend regulär (wie etwa bei mechanischen Bewegungen, die differenzierbar sind), so können wir sicher sein, dass nichts auftritt, was gegen unsere Intuition spricht. Dies können wir streng zeigen.

**Definition 5.** Ein Weg $\Gamma : I \to \mathbb{R}^3$, für den die Abbildung $I \to \Gamma(I)$ eine bijektive Abbildung ist, wird *einfacher Weg* oder *parametrisierte Kurve* genannt und seine Spur wird *Kurve* in $\mathbb{R}^3$ genannt.

**Definition 6.** Ein geschlossener Weg $\Gamma : [a, b] \to \mathbb{R}^3$ wird *einfacher geschlossener Weg* oder *einfache geschlossene Kurve* genannt, falls der Weg $\Gamma : [a, b[\to \mathbb{R}^3$ einfach ist.

Daher unterscheidet sich ein einfacher Weg von einem beliebigen Weg darin, dass wir bei der Bewegung entlang seiner Spur nicht zu bereits erreichten Punkten zurückkehren, d.h., wir schneiden unsere Trajektorie nirgendwo, außer möglicherweise im Endpunkt, falls der einfache Weg geschlossen ist.

**Definition 7.** Der Weg $\Gamma : I \to \mathbb{R}^3$ wird als Weg mit *vorgegebener Glattheit* bezeichnet, wenn die Funktionen $x(t)$, $y(t)$ und $z(t)$ diese Glattheit besitzen.

(Beispielsweise die Glattheit $C[a, b]$, $C^{(1)}[a, b]$ oder $C^{(k)}[a, b]$.)

**Definition 8.** Ein Weg $\Gamma : [a, b] \to \mathbb{R}^3$ ist *stückweise glatt*, wenn das abgeschlossene Intervall $[a, b]$ in eine endliche Anzahl abgeschlossener Intervalle unterteilt werden kann, und auf jedem dieser Intervalle die entsprechende Einschränkung der Abbildung $\Gamma$ durch stetig differenzierbare Funktionen definiert ist.

Wir beabsichtigen, glatte Wege, d.h. Wege der Klasse $C^{(1)}$, und stückweise glatte Wege zu untersuchen.

Wir wollen nun zu unserem Ausgangsproblem zurückkommen. Wir können es nun so formulieren, dass wir die Länge des glatten Weges $\Gamma : [a, b] \to \mathbb{R}^3$ bestimmen wollen.

Unsere anfänglichen Vorstellungen über die Länge $l[a, b]$ des im Zeitintervall $\alpha \le t \le \beta$ zurückgelegten Weges waren die folgenden: Ist $\alpha < \beta < \gamma$, dann ist

$$l[\alpha, \gamma] = l[\alpha, \beta] + l[\beta, \gamma] \,.$$

Ist zweitens $\mathbf{v}(t) = \big(\dot{x}(t), \dot{y}(t), \dot{z}(t)\big)$ die Geschwindigkeit des Punktes zur Zeit $t$, dann ist

$$\inf_{x \in [\alpha, \beta]} |\mathbf{v}(t)|(\beta - \alpha) \le l[\alpha, \beta] \le \sup_{x \in [\alpha, \beta]} |\mathbf{v}(t)|(\beta - \alpha) \ .$$

Sind also die Funktionen $x(t)$, $y(t)$ und $z(t)$ in $[a, b]$ stetig differenzierbar, dann gelangen wir mit Satz 1 auf deterministische Weise zur Formel

$$l[a, b] = \int\limits_a^b |\mathbf{v}(t)| \, dt = \int\limits_a^b \sqrt{\dot{x}^2(t) + \dot{y}^2(t) + \dot{z}^2(t)} \, dt \ , \tag{6.51}$$

die wir nun als Definition der Länge eines glatten Weges $\Gamma : [a, b] \to \mathbb{R}^3$ betrachten.

Ist $z(t) \equiv 0$, dann liegt die Spur in einer Ebene und Gleichung (6.51) nimmt folgende Gestalt an:

$$l[a, b] = \int\limits_a^b \sqrt{\dot{x}^2(t) + \dot{y}^2(t)} \, dt \ . \tag{6.52}$$

*Beispiel 3.* Wir wollen (6.52) auf ein bekanntes Beispiel anwenden. Angenommen, der Punkt bewege sich nach dem Gesetz

$$\begin{aligned} x &= R \cos 2\pi t \ , \\[2pt] y &= R \sin 2\pi t \ . \end{aligned} \tag{6.53}$$

Im Zeitintervall $[0, 1]$ wird der Punkt einen Kreis mit Radius $R$ beschreiben, d.h., einen Weg der Länge $2\pi R$, falls die Länge des Kreises auf diese Weise berechenbar ist.

Wir wollen die Berechnung nach (6.52) durchführen:

$$l[0, 1] = \int\limits_0^1 \sqrt{(-2\pi R \sin 2\pi t)^2 + (2\pi R \cos 2\pi t)^2} \, dt = 2\pi R \ .$$

Die Übereinstimmung der Ergebnisse ist zwar ermutigend, aber die gerade ausgeführten Überlegungen enthalten einige logische Lücken, denen wir noch etwas Aufmerksamkeit widmen wollen.

Die Funktionen $\cos \alpha$ und $\sin \alpha$ sind, wenn wir ihre Schuldefinition benutzen, die kartesischen Koordinaten des Bildes $p$ des Punktes $p_0 = (1, 0)$ bei einer Drehung um den Winkel $\alpha$.

Bis auf das Vorzeichen wird der Wert $\alpha$ durch die Länge des Bogens des Kreises $x^2 + y^2 = 1$ zwischen $p_0$ und $p$ gemessen. Daher baut die Definition der trigonometrischen Funktionen bei diesem Zugang auf dem Begriff der

Länge eines Bogens eines Kreises auf, weswegen wir bei der obigen Berechnung des Umfangs eines Kreises in gewisser Weise einen logischen Zirkelschluss begangen haben, indem wir die Parametrisierung bereits in der Form (6.53) vorgenommen haben.

Diese Schwierigkeit ist jedoch, wie wir nun sehen werden, nicht fundamental, da wir eine Parametrisierung des Kreises auch geben können, ohne dabei zu trigonometrischen Funktionen Zuflucht zu nehmen.

Wir wollen untersuchen, wie die Länge eines Graphen einer auf einem abgeschlossenen Intervall $[a, b] \subset \mathbb{R}$ definierten Funktion $y = f(x)$ zu berechnen ist. Wir denken dabei an die Berechnung der Länge des Weges $\Gamma : [a, b] \to \mathbb{R}^2$ mit der speziellen Parametrisierung

$$x \mapsto \big(x, f(x)\big) \,,$$

woraus wir folgern können, dass die Abbildung $\Gamma : [a, b] \to \mathbb{R}^2$ eine bijektive Abbildung ist. Daher ist nach Definition 5 der Graph einer Funktion eine Kurve in $\mathbb{R}^2$.

Für diesen Fall lässt sich (6.52) vereinfachen, denn wir erhalten, wenn wir $x = t$ und $y = f(t)$ setzen,

$$l[a, b] = \int\limits_a^b \sqrt{1 + [f'(t)]^2} \, \mathrm{d}t \,. \tag{6.54}$$

Insbesondere dann, wenn wir den Halbkreis

$$y = \sqrt{1 - x^2} \,, \qquad -1 \le x \le 1$$

des Kreises $x^2 + y^2 = 1$ betrachten, erhalten wir so

$$l = \int\limits_{-1}^{+1} \sqrt{1 + \left[\frac{-x}{\sqrt{1 - x^2}}\right]^2} \, \mathrm{d}x = \int\limits_{-1}^{1} \frac{\mathrm{d}x}{\sqrt{1 - x^2}} \,. \tag{6.55}$$

Der Integrand in diesem letzten Integral ist aber eine unbeschränkte Funktion und daher existiert das Integral nicht in dem von uns untersuchten traditionellen Sinne. Bedeutet dies, dass ein Halbkreis keine Länge besitzt? Zur gegenwärtigen Zeit bedeutet es nur, dass diese Parametrisierung des Halbkreises nicht die Bedingung erfüllt, dass die Funktionen $\dot{x}$ und $\dot{y}$ stetig sein müssen. Und diese Bedingung war Voraussetzung für (6.52) und somit auch (6.54). Aus diesem Grund müssen wir entweder das Konzept eines Integrals erweitern oder zu einer Parametrisierung wechseln, die die Bedingungen erfüllt, unter denen (6.54) angewendet werden kann.

Wenn wir diese Parametrisierung auf jedem abgeschlossenen Intervall der Form $[-1 + \delta, 1 - \delta]$ betrachten, wobei $-1 < -1 + \delta < 1 - \delta < 1$, kann (6.54) auf dieses Intervall angewendet werden und wir erhalten die Länge

$$l[-1+\delta, 1-\delta] = \int\limits_{-1+\delta}^{1-\delta} \frac{\mathrm{d}x}{\sqrt{1-x^2}}$$

für den Kreisbogen oberhalb des abgeschlossenen Intervalls $[-1+\delta, 1-\delta]$.

Es ist daher nur natürlich, die Länge $l$ des Halbkreises als Grenzwert $\lim\limits_{\delta\to+0} l[-1+\delta, 1-\delta]$ zu betrachten. Wir können das Integral in (6.55) in derselben Weise interpretieren. Wir werden diese sich natürlich anbietende Erweiterung des Konzepts des Riemannschen Integrals im nächsten Abschnitt diskutieren.

Bei diesem von uns untersuchten besonderen Problem können wir, ohne auch nur die Parametrisierung zu ändern, beispielsweise die Länge $l\big[-\frac{1}{2}, \frac{1}{2}\big]$ einer Strecke auf dem Bogen des Einheitskreises berechnen. Dann ergibt sich (alleine aus geometrischen Betrachtungen), dass $l = 3 \cdot l\big[-\frac{1}{2}, \frac{1}{2}\big]$.

Wir merken ferner an, dass

$$\int \frac{\mathrm{d}x}{\sqrt{1-x^2}} = \int \frac{(1-x^2+x^2)\,\mathrm{d}x}{\sqrt{1-x^2}} = \int \sqrt{1-x^2}\,\mathrm{d}x -$$

$$-\frac{1}{2}\int \frac{x\mathrm{d}(1-x^2)}{\sqrt{1-x^2}} = 2\int \sqrt{1-x^2}\,\mathrm{d}x - x\sqrt{1-x^2}\,,$$

und daher

$$l[-1+\delta, 1-\delta] = 2\int\limits_{-1+\delta}^{1-\delta} \sqrt{1-x^2}\,\mathrm{d}x - \big(x\sqrt{1-x^2}\big)\big|_{-1+\delta}^{1-\delta}\,.$$

Somit ist

$$l = \lim\limits_{\delta\to+0} l[-1+\delta, 1-\delta] = 2\int\limits_{-1}^{1} \sqrt{1-x^2}\,\mathrm{d}x\,.$$

Die Länge eines Halbkreises mit Radius 1 wird mit $\pi$ bezeichnet und wir gelangen so zu folgender Formel:

$$\pi = 2\int\limits_{-1}^{1} \sqrt{1-x^2}\,\mathrm{d}x\,.$$

Dieses letzte Integral ist ein gewöhnliches (nicht verallgemeinertes) Riemannsches Integral und lässt sich daher mit beliebiger Genauigkeit berechnen.

Wenn wir für $x \in [-1, 1]$ die Funktion $\arccos x$ als $l[x, 1]$ definieren, dann ist mit den oben ausgeführten Berechnungen

$$\arccos x = \int\limits_{x}^{1} \frac{\mathrm{d}t}{\sqrt{1-t^2}}$$

oder

$$\arccos x = x\sqrt{1-x^2} + 2\int\limits_{x}^{1} \sqrt{1-t^2}\,\mathrm{d}t\,.$$

Wenn wir die Bogenlänge als Konzept für eine Stammfunktion betrachten, dann müssen wir auch die eben eingeführte Funktion $x \mapsto \arccos x$ und die Funktion $x \mapsto \arcsin x$, die auf ähnliche Weise eingeführt werden kann, als Stammfunktionen betrachten. Dann können wir die Funktionen $x \mapsto \cos x$ und $x \mapsto \sin x$ als die Inversen dieser Funktionen auf den entsprechenden Intervallen erhalten. Im Wesentlichen entspricht dies den Grundlagen der Geometrie.

Das Beispiel zur Länge eine Halbkreises ist nicht nur deswegen lehrreich, weil wir bei seiner Untersuchung eine Anmerkung zur Definition der trigonometrischen Funktionen gemacht haben, die für jemanden nützlich sein kann, sondern auch deswegen, weil sich dadurch ganz natürlich die Frage stellt, ob die durch (6.51) definierte Zahl vom Koordinatensystem $x$, $y$, $z$ oder der Parametrisierung der Kurve abhängt.

Wir überlassen dem Leser die Analyse der Rolle, die das drei-dimensionale kartesische Koordinatensystem spielt; wir werden hier die Rolle der Parametrisierung untersuchen.

Wir müssen deutlich machen, dass wir mit einer *Parametrisierung* einer Kurve in $\mathbb{R}^3$ eine Definition eines einfachen Weges $\Gamma : I \to \mathbb{R}^3$ meinen, dessen Spur diese Kurve ist. Der Punkt oder die Zahl $t \in I$ wird *Parameter* und das Intervall $I$ der *Bereich* des Parameters genannt.

Sind $\Gamma : I \to \mathcal{L}$ und $\widetilde{\Gamma} : \tilde{I} \to \mathcal{L}$ zwei bijektive Abbildungen mit derselben Wertemenge $\mathcal{L}$, so treten ganz natürlich bijektive Abbildungen $\widetilde{\Gamma}^{-1} \circ \Gamma : I \to \tilde{I}$ und $\Gamma^{-1} \circ \widetilde{\Gamma} : \tilde{I} \to I$ zwischen den Bereichen $I$ und $\tilde{I}$ dieser Abbildung auf.

Gibt es insbesondere zwei derartige Parametrisierungen derselben Kurve, dann existiert ein natürlicher Zusammenhang zwischen den Parametern $t \in I$ und $\tau \in \tilde{I}$: $t = t(\tau)$ oder $\tau = \tau(t)$. Dadurch wird es möglich, bei Kenntnis des Parameters eines Punktes in einer Parametrisierung seinen Parameter in der anderen Parametrisierung zu finden.

Seien $\Gamma : [a, b] \to \mathcal{L}$ und $\widetilde{\Gamma} : [\alpha, \beta] \to \mathcal{L}$ zwei Parametrisierungen derselben Kurve mit dem Zusammenhang $\Gamma(a) = \widetilde{\Gamma}(\alpha)$ und $\Gamma(b) = \widetilde{\Gamma}(\beta)$ zwischen ihren Anfangs- und Endpunkten. Dann sind die *Transformationen* $t = t(\tau)$ und $\tau = \tau(t)$ von einem Parameter zum anderen stetige und streng monotone Abbildungen des abgeschlossenen Intervalls $a \leq t \leq b$ und $\alpha \leq \tau \leq \beta$ aufeinander, wobei sich die Anfangspunkte und die Endpunkte entsprechen: $a \leftrightarrow \alpha$, $b \leftrightarrow \beta$.

Sind hierbei die Kurven $\Gamma$ und $\widetilde{\Gamma}$ durch die Tripel $\big(x(t), y(t), z(t)\big)$ und $\big(\tilde{x}(t), \tilde{y}(t), \tilde{z}(t)\big)$ glatter Funktionen definiert, so dass $|\mathbf{v}(t)|^2 = \dot{x}^2(t) + \dot{y}^2(t) + \dot{z}^2(t) \neq 0$ auf $[a, b]$ und $|\tilde{\mathbf{v}}(\tau)|^2 = \dot{\tilde{x}}^2(\tau) + \dot{\tilde{y}}^2(\tau) + \dot{\tilde{z}}^2(\tau) \neq 0$ auf $[\alpha, \beta]$, dann können wir zeigen, dass in diesem Fall die Transformationen $t = t(\tau)$ und $\tau = \tau(t)$ glatte Funktionen sind, die auf den Intervallen, auf denen sie definiert sind, positive Ableitungen besitzen.

Wir werden diese Behauptung hier nicht beweisen; wir werden sie schließlich als Korollar des wichtigen Satzes zur impliziten Funktion erhalten. Im Augenblick ist diese Behauptung hauptsächlich als Motivation der folgenden Definition gedacht.

**Definition 9.** Der Weg $\widetilde{\Gamma} : [\alpha, \beta] \to \mathbb{R}^3$ wird aus $\Gamma : [a, b] \to \mathbb{R}^3$ durch eine *zulässige Veränderung der Parameter* erhalten, falls eine glatte Abbildung $T : [\alpha, \beta] \to [a, b]$ existiert, so dass $T(\alpha) = a$, $T(\beta) = b$, $T'(\tau) > 0$ auf $[\alpha, \beta]$ und $\widetilde{\Gamma} = \Gamma \circ T$.

Wir wollen nun einen allgemeinen Satz beweisen.

**Satz 2.** *Wird ein glatter Weg* $\widetilde{\Gamma} : [\alpha, \beta] \to \mathbb{R}^3$ *durch eine zulässige Veränderung der Parameter aus einem glatten Weg* $\Gamma : [a, b] \to \mathbb{R}^3$ *erhalten, dann ist die Länge der beiden Wege gleich.*

*Beweis.* Seien $\widetilde{\Gamma} : [\alpha, \beta] \to \mathbb{R}^3$ und $\Gamma : [a, b] \to \mathbb{R}^3$ durch die Tripel glatter Funktionen $\tau \mapsto \big(\tilde{x}(\tau), \tilde{y}(\tau), \tilde{z}(\tau)\big)$ und $t \mapsto \big(x(t), y(t), z(t)\big)$ definiert und sei $t = t(\tau)$ die zulässige Veränderung der Parameter, unter der

$$\tilde{x}(\tau) = x\big(t(\tau)\big) , \quad \tilde{y}(\tau) = y\big(t(\tau)\big) , \quad \tilde{z}(\tau) = z\big(t(\tau)\big) .$$

Wenn wir die Definition (6.51) der Weglänge, die Regel zur Ableitung einer verketteten Funktion und die Regel für die Substitution einer Variablen in einem Integral benutzen, dann erhalten wir

$$\int\limits_a^b \sqrt{\dot{x}^2(t) + \dot{y}^2(t) + \dot{z}^2(t)}\, dt =$$

$$= \int\limits_\alpha^\beta \sqrt{\dot{x}^2(t(\tau)) + \dot{y}^2(t(\tau)) + \dot{z}^2(t(\tau))}\, t'(\tau)\, d\tau =$$

$$= \int\limits_\alpha^\beta \sqrt{\big[\dot{x}(t(\tau))t'(\tau)\big]^2 + \big[\dot{y}(t(\tau))t'(\tau)\big]^2 + \big[\dot{z}(t(\tau))t'(\tau)\big]^2}\, d\tau =$$

$$= \int\limits_\alpha^\beta \sqrt{\dot{\tilde{x}}^2(\tau) + \dot{\tilde{y}}^2(\tau) + \dot{\tilde{z}}^2(\tau)}\, d\tau .$$

$\square$

Dabei haben wir insbesondere gezeigt, dass die Länge einer Kurve von ihrer glatten Parametrisierung unabhängig ist.

Die Länge eines stückweise glatten Weges wird als die Summe der Längen der glatten Wege, in die er unterteilt werden kann, definiert. Aus diesem Grund ist es einfach zu beweisen, dass die Länge eines stückweise glatten Weges sich unter einer zulässigen Veränderung seiner Parameter auch nicht verändert.

Wir beenden die Diskussion des Konzepts der Länge eines Weges und der Länge einer Kurve (über die wir nun nach Satz 2 berechtigterweise sprechen können) mit einem weiteren Beispiel.

*Beispiel 4.* Wir suchen die Länge der Ellipse, die durch die kanonische Gleichung

$$\frac{x^2}{a^2} + \frac{y^2}{b^2} = 1 \quad (a \geq b > 0) \tag{6.56}$$

definiert wird.

Mit der Parametrisierung $x = a \sin \psi$, $y = b \cos \psi$, $0 \leq \psi \leq 2\pi$ erhalten wir

$$l = \int_0^{2\pi} \sqrt{(a \cos \psi)^2 + (-b \sin \psi)^2}\, d\psi = \int_0^{2\pi} \sqrt{a^2 - (a^2 - b^2) \sin^2 \psi}\, d\psi =$$

$$= 4a \int_0^{\pi/2} \sqrt{1 - \frac{a^2 - b^2}{a^2} \sin^2 \psi}\, d\psi = 4a \int_0^{\pi/2} \sqrt{1 - k^2 \sin^2 \psi}\, d\psi \,,$$

wobei $k^2 = 1 - \frac{b^2}{a^2}$ das Quadrat der Exzentrizität der Ellipse ist.

Das Integral

$$E(k, \varphi) = \int_0^{\varphi} \sqrt{1 - k^2 \sin^2 \psi}\, d\psi$$

lässt sich mit elementaren Funktionen nicht ausdrücken. Es wird wegen seiner Verbindung zu der eben diskutierten Ellipse elliptisches Integral genannt. Genauer gesagt ist $E(k, \varphi)$ die Legendre-Form des *elliptischen Integrals zweiter Art*. Der Wert, den es für $\varphi = \pi/2$ annimmt, hängt nur von $k$ ab. Er wird durch $E(k)$ symbolisiert und das *vollständige elliptische Integral zweiter Art* genannt. Daher ist $E(k) = E(k, \pi/2)$, so dass die Länge einer Ellipse in dieser Schreibweise $l = 4aE(k)$ beträgt.

### 6.4.3 Die Fläche eines krummlinigen Trapezes

Wir betrachten die Figur $aABb$ in Abb. 6.2, die *krummliniges Trapez* genannt wird. Diese Figur wird durch die vertikalen Liniensegmente $aA$ und $bB$, dem abgeschlossenen Intervall $[a, b]$ auf der $x$-Achse und der Kurve $\overset{\frown}{AB}$, dem Graphen einer auf $[a, b]$ integrierbaren Funktion $y = f(x)$, begrenzt.

Sei $[\alpha, \beta]$ ein in $[a, b]$ enthaltenes abgeschlossenes Intervall. Wir bezeichnen die zugehörige Fläche des krummlinigen Trapezes $\alpha f(\alpha) f(\beta) \beta$ mit $S(\alpha, \beta)$.

Wir haben folgende Vorstellungen zu Flächen: Ist $a \leq \alpha < \beta < \gamma \leq b$, dann ist

$$S(\alpha, \gamma) = S(\alpha, \beta) + S(\beta, \gamma)$$

(Additivität von Flächen) und es gilt

$$\inf_{x \in [\alpha, \beta]} f(x)(\beta - \alpha) \leq S(\alpha, \beta) \leq \sup_{x \in [\alpha, \beta]} f(x)(\beta - \alpha)$$

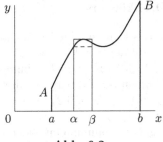

**Abb. 6.2.**

(die Fläche einer umgebenden Figur ist nicht kleiner als die Fläche der einge-
schlossenen Figur).

Daher ist laut Satz 1 die Fläche dieser Figur nach der Formel

$$S(a,b) = \int\limits_a^b f(x)\,\mathrm{d}x \tag{6.57}$$

berechenbar.

*Beispiel 5.* Wir wollen Gleichung (6.57) für die Berechnung der Fläche der
durch die kanonische Gleichung (6.56) gegebenen Ellipse benutzen.

Aufgrund der Symmetrie der Figur und der angenommenen Additivität
von Flächen genügt es, nur die Fläche der Ellipse im ersten Quadranten zu
berechnen und das Ergebnis mit vier zu multiplizieren. Es folgt die Berechnung:

$$S = 4\int\limits_0^a \sqrt{b^2\left(1 - \frac{x^2}{a^2}\right)}\,\mathrm{d}x = 4b\int\limits_0^{\pi/2} \sqrt{1 - \sin^2 t}\,a\cos t\,\mathrm{d}t =$$

$$= 4ab\int\limits_0^{\pi/2} \cos^2 t\,\mathrm{d}t = 2ab\int\limits_0^{\pi/2} (1 - \cos 2t)\,\mathrm{d}t = \pi ab\,.$$

Auf unserem Weg haben wir die Substitution $x = a\sin t$, $0 \leq t \leq \pi/2$ benutzt.

Daher ist $S = \pi ab$. Ist insbesondere $a = b = R$, erhalten wir die Formel
$\pi R^2$ für die Fläche eines Kreises mit Radius $R$.

*Anmerkung.* Wir wollen betonen, dass Formel (6.57) die Fläche eines krummlinigen Trapezes unter der Bedingung liefert, dass $f(x) \geq 0$ auf $[a,b]$. Ist $f$ eine
beliebige integrierbare Funktion, dann liefert das Integral (6.57) offensichtlich
die algebraische Summe der Flächen der entsprechenden krummlinigen Tra-
peze, die oberhalb und unterhalb der $x$-Achse liegen. Wenn wir dies getan
haben, werden die Flächen des Trapezes oberhalb der $x$-Achse mit positivem
Vorzeichen und die Flächen unterhalb mit negativem Vorzeichen summiert.

## 6.4.4 Volumen eines Drehkörpers

Nun nehmen wir an, dass das krummlinige Trapez aus Abb. 6.2 um das abgeschlossene Intervall $[a, b]$ auf der $x$-Achse gedreht wird. Wir wollen das Volumen des sich hieraus ergebenden Körpers bestimmen.

Wir bezeichnen das Volumen des Körpers, der durch Drehung des krummlinigen Trapezes $\alpha f(\alpha) f(\beta) \beta$ (vgl. Abb. 6.2) um das abgeschlossene Intervall $[\alpha, \beta] \subset [a, b]$ entsteht, mit $V(\alpha, \beta)$.

Mit unseren Vorstellungen zu Volumina müssen die folgenden Beziehungen gelten: Ist $a \leq \alpha < \beta < \gamma \leq b$, dann ist

$$V(\alpha, \gamma) = V(\alpha, \beta) + V(\beta, \gamma)$$

und

$$\pi \left( \inf_{x \in [\alpha, \beta]} f(x) \right)^2 (\beta - \alpha) \leq V(\alpha, \beta) \leq \pi \left( \sup_{x \in [\alpha, \beta]} f(x) \right)^2 (\beta - \alpha) .$$

In dieser letzten Ungleichung haben wir das Volumen $V(\alpha, \beta)$ durch die Volumina eingeschriebener und umschreibender Zylinder abgeschätzt und die Formel für das Volumen eines Zylinders benutzt (das nicht schwer zu bestimmen ist, wenn die Kreisfläche bekannt ist).

Dann gilt nach Satz 1:

$$V(a, b) = \pi \int_a^b f^2(x) \, dx . \tag{6.58}$$

*Beispiel 6.* Bei der Drehung des durch das abgeschlossene Intervall $[-R, R]$ und durch den Bogen des Kreises $y = \sqrt{R^2 - x^2}$, $-R \leq x \leq R$ begrenzten Halbkreises um die $x$-Achse können wir einen drei-dimensionalen Körper mit Radius $R$ erhalten, dessen Volumen durch (6.58) einfach berechnet werden kann:

$$V = \pi \int_{-R}^R (R^2 - x^2) \, dx = \frac{4}{3} \pi R^3 .$$

In Teil 2 werden wir mehr Details zur Messung von Längen, Flächen und Volumina geben. Dabei werden wir auch das Problem der Invarianz der vorgestellten Definitionen lösen.

## 6.4.5 Arbeit und Energie

Der Energieverbrauch bei der Bewegung eines Körpers unter Einwirkung einer konstanten Kraft in Richtung der Kraftwirkung wird durch das Produkt $F \cdot S$, d.h. der Größe der Kraft und der Größe der Verschiebung, gegeben. Diese Größe wird als die *Arbeit* bezeichnet, die bei der Verschiebung durch die Kraft verrichtet wird. Im Allgemeinen sind die Richtungen der Kraft und der Verschiebung nicht kollinear (beispielsweise, wenn wir einen Schlitten mit einem Seil ziehen) und dann wird die Arbeit als das innere Produkt $\langle \mathbf{F}, \mathbf{S} \rangle$ des Kraftvektors und des Verschiebungsvektors definiert.

Wir wollen einige Beispiele zur Berechnung der Arbeit und zur Nutzung des verwandten Konzepts der Energie betrachten.

*Beispiel 7.* Die Kraft, die zum vertikalen Anheben eines Körpers der Masse $m$ von der Höhe $h_1$ über der Erdoberfläche auf die Höhe $h_2$ gegen die Schwerkraft aufgebracht werden muss, beträgt nach der eben gegebenen Definition $mg(h_2 - h_1)$. Wir nehmen an, dass das Ganze sich in Nähe der Erdoberfläche abspielt, so dass die Veränderung der Gravitationskraft $mg$ vernachlässigt werden kann. Der Allgemeinfall wird in Beispiel 10 untersucht.

*Beispiel 8.* Wir gehen von einer ideal elastischen Feder aus, deren eines Ende im Punkt 0 an der reellen Geraden befestigt ist, während das andere Ende im Punkt $x$ ist. Es ist bekannt, dass die Kraft, die aufgebracht werden muss, um dieses Ende der Feder zu halten, gleich $kx$ ist, wobei $k$ die Federkonstante ist.

Wir wollen die Arbeit berechnen, die aufgebracht werden muss, um das freie Ende der Feder vom Punkt $x = a$ zum Punkt $x = b$ zu bewegen.

Wir betrachten die Arbeit $A(\alpha, \beta)$ als additive Funktion auf dem Intervall $[\alpha, \beta]$ und gehen dabei von den Abschätzungen

$$\inf_{x \in [\alpha, \beta]} (kx)(\beta - \alpha) \leq A(\alpha, \beta) \leq \sup_{x \in [\alpha, \beta]} (kx)(\beta - \alpha)$$

aus. Damit gelangen wir mit Satz 1 zur Folgerung, dass

$$A(a, b) = \int_a^b kx \, dx = \frac{kx^2}{2} \Big|_a^b .$$

Diese Arbeit ist gegen die Kraft aufzubringen. Die von der Feder unter derselben Verschiebung verrichtete Arbeit unterscheidet sich nur im Vorzeichen.

Die Funktion $U(x) = \frac{kx^2}{2}$, die wir so gefunden haben, versetzt uns in die Lage, die verrichtete Arbeit bei einer Zustandsänderung der Feder zu berechnen. Dies entspricht der Arbeit, die die Feder aufbringen muss, um wieder in den Ausgangszustand zu kommen. Eine derartige Funktion $U(x)$, die nur von der Konfiguration des Systems abhängt, wird *potentielle Energie des Systems* genannt. Aus der Konstruktion wird klar, dass die Ableitung der potentiellen Energie die Kraft der Feder mit umgekehrtem Vorzeichen ergibt.

Wenn sich eine Punktmasse $m$ unter Einfluss der elastischen Kraft $F = -kx$ entlang der $x$-Achse bewegt, dann erfüllen ihre Koordinaten $x(t)$ als eine Funktion der Zeit die Gleichung

$$m\ddot{x} = -kx . \tag{6.59}$$

Wir haben bereits einmal nachgewiesen (vgl. Absatz 5.6.6), dass die Energie

$$\frac{mv^2}{2} + \frac{kx^2}{2} = K(t) + U\big(x(t)\big) = E \, , \tag{6.60}$$

die die Summe der kinetischen und (wie wir nun verstehen) der potentiellen Energien des Systems ist, während der Bewegung konstant bleibt.

*Beispiel 9.* Wir betrachten nun ein anderes Beispiel. In diesem Beispiel werden wir auf eine Anzahl von Konzepten treffen, die wir bei der Differential- und Integralrechnung eingeführt haben und gut kennen gelernt haben.

Wir beginnen mit der Anmerkung, dass wir durch Analogie zur Funktion (6.60), die für ein bestimmtes mechanisches System, das (6.59) genügt, formuliert wurde, nachweisen können, dass für jede beliebige Gleichung der Form

$$\ddot{s}(t) = f\big(s(t)\big) \, , \tag{6.61}$$

wobei $f(s)$ eine vorgegebene Funktion ist, die Summe

$$\frac{\dot{s}^2}{2} + U(s) = E \tag{6.62}$$

sich mit der Zeit nicht verändert, wenn $U'(s) = -f(s)$.

Es ist nämlich

$$\frac{\mathrm{d}E}{\mathrm{d}t} = \frac{1}{2}\frac{\mathrm{d}\dot{s}^2}{\mathrm{d}t} + \frac{\mathrm{d}U(s)}{\mathrm{d}t} = \dot{s}\ddot{s} + \frac{\mathrm{d}U}{\mathrm{d}s} \cdot \frac{\mathrm{d}s}{\mathrm{d}t} = \dot{s}\big(\ddot{s} - f(s)\big) = 0 \, .$$

Somit erhalten wir aus (6.62), wenn wir $E$ als Konstante betrachten, nach und nach zunächst

$$\dot{s} = \pm\sqrt{2(E - U(s))}$$

(wobei das Vorzeichen dem Vorzeichen der Ableitung $\frac{\mathrm{d}s}{\mathrm{d}t}$ entsprechen muss), dann

$$\frac{\mathrm{d}t}{\mathrm{d}s} = \pm\frac{1}{\sqrt{2(E - U(s))}}$$

und schließlich

$$t = c_1 \pm \int \frac{\mathrm{d}s}{\sqrt{2(E - U(s))}} \, .$$

Folglich ist es uns mit Hilfe des „Energieerhaltungsgesetzes" (6.62) theoretisch gelungen, diese Gleichung zu lösen, indem wir nicht die Funktion $s(t)$, sondern ihre Inverse $t(s)$ gefunden haben.

Die Gleichung (6.61) tritt beispielsweise bei der Beschreibung der Bewegung eines Punktes entlang einer gegebenen Kurve auf.

Angenommen, ein Teilchen bewege sich unter dem Einfluss der Schwerkraft auf einer engen ideal glatten Bahn (vgl. Abb. 6.3). Sei $s(t)$ der Abstand entlang der Bahn (d.h. die Weglänge) von einem festen Punkt 0 – dem Ursprung der Messung – zum Punkt, an dem sich das Teilchen zur Zeit $t$ aufhält. Es ist dann klar, dass $\dot{s}(t)$ dem Betrag der Geschwindigkeit des Teilchens entspricht und $\ddot{s}(t)$ dem Betrag der tangentialen Komponente seiner Beschleunigung. Diese muss in jedem gegebenen Punkt der Bahn dem Betrag der tangentialen

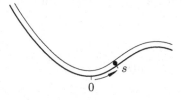

**Abb. 6.3.**

Komponente der Schwerkraft entsprechen. Es ist außerdem klar, dass die tangentiale Komponente der Schwerkraft nur vom Punkt auf der Bahn abhängt, d.h., sie hängt nur von $s$ ab, da $s$ als Parameter betrachtet werden kann, der die Kurve[9], mit der wir die Bahn identifizieren, parametrisiert. Wenn wir diese Komponente der Schwerkraft mit $f(s)$ bezeichnen, erhalten wir

$$m\ddot{s} = f(s) \ .$$

Für diese Gleichung wird die folgende Größe erhalten:

$$\frac{1}{2}m\dot{s}^2 + U(s) = E \ ,$$

mit $U'(s) = -f(s)$.

Da der Ausdruck $\frac{1}{2}m\dot{s}^2$ der kinetischen Energie des Punktes entspricht und die Bewegung entlang der Bahn reibungslos ist, können wir unter Vermeidung von Berechnungen erraten, dass die Funktion $U(s)$ bis auf einen konstanten Ausdruck die Form $mgh(s)$ haben muss, wobei $mgh(s)$ der potentiellen Energie eines Punktes in der Höhe $h(s)$ im Schwerkraftfeld sein muss.

Gelten die Gleichungen $\dot{s}(0) = 0$, $s(0) = s_0$ und $h(s_0) = h_0$ zur Anfangszeit $t = 0$, dann erhalten wir mit den Gleichungen

$$\frac{2E}{m} = \dot{s}^2 + 2gh(s) = C \ ,$$

dass $C = 2gh(s_0)$ und daher $\dot{s}^2 = 2g\big(h_0 - h(s)\big)$ und

$$t = \int_{s_0}^{s} \frac{\mathrm{d}s}{\sqrt{2g(h_0 - h(s))}} \ . \tag{6.63}$$

---

[9] Die Parametrisierung einer Kurve durch ihre eigene Bogenlänge wird ihre *natürliche* Parametrisierung genannt und $s$ wird als *natürlicher Parameter* bezeichnet.

Insbesondere dann, wenn, wie im Fall eines Pendels, der Punkt sich entlang eines Kreises mit Radius $R$ bewegt, wird die Länge $s$ vom tiefsten Punkt $0$ des Kreises aus gemessen. Die Anfangsbedingungen lauten $\dot{s}(0) = 0$ bei $t = 0$ bei einem vorgegebenen anfänglichen Auslenkungswinkel $-\varphi_0$ (vgl. Abb. 6.4). Dann erhalten wir, wenn wir $s$ und $h(s)$ durch den Auslenkungswinkel ausdrücken,

$$t = \int_{s_0}^{s} \frac{ds}{\sqrt{2g(h_0 - h(s))}} = \int_{-\varphi_0}^{\varphi} \frac{R\,d\psi}{\sqrt{2gR(\cos\psi - \cos\varphi_0)}}$$

oder

$$t = \frac{1}{2}\sqrt{\frac{R}{g}} \int_{-\varphi_0}^{\varphi} \frac{d\psi}{\sqrt{\sin^2\frac{\varphi_0}{2} - \sin^2\frac{\psi}{2}}} \,. \tag{6.64}$$

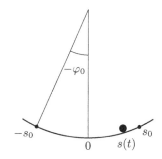

**Abb. 6.4.**

Daher ergibt sich für eine halbe Periode $\frac{1}{2}T$ der Schwingung eines Pendels

$$\frac{1}{2}T = \frac{1}{2}\sqrt{\frac{R}{g}} \int_{-\varphi_0}^{\varphi_0} \frac{d\psi}{\sqrt{\sin^2\frac{\varphi_0}{2} - \sin^2\frac{\psi}{2}}} \,. \tag{6.65}$$

Nach der Substitution $\frac{\sin(\psi/2)}{\sin(\varphi_0/2)} = \sin\theta$ ergibt sich daraus

$$T = 4\sqrt{\frac{R}{g}} \int_{0}^{\pi/2} \frac{d\theta}{\sqrt{1 - k^2\sin^2\theta}} \tag{6.66}$$

mit $k^2 = \sin^2\frac{\varphi_0}{2}$.

Wir wiederholen, dass die Funktion

$$F(k, \varphi) = \int_{0}^{\varphi} \frac{d\theta}{\sqrt{1 - k^2\sin^2\theta}}$$

*elliptisches Integral erster Art* in der Legendre-Form genannt wird. Für $\varphi = \pi/2$ hängt es nur von $k^2$ ab, wird als $K(k)$ bezeichnet und *vollständiges elliptisches Integral erster Art* genannt. Daher beträgt die Schwingungsperiode des Pendels

$$T = 4\sqrt{\frac{R}{g}} K(k) . \tag{6.67}$$

Ist der anfängliche Auslenkungswinkel $\varphi_0$ klein, können wir $k = 0$ setzen und gelangen dann zur Näherungsformel

$$T \approx 2\pi\sqrt{\frac{R}{g}} . \tag{6.68}$$

Nun, da wir Gleichung (6.66) erhalten haben, müssen wir noch die Argumentationskette untersuchen. Dabei stellen wir fest, dass die Integrale (6.63)–(6.65) auf dem Integrationsintervall unbeschränkte Funktionen sind. Wir trafen bei der Untersuchung der Länge einer Kurve auf eine ähnliche Schwierigkeit, so dass wir eine ungefähre Vorstellung davon haben, wie die Integrale (6.63)–(6.65) zu interpretieren sind.

Wir sollten dieses Problem jedoch nun, da es zum zweiten Mal aufgetreten ist, mathematisch exakt formulieren. Wir holen dies im nächsten Abschnitt nach.

*Beispiel 10.* Ein Körper mit Masse $m$ steige von der Erdoberfläche aus entlang der Trajektorie $t \mapsto (x(t), y(t), z(t))$, wobei $t$ die Zeit ist, $a \leq t \leq b$ und $x, y, z$ sind die kartesischen Koordinaten des Punktes im Raum. Wir wollen die Arbeit berechnen, die der Körper gegen die Schwerkraft im Zeitintervall $[a, b]$ aufbringen muss.

Die Arbeit $A(\alpha, \beta)$ ist eine additive Funktion des Zeitintervalls $[\alpha, \beta] \subset [a, b]$.

Eine konstante Kraft $\mathbf{F}$, die auf einen sich mit einer konstanten Geschwindigkeit $\mathbf{v}$ bewegenden Körper einwirkt, verrichtet in der Zeit $h$ die Arbeit $\langle \mathbf{F}, \mathbf{v}h \rangle = \langle \mathbf{F}, \mathbf{v} \rangle h$ und daher scheint die Abschätzung

$$\inf_{t \in [\alpha,\beta]} \langle \mathbf{F}(p(t)), \mathbf{v}(t) \rangle (\beta - \alpha) \leq A(\alpha, \beta) \leq \sup_{t \in [\alpha,\beta]} \langle \mathbf{F}(p(t)), \mathbf{v}(t) \rangle (\beta - \alpha)$$

natürlich, wobei $\mathbf{v}(t)$ die Geschwindigkeit des Körpers zur Zeit $t$ ist, $p(t)$ ist der Punkt im Raum, in dem der Körper sich zur Zeit $t$ befindet und $\mathbf{F}(p(t))$ ist die Kraft, die auf den Körper im Punkt $p = p(t)$ einwirkt.

Wenn die Funktion $\langle \mathbf{F}(p(t)), \mathbf{v}(t) \rangle$ zufälligerweise integrierbar ist, dann müssen wir nach Satz 1 folgern, dass

$$A(a, b) = \int_a^b \langle \mathbf{F}(p(t)), \mathbf{v}(t) \rangle \, dt .$$

Im gegenwärtig betrachteten Fall ist $\mathbf{v}(t) = \big(\dot{x}(t), \dot{y}(t), \dot{z}(t)\big)$ und für $\mathbf{r}(t) = \big(x(t), y(t), z(t)\big)$ finden wir mit dem allgemeinen Gravitationsgesetz, dass

$$\mathbf{F}(p) = \mathbf{F}(x, y, z) = G\frac{mM}{|\mathbf{r}|^3}\mathbf{r} = \frac{GmM}{(x^2 + y^2 + z^2)^{3/2}}(x, y, z) \,,$$

wobei $M$ die Masse der Erde ist. Ihr Zentrum wird als Ursprung des Koordinatensystems angenommen.

Dann ist

$$\langle \mathbf{F}, \mathbf{v}\rangle(t) = GmM\frac{x(t)\dot{x}(t) + y(t)\dot{y}(t) + z(t)\dot{z}(t)}{\big(x^2(t) + y^2(t) + z^2(t)\big)^{3/2}}$$

und daher

$$\int_a^b \langle \mathbf{F}, \mathbf{v}\rangle(t)\,\mathrm{d}t = \frac{1}{2}GmM \int_a^b \frac{\big(x^2(t) + y^2(t) + z^2(t)\big)'}{\big(x^2(t) + y^2(t) + z^2(t)\big)^{3/2}}\,\mathrm{d}t =$$

$$= -\frac{GmM}{\big(x^2(t) + y^2(t) + z^2(t)\big)^{1/2}}\bigg|_a^b = -\frac{GmM}{|\mathbf{r}(t)|}\bigg|_a^b \,.$$

Daher ist

$$A(a, b) = \frac{GmM}{|\mathbf{r}(b)|} - \frac{GmM}{|\mathbf{r}(a)|} \,.$$

Wir haben herausgefunden, dass die gesuchte Arbeit nur von den Beträgen $|\mathbf{r}(a)|$ und $|\mathbf{r}(b)|$ der Abstände des Körpers der Masse $m$ vom Zentrum der Erde in seinem Anfangs- und Endzustand im Zeitintervall $[a, b]$ abhängt.

Wir setzen

$$U(r) = \frac{GM}{r}$$

und finden, dass die gegen die Schwerkraft verrichtete Arbeit zur Verschiebung der Masse $m$ von jedem Punkt einer Sphäre mit Radius $r_0$ in jeden Punkt einer Sphäre mit Radius $r_1$ durch die Formel

$$A_{r_0 r_1} = m\big(U(r_0) - U(r_1)\big)$$

berechnet werden kann.

Die Funktion $U(r)$ wird *Newtonsches Potential* genannt. Wenn wir den Radius der Erde mit $R$ bezeichnen, dann können wir, da $\frac{GM}{R^2} = g$, für $U(r)$ schreiben:

$$U(r) = \frac{gR^2}{r} \,.$$

Wenn wir dies berücksichtigen, können wir den folgenden Ausdruck für die Arbeit erhalten, die wir benötigen, um dem Gravitationsfeld der Erde zu entkommen, genauer gesagt, um einen Körper mit Masse $m$ von der Erdoberfläche in einen unendlichen Abstand vom Zentrum der Erde zu bewegen. Es ist natürlich, unter dieser Größe den Grenzwert $\lim_{r \to +\infty} A_{Rr}$ zu verstehen.

Diese Arbeit beläuft sich zu

$$A = A_{R\infty} = \lim_{r \to +\infty} A_{Rr} = \lim_{r \to +\infty} m\left(\frac{gR^2}{R} - \frac{gR^2}{r}\right) = mgR\,.$$

## 6.4.6 Übungen und Aufgaben

**1.** In Abb. 6.5 ist der Graph der Abhängigkeit einer Kraft $F = F(x)$ dargestellt, die entlang der $x$-Achse auf ein Probeteilchen im Punkt $x$ auf der Achse einwirkt.

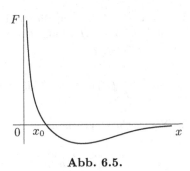

**Abb. 6.5.**

a) Skizzieren Sie das Potential dieser Kraft in denselben Koordinaten.

b) Beschreiben Sie das Potential der negativen Kraft $-F(x)$.

c) Untersuchen Sie, welches dieser beiden Fälle zu einer stabilen Gleichgewichtsposition des Teilchens führt und welche Eigenschaft des Potentials mit der Stabilität zusammenhängt.

**2.** Berechnen Sie, aufbauend auf dem Ergebnis in Beispiel 10, die Geschwindigkeit, die ein Körper besitzen muss, um dem Gravitationsfeld der Erde zu entkommen (die Fluchtgeschwindigkeit).

**3.** Fortsetzung von Beispiel 9:

a) Leiten Sie die Gleichung $R\ddot{\varphi} = g\sin\varphi$ für die Schwingung eines mathematischen Pendels her.

b) Angenommen, die Schwingungen seien gering. Bestimmen Sie eine Näherungslösung für diese Gleichung.

c) Bestimmen Sie aus der Näherungslösung die Schwingungsperiode des Pendels und vergleichen Sie das Ergebniss mit Formel (6.68).

**4.** Ein Rad mit dem Radius $r$ rollt, ohne zu rutschen, über eine horizontale Ebene mit konstanter Geschwindigkeit $v$. Angenommen, der höchste Punkt $A$ des Rades besitze zur Zeit $t = 0$ die Koordinaten $(0, 2r)$ in einem kartesischen Koordinatensystem, dessen $x$-Achse in der Ebene liegt und in Richtung des Geschwindigkeitsvektors zeigt.

a) Formulieren Sie für den Punkt $A$ das Bewegungsgesetz $t \mapsto \left(x(t), y(t)\right)$.

b) Bestimmen Sie die Geschwindigkeit von $A$ als Funktion der Zeit.

c) Beschreiben Sie die Trajektorie von $A$ graphisch. (Diese Kurve wird *Zykloid* genannt.)

d) Bestimmen Sie die Länge eines Bogens des Zykloiden (die Länge einer Periode dieser periodischen Kurve).

e) Der Zykloid besitzt eine Reihe interessanter Eigenschaften. Eine davon wurde von Huygens[10] entdeckt. Die Schwingungsperiode eines zykloiden Pendels (ein Ball rollt in einer zykloiden Bahn) ist unabhängig von der Höhe, die es im höchsten Bahnpunkt erreicht. Versuchen Sie dies mit Hilfe von Beispiel 9 zu beweisen. (Vgl. auch Aufgabe 6 im nächsten Abschnitt, der uneigentlichen Integralen gewidmet ist.)

**5.** a) Erklären Sie ausgehend von Abb. 6.6, warum für das Paar zueinander inverser stetiger nicht negativer Funktionen $y = f(x)$ und $x = g(y)$, die 0 sind für $x = 0$ bzw. $y = 0$, die folgende Ungleichung gilt

$$xy \leq \int\limits_0^x f(t)\,\mathrm{d}t + \int\limits_0^y g(t)\,\mathrm{d}t \ .$$

b) Beweisen Sie aus a) die Youngsche Ungleichung

$$xy \leq \frac{1}{p}x^p + \frac{1}{q}y^q$$

für $x, y \geq 0$, $p, q > 0$, $\frac{1}{p} + \frac{1}{q} = 1$.

c) Welche geometrische Bedeutung kommt in den Ungleichungen in a) und b) der Gleichheit zu.

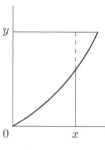

**Abb. 6.6.**

**6.** *Das Buffonsche*[11] *Nadelproblem.* Die Zahl $\pi$ kann auf folgende überraschende Art berechnet werden.

Wir nehmen ein großes liniertes Blatt Papier mit parallelen Linien im Abstand $h$ voneinander und wir werfen zufällig eine Nadel der Länge $l < h$ auf das Papier.

---

[10] Ch. Huygens (1629–1695) – niederländischer Ingenieur, Physiker, Mathematiker und Astronom.

[11] J. L. L. Buffon (1707–1788) – französischer Experimentalist.

Dies wiederholen wir $N$-mal. Dabei sei die Nadel $n$-mal auf einer Linie gelandet. Ist $N$ genügend groß, dann ist $\pi \approx \frac{2l}{ph}$, wobei $p = \frac{n}{N}$ die genäherte Wahrscheinlichkeit dafür ist, dass die Nadel auf einer Linie landet.

Versuchen Sie, für diese Methode eine zufrieden stellende Erklärung zu finden. Verknüpfen Sie dabei geometrische Betrachtungen mit der Berechnung von Flächen.

## 6.5 Uneigentliche Integrale

Im vorigen Abschnitt mussten wir erkennen, dass wir ein etwas breiter angelegtes Konzept des Riemannschen Integrals benötigen. Wir haben uns dort bei der Untersuchung eines bestimmten Problems bereits eine Vorstellung davon gemacht, in welche Richtung dieses gehen sollte. Wir wollen diese Vorstellungen in diesem Abschnitt umsetzen.

### 6.5.1 Definition, Beispiele und wichtige Eigenschaften uneigentlicher Integrale

**Definition 1.** Angenommen, die Funktion $x \mapsto f(x)$ sei auf dem Intervall $[a, +\infty[$ definiert und auf jedem darin enthaltenden abgeschlossenen Intervall $[a, b]$ integrierbar.

Existiert der rechte Grenzwert in

$$\int\limits_a^{+\infty} f(x)\,\mathrm{d}x := \lim_{b \to +\infty} \int\limits_a^b f(x)\,\mathrm{d}x\ ,$$

dann wird die linke Seite *uneigentliches Riemannsches Integral* oder das *uneigentliche Integral der Funktion $f$ auf dem Intervall $[a, +\infty[$ genannt*.

$\int\limits_a^{+\infty} f(x)\,\mathrm{d}x$ wird auch als solches uneigentliches Integral genannt und wir sagen dann, dass das Integral *konvergiert*, wenn der Grenzwert existiert und ansonsten *divergiert*. Daher ist die Frage nach der Konvergenz eines uneigentlichen Integrals äquivalent zur Frage, ob das uneigentliche Integral definiert ist oder nicht.

*Beispiel 1.* Wir wollen die Werte des Parameters $\alpha$ untersuchen, für die das uneigentliche Integral

$$\int\limits_1^{+\infty} \frac{\mathrm{d}x}{x^\alpha} \tag{6.69}$$

konvergiert oder, was dasselbe ist, definiert ist.

Da

$$\int_1^b \frac{dx}{x^\alpha} = \begin{cases} \frac{1}{1-\alpha} x^{1-\alpha}\Big|_1^b & \text{für } \alpha \neq 1, \\ \\ \ln x\Big|_1^b & \text{für } \alpha = 1, \end{cases}$$

existiert der Grenzwert

$$\lim_{b \to +\infty} \int_1^b \frac{dx}{x^\alpha} = \frac{1}{\alpha - 1}$$

nur für $\alpha > 1$.

Daher ist

$$\int_1^\infty \frac{dx}{x^\alpha} = \frac{1}{\alpha - 1}, \text{ für } \alpha > 1$$

und für andere Werte des Parameters $\alpha$ divergiert das Integral (6.69), d.h., ist es nicht definiert.

**Definition 2.** Angenommen, die Funktion $x \mapsto f(x)$ sei auf dem Intervall $[a, B[$ definiert und auf jedem abgeschlossenen Intervall $[a, b] \subset [a, B[$ integrierbar. Existiert der Grenzwert auf der rechten Seite, dann wird

$$\int_a^B f(x)\, dx := \lim_{b \to B-0} \int_a^b f(x)\, dx$$

das *uneigentliche Integral von $f$ auf dem Intervall $[a, B[$* genannt.

Der Kern dieser Definition liegt darin, dass die Funktion $f$ in jeder Umgebung von $B$ unbeschränkt sein kann.

Ist eine Funktion $x \mapsto f(x)$ auf dem Intervall $]A, b]$ definiert und auf jedem abgeschlossenen Intervall $[a, b] \subset ]A, b]$ integrierbar, dann setzen wir analog zu oben per definitionem

$$\int_A^b f(x)\, dx := \lim_{a \to A+0} \int_a^b f(x)\, dx$$

und ebenso per definitionem

$$\int_{-\infty}^b f(x)\, dx := \lim_{a \to -\infty} \int_a^b f(x)\, dx \, .$$

*Beispiel 2.* Wir wollen die Werte des Parameters $\alpha$ untersuchen, für die das Integral

$$\int_0^1 \frac{dx}{x^\alpha} \tag{6.70}$$

konvergiert.

Da für $a \in ]0,1]$ gilt, dass

$$\int_a^1 \frac{dx}{x^\alpha} = \begin{cases} \frac{1}{1-\alpha} x^{1-\alpha}\Big|_a^1 \,, & \text{für } \alpha \neq 1 \,, \\[2mm] \ln x \big|_a^1 \,, & \text{für } \alpha = 1 \,, \end{cases}$$

folgt, dass der Grenzwert

$$\lim_{a \to +0} \int_a^1 \frac{dx}{x^\alpha} = \frac{1}{1-\alpha}$$

nur für $\alpha < 1$ existiert.

Daher ist das Integral (6.70) nur für $\alpha < 1$ definiert.

*Beispiel 3.*

$$\int_{-\infty}^0 e^x \, dx = \lim_{a \to -\infty} \int_a^0 e^x \, dx = \lim_{a \to -\infty} \left( e^x \big|_a^0 \right) = \lim_{a \to -\infty} (1 - e^a) = 1 \,.$$

Da die Frage nach der Konvergenz eines uneigentlichen Integrals für Integrale auf einem unendlichen Intervall und Integrale auf endlichen Intervallen für Funktionen, die nahe eines Endpunkts unbeschränkt sind, auf dieselbe Art und Weise beantwortet wird, werden wir beide Fälle von nun an zusammen untersuchen.Wir beginnen mit der folgenden wichtigen Definition.

**Definition 3.** Sei $[a, \omega[$ ein endliches oder ein unendliches Intervall und sei $x \mapsto f(x)$ eine auf diesem Intervall definierte Funktion, die auf jedem abgeschlossenen Intervall $[a, b] \subset [a, \omega[$ integrierbar ist. Dann ist per definitionem

$$\int_a^\omega f(x)\, dx := \lim_{b \to \omega} \int_a^b f(x)\, dx \,, \tag{6.71}$$

falls dieser Grenzwert für $b \to \omega$, $b \in [a, \omega[$ existiert.

Wenn nichts anderes gesagt wird, werden wir von nun an bei der Untersuchung des uneigentlichen Integrals (6.71) annehmen, dass der Integrand die Voraussetzungen von Definition 3 erfüllt.

Außerdem werden wir der Klarheit halber annehmen, dass die Singularität („Uneigentlichkeit") des Integrals am oberen Ende der Integration auftritt. Die Untersuchungen für den Fall, dass sie am unteren Ende liegt, sind Wort für Wort identisch.

Aus Definition 3, den Eigenschaften des Integrals und den Eigenschaften des Grenzwertes, können wir folgende Folgerungen zu Eigenschaften eines uneigentlichen Integrals ziehen.

**Satz 1.** *Seien* $x \mapsto f(x)$ *und* $x \mapsto g(x)$ *auf einem Intervall* $[a, \omega[$ *definierte Funktionen, die auf jedem abgeschlossenen Intervall* $[a, b] \subset [a, \omega[$ *integrierbar sind. Seien die uneigentlichen Integrale*

$$\int_a^\omega f(x)\,\mathrm{d}x \ , \tag{6.72}$$

$$\int_a^\omega g(x)\,\mathrm{d}x \tag{6.73}$$

*definiert. Dann gilt:*

a) *Ist* $\omega \in \mathbb{R}$ *und* $f \in \mathcal{R}[a, \omega]$, *dann sind die Werte des Integrals* (6.72) *unabhängig davon, ob es als eigentliches oder uneigentliches Integral interpretiert wird.*

b) *Zu jedem* $\lambda_1, \lambda_2 \in \mathbb{R}$ *ist die Funktion* $(\lambda_1 f + \lambda_2 g)(x)$ *auf* $[a, \omega[$ *uneigentlich integrierbar und es gilt:*

$$\int_a^\omega (\lambda_1 f + \lambda_2 g)(x)\,\mathrm{d}x = \lambda_1 \int_a^\omega f(x)\,\mathrm{d}x + \lambda_2 \int_a^\omega g(x)\,\mathrm{d}x \ .$$

c) *Ist* $c \in [a, \omega[$, *dann ist*

$$\int_a^\omega f(x)\,\mathrm{d}x = \int_a^c f(x)\,\mathrm{d}x + \int_c^\omega f(x)\,\mathrm{d}x \ .$$

d) *Ist* $\varphi : [\alpha, \gamma[ \to [a, \omega[$ *eine glatte und streng monotone Abbildung mit* $\varphi(\alpha) = a$ *und* $\varphi(\beta) \to \omega$ *für* $\beta \to \gamma$, $\beta \in [\alpha, \gamma[$, *dann existiert das uneigentliche Integral der Funktion* $t \mapsto (f \circ \varphi)(t)\varphi'(t)$ *auf* $[\alpha, \gamma[$ *und es gilt:*

$$\int_a^\omega f(x)\,\mathrm{d}x = \int_\alpha^\gamma (f \circ \varphi)(t)\varphi'(t)\,\mathrm{d}t \ .$$

*Beweis.* Teil a) folgt aus der Stetigkeit der Funktion

$$\mathcal{F}(b) = \int\limits_a^b f(x)\,\mathrm{d}x$$

auf dem abgeschlossenen Intervall $[a, \omega]$ auf dem $f \in \mathcal{R}[a, \omega]$.

Teil b) folgt aus der Tatsache, dass für $b \in [a, \omega[$ gilt:

$$\int\limits_a^b (\lambda_1 f + \lambda_2 g)(x)\,\mathrm{d}x = \lambda_1 \int\limits_a^b f(x)\,\mathrm{d}x + \lambda_2 \int\limits_a^b g(x)\,\mathrm{d}x\ .$$

Teil c) folgt aus der Gleichung

$$\int\limits_a^b f(x)\,\mathrm{d}x = \int\limits_a^c f(x)\,\mathrm{d}x + \int\limits_c^b f(x)\,\mathrm{d}x\ ,$$

die für alle $b, c \in [a, \omega[$ gilt.

Teil d) folgt aus den Formeln zur Substitution bei bestimmten Integralen:

$$\int\limits_{a=\varphi(\alpha)}^{b=\varphi(\beta)} f(x)\,\mathrm{d}x = \int\limits_\alpha^\beta (f \circ \varphi)(t)\varphi'(t)\,\mathrm{d}t\ . \qquad \square$$

*Anmerkung 1.* Wir sollten den in Satz 1 formulierten Eigenschaften des uneigentlichen Integrals die sehr nützliche Regel der partiellen Integration bei uneigentlichen Integralen hinzufügen. Wir formulieren dies folgendermaßen:

*Seien $f, g \in C^{(1)}[a, \omega[$ und es existiere der Grenzwert $\lim\limits_{\substack{x \to \omega \\ x \in [a,\omega[}} (f \cdot g)(x)$. Dann sind die Funktionen $f \cdot g'$ und $f' \cdot g$ entweder beide integrierbar oder beide sind als uneigentliches Integral auf $[a, \omega[$ nicht integrierbar. Sind sie integrierbar, dann gilt die folgende Gleichung:*

$$\int\limits_a^\omega (f \cdot g')(x)\,\mathrm{d}x = (f \cdot g)(x)\Big|_a^\omega - \int\limits_a^\omega (f' \cdot g)(x)\,\mathrm{d}x\ ,$$

*wobei*

$$(f \cdot g)(x)\Big|_a^\omega = \lim\limits_{\substack{x \to \omega \\ x \in [a,\omega[}} (f \cdot g)(x) - (f \cdot g)(a)\ .$$

*Beweis.* Die Behauptung folgt aus der Formel

$$\int\limits_a^b (f \cdot g')(x)\,\mathrm{d}x = (f \cdot g)\Big|_a^b - \int\limits_a^b (f' \cdot g)(x)\,\mathrm{d}x$$

für die partielle Integration eigentlicher Integrale. $\qquad \square$

*Anmerkung 2.* Nach Satz 1c) ist klar, dass die uneigentlichen Integrale

$$\int\limits_a^\omega f(x)\,dx \text{ und } \int\limits_c^\omega f(x)\,dx$$

entweder beide konvergieren oder beide divergieren. Wie bei Reihen ist daher die Konvergenz bei uneigentlichen Integralen von einem anfänglichen Teil der Reihe oder des Integrals unabhängig.

Aus diesem Grund lassen wir manchmal bei Konvergenzbetrachtungen zu uneigentlichen Integralen die Integrationsgrenzen, an denen das Integral keine Singularität besitzt, vollständig weg.

Mit dieser Vereinbarung können wir die Ergebnisse aus den Beispielen 1 und 2 wie folgt neu formulieren:

Das Integral $\int\limits^{+\infty} \frac{dx}{x^\alpha}$ konvergiert nur für $\alpha > 1$.

Das Integral $\int\limits_{+0} \frac{dx}{x^\alpha}$ konvergiert nur für $\alpha < 1$.

Das Symbol $+0$ im letzten Integral deutet an, dass der Integrationsbereich in $x > 0$ enthalten ist.

Durch Substitution erhalten wir aus diesem letzten Integral unmittelbar, dass das Integral $\int\limits_{x_0+0} \frac{dx}{(x-x_0)^\alpha}$ nur für $\alpha < 1$ konvergiert.

### 6.5.2 Konvergenz eines uneigentlichen Integrals

#### a. Das Cauchysche Kriterium

Nach Definition 3 ist die Konvergenz des uneigentlichen Integrals (6.71) zur Existenz eines Grenzwertes der Funktion

$$\mathcal{F}(b) = \int\limits_a^b f(x)\,dx \tag{6.74}$$

für $b \to \omega$, $b \in [a, \omega[$ äquivalent.

Auf Grund dieser Beziehung gilt der folgende Satz.

**Satz 2.** (Cauchysches Konvergenzkriterium für ein uneigentliches Integral). *Ist die Funktion $x \mapsto f(x)$ auf dem Intervall $[a, \omega[$ definiert und auf jedem abgeschlossenen Intervall $[a, b] \subset [a, \omega[$ integrierbar, dann konvergiert das Integral $\int\limits_a^\omega f(x)\,dx$ genau dann, wenn für jedes $\varepsilon > 0$ ein $B \in [a, \omega[$ existiert, so dass*

$$\left| \int\limits_{b_1}^{b_2} f(x)\,dx \right| < \varepsilon$$

*für alle $b_1, b_2 \in [a, \omega[$ mit $B < b_1$ und $B < b_2$.*

*Beweis.* Wir erhalten nämlich

$$\int\limits_{b_1}^{b_2} f(x)\,\mathrm{d}x = \int\limits_{a}^{b_2} f(x)\,\mathrm{d}x - \int\limits_{a}^{b_1} f(x)\,\mathrm{d}x = \mathcal{F}(b_2) - \mathcal{F}(b_1)$$

und daher ist die Behauptung einfach nur das Cauchysche Kriterium für die Existenz eines Grenzwertes für die Funktion $\mathcal{F}(b)$ für $b \to \omega$, $b \in [a, \omega[$.  □

**b. Absolute Konvergenz eines uneigentlichen Integrals**

**Definition 4.** Das uneigentliche Integral $\int\limits_{a}^{\omega} f(x)\,\mathrm{d}x$ konvergiert *absolut*, wenn das Integral $\int\limits_{a}^{\omega} |f|(x)\,\mathrm{d}x$ konvergiert.

Aus Satz 2 und der Ungleichung

$$\left| \int\limits_{b_1}^{b_2} f(x)\,\mathrm{d}x \right| \leq \left| \int\limits_{b_1}^{b_2} |f|(x)\,\mathrm{d}x \right|$$

können wir folgern, dass ein Integral konvergiert, wenn es absolut konvergiert.

Die Untersuchung der absoluten Konvergenz lässt sich auf die Untersuchung der Konvergenz von Integralen nicht negativer Funktionen zurückführen. Für diesen Fall gilt aber der folgende Satz.

**Satz 3.** *Erfüllt eine Funktion $f$ die Voraussetzungen zu Definition 3 und ist $f(x) \geq 0$ auf $[a, \omega[$, dann existiert das uneigentliche Integral (6.71) genau dann, wenn die Funktion (6.74) auf $[a, \omega[$ beschränkt ist.*

*Beweis.* Ist nämlich $f(x) \geq 0$ auf $[a, \omega[$, dann ist die Funktion (6.74) auf $[a, \omega[$ nicht absteigend und daher besitzt sie für $b \to \omega$, $b \in [a, \omega[$ genau dann einen Grenzwert, wenn sie beschränkt ist.  □

Als Beispiel für die Nützlichkeit dieses Satzes betrachten wir das folgende Korollar.

**Korollar 1.** (Konvergenztest für Reihen durch Integration). *Ist die Funktion $x \mapsto f(x)$ auf dem Intervall $[1, +\infty[$ definiert, nicht negativ, nicht ansteigend und auf jedem abgeschlossenen Intervall $[1, b] \subset [1, +\infty[$ integrierbar, dann konvergieren die Reihe*

$$\sum_{n=1}^{\infty} f(n) = f(1) + f(2) + \cdots$$

*und das Integral*

$$\int\limits_{1}^{+\infty} f(x)\, dx$$

*entweder beide oder beide divergieren.*

*Beweis.* Laut den Voraussetzungen folgt, dass die Ungleichungen

$$f(n+1) \le \int\limits_{n}^{n+1} f(x)\, dx \le f(n)$$

für jedes $n \in \mathbb{N}$ gelten. Nach der Summation dieser Ungleichungen erhalten wir

$$\sum_{n=1}^{k} f(n+1) \le \int_{1}^{k+1} f(x)\, dx \le \sum_{n=1}^{k} f(n)$$

bzw.

$$s_{k+1} - f(1) \le \mathcal{F}(k+1) \le s_k$$

mit $s_k = \sum\limits_{n=1}^{k} f(n)$ und $\mathcal{F}(b) = \int\limits_{1}^{b} f(x)\, dx$. Da $s_k$ und $\mathcal{F}(b)$ nicht abnehmende Funktionen ihrer Argumente sind, wird das Korollar durch die Ungleichungen bewiesen. □

Insbesondere lässt sich sagen, dass das Ergebnis in Beispiel 1 zu der Behauptung äquivalent ist, dass die Reihe

$$\sum_{n=1}^{\infty} \frac{1}{n^{\alpha}}$$

nur für $\alpha > 1$ konvergiert.

Der folgende Satz ist die am häufigsten benutzte Folgerung aus Satz 3.

**Satz 4.** (Vergleichssatz). *Die Funktionen $x \mapsto f(x)$ und $x \mapsto g(x)$ seien auf dem Intervall $[a, \omega[$ definiert und auf jedem abgeschlossenen Intervall $[a, b] \subset [a, \omega[$ integrierbar. Gilt*

$$0 \le f(x) \le g(x)$$

*auf $[a, \omega[$, dann folgt aus der Konvergenz des Integrals (6.73) die Konvergenz von (6.72) und es gilt die Ungleichung*

$$\int\limits_{a}^{\omega} f(x)\, dx \le \int\limits_{a}^{\omega} g(x)\, dx \ .$$

*Aus der Divergenz des Integrals (6.72) folgt die Divergenz von (6.73).*

*Beweis.* Aus den Voraussetzungen des Satzes und den Ungleichungen für eigentliche Riemannsche Integrale folgt, dass

$$\mathcal{F}(b) = \int\limits_a^b f(x)\,\mathrm{d}x \leq \int\limits_a^b g(x)\,\mathrm{d}x = \mathcal{G}(b)$$

für jedes $b \in [a, \omega[$. Da beide Funktionen $\mathcal{F}$ und $\mathcal{G}$ auf $[a, \omega[$ nicht abnehmend sind, folgt der Satz aus dieser Ungleichung und Satz 3. $\qquad\square$

*Anmerkung 3.* Erfüllen die Funktionen $f$ und $g$ die Ungleichungen $0 \leq f(x) \leq g(x)$ nicht, sind aber nicht negativ und für $x \to \omega$, $x \in [a, \omega[$ von gleicher Ordnung, d.h., es gibt positive Konstanten $c_1$ und $c_2$ derart, dass

$$c_1 f(x) \leq g(x) \leq c_2 f(x)\,,$$

dann können wir mit der Linearität des Integrals und dem eben bewiesenen Satz folgern, dass die Integrale (6.72) und (6.73) entweder beide konvergieren oder divergieren.

*Beispiel 4.* Das Integral

$$\int\limits^{+\infty} \frac{\sqrt{x}\,\mathrm{d}x}{\sqrt{1 + x^4}}$$

konvergiert, da

$$\frac{\sqrt{x}}{\sqrt{1 + x^4}} \sim \frac{1}{x^{3/2}}$$

für $x \to +\infty$.

*Beispiel 5.* Das Integral

$$\int\limits_1^{+\infty} \frac{\cos x}{x^2}\,\mathrm{d}x$$

konvergiert absolut, da

$$\left| \frac{\cos x}{x^2} \right| \leq \frac{1}{x^2}$$

für $x \geq 1$. Folglich ist

$$\left| \int\limits_1^{+\infty} \frac{\cos x}{x^2}\,\mathrm{d}x \right| \leq \int\limits_1^{+\infty} \left| \frac{\cos x}{x^2} \right|\,\mathrm{d}x \leq \int\limits_1^{+\infty} \frac{1}{x^2}\,\mathrm{d}x = 1\,.$$

*Beispiel 6.* Das Integral

$$\int\limits_1^{+\infty} \mathrm{e}^{-x^2}\,\mathrm{d}x$$

konvergiert, da $e^{-x^2} < e^{-x}$ für $x > 1$ und

$$\int\limits_{1}^{+\infty} e^{-x^2}\,dx < \int\limits_{1}^{+\infty} e^{-x}\,dx = \frac{1}{e}\;.$$

*Beispiel 7.* Das Integral

$$\int\limits^{+\infty} \frac{dx}{\ln x}$$

divergiert, da

$$\frac{1}{\ln x} > \frac{1}{x}$$

für genügend große Werte $x$.

*Beispiel 8.* Das Integral

$$\int\limits_{0}^{\pi/2} \ln \sin x\,dx$$

konvergiert, da

$$|\ln \sin x| \sim |\ln x| < \frac{1}{\sqrt{x}}$$

für $x \to +0$.

*Beispiel 9.* Das elliptische Integral

$$\int\limits_{0}^{1} \frac{dx}{\sqrt{(1-x^2)(1-k^2x^2)}}$$

konvergiert für $0 \le k^2 < 1$, da

$$\sqrt{(1-x^2)(1-k^2x^2)} \sim \sqrt{2(1-k^2)}(1-x)^{1/2}$$

für $x \to 1 - 0$.

*Beispiel 10.* Das Integral

$$\int\limits_{0}^{\varphi} \frac{d\theta}{\sqrt{\cos\theta - \cos\varphi}}$$

konvergiert, da

$$\sqrt{\cos\theta - \cos\varphi} = \sqrt{2\sin\frac{\varphi+\theta}{2}\sin\frac{\varphi-\theta}{2}} \sim \sqrt{\sin\varphi}(\varphi-\theta)^{1/2}$$

für $\theta \to \varphi - 0$.

*Beispiel 11.* Das Integral

$$T = 2\sqrt{\frac{L}{g}} \int\limits_{0}^{\varphi_0} \frac{\mathrm{d}\psi}{\sqrt{\sin^2 \frac{\varphi_0}{2} - \sin^2 \frac{\psi}{2}}} \tag{6.75}$$

konvergiert für $0 < \varphi_0 < \pi$, da für $\psi \to \varphi_0 - 0$ gilt, dass

$$\sqrt{\sin^2 \frac{\varphi_0}{2} - \sin^2 \frac{\psi}{2}} \sim \sqrt{\sin \varphi_0}(\varphi_0 - \psi)^{1/2} . \tag{6.76}$$

Gleichung (6.75) bringt die Abhängigkeit der Schwingungsperiode eines Pendels der Länge $L$ von seinem anfänglichen Auslenkungswinkel, gemessen vom tiefsten Punkt der Trajektorie, zum Ausdruck. Gleichung (6.75) ist eine wichtige Version von Gleichung (6.65) im vorigen Abschnitt.

Wir können uns ein Pendel beispielsweise als eine gewichtslose Stange vorstellen, deren eines Ende an einem Gelenk befestigt ist, während das andere Ende mit der Punktmasse frei beweglich ist.

In diesem Fall können wir von beliebigen Anfangswinkeln $\varphi_0 \in [0, \pi]$ ausgehen. Für $\varphi_0 = 0$ und $\varphi_0 = \pi$ wird das Pendel gar nicht schwingen, da es sich im ersten Fall im stabilen Gleichgewichtszustand und im zweiten im instabilen Gleichgewichtszustand befindet.

Interessant ist, dass aus (6.75) und (6.76) folgt, dass $T \to \infty$ für $\varphi_0 \to \pi-0$, d.h., die Schwingungsperiode eines Pendels wächst unbeschränkt an, wenn seine Anfangsposition sich dem oberen (instabilen) Gleichgewichtszustand nähert.

**c. Bedingte Konvergenz eines uneigentlichen Integrals**

**Definition 5.** Falls ein uneigentliches Integral zwar konvergiert, aber nicht absolut, dann sagen wir, dass es *bedingt* konvergiert.

*Beispiel 12.* Mit Hilfe von Anmerkung 1 und der Formel für die partielle Integration eines uneigentlichen Integrals erhalten wir

$$\int\limits_{\pi/2}^{+\infty} \frac{\sin x}{x} \, \mathrm{d}x = -\frac{\cos x}{x}\Big|_{\pi/2}^{+\infty} - \int\limits_{\pi/2}^{+\infty} \frac{\cos x}{x^2} \, \mathrm{d}x = -\int\limits_{\pi/2}^{+\infty} \frac{\cos x}{x^2} \, \mathrm{d}x \, ,$$

falls dieses letzte Integral konvergiert. Wie wir in Beispiel 5 gesehen haben, konvergiert dieses Integral aber und daher konvergiert auch das Integral

$$\int\limits_{\pi/2}^{+\infty} \frac{\sin x}{x} \, \mathrm{d}x \, . \tag{6.77}$$

Gleichzeitig ist das Integral (6.77) nicht absolut konvergent, denn wir erhalten für $b \in [\pi/2, +\infty[$

$$\int\limits_{\pi/2}^{b} \left|\frac{\sin x}{x}\right| \mathrm{d}x \geq \int\limits_{\pi/2}^{b} \frac{\sin^2 x}{x} \mathrm{d}x = \frac{1}{2} \int\limits_{\pi/2}^{b} \frac{\mathrm{d}x}{x} - \frac{1}{2} \int\limits_{\pi/2}^{b} \frac{\cos 2x}{x} \mathrm{d}x \,. \qquad (6.78)$$

Wie wir durch partielle Integration zeigen können, ist das Integral

$$\int\limits_{\pi/2}^{+\infty} \frac{\cos 2x}{x} \mathrm{d}x$$

konvergent, so dass die Differenz auf der rechten Seite der Relation (6.78) für $b \to +\infty$ gegen $+\infty$ strebt. Daher ist das Integral (6.77) auf Grund der Abschätzung (6.78) nicht absolut konvergent.

Wir wollen nun einen besonderen Konvergenztest für uneigentliche Integrale anführen, der auf dem zweiten Mittelwertsatz beruht und daher im Wesentlichen auf derselben Formel wie die partielle Integration.

**Satz 5.** (Konvergenztest nach Abel–Dirichlet). *Seien $x \mapsto f(x)$ und $x \mapsto g(x)$ auf einem Intervall $[a, \omega[$ definierte Funktionen, die beide auf jedem abgeschlossenen Intervall $[a, b] \subset [a, \omega[$ integrierbar sind. Angenommen, $g$ sei monoton.*

*Dann ist es eine hinreichende Bedingung für die Konvergenz des uneigentlichen Integrals*

$$\int\limits_{a}^{\omega} (f \cdot g)(x) \, \mathrm{d}x \,, \qquad (6.79)$$

*dass eine der folgenden Bedingungspaare gilt:*

*$\alpha_1$) Das Integral $\int\limits_{a}^{\omega} f(x) \, \mathrm{d}x$ konvergiert,*

*$\beta_1$) Die Funktion $g$ ist auf $[a, \omega[$ beschränkt,*

*oder*

*$\alpha_2$) Die Funktion $\mathcal{F}(b) = \int\limits_{a}^{b} f(x) \, \mathrm{d}x$ ist auf $[a, \omega[$ beschränkt,*

*$\beta_2$) Die Funktion $g(x)$ strebt für $x \to \omega$, $x \in [a, \omega[$ gegen Null.*

*Beweis.* Für jedes $b_1, b_2 \in [a, \omega[$ erhalten wir nach dem zweiten Mittelwertsatz, dass

$$\int\limits_{b_1}^{b_2} (f \cdot g)(x) \, \mathrm{d}x = g(b_1) \int\limits_{b_1}^{\xi} f(x) \, \mathrm{d}x + g(b_2) \int\limits_{\xi}^{b_2} f(x) \, \mathrm{d}x \,,$$

wobei $\xi$ ein Punkt zwischen $b_1$ und $b_2$ ist. Daher können wir nach dem Cauchyschen Konvergenzkriterium (Satz 2) folgern, dass das Integral (6.79) tatsächlich konvergiert, wenn eines der beiden Bedingungspaare gültig ist. $\square$

### 6.5.3 Uneigentliche Integrale mit mehr als einer Singularität

Bis jetzt haben wir nur über uneigentliche Integrale mit einer Singularität ge-sprochen, die entweder von der Unbeschränktheit der Funktion in einem der Endpunkte des Integrationsintervalls herrührt oder durch eine Integrations-grenze im Unendlichen. In diesem Absatz werden wir zeigen, wie wir andere mögliche Varianten von uneigentlichen Integralen behandeln können.

Liegen in beiden Integrationsgrenzen Singularitäten einer dieser beiden Varianten vor, dann ist per definitionem

$$\int\limits_{\omega_1}^{\omega_2} f(x)\,\mathrm{d}x := \int\limits_{\omega_1}^{c} f(x)\,\mathrm{d}x + \int\limits_{c}^{\omega_2} f(x)\,\mathrm{d}x \;, \qquad (6.80)$$

wobei $c$ ein beliebiger Punkt im offenen Intervall $]\omega_1, \omega_2[$ ist.

Dabei nehmen wir an, dass jedes der uneigentlichen Integrale auf der rech-ten Seite von (6.80) konvergiert. Ansonsten sagen wir, dass das Integral auf der linken Seite von (6.80) divergiert.

Nach Anmerkung 2 und der Additivitätseigenschaft des uneigentlichen In-tegrals ist die Definition (6.80) eindeutig in dem Sinne, dass sie von der Wahl des Punktes $c \in ]\omega_1, \omega_2[$ unabhängig ist.

*Beispiel 13.*

$$\int\limits_{-1}^{1} \frac{\mathrm{d}x}{\sqrt{1-x^2}} = \int\limits_{-1}^{0} \frac{\mathrm{d}x}{\sqrt{1-x^2}} + \int\limits_{0}^{1} \frac{\mathrm{d}x}{\sqrt{1-x^2}} =$$

$$= \arcsin x \big|_{-1}^{0} + \arcsin x \big|_{0}^{1} = \arcsin x \big|_{-1}^{1} = \pi \;.$$

*Beispiel 14.* Das Integral

$$\int\limits_{-\infty}^{+\infty} \mathrm{e}^{-x^2}\,\mathrm{d}x$$

wird *Gauss-Integral* genannt. Es konvergiert offensichtlich im oben angegebe-nen Sinne. Wir werden später zeigen, dass sein Wert gleich $\sqrt{\pi}$ ist.

*Beispiel 15.* Das Integral

$$\int\limits_{0}^{+\infty} \frac{\mathrm{d}x}{x^\alpha}$$

divergiert, da für jedes $\alpha$ zumindest eines der beiden Integrale

$$\int\limits_{0}^{1} \frac{\mathrm{d}x}{x^\alpha} \qquad \text{oder} \qquad \int\limits_{1}^{+\infty} \frac{\mathrm{d}x}{x^\alpha}$$

divergiert.

*Beispiel 16.* Das Integral

$$\int\limits_{0}^{+\infty} \frac{\sin x}{x^{\alpha}}\, \mathrm{d}x$$

konvergiert, falls jedes der Integrale

$$\int\limits_{0}^{1} \frac{\sin x}{x^{\alpha}}\, \mathrm{d}x \quad \text{und} \quad \int\limits_{1}^{+\infty} \frac{\sin x}{x^{\alpha}}\, \mathrm{d}x$$

konvergiert. Das erste dieser Integrale konvergiert für $\alpha < 2$, da

$$\frac{\sin x}{x^{\alpha}} \sim \frac{1}{x^{\alpha-1}}$$

für $x \to +0$. Das zweite Integral konvergiert für $\alpha > 0$, wie sich, ähnlich wie in Beispiel 12, direkt durch partielle Integration oder unter Anwendung des Tests nach Abel–Dirichlet zeigen lässt. Daher ist das Ausgangsintegral für $0 < \alpha < 2$ definiert.

Ist einer der Integranden in einer Umgebung eines der inneren Punkte $\omega$ des abgeschlossenen Integrationsintervalls $[a, b]$ nicht beschränkt, dann setzen wir

$$\int\limits_{a}^{b} f(x)\, \mathrm{d}x := \int\limits_{a}^{\omega} f(x)\, \mathrm{d}x + \int\limits_{\omega}^{b} f(x)\, \mathrm{d}x \,, \qquad (6.81)$$

wobei wir fordern, dass beide Integrale auf der rechten Seite existieren.

*Beispiel 17.* Im Sinne der Vereinbarung (6.81) gilt

$$\int\limits_{-1}^{1} \frac{\mathrm{d}x}{\sqrt{|x|}} = 4 \,.$$

*Beispiel 18.* Das Integral $\int\limits_{-1}^{1} \frac{dx}{x}$ ist nicht definiert.

Neben (6.81) können wir eine zweite Vereinbarung zur Berechnung des Integrals einer Funktion treffen, die in einer Umgebung eines inneren Punktes $\omega$ des abgeschlossenen Integrationsintervalls unbeschränkt ist. Um dies zu präzisieren, setzen wir

$$\mathrm{HW}\int\limits_{a}^{b} f(x)\, \mathrm{d}x := \lim_{\delta \to +0} \left( \int\limits_{a}^{\omega-\delta} f(x)\, \mathrm{d}x + \int\limits_{\omega+\delta}^{b} f(x)\, \mathrm{d}x \right) \,, \qquad (6.82)$$

falls der Grenzwert auf der rechten Seite existiert. Dieser Grenzwert wird *Cauchyscher Hauptwert* des Integrals genannt. Wir haben zur Unterscheidung dieser Definition von (6.81) die Buchstaben HW vor die Vereinbarung in (6.82) gesetzt, um anzudeuten, dass es der Hauptwert ist.

In Übereinstimmung mit dieser Vereinbarung erhalten wir:

*Beispiel 19.*

$$\text{HW} \int_{-1}^{1} \frac{dx}{x} = 0 \, .$$

Wir treffen auch die folgende Vereinbarung:

$$\text{HW} \int_{-\infty}^{+\infty} f(x) \, dx := \lim_{R \to +\infty} \int_{-R}^{R} f(x) \, dx \, . \tag{6.83}$$

*Beispiel 20.*

$$\text{HW} \int_{-\infty}^{+\infty} x \, dx = 0 \, .$$

Gibt es schließlich auf dem Integrationsintervall in inneren Punkten oder Endpunkten mehrere (endlich viele) Singularitäten der einen oder der anderen Art, dann unterteilen wir das Intervall entsprechend den Singularitäten in endlich viele Intervalle mit nur einer Singularität und wir berechnen das Integral als Summe über die abgeschlossenen Intervalle der Unterteilung.

Wir können zeigen, dass das Ergebnis einer derartigen Berechnung nicht von der beliebig gewählten Unterteilung abhängt.

*Beispiel 21.* Wir können nun eine genaue Definition des *Integrallogarithmus* geben:

$$\text{li}\, x = \begin{cases} \int_{0}^{x} \frac{dt}{\ln t} \, , & \text{für } 0 < x < 1 \, , \\[4mm] \text{HW} \int_{0}^{x} \frac{dt}{\ln t} \, , & \text{für } 1 < x \, . \end{cases}$$

Im letzten Fall bezieht sich das Symbol HW auf die einzige innere Singularität auf dem Intervall $]0, x[$ in 1. Wir merken an, dass dieses Integral im Sinne der Definition (6.81) nicht konvergent ist.

## 6.5.4 Übungen und Aufgaben

**1.** Zeigen Sie, dass die folgenden Funktionen die behaupteten Eigenschaften besitzen.

a) $\mathrm{Si}\,(x) = \int\limits_0^x \frac{\sin t}{t}\,\mathrm{d}t$ (der *Integralsinus*) ist auf ganz $\mathbb{R}$ definiert, er ist eine ungerade Funktion und besitzt für $x \to +\infty$ einen Grenzwert.

b) $\mathrm{si}\,(x) = -\int\limits_x^\infty \frac{\sin t}{t}\,\mathrm{d}t$ ist auf ganz $\mathbb{R}$ definiert und unterscheidet sich von $\mathrm{Si}\,(x)$ nur um eine Konstante.

c) $\mathrm{Ci}\,(x) = -\int\limits_x^\infty \frac{\cos t}{t}\,\mathrm{d}t$ (der *Integralcosinus*) lässt sich für genügend große $x$ Werte durch die Näherungsformel $\mathrm{Ci}\,(x) \approx \frac{\sin x}{x}$ berechnen. Bestimmen Sie den Wertebereich, für den der absolute Fehler dieser Näherung kleiner als $10^{-4}$ ist.

**2.** Zeigen Sie:

a) Die Integrale $\int\limits_1^{+\infty} \frac{\sin x}{x^\alpha}\,\mathrm{d}x$ und $\int\limits_1^{+\infty} \frac{\cos x}{x^\alpha}\,\mathrm{d}x$ konvergieren nur für $\alpha > 0$. Sie konvergieren nur für $\alpha > 1$ absolut.

b) Die *Fresnel-Integrale*

$$C(x) = \frac{1}{\sqrt{2}} \int\limits_0^{\sqrt{x}} \cos t^2\,\mathrm{d}t \ \ \text{und} \ \ S(x) = \frac{1}{\sqrt{2}} \int\limits_0^{\sqrt{x}} \sin t^2\,\mathrm{d}t$$

sind auf dem Intervall $]0, +\infty[$ beliebig oft differenzierbare Funktionen und beide besitzen für $x \to +\infty$ einen Grenzwert.

**3.** Zeigen Sie:

a) Das elliptische Integral erster Art

$$F(k, \varphi) = \int\limits_0^{\sin\varphi} \frac{\mathrm{d}t}{\sqrt{(1 - t^2)(1 - k^2 t^2)}}$$

ist für $0 \le k < 1$, $0 \le \varphi \le \frac{\pi}{2}$ definiert und lässt sich umformen zu:

$$F(k, \varphi) = \int\limits_0^\varphi \frac{\mathrm{d}\psi}{\sqrt{1 - k^2 \sin^2 \psi}} \ .$$

b) Das vollständige elliptische Integral erster Art

$$K(k) = \int\limits_0^{\pi/2} \frac{\mathrm{d}\psi}{\sqrt{1 - k^2 \sin^2 \psi}}$$

wächst für $k \to 1 - 0$ ohne Grenzen an.

**4.** Zeigen Sie:

a) Das Integralexponential $\mathrm{Ei}\,(x) = \int\limits_{-\infty}^{x} \frac{e^t}{t}\,dt$ ist definiert und beliebig oft für $x < 0$ differenzierbar.

b) $-\mathrm{Ei}\,(-x) = \frac{e^{-x}}{x}\left(1 - \frac{1}{x} + \frac{2!}{x^2} - \cdots + (-1)^n \frac{n!}{x^n} + o\left(\frac{1}{x^n}\right)\right)$ für $x \to +\infty$.

c) Die Reihe $\sum\limits_{n=0}^{\infty} (-1)^n \frac{n!}{x^n}$ divergiert für jedes $x \in \mathbb{R}$.

d) $\mathrm{li}\,(x) \sim \frac{x}{\ln x}$ für $x \to +0$. (Zur Definition des Integrallogarithmus $\mathrm{li}(x)$ vgl. Beispiel 12.)

**5.** Zeigen Sie:

a) Die Funktion $\Phi(x) = \frac{1}{\sqrt{\pi}} \int\limits_{-x}^{x} e^{-t^2}\,dt$ wird *Fehlerfunktion* genannt und oft als $\mathrm{erf}\,(x)$ bezeichnet. Sie ist definiert, gerade, auf $\mathbb{R}$ beliebig oft differenzierbar und besitzt für $x \to +\infty$ einen Grenzwert.

b) Ist der Grenzwert in a) gleich 1 (und das ist er), dann ist

$$\mathrm{erf}\,(x) = \frac{2}{\sqrt{\pi}} \int\limits_{0}^{x} e^{-t^2}\,dt = 1 - \frac{2}{\sqrt{\pi}} e^{-x^2}\left(\frac{1}{2x} - \frac{1}{2^2 x^3} + \frac{1\cdot 3}{2^3 x^5} - \frac{1\cdot 3\cdot 5}{2^4 x^7} + o\left(\frac{1}{x^7}\right)\right)$$

für $x \to +\infty$.

**6.** Beweisen Sie die folgenden Aussagen.

a) Ein schweres Teilchen rutsche unter der Gravitationskraft entlang einer Kurve, die durch $x = x(\theta)$, $y = y(\theta)$ parametrisiert wird. Zur Zeit $t = 0$ habe es die Geschwindigkeit Null und befinde sich im Punkt $x_0 = x(\theta_0)$, $y_0 = y(\theta_0)$. Dann gilt die folgende Gleichung zwischen dem Parameter $\theta$, der einen Punkt auf der Kurve definiert, und der Zeit $t$, zu der das Teilchen diesen Punkt passiert (vgl. (6.63) in Abschnitt 6.4):

$$t = \pm \int\limits_{\theta_0}^{\theta} \sqrt{\frac{\left(x'(\theta)\right)^2 + \left(y'(\theta)\right)^2}{2g\left(y_0 - y(\theta)\right)}}\,d\theta\,.$$

Dabei konvergiert das uneigentliche Integral notwendigerweise für $y'(\theta_0) \neq 0$. (Das wählbare Vorzeichen wird entsprechend positiv oder negativ gesetzt, je nachdem ob $t$ und $\theta$ dieselbe Art von Monotonie oder unterschiedliches monotones Verhalten aufweisen, d.h., wenn ein anwachsendes $\theta$ einem anwachsenden $t$ entspricht, dann müssen wir offensichtlich das positive Vorzeichen wählen.)

b) Die Schwingungsperiode eines Teilchens in einer Bahn mit einem Durchschnitt in Form eines Zykloids

$$x = R(\theta + \pi + \sin\theta)\,,$$
$$y = -R(1 + \cos\theta)\,, \qquad |\theta| \leq \pi\,,$$

ist von der Höhe $y_0 = -R(1 + \cos\theta_0)$, von der das Teilchen zu rutschen beginnt, unabhängig und ist gleich $4\pi\sqrt{R/g}$ (vgl. Aufgabe 4 in Abschnitt 6.4).

# Funktionen mehrerer Variabler:
# Ihre Grenzwerte und Stetigkeit

Bis jetzt haben wir fast ausschließlich numerische Funktionen $x \mapsto f(x)$ betrachtet, in denen die Zahl $f(x)$ alleine durch eine einzige Zahl $x$ aus dem Definitionsbereich der Funktion bestimmt wurde.

Viele interessante Größen hängen jedoch nicht nur von einem, sondern von vielen Faktoren ab. Können die Größe selbst und die sie bestimmenden Faktoren durch Zahlen charakterisiert werden, dann lässt sich diese Abhängigkeit darauf zurückführen, dass ein Wert $y = f(x^1, \ldots, x^n)$ der fraglichen Größe mit einer geordneten Menge $(x^1, \ldots, x^n)$ von Zahlen, die jeweils den Zustand des entsprechenden Faktors beschreiben, in Zusammenhang gebracht wird. Die Größe nimmt diesen Wert an, wenn die Faktoren, die diese Größe bestimmen, sich in diesen Zuständen befinden.

So ist beispielsweise die Fläche eines Rechtecks das Produkt der Länge seiner Seiten. Das Volumen einer gegebenen Gasmenge wird durch die Formel

$$V = R\frac{mT}{p}$$

bestimmt, wobei $R$ eine Konstante ist, $m$ die Masse, $T$ die absolute Temperatur und $p$ der Druck des Gases. Daher hängt der Wert von $V$ von einem veränderlichen geordneten Zahlentripel $(m, T, p)$ ab oder, wie wir sagen, $V$ ist eine Funktion dreier Variabler $m$, $T$ und $p$.

Unser Ziel ist es zu lernen, wie Funktionen mehrerer Variabler zu untersuchen sind genauso, wie wir gelernt haben, mit Funktionen einer Variablen umzugehen.

Wie im Falle von Funktionen einer Variablen, beginnen wir die Untersuchung von Funktionen mehrerer numerischer Variablen mit der Beschreibung ihrer Definitionsbereiche.

# 7.1 Der Raum $\mathbb{R}^m$ und die wichtigsten Klassen seiner Unterräume

### 7.1.1 Die Menge $\mathbb{R}^m$ und der Abstand in dieser Menge

Wir treffen die Vereinbarung, dass $\mathbb{R}^m$ die Menge geordneter $m$-Tupel $(x^1, \ldots, x^m)$ reeller Zahlen $x^i \in \mathbb{R}$, $(i = 1, \ldots, m)$ bezeichnet.

Jeder derartige $m$-Tupel wird durch einen einzigen Buchstaben $x = (x^1, \ldots, x^m)$ symbolisiert und in Übereinstimmung mit der praktischen geometrischen Terminologie als ein *Punkt* in $\mathbb{R}^m$ bezeichnet. Die Zahl $x^i$ in der Menge $(x^1, \ldots, x^m)$ wird $i$-te *Koordinate* des Punktes $x = (x^1, \ldots, x^m)$ genannt.

Die geometrischen Analogien können ausgebaut werden, indem wir einen Abstand in $\mathbb{R}^m$ zwischen den Punkten $x_1 = (x_1^1, \ldots, x_1^m)$ und $x_2 = (x_2^1, \ldots, x_2^m)$ gemäß

$$d(x_1, x_2) = \sqrt{\sum_{i=1}^{m} (x_1^i - x_2^i)^2} \tag{7.1}$$

einführen. Die durch (7.1) definierte Funktion

$$d : \mathbb{R}^m \times \mathbb{R}^m \to \mathbb{R}$$

besitzt offenbar die folgenden Eigenschaften:

a) $d(x_1, x_2) \geq 0$,
b) $\big(d(x_1, x_2) = 0\big) \Leftrightarrow (x_1 = x_2)$,
c) $d(x_1, x_2) = d(x_2, x_1)$,
d) $d(x_1, x_3) \leq d(x_1, x_2) + d(x_2, x_3)$.

Die letzte Ungleichung (wegen ihrer geometrischen Analogie *Dreiecksungleichung* genannt) ist ein Spezialfall der Minkowskischen Ungleichung (vgl. Absatz 5.4.2).

Eine Funktion, die die Eigenschaften a), b), c) und d) besitzt und für ein Punktepaar $(x_1, x_2)$ einer Menge $X$ definiert ist, wird *Metrik* oder *Abstand* auf $X$ genannt.

Eine Menge $X$ zusammen mit einer festen Metrik wird *metrischer Raum* genannt.

Somit haben wir $\mathbb{R}^m$ in einen metrischen Raum verwandelt, indem wir ihn mit der in (7.1) definierten Metrik versehen haben.

Der Leser kann sich in Kapitel 9 (Teil 2) über beliebige metrische Räume informieren. Hier wollen wir uns auf den bestimmten metrischen Raum $\mathbb{R}^m$ konzentrieren, den wir im Augenblick brauchen.

Da der Raum $\mathbb{R}^m$ mit der Metrik (7.1) in diesem Kapitel unser einziger metrischer Raum bleibt, verzichten wir im Augenblick auf die allgemeine Definition eines metrischen Raums. Wir haben den metrischen Raum hier nur eingeführt, um den Ausdruck „Raum" in Verbindung mit $\mathbb{R}^m$ und den Ausdruck „Metrik" in Verbindung mit der Funktion (7.1) zu erklären.

Aus (7.1) folgt, dass für $i \in \{1, \ldots, m\}$ gilt, dass

$$|x_1^i - x_2^i| \le d(x_1, x_2) \le \sqrt{m} \max_{1 \le i \le m} |x_1^i - x_2^i| , \tag{7.2}$$

d.h., der Abstand zwischen den Punkten $x_1, x_2 \in \mathbb{R}^m$ ist genau dann klein, wenn die entsprechenden Koordinaten dieser Punkte nahe beieinander liegen.

Aus (7.2) und ebenso aus (7.1) wird deutlich, dass für $m = 1$ die Menge $\mathbb{R}^1$ mit der Menge der reellen Zahlen übereinstimmt. Dort messen wir den Abstand in der üblichen Weise durch den Absolutbetrag der Differenz der Zahlen.

### 7.1.2 Offene und abgeschlossene Mengen in $\mathbb{R}^m$

**Definition 1.** Wir nennen für $\delta > 0$ die Menge

$$K(a; \delta) = \{x \in \mathbb{R}^m \,|\, d(a, x) < \delta\}$$

eine *Kugel mit Zentrum* $a \in \mathbb{R}^m$ *und Radius* $\delta$ oder die $\delta$-*Umgebung* des Punktes $a \in \mathbb{R}^m$.

**Definition 2.** Eine Menge $G \subset \mathbb{R}^m$ ist *offen* in $\mathbb{R}^m$, falls für jeden Punkt $x \in G$ eine Kugel $K(x; \delta)$ existiert, so dass $K(x; \delta) \subset G$.

*Beispiel 1.* $\mathbb{R}^m$ ist eine offene Menge in $\mathbb{R}^m$.

*Beispiel 2.* Die leere Menge $\varnothing$ enthält überhaupt keine Punkte und wir können daher diese Menge als offene Menge in $\mathbb{R}^m$ betrachten, da sie Definition 2 erfüllt.

*Beispiel 3.* Eine Kugel $K(a; r)$ ist eine offene Menge in $\mathbb{R}^m$. Ist nämlich $x \in K(a; r)$, d.h. $d(a, x) < r$, dann erhalten wir für $0 < \delta < r - d(a, x)$, dass $K(x; \delta) \subset K(a; r)$, da

$$\big(\xi \in K(x; \delta)\big) \Rightarrow \big(d(x, \xi) < \delta\big) \Rightarrow$$
$$\Rightarrow \big(d(a, \xi) \le d(a, x) + d(x, \xi) < d(a, x) + r - d(a, x) = r\big).$$

*Beispiel 4.* Eine Menge $G = \{x \in \mathbb{R}^m \,|\, d(a, x) > r\}$, d.h. die Menge der Punkte, deren Abstand von einem festen Punkt $a \in \mathbb{R}^m$ größer als $r$ ist, ist offen. Dies ist einfach zu beweisen, indem wir wie in Beispiel 3 die Dreiecksungleichung der Metrik benutzen.

**Definition 3.** Die Menge $F \subset \mathbb{R}^m$ ist in $\mathbb{R}^m$ *abgeschlossen*, falls ihr Komplement $G = \mathbb{R}^m \setminus F$ in $\mathbb{R}^m$ offen ist.

*Beispiel 5.* Die Menge $\overline{K}(a;r) = \{x \in \mathbb{R}^m \mid d(a,x) \leq r\}$, $r \geq 0$, d.h. die Menge von Punkten, deren Abstand von einem festen Punkt $a \in \mathbb{R}^m$ höchstens $r$ ist, ist abgeschlossen, wie aus Definition 3 und Beispiel 4 folgt. Die Menge $\overline{K}(a;r)$ wird *abgeschlossene Kugel mit Zentrum a und Radius r* genannt.

**Satz 1.** *a) Die Vereinigung $\bigcup\limits_{\alpha \in A} G_\alpha$ der Mengen jedes Systems $\{G_\alpha, \alpha \in A\}$ offener Mengen in $\mathbb{R}^m$ ist eine offene Menge in $\mathbb{R}^m$.*

*b) Die Schnittmenge $\bigcap\limits_{i=1}^{n} G_i$ einer endlichen Anzahl offener Mengen in $\mathbb{R}^m$ ist eine offene Menge in $\mathbb{R}^m$.*

*a') Die Schnittmenge $\bigcap\limits_{\alpha \in A} F_\alpha$ der Mengen jedes Systems $\{F_\alpha, \alpha \in A\}$ abgeschlossener Mengen $F_\alpha$ in $\mathbb{R}^m$ ist eine abgeschlossene Menge in $\mathbb{R}^m$.*

*b') Die Vereinigung $\bigcup\limits_{i=1}^{n} F_i$ einer endlichen Anzahl abgeschlossener Mengen in $\mathbb{R}^m$ ist eine abgeschlossene Menge in $\mathbb{R}^m$.*

*Beweis.* a) Ist $x \in \bigcup\limits_{\alpha \in A} G_\alpha$, dann existiert ein $\alpha_0 \in A$, so dass $x \in G_{\alpha_0}$, und folglich gibt es eine $\delta$-Umgebung $K(x;\delta)$ von $x$, so dass $K(x;\delta) \subset G_{\alpha_0}$. Dann ist aber $K(x;\delta) \subset \bigcup\limits_{\alpha \in A} G_\alpha$.

b) Sei $x \in \bigcap\limits_{i=1}^{n} G_i$. Dann ist $x \in G_i$, $(i = 1, \ldots, n)$. Seien $\delta_1, \ldots, \delta_n$ positive Zahlen, so dass $K(x;\delta_i) \subset G_i$, $(i = 1, \ldots, n)$. Wenn wir $\delta = \min\{\delta_1, \ldots, \delta_n\}$ setzen, erhalten wir offensichtlich, dass $\delta > 0$ und $K(x;\delta) \subset \bigcap\limits_{i=1}^{n} G_i$.

a') Wir wollen zeigen, dass die Menge $C\left(\bigcap\limits_{\alpha \in A} F_\alpha\right)$, das Komplement zu $\bigcap\limits_{\alpha \in A} F_\alpha$ in $\mathbb{R}^m$, eine offene Menge in $\mathbb{R}^m$ ist. Es gilt

$$C\left(\bigcap_{\alpha \in A} F_\alpha\right) = \bigcup_{\alpha \in A} (CF_\alpha) = \bigcup_{\alpha \in A} G_\alpha,$$

wobei die Mengen $G_\alpha = CF_\alpha$ in $\mathbb{R}^m$ offen sind. Somit folgt Teil $a')$ aus $a)$.

b') Ähnlich erhalten wir aus $b)$, dass

$$C\left(\bigcup_{i=1}^{n} F_i\right) = \bigcap_{i=1}^{n} (CF_i) = \bigcap_{i=1}^{n} G_i. \qquad \square$$

*Beispiel 6.* Die Menge $S(a;r) = \{x \in \mathbb{R}^m \mid d(a,x) = r\}$, $r \geq 0$ wird *Kugelschale* (oder *Sphäre*) *mit Radius $r$ mit Zentrum in $a \in \mathbb{R}^m$* genannt. Das Komplement zu $S(a;r)$ in $\mathbb{R}^m$ ist nach den Beispielen 3 und 4 eine Vereinigung offener Mengen, die nach dem eben bewiesenen Satz offen ist und daher ist die Kugelschale $S(a;r)$ in $\mathbb{R}^m$ abgeschlossen.

**Definition 4.** Eine offene Menge in $\mathbb{R}^m$, die einen vorgegebenen Punkt enthält, wird eine *Umgebung* des Punktes in $\mathbb{R}^m$ genannt.

Insbesondere folgt aus Beispiel 3, dass eine $\delta$-Umgebung eines Punktes eine Umgebung des Punktes ist.

**Definition 5.** Wir sagen, dass ein Punkt $x \in \mathbb{R}^m$

- ein *innerer Punkt* einer Menge $E \subset \mathbb{R}^m$ ist, falls er in $E$ enthalten ist,
- ein *äußerer Punkt* einer Menge $E \subset \mathbb{R}^m$ ist, falls er im Komplement von $E$ in $\mathbb{R}^m$ enthalten ist und
- ein *Randpunkt* einer Menge $E \subset \mathbb{R}^m$ ist, falls er weder ein innerer, noch ein äußerer Punkt ist.

Aus dieser Definition folgt, dass es eine charakteristische Eigenschaft von Randpunkten einer Menge ist, dass jede ihrer Umgebungen sowohl Punkte der Menge enthält als auch Punkte, die nicht in der Menge enthalten sind.

*Beispiel 7.* Die Kugelschale $S(a;r)$, $r > 0$ ist die Menge aller Randpunkte sowohl der offenen Kugel $K(a;r)$ als auch der abgeschlossenen Kugel $\overline{K}(a;r)$.

*Beispiel 8.* Ein Punkt $a \in \mathbb{R}^m$ ist ein Randpunkt der Menge $\mathbb{R}^m \setminus a$, die keine äußeren Punkte besitzt.

*Beispiel 9.* Die Kugelschale $S(a;r)$ besteht nur aus Randpunkten. Als Teilmenge von $\mathbb{R}^m$ betrachtet, besitzt die Kugelschale $S(a;r)$ keine inneren Punkte.

**Definition 6.** Ein Punkt $a \in \mathbb{R}^m$ ist ein *Häufungspunkt* der Menge $E \subset \mathbb{R}^m$, falls für jede Umgebung $U(a)$ von $a$ die Schnittmenge $E \cap U(a)$ eine unendliche Menge ist.

**Definition 7.** Die Vereinigung einer Menge $E$ mit all ihren Häufungspunkten in $\mathbb{R}^m$ wird *Abschluss* von $E$ in $\mathbb{R}^m$ genannt.

Der Abschluss der Menge $E$ wird üblicherweise mit $\overline{E}$ bezeichnet.

*Beispiel 10.* Die Menge $\overline{K}(a;r) = K(a;r) \cup S(a;r)$ ist die Menge der Häufungspunkte der offenen Kugel. Daher wird $\overline{K}(a;r)$ im Unterschied zu $K(a;r)$ eine abgeschlossene Kugel genannt.

*Beispiel 11.* $\overline{S}(a;r) = S(a;r)$.

Anstatt diese letzte Gleichung zu beweisen, werden wir den folgenden nützlichen Satz beweisen.

**Satz 2.** (*$F$ ist abgeschlossen in $\mathbb{R}^m$*) $\Leftrightarrow$ (*$F = \overline{F}$ in $\mathbb{R}^m$*).

Anders formuliert, ist die Menge $F$ genau dann abgeschlossen in $\mathbb{R}^m$, wenn sie alle ihre Häufungspunkte enthält.

*Beweis.* Sei $F$ abgeschlossen in $\mathbb{R}^m$, $x \in \mathbb{R}^m$ und $x \notin F$. Dann ist die offene Menge $G = \mathbb{R}^m \setminus F$ eine Umgebung von $x$, die keine Punkte von $F$ enthält. Somit haben wir gezeigt, dass für $x \notin F$, $x$ kein Häufungspunkt in $F$ ist.

Sei $F = \overline{F}$. Wir wollen zeigen, dass die Menge $G = \mathbb{R}^m \setminus \overline{F}$ in $\mathbb{R}^m$ offen ist. Sei $x \in G$, dann ist $x \notin \overline{F}$ und daher ist $x$ kein Häufungspunkt von $F$. Daher gibt es eine Umgebung von $x$, die nur endlich viele Punkte $x_1, \ldots, x_n$ von $F$ enthält. Da $x \notin F$, können wir etwa Kugeln um $x$, $U_1(x), \ldots, U_n(x)$ konstruieren, so dass $x_i \notin U_i(x)$. Dann ist $U(x) = \bigcap_{i=1}^{n} U_i(x)$ eine offene Umgebung von $x$, die überhaupt keine Punkte von $F$ enthält, d.h., $U(x) \subset \mathbb{R}^m \setminus F$ und daher ist die Menge $\mathbb{R}^m \setminus F = \mathbb{R}^m \setminus \overline{F}$ offen. Daher ist $F$ in $\mathbb{R}^m$ abgeschlossen. $\qquad\square$

### 7.1.3 Kompakte Mengen in $\mathbb{R}^m$

**Definition 8.** Eine Menge $K \subset \mathbb{R}^m$ ist *kompakt*, falls wir aus jeder Überdeckung von $K$ durch offene Mengen in $\mathbb{R}^m$ eine endliche Überdeckung herausgreifen kann.

*Beispiel 12.* Ein abgeschlossenes Intervall $[a, b] \subset \mathbb{R}^1$ ist nach dem Satz von Heine–Borel (Satz zur endlichen Überdeckung) kompakt.

*Beispiel 13.* Eine Verallgemeinerung des Konzepts eines abgeschlossenen Intervalls auf $\mathbb{R}^m$ ist die Menge

$$I = \left\{ x \in \mathbb{R}^m \,\middle|\, a^i \leq x^i \leq b^i,\ i = 1, \ldots, m \right\},$$

die ein *m-dimensionales Intervall* oder ein *m-dimensionaler Quader* genannt wird.

Wir wollen zeigen, dass $I$ in $\mathbb{R}^m$ kompakt ist.

*Beweis.* Wir wollen annehmen, dass wir aus einer offenen Überdeckung von $I$ nicht eine endliche Überdeckung herausgreifen können. Wir halbieren nun jedes abgeschlossene Intervall $I^i = \{ x^i \in \mathbb{R} : a^i \leq x^i \leq b^i \}$, $(i = 1, \ldots, m)$, wodurch wir das Intervall $I$ in $2^m$ Intervalle unterteilen. Zumindest eines von ihnen darf keine Überdeckung durch endlich viele Mengen der ursprünglichen offenen Überdeckung zulassen. Wir fahren nun mit diesem Intervall genauso fort wie mit dem Ausgangsintervall. Wenn wir diesen Teilungsprozess fortsetzen, gelangen wir zu einer Folge geschachtelter Intervalle $I = I_1 \supset I_2 \supset \cdots \supset I_n \supset \cdots$, von denen keines eine endliche Überdeckung erlaubt. Ist $I_n = \{ x \in \mathbb{R}^m \,|\, a_n^i \leq x^i \leq b_n^i, i, \ldots, m \}$, dann bilden für jedes $i \in \{1, \ldots, m\}$ die abgeschlossenen Intervalle $a_n^i \leq x^i \leq b_n^i$ $(n = 1, 2, \ldots)$ nach Konstruktion ein System von geschachtelten abgeschlossenen Intervallen, deren Länge gegen Null strebt. Wir können nun für jedes $i \in \{1, \ldots, m\}$ einen Punkt $\xi^i \in [a_n^i, b_n^i]$ finden, der in allen diesen Intervallen liegt und erhalten so einen Punkt $\xi = (\xi^1, \ldots, \xi^m)$, der in allen Intervallen $I = I_1, I_2, \ldots, I_n, \ldots$ liegt. Da

$\xi \in I$, gibt es eine offene Menge $G$ im System der überdeckenden Mengen, so dass $\xi \in G$. Damit gibt es ein $\delta > 0$, so dass auch $K(\xi; \delta) \subset G$. Nach Konstruktion und Ungleichung (7.2) existiert aber ein $N$, so dass $I_n \subset K(\xi; \delta) \subset G$ für $n > N$. Wir erzeugen so einen Widerspruch zur Aussage, dass die Intervalle $I_n$ keine endliche Überdeckung durch Mengen des vorgegebenen Systems zulassen.    □

**Satz 3.** *Ist $K$ eine kompakte Menge in $\mathbb{R}^m$, dann ist*
   *a) $K$ in $\mathbb{R}^m$ abgeschlossen und*
   *b) jede in $K$ enthaltene abgeschlossene Teilmenge von $\mathbb{R}^m$ auch kompakt.*

*Beweis.* a) Wir wollen zeigen, dass jeder Punkt $a \in \mathbb{R}^m$, der ein Häufungspunkt von $K$ ist, zu $K$ gehören muss. Angenommen, $a \notin K$. Zu jedem Punkt $x \in K$ konstruieren wir eine Umgebung $G(x)$, so dass eine Umgebung von $a$ existiert, die von $G(x)$ disjunkt ist. Die Menge $\{G(x)\}$, $x \in K$, die aus allen derartigen Umgebungen besteht, bildet eine offene Überdeckung der kompakten Menge $K$. Daraus können wir eine endliche Überdeckung $G(x_1), \ldots, G(x_n)$ herausgreifen. Ist nun $U_i(a)$ eine Umgebung von $a$, so dass $G(x_i) \cap U_i(a) = \varnothing$, dann ist auch die Menge $U(a) = \bigcap_{i=1}^{n} U_i(a)$ eine Umgebung von $a$ und offensichtlich ist $K \cap U(a) = \varnothing$. Somit kann $a$ kein Häufungspunkt von $K$ sein.

b) Angenommen, $F$ sei eine abgeschlossene Teilmenge von $\mathbb{R}^m$ und $F \subset K$. Sei $\{G_\alpha\}$, $\alpha \in A$ eine Überdeckung von $F$ durch offene Menge in $\mathbb{R}^m$. Wenn wir dieser Ansammlung die offene Menge $G = \mathbb{R}^m \setminus F$ hinzufügen, erhalten wir eine offene Überdeckung von $\mathbb{R}^m$ und insbesondere auch eine offene Überdeckung von $K$. Aus dieser können wir eine endliche Überdeckung von $K$ herausgreifen. Diese endliche Überdeckung von $K$ überdeckt auch die Menge $F$. Gehört nämlich $G$ zu dieser offenen Überdeckung, dann können wir, da $G \cap F = \varnothing$, $G$ daraus entfernen und behalten so eine endliche Überdeckung von $F$ durch das Ausgangssystem $\{G_\alpha\}$, $\alpha \in A$.    □

**Definition 9.** Der *Durchmesser* einer Menge $E \subset \mathbb{R}^m$ ist

$$d(E) := \sup_{x_1, x_2 \in E} d(x_1, x_2) \, .$$

**Definition 10.** Eine Menge $E \subset \mathbb{R}^m$ ist *beschränkt*, wenn ihr Durchmesser endlich ist.

**Satz 4.** *Ist $K$ eine kompakte Menge in $\mathbb{R}^m$, dann ist $K$ eine beschränkte Teilmenge von $\mathbb{R}^m$.*

*Beweis.* Wir betrachten einen beliebigen Punkt $a \in \mathbb{R}^m$ und die Folge offener Kugeln $\{K(a; n)\}$, $(n = 1, 2, \ldots,)$. Sie bilden eine offene Überdeckung von $\mathbb{R}^m$ und folglich auch eine von $K$. Wäre $K$ nicht beschränkt, wäre es unmöglich, aus dieser Folge eine endliche Überdeckung von $K$ herauszugreifen.    □

**Satz 5.** *Die Menge $K \subset \mathbb{R}^m$ ist genau dann kompakt, wenn $K$ abgeschlossen und beschränkt in $\mathbb{R}^m$ ist.*

*Beweis.* Die Notwendigkeit der Bedingungen wurde in den Sätzen 3 und 4 bewiesen.

Wir wollen beweisen, dass die Bedingungen auch hinreichend sind. Da $K$ eine beschränkte Menge ist, existiert ein $m$-dimensionales Intervall $I$, das $K$ enthält. Wie wir in Beispiel 13 gezeigt haben, ist $I$ in $\mathbb{R}^m$ kompakt. Ist aber $K$ eine abgeschlossene Menge, die in einer kompakten Menge $I$ enthalten ist, dann ist $K$ nach Satz 3b) selbst kompakt. ☐

### 7.1.4 Übungen und Aufgaben

**1.** Der *Abstand $d(E_1, E_2)$ zwischen den Mengen $E_1, E_2 \subset \mathbb{R}^m$* ist

$$d(E_1, E_2) := \inf_{x_1 \in E_1,\, x_2 \in E_2} d(x_1, x_2) \,.$$

Geben Sie ein Beispiel für abgeschlossene Mengen $E_1$ und $E_2$ in $\mathbb{R}^m$, die keinen gemeinsamen Punkt besitzen, für die aber dennoch $d(E_1, E_2) = 0$ gilt.

**2.** Zeigen Sie:

a) Der Abschluss $\overline{E}$ in $\mathbb{R}^m$ jeder Menge $E \subset \mathbb{R}^m$ ist eine abgeschlossene Menge in $\mathbb{R}^m$.

b) Die Menge $\partial E$ der Randpunkte einer Menge $E \subset \mathbb{R}^m$ ist eine abgeschlossene Menge.

c) Ist $G$ eine offene Menge in $\mathbb{R}^m$ und $F$ abgeschlossen in $\mathbb{R}^m$, dann ist $G \setminus F$ in $\mathbb{R}^m$ offen.

**3.** Zeigen Sie, dass $\bigcap_{i=1}^{\infty} K_i \neq \varnothing$, falls $K_1 \supset K_2 \supset \cdots \supset K_n \supset \cdots$ eine Folge nicht leerer kompakter Mengen ist.

**4.**  a) Im Raum $\mathbb{R}^k$ seien eine zwei-dimensionale Kugelschale $S^2$ und ein Kreis $S^1$ so platziert, dass der Abstand zwischen jedem Punkt der Kugelschale zu jedem Punkt des Kreises gleich ist. Ist dies möglich?

b) Betrachten Sie Aufgabe a) für Kugelschalen $S^m$, $S^n$ beliebiger Dimension in $\mathbb{R}^k$. Welche Bedingungen müssen $m$, $n$ und $k$ erfüllen, damit dies möglich ist?

## 7.2 Grenzwerte und Stetigkeit von Funktionen mehrerer Variabler

### 7.2.1 Der Grenzwert einer Funktion

In Kapitel 3 haben wir detailliert den Grenzwertübergang einer Funktion mit reellen Werten $f : X \to \mathbb{R}$ untersucht, die auf einer Menge definiert war, in der eine Basis $\mathcal{B}$ fest vorgegeben war.

In den nächsten Abschnitten werden wir Funktionen $f : X \to \mathbb{R}^n$ betrachten, die auf einer Teilmenge von $\mathbb{R}^m$ definiert sind und die Werte in $\mathbb{R} = \mathbb{R}^1$ oder allgemeiner in $\mathbb{R}^n, n \in \mathbb{N}$ annehmen. Wir wollen nun die Theorie der Grenzwerte um Besonderheiten beim Umgang mit dieser Klasse von Funktionen ergänzen.

Wir beginnen jedoch mit der zentralen allgemeinen Definition.

**Definition 1.** Ein Punkt $A \in \mathbb{R}^n$ ist der *Grenzwert der Abbildung* $f : X \to \mathbb{R}^n$ auf einer Basis $\mathcal{B}$ in $X$, falls für jede Umgebung $V(A)$ des Punktes ein Element $B \in \mathcal{B}$ der Basis existiert, dessen Bild $f(B)$ in $V(A)$ enthalten ist.

In Kurzform:

$$\left( \lim_{\mathcal{B}} f(x) = A \right) := \Big( \forall V(A) \, \exists B \in \mathcal{B} \, \big( f(B) \subset V(A) \big) \Big) .$$

Wir sehen, dass die Definition des Grenzwertes einer Funktion $f : X \to \mathbb{R}^n$ der Definition des Grenzwertes einer Funktion $f : X \to \mathbb{R}$ entspricht, wenn wir dabei bedenken, was eine Umgebung $V(A)$ eines Punktes $A \in \mathbb{R}^n$ für jedes $n \in \mathbb{N}$ bedeutet.

**Definition 2.** Eine Abbildung $f : X \to \mathbb{R}^n$ ist *beschränkt*, wenn die Menge $f(X) \subset \mathbb{R}^n$ beschränkt ist.

**Definition 3.** Sei $\mathcal{B}$ eine Basis in $X$. Eine Abbildung $f : X \to \mathbb{R}^n$ ist *schließlich beschränkt* auf der Basis $\mathcal{B}$, falls ein Element $B$ in $\mathcal{B}$ existiert, auf dem $f$ beschränkt ist.

Mit Hilfe dieser Definitionen können wir ohne Schwierigkeiten mit denselben Überlegungen wie in Kapitel 3 zeigen, dass

- *eine Funktion $f : X \to \mathbb{R}^n$ auf einer vorgegebenen Basis $\mathcal{B}$ in $X$ höchstens einen Grenzwert haben kann,*
- *eine Funktion $f : X \to \mathbb{R}^n$, die einen Grenzwert auf einer Basis $\mathcal{B}$ besitzt, auf dieser Basis schließlich beschränkt ist.*

Definition 1 kann unter explizitem Gebrauch der Metrik in $\mathbb{R}^n$ umgeschrieben werden zu:

**Definition 1'.**

$$\left( \lim_{\mathcal{B}} f(x) = A \in \mathbb{R}^n \right) := \Big( \forall \varepsilon > 0 \, \exists B \in \mathcal{B} \, \forall x \in B \, \big( d(f(x), A) < \varepsilon \big) \Big)$$

oder

**Definition 1''.**

$$\left( \lim_{\mathcal{B}} f(x) = A \in \mathbb{R}^n \right) := \left( \lim_{\mathcal{B}} d(f(x), A) = 0 \right) .$$

Da ein Punkt $y \in \mathbb{R}^n$ ein geordnetes $n$-Tupel $(y^1, \ldots, y^n)$ reeller Zahlen ist, ist die besondere Eigenschaft einer Abbildung $f : X \to \mathbb{R}^n$ die, dass die Definition einer Funktion $f : X \to \mathbb{R}^n$ äquivalent zur Definition von $n$ Funktionen $f^i : X \to \mathbb{R}$, $(i = 1, \ldots, n)$ mit reellen Werten ist, wobei $f^i(x) = y^i$, $(i = 1, \ldots, n)$.

Ist $A = (A^1, \ldots, A^n)$ und $y = (y^1, \ldots, y^n)$, dann gelten die Ungleichungen

$$|y^i - A^i| \leq d(y, A) \leq \sqrt{n} \max_{1 \leq i \leq n} |y^i - A^i| \,, \tag{7.3}$$

aus denen wir erkennen können, dass

$$\lim_{\mathcal{B}} f(x) = A \Leftrightarrow \lim_{\mathcal{B}} f^i(x) = A^i, \quad (i = 1, \ldots, n) \,, \tag{7.4}$$

d.h., Konvergenz in $\mathbb{R}^n$ bedeutet Konvergenz in jeder Koordinate.

Nun sei $X = \mathbb{N}$ die Menge der natürlichen Zahlen und $\mathcal{B}$ die Basis $k \to \infty$, $k \in \mathbb{N}$ in $X$. Eine Funktion $f : \mathbb{N} \to \mathbb{R}^n$ ist in diesem Fall eine Folge $\{y_k\}$, $k \in \mathbb{N}$ von Punkten in $\mathbb{R}^n$.

**Definition 4.** Eine Folge $\{y_k\}$, $k \in \mathbb{N}$ von Punkten $y_k \in \mathbb{R}^n$ heißt *Cauchy-Folge* (*fundamentale* Folge), falls für jedes $\varepsilon > 0$ eine Zahl $N \in \mathbb{N}$ existiert, so dass $d(y_{k_1}, y_{k_2}) < \varepsilon$ für alle $k_1, k_2 > N$.

Aus den Ungleichungen (7.3) können wir folgern, dass eine Folge von Punkten $y_k = (y_k^1, \ldots, y_k^n) \in \mathbb{R}^n$ genau dann eine Cauchy-Folge ist, wenn jede Folge von Koordinaten mit den gleichen Indizes $\{y_k^i\}$, $k \in \mathbb{N}$, $i = 1, \ldots, n$ eine Cauchy-Folge ist.

Wenn wir die Relation (7.4) und das Cauchysche Konvergenzkriterium für numerische Folgen berücksichtigen, dann können wir zeigen, dass eine Folge von Punkten in $\mathbb{R}^n$ genau dann konvergiert, wenn sie eine Cauchy-Folge ist.

Anders formuliert, so ist das Cauchysche Konvergenzkriterium auch in $\mathbb{R}^n$ gültig.

Wir werden später metrische Räume, in denen jede Cauchy-Folge einen Grenzwert besitzt, *vollständige* metrische Räume nennen.

**Definition 5.** Die *Oszillation* einer Funktion $f : X \to \mathbb{R}^n$ auf einer Menge $E \subset X$ wird definiert als

$$\omega(f; E) := d\big(f(E)\big) \,,$$

wobei $d\big(f(E)\big)$ der Durchmesser von $f(E)$ ist.

Wir können erkennen, dass dies eine direkte Verallgemeinerung der Definition der Oszillation einer Funktion mit reellen Werten ist, in die Definition 5 für $n = 1$ übergeht.

Die Gültigkeit des folgenden Cauchyschen Kriteriums zur Existenz eines Grenzwertes für Funktionen $f : X \to \mathbb{R}^n$ mit Werten in $\mathbb{R}^n$ ergibt sich aus der Vollständigkeit von $\mathbb{R}^n$.

**Satz 1.** *Sei $X$ eine Menge und $\mathcal{B}$ eine Basis in $X$. Eine Funktion $f : X \to \mathbb{R}^n$ besitzt genau dann einen Grenzwert auf der Basis $\mathcal{B}$, wenn für jedes $\varepsilon > 0$ ein Element $B \in \mathcal{B}$ der Basis existiert, in dem die Oszillation der Funktion kleiner als $\varepsilon$ ist.*

*Somit ist also:*

$$\exists \lim_{\mathcal{B}} f(x) \Leftrightarrow \forall \varepsilon > 0 \; \exists B \in \mathcal{B} \; \left( \omega(f; B) < \varepsilon \right) .$$

Der Beweis von Satz 1 ist, abgesehen von einer winzigen Veränderung, eine wortwörtliche Wiederholung des Beweises des Cauchyschen Kriteriums für numerische Funktionen (Satz 6 in Abschnitt 3.2). Nur der Betrag $|f(x_1) - f(x_2)|$ muss durch $d\big(f(x_1), f(x_2)\big)$ ersetzt werden.

Wir können Satz 1 auch auf eine andere Weise mit Hilfe von (7.4) und (7.3) zeigen, wenn wir das Cauchysche Kriterium für Funktionen mit reellen Werten als bekannt voraussetzen.

Der wichtige Satz zum Grenzwert einer verketteten Funktion bleibt ebenso für Funktionen mit Werten in $\mathbb{R}^n$ gültig.

**Satz 2.** *Sei $Y$ eine Menge, $\mathcal{B}_Y$ eine Basis in $Y$ und $g : Y \to \mathbb{R}^n$ eine Abbildung mit einem Grenzwert auf der Basis $\mathcal{B}_Y$.*

*Sei $X$ eine Menge, $\mathcal{B}_X$ eine Basis in $X$ und $f : X \to Y$ eine Abbildung auf $Y$, so dass für jedes $B_Y \in \mathcal{B}_Y$ ein $B_X \in \mathcal{B}_X$ existiert, so dass das Bild $f(B_X)$ in $B_Y$ enthalten ist.*

*Unter diesen Voraussetzungen ist die Verkettung $g \circ f : X \to \mathbb{R}^n$ der Abbildungen $f$ und $g$ definiert und besitzt einen Grenzwert auf der Basis $\mathcal{B}_X$ mit*

$$\lim_{\mathcal{B}_X} (g \circ f)(x) = \lim_{\mathcal{B}_Y} g(y) .$$

Wir können den Beweis von Satz 2 entweder durch Wiederholung des Beweises von Satz 7 in Abschnitt 3.2 durchführen, indem wir $\mathbb{R}$ durch $\mathbb{R}^n$ ersetzen, oder wir berufen uns auf jenen Satz in Zusammenhang mit (7.4).

Bis jetzt haben wir die Funktion $f : X \to \mathbb{R}^n$ mit Werten in $\mathbb{R}^n$ betrachtet ohne näher auf ihren Definitionsbereich $X$ einzugehen. Von nun an werden wir uns in erster Linie für den Fall interessieren, dass $X$ eine Teilmenge des $\mathbb{R}^m$ ist.

Wie zuvor treffen wir die folgenden Vereinbarungen:

- $U(a)$ ist eine Umgebung des Punktes $a \in \mathbb{R}^m$.
- $\dot{U}(a)$ ist eine punktierte Umgebung von $a \in \mathbb{R}^m$, d.h. $\dot{U}(a) := U(a) \setminus a$.
- $U_E(a)$ ist eine Umgebung von $a$ in der Menge $E \subset \mathbb{R}^m$, d.h. $U_E(a) := E \cap U(a)$.
- $\dot{U}_E(a)$ ist eine punktierte Umgebung von $a$ in $E$, d.h. $\dot{U}_E(a) := E \cap \dot{U}(a)$.
- $x \to a$ ist die Basis punktierter Umgebungen von $a$ in $\mathbb{R}^m$.
- $x \to \infty$ ist die Basis von Umgebungen von Unendlich, d.h. die Basis, die aus den Mengen $\mathbb{R}^m \setminus K(a; r)$ besteht.

- $x \to a$, $x \in E$ oder $(E \ni x \to a)$ ist die Basis punktierter Umgebungen von $a$ in $E$, falls $a$ ein Häufungspunkt von $E$ ist.
- $x \to \infty$, $x \in E$ oder $(E \ni x \to \infty)$ ist die Basis von Umgebungen von Unendlich in $E$, die aus den Mengen $E \setminus K(a; r)$ besteht, falls $E$ eine unbeschränkte Menge ist.

In Übereinstimmung mit diesen Definitionen können wir Definition 1 zum Grenzwert einer Funktion beispielsweise die folgende besondere Gestalt geben, wenn wir über eine Funktion $f : E \to \mathbb{R}^n$ sprechen, die eine Menge $E \subset \mathbb{R}^m$ auf $\mathbb{R}^n$ abbildet:

$$\left( \lim_{E \ni x \to a} f(x) = A \right) := \left( \forall \varepsilon > 0 \, \exists \dot{U}_E(a) \, \forall x \in \dot{U}_E(a) \, \big( d(f(x), A) < \varepsilon \big) \right) .$$

Dies können wir auch wie folgt formulieren:

$$\left( \lim_{E \ni x \to a} f(x) = A \right) :=$$
$$= \left( \forall \varepsilon > 0 \, \exists \delta > 0 \, \forall x \in E \, \big( 0 < d(x, a) < \delta \Rightarrow d(f(x), A) < \varepsilon \big) \right) .$$

Hierbei setzen wir voraus, dass die Abstände $d(x, a)$ und $d(f(x), A)$ in den Räumen ($\mathbb{R}^m$ und $\mathbb{R}^n$) gemessen werden, in denen die Punkte jeweils liegen.

Schließlich gilt

$$\left( \lim_{x \to \infty} f(x) = A \right) := \left( \forall \varepsilon > 0 \, \exists K(a; r) \, \forall x \in \mathbb{R}^m \setminus K(a; r) \, \big( d(f(x), A) < \varepsilon \big) \right) .$$

Wir wollen außerdem vereinbaren, dass wir im Falle einer Abbildung $f : X \to \mathbb{R}^n$ unter dem Ausdruck „$f(x) \to \infty$ in der Basis $\mathcal{B}$" verstehen, dass für jede Kugel $K(A; r) \subset \mathbb{R}^n$ ein $B \in \mathcal{B}$ der Basis $\mathcal{B}$ existiert, so dass $f(B) \subset \mathbb{R}^n \setminus K(A; r)$.

*Beispiel 1.* Sei $x \mapsto \pi^i(x)$ eine Abbildung $\pi^i : \mathbb{R}^m \to \mathbb{R}$, bei der jedem $x = (x^1, \ldots, x^m)$ in $\mathbb{R}^m$ seine $i$-te Koordinate $x^i$ zugewiesen wird. Somit ist also

$$\pi^i(x) = x^i .$$

Ist $a = (a^1, \ldots, a^m)$, dann ist offensichtlich

$$\pi^i(x) \to a^i \text{ für } x \to a .$$

Die Funktion $x \mapsto \pi^i(x)$ strebt für $x \to \infty$ und $m > 1$ weder gegen einen endlichen Wert noch gegen Unendlich.

Andererseits gilt

$$f(x) = \sum_{i=1}^{m} \big( \pi^i(x) \big)^2 \to \infty \quad \text{für } x \to \infty .$$

Wir sollten uns nicht vorstellen, dass wir den Grenzwert einer Funktion mehrerer Variabler finden können, indem wir nach und nach die Grenzwerte bezüglich jeder ihrer Koordinaten bestimmen. Das folgende Beispiel soll dies verdeutlichen.

*Beispiel 2.* Die Funktion $f : \mathbb{R}^2 \to \mathbb{R}$ sei für die Punkte $(x, y) \in \mathbb{R}^2$ folgendermaßen definiert:

$$f(x,y) = \begin{cases} \frac{xy}{x^2+y^2} , & \text{für } x^2 + y^2 \neq 0 , \\ 0 , & \text{für } x^2 + y^2 = 0 . \end{cases}$$

Dann ist $f(0,y) = f(x,0) = 0$, wohingegen $f(x,x) = \frac{1}{2}$ für $x \neq 0$.
Daher besitzt die Funktion für $(x,y) \to (0,0)$ keinen Grenzwert.
Andererseits ist aber

$$\lim_{y \to 0} \left( \lim_{x \to 0} f(x,y) \right) = \lim_{y \to 0} (0) = 0 ,$$
$$\lim_{x \to 0} \left( \lim_{y \to 0} f(x,y) \right) = \lim_{x \to 0} (0) = 0 .$$

*Beispiel 3.* Für die Funktion

$$f(x,y) = \begin{cases} \frac{x^2-y^2}{x^2+y^2} , & \text{für } x^2 + y^2 \neq 0 , \\ 0 , & \text{für } x^2 + y^2 = 0 \end{cases}$$

erhalten wir

$$\lim_{x \to 0} \left( \lim_{y \to 0} f(x,y) \right) = \lim_{x \to 0} \left( \frac{x^2}{x^2} \right) = 1 ,$$
$$\lim_{y \to 0} \left( \lim_{x \to 0} f(x,y) \right) = \lim_{y \to 0} \left( -\frac{y^2}{y^2} \right) = -1 .$$

*Beispiel 4.* Für die Funktion

$$f(x,y) = \begin{cases} x + y \sin \frac{1}{x} , & \text{für } x \neq 0 , \\ 0 , & \text{für } x = 0 \end{cases}$$

erhalten wir

$$\lim_{(x,y) \to (0,0)} f(x,y) = 0 ,$$
$$\lim_{x \to 0} \left( \lim_{y \to 0} f(x,y) \right) = 0 .$$

Gleichzeitig existiert der wiederholte Grenzwert

$$\lim_{y \to 0} \left( \lim_{x \to 0} f(x,y) \right)$$

überhaupt nicht.

*Beispiel 5.* Die Funktion

$$f(x,y) = \begin{cases} \frac{x^2 y}{x^4 + y^2} \;, & \text{für } x^2 + y^2 \neq 0 \;, \\[2mm] 0 \;, & \text{für } x^2 + y^2 = 0 \end{cases}$$

nimmt bei Annäherung an den Ursprung entlang jeden Strahls $x = \alpha t$ und $y = \beta t$ den Grenzwert Null an.

Gleichzeitig ist die Funktion gleich $\frac{1}{2}$ in jedem Punkt der Form $(a, a^2)$ mit $a \neq 0$ und daher besitzt die Funktion für $(x, y) \to (0, 0)$ keinen Grenzwert.

## 7.2.2 Stetigkeit einer Funktion mehrerer Variabler und Eigenschaften stetiger Funktionen

Sei $E$ eine Teilmenge von $\mathbb{R}^m$ und $f : E \to \mathbb{R}^n$ eine auf $E$ definierte Funktion mit Werten in $\mathbb{R}^n$.

**Definition 6.** Die Funktion $f : E \to \mathbb{R}^n$ ist in $a \in E$ *stetig*, falls für jede Umgebung $V\big(f(a)\big)$ des Wertes $f(a)$, den die Funktion in $a$ annimmt, eine Umgebung $U_E(a)$ von $a$ in $E$ existiert, deren Bild $f\big(U_E(a)\big)$ in $V\big(f(a)\big)$ enthalten ist.

Somit gilt also

$$\big( f : E \to \mathbb{R}^n \text{ ist stetig in } a \in E \big) :=$$
$$= \Big( \forall V\big(f(a)\big) \; \exists U_E(a) \; \big( f(U_E(a)) \subset V(f(a)) \big) \Big) \,.$$

Wir können erkennen, dass Definition 6 dieselbe Form besitzt wie Definition 1 in Abschnitt 4.1 zur Stetigkeit von Funktionen mit reellen Werten, die wir bereits kennen. Wie dort können wir auch hier die folgende, alternative Formulierung für diese Definition benutzen:

$$\big( f : E \to \mathbb{R}^n \text{ ist stetig in } a \in E \big) :=$$
$$= \Big( \forall \varepsilon > 0 \; \exists \delta > 0 \; \forall x \in E \; \big( d(x, a) < \delta \Rightarrow d(f(x), f(a)) < \varepsilon \big) \Big) \,,$$

oder, falls $a$ ein Häufungspunkt von $E$ ist,

$$\big( f : E \to \mathbb{R}^n \text{ ist stetig in } a \in E \big) := \Big( \lim_{E \ni x \to a} f(x) = f(a) \Big) \,.$$

Wie in Kapitel 4 bemerkt, ist das Konzept der Stetigkeit genau dann im Punkt $a \in E$, in dem die Funktion $f$ definiert ist, von Interesse, wenn er ein Häufungspunkt der Menge $E$ ist.

Aus Definition 6 und (7.4) folgt, dass die durch die Relation

$$(x^1, \ldots, x^m) = x \xmapsto{f} y = (y^1, \ldots, y^n) =$$
$$= \big( f^1(x^1, \ldots, x^m), \ldots, f^n(x^1, \ldots, x^m) \big)$$

definierte Abbildung $f : E \to \mathbb{R}^n$ in einem Punkt genau dann stetig ist, wenn jede der Funktionen $y^i = f^i(x^1, \ldots, x^m)$ in diesem Punkt stetig ist.

Insbesondere wollen wir daran erinnern, dass wir einen Weg in $\mathbb{R}^n$ als Abbildung $f : I \to \mathbb{R}^n$ eines Intervalls $I \subset \mathbb{R}$ definiert haben, die durch stetige Funktionen $f^1(x), \ldots, f^n(x)$ der Form

$$x \mapsto y = (y^1, \ldots, y^n) = \left( f^1(x), \ldots, f^n(x) \right)$$

definiert ist. Daher können wir sagen, dass ein *Weg in $\mathbb{R}^n$ eine stetige Abbildung* eines Intervalls der reellen Geraden $I \subset \mathbb{R}$ auf $\mathbb{R}^n$ ist.

In Analogie zur Definition der Oszillation in einem Punkt für eine Funktion mit reellen Werten führen wir den Begriff der Oszillation in einem Punkt für eine Funktion mit Werten in $\mathbb{R}^n$ ein.

Sei $E$ eine Teilmenge des $\mathbb{R}^m$, $a \in E$ und $K_E(a; r) = E \cap K(a; r)$.

**Definition 7.** Die *Oszillation der Funktion* $f : E \to \mathbb{R}^n$ im Punkt $a \in E$ ist

$$\omega(f; a) := \lim_{r \to +0} \omega\left( f; K_E(a; r) \right) .$$

Aus Definition 6 zur Stetigkeit einer Funktion erhalten wir, wenn wir die Eigenschaften eines Grenzwertes und das Cauchysche Kriterium berücksichtigen, eine Anzahl häufig benutzter lokaler Eigenschaften stetiger Funktionen. Wir führen diese nun hier an.

**Lokale Eigenschaften stetiger Funktionen**

a) *Eine Abbildung $f : E \to \mathbb{R}^n$ einer Menge $E \subset \mathbb{R}^m$ ist im Punkt $a \in E$ genau dann stetig, wenn $\omega(f; a) = 0$.*

b) *Eine in $a \in E$ stetige Abbildung $f : E \to \mathbb{R}^n$ ist in einer Umgebung $U_E(a)$ dieses Punktes beschränkt.*

c) *Ist die Abbildung $g : Y \to \mathbb{R}^k$ der Menge $Y \subset \mathbb{R}^n$ in einem Punkt $y_0 \in Y$ stetig und die Abbildung $f : X \to Y$ der Menge $X \subset \mathbb{R}^m$ in einem Punkt $x_0 \in X$ stetig und ist $f(x_0) = y_0$, dann ist die Abbildung $g \circ f : X \to \mathbb{R}^k$ definiert und in $x_0 \in X$ stetig.*

Funktionen mit reellen Werten besitzen zusätzlich die folgenden Eigenschaften.

d) *Ist die Funktion $f : E \to \mathbb{R}$ im Punkt $a \in E$ stetig und ist $f(a) > 0$ (oder $f(a) < 0$), dann existiert eine Umgebung $U_E(a)$ von $a$ in $E$, so dass $f(x) > 0$ (bzw. $f(x) < 0$) für alle $x \in U_E(a)$.*

e) *Sind die Funktionen $f : E \to \mathbb{R}$ und $g : E \to \mathbb{R}$ in $a \in E$ stetig, dann ist jede ihrer Linearkombinationen $(\alpha f + \beta g) : E \to \mathbb{R}$ mit $\alpha, \beta \in \mathbb{R}$, ihr Produkt $(f \cdot g) : E \to \mathbb{R}$ und, falls $g(x) \neq 0$ auf $E$, auch ihr Quotient $\left( \frac{f}{g} \right) : E \to \mathbb{R}$ auf $E$ definiert und stetig in $a$.*

Wir wollen vereinbaren, eine Funktion $f : E \to \mathbb{R}^n$ als *stetig auf der Menge $E$* zu bezeichnen, wenn sie in jedem Punkt der Menge stetig ist.

Wir bezeichnen die Menge der auf $E$ stetigen Funktionen $f : E \to \mathbb{R}^n$ mit $C(E; \mathbb{R}^n)$ oder einfach nur mit $C(E)$, falls der Wertebereich aus dem Zusammenhang deutlich hervorgeht. In der Regel werden wir diese Abkürzung für $\mathbb{R}^n = \mathbb{R}$ benutzen.

*Beispiel 6.* Die Funktionen $(x^1, \ldots, x^m) \overset{\pi^i}{\longmapsto} x^i$, $(i = 1, \ldots, m)$, durch die $\mathbb{R}^m$ auf $\mathbb{R}$ abgebildet (projiziert) wird, sind offensichtlich in jedem Punkt $a = (a^1, \ldots, a^m) \in \mathbb{R}^m$ stetig, da $\lim\limits_{x \to a} \pi^i(x) = a^i = \pi^i(a)$.

*Beispiel 7.* Jede auf $\mathbb{R}$ definierte Funktion $x \mapsto f(x)$, wie etwa $x \mapsto \sin x$, kann als Funktion $(x, y) \overset{F}{\longmapsto} f(x)$ betrachtet werden, die beispielsweise auf $\mathbb{R}^2$ definiert ist. Falls $f$ eine stetige Funktion auf $\mathbb{R}$ ist, ist in diesem Fall die neue Funktion $(x, y) \overset{F}{\longmapsto} f(x)$, eine in $\mathbb{R}^2$ stetige Funktion. Dies lässt sich entweder direkt aus der Definition der Stetigkeit zeigen oder durch die Anmerkung, dass die Funktion $F$ die verkettete Funktion $(f \circ \pi^1)(x, y)$ stetiger Funktionen ist.

Wenn wir c) und e) berücksichtigen, folgt daraus insbesondere, dass beispielsweise die Funktionen

$$f(x, y) = \sin x + e^{xy} \quad \text{und} \quad f(x, y) = \arctan\big(\ln(|x| + |y| + 1)\big)$$

in $\mathbb{R}^2$ stetig sind.

Wir merken an, dass die gerade angewandten Überlegungen auf rein lokalen Eigenschaften beruhten und dass die Tatsache, dass die in Beispiel 7 untersuchten Funktionen $f$ und $F$ auf der ganzen reellen Geraden $\mathbb{R}$ bzw. der Ebene $\mathbb{R}^2$ definiert waren, rein zufällig war.

*Beispiel 8.* Die Funktion $f(x, y)$ in Beispiel 2 ist außer in $(0, 0)$ in jedem Punkt des Raumes $\mathbb{R}^2$ stetig. Wir merken an, dass die Funktion, trotz ihrer Unstetigkeit in diesem Punkt, in beiden Variablen für jeden festen Wert der anderen Variablen stetig ist.

*Beispiel 9.* Ist eine Funktion $f : E \to \mathbb{R}^n$ auf der Menge $E$ stetig und ist $\widetilde{E}$ eine Teilmenge von $E$, dann ist die Einschränkung $f|_{\widetilde{E}}$ von $f$ auf diese Teilmenge stetig auf $\widetilde{E}$, wie unmittelbar aus der Definition der Stetigkeit einer Funktion in einem Punkt folgt.

Wir wenden uns nun den globalen Eigenschaften stetiger Funktionen zu. Damit wir sie für Funktionen $f : E \to \mathbb{R}^n$ formulieren können, formulieren wir zunächst zwei Definitionen.

**Definition 8.** Eine Abbildung $f : E \to \mathbb{R}^n$ einer Menge $E \subset \mathbb{R}^m$ auf $\mathbb{R}^n$ ist *gleichmäßig stetig* auf $E$, falls zu jedem $\varepsilon > 0$ eine Zahl $\delta > 0$ existiert, so dass $d\big(f(x_1), f(x_2)\big) < \varepsilon$ für alle Punkte $x_1, x_2 \in E$ mit $d(x_1, x_2) < \delta$.

Wie zuvor gehen wir davon aus, dass die Abstände $d\big(f(x_1), f(x_2)\big)$ und $d(x_1, x_2)$ in $\mathbb{R}^n$ bzw. $\mathbb{R}^m$ gemessen werden.

Ist $m = n = 1$, dann entspricht diese Definition der gleichmäßigen Stetigkeit von Funktionen mit reellen Werten, wie wir sie bereits kennen.

**Definition 9.** Eine Menge $E \subset \mathbb{R}^m$ heißt *wegweise zusammenhängend*, falls es zu jedem Paar ihrer Punkte $x_0$, $x_1$ einen Weg $\Gamma : I \to E$ mit Spur in $E$ gibt, der in diesen Punkten endet.

Anders formuliert, so kann man von einem Punkt $x_0 \in E$ zu jedem anderen Punkt $x_1 \in E$ gelangen, ohne die Menge $E$ zu verlassen.

Da wir im Augenblick keine andere Art des Zusammenhangs von Mengen, außer dem wegweisen Zusammenhang betrachten, werden wir zwischenzeitlich der Kürze wegen wegweise zusammenhängende Menge als *zusammenhängend* bezeichnen.

**Definition 10.** Ein *Gebiet* in $\mathbb{R}^m$ ist eine offene zusammenhängende Menge.

*Beispiel 10.* Eine offene Kugel $K(a; r)$, $r > 0$ ist ein Gebiet in $\mathbb{R}^m$. Wir wissen bereits, dass $K(a; r)$ in $\mathbb{R}^m$ offen ist. Wir wollen zeigen, dass die Kugel zusammenhängend ist. Seien $x_0 = (x_0^1 \ldots, x_0^m)$ und $x_1 = (x_1^1, \ldots, x_1^m)$ zwei Punkte der Kugel. Der durch die Funktionen $x^i(t) = tx_1^i + (1 - t)x_0^i$, $(i = 1, \ldots, m)$ für das Intervall $0 \le t \le 1$ definierte Weg besitzt $x_0$ und $x_1$ als Endpunkte. Außerdem liegt seine Spur in der Kugel $K(a; r)$, da nach der Minkowskischen Ungleichung für jedes $t \in [0, 1]$ gilt, dass

$$
d\big(x(t), a\big) = \sqrt{\sum_{i=1}^{m} \big(x^i(t) - a^i\big)^2} = \sqrt{\sum_{i=1}^{m} \big(t(x_1^i - a^i) + (1 - t)(x_0^i - a^i)\big)^2} \le
$$

$$
\le \sqrt{\sum_{i=1}^{m} \big(t(x_1^i - a^i)\big)^2} + \sqrt{\sum_{i=1}^{m} \big((1 - t)(x_0^i - a^i)\big)^2} =
$$

$$
= t \cdot \sqrt{\sum_{i=1}^{m}(x_1^i - a^i)^2} + (1 - t) \cdot \sqrt{\sum_{i=1}^{m}(x_0^i - a^i)^2} < tr + (1 - t)r = r \, .
$$

*Beispiel 11.* Der Kreis (die ein-dimensionale Kugelschale) vom Radius $r > 0$ ist die Teilmenge in $\mathbb{R}^2$, die durch die Gleichung $(x^1)^2 + (x^2)^2 = r^2$ gegeben wird. Wenn wir $x^1 = r \cos t$ und $x^2 = r \sin t$ setzen, können wir erkennen, dass je zwei Punkte des Kreises durch einen Weg verbunden werden können, der entlang des Kreises verläuft. Daher ist ein Kreis eine zusammenhängende Menge. Diese Menge ist jedoch kein Gebiet in $\mathbb{R}^2$, da sie in $\mathbb{R}^2$ nicht offen ist.

Wir wollen nun die zentralen globalen Eigenschaften stetiger Funktion formulieren.

**Globale Eigenschaften stetiger Funktionen**

a) *Ist eine Abbildung $f : K \to \mathbb{R}^n$ auf einer kompakten Menge $K \subset \mathbb{R}^m$ stetig, dann ist sie auf $K$ gleichmäßig stetig.*

b) *Ist eine Abbildung $f : K \to \mathbb{R}^n$ auf einer kompakten Menge $K \subset \mathbb{R}^m$ stetig, dann ist sie auf $K$ beschränkt.*

c) *Ist eine Funktion $f : K \to \mathbb{R}$ auf einer kompakten Menge $K \subset \mathbb{R}^m$ stetig, dann nimmt sie in Punkten von $K$ ihre Maximal- und Minimalwerte an.*

d) *Ist eine Funktion $f : E \to \mathbb{R}$ auf einer zusammenhängenden Menge $E$ stetig und nimmt sie in den Punkten $a, b \in E$ die Werte $f(a) = A$ und $f(b) = B$ an, dann gibt es zu jedem $C$ zwischen $A$ und $B$ einen Punkt $c \in E$, in dem $f(c) = C$.*

Bei der Untersuchung der lokalen und der globalen Eigenschaften von Funktionen einer Variablen in Abschnitt 4.2 haben wir diese Eigenschaften, die sich auf den hier betrachteten allgemeineren Fall übertragen lassen, bewiesen. Die einzige Veränderung, die in den früheren Beweisen nötig ist, ist das Ersetzen von Ausdrücken wie $|x_1 - x_2|$ oder $|f(x_1) - f(x_2)|$ durch $d(x_1, x_2)$ und $d\big(f(x_1), f(x_2)\big)$, wobei $d$ die Metrik des Raumes ist, in dem sich die fraglichen Punkte befinden. Dies gilt vollständig für alle Aussagen mit Ausnahme der letzten d), die wir nun beweisen wollen.

*Beweis.* d) Sei $\Gamma : I \to E$ ein Weg, der eine stetige Abbildung eines Intervalls $[\alpha, \beta] = I \subset \mathbb{R}$ ist, so dass $\Gamma(\alpha) = a$, $\Gamma(\beta) = b$. Da $E$ zusammenhängend ist, existiert ein derartiger Weg. Die Funktion $f \circ \Gamma : I \to \mathbb{R}$, die der Verkettung stetiger Funktionen entspricht, ist stetig, und daher gibt es einen Punkt $\gamma \in [\alpha, \beta]$ im abgeschlossenen Intervall $[\alpha, \beta]$, in dem $f \circ \Gamma(\gamma) = C$. Wir setzen $c = \Gamma(\gamma)$. Dann ist $c \in E$ und $f(c) = C$.    $\square$

*Beispiel 12.* Die in $\mathbb{R}^m$ durch die Gleichung

$$(x^1)^2 + \cdots + (x^m)^2 = r^2$$

definierte Kugelschale $S(0; r)$ ist eine kompakte Menge.

Tatsächlich folgt aus der Stetigkeit der Funktion

$$(x^1, \ldots, x^m) \mapsto (x^1)^2 + \cdots + (x^m)^2 ,$$

dass die Kugelschale abgeschlossen ist und aus der Tatsache, dass auf der Schale $|x^i| \le r$, $(i = 1, \ldots, m)$ gilt, dass sie beschränkt ist.

Die Funktion

$$(x^1, \ldots, x^m) \mapsto (x^1)^2 + \cdots + (x^k)^2 - (x^{k+1})^2 - \cdots - (x^m)^2$$

ist in ganz $\mathbb{R}^m$ stetig, so dass seine Einschränkung auf die Kugelschale ebenfalls stetig ist. Nach der globalen Eigenschaft c) für stetige Funktionen nimmt sie auf der Kugelschale ihren Minimal- und Maximalwert an. In den Punkten $(1, 0, \ldots, 0)$ und $(0, \ldots, 0, 1)$ nimmt die Funktion die Werte 1 bzw. $-1$ an. Da die Kugelschale zusammenhängend ist (vgl. Aufgabe 3 am Ende dieses Abschnitts), setzt uns die globale Eigenschaft d) für stetige Funktionen in die Lage, zu zeigen, dass es auf der Kugelschale einen Punkt gibt, in dem die Funktion den Wert 0 annimmt.

*Beispiel 13.* Die offene Menge $\mathbb{R}^m \setminus S(0; r)$ für $r > 0$ ist kein Gebiet, da sie nicht zusammenhängend ist.

Ist nämlich $\Gamma : I \to \mathbb{R}^m$ ein Weg, dessen eines Ende der Punkt $x_0 = (0, \ldots, 0)$ ist und dessen anderes der Punkt $x_1 = (x_1^1, \ldots, x_1^m)$, für den $(x_1^1)^2 + \cdots + (x_1^m)^2 > r^2$ gilt, dann ist die Verkettung der stetigen Funktionen $\Gamma : I \to \mathbb{R}^m$ und $f : \mathbb{R}^m \to \mathbb{R}$, wobei

$$(x^1, \ldots, x^m) \xmapsto{f} (x^1)^2 + \cdots + (x^m)^2$$

eine stetige Funktion auf $I$ ist, die in einem Endpunkt Werte kleiner als $r^2$ annimmt und größere als $r^2$ im anderen. Daher gibt es einen Punkt $\gamma$ in $I$, in dem $(f \circ \Gamma)(\gamma) = r^2$, wobei der Punkt $x_\gamma = \Gamma(\gamma)$ in der Spur des Weges auf der Kugelschale $S(0; r)$ liegt. Wir haben somit gezeigt, dass es unmöglich ist, aus einer Kugel $K(0; r) \subset \mathbb{R}^m$ herauszukommen, ohne ihre umgrenzende Kugelschale $S(0; r)$ zu durchqueren.

### 7.2.3 Übungen und Aufgaben

**1.** Sei $f \in C(\mathbb{R}^m; \mathbb{R})$. Zeigen Sie:
a) Die Menge $E_1 = \{x \in \mathbb{R}^m \mid f(x) < c\}$ ist in $\mathbb{R}^m$ offen.
b) Die Menge $E_2 = \{x \in \mathbb{R}^m \mid f(x) \leq c\}$ ist in $\mathbb{R}^m$ abgeschlossen.
c) Die Menge $E_3 = \{x \in \mathbb{R}^m \mid f(x) = c\}$ ist in $\mathbb{R}^m$ abgeschlossen.
d) Strebt $f(x) \to +\infty$ für $x \to \infty$, dann sind $E_2$ und $E_3$ in $\mathbb{R}^m$ kompakt.
e) Für jedes $f : \mathbb{R}^m \to \mathbb{R}$ ist die Menge $E_4 = \{x \in \mathbb{R}^m \mid \omega(f; x) \geq \varepsilon\}$ abgeschlossen in $\mathbb{R}^m$.

**2.** Zeigen Sie, dass die Abbildung $f : \mathbb{R}^m \to \mathbb{R}^n$ genau dann stetig ist, wenn das Urbild jeder offenen Menge in $\mathbb{R}^n$ eine offene Menge in $\mathbb{R}^m$ ist.

**3.** Zeigen Sie:
a) Das Bild $f(E)$ einer zusammenhängenden Menge $E \subset \mathbb{R}^m$ ist unter einer stetigen Abbildung $f : E \to \mathbb{R}^n$ eine zusammenhängende Menge.
b) Die Vereinigung zusammenhängender Mengen, die einen Punkt gemeinsam haben, ist eine zusammenhängende Menge.
c) Die Halbschale (Hemisphäre) $(x^1)^2 + \cdots + (x^m)^2 = 1$, $x^m \geq 0$ ist eine zusammenhängende Menge.
d) Die Kugelschale $(x^1)^2 + \cdots + (x^m)^2 = 1$ ist eine zusammenhängende Menge.
e) Ist $E \subset \mathbb{R}$ und ist $E$ zusammenhängend, dann ist $E$ ein Intervall in $\mathbb{R}$ (d.h., ein abgeschlossenes Intervall, ein halb offenes Intervall, ein offenes Intervall oder die gesamte reelle Gerade).
f) Ist $x_0$ ein innerer Punkt und $x_1$ ein äußerer Punkt der Menge $M \subset \mathbb{R}^m$, dann durchschneidet die Spur jedes Weges mit den Endpunkten $x_0$ und $x_1$ die Umgrenzung der Menge $M$.

# 8

# Differentialrechnung mit Funktionen mehrerer Variabler

## 8.1 Die lineare Struktur auf $\mathbb{R}^m$

### 8.1.1 $\mathbb{R}^m$ als Vektorraum

Der Begriff des Vektorraums ist Ihnen bereits aus Ihrem Studium der Algebra bekannt.

Wenn wir die Addition von Elementen $x_1 = (x_1^1, \ldots, x_1^m)$ und $x_2 = (x_2^1, \ldots, x_2^m)$ in $\mathbb{R}^m$ durch die Formel

$$x_1 + x_2 = (x_1^1 + x_2^1, \ldots, x_1^m + x_2^m) \tag{8.1}$$

einführen und Multiplikation eines Elements $x = (x^1, \ldots, x^m)$ mit einer Zahl $\lambda \in \mathbb{R}$ durch

$$\lambda x = (\lambda x^1, \ldots, \lambda x^m) \tag{8.2}$$

definieren, wird $\mathbb{R}^m$ zum Vektorraum über dem Körper der reellen Zahlen. Seine Punkte können nun Vektoren genannt werden.

Die Vektoren

$$e_i = (0, \ldots, 0, 1, 0, \ldots, 0), \quad (i = 1, \ldots, m) \tag{8.3}$$

(wobei die 1 nur in der $i$-ten Position steht) bilden eine maximale linear unabhängige Menge von Vektoren in diesem Raum. Als Folge davon erweist sich $\mathbb{R}^m$ als $m$-dimensionaler Vektorraum.

Jeder Vektor $x \in \mathbb{R}^m$ kann in der Basis (8.3) entwickelt werden, d.h. in der Form

$$x = x^1 e_1 + \cdots + x^m e_m \tag{8.4}$$

dargestellt werden.

Wenn wir Vektoren indizieren, schreiben wir den Index unten, wohingegen wir seine Koordinaten wie bisher oben indizieren. Dies ist aus mehreren

Gründen bequem. Einer der Gründe ist nach Einstein[1], dass wir vereinbaren können, Ausdrücke wie in (8.4) in der Kurzform

$$x = x^i e_i \tag{8.5}$$

zu schreiben. Dabei verwenden wir das gleichzeitige Auftreten desselben hoch- und tiefgestellten Index dazu, um eine Summation über diesen Buchstaben über dessen Variationsbereich anzudeuten.

### 8.1.2 Lineare Transformationen $L : \mathbb{R}^m \to \mathbb{R}^n$

Wir wiederholen, dass eine Abbildung $L : X \to Y$ von einem Vektorraum $X$ in einen Vektorraum $Y$ *linear* genannt wird, falls

$$L(\lambda_1 x_1 + \lambda_2 x_2) = \lambda_1 L(x_1) + \lambda_2 L(x_2)$$

für jedes $x_1, x_2 \in X$ und $\lambda_1, \lambda_2 \in \mathbb{R}$. Wir interessieren uns für lineare Abbildungen $L : \mathbb{R}^m \to \mathbb{R}^n$.

Seien $\{e_1, \ldots, e_m\}$ und $\{\tilde{e}_1, \ldots, \tilde{e}_n\}$ feste Basen von $\mathbb{R}^m$ bzw. $\mathbb{R}^n$. Wenn wir die Entwicklungen

$$L(e_i) = a_i^1 \tilde{e}_1 + \cdots + a_i^n \tilde{e}_n = a_i^j \tilde{e}_j \,, \quad (i = 1, \ldots, m) \tag{8.6}$$

der Bilder der Basisvektoren unter der linearen Abbildung $L : \mathbb{R}^m \to \mathbb{R}^n$ kennen, dann können wir die Linearität von $L$ ausnutzen, um das Bild $L(h)$ jedes beliebigen Vektors $h = h^1 e_1 + \cdots + h^m e_m = h^i e_i$ in der Basis $\{\tilde{e}_1, \ldots, \tilde{e}_n\}$ zu entwickeln. Um es auf den Punkt zu bringen, so ist

$$L(h) = L(h^i e_i) = h^i L(e_i) = h^i a_i^j \tilde{e}_j = a_i^j h^i \tilde{e}_j \,. \tag{8.7}$$

Somit ist in Koordinatenschreibweise

$$L(h) = (h^i a_i^1, \ldots, h^i a_i^n) \,. \tag{8.8}$$

Zu einer festen Basis in $\mathbb{R}^n$ können wir daher die Abbildung $L : \mathbb{R}^m \to \mathbb{R}^n$ als eine Menge

$$L = (L^1, \ldots, L^n) \tag{8.9}$$

aus $n$ (koordinatenweisen) Abbildungen $L^j : \mathbb{R}^m \to \mathbb{R}$ betrachten.

Wenn wir (8.8) berücksichtigen, können wir einfach folgern, dass eine Abbildung $L : \mathbb{R}^m \to \mathbb{R}^n$ genau dann linear ist, wenn jede Abbildung $L^j$ in der Menge (8.9) linear ist.

Wenn wir (8.9) spaltenweise schreiben, gelangen wir mit (8.8) zu

---

[1] A. Einstein (1879–1955) – größter Physiker des zwanzigsten Jahrhunderts. Seine Arbeit in der Quantentheorie und insbesondere in der Relativitätstheorie übten einen revolutionären Einfluss auf die gesamte moderne Physik aus.

$$L(h) = \begin{pmatrix} L^1(h) \\ \cdots \\ L^n(h) \end{pmatrix} = \begin{pmatrix} a_1^1 \cdots a_m^1 \\ \cdots \cdots \cdots \\ a_1^n \cdots a_m^n \end{pmatrix} \begin{pmatrix} h^1 \\ \cdots \\ h^m \end{pmatrix} . \qquad (8.10)$$

Daher ermöglicht uns die Festlegung von Basen in $\mathbb{R}^m$ und $\mathbb{R}^n$, einen eins-zu-eins Zusammenhang zwischen linearen Transformationen $L : \mathbb{R}^m \to \mathbb{R}^n$ und $m \times n$-Matrizen $(a_i^j)$, $(i = 1, \ldots, m, j = 1, \ldots, n)$ herzustellen. Dabei entspricht die $i$-te Spalte der Matrix $(a_i^j)$ der Transformation $L$ den Koordinaten $L(e_i)$, d.h. dem Bild des Vektors $e_i \in \{e_1, \ldots, e_m\}$. Die Koordinaten des Bildes eines beliebigen Vektors $h = h^i e_i \in \mathbb{R}^m$ können wir aus (8.10) erhalten, indem wir die Matrix der linearen Transformation mit der Spalte der Koordinaten von $h$ multiplizieren.

Da $\mathbb{R}^n$ Vektorraumstruktur besitzt, können wir von Linearkombinationen $\lambda_1 f_1 + \lambda_2 f_2$ von Abbildungen $f_1 : X \to \mathbb{R}^n$ und $f_2 : X \to \mathbb{R}^n$ sprechen und

$$(\lambda_1 f_1 + \lambda_2 f_2)(x) := \lambda_1 f_1(x) + \lambda_2 f_2(x) \qquad (8.11)$$

setzen.

Insbesondere ist eine Linearkombination von linearen Transformationen $L_1 : \mathbb{R}^m \to \mathbb{R}^n$ und $L_2 : \mathbb{R}^m \to \mathbb{R}^n$ entsprechend ihrer Definition (8.11) eine Abbildung

$$h \mapsto \lambda_1 L_1(h) + \lambda_2 L_2(h) = L(h) ,$$

die offensichtlich linear ist. Die Matrix dieser Transformation ist die entsprechende Linearkombination der Matrizen der Transformationen $L_1$ und $L_2$.

Die Verkettung $C = B \circ A$ linearer Transformationen $A : \mathbb{R}^m \to \mathbb{R}^n$ und $B : \mathbb{R}^n \to \mathbb{R}^k$ ist offensichtlich ebenfalls eine lineare Transformation, deren Matrix dem Produkt der Matrix $A$ mit der Matrix $B$ (die von links multipliziert wird) entspricht, wie aus (8.10) folgt. In der Tat wurde die Multiplikation von Matrizen genau in der Ihnen bekannten Weise definiert, damit das Produkt von Matrizen der Verkettung der Transformationen entspricht.

### 8.1.3 Die Norm in $\mathbb{R}^m$

Wir bezeichnen mit
$$\|x\| = \sqrt{(x^1)^2 + \cdots + (x^m)^2} \qquad (8.12)$$
die *Norm* des Vektors $x = (x^1, \ldots, x^m) \in \mathbb{R}^m$.

Aus dieser Definition folgt unter Berücksichtigung der Minkowskischen Ungleichung, dass

$1^0$. $\|x\| \geq 0$,
$2^0$. $(\|x\| = 0) \Leftrightarrow (x = 0)$,
$3^0$. $\|\lambda x\| = |\lambda| \cdot \|x\|$, mit $\lambda \in \mathbb{R}$,
$4^0$. $\|x_1 + x_2\| \leq \|x_1\| + \|x_2\|$.

Ganz allgemein wird jede auf einem Vektorraum $X$ definierte Funktion $\| \ \| : X \to \mathbb{R}$, die die Bedingungen $1^0$–$4^0$ erfüllt, eine *Norm* auf diesem Vektorraum genannt. Manchmal wird zur Unterscheidung von Normen ein Symbol als Index angehängt, um den Raum zu kennzeichnen, auf dem die Norm betrachtet wird. So können wir etwa $\|x\|_{\mathbb{R}^m}$ oder $\|y\|_{\mathbb{R}^n}$ schreiben. In der Regel werden wir dies nicht tun, da immer aus dem Zusammenhang ersichtlich ist, welcher Raum und welche Norm gemeint ist.

Wir merken an, dass nach (8.12) gilt, dass

$$\|x_2 - x_1\| = d(x_1, x_2) , \tag{8.13}$$

wobei $d(x_1, x_2)$ der Abstand in $\mathbb{R}^m$ zwischen den Vektoren $x_1$ und $x_2$ ist, wenn wir sie als Punkte im $\mathbb{R}^m$ betrachten.

Aus (8.13) wird deutlich, dass die folgenden Bedingungen äquivalent sind:

$$x \to x_0 , \qquad d(x, x_0) \to 0 , \qquad \|x - x_0\| \to 0 .$$

In Anbetracht von (8.13) gilt insbesondere, dass

$$\|x\| = d(0, x) .$$

Die Eigenschaft $4^0$ der Norm wird *Dreiecksungleichung* genannt und wir verstehen jetzt, weswegen.

Die Dreiecksungleichung lässt sich durch Induktion auf jede endliche Summe verallgemeinern. Um es auf den Punkt zu bringen, so gilt:

$$\|x_1 + \cdots + x_k\| \le \|x_1\| + \cdots + \|x_k\| .$$

Nun, da wir die Norm eines Vektors bilden können, können wir auch die Werte von Funktionen $f : X \to \mathbb{R}^m$ und $g : X \to \mathbb{R}^n$ miteinander vergleichen.

Wir wollen vereinbaren, $f(x) = o(g(x))$ oder $f = o(g)$ auf einer Basis $\mathcal{B}$ in $X$ zu schreiben, falls $\|f(x)\|_{\mathbb{R}^m} = o(\|g(x)\|_{\mathbb{R}^n})$ auf der Basis $\mathcal{B}$.

Ist $f(x) = (f^1(x), \ldots, f^m(x))$ die Koordinatendarstellung der Abbildung $f : X \to \mathbb{R}^m$, dann können wir aufgrund der Ungleichungen

$$|f^i(x)| \le \|f(x)\| \le \sum_{i=1}^m |f^i(x)| \tag{8.14}$$

die folgende Beobachtung machen, die sich unten als nützlich erweisen wird:

$$\left(f = o(g) \text{ auf der Basis } \mathcal{B}\right) \Leftrightarrow \left(f^i = o(g) \text{ auf der Basis } \mathcal{B}; \ i = 1, \ldots, m\right) . \tag{8.15}$$

Wir treffen außerdem die Vereinbarung, dass die Aussage $f = O(g)$ auf der Basis $\mathcal{B}$ bedeutet, dass $\|f(x)\|_{\mathbb{R}^m} = O(\|g(x)\|_{\mathbb{R}^n})$ auf der Basis $\mathcal{B}$.

Wir erhalten damit aus (8.14), dass

$$\left(f = O(g) \text{ auf der Basis } \mathcal{B}\right) \Leftrightarrow \left(f^i = O(g) \text{ auf der Basis } \mathcal{B}; \ i = 1, \ldots, m\right) . \tag{8.16}$$

*Beispiel.* Wir betrachten eine lineare Transformation $L : \mathbb{R}^m \to \mathbb{R}^n$. Sei $h = h^1 e_1 + \cdots + h^m e_m$ ein beliebiger Vektor in $\mathbb{R}^m$. Wir wollen $\|L(h)\|_{\mathbb{R}^n}$ abschätzen:

$$\|L(h)\| = \left\| \sum_{i=1}^m h^i L(e_i) \right\| \le \sum_{i=1}^m \|L(e_i)\|\,|h^i| \le \left( \sum_{i=1}^m \|L(e_i)\| \right) \|h\| . \quad (8.17)$$

Daher können wir sicherstellen, dass

$$L(h) = O(h) \text{ für } h \to 0 . \quad (8.18)$$

Insbesondere folgt daraus, dass $L(x - x_0) = L(x) - L(x_0) \to 0$ für $x \to x_0$, d.h., eine lineare Transformation $L : \mathbb{R}^m \to \mathbb{R}^n$ ist in jedem Punkt $x_0 \in \mathbb{R}^m$ stetig. Aus der Abschätzung (8.17) folgt sogar, dass eine lineare Transformation gleichmäßig stetig ist.

### 8.1.4 Die euklidische Struktur auf $\mathbb{R}^m$

Das Konzept des *inneren Produkts* in einem reellen Vektorraum ist aus der Algebra als numerische Funktion $\langle x, y \rangle$ bekannt, die für Paare von Vektoren definiert ist und die folgenden Eigenschaften besitzt:

$$\langle x, x \rangle \ge 0 ,$$
$$\langle x, x \rangle = 0 \Leftrightarrow x = 0 ,$$
$$\langle x_1, x_2 \rangle = \langle x_2, x_1 \rangle ,$$
$$\langle \lambda x_1, x_2 \rangle = \lambda \langle x_1, x_2 \rangle, \quad \text{mit } \lambda \in \mathbb{R} ,$$
$$\langle x_1 + x_2, x_3 \rangle = \langle x_1, x_3 \rangle + \langle x_2, x_3 \rangle .$$

Aus diesen Eigenschaften folgt insbesondere, dass sich bei fest vorgegebener Basis $\{e_1, \ldots, e_m\}$ das innere Produkt $\langle x, y \rangle$ zweier Vektoren $x$ und $y$ durch ihre Koordinaten $(x^1, \ldots, x^m)$ und $(y^1, \ldots, y^m)$ ausdrücken lässt. Wir erhalten die bilineare Form

$$\langle x, y \rangle = g_{ij} x^i y^j \quad (8.19)$$

(worunter wir Summation über $i$ und $j$ verstehen), mit $g_{ij} = \langle e_i, e_j \rangle$.

Vektoren werden *orthogonal* genannt, falls ihr inneres Produkt gleich 0 ist.

Eine Basis $\{e_1, \ldots, e_m\}$ ist *orthonormal*, falls $g_{ij} = \delta_{ij}$ mit

$$\delta_{ij} = \begin{cases} 0 , \text{ für } i \ne j , \\ 1 , \text{ für } i = j . \end{cases}$$

In einer orthonormalen Basis nimmt das innere Produkt (8.19) die sehr einfache Gestalt

$$\langle x, y \rangle = \delta_{ij} x^i y^j$$

an, oder

$$\langle x, y \rangle = x^1 \cdot y^1 + \cdots + x^m \cdot y^m \, . \tag{8.20}$$

Wir nennen dann die Koordinaten auch *kartesische* Koordinaten.

Wir erinnern daran, dass der Raum $\mathbb{R}^m$ mit einem darauf definierten inneren Produkt *euklidischer Raum* genannt wird.

Zwischen dem inneren Produkt (8.20) und der Norm eines Vektors (8.12) besteht der offensichtliche Zusammenhang:

$$\langle x, x \rangle = \|x\|^2 \, .$$

Die folgende Ungleichung ist aus der Algebra bekannt:

$$\langle x, y \rangle^2 \leq \langle x, x \rangle \langle y, y \rangle \, .$$

Wir sehen daran insbesondere, dass es zu jedem Paar von Vektoren einen Winkel $\varphi \in [0, \pi]$ gibt, so dass

$$\langle x, y \rangle = \|x\| \, \|y\| \cos \varphi \, .$$

Dieser Winkel wird der *Winkel zwischen den Vektoren* $x$ und $y$ genannt. Dies ist der Grund dafür, warum wir Vektoren, deren inneres Produkt gleich Null ist, als orthogonal bezeichnen.

Auch die folgende einfache, aber sehr wichtige Tatsache, die aus der Algebra bekannt ist, wird sich als nützlich erweisen:

*Jede lineare Funktion* $L : \mathbb{R}^m \to \mathbb{R}$ *besitzt im euklidischen Raum die Form*

$$L(x) = \langle \xi, x \rangle \, ,$$

*wobei* $\xi \in \mathbb{R}^m$ *ein fester Vektor ist, der eindeutig durch die Funktion* $L$ *bestimmt wird.*

## 8.2 Das Differential einer Funktion mehrerer Variabler

### 8.2.1 Differenzierbarkeit und das Differential einer Funktion in einem Punkt

**Definition 1.** Eine auf einer Menge $E \subset \mathbb{R}^m$ definierte Funktion $f : E \to \mathbb{R}^n$ ist *in einem Punkt* $x \in E$, der ein Häufungspunkt von $E$ ist, *differenzierbar*, falls

$$\boxed{f(x + h) - f(x) = L(x)h + \alpha(x; h),} \tag{8.21}$$

wobei $L(x) : \mathbb{R}^m \to \mathbb{R}^n$ eine in $h$ lineare Funktion[2] ist und $\alpha(x; h) = o(h)$ für $h \to 0$, $x + h \in E$.

---

[2] In Analogie zum ein-dimensionalen Fall erlauben wir uns, $L(x)h$ anstelle von $L(x)(h)$ zu schreiben. Wir merken außerdem an, dass wir bei der Definition annehmen, dass $\mathbb{R}^m$ und $\mathbb{R}^n$ mit der Norm aus Abschnitt 8.1 versehen sind.

Die Vektoren

$$\Delta x(h) := (x + h) - x = h \quad \text{und}$$
$$\Delta f(x; h) := f(x + h) - f(x)$$

werden das *Inkrement im Argument* bzw. das *Inkrement der Funktion* (abhängig vom Inkrement im Argument) genannt. Diese Vektoren werden üblicherweise durch die Symbole der Funktionen selbst (ohne $h$) bezeichnet, also $\Delta x$ und $\Delta f(x)$. Die lineare Funktion $L(x) : \mathbb{R}^m \to \mathbb{R}^n$ in (8.21) wird das *Differential*, *Tangentialabbildung* oder *Ableitung* der Funktion $f : E \to \mathbb{R}^n$ im Punkt $x \in E$ genannt.

Das Differential einer Funktion $f : E \to \mathbb{R}^n$ im Punkt $x \in E$ wird durch $\mathrm{d}f(x)$, $Df(x)$ oder $f'(x)$ symbolisiert.

In Übereinstimmung mit der eben eingeführten Schreibweise können wir (8.21) wie folgt umschreiben:

$$f(x + h) - f(x) = f'(x)h + \alpha(x; h)$$

oder

$$\Delta f(x; h) = \mathrm{d}f(x)h + \alpha(x; h) \, .$$

Wir merken an, dass das Differential für Verschiebungen $h$ vom Punkt $x \in \mathbb{R}^m$ definiert ist.

Um dies zu betonen, befestigen wir gedanklich eine Kopie des Vektorraums $\mathbb{R}^m$ im Punkt $x \in \mathbb{R}^m$, die wir mit $T_x\mathbb{R}^m$, $T\mathbb{R}^m(x)$, oder $T\mathbb{R}_x^m$ bezeichnen. Wir können den Raum $T\mathbb{R}_x^m$ als eine Menge von Vektoren interpretieren, die im Punkt $x \in \mathbb{R}^m$ angeheftet sind. Der Vektorraum $T\mathbb{R}_x^m$ wird *Tangentialraum zu* $\mathbb{R}^m$ *in* $x \in \mathbb{R}^m$ genannt. Der Grund für diese Schreibweise wird unten deutlich.

Der Wert des Differentials zu einem Vektor $h \in T\mathbb{R}_x^m$ ist der Vektor $f'(x)h \in T\mathbb{R}_{f(x)}^n$, der im Punkt $f(x)$ angeheftet ist und das Inkrement $f(x + h) - f(x)$ der Funktion annähert, das durch das Inkrement $h$ im Argument $x$ verursacht wird. Daher ist $\mathrm{d}f(x)$ bzw. $f'(x)$ eine lineare Transformation $f'(x) : T\mathbb{R}_x^m \to T\mathbb{R}_{f(x)}^n$.

Eine vektorwertige Funktion mehrerer Variabler ist in einem Punkt differenzierbar, wenn ihr Inkrement $\Delta f(x; h)$ in diesem Punkt bis auf einen Korrekturausdruck $\alpha(x; h)$, der für $h \to 0$ verglichen zum Inkrement im Argument infinitesimal ist, eine lineare Funktion von $h$ ist. Dies ist, wie wir erkennen, in vollständiger Übereinstimmung mit dem bereits untersuchten ein-dimensionalen Fall.

### 8.2.2 Das Differential und partielle Ableitungen einer Funktion mit reellen Werten

Wenn wir die Vektoren $f(x + h)$, $f(x)$, $L(x)h$ und $\alpha(x; h)$ in $\mathbb{R}^n$ in ihren Koordinaten schreiben, wird (8.21) zu den $n$ äquivalenten Gleichungen

$$f^i(x+h) - f^i(x) = L^i(x)h + \alpha^i(x;h)\,, \quad (i = 1,\ldots,n) \tag{8.22}$$

zwischen Funktionen mit reellen Werten. Dabei sind, wie aus den Relationen (8.9) und (8.15) in Abschnitt 8.1 folgt, $L^i(x) : \mathbb{R}^m \to \mathbb{R}$ lineare Funktionen und $\alpha^i(x;h) = o(h)$ für $h \to 0$, $x + h \in E$ für jedes $i = 1,\ldots,n$.
Wir gelangen so zu folgendem Satz.

**Satz 1.** *Eine Abbildung $f : E \to \mathbb{R}^n$ einer Menge $E \subset \mathbb{R}^m$ ist genau dann in einem Punkt $x \in E$, der ein Häufungspunkt von $E$ ist, differenzierbar, wenn die Funktionen $f^i : E \to \mathbb{R}$, $(i = 1,\ldots,n)$, die die Koordinatendarstellung der Abbildung wiedergeben, in diesem Punkt differenzierbar sind.*

Da die Gleichungen (8.21) und (8.22) äquivalent sind, genügt es, zur Bestimmung des Differentials $L(x)$ einer Abbildung $f : E \to \mathbb{R}^n$ die Differentiale $L^i(x)$ ihrer Koordinatenfunktionen $f^i : E \to \mathbb{R}$ zu bestimmen.

Wir wollen nun eine Funktion $f : E \to \mathbb{R}$ mit reellen Werten betrachten, die auf einer Menge $E \subset \mathbb{R}^m$ definiert ist und die in einem inneren Punkt $x \in E$ dieser Menge differenzierbar ist. Wir merken an, dass wir in Zukunft hauptsächlich den Fall betrachten werden, dass $E$ ein Gebiet in $\mathbb{R}^m$ ist. Ist $x$ ein innerer Punkt von $E$, dann gehört für jede hinreichend kleine Verschiebung $h$ von $x$ auch der Punkt $x + h$ zu $E$, so dass wir folglich auch im Definitionsbereich der Funktion $f : E \to \mathbb{R}$ bleiben.

Wir gehen zur koordinatenweisen Beschreibung für den Punkt $x = (x^1,\ldots,x^m)$, den Vektor $h = (h^1,\ldots,h^m)$ und die lineare Funktion $L(x)h = a_1(x)h^1 + \cdots + a_m(x)h^m$ über. Damit kann die Bedingung

$$f(x+h) - f(x) = L(x)h + o(h) \quad \text{für } h \to 0 \tag{8.23}$$

als

$$f(x^1 + h^1,\ldots,x^m + h^m) - f(x^1,\ldots,x^m) =$$
$$= a_1(x)h^1 + \cdots + a_m(x)h^m + o(h) \quad \text{für } h \to 0 \tag{8.24}$$

geschrieben werden, wobei $a_1(x),\ldots,a_m(x)$ reelle Zahlen sind, die vom Punkt $x$ abhängig sind.

Wir wollen diese Zahlen bestimmen. Dazu führen wir nicht beliebige Verschiebungen $h$ aus, sondern die besondere Verschiebung

$$h_i = h^i e_i = 0 \cdot e_1 + \cdots + 0 \cdot e_{i-1} + h^i e_i + 0 \cdot e_{i+1} + \cdots + 0 \cdot e_m$$

um einen Vektor $h_i$, der zum Vektor $e_i$ der Basis $\{e_1,\ldots,e_m\}$ in $\mathbb{R}^m$ kollinear ist. Für $h = h_i$ ist offensichtlich $\|h\| = |h^i|$, und somit erhalten wir aus (8.24)

$$f(x^1,\ldots,x^{i-1},x^i + h^i,x^{i+1},\cdots,x^m) - f(x^1,\ldots,x^i,\ldots,x^m) =$$
$$= a_i(x)h^i + o(h^i) \quad \text{für } h^i \to 0\,. \tag{8.25}$$

Dies bedeutet, dass wir, wenn wir mit Ausnahme der $i$-ten Variablen alle Variablen in der Funktion $f(x^1,\ldots,x^m)$ festhalten, zu einer Funktion in der $i$-ten Variablen gelangen, die im Punkt $x^i$ differenzierbar ist.

Auf diese Weise erhalten wir aus (8.25), dass

$$a_i(x) = \qquad\qquad\qquad\qquad\qquad\qquad\qquad\qquad\qquad (8.26)$$
$$= \lim_{h^i \to 0} \frac{f(x^1, \ldots, x^{i-1}, x^i + h^i, x^{i+1}, \ldots, x^m) - f(x^1, \ldots, x^i, \ldots, x^m)}{h^i} \ .$$

**Definition 2.** Der Grenzwert (8.26) wird *partielle Ableitung* der Funktion $f(x)$ im Punkt $x = (x^1, \ldots, x^m)$ nach der Variablen $x^i$ genannt. Wir bezeichnen sie mit einem der folgenden Symbole:

$$\frac{\partial f}{\partial x^i}(x) \ , \quad \partial_i f(x) \ , \quad D_i f(x) \ , \quad f'_{x^i}(x) \ .$$

*Beispiel 1.* Ist $f(u, v) = u^3 + v^2 \sin u$, dann ist

$$\partial_1 f(u, v) = \frac{\partial f}{\partial u}(u, v) = 3u^2 + v^2 \cos u \ ,$$
$$\partial_2 f(u, v) = \frac{\partial f}{\partial v}(u, v) = 2v \sin u \ .$$

*Beispiel 2.* Ist $f(x, y, z) = \arctan(xy^2) + e^z$, dann ist

$$\partial_1 f(x, y, z) = \frac{\partial f}{\partial x}(x, y, z) = \frac{y^2}{1 + x^2 y^4} \ ,$$
$$\partial_2 f(x, y, z) = \frac{\partial f}{\partial y}(x, y, z) = \frac{2xy}{1 + x^2 y^4} \ ,$$
$$\partial_3 f(x, y, z) = \frac{\partial f}{\partial z}(x, y, z) = e^z \ .$$

Wir haben somit den folgenden Satz bewiesen.

**Satz 2.** *Ist eine Funktion $f : E \to \mathbb{R}^n$ auf einer Menge $E \subset \mathbb{R}^m$ in einem inneren Punkt $x \in E$ dieser Menge differenzierbar, dann besitzt die Funktion in diesem Punkt eine partielle Ableitung nach jeder der Variablen und das Differential dieser Funktion ist durch diese partiellen Ableitungen eindeutig bestimmt:*

$$df(x)h = \frac{\partial f}{\partial x^1}(x)h^1 + \cdots + \frac{\partial f}{\partial x^m}(x)h^m \ . \qquad (8.27)$$

Wenn wir die Vereinbarung der Summation über den Index, der sowohl tiefgestellt als auch hochgestellt auftritt, benutzen, können wir (8.27) kurz und bündig schreiben:

$$df(x)h = \partial_i f(x)h^i \ . \qquad\qquad\qquad (8.28)$$

*Beispiel 3.* Wenn wir gewusst hätten (wie wir gleich wissen werden), dass die Funktion $f(x, y, z)$ aus Beispiel 2 im Punkt $(0, 1, 0)$ differenzierbar ist, hätten wir sofort

$$\mathrm{d}f(0,1,0)h = 1 \cdot h^1 + 0 \cdot h^2 + 1 \cdot h^3 = h^1 + h^3$$

schreiben können und entsprechend

$$f(h^1, 1+h^2, h^3) - f(0,1,0) = \mathrm{d}f(0,1,0)h + o(h)$$

oder

$$\arctan\left(h^1(1+h^2)^2\right) + e^{h^3} = 1 + h^1 + h^3 + o(h) \quad \text{für } h \to 0 \; .$$

*Beispiel 4.* Für die Funktion $x = (x^1, \dots, x^m) \overset{\pi^i}{\longmapsto} x^i$, bei der dem Punkt $x \in \mathbb{R}^m$ die $i$-te Koordinate zugewiesen wird, erhalten wir

$$\Delta\pi^i(x;h) = (x^i + h^i) - x^i = h^i \; ,$$

d.h., das Inkrement dieser Funktion ist selbst wieder eine lineare Funktion in $h$: $h \overset{\pi^i}{\longmapsto} h^i$. Somit ist $\Delta\pi^i(x;h) = \mathrm{d}\pi^i(x)h$, und die Abbildung $\mathrm{d}\pi^i(x) = \mathrm{d}\pi^i$ stellt sich als unabhängig von $x \in \mathbb{R}^m$ heraus in dem Sinne, dass $\mathrm{d}\pi^i(x)h = h^i$ in jedem Punkt $x \in \mathbb{R}^m$. Wenn wir $x^i(x)$ anstelle von $\pi^i(x)$ schreiben, gelangen wir zu $\mathrm{d}x^i(x)h = \mathrm{d}x^i h = h^i$.

Wenn wir dies und Gleichung (8.28) berücksichtigen, können wir nun das Differential jeder Funktion als eine Linearkombination der Differentiale der Koordinaten ihres Arguments $x \in \mathbb{R}^m$ formulieren. Um es auf den Punkt zu bringen:

$$\mathrm{d}f(x) = \partial_i f(x)\,\mathrm{d}x^i = \frac{\partial f}{\partial x^1}\mathrm{d}x^1 + \cdots + \frac{\partial f}{\partial x^m}\mathrm{d}x^m \; , \qquad (8.29)$$

da für jeden Vektor $h \in T\mathbb{R}^m_x$ gilt:

$$\mathrm{d}f(x)h = \partial_i f(x)h^i = \partial_i f(x)\mathrm{d}x^i h \; .$$

### 8.2.3 Koordinatenweise Darstellung des Differentials einer Abbildung: Die Jacobimatrix

Wir sind also zu (8.27) für das Differential einer Funktion mit reellen Werten $f : E \to \mathbb{R}$ gelangt. Dann können wir aber aufgrund der Äquivalenz der Gleichungen (8.21) und (8.22) für jede Abbildung $f : E \to \mathbb{R}^n$ einer Menge $E \subset \mathbb{R}^m$, die in einem inneren Punkt $x \in E$ differenzierbar ist, die koordinatenweise Darstellung des Differentials $\mathrm{d}f(x)$ wie folgt schreiben:

$$\mathrm{d}f(x)h = \begin{pmatrix} \mathrm{d}f^1(x)h \\ \ldots\ldots \\ \mathrm{d}f^n(x)h \end{pmatrix} = \begin{pmatrix} \partial_i f^1(x)h^i \\ \ldots\ldots\ldots \\ \partial_i f^n(x)h^i \end{pmatrix} = \begin{pmatrix} \frac{\partial f^1}{\partial x^1}(x) & \cdots & \frac{\partial f^1}{\partial x^m}(x) \\ \ldots\ldots\ldots\ldots\ldots \\ \frac{\partial f^n}{\partial x^1}(x) & \cdots & \frac{\partial f^n}{\partial x^m}(x) \end{pmatrix} \begin{pmatrix} h^1 \\ .. \\ h^m \end{pmatrix} .$$

$$(8.30)$$

**Definition 3.** Die Matrix $\left(\partial_i f^j(x)\right)$, $(i = 1, \ldots, m, \; j = 1, \ldots, n)$ der partiellen Ableitungen der Koordinatenfunktionen einer gegebenen Abbildung im Punkt $x \in E$ wird *Jacobimatrix*[3] der Abbildung in diesem Punkt genannt.

Für den Fall $n = 1$ führt uns das einfach zu Gleichung (8.27) zurück und für $n = 1$ und $m = 1$ gelangen wir zum Differential einer Funktion mit reellen Werten in einer reellen Variablen.

Aus der Äquivalenz der Gleichungen (8.21) und (8.22) und der Eindeutigkeit des Differentials (8.27) einer Funktion mit reellen Werten ergibt sich das folgende Ergebnis:

**Satz 3.** *Ist eine Abbildung $f : E \to \mathbb{R}^n$ einer Menge $E \subset \mathbb{R}^m$ in einem inneren Punkt $x \in E$ differenzierbar, dann besitzt sie in diesem Punkt ein eindeutiges Differential $\mathrm{d}f(x)$, und die koordinatenweise Darstellung der Abbildung $\mathrm{d}f(x) : T\mathbb{R}^m_x \to T\mathbb{R}^n_{f(x)}$ entspricht Gleichung (8.30).*

### 8.2.4 Stetigkeit, partielle Ableitungen und Differenzierbarkeit einer Funktion in einem Punkt

Wir beenden unsere Untersuchung der Differenzierbarkeit einer Funktion in einem Punkt, indem wir auf einige Zusammenhänge zwischen der Stetigkeit einer Funktion in einem Punkt, der Existenz partieller Ableitungen der Funktion in diesem Punkt und der Differenzierbarkeit in diesem Punkt hinweisen.

In Abschnitt 8.1 ((8.17) und (8.18)) haben wir den Beweis erbracht, dass für eine lineare Transformation $L : \mathbb{R}^m \to \mathbb{R}^n$ gilt, dass $Lh \to 0$ für $h \to 0$. Daher können wir aus (8.21) schließen, dass eine Funktion, die in einem Punkt differenzierbar ist, in diesem Punkt stetig ist, da

$$f(x + h) - f(x) = L(x)h + o(h) \text{ für } h \to 0, \; x + h \in E \, .$$

Der Umkehrschluss ist natürlich nicht wahr, da dieser, wie wir wissen, nicht einmal für den ein-dimensionalen Fall gilt.

Daher ist die Beziehung zwischen der Stetigkeit und der Differenzierbarkeit einer Funktion in einem Punkt im mehr-dimensionalen Fall gleich der im ein-dimensionalen Fall.

Die Lage ist jedoch vollständig anders beim Verhältnis zwischen partieller Ableitung und dem Differential. Im ein-dimensionalen Fall, d.h. im Fall einer Funktion mit reellem Wert in einer Variablen, sind die Existenz des Differentials und die Existenz der Ableitung einer Funktion in einem Punkt äquivalente Bedingungen. Bei Funktionen mehrerer Variabler haben wir gezeigt (Satz 2), dass Differenzierbarkeit einer Funktion in einem inneren Punkt ihres Definitionsbereichs die Existenz der partiellen Ableitungen nach jeder Variablen in diesem Punkt garantiert. Der Umkehrschluss ist jedoch nicht wahr.

---

[3] C. G. J. Jacobi (1804–1851) – berühmter deutscher Mathematiker.
Der Ausdruck *Jacobian* wird im Englischen meist für die Determinante dieser Matrix (falls sie quadratisch ist) benutzt.

*Beispiel 5.* Die Funktion

$$f(x^1, x^2) = \begin{cases} 0 \text{ , für } x^1 x^2 = 0 \text{ ,} \\ 1 \text{ , für } x^1 x^2 \neq 0 \end{cases}$$

ist auf den Koordinatenachsen gleich 0 und besitzt daher beide partiellen Ableitungen im Punkt $(0,0)$:

$$\partial_1 f(0,0) = \lim_{h^1 \to 0} \frac{f(h^1, 0) - f(0,0)}{h^1} = \lim_{h^1 \to 0} \frac{0 - 0}{h^1} = 0 \text{ ,}$$

$$\partial_2 f(0,0) = \lim_{h^2 \to 0} \frac{f(0, h^2) - f(0,0)}{h^2} = \lim_{h^2 \to 0} \frac{0 - 0}{h^2} = 0 \text{ .}$$

Gleichzeitig ist diese Funktion nicht in $(0,0)$ differenzierbar, da sie offensichtlich in diesem Punkt unstetig ist.

Die in Beispiel 5 vorgestellte Funktion besitzt in anderen Punkten auf den Koordinatenachsen außer in $(0,0)$ keine partiellen Ableitungen. Die Funktion

$$f(x, y) = \begin{cases} \frac{xy}{x^2 + y^2} \text{ , für } x^2 + y^2 \neq 0 \text{ ,} \\ 0 \text{ ,} \quad \text{für } x^2 + y^2 = 0 \end{cases}$$

(vgl. Beispiel 2 in Abschnitt 7.2) besitzt jedoch in allen Punkten der Ebene partielle Ableitungen. Sie ist allerdings auch im Ursprung unstetig und daher dort nicht differenzierbar.

Können wir also die rechte Seite in (8.27) und (8.28) aufstellen, so garantiert uns dies nicht, dass dieser Ausdruck eine Darstellung des Differentials der betrachteten Funktion ist, da die Funktion nicht differenzierbar sein kann.

Dieser Umstand hätte zu einer ernsten Behinderung der gesamten Differentialrechnung von Funktionen mehrerer Variablen werden können, wenn nicht sichergestellt worden wäre (wie wir unten zeigen werden), dass die Stetigkeit der partiellen Ableitungen in einem Punkt eine hinreichende Bedingung für die Differenzierbarkeit der Funktion in diesem Punkt ist.

## 8.3 Die wichtigsten Gesetze der Differentiation

### 8.3.1 Linearität der Ableitung

**Satz 1.** *Sind die auf einer Menge $E \subset \mathbb{R}^m$ definierten Abbildungen $f_1 : E \to \mathbb{R}^n$ und $f_2 : E \to \mathbb{R}^n$ in einem Punkt $x \in E$ differenzierbar, dann ist auch jede Linearkombination $(\lambda_1 f_1 + \lambda_2 f_2) : E \to \mathbb{R}^n$ in diesem Punkt differenzierbar und es gilt die folgende Gleichung:*

$$(\lambda_1 f_1 + \lambda_2 f_2)'(x) = (\lambda_1 f_1' + \lambda_2 f_2')(x) \text{ .} \tag{8.31}$$

Gleichung (8.31) zeigt uns, dass die Ableitung, d.h. die Bildung des Differentials einer Abbildung in einem Punkt, auf dem Vektorraum der in einem Punkt der Menge $E$ differenzierbaren Abbildungen $f : E \to \mathbb{R}^n$ eine lineare Transformation ist. Die linke Seite von (8.31) enthält per definitionem die lineare Transformation $(\lambda_1 f_1 + \lambda_2 f_2)'(x)$, wohingegen die rechte Seite die Linearkombination $(\lambda_1 f_1' + \lambda_2 f_2')(x)$ der linearen Transformationen $f_1'(x) : \mathbb{R}^m \to \mathbb{R}^n$ und $f_2'(x) : \mathbb{R}^m \to \mathbb{R}^n$ enthält, die, wie wir aus Abschnitt 8.1 wissen, ebenfalls eine lineare Transformation ist. Satz 1 stellt sicher, dass diese Abbildungen identisch sind.

*Beweis.*

$$(\lambda_1 f_1 + \lambda_2 f_2)(x + h) - (\lambda_1 f_2 + \lambda_2 f_2)(x) =$$
$$= \big(\lambda_1 f_1(x + h) + \lambda_2 f_2(x + h)\big) - \big(\lambda_1 f_1(x) + \lambda_2 f_2(x)\big) =$$
$$= \lambda_1 \big(f_1(x + h) - f_1(x)\big) + \lambda_2 \big(f_2(x + h) - f_2(x)\big) =$$
$$= \lambda_1 \big(f_1'(x)h + o(h)\big) + \lambda_2 \big(f_2'(x)h + o(h)\big) =$$
$$= \big(\lambda_1 f_1'(x) + \lambda_2 f_2'(x)\big)h + o(h) \,. \qquad \square$$

Besitzen die untersuchten Funktionen reelle Werte, dann können wir sie auch multiplizieren und dividieren (falls der Nenner ungleich Null ist). Dies führt uns zu folgendem Satz.

**Satz 2.** *Sind die auf einer Menge $E \subset \mathbb{R}^m$ definierten Funktionen $f : E \to \mathbb{R}$ und $g : E \to \mathbb{R}$ in einem Punkt $x \in E$ differenzierbar, dann ist auch*

*a) ihr Produkt in $x$ differenzierbar, mit*

$$(f \cdot g)'(x) = g(x)f'(x) + f(x)g'(x) \quad und \qquad (8.32)$$

*b) für $g(x) \neq 0$ ist ihr Quotient in $x$ differenzierbar, mit*

$$\left(\frac{f}{g}\right)'(x) = \frac{1}{g^2(x)}\big(g(x)f'(x) - f(x)g'(x)\big) \,. \qquad (8.33)$$

Der Beweis dieses Satzes ist identisch zum Beweis entsprechender Teile von Satz 1 in Abschnitt 5.2, so dass wir auf die Details verzichten.

Wir können die Gleichungen (8.31), (8.32) und (8.33) auch in der anderen Schreibweise für die Ableitung formulieren:

$$\mathrm{d}\big(\lambda_1 f_1(x) + \lambda_2 f_2(x)\big) = \big(\lambda_1 \mathrm{d}f_1 + \lambda_2 \mathrm{d}f_2\big)(x) \,,$$
$$\mathrm{d}(f \cdot g)(x) = g(x)\mathrm{d}f(x) + f(x)\mathrm{d}g(x) \,,$$
$$\mathrm{d}\left(\frac{f}{g}\right)(x) = \frac{1}{g^2(x)}\big(g(x)\mathrm{d}f(x) - f(x)\mathrm{d}g(x)\big) \,.$$

Was bedeuten diese Gleichungen in der koordinatenweisen Darstellung der Abbildungen? Wird eine in einem inneren Punkt $x$ einer Menge $E \subset \mathbb{R}^m$ differenzierbare Abbildung $\varphi : E \to \mathbb{R}^n$ in ihrer Koordinatenform

$$\varphi(x) = \begin{pmatrix} \varphi^1(x^1, \dots, x^m) \\ \dots\dots\dots\dots \\ \varphi^n(x^1, \dots, x^m) \end{pmatrix}$$

geschrieben, dann entspricht, wie wir wissen, die Jacobimatrix

$$\varphi'(x) = \begin{pmatrix} \partial_1\varphi^1 & \cdots & \partial_m\varphi^1 \\ \dots\dots\dots\dots \\ \partial_1\varphi^n & \cdots & \partial_m\varphi^n \end{pmatrix}(x) = \left(\partial_i\varphi^j\right)(x)$$

ihrem Differential $d\varphi(x) : \mathbb{R}^m \to \mathbb{R}^n$ in diesem Punkt.

Für feste Basen in $\mathbb{R}^m$ und $\mathbb{R}^n$ ist der Zusammenhang zwischen linearen Transformationen $L : \mathbb{R}^m \to \mathbb{R}^n$ und $m \times n$ Matrizen bijektiv, und daher kann die lineare Transformation $L$ mit der sie definierenden Matrix identifiziert werden.

Trotzdem werden wir in der Regel das Symbol $f'(x)$ statt $df(x)$ benutzen, um die Jacobimatrix zu bezeichnen, da dies besser zur üblichen Unterscheidung zwischen den Begriffen der Ableitung und dem Differential passt, die im ein-dimensionalen Fall gilt.

Aus der Eindeutigkeit des Differentials in einem inneren Punkt $x$ von $E$ erhalten wir somit die folgenden Koordinatenschreibweisen für (8.31), (8.32) und (8.33), mit der wir die Gleichheit der entsprechenden Jacobimatrizen zum Ausdruck bringen:

$$\left(\partial_i(\lambda_1 f_1^j + \lambda_2 f_2^j)\right)(x) = \left(\lambda_1\partial_i f_1^j + \lambda_2\partial_i f_2^j\right)(x) ,$$
$$(i = 1, \dots, m, \; j = 1, \dots, n) , \quad (8.31')$$
$$\left(\partial_i(f \cdot g)\right)(x) = g(x)\partial_i f(x) + f(x)\partial_i g(x) , \quad (i = 1, \dots, m) , \quad (8.32')$$
$$\left(\partial_i\left(\frac{f}{g}\right)\right)(x) = \frac{1}{g^2(x)}\left(g(x)\partial_i f(x) - f(x)\partial_i g(x)\right) , \quad (i = 1, \dots, m) . \quad (8.33')$$

Aus der elementweisen Gleichheit dieser Matrizen folgt beispielsweise, dass die partielle Ableitung nach der Variablen $x^i$ des Produktes von Funktionen $f(x^1, \dots, x^m)$ und $g(x^1, \dots, x^m)$ mit reellen Werten folgendermaßen gebildet werden sollte:

$$\frac{\partial(f \cdot g)}{\partial x^i}(x^1, \dots, x^m) =$$
$$g(x^1, \dots, x^m)\frac{\partial f}{\partial x^i}(x^1, \dots, x^m) + f(x^1, \dots, x^m)\frac{\partial g}{\partial x^i}(x^1, \dots, x^m) .$$

Wir betonen, dass sowohl diese Gleichung als auch die Matrizengleichungen (8.31'), (8.32') und (8.33') offensichtliche Folgerungen der Definition einer partiellen Ableitung und den üblichen Regeln für die Ableitung von Funktionen mit reellen Werten einer reellen Variablen sind. Wir wissen jedoch, dass sich die Existenz von partiellen Ableitungen als unzureichendes Kriterium für die Differenzierbarkeit einer Funktion mehrerer Variabler erweisen kann. Aus diesem Grund verdienen die Behauptungen zur Existenz eines Differentials der entsprechenden Abbildung in Satz 1 und Satz 2 zusammen mit den wichtigen und völlig offensichtlichen Gleichungen (8.31'), (8.32') und (8.33') besondere Aufmerksamkeit.

Abschließend merken wir an, dass wir mit Hilfe von (8.32) durch Induktion zur Gleichung

$$d(f_1, \ldots, f_k)(x) = (f_2 \cdots f_k)(x)df_1(x) + \cdots + (f_1 \cdots f_{k-1})df_k(x)$$

für das Differential eines Produkts $(f_1 \cdots f_k)$ differenzierbarer Funktionen mit reellen Werten gelangen.

### 8.3.2 Ableitung verketteter Abbildungen (Kettenregel)

#### a. Der Hauptsatz

**Satz 3.** *Die Abbildung* $f : X \to Y$ *einer Menge* $X \subset \mathbb{R}^m$ *auf eine Menge* $Y \subset \mathbb{R}^n$ *sei im Punkt* $x \in X$ *differenzierbar, ebenso wie die Abbildung* $g : Y \to \mathbb{R}^k$ *im Punkt* $y = f(x) \in Y$ . *Dann ist ihre Verkettung* $g \circ f : X \to \mathbb{R}^k$ *in* $x$ *differenzierbar und das Differential* $d(g \circ f) : T\mathbb{R}_x^m \to T\mathbb{R}_{g(f(x))}^k$ *der Verkettung ist gleich der Verkettung* $dg(y) \circ df(x)$ *der Differentiale*

$$df(x) : T\mathbb{R}_x^m \to T\mathbb{R}_{f(x)=y}^n , \qquad dg(y) : T\mathbb{R}_y^n \to T\mathbb{R}_{g(y)}^k .$$

Der Beweis dieses Satzes wiederholt fast vollständig den Beweis von Satz 2 in Abschnitt 5.2. Um Ihre Aufmerksamkeit auf ein neues Detail zu lenken, das in diesem Fall auftritt, werden wir nichtsdestotrotz den Beweis wiederholen, ohne jedoch technische Details auszuführen, die bereits dargestellt wurden.

*Beweis.* Mit Hilfe der Differenzierbarkeit der Abbildungen $f$ und $g$ in den Punkten $x$ und $y = f(x)$ und der Linearität der Ableitung $g'(x)$ können wir schreiben:

$$
\begin{aligned}
(g \circ f)(x+h) - (g \circ f)(x) &= g\big(f(x+h)\big) - g\big(f(x)\big) = \\
&= g'\big(f(x)\big)\big(f(x+h) - f(x)\big) + o\big(f(x+h) - f(x)\big) = \\
&= g'(y)\big(f'(x)h + o(h)\big) + o\big(f(x+h) - f(x)\big) = \\
&= g'(y)\big(f'(x)h\big) + g'(y)\big(o(h)\big) + o\big(f(x+h) - f(x)\big) = \\
&= \big(g'(y) \circ f'(x)\big)h + \alpha(x; h) .
\end{aligned}
$$

Dabei ist $g'(y) \circ f'(x)$ eine lineare Abbildung (als Verkettung linearer Abbildungen) und

$$\alpha(x; h) = g'(y)\big(o(h)\big) + o\big(f(x+h) - f(x)\big) .$$

Wie wir aus (8.17) und (8.18) in Abschnitt 8.1 wissen, gilt

$$g'(y)\big(o(h)\big) = o(h) \quad \text{für } h \to 0 \,,$$

$$f(x+h) - f(x) = f'(x)h + o(h) = O(h) + o(h) = O(h) \quad \text{für } h \to 0$$

und

$$o\big(f(x+h) - f(x)\big) = o(O(h)) = o(h) \quad \text{für } h \to 0 \,.$$

Folglich ist

$$\alpha(x; h) = o(h) + o(h) = o(h) \quad \text{für } h \to 0 \,,$$

womit der Satz bewiesen ist.                                              □

Wenn wir ihn in Koordinatenform schreiben, besagt Satz 3, dass für einen inneren Punkt $x$ in der Menge $X$ mit

$$f'(x) = \begin{pmatrix} \partial_1 f^1(x) & \cdots & \partial_m f^1(x) \\ \cdots\cdots\cdots\cdots\cdots \\ \partial_1 f^n(x) & \cdots & \partial_m f^n(x) \end{pmatrix} = \big(\partial_i f^j\big)(x)$$

und für einen inneren Punkt $y = f(x)$ der Menge $Y$ mit

$$g'(y) = \begin{pmatrix} \partial_1 g^1(y) & \cdots & \partial_n g^1(y) \\ \cdots\cdots\cdots\cdots\cdots \\ \partial_1 g^k(y) & \cdots & \partial_n g^k(y) \end{pmatrix} = \big(\partial_j g^k\big)(y)$$

gilt, dass

$$(g \circ f)'(x) = \begin{pmatrix} \partial_1 (g\circ f)^1(x) & \cdots & \partial_m (g\circ f)^1(x) \\ \cdots\cdots\cdots\cdots\cdots\cdots\cdots \\ \partial_1 (g\circ f)^k(x) & \cdots & \partial_m (g\circ f)^k(x) \end{pmatrix} = \big(\partial_i (g\circ f)^l\big)(x) =$$

$$= \begin{pmatrix} \partial_1 g^1(y) & \cdots & \partial_n g^1(y) \\ \cdots\cdots\cdots\cdots\cdots \\ \partial_1 g^k(y) & \cdots & \partial_n g^k(y) \end{pmatrix} \begin{pmatrix} \partial_1 f^1(x) & \cdots & \partial_m f^1(x) \\ \cdots\cdots\cdots\cdots\cdots \\ \partial_1 f^n(x) & \cdots & \partial_m f^n(x) \end{pmatrix} = \big(\partial_j g^l(y) \cdot \partial_i f^j(x)\big) \,.$$

In der Gleichung

$$\big(\partial_i (g \circ f)^l\big)(x) = \big(\partial_j g^l(f(x)) \cdot \partial_i f^j(x)\big) \tag{8.34}$$

verstehen wir die Summation auf der rechten Seite bzgl. $j$ über dessen Veränderungsbereich von 1 bis $n$.

Im Gegensatz zu den Gleichungen (8.31′), (8.32′) und (8.33′) ist (8.34) selbst im Sinne einer elementweisen Gleichheit der darin vorkommenden Matrizen nicht trivial.

Wir wollen einige wichtige Fälle des eben bewiesenen Satzes betrachten.

## b. Das Differential und partielle Ableitungen einer verketteten Funktion mit reellen Werten

Sei $z = g(y^1, \ldots, y^n)$ eine Funktion mit reellen Werten der reellen Variablen $y^1, \ldots, y^n$, wovon jede selbst wieder eine Funktion $y^j = f^j(x^1, \ldots, x^m)$, $(j = 1, \ldots, n)$ der Variablen $x^1, \ldots, x^m$ ist. Wenn wir davon ausgehen, dass die Funktionen $g$ und $f^j$, $(j = 1, \ldots, n)$ differenzierbar sind, können wir die partielle Ableitung $\frac{\partial(g \circ f)}{\partial x^i}(x)$ der Verkettung der Abbildungen $f : X \to Y$ und $g : Y \to \mathbb{R}$ bestimmen.

Nach (8.34), wobei in diesem Fall $l = 1$ gilt, erhalten wir

$$\partial_i(g \circ f)(x) = \partial_j g\big(f(x)\big) \cdot \partial_i f^j(x) \tag{8.35}$$

oder in einer Schreibweise, die mehr Details offenbart:

$$\frac{\partial z}{\partial x^i}(x) = \frac{\partial(g \circ f)}{\partial x^i}(x^1, \ldots, x^m) = \frac{\partial g}{\partial y^1} \cdot \frac{\partial y^1}{\partial x^i} + \cdots + \frac{\partial g}{\partial y^n} \cdot \frac{\partial y^n}{\partial x^i} =$$
$$= \partial_1 g\big(f(x)\big) \cdot \partial_i f^1(x) + \cdots + \partial_n g\big(f(x)\big) \cdot \partial_i f^n(x).$$

## c. Die Ableitung nach einem Vektor und der Gradient einer Funktion in einem Punkt

Wir betrachten den stationären Fluss einer Flüssigkeit oder eines Gases in einem Gebiet $G$ in $\mathbb{R}^3$. Der Ausdruck „stationär" bedeutet dabei, dass sich die Geschwindigkeit des Flusses in jedem Punkt von $G$ nicht mit der Zeit verändert, obwohl sie natürlich in verschiedenen Punkten von $G$ unterschiedlich sein kann. Nehmen wir etwa an, $f(x) = f(x^1, x^2, x^3)$ sei der Druck im Fluss im Punkt $x = (x^1, x^2, x^3) \in G$. Wenn wir uns im Fluss entsprechend der Vorschrift $x = x(t)$, wobei $t$ die Zeit ist, fortbewegen, werden wir mit der Zeit den Druck $(f \circ x)(t) = f\big(x(t)\big)$ aufzeichnen. Die Veränderung des Drucks mit der Zeit entlang unserer Trajektorie entspricht offensichtlich der Ableitung $\frac{\mathrm{d}(f \circ x)}{\mathrm{d}t}(t)$ der Funktion $(f \circ x)(t)$ nach der Zeit. Wir wollen diese Ableitung berechnen und dabei davon ausgehen, dass $f(x^1, x^2, x^3)$ eine differenzierbare Funktion im Gebiet $G$ ist. Nach der Regel zur Ableitung verketteter Funktionen erhalten wir

$$\frac{\mathrm{d}(f \circ x)}{\mathrm{d}t}(t) = \frac{\partial f}{\partial x^1}\big(x(t)\big)\dot{x}^1(t) + \frac{\partial f}{\partial x^2}\big(x(t)\big)\dot{x}^2(t) + \frac{\partial f}{\partial x^3}\big(x(t)\big)\dot{x}^3(t) \,, \tag{8.36}$$

mit $\dot{x}^i(t) = \frac{\mathrm{d}x^i}{\mathrm{d}t}(t)$, $(i = 1, 2, 3)$.

Da der Vektor $(\dot{x}^1, \dot{x}^2, \dot{x}^3) = v(t)$ der Geschwindigkeit unserer Bewegung zur Zeit $t$ entspricht und $(\partial_1 f, \partial_2 f, \partial_3 f)(x)$ der koordinatenweisen Formulierung des Differentials $\mathrm{d}f(x)$ der Funktion $f$ im Punkt $x$, können wir (8.36) auch wie folgt schreiben:

$$\frac{\mathrm{d}(f \circ x)}{\mathrm{d}t}(t) = \mathrm{d}f\big(x(t)\big)v(t) \,. \tag{8.37}$$

Somit ergibt sich die gesuchte Größe aus dem Wert des Differentials $\mathrm{d}f\big(x(t)\big)$ der Funktion $f(x)$ im Punkt $x(t)$ multipliziert mit dem Geschwindigkeitsvektor $v(t)$ der Bewegung.

Wären wir zur Zeit $t = 0$ im Punkt $x_0 = x(0)$, dann erhielten wir

$$\frac{\mathrm{d}(f \circ x)}{\mathrm{d}t}(0) = \mathrm{d}f(x_0)v \ , \tag{8.38}$$

wobei $v = v(0)$ der Geschwindigkeitsvektor zur Zeit $t = 0$ ist.

Die rechte Seite von (8.38) hängt nur vom Punkt $x_0 \in G$ und dem Geschwindigkeitsvektor $v$ in diesem Punkt ab. Er ist, unter der Voraussetzung, dass $\dot{x}(0) = v$ gilt, von der besonderen Form der Trajektorie $x = x(t)$ unabhängig. Dies bedeutet, dass der Wert der linken Seite von (8.38) auf jeder Trajektorie der Form

$$x(t) = x_0 + vt + \alpha(t) \ , \tag{8.39}$$

wobei $\alpha(t) = o(t)$ für $t \to 0$, gleich ist. Denn dieser Wert wird durch den vorgegebenen Punkt $x_0$ und den Vektor $v \in T\mathbb{R}^3_{x_0}$ in diesem Punkt vollständig bestimmt. Insbesondere hätten wir die Bewegungsgleichung

$$x(t) = x_0 + vt \tag{8.40}$$

wählen können, um den Wert der linken Seite von (8.38) direkt (und somit auch die rechte Seite) zu berechnen. Dabei ist (8.40) die Bewegungsgleichung für eine gleichförmige Bewegung mit der Geschwindigkeit $v$, wie sie im Punkt $x(0) = x_0$ zur Zeit $t = 0$ herrscht.

Wir geben nun die folgende

**Definition 1.** Ist die Funktion $f(x)$ in einer Umgebung des Punktes $x_0 \in \mathbb{R}^m$ definiert und wird der Vektor $v \in T\mathbb{R}^m_{x_0}$ dem Punkt $x_0$ zugeschrieben, dann nennen wir

$$\boxed{D_v f(x_0) := \lim_{t \to 0} \frac{f(x_0 + vt) - f(x_0)}{t}} \tag{8.41}$$

(falls der formulierte Grenzwert existiert) die *Ableitung von $f$ im Punkt $x_0$ nach dem Vektor $v$* oder die *Ableitung im Punkt $x_0$ entlang dem Vektor $v$.*

Aus diesen Überlegungen folgt, dass die folgende Gleichung für jede Funktion $x(t)$ der Form (8.39) gilt, wenn die Funktion $f$ im Punkt $x_0$ differenzierbar ist:

$$D_v f(x_0) = \frac{\mathrm{d}(f \circ x)}{\mathrm{d}t}(0) = \mathrm{d}f(x_0)v \ . \tag{8.42}$$

Sie gilt insbesondere auch für jede Funktion der Form (8.40). In Koordinatenschreibweise lautet diese Gleichung

$$D_v f(x_0) = \frac{\partial f}{\partial x^1}(x_0)v^1 + \cdots + \frac{\partial f}{\partial x^m}(x_0)v^m \ . \tag{8.43}$$

Für die Basisvektoren $e_1 = (1, 0, \ldots, 0)$, $\ldots$, $e_m = (0, \ldots, 0, 1)$ folgt aus dieser Formel insbesondere, dass

$$D_{e_i} f(x_0) = \frac{\partial f}{\partial x^i}(x_0) , \quad (i = 1, \ldots, m) .$$

Sind $v_1, v_2 \in \mathbb{R}^m_{x_0}$ beliebige Vektoren und $\lambda_1, \lambda_2 \in \mathbb{R}$ beliebige Zahlen, dann können wir aus (8.42) für eine im Punkt $x_0$ differenzierbare Funktion $f$ aufgrund der Linearität des Differentials $df(x_0)$ schließen, dass die Funktion im Punkt $x_0$ eine Ableitung nach dem Vektor $(\lambda_1 v_1 + \lambda_2 v_2) \in T\mathbb{R}^m_{x_0}$ besitzt und dass

$$D_{\lambda_1 v_1 + \lambda_2 v_2} f(x_0) = \lambda_1 D_{v_1} f(x_0) + \lambda_2 D_{v_2} f(x_0) . \tag{8.44}$$

Wenn wir $\mathbb{R}^m$ als euklidischen Raum betrachten, d.h. als einen Vektorraum mit einem inneren Produkt, dann ist es möglich (vgl. Abschnitt 8.1), jedes lineare Funktional $L(v)$ als das innere Produkt $\langle \xi, v \rangle$ eines vorgegebenen Vektors $\xi = \xi(L)$ mit dem variablen Vektor $v$ zu schreiben.

Insbesondere existiert ein Vektor $\xi$, so dass

$$df(x_0)v = \langle \xi, v \rangle . \tag{8.45}$$

**Definition 2.** Der Vektor $\xi \in T\mathbb{R}^m_{x_0}$, der im Sinne von (8.45) zum Differential $df(x_0)$ der Funktion $f$ im Punkt $x_0$ gehört, wird *Gradient* der Funktion in diesem Punkt genannt und mit grad $f(x_0)$ bezeichnet.

Somit gilt per definitionem

$$\boxed{df(x_0)v = \langle \mathrm{grad} f(x_0), v \rangle .} \tag{8.46}$$

Wenn wir für $\mathbb{R}^m$ ein kartesisches Koordinatensystem gewählt haben, dann können wir, wenn wir (8.42) und (8.43) mit (8.46) vergleichen, folgern, dass der Gradient in einem derartigen Koordinatensystem die folgende Darstellung besitzt:

$$\mathrm{grad}\, f(x_0) = \left( \frac{\partial f}{\partial x^1}, \ldots, \frac{\partial f}{\partial x^m} \right)(x_0) . \tag{8.47}$$

Wir wollen nun die geometrische Bedeutung des Vektors grad $f(x_0)$ erklären. Sei $e \in T\mathbb{R}^m_{x_0}$ ein Einheitsvektor. Dann ist nach (8.46)

$$D_e f(x_0) = |\mathrm{grad}\, f(x_0)| \cos \varphi , \tag{8.48}$$

wobei $\varphi$ der Winkel zwischen den Vektoren $e$ und grad $f(x_0)$ ist.

Ist also grad $f(x_0) \neq 0$ und $e = \|\mathrm{grad}\, f(x_0)\|^{-1}\mathrm{grad}\, f(x_0)$, dann nimmt die Ableitung $D_e f(x_0)$ einen Maximalwert an. D.h., das Anwachsen der Funktion $f$ (ausgedrückt in Einheiten von $f$ relativ zu einer Einheitslänge in $\mathbb{R}^m$) ist exakt dann im Punkt $x_0$ maximal und gleich $\|\mathrm{grad}\, f(x_0)\|$, falls die Bewegung in Richtung des Vektors grad $f(x_0)$ stattfindet. Der Wert der Funktion nimmt bei einer Verschiebung in die entgegengesetzte Richtung am stärksten ab, und die Funktion $f$ ändert sich nicht, wenn die Bewegungsrichtung senkrecht zum Vektor grad $f(x_0)$ verläuft.

Die Ableitung nach einem Einheitsvektor einer vorgegebenen Richtung wird üblicherweise *Richtungsableitung* genannt.

Da ein Einheitsvektor im euklidischen Raum durch die Richtungscosinus

$$e = (\cos\alpha_1, \ldots, \cos\alpha_m)$$

bestimmt wird, wobei $\alpha_i$ den Winkel zwischen dem Vektor $e$ und dem Basisvektor $e_i$ in einem kartesischen Koordinatensystem beschreibt, folgt, dass

$$D_e f(x_0) = \langle \operatorname{grad} f(x_0), e \rangle = \frac{\partial f}{\partial x^1}(x_0)\cos\alpha_1 + \cdots + \frac{\partial f}{\partial x^m}(x_0)\cos\alpha_m \ .$$

Wir treffen sehr oft auf den Vektor grad $f(x_0)$ und er besitzt viele Anwendungen. Beispielsweise beruhen die sogenannten *Gradientenmethoden* zur numerischen Bestimmung von Extrema von Funktionen mehrerer Variabler (mit Hilfe eines Computers) auf der geometrischen Eigenschaft des gerade eingeführten Gradienten. (Beachten Sie in diesem Zusammenhang Aufgabe 2 am Ende des Abschnitts.)

Viele wichtige Vektorfelder, wie beispielsweise ein Newtonsches Gravitationsfeld oder das durch eine Ladung erzeugte elektrische Feld, sind Gradientenfelder skalarer Funktionen, die als Potentiale dieser Felder bekannt sind (vgl. Aufgabe 3).

Viele physikalischen Gesetze beinhalten den Vektor grad $f$ in ihren Formulierungen. So lautet beispielsweise das Äquivalent zum Newtonschen Kraftgesetz $ma = F$ in der Mechanik kontinuierlicher Materialien:

$$\rho\mathbf{a} = -\operatorname{grad} p.$$

Dadurch wird die Beschleunigung $\mathbf{a} = \mathbf{a}(x,t)$ im Punkt $x$ zur Zeit $t$ im Fluss einer idealen Flüssigkeit oder eines Gases ohne die Einwirkung äußerer Kräfte mit der Dichte des Materials $\rho = \rho(x,t)$ und dem Gradienten des Drucks $p = p(x,t)$ im selben Punkt und zur selben Zeit (vgl. Aufgabe 4) in Verbindung gebracht.

Wir werden den Vektor grad $f$ später beim Studium der Vektoranalysis und den Elementen der Feldtheorie noch weiter untersuchen.

### 8.3.3 Ableitung einer inversen Abbildung

**Satz 4.** *Sei $f : U(x) \to V(y)$ eine Abbildung einer Umgebung $U(x) \subset \mathbb{R}^m$ des Punktes $x$ auf eine Umgebung $V(y) \subset \mathbb{R}^m$ des Punktes $y = f(x)$. Angenommen, $f$ ist im Punkt $x$ stetig und besitzt eine inverse Abbildung $f^{-1} : V(y) \to U(x)$, die im Punkt $y$ stetig ist.*

*Ist die Abbildung $f$ im Punkt $x$ differenzierbar und besitzt die Tangentialabbildung $f'(x) : T\mathbb{R}_x^m \to T\mathbb{R}_y^m$ an $f$ im Punkt $x$ eine Inverse $[f'(x)]^{-1} : T\mathbb{R}_y^m \to T\mathbb{R}_x^m$, dann ist mit diesen Annahmen auch die Abbildung $f^{-1} : V(y) \to U(x)$ im Punkt $y = f(x)$ differenzierbar und es gilt:*

$$\left(f^{-1}\right)'(y) = \left[f'(x)\right]^{-1}.$$

Somit besitzen zueinander inverse differenzierbare Abbildungen in den entsprechenden Punkten zueinander inverse Tangentialabbildungen.

*Beweis.* Wir benutzen die folgenden Schreibweisen:

$$f(x) = y\,, \quad f(x+h) = y+t\,, \quad t = f(x+h) - f(x)\,,$$

so dass

$$f^{-1}(y) = x\,, \quad f^{-1}(y+t) = x+h\,, \quad h = f^{-1}(y+t) - f^{-1}(y)\,.$$

Wir nehmen an, dass $h$ so klein ist, dass $x+h \in U(x)$ und daher auch $y+t \in V(y)$.

Aus der Stetigkeit von $f$ in $x$ und $f^{-1}$ in $y$ folgt, dass

$$t = f(x+h) - f(x) \to 0 \quad \text{für } h \to 0 \tag{8.49}$$

und

$$h = f^{-1}(y+t) - f^{-1}(y) \to 0 \quad \text{für } t \to 0\,. \tag{8.50}$$

Aus der Differenzierbarkeit von $f$ in $x$ folgt, dass

$$t = f'(x)h + o(h) \quad \text{für } h \to 0\,, \tag{8.51}$$

d.h., wir können sogar davon ausgehen, dass $t = O(h)$ für $h \to 0$ (vgl. (8.17) und (8.18) in Abschnitt 8.1).

Wir wollen zeigen, dass für eine invertierbare lineare Abbildung $f'(x)$ gilt, dass $h = O(t)$ für $t \to 0$.

Tatsächlich ergibt sich nach und nach aus (8.51), dass

$$\left[f'(x)\right]^{-1} t = h + \left[f'(x)\right]^{-1} o(h) \quad \text{für } h \to 0\,, \tag{8.52}$$

$$\left[f'(x)\right]^{-1} t = h + o(h) \qquad \text{für } h \to 0\,,$$

$$\left\|\left[f'(x)\right]^{-1} t\right\| \geq \|h\| - \|o(h)\| \quad \text{für } h \to 0\,,$$

$$\left\|\left[f'(x)\right]^{-1} t\right\| \geq \tfrac{1}{2}\|h\| \qquad \text{für } \|h\| < \delta\,,$$

wobei die Zahl $\delta > 0$ so gewählt wird, dass $\|o(h)\| < \tfrac{1}{2}\|h\|$ für $\|h\| < \delta$. Wenn wir dann (8.50) berücksichtigen, d.h., dass $h \to 0$ für $t \to 0$, ergibt sich

$$\|h\| \leq 2\left\|\left[f'(x)\right]^{-1} t\right\| = O(\|t\|) \quad \text{für } t \to 0\,,$$

was äquivalent ist zu

$$h = O(t) \quad \text{für } t \to 0\,.$$

Daraus folgt insbesondere, dass

$$o(h) = o(t) \quad \text{für } t \to 0\,.$$

Wenn wir dies berücksichtigen, ergibt sich aus (8.50) und (8.52), dass

$$h = \left[f'(x)\right]^{-1} t + o(t) \ \text{ für } \ t \to 0$$

oder

$$f^{-1}(y+t) - f^{-1}(y) = \left[f'(x)\right]^{-1} t + o(t) \ \text{ für } \ t \to 0. \qquad \square$$

Entspricht eine Matrix $A$ einer linearen Transformation $L : \mathbb{R}^m \to \mathbb{R}^m$, dann ist aus der Algebra bekannt, dass die zu $A$ inverse Matrix $A^{-1}$ einer linearen Transformation $L^{-1} : \mathbb{R}^m \to \mathbb{R}^m$ entspricht, die zu $L$ invers ist. Die Konstruktion der Elemente der inversen Matrix ist ebenfalls aus der Algebra bekannt. Folglich liefert der eben bewiesene Satz eine direkte Vorschrift für die Konstruktion der Abbildung $\left(f^{-1}\right)'(y)$.

Ist $m = 1$, d.h., ist $\mathbb{R}^m = \mathbb{R}$, dann lässt sich die Jacobimatrix der Abbildung $f : U(x) \to V(y)$ im Punkt $x$ auf die einfache Zahl $f'(x)$ zurückführen – die Ableitung der Funktion $f$ in $x$ – und die lineare Transformation $f'(x) : T\mathbb{R}_x \to T\mathbb{R}_y$ entpuppt sich als Multiplikation mit der Zahl $h \mapsto f'(x)h$. Diese lineare Transformation ist genau dann invertierbar, wenn $f'(x) \neq 0$. Die Matrix der inversen Abbildung $\left[f'(x)\right]^{-1} : T\mathbb{R}_y \to T\mathbb{R}_x$ besteht ebenfalls aus nur einer einzigen Zahl – $\left[f'(x)\right]^{-1}$ – dem Kehrwert von $f'(x)$. Daher beinhaltet Satz 4 ebenfalls die Regel für das Auffinden der Ableitung einer inversen Funktion, die wir bereits früher vorgestellt hatten.

### 8.3.4 Übungen und Aufgaben

**1.** Wir sagen, dass zwei Wege $t \mapsto x_1(t)$ und $t \mapsto x_2(t)$ im Punkt $x_0 \in \mathbb{R}^m$ äquivalent sind, wenn $x_1(0) = x_2(0) = x_0$ und $\mathrm{d}(x_1(t), x_2(t)) = o(t)$ für $t \to 0$.

   a) Beweisen Sie, dass diese Beziehung eine Äquivalenzrelation ist, d.h., dass sie reflexiv, symmetrisch und transitiv ist.

   b) Beweisen Sie, dass zwischen Vektoren $\mathbf{v} \in T\mathbb{R}_{x_0}^m$ und den Äquivalenzklassen glatter Wege im Punkt $x_0$ eine eins-zu-eins Abhängigkeit besteht.

   c) Identifizieren Sie den Tangentialraum $T\mathbb{R}_{x_0}^m$ mit der Menge der Äquivalenzklassen glatter Wege durch den Punkt $x_0 \in \mathbb{R}^m$, und führen Sie die Addition und Multiplikation mit einem Skalar für die Äquivalenzklasse von Wegen ein.

   d) Überprüfen Sie, ob die eingeführten Operationen vom Koordinatensystem in $\mathbb{R}^m$ abhängen oder nicht.

**2.**  a) Zeichnen Sie den Graphen der Funktion $z = x^2 + 4y^2$, wobei $(x, y, z)$ die kartesischen Koordinaten in $\mathbb{R}^3$ sind.

   b) Sei $f : C \to \mathbb{R}$ eine Funktion mit numerischen Werten, die auf einem Gebiet $G \subset \mathbb{R}$ definiert ist. Ein *Niveaumenge* ($c$-Niveau) der Funktion ist eine Menge $E \subset G$, auf der die Funktion nur einen Wert ($f(E) = c$) annimmt. Genauer gesagt, ist $E = f^{-1}(c)$. Zeichnen Sie die Niveaumengen in $\mathbb{R}^2$ für die Funktion aus Teil a).

c) Bestimmen Sie den Gradienten der Funktion $f(x, y) = x^2 + 4y^2$ und zeigen Sie, dass der Vektor grad $f$ in jedem Punkt $(x, y)$ zur Niveaukurve der Funktion $f$, die durch diesen Punkt verläuft, orthogonal ist.

d) Skizzieren Sie mit Hilfe der Ergebnisse aus $a)$, $b)$ und $c)$ den kürzesten Weg für den Abstieg aus Punkt $(2, 1, 8)$ zum tiefsten Punkt der Fläche in $(0, 0, 0)$ auf der Fläche $z = x^2 + 4y^2$ .

e) Welchen für die Implementation auf einem Computer geeigneten Algorithmus würden Sie vorschlagen, um das Minimum der Funktion $f(x, y) = x^2 + 4y^2$ zu bestimmen?

**3.** Wir sagen, dass ein *Vektorfeld* auf einem Gebiet $G \subset \mathbb{R}^m$ definiert ist, wenn jedem Punkt $x \in G$ ein Vektor $\mathbf{v}(x) \in T\mathbb{R}_x^m$ zugeordnet wird. Ein Vektorfeld $\mathbf{v}(x)$ in $G$ wird *Potentialfeld* genannt, falls es eine Funktion mit numerischen Werten $U : G \to \mathbb{R}$ gibt, so dass $\mathbf{v}(x) = $ grad $U(x)$. Die Funktion $U(x)$ wird *Potential* des Feldes $\mathbf{v}(x)$ genannt. (In der Physik wird üblicherweise die Funktion $-U(x)$ Potential genannt und, wenn ein Kraftfeld untersucht wird, die Funktion $U(x)$ *Kraftfunktion*.)

a) Zeichnen Sie für eine Ebene mit kartesischen Koordinaten $(x, y)$ das Feld grad $f(x, y)$ für jede der folgenden Funktionen: $f_1(x, y) = x^2 + y^2$; $f_2(x, y) = -(x^2 + y^2)$; $f_3(x, y) = \arctan(x/y)$ für $y > 0$ und $f_4(x, y) = xy$.

b) Ein Körper der Masse $m$ im Punkt $0 \in \mathbb{R}^3$ zieht nach dem Newtonschen Gesetz einen Körper der Masse $1$ im Punkt $x \in \mathbb{R}^3$ $(x \neq 0)$ mit der Kraft $\mathbf{F} = -m|\mathbf{r}|^{-3}\mathbf{r}$ an (wir haben die Gravitationskonstante $G_0$ weggelassen). Dabei ist $\mathbf{r}$ der Vektor $\overrightarrow{0x}$. Zeigen Sie, dass das Vektorfeld $\mathbf{F}(x)$ in $\mathbb{R}^3 \setminus 0$ ein Potentialfeld ist.

c) Zeigen Sie, dass in den Punkten $(\xi_i, \eta_i, \zeta_i)$ $(i = 1, \dots, n)$ platzierte Massen $m_i$ $(i = 1, \dots, n)$ außer in diesen Punkten ein Newtonsches Kraftfeld erzeugen und dass folgende Funktion das Potential wiedergibt:

$$U(x, y, z) = \sum_{i=1}^{n} \frac{m_i}{\sqrt{(x - \xi_i)^2 + (y - \eta_i)^2 + (z - \zeta_i)^2}} .$$

d) Bestimmen Sie das Potential des elektrischen Feldes, das durch Punktladungen $q_i$ $(i = 1, \dots, n)$ erzeugt wird, die in den Punkten $(\xi_i, \eta_i, \zeta_i)$, $(i = 1, \dots, n)$ platziert sind.

**4.** Wir betrachten die Bewegung einer idealen inkompressiblen Flüssigkeit in einem Raum, der frei ist von äußeren Kräften (insbesondere frei von Gravitationskräften).

Seien $\mathbf{v} = \mathbf{v}(x, y, z, t)$, $\mathbf{a} = \mathbf{a}(x, y, z, t)$, $\rho = \rho(x, y, z, t)$ und $p = p(x, y, z, t)$ die Geschwindigkeit, die Beschleunigung, die Dichte und der Druck der Flüssigkeit im Punkt $(x, y, z)$ zur Zeit $t$.

Eine ideale Flüssigkeit ist eine Flüssigkeit, in der der Druck in jedem Punkt in alle Richtungen gleich ist.

a) Wir greifen ein Volumen der Flüssigkeit in Form eines kleinen Parallelogramms heraus. Seine Ecken seien parallel zum Vektor grad $p(x, y, z, t)$ (wobei grad $p$ hinsichtlich den Raumkoordinaten gebildet wird). Schätzen Sie die Kraft ab, die auf dieses Volumen aufgrund des Druckabfalls einwirkt, und formulieren Sie eine Näherungsformel für die Beschleunigung dieses Volumens unter der Annahme, dass die Flüssigkeit inkompressibel ist.

b) Bestimmen Sie, ob das von Ihnen in $a$) erhaltene Ergebnis zur Eulerschen Gleichung

$$\rho \mathbf{a} = -\operatorname{grad} p$$

konsistent ist.

c) Eine Kurve, deren Tangente in jedem Punkt in Richtung des Geschwindigkeitsvektors in diesem Punkt zeigt, wird *Stromlinie* genannt. Eine Bewegung wird *stationär* genannt, wenn die Funktionen $\mathbf{v}$, $\mathbf{a}$, $\rho$, und $p$ unabhängig von $t$ sind. Zeigen Sie mit Hilfe von $b$), dass bei stationärem Fluss einer inkompressiblen Flüssigkeit $\frac{1}{2}\|\mathbf{v}\|^2 + p/\rho$ entlang einer Stromlinie konstant ist (*Bernoullisches Gesetz*[4]).

d) Wie verändern sich die Formeln in $a$) und $b$), wenn die Bewegung in einem Gravitationsfeld nahe der Erdoberfläche stattfindet? Zeigen Sie, dass in diesem Fall

$$\rho \mathbf{a} = -\operatorname{grad}\,(gz + p)$$

gilt, so dass nun $\frac{1}{2}\|\mathbf{v}\|^2 + gz + p/\rho$ entlang jeder Stromlinie bei stationärem Fluss einer inkompressiblen Flüssigkeit konstant ist. Dabei ist $g$ die Gravitationsbeschleunigung und $z$ die Höhe der Stromlinie oberhalb der Erdoberfläche.

e) Erklären Sie aufgrund des vorigen Ergebnisses, warum ein belasteter Flügel ein charakteristisches konvexes Aufwärtsprofil besitzt.

f) Eine inkompressible ideale Flüssigkeit der Dichte $\rho$ wird benutzt, um ein zylindrisches Glas mit kreisförmigem Boden mit Radius $R$ auf die Höhe $h$ anzufüllen. Das Glas wird dann mit der Winkelgeschwindigkeit $\omega$ um seine Achse gedreht. Bestimmen Sie für die inkompressible Flüssigkeit die Gleichung $z = f(x, y)$ ihrer Oberfläche im stationären Zustand (vgl. Aufgabe 3 in Abschnitt 5.1).

g) Schreiben Sie basierend auf der in $f$) gefundenen Formel für die Oberfläche $y = f(x, y)$ eine Formel für den Druck $p = p(x, y, z)$ in jedem Punkt $(x, y, z)$ für das von der rotierenden Flüssigkeit eingenommenen Volumen. Prüfen Sie, ob die Gleichung $\rho \mathbf{a} = -\operatorname{grad}\,(gz + p)$ aus Teil $d$) für die von Ihnen gefundene Formel gilt.

h) Können Sie nun erklären, warum Teeblätter sinken (wenn auch nicht sehr schnell!) und warum sie sich in der Mitte der Tasse und nicht am Rand ansammeln, wenn der Tee gerührt wird?

**5.** *Abschätzung des Fehlers bei der Berechnung einer Funktion.*

a) Nutzen Sie die Definition einer differenzierbaren Funktion und die Näherungsgleichung $\Delta f(x; h) \approx \mathrm{d}f(x)h$ und zeigen Sie, dass der relative Fehler $\delta = \delta\Big(f(x); h\Big)$ im Wert des Produkts $f(x) = x^1 \cdots x^m$ aus $m$ Faktoren ungleich Null durch $\delta \approx \sum_{i=1}^{m} \delta_i$ bestimmt werden kann. Dabei sind die Faktoren $x^i$ aus Messungen mit den relativen Fehlern $\delta_i$ behaftet.

b) Erzielen Sie wiederum das Ergebnis aus Teil $a$) mit Hilfe der Gleichung $\mathrm{d}\ln f(x) = \frac{1}{f(x)}\,\mathrm{d}f(x)$ und zeigen Sie, dass der relative Fehler in einem Bruch

$$\frac{f_1 \cdots f_n}{g_1 \cdots g_k}(x_1, \ldots, x_m)$$

im Allgmeinen aus der Summe der relativen Fehler der Werte der Funktionen $f_1, \ldots, f_n, g_1, \ldots, g_k$ bestimmt werden kann.

---

[4] Daniel Bernoulli (1700–1782) – schweizerischer Gelehrter, einer der hervorragenden Physikern und Mathematikern seiner Zeit.

**6. Homogene Funktionen.**

Eine auf einem Gebiet $G \subset \mathbb{R}^m$ definierte Funktion $f : G \to \mathbb{R}$ wird *homogen* (bzw. *positiv homogen n-ten Grades*) genannt, falls

$$f(\lambda x) = \lambda^n f(x) \quad \left( \text{bzw.} \ f(\lambda x) = |\lambda|^n f(x) \right)$$

für jedes $x \in \mathbb{R}^m$, und $\lambda \in \mathbb{R}$ gilt mit $x \in G$ und $\lambda x \in G$.

Eine Funktion ist *lokal homogen n-ten Grades* im Gebiet $G$, wenn sie in einer Umgebung jeden Punktes von $G$ eine homogene Funktion vom Grad $n$ ist.

a) Zeigen Sie, dass jede lokal homogene Funktion in einem konvexen Gebiet auch homogen ist.

b) Sei $G$ die Ebene $\mathbb{R}^2$ ohne den Strahl $L = \left\{ (x,y) \in \mathbb{R}^2 \ \middle| \ x = 2 \wedge y \geq 0 \right\}$. Zeigen Sie, dass die Funktion

$$f(x,y) = \begin{cases} y^4/x, & \text{für } x > 2 \wedge y > 0, \\ \\ y^3, & \text{sonst} \end{cases}$$

in $G$ lokal homogen ist, aber nicht homogen auf dem Gebiet.

c) Bestimmen Sie den Grad der Homogenität oder positiven Homogenität der folgenden Funktionen auf ihrem natürlichen Definitionsbereich:

$$f_1(x^1,\ldots,x^m) = x^1 x^2 + x^2 x^3 + \cdots + x^{m-1} x^m \ ;$$

$$f_2(x^1, x^2, x^3, x^4) = \frac{x^1 x^2 + x^3 x^4}{x^1 x^2 x^3 + x^2 x^3 x^4} \ ;$$

$$f_3(x^1,\ldots,x^m) = |x^1 \cdots x^m|^l.$$

d) Leiten Sie die Gleichung $f(tx) = t^n f(x)$ nach $t$ ab und zeigen Sie, dass sie für eine differenzierbare Funktion $f : G \to \mathbb{R}$, die in einem Gebiet $G \subset \mathbb{R}^m$ lokal homogen vom Grad $n$ ist, die folgende *Gleichung für homogene Funktionen* erfüllt:

$$x^1 \frac{\partial f}{\partial x^1}(x^1,\ldots,x^m) + \cdots + x^m \frac{\partial f}{\partial x^m}(x^1,\ldots,x^m) \equiv n f(x^1,\ldots,x^m) \, .$$

e) Zeigen Sie: Gilt obige Gleichung für eine differenzierbare Funktion $f : G \to \mathbb{R}$ in einem Gebiet $G$, dann ist diese Funktion lokal homogen $n$-ten Grades in $G$.

H i n w e i s : Zeigen Sie, dass die Funktion $\varphi(t) = t^{-n} f(tx)$ für jedes $x \in G$ definiert ist und in einer Umgebung von 1 konstant ist.

**7. Homogene Funktionen und die Dimensionsanalyse.**

1°. *Die Dimension einer physikalischen Größe und die Eigenschaften funktionaler Beziehungen zwischen physikalischen Größen.*

Physikalische Gesetze beschreiben Zusammenhänge zwischen physikalischen Größen. Werden gewisse Maßeinheiten für einige dieser Größen vereinbart, dann lassen sich die Einheiten der mit ihnen zusammenhängenden Größen auf bestimmte Weise durch die Einheiten der vorgegebenen Größen bestimmen. Auf diese Art gelangen wir zu verschiedenen Basiseinheiten und abgeleiteten Einheiten.

Beim internationalen Einheitensystem, auch einfach SI genannt, sind die mechanischen Basisdimensionen (mit ihren Einheiten) die Länge (der Meter, mit m bezeichnet), die Masse (das Kilogramm, mit kg bezeichnet) und die Zeit (die Sekunde, mit s bezeichnet).

Bei der Formulierung von abgeleiteten Größen erhält man deren Dimension durch algebraische Kombination der Dimensionen der Basisgrößen.

Die Dimension jeder mechanischen Größe wird symbolisch als Formel geschrieben, wobei wir die Symbole $L$, $M$ und $T$ benutzen, die von Maxwell[5] als Dimensionen der oben genannten Basiseinheiten vorgeschlagen wurden. So erhalten beispielsweise die Geschwindigkeit, die Beschleunigung und die Kraft die folgenden Dimensionen:

$$[v] = LT^{-1} \, , \quad [a] = LT^{-2} \, , \quad [F] = MLT^{-2} \, .$$

Sollen physikalische Gesetze unabhängig von der Wahl des Einheitensystems sein, so sollten als ein Zeichen dieser Invarianz gewisse Eigenschaften der funktionalen Relation

$$x_0 = f(x_1, \ldots, x_k, x_{k+1}, \ldots, x_n) \qquad (*)$$

zwischen den numerischen Charakteristika der physikalischen Größen gelten.

Wir betrachten beispielsweise die Relation $c = f(a, b) = \sqrt{a^2 + b^2}$ zwischen der Länge der Seiten und der Länge der Hypothenuse eines rechtwinkligen Dreiecks. Alle skalierenden Veränderungen sollten alle Längen gleichermaßen verändern, so dass für alle zulässigen Werte von $a$ und $b$ die Relation $f(\alpha a, \alpha b) = \varphi(\alpha) f(a, b)$ gelten sollte, wobei im gegenwärtigen Beispiel $\varphi(\alpha) = \alpha$ ist.

Eine grundlegende (und auf den ersten Blick offensichtliche) Voraussetzung der Dimensionsanalyse ist, dass eine *Relation* (*) *mit physikalischer Bedeutung so beschaffen sein muss, dass bei einer Veränderung der Skalen der grundlegenden Maßeinheiten die numerischen Werte aller Ausdrücke vom selben Typus, die in der Formel auftreten, mit demselben Faktor multipliziert werden müssen.*

Sind $x_1, x_2, x_3$ grundlegende physikalische Größen und bringt die Relation $(x_1, x_2, x_3) \mapsto f(x_1, x_2, x_3)$ zum Ausdruck, wie eine vierte physikalische Größe von ihnen abhängt, dann muss nach dem eben formulierten Prinzip für jeden zulässigen Wert von $x_1, x_2, x_3$ gelten, dass

$$f(\alpha_1 x_1, \alpha_2 x_2, \alpha_3 x_3) = \varphi(\alpha_1, \alpha_2, \alpha_3) f(x_1, x_2, x_3), \qquad (**)$$

wobei $\varphi$ eine bestimmte Funktion ist.

Die Funktion $\varphi$ in (**) charakterisiert die Abhängigkeit des numerischen Wertes der fraglichen physikalischen Größe bei einer Veränderung der Skalierung der festen physikalischen Basisgrößen vollständig. Daher sollte diese Funktion als die *Dimension* dieser physikalischen Größe relativ zu den festen Maßeinheiten betrachtet werden.

Wir wollen nun die Form der Dimensionsfunktion präzisieren.

a) Sei $x \mapsto f(x)$ eine Funktion einer Variablen, die die Bedingung $f(\alpha x) = \varphi(\alpha) f(x)$ erfüllt, wobei $f$ und $\varphi$ differenzierbare Funktionen sind.

Zeigen Sie, dass $\varphi(\alpha) = \alpha^d$.

---

[5] J. C. Maxwell (1831–1879) – herausragender britischer Physiker. Er formulierte die mathematische Theorie des elektromagnetischen Feldes und er ist für seine Forschungen auf den Gebieten der kinetischen Gastheorie, Optik und Mechanik berühmt.

b) Zeigen Sie, dass die Dimensionsfunktion $\varphi$ in Gleichung (∗∗) immer die Form $\alpha_1^{d_1} \cdot \alpha_2^{d_2} \cdot \alpha_3^{d_3}$ besitzt, wobei die Exponenten $d_1, d_2, d_3$ bestimmte reelle Zahlen sind. Sind etwa die Basiseinheiten von $L$, $M$ und $T$ fest vorgegeben, dann kann die Menge $(d_1, d_2, d_3)$ der Exponenten in der Potenzdarstellung $L^{d_1} M^{d_2} T^{d_3}$ auch als die *Dimension* der betrachteten physikalischen Größe angesehen werden.

c) In Teil *b*) haben wir herausgefunden, dass die Dimensionsfunktion immer eine Potenzfunktion ist, d.h., eine homogene Funktion mit einem bestimmten Grad bezüglich jeder Basiseinheit. Was bedeutet es, wenn der Grad der Homogenität der Dimensionsfunktion einer bestimmten physikalischen Größe relativ zu einer der Basiseinheiten gleich Null ist?

2° *Das Buckinghamsche Π-Theorem und die Dimensionsanalyse.*
Seien $[x_i] = X_i$, $(i = 0, 1, \ldots, n)$ die Dimensionen der physikalischen Größen, die im Gesetz (∗) auftreten.
Wir gehen davon aus, dass die Dimensionen von $x_0, x_{k+1}, \ldots, x_n$ durch Ausdrücke der Dimensionen von $x_1, \ldots, x_k$ formuliert werden können, d.h.,

$$[x_0] = X_0 = X_1^{p_0^1} \cdots X_k^{p_0^k},$$
$$[x_{k+i}] = X_{k+i} = X_1^{p_i^1} \cdots X_k^{p_i^k}, \quad (i = 1, \ldots, n - k).$$

d) Zeigen Sie, dass die folgende Gleichung zusammen mit (∗) gelten muss:

$$\alpha_1^{p_0^1} \cdots \alpha_k^{p_0^k} x_0 = f\left(\alpha_1 x_1, \ldots, \alpha_k x_k, \alpha_1^{p_1^1} \cdots \alpha_k^{p_1^k} x_{k+1}, \ldots, \alpha_1^{p_{n-k}^1} \cdots \alpha_k^{p_{n-k}^k} x_n\right).$$

$$(* * *)$$

e) Sind $x_1, \ldots, x_k$ unabhängig, setzen wir $\alpha_1 = x_1^{-1}, \ldots, \alpha_k = x_k^{-1}$ in (∗ ∗ ∗). Beweisen Sie, dass damit (∗ ∗ ∗) zur Gleichung

$$\frac{x_0}{x_1^{p_0^1} \cdots x_k^{p_0^k}} = f\left(1, \ldots, 1, \frac{x_{k+1}}{x_1^{p_1^1} \cdots x_k^{p_1^k}}, \ldots, \frac{x_n}{x_1^{p_{n-k}^1} \cdots x_k^{p_{n-k}^k}}\right)$$

wird, was der Gleichung

$$\Pi = f(1, \ldots, 1, \Pi_1, \ldots, \Pi_{n-k}) \qquad (****)$$

entspricht, in der die dimensionslosen Größen $\Pi, \Pi_1, \ldots, \Pi_{n-k}$ auftreten. Dadurch erhalten wir das folgende

**Π-Theorem der Dimensionsanalyse.** *Sind die Größen $x_1, \ldots, x_k$ in Gleichung* (∗) *unabhängig, dann lässt sich diese Gleichung zur Funktion* (∗∗∗∗) *mit $n - k$ dimensionslosen Parametern zurückführen.*

f) Zeigen Sie, dass die Funktion $f$ in (∗) für $k = n$ nach dem Π-Theorem bis auf ein numerisches Vielfaches bestimmt werden kann. Benutzen Sie diese Methode, um den Ausdruck $c(\varphi_0)\sqrt{l/g}$ für die Schwingungsperiode eines Pendels (d.h., einer Masse $m$, die an einem Faden der Länge $l$ aufgehängt ist und in der Nähe der Erdoberfläche schwingt, wobei $\varphi_0$ der anfängliche Auslenkungswinkel ist) zu bestimmen.

g) Finden Sie eine Formel $P = c\sqrt{mr/F}$ für die Umdrehung eines Körpers der Masse $m$, der durch eine zentrale Kraft der Größe $F$ auf einer Kreisbahn gehalten wird.

h) Benutzen Sie das Keplersche Gesetz $(P_1/P_2)^2 = (r_1/r_2)^3$, das für kreisförmige Bahnen einen Zusammenhang zwischen dem Verhältnis der Umdrehungsperioden der Planeten (oder Satelliten) und dem Verhältnis der Radien ihrer Bahnen postuliert, um, wie schon Newton, den Exponenten $\alpha$ im allgemeinen Gravitationsgesetz $F = G\frac{m_1 m_2}{r^\alpha}$ zu bestimmen.

## 8.4 Grundlagen der Differentialrechnung von reellen Funktionen mit mehreren Variablen

### 8.4.1 Der Mittelwertsatz

**Satz 1.** *Sei $f : G \to \mathbb{R}$ eine auf einem Gebiet $G \subset \mathbb{R}^m$ definierte Funktion mit reellen Werten, wobei das abgeschlossene Intervall $[x, x + h]$ mit den Endpunkten $x$ und $x + h$ in $G$ enthalten ist. Ist die Funktion $f$ in den Punkten des abgeschlossenen Intervalls $[x, x + h]$ stetig und in Punkten des offenen Intervalls $]x, x + h[$ differenzierbar, dann existiert ein Punkt $\xi \in ]x, x + h[$, so dass gilt:*

$$\boxed{f(x + h) - f(x) = f'(\xi)h \,.}$$

(8.53)

*Beweis.* Wir betrachten die Hilfsfunktion

$$F(t) = f(x + th) \,,$$

die auf dem abgeschlossenen Intervall $0 \le t \le 1$ definiert ist. Diese Funktion erfüllt alle Voraussetzungen des Mittelwertsatzes in Absatz 5.3.2: Sie ist auf $[0, 1]$ stetig, da sie die Verkettung von stetigen Abbildungen ist und auf dem offenen Intervall $]0, 1[$ differenzierbar, da sie die Verkettung von differenzierbaren Abbildungen ist. Folglich existiert ein Punkt $\theta \in ]0, 1[$, so dass

$$F(1) - F(0) = F'(\theta) \cdot 1 \,.$$

Aber $F(1) = f(x + h)$, $F(0) = f(x)$ und $F'(\theta) = f'(x + \theta h)h$ und daher stimmt die eben entwickelte Gleichung mit der Behauptung des Satzes überein. $\square$

Wir formulieren nun (8.53) in Koordinatenschreibweise.

Ist $x = (x^1, \ldots, x^m)$, $h = (h^1, \ldots, h^m)$ und $\xi = (x^1 + \theta h^1, \ldots, x^m + \theta h^m)$, dann bedeutet Gleichung (8.53), dass

$$f(x + h) - f(x) = f(x^1 + h^1, \ldots, x^m + h^m) - f(x^1, \ldots, x^m) =$$

$$= f'(\xi)h = \left( \frac{\partial f}{\partial x^1}(\xi), \ldots, \frac{\partial f}{\partial x^m}(\xi) \right) \begin{pmatrix} h^1 \\ \cdots \\ h^m \end{pmatrix} =$$

$$= \partial_1 f(\xi)h^1 + \cdots + \partial_m f(\xi)h^m$$

$$= \sum_{i=1}^{m} \partial_i f(x^1 + \theta h^1, \ldots, x^m + \theta h^m)h^i \,.$$

Wenn wir die Vereinbarung benutzen, dass das Auftreten eines tief- und hochgestellten Indexes der Summe über diesen Index entspricht, können wir schließlich

$$f(x^1 + h^1, \ldots, x^m + h^m) - f(x^1, \ldots, x^m) =$$
$$= \partial_i f(x^1 + \theta h^1, \ldots, x^m + \theta h^m) h^i \quad (8.54)$$

schreiben, mit $0 < \theta < 1$, wobei $\theta$ sowohl von $x$ als auch $h$ abhängt.

*Anmerkung.* Satz 1 wird Mittelwertsatz genannt, da ein gewisser „Durchschnittspunkt" $\xi \in ]x, x + h[$ existiert, in dem (8.53) gilt. Wir haben bereits bei unserer Untersuchung des Mittelwertsatzes in Absatz 5.3.1 betont, dass der Mittelwertsatz speziell für Funktionen mit reellen Werten gilt. Ein allgemeiner Mittelwertsatz für Abbildungen wird in Kapitel 10 (Teil 2) bewiesen.

Das folgende Korollar ist eine hilfreiche Folgerung aus Satz 1.

**Korollar.** *Ist die Funktion $f : G \to \mathbb{R}$ im Gebiet $G \subset \mathbb{R}^m$ differenzierbar und ist ihr Differential in jedem Punkt $x \in G$ gleich Null, dann ist $f$ im Gebiet $G$ konstant.*

*Beweis.* Das Verschwinden einer linearen Transformation ist äquivalent zum Verschwinden aller Elemente ihrer zugehörigen Matrix. In diesem Fall ist

$$\mathrm{d}f(x)h = (\partial_1 f, \ldots, \partial_m f)(x)h \,,$$

und daher ist $\partial_1 f(x) = \cdots = \partial_m f(x) = 0$ in jedem Punkt $x \in G$.

Laut Definition ist ein Gebiet eine offene zusammenhängende Menge. Wir werden diese Eigenschaft ausnutzen.

Zunächst zeigen wir, dass die Funktion $f$ für $x \in G$ in einer Kugel $K(x; r) \subset G$ konstant ist. Ist nämlich $(x + h) \in K(x; r)$, dann ist $[x, x + h] \subset K(x; r) \subset G$. Wenn wir (8.53) oder (8.54) anwenden, erhalten wir

$$f(x + h) - f(x) = f'(\xi)h = 0 \cdot h = 0 \,,$$

d.h., $f(x + h) = f(x)$ und die Werte von $f$ in der Kugel $K(x; r)$ sind alle gleich dem Wert von $f$ im Zentrum der Kugel.

Seien nun $x_0, x_1 \in G$ beliebige Werte im Gebiet $G$. Da $G$ zusammenhängend ist, existiert ein Weg $t \mapsto x(t) \in G$, so dass $x(0) = x_0$ und $x(1) = x_1$. Angenommen, die stetige Abbildung $t \mapsto x(t)$ ist auf dem abgeschlossenen Intervall $0 \leq t \leq 1$ definiert. Sei $K(x_0; r)$ eine Kugel um $x_0$, die in $G$ enthalten ist. Da $x(0) = x_0$ und die Abbildung $t \mapsto x(t)$ stetig ist, existiert eine positive Zahl $\delta$, so dass $x(t) \in K(x_0; r) \subset G$ für $0 \leq t \leq \delta$. Dann ist auf dem Intervall $[0, \delta]$ nach dem bereits Bewiesenen $(f \circ x)(t) \equiv f(x_0)$.

Sei $l = \sup \delta$, wobei die obere Schranke über alle Zahlen $\delta \in [0, 1]$ gebildet wird, so dass $(f \circ x)(t) \equiv f(x_0)$ auf dem Intervall $[0, \delta]$. Da die Funktion $f(x(t))$ stetig ist, gilt $f(x(l)) = f(x_0)$. Dann ist aber $l = 1$. Wäre dem nämlich nicht so, könnten wir eine Kugel $K(x(l); r) \subset G$ herausgreifen, in der $f(x) = f(x(l)) = f(x_0)$ und dann wegen der Stetigkeit der Abbildung $t \mapsto x(t)$ ein $\Delta > 0$ finden, so dass $x(t) \in K(x(l); r)$ für $l \le t \le l + \Delta$. Dann wäre aber $(f \circ x)(t) = f(x(l)) = f(x_0)$ für $0 \le t \le l + \Delta$ und somit $l \ne \sup \delta$.

Somit haben wir gezeigt, dass $(f \circ x)(t) = f(x_0)$ für jedes $t \in [0,1]$. Insbesondere gilt $(f \circ x)(1) = f(x_1) = f(x_0)$ und wir haben bewiesen, dass die Werte der Funktion $f : G \to \mathbb{R}$ in je zwei Punkten $x_0, x_1 \in G$ gleich sind.  □

### 8.4.2 Eine hinreichende Bedingung für die Differenzierbarkeit einer Funktion mehrerer Variablen

**Satz 2.** *Sei $f : U(x) \to \mathbb{R}$ eine in einer Umgebung $U(x) \subset \mathbb{R}^m$ des Punktes $x = (x^1, \dots, x^m)$ definierte Funktion.*

*Besitzt die Funktion $f$ in jedem Punkt der Umgebung $U(x)$ partielle Ableitungen $\frac{\partial f}{\partial x^1}, \dots, \frac{\partial f}{\partial x^m}$ und sind diese in $x$ stetig, dann ist $f$ in $x$ differenzierbar.*

*Beweis.* Ohne Verlust der Allgemeinheit nehmen wir an, dass $U(x)$ eine Kugel $K(x; r)$ ist. Dann müssen neben den Punkten $x = (x^1, \dots, x^m)$ und $x + h = (x^1 + h^1, \dots, x^m + h^m)$ auch die Punkte $(x^1, x^2 + h^2, \dots, x^m + h^m), \dots, (x^1, x^2, \dots, x^{m-1}, x^m + h^m)$ und die sie verbindenden Strecken ebenfalls zur Umgebung $U(x)$ gehören. Wir werden dies ausnutzen und den Mittelwertsatz für Funktionen einer Variabler in der folgenden Berechnung anwenden:

$$f(x + h) - f(x) = f(x^1 + h^1, \dots, x^m + h^m) - f(x^1, \dots, x^m) =$$
$$= f(x^1 + h^1, \dots, x^m + h^m) - f(x^1, x^2 + h^2, \dots, x^m + h^m) +$$
$$+ f(x^1, x^2 + h^2, \dots, x^m + h^m) - f(x^1, x^2, x^3 + h^3, \dots, x^m + h^m) + \cdots +$$
$$+ f(x^1, x^2, \dots, x^{m-1}, x^m + h^m) - f(x^1, \dots, x^m) =$$
$$= \partial_1 f(x^1 + \theta^1 h^1, x^2 + h^2, \dots, x^m + h^m) h^1 +$$
$$+ \partial_2 f(x^1, x^2 + \theta^2 h^2, x^3 + h^3, \dots, x^m + h^m) h^2 + \cdots +$$
$$+ \partial_m f(x^1, x^2, \dots, x^{m-1}, x^m + \theta^m h^m) h^m .$$

Soweit haben wir nur die Tatsache ausgenutzt, dass die Funktion $f$ partielle Ableitungen nach jeder ihrer Variablen im Gebiet $U(x)$ besitzt.

Wir werden nun ausnutzen, dass diese partiellen Ableitungen in $x$ stetig sind. Wir setzen die obige Berechnung fort und erhalten

$$f(x + h) - f(x) = \partial_1 f(x^1, \dots, x^m) h^1 + \alpha^1 h^1 +$$
$$+ \partial_2 f(x^1, \dots, x^m) h^2 + \alpha^2 h^2 + \cdots +$$
$$+ \partial_m f(x^1, \dots, x^m) h^m + \alpha^m h^m ,$$

wobei die $\alpha_1, \dots, \alpha_m$ aufgrund der Stetigkeit der partiellen Ableitungen im Punkt $x$ für $h \to 0$ gegen Null streben.

Dies bedeutet aber, dass

$$f(x + h) - f(x) = L(x)h + o(h) \quad \text{für } h \to 0 \,,$$

wobei $L(x)h = \partial_1 f(x^1, \ldots, x^m)h^1 + \cdots + \partial_m f(x^1, \ldots, x^m)h^m$ .    $\square$

Aus Satz 2 folgt, dass eine Funktion $f : G \to \mathbb{R}$ mit stetigen partiellen Ableitungen im Gebiet $G \subset \mathbb{R}^m$ in jedem Punkt des Gebiets differenzierbar ist.

Wir wollen von nun an vereinbaren, das Symbol $C^{(1)}(G; \mathbb{R})$ zu benutzen oder einfacher $C^{(1)}(G)$, um die Menge von Funktionen zu bezeichnen, die im Gebiet $G$ stetige partielle Ableitungen besitzen.

### 8.4.3 Partielle Ableitungen höherer Ordnung

Besitzt eine auf einem Gebiet $G \subset \mathbb{R}^m$ definierte Funktion $f : G \to \mathbb{R}$ eine partielle Ableitung $\frac{\partial f}{\partial x^i}(x)$ nach einer der Variablen $x^1, \ldots, x^m$, dann ist diese partielle Ableitung eine Funktion $\partial_i f : G \to \mathbb{R}$, die ihrerseits eine partielle Ableitung $\partial_j(\partial_i f)(x)$ nach einer Variablen $x^j$ besitzen kann.

Die Funktion $\partial_j(\partial_i f) : G \to \mathbb{R}$ wird die *zweite partielle Ableitung von $f$ nach den Variablen $x^i$ und $x^j$* genannt und mit einem der folgenden Symbole bezeichnet:

$$\partial_{ji} f(x), \quad \frac{\partial^2 f}{\partial x^j \partial x^i}(x) \,.$$

Die Reihenfolge der Indizes deutet die Reihenfolge an, in der die Ableitungen nach den entsprechenden Variablen ausgeführt werden.

Damit haben wir partielle Ableitungen zweiter Ordnung definiert.

Wurde eine partielle Ableitung der Ordnung $k$

$$\partial_{i_1 \cdots i_k} f(x) = \frac{\partial^k f}{\partial x^{i_1} \cdots \partial x^{i_k}}(x)$$

definiert, können wir durch Induktion eine partielle Ableitung der Ordnung $k + 1$ definieren:

$$\partial_{i i_1 \cdots i_k} f(x) := \partial_i (\partial_{i_1 \cdots i_k} f)(x) \,.$$

An dieser Stelle drängt sich eine Frage auf, die spezifisch ist für Funktionen mehrerer Variabler: Hängt die partielle Ableitung von der Reihenfolge der berechneten Ableitungen ab?

**Satz 3.** *Besitzt die Funktion $f : G \to \mathbb{R}$ partielle Ableitungen*

$$\frac{\partial^2 f}{\partial x^i \partial x^j}(x) \quad und \quad \frac{\partial^2 f}{\partial x^j \partial x^i}(x)$$

*in einem Gebiet $G$, dann sind in jedem Punkt $x \in G$, in dem beide partielle Ableitungen stetig sind, ihre Werte identisch.*

*Beweis.* Sei $x \in G$ ein Punkt, in dem beide Funktionen $\partial_{ij} f : G \to \mathbb{R}$ und $\partial_{ji} f : G \to \mathbb{R}$ stetig sind. Von nun an werden alle unsere Argumente im Kontext einer Kugel $K(x; r) \subset G$, $r > 0$ ausgeführt, die eine konvexe Umgebung des Punktes $x$ ist. Wir wollen zeigen, dass

$$\frac{\partial^2 f}{\partial x^i \partial x^j}(x^1, \ldots, x^m) = \frac{\partial^2 f}{\partial x^j \partial x^i}(x^1, \ldots, x^m) .$$

Da sich nur die Variablen $x^i$ und $x^j$ in den folgenden Berechnungen verändern werden, werden wir der Kürze halber annehmen, dass $f$ eine Funktion zweier Variabler $f(x^1, x^2)$ ist, so dass wir zeigen müssen, dass

$$\frac{\partial^2 f}{\partial x^1 \partial x^2}(x^1, x^2) = \frac{\partial^2 f}{\partial x^2 \partial x^1}(x^1, x^2) ,$$

falls beide Funktionen im Punkt $(x^1, x^2)$ stetig sind.

Wir betrachten die Hilfsfunktion

$$F(h^1, h^2) = f(x^1 + h^1, x^2 + h^2) - f(x^1 + h^1, x^2) - f(x^1, x^2 + h^2) + f(x^1, x^2) ,$$

wobei angenommen wird, dass die Entfernung $h = (h^1, h^2)$ hinreichend klein ist, und zwar so klein, dass $x + h \in K(x; r)$.

Wenn wir $F(h^1, h^2)$ als die Differenz

$$F(h^1, h^2) = \varphi(1) - \varphi(0)$$

betrachten, wobei $\varphi(t) = f(x^1 + th^1, x^2 + h^2) - f(x^1 + th^1, x^2)$, dann erhalten wir nach dem Mittelwertsatz, dass

$$F(h^1, h^2) = \varphi'(\theta_1) = \left(\partial_1 f(x^1 + \theta_1 h^1, x^2 + h^2) - \partial_1 f(x^1 + \theta_1 h^1, x^2)\right)h^1 .$$

Wenn wir wiederum den Mittelwertsatz in dieser letzten Differenz anwenden, erhalten wir

$$F(h^1, h^2) = \partial_{21} f(x^1 + \theta_1 h^1, x^2 + \theta_2 h^2) h^2 h^1 . \tag{8.55}$$

Wenn wir nun $F(h^1, h^2)$ als die Differenz

$$F(h^1, h^2) = \tilde{\varphi}(1) - \tilde{\varphi}(0)$$

schreiben, wobei $\tilde{\varphi}(t) = f(x^1 + h^1, x^2 + th^2) - f(x^1, x^2 + th^2)$, dann erhalten wir auf ähnliche Weise, dass

$$F(h^1, h^2) = \partial_{12} f(x^1 + \tilde{\theta}_1 h^1, x^2 + \tilde{\theta}_2 h^2) h^1 h^2 . \tag{8.56}$$

Wenn wir (8.55) und (8.56) vergleichen, können wir folgern, dass

$$\partial_{21} f(x^1 + \theta_1 h^1, x^2 + \theta_2 h^2) = \partial_{12} f(x^1 + \tilde{\theta}_1 h^1, x^2 + \tilde{\theta}_2 h^2) , \tag{8.57}$$

wobei $\theta_1, \theta_2, \tilde{\theta}_1, \tilde{\theta}_2 \in{]}0, 1[$. Mit Hilfe der Stetigkeit der partiellen Ableitungen im Punkt $(x^1, x^2)$ für $h \to 0$ erhalten wir die gesuchte Gleichung als Folge von (8.57):

$$\partial_{21} f(x^1, x^2) = \partial_{12} f(x^1, x^2) . \qquad \square$$

Wir merken an, dass wir im Allgemeinen nicht ohne zusätzliche Annahmen sagen können, dass $\partial_{ij}f(x) = \partial_{ji}f(x)$, wenn beide partielle Ableitungen im Punkt $x$ definiert sind (vgl. Aufgabe 2 am Ende des Abschnitts).

Wir vereinbaren, die Menge der Funktionen $f : G \to \mathbb{R}$, deren partielle Ableitungen bis inklusive $k$-ter Ordnung im Gebiet $G \subset \mathbb{R}^m$ definiert und stetig sind, mit $C^{(k)}(G; \mathbb{R})$ oder $C^{(k)}(G)$ zu symbolisieren.

Als Folge von Satz 3 erhalten wir den folgenden Satz.

**Satz 4.** *Sei $f \in C^{(k)}(G; \mathbb{R})$. Dann ist der Wert $\partial_{i_1...i_k}f(x)$ der partiellen Ableitung unabhängig von der Reihenfolge $i_1, \ldots, i_k$ der Ableitungen, d.h., er ist für jede Permutation der Indizes $i_1, \ldots, i_k$ gleich.*

*Beweis.* Für den Fall $k = 2$ ist dieser Satz in Satz 3 enthalten.

Angenommen, der Satz gelte bis inklusive $n$-ter Ordnung. Wir wollen zeigen, dass er dann auch für die Ordnung $n + 1$ gilt.

Nun ist aber $\partial_{i_1 i_2 \cdots i_{n+1}}f(x) = \partial_{i_1}\big(\partial_{i_2 \cdots i_{n+1}}f\big)(x)$. Nach der Induktionsvoraussetzung können $i_2, \ldots, i_{n+1}$ permutiert werden, ohne dass sich die Funktion $\partial_{i_2 \cdots i_{n+1}}f(x)$ ändert und daher auch, ohne $\partial_{i_1 \cdots i_{n+1}}f(x)$ zu verändern. Aus diesem Grund genügt es zu zeigen, dass wir etwa auch die Indizes $i_1$ und $i_2$ permutieren können, ohne den Wert der Ableitung $\partial_{i_1 i_2 \cdots i_{n+1}}f(x)$ zu verändern.

Da

$$\partial_{i_1 i_2 \cdots i_{n+1}}f(x) = \partial_{i_1 i_2}\big(\partial_{i_3 \cdots i_{n+1}}f\big)(x) \,,$$

folgt die Richtigkeit dieser Permutation unmittelbar aus Satz 3. Nach dem Induktionsprinzip ist Satz 4 damit bewiesen. □

*Beispiel 1.* Sei $f(x) = f(x^1, x^2)$ eine Funktion der Klasse $C^{(k)}(G; \mathbb{R})$.

Sei $h = (h^1, h^2)$ so, dass das abgeschlossene Intervall $[x, x + h]$ im Gebiet $G$ enthalten ist. Wir wollen zeigen, dass die Funktion

$$\varphi(t) = f(x + th) \,,$$

die auf dem abgeschlossenen Intervall $[0, 1]$ definiert ist, zur Klasse $C^{(k)}[0, 1]$ gehört und ihre Ableitung der Ordnung $k$ nach $t$ bestimmen.

Es gilt

$$\varphi'(t) = \partial_1 f(x^1 + th^1, x^2 + th^2)h^1 + \partial_2 f(x^1 + th^1, x^2 + th^2)h^2 \,,$$
$$\varphi''(t) = \partial_{11}f(x + th)h^1 h^1 + \partial_{21}f(x + th)h^2 h^1 +$$
$$+ \partial_{12}f(x + th)h^1 h^2 + \partial_{22}f(x + th)h^2 h^2 =$$
$$= \partial_{11}f(x + th)(h^1)^2 + 2\partial_{12}f(x + th)h^1 h^2 + \partial_{22}f(x + th)(h^2)^2 \,.$$

Diese Gleichungen lassen sich als Einwirkung des Operators $(h^1 \partial_1 + h^2 \partial_2)$ schreiben:

$$\varphi'(t) = (h^1 \partial_1 + h^2 \partial_2)f(x + th) = h^i \partial_i f(x + th) \,,$$
$$\varphi''(t) = (h^1 \partial_1 + h^2 \partial_2)^2 f(x + th) = h^{i_1} h^{i_2} \partial_{i_1 i_2}f(x + th) \,.$$

Mit Induktion erhalten wir

$$\varphi^{(k)}(t) = (h^1 \partial_1 + h^2 \partial_2)^k f(x + th) = h^{i_1} \cdots h^{i_k} \partial_{i_1 \cdots i_k} f(x + th)$$

(Summation über alle Mengen $i_1, \ldots, i_k$ der $k$ Indizes von jeweils 1 bis 2).

*Beispiel 2.* Sei $f(x) = f(x^1, \ldots, x^m)$ und $f \in C^{(k)}(G; \mathbb{R})$, dann erhalten wir unter der Annahme, dass $[x, x + h] \subset G$, für die auf dem abgeschlossenen Intervall $[0, 1]$ definierte Funktion $\varphi(t) = f(x + th)$, dass

$$\varphi^{(k)}(t) = h^{i_1} \cdots h^{i_k} \partial_{i_1 \cdots i_k} f(x + th) , \tag{8.58}$$

wobei rechts Summation über alle Mengen von Indizes $i_1, \ldots, i_k$ gemeint ist, von denen jeder alle Werte zwischen 1 und $m$ inklusive annimmt.

Wir können Gleichung (8.58) auch wie folgt schreiben:

$$\varphi^{(k)}(t) = (h^1 \partial_1 + \cdots + h^m \partial_m)^k f(x + th) . \tag{8.59}$$

### 8.4.4 Die Taylorsche Formel

**Satz 5.** *Ist die Funktion $f : U(x) \to \mathbb{R}$ in einer Umgebung $U(x) \subset \mathbb{R}^m$ des Punktes $x \in \mathbb{R}^m$ definiert und zugehörig zur Klasse $C^{(n)}(U(x); \mathbb{R})$ und ist das abgeschlossene Intervall $[x, x + h]$ vollständig in $U(x)$ enthalten, dann gilt die folgende Gleichung:*

$$
\begin{aligned}
f(x^1 + h^1, \ldots, x^m + h^m) - f(x^1, \ldots, x^m) = \\
= \sum_{k=1}^{n-1} \frac{1}{k!} (h^1 \partial_1 + \cdots + h^m \partial_m)^k f(x) + r_{n-1}(x; h) ,
\end{aligned}
\tag{8.60}
$$

*mit*

$$r_{n-1}(x; h) = \int_0^1 \frac{(1-t)^{n-1}}{(n-1)!} (h^1 \partial_1 + \cdots + h^m \partial_m)^n f(x + th)\, \mathrm{d}t . \tag{8.61}$$

Gleichung (8.60) wird zusammen mit (8.61) *Taylorsche Formel mit integralem Restglied* genannt.

*Beweis.* Die Taylorsche Formel folgt unmittelbar aus der entsprechenden Taylorschen Formel für eine Funktion mit einer Variablen. Dazu betrachten wir die Hilfsfunktion

$$\varphi(t) = f(x + th) ,$$

die nach den Voraussetzungen zu Satz 5 auf dem abgeschlossenen Intervall $0 \le t \le 1$ definiert ist und (wie wir oben bewiesen haben) zur Klasse $C^{(n)}[0, 1]$ gehört.

Daher können wir für $\tau \in [0,1]$ die Taylorsche Formel für Funktionen einer Variablen schreiben:

$$\varphi(\tau) = \varphi(0) + \frac{1}{1!}\varphi'(0)\tau + \cdots + \frac{1}{(n-1)!}\varphi^{(n-1)}(0)\tau^{n-1} +$$

$$+ \int_0^1 \frac{(1-t)^{n-1}}{(n-1)!}\varphi^{(n)}(t\tau)\tau^n \, dt \ .$$

Wenn wir dabei $\tau = 1$ setzen, erhalten wir

$$\varphi(1) = \varphi(0) + \frac{1}{1!}\varphi'(0) + \cdots + \frac{1}{(n-1)!}\varphi^{(n-1)}(0) +$$

$$+ \int_0^1 \frac{(1-t)^{n-1}}{(n-1)!}\varphi^{(n)}(t) \, dt \ . \qquad (8.62)$$

Das Einsetzen der Werte

$$\varphi^{(k)}(0) = (h^1\partial_1 + \cdots + h^m\partial_m)^k f(x) \ , \quad (k = 0, \ldots, n-1) \ \text{ und}$$

$$\varphi^{(n)}(t) = (h^1\partial_1 + \cdots + h^m\partial_m)^n f(x+th)$$

in diese Gleichung liefert uns in Übereinstimmung mit (8.59) den Beweis von Satz 5. $\qquad\qquad\square$

*Anmerkung.* Wenn wir das Restglied in (8.62) nach Lagrange statt in der integralen Form schreiben, erhalten wir aus der Gleichung

$$\varphi(1) = \varphi(0) + \frac{1}{1!}\varphi'(0) + \cdots + \frac{1}{(n-1)!}\varphi^{(n-1)}(0) + \frac{1}{n!}\varphi^{(n)}(\theta)$$

mit $0 < \theta < 1$ die Taylorsche Formel (8.60) mit dem Restglied

$$r_{n-1}(x;h) = \frac{1}{n!}(h^1\partial_1 + \cdots + h^m\partial_m)^n f(x+\theta h) \ . \qquad (8.63)$$

Diese Form des Restglieds wird wie im Fall einer Funktion mit einer Variablen das *Restglied nach Lagrange* in der Taylorschen Formel genannt.

Da $f \in C^{(n)}\big(U(x);\mathbb{R}\big)$, folgt aus (8.63), dass

$$r_{n-1}(x;h) = \frac{1}{n!}(h^1\partial_1 + \cdots + h^m\partial_m)^n f(x) + o(\|h\|^n) \ \text{ für } h \to 0 \ ,$$

woraus wir die Gleichung

$$f(x^1 + h^1, \ldots, x^m + h^m) - f(x^1, \ldots, x^m) =$$

$$= \sum_{k=1}^n \frac{1}{k!}(h^1\partial_1 + \cdots + h^m\partial_m)^k f(x) + o(\|h\|^n) \ \text{ für } h \to 0 \ , (8.64)$$

erhalten, die Taylorsche Formel mit *Restglied nach Peano* genannt wird.

### 8.4.5 Extrema von Funktionen mehrerer Variabler

Eine der wichtigsten Anwendungen der Differentialrechnung ist ihr Einsatz auf der Suche nach Extrema von Funktionen.

**Definition 1.** Eine auf einer Menge $E \subset \mathbb{R}^m$ definierte Funktion $f : E \to \mathbb{R}$ besitzt ein *lokales Maximum* (bzw. *lokales Minimum*) in einem inneren Punkt $x_0 \in E$, falls eine Umgebung $U(x_0) \subset E$ des Punktes $x_0$ existiert, so dass $f(x) \le f(x_0)$ (bzw. $f(x) \ge f(x_0)$) für alle $x \in U(x_0)$.

Gilt strenge Ungleichheit $f(x) < f(x_0)$ für $x \in U(x_0) \setminus x_0$ (bzw. $f(x) > f(x_0)$), dann besitzt die Funktion ein *isoliertes lokales Maximum* (bzw. ein *isoliertes lokales Minimum*) in $x_0$.

**Definition 2.** Die lokalen Minima oder Maxima einer Funktion werden ihre *lokalen Extrema* genannt.

**Satz 6.** *Angenommen, eine in einer Umgebung $U(x_0) \subset \mathbb{R}^m$ des Punktes $x_0 = (x_0^1, \ldots, x_0^m)$ definierte Funktion $f : U(x_0) \to \mathbb{R}$ besitze partielle Ableitungen nach jeder ihrer Variablen $x^1, \ldots, x^m$ im Punkt $x_0$.*

*Dann ist es eine notwendige Bedingung dafür, dass die Funktion in $x_0$ ein lokales Extremum besitzt, dass die folgenden Gleichungen in diesem Punkt gelten:*

$$\frac{\partial f}{\partial x^1}(x_0) = 0, \ldots, \frac{\partial f}{\partial x^m}(x_0) = 0 . \tag{8.65}$$

*Beweis.* Wir betrachten die Funktion $\varphi(x^1) = f(x^1, x_0^2, \ldots, x_0^m)$ einer Variablen, die entsprechend den Annahmen im Satz in einer Umgebung des Punktes $x_0^1$ auf der reellen Geraden definiert ist. Die Funktion $\varphi(x^1)$ besitzt in $x_0^1$ ein lokales Extremum, wenn ihre Ableitung notwendigerweise gleich 0 ist und da

$$\varphi'(x_0^1) = \frac{\partial f}{\partial x^1}(x_0^1, x_0^2, \ldots, x_0^m) ,$$

folgt, dass $\frac{\partial f}{\partial x^1}(x_0) = 0$.

Die anderen Gleichungen in (8.65) werden ähnlich bewiesen. $\qquad\square$

Wir möchten betonen, dass (8.65) nur eine notwendige, aber keine hinreichende Bedingungen für die Existenz eines Extremums einer Funktion mehrerer Variablen ist. Ein Beispiel dafür ist jedes zu diesem Zweck konstruierte Beispiel einer Funktion einer Variablen. Demnach können wir nun, anstelle der Funktion $x \mapsto x^3$, deren Ableitung in Null gleich Null ist, die aber dort keinen Extremwert annimmt, die Funktion

$$f(x^1, \ldots, x^m) = (x^1)^3$$

betrachten, deren partielle Ableitungen in $x_0 = (0, \ldots, 0)$ alle Null sind, obwohl die Funktion offensichtlich in diesem Punkt kein Extremum besitzt.

Ist die Funktion $f : G \to \mathbb{R}$ auf einer offenen Menge $G \subset \mathbb{R}^m$ definiert, so sagt uns Satz 6, dass ihre lokalen Extrema entweder unter den Punkten gefunden werden, in denen $f$ nicht differenzierbar ist, oder in den Punkten, in denen das Differential $df(x_0)$ oder, was identisch ist, die Tangentialabbildung $f'(x_0)$ verschwindet.

Ist eine in einer Umgebung $U(x_0) \subset \mathbb{R}^m$ des Punktes $x_0 \in \mathbb{R}^m$ definierte Abbildung $f : U(x_0) \to \mathbb{R}^n$ in $x_0$ differenzierbar, dann besitzt, wie wir wissen, die Matrix der Tangentialabbildung $f'(x_0) : \mathbb{R}^m \to \mathbb{R}^n$ die Form

$$\begin{pmatrix} \partial_1 f^1(x_0) & \cdots & \partial_m f^1(x_0) \\ \cdots\cdots\cdots\cdots\cdots\cdots \\ \partial_1 f^n(x_0) & \cdots & \partial_m f^n(x_0) \end{pmatrix} . \tag{8.66}$$

**Definition 3.** Der Punkt $x_0$ heißt dann *kritischer Punkt der Abbildung* $f : U(x_0) \to \mathbb{R}^n$, falls der Rang der Jacobimatrix (8.66) der Abbildung in diesem Punkt kleiner als $\min\{m, n\}$ ist, d.h., kleiner als der maximal mögliche Wert, den er haben kann.

So ist für $n = 1$ der Punkt $x_0$ ein kritischer Punkt, wenn Bedingung (8.65) gilt, d.h., alle partiellen Ableitungen der Funktion $f : U(x_0) \to \mathbb{R}$ verschwinden.

Die kritischen Punkte einer Funktion mit reellen Werten werden auch *stationäre Punkte* oder *singuläre Punkte* dieser Funktion genannt.

Nachdem die stationären Punkte einer Funktion durch Lösung des Systems (8.65) aufgefunden wurden, kann die sich anschließende Analyse zur Klärung darüber, welche davon Extrema sind, oft mit Hilfe der Taylorschen Formel in Verbindung mit den folgenden hinreichenden Bedingungen für die Gegenwart oder das Fehlen eines durch diese Formel enthüllten Extremums durchgeführt werden.

**Satz 7.** *Sei* $f : U(x_0) \to \mathbb{R}$ *eine Funktion der Klasse* $C^{(2)}(U(x_0); \mathbb{R})$, *die in einer Umgebung* $U(x_0) \subset \mathbb{R}^m$ *des Punktes* $x_0 = (x_0^1, \ldots, x_0^m) \in \mathbb{R}^m$ *definiert ist, und sei* $x_0$ *ein stationärer Punkt der Funktion* $f$.

*Ist bei der Taylor-Entwicklung der Funktion im Punkt* $x_0$

$$f(x_0^1 + h^1, \ldots, x_0^m + h^m)$$
$$= f(x_0^1, \ldots, x_0^m) + \frac{1}{2!} \sum_{i,j=1}^m \frac{\partial^2 f}{\partial x^i \partial x^j}(x_0) h^i h^j + o(\|h\|^2) \tag{8.67}$$

*die quadratische Form*

$$\sum_{i,j=1}^m \frac{\partial^2 f}{\partial x^i \partial x^j}(x_0) h^i h^j \equiv \partial_{ij} f(x_0) h^i h^j \tag{8.68}$$

> a) *positiv definit oder negativ definit, dann besitzt die Funktion f im Punkt $x_0$ ein lokales Extremum, das ein isoliertes Minimum ist, wenn die quadratische Form (8.68) positiv definit ist, und ein isoliertes Maximum, wenn sie negativ definit ist;*
>
> b) *indefinit, d.h., nimmt sie sowohl positive wie negative Werte an, dann besitzt die Funktion in $x_0$ kein Extremum.*

*Beweis.* Sei $h \neq 0$ und $x_0 + h \in U(x_0)$. Wir wollen (8.67) in der Form

$$f(x_0 + h) - f(x_0) = \frac{1}{2!} \|h\|^2 \left[ \sum_{i,j=1}^{m} \frac{\partial^2 f}{\partial x^i \partial x^j}(x_0) \frac{h^i}{\|h\|} \frac{h^j}{\|h\|} + o(1) \right] \qquad (8.69)$$

schreiben, wobei $o(1)$ für $h \to 0$ infinitesimal ist.

Aus Gleichung (8.69) ist offensichtlich, dass das Vorzeichen der Differenz $f(x_0 + h) - f(x_0)$ vollständig durch das Vorzeichen des Ausdrucks in den eckigen Klammern bestimmt wird. Wir wollen diesen Ausdruck nun untersuchen.

Der Vektor $e = (h^1/\|h\|, \ldots, h^m/\|h\|)$ besitzt offensichtlich die Norm 1. Die quadratische Form (8.68) ist eine stetige Funktion von $h \in \mathbb{R}^m$, und daher ist ihre Einschränkung auf die Einheitskugelschale $S(0;1) = \{x \in \mathbb{R}^m \mid \|x\| = 1\}$ ebenfalls in $S(0;1)$ stetig. Nun ist aber die Kugelschale $S$ eine abgeschlossene beschränkte Teilmenge von $\mathbb{R}^m$, d.h., sie ist kompakt. Folglich besitzt (8.68) sowohl ein Minimum als auch ein Maximum in $S$, in denen sie die Werte $m$ bzw. $M$ annimmt.

Ist die Form (8.68) positiv definit, dann ist $0 < m \leq M$, und es existiert eine Zahl $\delta > 0$, so dass $|o(1)| < m$ für $\|h\| < \delta$. Dann ist für $\|h\| < \delta$ der Klammerausdruck auf der rechten Seite von (8.69) positiv und folglich auch $f(x_0 + h) - f(x_0) > 0$ für $0 < \|h\| < \delta$. Daher ist in diesem Fall der Punkt $x_0$ ein isoliertes lokales Minimum der Funktion.

Wir können auf ähnliche Weise beweisen, dass die Funktion ein isoliertes Maximum im Punkt $x_0$ besitzt, falls die Form (8.68) negativ definit ist.

Somit ist a) nun bewiesen.

Seien $e_m$ und $e_M$ Punkte der Einheitskugelschale, in denen die Form (8.68) die Werte $m$ bzw. $M$ annimmt, und sei $m < 0 < M$.

Wenn wir $h = te_m$ setzen, wobei $t$ eine genügend kleine positive Zahl ist (so klein, dass $x_0 + te_m \in U(x_0)$), dann erhalten wir aus (8.69), dass

$$f(x_0 + te_m) - f(x_0) = \frac{1}{2!} t^2 (m + o(1)) \,,$$

wobei $o(1) \to 0$ für $t \to 0$. Wenn wir beginnen (d.h. für alle kleinen Werte von $t$), besitzt $m + o(1)$ auf der rechten Seite dieser Gleichung das Vorzeichen von $m$, d.h., ist negativ. Folglich ist auch die linke Seite negativ.

Wenn wir ganz ähnlich $h = te_M$ setzen, erhalten wir

$$f(x_0 + te_M) - f(x_0) = \frac{1}{2!} t^2 (M + o(1))$$

und folglich ist die Differenz $f(x_0 + te_M) - f(x_0)$ für alle genügend kleinen Werte $t$ positiv.

Nimmt daher die quadratische Form (8.68) sowohl positive als auch negative Werte auf der Einheitskugelschale oder, was dazu offensichtlich äquivalent ist, in $\mathbb{R}^m$ an, dann gibt es in jeder Umgebung des Punktes $x_0$ sowohl Punkte, in denen der Wert der Funktion größer als $f(x_0)$ ist und Punkte, in denen ihr Wert kleiner als $f(x_0)$ ist. Daher ist $x_0$ in diesem Fall kein lokales Extremum der Funktion. □

Wir wollen nun einige Anmerkungen zu diesem Satz machen.

*Anmerkung 1.* Satz 7 sagt nichts über den Fall aus, dass die Form (8.68) semidefinit ist, d.h. nicht positiv bzw. nicht negativ definit. Tatsächlich zeigt sich, dass der Punkt dann ein Extremum sein kann oder auch nicht. Dies lässt sich an folgendem Beispiel erkennen.

*Beispiel 3.* Wir suchen die Extrema der Funktion $f(x,y) = x^4 + y^4 - 2x^2$, die in $\mathbb{R}^2$ definiert ist.

Um die notwendigen Bedingungen (8.65) zu erfüllen, betrachten wir das folgende Gleichungssystem

$$\begin{cases} \dfrac{\partial f}{\partial x}(x,y) = 4x^3 - 4x = 0 \,, \\[2mm] \dfrac{\partial f}{\partial y}(x,y) = 4y^3 = 0 \,, \end{cases}$$

aus dem wir die stationären Punkte $(-1,0)$, $(0,0)$ und $(1,0)$ erhalten.

Da

$$\frac{\partial^2 f}{\partial x^2}(x,y) = 12x^2 - 4 \,, \qquad \frac{\partial^2 f}{\partial x \partial y}(x,y) \equiv 0 \,, \qquad \frac{\partial^2 f}{\partial y^2}(x,y) = 12y^2 \,,$$

lautet die quadratische Form (8.68) jeweils in den drei stationären Punkten

$$8(h^1)^2 \,, \qquad -4(h^1)^2 \quad \text{bzw.} \qquad 8(h^1)^2 \,.$$

Somit ist sie in allen drei Punkten entweder positiv semi-definit oder negativ semi-definit. Satz 7 ist daher nicht anwendbar. Da aber $f(x,y) = (x^2 - 1)^2 + y^4 - 1$, ist offensichtlich, dass die Funktion $f(x,y)$ einen isolierten Minimalwert $-1$ (sogar ein globales Minimum) in den Punkten $(-1,0)$, und $(1,0)$ besitzt. Dagegen liegt in $(0,0)$ kein Extremum vor, da für $x = 0$ und $y \neq 0$ gilt, dass $f(0,y) = y^4 > 0$ und für $y = 0$ und genügend kleines $x \neq 0$, dass $f(x,0) = x^4 - 2x^2 < 0$.

*Anmerkung 2.* Nachdem wir die quadratische Form (8.68) erhalten haben, können wir sie mit den Formeln von Sylvester[6] auf ihre Definitheit untersuchen. Wir wiederholen, dass nach Sylvester eine quadratische Form

---

[6] J. J. Sylvester (1814–1897) – britischer Mathematiker, dessen bekanntesten Arbeiten in der Algebra vorliegen.

$\sum\limits_{i,j=1}^{m} a_{ij}x^i x^j$ mit symmetrischer Matrix

$$\begin{pmatrix} a_{11} & \cdots & a_{1m} \\ \cdots\cdots\cdots\cdots \\ a_{m1} & \cdots & a_{mm} \end{pmatrix}$$

genau dann positiv definit ist, wenn alle ihre Hauptminoren positiv sind. Die Form ist genau dann negativ definit, wenn $a_{11} < 0$, und sich das Vorzeichen des Hauptminors bei jeder Vergrößerung der Ordnung um eins ändert.

*Beispiel 4.* Wir suchen die Extrema der Funktion

$$f(x,y) = xy\ln(x^2 + y^2)\,,$$

die überall, außer im Ursprung, in der Ebene $\mathbb{R}^2$ definiert ist.

Wenn wir das Gleichungssystem

$$\begin{cases} \dfrac{\partial f}{\partial x}(x,y) = y\ln(x^2 + y^2) + \dfrac{2x^2 y}{x^2 + y^2} = 0\,, \\[3mm] \dfrac{\partial f}{\partial y}(x,y) = x\ln(x^2 + y^2) + \dfrac{2xy^2}{x^2 + y^2} = 0 \end{cases}$$

lösen, dann erhalten wir die stationären Punkte der Funktion:

$$(0,\pm 1)\,;\qquad (\pm 1,0)\,;\qquad \left(\pm\frac{1}{\sqrt{2\mathrm{e}}},\pm\frac{1}{\sqrt{2\mathrm{e}}}\right);\qquad \left(\pm\frac{1}{\sqrt{2\mathrm{e}}},\mp\frac{1}{\sqrt{2\mathrm{e}}}\right).$$

Da die Funktion in beiden Argumenten ungerade ist, sind die Punkte $(0,\pm 1)$ und $(\pm 1,0)$ offensichtlich keine Extrema der Funktion.

Es ist auch klar, dass diese Funktion ihren Wert beibehält, wenn sich die Vorzeichen beider Variablen $x$ und $y$ verändern. Daher können wir aus der Untersuchung eines der verbleibenden stationären Punktes, beispielsweise $\left(\frac{1}{\sqrt{2\mathrm{e}}},\frac{1}{\sqrt{2\mathrm{e}}}\right)$, Folgerungen über die Eigenschaften der anderen Punkte ziehen.

Da

$$\frac{\partial^2 f}{\partial x^2}(x,y) = \frac{6xy}{x^2 + y^2} - \frac{4x^3 y}{(x^2 + y^2)^2}\,,$$

$$\frac{\partial^2 f}{\partial x\partial y}(x,y) = \ln(x^2 + h^2) + 2 - \frac{4x^2 y^2}{(x^2 + y^2)^2}\,,$$

$$\frac{\partial^2 f}{\partial y^2}(x,y) = \frac{6xy}{x^2 + y^2} - \frac{4xy^3}{(x^2 + y^2)^2}\,,$$

besitzt die quadratische Form $\partial_{ij}f(x_0)h^i h^j$ im Punkt $\left(\frac{1}{\sqrt{2\mathrm{e}}},\frac{1}{\sqrt{2\mathrm{e}}}\right)$ die Matrix

$$\begin{pmatrix} 2 & 0 \\ 0 & 2 \end{pmatrix}.$$

Diese Matrix ist positiv definit und folglich besitzt die Funktion in diesem Punkt ein lokales Minimum

$$f\left(\frac{1}{\sqrt{2e}}, \frac{1}{\sqrt{2e}}\right) = -\frac{1}{2e}.$$

Aus den oben angestellten Betrachtungen zu den Eigenschaften dieser Funktion können wir unmittelbar folgern, dass

$$f\left(-\frac{1}{\sqrt{2e}}, -\frac{1}{\sqrt{2e}}\right) = -\frac{1}{2e}$$

ebenfalls ein lokales Minimum ist und dass

$$f\left(\frac{1}{\sqrt{2e}}, -\frac{1}{\sqrt{2e}}\right) = f\left(-\frac{1}{\sqrt{2e}}, \frac{1}{\sqrt{2e}}\right) = \frac{1}{2e}$$

lokale Maxima der Funktion sind. Dies hätten wir direkt zeigen können, indem wir die Definitheit der zugehörigen quadratischen Formen geprüft hätten. So ist beispielsweise die Matrix der quadratischen Form (8.68) im Punkt $\left(-\frac{1}{\sqrt{2e}}, \frac{1}{\sqrt{2e}}\right)$ gleich

$$\begin{pmatrix} -2 & 0 \\ 0 & -2 \end{pmatrix},$$

woraus wir sofort ablesen können, dass sie negativ definit ist.

*Anmerkung 3.* Wir sollten daran denken, dass die notwendigen (Satz 6) und hinreichenden (Satz 7) Bedingungen für ein Extremum einer Funktion nur in den inneren Punkten ihres Definitionsbereich gelten. Daher ist es stets notwendig, auf der Suche nach dem absoluten Maximum oder Minimum einer Funktion neben den stationären inneren Punkten auch die Randpunkte des Definitionsbereichs zu untersuchen, da die Funktion ihren Maximal- oder Minimalwert in einem der Randpunkte annehmen kann.

Allgemeine Methoden zur Suche von Extrema in nicht inneren Punkten werden wir später detailliert untersuchen (s. Absatz 8.7.3). Sie sollten sich merken, dass bei der Suche nach Minima und Maxima einfache Betrachtungen des konkreten Problems hilfreich sein können, ergänzt um formale Techniken und manchmal sogar ohne diese. Wird beispielsweise eine differenzierbare Funktion, die aufgrund der Problemstellung ein Minimum besitzen muss, in $\mathbb{R}^m$ untersucht und zeigt es sich, dass diese Funktion von oben unbeschränkt ist, dann kann man, falls die Funktion nur einen stationären Punkt besitzt, ohne weitere Untersuchungen davon ausgehen, dass dieser Punkt das Minimum ist.

*Beispiel 5.* Problem von *Huygens.* Aufbauend auf den Gesetzen der Energie- und Impulserhaltung eines abgeschlossenen mechanischen Systems, können wir durch eine einfache Berechnung zeigen, dass zwei perfekt elastische Bälle mit den Massen $m_1$ und $m_2$ und den Anfangsgeschwindigkeiten $v_1$ und $v_2$ nach einem zentralen Stoß (wenn die Geschwindigkeiten entlang der Strecke gerichtet sind, die die Massen verbindet) folgende Geschwindigkeiten besitzen werden:

$$\tilde{v}_1 = \frac{(m_1 - m_2)v_1 + 2m_2v_2}{m_1 + m_2} \,,$$
$$\tilde{v}_2 = \frac{(m_2 - m_1)v_2 + 2m_1v_1}{m_1 + m_2} \,.$$

Insbesondere lässt sich daraus die Geschwindigkeit eines bewegungslosen Balls der Masse $m$ nach dem Stoß mit einem Ball der Masse $M$ mit der Geschwindigkeit $V$ berechnen:

$$v = \frac{2M}{m + M}V \,. \tag{8.70}$$

Wir erkennen daraus, dass $V \le v \le 2V$ für $0 \le m \le M$.

Wie kann ein signifikanter Teil der kinetischen Energie einer großen Masse auf einen Körper mit kleiner Masse übergehen? Um dies zu analysieren, können wir uns beispielsweise Massen denken, die zwischen der kleinen und der großen Masse liegen: $m < m_1 < m_2 < \cdots < m_n < M$. Wir wollen (nach Huygens) berechnen, wie die Massen $m_1, m_2, \ldots, m_n$ gewählt werden sollten, damit der Körper $m$ die maximal mögliche Geschwindigkeit nach aufeinander folgenden zentralen Stößen besitzt.

In Übereinstimmung mit (8.70) erhalten wir den folgenden Ausdruck für die angenommene Geschwindigkeit als eine Funktion der Variablen $m_1$, $m_2, \ldots, m_n$:

$$v = \frac{m_1}{m + m_1} \cdot \frac{m_2}{m_1 + m_2} \cdot \ldots \cdot \frac{m_n}{m_{n-1} + m_n} \cdot \frac{M}{m_n + M} \cdot 2^{n+1}V \,. \tag{8.71}$$

Somit lässt das Problem von Huygens auf die Suche nach dem Maximum der Funktion

$$f(m_1, \ldots, m_n) = \frac{m_1}{m + m_1} \cdot \ldots \cdot \frac{m_n}{m_{n-1} + m_n} \cdot \frac{M}{m_n + M}$$

zurückführen.

Das Gleichungssystem (8.65), aus dem wir die notwendigen Bedingungen für ein inneres Extremum erhalten, lässt sich in diesem Fall in das folgende System umformen:

$$\begin{cases} m \cdot m_2 - m_1^2 = 0 \,, \\ m_1 \cdot m_3 - m_2^2 = 0 \,, \\ \cdots\cdots\cdots\cdots\cdots \\ m_{n-1} \cdot M - m_n^2 = 0 \,. \end{cases}$$

Daraus ergibt sich, dass die Zahlen $m, m_1, \ldots, m_n, M$ im Extremum eine geometrische Progression mit dem Verhältnis $q = \sqrt[n+1]{M/m}$ bilden.

Die Geschwindigkeit (8.71), die sich aus dieser Massenwahl ergibt, lautet

$$v = \left(\frac{2q}{1+q}\right)^{n+1} V \,, \qquad (8.72)$$

was für $n = 0$ mit (8.70) übereinstimmt.

Aus physikalischer Sicht ist klar, dass wir mit (8.72) den Maximalwert der Funktion (8.71) erhalten. Dies lässt sich jedoch auch formal zeigen (ohne die mühsame Bildung der zweiten Ableitungen, vgl. Aufgabe 9 am Ende dieses Abschnitts).

Wir merken an, dass aus (8.72) klar ist, dass für $m \to 0$ die Geschwindigkeit $v$ gegen $2^{n+1}V$ strebt. Somit erhöhen die dazwischen liegenden Massen tatsächlich den Anteil der kinetischen Energie der Masse $M$, der auf die kleine Masse $m$ übergeht.

### 8.4.6 Einige geometrische Darstellungen zu Funktionen mehrerer Variabler

#### a. Der Graph einer Funktion und krummlinige Koordinaten

Seien $x$, $y$ und $z$ kartesische Koordinaten eines Punktes in $\mathbb{R}^3$ und sei $z = f(x,y)$ eine stetige Funktion, die auf einem Gebiet in der Ebene $\mathbb{R}^2$ der Variablen $x$ und $y$ definiert ist.

Nach der allgemeinen Definition des Graphen einer Funktion entspricht der Graph der Funktion $f : G \to \mathbb{R}$ in unserem Fall der Menge $S = \{(x,y,z) \in \mathbb{R}^3 \,|\, (x,y) \in G, \, z = f(x,y)\}$ im Raum $\mathbb{R}^3$.

Offensichtlich ist die Abbildung $G \xrightarrow{F} S$, die durch die Relation $(x,y) \mapsto (x,y,f(x,y))$ definiert wird, eine stetige eins-zu-eins Abbildung von $G$ auf $S$. Daher lässt sich jeder Punkt von $S$ bestimmen, wenn wir den zugehörigen Punkt von $G$ angeben oder, was dasselbe ist, wenn wir die Koordinaten des Punktes von $G$ angeben.

Daher können Koordinatenpaare $(x,y) \in G$ als Koordinaten für Punkte einer Menge $S$ – dem Graphen der Funktion $z = f(x,y)$ – betrachtet werden. Da die Punkte von $S$ durch ein Zahlenpaar definiert werden können, werden wir daher vereinbaren, $S$ eine *zwei-dimensionale Fläche in* $\mathbb{R}^3$ zu nennen. (Die allgemeine Definition einer Fläche werden wir später geben.)

Wenn wir einen Weg $\Gamma : I \to G$ in $G$ definieren, dann erscheint automatisch ein Weg $F \circ \Gamma : I \to S$ auf der Fläche. Ist $x = x(t)$ und $y = y(t)$ eine Parametrisierung des Weges $\Gamma$, dann wird der Weg $F \circ \Gamma$ auf $S$ durch die drei Funktionen $x = x(t)$, $y = y(t)$, $z = z(t) = f(x(t),y(t))$ beschrieben. Setzen wir insbesondere $x = x_0 + t$ und $y = y_0$, dann erhalten wir eine Kurve $x = x_0 + t$, $y = y_0$, $z = f(x_0 + t, y_0)$ auf der Fläche $S$, wobei sich die Koordinaten $y = y_0$ der Punkte in $S$ nicht verändern. Auf ähnliche Weise können wir uns eine Kurve $x = x_0$, $y = y_0 + t$, $z = f(x_0, y_0 + t)$ konstruieren, bei denen sich die erste Koordinate $x_0$ der Punkte in $S$ nicht verändert. In Analogie zum planaren Fall werden diese Kurven in $S$ die *Koordinatenachsen* auf der Fläche $S$ genannt. Im Unterschied zu den Koordinatenachsen in $G \subset \mathbb{R}^2$, die Teile von Geraden sind, sind die Koordinatenachsen in $S$ jedoch im Allgemeinen Kurven in $\mathbb{R}^3$. Aus diesem Grund werden die Koordinaten $(x, y)$ der Punkte der Fläche $S$ auch oft als *krummlinige Koordinaten* auf $S$ bezeichnet.

Daher ist der Graph einer stetigen Funktion $z = f(x, y)$, die auf einem Gebiet $G \subset \mathbb{R}^2$ definiert ist, eine zwei-dimensionale Fläche $S$ in $\mathbb{R}^3$, deren Punkte durch die krummlinigen Koordinaten $(x, y) \in G$ definiert werden können.

An diesem Punkt werden wir nicht noch ausführlicher werden und die allgemeine Definition einer Fläche geben, da wir nur an einer besonderen Art von Fläche interessiert sind – dem Graphen einer Funktion. Wir nehmen jedoch an, dass der Leser aus Kursen der analytischen Geometrie mit einigen besonderen wichtigen Flächen in $\mathbb{R}^3$ vertraut ist (wie einer Ebene, einem Ellipsoid, Paraboloiden und Hyperboloiden).

### b. Die Tangentialebene an den Graphen einer Funktion

Differenzierbarkeit einer Funktion $z = f(x, y)$ im Punkt $(x_0, y_0) \in G$ bedeutet, dass

$$f(x, y) = f(x_0, y_0) + A(x - x_0) + B(y - y_0) + \\ + o\left(\sqrt{(x - x_0)^2 + (y - y_0)^2}\right) \text{ für } (x, y) \to (x_0, y_0) , \quad (8.73)$$

wobei $A$ und $B$ Konstanten sind.

Wir wollen in $\mathbb{R}^3$ die Ebene

$$z = z_0 + A(x - x_0) + B(y - y_0) \quad (8.74)$$

für $z_0 = f(x_0, y_0)$ betrachten. Wenn wir (8.73) und (8.74) vergleichen, können wir erkennen, dass der Graph der Funktion in einer Umgebung des Punktes $(x_0, y_0, z_0)$ durch die Ebene (8.74) gut angenähert wird. Genauer gesagt, so unterscheidet sich bei einer Veränderung der Koordinaten $(x_0, y_0)$ zu den krummlinigen Koordinaten $(x, y)$ der Punkt $\left(x, y, f(x, y)\right)$ der Ebene (8.74) verglichen zum Wert $\sqrt{(x - x_0)^2 + (y - y_0)^2}$ im Punkt $(x_0, y_0, z_0)$ um einen infinitesimalen Betrag.

Auf Grund der Eindeutigkeit des Differentials einer Funktion ist die Ebene (8.74) mit dieser Eigenschaft eindeutig bestimmt und lautet

$$z = f(x_0, y_0) + \frac{\partial f}{\partial x}(x_0, y_0)(x - x_0) + \frac{\partial f}{\partial y}(x_0, y_0)(y - y_0) . \quad (8.75)$$

Diese Ebene wird *Tangentialebene an den Graphen der Funktion $z = f(x, y)$ im Punkt $\left(x_0, y_0, f(x_0, y_0)\right)$* genannt.

Daher sind die Differenzierbarkeit einer Funktion $z = f(x, y)$ im Punkt $(x_0, y_0)$ und die Existenz einer Tangentialebene an den Graphen dieser Funktion im Punkt $\left(x_0, y_0, f(x_0, y_0)\right)$ äquivalente Bedingungen.

**c. Der Normalenvektor**

Wenn wir Gleichung (8.75) für die Tangentialebene in der kanonischen Form

$$\frac{\partial f}{\partial x}(x_0, y_0)(x - x_0) + \frac{\partial f}{\partial y}(x_0, y_0)(y - y_0) - \big(z - f(x_0, y_0)\big) = 0$$

schreiben, können wir daraus ablesen, dass der Vektor

$$\left(\frac{\partial f}{\partial x}(x_0, y_0), \frac{\partial f}{\partial y}(x_0, y_0), -1\right) \tag{8.76}$$

der *Normalenvektor an die Tangentialebene* ist. Seine Richtung zeigt normal oder orthogonal zur Fläche $S$ (dem Graphen der Funktion) im Punkt $\big(x_0, y_0, f(x_0, y_0)\big)$.

Ist insbesondere $(x_0, y_0)$ ein stationärer Punkt der Funktion $f(x, y)$, dann lautet der Normalenvektor an den Graphen im Punkt $\big(x_0, y_0, f(x_0, y_0)\big)$ $(0, 0, -1)$ und folglich ist die Tangentialebene an den Graphen der Funktion in solch einem Punkt horizontal (parallel zur $xy$-Ebene).

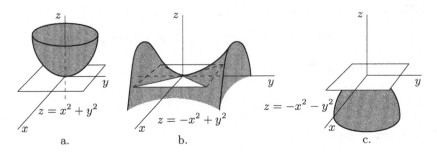

**Abb. 8.1.**

Die drei Graphen in Abb. 8.1 veranschaulichen das eben Gesagte.

Die Abbildungen 8.1a und c zeigen den Graphen einer Funktion und die Tangentialebene in einer Umgebung eines lokalen Extremums (Minimum bzw. Maximum), wohingegen Abb. 8.1b den Graphen in der Umgebung eines sogenannten *Sattelpunktes* dartellt.

**d. Tangentialebenen und Tangentialvektoren**

Wird ein Weg $\Gamma : I \to \mathbb{R}^3$ in $\mathbb{R}^3$ durch differenzierbare Funktionen $x = x(t)$, $y = y(t)$, $z = z(t)$ beschrieben, dann ist der Vektor $\big(\dot{x}(0), \dot{y}(0), \dot{z}(0)\big)$, wie wir wissen, der Geschwindigkeitsvektor zur Zeit $t = 0$. Er ist im Punkt $x_0 = x(0)$, $y_0 = y(0)$, $z_0 = z(0)$ ein Vektor in Richtung der Tangente an die Spur des Weges $\Gamma$ in $\mathbb{R}^3$.

Wir wollen nun einen Weg $\Gamma : I \to S$ an den Graphen einer Funktion $z = f(x, y)$ der Form $x = x(t)$, $y = y(t)$, $z = f(x(t), y(t))$ betrachten. In diesem besonderen Fall erhalten wir

$$\left(\dot{x}(0), \dot{y}(0), \dot{z}(0)\right) = \left(\dot{x}(0), \dot{y}(0), \frac{\partial f}{\partial x}(x_0, y_0)\dot{x}(0) + \frac{\partial f}{\partial y}(x_0, y_0)\dot{y}(0)\right) ,$$

woraus wir erkennen können, dass dieser Vektor zum Vektor (8.76) orthogonal ist, der zum Graphen $S$ der Funktion im Punkt $(x_0, y_0, f(x_0, y_0))$ normal ist. Somit haben wir gezeigt, dass ein Vektor $(\xi, \eta, \zeta)$, der zu einer Kurve auf der Fläche $S$ im Punkt $(x_0, y_0, f(x_0, y_0))$ tangential verläuft, zum Vektor (8.76) orthogonal ist und (in diesem Sinne) im betrachteten Punkt in der Tangentialebene (8.75) an die Fläche $S$ liegt. Genauer gesagt, so könnten wir sagen, dass die gesamte Gerade $x = x_0 + \xi t$, $y = y_0 + \eta t$, $z = f(x_0, y_0) + \zeta t$ in der Tangentialebene (8.75) liegt.

Wir wollen nun zeigen, dass die Umkehrung auch wahr ist, d.h., dass dann, wenn eine Gerade $x = x_0 + \xi t$, $y = y_0 + \eta t$, $z = f(x_0, y_0) + \zeta t$ oder, was gleich ist, der Vektor $(\xi, \eta, \zeta)$ in der Ebene (8.75) liegt, ein Weg auf $S$ existiert, zu dem der Vektor $(\xi, \eta, \zeta)$ im Punkt $(x_0, y_0, f(x_0, y_0))$ der Geschwindigkeitsvektor ist.

Wir können beispielsweise den Weg

$$x = x_0 + \xi t , \qquad y = y_0 + \eta t , \qquad z = f(x_0 + \xi t, y_0 + \eta t)$$

wählen. Tatsächlich gilt für diesen Weg

$$\dot{x}(0) = \xi , \qquad \dot{y}(0) = \eta , \qquad \dot{z}(0) = \frac{\partial f}{\partial x}(x_0, y_0)\xi + \frac{\partial f}{\partial y}(x_0, y_0)\eta .$$

In Anbetracht der Gleichung

$$\frac{\partial f}{\partial x}(x_0, y_0)\dot{x}(0) + \frac{\partial f}{\partial y}(x_0, y_0)\dot{y}(0) - \dot{z}(0) = 0$$

und der Annahme, dass

$$\frac{\partial f}{\partial x}(x_0, y_0)\xi + \frac{\partial f}{\partial y}(x_0, y_0)\eta - \zeta = 0 ,$$

erhalten wir, dass

$$\left(\dot{x}(0), \dot{y}(0), \dot{z}(0)\right) = (\xi, \eta, \zeta) .$$

Daher wird die Tangentialebene an die Fläche $S$ im Punkt $(x_0, y_0, z_0)$ durch die Vektoren gebildet, die im Punkt $(x_0, y_0, z_0)$ Tangenten an Kurven auf der Fläche $S$ sind, die durch diesen Punkt verlaufen (vgl. Abb. 8.2).

Dies ist eine eher geometrische Beschreibung der Tangentialebene. Wie auch immer, so können wir daraus erkennen, dass dann, wenn die Tangente an eine Kurve (bzgl. der Wahl der Koordinaten) invariant definiert ist, auch die Tangentialebene invariant definiert ist.

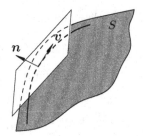

**Abb. 8.2.**

Wir haben Funktionen zweier Variabler betrachtet, um sie graphisch darstellen zu können, aber alles Gesagte lässt sich offensichtlich auf den Allgemeinfall einer Funktion

$$y = f(x^1, \ldots, x^m) \tag{8.77}$$

für $m \in \mathbb{N}$ mit $m$ Variablen übertragen.

Im Punkt $\left(x_0^1, \ldots, x_0^m, f(x_0^1, \ldots, x_0^m)\right)$ kann die Tangentialebene an den Graphen einer derartigen Funktion in der Form

$$y = f(x_0^1, \ldots, x_0^m) + \sum_{i=1}^{m} \frac{\partial f}{\partial x^i}(x_0^1, \ldots, x_0^m)(x^i - x_0^i) \tag{8.78}$$

geschrieben werden, wobei der Vektor

$$\left(\frac{\partial f}{\partial x^1}(x_0), \ldots, \frac{\partial f}{\partial x^m}(x_0), -1\right)$$

der Normalenvektor an die Ebene (8.78) ist. Diese Ebene besitzt, wie der Graph der Funktion (8.77), die Dimension $m$, d.h., jeder Punkt wird nun durch eine Menge $(x^1, \ldots, x^m)$ von $m$ Koordinaten beschrieben.

Daher definiert (8.78) eine Hyperebene in $\mathbb{R}^{m+1}$.

Wenn wir die obigen Überlegungen in Worten wiederholen, so lässt sich sagen, dass die Tangentialebene (8.78) aus Vektoren besteht, die Tangenten an Kurven sind, die durch den Punkt $\left(x_0^1, \ldots, x_0^m, f(x_0^1, \ldots, x_0^m)\right)$ verlaufen und auf der $m$-dimensionalen Fläche $S$ – dem Graphen der Funktion (8.77) – liegen.

### 8.4.7 Übungen und Aufgaben

**1.** Sei $z = f(x, y)$ eine Funktion der Klasse $C^{(1)}(G; \mathbb{R})$.

a) Lässt sich für $\frac{\partial f}{\partial y}(x, y) \equiv 0$ in $G$ behaupten, dass $f$ in $G$ von $y$ unabhängig ist?

b) Unter welchen Bedingungen an das Gebiet $G$ besitzt die obige Frage eine bejahende Antwort?

**2.** a) Zeigen Sie, dass für die folgende Funktion

$$f(x,y) = \begin{cases} xy\frac{x^2-y^2}{x^2+y^2} \ , & \text{für } x^2 + y^2 \neq 0 \ , \\ \\ 0 \ , & \text{für } x^2 + y^2 = 0 \end{cases}$$

gilt:

$$\frac{\partial f}{\partial x \partial y}(0,0) = 1 \neq -1 = \frac{\partial^2 f}{\partial y \partial x}(0,0) \ .$$

b) Die Funktion $f(x,y)$ besitze die partiellen Ableitungen $\frac{\partial f}{\partial x}$ und $\frac{\partial f}{\partial y}$ in einer Umgebung $U$ des Punktes $(x_0, y_0)$ und die gemischte Ableitung $\frac{\partial^2 f}{\partial x \partial y}$ (oder $\frac{\partial^2 f}{\partial y \partial x}$) existiere in $U$ und sei stetig in $(x_0, y_0)$. Zeigen Sie, dass dann die gemischte Ableitung $\frac{\partial^2 f}{\partial y \partial x}$ (bzw. $\frac{\partial^2 f}{\partial x \partial y}$) in diesem Punkt auch existiert und dass die folgende Gleichung gilt:

$$\frac{\partial^2 f}{\partial x \partial y}(x_0, y_0) = \frac{\partial^2 f}{\partial y \partial x}(x_0, y_0) \ .$$

**3.** Seien $x^1, \ldots, x^m$ kartesische Koordinaten in $\mathbb{R}^m$. Der Differentialoperator

$$\Delta = \sum_{i=1}^{m} \frac{\partial^2}{\partial x^{i^2}} \ ,$$

der auf Funktionen $f \in C^{(2)}(G; \mathbb{R})$ entsprechend der Regel

$$\Delta f = \sum_{i=1}^{m} \frac{\partial^2 f}{\partial x^{i^2}}(x^1, \ldots, x^m)$$

einwirkt, wird *Laplace-Operator* genannt.

Für die Funktion $f$ im Gebiet $G \subset \mathbb{R}^m$ wird die Gleichung $\Delta f = 0$ *Laplacesche Gleichung* genannt und ihre Lösungen werden als *harmonische Funktionen im Gebiet $G$* bezeichnet.

a) Zeigen Sie, dass für $x = (x^1, \ldots, x^m)$ und

$$\|x\| = \sqrt{\sum_{i=1}^{m} (x^i)^2}$$

die Funktion

$$f(x) = \|x\|^{-\frac{2-m}{2}}$$

für $m > 2$ auf dem Gebiet $\mathbb{R}^m \setminus 0$ mit $0 = (0, \ldots, 0)$ harmonisch ist.

b) Zeigen Sie, dass die Funktion

$$f(x^1, \ldots, x^m, t) = \frac{1}{(2a\sqrt{\pi t})^m} \cdot \exp\left( -\frac{\|x\|^2}{4a^2 t} \right),$$

die für $t > 0$ und $x = (x^1, \ldots, x^m) \in \mathbb{R}^m$ definiert ist, die *Wärmegleichung*

$$\frac{\partial f}{\partial t} = a^2 \Delta f$$

erfüllt, d.h., zeigen Sie, dass in jedem Punkt des Definitionsbereichs der Funktion $\frac{\partial f}{\partial t} = a^2 \sum_{i=1}^{m} \frac{\partial^2 f}{\partial x^{i^2}}$ gilt.

**4.** *Taylorsche Formel in Multiindex Schreibweise.*

Das Symbol $\alpha := (\alpha_1, \ldots, \alpha_m)$ mit nicht negativen Zahlen $\alpha_i$, $i = 1, \ldots, m$ wird *Multiindex* $\alpha$ genannt.

Die folgende Schreibweise ist üblich:

$$|\alpha| := \alpha_1 + \cdots + \alpha_m \,,$$
$$\alpha! := \alpha_1! \cdots \alpha_m! \,.$$

Ist schließlich $a = (a_1, \ldots, a_m)$, dann ist

$$a^\alpha := a_1^{\alpha_1} \cdots a_m^{\alpha_m} \,.$$

a) Zeigen Sie, dass für $k \in \mathbb{N}$ gilt, dass

$$(a_1 + \cdots + a_m)^k = \sum_{|\alpha|=k} \frac{k!}{\alpha_1! \cdots \alpha_m!} a_1^{\alpha_1} \cdots a_m^{\alpha_m}$$

oder

$$(a_1 + \cdots + a_m)^k = \sum_{|\alpha|=k} \frac{k!}{\alpha!} a^\alpha \,,$$

wobei die Summe über alle Mengen $\alpha = (\alpha_1, \ldots, \alpha_m)$ nicht negativer ganzen Zahlen läuft, für die $\sum_{i=1}^{m} \alpha_i = k$.

b) Sei

$$D^\alpha f(x) := \frac{\partial^{|\alpha|} f}{(\partial x^1)^{\alpha_1} \cdots (\partial x^m)^{\alpha_m}}(x) \,.$$

Zeigen Sie, dass für $f \in C^{(k)}(G; \mathbb{R})$ die Gleichung

$$\sum_{i_1 + \cdots + i_m = k} \partial_{i_1 \cdots i_k} f(x) h^{i_1} \cdots h^{i_k} = \sum_{|\alpha|=k} \frac{k!}{\alpha!} D^\alpha f(x) h^\alpha$$

für jeden Punkt $x \in G$ mit $h = (h^1, \ldots, h^m)$ gilt.

c) Zeigen Sie, dass die Taylorsche Formel mit dem Restglied nach Lagrange in Multiindex Schreibweise beispielsweise wie folgt geschrieben werden kann:

$$f(x+h) = \sum_{|\alpha|=0}^{n-1} \frac{1}{\alpha!} D^\alpha f(x) h^\alpha + \sum_{|\alpha|=n} \frac{1}{\alpha!} D^\alpha f(x + \theta h) h^\alpha \,.$$

d) Schreiben Sie die Taylorsche Formel mit integralem Restglied (Satz 5) in Multiindex Schreibweise.

**5.** Sei $I^m = \{x = (x^1, \ldots, x^m) \in \mathbb{R}^m \,\big|\, |x^i| \le c^i, \ i = 1, \ldots, m\}$ ein $m$-dimensionales abgeschlossenes Intervall und $I$ das abgeschlossene Intervall $[a, b] \subset \mathbb{R}$.

a) Die Funktion $f(x, y) = f(x^1, \ldots, x^m, y)$ sei auf der Menge $I^m \times I$ definiert und stetig. Zeigen Sie, dass dann zu jeder positiven Zahl $\varepsilon > 0$ eine Zahl $\delta > 0$ existiert, so dass $|f(x, y_1) - f(x, y_2)| < \varepsilon$ für $x \in I^m$, $y_1, y_2 \in I$ und $|y_1 - y_2| < \delta$.

b) Zeigen Sie, dass die Funktion

$$F(x) = \int\limits_a^b f(x,y) \, dy$$

auf dem abgeschlossenen Intervall $I^m$ definiert und stetig ist.

c) Sei $f \in C(I^m; \mathbb{R})$. Zeigen Sie, dass dann die Funktion

$$\mathcal{F}(x,t) = f(tx)$$

auf $I^m \times I^1$ definiert und stetig ist, wobei $I^1 = \{t \in \mathbb{R} \,\big|\, |t| \le 1\}$.

d) Beweisen Sie das *Lemma von Hadamard*:

*Sei $f \in C^{(1)}(I^m\ ; \mathbb{R})$ und $f(0) = 0$. Dann existieren Funktionen $g_1, \ldots, g_m \in C(I^m; \mathbb{R})$, so dass*

$$f(x^1, \ldots, x^m) = \sum_{i=1}^m x^i g_i(x^1, \ldots, x^m)$$

*in $I^m$ und zusätzlich*

$$g_i(0) = \frac{\partial f}{\partial x^i}(0) \,, \quad i = 1, \ldots, m \,.$$

**6.** Beweisen Sie die folgende Verallgemeinerung des *Satzes von Rolle für Funktionen mehrerer Variabler*.

*Ist die Funktion $f$ auf einer abgeschlossenen Kugel $\overline{K}(0; r)$ stetig, gleich Null auf dem Rand der Kugel und differenzierbar in der offenen Kugel $K(0; r)$, dann ist zumindestens einer der Punkte der offenen Kugel ein stationärer Punkt der Funktion.*

**7.** Beweisen Sie, dass die Funktion

$$f(x,y) = (y - x^2)(y - 3x^2)$$

kein Extremum im Ursprung besitzt, obwohl jede Einschränkung auf jede Gerade durch den Ursprung in diesem Punkt ein lokales Minimum besitzt.

**8.** *Die Methode der kleinsten Quadrate.* Dies ist eine der verbreitetsten Methoden zur Verarbeitung von Beobachtungsergebnissen. Sie funktioniert folgendermaßen: Angenommen, wir wissen, dass die physikalischen Größen $x$ und $y$ linear voneinander abhängen:

$$y = ax + b \,. \tag{8.79}$$

Oder angenommen, ein empirisches Gesetz dieser Art sei auf Grund von experimentellen Daten aufgestellt worden.

Wir wollen annehmen, dass $n$ Beobachtungen gemacht wurden, wobei jedesmal $x$ und $y$ gemessen wurden. Dies führt uns zu $n$ Wertepaaren $x_1, y_1; \ldots; x_n, y_n$. Da die Messungen fehlerbehaftet sind, werden einige der Gleichungen für $k \in \{1, \ldots, n\}$

$$y_k = ax_k + b \,,$$

nicht gelten, selbst dann, wenn (8.79) stimmt, und zwar unabhängig von der Wahl der Koeffizienten $a$ und $b$.

Unsere Aufgabe besteht nun darin, die unbekannten Koeffizienten $a$ und $b$ aus diesen Beobachtungsergebnissen sinnvoll zu bestimmen.

Aufbauend auf der Analysis der Wahrscheinlichkeitsverteilung der Größe der beobachteten Fehler stellte Gauss fest, dass die am besten geeigneten Werte für die Koeffizienten $a$ und $b$ für eine Menge von Beobachtungsergebnissen mit der *Methode der kleinsten Quadrate* bestimmt werden sollten:

*Sei $\delta_k = (ax_k + b) - y_k$ die Abweichung bei der k-ten Beobachtung. Die Zahlen $a$ und $b$ sollten dann so gewählt werden, dass die Größe*

$$\Delta = \sum_{k=1}^{n} \delta_k^2 ,$$

*d.h. die Summe der Quadrate der Abweichungen, minimal ist.*

a) Zeigen Sie, dass uns die Methode der kleinsten Quadrate für (8.79) zu folgendem linearen Gleichungssystem

$$\begin{cases} [x_k, x_k]a + [x_k, 1]b = [x_k, y_k], \\ [1, x_k]a + [1, 1]b = [1, y_k] \end{cases}$$

zur Bestimmung der Koeffizienten $a$ und $b$ führt. Hierbei schreiben wir, wie Gauss, $[x_k, x_k] := x_1 x_1 + \cdots + x_n x_n$, $[x_k, 1] := x_1 \cdot 1 + \cdots + x_n \cdot 1$, $[x_k, y_k] := x_1 y_1 + \cdots + x_n y_n$ und so weiter.

b) Formulieren Sie das Gleichungssystem für die Zahlen $a_1, \ldots, a_m, b$, die wir nach der Methode der kleinsten Quadrate erhalten, wenn (8.79) durch die Gleichung

$$y = \sum_{i=1}^{m} a_i x^i + b$$

zwischen $x^1, \ldots, x^m$ und $y$ ersetzt wird (in Kurzform $y = a_i x^i + b$).

c) Wie kann die Methode der kleinsten Quadrate eingesetzt werden, um die empirischen Formeln der Form

$$y = c x_1^{\alpha_1} \cdots x_n^{\alpha_n}$$

zu bestimmen, um so einen Zusammenhang zwischen den physikalische Größen $x_1, \ldots, x_m$ und $y$ herzustellen?

d) (M. Germain.) Die Frequenz $R$ der Herzkontraktionen wurde bei verschiedenen Temperaturen $T$ bei verschiedenen Spezies *Nereis diversicolor* gemessen. Die Frequenzen sind relativ zur Kontraktionsfrequenz bei 15° C in Prozenten formuliert.

| Temperatur, ° C | Frequenz, % | Temperatur, ° C | Frequenz, % |
|---|---|---|---|
| 0 | 39 | 20 | 136 |
| 5 | 54 | 25 | 182 |
| 10 | 74 | 30 | 254 |
| 15 | 100 | | |

Die Abhängigkeit der Frequenz $R$ von $T$ scheint exponentiell zu sein. Finden Sie die Werte für die Konstanten $A$ und $b$ unter der Annahme, dass $R = Ae^{bT}$, so dass diese Konstanten am besten zu den experimentellen Ergebnissen passen.

**9.** a) Zeigen Sie, dass im Huygensschen Problem, das wir in Beispiel 5 untersucht haben, die Funktion (8.71) gegen Null strebt, wenn zumindest einer der Variablen $m_1, \ldots, m_n$ gegen Unendlich geht.

  b) Zeigen Sie, dass die Funktion (8.71) einen Maximalwert in $\mathbb{R}^n$ besitzt, und dass daher der eindeutige stationäre Punkt dieser Funktion in $\mathbb{R}^n$ ein Maximum sein muss.

  c) Zeigen Sie, dass die durch (8.72) definierte Größe $v$ mit $n$ monoton anwächst und bestimmen Sie den Grenzwert für $n \to \infty$.

**10.** Während dem sogenannten äußeren Schleifen einer Scheibe wird das Schleifwerkzeug – eine schnell rotierende Schleifscheibe (mit einer scharfen Kante), die als Feile wirkt – mit der Fläche eines runden Maschinenteils in Kontakt gebracht, das sich im Vergleich zur Scheibe langsam dreht (vgl. Abb. 8.3).

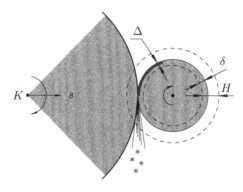

**Abb. 8.3.**

Die Scheibe $K$ wird allmählich gegen den Maschinenteil $D$ gepresst, wodurch eine Metallschicht $H$ entfernt wird. Dadurch wird das Werkstück auf die notwendige Größe reduziert und eine glatte Arbeitsfläche erzeugt. In der Maschine, in der es eingebaut wird, ist diese Fläche üblicherweise eine Arbeitsfläche. Um ihre Lebensdauer zu erhöhen, wird das Werkstück vorbereitend ausgeglüht, um den Stahl zu härten. Wegen der hohen Temperatur in der Kontaktzone zwischen dem Werkstück und der Schleifscheibe können jedoch (und werden häufig) strukturelle Veränderungen im Metall des Werkstücks bis zu einer Schichtdicke $\Delta$ auftreten, was zu einer geringeren Härte des Stahls in dieser Schicht führt. Die Größe $\Delta$ ist eine monotone Funktion der Stärke $s$, mit der die Scheibe an das Werkstück gepresst wird, d.h., $\Delta = \varphi(s)$. Es ist bekannt, dass es eine gewisse kritische Stärke $s_0 > 0$ gibt, bei der noch die Gleichung $\Delta = 0$ gilt, wohingegen $\Delta > 0$ für $s > s_0$ ist. Für die folgende Diskussion führen wir der Bequemlichkeit halber die Relation

$$s = \psi(\Delta)$$

ein, die zu der gerade formulierten invers ist. Diese neue Gleichung ist für $\Delta \geq 0$ definiert.

Hierbei ist $\psi$ eine monoton anwachsende Funktion, die experimentell bekannt ist, mit $\psi(0) = s_0 > 0$.

Der Schleifvorgang muss so ausgeführt werden, dass keine zufälligen strukturellen Veränderungen im Metall an der Oberfläche erzeugt werden.

a) Für die Geschwindigkeit des Herstellungsprozesses wäre unter diesen Bedingungen der optimale Schleifmodus eine Anzahl von Veränderungen der Anpressstärke $s$ der Schleifscheibe, für die

$$s = \psi(\delta) \,,$$

wobei $\delta = \delta(t)$ die Stärke der Metallschicht ist, die bis zur Zeit $t$ noch nicht entfernt wurde oder, was dasselbe ist, der Abstand zwischen der Kante der Scheibe zur Zeit $t$ und der Endfläche des Werkstücks. Erklären Sie dies.

b) Bestimmen Sie die Zeit, die nötig ist, um eine Schicht der Stärke $H$ zu entfernen, wenn die Anpressstärke der Scheibe optimal angepasst wird.

c) Bestimmen Sie die Abhängigkeit $s = s(t)$ der Anpressstärke mit der Zeit bei optimaler Bedienung, unter der Voraussetzung, dass die Funktion $\Delta \overset{\psi}{\longmapsto} s$ linear ist: $s = s_0 + \lambda\Delta$.

Auf Grund der strukturellen Eigenschaften gewisser Schleifmaschinen kann die Anpressstärke $s$ nur diskret verändert werden. Dies stellt uns vor das Problem, die Prozessproduktivität unter der zusätzlichen Bedingung, dass nur eine feste Anzahl $n$ von Einstellung für die Anpressstärke $s$ zulässig ist, zu optimieren. Die Antworten auf die folgenden Fragen ergeben ein Bild für die optimale Bedienung.

d) Welche geometrische Interpretation lässt sich für die Schleifzeit $t(H) = \int\limits_0^H \frac{\mathrm{d}\delta}{\psi(\delta)}$, die Sie in Teil b) für die optimale kontinuierliche Veränderung der Anpressstärke $s$ gefunden haben, geben?

e) Welche geometrische Interpretation lässt sich für die Zeit, die bei einer Änderung von der optimalen kontinuierlichen Veränderung von $s$ zur optimalen Bedienung bei schrittweiser Veränderung von $s$ verloren wird, geben?

f) Zeigen Sie, dass die Punkte $0 = x_{n+1} < x_n < \cdots < x_1 < x_0 = H$ des abgeschlossenen Intervalls $[0, H]$, in denen der Anpressdruck verändert werden sollte, die Bedingungen

$$\frac{1}{\psi(x_{i+1})} - \frac{1}{\psi(x_i)} = -\left(\frac{1}{\psi}\right)'(x_i)(x_i - x_{i-1}) \quad (i = 1, \ldots, n)$$

erfüllen muss, und dass folglich zwischen $x_i$ und $x_{i+1}$ der Anpressdruck der Scheibe die Form $s = \psi(x_{i+1})$, $(i = 0, \ldots, n)$ besitzt.

g) Zeigen Sie, dass im linearen Fall, wenn $\psi(\Delta) = s_0 + \lambda\Delta$, die Punkte $x_i$ (aus Teil f)) auf dem abgeschlossenen Intervall $[0, H]$ so verteilt sind, dass die Zahlen

$$\frac{s_0}{\lambda} < \frac{s_0}{\lambda} + x_n < \cdots < \frac{s_0}{\lambda} + x_1 < \frac{s_0}{\lambda} + H$$

eine geometrische Progression bilden.

**11.** a) Zeigen Sie, dass die Tangente an die Kurve $\Gamma : I \to \mathbb{R}^m$ invariant von der Wahl des Koordinatensystems in $\mathbb{R}^m$ definiert ist.

b) Zeigen Sie, dass die Tangentialebene an den Graphen $S$ einer Funktion $y = f(x^1, \ldots, x^m)$ invariant von der Wahl des Koordinatensystems in $\mathbb{R}^m$ definiert ist.

c) Angenommen, die Menge $S \subset \mathbb{R}^m \times \mathbb{R}^1$ sei der Graph einer Funktion $\tilde{y} = \tilde{f}(\tilde{x}^1, \ldots, \tilde{x}^m)$ in den Koordinaten $(\tilde{x}^1, \ldots, \tilde{x}^m, \tilde{y})$ in $\mathbb{R}^m \times \mathbb{R}^1$. Zeigen Sie, dass die Tangentialebene an $S$ gegen eine lineare Veränderung der Koordinaten in $\mathbb{R}^m \times \mathbb{R}^1$ invariant ist.

d) Zeigen Sie, dass der Laplace-Operator $\Delta f = \sum\limits_{i=1}^{m} \frac{\partial^2 f}{\partial x^{i2}}(x)$ gegen orthogonale Koordinatentransformationen in $\mathbb{R}^m$ invariant definiert ist.

# 8.5 Der Satz zur impliziten Funktion

## 8.5.1 Problemstellung und vorläufige Betrachtungen

In diesem Abschnitt werden wir den Satz zur impliziten Funktion beweisen, der sowohl intrinsisch als auch wegen seiner zahlreichen Anwendungen wichtig ist.

Wir wollen zunächst das Problem erklären. Angenommen, uns liegt z.B. die Beziehung

$$x^2 + y^2 - 1 = 0 \tag{8.80}$$

zwischen den Koordinaten $x$, $y$ von Punkten in der Ebene $\mathbb{R}^2$ vor. Die Menge der Punkte in $\mathbb{R}^2$, die diese Bedingung erfüllt, bildet den Einheitskreis (s. Abb. 8.4).

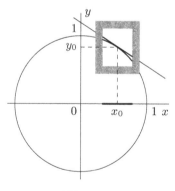

Abb. 8.4.

Am Beispiel der Gleichung (8.80) können wir sehen, dass wir nach Fixierung einer der Koordinaten, z.B. $x$, die zweite Koordinate nicht länger frei wählen können. Daher wird durch (8.80) eine Abhängigkeit zwischen $y$ und $x$ vorgegeben. Uns interessiert die Frage nach den Bedingungen, unter denen die implizite Gleichung (8.80) zu einer expliziten funktionalen Abhängigkeit $y = y(x)$ aufgelöst werden kann.

Wenn wir (8.80) nach $y$ auflösen, erhalten wir

$$y = \pm\sqrt{1 - x^2} \, , \tag{8.81}$$

d.h., zu jedem Wert von $x$ mit $|x| < 1$ gibt es zwei zulässige Werte von $y$. Bei der Bildung einer funktionalen Relation $y = y(x)$, die (8.80) erfüllt, können wir ohne zusätzliche Anforderungen nicht einen der möglichen Werte (8.81) bevorzugen. So erfüllt beispielsweise die Funktion $y(x)$, die den Wert $+\sqrt{1 - x^2}$ in rationalen Punkten des abgeschlossenen Intervalls $[-1, 1]$ annimmt und den Wert $-\sqrt{1 - x^2}$ in irrationalen Punkten, die Gleichung (8.80).

Es ist klar, dass wir durch kleine Veränderungen unendlich viele funktionale Relationen, die (8.80) erfüllen, aufstellen können.

Die Frage, ob die in $\mathbb{R}^2$ durch (8.80) definierte Menge dem Graphen einer Funktion $y = y(x)$ entspricht, besitzt offensichtlich eine verneinende Antwort, da sie aus geometrischer Sicht äquivalent wäre zur Frage, ob es eine direkte eins-zu-eins Projektion eines Kreises auf eine Strecke gäbe.

Aber Beobachtungen (vgl. Abb. 8.4) legen nichtsdestotrotz nahe, dass es möglich ist, in einer Umgebung eines bestimmten Punktes $(x_0, y_0)$ eine Art eins-zu-eins Beziehung zwischen dem Kreisbogen und der $x$-Achse aufzustellen und dass diese eindeutig als $y = y(x)$ formuliert werden kann, wobei $x \mapsto y(x)$ eine in einer Umgebung des Punktes $x_0$ stetige Funktion ist, die in $x_0$ den Wert $y_0$ annimmt. In dieser Hinsicht sind nur $(-1, 0)$ und $(1, 0)$ problematische Punkte, da sich kein Kreisbogen, in dem diese Punkte innere Punkte sind, eins-zu-eins auf die $x$-Achse projizieren lässt. Trotzdem sind Umgebungen dieser Punkte auf dem Kreis relativ zur $y$-Achse wohl angeordnet und lassen sich als Graph einer Funktion $x = x(y)$, die in einer Umgebung des Punktes 0 stetig ist und die Werte $-1$ bis 1 annimmt, darstellen, wenn der fragliche Bogen den Punkt $(-1, 0)$ bzw. $(1, 0)$ enthält.

Wie können wir analytisch herausfinden, ob eine geometrische Anordnung von Punkten, die durch eine Relation wie (8.80) definiert ist, in einer Umgebung eines Punktes $(x_0, y_0)$ in der Form einer expliziten Funktion $y = y(x)$ oder $x = y(x)$ dargestellt werden kann?

Wir werden diese Frage mit Hilfe der folgenden, nun bereits bekannten, Methode untersuchen. Ausgangspunkt ist eine Funktion $F(x, y) = x^2 + y^2 - 1$. Das lokale Verhalten dieser Funktion in einer Umgebung eines Punktes $(x_0, y_0)$ wird durch ihr Differential

$$F'_x(x_0, y_0)(x - x_0) + F'_y(x_0, y_0)(y - y_0)$$

wohl definiert, da

$$\begin{aligned} F(x, y) = F(x_0, y_0) + F'_x(x_0, y_0)(x - x_0) + \\ + F'_y(x_0, y_0)(y - y_0) + o\big(|x - x_0| + |y - y_0|\big) \end{aligned}$$

für $(x, y) \to (x_0, y_0)$.

Ist $F(x_0, y_0) = 0$ und sind wir am Verhalten der Niveaukurve

$$F(x, y) = 0$$

der Funktion in einer Umgebung des Punktes $(x_0, y_0)$ interessiert, können wir dieses Verhalten aus der Lage der (Tangente) Geraden

$$F_x'(x_0, y_0)(x - x_0) + F_y'(x_0, y_0)(y - y_0) = 0 \qquad (8.82)$$

beurteilen. Da die Kurve $F(x, y) = 0$ sich in einer Umgebung des Punktes $(x_0, y_0)$ nur sehr wenig von dieser Geraden unterscheidet, kann auch $F$ in einer Umgebung des Punktes $(x_0, y_0)$ in der Gestalt $y = y(x)$ geschrieben werden, falls die Gleichung der Geraden (8.82) nach $y$ aufgelöst werden kann.

Dieselben Überlegungen mit der lokalen Lösbarkeit von $F(x, y) = 0$ lassen sich auch für $x$ anstellen.

Wenn wir (8.82) für den Spezialfall (8.80) schreiben, gelangen wir zu folgender Gleichung für die Tangente:

$$x_0(x - x_0) + y_0(y - y_0) = 0 \,.$$

Diese Gleichung lässt sich stets nach $y$ auflösen, wenn $y_0 \neq 0$, d.h. in allen Punkten des Kreises (8.80), außer in $(-1, 0)$ und $(1, 0)$. Sie ist in allen Punkten des Kreises, außer in $(0, -1)$ und $(0, 1)$, nach $x$ auflösbar.

### 8.5.2 Eine einfache Version des Satzes zur impliziten Funktion

In diesem Abschnitt werden wir den Satz zur impliziten Funktion auf eine sehr intuitive, aber nicht sehr konstruktive Methode erhalten, die sich nur für Funktionen mit reellen Werten übernehmen lässt. Der Leser findet eine weitere Methode zur Herleitung dieses Satzes, die in mehrfacher Hinsicht vorzuziehen ist, zusammen mit einer detaillierteren Analyse seiner Struktur in Kapitel 10 (Teil 2), sowie in Aufgabe 4 am Ende dieses Abschnitts.

Der folgende Satz ist eine einfache Version des Satzes zur impliziten Funktion.

**Satz 1.** *Sei* $F : U(x_0, y_0) \to \mathbb{R}$ *eine in einer Umgebung* $U(x_0, y_0)$ *des Punktes* $(x_0, y_0) \in \mathbb{R}^2$ *definierte Funktion, mit*

$1^0$ $F \in C^{(p)}(U; \mathbb{R})$ *für* $p \geq 1$,

$2^0$ $F(x_0, y_0) = 0$,

$3^0$ $F_y'(x_0, y_0) \neq 0$ .

*Dann existiert ein zwei-dimensionales Intervall* $I = I_x \times I_y$ *mit*

$$I_x = \{ x \in \mathbb{R} \,|\, |x - x_0| < \alpha \} \quad und \quad I_y = \{ y \in \mathbb{R} \,|\, |y - y_0| < \beta \} \,,$$

*das eine Umgebung des Punktes* $(x_0, y_0)$ *ist, die in* $U(x_0, y_0)$ *enthalten ist. Ferner existiert eine Funktion* $f \in C^{(p)}(I_x; I_y)$, *so dass*

$$F(x, y) = 0 \Leftrightarrow y = f(x) \qquad (8.83)$$

*für jeden Punkt* $(x, y) \in I_x \times I_y$, *und die Ableitung der Funktion* $y = f(x)$ *in den Punkten* $x \in I_x$ *lässt sich wie folgt berechnen:*

$$f'(x) = -\big[ F_y'\big(x, f(x)\big) \big]^{-1} \big[ F_x'\big(x, f(x)\big) \big] \,. \qquad (8.84)$$

Bevor wir zum Beweis übergehen, werden wir mehrere mögliche Umformulierungen der Folgerung (8.83) geben, wodurch die Bedeutung der Relation verständlicher wird.

Satz 1 besagt, dass unter den Voraussetzungen $1^0$, $2^0$ und $3^0$ der durch die Gleichung $F(x,y) = 0$ definierte Teil der Menge, der zur Umgebung $I_x \times I_y$ des Punktes $(x_0, y_0)$ gehört, dem Graphen einer Funktion $f : I_x \to I_y$ der Klasse $C^{(p)}(I_x; I_y)$ entspricht.

Anders formuliert, so können wir sagen, dass innerhalb der Umgebung $I$ des Punktes $(x_0, y_0)$ die Gleichung $F(x,y) = 0$ eine eindeutige Lösung für $y$ besitzt und dass die Funktion $y = f(x)$ diese Lösung ist, d.h., $F\big(x, f(x)\big) \equiv 0$ auf $I_x$.

Ist $y = \tilde{f}(x)$ eine auf $I_x$ definierte Funktion, von der wir wissen, dass sie die Gleichung $F\big(x, \tilde{f}(x)\big) \equiv 0$ auf $I_x$ erfüllt, dass $\tilde{f}(x_0) = y_0$ und dass diese Funktion im Punkt $x_0 \in I_x$ stetig ist, dann folgt daraus wiederum, dass eine Umgebung $\Delta \subset I_x$ von $x_0$ existiert, so dass $\tilde{f}(\Delta) \subset I_y$ und dass dann $\tilde{f}(x) \equiv f(x)$ für $x \in \Delta$.

Ohne die Annahme, dass die Funktion $\tilde{f}$ im Punkt $x_0$ stetig ist und der Bedingung, dass $\tilde{f}(x_0) = y_0$, könnte diese letzte Folgerung falsch sein, wie wir am bereits untersuchten Beispiel des Kreises erkennen können.

Wir wollen nun Satz 1 beweisen.

*Beweis.* Der Klarheit halber nehmen wir an, dass $F_y'(x_0, y_0) > 0$. Da $F \in C^{(1)}(U; \mathbb{R})$, folgt, dass auch in einer Umgebung von $(x_0, y_0)$ gilt, dass $F_y'(x, y) > 0$. Um keine neue Schreibweise einführen zu müssen, können wir ohne Verlust der Allgemeinheit annehmen, dass in jedem Punkt der ursprünglichen Umgebung $U(x_0, y_0)$ gilt, dass $F_y'(x, y) > 0$.

Außerdem können wir annehmen, wenn wir die Umgebung $U(x_0, y_0)$ falls notwendig einschränken, dass sie eine Scheibe vom Radius $r = 2\beta > 0$ mit Zentrum in $(x_0, y_0)$ ist.

Da $F_y'(x, y) > 0$ in $U$, ist die Funktion $F(x_0, y)$ definiert und als Funktion von $y$ auf dem abgeschlossenen Intervall $y_0 - \beta \leq y \leq y_0 + \beta$ monoton anwachsend. Folglich ist

$$F(x_0, y_0 - \beta) < F(x_0, y_0) = 0 < F(x_0, y_0 + \beta) \,.$$

Auf Grund der Stetigkeit der Funktion $F$ in $U$ existiert eine positive Zahl $\alpha < \beta$, so dass die Ungleichungen

$$F(x, y_0 - \beta) < 0 < F(x, y_0 + \beta)$$

für $|x - x_0| \leq \alpha$ gelten.

Wir werden nun zeigen, dass das Rechteck $I = I_x \times I_y$, mit

$$I_x = \{x \in \mathbb{R} \,\big|\, |x - x_0| < \alpha\} \quad \text{und} \quad I_y = \{y \in \mathbb{R} \,\big|\, |y - y_0)| < \beta\} \,,$$

das gesuchte zwei-dimensionale Intervall ist, in dem (8.83) gilt.

Zu jedem $x \in I_x$ halten wir das vertikale abgeschlossene Intervall mit den Endpunkten $(x, y_0 - \beta)$, $(x, y_0 + \beta)$ fest. Wenn wir $F(x, y)$ als Funktion von $y$ auf diesem abgeschlossenen Intervall betrachten, erhalten wir eine streng anwachsende stetige Funktion, die in den Endpunkten des Intervalls verschiedene Vorzeichen besitzt. Folglich existiert für jedes $x \in I_x$ ein eindeutiger Punkt $y(x) \in I_y$, so dass $F(x, y(x)) = 0$. Wenn wir darin $y(x) = f(x)$ setzen, gelangen wir zu (8.83).

Wir wollen nun zeigen, dass $f \in C^{(p)}(I_x; I_y)$.

Wir beginnen mit dem Nachweis, dass die Funktion $f$ in $x_0$ stetig ist und dass $f(x_0) = y_0$. Diese Gleichung folgt offensichtlich daraus, dass für $x = x_0$ ein eindeutiger Punkt $y(x_0) \in I_y$ existiert, so dass $F(x_0, y(x_0)) = 0$. Gleichzeitig ist $F(x_0, y_0) = 0$ und somit ist $f(x_0) = y_0$.

Sei $0 < \varepsilon < \beta$ gegeben. Nun können wir den Existenzbeweis der Funktion $f(x)$ wiederholen und eine Zahl $\delta > 0$ finden mit $0 < \delta < \alpha$, so dass im zwei-dimensionalen Intervall $\tilde{I} = \tilde{I}_x \times \tilde{I}_y$, mit

$$\tilde{I}_x = \{x \in \mathbb{R} \mid |x - x_0| < \delta\} \quad \text{und} \quad \tilde{I}_y = \{y \in \mathbb{R} \mid |y - y_0| < \varepsilon\},$$

die Relation

$$\left(F(x, y) = 0 \text{ in } \tilde{I}\right) \Leftrightarrow \left(y = \tilde{f}(x), \, x \in \tilde{I}_x\right) \tag{8.85}$$

für eine neue Funktion $\tilde{f} : \tilde{I}_x \to \tilde{I}_y$ gilt.

Da aber $\tilde{I}_x \subset I_x$, $\tilde{I}_y \subset I_y$ und $\tilde{I} \subset I$, folgt aus (8.83) und (8.85), dass $\tilde{f}(x) \equiv f(x)$ für $x \in \tilde{I}_x \subset I_x$. Wir haben somit bewiesen, dass $|f(x) - f(x_0)| = |f(x) - y_0| < \varepsilon$ für $|x - x_0| < \delta$.

Wir haben nun gezeigt, dass die Funktion $f$ im Punkt $x_0$ stetig ist. Aber jeder Punkt $(x, y) \in I$, in dem $F(x, y) = 0$ gilt, könnte als Ausgangspunkt der Konstruktion dienen, da die Bedingungen $2^0$ und $3^0$ in diesem Punkt gelten. Wenn wir diese Konstruktion innerhalb des Intervalls $I$ ausführen, würden wir wiederum über (8.83) zum entsprechenden Teil der Funktion $f$ gelangen, die in einer Umgebung von $x$ betrachtet wird. Daher ist die Funktion $f$ in $x$ stetig. Somit haben wir gezeigt, dass $f \in C(I_x; I_y)$.

Wir werden nun nachweisen, dass $f \in C^{(1)}(I_x; I_y)$ und dass Gleichung (8.84) gilt.

Die Zahl $\Delta x$ sei so gewählt, dass $x + \Delta x \in I_x$. Sei $y = f(x)$ und $y + \Delta y = f(x + \Delta x)$. Wenn wir den Mittelwertsatz für die Funktion $F(x, y)$ innerhalb des Intervalls $I$ anwenden, erhalten wir

$$
\begin{aligned}
0 &= F(x + \Delta x, f(x + \Delta x)) - F(x, f(x)) = \\
&= F(x + \Delta x, y + \Delta y) - F(x, y) = \\
&= F'_x(x + \theta \Delta x, y + \theta \Delta y) \Delta x + F'_y(x + \theta \Delta x, y + \theta \Delta y) \Delta y \qquad (0 < \theta < 1),
\end{aligned}
$$

woraus wir unter Berücksichtigung von $F'_y(x, y) \neq 0$ in $I$ erhalten, dass

$$\frac{\Delta y}{\Delta x} = -\frac{F'_x(x + \theta \Delta x, y + \theta \Delta y)}{F'_y(x + \theta \Delta x, y + \theta \Delta y)}. \tag{8.86}$$

Da $f \in C(I_x; I_y)$, folgt, dass $\Delta y \to 0$ für $\Delta x \to 0$ und wir erhalten unter Berücksichtigung von $F \in C^{(1)}(U; \mathbb{R})$ für $\Delta x \to 0$ in (8.86), dass

$$f'(x) = -\frac{F'_x(x, y)}{F'_y(x, y)} ,$$

wobei $y = f(x)$ gilt. Somit ist (8.84) bewiesen.

Nach dem Satz zur Stetigkeit einer verketteten Funktion folgt aus (8.84), dass $f \in C^{(1)}(I_x; I_y)$.

Ist $F \in C^{(2)}(U; \mathbb{R})$, dann kann die rechte Seite in (8.84) nach $x$ abgeleitet werden, und wir erhalten, dass

$$f''(x) = -\frac{[F''_{xx} + F''_{xy} \cdot f'(x)]F'_y - F'_x[F''_{xy} + F''_{yy} \cdot f'(x)]}{(F'_y)^2} , \qquad (8.84')$$

wobei $F'_x$, $F'_y$, $F''_{xx}$, $F''_{xy}$ und $F''_{yy}$ alle im Punkt $(x, f(x))$ berechnet werden.

Somit ist $f \in C^{(2)}(I_x; I_y)$, falls $F \in C^{(2)}(U; \mathbb{R})$. Da der Grad der Ableitungen von $f$ auf der rechten Seite von (8.84), (8.84') und so weiter um eins geringer ist als der Grad auf der linken Seite der Gleichung, erhalten wir durch Induktion, dass $f \in C^{(p)}(I_x; I_y)$, falls $F \in C^{(p)}(U; \mathbb{R})$. $\qquad\square$

*Beispiel 1.* Wir wollen zur oben untersuchten Gleichung (8.80), die einen Kreis in $\mathbb{R}^2$ beschreibt, zurückkehren und Satz 1 für dieses Beispiel beweisen.

In diesem Fall ist

$$F(x, y) = x^2 + y^2 - 1$$

und es ist offensichtlich, dass $F \in C^{(\infty)}(\mathbb{R}^2; \mathbb{R})$. Als Nächstes erhalten wir

$$F'_x(x, y) = 2x \quad \text{und} \quad F'_y(x, y) = 2y ,$$

so dass $F'_y(x, y) \neq 0$ für $y \neq 0$. Daher gibt es nach Satz 1 für jeden Punkt $(x_0, y_0)$ des Kreises, außer für die Punkte $(-1, 0)$ und $(1, 0)$, eine Umgebung, so dass der in dieser Umgebung enthaltene Kreisbogen in der Form $y = f(x)$ geschrieben werden kann. Direkte Berechnung bestätigt, dass $f(x) = \sqrt{1 - x^2}$ oder $f(x) = -\sqrt{1 - x^2}$.

Als Nächstes gilt nach Satz 1, dass

$$f'(x_0) = -\frac{F'_x(x_0, y_0)}{F'_y(x_0, y_0)} = -\frac{x_0}{y_0} . \qquad (8.87)$$

Direkte Berechnung führt uns zu

$$f'(x) = \begin{cases} -\dfrac{x}{\sqrt{1 - x^2}} , & \text{für } f(x) = \sqrt{1 - x^2} \\[2mm] \dfrac{x}{\sqrt{1 - x^2}} , & \text{für } f(x) = -\sqrt{1 - x^2} , \end{cases}$$

was sich als einfacher Ausdruck

$$f'(x) = -\frac{x}{f(x)} = -\frac{x}{y}$$

schreiben lässt. Die direkte Berechnung führt uns daher auf dasselbe Ergebnis

$$f'(x_0) = -\frac{x_0}{y_0}$$

wie in (8.87), das wir aus Satz 1 erhalten haben.

Wir wollen betonen, dass uns (8.84) und (8.87) ermöglichen, $f'(x)$ zu be-rechnen, ohne auch nur einen expliziten Ausdruck für $y = f(x)$ zu kennen, solange wir wissen, dass $f(x_0) = y_0$. Die Bedingung $y_0 = f(x_0)$ muss je-doch erfüllt sein, um auch tatsächlich den gewünschten Teil der Niveaukurve $F(x, y) = 0$ in der Form $y = f(x)$ zu beschreiben.

Aus dem Beispiel des Kreises ist klar, dass die alleinige Vorgabe der Koor-dinate $x_0$ nicht einen der Kreisbögen bestimmt, sondern nur die gemeinsame Vorgabe von $x_0$ und $y_0$ erlaubt es, zwischen einem der beiden möglichen Bögen klar zu unterscheiden.

### 8.5.3 Übergang zur Gleichung $F(x^1, \ldots, x^m, y) = 0$

Der folgende Satz ist eine einfache Verallgemeinerung von Satz 1 für den Fall einer Gleichung $F(x^1, \ldots, x^m, y) = 0$.

**Satz 2.** *Gilt für eine Funktion $F : U \to \mathbb{R}$, die in einer Umgebung $U \subset \mathbb{R}^{m+1}$ des Punktes $(x_0, y_0) = (x_0^1, \ldots, x_0^m, y_0) \in \mathbb{R}^{m+1}$ definiert ist, dass*

$1^0$ $F \in C^{(p)}(U; \mathbb{R})$, $p \geq 1$,

$2^0$ $F(x_0, y_0) = F(x_0^1, \ldots, x_0^m, y_0) = 0$,

$3^0$ $F_y'(x_0, y_0) = F_y'(x_0^1, \ldots, x_0^m, y_0) \neq 0$,

*dann existieren ein $(m + 1)$-dimensionales Intervall $I = I_x^m \times I_y^1$ mit*

$$I_x^m = \left\{ x = (x^1, \ldots, x^m) \in \mathbb{R}^m \,\middle|\, |x^i - x_0^i| < \alpha^i \, i = 1, \ldots, m \right\} \quad und$$
$$I_y^1 = \left\{ y \in \mathbb{R} \,\middle|\, |y - y_0| < \beta \right\},$$

*das eine Umgebung des Punktes $(x_0, y_0)$ bildet und in $U$ enthalten ist, und eine Funktion $f \in C^{(p)}(I_x^m; I_y^1)$, so dass für jeden Punkt $(x, y) \in I_x^m \times I_y^1$ gilt:*

$$F(x^1, \ldots, x^m, y) = 0 \Leftrightarrow y = f(x^1, \ldots, x^m). \tag{8.88}$$

*Die partiellen Ableitungen der Funktion $y \in f(x^1, \ldots, x^m)$ in den Punkten von $I_x$ lassen sich wie folgt berechnen:*

$$\frac{\partial f}{\partial x^i}(x) = -\left[F_y'\big(x, f(x)\big)\right]^{-1}\left[F_{x^i}'\big(x, f(x)\big)\right]. \tag{8.89}$$

*Beweis.* Der Beweis der Existenz des Intervalls $I^{m+1} = I_x^m \times I_y^1$ und der Existenz der in $I_x^m$ stetigen Funktion $y = f(x) = f(x^1, \ldots, x^m)$ ist eine wortwörtliche Wiederholung des entsprechenden Teils des Beweises von Satz 1. Dabei ändert sich nur eine Kleinigkeit, nämlich dass das Symbol $x$ nun als $(x^1, \ldots, x^m)$ zu interpretieren ist und $\alpha$ als $(\alpha^1, \ldots, \alpha^m)$.

Wenn wir nun alle Variablen in den Funktionen $F(x^1, \ldots, x^m, y)$ und $f(x^1, \ldots, x^m)$ außer $x^i$ und $y$ festhalten, erfüllen wir die Voraussetzungen von Satz 1, wobei nun die Variable $x^i$ die Rolle von $x$ spielt. Daraus folgt (8.89). Aus dieser Gleichung ist klar, dass $\frac{\partial f}{\partial x^i} \in C(I_x^m; I_y^1)$, $(i = 1, \ldots, m)$, d.h., $f \in C^{(1)}(I_x^m; I_y^1)$. Durch Überlegungen wie im Beweis von Satz 1 können wir durch Induktion zeigen, dass $f \in C^{(p)}(I_x^m; I_y^1)$ für $F \in C^{(p)}(U; \mathbb{R})$. $\square$

*Beispiel 2.* Angenommen, die Funktion $F : G \to \mathbb{R}$ sei in einem Gebiet $G \subset \mathbb{R}^m$ definiert und gehöre zur Klasse $C^{(1)}(G; \mathbb{R})$ und für $x_0 = (x_0^1, \ldots, x_0^m) \in G$ gelte $F(x_0) = F(x_0^1, \ldots, x_0^m) = 0$. Ist $x_0$ kein stationärer Punkt von $F$, dann ist zumindestens einer der partiellen Ableitungen von $F$ in $x_0$ ungleich Null. Sei etwa $\frac{\partial F}{\partial x^m}(x_0) \neq 0$.

Dann lässt sich nach Satz 2 in einer Umgebung von $x_0$ die durch die Gleichung $F(x^1, \ldots, x^m) = 0$ definierte Teilmenge von $\mathbb{R}^m$ als Graph einer Funktion $x^m = f(x^1, \ldots, x^{m-1})$ verstehen, die in einer Umgebung des Punktes $(x_0^1, \ldots, x_0^{m-1}) \in \mathbb{R}^{m-1}$ definiert und stetig differenzierbar ist und für die $f(x_0^1, \ldots, x_0^{m-1}) = x_0^m$ gilt.

Daher definiert die Gleichung

$$F(x^1, \ldots, x^m) = 0$$

in einer Umgebung eines nicht stationären Punktes $x_0$ von $F$ eine $(m-1)$-dimensionale Fläche.

Insbesondere definiert für $\mathbb{R}^3$ die Gleichung

$$F(x, y, z) = 0$$

in einer Umgebung eines nicht stationären Punktes $(x_0, y_0, z_0)$, der diese Gleichung erfüllt, eine zwei-dimensionale Fläche, die, wenn die Bedingung $\frac{\partial F}{\partial z}(x_0, y_0, z_0) \neq 0$ erfüllt ist, lokal als

$$z = f(x, y)$$

geschrieben werden kann.

Wie wir wissen, lautet die Gleichung für die Tangentialebene an den Graphen dieser Funktion im Punkt $(x_0, y_0, z_0)$:

$$z - z_0 = \frac{\partial f}{\partial x}(x_0, y_0)(x - x_0) + \frac{\partial f}{\partial y}(x_0, y_0)(y - y_0) \, .$$

Nun ist aber nach (8.89)

$$\frac{\partial f}{\partial x}(x_0, y_0) = -\frac{F_x'(x_0, y_0, z_0)}{F_z'(x_0, y_0, z_0)} \quad \text{und} \quad \frac{\partial f}{\partial y}(x_0, y_0) = -\frac{F_y'(x_0, y_0, z_0)}{F_z'(x_0, y_0, z_0)}$$

und daher können wir die Gleichung der Tangentialebene neu schreiben:

$$F_x'(x_0, y_0, z_0)(x - x_0) + F_y'(x_0, y_0, z_0)(y - y_0) + F_z'(x_0, y_0, z_0)(z - z_0) = 0 \,.$$

Diese Gleichung ist in den Variablen $x, y, z$ symmetrisch.

Für den Allgemeinfall erhalten wir auf ähnliche Weise die Gleichung

$$\sum_{i=1}^{m} F_{x^i}'(x_0)(x^i - x_0^i) = 0$$

der Hyperebene in $\mathbb{R}^m$, die im Punkt $x_0 = (x_0^1, \ldots, x_0^m)$ die Tangente an die Fläche ist, die durch die Gleichung $F(x^1, \ldots, x^m) = 0$ beschrieben wird (natürlich unter den Annahmen, dass $F(x_0) = 0$ und dass $x_0$ ein nicht stationärer Punkt von $F$ ist).

Aus diesen Gleichungen können wir erkennen, dass wir in der euklidischen Struktur des $\mathbb{R}^m$ sicherstellen können, dass der Vektor

$$\text{grad}\, F(x_0) = \left( \frac{\partial F}{\partial x^1}, \ldots, \frac{\partial F}{\partial x^m} \right)(x_0)$$

zur $r$-Niveaufläche $F(x) = r$ der Funktion $F$ in einem entsprechenden Punkt $x_0$ orthogonal ist.

So ist beispielsweise für die in $\mathbb{R}^3$ definierte Funktion

$$F(x, y, z) = \frac{x^2}{a^2} + \frac{y^2}{b^2} + \frac{z^2}{c^2}$$

die $r$-Niveaufläche für $r < 0$ gleich der leeren Menge, für $r = 0$ ein einzelner Punkt und das Ellipsoid

$$\frac{x^2}{a^2} + \frac{y^2}{b^2} + \frac{z^2}{c^2} = r$$

für $r > 0$. Ist $(x_0, y_0, z_0)$ ein Punkt auf diesem Ellipsoid, dann ist nach dem Bewiesenen der Vektor

$$\text{grad}\, F(x_0, y_0, z_0) = \left( \frac{2x_0}{a^2}, \frac{2y_0}{b^2}, \frac{2z_0}{c^2} \right)$$

im Punkt $(x_0, y_0, z_0)$ zu diesem Ellipsoid orthogonal und die Gleichung für die Tangentialebene in diesem Punkt lautet

$$\frac{x_0(x - x_0)}{a^2} + \frac{y_0(y - y_0)}{b^2} + \frac{z_0(z - z_0)}{c^2} = 0 \,.$$

Wenn wir berücksichtigen, dass der Punkt $(x_0, y_0, z_0)$ auf dem Ellipsoid liegt, kann die Gleichung neu geschrieben werden als

$$\frac{x_0 x}{a^2} + \frac{y_0 y}{b^2} + \frac{z_0 z}{c^2} = r \,.$$

### 8.5.4 Der Satz zur impliziten Funktion

Wir wenden uns nun dem Allgemeinfall eines Gleichungssystems

$$
\begin{cases}
F^1(x^1, \ldots, x^m, y^1, \ldots y^n) = 0\,, \\
\cdots\cdots\cdots\cdots\cdots\cdots\cdots\cdots\cdots \\
F^n(x^1, \ldots, x^m, y^1, \ldots, y^n) = 0
\end{cases}
\tag{8.90}
$$

zu, das wir nach $y^1, \ldots, y^n$ auflösen werden, d.h., wir finden folgendes System von funktionalen Gleichungen

$$
\begin{cases}
y^1 = f^1(x^1, \ldots, x^m)\,, \\
\cdots\cdots\cdots\cdots\cdots\cdots \\
y^n = f^n(x^1, \ldots, x^m)\,,
\end{cases}
\tag{8.91}
$$

das lokal zum System (8.90) äquivalent ist.

Der Kürze halber, zur Übersichtlichkeit beim Schreiben und zur Klarheit bei der Aussage wollen wir vereinbaren, dass $x = (x^1, \ldots, x^m)$ und $y = (y^1, \ldots, y^n)$. Wir werden die linke Seite des Systems (8.90) als $F(x, y)$ schreiben, das Gleichungssystem (8.90) als $F(x, y) = 0$ und das System (8.91) als $y = f(x)$.

Ist

$$
\begin{aligned}
x_0 &= (x_0^1, \ldots, x_0^m)\,, & y_0 &= (y_0^1, \ldots, y_0^n)\,, \\
\alpha &= (\alpha^1, \ldots, \alpha^m)\,, & \beta &= (\beta^1, \ldots, \beta^n)\,,
\end{aligned}
$$

dann bedeutet die Schreibweise $|x - x_0| < \alpha$ oder $|y - y_0| < \beta$, dass $|x^i - x_0^i| < \alpha^i$, $(i = 1, \ldots, m)$, bzw. $|y^j - y_0^j| < \beta^j$, $(j = 1, \ldots, n)$.

Als Nächstes setzen wir

$$
f'(x) = \begin{pmatrix}
\dfrac{\partial f^1}{\partial x^1} & \cdots & \dfrac{\partial f^1}{\partial x^m} \\
\cdots\cdots\cdots\cdots\cdots \\
\dfrac{\partial f^n}{\partial x^1} & \cdots & \dfrac{\partial f^n}{\partial x^m}
\end{pmatrix}(x)\,,
\tag{8.92}
$$

$$
F_x'(x, y) = \begin{pmatrix}
\dfrac{\partial F^1}{\partial x^1} & \cdots & \dfrac{\partial F^1}{\partial x^m} \\
\cdots\cdots\cdots\cdots\cdots \\
\dfrac{\partial F^n}{\partial x^1} & \cdots & \dfrac{\partial F^n}{\partial x^m}
\end{pmatrix}(x, y)\,,
\tag{8.93}
$$

$$F_y'(x,y) = \begin{pmatrix} \dfrac{\partial F^1}{\partial y^1} & \cdots & \dfrac{\partial F^1}{\partial y^n} \\ \cdots\cdots\cdots\cdots \\ \dfrac{\partial F^n}{\partial y^1} & \cdots & \dfrac{\partial F^n}{\partial y^n} \end{pmatrix}(x,y)\,. \tag{8.94}$$

Wir merken an, dass die Matrix $F_y'(x,y)$ quadratisch ist und daher genau dann invertierbar, wenn ihre Determinante ungleich Null ist. Für $n=1$ lässt sie sich auf ein Element reduzieren, und dann ist die Invertierbarkeit von $F_y'(x,y)$ äquivalent zur Bedingung, dass dieses einzelne Element ungleich Null ist. Wie üblich bezeichnen wir die Inverse zur Matrix $F_y'(x,y)$ mit $\left[F_y'(x,y)\right]^{-1}$.
Wir formulieren nun das Hauptergebnis dieses Abschnitts.

**Satz 3.** (Satz zur impliziten Funktion). *Gilt für die in einer Umgebung $U$ des Punktes $(x_0,y_0)\in\mathbb{R}^{m+n}$ definierte Abbildung $F:U\to\mathbb{R}^n$, dass*

$1^0$ *$F\in C^{(p)}(U;\mathbb{R}^n)$, $p\ge 1$,*

$2^0$ *$F(x_0,y_0)=0$ und dass*

$3^0$ *$F_y'(x_0,y_0)$ eine invertierbare Matrix ist,*

*dann existiert ein $(m+n)$-dimensionales Intervall $I=I_x^m\times I_y^n\subset U$, mit*

$$I_x^m=\{x\in\mathbb{R}^m\,\big|\,|x-x_0|<\alpha\}\quad und\quad I_y^n=\{y\in\mathbb{R}^n\,\big|\,|y-y_0|<\beta\}$$

*und eine Abbildung $f\in C^{(p)}(I_x^m;I_y^n)$, so dass*

$$F(x,y)=0\Leftrightarrow y=f(x) \tag{8.95}$$

*für jeden Punkt $(x,y)\in I_x^m\times I_y^n$, und es ist:*

$$f'(x)=-\left[F_y'\big(x,f(x)\big)\right]^{-1}\left[F_x'\big(x,f(x)\big)\right]\,. \tag{8.96}$$

*Beweis.* Der Beweis dieses Satzes baut auf Satz 2 und den grundlegenden Eigenschaften von Determinanten auf. Wir werden ihn in Schritte einteilen und mit Induktion argumentieren.

Für $n=1$ stimmt der Satz mit Satz 2 überein und ist daher wahr.

Angenommen, der Satz gelte für die Dimension $n-1$. Wir werden zeigen, dass er dann auch für die Dimension $n$ gilt.

a) Nach Voraussetzung $3^0$ ist die Determinante der Matrix (8.94) im Punkt $(x_0,y_0)\in\mathbb{R}^{m+n}$ ungleich Null und daher auch in einer Umgebung des Punktes $(x_0,y_0)$. Folglich ist zumindest eines der Elemente der letzten Reihe dieser Matrix ungleich Null. Wir können ohne Einschränkung annehmen, dass das Element $\dfrac{\partial F^n}{\partial y^n}$ ungleich Null ist.

b) Wenn wir nun Satz 2 auf die Gleichung

$$F^n(x^1, \ldots, x^m, y^1, \ldots, y^n) = 0$$

anwenden, erhalten wir ein Intervall $\tilde{I}^{m+n} = (\tilde{I}_x^m \times \tilde{I}_y^{n-1}) \times I_y^1 \subset U$ und eine Funktion $\tilde{f} \in C^{(p)}(\tilde{I}_y^m \times \tilde{I}_y^{n-1}; I_y^1)$, so dass

$$\left(F^n(x^1, \ldots, x^m, y^1, \ldots, y^n) = 0 \text{ in } \tilde{I}^{m+n}\right) \Leftrightarrow$$
$$\Leftrightarrow \left(y^n = \tilde{f}(x^1, \ldots, x^m, y^1, \ldots, y^{n-1})\right),$$
$$(x^1, \ldots, x^m) \in \tilde{I}_x^m, (y^1, \ldots, y^{n-1}) \in \tilde{I}_y^{n-1}). \quad (8.97)$$

c) Wenn wir den sich ergebenden Ausdruck $y^n = \tilde{f}(x, y^1, \ldots, y^{n-1})$ für die Variable $y^n$ in die ersten $n-1$ Gleichungen von (8.90) einsetzen, erhalten wir $n-1$ Gleichungen

$$\begin{cases} \Phi^1(x^1, \ldots, x^m, y^1, \ldots, y^{n-1}) := \\ = F^1\left(x^1, \ldots, x^m, y^1, \ldots, y^{n-1}, \tilde{f}(x^1, \ldots, x^m, y^1, \ldots, y^{n-1})\right) = 0, \\ \ldots\ldots\ldots\ldots\ldots\ldots\ldots\ldots\ldots\ldots\ldots\ldots\ldots\ldots\ldots\ldots\ldots\ldots\ldots\ldots\ldots\ldots \\ \Phi^{n-1}(x^1, \ldots, x^m, y^1, \ldots, y^{n-1}) := \\ = F^{n-1}\left(x^1, \ldots, x^m, y^1, \ldots, y^{n-1}, \tilde{f}(x^1, \ldots, x^m, y^1, \ldots, y^{n-1})\right) = 0. \end{cases}$$
$$(8.98)$$

Dabei ist klar, dass $\Phi^i \in C^{(p)}(\tilde{I}_x^m \times \tilde{I}_y^{n-1}; \mathbb{R})$, $(i = 1, \ldots, n-1)$ und

$$\Phi^i(x_0^1, \ldots, x_0^m; y_0^1, \ldots, y_0^{n-1}) = 0, \qquad (i = 1, \ldots, n-1),$$

da $\tilde{f}(x_0^1, \ldots, x_0^m, y_0^1, \ldots, y_0^{n-1}) = y_0^n$ und $F^i(x_0, y_0) = 0$, $(i = 1, \ldots, n)$.
Nach Definition der Funktionen $\Phi^k$, $(k = 1, \ldots, n-1)$ gilt, dass

$$\frac{\partial \Phi^k}{\partial y^i} = \frac{\partial F^k}{\partial y^i} + \frac{\partial F^k}{\partial y^n} \cdot \frac{\partial \tilde{f}}{\partial y^i}, \qquad (i, k = 1, \ldots, n-1). \quad (8.99)$$

Wenn wir ferner

$$\Phi^n(x^1, \ldots, x^m, y^1, \ldots, y^{n-1}) :=$$
$$= F^n\left(x^1, \ldots, x^m, y^1, \ldots, y^{n-1}, \tilde{f}(x^1, \ldots, x^m, y^1, \ldots, y^{n-1})\right)$$

setzen, erhalten wir mit (8.97), dass $\Phi^n \equiv 0$ in ihrem Definitionsbereich und daher

$$\frac{\partial \Phi^n}{\partial y^i} = \frac{\partial F^n}{\partial y^i} + \frac{\partial F^n}{\partial y^n} \cdot \frac{\partial \tilde{f}}{\partial y^i} \equiv 0, \qquad (i = 1, \ldots, n-1). \quad (8.100)$$

Wenn wir die Gleichungen (8.99) und (8.100) zusammen mit den Eigenschaften von Determinanten berücksichtigen, können wir nun beobachten, dass die Determinante der Matrix (8.94) zur Determinante der Matrix

$$
\left(
\begin{array}{ccc}
\dfrac{\partial F^1}{\partial y^1} + \dfrac{\partial F^1}{\partial y^n} \cdot \dfrac{\partial \tilde{f}}{\partial y^1} & \cdots & \dfrac{\partial F^1}{\partial y^{n-1}} + \dfrac{\partial F^1}{\partial y^n} \cdot \dfrac{\partial \tilde{f}}{\partial y^{n-1}} \quad \dfrac{\partial F^1}{\partial y^n} \\
\multicolumn{3}{c}{\cdots\cdots\cdots\cdots\cdots\cdots\cdots\cdots\cdots\cdots\cdots\cdots} \\
\dfrac{\partial F^n}{\partial y^1} + \dfrac{\partial F^n}{\partial y^n} \cdot \dfrac{\partial \tilde{f}}{\partial y^1} & \cdots & \dfrac{\partial F^n}{\partial y^{n-1}} + \dfrac{\partial F^n}{\partial y^n} \cdot \dfrac{\partial \tilde{f}}{\partial y^{n-1}} \quad \dfrac{\partial F^n}{\partial y^n}
\end{array}
\right) =
$$

$$
= \left(
\begin{array}{cccc}
\dfrac{\partial \Phi^1}{\partial y^1} & \cdots & \dfrac{\partial \Phi^1}{\partial y^{n-1}} & \dfrac{\partial F^1}{\partial y^n} \\
\multicolumn{4}{c}{\cdots\cdots\cdots\cdots\cdots\cdots\cdots\cdots\cdots} \\
\dfrac{\partial \Phi^{n-1}}{\partial y^1} & \cdots & \dfrac{\partial \Phi^{n-1}}{\partial y^{n-1}} & \dfrac{\partial F^{n-1}}{\partial y^n} \\
0 & \cdots & 0 & \dfrac{\partial F^n}{\partial y^n}
\end{array}
\right)
$$

gleich ist. Nach unserer Annahme ist $\dfrac{\partial F^n}{\partial y^n} \neq 0$ und daher ist die Determinante der Matrix (8.94) ungleich Null. Folglich ist in einer Umgebung von $(x_0^1, \ldots, x_0^m, y_0^1, \ldots y_0^{n-1})$ die Determinante der Matrix

$$
\left(
\begin{array}{ccc}
\dfrac{\partial \Phi^1}{\partial y^1} & \cdots & \dfrac{\partial \Phi^1}{\partial y^{n-1}} \\
\multicolumn{3}{c}{\cdots\cdots\cdots\cdots\cdots\cdots} \\
\dfrac{\partial \Phi^{n-1}}{\partial y^1} & \cdots & \dfrac{\partial \Phi^{n-1}}{\partial y^{n-1}}
\end{array}
\right) (x^1, \ldots, x^m, y^1, \ldots, y^{n-1})
$$

ungleich Null.

Dann existieren nach der Induktionsannahme ein Intervall $I^{m+n-1} = I_x^m \times I_y^{n-1} \subset \tilde{I}_x^m \times \tilde{I}_y^{n-1}$, das eine Umgebung von $(x_0^1, \ldots, x_0^m, y_0^1, \ldots, y_0^{n-1})$ in $\mathbb{R}^{m-1}$ ist und eine Abbildung $f \in C^{(p)}(I_x^m; I_y^{n-1})$, so dass das System (8.98) auf dem Intervall $I^{m+n-1} = I_x^m \times I_y^{n-1}$ zu folgenden Gleichungen äquivalent ist:

$$
\begin{cases}
y^1 = f^1(x^1, \ldots x^m), \\
\cdots\cdots\cdots\cdots\cdots\cdots\cdots \qquad x \in I_x^m \\
y^{n-1} = f^{n-1}(x^1, \ldots, x^m).
\end{cases}
\tag{8.101}
$$

d) Da $I_y^{n-1} \subset \tilde{I}_y^{n-1}$ und $I_x^m \subset \tilde{I}_x^m$, erhalten wir nach Substitution von $f^1, \ldots, f^{n-1}$ aus (8.101) für die entsprechenden Variablen in der Funktion

$$
y^n = \tilde{f}(x^1, \ldots, x^m, y^1, \ldots, y^{n-1})
$$

aus (8.97) folgende Gleichung

$$
y^n = f^n(x^1, \ldots, x^m)
\tag{8.102}
$$

zwischen $y^n$ und $(x^1, \ldots, x^m)$.

e) Wir wollen nun zeigen, dass das System

$$\begin{cases} y^1 = f^1(x^1, \ldots x^m)\,, \\ \ldots\ldots\ldots\ldots\ldots\ldots \qquad x \in I_x^m \\ y^n = f^n(x^1, \ldots, x^m) \end{cases} \qquad (8.103)$$

in der Umgebung $I^{m+n} = I_x^m \times I_y^n$ zum Gleichungssystem (8.90) äquivalent ist. Das System (8.103) definiert eine Abbildung $f \in C^{(p)}(I_x^m; I_y^n)$, mit $I_y^n = I_y^{n-1} \times I_y^1$.

Wir begannen innerhalb von $\tilde{I}^{m+n} = (\tilde{I}_x^m \times \tilde{I}_y^{n-1}) \times I_y^1$ mit dem Ersetzen der letzten Gleichung des Ausgangssystems (8.90) durch die Gleichung $y^n = \tilde{f}(x, y^1, \ldots, y^{n-1})$, die auf Grund von (8.97) zu ihr äquivalent ist. Aus dem zweiten so erhaltenen System gingen wir zu einem dritten, dazu äquivalenten, System über, indem wir die Variable $y^n$ in den ersten $n-1$ Gleichungen durch $\tilde{f}(x, y^1, \ldots, y^{n-1})$ ersetzten. Wir ersetzten dann die ersten $n-1$ Gleichungen (8.98) des dritten Systems innerhalb $I_x^m \times I_y^{n-1} \subset \tilde{I}_x^m \times \tilde{I}_y^{n-1}$ durch die Gleichungen (8.101), die dazu äquivalent sind. Auf diese Weise gelangten wir zu einem vierten System, von dem wir in das abschließende System (8.103), das innerhalb $I_x^m \times I_y^{n-1} \times I_y^1 = I^{m+n}$ dazu äquivalent ist, wechselten, indem wir die Variablen $y^1, \ldots, y^{n-1}$ durch die Ausdrücke (8.101) in der letzten Gleichung $y^n = \tilde{f}(x^1, \ldots, x^m, y^1, \ldots, y^{n-1})$ des vierten System ersetzt haben, was uns zu (8.102) als letzte Gleichung führte.

f) Um den Beweis des Satzes abzuschließen, verbleibt nur noch der Beweis von Gleichung (8.96).

Da die Systeme (8.90) und (8.91) in der Umgebung $I_x^m \times I_y^n$ des Punktes $(x_0, y_0)$ äquivalent sind, folgt, dass

$$F\big(x, f(x)\big) \equiv 0\,, \text{ für } x \in I_x^m\,.$$

In Koordinaten bedeutet dies, dass im Gebiet $I_x^m$ gilt, dass

$$F^k\big(x^1, \ldots, x^m, f^1(x^1, \ldots, x^m), \ldots, f^n(x^1, \ldots, x^m)\big) \equiv 0\,,$$
$$(k = 1, \ldots, n)\,. \quad (8.104)$$

Da $f \in C^{(p)}(I_x^m; I_y^n)$ und $F \in C^{(p)}(U; \mathbb{R}^n)$ mit $p \geq 1$, folgt, dass $F(\cdot, f(\cdot)) \in C^{(p)}(I_x^m; \mathbb{R}^n)$ und wir erhalten durch Ableiten der Gleichung (8.104), dass

$$\frac{\partial F^k}{\partial x^i} + \sum_{j=1}^{n} \frac{\partial F^k}{\partial y^j} \cdot \frac{\partial f^j}{\partial x^i} = 0\,, \qquad (k = 1, \ldots, n;\, i = 1, \ldots, m)\,. \quad (8.105)$$

Die Gleichungen (8.105) sind offensichtlich äquivalent zur Matrixgleichung

$$F'_x(x, y) + F'_y(x, y) \cdot f'(x) = 0$$

mit $y = f(x)$.

Wenn wir die Invertierbarkeit der Matrix $F_y'(x, y)$ in einer Umgebung des Punktes $(x_0, y_0)$ berücksichtigen, gelangen wir aus dieser Gleichung zu

$$f'(x) = -\big[F_y'\big(x, f(x)\big)\big]^{-1} \big[F_x'\big(x, f(x)\big)\big] ,$$

und der Satz ist damit vollständig bewiesen. $\qquad\qquad\qquad\qquad\qquad\qquad$ □

### 8.5.5 Übungen und Aufgaben

**1.** Auf der Ebene $\mathbb{R}^2$ mit den Koordinaten $x$ und $y$ ist eine Kurve durch die Gleichung $F(x, y) = 0$ definiert, wobei $F \in C^{(2)}(\mathbb{R}^2, \mathbb{R})$. Sei $(x_0, y_0)$ ein nicht stationärer Punkt der Funktion $F(x, y)$ auf der Kurve.

a) Formulieren Sie die Gleichung für die Tangente an die Kurve im Punkt $(x_0, y_0)$.
b) Zeigen Sie, dass dann, wenn $(x_0, y_0)$ ein Wendepunkt der Kurve ist, die folgende Gleichung gilt:

$$\left(F_{xx}'' F_y'^{\,2} - 2F_{xy}'' F_x' F_y' + F_{yy}'' F_x'^{\,2}\right)(x_0, y_0) = 0 .$$

c) Bestimmen Sie eine Formel für die Krümmung der Kurve im Punkt $(x_0, y_0)$.

**2.** *Die Legendre-Transformation in $m$ Variablen.* Die *Legendre-Transformation* von $x^1, \ldots, x^m$ und der Funktion $f(x^1, \ldots, x^m)$ ist die Transformation zu den neuen Variablen $\xi_1, \ldots, \xi_m$ und der Funktion $f^*(\xi_1, \ldots, \xi_m)$, die durch die folgenden Gleichungen definiert sind:

$$\begin{cases} \xi_i = \frac{\partial f}{\partial x^i}(x^1, \ldots, x^m) & (i = 1, \ldots, m) , \\[2mm] f^*(\xi_1, \ldots, \xi_m) = \sum_{i=1}^{m} \xi_i x^i - f(x^1, \ldots, x^m) . \end{cases} \qquad (8.106)$$

a) Geben Sie eine geometrische Interpretation für die Legendre-Transformation (8.106), indem Sie sie als Übergang von den Koordinaten $(x^1, \ldots, x^m, f(x^1, \ldots, x^m))$ eines Punktes auf dem Graphen der Funktion $f(x)$ zu den Parametern $(\xi_1, \ldots, \xi_m, f^*(\xi_1, \ldots, \xi_m))$, die die Gleichung der Tangentialebene an den Graphen in diesem Punkt definieren, interpretieren.
b) Zeigen Sie, dass die Legendre-Transformation lokal möglich ist, wenn $f \in C^{(2)}$ und $\det\left(\frac{\partial^2 f}{\partial x^i \partial x^j}\right) \neq 0$.
c) Wenn wir dieselbe Definition wie im ein-dimensionalen Fall für die Konvexität einer Funktion $f(x) = f(x^1, \ldots, x^m)$ benutzen (indem wir $x$ als den Vektor $(x^1, \ldots, x^m) \in \mathbb{R}^m$ betrachten), ist die Legendre-Transformation einer konvexen Funktion wieder eine konvexe Funktion. Zeigen Sie dies.
d) Zeigen Sie, dass

$$\mathrm{d}f^* = \sum_{i=1}^{m} x^i \mathrm{d}\xi_i + \sum_{i=1}^{m} \xi_i \mathrm{d}x^i - \mathrm{d}f = \sum_{i=1}^{m} x^i \mathrm{d}\xi_i$$

und leiten Sie aus dieser Gleichung ab, dass die Legendre-Transformation involutiv ist, d.h., beweisen Sie die Gleichung

$$(f^*)^*(x) = f(x) .$$

e) Schreiben Sie unter Berücksichtigung von d) die Transformation (8.106) in die
folgende Form, die in den Variablen symmetrisch ist:

$$\begin{cases} f^*(\xi_1,\ldots,\xi_m) + f(x^1,\ldots,x^m) = \displaystyle\sum_{i=1}^{m} \xi_i x^i \;, \\[2mm] \xi_i = \dfrac{\partial f}{\partial x^i}(x^1,\ldots,x^m)\;, \qquad x^i = \dfrac{\partial f^*}{\partial \xi_i}(\xi_1,\ldots,\xi_m) \end{cases} \tag{8.107}$$

oder in Kurzform

$$f^*(\xi) + f(x) = \xi x \;, \qquad \xi = \nabla f(x)\;, \qquad x = \nabla f^*(\xi)\;,$$

wobei

$$\nabla f(x) = \left(\frac{\partial f}{\partial x^1},\ldots,\frac{\partial f}{\partial x^m}\right)(x)\;, \qquad \nabla f^*(\xi) = \left(\frac{\partial f^*}{\partial \xi_1},\ldots,\frac{\partial f^*}{\partial \xi_m}\right)(\xi)\;,$$

$$\xi x = \xi_i x^i = \sum_{i=1}^{m} \xi_i x^i\;.$$

f) Die Matrix, die aus den zweiten partiellen Ableitungen einer Funktion gebildet
wird (und manchmal auch die Determinante dieser Matrix), wird *Hessesche
Matrix* der Funktion in einem Punkt genannt.
Seien $d_{ij}$ und $d_{ij}^*$ die Kofaktoren der Elemente $\frac{\partial^2 f}{\partial x^i \partial x^j}$ und $\frac{\partial^2 f^*}{\partial \xi_i \partial \xi_j}$ der Hesseschen
Matrizen

$$\begin{pmatrix} \dfrac{\partial^2 f}{\partial x^1 \partial x^1} & \cdots & \dfrac{\partial^2 f}{\partial x^1 \partial x^m} \\ \cdots\cdots\cdots\cdots\cdots\cdots\cdots \\ \dfrac{\partial^2 f}{\partial x^m \partial x^1} & \cdots & \dfrac{\partial^2 f}{\partial x^m \partial x^m} \end{pmatrix}(x) \quad \text{und} \quad \begin{pmatrix} \dfrac{\partial^2 f^*}{\partial \xi_1 \partial \xi_1} & \cdots & \dfrac{\partial^2 f^*}{\partial \xi_1 \partial \xi_m} \\ \cdots\cdots\cdots\cdots\cdots\cdots\cdots \\ \dfrac{\partial^2 f^*}{\partial \xi_m \partial \xi_1} & \cdots & \dfrac{\partial^2 f^*}{\partial \xi_m \partial \xi_m} \end{pmatrix}(\xi)$$

der Funktionen $f(x)$ und $f^*(\xi)$ und seien $d$ und $d^*$ die Determinanten dieser
Matrizen. Angenommen, $d \neq 0$. Zeigen Sie, dass $d \cdot d^* = 1$ und dass

$$\frac{\partial^2 f}{\partial x^i \partial x^j}(x) = \frac{d_{ij}^*}{d^*}(\xi) \quad \text{und} \quad \frac{\partial^2 f^*}{\partial \xi_i \partial \xi_j}(\xi) = \frac{d_{ij}}{d}(x)\;.$$

g) Ein Seifenfilm auf einem Rahmen bildet eine sogenannte *minimale Fläche* mit
der minimalsten Ausdehnung unter allen Flächen, die diesen Rahmen ausfüllen.
Wird die Fläche lokal als Graph einer Funktion $z = f(x,y)$ definiert, dann zeigt
sich, dass die Funktion $f$ die folgende Gleichung für minimale Flächen erfüllen
muss:

$$\left(1 + f_y'^{\,2}\right)f_{xx}'' - 2f_x' f_y' f_{xy}'' + \left(1 + f_x'^{\,2}\right)f_{yy}'' = 0\;.$$

Zeigen Sie, dass eine Legendre-Transformation dieser Gleichung zu folgender
Gestalt führt:

$$(1 + \eta^2)f_{\eta\eta}^{*\,''} + 2\xi\eta f_{\xi\eta}^{*\,''} + (1 + \xi^2)f_{\xi\xi}^{*\,''} = 0\;.$$

**3.** *Kanonische Variablen und die Hamilton-Gleichungen*[7].

a) In der Variationsrechnung und den fundamentalen Prinzipien der klassischen Mechanik spielt das folgende Gleichungssystem, das auf Euler und Lagrange zurückgeht, eine wichtige Rolle:

$$\begin{cases} \left( \dfrac{\partial L}{\partial x} - \dfrac{\mathrm{d}}{\mathrm{d}t} \dfrac{\partial L}{\partial v} \right)(t, x, v) = 0 \,, \\[2mm] \qquad\qquad v = \dot{x}(t) \,, \end{cases} \tag{8.108}$$

Dabei ist $L(t, x, v)$ eine gegebene Funktion der Variablen $t$, $x$ und $v$, wobei $t$ üblicherweise die Zeit ist, $x$ die Koordinate und $v$ die Geschwindigkeit.

Das System (8.108) besteht aus zwei Gleichungen mit drei Unbekannten. Üblicherweise wollen wir $x = x(t)$ und $v = v(t)$ aus (8.108) bestimmen, was sich im Wesentlichen auf die Bestimmung der Gleichung $x = x(t)$ reduzieren lässt, da $v = \frac{\mathrm{d}x}{\mathrm{d}t}$.

Schreiben Sie die erste Gleichung in (8.108) ausführlicher, indem Sie die Ableitung $\frac{\mathrm{d}}{\mathrm{d}t}$ expandieren und dabei berücksichtigen, dass $x = x(t)$ und $v = v(t)$.

b) Wenn wir von den Koordinaten $t$, $x$, $v$ und $L$ auf die sogenannten *kanonischen Koordinaten* $t$, $x$, $p$ und $H$ wechseln und dabei die Legendre-Transformation (vgl. Aufgabe 2)

$$\begin{cases} p = \dfrac{\partial L}{\partial v} \,, \\[2mm] H = pv - L \end{cases}$$

nach den Variablen $v$ und $L$ ausführen und sie dabei durch $p$ und $H$ ersetzen, dann nimmt das Euler-Lagrange System (8.108) die symmetrische Gestalt

$$\dot{p} = -\frac{\partial H}{\partial x} \,, \qquad \dot{x} = \frac{\partial H}{\partial p} \tag{8.109}$$

an. Beweisen Sie dieses sogenannte *System von Hamilton-Gleichungen.*

c) Im multi-dimensionalen Fall, wenn $L = L(t, x^1, \ldots, x^m, v^1, \ldots, v^m)$, besitzt das Euler-Lagrange System die Form

$$\begin{cases} \left( \dfrac{\partial L}{\partial x^i} - \dfrac{\mathrm{d}}{\mathrm{d}t} \dfrac{\partial L}{\partial v^i} \right)(t, x, v) = 0 \,, \\[2mm] \qquad\qquad v^i = \dot{x}^i(t) \qquad (i = 1, \ldots, m) \,, \end{cases} \tag{8.110}$$

wobei wir der Kürze halber $x = (x^1, \ldots, x^m)$, $v = (v^1, \ldots, v^m)$ gesetzt haben. Wenn wir eine Legendre-Transformation der Variablen $t, x^1, \ldots, x^m, v^1, \ldots,$ $v^m, L$ zu den kanonischen Variablen $t, x^1, \ldots, x^m, p_1, \ldots, p_m, H$ nach den Variablen $v^1, \ldots, v^m, L$ durchführen, dann wird in den neuen Variablen das System (8.110) zu folgendem System von Hamilton-Gleichungen:

---

[7] W. R. Hamilton (1805–1865) – berühmter irischer Mathematiker und Fachmann der Mechanik. Er stellte ein Variationsprinzip (das Hamiltonsche Prinzip) auf, konstruierte eine phänomenologische Theorie optischer Phänomene und war der Begründer der Quaternionen und der Vektoranalysis (der Ausdruck „Vektor" geht auf ihn zurück).

$$\dot{p}_i = -\frac{\partial H}{\partial x^i}, \qquad \dot{x}^i = \frac{\partial H}{\partial p_i}, \qquad (i = 1, \ldots, m) \,. \qquad (8.111)$$

Zeigen Sie dies.

**4. Der Satz zur impliziten Funktion.**

Die Lösung dieser Aufgabe ergibt einen weiteren Beweis des zentralen Satzes dieses Abschnitts, vielleicht etwas weniger intuitiv und konstruktiv als der oben gegebene, aber dafür kürzer.

a) Angenommen, die Voraussetzungen des Satzes zur impliziten Funktion seien erfüllt und sei

$$F_y^i(x, y) = \left(\frac{\partial F^i}{\partial y^1}, \ldots, \frac{\partial F^i}{\partial y^n}\right)(x, y)$$

die $i$-te Zeile der Matrix $F_y'(x, y)$.

Zeigen Sie, dass die Determinante der Matrix, die aus den Vektoren $F_y^i(x_i, y_i)$ gebildet wird, ungleich Null ist, wenn alle Punkte $(x_i, y_i)$ $(i = 1, \ldots, n)$ in einer hinreichend kleinen Umgebung $U = I_x^m \times I_y^n$ von $(x_0, y_0)$ liegen.

b) Zu $x \in I_x^m$ gebe es Punkte $y_1, y_2 \in I_y^n$, so dass $F(x, y_1) = 0$ und $F(x, y_2) = 0$. Zeigen Sie, dass dann zu jedem $i \in \{1, \ldots, n\}$ ein Punkt $(x, y_i)$ existiert, der auf dem abgeschlossenen Intervall mit den Endpunkten $(x, y_1)$ und $(x, y_2)$ liegt, so dass

$$F_y^i(x, y_i)(y_2 - y_1) = 0, \qquad (i = 1, \ldots, n) \,.$$

Zeigen Sie, dass daraus folgt, dass $y_1 = y_2$, d.h., dass dann, wenn die implizite Funktion $f : I_x^m \to I_y^n$ existiert, sie eindeutig ist.

c) Die offene Kugel $K(y_0; r)$ sei in $I_y^n$ enthalten. Zeigen Sie, dass dann $F(x_0, y) \neq 0$ für $\|y - y_0\|_{\mathbb{R}^n} = r > 0$.

d) Die Funktion $\|F(x_0, y)\|_{\mathbb{R}^n}^2$ ist stetig und besitzt einen positiven Minimalwert $\mu$ auf der Kugelschale $\|y - y_0\|_{\mathbb{R}^n} = r$.

e) Es gibt ein $\delta > 0$, so dass für $\|x - x_0\|_{\mathbb{R}^m} < \delta$ gilt, dass

$$\|F(x, y)\|_{\mathbb{R}^n}^2 \geq \frac{1}{2}\mu, \quad \text{für } \|y - y_0\|_{\mathbb{R}^n} = r\,,$$

$$\|F(x, y)\|_{\mathbb{R}^n}^2 < \frac{1}{2}\mu, \quad \text{für } y = y_0 \,.$$

f) Zu jedem festen $x$ mit $\|x - x_0\| < \delta$ nimmt die Funktion $\|F(x, y)\|_{\mathbb{R}^n}^2$ in einem inneren Punkt $y = f(x)$ der offenen Kugel $\|y - y_0\|_{\mathbb{R}^n} \leq r$ ein Minimum an. Da die Matrix $F_y'(x, f(x))$ invertierbar ist, folgt daraus, dass $F(x, f(x)) = 0$. Damit ist die Existenz der impliziten Funktion $f : K(x_0; \delta) \to K(y_0; r)$ sichergestellt.

g) Gilt $\Delta y = f(x + \Delta x) - f(x)$, dann ist

$$\Delta y = -\left[\widetilde{F}_y'\right]^{-1} \cdot \left[\widetilde{F}_x'\right] \Delta x \,,$$

wobei $\widetilde{F}_y'$ die Matrix ist, deren Zeilen den Vektoren $F_y^i(x_i, y_i)$, $(i = 1, \ldots, n)$ entsprechen. Dabei ist $(x_i, y_i)$ ein Punkt auf dem abgeschlossenen Intervall mit den Endpunkten $(x, y)$ und $(x + \Delta x, y + \Delta y)$. Das Symbol $\widetilde{F}_x'$ besitzt eine ähnliche Bedeutung.

Zeigen Sie, dass aus dieser Gleichung folgt, dass die Funktion $y = f(x)$ stetig ist.

h) Zeigen Sie, dass

$$f'(x) = -\left[\widetilde{F}'_y\left(x, f(x)\right)\right]^{-1} \cdot \left[\widetilde{F}'_x\left(x, f(x)\right)\right].$$

**5.** „Gilt $f(x, y, z) = 0$, dann ist $\frac{\partial z}{\partial y} \cdot \frac{\partial y}{\partial x} \cdot \frac{\partial x}{\partial z} = -1$."

a) Geben Sie dieser Aussage eine klare Bedeutung.

b) Zeigen Sie, dass sie beispielsweise für die ideale Gasgleichung nach Clapeyron

$$\frac{P \cdot V}{T} = \text{konst.}$$

gilt, wie auch für den Allgemeinfall einer Funktion mit drei Variablen.

c) Schreiben Sie eine ähnliche Aussage für die Gleichung $f(x^1, \ldots, x^m) = 0$ mit $m$ Variablen. Beweisen Sie, dass die Aussage stimmt.

**6.** Zeigen Sie, dass die Nullstellen von

$$z^n + c_1 z^{n-1} + \cdots + c_n$$

glatte Funktionen der Koeffizienten sind, zumindest dann, wenn die Koeffizienten alle verschieden sind.

## 8.6 Einige Korollare zum Satz zur impliziten Funktion

### 8.6.1 Der Satz zur inversen Funktion

**Definition 1.** Eine Abbildung $f : U \to V$, wobei $U$ und $V$ offene Teilmengen in $\mathbb{R}^m$ sind, ist ein $C^{(p)}$-*Diffeomorphismus* oder ein Diffeomorphismus mit Glattheit $p$ ($p = 0, 1, \ldots$), wenn

1) $f \in C^{(p)}(U; V)$,

2) $f$ bijektiv ist und

3) $f^{-1} \in C^{(p)}(V; U)$.

Ein $C^{(0)}$-Diffeomorphismus wird *Homöomorphismus* genannt.

In der Regel werden wir in diesem Buch nur den glatten Fall, d.h. $p \in \mathbb{N}$ oder $p = \infty$, betrachten.

Die zugrunde liegende Idee des folgenden häufig benutzten Satzes ist, dass eine Abbildung, deren Differential in einem Punkt invertierbar ist, selbst in einer Umgebung des Punktes invertierbar ist.

**Satz 1.** (Satz zur inversen Funktion). *Für die Abbildung $f : G \to \mathbb{R}^m$ eines Gebiets $G \subset \mathbb{R}^m$ gelte:*

$1^0$ $f \in C^{(p)}(G; \mathbb{R}^m)$, $p \geq 1$,

$2^0$ $y_0 = f(x_0)$ *in* $x_0 \in G$ *und*

$3^0$ $f'(x_0)$ *ist invertierbar.*

*Dann existiert eine Umgebung $U(x_0) \subset G$ von $x_0$ und eine Umgebung $V(y_0)$*
*von $y_0$, so dass $f : U(x_0) \to V(y_0)$ ein $C^{(p)}$-Diffeomorphismus ist. Ist außer-*
*dem $x \in U(x_0)$ und $y = f(x) \in V(y_0)$, dann ist*

$$\left(f^{-1}\right)'(y) = \left(f'(x)\right)^{-1} .$$

*Beweis.* Wir schreiben die Gleichung $y = f(x)$ in der Form

$$F(x, y) = f(x) - y = 0 . \tag{8.112}$$

Die Funktion $F(x, y) = f(x) - y$ ist für $x \in G$ und $y \in \mathbb{R}^m$ definiert, d.h.,
sie ist in der Umgebung $G \times \mathbb{R}^m$ des Punktes $(x_0, y_0) \in \mathbb{R}^m \times \mathbb{R}^m$ definiert.

Wir wollen (8.112) in einer Umgebung von $(x_0, y_0)$ nach $x$ auflösen. Nach
den Voraussetzungen $1^0$, $2^0$ und $3^0$ des Satzes besitzt die Abbildung $F(x, y)$
die Eigenschaft, dass

$$F \in C^{(p)}(G \times \mathbb{R}^m ; \mathbb{R}^m) , \qquad p \geq 1 ,$$
$$F(x_0, y_0) = 0 \text{ und dass}$$
$$F_x'(x_0, y_0) = f'(x_0) \text{ invertierbar ist.}$$

Nach dem Satz zur impliziten Funktion existiert eine Umgebung $I_x \times I_y$ von
$(x_0, y_0)$ und eine Abbildung $g \in C^{(p)}(I_y ; I_x)$, so dass

$$f(x) - y = 0 \Leftrightarrow x = g(y) \tag{8.113}$$

in jedem Punkt $(x, y) \in I_x \times I_y$ und dass

$$g'(y) = -\left[F_x'(x, y)\right]^{-1} \left[F_y'(x, y)\right] .$$

In unserem Fall ist

$$F_x'(x, y) = f'(x) \text{ und } F_y'(x, y) = -E ,$$

wobei $E$ die Einheitsmatrix ist. Daher ist

$$g'(y) = \left(f'(x)\right)^{-1} . \tag{8.114}$$

Wenn wir $V = I_y$ und $U = g(V)$ setzen, erkennen wir an (8.113), dass die
Abbildungen $f : U \to V$ und $g : V \to U$ zueinander invers sind, d.h. $g = f^{-1}$
auf $V$.

Da $V = I_y$, folgt, dass $V$ eine Umgebung von $y_0$ ist. Dies bedeutet, dass
das Bild $y_0 = f(x_0)$ von $x_0 \in G$, der ein innerer Punkt von $G$ ist, unter den
Voraussetzungen $1^0$, $2^0$ und $3^0$ ein innerer Punkt des Bildes $f(G)$ von $G$ ist.
Nach (8.114) ist die Matrix $g(y_0)$ invertierbar. Daher besitzt die Abbildung
$g : V \to U$ die Eigenschaften $1^0$, $2^0$ und $3^0$ bzgl. des Gebiets $V$ und des
Punktes $y_0 \in V$. Daher ist nach dem schon Bewiesenen $x_0 = g(y_0)$ ein innerer
Punkt von $U = g(V)$.

Da nach (8.114) die Annahmen $1^0$, $2^0$ und $3^0$ offensichtlich in jedem Punkt $y \in V$ gelten, ist jeder Punkt $x = g(y)$ ein innerer Punkt von $U$. Daher ist $U$ eine offene (und offensichtlich auch zusammenhängende) Umgebung von $x_0 \in \mathbb{R}^m$.

Wir haben somit bewiesen, dass die Abbildung $f : U \to V$ alle Bedingungen von Definition 1 und die Voraussetzungen zu Satz 1 erfüllt.    □

Wir wollen nun mehrere Beispiele anführen, die Satz 1 veranschaulichen.

Der Satz zur inversen Funktion wird oft benutzt, um von einem Koordinatensystem in ein anderes überzugehen. Die einfachste Variante eines Koordinatenwechsels wurde in der analytischen Geometrie und der linearen Algebra untersucht und besitzt die Form

$$\begin{pmatrix} y^1 \\ \cdots \\ y^m \end{pmatrix} = \begin{pmatrix} a_1^1 & \cdots & a_m^1 \\ \cdots\cdots\cdots \\ a_1^m & \cdots & a_m^m \end{pmatrix} \begin{pmatrix} x^1 \\ \cdots \\ x^m \end{pmatrix}$$

oder, in kompakter Schreibweise, $y^j = a_i^j x^i$. Diese lineare Transformation $A : \mathbb{R}_x^m \to \mathbb{R}_y^m$ besitzt eine Inverse $A^{-1} : \mathbb{R}_y^m \to \mathbb{R}_x^m$, die genau dann auf dem ganzen Raum $\mathbb{R}_y^m$ definiert ist, wenn die Matrix $(a_i^j)$ invertierbar ist, d.h. $\det(a_i^j) \neq 0$.

Der Satz zur inversen Funktion ist eine lokale Version dieser Aussage, die auf der Tatsache beruht, dass sich eine glatte Abbildung in einer Umgebung eines Punktes ungefähr wie ihr Differential in diesem Punkt verhält.

*Beispiel 1. Polarkoordinaten.* Die Abbildung $f : \mathbb{R}_+^2 \to \mathbb{R}^2$ der Halbebene $\mathbb{R}_+^2 = \{(\rho, \varphi) \in \mathbb{R}^2 \,|\, \rho \geq 0\}$ auf die Ebene $\mathbb{R}^2$, die durch die Gleichungen

$$\begin{aligned} x &= \rho \cos \varphi \quad \text{und} \\ y &= \rho \sin \varphi \end{aligned} \tag{8.115}$$

gegeben wird, ist in Abb. 8.5 dargestellt.

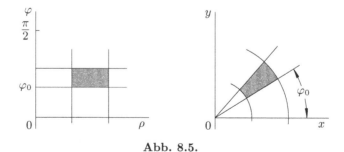

**Abb. 8.5.**

Die dazugehörige Jacobimatrix ist $\rho$, wie leicht berechnet werden kann, d.h., sie ist in einer Umgebung jedes Punktes $(\rho, \varphi)$, für den $\rho > 0$, ungleich

Null. Daher sind die Formeln (8.115) lokal invertierbar und daher können wir lokal die Zahlen $\rho$ und $\varphi$ als neue Koordinaten des Punktes, der vorher durch die kartesischen Koordinaten $x$ und $y$ beschrieben wurde, wählen.

Die Koordinaten $(\rho, \varphi)$ sind ein wohl bekanntes System krummliniger Koordinaten in der Ebene – die Polarkoordinaten. Ihre geometrische Interpretation ist in Abb. 8.5 wiedergegeben. Wir betonen, dass auf Grund der Periodizität der Funktionen $\cos\varphi$ und $\sin\varphi$ die Abbildung (8.115) für $\rho > 0$ nur lokal ein Diffeomorphismus ist. Sie ist auf der gesamten Ebene nicht bijektiv. Dies ist der Grund dafür, weswegen der Wechsel von kartesischen zu Polarkoordinaten immer auch eine Wahl des Zweiges des Arguments $\varphi$ (d.h. eine Angabe seines Veränderungsbereichs) erfordert.

Polarkoordinaten $(\rho, \psi, \varphi)$ im drei-dimensionalen Raum $\mathbb{R}^3$ werden *sphärische Koordinaten* genannt. Sie hängen mit den kartesischen Koordinaten durch die Gleichungen

$$z = \rho \cos\psi \, ,$$

$$y = \rho \sin\psi \sin\varphi \quad \text{und} \qquad\qquad (8.116)$$

$$x = \rho \sin\psi \cos\varphi$$

zusammen. Die geometrische Bedeutung der Parameter $\rho$, $\psi$ und $\varphi$ ist in Abb. 8.6 wiedergegeben.

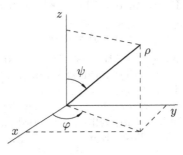

**Abb. 8.6.**

Die Jacobimatrix der Abbildung (8.116) lautet $\rho^2 \sin\psi$ und die Abbildung ist somit nach Satz 1 in einer Umgebung jedes Punktes $(\rho, \psi, \varphi)$, für den $\rho > 0$ und $\sin\psi \neq 0$ gilt, invertierbar.

Die Mengen, in denen jeweils $\rho = $ konstant, $\varphi = $ konstant, bzw. $\psi = $ konstant gilt, entsprechen im $(x, y, z)$-Raum offensichtlich einer sphärischen Fläche (eine Kugelschale mit Radius $\rho$), einer Halbebene, die durch die $z$-Achse verläuft, bzw. der Fläche eines Zylinders um die $z$-Achse.

Daher werden beim Übergang von den Koordinaten $(x, y, z)$ zu den Koordinaten $(\rho, \psi, \varphi)$ beispielsweise die sphärische Fläche und die zylindrische Fläche zu Ebenen; sie entsprechen Ausschnitten der Ebenen $\rho = $ konstant bzw. $\psi = $ konstant. Wir beobachteten im zwei-dimensionalen Fall ein ähnliches Phänomen, bei dem ein Kreisbogen in der $(x, y)$-Ebene einer Strecke in der Ebene mit den Koordinaten $(\rho, \varphi)$ entsprach (vgl. Abb. 8.5). Bitte beachten Sie, dass dies einer lokalen Begradigung gleichkommt.

Im $m$-dimensionalen Fall können wir Polarkoordinaten durch die Gleichungen

$$x^1 = \rho \cos \varphi_1 \,,$$
$$x^2 = \rho \sin \varphi_1 \cos \varphi_2 \,,$$

$$\dots\dots\dots\dots\dots\dots\dots\dots\dots\dots\dots\dots\dots\dots\dots \tag{8.117}$$

$$x^{m-1} = \rho \sin \varphi_1 \sin \varphi_2 \cdots \sin \varphi_{m-2} \cos \varphi_{m-1} \,,$$
$$x^m = \rho \sin \varphi_1 \sin \varphi_2 \cdots \sin \varphi_{m-2} \sin \varphi_{m-1}$$

einführen.

Die Jacobimatrix dieser Transformation lautet

$$\rho^{m-1} \sin^{m-2} \varphi_1 \sin^{m-3} \varphi_2 \cdots \sin \varphi_{m-2} \,, \tag{8.118}$$

und die Abbildung ist nach Satz 1 ebenfalls überall dort invertierbar, wo die Jacobimatrix ungleich Null ist.

*Beispiel 2. Verallgemeinerte lokale Rektifizierung einer Kurve.* Neue Koordinaten werde üblicherweise eingeführt, um analytische Ausdrücke für Objekte, die in einem Problem auftreten, zu vereinfachen und sie in der neuen Schreibweise leicher veranschaulichen zu können.

Angenommen, eine Kurve in der Ebene $\mathbb{R}^2$ sei beispielsweise durch die Gleichung

$$F(x, y) = 0$$

definiert, wobei $F$ eine glatte Funktion ist. Der Punkt $(x_0, y_0)$ liege auf der Kurve, d.h. $F(x_0, y_0) = 0$, und dieser Punkt sei kein kritischer Punkt von $F$. Wir nehmen beispielsweise an, dass $F'_y(x, y) \neq 0$.

Wir wollen versuchen, Koordinaten $\xi, \eta$ so zu wählen, dass in diesen Koordinaten ein abgeschlossenes Intervall einer Koordinatengeraden, etwa der Geraden $\eta = 0$, einem Bogen dieser Kurve entspricht.

Wir setzen dazu

$$\xi = x - x_0 \quad \text{und} \quad \eta = F(x, y) \,.$$

Die Jacobimatrix

$$\begin{pmatrix} 1 & 0 \\ F'_x & F'_y \end{pmatrix} (x, y)$$

dieser Transformation besitzt als Determinante die Zahl $F'_y(x, y)$, die nach unserer Annahme in $(x_0, y_0)$ ungleich Null ist. Dann ist diese Abbildung nach Satz 1 ein Diffeomorphismus einer Umgebung von $(x_0, y_0)$ auf eine Umgebung des Punktes $(\xi, \eta) = (0, 0)$. Daher können wir die Zahlen $\xi$ und $\eta$ innerhalb dieser Umgebung als neue Koordinaten für Punkte wählen, die in einer Umgebung von $(x_0, y_0)$ liegen. In diesen neuen Koordinaten besitzt die Kurve offensichtlich die Gleichung $\eta = 0$, und in dem Sinne haben wir sie tatsächlich lokal rektifiziert (vgl. Abb. 8.7).

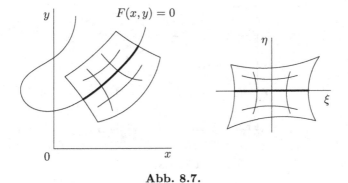

**Abb. 8.7.**

### 8.6.2 Lokale Reduktion einer glatten Abbildung in kanonische Form

In diesem Absatz werden wir nur ein Problem dieser Art betrachten. Um genau zu sein, so werden wir eine kanonische Form vorstellen, auf die wir mit Hilfe einer geeigneten Koordinatenwahl jede glatte Abbildung mit konstantem Rang lokal reduzieren können.

Wir wiederholen, dass der *Rang* einer Abbildung $f : U \to \mathbb{R}^n$ eines Gebiets $U \subset \mathbb{R}^m$ in einem Punkt $x \in U$ dem Rang der linearen Transformation entspricht, die zu ihr in diesem Punkt tangential ist, d.h. dem Rang der Matrix $f'(x)$. Der Rang einer Abbildung in einem Punkt wird üblicherweise mit Rang $f(x)$ bezeichnet.

**Satz 2.** (Der Rang-Satz.) *Sei $f : U \to \mathbb{R}^n$ eine in einer Umgebung $U \subset \mathbb{R}^m$ eines Punktes $x_0 \in \mathbb{R}^m$ definierte Abbildung. Sei $f \in C^{(p)}(U; \mathbb{R}^n)$, $p \geq 1$ und besitze die Abbildung $f$ in jedem Punkt $x \in U$ denselben Rang $k$. Dann existieren Umgebungen $O(x_0)$ von $x_0$ und $O(y_0)$ von $y_0 = f(x_0)$ und Diffeomorphismen $u = \varphi(x)$ und $v = \psi(y)$ dieser Umgebungen der Klasse $C^{(p)}$, so dass die Abbildung $v = \psi \circ f \circ \varphi^{-1}(u)$ in der Umgebung $O(u_0) = \varphi\big(O(x_0)\big)$ von $u_0 = \varphi(x_0)$ die Koordinatendarstellung*

$$(u^1, \ldots, u^k, \ldots, u^m) = u \mapsto v = (v^1, \ldots, v^n) = (u^1, \ldots, u^k, 0, \ldots, 0) \quad (8.119)$$

*besitzt.*

Anders formuliert, so stellt der Satz sicher (vgl. Abb. 8.8), dass wir Koordinaten $(u^1, \ldots, u^m)$ anstelle von $(x^1, \ldots, x^m)$ und $(v^1, \ldots, v^n)$ anstelle von $(y^1, \ldots, y^n)$ so wählen können, dass die Abbildung in den neuen Koordinaten lokal die Form (8.119) besitzt, d.h. die kanonische Form für eine lineare Transformation mit Rang $k$.

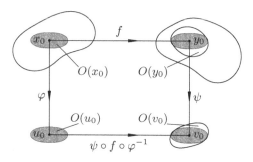

**Abb. 8.8.**

*Beweis.* Wir schreiben die Koordinatendarstellung

$$y^1 = f^1(x^1, \ldots, x^m)\,,$$

$$\ldots\ldots\ldots\ldots\ldots\ldots\ldots$$

$$y^k = f^k(x^1, \ldots, x^m)\,,$$
$$y^{k+1} = f^{k+1}(x^1, \ldots, x^m)\,,$$

$$\ldots\ldots\ldots\ldots\ldots\ldots\ldots$$

$$y^n = f^n(x^1, \ldots, x^m)$$

(8.120)

der Abbildung $f : U \to \mathbb{R}^n_y$, die in einer Umgebung des Punktes $x_0 \in \mathbb{R}^m_x$ definiert ist. Um eine neue Indizierung der Koordinaten und der Umgebung $U$ zu vermeiden, werden wir annehmen, dass in jedem Punkt $x \in U$ der Hauptminor der Ordnung $k$ in der oberen linken Ecke der Matrix $f'(x)$ ungleich Null ist.

Wir betrachten die Abbildung, die in einer Umgebung $U$ von $x_0$ durch die Gleichungen

$$u^1 = \varphi^1(x^1, \ldots, x^m) = f^1(x^1, \ldots, x^m)\,,$$

$$\ldots\ldots\ldots\ldots\ldots\ldots\ldots\ldots\ldots\ldots\ldots\ldots$$

$$u^k = \varphi^k(x^1, \ldots, x^m) = f^k(x^1, \ldots, x^m)\,,$$
$$u^{k+1} = \varphi^{k+1}(x^1, \ldots, x^m) = x^{k+1}\,,$$

$$\ldots\ldots\ldots\ldots\ldots\ldots\ldots\ldots\ldots\ldots\ldots\ldots$$

$$u^m = \varphi^m(x^1, \ldots, x^m) = x^m$$

(8.121)

definiert ist.

Die Jacobimatrix dieser Abbildung lautet

$$
\begin{pmatrix}
\dfrac{\partial f^1}{\partial x^1} & \cdots & \dfrac{\partial f^1}{\partial x^k} & \vdots & \dfrac{\partial f^1}{\partial x^{k+1}} & \cdots & \dfrac{\partial f^1}{\partial x^m} \\
& \cdots\cdots\cdots & & \vdots & \cdots\cdots\cdots\cdots \\
\dfrac{\partial f^k}{\partial x^1} & \cdots & \dfrac{\partial f^k}{\partial x^k} & \vdots & \dfrac{\partial f^k}{\partial x^{k+1}} & \cdots & \dfrac{\partial f^k}{\partial x^m} \\
& \cdots\cdots\cdots & & \vdots & \cdots\cdots\cdots\cdots \\
& & & \vdots & 1 & & 0 \\
& 0 & & \vdots & & \ddots & \\
& & & \vdots & 0 & & 1
\end{pmatrix} ,
$$

und nach unseren Annahmen ist ihre Determinante in $U$ ungleich Null.

Nach dem Satz zur inversen Funktion ist die Abbildung $u = \varphi(x)$ ein Diffeomorphismus der Glattheit $p$ einer Umgebung $\widetilde{O}(x_0) \subset U$ von $x_0$ auf eine Umgebung $\widetilde{O}(u_0) = \varphi(\widetilde{O}(x_0))$ von $u_0 = \varphi(x_0)$.

Wenn wir die Gleichungen (8.120) und (8.121) miteinander vergleichen, können wir erkennen, dass die verkettete Funktion $g = f \circ \varphi^{-1} : \widetilde{O}(u_0) \to \mathbb{R}_y^n$ die folgende Koordinatendarstellung besitzt:

$$
\begin{aligned}
y^1 &= f^1 \circ \varphi^{-1}(u^1, \ldots, u^m) &= u^1 , \\
&\cdots\cdots\cdots\cdots\cdots\cdots\cdots\cdots\cdots \cdots\cdots \\
y^k &= f^k \circ \varphi^{-1}(u^1, \ldots, u^m) &= u^k , \\
y^{k+1} &= f^{k+1} \circ \varphi^{-1}(u^1, \ldots, u^m) &= g^{k+1}(u^1, \ldots, u^m) , \\
&\cdots\cdots\cdots\cdots\cdots\cdots\cdots\cdots\cdots\cdots\cdots\cdots\cdots\cdots \\
y^n &= f^n \circ \varphi^{-1}(u^1, \ldots, u^m) &= g^n(u^1, \ldots, u^m) .
\end{aligned}
\tag{8.122}
$$

Da die Abbildung $\varphi^{-1} : \widetilde{O}(u_0) \to \widetilde{O}(x_0)$ in jedem Punkt $u \in \widetilde{O}(u_0)$ den maximalen Rang $m$ besitzt, und die Abbildung $f : \widetilde{O}(x_0) \to \mathbb{R}_y^n$ in jedem Punkt $x \in \widetilde{O}(x_0)$ den Rang $k$ hat, folgt, wie aus der linearen Algebra bekannt ist, dass die Matrix $g'(u) = f'(\varphi^{-1}(u))(\varphi^{-1})'(u)$ in jedem Punkt $u \in \widetilde{O}(u_0)$ den Rang $k$ besitzt.

Die direkte Berechnung der Jacobimatrix der Abbildung (8.122) ergibt

$$
\begin{pmatrix}
1 & & 0 & \vdots & \\
& \ddots & & \vdots & \quad 0 \\
0 & & 1 & \vdots & \\
\cdots\cdots\cdots\cdots\cdots & \vdots & \cdots\cdots\cdots\cdots\cdots \\
\dfrac{\partial g^{k+1}}{\partial u^1} & \cdots & \dfrac{\partial g^{k+1}}{\partial u^k} & \vdots & \dfrac{\partial g^{k+1}}{\partial u^{k+1}} \cdots \dfrac{\partial g^{k+1}}{\partial u^m} \\
\cdots\cdots\cdots\cdots & \vdots & \cdots\cdots\cdots\cdots \\
\dfrac{\partial g^n}{\partial u^1} & \cdots & \dfrac{\partial g^n}{\partial u^k} & \vdots & \dfrac{\partial g^n}{\partial u^{k+1}} \cdots \dfrac{\partial g^n}{\partial u^m}
\end{pmatrix}.
$$

Daher erhalten wir in jedem Punkt $u \in \widetilde{O}(u_0)$, dass $\dfrac{\partial g^j}{\partial u^i}(u) = 0$ für $i = k+1,\ldots,m$; $j = k+1,\ldots,n$. Wenn wir annehmen, dass die Umgebung $\widetilde{O}(u_0)$ konvex ist (was wir beispielsweise durch Verkleinerung von $\widetilde{O}(u_0)$ auf eine Kugel mit Zentrum in $u_0$ erreichen können), können wir daraus folgern, dass die Funktionen $g^j$, $j = k+1,\ldots,n$ wirklich von den Variablen $u^{k+1},\ldots,u^m$ unabhängig sind.

Nach dieser ausschlaggebenden Beobachtung können wir die Abbildung (8.122) zu

$$
\begin{aligned}
y^1 &= u^1\,, \\
&\cdots\cdots\cdots \\
y^k &= u^k\,, \\
y^{k+1} &= g^{k+1}(u^1,\ldots,u^k)\,, \\
&\cdots\cdots\cdots\cdots\cdots\cdots \\
y^n &= g^n(u^1,\ldots,u^k)
\end{aligned}
\tag{8.123}
$$

umschreiben.

An dieser Stelle können wir die Abbildung $\psi$ formulieren. Wir setzen

$$
\begin{aligned}
v^1 &= y^1 =: \psi^1(y)\,, \\
&\cdots\cdots\cdots \\
v^k &= y^k =: \psi^k(y)\,, \\
v^{k+1} &= y^{k+1} - g^{k+1}(y^1,\ldots,y^k) =: \psi^{k+1}(y)\,, \\
&\cdots\cdots\cdots\cdots\cdots\cdots\cdots \\
v^n &= y^n - g^n(y^1,\ldots,y^k) =: \psi^n(y)\,.
\end{aligned}
\tag{8.124}
$$

Aus der Konstruktion der Funktionen $g^j$, $(j = k+1, \ldots, n)$ ist klar, dass die Abbildung $\psi$ in einer Umgebung von $y_0$ definiert ist und in dieser Umgebung zur Klasse $C^{(p)}$ gehört.

Die Jacobimatrix der Abbildung (8.124) lautet

$$
\begin{pmatrix}
1 & & 0 & \vdots & & \\
& \ddots & & \vdots & 0 & \\
0 & & 1 & \vdots & & \\
\cdots\cdots\cdots\cdots\cdots\cdots & & & \vdots & \cdots\cdots & \\
-\dfrac{\partial g^{k+1}}{\partial y^1} & \cdots & -\dfrac{\partial g^{k+1}}{\partial y^k} & \vdots & 1 & 0 \\
\cdots\cdots\cdots\cdots\cdots\cdots & & & \vdots & & \ddots \\
-\dfrac{\partial g^n}{\partial y^1} & \cdots & -\dfrac{\partial g^n}{\partial y^k} & \vdots & 0 & 1
\end{pmatrix}
$$

Ihre Determinante ist gleich 1 und daher ist die Abbildung $\psi$ nach Satz 1 in einer Umgebung $\widetilde{O}(y_0)$ von $y_0 \in \mathbb{R}^n_y$ ein Diffeomorphismus der Glattheit $p$ auf eine Umgebung $\widetilde{O}(v_0) = \psi\big(\widetilde{O}(y_0)\big)$ von $v_0 \in \mathbb{R}^n_v$.

Wenn wir die Gleichungen (8.123) und (8.124) vergleichen, können wir sehen, dass in einer Umgebung $O(u_0) \subset \widetilde{O}(u_0)$ von $u_0$, die so klein ist, dass $g\big(O(u_0)\big) \subset \widetilde{O}(y_0)$, die Abbildung $\psi \circ f \circ \varphi^{-1} : O(u_0) \to \mathbb{R}^n_y$ eine Abbildung mit Glattheit $p$ dieser Umgebung auf eine Umgebung $O(v_0) \subset \widetilde{O}(v_0)$ von $v_0 \in \mathbb{R}^n_v$ ist, und dass sie die kanonische Form

$$v^1 = u^1 \, ,$$

$$\cdots\cdots\cdots\cdots$$

$$v^k = u^k \, ,$$
$$v^{k+1} = 0 \, ,$$

$$\cdots\cdots\cdots\cdots$$

$$v^n = 0 \tag{8.125}$$

besitzt.

Wenn wir $\varphi^{-1}\big(O(u_0)\big) = O(x_0)$ und $\psi^{-1}\big(O(v_0)\big) = O(y_0)$ setzen, erhalten wir die Umgebungen von $x_0$ und $y_0$, deren Existenz im Satz behauptet wurden. Damit ist der Beweis vollständig.    $\square$

Wie schon Satz 1 ist Satz 2 offensichtlich eine lokale Version des entsprechenden Satzes aus der linearen Algebra.

Wir wollen zum Beweis von Satz 2 die folgenden Anmerkungen machen, die sich im Folgenden als nützlich erweisen werden.

*Anmerkung 1.* Ist der Rang der Abbildung $f : U \to \mathbb{R}^n$ in jedem Punkt der ursprünglichen Umgebung $U \subset \mathbb{R}^m$ gleich $n$, dann ist der Punkt $y_0 = f(x_0)$ für $x_0 \in U$ ein innerer Punkt von $f(U)$, d.h., $f(U)$ enthält eine Umgebung dieses Punktes.

*Beweis.* Nach dem eben Bewiesenen besitzt die Abbildung $\psi \circ f \circ \varphi^{-1} : O(u_0) \to O(v_0)$ in diesem Fall die Gestalt

$$(u^1, \ldots, u^n, \ldots, u^m) = u \mapsto v = (v^1, \ldots, v^n) = (u^1, \ldots, u^n)$$

und daher enthält das Bild einer Umgebung von $u_0 = \varphi(x_0)$ eine Umgebung von $v_0 = \psi \circ f \circ \varphi^{-1}(u_0)$.

Die Abbildungen $\varphi : O(x_0) \to O(u_0)$ und $\psi : O(y_0) \to O(v_0)$ sind aber Diffeomorphismen, die daher innere Punkte in innere Punkte abbilden. Wenn wir die ursprüngliche Abbildung $f$ als $f = \psi^{-1} \circ (\psi \circ f \circ \varphi^{-1}) \circ \varphi$ schreiben, können wir folgern, dass $y_0 = f(x_0)$ ein innerer Punkt des Bildes einer Umgebung von $x_0$ ist.                                         □

*Anmerkung 2.* Ist der Rang der Abbildung $f : U \to \mathbb{R}^n$ in jedem Punkt einer Umgebung $U$ gleich $k$ und ist $k < n$, dann gilt in einer Umgebung von $x_0 \in U \subset \mathbb{R}^m$ aufgrund der Gleichungen (8.120), (8.124) und (8.125), dass

$$f^i(x^1, \ldots, x^m) = g^i\big(f^1(x^1, \ldots, x^m), \ldots, f^k(x^1, \ldots, x^m)\big),$$
$$(i = k+1, \ldots, n) . \quad (8.126)$$

Diese Gleichungen gelten unter der getroffenen Voraussetzung, dass der Hauptminor der Ordnung $k$ der Matrix $f'(x_0)$ ungleich Null ist, d.h., dass der Rang $k$ von der Menge der Funktionen $f^1, \ldots, f^k$ angenommen wird. Ansonsten kann man die Funktionen $f^1, \ldots, f^n$ umnummerieren und auf das eben Betrachtete zurückführen.

### 8.6.3 Funktionale Abhängigkeit

**Definition 2.** Ein System stetiger Funktionen $f^i(x) = f^i(x^1, \ldots, x^m)$, $(i = 1, \ldots, n)$ ist in einer Umgebung eines Punktes $x_0 = (x_0^1, \ldots, x_0^m)$ *funktional unabhängig*, falls zu jeder stetigen Funktion $F(y) = F(y^1, \ldots, y^n)$, die in einer Umgebung von $y_0 = (y_0^1, \ldots, y_0^n) = \big(f^1(x_0), \ldots, f^n(x_0)\big) = f(x_0)$ definiert ist, in allen Punkten einer Umgebung von $x_0$ die Gleichung

$$F\big(f^1(x^1, \ldots, x^m), \ldots, f^n(x^1, \ldots, x^m)\big) \equiv 0$$

nur dann gilt, wenn $F(y^1, \ldots, y^n) \equiv 0$ in einer Umgebung von $y_0$.

Ist ein System nicht funktional unabhängig, dann wird es *funktional abhängig* genannt.

Die in der Algebra untersuchte lineare Unabhängigkeit behandelt lineare Gleichungen

$$F(y^1, \ldots, y^n) = \lambda_1 y^1 + \cdots + \lambda_n y^n .$$

Sind Vektoren linear abhängig, dann ist offensichtlich einer von ihnen eine Linearkombination der anderen. Bei der funktionalen Abhängigkeit eines Systems glatter Funktionen gilt etwas Ähnliches.

**Satz 3.** *Sei $f^i(x^1, \ldots, x^m)$, $(i = 1, \ldots, n)$ ein System glatter Funktionen, die in einer Umgebung $U(x_0)$ des Punktes $x_0 \in \mathbb{R}^m$ definiert sind. Ist der Rang der Matrix*

$$\begin{pmatrix} \dfrac{\partial f^1}{\partial x^1} & \cdots & \dfrac{\partial f^1}{\partial x^m} \\ \cdots\cdots\cdots\cdots \\ \dfrac{\partial f^n}{\partial x^1} & \cdots & \dfrac{\partial f^n}{\partial x^m} \end{pmatrix} (x)$$

*in jedem Punkt $x \in U$ gleich $k$, dann gilt:*

*a) Ist $k = n$, dann ist das System in einer Umgebung von $x_0$ funktional unabhängig.*

*b) Ist $k < n$, dann existiert eine Umgebung von $x_0$ und $k$ Funktionen im System, etwa $f^1, \ldots, f^k$, so dass die anderen $n - k$ Funktionen in dieser Umgebung in der Form*

$$f^i(x^1, \ldots, x^m) = g^i\big(f^1(x^1, \ldots, x^m), \ldots, f^k(x^1, \ldots, x^m)\big)$$

*dargestellt werden können. Dabei sind $g^i(y^1, \ldots, y^k)$, $(i = k + 1, \ldots, n)$ glatte Funktionen, die in einer Umgebung von $y_0 = \big(f^1(x_0), \ldots, f^n(x_0)\big)$ definiert sind und nur von $k$ Koordinaten der Variablen $y = (y^1, \ldots, y^n)$ abhängen.*

*Beweis.* Ist $k = n$ dann gilt nach Anmerkung 1 hinter dem Rang-Satz, dass das Bild einer Umgebung des Punktes $x_0$ unter der Abbildung

$$y^1 = f^1(x^1, \ldots, x^m) ,$$

$$\cdots\cdots\cdots\cdots\cdots \qquad\qquad (8.127)$$

$$y^n = f^n(x^1, \ldots, x^m)$$

eine Umgebung von $y_0 = f(x_0)$ enthält. Aber dann kann die Gleichung

$$F\big(f^1(x^1, \ldots, x^m), \ldots, f^n(x^1, \ldots, x^m)\big) \equiv 0$$

in einer Umgebung von $x_0$ nur dann gelten, wenn in einer Umgebung von $y_0$

$$F(y^1, \ldots, y^n) \equiv 0$$

gilt. Damit ist Behauptung *a*) bewiesen.

Sei $k < n$. Wir nehmen an, dass der Rang $k$ der Abbildung (8.127) durch die Funktionen $f^1, \ldots, f^k$ angenommen wird. Dann existiert nach Anmerkung 2 hinter dem Rang-Satz eine Umgebung von $y_0 = f(x_0)$ und $n - k$ Funktionen $g^i(y) = g^i(y^1, \ldots, y^k)$, $(i = k+1, \ldots, n)$, die in dieser Umgebung definiert sind, denselben Glattheitsgrad wie die Funktionen des ursprünglichen Systems besitzen und so beschaffen sind, dass (8.126) in einer Umgebung von $x_0$ gilt. Damit ist *b*) bewiesen.    □

Wir haben nun gezeigt, dass $n - k$ Funktionen $F^i(y) = y^i - g^i(y^1, \ldots, y^k)$, $(i = k+1, \ldots, n)$ mit $k < n$ existieren, für die in einer Umgebung des Punktes $x_0$ die Relationen

$$F^i\big(f^1(x), \ldots, f^k(x), f^i(x)\big) \equiv 0 , \qquad (i = k+1, \ldots, n)$$

zwischen den Funktionen des Systems $f^1, \ldots, f^k, \ldots, f^n$ gelten.

### 8.6.4 Lokale Zerlegung eines Diffeomorphismus in eine Verkettung einfacher Diffeomorphismen

In diesem Abschnitt werden wir zeigen, wie eine diffeomorphe Abbildung mit Hilfe des Satzes zur inversen Funktion lokal als Verkettung von Diffeomorphismen geschrieben werden kann, von denen jeder nur eine Koordinate verändert.

**Definition 3.** Ein Diffeomorphismus $g : U \to \mathbb{R}^m$ einer offenen Menge $U \subset \mathbb{R}^m$ wird *einfach* genannt, falls seine Koordinatendarstellung

$$\begin{cases} y^i = x^i , & i \in \{1, \ldots, m\} , \qquad i \neq j , \\[2mm] y^j = g^j(x^1, \ldots, x^m) \end{cases}$$

lautet, d.h., unter dem Diffeomorphismus $g : U \to \mathbb{R}^m$ verändert sich nur eine Koordinate des abgebildeten Punktes.

**Satz 4.** *Sei $f : G \to \mathbb{R}^m$ ein Diffeomorphismus einer offenen Menge $G \subset \mathbb{R}^m$. Dann gibt es zu jedem Punkt $x_0 \in G$ eine Umgebung des Punktes, in der die Darstellung $f = g_1 \circ \cdots \circ g_n$ gilt, wobei $g_1, \ldots, g_n$ einfache Diffeomorphismen sind.*

*Beweis.* Wir werden dies durch Induktion beweisen.

Ist die ursprüngliche Abbildung $f$ selbst einfach, dann gilt der Satz trivialerweise.

Angenommen, der Satz gelte für Diffeomorphismen, die höchstens $(k - 1)$ Koordinaten verändern, wobei $k - 1 < n$. Wir betrachten einen Diffeomorphismus $f : G \to \mathbb{R}^m$, der $k$ Koordinaten verändert:

$$y^1 \;\; = f^1(x^1, \ldots, x^m)\,,$$

$$\cdots\cdots\cdots\cdots\cdots\cdots\cdots$$

$$y^k \;\; = f^k(x^1, \ldots, x^m)\,,$$

$$y^{k+1} = x^{k+1}\,,$$

$$\cdots\quad\cdots\cdots\cdots$$

$$y^m \;\; = x^m\,.$$

$$(8.128)$$

Wir haben dabei angenommen, dass es die ersten $k$ Koordinaten sind, die verändert werden. Dies kann durch lineare Veränderungen von Variablen stets erreicht werden. Daher bedeutet diese Annahme keinen Verlust der Allgemeinheit.

Da $f$ ein Diffeomorphismus ist, ist die Determinante seiner Jacobimatrix in jedem Punkt ungleich Null, mit

$$(f^{-1})'\big(f(x)\big) = \big[f'(x)\big]^{-1}\,.$$

Wir wollen $x_0 \in G$ festhalten und die Determinante von $f'(x_0)$ berechnen:

$$\begin{vmatrix} \dfrac{\partial f^1}{\partial x^1} & \cdots & \dfrac{\partial f^1}{\partial x^k} & \vdots & \dfrac{\partial f^1}{\partial x^{k+1}} & \cdots & \dfrac{\partial f^1}{\partial x^m} \\[2mm] \cdots\cdots\cdots\cdots & & & \vdots & \cdots\cdots\cdots\cdots \\[2mm] \dfrac{\partial f^k}{\partial x^1} & \cdots & \dfrac{\partial f^k}{\partial x^k} & \vdots & \dfrac{\partial f^k}{\partial x^{k+1}} & \cdots & \dfrac{\partial f^k}{\partial x^m} \\[2mm] \cdots\cdots\cdots & & & \vdots & \cdots\cdots\cdots \\[2mm] & & & \vdots & 1 & & 0 \\[1mm] & 0 & & \vdots & & \ddots \\[1mm] & & & \vdots & 0 & & 1 \end{vmatrix}(x_0) = \begin{vmatrix} \dfrac{\partial f^1}{\partial x^1} & \cdots & \dfrac{\partial f^1}{\partial x^k} \\[2mm] \cdots\cdots\cdots\cdots \\[2mm] \dfrac{\partial f^k}{\partial x^1} & \cdots & \dfrac{\partial f^k}{\partial x^k} \end{vmatrix}(x_0) \neq 0\,.$$

Daher muss einer der Minoren der Ordnung $k-1$ dieser letzten Determinante ungleich Null sein. Wir nehmen wiederum zur Vereinfachung der Schreibweise an, dass der Hauptminor der Ordnung $k-1$ ungleich Null ist. Nun betrachten wir die Hilfsabbildung $g : G \to \mathbb{R}^m$, die durch die Gleichungen

$$g^1 \;\;\; = f^1(x^1, \ldots, x^m)\,,$$

$$\cdots\cdots\cdots\cdots\cdots\cdots\cdots\cdots$$

$$g^{k-1} = f^{k-1}(x^1, \ldots, x^m)\,,$$

$$g^k \;\;\; = x^k\,,$$

$$\cdots\quad\cdots\cdots\cdots$$

$$g^m \;\;\; = x^m$$

$$(8.129)$$

definiert ist.

Da die Jacobimatrix

$$
\begin{vmatrix}
\dfrac{\partial f^1}{\partial x^1} & \cdots & \dfrac{\partial f^1}{\partial x^{k-1}} & \vdots & \dfrac{\partial f^1}{\partial x^k} & \cdots & \dfrac{\partial f^1}{\partial x^m} \\
& \cdots\cdots\cdots & & \vdots & & \cdots\cdots\cdots & \\
\dfrac{\partial f^{k-1}}{\partial x^1} & \cdots & \dfrac{\partial f^{k-1}}{\partial x^{k-1}} & \vdots & \dfrac{\partial f^{k-1}}{\partial x^k} & \cdots & \dfrac{\partial f^{k-1}}{\partial x^m} \\
& \cdots\cdots\cdots & & \vdots & & \cdots\cdots\cdots & \\
& & & \vdots & 1 & & 0 \\
& 0 & & \vdots & & \ddots & \\
& & & \vdots & 0 & & 1
\end{vmatrix}(x_0) =
\begin{vmatrix}
\dfrac{\partial f^1}{\partial x^1} & \cdots & \dfrac{\partial f^1}{\partial x^{k-1}} \\
& \cdots\cdots\cdots\cdots & \\
\dfrac{\partial f^{k-1}}{\partial x^1} & \cdots & \dfrac{\partial f^{k-1}}{\partial x^{k-1}}
\end{vmatrix}(x_0) \neq 0
$$

der Abbildung $g : G \to \mathbb{R}^m$ in $x_0 \in G$ ungleich Null ist, ist die Abbildung $g$ in einer Umgebung von $x_0$ ein Diffeomorphismus.

Dann ist in einer Umgebung von $u_0 = g(x_0)$ die zu $g$ inverse Abbildung $x = g^{-1}(u)$ definiert, wodurch in einer Umgebung von $x_0$ neue Koordinaten $(u^1, \ldots, u^m)$ eingeführt werden können.

Sei $h = f \circ g^{-1}$. Genauer betrachtet, entspricht die Abbildung $y = h(u)$ der Abbildung (8.128) $y = f(x)$ in $u$-Koordinaten. Da die Abbildung $h$ eine Verkettung von Diffeomorphismen ist, ist sie ein Diffeomorphismus einer Umgebung von $u_0$. Sie lautet in Koordinatenschreibweise offensichtlich

$$
\begin{aligned}
y^1 &= h^1(u) &&= f^1 \circ g^{-1}(u) = u^1 \,, \\
&\cdots\cdots\cdots\cdots\cdots\cdots\cdots\cdots\cdots \\
y^{k-1} &= h^{k-1}(u) &&= f^{k-1} \circ g^{-1}(u) = u^{k-1} \,, \\
y^k &= h^k(u) &&= f^k \circ g^{-1}(u) \,, \\
y^{k+1} &= h^{k+1}(u) &&= u^{k+1} \,, \\
\cdots\quad &\quad\cdots &&\quad\cdots \\
y^m &= h^m(u) &&= u^m \,,
\end{aligned}
$$

d.h., $h$ ist ein einfacher Diffeomorphismus.

Nun ist aber $f = h \circ g$, und nach Induktionsannahme kann die durch (8.129) definierte Abbildung $g$ als Verkettung einfacher Diffeomorphismen zerlegt werden. Daher kann auch der Diffeomorphismus $f$, durch den $k$ Koordinaten verändert werden, in einer Umgebung von $x_0$ vollständig in eine Verkettung einfacher Diffeomorphismen zerlegt werden. Damit ist der Induktionsbeweis abgeschlossen.    □

## 8.6.5 Das Morse-Lemma

In Verbindung mit diesen mathematischen Vorstellungen wollen wir ein intrinsisch schönes Lemma von Morse[8] zur lokalen Reduktion glatter Funktionen mit reellen Werten in ihre kanonische Form in einer Umgebung eines nicht entarteten kritischen Punktes anführen. Dieses Lemma ist auch für Anwendungen wichtig.

**Definition 4.** Sei $x_0$ ein kritscher Punkt der Funktion $f \in C^{(2)}(U; \mathbb{R})$, die in einer Umgebung $U$ dieses Punktes definiert ist.

Der singuläre Punkt $x_0$ ist ein *nicht entarteter kritischer Punkt* von $f$, falls die Hessesche Matrix der Funktion in diesem Punkt (d.h. die Matrix $\dfrac{\partial^2 f}{\partial x^i \partial x^j}(x_0)$, die aus den zweiten partiellen Ableitungen gebildet wird) eine von Null verschiedene Determinante besitzt.

Ist $x_0$ ein kritischer Punkt der Funktion, d.h., ist $f'(x_0) = 0$, dann ist nach der Taylorschen Formel

$$f(x) - f(x_0) = \frac{1}{2!} \sum_{i,j} \frac{\partial^2 f}{\partial x^i \partial x^j}(x_0)(x^i - x_0^i)(x^j - x_0^j) + o\big(\|x - x_0\|^2\big) . \quad (8.130)$$

Das Morse-Lemma stellt sicher, dass wir lokal zu Koordinaten $x = g(y)$ wechseln können, in denen die Funktion in $y$-Koordinaten lautet:

$$(f \circ g)(y) - f(x_0) = -(y^1)^2 - \cdots - (y^k)^2 + (y^{k+1})^2 + \cdots + (y^m)^2 .$$

Ohne das Restglied $o\big(\|x - x_0\|^2\big)$ auf der rechten Seite von (8.130) wäre die Differenz $f(x) - f(x_0)$ eine einfache quadratische Form, die, wie aus der Algebra bekannt ist, durch lineare Transformationen in die angedeutete kanonische Form gebracht werden könnte. Daher ist die Behauptung, die wir beweisen wollen, eine lokale Version des Satzes zur Reduktion einer quadratischen Form in kanonische Form. Der Beweis wird die Überlegungen des Beweises dieses algebraischen Satzes benutzen wie auch den Satz zur inversen Funktion und das folgende Lemma.

**Lemma von Hadamard** *Sei $f : U \to \mathbb{R}$ eine Funktion der Klasse $C^{(p)}(U; \mathbb{R})$, $p \geq 1$, die in einer konvexen Umgebung $U$ des Punktes $0 = (0, \ldots, 0) \in \mathbb{R}^m$ mit $f(0) = 0$ definiert ist. Dann existieren Funktionen $g_i \in C^{(p-1)}(U; \mathbb{R})$, $(i = 1, \ldots, m)$, so dass die Gleichung*

$$f(x^1, \ldots, x^m) = \sum_{i=1}^{m} x^i g_i(x^1, \ldots, x^m) \quad (8.131)$$

*in $U$ gilt, mit $g_i(0) = \frac{\partial f}{\partial x^i}(0)$.*

---

[8] H. C. M. Morse (1892–1977) – amerikanischer Mathematiker. Seine Hauptarbeiten beschäftigten sich mit topologischen Methoden in verschiedenen Gebieten der Analysis.

*Beweis.* Gleichung (8.131) ist im Grunde genommen eine neuerliche Formulierung der Taylorschen Formel mit integralem Restglied. Sie folgt aus den Gleichungen

$$f(x^1, \ldots, x^m) = \int_0^1 \frac{\mathrm{d}f(tx^1, \ldots, tx^m)}{\mathrm{d}t}\, \mathrm{d}t = \sum_{i=1}^m x^i \int_0^1 \frac{\partial f}{\partial x^i}(tx^1, \ldots, tx^m)\, \mathrm{d}t\,,$$

wenn wir

$$g_i(x^1, \ldots, x^m) = \int_0^1 \frac{\partial f}{\partial x^i}(tx^1, \ldots, tx^m)\, \mathrm{d}t\,, \qquad (i = 1, \ldots, m)$$

setzen. Dabei ist offensichtlich $g_i(0) = \frac{\partial f}{\partial x^i}(0)$, $(i = 1, \ldots, m)$, und es ist auch nicht schwer zu zeigen, dass $g_i \in C^{(p-1)}(U; \mathbb{R})$. Wir werden diesen Beweis jedoch jetzt nicht erbringen, da wir später eine allgemeine Regel für die Ableitung eines Integrals, das von einem Parameter abhängt, geben werden, aus der die für die Funktionen $g_i$ benötigte Eigenschaft unmittelbar folgt.

Daher ist bis auf dieses Beweisstück das Lemma von Hadamard (8.131) bewiesen. □

**Morse-Lemma.** *Sei $f : G \to \mathbb{R}$ eine auf einer offenen Menge $G \subset \mathbb{R}^m$ definierte Funktion der Klasse $C^{(3)}(G; \mathbb{R})$ und sei $x_0 \in G$ ein nicht entarteter kritischer Punkt der Funktion. Dann existiert ein Diffeomorphismus $g : V \to U$ einer Umgebung des Ursprungs $0$ in $\mathbb{R}^m$ auf eine Umgebung $U$ von $x_0$, so dass*

$$(f \circ g)(y) = f(x_0) - [(y^1)^2 + \cdots + (y^k)^2] + [(y^{k+1})^2 + \cdots + (y^m)^2]$$

*für alle $y \in V$.*

*Beweis.* Durch lineare Veränderungen der Variablen können wir das Problem auf den Fall $x_0 = 0$ und $f(x_0) = 0$ zurückführen. Wir gehen von nun an davon aus, dass diese Bedingungen gelten.

Da $x_0 = 0$ ein kritischer Punkt von $f$ ist, gilt $g_i(0) = 0$ in (8.131), $(i = 1, \ldots, m)$. Nach dem Lemma von Hadamard gilt dann auch, dass

$$g_i(x^1, \ldots, x^m) = \sum_{j=1}^m x^j h_{ij}(x^1, \ldots, x^m)\,,$$

wobei die $h_{ij}$ in einer Umgebung von $0$ glatte Funktionen sind. Folglich gilt:

$$f(x^1, \ldots, x^m) = \sum_{i,j=1}^m x^i x^j h_{ij}(x^1, \ldots, x^m)\,. \tag{8.132}$$

Falls nötig führen wir die Substitution $\tilde{h}_{ij} = \frac{1}{2}(h_{ij} + h_{ji})$ durch, so dass wir annehmen können, dass $h_{ij} = h_{ji}$. Wir merken auch an, dass aufgrund der Eindeutigkeit der Taylor-Entwicklung aus der Stetigkeit der Funktionen $h_{ij}$ folgt, dass $h_{ij}(0) = \dfrac{\partial^2 f}{\partial x^i \partial x^j}(0)$ und daher ist die Determinante der Matrix $\big(h_{ij}(0)\big)$ ungleich Null.

Die Funktion $f$ wurde nun in eine Form gebracht, die einer quadratischen Form entspricht, und wir wollen sie gewissermaßen auf Diagonalform reduzieren.

Wie im klassischen Fall arbeiten wir mit Induktion.

Angenommen, es existieren in einer Umgebung $U_1$ von $0 \in \mathbb{R}^m$ Koordinaten $u^1, \ldots, u^m$ und somit ein Diffeomorphismus $x = \varphi(u)$, so dass

$$(f \circ \varphi)(u) = \pm(u^1)^2 \pm \cdots \pm (u^{r-1})^2 + \sum_{i,j=r}^{m} u^i u^j H_{ij}(u^1, \ldots, u^m), \quad (8.133)$$

wobei $r \geq 1$ und $H_{ij} = H_{ji}$.

Wir halten fest, dass (8.133) für $r = 1$ gilt, wie sich aus (8.132) für $H_{ij} = h_{ij}$ erkennen lässt.

Nach den Voraussetzungen zum Morse-Lemma ist die quadratische Form $\sum\limits_{i,j=1}^{m} x^i x^j h_{ij}(0)$ nicht entartet, d.h. $\det\big(h_{ij}(0)\big) \neq 0$. Den Koordinatenwechsel von $x$ in $u$ führen wir mit dem Diffeomorphismus $x = \varphi(u)$ durch, für den $\det \varphi'(0) \neq 0$ gilt. Dann ist aber die Determinante der Matrix der quadratischen Form $\pm(u^1)^2 \pm \cdots \pm (u^{r-1})^2 + \sum\limits_{i,j=r}^{m} u^i u^j H_{ij}(0)$, die wir erhalten, indem wir die Matrix $\big(h_{ij}(0)\big)$ von rechts mit der Matrix $\varphi'(0)$ und von links mit der Transponierten von $\varphi'(0)$ multiplizieren, ebenfalls ungleich Null. Folglich ist zumindestens eine der Zahlen $H_{ij}(0)$ $(i, j = r, \ldots, m)$ ungleich Null. Wir können die Form $\sum\limits_{i,j=r}^{m} u^i u^j H_{ij}(0)$ mit einer linearen Transformation in Diagonalform bringen und daher können wir annehmen, dass $H_{rr}(0) \neq 0$ in (8.133). Aufgrund der Stetigkeit der Funktion $H_{ij}(u)$ gilt die Ungleichung $H_{rr}(u) \neq 0$ ebenfalls in einer Umgebung von $u = 0$.

Wir wollen $\psi(u^1, \ldots, u^m) = \sqrt{|H_{rr}(u)|}$ setzen. Dann gehört die Funktion $\psi$ in einer Umgebung $U_2 \subset U_1$ von $u = 0$ zur Klasse $C^{(1)}(U_2; \mathbb{R})$. Wir wechseln nun mit Hilfe der Formeln

$$\begin{aligned} v^i &= u^i, \qquad i \neq r, \\ v^r &= \psi(u^1, \ldots, u^m)\left(u^r + \sum_{i>r} \frac{u^i H_{ir}(u^1, \ldots, u^m)}{H_{rr}(u^1, \ldots, u^m)}\right) \end{aligned} \qquad (8.134)$$

zu den Koordinaten $(v^1, \ldots, v^m)$.

Die Jacobimatrix der Transformation (8.134) ist in $u = 0$ offensichtlich gleich mit $\psi(0)$, d.h., sie ist ungleich Null. Dann können wir nach dem Satz zur inversen Funktion sicher sein, dass die Abbildung $v = \psi(u)$, die durch (8.134) definiert wird, in einer Umgebung $U_3 \subset U_2$ von $u = 0$ ein Diffeomorphismus der Klasse $C^{(1)}(U_3; \mathbb{R}^m)$ ist, und daher können die Variablen $(v^1, \ldots, v^m)$ tatsächlich als Koordinaten für Punkte in $U_3$ eingesetzt werden.

Wir trennen nun in (8.133) alle Ausdrücke

$$u^r u^r H_{rr}(u^1, \ldots, u^m) + 2 \sum_{j=r+1}^{m} u^r u^j H_{rj}(u^1, \ldots, u^m) \, , \qquad (8.135)$$

die $u^r$ enthalten, ab. Dabei haben wir in (8.135) bei der Summation dieser Ausdrücke ausgenutzt, dass $H_{ij} = H_{ji}$.

Wenn wir (8.134) und (8.135) vergleichen, können wir erkennen, dass wir (8.135) zu

$$\pm v^r v^r - \frac{1}{H_{rr}} \Big( \sum_{i>r} u^i H_{ir}(u^1, \ldots, u^m) \Big)^2$$

umformulieren können. Das zweideutige Vorzeichen $\pm$ tritt vor $v^r v^r$ auf, da $H_{rr} = \pm(\psi)^2$, wobei das positive Vorzeichen für $H_{rr} > 0$ gilt und das negative Vorzeichen für $H_{rr} < 0$.

Daher wird nach der Substitution $v = \psi(u)$ der Ausdruck (8.133) zur Gleichung

$$(f \circ \varphi \circ \psi^{-1})(v) = \sum_{i=1}^{r} \big[ \pm (v^i)^2 \big] + \sum_{i,j>r} v^i v^j \widetilde{H}_{ij}(v^1, \ldots, v^m) \, ,$$

wobei $\widetilde{H}_{ij}$ neue glatte Funktionen sind, die bzgl. der Indizes $i$ und $j$ symmetrisch sind. Die Abbildung $\varphi \circ \psi^{-1}$ ist ein Diffeomorphismus. Damit ist der Induktionsschritt von $r - 1$ auf $r$ vollständig und das Morse-Lemma ist daher bewiesen. $\qquad \square$

### 8.6.6 Übungen und Aufgaben

**1.** Berechnen Sie die Jacobimatrix für den Koordinatenwechsel (8.118) von Polarkoordinaten zu kartesischen Koordinaten in $\mathbb{R}^m$.

**2.** a) Sei $x_0$ ein nicht kritischer Punkt einer glatten Funktion $F : U \to \mathbb{R}$, die in einer Umgebung $U$ von $x_0 = (x_0^1, \ldots, x_0^m) \in \mathbb{R}^m$ definiert ist. Zeigen Sie, dass in einer Umgebung $\widetilde{U} \subset U$ von $x_0$ krummlinige Koordinaten $(\xi^1, \ldots, \xi^m)$ eingeführt werden können, so dass die Menge der Punkte, die durch die Bedingung $F(x) = F(x_0)$ definiert ist, in diesen neuen Koordinaten lautet: $\xi^m = 0$.

b) Seien $\varphi, \psi \in C^{(k)}(D; \mathbb{R})$ mit $\big( \varphi(x) = 0 \big) \Rightarrow \big( \psi(x) = 0 \big)$ im Gebiet $D$. Zeigen Sie, dass dann, wenn $\operatorname{grad} \varphi \neq 0$ gilt, eine Zerlegung $\psi = \theta \circ \varphi$ in $D$ existiert, mit $\theta \in C^{(k-1)}(D; \mathbb{R})$.

**3.** Sei $f : \mathbb{R}^2 \to \mathbb{R}^2$ eine glatte Abbildung, die die Cauchy–Riemann Gleichungen

$$\frac{\partial f^1}{\partial x^1} = \frac{\partial f^2}{\partial x^2} \quad \text{und} \quad \frac{\partial f^1}{\partial x^2} = -\frac{\partial f^2}{\partial x^1}$$

erfüllt.

a) Zeigen Sie, dass die Jacobimatrix einer derartigen Abbildung genau dann in einem Punkt Null ist, wenn $f'(x)$ in diesem Punkt der Nullmatrix entspricht.

b) Zeigen Sie, dass für $f'(x) \neq 0$ die Inverse $f^{-1}$ der Abbildung $f$ in einer Umgebung von $x$ definiert ist und ebenfalls die Cauchy–Riemann Gleichungen erfüllt.

**4.** *Funktionale Abhängigkeit* (direkter Beweis).

a) Zeigen Sie, dass die Funktionen $\pi^i(x) = x^i$, $(i = 1, \ldots, m)$, wenn wir sie als Funktionen des Punktes $x = (x^1, \ldots, x^m) \in \mathbb{R}^m$ betrachten, in einer Umgebung jeden Punktes von $\mathbb{R}^m$ ein unabhängiges System von Funktionen bilden.

b) Zeigen Sie, dass das System $\pi^1, \ldots, \pi^m$, $f$ für jede Funktion $f \in C(\mathbb{R}^m; \mathbb{R})$ funktional abhängig ist.

c) Ist der Rang der Abbildung $f = (f^1, \ldots, f^k)$ für das System von glatten Funktionen $f^1, \ldots, f^k$, $k < m$ in einem Punkt $x_0 = (x_0^1, \ldots, x_0^m) \in \mathbb{R}^m$ gleich $k$, dann kann es in einer Umgebung dieses Punktes zu einem unabhängigen System $f^1, \ldots, f^m$ aus $m$ glatten Funktionen ergänzt werden.

d) Ist der Rang der Abbildung $f = (f^1, \ldots, f^m)$ für das System von glatten Funktionen
$$\xi^i = f^i(x^1, \ldots, x^m), \qquad (i = 1, \ldots, m)$$
im Punkt $x_0 = (x_0^1, \ldots, x_0^m)$ gleich $m$, dann können die Variablen $(\xi^1, \ldots, \xi^m)$ in einer Umgebung $U(x_0)$ von $x_0$ als krummlinige Koordinaten benutzt werden und jede Funktion $\varphi : U(x_0) \to \mathbb{R}$ kann als $\varphi(x) = F\big(f^1(x), \ldots, f^m(x)\big)$ geschrieben werden, wobei $F = \varphi \circ f^{-1}$.

e) Der Rang der Abbildung, die durch ein System glatter Funktionen erzeugt wird, wird auch der *Rang* des Systems genannt. Zeigen Sie, dass dann, wenn in einem Punkt $x_0 \in \mathbb{R}^m$ der Rang eines Systems glatter Funktionen $f^i(x^1, \ldots, x^m)$, $(i = 1, \ldots, k)$ gleich $k$ ist und auch der Rang des Systems $f^1, \ldots, f^m, \varphi$ gleich $k$ ist, in einer Umgebung des Punktes gilt, dass $\varphi(x) = F\big(f^1(x), \ldots, f^k(x)\big)$.

H i n w e i s : Benutzen Sie c) und d), um zu zeigen, dass
$$F\big(f^1, \ldots, f^m\big) = F\big(f^1, \ldots, f^k\big) .$$

**5.** Zeigen Sie, dass der Rang einer glatten Abbildung $f : \mathbb{R}^m \to \mathbb{R}^n$ eine unterhalbstetige Funktion ist, d.h. Rang $f(x) \geq$ Rang $f(x_0)$ in einer Umgebung eines Punktes $x_0 \in \mathbb{R}^m$.

**6.** a) Beweisen Sie das Morse-Lemma für Funktionen $f : \mathbb{R} \to \mathbb{R}$ direkt.

b) Bestimmen Sie, ob das Morse-Lemma im Ursprung auf folgende Funktionen anwendbar ist:
$$f(x) = x^3 ; \qquad f(x) = x \sin \frac{1}{x} ; \qquad f(x) = e^{-1/x^2} \sin^2 \frac{1}{x} ;$$
$$f(x, y) = x^3 - 3xy^2 ; \qquad f(x, y) = x^2 .$$

c) Zeigen Sie, dass nicht entartete kritische Punkte einer Funktion $f \in C^{(3)}(\mathbb{R}^m; \mathbb{R})$ isoliert sind: Jeder Punkt besitzt eine Umgebung, in der er der einzige kritische Punkt von $f$ ist.

d) Zeigen Sie, dass die Zahl $k$ negativer Quadrate in der kanonischen Darstellung einer Funktion in der Umgebung eines nicht entarteten kritischen Punktes von der Reduktionsmethode unabhängig ist, d.h. unabhängig vom Koordinatensystem, in dem die Funktion kanonische Form besitzt. Diese Zahl wird der *Index des kritischen Punktes* genannt.

## 8.7 Flächen in $\mathbb{R}^n$ und die Theorie zu Extrema mit Nebenbedingungen

Elementare Kenntnisse zu Flächen (Mannigfaltigkeiten) in $\mathbb{R}^n$ sind hilfreich, um ein informelles Verständnis der Theorie von Extrema mit Nebenbedingungen, die für Anwendungen wichtig ist, zu erhalten.

### 8.7.1 $k$-dimensionale Flächen in $\mathbb{R}^n$

Bei der Verallgemeinerung des Bewegungsgesetzes $x = x(t)$ einer Punktmasse haben wir früher das Konzept eines Weges in $\mathbb{R}^n$ als eine stetige Abbildung $\Gamma : I \to \mathbb{R}^n$ eines Intervalls $I \subset \mathbb{R}$ eingeführt. Die Glattheit des Weges wurde als Glattheit dieser Abbildung definiert. Die Spur $\Gamma(I) \subset \mathbb{R}^n$ eines Weges kann eine sehr seltsame Menge in $\mathbb{R}^n$ bilden, so dass wir dazu manchmal den Begriff des Weges äußerst weit fassen müssen. So kann die Spur eines Weges beispielsweise ein einziger Punkt sein.

Ganz ähnlich kann eine stetige oder glatte Abbildung $f : I^k \to \mathbb{R}^n$ eines $k$-dimensionalen Intervalls $I^k \subset \mathbb{R}^n$, das auch $k$-dimensionaler *Quader* in $\mathbb{R}^n$ genannt wird, ein Bild $f(I^k)$ besitzen, das üblicherweise wirklich nicht als $k$-dimensionale Fläche in $\mathbb{R}^n$ bezeichnet wird. So kann sie beispielsweise wieder nur ein einziger Punkt sein.

Damit eine glatte Abbildung $f : G \to \mathbb{R}^n$ eines Gebiets $G \subset \mathbb{R}^k$ eine $k$-dimensionale geometrische Figur in $\mathbb{R}^n$ definiert, deren Punkte durch $k$ unabhängige Parameter $(t^1, \ldots, t^k) \in G$ beschrieben werden, genügt, wie wir aus dem vorigen Abschnitt wissen, die Forderung, dass der Rang der Abbildung $f : G \to \mathbb{R}^n$ in jedem Punkt $t \in G$ gleich $k$ ist (natürlich ist $k \leq n$). In diesem Fall ist die Abbildung $f : G \to f(G)$ lokal bijektiv (d.h. in einer Umgebung jedes Punktes $t \in G$).

Wir nehmen an, dass Rang $f(t_0) = k$, und dass dieser Rang von den ersten $k$ der $n$ Funktionen

$$\begin{cases} x^1 = f^1(t^1, \ldots, t^k) \,, \\ \cdots\cdots\cdots\cdots\cdots \\ x^n = f^n(t^1, \ldots, t^k) \end{cases} \tag{8.136}$$

angenommen wird, die die Abbildung $f : G \to \mathbb{R}^n$ in Koordinatenschreibweise definieren.

Dann können nach dem Satz zur inversen Funktion die Variablen $t^1, \ldots, t^k$ in einer Umgebung $U(t_0)$ von $t_0$ mit Hilfe von $x^1, \ldots, x^k$ ausgedrückt werden. Daraus folgt, dass sich die Menge $f\big(U(t_0)\big)$ als

$$x^{k+1} = \varphi^{k+1}(x^1, \ldots, x^k) \,, \ldots, x^n = \varphi^n(x^1, \ldots, x^k)$$

schreiben lässt (d.h., sie lässt sich eins-zu-eins auf die Koordinatenebene von $x^1, \ldots, x^k$ projizieren), und daher ist die Abbildung $f : U(t_0) \to f\big(U(t_0)\big)$ tatsächlich bijektiv.

Aber selbst das einfache Beispiel eines glatten ein-dimensionalen Weges (vgl. Abb. 8.9) macht deutlich, dass die lokale Injektivität der Abbildung $f : G \to \mathbb{R}^n$ des Parametergebiets $G$ auf $\mathbb{R}^n$ nicht im Geringsten globale Injektivität bedeuten muss. Die Trajektorie kann sich mehrfach selbst schneiden. Wenn wir daher eine glatte $k$-dimensionale Fläche in $\mathbb{R}^n$ definieren und sie als eine Menge darstellen wollen, die in der Nähe jedes ihrer Punkte die Struktur eines etwas deformierten Stücks einer $k$-dimensionalen Ebene (ein $k$-dimensionaler Unterraum von $\mathbb{R}^n$) besitzt, dann ist es daher nicht genug, einfach einen kanonischen Teil $G \subset \mathbb{R}^k$ einer $k$-dimensionalen Ebene auf reguläre Weise auf $\mathbb{R}^n$ abzubilden. Es muss auch sichergestellt sein, dass sie auch global in diesen Raum eingebettet ist.

**Abb. 8.9.**

**Definition 1.** Wir bezeichnen eine Menge $S \subset \mathbb{R}^n$ als eine *k-dimensionale glatte Fläche* in $\mathbb{R}^n$ (oder als eine *k-dimensionale Teilmannigfaltigkeit*), falls für jeden Punkt $x_0 \in S$ eine Umgebung $U(x_0)$ in $\mathbb{R}^n$ und ein Diffeomorphismus $\varphi : U(x_0) \to I^n$ dieser Umgebung auf den $n$-dimensionalen Einheitswürfel $I^n = \{t \in \mathbb{R}^n \mid |t^i| < 1, i = 1, \ldots, n\}$ des Raums $\mathbb{R}^n$ existiert, unter dem das Bild der Menge $S \cap U(x_0)$ dem Teil der $k$-dimensionalen Ebene in $\mathbb{R}^n$ entspricht, die durch die Gleichungen $t^{k+1} = 0, \ldots, t^n = 0$ definiert ist und innerhalb von $I^n$ liegt (vgl. Abb. 8.10).

Wir werden die Glattheit der Fläche $S$ mit der Glattheit des Diffeomorphismus $\varphi$ gleichsetzen.

Wenn wir die Variablen $t^1, \ldots, t^n$ in einer Umgebung von $U(x_0)$ als neue Koordinaten betrachten, kann Definition 1 wie folgt kurz wiedergeben werden: Die Menge $S \subset \mathbb{R}^n$ ist eine $k$-dimensionale Fläche ($k$-dimensionale Teilmannigfaltigkeit) in $\mathbb{R}^n$, falls es zu jedem Punkt $x_0 \in S$ eine Umgebung $U(x_0)$ und Koordinaten $t^1, \ldots, t^n$ in $U(x_0)$ gibt, so dass in diesen Koordinaten die Menge $S \cap U(x_0)$ durch die Gleichungen

$$t^{k+1} = \cdots = t^n = 0$$

definiert wird.

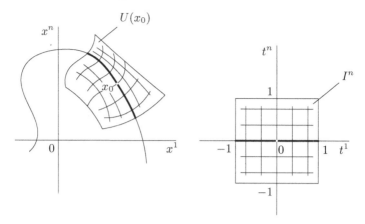

**Abb. 8.10.**

Die Rolle des $n$-dimensionalen Einheitswürfels in Definition 1 ist sehr künstlich und ungefähr dieselbe, wie die Rolle der Einheitsgröße oder der Form einer Seite in einem geographischen Atlas. Die kanonische Platzierung des Intervalls im Koordinatensystem $t^1, \ldots, t^n$ ist auch eine Konvention und nicht mehr, da jeder Würfel in $\mathbb{R}^n$ durch einen weiteren linearen Diffeomorphismus immer in den $n$-dimensionalen Einheitswürfel transformiert werden kann.

Wir werden auf diese Anmerkung oft zurückgreifen, um den Beweis zu verkürzen, dass eine Menge $S \subset \mathbb{R}^n$ eine Fläche in $\mathbb{R}^n$ ist.

Wir wollen einige Beispiele betrachten.

*Beispiel 1.* Der Raum $\mathbb{R}^n$ ist selbst eine $n$-dimensionale Fläche der Klasse $C^{(\infty)}$. Als Abbildung $\varphi : \mathbb{R}^n \to I^n$ kann beispielsweise die Abbildung

$$\xi^i = \frac{2}{\pi} \arctan x^i \,, \qquad (i = 1, \ldots, n)$$

gewählt werden.

*Beispiel 2.* Die in Beispiel 1 konstruierte Abbildung stellt auch sicher, dass der Unterraum des Vektorraums $\mathbb{R}^n$, der durch die Bedingungen $x^{k+1} = \cdots = x^n = 0$ definiert wird, eine $k$-dimensionale Fläche in $\mathbb{R}^n$ ist (oder eine $k$-dimensionale Teilmannigfaltigkeit von $\mathbb{R}^n$).

*Beispiel 3.* Die durch das Gleichungssystem

$$\begin{cases} a_1^1 x^1 + \cdots + a_k^1 x^k + a_{k+1}^1 x^{k+1} + \cdots + a_n^1 x^n = 0 \,, \\ \ldots\ldots\ldots\ldots\ldots\ldots\ldots\ldots\ldots\ldots\ldots\ldots\ldots\ldots\ldots\ldots\ldots\ldots \\ a_1^{n-k} x^1 + \cdots + a_k^{n-k} x^k + a_{k+1}^{n-k} x^{k+1} + \cdots + a_n^{n-k} x^n = 0 \,, \end{cases}$$

definierte Menge in $\mathbb{R}^n$ ist, falls das System den Rang $n - k$ besitzt, eine $k$-dimensionale Teilmannigfaltigkeit des $\mathbb{R}^n$.

Wenn wir nämlich davon ausgehen, dass die Determinante

$$\begin{vmatrix} a_{k+1}^1 & \cdots & a_n^1 \\ \cdots\cdots\cdots\cdots \\ a_{k+1}^{n-k} & \cdots & a_n^{n-k} \end{vmatrix}$$

ungleich Null ist, dann ist die lineare Transformation

$$t^1 = x^1 ,$$
$$\cdots\cdots\cdots$$
$$t^k = x^k ,$$
$$t^{k+1} = a_1^1 x^1 + \cdots + a_n^1 x^n ,$$
$$\cdots\cdots\cdots\cdots\cdots\cdots\cdots$$
$$t^n = a_1^{n-k} x^1 + \cdots + a_n^{n-k} x^n$$

offensichtlich nicht entartet. In den Koordinaten $t^1, \ldots, t^n$ ist die Menge durch die Bedingungen $t^{k+1} = \cdots = t^n = 0$ definiert, die wir bereits in Beispiel 2 betrachtet haben.

*Beispiel 4.* Der Graph einer glatten Funktion $x^n = f(x^1, \ldots, x^{n-1})$, der in einem Gebiet $G \subset \mathbb{R}^{n-1}$ definiert ist, ist eine glatte $(n-1)$-dimensionale Fläche in $\mathbb{R}^n$.

Setzen wir nämlich

$$\begin{cases} t^i = x^i & (i = 1, \ldots, n-1) , \\ t^n = x^n - f(x^1, \ldots, x^{n-1}) , \end{cases}$$

dann erhalten wir ein Koordinatensystem, in dem der Graph der Funktion die Gleichung $t^n = 0$ erfüllt.

*Beispiel 5.* Der Kreis $x^2 + y^2 = 1$ in $\mathbb{R}^2$ ist eine ein-dimensionale Teilmannigfaltigkeit des $\mathbb{R}^2$, wie wir mit der lokal invertierbaren Umformung zu Polarkoordinaten $(\rho, \varphi)$ im letzten Abschnitt gezeigt haben. In diesen Koordinaten besitzt der Kreis die Gleichung $\rho = 1$.

*Beispiel 6.* Dieses Beispiel ist eine Verallgemeinerung von Beispiel 3 und liefert, wie wir aus Definition 1 erkennen können, gleichzeitig einen allgemeinen Ausdruck für die Koordinaten von Teilmannigfaltigkeiten in $\mathbb{R}^n$.

Sei $F^i(x^1, \ldots, x^n)$, $(i = 1, \ldots, n - k)$ ein System glatter Funktionen mit Rang $n - k$. Wir werden zeigen, dass die Gleichungen

$$\begin{cases} F^1(x^1, \ldots, x^k, x^{k+1}, \ldots, x^n) = 0 , \\ \cdots\cdots\cdots\cdots\cdots\cdots\cdots\cdots\cdots \\ F^{n-k}(x^1, \ldots, x^k, x^{k+1}, \ldots, x^n) = 0 \end{cases} \qquad (8.137)$$

eine $k$-dimensionale Teilmannigfaltigkeit $S$ in $\mathbb{R}^n$ definieren.

Angenommen, die Bedingung

$$
\begin{vmatrix}
\dfrac{\partial F^1}{\partial x^{k+1}} & \cdots & \dfrac{\partial F^1}{\partial x^n} \\
\cdots\cdots\cdots\cdots\cdots \\
\dfrac{\partial F^{n-k}}{\partial x^{k+1}} & \cdots & \dfrac{\partial F^{n-k}}{\partial x^n}
\end{vmatrix}(x_0) \neq 0 \tag{8.138}
$$

gilt in einem Punkt $x_0 \in S$. Dann ist nach dem Satz zur inversen Funktion die Transformation

$$
\begin{cases}
t^i = x^i\,, & (i = 1,\ldots,k)\,, \\
t^i = F^{i-k}(x^1,\ldots,x^n), & (i = k+1,\ldots,n)
\end{cases}
$$

ein Diffeomorphismus einer Umgebung dieses Punktes.

In den neuen Koordinaten $t^1,\ldots,t^n$ besitzt das Ausgangssystem die Form $t^{k+1} = \cdots = t^n = 0$. Daher ist $S$ eine $k$-dimensionale glatte Fläche in $\mathbb{R}^n$.

*Beispiel 7.* Die Menge $E$, die in der Ebene $\mathbb{R}^2$ aus Punkten besteht, die die Gleichung $x^2 - y^2 = 0$ erfüllen, entspricht zwei Geraden, die sich im Ursprung schneiden. Diese Menge ist keine ein-dimensionale Teilmannigfaltigkeit des $\mathbb{R}^2$ (zeigen Sie dies!) und zwar genau wegen dieses Schnittpunktes.

Wird der Ursprung $0 \in \mathbb{R}^2$ aus $E$ entfernt, dann wird die Menge $E \setminus 0$ offensichtlich Definition 1 erfüllen. Wir merken dann, dass die Menge $E \setminus 0$ nicht zusammenhängend ist. Sie besteht aus 4 paarweise disjunkten Strahlen.

Daher kann eine $k$-dimensionale Fläche in $\mathbb{R}^n$, die Definition 1 erfüllt, eine nicht zusammenhängende Teilmenge sein, die aus mehreren zusammenhängenden Komponenten besteht (und diese Komponenten sind $k$-dimensionale Flächen). Eine Fläche in $\mathbb{R}^n$ wird oft als $k$-dimensionale zusammenhängende Fläche verstanden. Hier sind wir daran interessiert, Extrema von Funktionen zu finden, die auf Flächen definiert sind. Dies ist eine lokale Fragestellung und daher wird sich der Zusammenhang von Flächen darauf nicht auswirken.

*Beispiel 8.* Wenn eine in der Koordinatenform (8.136) definierte Abbildung $f : G \to \mathbb{R}^n$ des Gebiets $G \subset \mathbb{R}^n$ im Punkt $t_0 \in G$ den Rang $k$ besitzt, dann existiert eine Umgebung $U(t_0) \subset G$ dieses Punktes, dessen Bild $f\big(U(t_0)\big) \subset \mathbb{R}^n$ eine glatte Fläche in $\mathbb{R}^n$ ist.

Denn in diesem Fall können die Gleichungen (8.136), wie wir schon oben bemerkt haben, in einer Umgebung $U(t_0)$ von $t_0 \in G$ durch das äquivalente System

$$
\begin{cases}
x^{k+1} = \varphi^{k+1}(x^1,\ldots,x^k)\,, \\
\cdots\cdots\cdots\cdots\cdots\cdots \\
x^n = \varphi^n(x^1,\ldots,x^k)
\end{cases}
\tag{8.139}
$$

ersetzt werden. (Zur Vereinfachung der Schreibweise nehmen wir an, dass das System $f^1, \ldots, f^k$ Rang $k$ besitzt.) Mit

$$F^i(x^1, \ldots, x^n) = x^{k+i} - \varphi^{k+1}(x^1, \ldots, x^k), \qquad (i = 1, \ldots, n-k)$$

formen wir das System (8.139) in die Gestalt (8.137) um. Da die Ungleichung (8.138) erfüllt ist, garantiert uns Beispiel 6, dass die Menge $f\big(U(t_0)\big)$ tatsächlich eine $k$-dimensionale glatte Fläche in $\mathbb{R}^n$ ist.

### 8.7.2 Der Tangentialraum

Bei der Untersuchung des Bewegungsgesetzes $x = x(t)$ einer Punktmasse in $\mathbb{R}^3$ haben wir, ausgehend von der Gleichung

$$x(t) = x(0) + x'(0)t + o(t) \qquad \text{für} \quad t \to 0 \tag{8.140}$$

und unter der Annahme, dass der Punkt $t = 0$ kein stationärer Punkt der Abbildung $\mathbb{R} \ni t \mapsto x(t) \in \mathbb{R}^3$ ist, d.h. $x'(0) \neq 0$, die Tangente an die Trajektorie im Punkt $x(0)$ als lineare Teilmenge von $\mathbb{R}^3$ definiert. Sie kann in parametrischer Form durch die Gleichung

$$x - x_0 = x'(0)t \tag{8.141}$$

oder die Gleichung

$$x - x_0 = \xi \cdot t \tag{8.142}$$

formuliert werden, mit $x_0 = x(0)$ und dem Richtungsvektor $\xi = x'(0)$ der Geraden.

Im Wesentlichen haben wir dies bei der Definition der Tangentialebene an den Graphen einer Funktion $z = f(x, y)$ in $\mathbb{R}^3$ wiederholt. Wenn wir die Gleichung $z = f(x, y)$ durch die trivialen Gleichungen $x = x$ und $y = y$ ergänzen, erhalten wir nämlich eine Abbildung $\mathbb{R}^2 \ni (x, y) \mapsto \big(x, y, f(x, y)\big) \in \mathbb{R}^3$, mit der Tangente im Punkt $(x_0, y_0)$, die durch die lineare Abbildung

$$\begin{pmatrix} x - x_0 \\ y - y_0 \\ z - z_0 \end{pmatrix} = \begin{pmatrix} 1 & 0 \\ 0 & 1 \\ f'_x(x_0, y_0) & f'_y(x_0, y_0) \end{pmatrix} \begin{pmatrix} x - x_0 \\ y - y_0 \end{pmatrix} \tag{8.143}$$

mit $z_0 = f(x_0, y_0)$ gegeben wird.

Wenn wir hierbei $t = (x - x_0, y - y_0)$ und $x = (x - x_0, y - y_0, z - z_0)$ setzen und die Jacobimatrix dieser Transformation in (8.143) mit $x'(0)$ bezeichnen, können wir erkennen, dass der Rang von (8.143) zwei ist und dass Gleichung (8.143) in dieser Schreibweise die Form (8.141) besitzt.

Das Besondere an Gleichung (8.143) ist, dass nur die letzte Gleichung der dazu äquivalenten drei Gleichungen

$$\begin{cases} x - x_0 = x - x_0 \, , \\ y - y_0 = y - y_0 \, , \\ z - z_0 = f'_x(x_0, y_0)(x - x_0) + f'_y(x_0, y - 0)(y - y_0) \end{cases} \tag{8.144}$$

eine nicht triviale Gleichung ist. Genau dies ist der Grund dafür, dass sie bei der Definition der Tangentialebene an den Graphen von $z = f(x, y)$ in $(x_0, y_0, z_0)$ als Gleichung beibehalten wird.

Mit dieser Beobachtung sind wir nun in der Lage, eine Definition einer $k$-dimensionalen Tangentialebene an eine $k$-dimensionale glatte Fläche $S \subset \mathbb{R}^n$ zu geben.

Aus Definition 1 für eine Fläche wissen wir, dass eine $k$-dimensionale Fläche $S$ in einer Umgebung jedes ihrer Punkte $x_0 \in S$ parametrisch definiert werden kann, d.h. mit Hilfe der Abbildungen $I^k \ni (t^1, \ldots, t^k) \mapsto (x^1, \ldots, x^n) \in S$. Eine derartige Parametrisierung kann als Restriktion der Abbildung $\varphi^{-1} \colon I^n \to U(x_0)$ auf die $k$-dimensionale Ebene $t^{k+1} = \cdots = t^n = 0$ betrachtet werden (vgl. Abb. 8.10).

Da $\varphi^{-1}$ ein Diffeomorphismus ist, ist die Determinante der Jacobimatrix der Abbildung $\varphi^{-1} \colon I^n \to U(x_0)$ in jedem Punkt des Würfels $I^n$ ungleich Null. Dann muss aber die Abbildung $I^k \ni (t^1, \ldots, t^k) \mapsto (x^1, \ldots, x^n) \in S$, die wir durch Restriktion von $\varphi^{-1}$ auf diese Ebene erhalten, ebenfalls in jedem Punkt von $I^k$ Rang $k$ besitzen.

Setzen wir nun $(t^1, \ldots, t^k) = t \in I^k$ und bezeichnen $I^k \ni t \mapsto x \in S$ mit $x = x(t)$, erhalten wir eine lokale parametrische Darstellung der Fläche $S$, die die durch (8.140) zum Ausdruck gebrachte Eigenschaft besitzt. Auf dieser Basis verstehen wir (8.141) als die Gleichung des Tangentialraums oder der Tangentialebene an die Fläche $S \subset \mathbb{R}^n$ in $x_0 \in S$.

Somit können wir die folgende Definition übernehmen.

**Definition 2.** Ist eine $k$-dimensionale Fläche $S \subset \mathbb{R}^n$, $1 \leq k \leq n$ in einer Umgebung von $x_0 \in S$ durch eine glatte Abbildung $(t^1, \ldots, t^k) = t \mapsto x = (x^1, \ldots, x^n)$ definiert, so dass $x_0 = x(0)$ und besitzt die Matrix $x'(0)$ den Rang $k$, dann wird die $k$-dimensionale Fläche in $\mathbb{R}^n$, die parametrisch durch die Matrixgleichung (8.141) definiert wird, als *Tangentialebene* oder als *Tangentialraum an die Fläche $S$ in $x_0 \in S$* bezeichnet.

In Koordinatenschreibweise ergibt (8.141) das folgende Gleichungssystem:

$$\begin{cases} x^1 - x_0^1 = \dfrac{\partial x^1}{\partial t^1}(0)t^1 + \cdots + \dfrac{\partial x^1}{\partial t^k}(0)t^k , \\ \cdots\cdots\cdots\cdots\cdots\cdots\cdots\cdots\cdots\cdots\cdots\cdots\cdots\cdots \\ x^n - x_0^n = \dfrac{\partial x^n}{\partial t^1}(0)t^1 + \cdots + \dfrac{\partial x^n}{\partial t^k}(0)t^k . \end{cases} \tag{8.145}$$

Wir werden den Tangentialraum an die Fläche $S$ in $x \in S$ wie zuvor mit $TS_x$ bezeichnen[9].

Eine wichtige und nützliche Übung, die der Leser selbständig durchführen kann, ist der Beweis der Invarianz der Definition des Tangentialraums und

---

[9] Dies ist eine leichte Abänderung der üblichen Schreibweise $T_x S$ bzw. $T_x(S)$.

der Beweis, dass die lineare Abbildung $t \mapsto x'(0)t$, die Tangente an die Funktion $t \mapsto x(t)$ ist und die die Fläche $S$ lokal definiert, eine Abbildung des Raumes $\mathbb{R}^k = T\mathbb{R}_0^k$ auf die Ebene $TS_{x(0)}$ ist (vgl. Aufgabe 3 am Ende diesen Abschnitts).

Wir wollen nun die Gleichung der Tangentialebene an die $k$-dimensionale Fläche $S$ bestimmen, die in $\mathbb{R}^n$ durch das System (8.137) definiert wird. Um Definitheit sicherzustellen, werden wir annehmen, dass Bedingung (8.138) in einer Umgebung des Punktes $x_0 \in S$ gilt.

Wenn wir $(x^1, \ldots, x^k) = u$, $(x^{k+1}, \ldots, x^n) = v$ und $(F^1, \ldots, F^{n-k}) = F$ schreiben, können wir das System (8.137) als

$$F(u, v) = 0 \qquad (8.146)$$

schreiben und (8.138) als

$$\det F'_v(u, v) \neq 0 . \qquad (8.147)$$

Mit Hilfe des Satzes zur impliziten Funktion wechseln wir in einer Umgebung des Punktes $(u_0, v_0) = (x_0^1, \ldots, x_0^k, x_0^{k+1}, \ldots, x_0^n)$ von Gleichung (8.146) zur äquivalenten Gleichung

$$v = f(u) . \qquad (8.148)$$

Wenn wir diese mit der Identität $u = u$ ergänzen, erhalten wir dadurch die parametrische Darstellung der Fläche $S$ in einer Umgebung von $x_0 \in S$:

$$\begin{cases} u = u , \\ v = f(u) . \end{cases} \qquad (8.149)$$

Aufbauend auf Definition 2 erhalten wir aus (8.149) die parametrische Gleichung

$$\begin{cases} u - u_0 = E \cdot t , \\ v - v_0 = f'(u_0) \cdot t \end{cases} \qquad (8.150)$$

für die Tangentialebene. Hierbei ist $E$ die Einheitsmatrix und $t = u - u_0$.

Wie schon für das System (8.144), behalten wir in (8.150) nur die nicht triviale Gleichung

$$v - v_0 = f'(u_0)(u - u_0) , \qquad (8.151)$$

die eine Verbindung der Variablen $x^1, \ldots, x^k$ mit den Variablen $x^{k+1}, \ldots, x^n$ herstellt, durch die der Tangentialraum bestimmt wird.

Aus dem Satz zur impliziten Funktion folgt die Gleichung

$$f'(u_0) = - \left[ F'_v(u_0, v_0) \right]^{-1} \left[ F'_u(u_0, v_0) \right] ,$$

mit deren Hilfe wir (8.151) wie folgt neu formulieren:

$$F'_u(u_0, v_0)(u - u_0) + F'_v(u_0, v_0)(v - v_0) = 0 .$$

Daraus erhalten wir, nachdem wir zu den Variablen $(x^1, \ldots, x^n) = x$ zurück-
gekehrt sind, die gesuchte Gleichung für den Tangentialraum $TS_{x_0} \subset \mathbb{R}^n$,
nämlich

$$F_x'(x_0)(x - x_0) = 0 \,. \tag{8.152}$$

In Koordinatenschreibweise ist (8.152) äquivalent zu folgendem Gleichungssystem:

$$\begin{cases} \dfrac{\partial F^1}{\partial x^1}(x_0)(x^1 - x_0^1) + \cdots + \dfrac{\partial F^1}{\partial x^n}(x_0)(x^n - x_0^n) = 0 \,, \\[2mm] \cdots\cdots\cdots\cdots\cdots\cdots\cdots\cdots\cdots\cdots\cdots\cdots\cdots\cdots\cdots\cdots\cdots\cdots \\[2mm] \dfrac{\partial F^{n-k}}{\partial x^1}(x_0)(x^1 - x_0^1) + \cdots + \dfrac{\partial F^{n-k}}{\partial x^n}(x_0)(x^n - x_0^n) = 0 \,. \end{cases} \tag{8.153}$$

Nach Voraussetzung ist der Rang dieses Systems gleich $n - k$, und daher
wird dadurch eine $k$-dimensionale Ebene in $\mathbb{R}^n$ definiert.

Die affine Gleichung (8.152) ist (bei gegebenem Punkt $x_0$) äquivalent zur
Vektorgleichung

$$F_x'(x_0) \cdot \xi = 0 \tag{8.154}$$

mit $\xi = x - x_0$.

Somit liegt der Vektor $\xi$ in der Ebene $TS_{x_0}$, die in $x_0 \in S$ zur Fläche
$S \subset \mathbb{R}^n$ tangential ist, die genau dann durch die Gleichung $F(x) = 0$ definiert
wird, wenn sie die Bedingung (8.154) erfüllt. Daher können wir $TS_{x_0}$ als den
Vektorraum verstehen, der aus den Vektoren $\xi$ besteht, die (8.154) erfüllen.

Diese Tatsache motiviert die Verwendung des Ausdrucks *Tangentialraum*.

Wir wollen nun den folgenden Satz beweisen, den wir bereits aus einem
Spezialfall kennen (vgl. Abschnitt 6.4).

**Satz.** *Der Raum $TS_{x_0}$, der in einem Punkt $x_0 \in S$ zu einer glatten Fläche
$S \subset \mathbb{R}^n$ tangential ist, besteht aus den Vektoren, die zu glatten Kurven auf
der Fläche $S$, die durch den Punkt $x_0$ verlaufen, tangential sind.*

*Beweis.* Die Fläche $S$ sei in einer Umgebung des Punktes $x_0 \in S$ durch das
Gleichungssystem (8.137) definiert, das wir in Kurzform als

$$F(x) = 0 \tag{8.155}$$

schreiben, mit $F = (F^1, \ldots, F^{n-k})$, $x = (x^1, \ldots, x^n)$. Sei $\Gamma : I \to S$ ein
beliebiger glatter Weg mit Spur in $S$. Sei $I = \{t \in \mathbb{R}\mid |t| < 1\}$. Wir werden an-
nehmen, dass $x(0) = x_0$. Da $x(t) \in S$ für $t \in I$, erhalten wir nach Substitution
von $x(t)$ in (8.155), dass

$$F\big(x(t)\big) \equiv 0 \tag{8.156}$$

für $t \in I$. Wir erhalten, wenn wir diese Identität nach $t$ ableiten, dass

$$F_x'\big(x(t)\big) \cdot x'(t) \equiv 0 \,.$$

Insbesondere erhalten wir für $t = 0$, wenn wir $\xi = x'(0)$ setzen, dass

$$F_x'(x_0)\xi = 0 \, ,$$

d.h., der Vektor $\xi$, der zur Trajektorie in $x_0$ (zur Zeit $t = 0$) tangential ist, erfüllt die Gleichung (8.154) des Tangentialraums $TS_{x_0}$.

Wir wollen nun zeigen, dass zu jedem Vektor $\xi$, der (8.154) erfüllt, ein glatter Weg $\Gamma : I \to S$ existiert, der eine Kurve in $S$ definiert, die durch $x_0$ in $t = 0$ verläuft und zur Zeit $t = 0$ den Geschwindigkeitsvektor $\xi$ besitzt.

Dadurch wird gleichzeitig die Existenz glatter Kurven, die durch $x_0$ verlaufen, in $S$ sichergestellt, die wir implizit im ersten Teil des Beweises dieses Satzes vorausgesetzt haben.

Zur Definitheit nehmen wir an, dass die Bedingung (8.138) gilt. Wenn wir die ersten $k$ Koordinaten $\xi^1, \ldots, \xi^k$ des Vektors $\xi = (\xi^1, \ldots, \xi^k, \xi^{k+1}, \ldots, \xi^n)$ kennen, können wir die anderen Koordinaten $\xi^{k+1}, \ldots, \xi^n$ eindeutig aus (8.154) bestimmen (das zum System (8.153) äquivalent ist). Wenn wir daher feststellen, dass ein Vektor $\tilde{\xi} = (\xi^1, \ldots, \xi^k, \tilde{\xi}^{k+1}, \ldots, \tilde{\xi}^n)$ die Gleichung (8.154) erfüllt, können wir folgern, dass $\tilde{\xi} = \xi$. Wir werden dies ausnutzen.

Aus Bequemlichkeit führen wir wieder die Schreibweisen $u = (x^1, \ldots, x^k)$, $v = (x^{k+1}, \ldots, x^n)$, $x = (x^1, \ldots, x^n) = (u, v)$ und $F(x) = F(u, v)$ ein. Damit nimmt (8.155) dieselbe Gestalt an wie (8.146) und die Bedingung (8.138) wird zu (8.147). Im Teilraum $\mathbb{R}^k \subset \mathbb{R}^n$ der Variablen $x^1, \ldots, x^k$ wählen wir eine parametrisch definierte Gerade

$$\begin{cases} x^1 - x_0^1 = \xi^1 t \, , \\ \quad \ldots\ldots\ldots\ldots\ldots \quad\quad t \in \mathbb{R} \\ x^k - x_0^k = \xi^k t \, , \end{cases}$$

mit dem Richtungsvektor $(\xi^1, \ldots, \xi^k)$, den wir mit $\xi_u$ bezeichnen. In noch kürzerer Form lässt sich diese Gerade wie folgt schreiben:

$$u = u_0 + \xi_u t \, . \tag{8.157}$$

Wenn wir (8.146) nach $v$ auflösen, erhalten wir nach dem Satz zur impliziten Funktion eine glatte Funktion (8.148), die, wenn wir die rechte Seite von (8.157) als Argument einsetzen und sie durch (8.157) ergänzen, eine glatte Kurve in $\mathbb{R}^n$ ergibt, die wie folgt definiert ist:

$$\begin{cases} u = u_0 + \xi_u t \, , \\ \quad\quad\quad\quad\quad\quad\quad\quad t \in U(0) \in \mathbb{R} \, . \\ v = f(u_0 + \xi_u t) \, , \end{cases} \tag{8.158}$$

Da $F\big(u, f(u)\big) \equiv 0$, liegt diese Kurve offensichtlich in der Fläche $S$. Außerdem ist aus den Gleichungen (8.158) klar, dass die Kurve für $t = 0$ durch den Punkt $(u_0, v_0) = (x_0^1, \ldots, x_0^k, x_0^{k+1}, \ldots, x_0^n) = x_0 \in S$ verläuft.

Wenn wir die Identität

$$F\big(u(t), v(t)\big) = F\big(u_0 + \xi_u t, f(u_0 + \xi_u t)\big) \equiv 0$$

nach $t$ ableiten, erhalten wir für $t = 0$, dass

$$F_u'(u_0, v_0)\xi_u + F_v'(u_0, v_0)\tilde{\xi}_v = 0 \ ,$$

wobei $\tilde{\xi}_u = v'(0) = (\tilde{\xi}^{k+1}, \ldots, \tilde{\xi}^n)$. Diese Gleichung zeigt uns, dass der Vektor $\tilde{\xi} = (\xi_u, \tilde{\xi}_v) = (\xi^1, \ldots, \xi^k, \tilde{\xi}^{k+1}, \ldots, \tilde{\xi}^n)$ die Gleichung (8.154) erfüllt. Daher können wir mit der oben getroffenen Anmerkung folgern, dass $\xi = \tilde{\xi}$. Der Vektor $\tilde{\xi}$ ist aber der Geschwindigkeitsvektor der Trajektorie (8.158) für $t = 0$. Damit ist der Satz bewiesen.                                    □

### 8.7.3 Extrema mit Nebenbedingungen

#### a. Problemstellung

Eine der brillantesten und am besten bekanntesten Errungenschaften der Differentialrechnung ist ihre Vorschriftensammlung um Extrema von Funktionen aufzufinden. Die notwendigen Bedingungen und hinreichenden Prüfungen des Differentials zur Bestimmung von Extrema, die wir aus dem Satz von Taylor erhalten, gelten, wie wir wissen, für innere Extrema.

Anders ausgedrückt, so lassen sich diese Ergebnisse nur zur Untersuchung des Verhaltens von Funktionen $\mathbb{R}^n \ni x \mapsto f(x) \in \mathbb{R}$ in einer Umgebung eines Punktes $x_0 \in \mathbb{R}^n$ anwenden, wenn das Argument $x$ in einer Umgebung von $x_0$ in $\mathbb{R}^n$ jeden Wert annehmen kann.

Oft treffen wir auf eine kompliziertere, und aus praktischer Sicht sogar interessantere Situation, bei der ein Extremum einer Funktion unter gewissen Nebenbedingungen, die den Veränderungsbereich des Arguments einschränken, gesucht wird. Ein typisches Beispiel ist die Suche nach einem Körper mit maximalem Volumen unter der Bedingung, dass seine Oberfläche eine vorgegebene Fläche ist. Um einen für uns zugänglichen mathematischen Ausdruck für ein derartiges Problem zu erhalten, werden wir die Aussage vereinfachen und annehmen, dass wir aus der Menge der Rechtecke mit festem Umfang $2p$ dasjenige mit der größten Fläche $\sigma$ suchen. Wir bezeichnen die Längen der Seiten des Rechtecks mit $x$ und $y$ und schreiben

$$\sigma(x, h) = x \cdot y \ ,$$
$$x + y = p \ .$$

Daher suchen wir ein Extremum der Funktion $\sigma(x, y)$ unter der Bedingung, dass die Variablen $x$ und $y$ durch die Gleichung $x + y = p$ miteinander verbunden sind. Wir suchen das Extremum nur auf der Menge von Punkten in $\mathbb{R}^2$, die diese Gleichung erfüllen. Dieses spezielle Problem lässt sich natürlich ohne Schwierigkeiten lösen: Dazu genügt es, $y = p - x$ zu schreiben und diesen

Ausdruck in die Formel für $\sigma(x, y)$ einzusetzen und dann das Maximum der Funktion $x(p - x)$ mit den üblichen Methoden zu bestimmen. Wir benötigten dieses Beispiel nur, um die Problemstellung als solches zu erklären.

Im Allgemeinen stellt sich die Frage nach einem Extremum mit Nebenbedingungen üblicherweise so, dass wir ein Extremum einer Funktion mit reellen Werten

$$y = f(x^1, \dots, x^n) \tag{8.159}$$

mit $n$ Variablen suchen, wobei diese Variablen ein Gleichungssystem

$$\begin{cases} F^1(x^1, \dots, x^n) = 0 \,, \\ \dots\dots\dots\dots\dots\dots \\ F^m(x^1, \dots, x^n) = 0 \end{cases} \tag{8.160}$$

erfüllen müssen.

Da wir die Absicht haben, mit Hilfe der Differenzierbarkeit Bedingungen für ein Extremum zu formulieren, gehen wir davon aus, dass alle diese Funktionen differenzierbar sind, ja sogar stetig differenzierbar. Ist der Rang des Systems von Funktionen $F^1, \dots, F^m$ gleich $n - k$, dann wird durch die Bedingungen (8.160) eine $k$-dimensionale glatte Fläche $S$ in $\mathbb{R}^n$ definiert. Vom geometrischen Standpunkt aus entspricht die Suche nach einem Extremum mit Nebenbedingungen der Suche nach einem Extremum der Funktion $f$ auf der Fläche $S$. Genauer formuliert, so betrachten wir die Restriktion $f|_S$ der Funktion $f$ auf die Fläche $S$ und suchen ein Extremum dieser Funktion.

Die Bedeutung des Konzepts eines lokalen Extremums als solches bleibt natürlich unverändert, d.h., ein Punkt $x_0 \in S$ ist ein lokales Extremum von $f$ auf $S$ oder, kürzer, von $f|_S$, falls eine Umgebung[10] $U_S(x_0)$ von $x_0$ in $S \subset \mathbb{R}^n$ existiert, so dass $f(x) \geq f(x_0)$ für jeden Punkt $x \in U_S(x_0)$ (in diesem Fall ist $x_0$ ein lokales Minimum) oder $f(x) \leq f(x_0)$ (und dann ist $x_0$ ein lokales Maximum). Gelten diese Ungleichungen streng für $x \in U_S(x_0) \setminus x_0$, dann werden wir es, wie schon zuvor, als ein isoliertes Extremum bezeichnen.

## b. Eine notwendige Bedingung für ein Extremum mit Nebenbedingung

**Satz 1.** *Sei $f : D \to \mathbb{R}$ eine auf einer offenen Menge $D \subset \mathbb{R}^n$ definierte Funktion in $C^{(1)}(D; \mathbb{R})$. Sei $S$ eine glatte Fläche in $D$.*

*Eine notwendige Bedingung dafür, dass ein nicht stationärer Punkt $x_0 \in S$ ein lokales Extremum von $f|_S$ ist, ist*

$$\boxed{TS_{x_0} \subset TN_{x_0} \,,} \tag{8.161}$$

*wobei $TS_{x_0}$ der Tangentialraum an die Fläche $S$ in $x_0$ ist und $TN_{x_0}$ ist der Tangentialraum an die Niveaufläche $N = \{x \in D \,|\, f(x) = f(x_0)\}$ von $f$, mit $x_0 \in N$.*

---

[10] Wir wiederholen, dass $U_S(x_0) = S \cap U(x_0)$, wobei $U(x_0)$ eine Umgebung von $x_0$ in $\mathbb{R}^n$ ist.

Wir beginnen mit der Anmerkung, dass die Forderung, dass der Punkt $x_0$ ein nicht stationärer Punkt von $f$ ist, keine wesentliche Einschränkung im Zusammenhang mit der hier betrachteten Suche nach einem Extremum mit Nebenbedingung ist. Selbst dann, wenn der Punkt $x_0 \in D$ ein stationärer Punkt der Funktion $f : D \to \mathbb{R}$ oder ein Extremum der Funktion wäre, ist klar, dass er auch ein mögliches oder tatsächliches Extremum für die Funktion $f|_S$ sein könnte. Aber das Neue an diesem Problem ist ja gerade, dass die Funktion $f|_S$ kritische Punkte und Extrema haben kann, die verschieden von denen von $f$ sind.

*Beweis.* Wir wählen einen beliebigen Vektor $\xi \in TS_{x_0}$ und einen glatten Weg $x = x(t)$ in $S$, der für $t = 0$ durch diesen Punkt verläuft, wobei der Vektor $\xi$ der Geschwindigkeit für $t = 0$ entspricht, d.h.

$$\frac{dx}{dt}(0) = \xi \ . \tag{8.162}$$

Ist $x_0$ ein Extremum der Funktion $f|_S$, dann muss die glatte Funktion $f\big(x(t)\big)$ in $t = 0$ ein Extremum besitzen. Nach der notwendigen Bedingung für ein Extremum muss ihre Ableitung für $t = 0$ verschwinden, d.h., es muss

$$f'(x_0) \cdot \xi = 0 \tag{8.163}$$

gelten, wobei

$$f'(x_0) = \left( \frac{\partial f}{\partial x^1}, \ldots, \frac{\partial f}{\partial x^n} \right) \quad \text{und} \quad \xi = (\xi^1, \ldots, \xi^n) \ .$$

Da $x_0$ ein nicht stationärer Punkt von $f$ ist, ist die Bedingung (8.163) äquivalent zur Bedingung, dass $\xi \in TN_{x_0}$, da Gleichung (8.163) genau die Gleichung für den Tangentialraum $TN_{x_0}$ ist.

Somit haben wir bewiesen, dass $TS_{x_0} \subset TN_{x_0}$. □

Wird die Fläche $S$ in einer Umgebung von $x_0$ durch das Gleichungssystem (8.160) definiert, dann wird der Raum $TS_{x_0}$, wie wir wissen, durch das lineare Gleichungssystem

$$\begin{cases} \dfrac{\partial F^1}{\partial x^1}(x_0)\xi^1 + \cdots + \dfrac{\partial F^1}{\partial x^n}(x_0)\xi^n = 0 \ , \\ \cdots\cdots\cdots\cdots\cdots\cdots\cdots\cdots\cdots\cdots\cdots \\ \dfrac{\partial F^m}{\partial x^1}(x_0)\xi^1 + \cdots + \dfrac{\partial F^m}{\partial x^n}(x_0)\xi^n = 0 \end{cases} \tag{8.164}$$

beschrieben. Der Raum $TN_{x_0}$ wird durch die Gleichung

$$\frac{\partial f}{\partial x^1}(x_0)\xi^1 + \cdots + \frac{\partial f}{\partial x^n}(x_0)\xi^n = 0 \tag{8.165}$$

definiert und, da jede Lösung von (8.164) eine Lösung von (8.165) ist, ist die letzte Gleichung eine Folgerung aus (8.163).

Aus diesen Betrachtungen folgt, dass die Relation $TS_{x_0} \subset TN_{x_0}$ zu der analytischen Aussage äquivalent ist, dass der Vektor $\mathrm{grad}\, f(x_0)$ eine Linearkombination der Vektoren $\mathrm{grad}\, F^i(x_0)$, $(i = 1, \ldots, m)$ ist, d.h.

$$\mathrm{grad}\, f(x_0) = \sum_{i=1}^{m} \lambda_i \mathrm{grad}\, F^i(x_0) \,. \tag{8.166}$$

Lagrange schlug die Benutzung der folgenden Hilfsfunktion

$$L(x, \lambda) = f(x) - \sum_{i=1}^{m} \lambda_i F^i(x) \tag{8.167}$$

für die Suche nach einem Extremum mit Nebenbedingungen vor, wobei dabei die Schreibweise in (8.166) für die notwendige Bedingung für ein Extremum einer Funktion (8.159), deren Variablen durch (8.160) miteinander verknüpft sind, berücksichtigt wurde. Diese Funktion besitzt $m + n$ Variable $(x, \lambda) = (x^1, \ldots, x^m, \lambda_1, \ldots, \lambda_n)$.

Diese Funktion wird *Lagrange Funktion* genannt und die Methode, in der sie zum Einsatz kommt, wird als *Methode der Lagrange Multiplikatoren* bezeichnet. Die Funktion (8.167) ist äußerst praktisch, da die notwendigen Bedingungen für ein Extremum, wenn sie als Funktion von $(x, \lambda) = (x^1, \ldots, x^m, \lambda_1, \ldots, \lambda_n)$ betrachtet werden, genau (8.166) und (8.160) entsprechen.

Tatsächlich gilt

$$\begin{cases} \dfrac{\partial L}{\partial x^j}(x, \lambda) = \dfrac{\partial f}{\partial x^j}(x) - \displaystyle\sum_{i=1}^{m} \lambda_i \dfrac{\partial F^i}{\partial x^j}(x) = 0 \,, & (j = 1, \ldots, n) \,, \\[3mm] \dfrac{\partial L}{\partial \lambda_i}(x, \lambda) = -F^i(x) = 0 \,, & (i = 1, \ldots, m) \,. \end{cases} \tag{8.168}$$

Somit können wir bei der Suche nach einem Extremum einer Funktion (8.159), deren Variablen die Bedingungen (8.160) erfüllen müssen, die Lagrange Funktion (8.167) mit unbestimmten Multiplikatoren formulieren und ihre stationären Punkte bestimmen. Wenn es möglich ist, $x_0 = (x_0^1, \ldots, x_0^n)$ aus dem System (8.168) zu bestimmen, ohne $\lambda = (\lambda_1, \ldots, \lambda_m)$ zu finden, dann ist es im Hinblick auf das Ausgangsproblem das, was getan werden sollte.

Wie wir an (8.166) erkennen können, sind die Multiplikatoren $\lambda_i$, $(i = 1, \ldots, m)$ eindeutig bestimmt, wenn die Vektoren $\mathrm{grad}\, F^i(x_0)$, $(i = 1, \ldots, m)$ linear unabhängig sind. Die Unabhängigkeit dieser Vektoren ist äquivalent zur Aussage, dass der Rang des Systems (8.164) gleich $m$ ist, d.h., dass alle Gleichungen in diesem System wesentlich sind (keine davon ergibt sich aus den anderen).

Dies ist üblicherweise der Fall, da wir davon ausgehen, dass alle Gleichungen (8.160) unabhängig sind und dass der Rang des Systems von Funktionen $F^1, \ldots, F^m$ in jedem Punkt $x \in X$ gleich $m$ ist.

Die Lagrange Funktion wird auch oft als

$$L(x, \lambda) = f(x) + \sum_{i=1}^{m} \lambda_i F^i(x)$$

geschrieben. Sie unterscheidet sich von dem obigen Ausdruck nur durch den unwesentlichen Ersatz von $\lambda_i$ durch $-\lambda_i$[11].

*Beispiel 9.* Wir suchen die Extrema einer symmetrischen quadratischen Form

$$f(x) = \sum_{i,j=1}^{n} a_{ij} x^i x^j \qquad (a_{ij} = a_{ji}) \tag{8.169}$$

auf der Kugelschale

$$F(x) = \sum_{i=1}^{n} (x^i)^2 - 1 = 0 . \tag{8.170}$$

Wir wollen die Lagrange Funktion

$$L(x, \lambda) = \sum_{i,j=1}^{n} a_{ij} x^i x^j - \lambda \left( \sum_{i=1}^{n} (x^i)^2 - 1 \right)$$

für dieses Problem formulieren sowie die notwendigen Bedingungen für ein Extremum von $L(x, \lambda)$ unter Berücksichtigung von $a_{ij} = a_{ji}$:

$$\begin{cases} \dfrac{\partial L}{\partial x^i}(x, \lambda) = 2 \left( \sum_{j=1}^{n} a_{ij} x^j - \lambda x^i \right) = 0 , & (i = 1, \ldots, n) , \\[4mm] \dfrac{\partial L}{\partial \lambda}(x, \lambda) = \left( \sum_{i=1}^{n} (x^i)^2 - 1 \right) = 0 . \end{cases} \tag{8.171}$$

Wenn wir die erste Gleichung mit $x^i$ multiplizieren und über $i$ summieren, erhalten wir unter Berücksichtigung der zweiten Gleichung, dass in einem Extremum die Beziehung

$$\sum_{i,j=1}^{n} a_{ij} x^i x^j - \lambda = 0 \tag{8.172}$$

gelten muss.

---

[11] Im Hinblick auf das notwendige Kriterium für ein Extremum mit Nebenbedingung vgl. Aufgabe 6 in Abschnitt 10.7 (Teil 2).

Das System (8.171) minus der letzten Gleichung lässt sich wie folgt neu formulieren:

$$\sum_{i=1}^{n} a_{ij} x^j = \lambda x^i , \qquad (i = 1, \ldots, n) .$$  (8.173)

Daraus folgt, dass $\lambda$ ein Eigenwert des linearen Operators $A$ ist, der durch die Matrix $(a_{ij})$ definiert wird und dass $x = (x^1, \ldots, x^n)$ ein Eigenvektor dieses Operators zu diesem Eigenwert ist.

Da die auf der kompakten Menge $S = \left\{ x \in \mathbb{R}^n \mid \sum_{i=1}^{n} (x^i)^2 = 1 \right\}$ stetige Funktion (8.169) ihren Maximalwert in einem Punkt annehmen muss, muss das System (8.171) und somit auch (8.173) eine Lösung besitzen. Somit haben wir im Vorbeigehen sichergestellt, dass jede reelle symmetrische Matrix $(a_{ij})$ mindestens einen reellen Eigenwert besitzt. Dies ist ein aus der linearen Algebra wohl bekanntes und zentrales Ergebnis im Existenzbeweis einer Basis von Eigenvektoren für einen symmetrischen Operator.

Um die geometrische Bedeutung des Eigenwerts $\lambda$ zu zeigen, merken wir an, dass wir für $\lambda > 0$ beim Übergang zu den Koordinaten $t^i = x^i / \sqrt{\lambda}$ anstelle von (8.172) die Gleichung

$$\sum_{i,j=1}^{n} a_{ij} t^i t^j = 1$$  (8.174)

erhalten und anstelle von (8.170):

$$\sum_{i=1}^{n} (t^i)^2 = \frac{1}{\lambda} .$$  (8.175)

$\sum_{i=1}^{n} (t^i)^2$ entspricht aber dem Quadrat des Abstands vom Ursprung zum Punkt $t = (t^1, \ldots, t^n)$ auf der durch (8.174) beschriebenen Fläche. Beschreibt daher (8.174) ein Ellipsoid, dann entspricht das Reziproke $1/\lambda$ des Eigenwertes $\lambda$ dem Quadrat der Länge einer ihrer Halbachsen.

Dies ist eine nützliche Beobachtung. Sie zeigt uns insbesondere, dass die Gleichungen (8.171), die notwendige Bedingungen für ein Extremum mit Nebenbedingung sind, noch nicht hinreichend sind. Schließlich besitzt ein Ellipsoid in $\mathbb{R}^3$ neben seiner größten und kleinsten Halbachsen eine dritte Halbachse, deren Länge zwischen der der anderen liegt, und in jeder Umgebung des Endpunkts dieser Halbachse gibt es sowohl Punkte, die näher am Ursprung liegen und Punkte die weiter entfernt vom Ursprung liegen als der Endpunkt. Das letztere wird vollkommen offensichtlich, wenn wir die Ellipsen betrachten, die wir erhalten, wenn wir einen Schnitt des ursprünglichen Ellipsoids mit zwei Ebenen bilden, die durch die Halbachse mit mittlerer Länge und durch die kleinste Halbachse bzw. die größte Halbachse bestimmt wird. In einem der beiden Fälle ist die Halbachse mit mittlerer Länge die große Halbachse der Ellipse des Schnitts. In der anderen Ebene ist sie die kleine Halbachse.

Dem gerade Gesagten sollten wir noch hinzufügen, dass dann, wenn $1/\sqrt{\lambda}$ die Länge dieser mittleren Halbachse ist, $\lambda$ ein Eigenwert des Operators $A$ ist, wie wir aus der kanonischen Gleichung eines Ellipsoiden erkennen können. Daher wird das System (8.171), das die notwendigen Bedingungen für ein Extremum der Funktion $f\big|_S$ zum Ausdruck bringt, tatsächlich eine Lösung besitzen, die nicht einem Extremum der Funktion entspricht.

Das in Satz 1 (die notwendige Bedingung für ein Extremum mit Nebenbedingung) erhaltene Ergebnis ist in Abb. 8.11a und Abb. 8.11b veranschaulicht.

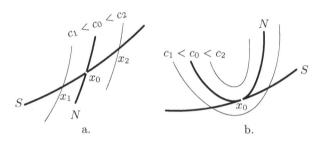

**Abb. 8.11.**

Die erste dieser Abbildungen erklärt, warum der Punkt $x_0$ auf der Fläche $S$ kein Extremum von $f\big|_S$ sein kann, wenn $S$ keine Tangente an die Fläche $N = \{x \in \mathbb{R}^n \,|\, f(x) = f(x_0) = c_0\}$ in $x_0$ ist. Dabei haben wir angenommen, dass $\mathrm{grad}\,f(x_0) \neq 0$. Diese Annahme sorgt dafür, dass in einer Umgebung von $x_0$ sowohl Punkte existieren, die auf einer höheren $c_2$-Niveaufläche der Funktion $f$ liegen, als auch Punkte einer tieferen $c_1$-Niveaufläche.

Da die glatte Fläche $S$ die Fläche $N$ schneidet, d.h. die $c_0$-Niveaufläche der glatten Funktion $f$, folgt, dass $S$ sowohl höhere als auch tiefere Niveauflächen von $f$ in einer Umgebung von $x_0$ schneiden wird. Dies bedeutet aber, dass $x_0$ kein Extremum von $f\big|_S$ sein kann.

Die zweite Abbildung zeigt, warum der Punkt $x_0$ sich dann, wenn $N$ in $x_0$ Tangente an $S$ ist, als Extremum herausstellen kann. In der Abbildung ist $x_0$ ein lokales Maximum von $f\big|_S$.

Dieselben Überlegungen erlauben es, zu skizzieren, dass das notwendige Kriterium für ein Extremum nicht hinreichend ist.

So können wir beispielsweise in Anlehnung an Abb. 8.12

$$f(x,y) = y \quad \text{und} \quad F(x,y) = x^3 - y = 0$$

betrachten. Dabei wird offensichtlich, dass $y$ im Punkt $(0,0)$ kein Extremum auf der Kurve $S \subset \mathbb{R}^2$, die durch die Gleichung $y = x^3$ definiert wird, besitzt. Dies gilt sogar, obwohl diese Kurve in diesem Punkt Tangente an die Niveaukurve $f(x,y) = 0$ der Funktion $f$ ist. Wir merken an, dass $\mathrm{grad}\,f(0,0) = (0,1) \neq 0$.

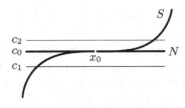

**Abb. 8.12.**

Offensichtlich ist dies im Wesentlichen dasselbe Beispiel, das uns früher schon dazu diente, den Unterschied zwischen notwendigen und hinreichenden Bedingungen für ein klassisches inneres Extremum einer Funktion zu verdeutlichen.

### c. Eine hinreichende Bedingung für ein Extremum mit Nebenbedingung

Wir werden nun die folgende hinreichende Bedingung für die Gegenwart oder Abwesenheit eines Extremums mit Nebenbedingung beweisen.

**Satz 2.** *Sei $f : D \to \mathbb{R}$ eine auf einer offenen Menge $D \subset \mathbb{R}^n$ definierte Funktion, die zur Klasse $C^{(2)}(D;\mathbb{R})$ gehört. Sei $S$ die durch (8.160) definierte Fläche in $D$, mit $F^i \in C^{(2)}(D;\mathbb{R})$, $(i = 1, \ldots, m)$ und der Rang des Systems von Funktionen $\{F^1, \ldots, F^m\}$ sei in jedem Punkt von $D$ gleich $m$.*

*Angenommen, die Parameter $\lambda_1, \ldots, \lambda_m$ in der Lagrange Funktion*

$$L(x) = L(x;\lambda) = f(x^1, \ldots, x^n) - \sum_{i=1}^{m} \lambda_i F^i(x^1, \ldots, x^n)$$

*seien so gewählt worden, dass die für ein Extremum der Funktion $f|_S$ in $x_0 \in S$ mit Nebenbedingung notwendige Bedingung (8.166) erfüllt ist.[12]*

*Ist die quadratische Form*

$$\frac{\partial^2 L}{\partial x^i \partial x^j}(x_0)\xi^i \xi^j \qquad (8.176)$$

*für Vektoren $\xi \in TS_{x_0}$ entweder positiv definit oder negativ definit, dann ist dies eine hinreichende Bedingung dafür, dass der Punkt $x_0$ ein Extremum der Funktion $f|_S$ ist.*

*Ist die quadratische Form (8.176) auf $TS_{x_0}$ positiv definit, dann ist $x_0$ ein isoliertes lokales Minimum von $f|_S$. Ist sie negativ definit, dann ist $x_0$ ein isoliertes lokales Maximum.*

*Nimmt die Form (8.176) auf $TS_{x_0}$ sowohl negative als auch positive Werte an, dann ist dies eine hinreichende Bedingung dafür, dass der Punkt $x_0$ kein Extremum von $f|_S$ ist.*

---

[12] Wenn wir $\lambda$ festhalten, wird $L(x;\lambda)$ eine nur von $x$ abhängige Funktion. Wir bezeichnen diese Funktion mit $L(x)$.

*Beweis.* Wir halten zunächst fest, dass $L(x) \equiv f(x)$ für $x \in S$, so dass wir, wenn wir zeigen, dass $x_0 \in S$ ein Extremum der Funktion $L|_S$ ist, auch gleichzeitig gezeigt haben, dass $x_0$ auch ein Extremum von $f|_S$ ist.

Laut Annahme ist das notwendige Kriterium (8.166) für ein Extremum von $f|_S$ in $x_0$ erfüllt, so dass in diesem Punkt also $\operatorname{grad} L(x_0) = 0$ gilt. Daher lautet die Taylor-Entwicklung von $L(x)$ in einer Umgebung von $x_0 = (x_0^1, \ldots, x_0^n)$ für $x \to x_0$:

$$L(x) - L(x_0) = \frac{1}{2!} \frac{\partial^2 L}{\partial x^i \partial x^j}(x_0)(x^i - x_0^i)(x^j - x_0^j) + o\big(\|x - x_0\|^2\big) . \quad (8.177)$$

Wir erinnern nun daran, dass wir bei der Motivation für Definition 2 bemerkt haben, dass eine lokale (beispielsweise in einer Umgebung von $x_0 \in S$) parametrische Definition einer glatten $k$-dimensionalen Fläche $S$ möglich ist (in diesem Fall ist $k = n - m$).

Anders formuliert, so existiert eine glatte Abbildung

$$\mathbb{R} \ni (t^1, \ldots, t^k) = t \mapsto x = (x^1, \ldots, x^n) \in \mathbb{R}^n$$

(wie zuvor werden wir sie in der Form $x = x(t)$ schreiben), unter der sich eine Umgebung des Punktes $0 = (0, \ldots, 0) \in \mathbb{R}^k$ bijektiv auf eine Umgebung von $x_0$ in $S$ abbilden lässt, wobei $x_0 = x(0)$ gilt.

Wir merken an, dass die Relation

$$x(t) - x(0) = x'(0)t + o\big(\|t\|\big) \text{ für } t \to 0 ,$$

die die Differenzierbarkeit der Abbildung $t \mapsto x(t)$ für $t = 0$ zum Ausdruck bringt, zu den $n$ Koordinatengleichungen

$$x^i(t) - x^i(0) = \frac{\partial x^i}{\partial t^\alpha}(0)t^\alpha + o\big(\|t\|\big) , \qquad (i = 1, \ldots, n) \qquad (8.178)$$

äquivalent ist, in der sich der Index $\alpha$ über die Zahlen 1 bis $k$ erstreckt und die Summation über diesen Index verläuft.

Aus diesen numerischen Gleichungen folgt, dass

$$|x^i(t) - x^i(0)| = O\big(\|t\|\big) \text{ für } t \to 0$$

und daher

$$\|x(t) - x(0)\|_{\mathbb{R}^n} = O\big(\|t\|_{\mathbb{R}^k}\big) \text{ für } t \to 0 . \qquad (8.179)$$

Mit Hilfe der Gleichungen (8.178), (8.179) und (8.177) erhalten wir, dass für $t \to 0$ gilt:

$$L\big(x(t)\big) - L\big(x(0)\big) = \frac{1}{2!}\partial_{ij}L(x_0)\partial_\alpha x^i(0)\partial_\beta x(0)t^\alpha t^\beta + o\big(\|t\|^2\big). \quad (8.177')$$

Daher folgt aus der Annahme, dass die Form

$$\partial_{ij}L(x_0)\partial_\alpha x^i(0)\partial_\beta x^j(0)t^\alpha t^\beta \qquad (8.180)$$

positiv oder negativ definit ist, dass die Funktion $L\big(x(t)\big)$ für $t = 0$ ein Extremum besitzt. Nimmt die Form (8.180) sowohl positive als auch negative Werte an, dann besitzt $L\big(x(t)\big)$ kein Extremum für $t = 0$. Da aber unter der Abbildung $t \mapsto x(t)$ eine Umgebung des Punktes $0 \in \mathbb{R}^k$ auf eine Umgebung von $x(0) = x_0 \in S$ auf der Fläche $S$ abgebildet wird, können wir folgern, dass die Funktion $L\big|_S$ entweder auch ein Extremum in $x_0$ von derselben Art wie die Funktion $L\big(x(t)\big)$ haben wird oder wie $L\big(x(t)\big)$ kein Extremum haben wird.

Daher bleibt zu zeigen, dass für Vektoren $\xi \in TS_{x_0}$ die Ausdrücke (8.176) und (8.180) nur verschiedene Schreibweisen für dasselbe Phänomen sind.

Tatsächlich erhalten wir, wenn wir

$$\xi = x'(0)t$$

setzen, einen Vektor $\xi$ der zu $S$ in $x_0$ tangential verläuft. Und für $\xi = (\xi^1, \ldots, \xi^n)$, $x(t) = (x^1, \ldots, x^n)(t)$ und $t = (t^1, \ldots, t^k)$ gelangen wir zu

$$\xi = \partial_\beta x^j(0)t^\beta, \qquad (j = 1, \ldots, n),$$

woraus folgt, dass die Ausdrücke (8.176) und (8.180) übereinstimmen. $\qquad \square$

Wir halten fest, dass die praktische Nutzbarkeit von Satz 2 durch die Tatsache behindert wird, dass nur $k = n - m$ der Koordinaten des Vektors $\xi = (\xi^1, \ldots, \xi^n) \in TS_{x_0}$ unabhängig sind, da die Koordinaten von $\xi$ das System (8.164) erfüllen müssen, das den Raum $TS_{x_0}$ definiert. Daher erzielt eine direkte Anwendung des Trägheitssatzes auf die quadratische Form (8.176) in diesem Fall im Allgemeinen nichts: Die Form (8.176) kann auf $T\mathbb{R}^n_{x_0}$ zwar weder positiv noch negativ definit sein, aber dennoch auf $TS_{x_0}$ definit. Wenn wir aber $m$ Koordinaten des Vektors $\xi$ durch die anderen $k$ Koordinaten wie in den Gleichungen (8.164) formulieren und dann die sich ergebenden linearen Formen in (8.176) einsetzen, gelangen wir zu einer quadratischen Form mit $k$ Variablen, deren positive bzw. negative Definitheit mit Hilfe des Trägheitssatzes untersucht werden kann.

Wir wollen das Gesagte durch einige einfache Beispiele verdeutlichen.

*Beispiel 10.* Angenommen, die Funktion

$$f(x,y,z) = x^2 - y^2 + z^2$$

sei im Raum $\mathbb{R}^3$ mit den Koordinaten $x$, $y$, $z$ gegeben. Wir suchen nach einem Extremum dieser Funktion in der Ebene $S$, die durch die Gleichung

$$F(x,y,z) = 2x - y - 3 = 0$$

definiert wird.

Wir schreiben die Lagrange Funktion

$$L(x, y, z) = (x^2 - y^2 + z^2) - \lambda(2x - y - 3)$$

und die notwendigen Bedingungen für ein Extremum

$$\begin{cases} \dfrac{\partial L}{\partial x} = 2x - 2\lambda = 0 \,, \\[2mm] \dfrac{\partial L}{\partial y} = -2y + \lambda = 0 \,, \\[2mm] \dfrac{\partial L}{\partial z} = 2z = 0 \,, \\[2mm] \dfrac{\partial L}{\partial \lambda} = -(2x - y - 3) = 0 \end{cases}$$

und erhalten daraus das mögliche Extremum $p = (2, 1, 0)$.

Als Nächstes bestimmen wir die Form (8.176):

$$\frac{1}{2} \partial_{ij} L \xi^i \xi^j = (\xi^1)^2 - (\xi^2)^2 + (\xi^3)^2 \,. \tag{8.181}$$

Wir stellen fest, dass der Parameter $\lambda$ in diesem Fall nicht in dieser quadratischen Form auftritt, weswegen wir ihn auch nicht berechnet haben.

Nun schreiben wir die Bedingung $\xi \in TS_p$:

$$2\xi^1 - \xi^2 = 0 \,. \tag{8.182}$$

Aus dieser Gleichung erhalten wir $\xi^2 = 2\xi^1$. Dieses Ergebnis setzen wir in die Form (8.181) ein, wodurch sie folgende Gestalt annimmt:

$$-3(\xi^1)^2 + (\xi^3)^2 \,.$$

Dieses Mal sind $\xi^1$ und $\xi^3$ unabhängige Variable.

Diese letzte Form kann offensichtlich sowohl positive als auch negative Werte annehmen und daher besitzt die Funktion $f\big|_S$ kein Extremum in $p \in S$.

*Beispiel 11.* Wir ersetzen in Beispiel 10 $\mathbb{R}^3$ durch $\mathbb{R}^2$ und die Funktion $f$ durch

$$f(x, y) = x^2 - y^2 \,.$$

Wir behalten die Bedingung

$$2x - y - 3 = 0$$

bei, die nun eine Gerade $S$ in der Ebene $\mathbb{R}^2$ definiert und finden $p = (2, 1)$ als ein mögliches Extremum.

Anstelle der Form (8.181) erhalten wir die Form

$$(\xi^1)^2 - (\xi^2)^2 \,, \tag{8.183}$$

wobei zwischen $\xi^1$ und $\xi^2$ die obige Gleichung (8.182) gilt.
Somit nimmt die Form (8.183) auf $TS_p$ nun die Gestalt

$$-3(\xi^1)^2$$

an, d.h., sie ist negativ definit. Wir folgern daraus, dass der Punkt $p = (2,1)$ ein lokales Maximum von $f\big|_S$ ist.

Die folgenden einfachen Beispiele sind in mehrerer Hinsicht aufschlussreich. An ihnen können wir gezielt die Arbeitsweise sowohl der notwendigen als auch der hinreichenden Bedingungen für Extrema mit Nebenbedingungen verfolgen, einschließlich der Rolle des Parameters und der informellen Rolle der Lagrange Funktion als solches.

*Beispiel 12.* Auf der Ebene $\mathbb{R}^2$ ist die Funktion

$$f(x,y) = x^2 + y^2$$

in kartesischen Koordinaten $(x,y)$ gegeben.
Wir suchen das Extremum dieser Funktion auf der Ellipse, die durch die kanonische Gleichung

$$F(x,y) = \frac{x^2}{a^2} + \frac{y^2}{b^2} - 1 = 0$$

für $0 < a < b$ gegeben wird.
Aus geometrischen Betrachtungen ist offensichtlich, dass $\min f\big|_S = a^2$ und $\max f\big|_S = b^2$. Wir wollen dieses Ergebnis mit Hilfe der durch Satz 1 und Satz 2 empfohlenen Prozedur erhalten.
Wenn wir die Lagrange Funktion

$$L(x,y,\lambda) = (x^2 + y^2) - \lambda\Big(\frac{x^2}{a^2} + \frac{y^2}{b^2} - 1\Big)$$

formulieren und die Gleichung $dL = 0$ lösen, d.h. das System $\frac{\partial L}{\partial x} = \frac{\partial L}{\partial y} = \frac{\partial L}{\partial \lambda} = 0$, erhalten wir als Lösungen

$$(x,y,\lambda) = (\pm a, 0, a^2), \quad (0, \pm b, b^2) \,.$$

In Übereinstimmung mit Satz 2 schreiben und untersuchen wir nun diese quadratische Form $\frac{1}{2}d^2L\xi^2$, die dem zweiten Glied der Taylor-Entwicklung der Lagrange Funktion in einer Umgebung der entsprechenden Punkte entspricht:

$$\frac{1}{2}d^2L\xi^2 = \Big(1 - \frac{\lambda}{a^2}\Big)(\xi^1)^2 + \Big(1 - \frac{\lambda}{b^2}\Big)(\xi^2)^2 \,.$$

In den Punkten $(\pm a, 0)$ der Ellipse $S$ nimmt der Tangentialvektor $\boldsymbol{\xi} = (\xi^1, \xi^2)$ die Gestalt $(0, \xi^2)$ an und für $\lambda = a^2$ lautet die quadratische Form:

$$\left(1 - \frac{a^2}{b^2}\right)(\xi^2)^2 \,.$$

Wenn wir die Bedingung $0 < a < b$ berücksichtigen, können wir folgern, dass diese Form positiv definit ist und daher besitzt die Funktion $f\big|_S$ in den Punkten $(\pm a, 0) \in S$ ein isoliertes lokales (und in diesem Fall offensichtlich auch globales) Minimum, d.h. $\min f\big|_S = a^2$.

Auf ähnliche Weise erhalten wir die Form

$$\left(1 - \frac{b^2}{a^2}\right)(\xi^1)^2$$

für die Punkte $(0, \pm b) \in S$ und daraus $\max f\big|_S = b^2$.

*Anmerkung.* Beachten Sie hierbei die Rolle der Lagrange Funktion im Vergleich zur Rolle der Funktion $f$. In den entsprechenden Punkten auf den Tangentialvektoren verschwindet das Differential von $f$ (wie auch das Differential von $L$), und die quadratische Form $\frac{1}{2}\mathrm{d}^2 f \boldsymbol{\xi}^2 = (\xi^1)^2 + (\xi^2)^2$ ist in jedem der Punkte, in der sie berechnet wird, positiv definit. Nichtsdestotrotz besitzt die Funktion $f\big|_S$ in den Punkten $(\pm a, 0)$ ein isoliertes Minimum und ein isoliertes Maximum in den Punkten $(0, \pm b)$.

Um zu verstehen, was hier passiert, betrachten wir wieder den Beweis von Satz 2 und versuchen Relation (8.176′) durch Einsetzen von $f$ für $L$ in (8.177) zu erhalten. Beachten Sie, dass dabei ein zusätzlicher Ausdruck auftritt, in dem $x''(0)$ vorkommt. Der Grund dafür, dass er im Unterschied zu $\mathrm{d}L$ nicht verschwindet, ist der, dass das Differential $\mathrm{d}f$ von $f$ in den entsprechenden Punkten nicht identisch Null ist, obwohl die Funktionswerte tatsächlich auf den Tangentialvektoren (der Form $x'(0)$) Null sind.

*Beispiel 13.* Wir suchen die Extrema der Funktion

$$f(x, y, z) = x^2 + y^2 + z^2$$

auf dem Ellipsoid $S$, die durch die Gleichung

$$F(x, y, z) = \frac{x^2}{a^2} + \frac{y^2}{b^2} + \frac{z^2}{c^2} - 1 = 0$$

für $0 < a < b < c$ definiert sind.

Wenn wir die Lagrange Funktion

$$L(x, y, z, \lambda) = (x^2 + y^2 + z^2) - \lambda\left(\frac{x^2}{a^2} + \frac{y^2}{b^2} + \frac{z^2}{c^2} - 1\right)$$

in Übereinstimmung mit der notwendigen Bedingung für ein Extremum schreiben, erhalten wir als Lösung der Gleichung $\mathrm{d}L = 0$, d.h. dem System $\frac{\partial L}{\partial x} = \frac{\partial L}{\partial y} = \frac{\partial L}{\partial z} = \frac{\partial L}{\partial \lambda} = 0$, dass

$$(x, y, z, \lambda) = (\pm a, 0, 0, a^2)\,, \qquad (0, \pm b, 0, b^2)\,, \qquad (0, 0, \pm c, c^2)\,.$$

Auf jeder der entsprechenden Tangentialebenen nimmt die quadratische Form

$$\frac{1}{2}\mathrm{d}^2 L\boldsymbol{\xi}^2 = \left(1 - \frac{\lambda}{a^2}\right)(\xi^1)^2 + \left(1 - \frac{\lambda}{b^2}\right)(\xi^2)^2 + \left(1 - \frac{\lambda}{c^2}\right)(\xi^3)^2$$

folgende Gestalt an:

$$\left(1 - \frac{a^2}{b^2}\right)(\xi^2)^2 + \left(1 - \frac{a^2}{c^2}\right)(\xi^3)^2 , \tag{a}$$

$$\left(1 - \frac{b^2}{a^2}\right)(\xi^1)^2 + \left(1 - \frac{b^2}{c^2}\right)(\xi^3)^2 , \tag{b}$$

$$\left(1 - \frac{c^2}{a^2}\right)(\xi^1)^2 + \left(1 - \frac{c^2}{b^2}\right)(\xi^2)^2 . \tag{c}$$

In den Fällen $(a)$ und $(c)$ haben wir $\min f\big|_S = a^2$ bzw. $\max f\big|_S = c^2$ gefunden, da $0 < a < b < c$, wie aus dem hinreichenden Kriterium für die Gegenwart oder Abwesenheit eines Extremums mit Nebenbedingungen aus Satz 2 folgt. Dagegen besitzt die Funktion $f\big|_S$ in den Punkten $(0, \pm b, 0) \in S$, die zum Fall $(b)$ gehören, kein Extremum. Dies stimmt vollständig mit den offensichtlichen geometrischen Betrachtungen, die wir bei der Diskussion des notwendigen Kriteriums für ein Extremum mit Nebenbedingungen aufgestellt haben, überein.

Andere wichtige Gesichtspunkte der Konzepte der Analysis und der Geometrie, auf die wir in diesem Abschnitt trafen und die manchmal ganz sinnvoll sind, werden in den folgenden Übungen und Aufgaben vorgestellt. Dazu gehört die physikalische Interpretation des Problems eines Extremums mit Nebenbedingung als solches, wie auch des notwendigen Kriteriums (8.166) interpretiert als Kräfte in einem Gleichgewichtspunkt und die Interpretation der Lagrange Multiplikatoren als Betrag der reaktiven Kraft idealer Nebenbedingungen.

### 8.7.4 Übungen und Aufgaben

**1.** *Wege und Flächen.*

a) Sei $f : I \to \mathbb{R}^2$ eine Abbildung der Klasse $C^{(1)}(I;\mathbb{R}^2)$ des Intervalls $I \subset \mathbb{R}$. Wir betrachten diese Abbildung als Weg in $\mathbb{R}^2$. Zeigen Sie an Beispielen, dass ihre Spur $f(I)$ manchmal keine Teilmannigfaltigkeit des $\mathbb{R}^2$ ist, wohingegen der Graph dieser Abbildung in $\mathbb{R}^3 = \mathbb{R}^1 \times \mathbb{R}^2$ stets eine ein-dimensionale Teilmannigfaltigkeit des $\mathbb{R}^3$ ist, deren Projektion auf $\mathbb{R}^2$ der Spur $f(I)$ des Weges entspricht.

b) Lösen Sie Aufgabe a) für den Fall, dass $I$ ein Intervall in $\mathbb{R}^k$ ist und $f \in C^{(1)}(I;\mathbb{R}^n)$. Zeigen Sie, dass in diesem Fall der Graph der Abbildung $f : I \to \mathbb{R}^n$ eine glatte $k$-dimensionale Fläche in $\mathbb{R}^k \times \mathbb{R}^n$ ist, deren Projektion auf die Unterräume $\mathbb{R}^n$ gleich $f(I)$ ist.

c) Seien $f_1 : I_1 \to S$ und $f_2 : I_2 \to S$ zwei glatte Parametrisierungen derselben Fläche $S \subset \mathbb{R}^n$, wobei $f_1$ keine stationären Punkte in $I_1$ besitzt und $f_2$ keine stationären Punkte in $I_2$. Zeigen Sie, dass dann die Abbildungen

$$f_1^{-1} \circ f_2 : I_2 \to I_1 , \qquad f_2^{-1} \circ f_1 : I_1 \to I_2$$

glatt sind.

**2.** *Die Kugelschale in $\mathbb{R}^n$.*

a) Bestimmen Sie einen maximalen Gültigkeitsbereich für die krummlinigen Koordinaten $(\varphi, \psi)$, die man aus den Polarkoordinaten in $\mathbb{R}^3$ (vgl. (8.116) im vorigen Abschnitt) für $\rho = 1$ erhält.

b) Beantworten Sie die Frage a) für den Fall der $(m-1)$-dimensionalen Kugelschale

$$S^{m-1} = \{x \in \mathbb{R}^m \mid \|x\| = 1\}$$

in $\mathbb{R}^m$ und den Koordinaten $(\varphi_1, \ldots, \varphi_{m-1})$, die man aus den Polarkoordinaten in $\mathbb{R}^m$ (vgl. (8.118) im vorigen Abschnitt) für $\rho = 1$ erhält.

c) Lässt sich die Kugelschale $S^k \subset \mathbb{R}^{k+1}$ durch ein einziges Koordinatensystem $(t^1, \ldots, t^k)$ definieren, d.h. einen einzigen Diffeomorphismus $f : G \to \mathbb{R}^{k+1}$ eines Gebiets $G \subset \mathbb{R}^k$?

d) Wie groß ist die minimale Anzahl von Karten, die in einem Atlas für die Oberfläche der Erde benötigt werden?

e) Wir wollen den Abstand zwischen Punkten der Kugelschale $S^2 \subset \mathbb{R}^3$ durch die Länge der kürzesten Kurve messen, die auf der Kugelschale $S^2$ verläuft und die Punkte verbindet. Eine derartige Kurve entspricht dem Bogen eines geeigneten großen Kreises. Gibt es eine lokale ebene Karte der Schale, so dass alle Abstände zwischen Punkten der Kugelschale zu den Abständen zwischen ihren Bildern auf der Karte proportional sind (mit derselben Proportionalitätskonstanten)?

f) Der Winkel zwischen Kurven (ob sie nun auf der Kugelschale liegen oder nicht) in ihrem Schnittpunkt wird als der Winkel zwischen den Tangenten an diese Kurven in diesem Punkt definiert.

Zeigen Sie, dass lokale ebene Karten einer Kugelschale existieren, für die die Winkel zwischen den Kurven auf der Schale und den entsprechenden Kurven auf den Karten gleich sind (vgl. Abb. 8.13, die die sogenannte *stereographische Projektion* veranschaulicht.)

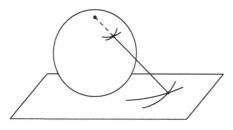

**Abb. 8.13.**

**3.** *Der Tangentialraum.*

a) Beweisen Sie durch direkte Berechnung, dass die tangentiale Mannigfaltigkeit $TS_{x_0}$ an eine glatte $k$-dimensionale Fläche $S \subset \mathbb{R}^n$ in einem Punkt $x_0 \in S$ unabhängig von der Wahl des Koordinatensystems in $\mathbb{R}^n$ ist.

b) Zeigen Sie, dass dann, wenn eine glatte Fläche $S \subset D$ auf eine glatte Fläche $S' \subset D'$ mit einem Diffeomorphismus $f : D \to D'$ des Gebiets $D \subset \mathbb{R}^n$ auf das Gebiet $D' \subset \mathbb{R}^n$ abgebildet wird, wobei der Punkt $x_0 \in S$ auf den Punkt $x_0' \in S'$ abgebildet wird, der Vektorraum $TS_{x_0}$ unter der linearen Abbildung $f'(x_0)$ : $\mathbb{R}^n \to \mathbb{R}^n$, die an $f$ in $x_0 \in D$ tangential ist, isomorph auf den Vektorraum $TS'_{x_0'}$ abgebildet wird.

c) Wenn unter den Bedingungen der vorigen Aufgaben die Abbildung $f : D \to D'$ eine beliebige Abbildung der Klasse $C^{(1)}(D; D')$ ist, unter der $f(S) \subset S'$, dann gilt $f'(TS_{x_0}) \subset TS'_{x_0'}$. Zeigen Sie dieses.

d) Zeigen Sie, dass die orthogonale Projektion einer glatten $k$-dimensionalen Fläche $S \subset \mathbb{R}^n$ auf die zu ihr in $x_0 \in S$ $k$-dimensionale Tangentialebene $TS_{x_0}$ in einer Umgebung des Berührpunktes $x_0$ eine eins-zu-eins Abbildung ist.

e) Angenommen, dass $\xi \in TS_{x_0}$ mit $\|\xi\| = 1$ unter den Bedingungen der vorigen Aufgabe.

Die Gleichung $x - x_0 = \xi t$ einer Geraden in $\mathbb{R}^n$, die in $TS_{x_0}$ liegt, kann benutzt werden, um jeden Punkt $x \in TS_{x_0} \setminus x_0$ durch das Paar $(t, \xi)$ zu charakterisieren. Zeigen Sie, dass die glatten Kurven an die Fläche $S$, die diese nur im Punkt $x_0$ schneiden, in einer Umgebung von $x_0$ zu Geraden $x - x_0 = \xi t$ gehören. Zeigen Sie, dass wir, wenn wir $t$ als Parameter auf diesen Kurven festlegen, Wege erhalten, auf denen die Geschwindigkeit für $t = 0$ dem Vektor $\xi \in TS_{x_0}$ entspricht, der die Gerade $x - x_0 = \xi t$ festlegt, aus der wir die vorgegebene Kurve auf $S$ erhalten haben.

Daher können die Paare $(t, \xi)$, wobei $\xi \in TS_{x_0}$, $\|\xi\| = 1$ und $t$ eine reelle Zahl aus einer Umgebung $U(0)$ von 0 in $\mathbb{R}$ ist, in einer Umgebung von $x_0 \in S$ als Analogon zu Polarkoordinaten dienen.

**4.** Die Funktion $F \in C^{(1)}(\mathbb{R}^n; \mathbb{R})$, die keine stationären Punkte besitzt, sei derart, dass die Gleichung $F(x^1, \ldots, x^n) = 0$ eine kompakte Fläche $S$ in $\mathbb{R}^n$ definiert (d.h., $S$ ist eine kompakte Teilmenge von $\mathbb{R}^n$). Zu jedem Punkt $x \in S$ gibt es einen Vektor $\boldsymbol{\eta}(x) = \mathrm{grad}\, F(x)$, der zu $S$ in $x$ normal ist. Wenn wir jeden Punkt $x \in S$ dazu zwingen, sich gleichförmig mit der Geschwindigkeit $\boldsymbol{\eta}(x)$ zu bewegen, erhalten wir eine Abbildung $S \ni x \mapsto x + \boldsymbol{\eta}(x)t \in \mathbb{R}^n$.

a) Zeigen Sie, dass diese Abbildung für Werte $t$, die hinreichend nahe bei Null liegen, bijektiv ist und dass sich aus $S$ für jedes derartige $t$ eine glatte Fläche $\widetilde{S}_t$ ergibt.

b) Sei $E$ eine Menge in $\mathbb{R}^n$. Wir definieren die $\delta$-Umgebung der Menge $E$ als die Menge von Punkten in $\mathbb{R}^n$, deren Abstand von $E$ kleiner als $\delta$ ist.

Zeigen Sie, dass für Werte $t$ nahe bei Null die Gleichung

$$F(x^1, \ldots, x^n) = t$$

eine kompakte Fläche $S_t \subset \mathbb{R}^n$ definiert und zeigen Sie, dass die Fläche $\widetilde{S}_t$ in der $\delta(t)$-Umgebung der Fläche $S_t$ liegt, wobei $\delta(t) = o(t)$ für $t \to 0$.

c) Wir verknüpfen jeden Punkt $x$ der Fläche $S = S_0$ mit einem normalen Einheitsvektor

$$\mathbf{n}(x) = \frac{\boldsymbol{\eta}(x)}{\|\boldsymbol{\eta}(x)\|}$$

und betrachten die neue Abbildung $S \ni x \mapsto x + \mathbf{n}(x)t \in \mathbb{R}^n$.

Zeigen Sie, dass für alle Werte von $t$, die hinreichend nahe bei Null liegen, diese Abbildung bijektiv ist, dass die Fläche $\widetilde{S}_t$, die wir für einen Wert von $t$ erhalten, glatt ist und dass $\widetilde{S}_{t_1} \cap \widetilde{S}_{t_2} = \varnothing$ für $t_1 \neq t_2$.

d) Wir verlassen uns auf das Ergebnis der vorigen Aufgabe. Zeigen Sie, dass ein $\delta > 0$ existiert, so dass es eine eins-zu-eins Abhängigkeit zwischen den Punkten der $\delta$-Umgebung der Fläche $S$ und den Paaren $(t, x)$ gibt, wobei $t \in ]-\delta, \delta[ \subset \mathbb{R}$, $x \in S$. Sind $(t^1, \dots, t^k)$ lokale Koordinaten auf der Fläche $S$ in der Umgebung $U_S(x_0)$ von $x_0$, dann können $(t, t^1, \dots, t^k)$ in einer Umgebung $U(x_0)$ von $x_0 \in \mathbb{R}$ als lokale Koordinaten dienen.

e) Zeigen Sie, dass für $|t| < \delta$ der Punkt $x \in S$ der Punkt auf der Fläche $S$ ist, der $(x + \mathbf{n}(x)t) \in \mathbb{R}^n$ am nächsten liegt. Daher ist für $|t| < \delta$ die Fläche $\widetilde{\widetilde{S}}_t$ der geometrische Ort der Punkte in $\mathbb{R}^n$ im Abstand $|t|$ von $S$.

**5.** a) Sei $d_p : S \to \mathbb{R}$ die Funktion auf einer glatten $k$-dimensionalen Fläche $S \subset \mathbb{R}^n$, die durch die Gleichung $d_p(x) = \|p - x\|$ definiert ist, wobei $p$ ein fester Punkt in $\mathbb{R}^n$ ist, $x$ ein Punkt auf $S$ und $\|p - x\|$ der Abstand zwischen diesen Punkten in $\mathbb{R}^n$.

Zeigen Sie, dass der Vektor $p - x$ in den Extrema der Funktion $d_p(x)$ zur Fläche $S$ orthogonal ist.

b) Zeigen Sie, dass es auf jeder Geraden, die die Fläche $S$ im Punkt $q \in S$ orthogonal schneidet, höchstens $k$ Punkte $p$ gibt, so dass die Funktion $d_p(x)$ den Punkt $q$ als entarteten stationären Punkt besitzt (d.h., einen Punkt, in dem die Hessesche Matrix der Funktion verschwindet).

c) Zeigen Sie, dass im Fall einer Kurve $S$ ($k = 1$) in der Ebene $\mathbb{R}^2$ ($n = 2$) der Punkt $p$, für den der Punkt $q \in S$ ein entarteter stationärer Punkt von $d_p(x)$ ist, ein Zentrum der Krümmung der Kurve $S$ im Punkt $q \in S$ ist.

**6.** Konstruieren Sie in der Ebene $\mathbb{R}^2$ mit kartesischen Koordinaten $x$, $y$ die Niveaukurven der Funktion $f(x, y) = xy$ und die Kurve

$$S = \{(x, y) \in \mathbb{R}^2 \,|\, x^2 + y^2 = 1\} \,.$$

Untersuchen Sie das Problem nach Extrema der Funktion $f\big|_S$ mit Hilfe der sich ergebenden Abbildung.

**7.** Die folgenden Funktionen der Klasse $C^{(\infty)}(\mathbb{R}^2; \mathbb{R})$ seien auf der Ebene $\mathbb{R}^2$ mit den kartesischen Koordinaten $x$, $y$ definiert:

$$f(x, y) = x^2 - y \,; \qquad F(x, y) = \begin{cases} x^2 - y + \mathrm{e}^{-1/x^2} \sin \frac{1}{x} \,, & \text{falls } x \neq 0 \,, \\ x^2 - y \,, & \text{falls } x = 0 \,. \end{cases}$$

a) Zeichnen Sie die Niveaukurven der Funktion $f(x, y)$ und die Kurve $S$, die durch die Gleichung $F(x, y) = 0$ definiert werden.

b) Untersuchen Sie die Funktion $f\big|_S$ auf Extrema.

c) Zeigen Sie, dass die Bedingung, dass die Form $\partial_{ij} f(x_0) \xi^i \xi^j$ positiv oder negativ definit auf $TS_{x_0}$ ist, im Gegensatz zu dieser Bedingung an die Form $\partial_{ij} L(x_0) \xi^i \xi^j$ auf $TS_{x_0}$ aus Satz 2, immer noch nicht hinreichend dafür ist, dass das mögliche Extremum $x_0 \in S$ ein tatsächliches Extremum der Funktion $f\big|_S$ ist.

d) Überprüfen Sie, ob der Punkt $x_0 = (0,0)$ ein stationärer Punkt der Funktion $f$ ist und ob das Verhalten von $f$ in einer Umgebung dieses Punktes untersucht werden kann, wenn wir dazu nur das zweite (quadratische) Glied der Taylorschen Formel betrachten, wie wir es in c) angenommen haben.

**8.** Bei der Bestimmung der Hauptkrümmung und den Hauptrichtungen in der Differentialgeometrie ist es nützlich, ein Extremum einer quadratischen Form $h_{ij}u^i u^j$ unter der Annahme bestimmen zu können, dass eine andere (positiv definite) Form $g_{ij}u^i u^j$ konstant ist. Lösen Sie dieses Problem durch Analogie zu Beispiel 9, das oben diskutiert wurde.

**9.** Sei $A = [a^i_j]$ eine quadratische Matrix der Ordnung $n$, so dass

$$\sum_{i=1}^{n}(a^i_j)^2 = H_j \qquad (j = 1, \ldots, n) \, ,$$

wobei $H_1, \ldots, H_n$ eine feste Menge von $n$ nicht negativen reellen Zahlen ist.

a) Zeigen Sie, dass $\det^2 A$ unter diesen Bedingungen genau dann ein Extremum haben kann, wenn die Zeilen der Matrix $A$ in $\mathbb{R}^n$ paarweise orthogonale Vektoren sind.

b) Zeigen Sie, ausgehend von der Gleichung

$$\det^2 A = \det A \cdot \det A^* \, ,$$

wobei $A^*$ die Transponierte von $A$ ist, dass unter den obigen Bedingungen gilt:

$$\max_A \det^2 A = H_1 \cdots H_n \, .$$

c) Beweisen Sie für jede Matrix $[a^i_j]$ die *Hadamard Ungleichung*

$$\det^2 (a^i_j) \le \prod_{j=1}^{n}\left(\sum_{i=1}^{n}(a^i_j)^2\right) \, .$$

d) Geben Sie eine intuitive geometrische Interpretation der Hadamard Ungleichung.

**10.** a) Zeichnen Sie die Niveaukurven der Funktion $f$ und die Ebene $S$ in Beispiel 10. Erklären Sie das im Beispiel erzielte Ergebnis an der Abbildung.

b) Zeichnen Sie die Niveaukurven der Funktion $f$ und die Gerade $S$ in Beispiel 11. Erklären Sie das im Beispiel erzielte Ergebnis an der Abbildung.

**11.** In Beispiel 6 in Abschnitt 5.4 haben wir ausgehend vom Fermatschen Prinzip das Snelliussche Gesetz zur Lichtbrechung an der Grenzfläche zweier Medien für eine ebene Grenzfläche erhalten. Behält das Gesetz für beliebige glatte Grenzflächen seine Gültigkeit?

**12.** a) Ein Massepunkt kann sich in einem Potentialkraftfeld nur in stationären (kritschen) Punkten im Gleichgewicht (auch Ruhezustand oder stationärer Zustand genannt) befinden. In diesem Zusammenhang entspricht eine stabile Gleichgewichtslage einem isolierten Minimum des Potentials und ein instabiles Gleichgewicht einem isolierten Maximum. Beweisen Sie dies.

b) Auf welches (von Lagrange gelöste) Extremwertproblem mit Nebenbedingungen lässt sich die Frage nach den Gleichgewichtslagen einer Punktmasse im Potentialkraftfeld (z.B. dem Gravitationsfeld) mit idealen Nebenbedingungen (z.B. ein Punkt ist auf eine glatte Fläche beschränkt oder eine Perlenkette ist auf einen glatten Faden beschränkt oder eine Kugel auf einen glatten Weg) zurückführen? Die Nebenbedingung ist ideal (es gibt keine Reibung). Dies bedeutet, dass ihre Auswirkung auf den Punkt (die *reaktive Kraft der Nebenbedingung*) immer normal zur Nebenbedingung ist.

c) Welche physikalische (mechanische) Bedeutung besitzen in diesem Fall die Entwicklung (8.166), das notwendige Kriterium für ein Extremum mit Nebenbedingungen und die Lagrangeschen Multiplikatoren?

   Beachten Sie, dass jede der Funktionen im System (8.160) durch den Absolutbetrag des Gradienten dividiert werden kann, wodurch wir zu einem äquivalenten System gelangen (falls sein Rang überall gleich $m$ ist). Daher können alle Vektoren grad $F^i(x_0)$ auf der rechten Seite von (8.166) als normale Einheitsvektoren an die entsprechende Fläche betrachtet werden.

d) Stimmen Sie damit überein, dass die Lagrangesche Methode zur Auffindung eines Extremums mit Nebenbedingungen nach der gerade formulierten physikalischen Interpretation offensichtlich und natürlich wird?

# Einige Aufgaben aus den Halbjahresprüfungen

## 1. Einführung der Analysis (Zahlen, Funktionen, Grenzwerte)

**Aufgabe 1.** Die Länge eines Seils um die Erde am Äquator wird um 1 Meter verlängert. Dadurch entsteht zwischen dem Seil und der Erde eine Lücke. Könnte eine Ameise durch diese Lücke krabbeln? Wie groß wäre der absolute und der relative Anstieg des Radius der Erde, wenn der Äquator um diesen Betrag verlängert werden würde? (Der Radius der Erde beträgt ungefähr 6400 km.)

**Aufgabe 2.** Wie hängen die Vollständigkeit (Stetigkeit) der reellen Zahlen, die Unbeschränktheit der Folge der natürlichen Zahlen und das archimedische Prinzip zusammen? Warum ist es möglich, jede reelle Zahl beliebig genau durch rationale Zahlen anzunähern? Erklären Sie mit Hilfe des Modells rationaler Brüche (rationaler Funktionen), dass das archimedische Prinzip versagen kann und dass in derartigen Zahlensystemen die Folge natürlicher Zahlen beschränkt ist und dass es unendlich kleine Zahlen gibt.

**Aufgabe 3.** Vier in den Ecken des Einheitsquadrats sitzende Käfer beginnen einander mit Einheitsgeschwindigkeit zu verfolgen, wobei jeder die Richtung des Verfolgten einschlägt. Beschreiben Sie die Trajektorien ihrer Bewegungen. Wie lange ist jede Trajektorie? Wie lautet das Bewegungsgesetz (in kartesischen oder Polarkoordinaten)?

**Aufgabe 4.** Zeichnen Sie ein Flussdiagramm zur Berechnung von $\sqrt{a}$, $(a > 0)$ durch die rekursive Prozedur

$$x_{n+1} = \frac{1}{2}\left(x_n + \frac{a}{x_n}\right).$$

Wie hängt das Lösen der Gleichung mit der Suche nach einem Fixpunkt zusammen? Wie bestimmen Sie $\sqrt[r]{a}$?

**Aufgabe 5.** Sei $g(x) = f(x) + o\big(f(x)\big)$ für $x \to \infty$. Ist auch zutreffend, dass $f(x) = g(x) + o\big(g(x)\big)$ für $x \to \infty$?

**Aufgabe 6.** Bestimmen Sie die ersten (oder alle) Koeffizienten der Potenzreihe für $(1+x)^\alpha$ mit $\alpha = -1, -\frac{1}{2}, 0, \frac{1}{2}, 1, \frac{3}{2}$ mit der Methode der unbestimmten Koeffizienten (oder einer anderen Methode). (Durch die Interpolation von Koeffizienten gleicher Potenzen von $x$ in derartigen Entwicklungen formulierte Newton das Gesetz zur Bildung der Koeffizienten für jedes $\alpha \in \mathbb{R}$. Dieses Ergebnis ist als Newtonscher Binomialsatz bekannt.)

**Aufgabe 7.** Bestimmen Sie mit der Methode der unbestimmten Koeffizienten (oder einer anderen Methode) die ersten (oder alle) Glieder der Potenzreihen-Entwicklung der Funktion $\ln(1 + x)$, wenn Sie die Potenzreihen-Entwicklung der Funktion $e^x$ kennen.

**Aufgabe 8.** Berechnen Sie $\exp A$ für eine der Matrizen $A$:

$$\begin{pmatrix} 0 & 0 \\ 0 & 0 \end{pmatrix}, \quad \begin{pmatrix} 0 & 1 \\ 0 & 0 \end{pmatrix}, \quad \begin{pmatrix} 0 & 1 & 0 \\ 0 & 0 & 1 \\ 0 & 0 & 0 \end{pmatrix}, \quad \begin{pmatrix} 1 & 0 & 0 \\ 0 & 2 & 0 \\ 0 & 0 & 3 \end{pmatrix}.$$

**Aufgabe 9.** Wie viele Glieder der Reihe von $e^x$ müssen berücksichtigt werden, um ein Polynom zu erhalten, mit dessen Hilfe $e^x$ auf dem Intervall $[-3, 5]$ bis auf $10^{-2}$ genau berechnet werden kann?

**Aufgabe 10.** Skizzieren Sie die Graphen der folgenden Funktionen:

$$a) \ \log_{\cos x} \sin x \ ; \quad b) \ \arctan \frac{x^3}{(1-x)(1+x)^2} \ .$$

## 2. Differentialrechnung in einer Variablen

**Aufgabe 1.** Zeigen Sie, dass der Betrag $|\mathbf{v}(t)|$ konstant bleibt, wenn der Beschleunigungsvektor $\mathbf{a}(t)$ zum Vektor $\mathbf{v}(t)$ zu jeder beliebigen Zeit $t$ orthogonal ist.

**Aufgabe 2.** Seien $(x, t)$ bzw. $(\tilde{x}, \tilde{t})$ die Koordinate und die Zeit eines sich bewegenden Punktes in zwei Maßsystemen. Angenommen, wir kennen die Formeln $\tilde{x} = \alpha x + \beta t$ und $\tilde{t} = \gamma x + \delta t$ für die Transformation von einem System zum anderen. Bestimmen Sie die Formeln für die Transformation von Geschwindigkeiten, d.h. den Zusammenhang zwischen $v = \frac{dx}{dt}$ und $\tilde{v} = \frac{d\tilde{x}}{d\tilde{t}}$.

**Aufgabe 3.** Die Funktion $f(x) = x^2 \sin \frac{1}{x}$ für $x \neq 0$ mit $f(0) = 0$ ist in $\mathbb{R}$ differenzierbar, aber $f'$ ist in $x = 0$ unstetig (beweisen Sie dies). Wir werden jedoch „beweisen", dass $f'$ in jedem Punkt $a \in \mathbb{R}$ stetig ist, wenn $f : \mathbb{R} \to \mathbb{R}$ in $\mathbb{R}$ differenzierbar ist. Nach dem Mittelwertsatz gilt

$$\frac{f(x) - f(a)}{x - a} = f'(\xi) \, ,$$

wobei $\xi$ ein Punkt zwischen $a$ und $x$ ist. Dann folgt aus $x \to a$, dass $\xi \to a$. Nach Definition ist

$$\lim_{x \to a} \frac{f(x) - f(a)}{x - a} = f'(a) \, ,$$

und da der Grenzwert existiert, besitzt die rechte Seite des Mittelwertsatzes diesen Grenzwert: D.h., $f'(\xi) \to f'(a)$ für $\xi \to a$. Die Stetigkeit von $f'$ ist damit „bewiesen". Wo liegt der Fehler?

**Aufgabe 4.** Angenommen, die Funktion $f$ besitze $n{+}1$ Ableitungen im Punkt $x_0$ und sei $\xi = x_0 + \theta_x(x - x_0)$ der mittlere Punkt im Restglied nach Lagrange $\frac{1}{n!} f^{(n)}(\xi)(x - x_0)^n$, so dass $0 < \theta_x < 1$. Zeigen Sie, dass $\theta_x \to \frac{1}{n+1}$ für $x \to x_0$, falls $f^{(n+1)}(x_0) \neq 0$.

**Aufgabe 5.** Beweisen Sie die Ungleichung

$$a_1^{\alpha_1} \cdots a_n^{\alpha_n} \leq \alpha_1 a_1 + \cdots + \alpha_n a_n \, ,$$

wobei $a_1, \ldots, a_n, \alpha_1, \ldots, \alpha_n$ nicht negative Zahlen mit $\alpha_1 + \cdots + \alpha_n = 1$ sind.

**Aufgabe 6.** Zeigen Sie, dass

$$\lim_{n \to \infty} \left(1 + \frac{z}{n}\right)^n = e^x(\cos y + i \sin y) \, , \quad (z = x + iy) \, ,$$

so dass es nur natürlich ist, $e^{iy} = \cos y + i \sin y$ (die Eulersche Formel) und

$$e^z = e^x e^{iy} = e^x(\cos y + i \sin y)$$

anzunehmen.

**Aufgabe 7.** Bestimmen Sie die Form der Oberfläche einer Flüssigkeit, die sich mit konstanter Winkelgeschwindigkeit in einem Glas dreht.

**Aufgabe 8.** Zeigen Sie, dass die Tangente an die Ellipse $\frac{x^2}{a^2} + \frac{y^2}{b^2} = 1$ im Punkt $(x_0, y_0)$ die Gleichung $\frac{x x_0}{a^2} + \frac{y y_0}{b^2} = 1$ besitzt und dass Lichtstrahlen einer in einem der Foki $F_1 = \left(-\sqrt{a^2 - b^2}, 0\right)$ oder $F_2 = \left(\sqrt{a^2 - b^2}, 0\right)$ einer Ellipse mit den Halbachsen $a > b > 0$ platzierte Lampe durch einen elliptischen Spiegel im anderen Fokus gespiegelt werden.

**Aufgabe 9.** Ein Teilchen beginnt ohne äußere Einwirkung unter der Schwerkraft von der Spitze eines Eisbergs an mit elliptischem Durchschnitt zu rutschen. Die Gleichung des Durchschnitts lautet $x^2 + 5y^2 = 1$, $y \geq 0$. Berechnen Sie die Trajektorie der Bewegung des Teilchens, bis es den Boden erreicht.

## 3. Integration und Einführung mehrerer Variabler

**Aufgabe 1.** Bestimmen Sie die entsprechenden Ungleichungen für Integrale, falls Sie die Höldersche, Minkowskische und Jensen-Ungleichungen kennen.

**Aufgabe 2.** Berechnen Sie das Integral $\int_0^1 e^{-x^2}\,dx$ mit einem relativen Fehler, der geringer als 10% ist.

**Aufgabe 3.** Die Funktion $\operatorname{erf}(x) = \frac{1}{\sqrt{\pi}} \int_{-x}^{x} e^{-t^2}\,dt$, die *Fehlerfunktion* genannt wird, ist das Integral der Gaußverteilung. Sie besitzt für $x \to +\infty$ den Grenzwert 1. Zeichnen Sie den Graphen dieser Funktion und bestimmen Sie ihre Ableitung. Zeigen Sie, dass für $x \to +\infty$ gilt:

$$\operatorname{erf}(x) = 1 - \frac{2}{\sqrt{\pi}} e^{-x^2} \left( \frac{1}{2x} - \frac{1}{2^2 x^3} + \frac{1 \cdot 3}{2^3 x^5} - \frac{1 \cdot 3 \cdot 5}{2^4 x^7} + o\left(\frac{1}{x^7}\right) \right).$$

Wie lässt sich diese asymptotische Formel auf Reihen erweitern? Gibt es Werte $x \in \mathbb{R}$, für die diese Reihe konvergiert?

**Aufgabe 4.** Hängt die Länge eines Weges vom Bewegungsgesetz (der Parametrisierung) ab?

**Aufgabe 5.** Sie halten das Ende eines Gummibandes der Länge 1 km in Händen. Ein Käfer krabbelt vom anderen Ende, das festgebunden ist, mit 1 cm/s auf Sie zu. Jedesmal, wenn er 1 cm gekrabbelt ist, verlängern Sie das Band um 1 km. Erreicht der Käfer jemals Ihre Hand? Falls ja, wie lange braucht er ungefähr dazu? (Eine Aufgabe von L. B. Okun', die A. D. Sakharov vorgeschlagen wurde.)

**Aufgabe 6.** Berechnen Sie die Arbeit, die bei der Bewegung einer Masse im Gravitationsfeld der Erde verrichtet wird und zeigen Sie, dass diese Arbeit nur von der Höhe der Anfangs- und Endpositionen abhängt. Bestimmen Sie die Arbeit, die notwendig ist, um die Masse aus dem Gravitationsfeld der Erde zu entfernen und die zugehörige Fluchtgeschwindigkeit.

**Aufgabe 7.** Erklären Sie am Beispiel eines Pendels und eines doppelten Pendels, wie lokale Koordinaten und Umgebungen in die Menge der entsprechenden Konfigurationen eingeführt werden können und wie dabei eine natürliche Topologie auftritt, die es in einen Konfigurationsraum eines mechanischen Systems umwandelt. Kann dieser Raum unter diesen Bedingungen mit einer Metrik versehen werden?

**Aufgabe 8.** Ist der Einheitskreis in $\mathbb{R}^n$ kompakt? In $C[a,b]$?

**Aufgabe 9.** Eine Teilmenge einer vorgegebenen Menge wird $\varepsilon$-*Gitter* genannt, wenn jeder Punkt der Menge in einem Abstand von einem Punkt der Menge liegt, der kleiner als $\varepsilon$ ist. Bezeichnen Sie mit $N(\varepsilon)$ die kleinstmögliche Zahl von Punkten in einem $\varepsilon$-Gitter für eine vorgegebene Menge. Schätzen Sie die $\varepsilon$-*Entropie* $\log_2 N(\varepsilon)$ einer abgeschlossenen Strecke, einem Quadrat, einem Würfel und einem beschränkten Bereich in $\mathbb{R}^n$ ab. Spiegelt die Größe $\frac{\log_2 N(\varepsilon)}{\log_2(1/\varepsilon)}$ für $\varepsilon \to 0$ die Dimension des betrachteten Raums wider? Kann eine derartige Dimension etwa gleich $0,5$ sein?

**Aufgabe 10.** Die Temperatur $T$ verändere sich stetig auf der Oberfläche der Einheitskugel $S$ in $\mathbb{R}^3$ als Funktion des Ortes. Muss es Punkte auf der Kugelschale geben, in denen die Temperatur ein Minimum oder ein Maximum annimmt? Falls es Punkte gibt, in denen die Temperatur zwei vorgegebene Werte annimmt, muss es dann auch Punkte geben, in denen sie Zwischenwerte annimmt? Welche dieser Aussagen gilt noch, wenn die Einheitskugel im Raum $C[a,b]$ betrachtet wird und die Temperatur im Punkt $f \in S$ wie folgt gegeben wird:

$$T(f) = \left( \int\limits_a^b |f|(x)\,\mathrm{d}x \right)^{-1} ?$$

**Aufgabe 11.** *a*) Beginnen Sie mit $1,5$ als anfängliche Näherung an $\sqrt{2}$ und führen Sie zwei Iterationen der Newtonschen Methode aus und beobachten Sie dabei, wie viele genaue Dezimalstellen Sie in jedem Schritt erhalten.

*b*) Finden Sie mit einer rekursiven Prozedur eine Funktion $f$, die die folgende Gleichung erfüllt:

$$f(x) = x + \int\limits_0^x f(t)\,\mathrm{d}t.$$

# 4. Differentialrechnung mehrerer Variabler

**Aufgabe 1.**   a) Wie groß ist der relative Fehler $\delta = \frac{|\Delta f|}{|f|}$ bei der Berechnung des Funktionswertes $f(x,y,z)$ im Punkt $(x,y,z)$, dessen Koordinaten die absoluten Fehler $\Delta x$, $\Delta y$ bzw. $\Delta z$ aufweisen?

b) Wie groß ist der relative Fehler bei der Berechnung des Volumens eines Raumes mit den folgenden Ausdehnungen: Länge $x = 5 \pm 0,05$ m, Breite $y = 4 \pm 0,04$ m und Höhe $z = 3 \pm 0,03$ m?

c) Stimmt es, dass der relative Fehler des Wertes einer linearen Funktion mit dem relativen Fehler in den Argumenten übereinstimmt?

d) Stimmt es, dass das Differential einer linearen Funktion mit der Funktion selbst übereinstimmt?

e) Stimmt es, dass die Gleichung $f' = f$ für eine lineare Funktion $f$ gilt?

**Aufgabe 2.**  a) Eine der partiellen Ableitungen einer Funktion zweier in einer Scheibe definierter Variabler ist in jedem Punkt gleich Null. Bedeutet dies, dass die Funktion von der entsprechenden Variablen auf der Scheibe unabhängig ist?

b) Ändert sich die Antwort, wenn wir die Scheibe durch einen beliebigen konvexen Bereich ersetzen?

c) Ändert sich die Antwort, wenn wir die Scheibe durch einen beliebigen Bereich ersetzen?

d) Sei $\mathbf{x} = \mathbf{x}(t)$ das Bewegungsgesetz eines Punktes in der Ebene (oder in $\mathbb{R}^n$) im Zeitintervall $t \in [a, b]$. Sei $\mathbf{v}(t)$ seine Geschwindigkeit als Funktion der Zeit und $C = \text{conv}\{\mathbf{v}(t) \,|\, t \in [a, b]\}$ die kleinste konvexe Menge, die alle Vektoren $\mathbf{v}(t)$ enthält (üblicherweise von einer Menge aufgespannte *konvexe Hülle* genannt). Zeigen Sie, dass ein Vektor $\mathbf{v}$ in $C$ existiert, so dass $\mathbf{x}(b) - \mathbf{x}(a) = \mathbf{v} \cdot (b - a)$.

**Aufgabe 3.**  a) Sei $F(x, y, z) = 0$. Stimmt es, dass $\frac{\partial z}{\partial y} \cdot \frac{\partial y}{\partial x} \cdot \frac{\partial x}{\partial z} = -1$? Zeigen Sie dies für die Gleichung $\frac{xy}{z} - 1 = 0$ (in Analogie zum Gesetz von Clapeyron für ein ideales Gas: $\frac{PV}{T} = R$).

b) Nun sei $F(x, y) = 0$. Stimmt es, dass $\frac{\partial y}{\partial x} \frac{\partial x}{\partial y} = 1$?

c) Was lässt sich im Allgemeinen über die Gleichung $F(x_1, \ldots, x_n) = 0$ aussagen?

d) Wie lassen sich die ersten Glieder der Taylor-Entwicklung der impliziten Funktion $y = f(x)$ bestimmen, die in einer Umgebung eines Punktes $(x_0, y_0)$ durch eine Gleichung $F(x, y) = 0$ definiert ist, wenn Sie die ersten Glieder der Taylor-Entwicklung der Funktion $F(x, y)$ in einer Umgebung von $(x_0, y_0)$ kennen, wobei $F(x_0, y_0) = 0$ und $F'(x_0, y_0) = 0$ invertierbar ist?

**Aufgabe 4.**  a) Beweisen Sie, dass die Tangentialebene an das Ellipsoid $\frac{x^2}{a^2} + \frac{y^2}{b^2} + \frac{z^2}{c^2} = 1$ im Punkt $(x_0, y_0, z_0)$ durch die Gleichung $\frac{xx_0}{a^2} + \frac{yy_0}{b^2} + \frac{zz_0}{c^2} = 1$ definiert werden kann.

b) Der Punkt $P(t) = \left(\frac{a}{\sqrt{3}}, \frac{b}{\sqrt{3}}, \frac{c}{\sqrt{3}}\right) \cdot t$ taucht zur Zeit $t = 1$ auf dem Ellipsoid $\frac{x^2}{a^2} + \frac{y^2}{b^2} + \frac{z^2}{c^2} = 1$ auf. Sei $p(t)$ der Punkt desselben Ellipsoiden, der zur Zeit $t$ dem Punkt $P(t)$ am nächsten kommt. Bestimmen Sie die asymptotische Lage von $p(t)$ für $t \to +\infty$.

**Aufgabe 5.**  a) Konstruieren Sie in der Ebene $\mathbb{R}^2$ mit den kartesischen Koordinaten $(x, y)$ die Niveaukurven der Funktion $f(x, y) = xy$ und der Kurve $S = \{(x, y) \in \mathbb{R}^2 \,|\, x^2 + y^2 = 1\}$. Untersuchen Sie die Lage der Extremwerte von $f\big|_S$, der Einschränkung von $f$ auf den Kreis $S$, mit Hilfe des sich ergebenden Bildes.

b) Welche physikalische Bedeutung besitzen die Lagrange Multiplikatoren bei der Lagrange Methode zur Auffindung von Extrema mit Nebenbedingungen, wenn eine Gleichgewichtslage für eine Punktmasse in einem

Schwerkraftfeld gesucht wird, wobei die Bewegung des Punktes durch ideale Relationen (etwa Gleichungen der Form $F_1(x, y, z) = 0$, $F_2(x, y, z) = 0$) eingeschränkt ist?

# Prüfungsgebiete

## 1. Erstes Semester

### 1.1. Einführung in die Analysis und die Differentialrechnung in einer Variablen

1. Reelle Zahlen. Beschränkte (von oben bzw. unten) Zahlenmengen. Das Vollständigkeitsaxiom und die Existenz eines kleinsten oberen (größten unteren) Elements einer Menge. Unbeschränktheit der Menge der natürlichen Zahlen.
2. Zentrale Sätze in Verbindung mit der Vollständigkeit der Menge der reellen Zahlen $\mathbb{R}$ (geschachtelter Intervallsatz, endliche Überdeckung, Häufungspunkt).
3. Grenzwert einer Folge und das Cauchysche Konvergenzkriterium. Hilfsmittel für die Existenz eines Grenzwertes einer monotonen Folge.
4. Unendliche Reihen und die Summe einer unendlichen Reihe. Geometrische Progressionen. Das Cauchysche Kriterium und eine notwendige Bedingung für die Konvergenz einer Reihe. Die harmonische Reihe. Absolute Konvergenz.
5. Ein Test für die Konvergenz einer Reihe mit nicht negativen Gliedern. Der Vergleichssatz. Die Reihe $\zeta(s) = \sum\limits_{n=1}^{\infty} n^{-s}$.
6. Das Konzept eines Logarithmus und der Zahl e. Die Funktion $\exp(x)$ und die darstellende Potenzreihe.
7. Der Grenzwert einer Funktion. Die wichtigsten Filterbasen. Definition des Grenzwertes einer Funktion auf einer beliebigen Basis und ihre Übertragung auf Spezialfälle. Infinitesimale Funktionen und ihre Eigenschaften. Vergleich des schließlichen Verhaltens von Funktionen, asymptotischen Formeln und die wichtigsten Operationen mit den Symbolen $o(\cdot)$ und $O(\cdot)$.
8. Der Zusammenhang zwischen dem Übergang zum Grenzwert und den algebraischen Operationen und der Ordnungsrelation in $\mathbb{R}$. Der Grenzwert $\frac{\sin x}{x}$ für $x \to 0$.

9. Der Grenzwert einer verketteten Funktion und einer monotonen Funktion. Der Grenzwert von $\left(1 + \frac{1}{x}\right)^x$ für $x \to \infty$.

10. Das Cauchysche Kriterium für die Existenz des Grenzwertes einer Funktion.

11. Stetigkeit einer Funktion in einem Punkt. Lokale Eigenschaften stetiger Funktionen (lokale Beschränktheit, Erhalt des Vorzeichens, arithmetische Operationen, Stetigkeit einer verketteten Funktion). Stetigkeit von Polynomen, rationalen Funktionen und trigonometrischen Funktionen.

12. Globale Eigenschaften stetiger Funktionen (Zwischenwertsatz, Extrema, gleichmäßige Stetigkeit).

13. Unstetigkeiten monotoner Funktionen. Der Satz zur inversen Funktion. Stetigkeit der inversen trigonometrischen Funktionen.

14. Das Bewegungsgesetz, Verschiebungen in einem kleinen Zeitintervall, der momentane Geschwindigkeitsvektor, Trajektorien und ihre Tangenten. Definition der Differenzierbarkeit einer Funktion in einem Punkt. Das Differential, sein Definitionsbereich und Wertebereich. Eindeutigkeit des Differentials. Die Ableitung einer reellen Funktion mit einer reellen Variablen und ihre geometrische Interpretation. Differenzierbarkeit von $\sin x$, $\cos x$, $e^x$, $\ln |x|$ und $x^\alpha$.

15. Differenzierbarkeit und arithmetische Operationen. Differentiation von Polynomen, rationalen Funktionen, Tangens und Cotangens.

16. Das Differential einer verketteten Funktion und einer inversen Funktion. Ableitungen der inversen trigonometrischen Funktionen.

17. Lokale Extrema einer Funktion. Eine notwendige Bedingung für ein inneres Extremum einer differenzierbaren Funktion (Satz von Fermat).

18. Satz von Rolle. Der Mittelwertsatz in den Varianten von Lagrange und Cauchy.

19. Taylorsche Formeln mit den Restgliedern nach Cauchy und Lagrange.

20. Taylor-Reihen. Die Taylor-Entwicklungen von $e^x$, $\cos x$, $\sin x$, $\ln(1 + x)$ und $(1 + x)^\alpha$ (Newtons Binomialformeln).

21. Die lokalen Taylorschen Formeln (Restglied nach Peano).

22. Der Zusammenhang zwischen der Art der Monotonie einer differenzierbaren Funktion und dem Vorzeichen ihrer Ableitung. Hinreichende Bedingungen für die Vorhandensein oder das Fehlen eines lokalen Extremums mit Hilfe der ersten, zweiten und Ableitungen höherer Ordnung.

23. Konvexe Funktionen. Konvexität und das Differential. Lage des Graphen einer konvexen Funktion relativ zu ihrer Tangente.

24. Die allgemeine Jensen-Ungleichung für eine konvexe Funktion. Konvexität (oder Konkavität) des Logarithmus. Die klassischen Ungleichungen von Cauchy, Young, Hölder und Minkowski.

25. Komplexe Zahlen in algebraischer und trigonometrischer Schreibweise. Konvergenz einer Folge komplexer Zahlen und einer Reihe mit komplexen Gliedern. Das Cauchysche Kriterium. Absolute Konvergenz und hinreichende Bedingungen für die absolute Konvergenz einer Reihe mit komplexen Gliedern. Der Grenzwert $\lim\limits_{n \to \infty} \left(1 + \frac{z}{n}\right)^n$.

26. Die Konvergenzscheibe und der Konvergenzradius einer Potenzreihe. Die Definition der Funktionen $e^z$, $\cos z$, $\sin z$ ($z \in \mathbb{C}$). Eulersche Formeln und die Verbindung zwischen elementaren Funktionen.

27. Differentialgleichungen als mathematische Modelle der Realität an Beispielen. Die Methode der unbestimmten Koeffizienten und Eulersches Polygonzugverfahren.

28. Stammfunktionen und die wichtigsten Methoden für ihre Bestimmung (gliedweise Integration von Summen, partielle Integration, Integration durch Substitution). Stammfunktionen der elementaren Funktionen.

## 2. Zweites Semester

### 2.1. Integration. Differentialrechnung mit mehreren Variablen

1. Das Riemannsche Integral auf einem abgeschlossenen Intervall. Eine notwendige Bedingung für die Integrierbarkeit. Mengen mit Maß Null, ihre allgemeinen Eigenschaften, Beispiele. Das Kriterium nach Lebesgue für die Riemann-Integrierbarkeit einer Funktion (nur die Aussage). Der Raum der integrierbaren Funktionen und zulässige Operationen für integrierbare Funktionen.

2. Linearität, Additivität und allgemeine Berechnung eines Integrals.

3. Berechnung des Integrals einer Funktion mit reellen Werten. Der (erste) Mittelwertsatz.

4. Integrale mit variabler oberer Integrationsgrenze, ihre Eigenschaften. Existenz einer Stammfunktion einer stetigen Funktion. Die verallgemeinerte Stammfunktion und ihre allgemeine Form.

5. Der Fundamentalsatz der Integral- und Differentialrechnung (Newton–Leibniz Formel). Substitution im Integral.

6. Partielle Integration in einem bestimmten Integral. Taylorsche Formeln mit Integralen als Restglied. Der zweite Mittelwertsatz.

7. Additive (orientierte) Intervallfunktionen und Integration. Das allgemeine Muster für das Auftreten von Integralen in Anwendungen. Beispiele dazu: Länge eines Weges (und ihre Unabhängigkeit von der Parametrisierung), Fläche eines krummlinigen Trapezes (Fläche unter einer Kurve), Volumen eines Rotationskörpers, Arbeit, Energie.

8. Das Riemannsche Integral.

9. Das Konzept eines uneigentlichen Integrals. Kanonische Integrale. Das Cauchysche Kriterium und der Vergleichssatz für die Untersuchung der Konvergenz eines uneigentlichen Integrals. Der Integraltest für die Konvergenz einer Reihe.

10. Lokale Linearisierung, Beispiele: Momentane Geschwindigkeit und Verschiebung; Vereinfachung der Bewegungsgleichung für kleine Oszillationen eines Pendels; Berechnung linearer Korrekturen für die Werte von $\exp(A)$, $A^{-1}$, $\det(E)$, $\langle a, b \rangle$ bei kleinen Veränderungen in den Argumenten (hierbei

ist $A$ eine invertierbare Matrix, $E$ die Einheitsmatrix, $a$ und $b$ Vektoren und $\langle \cdot, \cdot \rangle$ das innere Produkt).

11. Die Norm (Länge, Absolutwert, Betrag) eines Vektors in einem Vektorraum; die wichtigsten Beispiele. Der Raum $L(X, Y)$ der stetigen linearen Transformationen und die Norm darin. Stetigkeit einer linearen Transformation und Beschränktheit ihrer Norm.

12. Differenzierbarkeit einer Funktion in einem Punkt. Das Differential, sein Definitionsbereich und Wertebereich. Koordinatenschreibweise des Differentials einer Abbildung $f : \mathbb{R}^m \to \mathbb{R}^n$. Der Zusammenhang zwischen Differenzierbarkeit, Stetigkeit und der Existenz von partiellen Ableitungen.

13. Ableitung einer verketteten Funktion und der inversen Funktion. Koordinatenschreibweise der sich ergebenden Gesetze bei der Anwendung auf verschiedene Fälle der Abbildung $f : \mathbb{R}^m \to \mathbb{R}^n$.

14. Ableitung entlang eines Vektors und der Gradient. Geometrische und physikalische Beispiele für die Benutzung des Gradienten (Niveauflächen von Funktionen, steilster Abstieg, die Tangentialebene, das Potentialfeld, Eulersche Gleichung für die Dynamik einer idealen Flüssigkeit, das Gesetz von Bernoulli und die Arbeit eines Flügels).

15. Homogene Funktionen und die Eulersche Gleichung. Dimensionsanalyse.

16. Der Mittelwertsatz. Seine geometrische und physikalische Bedeutung. Beispiele seiner Anwendung (eine hinreichende Bedingung für die Differenzierbarkeit mit Hilfe partieller Ableitungen; Bedingungen dafür, dass eine Funktion in einem Gebiet konstant ist).

17. Ableitungen höherer Ordnung und ihre Symmetrie.

18. Die Taylorschen Formeln.

19. Extrema von Funktionen (notwendige und hinreichende Bedingungen für ein inneres Extremum).

20. Kontraktionsabbildungen. Die Fixpunktsätze von Banach und Picard-Lindelöf.

21. Der Satz zur impliziten Funktion.

22. Der Satz zur inversen Funktion. Krummlinige Koordinaten und Rektifizierung. Glatte $k$-dimensionale Flächen in $\mathbb{R}^n$ und ihre Tangentialebenen. Methoden zur Definition einer Fläche und die zugehörigen Gleichungen des Tangentialraums.

23. Der Rang-Satz und funktionale Abhängigkeit.

24. Extrema mit Nebenbedingung (notwendige Bedingung). Geometrische, algebraische und physikalische Interpretation der Methode der Lagrange Multiplikatoren.

25. Eine hinreichende Bedingung für ein Extremum mit Nebenbedingung.

26. Metrische Räume, Beispiele. Offene und abgeschlossene Teilmengen. Umgebungen eines Punktes. Die induzierte Metrik, Teilräume. Topologische Räume. Umgebungen eines Punktes, Trennungseigenschaften (das Hausdorff-Axiom). Die auf Teilmengen induzierte Topologie. Abschluss einer Menge.

# Literaturverzeichnis

## 1. Klassische Werke

### 1.1 Hauptquellen

Newton, I.:

    a. (1687): Philosophiæ Naturalis Principia Mathematica. Jussu Societatis Regiæ ac typis Josephi Streati, London. Englische Übersetzung der 3. Auflage (1726): University of California Press, Berkeley, CA (1999).

    b. (1967–1981): The Mathematical Papers of Isaac Newton, D. T. Whiteside, ed., Cambridge University Press.

Leibniz, G. W. (1971): Mathematische Schriften. C. I. Gerhardt, ed., G. Olms, Hildesheim.

### 1.2 Wichtige umfassende grundlegende Werke

Euler, L.

    a. (1748): Introductio in Analysin Infinitorum. M. M. Bousquet, Lausanne. Nachdruck der deutschen Übersetzung von H. Maser: Springer-Verlag, Berlin - Heidelberg - New York (1983).

    b. (1755): Institutiones Calculi Differentialis. Impensis Academiæ Imperialis Scientiarum, Petropoli. Englische Übersetzung: Springer, Berlin - Heidelberg - New York (2000).

    c. (1768–1770): Institutionum Calculi Integralis. Impensis Academiæ Imperialis Scientiarum, Petropoli.

Cauchy, A.-L.

    a. (1989): Analyse Algébrique. Jacques Gabay, Sceaux.

    b. (1840–1844): Leçons de Calcul Différential et de Calcul Intégral. Bachelier, Paris.

### 1.3 Klassische Vorlesungen in Analysis aus der ersten Hälfte des 20. Jahrhunderts

Courant, R. (1988): Differential and Integral Calculus. Übersetzt aus dem Deutschen. Vol. 1 Nachdruck der 2. Auflage 1937. Vol. 2 Nachdruck des Orginals

1936. Wiley Classics Library. A Wiley-Intercience Publication. John Wiley & Sons, Inc., New York.

de la Vallée Poussin, Ch.-J. (1954, 1957): Cours d'Analyse Infinitésimale. (Tome 1 11 éd., Tome 2 9 éd., revue et augmentée avec la collaboration de Fernand Simonart.) Librairie universitaire, Louvain. Englische Übersetzung einer früheren Ausgabe, Dover Publications, New York (1946).

Goursat, É. (1992): Cours d'Analyse Mathématiques. (Vol. 1 Nachdruck der 4. Auflage 1924, Vol. 2 Nachdruck der 4. Auflage 1925) Les Grands Classiques Gauthier-Villars. Jacques Gabay, Sceaux. Englische Übersetzung, Dover Publ. Inc., New York (1959).

## 2. Lehrbücher[13]

Apostol, T. M. (1974): Mathematical Analysis. 2. Aufl. World Student Series Edition. Addison–Wesley Publishing Co., Reading, Mass.-London-Don Mills, Ont.

Courant, R. (1971/1972): Vorlesungen über Differential- und Integralrechnung Bd. 1 und 2, 4. Aufl. Springer, Berlin - Heidelberg - New York.

Rudin, W. (1999): Reelle und komplexe Analysis, Oldenbourg, München.

Spivak, M. (1980): Calculus. 2. Aufl. Berkeley, California: Publish Perish, Inc.

Stewart, J. (1999): Calculus. Brooks/Cole Publishing, Pacific Grove.

## 3. Studienunterlagen

Amann, H., Escher, J. (1998/1999/2001): Analysis I,II,III. Birkhäuser Verlag, Basel - Boston - Berlin.

Behrends, E. (2004): Analysis 1,2. Vieweg, Braunschweig.

Blatter, C. (1991/1992/1981): Analysis I,II,III. Springer, Berlin - Heidelberg - New York.

Gelbaum, B. (1982): Problems in Analysis. Problem Books in Mathematics. Springer-Verlag, New York-Berlin, 1982.

Gelbaum, B., Olmsted, J. (1964): Counterexamples in Analysis. Holden–Day, San Francisco.

Heuser, H. (1990/1993): Lehrbuch der Analysis I,II. B.G. Teubner, Stuttgart.

Hildebrandt, S. (2003/2006): Analysis 1,2. Springer, Berlin - Heidelberg - New York.

Königsberger, K. (2004): Analysis 1,2. Springer, Berlin - Heidelberg - New York.

Meyberg, K., Vachenauer, P. (2003/2005): Höhere Mathematik 1,2. Springer, Berlin - Heidelberg - New York.

Pólya, G., Szegő, G. (1970/71): Aufgaben und Lehrsätze aus der Analysis. Springer-Verlag, Berlin – Heidelberg – New York.

Walter, W. (2002/2004): Analysis 1,2. Springer, Berlin - Heidelberg - New York.

---

[13] Das Literaturverzeichnis wurde für die deutsche Ausgabe erheblich verändert.

# 4. Weiterführende Literatur

Arnol'd, V. I.
  a. (1989): Huygens and Barrow, Newton and Hooke: Pioneers in Mathematical Analysis and Catastrophe Theory, from Evolvents to Quasicrystals. Nauka, Moscow.
  b. (1988) Mathematische Methoden der klassischen Mechanik. Birkhäuser, Basel.

Avez, A. (1986): Differential Calculus. A Wiley-Intercience Publication. John Wiley & Sons, Ltd., Chichister.

Bourbaki, N. (1971): Elemente der Mathematikgeschichte. Vandenhoeck u. Ruprecht, Göttingen.

Cartan, H. Buttin, C. (1974): Differentialrechnung. Bibliogr. Inst., Mannheim.

Courant, R., Hilbert, D. (1989): Methods of Mathematical Physics, Vol. 1 and 2, John Wiley, New York.

Dieudonné, J. (1985): Grundzüge der modernen Analysis. Vieweg, Braunschweig.

Einstein, A. (1982): Ideas and Opinions. Three Rivers Press, New York. Enthält Übersetzungen der Schriften "Motive des Forschens", S. 224–227, und "Physics and Reality," S. 290–323.

Estep, D. (2005): Angewandte Analysis in einer Unbekannten. Springer-Verlag, Berlin – Heidelberg – New York.

Eriksson, K., Estep, D., Johnson, C. (2004/2005/2005): Angewandte Mathematik: Body and Soul. Springer-Verlag, Berlin – Heidelberg – New York.

Feynman, R., Leighton, R., Sands, M. (1997): Hauptsächlich Mechanik, Strahlung und Wärme. Oldenbourg, München.

Gel'fand, I. M. (1989): Lectures on Linear Algebra. Englische Übersetzung einer früheren Ausgabe: Dover, New York (1989).

Halmos, P. (1974): Finite-dimensional Vector Spaces. Springer-Verlag, Berlin – Heidelberg – New York.

Havin, V. P., Nikolski, K. (Hrsg.) (2000): Complex Analysis, Operators, Related Topics. Birkhäuser, Basel - Boston.

Jost, J. (2005): Postmodern Analysis. 2. ed. Universitext. Berlin: Springer.

Kolmogorov, A. N., Fomin, S. V. (1975): Reelle Funktionen und Funktionalanalysis. Dt. Verl. der Wiss., Berlin.

Kostrikin, A. I., Manin, Y. I. (1989): Linear Algebra and Geometry. Gordon and Breach, New York.

Landau, E. Dalkowski, H. (2004): Grundlagen der Analysis. Heldermann, Lemgo.

Lax, P. D., Burstein S. Z., Lax A. (1972): Calculus with Applications and Computing. Vol. I. Schrift zur Vorlesung an der New York Universität. Courant Institute of Mathematical Sciences, New York University, New York.

Manin, Y. I. (1981): Mathematics and Physics. Birkhäuser, Basel - Boston.

Milnor, J. (1963): Morse Theory. Princeton University Press.

Poincaré, H., Lindemann, F. (1973): Wissenschaft und Methode. Teubner, Stuttgart. Unveränderter Nachdruck der Ausgabe von 1914.

Pontrjagin, L. S. (1965): Gewöhnliche Differentialgleichungen. Dt. Verl. der Wissenschaften.

Reiffen, H. J., Trapp, H. W. (1996): Differentialrechnung. Spektrum, Akad. Verlag.

Schwartz, L. (1998): Analyse. Hermann, Paris.

Spivak, M. (1965): Calculus on Manifolds: a Modern Approach to the Classical Theorems of Advanced Calculus. W. A. Benjamin, New York.

Weyl, H. (1926): Die heutige Erkenntnislage in der Mathematik. Weltkreis-Verlag, Erlangen.

Whittaker, E. T, Watson, J. N. (1979): A Course of Modern Analysis. AMS Press, New York.

Zorich, V. A. (1995): Analysis (Vorlesungsmitschrift für Studierende am Institut für Mathematik der Freien Universität Moskau und am Fachbereich für Mechanik und Mathematik der staatlichen Moskauer Universität). In drei Einheiten. Einheit 1. Vorlesungen 5–7: Das Differential. Einheit 2. Vorlesung 8: Der Satz zur impliziten Funktion. Einheit 3. Vorlesungen 9–11: Anwendungen des Satzes zur impliziten Funktion. Fachbereich für Mechanik und Mathematik der staatlichen Moskauer Universität. (Russisch)

# Sachverzeichnis

# Namensverzeichnis